长置案头·随手查阅·配合教材·升学必备

初中物理
基础知识全书

★ 依据新课程标准要求编写 ★

北京市特、高级教师《基础知识全书》编写组

- 语文基础知识全书
- 数学基础知识全书
- 英语基础知识全书
- 化学基础知识全书
- 物理基础知识全书

工程建设标准规范分类汇编

城镇规划与园林绿化规范

（修订版）

中国建筑工业出版社 编

中国建筑工业出版社
中国计划出版社

图书在版编目（CIP）数据

城镇规划与园林绿化规范/中国建筑工业出版社编. 修订版.
—北京：中国建筑工业出版社，中国计划出版社，2003
（工程建设标准规范分类汇编）
ISBN 7-112-06016-8

Ⅰ.城… Ⅱ.中… Ⅲ.①城镇-城市规划-规范-汇编-中国
②园林-绿化规划-规范-汇编-中国 Ⅳ.①TU984.2-65②TU986.3-65

中国版本图书馆 CIP 数据核字（2003）第 086078 号

工程建设标准规范分类汇编

城镇规划与园林绿化规范
（修订版）

中国建筑工业出版社 编

*

中国建筑工业出版社 出版
中国计划出版社
新 华 书 店 经 销
北京同文印刷有限责任公司印刷

*

开本：787×1092 毫米 1/16 印张：49¼ 插页：1 字数：1200 千字
2003 年 11 月第二版 2005 年 9 月第五次印刷
印数：10001—11500 册 定价：100.00 元

ISBN 7-112-06016-8
TU·5289（12029）

版权所有 翻印必究
如有印装质量问题，可寄本社退换
（邮政编码 100037）

本社网址：http://www.china-abp.com.cn
网上书店：http://www.china-building.com.cn

修 订 说 明

"工程建设标准规范汇编"共35分册,自1996年出版(2000年对其中15分册进行了第一次修订)以来,方便了广大工程建设专业读者的使用,并以其"分类科学,内容全面,准确"的特点受到了社会各界的好评。这些标准是广大工程建设者必须遵循的准则和规定,对提高工程建设科学管理水平,保证工程质量和工程安全,降低工程造价,缩短工期,节约建筑材料和能源,促进技术进步等方面起到了显著的作用。随着我国基本建设的发展和工程技术的不断进步,国务院有关部委组织全国各方面的专家临续制订、修订并颁发了一批新标准,其中部分标准、规范对行业影响较大。为了及时反映这几年国家标准规范分类标准、修订标准和标准局部修订情况,我们组织力量对工程建设标准规范分类汇编中内容变动较大者再一次进行了修订。本次修订14册,分别为:

《混凝土结构规范》

《建筑结构抗震规范》

《建筑工程施工及验收规范》

《建筑施工安全技术规范》

《建筑施工质量标准》

《建筑材料应用技术规范》

《建筑防水工程技术规范》

《地基与基础规范》

《室外排水工程规范》

《室外给水工程规范》

《城镇燃气热力工程规范》

《城镇规划与园林绿化规范》

《城市道路与桥梁设计规范》

《城市道路与桥梁施工验收规范》

本次修订的原则及方法如下:

(1) 该分册内容变动较大者、规范内容有变动者;
(2) 该分册中主要标准、规范内容有变动者;
(3) "▲"代表新修订的规范;
(4) "●"代表新增加的规范;
(5) 如无局部修订版,则将"局部修订条文"附在该规范后,不改动原规范相应条文。

修订的2003年版汇编本分别将相近专业内容的标准汇编于一册,便于对照查阅;各册收编的均为现行标准,大部分为近几年出版实施的,有很强的实用性;为了使读者更深刻地理解、掌握标准的内容,该类汇编还收入了有关条文说明;该类汇编单本定价,方便各专业读者购买。

该类汇编是广大工程设计、施工、科研、管理等有关人员必备的工具书。

关于工程建设标准规范的出版、发行,我们诚恳地希望广大读者提出宝贵意见,便于今后不断改进标准规范的出版工作。

中国建筑工业出版社
2003年8月

目 录

▶ 城市用地分类与规划建设用地标准	GBJ 137—90	1—1
▶ 城市居住区规划设计规范（2002年版）	GB 50180—93	2—1
村镇规划标准	GB 50188—93	3—1
城市规划基本术语标准	GB/T 50280—98	4—1
● 城市给水工程规划规范	GB 50282—98	5—1
● 城市工程管线综合规划规范	GB 50289—98	6—1
● 城市电力规划规范	GB 50293—1999	7—1
● 风景名胜区规划规范	GB 50298—1999	8—1
● 城市排水工程规划规范	GB 50318—2000	9—1
● 城市居民生活用水量标准	GB/T 50331—2002	10—1
● 污水再生利用工程设计规范	GB 50335—2002	11—1
● 城市公共厕所规划和设计标准	CJJ 14—87	12—1
▲ 城市公共交通站、场、厂设计规范	CJJ 15—87	13—1
● 城市生活垃圾卫生填埋技术规范	CJJ 17—2001	14—1
● 城市环境卫生设施设置标准	CJJ 27—89	15—1
● 城市热力网设计规范	CJJ 34—2002	16—1
● 城市用地分类代码	CJJ 46—91	17—1
城市垃圾转运站设计规范	CJJ 47—91	18—1
公园设计规范	CJJ 48—92	19—1
城市粪便处理厂（场）设计规范	CJJ 64—95	20—1

环境卫生术语标准	CJJ 65—95	21—1
风景园林图例图示标准	CJJ 67—95	22—1
● 城市道路绿化规划与设计规范	CJJ 75—97	23—1
● 城市用地竖向规划规范	CJJ 83—99	24—1
● 城市绿地分类标准	CJJ/T 85—2002	25—1
● 乡镇集贸市场规划设计标准	CJJ/T 87—2000	26—1
● 园林基本术语标准	CJJ/T 91—2002	27—1
▲ 城市容貌标准	CJ/T 12—1999	28—1
环境卫生设施与设备图形符号	CJ 28.1～3—91	29—1

"▲"代表新修订的规范;"●"代表新增加的规范。

中华人民共和国国家标准

城市用地分类与规划建设用地标准

GBJ 137—90

主编部门：中华人民共和国原城乡建设环境保护部
批准部门：中华人民共和国建设部
施行日期：1 9 9 1 年 3 月 1 日

关于发布《城市用地分类与规划建设用地标准》的通知

(90)建标字第322号

根据国家计委计综(1986)250号文的要求，由原城乡建设环境保护部会同有关部门共同制订的《城市用地分类与规划建设用地标准》，已经有关部门会审。现批准《城市用地分类与规划建设用地标准》GBJ137—90为国家标准，自1991年3月1日起施行。

本标准由建设部城市规划司负责管理，其具体解释等工作由建设部中国城市规划设计研究院负责，出版发行由建设部标准定额研究所负责组织。

中华人民共和国建设部
1990年7月2日

编 制 说 明

本标准是根据国家计委计综（1986）第250号文的要求，由我部中国城市规划设计研究院负责主编，并会同有关单位共同编制而成的。

在本标准的编制过程中，标准编制组进行了广泛的调查研究，认真总结了我国城市规划的实践经验，参考了有关国外标准，针对主要技术问题开展了科学研究与试验验证工作，并广泛征求了全国有关单位的意见，最后，由我部会同有关部门审查定稿。

鉴于本标准系初次编制，在执行过程中，希望各单位结合规划工作实践和科学研究，认真总结经验，注意积累资料，如发现需要修改和补充之处，请将意见和有关资料寄交我部中国城市规划设计研究院（地址：北京百万庄，邮政编码100037），以供今后修订时参考。

中华人民共和国建设部
1990年3月

目 次

第一章　总则 ··· 1—3
第二章　城市用地分类 ··································· 1—4
第三章　城市用地计算原则 ····························· 1—9
第四章　规划建设用地标准 ····························· 1—10
附录一　本标准用词说明 ································ 1—12
附录二　城市用地分类中英文词汇表 ··············· 1—12
附录三　城市总体规划用地统计表统一格式 ······ 1—13
附加说明 ··· 1—14

第一章　总　则

第 1.0.1 条　为统一全国城市用地分类，科学地编制、审批、实施城市规划，合理经济地使用土地，保证城市正常发展，特制订本标准。

第 1.0.2 条　本标准适用于城市中设计城市的总体规划工作和城市用地统计工作。

第 1.0.3 条　编制城市规划除执行本标准外，尚应符合国家现行的有关标准与规范的要求。

第二章 城市用地分类

第 2.0.1 条 城市用地分类采用大类、中类 和 小类三个层次的分类体系，共分10大类，46中类，73小类。

第 2.0.2 条 城市用地应按土地使用的主要 性质 进行划分和归类。

第 2.0.3 条 使用本分类时，可根据工作性质、工作内容及工作深度的不同要求，采用本分类的全部或部分类别，但不得增设任何新的类别。

第 2.0.4 条 城市用地分类应采用字母数字 混合型 代号，大类应采用英文字母表示，中类和小类应各采用一位阿拉伯数字表示。城市用地分类代号可用于城市规划的图纸和文件。

第 2.0.5 条 城市用地分类和代号必须符合表2.0.5的规定：

城市用地分类和代号　　　　表 2.0.5

类别代号 大类	类别代号 中类	类别代号 小类	类别名称	范　　围
R			居住用地	居住小区、居住街坊、居住组团和单位生活区等各种类型的成片或零星的用地
	R_1		一类居住用地	市政公用设施齐全、布局完整、环境良好、以低层住宅为主的用地
		R_{11}	住宅用地	住宅建筑用地
		R_{12}	公共服务设施用地	居住小区及小区级以下的公共设施和服务设施用地，如托儿所、幼儿园、小学、中学、粮店、菜店、副食店、服务站、储蓄所、邮政所、居委会、派出所等用地
		R_{13}	道路用地	居住小区及小区级以下的小区路、组团路或小街、小巷、小胡同及停车场等用地
		R_{14}	绿　地	居住小区及小区级以下的小游园等用地
	R_2		二类居住用地	市政公用设施齐全、布局完整、环境较好、以多、中、高层住宅为主的用地
		R_{21}	住宅用地	住宅建筑用地
		R_{22}	公共服务设施用地	居住小区及小区级以下的公共设施和服务设施用地。如托儿所、幼儿园、小学、中学、粮店、菜店、副食店、服务站、储蓄所、邮政所、居委会、派出所等用地
		R_{23}	道路用地	居住小区及小区级以下的小区路、组团路或小街、小巷、小胡同及停车场等用地
		R_{24}	绿　地	居住小区及小区级以下的小游园等用地
	R_3		三类居住用地	市政公用设施比较齐全、布局不完整、环境一般，或住宅与工业等用地有混合交叉的用地
		R_{31}	住宅用地	住宅建筑用地

续表

类别代号			类别名称	范围
大类	中类	小类		
R	R_3	R_{32}	公共服务设施用地	居住小区及小区级以下的公共设施和服务设施用地。如托儿所、幼儿园、小学、中学、粮店、菜店、副食店、服务站、储蓄所、邮政所、居委会、派出所等用地
		R_{33}	道路用地	居住小区及小区级以下的小区路、组团路或小街、小巷、小胡同及停车场等用地
		R_{34}	绿地	居住小区及小区级以下的小游园等用地
	R_4		四类居住用地	以简陋住宅为主的用地
		R_{41}	住宅用地	住宅建筑用地
		R_{42}	公共服务设施用地	居住小区及小区级以下的公共设施和服务设施用地。如托儿所、幼儿园、小学、中学、粮店、菜店、副食店、服务站、储蓄所、邮政所、居委会、派出所等用地
		R_{43}	道路用地	居住小区及小区级以下的小区路、组团路或小街、小巷、小胡同及停车场等用地
		R_{44}	绿地	居住小区及小区级以下的小游园等用地
C			公共设施用地	居住区及居住区级以上的行政、经济、文化、教育、卫生、体育以及科研设计等机构和设施的用地，不包括居住用地中的公共服务设施用地
	C_1		行政办公用地	行政、党派和团体等机构用地
		C_{11}	市属办公用地	市属机关，如人大、政协、人民政府、法院、检察院、各党派和团体、以及企事业管理机构等办公用地
		C_{12}	非市属办公用地	在本市的非市属机关及企事业管理机构等行政办公用地

续表

类别代号			类别名称	范围
大类	中类	小类		
C	C_2		商业金融业用地	商业、金融业、服务业、旅馆业和市场等用地
		C_{21}	商业用地	综合百货商店、商场和经营各种食品、服装、纺织品、医药、日用杂货、五金交电、文化体育、工艺美术等专业零售批发商店及其附属的小型工场、车间和仓库等用地
		C_{22}	金融保险业用地	银行及分理处、信用社、信托投资公司、证券交易所和保险公司，以及外国驻本市的金融和保险机构等用地
		C_{23}	贸易咨询用地	各种贸易公司、商社及其咨询机构等用地
		C_{24}	服务业用地	饮食、照相、理发、浴室、洗染、日用修理和交通售票等用地
		C_{25}	旅馆业用地	旅馆、招待所、度假村及其附属设施等用地
		C_{26}	市场用地	独立地段的农贸市场、小商品市场、工业品市场和综合市场等用地
	C_3		文化娱乐用地	新闻出版、文化艺术团体、广播电视、图书展览、游乐等设施用地
		C_{31}	新闻出版用地	各种通讯社、报社和出版社等用地
		C_{32}	文化艺术团体用地	各种文化艺术团体等用地
		C_{33}	广播电视用地	各级广播电台、电视台和转播台、差转台等用地
		C_{34}	图书展览用地	公共图书馆、博物馆、科技馆、展览馆和纪念馆等用地
		C_{35}	影剧院用地	电影院、剧场、音乐厅、杂技场等演出场所，包括各单位对外营业的同类用地
		C_{36}	游乐用地	独立地段的游乐场、舞厅、俱乐部、文化宫、青少年宫、老年活动中心等用地

1—5

续表

类别代号 大类	类别代号 中类	类别代号 小类	类别名称	范围
C	C_4		体育用地	体育场馆和体育训练基地等用地，不包括学校等单位内的体育用地
		C_{41}	体育场馆用地	室内外体育运动用地，如体育场馆、游泳场馆、各类球场、溜冰场、赛马场、跳伞场、摩托车场、射击场以及水上运动的陆域部分等用地，包括附属的业余体校用地
		C_{42}	体育训练用地	为各类体育运动专设的训练基地用地
	C_5		医疗卫生用地	医疗、保健、卫生、防疫、康复和急救设施等用地
		C_{51}	医院用地	综合医院和各类专科医院等用地，如妇幼保健院、儿童医院、精神病院、肿瘤医院等
		C_{52}	卫生防疫用地	卫生防疫站、专科防治所、检验中心、急救中心和血库等用地
		C_{53}	休疗养用地	休养所和疗养院等用地，不包括以居住为主的干休所用地，该用地应归入居住用地（R）
	C_6		教育科研设计用地	高等院校、中等专业学校、科学研究和勘测设计机构等用地。不包括中学、小学和幼托用地，该用地应归入居住用地(R)
		C_{61}	高等学校用地	大学、学院、专科学校和独立地段的研究生院等用地，包括军事院校用地
		C_{62}	中等专业学校用地	中等专业学校、技工学校、职业学校等用地，不包括附属于普通中学内的职业高中用地
		C_{63}	成人与业余学校用地	独立地段的电视大学、夜大学、教育学院、党校、干校、业余学校和培训中心等用地
		C_{64}	特殊学校用地	聋、哑、盲人学校及工读学校等用地

续表

类别代号 大类	类别代号 中类	类别代号 小类	类别名称	范围
C	C_6	C_{65}	科研设计用地	科学研究、勘测设计、观察测试、科技信息和科技咨询等机构用地，不包括附设于其它单位内的研究室和设计室等用地
	C_7		文物古迹用地	具有保护价值的古遗址、古墓葬、古建筑、革命遗址等用地。不包括已作其它用途的文物古迹用地，该用地应分别归入相应的用地类别
	C_9		其它公共设施用地	除以上之外的公共设施用地，如宗教活动场所、社会福利院等用地
M			工业用地	工矿企业的生产车间、库房及其附属设施等用地。包括专用的铁路、码头和道路等用地。不包括露天矿用地，该用地应归入水域和其它用地（E）
	M_1		一类工业用地	对居住和公共设施等环境基本无干扰和污染的工业用地，如电子工业、缝纫工业、工艺品制造工业等用地
	M_2		二类工业用地	对居住和公共设施等环境有一定干扰和污染的工业用地，如食品工业、医药制造工业、纺织工业等用地
	M_3		三类工业用地	对居住和公共设施等环境有严重干扰和污染的工业用地，如采掘工业、冶金工业、大中型机械制造工业、化学工业、造纸工业、制革工业、建材工业等用地
W			仓储用地	仓储企业的库房、堆场和包装加工车间及其附属设施等用地

续表

类别代号 大类	中类	小类	类别名称	范围
W	W$_1$		普通仓库用地	以库房建筑为主的储存一般货物的普通仓库用地
	W$_2$		危险品仓库用地	存放易燃、易爆和剧毒等危险品的专用仓库用地
	W$_3$		堆场用地	露天堆放货物为主的仓库用地
T			对外交通用地	铁路、公路、管道运输、港口和机场等城市对外交通运输及其附属设施等用地
	T$_1$		铁路用地	铁路站场和线路等用地
	T$_2$		公路用地	高速公路和一、二、三级公路线路及长途客运站等用地，不包括村镇公路用地，该用地应归入水域和其它用地（E）
		T$_{21}$	高速公路用地	高速公路用地
		T$_{22}$	一、二、三级公路用地	一级、二级和三级公路用地
		T$_{23}$	长途客运站用地	长途客运站用地
	T$_3$		管道运输用地	运输煤炭、石油和天然气等地面管道运输用地
	T$_4$		港口用地	海港和河港的陆域部分，包括码头作业区、辅助生产区和客运站等用地
		T$_{41}$	海港用地	海港港口用地
		T$_{42}$	河港用地	河港港口用地
	T$_5$		机场用地	民用及军民合用的机场用地，包括飞行区、航站区等用地，不包括净空控制范围用地
S			道路广场用地	市级、区级和居住区级的道路、广场和停车场等用地

续表

类别代号 大类	中类	小类	类别名称	范围
S	S$_1$		道路用地	主干路、次干路和支路用地，包括其交叉路口用地；不包括居住用地、工业用地等内部的道路用地
		S$_{11}$	主干路用地	快速干路和主干路用地
		S$_{12}$	次干路用地	次干路用地
		S$_{13}$	支路用地	主次干路间的联系道路用地
		S$_{19}$	其它道路用地	除主次干路和支路外的道路用地，如步行街、自行车专用道等用地
	S$_2$		广场用地	公共活动广场用地，不包括单位内的广场用地
		S$_{21}$	交通广场用地	交通集散为主的广场用地
		S$_{22}$	游憩集会广场用地	游憩、纪念和集会等为主的广场用地
	S$_3$		社会停车场库用地	公共使用的停车场和停车库用地，不包括其它各类用地配建的停车场库用地
		S$_{31}$	机动车停车场库用地	机动车停车场库用地
		S$_{32}$	非机动车停车场库用地	非机动车停车场库用地
U			市政公用设施用地	市级、区级和居住区级的市政公用设施用地，包括其建筑物、构筑物及管理维修设施等用地
	U$_1$		供应设施用地	供水、供电、供燃气和供热等设施用地
		U$_{11}$	供水用地	独立地段的水厂及其附属构筑物用地，包括泵房和调压站等用地
		U$_{12}$	供电用地	变电站所、高压塔基等用地。不包括电厂用地，该用地应归入工业用地（M）。高压走廊下规定的控制范围内的用地，应按其地面实际用途归类

续表

大类	中类	小类	类别名称	范围
U	U₁	U₁₃	供燃气用地	储气站、调压站、罐装站和地面输气管廊等用地，不包括煤气厂用地，该用地应归入工业用地（M）
		U₁₄	供热用地	大型锅炉房，调压、调温站和地面输热管廊等用地
	U₂		交通设施用地	公共交通和货运交通等设施用地
		U₂₁	公共交通用地	公共汽车、出租汽车、有轨电车、无轨电车、轻轨和地下铁道(地面部分)的停车场、保养场、车辆段和首末站等用地，以及轮渡(陆上部分)用地
		U₂₂	货运交通用地	货运公司车队的站场等用地
		U₂₉	其它交通设施用地	除以上之外的交通设施用地，如交通指挥中心、交通队、教练场、加油站、汽车维修站等用地
	U₃		邮电设施用地	邮政、电信和电话等设施用地
	U₄		环境卫生设施用地	环境卫生设施用地
		U₄₁	雨水、污水处理用地	雨水、污水泵站、排渍站、处理厂、地面专用排水管廊等用地，不包括排水河渠用地，该用地应归入水域和其它用地（E）
		U₄₂	粪便垃圾处理用地	粪便、垃圾的收集、转运、堆放、处理等设施用地
	U₅		施工与维修设施用地	房屋建筑、设备安装、市政工程、绿化和地下构筑物等施工及养护维修设施等用地
	U₆		殡葬设施用地	殡仪馆、火葬场、骨灰存放处和墓地等设施用地

续表

大类	中类	小类	类别名称	范围
U	U₉		其它市政公用设施用地	除以上之外的市政公用设施用地，如消防、防洪等设施用地
G			绿地	市级、区级和居住区级的公共绿地及生产防护绿地，不包括专用绿地、园地和林地
	G₁		公共绿地	向公众开放，有一定游憩设施的绿化用地，包括其范围内的水域
		G₁₁	公园	综合性公园、纪念性公园、儿童公园、动物园、植物园、古典园林、风景名胜公园和居住区小公园等用地
		G₁₂	街头绿地	沿道路、河湖、海岸和城墙等，设有一定游憩设施或起装饰性作用的绿化用地
	G₂		生产防护绿地	园林生产绿地和防护绿地
		G₂₁	园林生产绿地	提供苗木、草皮和花卉的圃地
		G₂₂	防护绿地	用于隔离、卫生和安全的防护林带及绿地
D			特殊用地	特殊性质的用地
	D₁		军事用地	直接用于军事目的的军事设施用地，如指挥机关、营区、训练场、试验场、军用机场、港口、码头、军用洞库、仓库、军用通信、侦察、导航、观测台站等用地，不包括部队家属生活区等用地
	D₂		外事用地	外国驻华使馆、领事馆及其生活设施等用地
	D₃		保安用地	监狱、拘留所、劳改场所和安全保卫部门等用地。不包括公安局和公安分局，该用地应归入公共设施用地（C）

续表

类别代号			类别名称	范　　围
大类	中类	小类		
E			水域和其它用地	除以上各大类用地之外的用地
	E_1		水　域	江、河、湖、海、水库、苇地、滩涂和渠道等水域，不包括公共绿地及单位内的水域
	E_2		耕　地	种植各种农作物的土地
		E_{21}	菜　地	种植蔬菜为主的耕地，包括温室、塑料大棚等用地
		E_{22}	灌溉水田	有水源保证和灌溉设施，在一般年景能正常灌溉，用以种植水稻、莲藕、席草等水生作物的耕地
		E_{29}	其它耕地	除以上之外的耕地
	E_3		园　地	果园、桑园、茶园、橡胶园等园地
	E_4		林　地	生长乔木、竹类、灌木、沿海红树林等林木的土地
	E_5		牧草地	生长各种牧草的土地
	E_6		村镇建设用地	集镇、村庄等农村居住点生产和生活的各类建设用地
		E_{61}	村镇居住用地	以农村住宅为主的用地，包括住宅、公共服务设施和道路等用地
		E_{62}	村镇企业用地	村镇企业及其附属设施用地
		E_{63}	村镇公路用地	村镇与城市、村镇与村镇之间的公路用地
		E_{69}	村镇其它用地	村镇其它用地
	E_7		弃置地	由于各种原因未使用或尚不能使用的土地，如裸岩、石砾地、陡坡地、塌陷地、盐碱地、沙荒地、沼泽地、废窑坑等
	E_8		露天矿用地	各种矿藏的露天开采用地

第三章　城市用地计算原则

第 3.0.1 条　在计算城市现状和规划的用地时，应统一以城市总体规划用地的范围为界进行汇总统计。

第 3.0.2 条　分片布局的城市应先按本标准第3.0.1条的规定分片计算用地，再进行汇总。

第 3.0.3 条　城市用地应按平面投影面积计算。每块用地只计算一次，不得重复计算。

第 3.0.4 条　城市总体规划用地应采用一万分之一或五千分之一比例尺的图纸进行分类计算，分区规划用地应采用五千分之一或二千分之一比例尺的图纸进行分类计算。现状和规划的用地计算应采用同一比例尺的图纸。

第 3.0.5 条　城市用地的计量单位应为万m^2(公顷)。数字统计精确度应根据图纸比例尺确定：一万分之一图纸应取正整数，五千分之一图纸应取小数点后一位数，二千分之一图纸应取小数点后两位数。

第 3.0.6 条　城市总体规划用地的数据计算应统一按附录三附表的格式进行汇总。

第四章 规划建设用地标准

第 4.0.1 条 编制和修订城市总体规划应以本标准作为城市建设用地（以下简称建设用地）的远期规划控制标准。城市建设用地应包括分类中的居住用地、公共设施用地、工业用地、仓储用地、对外交通用地、道路广场用地、市政公用设施用地、绿地和特殊用地九大类用地，不应包括水域和其它用地。

第 4.0.2 条 在计算建设用地标准时。人口计算范围必须与用地计算范围相一致，人口数宜以非农业人口数为准。

第 4.0.3 条 规划建设用地标准应包括规划人均建设用地指标、规划人均单项建设用地指标和规划建设用地结构三部分。

第一节 规划人均建设用地指标

第 4.1.1 条 规划人均建设用地指标的分级应符合表4.1.1的规定。

规划人均建设用地指标分级　　表 4.1.1

指 标 级 别	用 地 指 标（m²/人）
I	60.1～75.0
II	75.1～90.0
III	90.1～105.0
IV	105.1～120.0

第 4.1.2 条 新建城市的规划人均建设用地指标宜在第Ⅲ级内确定；当城市的发展用地偏紧时，可在第Ⅱ级内确定。

第 4.1.3 条 现有城市的规划人均建设用地指标，应根据现状人均建设用地水平，按表4.1.3的规定确定。所采用的规划人均建设用地指标应同时符合表中指标级别和允许调整幅度双因子的限制要求。调整幅度是指规划人均建设用地比现状人均建设用地增加或减少的数值。

现有城市的规划人均建设用地指标　　表 4.1.3

现状人均建设用地水平（m²/人）	允许采用的规划指标		允许调整幅度（m²/人）
	指标级别	规划人均建设用地指标（m²/人）	
≤60.0	I	60.1～75.0	＋0.1～＋25.0
60.1～75.0	I	60.1～75.0	＞0
	II	75.1～90.0	＋0.1～＋20.0
75.1～90.0	II	75.1～90.0	不　限
	III	90.1～105.0	＋0.1～＋15.0
90.1～105.0	II	75.1～90.0	－15.0～0
	III	90.1～105.0	不　限
	IV	105.1～120.0	＋0.1～＋15.0
105.1～120.0	III	90.1～105.0	－20.0～0
	IV	105.1～120.0	不　限
＞120.0	III	90.1～105.0	＜0
	IV	105.1～120.0	＜0

第 4.1.4 条 首都和经济特区城市的规划人均建设用

地指标宜在第Ⅳ级内确定；当经济特区城市的发展用地偏紧时，可在第Ⅲ级内确定。

第4.1.5条 边远地区和少数民族地区中地多人少的城市，可根据实际情况确定规划人均建设用地指标，但不得大于150.0m²/人。

第二节 规划人均单项建设用地指标

第4.2.1条 编制和修订城市总体规划时，居住、工业、道路广场和绿地四大类主要用地的规划人均单项用地指标应符合表4.2.1的规定。

规划人均单项建设用地指标　　　表4.2.1

类　别　名　称	用　地　指　标（m²/人）
居住用地	18.0～28.0
工业用地	10.0～25.0
道路广场用地	7.0～15.0
绿　　地	≥9.0
其中：公共绿地	≥7.0

第4.2.2条 规划人均建设用地指标为第Ⅰ级，有条件建造部分中高层住宅的大中城市，其规划人均居住用地指标可适当降低，但不得少于16.0m²/人。

第4.2.3条 大城市的规划人均工业用地指标宜采用下限；设有大中型工业项目的中小工矿城市，其规划人均工业用地指标可适当提高，但不宜大于30.0m²/人。

第4.2.4条 规划人均建设用地指标为第Ⅰ级的城市，其规划人均公共绿地指标可适当降低，但不得小于5.0m²/人。

第4.2.5条 其它各大类建设用地的规划指标可根据城市具体情况确定。

第三节 规划建设用地结构

第4.3.1条 编制和修订城市总体规划时，居住、工业、道路广场和绿地四大类主要用地占建设用地的比例应符合表4.3.1的规定。

规划建设用地结构　　　表4.3.1

类　别　名　称	占建设用地的比例（%）
居住用地	20～32
工业用地	15～25
道路广场用地	8～15
绿　　地	8～15

第4.3.2条 大城市工业用地占建设用地的比例宜取规定的下限；设有大中型工业项目的中小工矿城市，其工业用地占建设用地的比例可大于25%，但不宜超过30%。

第4.3.3条 规划人均建设用地指标为第Ⅳ级的小城市，其道路广场用地占建设用地的比例宜取下限。

第4.3.4条 风景旅游城市及绿化条件较好的城市，其绿地占建设用地的比例可大于15%。

第4.3.5条 居住、工业、道路广场和绿地四大类用地总和占建设用地比例宜为60～75%。

第4.3.6条 其它各大类用地占建设用地的比例可根据城市具体情况确定。

附录一　本标准用词说明

一、为便于在执行本标准条文时区别对待，对要求严格程度的用词说明如下：

1. 表示很严格，非这样作不可的用词：

正面词采用"必须"；

反面词采用"严禁"。

2. 表示严格，在正常情况下均应这样作的用词：

正面词采用"应"；

反面词采用"不应"或"不得"。

3. 表示允许稍有选择，在条件许可时首先应这样作的用词：

正面词采用"宜"或"可"；

反面词采用"不宜"。

二、条文中指明应按其它有关标准、规范执行时，写法为"应符合……要求或规定"或"应按……执行"。

附录二　城市用地分类中英文词汇表

代　号 CODES	用地类别中文名称 CHINESE	英文同(近)义词 ENGLISH
R	居住用地	RESIDENTIAL
C	公共设施用地	COMMERCIAL AND PUBLIC FACILITIES
M	工业用地	INDUSTRIAL, MANUFACTU-RING
W	仓储用地	WAREHOUSE
T	对外交通用地	TRANSPORTATION
S	道路广场用地	ROAD, STREET AND SQUARE
U	市政公用设施用地	MUNICIPAL UTILITIES
G	绿　地	GREEN SPACE
D	特殊用地	SPECIALLY DESIGNATED
E	水域和其它用地	WATER AREA AND OTHERS

附录三 城市总体规划用地统计表
统 一 格 式

城市总体规划用地汇总表　　附表一

序号	类别名称		面积 （万m²）	占城市总体规划用地比例 （%）
1	城市总体规划用地			100.0
2	城市建设用地			
3	其中	水域和其它用地		
		水　　域		
		耕　　地		
		园　　地		
		林　　地		
		牧草地		
		村镇建设用地		
		弃置地		
		露天矿用地		

备注：_____年现状非农业人口_____万人
　　　_____年规划非农业人口_____万人

城市建设用地平衡表　　附表二

序号	用地代号	用地名称	面积（万m²）		占城市建设用地（%）		人均（m²/人）	
			现状	规划	现状	规划	现状	规划
1	R	居住用地						
2	C	公共设施用地						
		其中 非市属办公用地						
		教育科研设计用地						
		……						
3	M	工业用地						
4	W	仓储用地						
5	T	对外交通用地						
6	S	道路广场用地						
7	U	市政公用设施用地						
8	G	绿　地						
		其中：公共绿地						
9	D	特殊用地						
合计		城市建设用地			100.0	100.0		

备注：_____年现状非农业人口_____万人
　　　_____年规划非农业人口_____万人

附加说明

本标准主编单位、参加单位和
主要起草人名单

主 编 单 位: 中国城市规划设计研究院

参 编 单 位: 北京市城市规划设计研究院

上海市城市规划设计院

四川省城乡规划设计研究院

辽宁省城乡建设规划设计院

湖北省城市规划设计研究院

陕西省城乡规划设计院

同济大学城市规划系

主要起草人: 蒋大卫　范耀邦　沈福林　吴今露　罗　希

赵崇仁　潘家莹　沈肇裕　石如玼　王继勉

兰继中　吕光珙　曹连群　吴明伟　吴载权

何善权

中华人民共和国国家标准

城市居住区规划设计规范

GB 50180—93

（2002年版）

主编部门：中华人民共和国建设部
批准部门：中华人民共和国建设部
施行日期：１９９４年２月１日

工程建设标准局部修订公告

第31号

关于国家标准《城市居住区规划设计规范》局部修订的公告

根据建设部《关于印发〈一九九八年工程建设国家标准制订、修订计划（第一批）〉的通知》（建标〔1998〕94号）的要求，中国城市规划设计研究院会同有关单位对《城市居住区规划设计规范》GB50180—93进行了局部修订。我部组织有关单位对该规范局部修订的条文进行了共同审查，现予批准，自2002年4月1日起施行。其中，1.0.3、3.0.1、3.0.2、3.0.3、5.0.2（第1款）、5.0.5（第2款）、5.0.6（第1款）、6.0.1、6.0.3、6.0.5、7.0.1、7.0.2（第3款）、7.0.4（第1款的第5项）、7.0.5为强制性条文，必须严格执行。该规范经此次修改的原条文规定同时废止。

中华人民共和国建设部
2002年3月11日

关于发布国家标准《城市居住区规划设计规范》的通知

建标〔1993〕542 号

根据国家计委计综（1987）250 号文的要求，由建设部会同有关部门共同制订的《城市居住区规划设计规范》已经有关部门会审，现批准《城市居住区规划设计规范》GB 50180—93 为强制性国家标准，自一九九四年二月一日起执行。

本标准由建设部负责管理，具体解释等工作由中国城市规划设计研究院负责，出版发行由建设部标准定额研究所负责组织。

中华人民共和国建设部

1993 年 7 月 16 日

前　言

根据建设部建标〔1998〕94 号文件《关于印发"一九九八年工程建设标准制定、修订计划"的通知》要求，对现行国家标准《城市居住区规划设计规范》（以下简称规范）进行局部修订。

本次规范修订主要包括以下几个方面：增补老年人设施和停车场（库）的内容；对分级控制规模、指标体系和公共服务设施的部分内容进行了适当调整；进一步调整完善住宅日照间距的有关规定；与相关规范或标准协调，加强了措辞的严谨性。

修订工作针对我国社会经济发展和市场经济改革中出现的新问题，在原有框架基础上对规范进行了补充调整，部分标准有所提高，对涉及法律纠纷较多的条款提出了严格的限定条件，在使用规范过程中需特别加以注意。

本规范由国家标准《城市居住区规划设计规范》管理组负责解释。在实施过程中如发现有需要修改和补充之处，请将意见和有关资料寄送国家标准《城市居住区规划设计规范》管理组（北京市海淀区三里河路 9 号 中国城市规划设计研究院，邮政编码 100037。

本规范主编单位：中国城市规划设计研究院。

本规范参编单位：北京市城市规划设计研究院、中国建筑技术研究院。

主要起草人员：涂英时、吴晟、刘燕辉、杨振华、赵文凯、张播。

其他参加工作人员：刘国园

目 次

1 总则 …………………………………… 2—3
2 术语、代号 …………………………… 2—4
3 用地与建筑 …………………………… 2—6
4 规划布局与空间环境 ………………… 2—7
5 住宅 …………………………………… 2—8
6 公共服务设施 ………………………… 2—10
7 绿地 …………………………………… 2—13
8 道路 …………………………………… 2—14
9 竖向 …………………………………… 2—16
10 管线综合 …………………………… 2—17
11 综合技术经济指标 ………………… 2—19
附录 A 附图及附表 …………………… 2—22
附录 B 本规范用词说明 ……………… 2—28
附加说明 ………………………………… 2—28
条文说明 ………………………………… 2—29

1 总 则

1.0.1 为确保居民基本的居住生活环境，经济、合理、有效地使用土地和空间，提高居住区的规划设计质量，制定本规范。

1.0.2 本规范适用于城市居住区的规划设计。

1.0.3 居住区按居住户数或人口规模可分为居住区、小区、组团三级。各级标准控制规模，应符合表 1.0.3 的规定。

表 1.0.3　　　　居住区分级控制规模

	居住区	小区	组团
户数（户）	10000～16000	3000～5000	300～1000
人口（人）	30000～50000	10000～15000	1000～3000

1.0.3a 居住区的规划布局形式可采用居住区-小区-组团、居住区-组团、小区-组团及独立式组团等多种类型。

1.0.4 居住区的配建设施，必须与居住人口规模相对应。其配建设施的面积总指标，可根据规划布局形式统一安排、灵活使用。

1.0.5 居住区的规划设计，应遵循下列基本原则：

　　1.0.5.1 符合城市总体规划的要求；

　　1.0.5.2 符合统一规划、合理布局、因地制宜、综合开发、配套建设的原则；

　　1.0.5.3 综合考虑所在城市的性质、社会经济、气候、民族、习俗和传统风貌等地方特点和规划用地周围的环境条件，充分利用规划用地内有保留价值的河湖水域、地形地物、植被、道路、建筑物与构筑物等，并将其纳入规划；

1.0.5.4 适应居民的活动规律，综合考虑日照、采光、通风、防灾、配建设施及管理要求，创造安全、卫生、方便、舒适和优美的居住生活环境；

1.0.5.5 为老年人、残疾人的生活和社会活动提供条件；

1.0.5.6 为工业化生产、机械化施工和建筑群体、空间环境多样化创造条件；

1.0.5.7 为商品化经营、社会化管理及分期实施创造条件；

1.0.5.8 充分考虑社会、经济和环境三方面的综合效益；

1.0.6 居住区规划设计除符合本规范外，尚应符合国家现行的有关法律、法规和强制性标准的规定。

2 术语、代号

2.0.1 城市居住区

一般称居住区，泛指不同居住人口规模的居住生活聚居地和特指城市干道或自然分界线所围合，并与居住人口规模（30000～50000 人）相对应，配建有一整套较完善的、能满足该区居民物质与文化生活所需的公共服务设施的居住生活聚居地。

2.0.2 居住小区

一般称小区，是指被城市道路或自然分界线所围合，并与居住人口规模（10000～15000 人）相对应，配建有一套能满足该区居民基本的物质与文化生活所需的公共服务设施的居住生活聚居地。

2.0.3 居住组团

一般称组团，指一般被小区道路分隔，并与居住人口规模（1000～3000 人）相对应，配建有居民所需的基层公共服务设施的居住生活聚居地。

2.0.4 居住区用地（R）

住宅用地、公建用地、道路用地和公共绿地等四项用地的总称。

2.0.5 住宅用地（R01）

住宅建筑基底占地及其四周合理间距内的用地（含宅间绿地和宅间小路等）的总称。

2.0.6 公共服务设施用地（R02）

一般称公建用地，是与居住人口规模相对应配建的、为居民服务和使用的各类设施的用地，应包括建筑基底占地及其所属场院、绿地和配建停车场等。

2.0.7 道路用地（R03）

居住区道路、小区路、组团路及非公建配建的居民汽车地面停放场地。

2.0.8 居住区（级）道路

一般用以划分小区的道路。在大城市中通常与城市支路同级。

2.0.9 小区（级）路

一般用以划分组团的道路。

2.0.10 组团（级）路

上接小区路、下连宅间小路的道路。

2.0.11 宅间小路

住宅建筑之间连接各住宅入口的道路。

2.0.12 公共绿地（R04）

满足规定的日照要求、适合于安排游憩活动设施的、供居民共享的集中绿地，包括居住区公园、小游园和组团绿地及其他块状带状绿地等。

2.0.13 配建设施

与人口规模或与住宅规模相对应配套建设的公共服务设施、道路和公共绿地的总称。

2.0.14 其他用地（E）

规划范围内除居住区用地以外的各种用地，应包括非直接为本区居民配建的道路用地、其他单位用地、保留的自然村或不可建设用地等。

2.0.15 公共活动中心

配套公建相对集中的居住区中心、小区中心和组团中心等。

2.0.16 道路红线

城市道路（含居住区级道路）用地的规划控制线。

2.0.17 建筑线

一般称建筑控制线，是建筑物基底位置的控制线。

2.0.18 日照间距系数

根据日照标准确定的房屋间距与遮挡房屋檐高的比值。

2.0.19 建筑小品

既有功能要求，又具有点缀、装饰和美化作用的、从属于某一建筑空间环境的小体量建筑、游憩观赏设施和指示性标志物等的统称。

2.0.20 住宅平均层数

住宅总建筑面积与住宅基底总面积的比值（层）。

2.0.21 高层住宅（大于等于10层）比例

高层住宅总建筑面积与住宅总建筑面积的比率（%）。

2.0.22 中高层住宅（7~9层）比例

中高层住宅总建筑面积与住宅总建筑面积的比率（%）。

2.0.23 人口毛密度

每公顷居住区用地上容纳的规划人口数量（人/hm^2）。

2.0.24 人口净密度

每公顷住宅用地上容纳的规划人口数量（人/hm^2）。

2.0.25 住宅建筑套密度（毛）

每公顷居住区用地上拥有的住宅建筑套数（套/hm^2）。

2.0.26 住宅建筑套密度（净）

每公顷住宅用地上拥有的住宅建筑套数（套/hm^2）。

2.0.27 住宅建筑面积毛密度

每公顷居住区用地上拥有的住宅建筑面积(万 m^2/hm^2)。

2.0.28　住宅建筑面积净密度

每公顷住宅用地上拥有的住宅建筑面积（万 m²/hm²）。

2.0.29　建筑面积毛密度

也称容积率，是每公顷居住区用地上拥有的各类建筑的建筑面积（万 m²/hm²）或以居住区总建筑面积（万 m²）与居住区用地（万 m²）的比值表示。

2.0.30　住宅建筑净密度

住宅建筑基底总面积与住宅用地面积的比率（%）。

2.0.31　建筑密度

居住区用地内，各类建筑的基底总面积与居住区用地面积的比率（%）。

2.0.32　绿地率

居住区用地范围内各类绿地面积的总和占居住区用地面积的比率（%）。

绿地应包括：公共绿地、宅旁绿地、公共服务设施所属绿地和道路绿地（即道路红线内的绿地），其中包括满足当地植树绿化覆土要求、方便居民出入的地下或半地下建筑的屋顶绿地，不应包括其他屋顶、晒台的人工绿地。

2.0.32a　停车率

指居住区内居民汽车的停车位数量与居住户数的比率（%）。

2.0.32b　地面停车率

居民汽车的地面停车位数量与居住户数的比率（%）。

2.0.33　拆建比

拆除的原有建筑总面积与新建的建筑总面积的比值。

2.0.34　（取消该条）

2.0.35　（取消该条）

3　用 地 与 建 筑

3.0.1　居住区规划总用地，应包括居住区用地和其他用地两类。其各类、项用地名称可采用本规范第 2 章规定的代号标示。

3.0.2　居住区用地构成中，各项用地面积和所占比例应符合下列规定：

　3.0.2.1　居住区用地平衡表的格式，应符合本规范附录 A，第 A.0.5 条的要求。参与居住区用地平衡的用地应为构成居住区用地的四项用地，其他用地不参与平衡；

　3.0.2.2　居住区内各项用地所占比例的平衡控制指标，应符合表 3.0.2 的规定。

表 3.0.2　　　居住区用地平衡控制指标　（%）

用地构成	居住区	小区	组团
1. 住宅用地（R01）	50～60	55～65	70～80
2. 公建用地（R02）	15～25	12～22	6～12
3. 道路用地（R03）	10～18	9～17	7～15
4. 公共绿地（R04）	7.5～18	5～15	3～6
居住区用地（R）	100	100	100

3.0.3　人均居住区用地控制指标，应符合表 3.0.3 规定。

表 3.0.3　　　人均居住区用地控制指标　　　（m²/人）

居住规模	层　数	建筑气候区划		
		Ⅰ、Ⅱ、Ⅵ、Ⅶ	Ⅲ、Ⅴ	Ⅳ
居住区	低　层	33～47	30～43	28～40
	多　层	20～28	19～27	18～25
	多层、高层	17～26	17～26	17～26

续表

居住规模	层 数	建筑气候区划		
		Ⅰ、Ⅱ、Ⅵ、Ⅶ	Ⅲ、Ⅴ	Ⅳ
小 区	低层	30~43	28~40	26~37
	多层	20~28	19~26	18~25
	中高层	17~24	15~22	14~20
	高层	10~15	10~15	10~15
组 团	低层	25~35	23~32	21~30
	多层	16~23	15~22	14~20
	中高层	14~20	13~18	12~16
	高层	8~11	8~11	8~11

注：本表各项指标按每户3.2人计算。

3.0.4 居住区内建筑应包括住宅建筑和公共服务设施建筑（也称公建）两部分；在居住区规划用地内的其他建筑的设置，应符合无污染不扰民的要求。

4 规划布局与空间环境

4.0.1 居住区的规划布局，应综合考虑周边环境、路网结构、公建与住宅布局、群体组合、绿地系统及空间环境等的内在联系，构成一个完善的、相对独立的有机整体，并应遵循下列原则：

4.0.1.1 方便居民生活，有利安全防卫和物业管理；

4.0.1.2 组织与居住人口规模相对应的公共活动中心，方便经营、使用和社会化服务；

4.0.1.3 合理组织人流、车流和车辆停放，创造安全、安静、方便的居住环境；

4.0.1.4 （取消该款）

4.0.2 居住区的空间与环境设计，应遵循下列原则：

4.0.2.1 规划布局和建筑应体现地方特色，与周围环境相协调；

4.0.2.2 合理设置公共服务设施，避免烟、气（味）、尘及噪声对居民的污染和干扰；

4.0.2.3 精心设置建筑小品，丰富与美化环境；

4.0.2.4 注重景观和空间的完整性，市政公用站点等宜与住宅或公建结合安排；供电、电讯、路灯等管线宜地下埋设；

4.0.2.5 公共活动空间的环境设计，应处理好建筑、道路、广场、院落、绿地和建筑小品之间及其与人的活动之间的相互关系。

4.0.3 便于寻访、识别和街道命名。

4.0.4 在重点文物保护单位和历史文化保护区保护规划范围内进行住宅建设，其规划设计必须遵循保护规划的指导；居住区内的各级文物保护单位和古树名木必须依法予以保护；在文物保护单位的建设控制地带内的新建建筑和构筑物，不得破坏文物保护单位的环境风貌。

5 住　宅

5.0.1 住宅建筑的规划设计，应综合考虑用地条件、选型、朝向、间距、绿地、层数与密度、布置方式、群体组合、空间环境和不同使用者的需要等因素确定。

5.0.1A 宜安排一定比例的老年人居住建筑。

5.0.2 住宅间距，应以满足日照要求为基础，综合考虑采光、通风、消防、防灾、管线埋设、视觉卫生等要求确定。

　5.0.2.1 住宅日照标准应符合表 5.0.2-1 规定；对于特定情况还应符合下列规定：

　　(1) 老年人居住建筑不应低于冬至日日照 2 小时的标准；

　　(2) 在原设计建筑外增加任何设施不应使相邻住宅原有日照标准降低；

　　(3) 旧区改建的项目内新建住宅日照标准可酌情降低，但不应低于大寒日日照 1 小时的标准。

表 5.0.2-1　　　　　　住宅建筑日照标准

建筑气候区划	Ⅰ、Ⅱ、Ⅲ、Ⅶ气候区		Ⅳ气候区		Ⅴ、Ⅵ气候区
	大城市	中小城市	大城市	中小城市	
日照标准日	大　寒　日			冬　至　日	
日照时数（h）	≥2		≥3		≥1
有效日照时间带（h）	8～16			9～15	
日照时间计算起点	底　层　窗　台　面				

注：①建筑气候区划应符合本规范附录 A 第 A.0.1 条的规定。

　　②底层窗台面是指距室内地坪 0.9m 高的外墙位置。

5.0.2.2 正面间距，可按日照标准确定的不同方位的日照间距系数控制，也可采用表5.0.2-2不同方位间距折减系数换算。

表 5.0.2-2　　　　不同方位间距折减换算表

方位	0°～15°(含)	15°～30°(含)	30°～45°(含)	45°～60°(含)	>60°
折减值	1.00L	0.90L	0.80L	0.90L	0.95L

注：①表中方位为正南向（0°）偏东、偏西的方位角。
②L为当地正南向住宅的标准日照间距（m）。
③本表指标仅适用于无其他日照遮挡的平行布置条式住宅之间。

5.0.2.3 住宅侧面间距，应符合下列规定：
（1）条式住宅，多层之间不宜小于6m；高层与各种层数住宅之间不宜小于13m；
（2）高层塔式住宅、多层和中高层点式住宅与侧面有窗的各种层数住宅之间应考虑视觉卫生因素，适当加大间距。

5.0.3 住宅布置，应符合下列规定：

5.0.3.1 选用环境条件优越的地段布置住宅，其布置应合理紧凑；

5.0.3.2 面街布置的住宅，其出入口应避免直接开向城市道路和居住区级道路；

5.0.3.3 在Ⅰ、Ⅱ、Ⅵ、Ⅶ建筑气候区，主要应利于住宅冬季的日照、防寒、保温与防风沙的侵袭；在Ⅲ、Ⅳ建筑气候区，主要应考虑住宅夏季防热和组织自然通风、导风入室的要求；

5.0.3.4 在丘陵和山区，除考虑住宅布置与主导风向的关系外，尚应重视因地形变化而产生的地方风对住宅建筑防寒、保温或自然通风的影响；

5.0.3.5 老年人居住建筑宜靠近相关服务设施和公共绿地。

5.0.4 住宅的设计标准，应符合现行国家标准《住宅设计规范》GB 50096—99的规定，宜采用多种户型和多种面积标准。

5.0.5 住宅层数，应符合下列规定：

5.0.5.1 根据城市规划要求和综合经济效益，确定经济的住宅层数与合理的层数结构；

5.0.5.2 无电梯住宅不应超过六层。在地形起伏较大的地区，当住宅分层入口时，可按进入住宅后的单程上或下的层数计算。

5.0.6 住宅净密度，应符合下列规定：

5.0.6.1 住宅建筑净密度的最大值，不应超过表5.0.6-1规定；

表 5.0.6-1　　住宅建筑净密度控制指标（%）

住宅层数	建筑气候区划		
	Ⅰ、Ⅱ、Ⅵ、Ⅶ	Ⅲ、Ⅴ	Ⅳ
低 层	35	40	43
多 层	28	30	32
中高层	25	28	30
高 层	20	20	22

注：混合层取两者的指标值作为控制指标的上、下限值。

5.0.6.2 住宅建筑面积净密度的最大值，不宜超过表5.0.6-2规定。

表 5.0.6-2　　住宅建筑面积净密度控制指标（万 m²/hm²）

住宅层数	建筑气候区别		
	Ⅰ、Ⅱ、Ⅵ、Ⅶ	Ⅲ、Ⅴ	Ⅳ
低　层	1.10	1.20	1.30
多　层	1.70	1.80	1.90
中高层	2.00	2.20	2.40
高　层	3.50	3.50	3.50

注：①混合层取两者的指标值作为控制指标的上、下限值；
　　②本表不计入地下层面积。

6　公共服务设施

6.0.1　居住区公共服务设施（也称配套公建），应包括：教育、医疗卫生、文化体育、商业服务、金融邮电、社区服务、市政公用和行政管理及其他八类设施。

6.0.2　居住区配套公建的配建水平，必须与居住人口规模相对应。并应与住宅同步规划、同步建设和同时投入使用。

6.0.3　居住区配套公建的项目，应符合本规范附录 A 第 A.0.6 条规定。配建指标，应以表 6.0.3 规定的千人总指标和分类指标控制，并应遵循下列原则：

　6.0.3.1　各地应按表 6.0.3 中规定所确定的本规范附录 A 第 A.0.6 条中有关项目及其具体指标控制；

　6.0.3.2　本规范附录 A 第 A.0.6 条和表 6.0.3 在使用时可根据规划布局形式和规划用地四周的设施条件，对配建项目进行合理的归并、调整，但不应少于与其居住人口规模相对应的千人总指标；

　6.0.3.3　当规划用地内的居住人口规模界于组团和小区之间或小区和居住区之间时，除配建下一级应配建的项目外，还应根据所增人数及规划用地周围的设施条件，增配高一级的有关项目及增加有关指标；

　6.0.3.4　（取消该款）

　6.0.3.5　（取消该款）

　6.0.3.6　旧区改建和城市边缘的居住区，其配建项目与千人总指标可酌情增减，但应符合当地城市规划行政主管部

表 6.0.3　　　　　　　　　公共服务设施控制指标（m²/千人）

类　别	居住规模	居　住　区		小　区		组　团	
		建筑面积	用地面积	建筑面积	用地面积	建筑面积	用地面积
总指标		1668～3293 (2228～4213)	2172～5559 (2762～6329)	968～2397 (1338～2977)	1091～3835 (1491～4585)	362～856 (703～1356)	488～1058 (868～1578)
其 中	教　育	600～1200	1000～2400	330～1200	700～2400	160～400	300～500
	医疗卫生 （含医院）	78～198 (178～398)	138～378 (298～548)	38～98	78～228	6～20	12～40
	文　体	125～245	225～645	45～75	65～105	18～24	40～60
	商业服务	700～910	600～940	450～570	100～600	150～370	100～400
	社区服务	59～464	76～668	59～292	76～328	19～32	16～28
	金融邮电 （含银行、邮电局）	20～30 (60～80)	25～50	16～22	22～34	—	—
	市政公用 （含居民存车处）	40～150 (460～820)	70～360 (500～960)	30～140 (400～720)	50～140 (450～760)	9～10 (350～510)	20～30 (400～550)
	行政管理及其他	46～96	37～72	—	—	—	—

注：①居住区级指标含小区和组团级指标，小区级含组团级指标；
　　②公共服务设施总用地的控制指标应符合表 3.0.2 规定；
　　③总指标未含其他类，使用时应根据规划设计要求确定本类面积指标；
　　④小区医疗卫生类未含门诊所；
　　⑤市政公用类未含锅炉房，在采暖地区应自选确定。

门的有关规定；

6.0.3.7 凡国家确定的一、二类人防重点城市均应按国家人防部门的有关规定配建防空地下室，并应遵循平战结合的原则，与城市地下空间规划相结合，统筹安排。将居住区使用部分的面积，按其使用性质纳入配套公建；

6.0.3.8 居住区配套公建各项目的设置要求，应符合本规范附录 A 第 A.0.7 条的规定。对其中的服务内容可酌情选用。

6.0.4 居住区配套公建各项目的规划布局，应符合下列规定：

6.0.4.1 根据不同项目的使用性质和居住区的规划布局形式，应采用相对集中与适当分散相结合的方式合理布局。并应利于发挥设施效益，方便经营管理、使用和减少干扰；

6.0.4.2 商业服务与金融邮电、文体等有关项目宜集中布置，形成居住区各级公共活动中心；

6.0.4.3 基层服务设施的设置应方便居民，满足服务半径的要求；

6.0.4.4 配套公建的规划布局和设计应考虑发展需要。

6.0.5 居住区内公共活动中心、集贸市场和人流较多的公共建筑，必须相应配建公共停车场（库），并应符合下列规定：

6.0.5.1 配建公共停车场（库）的停车位控制指标，应符合表 6.0.5 规定；

表 6.0.5 配建公共停车场（库）停车位控制指标

名　称	单　位	自行车	机动车
公共中心	车位/100m² 建筑面积	≥7.5	≥0.45
商业中心	车位/100m² 营业面积	≥7.5	≥0.45

续表

名　称	单　位	自行车	机动车
集贸市场	车位/100m² 营业场地	≥7.5	≥0.30
饮食店	车位/100m² 营业面积	≥3.6	≥0.30
医院、门诊所	车位/100m² 建筑面积	≥1.5	≥0.30

注：①本表机动车停车车位以小型汽车为标准当量表示；
　　②其他各型车辆停车位的换算办法，应符合本规范第 11 章中有关规定。

6.0.5.2 配建公共停车场（库）应就近设置，并宜采用地下或多层车库。

7 绿 地

7.0.1 居住区内绿地,应包括公共绿地、宅旁绿地、配套公建所属绿地和道路绿地,其中包括了满足当地植树绿化覆土要求、方便居民出入的地下或半地下建筑的屋顶绿地。

7.0.2 居住区内绿地应符合下列规定:

7.0.2.1 一切可绿化的用地均应绿化,并宜发展垂直绿化;

7.0.2.2 宅间绿地应精心规划与设计;宅间绿地面积的计算办法应符合本规范第11章中有关规定;

7.0.2.3 绿地率:新区建设不应低于30%;旧区改建不宜低于25%。

7.0.3 居住区内的绿地规划,应根据居住区的规划布局形式、环境特点及用地的具体条件,采用集中与分散相结合,点、线、面相结合的绿地系统。并宜保留和利用规划范围内的已有树木和绿地。

7.0.4 居住区内的公共绿地,应根据居住区不同的规划布局形式设置相应的中心绿地,以及老年人、儿童活动场地和其他的块状、带状公共绿地等,并应符合下列规定:

7.0.4.1 中心绿地的设置应符合下列规定:

(1) 符合表7.0.4-1规定,表内"设置内容"可视具体条件选用;

(2) 至少应有一个边与相应级别的道路相邻;

(3) 绿化面积(含水面)不宜小于70%;

表7.0.4-1 各级中心绿地设置规定

中心绿地名称	设置内容	要求	最小规模（hm²）
居住区公园	花木草坪、花坛水面、凉亭雕塑、小卖茶座、老幼设施、停车场地和铺装地面等	园内布局应有明确的功能划分	1.00
小游园	花木草坪、花坛水面、雕塑、儿童设施和铺装地面等	园内布局应有一定的功能划分	0.40
组团绿地	花木草坪、桌椅、简易儿童设施等	灵活布局	0.04

(4) 便于居民休憩、散步和交往之用,宜采用开敞式,以绿篱或其他通透式院墙栏杆作分隔;

(5) 组团绿地的设置应满足有不少于1/3的绿地面积在标准的建筑日照阴影线范围之外的要求,并便于设置儿童游戏设施和适于成人游憩活动。其中院落式组团绿地的设置还应同时满足表7.0.4-2中的各项要求,其面积计算起止界应符合本规范第11章中有关规定;

表7.0.4-2 院落式组团绿地设置规定

封闭型绿地		开敞型绿地	
南侧多层楼	南侧高层楼	南侧多层楼	南侧高层楼
$L \geq 1.5L_2$ $L \geq 30m$	$L \geq 1.5L_2$ $L \geq 50m$	$L \geq 1.5L_2$ $L \geq 30m$	$L \geq 1.5L_2$ $L \geq 50m$
$S_1 \geq 800m^2$	$S_1 \geq 1800m^2$	$S_1 \geq 500m^2$	$S_1 \geq 1200m^2$
$S_2 \geq 1000m^2$	$S_2 \geq 2000m^2$	$S_2 \geq 600m^2$	$S_2 \geq 1400m^2$

注:① L——南北两楼正面间距(m);

L_2——当地住宅的标准日照间距(m);

S_1——北侧为多层楼的组团绿地面积(m²);

S_2——北侧为高层楼的组团绿地面积(m²)。

②开敞型院落式组团绿地应符合本规范附录A第A.0.4条规定。

7.0.4.2 其他块状带状公共绿地应同时满足宽度不小于8m，面积不小于400m² 和本条第 1 款 (2)、(3)、(4) 项及第 (5) 项中的日照环境要求；

7.0.4.3 公共绿地的位置和规模，应根据规划用地周围的城市级公共绿地的布局综合确定。

7.0.5 居住区内公共绿地的总指标，应根据居住人口规模分别达到：组团不少于 **0.5m²/人**，小区（含组团）不少于 **1m²/人**，居住区（含小区与组团）不少于 **1.5m²/人**，并应根据居住区规划布局形式统一安排、灵活使用。

旧区改建可酌情降低，但不得低于相应指标的**70%**。

8 道 路

8.0.1 居住区的道路规划，应遵循下列原则：

8.0.1.1 根据地形、气候、用地规模、用地四周的环境条件、城市交通系统以及居民的出行方式，应选择经济、便捷的道路系统和道路断面形式；

8.0.1.2 小区内应避免过境车辆的穿行，道路通而不畅、避免往返迂回，并适于消防车、救护车、商店货车和垃圾车等的通行；

8.0.1.3 有利于居住区内各类用地的划分和有机联系，以及建筑物布置的多样化；

8.0.1.4 当公共交通线路引入居住区级道路时，应减少交通噪声对居民的干扰；

8.0.1.5 在地震烈度不低于六度的地区，应考虑防灾救灾要求；

8.0.1.6 满足居住区的日照通风和地下工程管线的埋设要求；

8.0.1.7 城市旧区改建，其道路系统应充分考虑原有道路特点，保留和利用有历史文化价值的街道；

8.0.1.8 应便于居民汽车的通行，同时保证行人、骑车人的安全便利。

8.0.1.9 （取消该款）

8.0.2 居住区内道路可分为：居住区道路、小区路、组团路和宅间小路四级。其道路宽度，应符合下列规定：

8.0.2.1 居住区道路：红线宽度不宜小于20m；

8.0.2.2 小区路：路面宽6～9m，建筑控制线之间的宽度，需敷设供热管线的不宜小于14m；无供热管线的不宜小于10m；

8.0.2.3 组团路：路面宽3～5m；建筑控制线之间的宽度，需敷设供热管线的不宜小于10m；无供热管线的不宜小于8m；

8.0.2.4 宅间小路；路面宽不宜小于2.5m；

8.0.2.5 在多雪地区，应考虑堆积清扫道路积雪的面积，道路宽度可酌情放宽，但应符合当地城市规划行政主管部门的有关规定。

8.0.3 居住区内道路纵坡规定，应符合下列规定：

8.0.3.1 居住区内道路纵坡控制指标应符合表8.0.3的规定；

表8.0.3　居住区内道路纵坡控制指标（%）

道路类别	最小纵坡	最大纵坡	多雪严寒地区最大纵坡
机动车道	≥0.2	≤8.0 $L≤200m$	≤5.0 $L≤600m$
非机动车道	≥0.2	≤3.0 $L≤50m$	≤2.0 $L≤100m$
步行道	≥0.2	≤8.0	≤4.0

注：L为坡长（m）。

8.0.3.2 机动车与非机动车混行的道路，其纵坡宜按非机动车道要求，或分段按非机动车道要求控制。

8.0.4 山区和丘陵地区的道路系统规划设计，应遵循下列原则：

8.0.4.1 车行与人行宜分开设置自成系统；

8.0.4.2 路网格式应因地制宜；

8.0.4.3 主要道路宜平缓；

8.0.4.4 路面可酌情缩窄，但应安排必要的排水边沟和会车位，并应符合当地城市规划行政主管部门的有关规定。

8.0.5 居住区内道路设置，应符合下列规定：

8.0.5.1 小区内主要道路至少应有两个出入口；居住区内主要道路至少应有两个方向与外围道路相连；机动车道对外出入口间距不应小于150m。沿街建筑物长度超过150m时，应设不小于4m×4m的消防车通道。人行出口间距不宜超过80m，当建筑物长度超过80m时，应在底层加设人行通道；

8.0.5.2 居住区内道路与城市道路相接时，其交角不宜小于75°；当居住区内道路坡度较大时，应设缓冲段与城市道路相接；

8.0.5.3 进入组团的道路，既应方便居民出行和利于消防车、救护车的通行，又应维护院落的完整性和利于治安保卫；

8.0.5.4 在居住区内公共活动中心，应设置为残疾人通行的无障碍通道。通行轮椅车的坡道宽度不应小于2.5m，纵坡不应大于2.5%；

8.0.5.5 居住区内尽端式道路的长度不宜大于120m，并应在尽端设不小于12m×12m的回车场地；

8.0.5.6 当居住区内用地坡度大于8%时，应辅以梯步解决竖向交通，并宜在梯步旁附设推行自行车的坡道；

8.0.5.7 在多雪严寒的山坡地区，居住区内道路路面应考虑防滑措施；在地震设防地区，居住区内的主要道路，宜采用柔性路面；

8.0.5.8 居住区内道路边缘至建筑物、构筑物的最小距离，应符合表8.0.5规定；

表8.0.5　　道路边缘至建、构筑物最小距离（m）

与建、构筑物关系 \ 道路级别			居住区道路	小区路	组团路及宅间小路
建筑物面向道路	无出入口	高层	5.0	3.0	2.0
		多层	3.0	3.0	2.0
	有出入口		—	5.0	2.5
建筑物山墙面向道路		高层	4.0	2.0	1.5
		多层	2.0	2.0	1.5
围墙面向道路			1.5	1.5	1.5

注：居住区道路的边缘指红线；小区路、组团路及宅间小路的边缘指路面边线。当小区路设有人行便道时，其道路边缘指便道边线。

8.0.5.9　（取消该款）

8.0.6　居住区内必须配套设置居民汽车（含通勤车）停车场、停车库，并应符合下列规定：

8.0.6.1　居民汽车停车率不应小于10%；

8.0.6.2　居住区内地面停车率（居住区内居民汽车的停车位数量与居住户数的比率）不宜超过10%；

8.0.6.3　居民停车场、库的布置应方便居民使用，服务半径不宜大于150m；

8.0.6.4　居民停车场、库的布置应留有必要的发展余地。

9　竖　　向

9.0.1　居住区的竖向规划，应包括地形地貌的利用、确定道路控制高程和地面排水规划等内容。

9.0.2　居住区竖向规划设计，应遵循下列原则：

9.0.2.1　合理利用地形地貌，减少土方工程量；

9.0.2.2　各种场地的适用坡度，应符合表9.0.1规定；

表9.0.1　　　各种场地的适用坡度（%）

场 地 名 称	适 用 坡 度
密实性地面和广场	0.3～3.0
广场兼停车场	0.2～0.5
室外场地 1. 儿童游戏场 2. 运动场 3. 杂用场地	0.3～2.5 0.2～0.5 0.3～2.9
绿　　　地	0.5～1.0
湿陷性黄土地面	0.5～7.0

9.0.2.3　满足排水管线的埋设要求；

9.0.2.4　避免土壤受冲刷；

9.0.2.5　有利于建筑布置与空间环境的设计；

9.0.2.6　对外联系道路的高程应与城市道路标高相衔接。

9.0.3　当自然地形坡度大于8%，居住区地面连接形式宜选用台地式，台地之间应用挡土墙或护坡连接。

9.0.4 居住区内地面水的排水系统,应根据地形特点设计。在山区和丘陵地区还必须考虑排洪要求。地面水排水方式的选择,应符合以下规定:

9.0.4.1 居住区内应采用暗沟(管)排除地面水;

9.0.4.2 在埋设地下暗沟(管)极不经济的陡坎、岩石地段,或在山坡冲刷严重,管沟易堵塞的地段,可采用明沟排水。

10 管线综合

10.0.1 居住区内应设置给水、污水、雨水和电力管线,在采用集中供热居住区内还应设置供热管线,同时还应考虑燃气、通讯、电视公用天线、闭路电视、智能化等管线的设置或预留埋设位置。

10.0.2 居住区内各类管线的设置,应编制管线综合规划确定,并应符合下列规定:

10.0.2.1 必须与城市管线衔接;

10.0.2.2 应根据各类管线的不同特性和设置要求综合布置。各类管线相互间的水平与垂直净距,宜符合表10.0.2-1和表10.0.2-2的规定;

表 10.0.2-1 各种地下管线之间最小水平净距(m)

管线名称		给水管	排水管	燃气管③			热力管	电力电缆	电信电缆	电信管道
				低压	中压	高压				
排水管		1.5	1.5	—	—	—	—	—	—	—
燃气管③	低压	0.5	1.0	—	—	—	—	—	—	—
	中压	1.0	1.5	—	—	—	—	—	—	—
	高压	1.5	2.0	—	—	—	—	—	—	—
热力管		1.5	1.5	1.0	1.5	2.0	—	—	—	—
电力电缆		0.5	0.5	0.5	1.0	1.5	2.0	—	—	—
电信电缆		1.0	1.0	0.5	1.0	1.5	1.0	0.5	—	—
电信管道		1.0	1.0	1.0	1.0	2.0	1.0	1.2	0.2	—

注:①表中给水管与排水管之间的净距适用于管径小于或等于200mm,当管径大于200mm时应大于或等于3.0m;

②大于或等于10kV的电力电缆与其他任何电力电缆之间应大于或等于0.25m,如加套管,净距可减至0.1m;小于10kV电力电缆之间应大于或等于0.1m;

③低压燃气管的压力为小于或等于0.005MPa,中压为0.005~0.3MPa,高压为0.3~0.8MPa。

表 10.0.2-2　　　　各种地下管线之间最小垂直净距（m）

管线名称	给水管	排水管	燃气管	热力管	电力电缆	电信电缆	电信管道
给水管	0.15	—	—	—	—	—	—
排水管	0.40	0.15	—	—	—	—	—
燃气管	0.15	0.15	0.15	—	—	—	—
热力管	0.15	0.15	0.15	0.15	—	—	—
电力电缆	0.15	0.50	0.50	0.50	0.50	—	—
电信电缆	0.20	0.50	0.50	0.15	0.50	0.25	0.25
电信管道	0.10	0.15	0.15	0.15	0.50	0.25	0.25
明沟沟底	0.50	0.50	0.50	0.50	0.50	0.50	0.50
涵洞基底	0.15	0.15	0.15	0.15	0.20	0.25	0.25
铁路轨底	1.00	1.20	1.00	1.20	1.00	1.00	1.00

10.0.2.3　宜采用地下敷设的方式。地下管线的走向，宜沿道路或与主体建筑平行布置，并力求线型顺直、短捷和适当集中，尽量减少转弯，并应使管线之间及管线与道路之间尽量减少交叉；

10.0.2.4　应考虑不影响建筑物安全和防止管线受腐蚀、沉陷、震动及重压。各种管线与建筑物和构筑物之间的最小水平间距，应符合表 10.0.2-3 规定；

表 10.0.2-3　各种管线与建、构筑物之间的最小水平间距（m）

管线名称	建筑物基础	地上杆柱（中心）			铁路（中心）	城市道路侧石边缘	公路边缘
		通信、照明及<10kV	≤35kV	>35kV			
给水管	3.00	0.50	3.00		5.00	1.50	1.00
排水管	2.50	0.50	1.50		5.00	1.50	1.00

续表

管线名称		建筑物基础	地上杆柱（中心）			铁路（中心）	城市道路侧石边缘	公路边缘
			通信、照明及<10kV	≤35kV	>35kV			
燃气管	低压	1.50				3.75	1.50	1.00
	中压	2.00	1.00	1.00	5.00	3.75	1.50	1.00
	高压	4.00				5.00	2.50	1.00
热力管	直埋 2.5		1.00	2.00	3.00	3.75	1.50	1.00
	地沟 0.5							
电力电缆		0.60	0.60	0.60	0.60	3.75	1.50	
电信电缆		0.60	0.50	0.60	0.60	3.75	1.50	
电信管道		1.50	1.00	1.00	1.00	3.75	1.50	

注：①表中给水管与城市道路侧石边缘的水平间距 1.00m 适用于管径小于或等于 200mm，当管径大于 200mm 时应大于或等于 1.50m；

②表中给水管与围墙或篱笆的水平间距 1.50m 是适用于管径小于或等于 200mm，当管径大于 200mm 时应大于或等于 2.50m；

③排水管与建筑物基础的水平间距，当埋深浅于建筑物基础时应大于或等于 2.50m；

④表中热力管与建筑物基础的最小水平间距对于管沟敷设的热力管道为 0.50m，对于直埋闭式热力管道管径小于或等于 250mm 时为 2.50m，管径大于或等于 300mm 时为 3.00m 对于直埋开式热力管道为 5.00m。

10.0.2.5　各种管线的埋设顺序应符合下列规定：

（1）离建筑物的水平排序，由近及远宜为：电力管线或电信管线、燃气管、热力管、给水管、雨水管、污水管；

（2）各类管线的垂直排序，由浅入深宜为：电信管线、热力管、小于 10kV 电力电缆、大于 10kV 电力电缆、燃气管、给水管、雨水管、污水管。

10.0.2.6　电力电缆与电信管、缆宜远离，并按照电力电缆在道路东侧或南侧、电信电缆在道路西侧或北侧的原则布置；

10.0.2.7 管线之间遇到矛盾时，应按下列原则处理：
(1) 临时管线避让永久管线；
(2) 小管线避让大管线；
(3) 压力管线避让重力自流管线；
(4) 可弯曲管线避让不可弯曲管线。

10.0.2.8 地下管线不宜横穿公共绿地和庭院绿地。与绿化树种间的最小水平净距，宜符合表10.0.2-4中的规定。

表 10.0.2-4　管线、其他设施与绿化树种间的最小水平净距（m）

管线名称	最小水平净距	
	至乔木中心	至灌木中心
给水管、闸井	1.5	1.5
污水管、雨水管、探井	1.5	1.5
燃气管、探井	1.2	1.2
电力电缆、电信电缆	1.0	1.0
电信管道	1.5	1.0
热力管	1.5	1.5
地上杆柱（中心）	2.0	2.0
消防龙头	1.5	1.2
道路侧石边缘	0.5	0.5

11　综合技术经济指标

11.0.1　居住区综合技术经济指标的项目应包括必要指标和可选用指标两类，其项目及计量单位应符合表11.0.1规定。

表 11.0.1　综合技术经济指标系列一览表

项　　目	计量单位	数值	所占比重（%）	人均面积（m²/人）
居住区规划总用地	hm²	▲	—	—
1. 居住区用地（R）	hm²	▲	100	▲
①住宅用地（R01）	hm²	▲	▲	▲
②公建用地（R02）	hm²	▲	▲	▲
③道路用地（R03）	hm²	▲	▲	▲
④公共绿地（R04）	hm²	▲	▲	▲
2. 其他用地	hm²	▲	—	—
居住户（套）数	户（套）	▲	—	—
居住人数	人	▲	—	—
户均人口	人/户	▲	—	—
总建筑面积	万 m²	▲	—	—
1. 居住区用地内建筑总面积	万 m²	▲	100	▲
①住宅建筑面积	万 m²	▲	▲	▲
②公建面积	万 m²	▲	▲	▲
2. 其他建筑面积	万 m²	△	—	—
住宅平均层数	层	▲	—	—
高层住宅比例	%	△	—	—

续表

项 目	计量单位	数值	所占比重（%）	人均面积（m²/人）
中高层住宅比例	%	△	—	—
人口毛密度	人/hm²	▲	—	—
人口净密度	人/hm²	△	—	—
住宅建筑套密度（毛）	套/hm²	▲	—	—
住宅建筑套密度（净）	套/hm²	▲	—	—
住宅建筑面积毛密度	万 m²/hm²	▲	—	—
住宅建筑面积净密度	万 m²/hm²	▲	—	—
居住区建筑面积毛密度（容积率）	万 m²/hm²	▲	—	—
停车率	%	▲	—	—
停车位	辆	▲	—	—
地面停车率	%	▲	—	—
地面停车位	辆	▲	—	—
住宅建筑净密度	%	▲	—	—
总建筑密度	%	▲	—	—
绿地率	%	▲	—	—
拆建比	—	△	—	—

注：▲必要指标；△选用指标。

11.0.2 各项指标的计算，应符合下列规定：

11.0.2.1 规划总用地范围应按下列规定确定：

（1）当规划总用地周界为城市道路、居住区（级）道路、小区路或自然分界线时，用地范围划至道路中心线或自然分界线；

（2）当规划总用地与其他用地相邻，用地范围划至双方用地的交界处。

11.0.2.2 底层公建住宅或住宅公建综合楼用地面积应按下列规定确定：

（1）按住宅和公建各占该幢建筑总面积的比例分摊用地，并分别计入住宅用地和公建用地；

（2）底层公建突出于上部住宅或占有专用场院或因公建需要后退红线的用地，均应计入公建用地。

11.0.2.3 底层架空建筑用地面积的确定，应按底层及上部建筑的使用性质及其各占该幢建筑总建筑面积的比例分摊用地面积，并分别计入有关用地内；

11.0.2.4 绿地面积应按下列规定确定：

（1）宅旁（宅间）绿地面积计算的起止界应符合本规范附录 A 第 A.0.2 条的规定：绿地边界对宅间路、组团路和小区路算到路边，当小区路设有人行便道时算到便道边，沿居住区路、城市道路则算到红线；距房屋墙脚 1.5m；对其他围墙、院墙算到墙脚；

（2）道路绿地面积计算，以道路红线内规划的绿地面积为准进行计算；

（3）院落式组团绿地面积计算起止界应符合本规范附录 A 第 A.0.3 条的规定：绿地边界距宅间路、组团路和小区路路边 1.0m；当小区路有人行便道时，算到人行便道边；临城市道路、居住区级道路时算到道路红线；距房屋墙脚1.5m；

(4) 开敞型院落组团绿地，应符合本规范表7.0.4-2要求；至少有一个面面向小区路，或向建筑控制线宽度不小于10m的组团级主路敞开，并向其开设绿地的主要出入口和满足本规范附录A第A.0.4条的规定；

(5) 其他块状、带状公共绿地面积计算的起止界同院落式组团绿地。沿居住区（级）道路、城市道路的公共绿地算到红线。

11.0.2.5 居住区用地内道路用地面积应按下列规定确定：

(1) 按与居住人口规模相对应的同级道路及其以下各级道路计算用地面积，外围道路不计入；

(2) 居住区（级）道路，按红线宽度计算；

(3) 小区路、组团路，按路面宽度计算。当小区路设有人行便道时，人行便道计入道路用地面积；

(4) 居民汽车停放场地，按实际占地面积计算；

(5) 宅间小路不计入道路用地面积。

11.0.2.6 其他用地面积应按下列规定确定：

(1) 规划用地外围的道路算至外围道路的中心线；

(2) 规划用地范围内的其他用地，按实际占用面积计算。

11.0.2.7 停车场车位数的确定以小型汽车为标准当量表示，其他各型车辆的停车位，应按表11.0.2中相应的换算系数折算。

表 11.0.2　　各型车辆停车位换算系数

车型	换算系数
微型客、货汽车机动三轮车	0.7
卧车、两吨以下货运汽车	1.0
中型客车、面包车、2～4t货运汽车	2.0
铰接车	3.5

附录 A   附图及附表

A.0.1　附图 A.0.1　中国建筑气候区划图

A.0.2　附图 A.0.2　宅旁(宅间)绿地面积计算起止界示意图

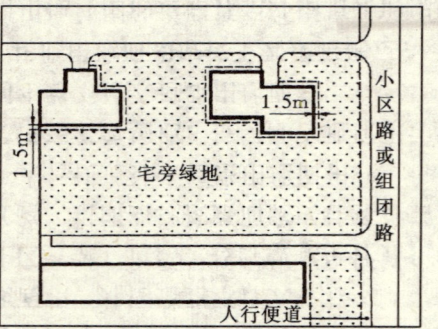

附图 A.0.2　宅旁（宅间）绿地面积计算起止界示意图

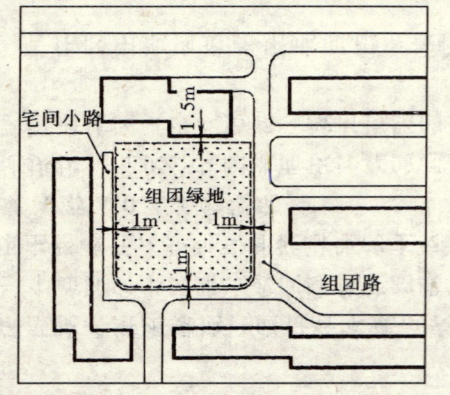

附图 A.0.3　院落式组团绿地面积计算起止界示意图

A.0.3　附图 A.0.3　院落式组团绿地面积计算起止界示意图

A.0.4　附图 A.0.4　开敞型院落式组团绿地示意图

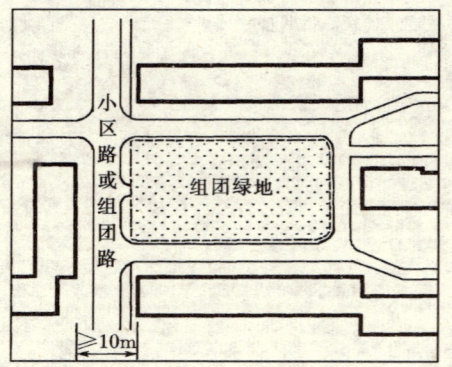

附图 A.0.4　开敞型院落式组团绿地示意图

A.0.5　附表 A.0.1　居住区用地平衡表

A.0.6　附表 A.0.2　公共服务设施项目分级配建表

A.0.7　附表 A.0.3　公共服务设施各项目的设置规定

附表 A.0.1　　　　居住区用地平衡表

项　　目		面积(公顷)	所占比例(%)	人均面积(m²/人)
一、居住区用地（R）		▲	100	▲
1	住宅用地（R01）	▲	▲	▲
2	公建用地（R02）	▲	▲	▲
3	道路用地（R03）	▲	▲	▲
4	公共绿地（R04）	▲	▲	▲
二、其他用地（E）		△	—	—
居住区规划总用地		△	—	—

注："▲"为参与居住区用地平衡的项目。

附表 A.0.2　　公共服务设施分级配建表

类别	项目	居住区	小区	组团
教育	托儿所	—	▲	△
教育	幼儿园	—	▲	△
教育	小学	—	▲	—
教育	中学	▲	—	—
医疗卫生	医院（200—300床）	▲	—	—
医疗卫生	门诊所	▲	—	—
医疗卫生	卫生站	—	▲	—
医疗卫生	护理院	△	—	—
文化体育	文化活动中心（含青少年、老年活动中心）	▲	—	—
文化体育	文化活动站（含青少年、老年活动站）	—	▲	—
文化体育	居民运动场、馆	△	—	—
文化体育	居民健身设施（含老年户外活动场地）	—	▲	△
商业服务	综合食品店	▲	▲	—
商业服务	综合百货店	▲	▲	—
商业服务	餐饮	▲	△	—
商业服务	中西药店	▲	△	—
商业服务	书店	▲	△	—
商业服务	市场	▲	△	—
商业服务	便民店	—	—	▲
商业服务	其他第三产业设施	▲	▲	—
金融邮电	银行	△	—	—
金融邮电	储蓄所	—	▲	—
金融邮电	电信支局	△	—	—
金融邮电	邮电所	—	▲	—
社区服务	社区服务中心（含老年人服务中心）	—	▲	—
社区服务	养老院	△	—	—
社区服务	托老所	—	△	—
社区服务	残疾人托养所	△	—	—
社区服务	治安联防站	—	—	▲
社区服务	居（里）委会（社区用房）	—	—	▲
社区服务	物业管理	—	▲	—
市政公用	供热站或热交换站	△	△	—
市政公用	变电室	—	▲	—
市政公用	开闭所	▲	—	—
市政公用	路灯配电室	—	▲	—
市政公用	燃气调压站	△	△	—
市政公用	高压水泵房	—	▲	—
市政公用	公共厕所	▲	▲	△
市政公用	垃圾转运站	△	△	—
市政公用	垃圾收集点	—	—	▲
市政公用	居民存车处	—	—	▲
市政公用	居民停车场、库	△	△	△
市政公用	公交始末站	△	△	—
市政公用	消防站	△	—	—
市政公用	燃料供应站	△	△	—
行政管理及其他	街道办事处	▲	—	—
行政管理及其他	市政管理机构（所）	▲	—	—
行政管理及其他	派出所	▲	—	—
行政管理及其他	其他管理用房	▲	△	—
行政管理及其他	防空地下室	△②	△②	△②

注：①▲为应配建的项目；△为宜设置的项目。
　　②在国家确定的一、二类人防重点城市，应按人防有关规定配建防空地下室。

附表 A.0.3 公共服务设施各项目的设置规定

类别	项目名称	服务内容	设置规定	每处一般规模 建筑面积 (m²)	每处一般规模 用地面积 (m²)
教育	(1) 托儿所	保教小于3周岁儿童	(1) 设于阳光充足,接近公共绿地,便于家长接送的地段 (2) 托儿所每班按25座计;幼儿园每班按30座计 (3) 服务半径不宜大于300m;层数不宜高于3层 (4) 三班和三班以下的托、幼园所,可混合设置,也可附设于其他建筑,幼园所独立设置,但应独立出入口,四班和四班以上的托、幼园所,其用地应分别按每座不小于7m²或9m²计 (5) 人班和大班以上的托、幼园所,应有相应的室外游戏场地 (6) 托儿所、幼儿园宜布置于背风向阳,其生活用房应满足底层满窗冬至日不小于3h的日照标准 (7) 活动场地应有不少于1/2的活动面积在标准的建筑日照阴影线之外	—	4班 ≥1200 6班 ≥1400 8班 ≥1600
	(2) 幼儿园	保教学龄前儿童		—	4班 ≥1500 6班 ≥2000 8班 ≥2400
	(3) 小学	6~12周岁儿童入学	(1) 学生上下学穿越城市道路时,应有相应的安全措施 (2) 服务半径不宜大于500m (3) 教学楼应满足冬至日不小于2h的日照标准	—	12班 ≥6000 18班 ≥7000 24班 ≥8000
	(4) 中学	12~18周岁青少年入学	(1) 在拥有3所或3所以上中学的居住区内,应独立设置一所400m环行跑道的运动场 (2) 服务半径不宜大于1000m (3) 教学楼应满足冬至日不小于2h的日照标准	—	18班 ≥11000 24班 ≥12000 30班 ≥14000

续附表

类别	项目名称	服务内容	设置规定	每处一般规模 建筑面积 (m²)	每处一般规模 用地面积 (m²)
医疗卫生	(5) 医院	含社区卫生服务中心	(1) 宜设于交通方便,环境较安静地段 (2) 10万人左右则应设一所300~400床医院 (3) 病房楼应满足冬至日不小于2h的日照标准	12000~18000	15000~25000
	(6) 门诊所	含社区卫生服务中心	(1) 一般3~5万人设一处,设医院的居住区不再设独立门诊 (2) 设于交通便捷、服务所离适中的地段	2000~3000	3000~5000
	(7) 卫生站	社区卫生服务站	1~1.5万人设一处	300	500
	(8) 护理院	健康状况较差或恢复期老年人日常护理	(1) 最佳规模为100~150床位 (2) 每床位建筑面积≥30m² (3) 可与社区卫生服务中心合设	3000~4500	—
文化体育	(9) 文化活动中心	小型图书馆、科普知识宣传廊、教育厅、舞厅、影视厅、球类、棋艺类活动、艺术科技类训练班及青少年学习活动场地、用房等	宜结合或靠近同级中心绿地安排	4000~6000	8000~12000

续附表

类别	项目名称	服务内容	设置规定	每处一般规模 建筑面积(m²)	每处一般规模 用地面积(m²)
文化体育	(10)文化活动站	书报阅览、书画、文娱、健身、音乐欣赏、茶座等主要供青少年和老年人活动	(1)宜结合或靠近同级中心绿地安排 (2)独立性组团也应设置本站	400~600	400~600
文化体育	(11)居民运动场、馆	健身场地	宜设置60~100m直跑道和200m环形跑道及简单的运动设施	—	10000~15000
文化体育	(12)居民健身设施	篮、排球类场地、儿童及老年人活动场地和其他简单运动设施	宜结合绿地安排	—	—
商业服务	(13)综合食品店	粮油、副食品、糕点、干鲜果品等	(1)服务半径：居住区不宜大于500m；居住小区不宜大于300m。 (2)地处山坡地的居住区，其商业服务设施的布点，除满足服务半径的要求外，还应考虑上坡空手、下坡负重的原则	居住区：1500~2500 小区：800~1500	—
商业服务	(14)综合百货店	日用百货、鞋帽、服装、布匹、五金及家用电器等		居住区：2000~3000 小区：400~600	—
商业服务	(15)餐饮	主食、早点、快餐、正餐等		—	—
商业服务	(16)中西药店	中西药品、中成药及西药等	服务半径：居住区不宜大于500m；居住小区不宜大于300m	200~500	—
商业服务	(17)书店	书刊及音像制品	设置方式应根据当地传统的集市要求而定	300~1000	—
商业服务	(18)市场	以销售农副产品和小商品为主		—	—
商业服务	(19)便民店	小百货、小日杂	宜设于组团的出入口附近	—	—
商业服务	(20)其他第三产业设施	零售、维修、美容美发、照相、影视娱乐、洗浴、休闲旅店、综合修理以及辅助就业设施等	具体项目、规模不限	—	—

续附表

类别	项目名称	服务内容	设置规定	每处一般规模 建筑面积（m²）	每处一般规模 用地面积（m²）
金融	(21)银行	分理处	宜与商业服务中心结合或邻近设置	800~1000	400~500
金融	(22)储蓄所	储蓄为主		100~150	—
邮电	(23)电信支局	电话及相关业务等	根据专业规划需要设置	1000~2500	600~1500
邮电	(24)邮电所	邮电综合业务，包括电报、电话、信函、包裹、兑汇和报刊零售等	宜与商业服务中心结合或邻近设置	100~150	—
社区服务	(25)社区服务中心	家政服务中心、咨询指导、中介服务、代客定票、部分老年人服务设施等		200~300	300~500
社区服务	(26)养老院	老年人托养护理服务	每小区设置一处，居住区也可合并设置 (1)一般规模为150~200床位 (2)每床位建筑面积≥40m²	—	—
社区服务	(27)托老所	老年人日托（餐饮、文娱、健身、医疗保健等）	(1)一般规模为30~50床位 (2)每床位建筑面积20m² (3)宜靠近集中绿地安排，可与老年活动中心合并设置	—	—

续附表

类别	项目名称	服务内容	设置规定	每处一般规模 建筑面积（m²）	每处一般规模 用地面积（m²）
社区服务	(28)残疾人托养所	残疾人全托式护理	—	—	—
社区服务	(29)治安联防站	—	可与居（里）委会合设	18~30	12~20
社区服务	(30)居（里）委会（社区用房）	—	300~1000户设一处	30~50	—
社区服务	(31)物业管理	建筑与设备维修、保安、绿化、环卫管理等	—	300~500	300
市政公用	(32)供热站或热交换站	—	—	根据采暖方式确定	
市政公用	(33)变电室	—	每个变电室负荷半径不应大于250m；尽可能设于其他建筑内	30~50	—

续附表

类别	项目名称	服务内容	设置规定	每处一般规模 建筑面积(m²)	每处一般规模 用地面积(m²)
市政公用	(38)公共厕所	—	每1000~1500户设一处;宜设于人流集中处	30~60	60~100
市政公用	(39)垃圾转运站	—	每0.7~1km²设一处,每处面积不应小于100m²,与周围建筑物的间隔不应小于5m	40~60	100~120
市政公用	(40)垃圾收集点	—	服务半径不应大于70m,宜采用分类收集	—	—
市政公用	(41)居民存车处	存放自行车、摩托车	宜设于组团内或靠近组团设置,可与居(里)委合设于组团的入口处	1~2辆/户;地上0.8~1.2m²/辆;地下1.5~1.8m²/辆	—

续附表

类别	项目名称	服务内容	设置规定	每处一般规模 建筑面积(m²)	每处一般规模 用地面积(m²)
市政公用	(34)开闭所	—	1.2~2.0万户设一所;独立设置	200~300	≥500
市政公用	(35)路灯配电室	—	可与变电室合设于其他建筑内	20~40	—
市政公用	(36)燃气调压站	—	按每个中低调压站负荷半径500m设置;无管道燃气地区不设	50	—
市政公用	(37)高压水泵房	—	一般为低水压区住宅加压供水附属工程	20~40	—
市政公用	(42)居民停车场、库	存放机动车	服务半径不宜大于150m	—	—
市政公用	(43)公交始末站	—	可根据具体情况设置	—	—
市政公用	(44)消防站	—	可根据具体情况设置	—	—
市政公用	(45)燃料供应站	煤或罐装燃气	可根据具体情况设置	—	—
行政管理及其他	(46)街道办事处	—	3~5万人设一处	700~1200	300~500
行政管理及其他	(47)市政管理机构(所)	供电、供水、雨污水管理与维修	宜合并设置	700~1000	600
行政管理及其他	(48)派出所	户籍治安管理	3~5万人设一处;应有独立院落	100	—
行政管理及其他	(49)其他管理用房	市场、工商税务、粮食管理等	3~5万人设一处;可结合市场或街道办事处设置	—	—
行政管理及其他	(50)防空地下室	掩蔽体、救护站,指挥所等	在国家确定的一、二类人防重点城市中,凡高层建筑下设人防,另以地面建筑面积2%配建。出入口宜设于交通方便的地段,考虑平战结合	—	—

附录 B 本规范用词说明

B.0.1 为便于在执行本规范条文时区别对待，对要求严格程度不同的用词说明如下：

B.0.1.1 表示很严格，非这样不可的：

正面词采用"必须"；

反面词采用"严禁"。

B.0.1.2 表示严格，在正常情况下均应这样做的：

正面词采用"应"；

反面词采用"不应"或"不得"。

B.0.1.3 表示允许稍有选择，在条件许可时首先应这样做的：

正面词采用"宜"或"可"；

反面词采用"不宜"。

B.0.2 条文中指定应按其他有关标准、规范执行时，写法为"应符合……的规定"。

附加说明

本规范主编单位、参加单位和主要起草人名单

主编单位：　中国城市规划设计研究院

参加单位：　北京市城市规划设计研究院

上海市城市规划设计研究院

湖北省城市规划设计研究院

武汉市城市规划设计研究院

黑龙江省城市规划设计研究院

唐山市规划局

重庆市城市规划设计院

常州市规划局

同济大学城市规划设计研究所

主要起草人：　王玮华　吴晟　颜望馥　杨振华　涂英时

主要修编单位：中国城市规划设计研究院

参加修编单位：北京市城市规划设计研究院

中国建筑技术研究院

主要起草人：　涂英时　吴晟　杨振华　刘燕辉　赵文凯

张播

参加人员：　刘国园

中华人民共和国国家标准

城市居住区规划设计规范

GB 50180—93
(2002年版)

条 文 说 明

前 言

根据建设部建标〔1998〕94号文的要求，《城市居住区规划设计规范》由建设部中国城市规划设计研究院负责修编，会同北京市城市规划设计研究院、中国建筑技术研究院共同修订而成。经建设部2002年3月11日以工程建设标准局部修订公告第31号文批准发布。

为便于广大规划、设计、施工、科研、学校和管理等有关单位人员以及城市居民在使用本规范时能正确理解和执行条文规定，《城市居住区规划设计规范》修编小组在原基础上，根据修编内容修订了本规范《条文说明》，供国内有关部门和单位参考。在使用中如发现本条文有欠妥之处请将意见反馈到中国城市规划设计研究院规范办公室，以供今后修改时参考。(通讯地址：北京市三里河路九号，邮政编码：100037)。

建设部
2000年3月

目　次

1　总　则 …………………………………………… 2—30

2　术语　代号 ……………………………………… 2—33

3　用地与建筑 ……………………………………… 2—34

4　规划布局与空间环境 …………………………… 2—36

5　住宅 ……………………………………………… 2—38

6　公共服务设施 …………………………………… 2—43

7　绿地 ……………………………………………… 2—46

8　道路 ……………………………………………… 2—48

9　竖向 ……………………………………………… 2—54

10　管线综合 ……………………………………… 2—55

11　综合技术经济指标 …………………………… 2—57

1　总　则

1.0.1　我国居住区（小区）的实践，始于20世纪50年代后期，1964年原国家经委和1980年原国家建委，在先后颁布的有关城市规划的文件中，对居住区规划的部分定额指标作了规定，1994年第一部正式的《城市居住区规划设计规范》颁布实施。为适应我国社会经济发展、城市居住水平明显提高和住宅市场化逐步完善的新形势，于2000年对本规范进行局部修订，针对实际问题，对原《规范》有所修改和增减条款。

　　编制本规范的目的，是在总结建国以来已建居住区规划与建设经验的基础上，吸取国外经验，在居住区规划范围的有限空间里，确保居民基本的居住条件与生活环境，经济、合理、有效地使用土地和空间；统一规划内容、统一词解涵义与计算口径等，以提高居住区规划设计的科学性、适用性、先进性与可比性。体现社会、经济和环境三个方面的综合效益。

1.0.2　本规范的适用范围，是城市的居住区规划设计工作，并主要适用于新建区。理由是，城市新建区的规划具有基本统一的规划前提条件，可按统一的口径与要求进行本规范的编制工作，可制定适用性强、覆盖面大的规划原则和基本要求，定性及定量的有关标准，可比、可行又易于掌握，而城市旧城区的居住街坊改造规划与新建区的居住区规划相比，就城市居民对基本的物质与文化生活的要求而言是一致的，对道路及工程管线的敷设的基本要求也有许多共同点，但由于旧城区因所在城市性质、所负职能和复杂的现状条件各异，致使改造规划的前提条件悬殊，要制定全面的有关规定，难度很大。本规范限于人力和具体条件，仅在个别章节里制定了城市旧城区具有共性的若干规定。

1.0.3 <u>居住区根据居住人口规模进行分级配套是居住区规划的基本原则</u>。分级的主要目的是配置满足不同层次居民基本的物质与文化生活所需的相关设施，配置水平的主要依据是人口（户）规模。现行的分级规模符合配套设施的<u>经营和管理的经济合理性</u>。

经对全国大中小城市已建居住区的调查分析，根据与居住人口规模相对应的配套关系，将居住区划分为居住区（30000～50000人、10000～<u>16000</u>户）、小区（<u>10000</u>～15000人、3000～5000户）、组团（1000～3000人、300～<u>1000</u>户）三级规模，科学合理，符合国情。主要依据是：

一、能满足居民基本生活中三个不同层次的要求，即对基层服务设施的要求（组团级），如<u>组团绿地、便民店、停（存）车场库</u>等；对一套基本生活设施的要求（小区级），如小学、<u>社区服务</u>等；对一整套物质与文化生活所需设施的要求（居住区级）如百货商场、门诊所、文化活动中心等；

二、能满足配套设施的设置及经营要求，即配套公建的设置，对自身规模和服务人口数均有一定的要求。本规范的分级规模基本与公建设置要求一致，<u>如一所小学服务人口为一万人以上，正好与小区级人口规模对应</u>等；

三、能与现行的城市的行政管理体制相协调。即组团级居住人口规模与居（里）委会的管辖规模1000～3000人一致，居住区级居住人口规模与街道办事处一般的管辖规模30000～50000人一致，既便于居民生活组织管理，又利于管理设施的配套设置。

1.0.3a <u>居住区规划布局形式</u>是包括配套含义在内的规划布局结构形式，是属规划设计手法。因而，在满足与人口规模相对应的配建设施总要求的前提下，其规划布局形式，还可采用除本规范所述的其他多种形式，使居住区的规划设计更加丰富多彩、各具特色。

经过大中小城市已建居住区的调研，要合理选用居住区规划布局形式，应综合考虑城市大小、住宅建设量、用地条件与所在区位及配套设施的经营管理要求等因素后确定，切忌不顾当地情况简单套用分级规模的模式。传统的居住区规划模式是按规划组织结构分级划分居住区，一般分为居住区—小区—组团三级结构、居住区—组团和小区—组团两级结构及相对独立的组团等基本类型。实践中，居住区规划的布局形式受各种因素影响，并不都是固定的模式，传统的组织结构今后仍可能会被一些城市采用，新的布局形式也在不断探索中。在满足配套的前提下，鼓励因地制宜、采用灵活规划布局形式以适应城市建设发展的需要。

居住区的分级规模与规划布局形式，是既相关又有区别的两个不同概念。居住区的分级是为了配建与居住人口规模相对应的设施，以满足居民物质与文化生活不同层次的要求，是综合配套意义上的居住区、小区、组团，与实际开发中的地域概念（如小区、花园、街坊等）有区别。

1.0.4 不同居住人口规模的居住区，应配置不同层次的配套设施，才能满足居民基本的物质与文化生活不同层次的要求，因而，配套设施的配建水平与指标必须与居住人口规模相对应，这是对不同规模居住区规划设计的共同要求。<u>在规</u>

划布局形式上，则可根据居住区所处城市区位、周围环境和自身规划条件等具体情况灵活掌握。

实际应用中，居住区级配套往往通过上一层次规划来进行控制，如在总体规划、分区规划和控制性详细规划中将与人口规模对应的配建设施总指标根据环境特点、服务范围和规划布局形式进行布置，确定主要公共设施、绿地系统和道路交通组织，形成完整的分级配套体系。

1.0.5 本条是编制居住区规划设计必须遵循的基本原则：

一、居住区是城市的重要组成部分，因而必须根据城市总体规划要求，从全局出发考虑居住区具体的规划设计。

二、居住区规划设计应坚持《城市规划法》提出的"统一规划、合理布局、因地制宜、综合开发、配套建设的原则"。

三、居住区规划设计是在一定的规划用地范围内进行，对其各种规划要素的考虑和确定，如日照标准、房屋间距、密度、建筑布局、道路、绿化和空间环境设计及其组成有机整体等，均与所在城市的特点、所处建筑气候分区、规划用地范围内的现状条件及社会经济发展水平密切相关。在规划设计中应充分考虑、利用和强化已有特点和条件，为整体提高居住区规划设计水平创造条件。

四、城市居民的一生中，约有三分之二以上的时间是在居住区内度过，因而居住区的规划设计必须研究居民的行为轨迹与活动要求，综合考虑居民对物质与文化、生理和心理的需求及确保居民安全的防灾、避灾措施等，以便为居民创造良好的居住生活环境。

五、人口老龄化、人口年龄结构中老年人口比例逐年增长和残疾人占有一定比重，是我国在相当时期内的现实状况。老年人的活动范围随年龄增大逐年缩小，是人生的自然规律；残疾人的活动范围不如健康的人，是生理缺陷所致。因而，为残疾人就近提供工作条件，为老年人和残疾人提供活动、社交的场所，相应的服务设施和方便、安全的居住生活条件，使老人能欢度晚年，使残疾人能与正常人一样享受国家、社会给予的生活保障，应是居住区规划设计中不容忽略的重要问题。

六、住宅建筑标准化，是建筑工业化、施工机械化和促进住宅产业化发展的重要条件，也是加快居住区建设的重要措施之一。但也易因此而造成住宅形体整齐划一、平淡单调。因而，在规划设计中，应充分考虑建筑标准化与施工机械化的要求，同时也要结合规划用地特点，对建筑单体的选型、体量、色调等提出要求，并通过不同的布局手法、群体空间设计等，为建筑群体多样化创造条件。

七、社会、经济、环境三个方面综合效益的高低，应是衡量和评价居住区规划设计优劣的综合标准，也是居住区规划能否付诸实施、居住区基本的居住生活环境能否得到保障的关键所在。而提高三个方面综合效益的基础环节，就是经济、合理、有效地使用规划范围内的土地和空间。统一规划、综合开发、配套建设也是提高三个效益的重要环节。同时，还应考虑适应分期建设的要求，并为商品化经营和社会化管理创造条件。

2 术语、代号

术语，是本规范的重要组成部分，也是制定本规范的前提条件之一。

本章内容是对本规范涉及的基本词汇给予统一用词，统一词解或将使用成熟的词汇纳入、肯定，以利于对本规范内容的正确理解和使用。

一、统一用词、统一涵义。就是将尚无统一规定，而需要做有规定的术语给予确切的名称和内涵。

如对本规范的命名，即对"城市居民聚居地"的称呼有称"住宅区"的，也有称"居民区"或"居住区"的均有。几幢住宅或成片住宅，有配套设施的或无配套设施的均可以用以上某一词代之，用词混乱、涵义不清。经分析，要满足城市居民居住生活的基本需要，除住宅外，还必须配建与居住人口规模相对应的公建、道路和公共绿地等设施。从这一基本观点出发，本规范认为，"居住区"一词较其他用词更能准确地反映以居住为主的，有相应配套设施的居住生活聚居地的真实涵义。因此，本规范将需要进行统一规划的不同居住人口规模的城市居民居住生活聚居地统称居住区，并对其涵义给予统一规定。

又如，对居住区用地内的"四项用地"的总称有的称生活居住用地，有的称居住区用地、居住用地、新村用地、新村小区用地等，对第一项用地（住宅建设用地）有的称居住用地，有的称住宅用地。由于称呼混乱、计算口径也不统一，造成规划方案的技术数据可比性差，对方案评审带来困难。本规范根据我国多数地区的使用习惯，并考虑体现用地性质的确切性，把四项用地的总称定为居住区用地，既具有概括居住生活所需的多项功能的涵义，又有别于包含"其他用地"在内的居住区规划总用地和《城市用地分类与规划建设用地标准》中的居住用地。把第一项用地称为住宅用地，则具有明显的单一性，不易混淆。

再如，对反映绿化效果有关的指标用词，以往常用的是"绿化覆盖率"，也有用"绿地率"的，涵义不同，效果不一。经分析，"绿化覆盖率"仅强调规划树木成材后树冠覆盖下的用地面积，而不管其占地面积的实际用途，而所占用地与使用性质还往往不一致。因而，本规范规定统一采用"绿地率"。

此外，居住区用地、其他用地、容积率等均属此类。

二、对成熟的术语纳入、肯定。如住宅建筑密度、住宅建筑面积密度、道路红线、停车率、地面停车率、建筑线等属此类。

三、为便于在居住区规划设计图纸中对规划范围内不同类别用地的标注，特规定了居住区用地平衡表中各类、各项用地的代号，以利于计算和统计。

3 用地与建筑

3.0.1 居住区是城市居民的居住生活聚居地，其用地构成，按功能可分为住宅用地、为本区居民配套建设的公共服务设施用地（也称公建用地）、公共绿地以及把上述三项用地联成一体的道路用地等四项用地，总称居住区用地。在居住区外围的道路用地（如独立组团外围的小区路，独立小区外围的居住区级道路或城市道路、居住区外围的城市干道）或按照城市总体规划要求在居住区规划用地范围内安排的非为居住区配建的公建用地或与居住区功能无直接关系的各类建筑和设施用地，以及保留的单位和自然村及不可建设等用地，统称其他用地。所以，居住区规划总用地包括居住区用地和"其他用地"两部分。这一划分的原则与方法同我国大多数城市的现行办法相一致，也与原国家建委（80）建发城字492号文件的规定基本吻合。

本规范中的"居住区用地"含住宅用地及包括居住区级在内的各级配套的公建用地、公共绿地和道路用地。这是因为居住区、小区、组团是一个完整的体系，构成居住区用地的四项用地均与有关的居住区、小区和组团的居住人口规模相对应，并必须在规划中统一安排、统一核算用地平衡及技术经济指标。

3.0.2～3.0.3 构成居住区用地的四项用地具有一定的比例关系。这一比例关系的合理性以及每一居民平均占有居住区用地面积的数量（人均用地水平），是衡量居住区规划设计是否科学、合理和经济的重要标志，必须在规划设计文件中反映出来。

一、本规范采用"居住区用地平衡表"格式（正文附表A.0.1），与各地现行格式基本一致。但具体平衡内容各地口径不一，如有的将"其他用地"纳入用地平衡，有的不参与平衡等。考虑到"其他用地"既与居住区用地功能无直接关系，也与居住区用地之间无相关规律性，更无可比性，因而不能用来衡量居住区规划设计的合理性与规划水平。据此，本规范采用的用地平衡表，以构成居住区用地的四项用地作平衡因子。人均用地亦只计算居住区用地及其所属各单项用地。"其他用地"不参与用地平衡，也不计入人均用地指标，只在居住区规划总用地中统计其用地数量。

在具体使用"居住区用地平衡表"（正文附表 A.0.1）时，要按居住区的实际规模确定表名及相关用地的名称。如规模为小区，则表名相应为"小区用地平衡表"，"—"为"小区用地"，最后一项为"小区规划总用地"。

二、居住区用地平衡控制指标（正文表3.0.2），即居住区中住宅用地、公建用地、道路用地和公共绿地分别占居住区用地的百分比的控制数。影响该指标的因素很多，它与居住区的居住人口规模、所在城市的城市规模，城市经济发展水平以及城市用地紧张状况等都有密切关系。本表（正文表3.0.2）是根据全国不同地区37个大、中、小城市70年代以来规划建设的（含在建的）140余个不同规模居住区和90年代全国不同地区70余个不同规模居住区的调查资料进行综合分析而制订的，并根据90年代全国不同地区70余个不同规模居住区的调查资料进行了修订。

1. 居住区人口规模因直接关系到公共服务设施的配套

等级、道路等级和公共绿地等级,且具有规律性,是决定各项用地指标的关键因素。故作为"居住区用地平衡控制指标"的分类依据将其列于表中,即以居住区、小区、组团不同规模表示。

2. 由于各城市的规模、经济发展水平和用地紧张状况不同,致使居住区各项用地指标也不一样。如大城市和一些经济发展水平较高的中小城市要求居住区公共服务设施的标准较高,该项占地的比例相应就高一些;某些中小城市用地条件较好,居住区公共绿地的指标也相应高一些等等。此外,同一城市中也因各居住区所处区位和内、外环境条件、居住区建设标准的不同,各项用地比例也有一定差距。本表综合考虑了这些因素,每一栏的指标数据都确定了一个合理幅度,供各地城市在规划工作中根据具体情况选用。

3. 本表仅考虑了在一般情况下影响控制指标的因素。对某些特殊情况,如因相邻地段缺中小学,需由本区增设,或相邻地段的学校有富余,本小区可不另设学校等。这对本小区(或居住区,或组团)的用地平衡指标影响很大。但这类既无规律性也非由本区自身所决定的特殊因素,本表未予考虑。在使用本规范时,应根据实际情况对某项或某几项指标做酌情增减。

三、人均居住区用地控制指标(正文表 3.0.3)即每人平均占有居住区用地面积的控制指标。

1. 本规范综合分析了各种因素后,确定由建筑气候分区、居住区分级规模(居住区、小区、组团三级)和住宅层数等三项主要因素综合控制。理由是,根据 90 年代全国 70 余个不同规模居住区资料的分析表明,决定人均居住区用地指标的主要因素,一是建筑气候分区。居住区所处建筑气候分区及地理纬度所决定的日照间距要求的大小不同,对居住密度和相应的人均占地面积也有明显影响;二是居住区居住人口规模。因涉及公共服务设施、道路和公共绿地的配套设置等级不同,一般人均占地,居住区高于小区,小区高于组团;三是住宅层数。一般若住宅层数较高,所能达到的居住密度相应较高,人均所需居住区用地相应就低一些。以上三个因素一般具有明显的规律性,是决定人均居住区用地控制指标的基本因素,为此本规范将它们作为"人均居住区用地控制指标"的分类依据,列于表中。

通过对近十年来不同规模城市的居住区指标分析,大、中、小城市的人均居住区用地指标差异已不如十年前明显,因此,调整后的指标不再将其作为影响因素,指标中的幅度考虑了不同发展水平的差异。

2. 进入 90 年代后期,很多大中城市的居住区建设较多的采用了配有电梯的中高层住宅,因此,本规范列入相应的用地指标。

3. 表中的住宅层数按层数类型划分为低层、多层、中高层、高层,对各种层数混合形式的居住区、小区、组团等,可采用相应的接近指标。

4. 本表的控制指标对居住区用地具有一定控制作用,一是控制低层,对低层住宅的用地指标,上限不宜太高,以限制建过多的低层特别是平房住宅。二是中高层住宅上下限指标扣得较紧,以限制只有在要求达到一定的密度而多层住宅又达不到所要求的密度时,才考虑建中高层住宅。

5. 表中每项数据都有一个幅度。在使用本表和具体选用指标幅度的数据时,要考虑住宅日照间距、住宅层数或层数结构、住宅建筑面积标准以及该城市的用地紧张程度等主要因素。一般在地理纬度较高的地区（日照间距要求较大）采用上限或接近上限指标，纬度较低的地区采用下限或接近下限指标；住宅建筑面积标准较高的居住区采用上限或接近上限指标；住宅建筑面积标准较低的居住区采用下限或接近下限指标。

3.0.4 这一条仅考虑本章条文内容的完整性，并对第五、第六章的住宅和公共服务设施两章具有承上启下的作用。故本条内容较为概括，仅阐明居住区内建筑的构成，即由居住区自身功能所要求的住宅建筑和为居民生活配建的公共服务设施建筑两部分组成。对居住区规划范围内非属居住区自身功能要求安排或现状保留利用的其他建筑，则提出应符合"无污染、不扰民"为原则的要求，也即应符合城市对居住区用地内的适建建筑的制约性规定，以不影响居民的居住生活环境质量。各部分建筑的详细规定则分别在有关章节中讲述。

4 规划布局与空间环境

4.0.1 居住区规划布局的目的，是要求将规划构思及规划因子：住宅、公建、道路和绿地等，通过不同的规划手法和处理方式，将其全面、系统地组织、安排、落实到规划范围内的恰当位置，使居住区成为有机整体，为居民创造良好的居住生活环境。因而，规划布局的优劣，直接反映规划水平的高低。要提高规划布局水平，就应根据条文中的原则，综合考虑各种因素。除充分利用、合理有效地使用土地和处理好四项用地之间的布局关系外，还应处理好建筑、道路、绿地和空间环境等各方面相互间的关系，以适应居民物质与文化、生理和心理、动和静的要求以及体现地方特色。

4.0.2 千人一面、南北不分、平淡无味是许多已建居住区的通病；只讲平面布置，不思空间环境与整体面貌及片面强调住房建设，不求环境质量，也是相当一部分居住区规划与建设存在的主要问题。因而，远远不能适应居民因生活水平与文化素养提高，对居住生活环境质量的要求。为此，本规范特提出了空间与环境设计的问题，即从城市设计角度，结合居住区规划设计特点，提出了创特色和搞好空间与环境设计的五项基本要求：

一、建筑设计和群体布置多样化，是居住区规划设计中应考虑的重要内容。要达到多样化的目的，首先要重视、体现地方特色和建筑物本身的个性，如对建筑单体的选用，南方宜通透，北方宜封闭；对群体的布置，南方宜开敞，以利通风降温，北方宜南敞北闭，以利太阳照射升温和防止北面风沙的侵袭；其次，要根据居住区规划的整体构思，单体结合群体，造型结合色调，平面结合空间综合进行考虑；第三，多样化和空间层次丰富，并不单纯体现在型体多、颜色多和群体组合花样多等方面，还必须强调在协调的前提下，求多样、求丰富、求变化的基本原则，否则只能得到杂乱无章、面貌零乱的效果。

二、公共服务设施是为满足居民生活基本所需而配建的，但若设置不当，将会给居民带来不便或不同程度地影响居民正常的居住与生活。如在住宅楼的底层设置有敲打的修补作业或餐馆，对上部居民的居住与生活将是十分不利的。

三、不注重户外空间，特别是宅间庭院的完整性，是目前居住区规划中经常忽略的问题，如用自行车棚、菜窖、变电室等小建筑塞满了宅间庭院，既影响住户，尤其是老人、儿童户外活动，又使空间面貌极不美观。因而，宜将车棚等小建筑结合住宅或公建安排，或利用地下室或组织在楼内或附帖于楼侧设置，以及力求管线地下埋设等，以保持户外适宜的活动空间及良好景观。

四、居住区中的各种规划因素均有其内在联系，而内在联系的核心就是居民，因而要从满足居民居住生活的要求出发，考虑、安排和处理好建筑、道路、广场、院落、绿地、建筑小品之间及其与人的活动之间，在户外空间的相互关系，使居住区成为有机的整体和空间层次协调丰富的群体。

4.0.3 经调查，在居住区内常常出现老人或小孩外出归家找不到家门，或来访者很难寻找等情况，主要原因是建筑或布局本身无识别标志。因此，在居住区规划布局形式上应有利于街道命名。合理设置建筑小品是增强识别力的有效方法之一，也是美化环境的饰物。但应注意其体型和大小应与周围建筑、庭院尺度相协调。

4.0.4 在重点文物保护单位和历史文化保护区保护规划范围内的住宅建设，包括新建、扩建和改建，其规划设计需要有保护规划的指导，保护规划应是已批准的、具有法律效力的规划文件。居住区内的各级文物保护单位和古树名木必须依照《中华人民共和国文物保护法》和《城市绿化条例》予以保护，居住区应按法规要求进行规划设计。

5 住 宅

5.0.1 本条主要是在居住区分级规模和居住区外部环境条件确定的基础上，对在住宅用地上进行住宅建筑规划提出原则性要求。

住宅用地的条件（如地形、地貌、地物等自然环境条件和当地的用地紧张状况以及对住宅层数与密度的要求）、住宅选型（主要指平面形状、形体和户型）、当地住宅朝向、日照间距标准要求和不同使用者的需要等自然环境因素与客观条件及要求，对住宅建筑的布置方式、组团间的组合方式和大小空间、层次的组织创作都有密切的关系，且互相制约，在规划设计中必须综合考虑。这在正文第5.0.2～5.0.6条中作了具体规定。

5.0.1a 随着人口老龄化的发展，老年人居住建筑应成为现代居住区的一个重要组成部分，由于各地情况的差异，本规范仅提出原则性的规定，各地应结合实际情况，由地方城市规划行政主管部门提出具体指标要求和方式。

5.0.2 住宅建筑间距分正面间距和侧面间距两个方面。凡泛称的住宅间距，系指正面间距。决定住宅建筑间距的因素很多，根据我国所处地理位置与气候状况，以及我国居住区规划实践，说明绝大多数地区只要满足日照要求，其他要求基本都能达到。仅少数地区如纬度低于北纬25°的地区，则将通风、视线干扰等问题作为主要因素。因此，本规范确定住宅建筑间距，仍以满足日照要求为基础，综合考虑采光、通风、消防、管线埋设和视觉卫生与空间环境等要求为原则，这符合我国大多数地区的情况，也考虑了局部地区的其他制约因素。

根据这一原则，本规范确定住宅建筑和公共服务设施中的托、幼、学校、医院病房楼等建筑的正面间距均以日照标准的要求为基本依据，并作了具体规定。侧面间距则以其他因素为主，提出了规定性要求。

一、住宅建筑日照标准

决定居住区住宅建筑日照标准的主要因素，一是所处地理纬度及其气候特征，二是所处城市的规模大小。我国地域广大，南北方纬度差约50余度，同一日照标准的正午影长率相差3～4倍之多，所以在高纬度的北方地区，日照间距要比纬度低的南方地区大得多，达到日照标准的难度也就大得多。

大城市人口集中，因此城市用地紧张的矛盾比一般中小城市要大，这是一个普遍性规律。由此，同一地理纬度的同一日照标准，小城市能达到的中等城市不一定能达到，中等城市能达到的大城市可能很难达到。从全国140余个居住区的调查表明，北纬25°及以南地区如昆明、南宁等城市，现行住宅日照间距已达到或接近冬至日日照1h的标准；北纬30°上下、长江沿岸一带第Ⅱ、Ⅲ建筑气候区的南京、杭州、常州、武汉、沙市、重庆等城市的现行日照间距则仅接近大寒日日照1h；而北纬40°以上、第Ⅰ建筑气候区的长春、沈阳、哈尔滨、牡丹江、齐齐哈尔、佳木斯等城市的现行住宅间距则连大寒日日照1h也未能达到。根据我国的这一实情，本规范日照标准的确定，以综合考虑地理纬度与建筑气候区划和城市规模（大城市与小城市有别）两大因素为基础，考虑实际与可能，以多数地区适当提高日照标准，少数地区（主要是第Ⅴ气候区和纬度较低地区已达到冬至日照1h的城市）不降低现行日照标准，即以分地区分标准为基本原则。同时，在建筑日照标准的计量办法上也力求提高科学性与合理性。本规定较原有标准有几点改进：

1. 改变过去全国各地一律以冬至日为日照标准日，而采用冬至日与大寒日两级标准日。过去，我国有关文件曾规定"冬至日住宅底层日照不少于一小时"。从表1反映的实施情况看全国绝大多数地区的大、中、小城市均未达到这个标准。大多数城市的住宅，冬至日前后首层有一个月至两个月无日照，东北地区大多数城市的住宅，冬至日日照遮挡到三层、四层。这些城市若适当提高日照标准，仍不可能达到首层住宅冬至日有日照的要求，更达不到冬至日日照标准，因而，无法以冬至日为标准日，而只能采用第二档次即大寒日为标准日。据此，本规范采用冬至日和大寒日两级标准。

国际上许多国家也都按其国情采用不同的日照标准日：原苏联北纬58°以北的北部地区以清明（4月5日）为日照标准日（清明日照3小时），北纬48°～58°的中部地区以春分、秋分日（3月21日、9月23日）为标准日，北纬48°以南的南部地区采用雨水日（2月19日）为标准日（参照前苏联建筑规范СНИПⅡ-6075）；原西德的标准日相当于雨水日；欧美、伦敦采用的标准日为3月1日（低于雨水日，高于春、秋分日）等。所以，采用冬至日与大寒日两级标准日，既从国情出发，也符合国际惯例。

2. 随着日照标准日的改变，有效日照时间带也由冬至日的9时至15时一档，相应增加大寒日8时至16时的一档。有效日照时间带系根据日照强度与日照环境效果所确定。实际观察表明，在同样的环境下大寒日上午8时的阳光强度和环境效果与冬至日上午9时相接近。故此，凡以大寒日为日照标准日，有效日照时间带均采用8时至16时；以冬至日为标准日，有效日照时间带均为9时至15时。

有效日照时间带在国际上也不统一，一般均与日照标准日相对应，如原苏联南部地区以雨水日为日照标准日，有效日照时间带为7时至17时；日本的北海道则采用9时至15时，其他地区8时至16时。

综上所述，本规定按建筑气候分区和城市规模大小将日照标准分为三个档次，即第Ⅰ、Ⅱ、Ⅲ、Ⅶ气候区的大城市不低于大寒日日照2h，第Ⅰ、Ⅱ、Ⅲ、Ⅶ气候区的中小城市和第Ⅳ气候区的大城市不低于大寒日日照3h，第Ⅳ气候区的中小城市和第Ⅴ、Ⅵ气候区的各级城市不低于冬至日日照1h。据此规定，比较各地现行日照间距，（表1）第Ⅱ、Ⅲ气候区的大中城市大多由现行的接近大寒日日照1h提高到大寒日日照2h，难度不大；第Ⅳ气候区大城市的日照标准有的保持现行水平，有的略有提高，难度也不大。中小城市的日照标准提高的幅度与大城市提高的幅度有的相当，有的略高一些；第Ⅴ、Ⅵ、Ⅶ气候区的现行日照间距已达到或接近本标准。提高幅度较多的是第Ⅰ气候区中北纬45°以北的哈尔滨、齐齐哈尔等大城市和一些中等城市，其中大城市难度较大一些，但据调查反映，现行日照标准过低，居民反应较大，本规范仅作适当提高是完全必要的，通过努力是可以达到的。

3. 老年人的生理机能、生活规律及其健康需求决定了其活动范围的局限性和对环境的特殊要求，因此，为老年人服务的各项设施要有更高的日照标准，在执行本规定时不附带任何条件。

4. 针对建筑装修和城市商业活动出现的问题,如增设空调机、建筑小品、雕塑、户外广告等已批准的原规划设计中没有的室外固定设施,规范要求其不能使相邻住宅楼、相邻住户的日照标准降低,但栽植的树木不在其列。

5. 旧区改建难是我国城市建设中面临的一大突出问题,正文条文中规定各地旧区改建的日照标准可酌情降低,是指在旧区改建时确实难以达到规定标准才能这样做。为避免在旧区改建中执行本规范时可能出现的偏差,同时也是为了保障居民的切身利益,无论在什么情况下,降低后的日照标准都不得低于大寒日一小时。此外,可酌情降低的规定只适用于各申请建设项目内的新建住宅本身,任何其他情况下的住宅建筑日照标准仍须符合表5.0.3-1的规定。

6. 不同方位的日照间距折减指以日照时数为标准,按不同方位布置的住宅折算成不同日照间距,通常应用于条式平行布置的新建住宅之间。本表作为推荐指标供规划设计人员参考,对于精确的日照间距和复杂的建筑布置形式须另作测算。

表1　　　　全国主要城市不同日照标准的间距系数

序号	城市名称	纬度（北纬）	冬至日		大寒日				现行采用标准
			正午影长率	日照1h	正午影长率	日照1h	日照2h	日照3h	
1	漠河	53°00′	4.14	3.88	3.33	3.11	3.21	3.33	—
2	齐齐哈尔	47°20′	2.86	2.68	2.43	2.27	2.32	2.43	1.8～2.0
3	哈尔滨	45°45′	2.63	2.46	2.25	2.10	2.15	2.24	1.5～1.8
4	长春	43°54′	2.39	2.24	2.07	1.93	1.97	2.06	1.7～1.8
5	乌鲁木齐	43°47′	2.38	2.22	2.06	1.92	1.96	2.04	—
6	多伦	42°12′	2.21	2.06	1.92	1.79	1.83	1.91	—
7	沈阳	41°46′	2.16	2.02	1.88	1.76	1.80	1.87	1.7
8	呼和浩特	40°49′	2.07	1.93	1.81	1.69	1.73	1.80	—
9	大同	40°00′	2.00	1.87	1.75	1.63	1.67	1.74	—
10	北京	39°57′	1.99	1.86	1.75	1.63	1.67	1.74	1.6～1.7
11	喀什	39°32′	1.96	1.83	1.72	1.60	1.64	1.71	—
12	天津	39°06′	1.92	1.80	1.69	1.58	1.61	1.68	1.2～1.5
13	保定	38°53′	1.91	1.78	1.67	1.56	1.60	1.66	—
14	银川	38°29′	1.87	1.75	1.65	1.54	1.58	1.64	1.7～1.8
15	石家庄	38°04′	1.84	1.72	1.62	1.51	1.55	1.61	1.5
16	太原	37°55′	1.83	1.71	1.61	1.50	1.54	1.60	1.5～1.7
17	济南	36°41′	1.74	1.62	1.54	1.44	1.47	1.53	1.3～1.5
18	西宁	36°35′	1.73	1.62	1.53	1.43	1.47	1.52	—
19	青岛	36°04′	1.70	1.58	1.50	1.40	1.44	1.50	—
20	兰州	36°03′	1.70	1.58	1.50	1.40	1.44	1.49	1.1～1.2;1.4
21	郑州	34°40′	1.61	1.50	1.43	1.33	1.36	1.42	—
22	徐州	34°19′	1.58	1.48	1.41	1.31	1.35	1.40	—
23	西安	34°18′	1.58	1.48	1.41	1.31	1.35	1.40	1.0～1.2
24	蚌埠	32°57′	1.50	1.40	1.34	1.25	1.28	1.34	—
25	南京	32°04′	1.45	1.36	1.30	1.21	1.24	1.30	1.0;1.1～1.8

续表

序号	城市名称	纬度（北纬）	冬至日 正午影长率	冬至日 日照1h	大寒日 正午影长率	大寒日 日照1h	大寒日 日照2h	大寒日 日照3h	现行采用标准
26	合肥	31°51′	1.44	1.35	1.29	1.20	1.23	1.29	1.2
27	上海	31°12′	1.41	1.32	1.26	1.17	1.21	1.26	0.9～1.1
28	成都	30°40′	1.38	1.29	1.23	1.15	1.18	1.24	1.1
29	武汉	30°38′	1.38	1.29	1.23	1.15	1.18	1.24	0.7～0.9 1.0～1.1
30	杭州	30°19′	1.36	1.27	1.22	1.14	1.17	1.22	0.9～1.0 1.1～1.2
31	拉萨	29°42′	1.33	1.25	1.19	1.11	1.15	1.20	—
32	重庆	29°34′	1.33	1.24	1.19	1.11	1.14	1.19	0.8～1.1
33	南昌	28°40′	1.28	1.20	1.15	1.07	1.11	1.16	—
34	长沙	28°12′	1.26	1.18	1.13	1.06	1.09	1.14	1.0～1.1
35	贵阳	26°35′	1.19	1.11	1.07	1.00	1.03	1.08	—
36	福州	26°05′	1.17	1.10	1.05	0.98	1.01	1.07	—
37	桂林	25°18′	1.14	1.07	1.02	0.96	0.99	1.04	0.7～0.8；1.0
38	昆明	25°02′	1.13	1.06	1.01	0.95	0.98	1.03	0.9～1.0
39	厦门	24°27′	1.11	1.03	0.99	0.93	0.96	1.01	—
40	广州	23°08′	1.06	0.99	0.95	0.89	0.92	0.97	0.5～0.7
41	南宁	22°49′	1.04	0.98	0.94	0.88	0.91	0.96	1.0
42	湛江	21°02′	0.98	0.92	0.88	0.83	0.86	0.91	—
43	海口	20°00′	0.95	0.89	0.85	0.80	0.83	0.88	—

注：①本表按沿纬向平行布置的六层条式住宅（楼高18.18m，首层窗台距室外地面1.35m）计算。
②"现行采用标准"为90年代初调查数据。

二、住宅建筑侧面间距，除考虑日照因素外，通风、采光、消防，特别是视觉卫生以及管线埋设等要求往往是主要的影响因素。这些因素的情况比较复杂，许多城市都按照自己的情况作了一些规定，但规定的标准和要求差距很大。如高层塔式住宅，其侧面有窗且往往具有正面的功能，故视觉卫生因素所要求的间距比消防要求的最小间距13m大得多。北方一些城市对视觉卫生问题较注重，要求高，一般认为不小于20m较合理，而南方特别是广州等城市因用地紧张难以考虑视觉卫生问题，长此以久也就比较习惯了，未作主要因素考虑，只要满足消防要求即可。中高、多层点式住宅也有类似情况。同时，侧面间距大小对居住区的居住密度影响较大，大多数地区都卡得较紧，因此难以定出一个较为合理而各地又都能接受的规定。

根据上述情况，本规范仅按照国内现行的一般规律，对条式住宅侧面间距做出具体规定；对高层塔式住宅、多层、中高层点式住宅同侧面有窗的各种层数住宅之间的侧面间距，仅提出"应考虑视觉卫生因素，适当加大间距"的原则性要求。具体指标由各城市城市规划行政主管部门自行掌握。

5.0.3 对住宅建筑的规划布置主要从五个方面作了原则性规定。其中面街布置的住宅，主要考虑居民，特别是儿童的出入安全和不干扰城市交通，规定其出入口不得直接开向城市道路或居住区级道路，即住宅出入口与城市道路之间要求有一定的缓冲或分隔，当面街住宅有若干出入口时，可通过宅前小路集中开设出入口。

另外，根据调查老年人的一般独立出行的适宜距离小于300m，因此，在安排老年人住宅时应尽量靠近绿地和相应的设施。

5.0.4 对住宅的户型及面积标准，考虑到为适应住宅商品化发展要求和满足不同层次的居民对不同户型标准的需求，是居住区规划中不可回避的问题，故正文条文中提出，住宅建筑"宜采用多种户型和多种面积标准，并以一般面积标准为主"的原则性要求。

5.0.5~5.0.6 本条对住宅建筑的层数与密度分别做出了规定：

一、住宅层数影响到土地开发强度、利用率以及空间环境。由于本规范是对城市局部地段的居住区而言，而不是针对整个城市，因此，规范要求居住区规划考虑住宅层数指标，而经济的住宅层数与合理的层数结构由各城市根据本规定的原则自行确定。

二、住宅建筑净密度越大，即住宅建筑基底占地面积的比例越高，空地率就越低，绿化环境质量也相应降低。所以本指标是决定居住区居住密度和居住环境质量的重要因素，必须合理确定。决定住宅建筑净密度的主要因素是层数和决定建筑日照间距的地理纬度与建筑气候区划。正文表 5.0.6-1 由建筑气候区划和住宅层数两个因素作为指标的分类依据，其中建筑气候区划按照地理纬度关系分成三组。

鉴于目前我国居住区规划建设中存在建筑密度日趋增高的倾向，而几乎不存在建筑密度过低的现象，为使居住区用地内有合理的空间，以确保居住生活环境质量，故本指标仅对住宅建筑净密度最大值提出控制。对最低值的控制，既缺少标准依据，实际意义也不大，故未作规定。

正文表 5.0.6-1 中的指标是在对全国 140 余个居住区的统计资料分类和分析的基础上，综合考虑了国家对城市绿化

的有关规定（见第七章）而确定的。

三、住宅建筑面积净密度，是决定居住区居住密度（住宅建筑面积毛密度或人口毛密度）的重要指标。由于居住区用地中，住宅用地具有一定的比例，因而在一定的住宅用地上，住宅建筑面积净密度高，该居住区的居住密度相应也高，反之，居住密度相应越低。

1. 住宅建筑面积净密度的决定因素主要是住宅层数和决定日照间距的地理纬度与建筑气候区。正文表 5.0.6-2 即由这两项因素作为指标的分类依据。

2. 根据我国居住区规划建设中目前存在的问题和倾向，主要是提高密度以最大可能地提高经济效益，而不顾居住区环境质量。因此，本规范只做出住宅建筑面积净密度最大值的控制指标。同上款理由，也未对最低值作规定。

3. 住宅建筑面积净密度最大值的确定依据：一是不同层数住宅在不同建筑气候区所能达到的最大值。二是考虑居住区基本环境质量要求。正文表 5.0.6-2 中的低层、多层与中高层三栏的数值，就是根据全国 140 余个居住区的资料综合分析的基础上，以正文表 5.0.6-1 中规定为准，再与理论计算值验核后提出的。但高层住宅一栏的指标则主要是根据环境容量确定。虽然住宅建筑面积净密度并不能全面地反映居住区综合环境状况，但却直接反映住宅用地上的、环境容量中的建筑量和人口量。显然，住宅建筑面积净密度过大，就是住宅用地上的环境容量过大，即建房过多、住人过挤，就会影响居住区环境质量——包括空间环境效果和生态环境状况。本规范所定指标系根据北京、上海和广州等大城市的有关规定和实际效果确定，即各建筑气候区的全高层居住小区或组团的住宅建筑面积净密度均不宜超过每公顷 3.5 万 m^2。

6 公共服务设施

6.0.1 公共服务设施是居住区配建设施的总称。原国家建委 1980 年颁发的《城市规划定额指标暂行规定》中把居住区公共服务设施分成教育、经济、医卫、文体、商业服务、行政管理、其他等七类，但在实际工作中全国各地在分类上差别也很大，有的分成四类，有的分成七、八类；在项目的归类上也不一致，有的将邮电、银行归入商业服务类，有的归入行政管理类，而今市政公用设施配套日趋完善，一般都已把它独立成一类，也有的仍归入其他类；配建的防空地下室、伤残人福利工厂等还没有纳入配套。因此，对居住区规划设计有关公共服务设施的配建水平上难以评审、比较，也无法反映商业服务、教育等某一类的配建水平。为此，在公共服务设施的分类上有必要进行统一。原规范在原国家建委分成七类的基础上，将市政公用设施从其他一类中独立出来，而把防空地下室等归入其他类而成八类。并在分类的名称上，根据习惯直观地把商业、饮食、服务、修理称为商业服务类，把医疗、卫生、保健称为医疗卫生类，把邮电、银行称为金融邮电类，把变电室、高压水泵房等称为市政公用类，把不能归类的合并成一类，称为其他类，即分成教育、医疗卫生、文体、商业服务、金融邮电、市政公用、行政管理和其他八类。随着配套项目的发展和 90 年代社区建设的推进，在本次修编中，把居委会、社区服务中心、老年设施等称为社区服务类，把其他类与行政管理合称为行政管理及其他类，调整后分成教育、医疗卫生、文化体育、商业服务、金融邮电、社区服务、市政公用、行政管理及其他八类。

6.0.2～6.0.3 居住区公共服务设施的配建，主要反映在配建的项目和面积指标两个方面。而这两个方面的确定依据，主要是考虑居民在物质与文化生活方面的多层次需要，以及公共服务设施项目对自身经营管理的要求，即配建项目和面积与其服务的人口规模相对应时，才能方便居民使用和发挥项目最大的经济效益，如一个街道办事处为 3 万至 5 万居民服务，一所小学为 1 万至 1.5 万居民服务，一个居委会为 300 户至 1000 户居民服务。

根据各地居住区规划的实践，为满足 3 万至 5 万居民要有一整套完善的日常生活需要的公共服务设施，应配建派出所、街道办、具有一定规模的综合商业服务、文化活动中心、门诊所等；为满足 1 万至 1.5 万居民要有一套基本生活需要的公共服务设施，应配建托幼、学校、综合商业服务、文化活动站、社区服务等；为满足 300 户至 1000 户居民要有一套基层生活需要的公共服务设施，应配建居委会、居民存车处、便民店等（见正文附表 A.0.2）。

正文附表 A.0.2 是与居住区、小区、组团对应配建的公建项目，也有由于所处地位独立，兼为附近居民服务等可增设的项目。

当居住区的居住人口规模大于组团、小区或居住区时，公共服务设施配建的项目或面积也要相应增加。根据各地的建设实践，当居住人口规模大于组团小于小区时，一般增配相应的小区级配套设施等，使从满足居民基层生活需要经增配若干项目后能满足基本需要；当居住人口规模大于小区小于居住区时，一般增配门诊所和相应的居住区级配套设施等，使从满足居民基本生活需要经增配若干项目后能较完善地满足日常生活的需要；当居住人口规模大于居住区时，可增配医院、银行分理处、邮电支局等，以满足居民多方面日益增长的基本需要。

居住区的公共服务设施不配或少配会给居民生活带来不便，晚建了也会给居民生活造成困难，如不及时配建小学，小学生要回原居住地上学，长途往返十分不便。晚建了派出所就没有地方办理户口迁移等手续或至本区外兼管的派出所去办理，造成管理和使用的不便。因此，满足居民多层次需求的公共服务设施，应按配建的要求进行统一规划，统一建设和统一投入使用，才能达到居民使用方便和经营管理合理的要求。有时因分期建设的需要，初期建设规模不大时，可把有关设施的内容合并，暂设在某一个规划项目内过渡解决，待建成后再恢复正常使用。

当规划用地周围有设施可使用时，配建的项目和面积可酌情减少；当周围的设施不足，需兼为附近居民服务时，配建的项目和面积可相应增加；当处在公交转乘站附近、流动人口多的地方，可增加百货、食品、服装等项目或扩大面积，以兼为流动顾客服务；在严寒地区由于是封闭式的营业或各项目之间有暖廊相连，配建的项目和面积就有所增加。在山地，由于地形的限制，配建的项目或面积也会稍有增加。因此，居住区的公共服务设施可根据现状条件及居住区周围现有的设施情况以及本地的特点可在配建水平上相应增减。

国家一、二类人防重点城市应根据人防规定，结合民用建筑修建防空地下室，应贯彻平战结合原则，战时能防空，平时能民用，如作居民存车或作第三产业用房等，并将其使用部分分别纳入配套公建面积或相关面积之中，以提高投资效益。

公共服务设施各有其自身的专业特点，其设置要求，有的可参考有关的设计手册，如锅炉房、变电室、燃气站等。有的已有国标、行标，可按其要求执行，如中小学建筑设计标准等。但在居住区公共服务设施中大量是小而内容多样的小型项目，虽有一定规律，但还未标准化，因此本条对其设置的规定仅提出一般性的要求，如多少户设置一处，对服务半径、环境、交通的要求、宜独立或与什么项目结合设置等，以便作公共服务设施布点参考（正文附表 A.0.3）。

居住区公共服务设施的配建水平应以每千居民所需的建筑和用地面积（简称千人指标）作控制指标，由于它是一个包含了多种影响因素的综合性指标，因此具有很高的总体控制作用。正文表 6.0.3 是综合分析了不同居住人口、不同配建水平的已建居住区实例，并剔除了不合理因素和特殊情况后制定的。因此，它可以起到总体的控制作用。并可根据居住区、小区、组团不同居住人口规模估算出需配建的公共服务设施总面积，也可对大于组团或小区的居住人口规模所需的配套设施面积进行插入法计算。同时，由于各地的情况千差万别，因而各地在根据自身的经营习惯、需要水平、气候及地形等因素制定本地居住区应配建的公共服务设施具体项目、内容、面积和千人指标的具体规定或实施细则时，应满足本规定对项目和千人总控制指标的要求。

行政管理及其他类中的"其他"是前七类和行政管理设施以外的宜设置的项目，如国家确定的一、二类人防重点城市应配建的防空地下室或由于体制改革，经营管理的发展，今后会出现的其他应配、宜配建的新项目，不能归入上述七类，可暂统归入其他类，但由于各城市应配、宜配建的"其他"项目、面积差异大而目前又难以统计，也无一定规律，故没有确定其控制指标，分类指标和总控制指标中也未包括"其他"指标，在执行时应另加，以便切合实际地指导本地的居住区建设。

在正文附表 A.0.3 中列了各公建的一般规模，这是根据各项目自身的经营管理及经济合理性决定的，供有关项目独立配建时参考。

6.0.4 居住区内公共服务设施是为区内不同年龄和不同职业的居民使用或服务的，因此公建的布局要适应儿童、老人、残疾人、学生、职工等居民的不同要求。同时各公共服务设施又有其自身设置的经济性和要求、方便居民使用等共同特点，从而可将有利经营、互不干扰的有关项目相对集中形成各级公共活动中心。一般由百货商店、专业商店等商业服务项目和银行（储蓄所）、邮电支局（邮政所）等金融邮电项目，文化活动中心等文体建筑组成。根据居民生活需要有的项目要适当分散，符合服务半径、交通方便、安全等要求，如医院、幼托、学校、便民店、居民存车处等。对于可兼为外来人流服务的设施宜设置于内外人流的交汇点附近，以方便使用和提高经济效益。

公共服务设施的布局是与规划布局结构、组团划分、道路和绿化系统反复调整、相互协调后的结果。为此，其布局因规划用地所处的周围物质条件、自身的规模、用地的特征等因素而各具特色。对公共活动中心，可将可连带销售、又互不干扰的项目组合在一个综合体（楼）内，以利综合经营、方便居民和节约用地。

6.0.5 停车场、库属于静态交通设施，它的合理设置与道路网的规划具有同样意义。正文表 6.0.5 中配建停车位控制指标均是最小的配建数值，有条件的地区宜多设一些，以适应居住区内车辆交通的发展需要。

正文表 6.0.5 中的机动车停车位控制指标，是以小型汽车为标准当量表示的。其他各种车型的停车车位数应按正文表 6.0.5 中算出的机动车车位数除以正文表 11.0.2 中相关车型的换算系数，即得出实际停放的机动车车位数。例如，按正文表 6.0.5 的配建停车位指标，应安排 10 辆卧车停车位。若停放微型客货车，可停放 $10 \div 0.7 = 14.3$ 辆；若停放中型客车，则可停放 $10 \div 2 = 5$ 辆。

配建停车场的设置位置要尽量靠近相关的主体建筑或设施，以方便使用及减少对道路上车辆交通的干扰。

为节约用地，在用地紧张地区或楼层较高的公共建筑地段，应尽可能地采用多层停车楼或地下停车库。

7 绿 地

7.0.1～7.0.3 该三条总结分析了我国居住区规划的实际经验和存在的涵义不清、计算口径不一等问题,对居住区内绿地组成(分类)、绿地规划的一般要求及规划布局原则和绿地面积的计算方法等作出规定。其中:公共绿地、宅旁绿地、公共服务设施所属绿地和道路绿地等四类绿地(包括满足当地植树绿化覆土要求、方便居民出入的地下建筑或半地下建筑的屋顶绿地)面积的总和占居住区用地总面积的比率即绿地率,是衡量居住区环境质量的重要标志。

确定绿地率指标的主要依据是:(1)根据我国各地居住区规划实践,达到本指标可确保有较好的空间环境效果;(2)与原城乡建设环境保护部1982年颁发的《城市园林绿化管理暂行条例》的规定"城市新建区的绿化用地,应不低于总用地面积的30%;旧城改建区的绿化用地,应不低于总用地面积的25%"相一致;(3)综合分析了本规范确定的居住区层数、密度、房屋间距等相关指标,本规范的绿地率指标是可行的。

7.0.4 对居住区公共绿地的分级规模、规划要求、有关标准及面积计算办法等做出了规定。其中:

一、按照居住区分级规模及其规划布局形式,设置相应的中心绿地的原则,是按照集中与分散相结合的公共绿地系统的布局构思确定的。这样,既方便居民日常不同层次的游憩活动需要,又利于创造居住区内大小结合、层次丰富的公共活动空间,可取得较好的空间环境效果。

各级中心绿地一般规模的确定,主要考虑一是人流容量,如居住区级中心绿地即居住区公园应考虑3万～5万人的居住区,日常去公园出游的居民量(详见第7.0.5条);二是安排与其规模相应的功能设施所需的场地和游憩空间要求,如居住区级中心绿地中,要为满足明确的功能划分和相应的游憩活动设施所需的用地作安排(正文表7.0.4-1)。

二、各级中心绿地除应有相应的规模和设施外,其位置也要与其级别相称,即应与其同级的道路相邻,并向其开设主要出入口,以便于居民使用。据此规定,小区级的小游园应与小区级道路相邻,居住区公园应与居住区级道路相邻。而设在组团内、四面邻组团路的绿地,面积再大也只能属组团级的"大绿地",而不能成为小区级或居住区级中心绿地,否则势将吸引本组团外的超量人流穿越组团甚至居民院落,这样既不便居民游憩活动,且严重干扰组团内居民的安宁环境。

三、正文条文规定各级公共绿地一般应采用"开敞式"。这里有两层意思:其一,居住区各级公共绿地是本区居民的日常游憩共享空间,应方便居民游憩活动并直接为居民使用,应是"福利型",而不应成为"经营型"。其二,居住区各级公共绿地是居住区空间环境的重要组成部分,应里外浑然一体,在居民视野高度内不能"隔断"。如设院墙也应以绿篱或其他空透式栏杆作分隔,以确保里外通透。

四、组团绿地的设置标准与面积计算办法是目前我国居住区规划中存在的主要问题之一。本规范分析了我国一些城市居住区中居住组团的不同类型、特点和组团绿地的设置方式与存在的问题,对组团绿地的设置标准与面积计算办法做出了规定。

确定组团绿地（包括其他块状、带状绿地）面积标准的基本要素：一要满足日照环境的基本要求，即"应有不少于1/3的绿地面积在当地标准的建筑日照阴影线范围之外"；二要满足功能要求，即"要便于设置儿童游戏设施和适于老年人、成人游憩活动"而不干扰居民生活；第三，同时要考虑空间环境的因素，即绿地四邻建筑物的高度及绿地空间的形式——是开敞型还是封闭型等。正文表7.0.4-2根据以上三要素对不同类型院落式组团绿地的面积标准的计算做出了规定。

开敞型与封闭型院落式组团绿地的主要区别是，后者四面被住宅建筑围合空间较封闭，故要求其平面与空间尺度应适当加大，而前者则至少有一个面，面向小区路或建筑控制线不小于10m的组团路，空间较开敞，故要求的平面与空间尺度可小一些。

五、其他块状、带状公共绿地，如街头绿地、儿童游戏场和设于组团之间的绿地等，一般均为开敞式，四邻空间环境较好，面积可比组团内绿地略小，但根据实践经验，欲满足上述三要素要求，其最小面积不宜小于400m²；用地宽度不应小于8m。否则难以设置活动设施和满足基本功能的要求。

7.0.5 确定居住区人均公共绿地面积指标的主要依据是：

一、根据人多地少的国情，特别是在各城市人口不断增长，城市用地日趋紧张的情况下，原国家建委（80）492号文件中规定的人均公共绿地指标，小区级 1~2m²，居住区级 1~2m²，在执行中实现的少，因而居住区公共绿地现行指标一般较低，甚至没有。从调查的全国120余个居住区、小区实例分析，有40%以上人均公共绿地不足1m²，如去掉其中不合标准的公共绿地，其比例更高。但近年来许多城市从提高环境质量出发，已强化了绿地要求，有些城市做出了指标规定，一般是：小区不低于1m²/人，居住区 1~2m²/人左右。据此，本规范根据综合分析后规定：组团绿地不少于 0.5m²/人、小区绿地（含组团）不少于1m²/人、居住区绿地（含小区、组团）不少于 1.5m²/人。此标准与一些城市的规定和原国家建委规定接近，但比许多城市现行水平有提高。

二、据1983年北京市的调查，服务半径为500m以内的居住区各级公共绿地，居民（高峰）总出游率为11%。考虑到人口老龄化的增长和儿童比例递减等综合因素，居住区内公共绿地的出游率今后会有所增长。为此，本规范确定居住区各级公共绿地居民总出游率，按不小于15%考虑，可适应全国大多数城市中、远期规划的要求。

另据调查，居住区公共绿地（居住区公园、小游园）周转系数为3；每游人占公园面积30m²，则居住区公共绿地人均指标为：

$$(15\% \times 30)/3 = 1.5 \,(m^2/人)$$

据此，本规范规定，居住区（含小区、组团级）公共绿地人均指标不小于1.5m²。

三、根据居住区分级规模及按正文表7.0.4-1分级设置中心绿地的要求确定的各级指标，分别占总指标的1/3左右，即：

1. 组团级指标人均不小于 0.5 m²，可满足 300~700 户设置一个面积 500~1000m² 以上的组团绿地的要求。

2. 小区级指标人均不小于 0.5m²（即 1~0.5m²），可满足每小区设置一个面积 4000~6000m² 以上的小区级中心绿地（小游园）的要求；

3.同理，居住区级公园指标人均不小于 0.5m² （即 1.5 ～ 1.0m²），可达到每居住区设置一个面积 15000m² 以上的居住区级公园的要求。

根据我国一些城市的居住区规划建设实践，居住区级公园用地在 10000m² 以上，即可建成具有较明确的功能划分、较完善的游憩设施和容纳相应规模的出游人数的基本要求；用地 4000m² 以上的小游园，可以满足有一定的功能划分、一定的游憩活动设施和容纳相应的出游人数的基本要求。所以，正文条文规定居住区级公园一般规模不小于 1hm²，小区级小游园不小于 0.4hm²。

公共绿地指标的具体使用，还应按照所采用的居住区规划组织结构类型确定。如采用居住区—组团两级组织结构的居住区，可在总指标的控制下设置居住区公园和组团绿地两级，也可在两级的基础上增设若干中型（相当于小区级）公共绿地；组团绿地的设置也应按组团布局形式灵活安排。

旧区改建由于用地紧张等因素，可酌情降低，但不得低于相应指标的 70%，以保证基本的环境要求。

8 道 路

8.0.1 居住区要为居民提供方便、安全、舒适和优美的居住生活环境，道路规划设计在很大程度上影响到居民出行方便和安全，因而，对此提出了应遵循的基本原则：

一、影响居住区交通组织的因素是多方面的，而其中主要的是居住区的居住人口规模、规划布局形式、用地周围的交通条件、居民出行的方式与行为轨迹和本地区的地理气候条件，以及城市交通系统特征、交通设施发展水平等。在确定道路网的规划中，应避免不顾当地的客观条件，主观地画定不切实际的图形或机械套用某种模式。同时还要综合考虑居住区内各项建筑及设施的布置要求，以使路网分隔的各个地块能合理地安排下不同功能要求的建设内容。

二、居住区内的主要道路特别是小区路、组团路既要通顺又要避免外部车辆和行人的穿行。所以，道路网要避免那种四通八达的格局。正文条文中提到居住区内外联系道路要通而不畅和避免往返迂回，主要有三方面的意思：

1.要求道路的线型尽可能顺畅，不要出现生硬弯折，以方便消防、救护、搬家、清运垃圾等机动车辆的转弯和出入，但内外联系道路要通而不畅以避免过境车辆穿越小区或组团；

2.要使住宅楼的布局与内部道路有密切联系，以利于道路的命名及有规律地编排楼门号，这样就能有效地减少外部人员在寻亲访友中的往返奔波；

3. 良好的道路网应该是在满足交通功能的前提下,尽可能地用最低限度的道路长度和道路用地。因为,方便的交通并不意味着必须有众多横竖交叉的道路,而是需要一个既符合交通要求又结构简明的路网。

三、居住区内部道路担负着分隔地块及联系不同功能用地的双重职能。良好的道路骨架,不仅能为各种设施的合理安排提供适宜的地块,也可为建筑物、公共绿地等的布置及创造有特色的环境空间提供有利条件。同时,公共绿地、建筑及设施的合理布局又必然会反过来影响到道路网的形成。所以,在规划设计中,道路网的规划与建筑、公共绿地及各类设施的布局往往彼此制约、互为因果,只有经过若干次的往复才能确定最佳的道路网格式。

四、随着国民经济的发展,改善城市生活环境已成为大家日益关注的课题。深受交通车祸、环境污染及噪声干扰之苦的市民,都渴望有个安全、安宁的居住生活环境。因此,居住区内部的道路规划要注意避免吸引外部车辆及行人的进入和穿行。在欧美国家及原苏联,大多认为小区内部不应有城市公共交通,甚至不允许有机动车道,在细部处理上,对小区内部或组团,建议采用隔而不断的"入口"模式,以形成一种象征性的界限,给外部车辆及行人以心理上的障碍,从而最大限度地保障内部交通的安全及居住环境的安宁。由于居住区级规模的用地面积较大,穿过居住区的城市支路或居住区级道路也允许引入公共交通或穿行,所以除应合理设置公交停靠站外,道路两侧的建筑物,尤其是住宅和教育设施等的布置还要尽量减少交通噪声对它们的干扰。

五、道路规划要与抗震防灾规划相结合。根据国家计委及建设部下达的"新建工程抗震设防暂行规定"〔(89)建抗字第568号〕,把基本烈度六度地区作为新建工程需考虑抗震设防的起点。现行国家标准《建筑抗震设计规范》(GB11—89)也规定适用范围为6～9度。所以本规范规定了在地震烈度不低于六度的地区要考虑防灾救灾的要求。根据建筑抗震设计规范规定,只要建筑物按规范要求设计,在当地相应的震级灾害中就不会倒塌倾覆,但居住区内部的道路还是应考虑到人员避震疏散的需要。因此,在抗震设防城市的居住区内道路规划必须保证有通畅的疏散通道,并在因地震诱发的如电气火灾、水管破裂、煤气泄漏等次生灾害时,能保证消防、救护、工程救险等车辆的出入。

六、居住区内部道路的走向对通风及日照有很大影响。道路是通风的走廊,合理的道路骨架有利于创造良好的居住卫生环境。经调查,当夏季主导风向对住宅正向入射角不小于15°时,有利于住宅内部通风。同时,居住区内的地上及地下管线一般都顺着道路走向敷设。所以,道路骨架基本上能决定市政管线系统的形成。完善的道路系统不仅利于市政管线的布置,而且能简化管线结构和缩短管线长度。

七、在旧区改建区,道路网的规划要综合考虑旧城市的地上地下建筑及市政条件,避免大拆大改而增加改建投资,对于需重点保护的历史文化名城及有历史价值的传统风貌地段,必须尽量保留原有道路的格局,包括道路宽度和线型、广场出入口、桥涵等,并结合规划要求,使传统的道路格局与现代化城市交通组织及设施(机动车交通、停车场库、立交桥、地铁出入口等)相协调。

8.0.2 居住区内各级道路的宽度,主要根据交通方式、交通工具、交通量及市政管线的敷设要求而定,对于重要地段,还要考虑环境及景观的要求做局部调整。

居住区级道路是整个居住区内的主干道，要考虑城市公共电、汽车的通行，两边应分别设置有非机动车道及人行道，并应设置一定宽度的绿地种植行道树和草坪花卉（图1），按各种组成部分的合理宽度，居住区级道路的最小宽度不宜小于20m，有条件的地区宜采用30m。机动车道与非机动车道在一般情况下采用混行方式。

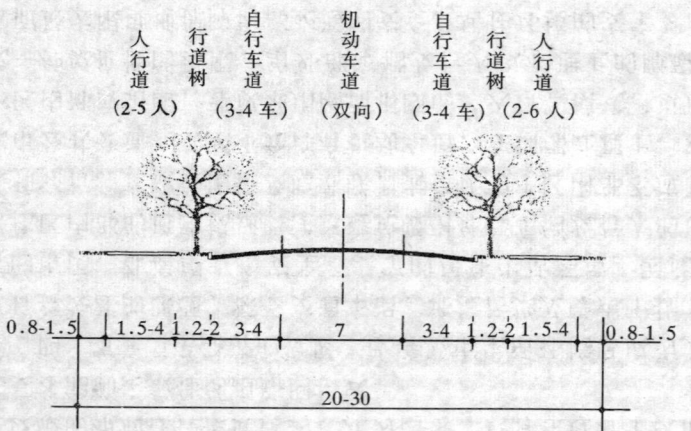

人行道	行道树	自行车道	机动车道	自行车道	行道树	人行道
(2-5人)		(3-4车)	(双向)	(3-4车)		(2-6人)

| 0.8-1.5 | 1.5-4 | 1.2-2 | 3-4 | 7 | 3-4 | 1.2-2 | 1.5-4 | 0.8-1.5 |

20-30

图1 居住区级道路一般断面（m）

小区级道路的宽度考虑以非机动车与人行交通为主，不能引进公共电、汽车交通，一般也采用人车混行方式。所以，车行道的最小宽度为6m，如两侧各安排一条宽度为1.5m的人行路，总宽度为9m，即可满足一般功能需要。同时，小区级道路往往又是市政管线埋设的通道，在无供热管线的居住区内，按六种基本管线的最小水平间距，它们在建筑线之间的最小极限宽度约为10m（图2），此距离与小区级道路交通车行、人行所需宽度基本一致。

在需敷设供热管线的居住区内，由于要有暖气沟的埋设位置及其左右间距，建筑控制线的最小极限宽度约为14m。

组团级道路是进出组团的主要通道，路面人车混行，一般按一条自行车道和一条人行带双向计算，路面宽度为4m。在用地条件有限的地区，最低限度为3m。在利用路面排水、两侧要砌筑道牙的特殊要求下，路面宽度就要加宽至5m。这样，在有机动车出入时不影响自行车或行人的正常通行。对组团级道路的地下空间也要满足大部分地下管线的埋设要求，无供热管线的居住区一般要求建筑控制线之间应有8m宽度，需敷设供热管线的居住区至少应有10m的宽度。

宅间小路为进出住宅的最末一级道路，这一级道路平时主要供居民出入，基本是自行车及人行交通，并要满足清运垃圾、救护和搬运家具等需要。按照居住区内部有关车辆低速缓行的通行宽度要求，轮距宽度在2~2.5m之间。所以，宅间小路路面宽度一般为2.5~3m，最低极限宽度为2m。这样，正好能容纳双向一辆自行车的交会或一辆中型机动车（如130型搬家货车、救护车等）通行。为兼顾必要时大货车、消防车的通行，路面两边至少还要各留出宽度不小于1m的路肩。

8.0.3 正文表8.0.3中的数据是依据有关道路设计手册，并参考了部分城市实践经验而制定的，其道路最大坡度控制指标是为保证车辆安全行驶的极限值，在一般情况下最好尽量少出现，尤其是在多冰雪地区、地形起伏大及海拔高于3000m等地区要严格控制，并要尽量避免出现孤立的道路陡坡。

机动车道的最大纵坡及相应的限制坡长规定，为的是保障司机的正常驾驶状态而不至产生心理紧张，防止事故的产

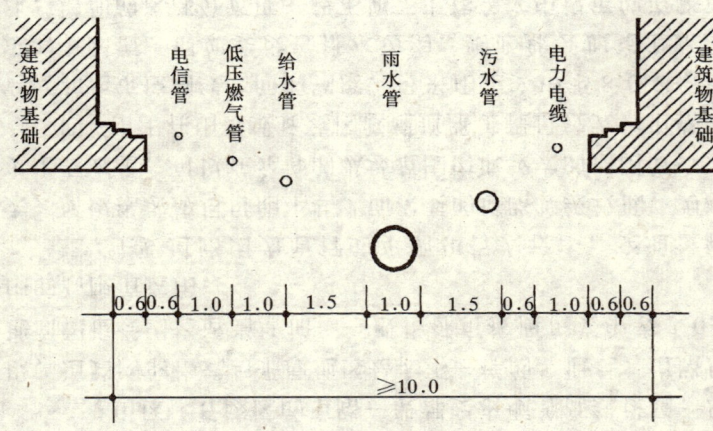

图 2 无供热管线居住区小区级道路市政管线最小埋设走廊宽度（m）

生。据测试，不同纵坡相应的坡长限制值如表2：

表2　　　　　不同纵坡相应坡长限制值

纵坡（%）	限制坡长（m）	纵坡（%）	限制坡长（m）
5.0～6.0	800	7.0～8.0	300
6.0～7.0	400	8.0～9.0	150

而正文表8.0.3中机动车的最大纵坡值8%是根据居住区内车速一般为20～30km/h情况下的最大适宜数值，如地形允许，要尽量采用更平缓的纵坡或更短的坡长。

关于非机动车道的纵坡限制，主要是根据自行车交通要求确定，它对于我国大部分城市是极为重要的，因为在现阶段，自行车对一般居民来说不仅是出行代步的交通工具，而且也是运载日常物品的运输工具。据普查数据，往往城市越小和公共交通不发达的地区，自行车出行量在全部出行量中所占的比重也越高（山区城市除外），例如：北京54.0%，唐山71.2%，延安82.9%。

根据调查测试，自行车道适用的纵坡及相应的坡长限制值如表3。

表3　　　　　不同纵坡相应坡长限制值

纵坡（%） \ 坡长限制(m) \ 行驶方式	连续行驶	骑行与推行结合
<0.6	不限制	不限制
0.6～1	130～600	不限制
1～2	50～130	110～250
2～3	<50	40～100

正文表8.0.3采用的自行车道最大纵坡值及相应的限制坡长即是据此得出的。

需要补充说明的是，在一些专题研究材料及有关的技术规范中，常出现如下的自行车道纵坡及坡长控制数值（表4）：

表4　　　　　不同纵坡相应坡长控制值

纵坡（%）	推荐坡长（m）	限制坡长（m）	极限坡长（m）
2.0	200	400	—
2.5	150	300	—
3.0	120	240	—
3.5	100	200	—
5.0	50	100	200
7.0	—	60	120
9.0	—	30	60

这与正文表8.0.3中数值有较大差距。据了解，表4中的数值大多是以年轻人为主测试而得出。因此考虑到居住区内骑自行车出行对象的年龄包括老、中、青各类居民，所以对于居住区内部的自行车道，应有更大的适应范围。

关于道路最小纵坡值，从驾驶车辆角度出发，道路愈平愈好，但纵坡的最低限还必须保证顺利地排除地面水。不同的路面材料所适用的最小纵坡也是不同的：水泥及沥青混凝土路面不小于0.3%，整齐块石路面不小于0.4%，其他低级路面不小于0.5%。正文表8.0.3是以《城市用地竖向规划规范》（CJJ83—99）为依据提出的。

8.0.4 在山区、丘陵区等地形起伏较大的居住区道路系统的规划要密切注意结合地形，这样才可达到合理、安全、经济的综合效益。

一、由于人行道的适用纵坡范围与车行道是不一样的，在地势起伏大的情况下，人行道可以更容易随坡就势，如与车行道分设，就能更便捷和减少道路工程的土石方量；

二、山区、丘陵区的道路一般都要求顺等高线设置，所以，道路网的格式与平原地区是大不一样的。但是，道路用地面积也会因之适当增加，一般指标可按照正文中表3.0.2中的高限值选用；

三、主要道路因为通行的车辆和行人较多，交通量较大，所以纵坡应尽可能小些，而次要的道路等级较低，为减少土石方量，可以在允许的纵坡范围内取较大的控制值；

四、由于在山区或丘陵区修建道路工程量较大，道路的宽度和建筑控制线之间的宽度，可采用正文中第8.0.2条规定的下限值。但如要设置排水边沟，则必然会加宽道路用地，增加的这部分宽度一般不属于上述条文中规定的道路宽

度控制值范围内。设置会车避让路面和排水边沟的具体要求，另参照有关技术规范。

8.0.5 本条对居住区内道路设置作了规定。

一、本条款对居住区与外部联系的出入口数作了原则性规定。规定了出入口数不能太少，是为了保证居住区与城市有良好的交通联系。小区对外出入口不少于两个，为的是不使小区级道路呈尽端式格局，以保证消防、救灾、疏散等的可靠性，但两个出入口可以是两个方向，也可以在同一个方向与外部连接，而居住区的对外出入口要求是不少于两个方向，这是考虑到居住区用地规模较大，必须有两个方向与城市干道相连（含次干道及城市支路）。有关车行和人行出入口的最大间距是依据消防规范的有关条款作出的。正文条文中对人行出口间距规定"当建筑物长度超过80m时，应在底层加设人行通道"，这里提到的人行通道，可以是楼房底层专设的供行人穿行的洞口。如果小区、组团等实施独立管理，也应按规定设置出入口，供应急时使用。

二、居住区道路与城市道路交接时应尽量采用正交，以简化路口的交通组织。按道路设计规定，交叉角度不宜小于75°就是这个意思。当居住区道路与城市道路的交角在90°±15°范围内可视为正交型路口。条文中关于道路相接时的交角超出上述范围时，可在居住区道路的出口路段增设平曲线弯道来满足要求。在山区或用地有限制地区，才允许出现交角小于75°的交叉口，但必须对路口作必要的处理。

三、目前，我国残疾人约占总人口的4.7%，老年人也达总人口的10%左右。为此，居住区内有必要在商业服务中心、文化娱乐中心、老年人活动站及老年公寓等主要地段设置无障碍通行设施。无障碍交通规划设计的主要依据是满

足轮椅和盲人的出行需要，具体技术规定详见《为方便残疾人使用的城市道路和建筑设计规范》(JGJ50—88)。

四、过长的尽端路会影响行车视线，使车辆交会前不能及早采取避让措施，并影响到自行车与行人的正常通行，对消防、急救等车辆的紧急出入尤为不利。所以在正文条文中对居住区内尽端式道路长度作了规定，其最大长度一般为120m，尽端回车场尺寸，正文条文中提出的 12m×12m 是最小的控制值，用地有条件时最好按不同的回车方式安排相应规模的回车场（见图3）。

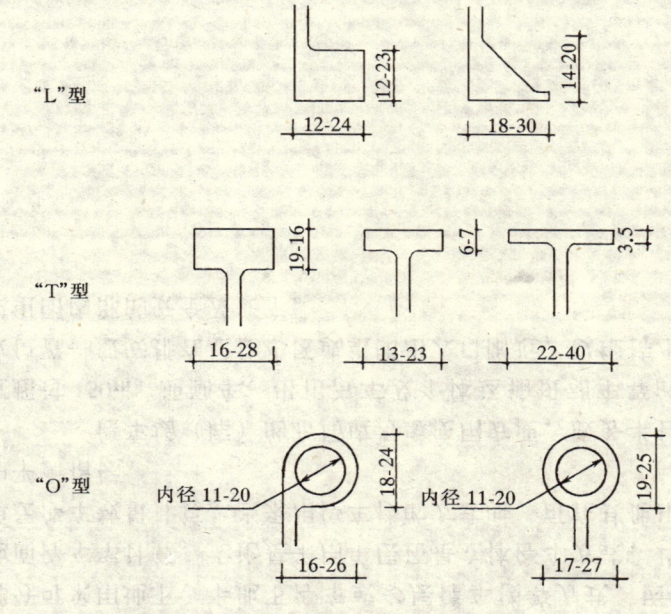

图3 回车场的一般规模（m）

注：图中下限值适用于小汽车（车长5m，最小转弯半径5.5m）
上限值适用于大汽车（车长8~9m，最小转弯半径10m）

五、条文中提到在地震区，居住区内的主要道路宜采用柔性路面，这是道路工程技术设计的原则规定，与正文第8.0.1条第五款对道路规划的防灾救灾要求不是一个概念。以道路本身技术设计的要求而言，抗震设计设防基本烈度起点为八度；对于地基为软性土层、可液化土层或易发生滑坡的地区，道路抗震设计起点烈度为七度。所谓柔性路面，指的是用沥青混凝土为面层的道路。

六、道路边缘至建筑物、构筑物要保持一定距离，主要是考虑在建筑底层开窗开门和行人出入时不影响道路的通行及一旦楼上掉下物品也不影响路上行人和车辆的安全及有利安排地下管线、地面绿化及减少对底层住户的视线干扰等因素而提出的。对有出入口的一面要保持较宽的间距，为的是在人进出建筑物时可以有个缓冲地方，并可在门口临时停放车辆以保障道路的正常交通。

8.0.6 本条对居住区内的居民停车场、库的设置做了规定。

一、我国居民小汽车的使用比例有很快的提高，居住区内居民小汽车的停放已成为普遍问题，居住区居民小汽车包括通勤车、出租汽车及个体运输机动车等的停放场地日益成为居住区内部停车的一个重要组成部分。由于各地经济发展水平不同，生活方式存在较大差异，居民小汽车拥有量相差较大，本规范从全国角度出发，只对一般情况提出指导性指标，控制下限，即停车率≥10%，对于上限指标不做具体规定，可根据实际需要增加，具体指标由地方城市规划行政主管部门制订。在确定停车率较低时，应考虑要留有发展余地。

二、地面停车率是指居民汽车的地面停车位数量与居住户数的比率（%）。有些地方地面停车采用立体方式，对于节约用地具有明显作用。但本规范对地面停车率的控制主要是出于对地面环境的考虑，控制地面停车数量，提出地面停车率不宜超过10%的控制指标，停车率高于10%时，其余部分可采用地下、半地下停车或多层停车楼等方式。因此，地面停车率计算，无论是采用单层还是立体停车方式，均以单层停车数量计算。当采用停车楼的方式时，可在其他用地中平衡指标。

三、停车场（库）的布局应考虑使用方便，服务半径不宜超过150m。通勤车、出租汽车及个体运输机动车等的停放位置一般安排在居住小区或组团出入口附近，以维持小区或组团内部的安全及安宁。

9 竖 向

9.0.1~9.0.2 竖向规划设计应综合利用地形地貌及地质条件，因坡就势合理布局道路、建筑、绿地，及顺畅地排除地面水，而不能把竖向规划当作是平整土地、改造地形的简单过程。

居住区内的道路骨架与地势起伏关系很大，往往因此能决定道路线型及走向。建筑物的布局也往往因地形地质的制约而影响其朝向、间距及平面组合，在地形变化较大的地区，一般要求建筑物的长边尽可能顺等高线布置，力争不要过分改变现状等高线的分布规律，而只是局部改变建筑物周围的自然地形。

市政管线，特别是重力自流类管线（如雨水管、污水管、暖气管沟等）与地形高低的关系密切，力求与道路一样顺坡定线。居住区的平面布局只有与竖向规划在方案编制过程中不断彼此配合互相校核，才能使整个居住区的规划方案更切实际逐趋完善。

良好的竖向规划设计方案，必须建立在对现状水系周密的调查研究基础之上。一般在山区或丘陵地带，必须根据居住区所在地域的地面排水系统，确定居住区内规划排水体系，以确保建设地区地面水的排除及安全排洪。

正文表9.0.1中适用坡度是参照有关技术规范及手册编制的。下限值为满足排水要求的最小坡度。

对于广场及场地的竖向设计坡度，往往因使用功能不同或地面材料不同而分别采用适宜的控制值。当广场兼作停车场时，停车区内的坡度不宜过大，以防溜车。据测试，小汽车在不拉手闸的情况下发生溜滑的临界坡度为0.5%。

9.0.3 当居住区内的地面坡度超过8%时，地面水对地表土壤及植被的冲刷就严重加剧，行人上下步行也产生困难，就必须整理地形，以台阶式来缓解上述矛盾。无论是坡地式还是台阶式，建筑物的布局及设计、道路和管线的设计都应作好相应的工程处理。

9.0.4 居住区内地面水的排除一般要求采用暗沟（管）的方式，主要出于下列考虑：

一、省地——可充分利用道路及某些场地的地下空间；

二、卫生——雨水、污水用管道或暗沟，可减轻对环境的污染，有利控制蚊蝇孳生；

只有在因地形及地质条件不良的地区，才可考虑明沟排水方式。

10 管线综合

10.0.1 本条规定了居住区必须统一规划安排四种（无集中供热居住区）至五种（集中供热居住区）基本的工程管线，因为工程管线的埋设都有各自的技术要求，如在规划阶段不留出位置，今后再要增设困难是很大的，即使可以增设，也会影响整个管线系统的合理布局，并增加不必要的投资。在居住区的道路和建筑控制线之间的宽度确定时，都已考虑了这几种基本管线的敷设要求。

在某些地区由于当前的经济条件及生活水平、外部市政配套条件等因素的制约，近期建设中可暂考虑雨污合流排放、分散供热或电力线架空等，但在管线综合中仍要分别把相应的管线及设施一并考虑在内，并预留其埋设位置，以便为今后的发展创造有利条件。随着城市基础设施的不断完善和生活水平的逐步提高，在有条件的地区，还应敷设或预留燃气、通讯等管线甚至热水管、智能化线路等埋设位置。

10.0.2 管线综合是居住区规划设计中必不可少的组成部分。管线综合的目的就是在符合各种管线的技术规范前提下，统筹安排好各自的合理空间，解决诸管线之间或与建筑物、道路和绿化之间的矛盾，使之各得其所，并为各管线的设计、施工及管理提供良好条件。

居住区的管线布局，凡属压力管线均与城市干线网有密切关系，如城市给水管、电力管线、燃气管、暖气管等，管线要与城市干管相衔接；凡重力自流的管线与地区排水方向及城市雨污水干管相关。在进行管线综合时，应与周围的城市市政条件及本区的竖向规划设计互相配合，多加校验，才能使管线综合方案切合实际。

管线的合理间距是根据施工、检修、防压、避免相互干扰及管道表井、检查井大小等因素而决定的。我们综合了有关规划和设计部门编制的管线综合资料，并参考了几个城市的城市规划管理文件，制定了条文中的四个关于管线间距的最小净距表。在不利的地形地质条件、施工条件等地区，亦可用稍宽一些的间距。

正文表10.0.2-1、10.0.2-2中的栏目，除注明者外，水平净距均指外壁的净距。垂直净距指下面管线的外顶与上面管线的基础底或外壁之间的净距。表中数字在采取充分措施（如结构措施）之后可以减小。具体规定可参见各专业规范说明。

管线埋深和交叉时的相互垂直净距，一般要考虑下列因素：

1. 保证管线受到荷载而不受损伤；
2. 保证管体不冻坏或管内液体不冻凝；
3. 便于与城市干线连接；
4. 符合有关的技术规范的坡度要求；
5. 符合竖向规划要求；
6. 有利避让需保留的地下管线及人防通道；
7. 符合管线交叉时垂直净距的技术要求。

正文条文中关于管线的埋设要求还出于下列考虑：

1. 电力电缆与电信管、缆宜远离，为的是减小电力、尤其是高中压电力对电信的干扰，一般将电力电缆布置在道路的东侧或南侧，电信管、缆在道路的西侧或北侧。这样既可简化管线综合方案，又能减少管线交叉时的相互冲突。

2. 地下管线一般应避免横贯或斜穿公共绿地，以避免限制绿地种植和建筑小品的布置。某些管线的埋设还会影响绿化效果，如暖气管会烤死树木，而树根的生长又往往会使有些管线的管壁破裂。如确因规划需要管线必须穿越时，要注意尽量从绿地边缘通过，不要破坏公共绿地的完整性。

11 综合技术经济指标

11.0.1 技术经济指标是从量的方面衡量和评价规划质量和综合效益的重要依据，有现状和规划之分。

目前居住区的技术经济指标一般由两部分组成：<u>土地平衡及主要技术经济指标</u>，但各地现行的技术经济指标的表格<u>不统一</u>，项目有多有少，有的基本数据不全，有的计算依据没有注明。环境质量方面的指标不多。因此，本规范要规定<u>统一的列表格式、内容、必要的指标和计算中采用的标准。</u>

正文表 11.0.1 为综合技术经济指标表，有必要指标和<u>选用指标之分</u>。即反映基本数据和习惯上要直接引用的数据为必要指标；<u>习惯上较少采用的数据或根据规划需要有可能出现的内容列为可选用指标。</u>

居住区用地包括住宅用地、公共服务设施用地（也称公建用地）、道路用地和公共绿地四项，它们之间存有一定的比例关系，主要反映土地使用的合理性与经济性，它们之间的比例关系及每人平均用地水平是必要的基本指标。在规划范围内还包括一些与居住区没有直接配套关系的其他用地，如外围道路或保留的企事业单位、不能建设的用地、城市级公建用地、城市干道、自然村等，这些都不能参与用地平衡，否则无可比性。但"其他用地"在居住区规划中也必定存在（外围道路），因此它也是一个基本指标。居住区用地加"其他用地"即为居住区规划总用地。

反映居住区规模有用地、建筑与人口（户、套）三个方面内容，除用地外，人口（户、套）、住宅和配建公共服务设施的建筑面积及其总量也是基本数据为必要指标。非配套的其他建筑面积是或有或无，因此，是一个可选用的指标。

平均层数与住宅建筑密度关系密切，是基本数据，属必要指标，高、中高层住宅比例也是住宅建设中的控制标准属必要指标；毛密度由于反映居住区用地中的总指标，反映了在总体上相对的经济合理性，所以它对开发的经济效益，征地的数量等具有很重要的控制作用。住宅建筑套密度是一个日渐被人认识、重视的指标，在详细规划的实施阶段根据户型的比例、标准的要求等去选定住宅类型后，可以通过居住区用地、住宅用地等基本数据计算；住宅建筑面积净密度是与居住区的用地条件、建筑气候分区、日照要求、住宅层数等因素对住宅建设进行控制的指标，是一个实用性强、习惯上也是控制居住区环境质量的重要指标之一，属必要指标；建筑面积毛密度是每公顷居住区用地内住宅和公建的建筑面积之和，它可由居住区用地内的总建筑面积推算出来。由于公建在控制性详细规划阶段还没有进行单体设计而是按指标估算，因配建的公建与住宅建筑面积有一定的比例关系，即住宅是基数，住宅量一确定，配建公建量也相应确定，<u>因而以住宅建筑面积的毛、净密度、建筑面积毛密度（也称容积率）为常用的基本指标。</u>

环境质量主要反映在空地率和绿地率等指标上。与住宅环境最密切的是住宅周围的空地率，习惯上以住宅建筑净密度来反映，即以住宅用地为单位1.00，空地率＝1－住宅建筑净密度。居住区的空地率习惯上以建筑毛密度反映，即居住区的空地率＝1－建筑（毛）密度。住宅建筑净密度和建筑毛密度越低其对应的空地率就越高，为环境质量的提高提供了更多的用地条件。绿地率是反映居住区内可绿化的土地比率，它为搞好环境设计、提高环境质量创造了物质条件，为此都属必要指标。

居住区建筑密度，是居住区内各类建筑的基底总面积与居住区用地面积的比率（%）。是居住区重要的环境指标，属必要指标。

由于旧区改建规划范围内一般都有拆迁，因此"拆建比"在一定程度上可反映开发的经济效益，是旧区改建中的一个必要的指标，在新建居住区中不作为必要的指标。

为了可比及数值的一定精度，除户、套和人口数及其对应的密度数值外，其余数值均采用小数点后两位。

在居住区规划设计中，如采用的统计口径不准确（如把住宅正常间距内的小绿地计入公共绿地）或计算口径不统一，则不能如实地反映规划水平及其经济合理性，也难核实、审评和比较。为此，正文条文是对各类各项用地范围的划定、面积和相关指标的计算口径作出规定。

中华人民共和国国家标准

村镇规划标准

GB 50188—93

主编部门：中华人民共和国建设部
批准单位：中华人民共和国建设部
施行日期：１９９４年６月１日

关于发布国家标准《村镇规划标准》的通知

建标〔1993〕732号

国务院各有关部门，各省、自治区、直辖市建委（建设厅）、有关计委，各计划单列市建委：

根据国家计委计综(1987)2390号文的要求，由建设部会同有关部门共同制订的《村镇规划标准》已经有关部门会审，现批准《村镇规划标准》GB 50188—93 为强制性国家标准，自一九九四年六月一日起施行。

本标准由建设部负责管理，具体解释等工作由中国建筑技术发展研究中心负责，出版发行由建设部标准定额研究所负责组织。

中华人民共和国建设部
1993年9月27日

目　　次

1　总则 …………………………………………………… 3—3

2　村镇规模分级和人口预测 ……………………………… 3—3

  2.1　村镇规模分级 …………………………………… 3—3

  2.2　村镇人口预测 …………………………………… 3—3

3　村镇用地分类 …………………………………………… 3—5

  3.1　用地分类 ………………………………………… 3—5

  3.2　用地计算 ………………………………………… 3—7

4　规划建设用地标准 ……………………………………… 3—7

  4.1　一般规定 ………………………………………… 3—7

  4.2　人均建设用地指标 ……………………………… 3—7

  4.3　建设用地构成比例 ……………………………… 3—8

  4.4　建设用地选择 …………………………………… 3—8

5　居住建筑用地 …………………………………………… 3—9

6　公共建筑用地 …………………………………………… 3—10

7　生产建筑和仓储用地 …………………………………… 3—12

8　道路、对外交通和竖向规划 …………………………… 3—13

  8.1　道路和对外交通规划 …………………………… 3—13

  8.2　竖向规划 ………………………………………… 3—14

9　公用工程设施规划 ……………………………………… 3—15

  9.1　给水工程规划 …………………………………… 3—15

  9.2　排水工程规划 …………………………………… 3—15

  9.3　供电工程规划 …………………………………… 3—16

  9.4　邮电工程规划 …………………………………… 3—16

  9.5　村镇防洪规划 …………………………………… 3—17

附录A　村镇用地计算表 ………………………………… 3—17

附录B　村镇用地分类名称中英文词汇对照表

    （建议性） ………………………………………… 3—18

附录C　本标准用词说明 ………………………………… 3—19

附加说明 …………………………………………………… 3—19

条文说明 …………………………………………………… 3—20

1 总 则

1.0.1 为了科学地编制村镇规划,加强村镇建设和管理工作,创造良好的劳动和生活环境,促进城乡经济和社会的协调发展,制定本标准。

1.0.2 本标准适用于全国的村庄和集镇的规划,县城以外的建制镇的规划亦按本标准执行。

1.0.3 编制村镇规划,除执行本标准外,尚应符合现行的有关国家标准、规范的规定。

2 村镇规模分级和人口预测

2.1 村镇规模分级

2.1.1 村庄、集镇按其在村镇体系中的地位和职能宜分为基层村、中心村、一般镇、中心镇四个层次。

2.1.2 村镇规划规模分级应按其不同层次及规划常住人口数量,分别划分为大、中、小型三级,并应符合表2.1.2的规定。

村镇规划规模分级 表2.1.2

常住人口数量(人) 规模分级	村庄		集镇	
	基层村	中心村	一般镇	中心镇
大 型	>300	>1000	>3000	>10000
中 型	100~300	300~1000	1000~3000	3000~10000
小 型	<100	<300	<1000	<3000

2.2 村镇人口预测

2.2.1 村镇总人口应为村镇所辖地域范围内常住人口的总和,其发展预测应按下式计算:

$$Q = Q_0(1+K)^n + P$$

式中　Q——总人口预测数(人)；

　　　Q_0——总人口现状数(人)；

　　　K——规划期内人口的自然增长率(%)；

　　　P——规划期内人口的机械增长数(人)；

　　　n——规划期限(年)。

2.2.2　集镇规划中,在进行人口的现状统计和规划预测时,应按其居住状况和参与社会生活的性质进行分类。

2.2.3　集镇规划期内的人口分类预测,应按表 2.2.3 的规定计算。

集镇规划期内人口分类预测　　　　表 2.2.3

人口类别		统计范围	预测计算
常住人口	村民	规划范围内的农业户人口	按自然增长计算
	居民	规划范围内的非农业户人口	按自然增长和机械增长计算
	集体	单身职工、寄宿学生等	按机械增长计算
通勤人口		劳动、学习在集镇内,住在规划范围外的职工、学生等	按机械增长计算
流动人口		出差、探亲、旅游、赶集等临时参与集镇活动的人员	进行估算

2.2.4　集镇规划期内人口的机械增长,应按下列方法进行计算。

2.2.4.1　建设项目尚未落实的情况下,宜按平均增长法计算人口的发展规模。计算时应分析近年来人口的变化情况,确定每年的人口增长数或增长率。

2.2.4.2　建设项目已经落实、规划期内人口机械增长稳定的情况下,宜按带眷系数法计算人口发展规模。计算时应分析从业者的来源、婚育、落户等状况,以及村镇的生活环境和建设条件等因素,确定增加从业人数及其带眷人数。

2.2.4.3　根据土地的经营情况,预测农业劳力转移时,宜按劳力转化法对村镇所辖地域范围的土地和劳力进行平衡,计算规划期内农业剩余劳力的数量,分析村镇类型、发展水平、地方优势、建设条件和政策影响等因素,确定进镇的劳力比例和人口数量。

2.2.4.4　根据村镇的环境条件,预测发展的合理规模时,宜按环境容量法综合分析当地的发展优势、建设条件,以及环境、生态状况等因素,计算村镇的适宜人口规模。

2.2.5　村庄规划中,在进行人口的现状统计和规划预测时,可不进行分类,其人口规模应按人口的自然增长和农业剩余劳力的转移因素进行计算。

3 村镇用地分类

3.1 用地分类

3.1.1 村镇用地应按土地使用的主要性质划分为：居住建筑用地、公共建筑用地、生产建筑用地、仓储用地、对外交通用地、道路广场用地、公用工程设施用地、绿化用地、水域和其它用地9大类、28小类。

3.1.2 村镇用地的类别应采用字母与数字结合的代号，适用于规划文件的编制和村镇用地的统计工作。

3.1.3 村镇用地的分类和代号应符合表3.1.3的规定。

村镇用地的分类和代号　　　　表3.1.3

类别代号		类别名称	范　围
大类	小类		
R		居住建筑用地	各类居住建筑及其间距和内部小路、场地、绿化等用地；不包括路面宽度等于和大于3.5m的道路用地
	R1	村民住宅用地	村民户独家使用的住房和附属设施及其户间间距用地、进户小路用地；不包括自留地及其它生产性用地
	R2	居民住宅用地	居民户的住宅、庭院及其间距用地
	R3	其他居住用地	属于R1、R2以外的居住用地，如单身宿舍、敬老院等用地

续表

类别代号		类别名称	范　围
大类	小类		
C		公共建筑用地	各类公共建筑物及其附属设施、内部道路、场地、绿化等用地
	C1	行政管理用地	政府、团体、经济贸易管理机构等用地
	C2	教育机构用地	幼儿园、托儿所、小学、中学及各类高、中级专业学校、成人学校等用地
	C3	文体科技用地	文化图书、科技、展览、娱乐、体育、文物、宗教等用地
	C4	医疗保健用地	医疗、防疫、保健、休养和疗养等机构用地
	C5	商业金融用地	各类商业服务业的店铺、银行、信用、保险等机构，及其附属设施用地
	C6	集贸设施用地	集市贸易的专用建筑和场地；不包括临时占用街道、广场等设摊用地
M		生产建筑用地	独立设置的各种所有制的生产性建筑及其设施和内部道路、场地、绿化等用地
	M1	一类工业用地	对居住和公共环境基本无干扰和污染的工业，如缝纫、电子、工艺品等工业用地
	M2	二类工业用地	对居住和公共环境有一定干扰和污染的工业，如纺织、食品、小型机械等工业用地
	M3	三类工业用地	对居住和公共环境有严重干扰和污染的工业，如采矿、冶金、化学、造纸、制革、建材、大中型机械制造等工业用地

3—5

续表

类别代号 大类	类别代号 小类	类别名称	范围
M	M4	农业生产设施用地	各类农业建筑,如打谷场、饲养场、农机站、育秧房、兽医站等及其附属设施用地;不包括农林种植地、牧草地、养殖水域
W		仓储用地	物资的中转仓库、专业收购和储存建筑及其附属道路、场地、绿化等用地
W	W1	普通仓储用地	存放一般物品的仓储用地
W	W2	危险品仓储用地	存放易燃、易爆、剧毒等危险品的仓储用地
T		对外交通用地	村镇对外交通的各种设施用地
T	T1	公路交通用地	公路站场及规划范围内的路段、附属设施等用地
T	T2	其它交通用地	铁路、水运及其它对外交通的路段和设施等用地
S		道路广场用地	规划范围内的道路、广场、停车场等设施用地
S	S1	道路用地	规划范围内宽度等于和大于3.5m以上的各种道路及交叉口等用地
S	S2	广场用地	公共活动广场、停车场用地;不包括各类用地内部的场地

续表

类别代号 大类	类别代号 小类	类别名称	范围
U		公用工程设施用地	各类公用工程和环卫设施用地,包括其建筑物、构筑物及管理、维修设施等用地
U	U1	公用工程用地	给水、排水、供电、邮电、供气、供热、殡葬、防灾和能源等工程设施用地
U	U2	环卫设施用地	公厕、垃圾站、粪便和垃圾处理设施等用地
G		绿化用地	各类公共绿地、生产防护绿地;不包括各类用地内部的绿地
G	G1	公共绿地	面向公众、有一定游憩设施的绿地,如公园、街巷中的绿地、路旁或临水宽度等于和大于5m的绿地
G	G2	生产防护绿地	提供苗木、草皮、花卉的圃地,以及用于安全、卫生、防风等的防护林带和绿地
E		水域和其它用地	规划范围内的水域、农林种植地、牧草地、闲置地和特殊用地
E	E1	水域	江河、湖泊、水库、沟渠、池塘、滩涂等水域;不包括公园绿地中的水面
E	E2	农林种植地	以生产为目的的农林种植地,如农田、菜地、园地、林地等

续表

类别代号		类别名称	范围
大类	小类		
E	E3	牧草地	生长各种牧草的土地
	E4	闲置地	尚未使用的土地
	E5	特殊用地	军事、外事、保安等设施用地；不包括部队家属生活区、公安消防机构等用地

3.2 用地计算

3.2.1 村镇的现状和规划用地，应统一按规划范围进行计算。

3.2.2 分片布局的村镇，应分片计算用地，再进行汇总。

3.2.3 村镇用地应按平面投影面积计算，村镇用地的计算单位为公顷(ha)。

3.2.4 用地面积计算的精确度，应按图纸比例尺确定。
1∶10000、1∶25000的图纸应取值到个位数；1∶5000的图纸应取值到小数点后一位；1∶1000、1∶2000的图纸应取值到小数点后两位。

3.2.5 村庄用地计算表的格式应符合本标准附录A.0.1的规定；集镇用地计算表的格式应符合本标准附录A.0.2的规定。

4 规划建设用地标准

4.1 一般规定

4.1.1 村镇建设用地应包括本标准表3.1.3村镇用地分类中的居住建筑用地、公共建筑用地、生产建筑用地、仓储用地、对外交通用地、道路广场用地、公用工程设施用地和绿化用地8大类之和。

4.1.2 村镇规划的建设用地标准应包括人均建设用地指标、建设用地构成比例和建设用地选择三部分。

4.1.3 村镇人均建设用地指标应为规划范围内的建设用地面积除以常住人口数量的平均数值。人口统计应与用地统计的范围相一致。

4.2 人均建设用地指标

4.2.1 人均建设用地指标应按表4.2.1的规定分为五级。

人均建设用地指标分级　　表4.2.1

级别	一	二	三	四	五
人均建设用地指标(m^2/人)	>50 ≤60	>60 ≤80	>80 ≤100	>100 ≤120	>120 ≤150

4.2.2 新建村镇的规划，其人均建设用地指标宜按表4.2.1

中第三级确定,当发展用地偏紧时,可按第二级确定。

4.2.3 对已有的村镇进行规划时,其人均建设用地指标应以现状建设用地的人均水平为基础,根据人均建设用地指标级别和允许调整幅度确定,并应符合表4.2.3及本条各款的规定。

4.2.3.1 第一级用地指标可用于用地紧张地区的村庄;集镇不得选用。

4.2.3.2 地多人少的边远地区的村镇,应根据所在省、自治区政府规定的建设用地指标确定。

人均建设用地指标 表4.2.3

现状人均建设用地 水平(m²/人)	人 均 建 设 用 地 指 标 级 别	允许调整幅度 (m²/人)
≤50	一、二	应增5～20
50.1～60	一、二	可增0～15
60.1～80	二、三	可增0～10
80.1～100	二、三、四	可增、减0～10
100.1～120	三、四	可减0～15
120.1～150	四、五	可减0～20
>150	五	应减至150以内

注:允许调整幅度是指规划人均建设用地指标对现状人均建设用地水平的
　　增减数值。

4.3 建设用地构成比例

4.3.1 村镇规划中的居住建筑、公共建筑、道路广场及绿化用地中公共绿地四类用地占建设用地的比例宜符合表4.3.1的规定。

建设用地构成比例 表4.3.1

类别 代号	用地类别	占 建 设 用 地 比 例 (%)		
		中 心 镇	一 般 镇	中 心 村
R	居住建筑用地	30～50	35～55	55～70
C	公共建筑用地	12～20	10～18	6～12
S	道路广场用地	11～19	10～17	9～16
G₁	公共绿地	2～6	2～6	2～4
四类用地之和		65～85	67～87	72～92

4.3.2 通勤人口和流动人口较多的中心镇,其公共建筑用地所占比例宜选取规定幅度内的较大值。

4.3.3 邻近旅游区及现状绿地较多的村镇,其公共绿地所占比例可大于6%。

4.4 建设用地选择

4.4.1 村镇建设用地的选择应根据地理位置和自然条件、占地的数量和质量、现有建筑和工程设施的拆迁和利用、交通运输条件、建设投资和经营费用、环境质量和社会效益等因素,经过技术经济比较,择优确定。

4.4.2 村镇建设用地宜选在生产作业区附近,并应充分利用原有用地调整挖潜,同基本农田保护区规划相协调。当需要扩大用地规模时,宜选择荒地、薄地,不占或少占耕地、林地和人工牧场。

4.4.3 村镇建设用地宜选在水源充足,水质良好,便于排水,通风向阳和地质条件适宜的地段。

4.4.4 村镇建设用地应避开山洪、风口、滑坡、泥石流、洪水淹没、发震断裂带等自然灾害影响的地段;并应避开自然保护区、有开采价值的地下资源和地下采空区。

4.4.5 村镇建设用地宜避免被铁路、重要公路和高压输电线路所穿越。

5 居住建筑用地

5.0.1 村民宅基地和居民住宅用地的规模,应根据所在省、自治区、直辖市政府规定的用地面积指标进行确定。

5.0.2 居住建筑用地的选址,应有利生产,方便生活,具有适宜的卫生条件和建设条件。并应符合下列规定。

5.0.2.1 居住建筑用地应布置在大气污染源的常年最小风向频率的下风侧以及水污染源的上游。

5.0.2.2 居住建筑用地应与生产劳动地点联系方便,又不相互干扰。

5.0.2.3 居住建筑用地位于丘陵和山区时,应优先选用向阳坡,并避开风口和窝风地段。

5.0.2.4 居住建筑用地应具有适合建设的工程地质与水文地质条件。

5.0.3 居住建筑用地的规划,应符合下列规定:

5.0.3.1 居住建筑用地规划应符合村镇用地布局的要求,并应综合考虑相邻用地的功能、道路交通等因素进行规划。

5.0.3.2 居住建筑用地规划应根据不同住户的需求,选定不同的住宅类型,相对集中地进行布置。

5.0.4 居住建筑的布置,应根据气候、用地条件和使用要求,确定居住建筑的类型、朝向、层数、间距和组合方式。并应符合下列规定:

5.0.4.1 居住建筑的布置应符合所在省、自治区、直辖市政府规定的居住建筑的朝向和日照间距系数。

5.0.4.2 居住建筑的平面类型应满足通风要求。在现行的国家标准《建筑气候区划标准》的Ⅱ、Ⅲ、Ⅳ气候区，居住建筑的朝向应使夏季最大频率风向入射角大于15°；在其他气候区，应使夏季最大频率风向入射角大于0°。

5.0.4.3 建筑的间距和通道的设置应符合村镇防灾的要求。

5.0.4.4 宅院宜缩小沿巷路一侧的边长；宅院组合宜采用一条巷路服务两侧住户的组合型式。

6 公共建筑用地

6.0.1 公共建筑项目的配置应符合表6.0.1的规定。

村镇公共建筑项目配置　　　表6.0.1

类别	项　　目	中心镇	一般镇	中心村	基层村
一、行政管理	1. 人民政府、派出所	●	●	—	
	2. 法庭	○	—		
	3. 建设、土地管理机构	●	●		
	4. 农、林、水、电管理机构	●	●		
	5. 工商、税务所	●	●		—
	6. 粮管所	●	●		
	7. 交通监理站	●	—		
	8. 居委会、村委会	●	●	●	
二、教育机构	9. 专科院校	○	—	—	—
	10. 高级中学、职业中学	●	○	—	—
	11. 初级中学	●	●	○	
	12. 小学	●	●	●	
	13. 幼儿园、托儿所	●	●	●	○
三、文体科技	14. 文化站(室)、青少年之家	●	●	○	○
	15. 影剧院	●	○	—	
	16. 灯光球场	●	●		
	17. 体育场	●	○	—	
	18. 科技站	●	○		

续表

类别	项目	中心镇	一般镇	中心村	基层村
四、医疗保健	19. 中心卫生院	●	—	—	—
	20. 卫生院(所、室)	—	●	○	○
	21. 防疫、保健站	●	○	—	—
	22. 计划生育指导站	●	●	○	—
五、商业金融	23. 百货店	●	●	○	○
	24. 食品店	●	●	○	○
	25. 生产资料、建材、日杂店	●	●	○	—
	26. 粮店	●	●	○	—
	27. 煤店	●	●	○	—
	28. 药店	●	●	○	—
	29. 书店	●	●	○	—
	30. 银行、信用社、保险机构	●	●	○	—
	31. 饭店、饮食店、小吃店	●	●	○	○
	32. 旅馆、招待所	●	●	—	—
	33. 理发、浴室、洗染店	●	●	○	—
	34. 照相馆	●	●	—	—
	35. 综合修理、加工、收购店	●	●	○	○
六、集贸设施	36. 粮油、土特产市场	●	●	—	—
	37. 蔬菜、副食市场	●	●	—	—
	38. 百货市场	●	●	—	—
	39. 燃料、建材、生产资料市场	●	○	—	—
	40. 畜禽、水产市场	●	○	—	—

注：表中 ●——应设的项目；○——可设的项目。

6.0.2 各类公共建筑的用地面积指标应符合表6.0.2的规定。

各类公共建筑人均用地面积指标 表6.0.2

村镇层次	规划规模分级	各类公共建筑人均用地面积指标(m²/人)				
		行政管理	教育机构	文体科技	医疗保健	商业金融
中心镇	大型	0.3~1.5	2.5~10.0	0.8~6.5	0.3~1.3	1.6~4.6
	中型	0.4~2.0	3.1~12.0	0.9~6.0	0.3~1.6	1.8~5.5
	小型	0.5~2.2	4.3~14.0	1.0~4.2	0.3~1.9	2.0~6.4
一般镇	大型	0.2~1.9	3.0~9.0	0.7~4.1	0.3~1.2	0.8~4.4
	中型	0.3~2.2	3.2~10.0	0.9~3.7	0.3~1.5	0.9~4.6
	小型	0.4~2.5	3.4~11.0	1.1~3.3	0.3~1.8	1.0~4.8
中心村	大型	0.1~0.4	1.5~5.0	0.3~1.6	0.1~0.2	0.3~0.6
	中型	0.12~0.5	2.6~6.0	0.3~2.0	0.1~0.3	0.2~0.6

注：集贸设施的用地面积应按赶集人数、经营品类计算。

6.0.3 村庄和中小型的集镇的公共建筑用地，除学校和卫生院以外，宜集中布置在位置适中、内外联系方便的地段。商业金融机构和集贸设施宜设在村镇入口附近或交通方便的地段。

6.0.4 学校用地应设在阳光充足、环境安静的地段，距离铁路干线应大于300m，主要入口不应开向公路。

6.0.5 集贸设施用地应综合考虑交通、环境与节约用地等因素进行布置，并应符合下列规定：

6.0.5.1 集贸设施用地的选址应有利于人流和商品的集散，并不得占用公路、主要干路、车站、码头、桥头等交通量大的地段。影响镇容环境和易燃易爆的商品市场，应设在集镇的边缘，并应符合卫生、安全防护的要求。

6.0.5.2 集贸设施用地的面积应按平集规模确定；非集时应考虑设施和用地的综合利用，并应安排好大集时临时占用的场地。

7 生产建筑和仓储用地

7.0.1 生产建筑用地应根据其对生活环境的影响状况进行选址和布置，并应符合下列规定：

7.0.1.1 本标准用地分类中的一类工业用地可选择在居住建筑或公共建筑用地附近。

7.0.1.2 本标准用地分类中的二类工业用地应选择在常年最小风向频率的上风侧及河流的下游，并应符合现行的国家标准《工业企业设计卫生标准》的有关规定。

7.0.1.3 本标准用地分类中的三类工业用地应按环境保护的要求进行选址，并严禁在该地段内布置居住建筑。

7.0.1.4 对已造成污染的二类、三类工业，必须治理或调整。

7.0.2 工业生产用地应选择在靠近电源、水源，对外交通方便的地段。协作密切的生产项目应邻近布置，相互干扰的生产项目应予以分隔。

7.0.3 农业生产设施用地的选择，应符合下列规定：

7.0.3.1 农机站（场）、打谷场等的选址，应方便田间运输和管理。

7.0.3.2 大中型饲养场地的选址，应满足卫生和防疫要求，宜布置在村镇常年盛行风向的侧风位，以及通风、排水条件良好的地段，并应与村镇保持防护距离。

7.0.3.3 兽医站宜布置在村镇边缘。

7.0.4 仓库及堆场用地的选址，应按存储物品的性质确定，并应设在村镇边缘、交通运输方便的地段。粮、棉、木材、油类、农药等易燃易爆和危险品仓库与厂房、打谷场、居住建筑的距离应符合防火和安全的有关规定。

7.0.5 生产建筑用地、仓储用地的规划，应保证建筑和各项设施之间的防火间距，并应设置消防通路。

8 道路、对外交通和竖向规划

8.1 道路和对外交通规划

8.1.1 道路交通规划应根据村镇之间的联系和村镇各项用地的功能、交通流量，结合自然条件与现状特点，确定道路交通系统，并有利于建筑布置和管线敷设。

8.1.2 村镇所辖地域范围内的道路，按主要功能和使用特点应划分为公路和村镇道路两类，其规划应符合下列规定：

8.1.2.1 公路规划应符合国家现行的《公路工程技术标准》的有关规定。

8.1.2.2 村镇道路可分为四级，其规划的技术指标应符合表8.1.2的规定。

村镇道路规划技术指标　　　　表8.1.2

规划技术指标	村镇道路级别			
	一	二	三	四
计算行车速度 (km/h)	40	30	20	—
道路红线宽度 (m)	24～32	16～24	10～14	—
车行道宽度 (m)	14～20	10～14	6～7	3.5
每侧人行道宽度 (m)	4～6	3～5	0～2	0
道路间距 (m)	≥500	250～500	120～300	60～150

注：表中一、二、三级道路用地按红线宽度计算，四级道路按车行道宽度计算。

8.1.3 村镇道路系统的组成,应符合表8.1.3的规定。

村镇道路系统组成 表8.1.3

村镇层次	规划规模分级	道路分级			
		一	二	三	四
中心镇	大型	●	●	●	●
	中型	○	●	●	●
	小型		●	●	●
一般镇	大型	—	●	●	●
	中型	—	●	●	●
	小型	—	○	●	●
中心村	大型	—	○	●	●
	中型	—	—	●	●
	小型	—	—	●	●
基层村	大型	—	—	●	●
	中型	—	—	○	●
	小型	—	—	—	●

注:①表中 ●——应设的级别;○——可设的级别。
　　②当大型中心镇规划人口大于30000人时,其主要道路红线宽度可大于
　　　32m。

8.1.4 集镇道路应根据其道路现状和规划布局的要求,按道路的功能性质进行合理布置。并应符合下列规定:

8.1.4.1 连接工厂、仓库、车站、码头、货场等的道路,不应穿越集镇的中心地段:

8.1.4.2 位于文化娱乐、商业服务等大型公共建筑前的路段,应设置必要的人流集散场地、绿地和停车场地。

8.1.4.3 商业、文化、服务设施集中的路段,可布置为商业步行街,禁止机动车穿越;路口处应设置停车场地。

8.1.5 汽车专用公路,一般公路中的二、三级公路,不应从村镇内部穿过;对于已在公路两侧形成的村镇,应进行调整。

8.2 竖向规划

8.2.1 村镇建设用地的竖向规划,应包括下列内容:

1. 确定建筑物、构筑物、场地、道路、排水沟等的规划标高;

2. 确定地面排水方式及排水构筑物;

3. 进行土方平衡及挖方、填方的合理调配,确定取土和弃土的地点。

8.2.2 村镇建设用地的竖向规划,应符合下列规定:

1. 充分利用自然地形,保留原有绿地和水面;

2. 有利于地面水排除;

3. 符合道路、广场的设计坡度要求;

4. 减少土方工程量。

8.2.3 建筑用地的标高应与道路标高相协调,高于或等于邻近道路的中心标高。

8.2.4 村镇建设用地的地面排水,应根据地形特点、降水量和汇水面积等因素,划分排水区域,确定坡向,坡度和管沟系统。

9 公用工程设施规划

9.1 给水工程规划

9.1.1 给水工程规划中，集中式给水应包括确定用水量、水质标准、水源及卫生防护、水质净化、给水设施、管网布置；分散式给水应包括确定用水量、水质标准、水源及卫生防护、取水设施。

9.1.2 集中式给水的用水量应包括生活、生产、消防、浇洒道路和绿化、管网漏水量和未预见水量，并应符合下列要求。

9.1.2.1 生活用水量的计算，应符合下列要求：

（1）居住建筑的生活用水量应按现行的有关国家标准进行计算。

（2）公共建筑的生活用水量，应符合现行的国家标准《建筑给水排水设计规范》的有关规定，也可按居住建筑生活用水量的8%～25%进行估算。

9.1.2.2 生产用水量应包括乡镇工业用水量、畜禽饲养用水量和农业机械用水量，可按所在省、自治区、直辖市政府的有关规定进行计算。

9.1.2.3 消防用水量应符合现行的国家标准《村镇建筑设计防火规范》的有关规定。

9.1.2.4 浇洒道路和绿地的用水量，可根据当地条件确定。

9.1.2.5 管网漏失水量及未预见水量，可按最高日用水量的15%～25%计算。

9.1.3 生活饮用水的水质应符合现行的有关国家标准的规定。

9.1.4 水源的选择应符合下列要求：

1. 水量充足，水源卫生条件好、便于卫生防护；
2. 原水水质符合要求，优先选用地下水；
3. 取水、净水、输配水设施安全经济，具备施工条件；
4. 选择地下水作为给水水源时，不得超量开采；选择地表水作为给水水源时，其枯水期的保证率不得低于90%。

9.1.5 给水管网系统的布置，干管的方向应与给水的主要流向一致，并应以最短距离向用水大户供水。给水干管最不利点的最小服务水头，单层建筑物可按5～10m计算，建筑物每增加一层应增压3m。

分散式给水应符合现行的有关国家标准的规定。

9.2 排水工程规划

9.2.1 排水工程规划应包括确定排水量、排水体制、排放标准、排水系统布置、污水处理方式。

9.2.2 排水量应包括污水量、雨水量，污水量应包括生活污水量和生产污水量，并应按下列要求计算。

9.2.2.1 生活污水量可按生活用水量的75%～90%进行计算。

9.2.2.2 生产污水量及变化系数应按产品种类、生产工艺特点和用水量确定，也可按生产用水量的75%～90%进行计算。

9.2.2.3 雨水量宜按邻近城市的标准计算。

9.2.3 排水体制宜选择分流制。条件不具备的小型村镇可选择合流制,但在污水排入系统前,应采用化粪池、生活污水净化沼气池等方法进行预处理。

9.2.4 污水排放应符合现行的国家标准《污水综合排放标准》的有关规定;污水用于农田灌溉,应符合现行的国家标准《农田灌溉水质标准》的有关规定。

9.2.5 布置排水管渠时,雨水应充分利用地面迳流和沟渠排除;污水应通过管道或暗渠排放,雨水、污水的管、渠均应按重力流设计。

9.2.6 分散式与合流制中的生活污水,宜采用净化沼气池、双层沉淀池或化粪池等进行处理;集中式生活污水,宜采用活性污泥法、生物膜法等技术处理。生产污水的处理设施,应与生产设施建设同步进行。

污水采用集中处理时,污水处理厂的位置应选在村镇的下游,靠近受纳水体或农田灌溉区。

9.3 供电工程规划

9.3.1 供电工程规划应包括预测村镇所辖地域范围内的供电负荷、确定电源和电压等级,布置供电线路、配置供电设施。

9.3.2 村镇所辖地域范围供电负荷的计算,应包括生活用电、乡镇企业用电和农业用电的负荷。

9.3.3 供电电源和变电站站址的选择应以县域供电规划为依据,并符合建站的建设条件,线路进出方便和接近负荷中心。

9.3.4 变电站出线电压等级应按所在地区规定的电压标准确定。

9.3.5 供电线路的布置,应符合下列规定:

1. 宜沿公路、村镇道路布置;

2. 宜采用同杆并架的架设方式;

3. 线路走廊不应穿过村镇住宅、森林、危险品仓库等地段;

4. 应减少交叉、跨越、避免对弱电的干扰;

5. 变电站出线宜将工业线路和农业线路分开设置。

9.3.6 供电变压器容量的选择,应根据生活用电、乡镇企业用电和农业用电的负荷确定。

9.3.7 重要公用设施、医疗单位或用电大户应单独设置变压设备或供电电源。

9.4 邮电工程规划

9.4.1 邮电工程规划应包括确定邮政、电信设施的位置、规模、设施水平和管线布置。

9.4.2 邮电设施的规划应依据县域邮政、电信规划制定。

9.4.3 邮政局(所)的选址应利于邮件运输,方便用户。

9.4.4 电信局(所)的选址,应符合下列规定:

9.4.4.1 宜靠近上一级电信局来线一侧。

9.4.4.2 应设在用户密度中心。

9.4.4.3 应设在环境安全、交通方便,符合建设条件的地段。

9.4.5 电话普及率应结合当地经济和社会发展需要,确定百人拥有的电话机部数。

9.4.6 电信线路布置,应符合下列规定:

9.4.6.1 应避开易受洪水淹没、河岸塌陷、土坡塌方以及有严重污染等地区。

9.4.6.2 应便于架设、巡察和检修。

9.4.6.3 宜设在电力线走向的道路另一侧。

9.5 村镇防洪规划

9.5.1 村镇所辖地域范围的防洪规划,应按现行的国家标准《防洪标准》的有关规定执行。

邻近大型工矿企业、交通运输设施、文物古迹和风景区等防护对象的村镇,当不能分别进行防护时,应按就高不就低的原则,按现行的国家标准《防洪标准》的有关规定执行。

9.5.2 村镇的防洪规划,应与当地江河流域、农田水利建设、水土保持、绿化造林等的规划相结合,统一整治河道,修建堤坝、圩垸和蓄、滞洪区等防洪工程设施。

9.5.3 位于蓄、滞洪区内的村镇,当根据防洪规划需要修建围村埝(保庄圩)、安全庄台、避水台等就地避洪安全设施时,其位置应避开分洪口、主流顶冲和深水区,其安全超高宜符合表9.5.3的规定。

9.5.4 在蓄、滞洪区的村镇建筑内设置安全层时,应统一进行规划,并应符合现行的国家标准《蓄滞洪区建筑工程技术规范》的有关规定。

就地避洪安全设施的安全超高 表9.5.3

安全设施	安置人口(人)	安全超高(m)
围村埝 (保庄圩)	地位重要、防护面大、人口≥10000的密集区	≥2.0
	≥10000	2.0~1.5
	≥1000 <10000	1.5~1.0
	<1000	1.0
安全庄台、 避水台	≥1000	1.5~1.0
	<1000	1.0~0.5

注:安全超高是指在蓄、滞洪时的最高洪水以上,考虑水面浪高等因素,避洪安全设施需要增加的富裕高度。

附录A 村镇用地计算表

A.0.1 村庄用地计算应符合表A.0.1的规定。

村庄用地计算表 表A.0.1

分类代号	用地名称	现状 年			规划 年		
		面积(ha)	比例(%)	人均(m²/人)	面积(ha)	比例(%)	人均(m²/人)
R							
C							
M							
W							
T							
S							
U							
G							
村庄建设用地			100			100	
E							
村庄规划范围用地							

注:村庄人口规模现状　　　人,规划　　　人。

A.0.2 集镇用地计算应符合表A.0.2的规定。

3—17

集镇用地计算表　　　　　　　表 A.0.2

分类代码	用地名称	现状　　　年			规划　　　年		
		面积(ha)	比例(%)	人均(m²/人)	面积(ha)	比例(%)	人均(m²/人)
R							
R1							
R2							
R3							
C							
C1							
C2							
C3							
C4							
C5							
C6							
M							
M1							
M2							
M3							
M4							
W							
W1							
W2							
T							
T1							
T2							
S							
S1							
S2							
U							
U1							
U2							
G							
G1							
G2							
集镇建设用地			100			100	
E							
E1							
E2							
E3							
E4							
E5							
集镇规划范围用地							

注：集镇人口规模现状　　　人，规划　　　人。

附录 B　　村镇用地分类名称中英文词汇对照表（建议性）

代号 Codes	用地中文名称 Chinese	英文同（近）意词 English
R	居住建筑用地	Residential
C	公共建筑用地	Commercial and Public Building
M	生产建筑用地	Industrial, Manufacturing, Agriculture
W	仓储用地	Warehouse
T	对外交通用地	Transportation
S	道路广场用地	Street and Square
U	公用工程设施用地	Public Utilities
G	绿化用地	Green Space
E	水域和其它用地	Water Area and Others

附录 C 本标准用词说明

C.0.1 为便于在执行本标准条文时区别对待,对要求严格程度不同的用词说明如下:

C.0.1.1 表示很严格、非这样做不可的:
  正面词采用"必须";
  反面词采用"严禁"。

C.0.1.2 表示严格,在正常情况下均应这样做的:
  正面词采用"应";
  反面词采用"不应"或"不得"。

C.0.1.3 表示允许稍有选择,在条件许可时首先应这样做的:
  正面词采用"宜"或"可";
  反面词采用"不宜"。

C.0.2 条文中指定应按有关标准、规范执行时,写法为"应按……执行"或"应符合……规定"。

附加说明

本标准主编单位、参加单位及主要起草人名单

主编单位:中国建筑技术发展研究中心村镇规划设计研究所

参加单位:四川省城乡规划设计研究院
  吉林省城乡规划设计研究院
  天津市城乡规划设计院
  武汉市城市规划设计研究院
  浙江省村镇建设研究会
  陕西省村镇建设研究会

主要起草人:赵柏年 任世英 伍畏才 廖先贵
  赵保中 赵振民 寿　民 刘玉娟
  孙蕴山 杨斌辉 沈冬岐 徐永恺
  易守昭 李　杰 刘　荣 贾建勤
  邓竞成 桑开林 李　强 杨新华
  郑振华

中华人民共和国国家标准

村 镇 规 划 标 准

GB 50188—93

条 文 说 明

前 言

本标准是根据国家计委计综(1987)2390号文的要求,由建设部负责主编,具体由中国建筑技术发展研究中心会同四川省城乡规划设计研究院、吉林省城乡规划设计研究院、天津市城乡规划设计院、武汉市城市规划设计研究院、浙江省村镇建设研究会、陕西省村镇建设研究会等单位共同编制而成,经建设部1993年9月27日以(93)建标(732)号文批准,并会同国家技术监督局联合发布。

在本标准的编制过程中,标准编制组进行了广泛的调整研究,认真总结我国村镇建设的实践经验,同时参考了有关国际标准和国外先进标准,并广泛征求了全国有关单位的意见。最后由建设部会同有关部门审查定稿。

鉴于本标准系初次编制,在执行过程中,希望各单位结合规划实践和科学研究,认真总结经验,注意积累资料,如发现需要修改和补充之处,请将意见和有关资料寄交中国建筑技术发展研究中心村镇规划设计研究所(地址:北京车公庄大街19号,邮政编码:100044),并抄送建设部村镇建设司,以供今后修订时参考。

目　次

1　总则 …………………………………………… 3—22
2　村镇规模分级和人口预测 …………………… 3—23
　2.1　村镇规模分级 …………………………… 3—23
　2.2　村镇人口预测 …………………………… 3—24
3　村镇用地分类 ………………………………… 3—25
　3.1　用地分类 ………………………………… 3—25
　3.2　用地计算 ………………………………… 3—27
4　规划建设用地标准 …………………………… 3—28
　4.1　一般规定 ………………………………… 3—28
　4.2　人均建设用地指标 ……………………… 3—28
　4.3　建设用地构成比例 ……………………… 3—29
　4.4　建设用地选择 …………………………… 3—29
5　居住建筑用地 ………………………………… 3—30
6　公共建筑用地 ………………………………… 3—30
7　生产建筑和仓储用地 ………………………… 3—31
8　道路、对外交通和竖向规划 ………………… 3—31
　8.1　道路和对外交通规划 …………………… 3—31
　8.2　竖向规划 ………………………………… 3—31
9　公用工程设施规划 …………………………… 3—32
　9.1　给水工程规划 …………………………… 3—32
　9.2　排水工程规划 …………………………… 3—33
　9.3　供电工程规划 …………………………… 3—33
　9.4　邮电工程规划 …………………………… 3—33
　9.5　村镇防洪规划 …………………………… 3—34

业,其中不少专业颁布了相应的标准与规范。因此,编制村镇规划,除执行本标准的规定外,还要遵守现行的有关国家标准、规范的规定。

1 总 则

1.0.1 系统制订和不断完善有关村镇规划的技术立法,是加强村镇建设和管理工作,使之科学化、规范化的一项重要内容。制订本标准的目的是为各地、各部门编制和管理村镇规划提供科学依据和统一的技术标准,以提高我国的村镇规划水平,使村镇规划更好地指导村镇建设工作,为广大村镇居民创造优良的劳动和生活环境,从而促进我国城乡经济和社会的协调发展。

1.0.2 本标准的适用范围是全国的村庄和集镇的规划工作,县城以外的建制镇的规划工作亦按本标准执行。村庄、集镇和县城以外的建制镇制订统一的规划标准是考虑到随着农村体制的改革,集镇逐步向镇建制和镇管村的体制过渡的发展趋势,使村镇的规划得以延续和衔接,避免因行政建制的变更而重新进行规划。

本标准使用"村镇"一词时包括村庄、集镇和县城以外的建制镇。

本标准使用"集镇"一词,其后未出现县城以外的建制镇时,其含义均包括县城以外的建制镇。

本标准使用"乡(镇)"一词时是指乡政府或县城以外的建制镇政府所辖地域范围。

1.0.3 本标准是一项综合性的技术标准,内容涉及多种专

2 村镇规模分级和人口预测

2.1 村镇规模分级

2.1.1 村镇体系是县级以下一定区域内相互联系和协调发展的聚居点群体网络。村镇体系由村庄、集镇、县城以外的建制镇构成。这些聚居点在政治、经济、文化、生活等方面是相互联系和相互依赖的群体网络系统。随着行政体制的改革,商品经济的发展,科学文化的提高,村镇间的相互联系和影响将会日益增强。

进行村镇规划,在县级以下一定区域内确定各个聚居点的性质、规模、发展方向和各项建设标准,首先要按各自所处的地位、职能进行层次划分。综合各地有关村镇体系层次的划分情况,自下而上依次分为基层村、中心村、一般镇和中心镇等层次。

关于村镇体系中的层次划分:

1. 由于村镇在体系中的职能,既有行政职能,也有经济与社会职能,作为村镇的群体网络系统,本标准对村镇层次的划分主要是依其经济、社会职能而划分的。

2. 就一个县的范围而言,上述村镇的四个层次,一般是齐全的,而在一个乡(镇)所辖地域范围内,多数只有一个集镇或一个县城以外建制镇,划定为一般镇或中心镇,即两者不同时存在,但也有一般镇和中心镇同时存在的个别情况。基层村和中心村也有类似的情况,例如,北方平原地区,村庄人口聚集的规模较大,每个村庄都设有中心村级的基本生活设施,全部划定为中心村,而可以没有基层村的层次。总之,在规划中各地要根据村镇的职能和特征,对每个村庄、集镇和县城以外的建制镇进行具体分析,因地制宜地进行层次划分。

2.1.2 在村镇层次划分的基础上,进一步按人口规模进行分级,为村镇规划中确定各类建筑和设施的配置、建设的规模和标准,规划的编制程序、方法和要求等提供依据。表2.1.2所列村镇层次和人口规模分级的要点是:

1. 根据村镇体系中的聚居点类别与层次,对基层村、中心村、一般镇、中心镇分别按其人口的规模划分为大、中、小型三级,以便确定其各项规划指标、建设项目和基础设施的配置等。

2. 为统一计算口径和避免重复计算,表中的人口规模均以一个村庄、集镇或县城以外建制镇的规划范围内的常住人口数为准,而不是它们所辖地域范围内所有聚居点的人口总和。

3. 依据全国村镇人口的统计资料和40个典型县的村镇人口规模的详查数字,以及各省、自治区、直辖市的村镇人口规模分级情况,通过对不同的分级方案进行比较,确定了常住人口规模分级的定量数值。

4. 人口规模分级采用3~3.3的倍距,数字系列简明,基本符合实际情况,其中现状均值皆位于中型的中位值附近。表中规定了小型的数值不封底,大型的数值不封顶,以适应我国各地村镇人口规模相差悬殊和发展不平衡的特点。

5. 大、中型的中心镇和大型的一般镇的人口规模,同现行国家规定的建镇标准的人口规模相当,即建制镇驻地非农业人口数起点为全镇辖区人口的十分之一,且不少于2000人的规定。目前建制镇驻地常住人口的规模一般都超过 3000 人。

2.2　村镇人口预测

2.2.1　村镇规划期间人口规模的预测,主要是依据村镇发展前景的需要,分析村镇建设条件的可能,考虑人口的自然增长、机械增长和剩余劳动力等情况,对到达规划期末的人口进行测算。村镇规划人口规模预测的内容,包括村镇总人口、集镇或县城以外建制镇和各个村庄人口规模进行预测,目的是为确定村镇建设用地、设施配置和规划方法提供依据。

村镇总人口是指该乡(镇)所辖地域范围内所有村镇常住人口的总和。本标准提出的采用综合分析法作为人口发展预测的方法,其计算方法是目前各地进行村镇规划时,普遍采用的一种比较符合实际的计算方法。其特点是,在计算人口时,将自然增长和机械增长两部分叠加。采取这种方法预测人口规模,同采用劳动平衡法或产值推算法等相比较,更加符合我国村镇人口的实际情况。

本条计算公式中的自然增长率 K 和机械增长数 P 可以是负值,即负增长。

关于人口自然增长率的取值,不仅要根据当地的计划生育指标,还要考虑用当地人口年龄与性别的构成情况加以校核,以使预测结果更加符合实际。

关于人口机械增长的数值,要根据不同地区的具体情况加以确定。一般来说,在自然资源、地理位置、建设条件等具有较大优势、经济发达较快的乡镇,有可能接纳外地人员进入本乡镇工作;对于靠近城市、工矿区、耕地较少的乡镇,则可能有部分劳动力进入城市或转入工矿区或部分转至外地工作。

2.2.2　不同类型的人口,对村镇的用地和设施有着不同的需

求和影响。为了反映村镇人口类型的实际情况,在村镇规划中进行现状人口统计和规划人口预测时,本条明确规定集镇或县城以外建制镇人口按其居住的状况和参与社会生活的性质进行分类计算。

2.2.3　根据集镇或县城以外建制镇人口的特点,常住人口中的农业人口与非农业人口同是居住的主体。其中,非农业人口包括永久户籍的居民和近年来自理口粮进镇落户的居民。参与集镇或县城以外建制镇内社会生活的还有定时进镇的工人、学生、差旅探亲的流动人口,以及数量可观的进镇赶集人员。为了统一概念,便于统计,将集镇或县城以外建制镇的人口分为常住人口、通勤人口和流动人口三类。

　1. 常住人口是指居民(非农业户和自理口粮进镇户)、村民、集体三种类型的人口,同目前户籍口径基本一致。常住人口是集镇或县城以外建制镇人口的主体。常住人口的数量决定了居住用地面积,它是确定建设用地规模和基础设施配置的主要依据。

　2. 通勤人口是指劳动、学习在集镇或县城以外建制镇规划范围内,而户籍和居住在镇外的职工和学生。这部分人对镇内的生产建筑和部分公共建筑以及基础设施的规模有较大的影响。

　3. 流动人口是指出差、旅游、探亲和赶集等临时参与集镇或县城以外建制镇内社会活动的人员。这部分人对一些公共设施、集贸市场、道路交通都有影响。

为使集镇或县城以外建制镇人口规模的预测更加符合当地实际情况,规定了按人口类别分别计算其自然增长、机械增长和估算发展变化,以利于进一步分别计算各类用地规模。表3.3.2 提出了各类人口预测的计算内容:

1. 人口自然增长的计算范围,包括村民户和居民户。

2. 人口机械增长的计算范围,包括居民户和集体户。由于部分村民户既使规划期内职业或工作性质发生变化,一般也不会在规划期内改变其居住用地的标准。因此,为简化计算,可不考虑其机械增长的因素。

3. 通勤人口的机械增长和流动人口的发展变化要分别进行计算或估算。这两类人口虽不作为人口规模的基数,但也是决定人均建设用地指标的重要因素,影响用地的规模和设施的配置。

2.2.4 关于集镇或县城以外建制镇人口机械增长的计算方法,总结各地的经验,本标准推荐了四种常用的方法,即平均增长法、带眷系数法、劳动转化法和环境容量法,并说明了四种方法的选用情况。各地在进行村镇规划时,要结合当地的具体情况选择使用。在计算时,可选择一种方法,或采用不同的方法对比校核。其中环境容量法,是充分分析当地的发展优势,并综合考虑建设条件(包括用地、供水、能源等)和环境、生态状况等客观制约因素,不拘于规划期限、预测远景的合理发展规模,以避免造成"超载"现象。

2.2.5 村庄人口的构成一般较为简单,可不进行分类。但也有些村庄,由于村办企业较多,吸引了外来劳力,其通勤人口和流动人口占有一定的比例,是否需要分类进行计算,可根据实际情况确定。针对各地进行村庄规划,只计算人口自然增长,而忽视了农村剩余劳动力的转移问题。因此,规定在预测村庄人口规模时,在计算自然增长的同时,还要考虑随着商品经济的发展,农村剩余劳动力转移的去向和数量,以期做到乡(镇)所辖地域以及更大范围人口的综合平衡。

3 村镇用地分类

3.1 用地分类

3.1.1 针对各地在编制村镇规划时,用地的分类和名称不一,计算差异较大,导致数据与指标可比性差,不利于提高村镇规划和管理的水平,本标准统一了村镇用地的分类和名称。新的用地分类和名称保持了同以往村镇规划工作的连续性,除参照了1982年1月原国家建委、国家农委颁发试行的《村镇规划原则》中有关村镇用地的组成和1987年8月建设部颁发的关于《村镇规划定额指标定性意见》中有关村镇建设用地分类的规定外,还参考了近年来各省、自治区、直辖市制订的村镇用地定额指标中有关用地分类和组成的规定。在以往村镇用地划分7大类的基础上,将仓储用地及对外交通用地独立设为大类,共分9大类,这一分类具有以下特点:

1. 概念明确、系统性强、易于掌握。

2. 既同城市用地分类方法大致相同,又具有村镇用地的特点。

3. 有利于用地的定量分析,便于制订定额指标。

4. 既同以往国家主管部门颁布的有关规定的精神一致,又同各地编制的村镇规划以及制订的定额指标的分类基本相符。

以下就使用中的几种情况加以说明。

1. 土地使用性质单一时,可明确归类。

2. 一个单位的用地内,兼有两种以上性质的建筑和用地时,要分清主从关系,按其主要使用性能归类。如镇办工厂内附属的办公、招待所等不独立对外时,则划为工业用地;如中学运动场,晚间、假日为居民使用,仍划为中学用地;又如镇属体育场兼为中小学使用,则划为文体科技用地小类。

3. 一幢建筑内具有多种功能,该建筑用地具有多种使用性质时,要按其主要功能的性质归类。

4. 一个单位或一幢建筑具有两种使用性质,而不分主次,如在平面上可划分地段界线时分别归类;若在平面上相互重叠,不能划分界限时,要按地面层的主要使用性能,作为用地分类的依据。

为适应集镇或县城以外建制镇规划的深度要求,规定了将9大类用地按项目的功能再划分为28小类。

3.1.2 关于村镇用地的分类代号的使用规定。类别代号中的大类以英文同(近)义词的字头表示,小类则在字头右边附加阿拉伯数字表示,供绘制图纸和编制文件时使用,也便于国际交流。

3.1.3 村镇用地的分类和代号表3.1.3,对各类用地的范围均作了明确规定。现就有关用地的一些问题说明如下:

1. 关于居住建筑用地

为了区别不同类型人口的居住用地标准,有利于在规划中节约用地,同集镇或县城以外建制镇常住人口的类别相适应,将居住建筑用地划分为村民住宅用地、居民住宅用地和其他居住用地三小类。

村镇规划同城市规划相比,由于村镇的规模较小,公共建筑的分级层次较少,在村镇规划中可将全部公共建筑的用地位置予以安排。同时,村镇规划与城市规划中居住用地的含义不同,村镇的各类居住用地中,不再包括配套的公共建筑用地,而各级各类公共建筑均直接计入公共建筑用地面积的数值中。这样既符合村镇的特点,又便于用地的统计工作。

其他居住用地是指不属于村民、居民住宅用地的居住用地,如单身宿舍、敬老院等。由于敬老院属于设施比较齐全的老人公寓,因而归入居住用地之内。

2. 关于公共建筑用地

鉴于各地对公共建筑的小类划分差别较大,现统一分为行政管理、教育机构、文体科技、医疗保健、商业金融和集贸设施六小类。

由于教育机构在公共建筑用地中的比较较大,且与人口年龄以及提高人口素质密切相关,因而单独设小类。

集贸设施虽属商业性质,但与一般商业机构有较大不同,在用地布局和道路交通等方面占有特殊地位,其用地规模与常住人口规模无直接关系,在不同的集镇或县城以外建制镇,集贸设施的经营内容与方式,占地数量与选址等都有很大差异,因此,单独设小类。

医疗卫生改名为医疗保健,使名称与内容更加吻合,内容包括医疗、防疫、休疗养、妇幼保健等机构用地。同时,避免了同环境卫生有关内容相混淆。

公用事业中的变电所、邮电局(所)、消防站、公共厕所、垃圾站等设施均划入公用工程设施用地大类之中,不作为居住用地的配套公建,不在公共建筑中设小类。

考虑到民族习俗和国际惯例,将宗教用地划入公共建筑用地中的文体科技小类。

位于大型风景名胜区内的文物古迹,要随风景名胜区一起划入其它用地大类;位于村镇规划范围内的文物古迹,划入公共建筑用地中的文体科技小类。

从兽医站的性质和规划要求出发,将其划入生产建筑用地中的农业生产设施小类。

3. 生产建筑用地

工业用地按其对居住和公共环境的干扰与污染程度分为三小类,以利于规划中的用地布局,并单设农业生产设施用地小类。

4. 关于仓储用地和对外交通用地

将仓储用地独立于生产建筑用地,将对外交通用地独立于道路用地,以适应经济发展的需要。

5. 关于道路广场用地

道路广场用地,包括道路用地和广场用地两小类。为兼顾村镇不同的道路情况,和近期与远期的规划深度,作了如下规定。

对于能通行汽车、路面宽度等于和大于 3.5m 的道路,均计入道路用地,路面宽度小于 3.5m 的小路,不计入道路用地,而计入该小路所服务的用地之中。

对于村镇规划中的远期居住建筑用地,目前不进行详细布置时,其道路面积不能直接计量的,要参照近期详细布置地段中的道路所占比例进行计算,并分别归入道路用地和居住用地。

对于兼有公路和村镇道路双重功能的路面,可将其用地面积的各半,分别计入对外交通用地和道路广场用地。

3.2 用 地 计 算

3.2.1 村镇现状用地和规划用地,规定统一按规划范围进行统计,以利于分析比较该村镇规划期内土地利用的变化,既增强了用地统计工作的科学性,又便于比较该村镇在规划期内土地利用的变化,也便于规划方案的比较和选定。应该说明,以往在统计村镇用地时,现状用地多按建成区范围统计,而规划用地则按规划范围统计,两者统计范围不一致,因此只了解两者的不同数值,而不知新增建设用地的使用功能的变化情况。在规划图中,将规划范围明确地用一条线表示出来,这个范围既是统计范围,也是村镇用地规划的工作范围。

3.2.2 规定了分片布置的村镇用地的计算方法。

3.2.3 规定了村镇用地面积的计算要求和计量单位,要按平面图进行量算。山丘、斜坡均按平面投影面积计算,而不以表面面积进行计算。

3.2.4 规定了根据图纸比例尺确定统计的精确度。

3.2.5 规定了村庄用地计算、集镇和县城以外建制镇用地计算的统一表式,以利于不同村镇用地间的对比分析。

4 规划建设用地标准

4.1 一 般 规 定

4.1.1 村镇建设用地是指村镇用地分类表4.1.3中前八大类用地之和。第九大类"水域和其它用地",不属于村镇建设用地的范围,不参与村镇建设用地的平衡和指标的计算。

4.1.2 为了节约用地、合理用地、节约投资、优化环境,对村镇建设用地制订了严格的控制标准。

村镇规划建设用地的标准包括数量和质量两个方面的内容,具体分为人均建设用地指标、建设用地构成比例和建设用地选择三项。

4.1.3 规定计算村镇建设用地标准时的人口数量以规划范围内的常住人口为准。人口统计范围必须与用地统计范围一致。镇区内的常住人口包括村民、居民和集体三种户口的人数。

需要说明,集镇或县城以外建制镇的通勤人口和流动人口对建设用地规模和构成虽然有影响,但同常住人口相比,对建设用地的影响仍然是局部的、临时的。为简化计算起见,对于这部分流动性强、变化幅度大的人数,要根据实际情况,除对某些生产建筑、公共建筑和基础设施用地予以考虑外,可在确定规划建设用地的指标级别中,适当提高取值或在调整用地构成比例以及单项用地取值时予以解决。

4.2 人均建设用地指标

4.2.1 我国农村幅员辽阔,自然环境、生产条件、风俗习惯多样,加之长期自发进行建设,致使现状人均用地水平差异很大,难于在规划期内合理调整到位,这就决定了在村镇规划中,需要制订不同的用地标准。基于这一特点,根据有关部门提供的1988年以来的统计资料,各地现状建设用地指标的幅度相差多达十几倍,集镇和县城以外建制镇为50～742m²/人,村庄为55～865m²/人。但全国约70%的省、自治区、直辖市的村镇现状用地指标为60～180m²/人,在参照各省、自治区、直辖市制订的人均建设用地指标和规划实例中人均用地状况的基础上,本着严格控制用地的原则,规定了规划人均建设用地的标准总的区间值为50～150m²/人。同时,在总的区间值内按一定幅度划分为五个级别。这一规定,除一些特殊情况外,基本上可以满足多数地区规划的要求。

4.2.2 由于大型工程项目等的兴建,需要选址新建的村镇,在条件许可时,本着既合理又节约的原则进行规划,人均建设用地指标可在表4.2.1中第三级(80～100m²/人)的范围内确定。当所在地区发展用地偏紧时,可在第二级(60～80m²/人)范围内确定。

4.2.3 考虑到在10～20年的规划期限内,各地村镇的发展主要是在现状的基础上进行的。因此,在编制规划时,要以现状人均建设用地水平为基础,通过调整逐步达到合理。为严格控制用地,按表4.2.3及其各款的规定,在确定规划建设用地指标时,该指标要同时符合指标级别和允许调整幅度的两项规定要求。

关于人均建设用地指标调整的原则如下:①对于现状用

地偏紧、小于 50m²/人的应增加;②对于现状用地在 50~80m²/人区间的,各地根据土地的状况,可适当增加;③对于现状用地在 80~100m²/人区间的,可适当增加或减少;④对于现状用地在 100~150m²/人区间的,可适当压缩;⑤对于现状用地大于 150m²/人以上的,要压缩到 150m²/人以内。

有关现状人均建设用地及其可采用的规划人均建设用地指标和相应地允许现状调整幅度,均在表 4.2.3 中作了规定。总的调整幅度一般控制在 -20~+20m²/人范围内,主要是考虑到在 20 年规划期间,一般村镇建设用地指标不可能大幅度增或减,要根据本村镇的具体条件逐步调整,达到合理。

4.2.3.1 由于集镇或县城以外建制镇需要设置一定的公共设施和各级宽度的道路,采用第一级用地指标会造成规划用地的不合理,因此作出本款规定。

4.2.3.2 考虑到边远地区地多人少的村镇的用地现状,不宜做出具体规定,因此要根据所在省、自治区制定的地方性指标加以确定。

4.3 建设用地构成比例

4.3.1 建设用地构成比例是人均建设用地标准的辅助指标,是反映规划用地内部各项用地数量的比例是否合理的重要标志。因此,在编制村镇的规划时,要调整各类建设用地的构成比例,使用地达到合理。表 4.3.1 中确定的居住、公建、道路广场和公共绿地四类用地的构成比例是总结十多年来进行村镇规划和建设的一些实例,并参照各地制订的用地构成比例标准的基础上提出的。通过对村镇用地资料的分析表明,上述四类用地所占的比例具有一定的规律性,规定的幅度基本上可以达到用地结构的合理,而其他类的用地比例,由于不同村镇的建设条件差异较大,可按具体情况加以确定。

关于基层村的用地,主要取决于村民宅基地的标准,在规划建设中,建议按宅基地标准进行控制即可,本标准不作具体规定。

表 4.3.1 还规定了居住、公建、道路广场和公共绿地四类用地总和在建设用地中的适宜比例。需要说明,规划四类用地的比例要结合实际加以确定,不能同时都取上限或下限。

4.3.2~4.3.3 关于某些具有特殊要求的村镇,在进行规划中,当选用表 4.3.1 列的建设用地构成比例时,作出的一些规定。

4.4 建设用地选择

4.4.1~4.4.5 选择村镇建设用地时要遵守的规定。

5 居住建筑用地

5.0.1 为适应我国各地村镇居住建筑千差万别的特点,村民宅基地和居民住宅用地的规模,要根据各省、自治区、直辖市对本省、自治区、直辖市内不同地区、不同类别的住户和户型大小制定的面积指标进行确定。

5.0.2~5.0.4 关于居住建筑用地的选址及规划布置中要遵守的具体规定。

6 公共建筑用地

6.0.1 村镇公共建筑项目的配置,主要是依据村镇的类别和层次,并充分发挥其地位职能的需要而定。本标准按照分级配置的原则,在综合各地村镇规划建设实践的基础上,参照各省、自治区、直辖市对村镇公建项目配置的有关规定,制定了表6.0.1。表中按村镇的层次,明确规定了配置的项目,共分六类、40个项目。

考虑到各地村镇情况的差异,在保证配备基本设施,然后逐步完善的前提下,对表6.0.1中公共建筑项目的设置,规定了应设置的项目和可设置的项目两种情况,供各地在村镇规划时选定。

由于各地基层村一般不设或只设简单的公共建筑,因此,对基层村不作应设项目的具体规定。

6.0.2 规定了除集贸设施以外五类公共建筑的用地面积指标。为简化计算,指标采用常住人口的人均平方米表示。表6.0.2中各类公共建筑(不包括集贸设施)的用地面积指标,是在总结各地制订的指标基础上,并通过村镇规划实例的验证而确定的。在取值时部分地考虑了通勤人口和临时人口使用的因素。关于集贸设施的用地面积,因不取决于常住人口的数量,因此,对该类用地规定了要按赶集人数和经营品类计算用地面积。

7　生产建筑和仓储用地

7.0.1　对生产建筑用地的选址和布置的技术要求。按照生产对生活环境的影响状况分别对无污染、轻度污染和严重污染三类情况，规定了选址要求。对已造成污染的工厂（场）规定了必须限期治理或调整的要求。

7.0.2　生产建筑用地选址同能源、交通等布置方面的要求。

7.0.3　对农业生产设施用地布置的技术要求。强调了对下述用地的选址和布置，要给予特别重视。

　　1. 规定了农机站（场）、打谷场等的选址要求。

　　2. 规定大、中型饲养场地的选址，不仅要防止对生活环境的污染，更要满足饲养的卫生防疫要求。

　　3. 规定兽医站要布置在村镇边缘，以改变将兽医站作为医疗类公共建筑进行布置的做法。

7.0.4～7.0.5　生产建筑用地和仓储用地的规划布置中，要符合防火与安全的规定。

8　道路、对外交通和竖向规划

8.1　道路和对外交通规划

8.1.1　道路和对外交通规划的基本要求。

8.1.2　对村镇道路规划技术指标中规定了计算行车速度、道路红线宽度、车行道及人行道宽度、道路建议间距等五项设计指标，将道路按使用功能和通行能力划分为四级，用中文一、二、三、四表示，未采用主干道、次干道、支路、巷路等名称，以避免不同规模的村镇选用不同宽度的道路而使用同一名称（如同称主干道），造成概念上的混淆不清。本条还规定了道路用地的计算方法。

8.1.3　规划村镇内部道路系统，要根据村镇的层次与规模按表 8.1.3 的规定进行配置。表中应设的级别，是指在一般情况下，应该设置道路的级别；可设的级别是指在必要的情况下，可以设置的道路级别。

　　为适应某些大型中心镇发展的趋势，规划人口规模超过三万人时，其主要道路红线宽度允许超过 32m。

8.1.4～8.1.5　集镇和县城以外建制镇的道路与对外交通规划中的具体规定。

8.2　竖向规划

8.2.1～8.2.2　规定了村镇建设用地竖向规划的内容和基本要求。其中特别强调在土方平衡时，要确定取土和弃土的地点,以避免乱挖乱弃,防止毁损农田、破坏自然地貌、造成水土流失。

8.2.3 规定建筑物标高要高于或等于邻近道路的中心标高,以避免套用公路的标高高于两侧农田的做法。

8.2.4 规定了村镇建设用地中,组织地面排水的一些要求。

9   公用工程设施规划

9.1   给水工程规划

9.1.1 规定了村镇给水工程规划包括的内容。

9.1.2 村镇集中式给水包括的内容和用水量计算的要求。

村镇用水包括生活、生产、消防、浇洒道路和绿化用水、管网漏失水和未预见水量。其中,生活用水包括居住建筑的生活用水和公共建筑的生活用水,生产用水包括乡镇工业用水和农业建筑生产用水,将主要畜禽饲养的用水,纳入农业建筑生产用水中。各部分用水量,分别按以下要求计算。

9.1.2.1 生活用水量的计算

(1)居住建筑生活用水量,按现行的有关国家标准进行计算。

(2)公共建筑的生活用水量。由于村镇公共建筑与城市公共建筑的功能、设施及要求等,没有实质性差别,所以要按现行的国家标准《建筑给水排水设计规范》的规定执行。为了便于规划操作,公共建筑生活用水量也可按居住建筑生活用水量的 8%～25%计算,村庄一般可按下限值计算。

9.1.2.2 生产用水量的计算

乡镇工业用水量、畜禽饲养用水量和主要农业机械用水量,按所在省、自治区、直辖市政府的有关规定进行计算。

9.1.2.3 消防用水量,按现行的《村镇建筑设计防火规范》的规定计算。

9.1.2.4 浇洒道路和绿地用水量。由于我国各地村镇的经济条件、建设标准、规模等差异很大,其用水量可按当地条件确定,不作具体规定。

9.1.2.5 在计算最高日用水量(即设计供水能力)时,要充分考虑管网漏失因素和未预见因素。管网漏失水量和未预见水量可按最高日用水量的15%～25%合并计算。村庄一般可按下限值计算。

9.1.3 生活饮用水的水质,按现行的有关国家标准的规定执行。

9.1.4 本条是对水源选择的要求。

9.1.5 本条规定了给水干管布置方向要与给水的主要流向一致,并以最短距离向用水大户供水,以便降低工程投资,提高供水的保证率。本条还规定了给水干管的最小服务水头的要求。

9.2 排水工程规划

9.2.1 规定了村镇排水工程规划包括的内容。

9.2.2 村镇排水包括的内容和排水量计算的要求。

村镇排水分为生活污水、生产污水、迳流的雨水和冰雪融化水,后者可统称雨水。

生活污水量可按生活用水量的75%～90%进行估算。

生产污水量及变化系数,要根据乡镇工业产品的种类、生产工艺特点和用水量确定。为便于操作,也可按生产用水量的75%～90%进行估算。水的重复利用率高的工厂取下限值。

雨水量与当地自然条件、气候特征有关,可按邻近城市的相应标准计算。

9.2.3 排水体制的选择和技术要求。

村镇排水体制宜选择分流制。条件不具备的小型村镇,也可选择合流制,为保护环境,减少污染,污水排入系统前,采用化粪池,生活污水净化沼气池等进行预处理。对现有排水系统的改造,可创造条件,逐步向分流制过渡。

9.2.4～9.2.5 规定了对污水排放和布置净水管渠的要求。

9.2.6 本条是对生活污水的处理技术、生产污水的处理设施以及污水处理厂厂址选择的要求。

9.3 供电工程规划

9.3.1 本条规定了供电工程规划包括的内容。

9.3.2 村镇所辖地域范围供电负荷的计算包括三部分内容。

(1)生活用电负荷是一个综合指标,计算时包括居民生活照明、电气设备的用电负荷,同时包括市政设施、服务性、娱乐性等设施的用电负荷。

(2)乡镇企业用电负荷可按单位产品的用电负荷计算。

(3)农业用电负荷可按每亩用电负荷计算。

9.3.3 本条提出了供电电源和变电站站址选择要求。

9.3.4 本条是对变电站出线电压等级标准的规定。

9.3.5 本条提出了布置供电线路的要求。

9.3.6 本条是对供电变压器容量选择的依据。

9.3.7 本条是为保证重要设施和一些单位的不间断供电而作的规定。

9.4 邮电工程规划

9.4.1～9.4.2 本条规定了邮电工程规划包括的内容和规划的依据。

9.4.3 对邮政局(所)选址的要求。

9.4.4 对电信局(所)选址的规定。

9.4.5 关于确定电话普及率的要求。

9.4.6 关于电信线路布置的规定。

9.5 村镇防洪规划

9.5.1 在现行的国家标准《防洪标准》中,对于城镇、乡村分别规定了不同等级的防洪标准,村镇防洪规划要根据所在地区的具体情况,按照规定的防洪标准适度设防。村镇如果靠近大型工矿企业、交通运输设施、文物古迹和旅游设施等防护对象,并且又不能分别进行防护时,该防护区的防洪标准要按其中较高者加以确定。

9.5.2 本条规定了村镇防洪规划要与该地区有关专业的建设规划相结合,统筹安排各项防洪工程设施。

9.5.3 位于蓄、滞洪区内的村镇设置就地避洪安全设施,是根据防洪规划的需要,按其地位的重要程度以及安置人员的数量因地制宜地选择修建围村埝(保庄圩)安全庄台,避水台等不同类型的就地避洪安全设施,本条对就地设置的避洪安全设施的位置选择和安全超高提出了要求。该安全超高的数值要按蓄、滞洪时的最高洪水位,考虑水面的浪高及设施的重要程度,按表 9.5.3 进行确定。

9.5.4 在蓄、滞区的村镇的建筑内,设置安全层作为避洪时,要进行统筹规划,并符合现行的国家标准《蓄滞洪区建筑工程技术规范》的有关规定。

中华人民共和国国家标准

城市规划基本术语标准

Standard for Basic Terminology
of Urban Planning

GB/T 50280—98

主编部门：中华人民共和国建设部
批准部门：中华人民共和国建设部
施行日期：１９９９年２月１日

关于发布国家标准《城市规划基本术语标准》的通知

建标〔1998〕1号

根据国家计委计综合〔1992〕490号文的要求，由我部组织制订的《城市规划基本术语标准》，已经有关部门会审。现批准《城市规划基本术语标准》GB/T50280—98为推荐性国家标准，自1999年2月1日起施行。

本标准由我部负责管理，其具体解释等工作由中国城市规划设计研究院负责，出版发行由建设部标准定额研究所负责组织。

中华人民共和国建设部
1998年8月13日

目　次

1　总则 …………………………………………… 4—3

2　城市和城市化 ……………………………… 4—3

3　城市规划概述 ……………………………… 4—4

4　城市规划编制 ……………………………… 4—6

  4.1　发展战略 ……………………………… 4—6

  4.2　城市人口 ……………………………… 4—6

  4.3　城市用地 ……………………………… 4—6

  4.4　城市总体布局 ………………………… 4—7

  4.5　居住区规划 …………………………… 4—8

  4.6　城市道路交通 ………………………… 4—8

  4.7　城市给水工程 ………………………… 4—9

  4.8　城市排水工程 ………………………… 4—9

  4.9　城市电力工程 ………………………… 4—10

  4.10　城市通信工程 ……………………… 4—10

  4.11　城市供热工程 ……………………… 4—10

  4.12　城市燃气工程 ……………………… 4—10

  4.13　城市绿地系统 ……………………… 4—11

  4.14　城市环境保护 ……………………… 4—11

  4.15　城市历史文化地区保护 …………… 4—11

  4.16　城市防灾 …………………………… 4—12

  4.17　竖向规划和工程管线综合 ………… 4—12

5　城市规划管理 ……………………………… 4—13

附录　汉语拼音对照索引 …………………… 4—14

附加说明 ……………………………………… 4—18

条文说明 ……………………………………… 4—19

1 总 则

1.0.1 为了科学地统一和规范城市规划术语，制定本标准。
1.0.2 本标准适用于城市规划的设计、管理、教学、科研及其他相关领域。
1.0.3 城市规划使用的术语，除应符合本标准的规定外，尚应符合国家有关强制性标准、规范的规定。

2 城市和城市化

2.0.1 居民点 settlement
　　人类按照生产和生活需要而形成的集聚定居地点。按性质和人口规模，居民点分为城市和乡村两大类。
2.0.2 城市（城镇） city
　　以非农产业和非农业人口聚集为主要特征的居民点。包括按国家行政建制设立的市和镇。
2.0.3 市 municipality; city
　　经国家批准设市建制的行政地域。
2.0.4 镇 town
　　经国家批准设镇建制的行政地域。
2.0.5 市域 administrative region of a city
　　城市行政管辖的全部地域。
2.0.6 城市化 urbanization
　　人类生产和生活方式由乡村型向城市型转化的历史过程，表现为乡村人口向城市人口转化以及城市不断发展和完善的过程。又称城镇化、都市化。
2.0.7 城市化水平 urbanization level
　　衡量城市化发展程度的数量指标，一般用一定地域内城市人口占总人口的比例来表示。
2.0.8 城市群 agglomeration
　　一定地域内城市分布较为密集的地区。
2.0.9 城镇体系 urban system

一定区域内在经济、社会和空间发展上具有有机联系的城市群体。

2.0.10 卫星城（卫星城镇） satellite town

在大城市市区外围兴建的、与市区既有一定距离又相互间密切联系的城市。

3 城市规划概述

3.0.1 城镇体系规划 urban system planning

一定地域范围内，以区域生产力合理布局和城镇职能分工为依据，确定不同人口规模等级和职能分工的城镇的分布和发展规划。

3.0.2 城市规划 urban planning

对一定时期内城市的经济和社会发展、土地利用、空间布局以及各项建设的综合部署、具体安排和实施管理。

3.0.3 城市设计 urban design

对城市体型和空间环境所作的整体构思和安排，贯穿于城市规划的全过程。

3.0.4 城市总体规划纲要 master planning outline

确定城市总体规划的重大原则的纲领性文件，是编制城市总体规划的依据。

3.0.5 城市规划区 urban planning area

城市市区、近郊区以及城市行政区域内其他因城市建设和发展需要实行规划控制的区域。

3.0.6 城市建成区 urban built-up area

城市行政区内实际已成片开发建设、市政公用设施和公共设施基本具备的地区。

3.0.7 开发区 development area

由国务院和省级人民政府确定设立的实行国家特定优惠政策的各类开发建设地区的统称。

3.0.8 旧城改建 urban redevelopment

对城市旧区进行的调整城市结构、优化城市用地布局、改善和更新基础设施、整治城市环境、保护城市历史风貌等的建设活动。

3.0.9 城市基础设施 urban infrastructure

城市生存和发展所必须具备的工程性基础设施和社会性基础设施的总称。

3.0.10 城市总体规划 master plan, comprehensive planning

对一定时期内城市性质、发展目标、发展规模、土地利用、空间布局以及各项建设的综合部署和实施措施。

3.0.11 分区规划 district planning

在城市总体规划的基础上，对局部地区的土地利用、人口分布、公共设施、城市基础设施的配置等方面所作的进一步安排。

3.0.12 近期建设规划 immediate plan

在城市总体规划中，对短期内建设目标、发展布局和主要建设项目的实施所作的安排。

3.0.13 城市详细规划 detailed plan

以城市总体规划或分区规划为依据，对一定时期内城市局部地区的土地利用、空间环境和各项建设用地所作的具体安排。

3.0.14 控制性详细规划 regulatory plan

以城市总体规划或分区规划为依据，确定建设地区的土地使用性质和使用强度的控制指标、道路和工程管线控制性位置以及空间环境控制的规划要求。

3.0.15 修建性详细规划 site plan

以城市总体规划、分区规划或控制性详细规划为依据，制订用以指导各项建筑和工程设施的设计和施工的规划设计。

3.0.16 城市规划管理 urban planning administration

城市规划编制、审批和实施等管理工作的统称。

4 城市规划编制

4.1 发 展 战 略

4.1.1 城市发展战略 strategy for urban development

对城市经济、社会、环境的发展所作的全局性、长远性和纲领性的谋划。

4.1.2 城市职能 urban function

城市在一定地域内的经济、社会发展中所发挥的作用和承担的分工。

4.1.3 城市性质 designated function of city

城市在一定地区、国家以至更大范围内的政治、经济与社会发展中所处的地位和所担负的主要职能。

4.1.4 城市规模 city size

以城市人口和城市用地总量所表示的城市的大小。

4.1.5 城市发展方向 direction for urban development

城市各项建设规模扩大所引起的城市空间地域扩展的主要方向。

4.1.6 城市发展目标 goal for urban development

在城市发展战略和城市规划中所拟定的一定时期内城市经济、社会、环境的发展所应达到的目的和指标。

4.2 城 市 人 口

4.2.1 城市人口结构 urban population structure

一定时期内城市人口按照性别、年龄、家庭、职业、文化、民族等因素的构成状况。

4.2.2 城市人口年龄构成 age composition

一定时间城市人口按年龄的自然顺序排列的数列所反映的年龄状况，以年龄的基本特征划分的各年龄组人数占总人口的比例表示。

4.2.3 城市人口增长 urban population growth

在一定时期内由出生、死亡和迁入、迁出等因素的消长，导致城市人口数量增加或减少的变动现象。

4.2.4 城市人口增长率 urban population growth rate

一年内城市人口增长的绝对数量与同期该城市年平均总人口数之比。

4.2.5 城市人口自然增长率 natural growth rate

一年内城市人口因出生和死亡因素的消长，导致人口增减的绝对数量与同期该城市年平均总人口数之比。

4.2.6 城市人口机械增长率 mechanical growth rate of population

一年内城市人口因迁入和迁出因素的消长，导致人口增减的绝对数量与同期该城市年平均总人口数之比。

4.2.7 城市人口预测 urban population forecast

对未来一定时期内城市人口数量和人口构成的发展趋势所进行的测算。

4.3 城 市 用 地

4.3.1 城市用地 urban land

按城市中土地使用的主要性质划分的居住用地、公共设施用地、工业用地、仓储用地、对外交通用地、道路广场用地、市政公用设施用地、绿地、特殊用地、水域和其它用地的统称。

4.3.2 居住用地 residential land

在城市中包括住宅及相当于居住小区及小区级以下的公共服务设施、道路和绿地等设施的建设用地。

4.3.3 公共设施用地 public facilities

城市中为社会服务的行政、经济、文化、教育、卫生、体育、科研及设计等机构或设施的建设用地。

4.3.4 工业用地 industrial land

城市中工矿企业的生产车间、库房、堆场、构筑物及其附属设施（包括其专用的铁路、码头和道路等）的建设用地。

4.3.5 仓储用地 warehouse land

城市中仓储企业的库房、堆场和包装加工车间及其附属设施的建设用地。

4.3.6 对外交通用地 intercity transportation land

城市对外联系的铁路、公路、管道运输设施、港口、机场及其附属设施的建设用地。

4.3.7 道路广场用地 roads and squares

城市中道路、广场和公共停车场等设施的建设用地。

4.3.8 市政公用设施用地 municipal utilities

城市中为生活及生产服务的各项基础设施的建设用地，包括：供应设施、交通设施、邮电设施、环境卫生设施、施工与维修设施、殡葬设施及其它市政公用设施的建设用地。

4.3.9 绿地 green space

城市中专门用以改善生态、保护环境、为居民提供游憩场地和美化景观的绿化用地。

4.3.10 特殊用地 specially-designated land

一般指军事用地、外事用地及保安用地等特殊性质的用地。

4.3.11 水域和其它用地 waters and miscellaneous

城市范围内包括耕地、园地、林地、牧草地、村镇建设用地、露天矿用地和弃置地，以及江、河、湖、海、水库、苇地、滩涂和渠道等常年有水或季节性有水的全部水域。

4.3.12 保留地 reserved land

城市中留待未来开发建设的或禁止开发的规划控制用地。

4.3.13 城市用地评价 urban landuse evaluation

根据城市发展的要求，对可能作为城市建设用地的自然条件和开发的区位条件所进行的工程评估及技术经济评价。

4.3.14 城市用地平衡 urban landuse balance

根据城市建设用地标准和实际需要，对各类城市用地的数量和比例所作的调整和综合平衡。

4.4 城市总体布局

4.4.1 城市结构 urban structure

构成城市经济、社会、环境发展的主要要素，在一定时间形成的相互关联、相互影响与相互制约的关系。

4.4.2 城市布局 urban layout

城市土地利用结构的空间组织及其形式和状态。

4.4.3 城市形态 urban morphology

城市整体和内部各组成部分在空间地域的分布状态。

4.4.4 城市功能分区 functional districts

将城市中各种物质要素，如住宅、工厂、公共设施、道路、绿地等按不同功能进行分区布置组成一个相互联系的有机整体。

4.4.5 工业区 industrial district
城市中工业企业比较集中的地区。

4.4.6 居住区 residential district
城市中由城市主要道路或自然分界线所围合，设有与其居住人口规模相应的、较完善的、能满足该区居民物质与文化生活所需的公共服务设施的相对独立的居住生活聚居地区。

4.4.7 商业区 commercial district
城市中市级或区级商业设施比较集中的地区。

4.4.8 文教区 institutes and colleges district
城市中大专院校及科研机构比较集中的地区。

4.4.9 中心商务区 central business district（CBD）
大城市中金融、贸易、信息和商务办公活动高度集中，并附有购物、文娱、服务等配套设施的城市中综合经济活动的核心地区。

4.4.10 仓储区 warehouse district
城市中为储藏城市生活或生产资料而比较集中布置仓库、储料棚或储存场地的独立地区或地段。

4.4.11 综合区 mixed-use district
城市中根据规划可以兼容多种不同使用功能的地区。

4.4.12 风景区 scenic zone
城市范围内自然景物、人文景物比较集中，以自然景物为主体，环境优美，具有一定规模，可供人们游览、休息的地区。

4.4.13 市中心 civic center
城市中重要市级公共设施比较集中、人群流动频繁的公共活动地段。

4.4.14 副中心 sub-civic center
城市中为分散市中心活动强度的、辅助性的次于市中心的市级公共活动中心。

4.5 居住区规划

4.5.1 居住区规划 residential district planning
对城市居住区的住宅、公共设施、公共绿地、室外环境、道路交通和市政公用设施所进行的综合性具体安排。

4.5.2 居住小区 residential quarter
城市中由居住区级道路或自然分界线所围合，以居民基本生活活动不穿越城市主要交通线为原则，并设有与其居住人口规模相应的、满足该区居民基本的物质与文化生活所需的公共服务设施的居住生活聚居地区。

4.5.3 居住组团 housing cluster
城市中一般被小区道路分隔，设有与其居住人口规模相应的、居民所需的基层公共服务设施的居住生活聚居地。

4.6 城市道路交通

4.6.1 城市交通 urban transportation
城市范围内采用各种运输方式运送人和货物的运输活动，以及行人的流动。

4.6.2 城市对外交通 intercity transportation
城市与城市范围以外地区之间采用各种运输方式运送旅客和货物的运输活动。

4.6.3 城市交通预测 urban transportation forecast
根据规划期末城市的人口和用地规模、土地使用状况和社会、经济发展水平等因素，对客、货运输的发展趋势、交通方式的构成、道路的交通量等进行定性和定量的分析估算。

4.6.4 城市道路系统 urban road system
城市范围内由不同功能、等级、区位的道路，以及不同形式的交叉口和停车场设施，以一定方式组成的有机整体。

4.6.5 城市道路网 urban road network
城市范围内由不同功能、等级、区位的道路，以一定的密度和适当的形式组成的网络结构。

4.6.6 快速路 express way
城市道路中设有中央分隔带，具有四条以上机动车道，全部或部分采用立体交叉与控制出入，供汽车以较高速度行驶的道路。又称汽车专用道。

4.6.7 城市道路网密度 density of urban road network
城市建成区或城市某一地区内平均每平方公里城市用地上拥有的道路长度。

4.6.8 大运量快速交通 mass rapid transit
城市地区采用地面、地下或高架交通设施，以机动车辆大量、快速、便捷运送旅客的公共交通运输系统。

4.6.9 步行街 pedestrian street
专供步行者使用，禁止通行车辆或只准通行特种车辆的道路。

4.7 城市给水工程

4.7.1 城市给水 water supply
由城市给水系统对城市生产、生活、消防和市政管理等所需用水进行供给的给水方式。

4.7.2 城市用水 water consumption
城市生产、生活、消防和市政管理等活动所需用水的统称。

4.7.3 城市给水工程 water supply engineering
为城市提供生产、生活等用水而兴建的，包括原水的取集、处理以及成品水输配等各项工程设施。

4.7.4 给水水源 water sources
给水工程取用的原水水体。

4.7.5 水源选择 water sources selection
根据城市用水需求和给水工程设计规范，对给水水源的位置、水量、水质及给水工程设施建设的技术经济条件等进行综合评价，并对不同水源方案进行比较，作出方案选择。

4.7.6 水源保护 protection of water sources
保护城市给水水源不受污染的各种措施。

4.7.7 城市给水系统 water supply system
城市给水的取水、水质处理、输水和配水等工程设施以一定方式组成的总体。

4.8 城市排水工程

4.8.1 城市排水 sewerage
由城市排水系统收集、输送、处理和排放城市污水和雨水的排水方式。

4.8.2 城市污水 sewage
排入城市排水系统中的生活污水、生产废水、生产污水和径流污水的统称。

4.8.3 生活污水 domestic sewage
居民在工作和生活中排出的受一定污染的水。

4.8.4 生产废水 industrial wastewater

生产过程中排出的未受污染或受轻微污染以及水温稍有升高的水。

4.8.5 生产污水 polluted industrial wastewater

生产过程中排出的被污染的水，以及排放后造成热污染的水。

4.8.6 城市排水系统 sewerage system

城市污水和雨水的收集、输送、处理和排放等工程设施以一定方式组成的总体。

4.8.7 分流制 separate system

用不同管渠分别收集和输送城市污水和雨水的排水方式。

4.8.8 合流制 combined system

用同一管渠收集和输送城市污水和雨水的排水方式。

4.8.9 城市排水工程 sewerage engineering

为收集、输送、处理和排放城市污水和雨水而兴建的各种工程设施。

4.8.10 污水处理 sewage treatment，wastewater treatment

为使污水达到排入某一水体或再次使用的水质要求而进行净化的过程。

4.9 城市电力工程

4.9.1 城市供电电源 power source

为城市各种用户提供电能的城市发电厂，或从区域性电力系统接受电能的电源变电站（所）。

4.9.2 城市用电负荷 electrical load

城市市域或局部地区内，所在用户在某一时刻实际耗用

的有功功率。

4.9.3 高压线走廊 high tension corridor

高压架空输电线路行经的专用通道。

4.9.4 城市供电系统 power supply system

由城市供电电源，输配电网和电能用户组成的总体。

4.10 城市通信工程

4.10.1 城市通信 communication

城市范围内、城市与城市之间、城乡之间各种信息的传输和交换。

4.10.2 城市通信系统 communication system

城市范围内、城市与城市之间、城乡之间信息的各个传输交换系统的工程设施组成的总体。

4.11 城市供热工程

4.11.1 城市集中供热 district heating

利用集中热源，通过供热管网等设施向热能用户供应生产或生活用热能的供热方式。又称区域供热。

4.11.2 城市供热系统 district heating system

由集中热源、供热管网等设施和热能用户使用设施组成的总体。

4.12 城市燃气工程

4.12.1 城市燃气 gas

供城市生产和生活作燃料使用的天然气、人工煤气和液化石油气等气体能源的统称。

4.12.2 城市燃气供应系统 gas supply system

由城市燃气供应源、燃气输配设施和用户使用设施组成的总体。

4.13 城市绿地系统

4.13.1 城市绿化 urban afforestation

城市中栽种植物和利用自然条件以改善城市生态、保护环境，为居民提供游憩场地，和美化城市景观的活动。

4.13.2 城市绿地系统 urban green space system

城市中各种类型和规模的绿化用地组成的整体。

4.13.3 公共绿地 public green space

城市中向公众开放的绿化用地，包括其范围内的水域。

4.13.4 公园 park

城市中具有一定的用地范围和良好的绿化及一定服务设施，供群众游憩的公共绿地。

4.13.5 绿带 green belt

在城市组团之间、城市周围或相邻城市之间设置的用以控制城市扩展的绿色开敞空间。

4.13.6 专用绿地 specified green space

城市中行政、经济、文化、教育、卫生、体育、科研、设计等机构或设施，以及工厂和部队驻地范围内的绿化用地。

4.13.7 防护绿地 green buffer

城市中用于具有卫生、隔离和安全防护功能的林带及绿化用地。

4.14 城市环境保护

4.14.1 城市生态系统 city ecosystem

在城市范围内，由生物群落及其生存环境共同组成的动态系统。

4.14.2 城市生态平衡 balance of city ecosystem

在城市范围内生态系统发展到一定阶段，其构成要素之间的相互关系所保持的一种相对稳定的状态。

4.14.3 城市环境污染 city environmental pollution

在城市范围内，由于人类活动造成的水污染、大气污染、固体废弃物污染、噪声污染、热污染和放射污染等的总称。

4.14.4 城市环境质量 city environmental quality

在城市范围内，环境的总体或环境的某些要素（如大气、水体等），对人群的生存和繁衍以及经济、社会发展的适宜程度。

4.14.5 城市环境质量评价 city environmental quality assessment

根据国家为保护人群健康和生存环境，对污染物（或有害因素）容许含量（或要求）所作的规定，按一定的方法对城市的环境质量所进行的评定、说明和预测。

4.14.6 城市环境保护 city environmental protection

在城市范围内，采取行政的、法律的、经济的、科学技术的措施，以求合理利用自然资源，防治环境污染，以保持城市生态平衡，保障城市居民的生存和繁衍以及经济、社会发展具有适宜的环境。

4.15 城市历史文化地区保护

4.15.1 历史文化名城 historic city

经国务院或省级人民政府核定公布的，保存文物特别丰富、具有重大历史价值和革命意义的城市。

4.15.2　历史地段　historic site

城市中文物古迹比较集中连片，或能完整地体现一定历史时期的传统风貌和民族地方特色的街区或地段。

4.15.3　历史文化保护区　conservation districts of historic sites

经县级以上人民政府核定公布的，应予以重点保护的历史地段。

4.15.4　历史地段保护　conservation of historic sites

对城市中历史地段及其环境的鉴定、保存、维护、整治以及必要的修复和复原的活动。

4.15.5　历史文化名城保护规划　conservation plan of historic cities

以确定历史文化名城保护的原则、内容和重点，划定保护范围，提出保护措施为主要内容的规划。

4.16　城市防灾

4.16.1　城市防灾　urban disaster prevention

为抵御和减轻各种自然灾害和人为灾害及由此而引起的次生灾害，对城市居民生命财产和各项工程设施造成危害和损失所采取的各种预防措施。

4.16.2　城市防洪　urban flood control

为抵御和减轻洪水对城市造成灾害而采取的各种工程和非工程预防措施。

4.16.3　城市防洪标准　flood control standard

根据城市的重要程度、所在地域的洪灾类型，以及历史性洪水灾害等因素，而制定的城市防洪的设防标准。

4.16.4　城市防洪工程　flood control works

为抵御和减轻洪水对城市造成灾害性损失而兴建的各种工程设施。

4.16.5　城市防震　earthquake hazard protection

为抵御和减轻地震灾害及由此而引起的次生灾害，而采取的各种预防措施。

4.16.6　城市消防　urban fire control

为预防和减轻因火灾对城市造成损失而采取的各种预防和减灾措施。

4.16.7　城市防空　urban air defense

为防御和减轻城市因遭受常规武器、核武器、化学武器和细菌武器等空袭而造成危害和损失所采取的各种防御和减灾措施。

4.17　竖向规划和工程管线综合

4.17.1　竖向规划　vertical planning

城市开发建设地区（或地段）为满足道路交通、地面排水、建筑布置和城市景观等方面的综合要求，对自然地形进行利用、改造，确定坡度、控制高程和平衡土方等而进行的规划设计。

4.17.2　城市工程管线综合　integrated design for utilities pipelines

统筹安排城市建设地区各类工程管线的空间位置，综合协调工程管线之间以及与城市其它各项工程之间的矛盾所进行的规划设计。

5 城市规划管理

5.0.1 城市规划法规 legislation on urban planning
按照国家立法程序所制定的关于城市规划编制、审批和实施管理的法律、行政法规、部门规章、地方法规和地方规章的总称。

5.0.2 规划审批程序 procedure for approval of urban plan
对已编制完成的城市规划，依据城市规划法规所实行的分级审批过程和要求。

5.0.3 城市规划用地管理 urban planning land use administration
根据城市规划法规和批准的城市规划，对城市规划区内建设项目用地的选址、定点和范围的划定，总平面审查，核发建设用地规划许可证等各项管理工作的总称。

5.0.4 选址意见书 permission notes for location
城市规划行政主管部门依法核发的有关建设项目的选址和布局的法律凭证。

5.0.5 建设用地规划许可证 land use permit
经城市规划行政主管部门依法确认其建设项目位置和用地范围的法律凭证。

5.0.6 城市规划建设管理 urban planning and development control
根据城市规划法规和批准的城市规划，对城市规划区内的各项建设活动所实行的审查、监督检查以及违法建设行为的查处等各项管理工作的统称。

5.0.7 建设工程规划许可证 building permit
城市规划行政主管部门依法核发的有关建设工程的法律凭证。

5.0.8 建筑面积密度 total floor space per hectare plot
每公顷建筑用地上容纳的建筑物的总建筑面积。

5.0.9 容积率 plot ratio, floor area ratio
一定地块内，总建筑面积与建筑用地面积的比值。

5.0.10 建筑密度 building density, building coverage
一定地块内所有建筑物的基底总面积占用地面积的比例。

5.0.11 道路红线 boundary lines of roads
规划的城市道路路幅的边界线。

5.0.12 建筑红线 building line
城市道路两侧控制沿街建筑物或构筑物（如外墙、台阶等）靠临街面的界线。又称建筑控制线。

5.0.13 人口毛密度 residential density
单位居住用地上居住的人口数量。

5.0.14 人口净密度 net residential density
单位住宅用地上居住的人口数量。

5.0.15 建筑间距 building interval
两栋建筑物或构筑物外墙之间的水平距离。

5.0.16 日照标准 insolation standard
根据各地区的气候条件和居住卫生要求确定的，居住建筑正面向阳房间在规定的日照标准日获得的日照量，是编制居住区规划确定居住建筑间距的主要依据。

5.0.17 城市道路面积率 urban road area ratio

城市一定地区内，城市道路用地总面积占该地区总面积的比例。

5.0.18 绿地率 greening rate

城市一定地区内各类绿化用地总面积占该地区总面积的比例。

附录 汉语拼音对照索引

B

| bao liu di | 保留地 | 4.3.12 |
| bu xing jie | 步行街 | 4.6.9 |

C

cang chu qu	仓储区	4.4.10
cang chu yong di	仓储用地	4.3.5
cheng shi	城市	2.0.2
cheng shi bu ju	城市布局	4.4.1
cheng shi dao lu mian ji lü	城市道路面积率	5.0.17
cheng shi dao lu wang	城市道路网	4.6.5
cheng shi dao lu wang mi du	城市道路网密度	4.6.7
cheng shi dao lu xi tong	城市道路系统	4.6.4
cheng shi dui wai jiao tong	城市对外交通	4.6.2
cheng shi fa zhan fang xiang	城市发展方向	4.1.5
cheng shi fa zhan mu biao	城市发展目标	4.1.6
cheng shi fa zhan zhan lue	城市发展战略	4.1.1
cheng shi fang hong	城市防洪	4.16.2
cheng shi fang hong biao zhun	城市防洪标准	4.16.3
cheng shi fang hong gong cheng	城市防洪工程	4.16.4
cheng shi fang kong	城市防空	4.16.7
cheng shi fang zai	城市防灾	4.16.1

cheng shi fang zhen	城市防震	4.16.5	cheng shi jiao tong yu ce	城市交通预测	4.6.3
cheng shi gong cheng guan xian zong he	城市工程管线综合	4.17.2	cheng shi jie gou	城市结构	4.4.1
cheng shi gong dian dian yuan	城市供电电源	4.9.1	cheng shi lü di xi tong	城市绿地系统	4.13.2
cheng shi gong dian xi tong	城市供电系统	4.9.4	cheng shi lü hua	城市绿化	4.13.1
cheng shi gong neng fen qu	城市功能分区	4.4.4	cheng shi pai shui	城市排水	4.8.1
cheng shi gong re xi tong	城市供热系统	4.11.2	cheng shi pai shui gong cheng	城市排水工程	4.8.9
cheng shi gui hua	城市规划	3.0.2	cheng shi pai shui xi tong	城市排水系统	4.8.6
cheng shi gui hua fa gui	城市规划法规	5.0.1	cheng shi qun	城市群	2.0.8
cheng shi gui hua guan li	城市规划管理	3.0.16	cheng shi ran qi	城市燃气	4.12.1
cheng shi gui hua jian she guan li	城市规划建设管理	5.0.6	cheng shi ran qi gong ying xi tong	城市燃气供应系统	4.12.2
cheng shi gui hua qu	城市规划区	3.0.5	cheng shi ren kou ji xie zeng zhang lü	城市人口机械增长率	4.2.6
cheng shi gui hua yong di guan li	城市规划用地管理	5.0.3	cheng shi ren kou jie gou	城市人口结构	4.2.1
cheng shi gui mo	城市规模	4.1.4	cheng shi ren kou nian ling gou cheng	城市人口年龄构成	4.2.2
cheng shi hua	城市化	2.0.6			
cheng shi hua shui ping	城市化水平	2.0.7	cheng shi ren kou yu ce	城市人口预测	4.2.7
cheng shi huan jing bao hu	城市环境保护	4.14.6	cheng shi ren kou zeng zhang	城市人口增长	4.2.3
cheng shi huan jing wu ran	城市环境污染	4.14.3	cheng shi ren kou zeng zhang lü	城市人口增长率	4.2.4
cheng shi huan jing zhi liang	城市环境质量	4.14.4	cheng shi ren kou zi ran zeng zhang lü	城市人口自然增长率	4.2.5
cheng shi huan jing zhi liang ping jia	城市环境质量评价	4.14.5			
cheng shi ji chu she shi	城市基础设施	3.0.9	cheng shi she ji	城市设计	3.0.3
cheng shi ji shui	城市给水	4.7.1	cheng shi sheng tai ping heng	城市生态平衡	4.14.2
cheng shi ji shui gong cheng	城市给水工程	4.7.3	cheng shi sheng tai xi tong	城市生态系统	4.14.1
cheng shi ji shui xi tong	城市给水系统	4.7.7	cheng shi tong xin	城市通信	4.10.1
cheng shi ji zhong gong re	城市集中供热	4.11.1	cheng shi tong xin xi tong	城市通信系统	4.10.2
cheng shi jian cheng qu	城市建成区	3.0.6	cheng shi wu shui	城市污水	4.8.2
cheng shi jiao tong	城市交通	4.6.1	cheng shi xiang xi gui hua	城市详细规划	3.0.13

4—15

cheng shi xiao fang	城市消防	4.16.6	fu zhong xin	副中心	4.4.14
cheng shi xing tai	城市形态	4.4.3			
cheng shi xing zhi	城市性质	4.1.3	**G**		
cheng shi yong di	城市用地	4.3.1	gao ya xian zou lang	高压线走廊	4.9.3
cheng shi yong di ping heng	城市用地平衡	4.3.14	gong gong lü di	公共绿地	4.13.3
cheng shi yong di ping jia	城市用地评价	4.3.13	gong gong she shi yong di	公共设施用地	4.3.3
cheng shi yong dian fu he	城市用电负荷	4.9.2	gong ye qu	工业区	4.4.5
cheng shi yong shui	城市用水	4.7.2	gong ye yong di	工业用地	4.3.4
cheng shi zhi neng	城市职能	4.1.2	gong yuan	公园	4.13.4
cheng shi zong ti gui hua	城市总体规划	3.0.10	gui hua shen pi cheng xu	规划审批程序	5.0.2
cheng shi zong ti gui hua gang yao	城市总体规划纲要	3.0.4			
cheng zhen ti xi	城镇体系	2.0.10	**H**		
cheng zhen ti xi gui hua	城镇体系规划	3.0.1	he liu zhi	合流制	4.8.8

D

			J		
da cheng shi lian mian qu	大城市连绵区	2.0.9	ji shui shui yuan	给水水源	4.7.4
da yun liang kuai su jiao tong	大运量快速交通	4.6.8	jian she gong cheng gui hua xu ke zheng	建设工程规划许可证	5.0.7
dao lu guang chang yong di	道路广场用地	4.3.7			
dao lu hong xian	道路红线	5.0.11	jian she yong di gui hua xu ke zheng	建设用地规划许可证	5.0.5
dui wai jiao tong yong di	对外交通用地	4.3.6	jian zhu hong xian	建筑红线	5.0.12
			jian zhu jian ju	建筑间距	5.0.15
F			jian zhu mi du	建筑密度	5.0.10
			jian zhu mian ji mi du	建筑面积密度	5.0.8
fang hu lü di	防护绿地	4.13.7	jin qi jian she gui hua	近期建设规划	3.0.12
fen liu zhi	分流制	4.8.7	jiu cheng gai jian	旧城改建	3.0.8
fen qu gui hua	分区规划	3.0.11	ju min dian	居民点	2.0.1
feng jing qu	风景区	4.4.12	ju zhu qu	居住区	4.4.6

ju zhu qu gui hua	居住区规划	4.5.1
ju zhu xiao qu	居住小区	4.5.2
ju zhu yong di	居住用地	4.3.2
ju zhu zu tuan	居住组团	4.5.3

K

kai fa qu	开发区	3.0.7
kong zhi xing xiang xi gui hua	控制性详细规划	3.0.14
kuai su lu	快速路	4.6.6

L

li shi di duan	历史地段	4.15.2
li shi di duan bao hu	历史地段保护	4.15.4
li shi wen hua bao hu qu	历史文化保护区	4.15.3
li shi wen hua ming cheng	历史文化名城	4.15.1
li shi wen hua ming cheng bao hu gui hua	历史文化名城保护规划	4.15.5
lü dai	绿带	4.13.5
lü di	绿地	4.3.9
lü di lü	绿地率	5.0.18

R

ren kou jing mi du	人口净密度	5.0.14
ren kou mao mi du	人口毛密度	5.0.13
ri zhao biao zhun	日照标准	5.0.16
rong ji lü	容积率	5.0.9

S

shang ye qu	商业区	4.4.7
sheng chan fei shui	生产废水	4.8.4
sheng chan wu shui	生产污水	4.8.5
sheng huo wu shui	生活污水	4.8.3
shi	市	2.0.3
shi yu	市域	2.0.5
shi zheng gong yong she shi yong di	市政公用设施用地	4.3.8
shi zhong xin	市中心	4.4.13
shu xiang gui hua	竖向规划	4.17.1
shui yu he qi ta yong di	水域和其它用地	4.3.11
shui yuan bao hu	水源保护	4.7.6
shui yuan xuan ze	水源选择	4.7.5

T

te shu yong di	特殊用地	4.3.10

W

wei xing cheng zhen	卫星城镇	2.0.11
wen jiao qu	文教区	4.4.8
wu shui chu li	污水处理	4.8.10

X

xiu jian xing xiang xi gui hua	修建性详细规划	3.0.15
xuan zhi yi jian shu	选址意见书	5.0.4

Z

zhen	镇	2.0.4
zhong xin shang wu qu	中心商务区	4.4.9
zhuan yong lü di	专用绿地	4.13.6
zong he qu	综合区	4.4.11

附加说明

本标准主编单位、参编单位和主要起草人名单

主 编 单 位：中国城市规划设计研究院
参 编 单 位：建设部体改法规司
主要起草人：石成球　余庆康　陈为邦

中华人民共和国国家标准

城市规划基本术语标准
GB/T 50280—98

条文说明

前言

根据国家计委计综合［1992］490号文的要求，《城市规划基本术语标准》由建设部中国城市规划设计研究院负责主编，建设部体改法规司参加编制。经建设部1998年8月13日以建标［1998］1号文批准发布。

为便于广大城市规划的设计、管理、教学、科研等有关单位人员在使用本标准时能正确理解和执行本标准，《城市规划基本术语标准》编制组根据国家计委关于编制标准、规范条文说明的统一要求，按《城市规划基本术语标准》的章、节、条的顺序，编制了条文说明，供国内有关部门和单位参考。在使用中如发现有不够完善之处，请将意见函寄我部中国城市规划设计研究院城市规划标准技术归口办公室，以供今后修改时参考。

通信地址：北京三里河路9号，邮政编码：100037。

本条文说明仅供有关部门和单位执行本标准时使用，不得翻印。

中华人民共和国建设部
1998年8月

目 次

2 城市和城市化 …………………… 4—20

3 城市规划概述 …………………… 4—21

4 城市规划编制 …………………… 4—23

   4.2 城市人口 …………………… 4—23

   4.3 城市用地 …………………… 4—24

   4.4 城市总体布局 ……………… 4—25

   4.6 城市道路交通 ……………… 4—25

   4.7 城市给水工程 ……………… 4—26

   4.8 城市排水工程 ……………… 4—26

   4.11 城市供热工程 ……………… 4—26

   4.13 城市绿地系统 ……………… 4—26

   4.14 城市环境保护 ……………… 4—27

   4.15 城市历史文化地区保护 …… 4—27

   4.16 城市防灾 …………………… 4—27

   4.17 竖向规划和工程管线综合 … 4—27

5 城市规划管理 …………………… 4—28

2 城市和城市化

2.0.1 居民点

我国的居民点分为城市和乡村两大类，城市又分为市和建制镇，县城均设建制镇；乡村分为集镇和村庄，集镇是乡人民政府所在地。

2.0.2 城市

城市是一定地区的经济、政治和文化中心。城市的行政概念，在我国是指按国家行政建制设立的直辖市、市和建制镇。国家要求县人民政府所在地的县城均设建制镇。

2.0.3 市

在我国的行政区划中，市是经国务院批准建制的行政地域，是中央直辖市、省辖市和地辖市的统称。市按人口规模又分为大城市、中等城市和小城市。

2.0.4 镇

在我国的行政区划中，镇是建制镇的简称。我国的镇包括县人民政府所在地的建制镇和县以下的建制镇。

2.0.5 市域

在我国现行行政区划中，实行市领导县（又称市带县）的市，其市域包含所领导县的全部行政管辖范围。实行县改市的市，其市含原县的全部行政管辖范围。

2.0.12 卫星城镇

卫星城镇是城市发展过程中的一种城市类型。兴建卫星城镇的目的在于防止大城市市区人口规模的过度膨胀，旨在吸引大城市市区人口前往居住，并吸引从外地准备进入大城市市区的人口。

3 城市规划概述

3.0.1 城镇体系规划

根据建设部颁布的《城市规划编制办法》，在城市总体规划纲要阶段，即应原则确定市（县）域城镇体系的结构和布局。市域和县域城镇体系规划的内容包括：分析区域发展条件和制约因素，提出区域城镇发展战略，确定资源开发、产业配置和保护生态环境、历史文化遗产的综合目标；预测区域城镇化水平，调整现有城镇体系的规模结构、职能分工和空间布局，确定重点发展的城镇；原则确定区域交通、通信、能源、供水、排水、防洪等设施的布局；提出实施规划的措施和有关技术经济政策的建议。

3.0.2 城市规划

从学科上讲，城市规划是一门综合性学科，它涉及社会学、建筑学、地理学、经济学、工程学、环境科学、美学等多种学科。从行政上讲，城市规划是政府的一项重要职责和重要工作。

在50年代，称城市规划是国民经济计划的继续和具体化。到了80年代初，称城市规划是一定时期内城市发展的计划和各项建设的综合部署。随着改革的深入发展，大家普遍认为，城市规划不应该只是编制物质环境规划，而应该包括城市的经济和社会发展的设想、土地利用、空间布局及工程建设的综合性规划。

编制城市规划一般分总体规划和详细规划两个阶段进

行。

从制定到贯彻，城市规划应经过编制、审批和实施管理的步骤。当发现城市规划与城市经济和社会发展需要有较大的不适应时，可经法定手续，对城市总体规划进行局部调整甚至作某些重大变更。

3.0.3　城市设计

城市设计所涉及的城市体型和空间环境，是城市设计要考虑的基本要素，即由建筑物、道路、绿地、自然地形等构成的基本物质要素，以及由基本物质要素所组成的相互联系的、有序的城市空间和城市整体形象，如从小尺度的亲切的庭院空间、宏伟的城市广场，直到整个城市存在于自然空间的形象。

城市设计的目的，在于提高城市的环境质量、城市景观和城市整体形象的艺术水平，创造和谐宜人的生活环境。

城市设计应该贯穿于城市规划的全过程。

3.0.4　城市总体规划纲要

按照建设部颁发的《城市规划编制办法》第12条，城市总体规划纲要应当包括下列内容：

（一）论证城市国民经济和社会发展条件，原则确定规划期内城市发展目标。

（二）论证城市在区域发展中的地位，原则确定市（县）域城镇体系的结构与布局。

（三）原则确定城市性质、规模、总体布局，选择城市发展用地，提出城市规划区范围的初步意见。

（四）研究确定城市能源、交通、供水等城市基础设施开发建设的重大原则问题，以及实施城市规划的重要措施。

3.0.6　城市建成区

城市建成区在单核心城市和一城多镇有不同的反映。在单核心城市，建成区是一个实际开发建设起来的集中连片的、市政公用设施和公共设施基本具备的地区，以及分散的若干个已经成片开发建设起来，市政公用设施和公共设施基本具备的地区。对一城多镇来说，建成区就由几个连片开发建设起来的，市政公用设施和公共设施基本具备的地区所组成。如连云港市和淄博市。

3.0.7　开发区

根据中华人民共和国建设部令第43号，《开发区规划管理办法》的规定，开发区是指由国务院和省、自治区、直辖市人民政府批准，在城市规划区内设立的经济技术开发区、保税区、高新技术产业开发区、国家旅游度假区等实行国家特定优惠政策的各类开发建设地区。

3.0.9　城市基础设施

城市基础设施分为工程性基础设施和社会性基础设施两类。工程性基础设施一般指能源供应、给水排水、交通运输、邮电通信、环境保护、防灾安全等工程设施。社会性基础设施则指文化教育、医疗卫生等设施。我国一般讲城市基础设施多指工程性基础设施。

3.0.10　城市总体规划

城市总体规划的主要任务是：综合研究和确定城市性质、规模和空间发展形态，统筹安排城市各项建设用地，合理配置城市各项基础设施，处理好远期发展和近期建设的关系，指导城市合理发展。规划期限一般为20年。

3.0.14　控制性详细规划

根据建设部颁发的《城市规划编制办法》第23条，控制性详细规划应包括下列内容：

（一）详细规定所规划范围内各类不同使用性质用地的界限，规定各类用地内适建、不适建或者有条件地允许建设的建筑类型。

（二）规定各地块建筑高度、建筑密度、容积率、绿地率等控制指标；规定交通出入口方位、停车泊位、建筑后退红线距离、建筑间距等要求。

（三）提出各地块的建筑体量、体型、色彩等要求。

（四）确定各级支路的红线位置、控制点坐标和标高。

（五）根据规划容量，确定工程管线的走向、管径和工程设施的用地界线。

（六）制定相应的土地使用与建筑管理规定。

3.0.16 城市规划管理

城市规划管理包括城市规划编制管理、城市规划审批管理和城市规划实施管理。城市规划编制管理主要是组织城市规划的编制，征求并综合协调各方面的意见，规划成果的质量把关、申报和管理。城市规划审批管理主要是对城市规划文件实行分级审批制度。城市规划实施管理主要包括建设用地规划管理、建设工程规划管理和规划实施的监督检查管理等。

4 城市规划编制

4.2 城市人口

4.2.3 城市人口增长

根据城市人口增长的绝对数量，城市人口增长可以分为人口净增长，人口零增长和人口负增长三种状况。

4.2.4 城市人口增长率

城市人口增长率是反映城市人口增减速度的指标，其计算公式为：

$$城市人口增长率 = \frac{本年城市人口增长绝对数}{年平均城市总人口数} \times 1000(‰)$$

4.2.5 城市人口自然增长率

城市人口自然增长率是反映城市人口自然增减变化的基本指标，其计算公式为：

$$城市人口自然增长率 = \frac{本年城市出生人口数 - 本年城市死亡人口数}{年平均城市总人口数} \times 1000(‰)$$

4.2.6 城市人口机械增长率

城市人口机械增长率是反映城市人口因迁入和迁出等社会因素引起人口增减变化的指标，其计算公式为：

$$城市人口机械增长率 = \frac{本年城市迁入人口数 - 本年城市迁出人口数}{年平均城市总人口数} \times 1000(‰)$$

4.3 城 市 用 地

4.3.2 居住用地

依据国标《城市用地分类与规划建设用地标准》(GBJ137—90)的规定，本条文释义适用于编制城市总体规划。在编制居住区规划时，仍可按居住区、居住小区、居住组团三级配套，即住宅用地及其配套设施的用地。

4.3.3 公共设施用地

按国标 GBJ137—90 第 2.0.5 条的规定，公共设施用地不包括居住用地中的公共服务设施用地。

4.3.4 工业用地

按国标 GBJ137—90 第 2.0.5 条的规定，工业用地不包括露天矿用地，该用地应归入"水域和其它用地（代号 E)"。

4.3.7 道路广场用地

按国标 GBJ137—90 第 2.0.5 条的规定，道路广场用地包括道路用地、广场用地及公共停车场用地。

道路用地指主干路、次干路和支路用地，包括其交叉路口用地；不包括居住用地、工业用地等内部的道路用地。除主次干路和支路外的道路用地，如步行街、自行车专用道等用地，列为"其它道路用地"。

广场用地指公共活动广场用地、不包括单位内的广场用地。

公共停车场库用地是指供社会（包括公用车辆和私人车辆）公共使用的停车场和停车库用地，不包括其它各类用地配建的停车场库用地。

4.3.8 市政公用设施用地

根据国标 GBJ137—90 条第 2.0.5 条的规定，市政公用设施用地包括供应设施用地（供水、供电、供燃气和供热等设施用地，但供电用地中不包括应归入工业用地的电厂用地，关于高压线走廊下规定的控制范围内的用地，则应按其地面实际用途归类)，交通设施用地（公共交通和货运交通等设施用地)，邮电设施用地（邮政、电信和电话等设施用地)，环境卫生设施用地（雨水、污水处理和粪便垃圾处理用地)，施工与维修设施用地，殡葬设施用地及其它市政公用设施如消防、防洪等设施用地。

4.3.9 绿地

绿地包括公共绿地和生产防护绿地，不包括专用绿地、园地和林地。

4.3.10 特殊用地

特殊用地中的军事用地，指直接用于军事目的之军事设施用地，如指挥机关、营区、训练场、试验场、军用机场、港口、码头、军用洞库、仓库、军用通信、侦察、导航、观测台站等用地，不包括部队家属生活区等用地。

特殊用地中的外事用地，指外国驻华使馆、领事馆及其生活设施等用地。

保安用地指监狱、拘留所、劳改场所和安全保卫部门等用地。不包括公安局和公安分局，该用地应归入公共设施用地（根据国标 GBJ137—90 第 2.0.5 条)。

4.3.13 城市用地评价

城市用地评价中的工程评估，系对可能作为城市建设用地的自然条件的工程评估，通常根据地下水位的深度、洪水淹没范围、地基承载力、地形坡度等自然条件，评估用地适于建设的优劣程度，一般分为三级：一级指适宜于进行城市建设的用地；二级指需采取一定工程措施后方宜建设的用地；三级是不适于建设的用地。

4.4 城市总体布局

4.4.1 城市结构

城市结构包括城市的人口结构、社区结构、产业结构、用地结构、路网结构等等，它具有相对的稳定性。

4.4.2 城市布局

城市布局指城市物质环境的空间安排，如城市功能分区、各区与自然环境（山、河湖、绿化系统）的关系，以及主要交通枢纽、道路网络与城市用地的关系等。

4.4.4 城市功能分区

城市功能分区的目的是为了保证城市各项活动的正常进行，使各功能区既保持相互联系，又避免相互干扰。60年代以来，城市功能分区的理论和实践有了新发展，如英国1970年开始建造的米尔顿·凯恩斯新城，不设置过分集中的工业区，而形成包括工厂、行政、经济和文化管理机构等布置在居住地段附近的综合居住区，力求做到就业与居住就地平衡。1977年在秘鲁签署的《马丘比丘宪章》，强调要努力创造综合的、多功能的环境，主张不要过分追求严格的功能分区。

4.4.9 中心商务区

中心商务区（CBD）的概念是本世纪 20 年代由美国人伯吉斯提出的，其含义是：CBD包括有百货公司和其它商店、办公机构、娱乐场所、公共建筑等设施的城市的核心部分。近年来随着世界产业结构的发展而越来越成为城市综合性经济活动的中枢，如美国纽约的华尔街地区、我国上海的外滩与规划建设中的浦东新区陆家嘴地区，其功能主要转化为：城市中的商务谈判场所、金融、贸易、信息、展览、会议、经营管理、旅游、公寓、商业、文化、康乐等，并配以现代化的通信网络与交通设施。

4.6 城市道路交通

4.6.4 城市道路系统

城市道路系统中不同功能、等级、区位的道路是指：按功能不同划分为交通性道路和生活性道路等；按等级不同划分为快速路、主干路、次干路和支路等；按区位不同，有大、中城市重要货源点与集散点之间的便捷的货运道路，有市区边缘设置的过境货运专用车道，以及商业步行区内的步行道路等。

4.6.6 快速路

根据城市道路交通设计规范的规定，快速路的机动车道的设计行车速度为 60~80km/h，快速路双向车行道之间应设中间分隔带。

4.6.7 城市道路网密度

城市道路网密度以 km/km^2 表示。依道路网内的道路中心线计算其长度，依道路网所服务的用地范围计算其面积。城市道路网内的道路指主干路、次干路和支路，不包括居住区内的道路。

4.6.8 大运量快速交通

大运量指客运量大，理论研究表明，设计合理的且运行控制有效的公共汽车专用道上公共汽车的运行速度在 16~22km/h 范围内，客流量能达到单向 2.5 万人次/h。这种大运量快速交通除了采用公共汽车外，还可以采用轻轨或地铁。

4.6.9 步行街

各城市对步行街的管理一般分两种情况：全天供步行者通行或在限定时间内（例如每天上午 9 时至下午 7 时）通行；对于车辆的通行，一般在供步行者通行的时间内，禁止车辆通行，但准许送货车、清扫车和消防车等特种车辆通行，有的城市还准许固定线路的公共交通车辆的通行。在城市商业区的步行街，亦称为商业步行街。

4.7 城市给水工程

4.7.6 水源保护

对城市公共给水水源采取的保护措施包括：在水源周围建立水源保护区域（包括禁戒区和限制区）；对水源的水质动态进行监测，定期分析水质的变化情况等。

4.7.7 城市给水系统

城市给水系统通常对于一定规模的城镇来说，只设一个公共给水系统。由于用户对水压和水质的要求不尽相同，为了经济合理，也有采用两个或两个以上完全独立或管网独立的公共给水系统，分别称为"分区给水"或"分质给水"。

4.8 城市排水工程

4.8.2 城市污水

城市污水中的径流污水，是指雨雪淋洗城市大气污染物与冲洗建筑物、地面、废渣、垃圾而形成的污水，它具有季节变化和成分复杂的特点。

4.11 城市供热工程

4.11.1 城市集中供热

城市集中供热中的集中热源是指热电厂和区域锅炉房制备的热源，或某些工业生产的余热，或有可利用的地热。

4.13 城市绿地系统

4.13.2 城市绿地系统

城市绿地系统分布方式，一般要求均匀布置，结合各个城市的自然地形特点，采取点（指均匀分布的小块绿地）、线（指道路绿地、城市组团之间、城市之间和城乡之间的绿带等）、面（指公园、风景区绿地）相结合的方式把绿地连接起来，形成整体。

4.13.4 公园

公园是城市公共绿地的一种类型，也是城市绿地系统中的主要组成部分。对保护环境、调剂人们生活、美化城市都有积极作用。公园可分为城市公园和自然公园两大类，这里所说的公园是指城市公园，根据其规模和功能不同可分为：综合公园和专类公园（如动物园、植物园、儿童公园等）。自然公园通常是指国家公园等。

4.13.5 绿带

19 世纪末、20 世纪初，英国人埃比尼泽·霍华德在他的《明日的田园城市》一书中，倡导用逐步实现土地社区所有制，建设田园城市的方法，来建立城乡一体化的新社会。田园城市中运用了绿带的手法，但霍华德是引用了澳大利亚阿德莱德城的先例，他指出："阿德莱德城被'公园用地'所包围。城市已建成。它将怎样增长？它的增长是越过'公园用地'建设北阿德莱德。这就是要效法的原则，但在田园城市中有所改进。"

英国在1938年制定《绿带法》，用法律形式保护伦敦和附近各郡城市周围的大片地区，以限制城市用地的蔓延。

设有一定宽度的绿带，具有防止城市蔓延，保留城市未来发展用地，提供城市居民游憩环境，以及保护城市生态平衡等多种功能。

4.13.6 专用绿地

根据《城市用地分类与规划建设用地标准》（GBJ137—90）的条文说明，专用绿地不列入城市用地分类中的绿地类，而从属于各类用地之中。如工厂内的绿地从属于工业用地，大学校园内的绿地从属于高等院校用地等等。

4.14 城市环境保护

4.14.2 城市生态平衡

城市生态系统由4个部分构成：1.非生物的物质和能量，包括阳光、温度、空气、水分和矿物等；2.生产者，主要指绿色植物，能通过光合作用将无机物变为有机养料，将光能转变成储存于有机养料中的化学能；3.消费者，包括人和各种动物；4.分解者，主要指细菌等微生物。城市生态平衡系指城市范围内生态系统中的生产者、消费者和分解者之间的关系所保持的相对稳定状态。

4.15 城市历史文化地区保护

4.15.1 历史文化名城

至1994年，我国经国务院核定公布为历史文化名城的，共99个国家级历史文化名城：其中第一批最早列入保护名单的，有北京、苏州、杭州、广州、遵义、延安等24个城市；列入第二批保护名单的，有上海、武汉、天津、哈尔滨等38个城市；列入第三批保护名单的，有乐山、衢州等37个城市。目前我国的历史文化名城分为国家级与省级二级，评为国家级的历史文化名城，必须首先是经过省级人民政府批准的省级历史文化名城。

4.15.4 历史地段保护

条文中所说的"保存"，一般指重点文物保护单位应该根据有关法规和规划要求，不允许作任何改变（含改建和拆毁）。"保护"，一般指对传统街区和民居等的历史真迹和整体风貌的保护。"维护"，一般指重要的安全防护工作，如防火、防洪、防雪、防震等，不含建筑的具体维护和维修工作。

4.16 城市防灾

4.16.3 城市防洪标准

条文中所说的城市的重要程度是制定防洪标准的重要依据之一，城市的重要程度是指该城市在国家政治、经济中的地位。洪灾类型是按洪灾成因分为河洪、海潮、山洪和泥石流四种类型。城市防洪标准通常分为设计标准和校核标准。设计标准表示当发生设计洪水流量时，防洪工程可正常运行，防护对象（如城镇、厂矿、农田等）可以安全排洪。校核标准是在洪水流量大于一定的设计洪水流量时，防洪工程不会发生决堤、垮坝、倒闸和河道漫溢等问题。

4.17 竖向规划和工程管线综合

4.17.2 城市工程管线综合

城市工程管线综合所说的各类工程管线系指市政工程中的常规管线，即给水、排水、电力、电信、燃气、供热等工程管线。条文中所谓统筹安排，只指要采用城市统一坐标系统和标高系统，从总体上安排各类工程管线的空间位置，以免发生互不衔接和混乱的现象。所谓综合协调，就是要综合考虑地形、地质条件、城市道路走向，相邻工程管线平行时的水平距离和相互交叉时的垂直距离，工程管线与其他工程设施之间所要求的距离，城市设施的安全以及环境的美观等要求，协调解决工程管线之间以及与城市其他各项工程之间的矛盾，使其各得其所。

5 城市规划管理

5.0.2 规划审批程序

城市规划必须坚持分级审批制度，以保障城市规划的严肃性和权威性。城市总体规划纲要经城市人民政府审核同意。

关于城市总体规划的审批，《中华人民共和国城市规划法》规定：

直辖市的城市总体规划，由直辖市人民政府报国务院审批。

省和自治区人民政府所在地城市、城市人口在100万以上的城市及国务院指定的其他城市的总体规划，由省、自治区人民政府审查同意后，报国务院审批。

其他设市城市和县级人民政府所在地镇的总体规划，报省、自治区、直辖市人民政府审批，其中市管辖的县级人民政府所在地镇的总体规划，报市人民政府审批。

其他建制镇的总体规划，报县级人民政府审批。

城市人民政府和县级人民政府在向上级人民政府报请审批城市总体规划前，须经同级人民代表大会或者其常务委员会审查同意。

5.0.5 建设用地规划许可证

《中华人民共和国城市规划法》规定："建设单位或者个人在取得建设用地规划许可证后，方可向县级以上地方人民政府土地管理部门申请用地"（第31条），又规定："在城市规划区内，未取得建设用地规划许可证而取得建设用地批准文件、占用土地的，批准文件无效，占用的土地由县级以上人民政府责令退回"（第39条）。因此，核发建设用地规划许可证是城市规划法制管理的基本手段之一。

5.0.7 建设工程规划许可证

建设工程规划许可证是实施城市规划法制管理的又一基本手段。建设工程规划许可证的作用：一是确认城市中有关建设活动的合法地位，确保有关建设单位和个人的合法权益；二是作为建设活动进行过程中接受监督检查时的法定依据；三是作为城市建设档案的重要内容。

5.0.8 建筑面积密度

建筑面积密度是反映建筑用地使用强度的主要指标。计算建筑物的总建筑面积时，通常不包括±0以下地下建筑面积。建筑面积密度的表示公式为：

$$建筑面积密度 = \frac{总建筑面积}{建筑用地面积}(m^2/hm^2)$$

5.0.9 容积率

容积率是衡量建筑用地使用强度的一项重要指标。容积率的值是无量纲的比值，通常以地块面积为1，地块内建筑物的总建筑面积对地块面积的倍数，即为容积率的值。容积率以公式表示如下：

$$容积率 = \frac{总建筑面积}{建筑用地面积}$$

5.0.10 建筑密度

建筑密度是反映建筑用地经济性的主要指标之一。计算公式为：

$$建筑密度 = \frac{建筑基底总面积}{建筑用地总面积}$$

5.0.11 道路红线

规划的城市道路路幅的边界线反映了道路红线宽度，它的组成包括：通行机动车或非机动车和行人交通所需的道路宽度；敷设地下、地上工程管线和城市公用设施所需增加的宽度；种植行道树所需的宽度。

任何建筑物、构筑物不得越过道路红线。根据城市景观的要求，沿街建筑物可以从道路红线外侧退后建设。

5.0.14 人口净密度

人口净密度是居住区规划的重要经济技术指标之一，反映居住区住宅用地的使用强度，公式为：

$$人口净密度 = \frac{居住总人口}{住宅用地总面积}(人/hm^2)$$

5.0.15 建筑间距

建筑间距主要根据所在地区的日照、通风、采光、防止噪声和视线干扰、防火、防震、绿化、管线埋设、建筑布局形式，以及节约用地等要求，综合考虑确定。我国大部分地区的住宅布置，通常以满足日照要求作为确定建筑间距的主要依据；确定公共服务设施中的托儿所、幼儿园、医院病房等建筑的正面间距，也适用这一原则。

5.0.16 日照标准

日照标准中的日照量包括日照时间和日照质量两个标准。日照时间是以住宅向阳房间在规定的日照标准日受到的日照时数为计算标准。日照质量是指每小时室内地面和墙面阳光照射面积累计的大小以及阳光中紫外线的效用高低。1993年7月，我国国家技术监督局和建设部联合发布的《城市居住区规划设计规范》（GB50180—93）对住宅建筑日照标准已作了明确规定；其中，规定日照标准日采用冬至日和大寒日两级标准。

5.0.17 城市道路面积率

城市道路面积率是反映城市建成区内城市道路拥有量的重要经济技术指标。这里所说的城市道路系指城市主干路、次干路、支路，不包括居住区内的道路。建成区的城市道路面积率计算公式如下：

$$城市道路面积率 = \frac{建成区道路用地总面积}{城市建成区用地总面积}(\%)$$

也可以计算建成区内局部地区的城市道路面积率，公式为：

$$道路面积率 = \frac{道路用地总面积}{建设用地总面积}(\%)$$

5.0.18 绿地率

城市的总绿地率是指城市建成区内各类绿化用地总面积占城市建成区总面积的比例，这里所说的各类绿地必须符合国标《城市用地分类与规划建设用地标准》（GBJ137—90）的规定。也可计算建成区内一定地区的绿地率。如居住区用地范围内各类绿化用地总面积占居住区用地总面积的比例（%）。绿地率是反映城市绿化水平的基本指标之一。

中华人民共和国国家标准

城市给水工程规划规范

Code for Urban Water Supply
Engineering Planning

GB 50282—98

主编部门：中华人民共和国建设部
批准部门：中华人民共和国建设部
施行日期：１９９９年２月１日

关于发布国家标准《城市给水工程规划规范》的通知

建标 [1998] 14号

根据原国家计委计综合［1992］490号文附件二"1992年工程建设标准制订修订计划"的要求，由我部会同有关部门共同制订的《城市给水工程规划规范》，已经有关部门会审。现批准《城市给水工程规划规范》GB50282—98为强制性国家标准，自1999年2月1日起施行。

本规范由我部负责管理，由浙江省城乡规划设计研究院负责具体解释工作。本规范由建设部标准定额研究所组织中国建筑工业出版社出版发行。

中华人民共和国建设部
1998年8月20日

前 言

本规范是根据原国家计委计综合〔1992〕490 号文的要求，由建设部负责编制而成。经建设部 1998 年 8 月 20 日以建标〔1998〕14 号文批准发布。

在本规范编制过程中，规范编制组在总结实践经验和科研成果的基础上，主要对城市水资源及城市用水量、给水范围和规模、给水水质和水压、水源、给水系统、水厂和输配水等方面作了规定，并广泛征求了全国有关单位的意见，最后由我部会同有关部门审查定稿。

在本规范执行过程中，希望各有关单位结合工程实践和科学研究，认真总结经验，注意积累资料，如发现需要修改和补充之处，请将意见和有关资料寄交浙江省城乡规划设计研究院（通讯地址：杭州保俶路 224 号，邮政编码 310007），以供今后修订时参考。

主编单位：浙江省城乡规划设计研究院

参编单位：杭州市规划设计院，大连市规划设计院，陕西省城乡规划设计研究院

主要起草人：王 杉、张宛梅、周胜昔、吴兆申、肖玲群、曹世法、付文清、张 华、韩文斌、张明生

目 次

1 总则 …………………………………………………… 5—3
2 城市水资源及城市用水量 …………………………… 5—3
　2.1 城市水资源 ……………………………………… 5—3
　2.2 城市用水量 ……………………………………… 5—3
3 给水范围和规模 ……………………………………… 5—6
4 给水水质和水压 ……………………………………… 5—7
5 水源选择 ……………………………………………… 5—7
6 给水系统 ……………………………………………… 5—8
　6.1 给水系统布局 …………………………………… 5—8
　6.2 给水系统的安全性 ……………………………… 5—8
7 水源地 ………………………………………………… 5—9
8 水厂 …………………………………………………… 5—10
9 输配水 ………………………………………………… 5—10
附录 A 生活饮用水水质指标 ………………………… 5—11
规范用词用语说明 …………………………………… 5—12
条文说明 ……………………………………………… 5—13

1 总则

1.0.1 为在城市给水工程规划中贯彻执行《城市规划法》、《水法》、《环境保护法》，提高城市给水工程规划编制质量，制定本规范。

1.0.2 本规范适用于城市总体规划的给水工程规划。

1.0.3 城市给水工程规划的主要内容应包括：预测城市用水量，并进行水资源与城市用水量之间的供需平衡分析；选择城市给水水源并提出相应的给水系统布局框架；确定给水枢纽工程的位置和用地；提出水资源保护以及开源节流的要求和措施。

1.0.4 城市给水工程规划期限应与城市总体规划期限一致。

1.0.5 城市给水工程规划应重视近期建设规划，且应适应城市远景发展的需要。

1.0.6 在规划水源地、地表水水厂或地下水水厂、加压泵站等工程设施用地时，应节约用地，保护耕地。

1.0.7 城市给水工程规划应与城市排水工程规划相协调。

1.0.8 城市给水工程规划除应符合本规范外，尚应符合国家现行的有关强制性标准的规定。

2 城市水资源及城市用水量

2.1 城市水资源

2.1.1 城市水资源应包括符合各种用水的水源水质标准的淡水（地表水和地下水）、海水及经过处理后符合各种用水水质要求的淡水（地表水和地下水）、海水、再生水等。

2.1.2 城市水资源和城市用水量之间应保持平衡，以确保城市可持续发展。在几个城市共享同一水源或水源在城市规划区以外时，应进行市域或区域、流域范围的水资源供需平衡分析。

2.1.3 根据水资源的供需平衡分析，应提出保持平衡的对策，包括合理确定城市规模和产业结构，并应提出水资源保护的措施。水资源匮乏的城市应限制发展用水量大的企业，并应发展节水农业。针对水资源不足的原因，应提出开源节流和水污染防治等相应措施。

2.2 城市用水量

2.2.1 城市用水量应由下列两部分组成：

第一部分应为规划期内由城市给水工程统一供给的居民生活用水、工业用水、公共设施用水及其他用水水量的总和。

第二部分应为城市给水工程统一供给以外的所有用水水量的总和。其中应包括：工业和公共设施自备水源供给的用水、河湖环境用水和航道用水、农业灌溉和养殖及畜牧业用水、农村居民和乡镇企业用水等。

2.2.2 城市给水工程统一供给的用水量应根据城市的地理位置、水资源状况、城市性质和规模、产业结构、国民经济发展和居民生活水平、工业回用水率等因素确定。

2.2.3 城市给水工程统一供给的用水量预测宜采用表2.2.3-1和表2.2.3-2中的指标。

表 2.2.3-1　城市单位人口综合用水量指标（万 m³／（万人·d））

区域	城　市　规　模			
	特大城市	大　城　市	中等城市	小　城　市
一区	0.8~1.2	0.7~1.1	0.6~1.0	0.4~0.8
二区	0.6~1.0	0.5~0.8	0.35~0.7	0.3~0.6
三区	0.5~0.8	0.4~0.7	0.3~0.6	0.25~0.5

注：1. 特大城市指市区和近郊区非农业人口 100 万及以上的城市；大城市指市区和近郊区非农业人口 50 万及以上不满 100 万的城市；中等城市指市区和近郊区非农业人口 20 万及以上不满 50 万的城市；小城市指市区和近郊区非农业人口不满 20 万的城市。

2. 一区包括：贵州、四川、湖北、湖南、江西、浙江、福建、广东、广西、海南、上海、云南、江苏、安徽、重庆；

二区包括：黑龙江、吉林、辽宁、北京、天津、河北、山西、河南、山东、宁夏、陕西、内蒙古河套以东和甘肃黄河以东的地区；

三区包括：新疆、青海、西藏、内蒙古河套以西和甘肃黄河以西的地区。

3. 经济特区及其他有特殊情况的城市，应根据用水实际情况，用水指标可酌情增减（下同）。

4. 用水人口为城市总体规划确定的规划人口数（下同）。

5. 本表指标为规划期最高日用水量指标（下同）。

6. 本表指标已包括管网漏失水量。

表 2.2.3-2　城市单位建设用地综合用水量指标（万 m³／（km²·d））

区域	城　市　规　模			
	特大城市	大　城　市	中等城市	小　城　市
一区	1.0~1.6	0.8~1.4	0.6~1.0	0.4~0.8
二区	0.8~1.2	0.6~1.0	0.4~0.7	0.3~0.6
三区	0.6~1.0	0.5~0.8	0.3~0.6	0.25~0.5

注：本表指标已包括管网漏失水量。

2.2.4 城市给水工程统一供给的综合生活用水量的预测，应根据城市特点、居民生活水平等因素确定。人均综合生活用水量宜采用表 2.2.4 中的指标。

表 2.2.4　人均综合生活用水量指标（L／（人·d））

区域	城　市　规　模			
	特大城市	大　城　市	中等城市	小　城　市
一区	300~540	290~530	280~520	240~450
二区	230~400	210~380	190~360	190~350
三区	190~330	180~320	170~310	170~300

注：综合生活用水为城市居民日常生活用水和公共建筑用水之和，不包括浇洒道路、绿地、市政用水和管网漏失水量。

2.2.5 在城市总体规划阶段，估算城市给水工程统一供水的给水干管管径或预测分区的用水量时，可按照下列不同性质用地用水量指标确定。

　1　城市居住用地用水量应根据城市特点、居民生活水平等因素确定。单位居住用地用水量可采用表 2.2.5-1 中的指标。

表 2.2.5-1　单位居住用地用水量指标（万 m³/（km²·d））

用地代号	区域	城市规模			
		特大城市	大城市	中等城市	小城市
R	一区	1.70~2.50	1.50~2.30	1.30~2.10	1.10~1.90
	二区	1.40~2.10	1.25~1.90	1.10~1.70	0.95~1.50
	三区	1.25~1.80	1.10~1.60	0.95~1.40	0.80~1.30

注：1. 本表指标已包括管网漏失水量。
　　2. 用地代号引用现行国家标准《城市用地分类与规划建设用地标准》（GBJ137）（下同）。

2 城市公共设施用地用水量应根据城市规模、经济发展状况和商贸繁荣程度以及公共设施的类别、规模等因素确定。单位公共设施用地用水量可采用表2.2.5-2中的指标。

3 城市工业用地用水量应根据产业结构、主体产业、生产规模及技术先进程度等因素确定。单位工业用地用水量可采用表2.2.5-3中的指标。

表 2.2.5-2　单位公共设施用地用水量指标（万 m³/（km²·d））

用地代号	用地名称	用水量指标
C	行政办公用地	0.50~1.00
	商贸金融用地	0.50~1.00
	体育、文化娱乐用地	0.50~1.00
	旅馆、服务业用地	1.00~1.50
	教育用地	1.00~1.50
	医疗、休疗养用地	1.00~1.50
	其他公共设施用地	0.80~1.20

注：本表指标已包括管网漏失水量。

表 2.2.5-3　单位工业用地用水量指标（万 m³/（km²·d））

用地代号	工业用地类型	用水量指标
M1	一类工业用地	1.20~2.00
M2	二类工业用地	2.00~3.50
M3	三类工业用地	3.00~5.00

注：本表指标包括了工业用地中职工生活用水及管网漏失水量。

4 城市其他用地用水量可采用表2.2.5-4中的指标。

表 2.2.5-4　单位其他用地用水量指标（万 m³/（km²·d））

用地代号	用地名称	用水量指标
W	仓储用地	0.20~0.50
T	对外交通用地	0.30~0.60
S	道路广场用地	0.20~0.30
U	市政公用设施用地	0.25~0.50
G	绿地	0.10~0.30
D	特殊用地	0.50~0.90

注：本表指标已包括管网漏失水量。

2.2.6 进行城市水资源供需平衡分析时，城市给水工程统一供水部分所要求的水资源供水量为城市最高日用水量除以日变化系数再乘上供水天数。各类城市的日变化系数可采用表2.2.6中的数值。

表 2.2.6　日变化系数

特大城市	大城市	中等城市	小城市
1.1~1.3	1.2~1.4	1.3~1.5	1.4~1.8

2.2.7 自备水源供水的工矿企业和公共设施的用水量应纳入城市用水量中，由城市给水工程进行统一规划。

2.2.8 城市河湖环境用水和航道用水、农业灌溉和养殖及畜牧业用水、农村居民和乡镇企业用水等的水量应根据有关部门的相应规划纳入城市用水量中。

3 给水范围和规模

3.0.1 城市给水工程规划范围应和城市总体规划范围一致。

3.0.2 当城市给水水源地在城市规划区以外时，水源地和输水管线应纳入城市给水工程规划范围。当输水管线途经的城镇需由同一水源供水时，应进行统一规划。

3.0.3 给水规模应根据城市给水工程统一供给的城市最高日用水量确定。

3.0.4 城市中用水量大且水质要求低于现行国家标准《生活饮用水卫生标准》（GB5749）的工业和公共设施，应根据城市供水现状、发展趋势、水资源状况等因素进行综合研究，确定由城市给水工程统一供水或自备水源供水。

4 给水水质和水压

4.0.1 城市统一供给的或自备水源供给的生活饮用水水质应符合现行国家标准《生活饮用水卫生标准》(GB5749) 的规定。

4.0.2 最高日供水量超过 100 万 m^3，同时是直辖市、对外开放城市、重点旅游城市，且由城市统一供给的生活饮用水供水水质，宜符合本规范附录 A 中表 A.0.1-1 的规定。

4.0.3 最高日供水量超过 50 万 m^3 不到 100 万 m^3 的其他城市，由城市统一供给的生活饮用水供水水质，宜符合本规范附录 A 中表 A.0.1-2 的规定。

4.0.4 城市统一供给的其他用水水质应符合相应的水质标准。

4.0.5 城市配水管网的供水水压宜满足用户接管点处服务水头 28m 的要求。

5 水源选择

5.0.1 选择城市给水水源应以水资源勘察或分析研究报告和区域、流域水资源规划及城市供水水源开发利用规划为依据，并应满足各规划区城市用水量和水质等方面的要求。

5.0.2 选用地表水为城市给水水源时，城市给水水源的枯水流量保证率应根据城市性质和规模确定，可采用 90%~97%。建制镇给水水源的枯水流量保证率应符合现行国家标准《村镇规划标准》(GB50188) 的有关规定。当水源的枯水流量不能满足上述要求时，应采取多水源调节或调蓄等措施。

5.0.3 选用地表水为城市给水水源时，城市生活饮用水给水水源的卫生标准应符合现行国家标准《生活饮用水卫生标准》(GB5749) 以及国家现行标准《生活饮用水水源水质标准》(CJ3020) 的规定。当城市水源不符合上述各类标准，且限于条件必需加以利用时，应采取预处理或深度处理等有效措施。

5.0.4 符合现行国家标准《生活饮用水卫生标准》(GB5749) 的地下水宜优先作为城市居民生活饮用水水源。开采地下水应以水文地质勘察报告为依据，其取水量应小于允许开采量。

5.0.5 低于生活饮用水水源水质要求的水源，可作为水质要求低的其他用水的水源。

5.0.6 水资源不足的城市宜将城市污水再生处理后用作工

业用水、生活杂用水及河湖环境用水、农业灌溉用水等，其
水质应符合相应标准的规定。

5.0.7 缺乏淡水资源的沿海或海岛城市宜将海水直接或经
处理后作为城市水源，其水质应符合相应标准的规定。

6 给 水 系 统

6.1 给水系统布局

6.1.1 城市给水系统应满足城市的水量、水质、水压及城
市消防、安全给水的要求，并应按城市地形、规划布局、技
术经济等因素经综合评价后确定。

6.1.2 规划城市给水系统时，应合理利用城市已建给水工
程设施，并进行统一规划。

6.1.3 城市地形起伏大或规划给水范围广时，可采用分区
或分压给水系统。

6.1.4 根据城市水源状况、总体规划布局和用户对水质的
要求，可采用分质给水系统。

6.1.5 大、中城市有多个水源可供利用时，宜采用多水源
给水系统。

6.1.6 城市有地形可供利用时，宜采用重力输配水系统。

6.2 给水系统的安全性

6.2.1 给水系统中的工程设施不应设置在易发生滑坡、泥
石流、塌陷等不良地质地区及洪水淹没和内涝低洼地区。地
表水取水构筑物应设置在河岸及河床稳定的地段。工程设施
的防洪及排涝等级不应低于所在城市设防的相应等级。

6.2.2 规划长距离输水管线时，输水管不宜少于两根。当
其中一根发生事故时，另一根管线的事故给水量不应小于正
常给水量的 70%。当城市为多水源给水或具备应急水源、

安全水池等条件时，亦可采用单管输水。

6.2.3 市区的配水管网应布置成环状。

6.2.4 给水系统主要工程设施供电等级应为一级负荷。

6.2.5 给水系统中的调蓄水量宜为给水规模的10%~20%。

6.2.6 给水系统的抗震要求应按国家现行标准《室外给水排水和煤气热力工程抗震设计规范》（TJ32）及现行国家标准《室外给水排水工程设施抗震鉴定标准》（GBJ43）执行。

7 水 源 地

7.0.1 水源地应设在水量、水质有保证和易于实施水源环境保护的地段。

7.0.2 选用地表水为水源时，水源地应位于水体功能区划规定的取水段或水质符合相应标准的河段。饮用水水源地应位于城镇和工业区的上游。饮用水水源地一级保护区应符合现行国家标准《地面水环境质量标准》（GB3838）中规定的Ⅱ类标准。

7.0.3 选用地下水水源时，水源地应设在不易受污染的富水地段。

7.0.4 水源为高浊度江河时，水源地应选在浊度相对较低的河段或有条件设置避砂峰调蓄设施的河段，并应符合国家现行标准《高浊度水给水设计规范》（CJJ40）的规定。

7.0.5 当水源为感潮江河时，水源地应选在氯离子含量符合有关标准规定的河段或有条件设置避咸潮调蓄设施的河段。

7.0.6 水源为湖泊或水库时，水源地应选在藻类含量较低、水位较深和水域开阔的位置，并应符合国家现行标准《含藻水给水处理设计规范》（CJJ32）的规定。

7.0.7 水源地的用地应根据给水规模和水源特性、取水方式、调节设施大小等因素确定。并应同时提出水源卫生防护要求和措施。

8 水 厂

8.0.1 地表水水厂的位置应根据给水系统的布局确定。宜选择在交通便捷以及供电安全可靠和水厂生产废水处置方便的地方。

8.0.2 地表水水厂应根据水源水质和用户对水质的要求采取相应的处理工艺，同时应对水厂的生产废水进行处理。

8.0.3 水源为含藻水、高浊水或受到不定期污染时，应设置预处理设施。

8.0.4 地下水水厂的位置根据水源地的地点和不同的取水方式确定，宜选择在取水构筑物附近。

8.0.5 地下水中铁、锰、氟等无机盐类超过规定标准时，应设置处理设施。

8.0.6 水厂用地应按规划期给水规模确定，用地控制指标应按表8.0.6采用。水厂厂区周围应设置宽度不小于10m的绿化地带。

表 8.0.6 水厂用地控制指标

建设规模 （万 m³/d）	地表水水厂 （m²·d/m³）	地下水水厂 （m²·d/m³）
5～10	0.7～0.50	0.40～0.30
10～30	0.50～0.30	0.30～0.20
30～50	0.30～0.10	0.20～0.08

注：1. 建设规模大的取下限，建设规模小的取上限。
　　2. 地表水水厂建设用地按常规处理工艺进行，厂内设置预处理或深度处理构筑物以及污泥处理设施时，可根据需要增加用地。
　　3. 地下水水厂建设用地按消毒工艺进行，厂内设置特殊水质处理工艺时，可根据需要增加用地。
　　4. 本表指标未包括厂区周围绿化地带用地。

9 输 配 水

9.0.1 城市应采用管道或暗渠输送原水。当采用明渠时，应采取保护水质和防止水量流失的措施。

9.0.2 输水管（渠）的根数及管径（尺寸）应满足规划期给水规模和近期建设的要求，宜沿现有或规划道路铺设，并应缩短线路长度，减少跨越障碍次数。

9.0.3 城市配水干管的设置及管径应根据城市规划布局、规划期给水规模并结合近期建设确定。其走向应沿现有或规划道路布置，并宜避开城市交通主干道。管线在城市道路中的埋设位置应符合现行国家标准《城市工程管线综合规划规范》的规定。

9.0.4 输水管和配水干管穿越铁路、高速公路、河流、山体时，应选择经济合理线路。

9.0.5 当配水系统中需设置加压泵站时，其位置宜靠近用水集中地区。泵站用地应按规划期给水规模确定，其用地控制指标应按表9.0.5采用。泵站周围应设置宽度不小于10m的绿化地带，并宜与城市绿化用地相结合。

表 9.0.5 泵站用地控制指标

建设规模 （万 m³/d）	用地指标 （m²·d/m³）
5～10	0.25～0.20
10～30	0.20～0.10
30～50	0.10～0.03

注：1. 建设规模大的取下限，建设规模小的取上限。
　　2. 加压泵站设有大容量的调节水池时，可根据需要增加用地。
　　3. 本指标未包括站区周围绿化地带用地。

附录 A 生活饮用水水质指标

表 A.0.1-1 生活饮用水水质指标一级指标

项　目	指标值	项　目	指标值
色度	1.5Pt-Co mg/L	硅	
浊度	1NUT	溶解氧	
臭和味	无	碱度	>30mgCaCO$_3$/L
肉眼可见物	无	亚硝酸盐	0.1mgNO$_2$/L
pH	6.5~8.5	氨	0.5mgNH$_3$/L
总硬度	450mgCaCO$_3$/L	耗氧量	5mg/L
氯化物	250mg/L	总有机碳	
硫酸盐	250mg/L	矿物油	0.01mg/L
溶解性固体	1000mg/L	钡	0.1mg/L
电导率	400（20℃）μs/cm	硼	1mg/L
硝酸盐	20mgN/L	氯仿	60μg/L
氟化物	1.0mg/L	四氯化碳	3μg/L
阴离子洗涤剂	0.3mg/L	氰化物	0.05mg/L
剩余氯	0.3，末 0.05mg/L	砷	0.05mg/L
挥发酚	0.002mg/L	镉	0.01mg/L
铁	0.03mg/L	铬	0.05mg/L
锰	0.1mg/L	汞	0.001mg/L
铜	1.0mg/L	铅	0.05mg/L
锌	1.0mg/L	硒	0.01mg/L
银	0.05mg/L	DDT	1μg/L
铝	0.2mg/L	666	5μg/L
钠	200mg/L	苯并（a）芘	0.01μg/L
钙	100mg/L	农药（总）	0.5μg/L
镁	50mg/L	敌敌畏	0.1μg/L

续表

项　目	指标值	项　目	指标值
乐果	0.1μg/L	对二氯苯	
对硫磷	0.1μg/L	六氯苯	0.01μg/L
甲基对硫磷	0.1μg/L	铍	0.0002mg/L
除草醚	0.1μg/L	镍	0.05mg/L
敌百虫	0.1μg/L	锑	0.01mg/L
2,4,6-三氯酚	10μg/L	钒	0.1mg/L
1,2-二氯乙烷	10μg/L	钴	1.0mg/L
1,1-二氯乙烯	0.3μg/L	多环芳烃(总量)	0.2μg/L
四氯乙烯	10μg/L	萘	
三氯乙烯	30μg/L	萤蒽	
五氯酚	10μg/L	苯并(b)萤蒽	
苯	10μg/L	苯并(k)萤蒽	
酚类:(总量)	0.002mg/L	苯并(1,2,3,4d)芘	
苯酚		苯并(ghi)芘	
间甲酚		细菌总数 37℃	100 个/mL
2,4-二氯酚		大肠杆菌群	3 个/mL
对硝基酚		粪型大肠杆菌	MPN<1/100mL 膜法 0/100mL
有机氯:(总量)	1μg/L		
二氯甲烷		粪型链球菌	MPN<1/100mL 膜法 0/100mL
1,1,1-三氯乙烷			
1,1,2 三氯乙烷		亚硫酸还原菌	MPN<1/100mL
1,1,2,2-四氯乙烷		放射性(总α)	0.1Bq/L
三溴甲烷		(总β)	1Bq/L

注：1. 指标取值自 EC（欧共体）；

2. 酚类总量中包括 2，4，6-三氯酚，五氯酚；

3. 有机氯总量中包括 1，2-二氯乙烷，1，1-二氯乙烯，四氯乙烯，三氯乙烯，不包括三溴甲烷及氯苯类；

4. 多环芳烃总量中包括苯并（a）芘；

5. 无指标值的项目作测定和记录，不作考核；

6. 农药总量中包括 DDT 和 666。

表 A.0.1-2　生活饮用水水质指标二级指标

项　目	指　标　值	项　目	指　标　值
色度	1.5Pt-Co mg/L	硒	0.01mg/L
浊度	2NUT	氯仿	60μg/L
臭和味	无	四氯化碳	3μg/L
肉眼可见物	无	DDT	1μg/L
pH	6.5～8.5	666	5μg/L
总硬度	450mgCaCO$_3$/L	苯并（a）芘	0.01μg/L
氯化物	250mg/L	2，4，6-三氯酚	10μg/L
硫酸盐	250mg/L	1，2-二氯乙烷	10μg/L
溶解性固体	1000mg/L	1，1-二氯乙烯	0.3μg/L
硝酸盐	20mgN/L	四氯乙烯	10μg/L
氟化物	1.0mg/L	三氯乙烯	30μg/L
阴离子洗涤剂	0.3mg/L	五氯酚	10μg/L
剩余氯	0.3，末 0.05mg/L	苯	10μg/L
挥发酚	0.002mg/L	农药（总）	0.5μg/L
铁	0.03mg/L	敌敌畏	0.1μg/L
锰	0.1mg/L	乐果	0.1μg/L
铜	1.0mg/L	对硫磷	0.1μg/L
锌	1.0mg/L	甲基对硫磷	0.1μg/L
银	0.05mg/L	除草醚	0.1μg/L
铝	0.2mg/L	敌百虫	0.1μg/L
钠	200mg/L	细菌总数 37℃	100 个/mL
氰化物	0.05mg/L	大肠杆菌群	3 个/mL
砷	0.05mg/L	粪型大肠杆菌	MPN＜1/100mL
镉	0.01mg/L		膜法 0/100mL
铬	0.05mg/L	放射性（总 α）	0.1Bq/L
汞	0.001mg/L	（总 β）	1Bq/L
铅	0.05mg/L		

注：1. 指标取值自 WHO（世界卫生组织）；

　　2. 农药总量中包括 DDT 和 666。

规范用词用语说明

1. 执行本规范条文时，对于要求严格程度的用词，说明如下，以便在执行中区别对待。

（1）表示很严格，非这样做不可的用词：

正面词采用"必须"；反面词采用"严禁"。

（2）表示严格，在正常情况下均应这样做的用词：

正面词采用"应"；反面词采用"不应"或"不得"。

（3）表示允许稍有选择，在条件许可时，首先应这样做的用词：

正面词采用"宜"；反面词采用"不宜"。

（4）表示有选择，在一定条件下可以这样做的，采用"可"。

2. 条文中指明应按其他有关标准和规范执行的写法为："应按……执行"或"应符合……要求或规定"。

中华人民共和国国家标准

城市给水工程规划规范

Code for Urban Water Supply
Engineering Planning

GB 50282—98

条 文 说 明

目　次

1 总则 …………………………………… 5—14
2 城市水资源及城市用水量 ………………… 5—16
　2.1 城市水资源 ………………………… 5—16
　2.2 城市用水量 ………………………… 5—16
3 给水范围和规模 …………………………… 5—20
4 给水水质和水压 …………………………… 5—21
5 水源选择 …………………………………… 5—22
6 给水系统 …………………………………… 5—23
　6.1 给水系统布局 ……………………… 5—23
　6.2 给水系统的安全性 ………………… 5—24
7 水源地 ……………………………………… 5—25
8 水厂 ………………………………………… 5—26
9 输配水 ……………………………………… 5—27

1 总 则

1.0.1 阐明编制本规范的宗旨。城市规划事业在近十几年来有了很大的发展，但是在城市规划各项法规、标准制定上明显落后于发展的需要。给水工程是城市基础设施的重要组成部分，是城市发展的保证，但在城市给水工程规划中，由于没有相应的国家标准可供参考，因此全国各地规划设计单位所作的给水工程规划内容和深度各不相同。这种情况，不利于城市给水工程规划水平的提高，不利于城市给水工程规划的统一评定和检查，同时也影响了城市给水工程规划作为城市发展政策性法规和后阶段设计工作指导性文件的严肃性。

随着《城市规划法》、《水法》、《环境保护法》、《水污染防治法》等一系列法规的颁布和《地面水环境质量标准》、《生活饮用水卫生标准》、《污水综合排放标准》等一系列标准的实施，人们的法制观念日渐加强，深感需要有城市给水工程规划方面的法规，以便在编制城市给水工程规划时有法可依，有章可循。

同时，本规范具体体现了国家在给水工程中的技术经济政策，保证了城市给水工程规划的先进性、合理性、可行性及经济性，是我国城市规划规范体系日益完善的表现。

1.0.2 规定本规范的适用范围。明确指出本规范适用于城市总体规划中的给水工程规划。

根据规划法，城市规划分为总体规划、详细规划两阶段。大中城市在总体规划基础上应编制分区规划。鉴于现行的各类给水规范其适用对象大都为具体工程设计，内容虽然详尽，但缺少宏观决策、总体布局等方面的内容。为此本规范的条文设置尽量避免与其他给水规范内容重复，为总体规划（含分区规划）的城市给水工程规划服务，编制城市给水工程详细规划时，可依照本规范和其他给水规范。

按照国家有关划分城乡标准的规定，设市城市和建制镇同属于城市的范畴，所以建制镇总体规划中的给水工程规划可按本规范执行。

由于农村给水的条件和要求与城市存在较大差异，因此无法归纳在同一规范中。

1.0.3 规定城市给水工程规划的主要任务和规划内容。

城市给水工程规划的内容是根据《城市规划编制办法实施细则》的有关要求确定的，同时又强调了水资源保护及开源节流的措施。

水是不可替代资源，对国计民生有着十分重要的作用。根据《饮用水水源保护区污染防治管理规定》和《生活饮用水水源水质标准》（CJ3020）的规定，饮用水水源保护区的设置和污染防治应纳入当地的社会经济发展规划和水污染防治规划。水源的水质和给水工程紧密相关，因此对水源的卫生防护必须在给水工程规划中予以体现。

我国是一个水资源匮乏的国家，城市水资源不足已成为全国性问题，在一些水资源严重不足的城市已影响到社会的安定。针对水资源不足的城市，我们应从两方面采取措施解决，一方面是"开源"，积极寻找可供利用的水源（包括城市污水的再生利用），以满足城市发展的需要；另一方面是"节流"，贯彻节约用水的原则，采取各种行政、技术和经济的手段来节约用水，避免水的浪费。

1.0.4 城市总体规划的规划期限一般为20年。本条明确城市给水工程规划的规划期限应与城市总体规划的期限相一致。作为城市基础设施重要组成部分的给水工程关系着城市的可持续发展，城市的文明、安全和居民的生活质量，是创造良好投资环境的基石。因此，城市给水工程规划应有长期的时效以符合城市的要求。

1.0.5 本条对城市总体规划的给水工程规划处理好近期建设和远景发展的关系作了明确规定。编制城市总体规划的给水工程规划是和总体规划的规划期限一致的，但近期建设规划往往是马上要实施的。因此，近期建设规划应受到足够的重视，且应具有可行性和可操作性。由于给水工程是一个系统工程，为此应处理好城市给水工程规划和近期建设规划的关系及二者的衔接，否则将会影响给水工程系统技术上的优化决策，并会造成城市给水工程不断建设，重复建设的被动局面。

在城市给水工程规划中，宜对城市远景的给水规模及城市远景采用的给水水源进行分析。一则可对城市远景的给水水源尽早地进行控制和保护，二则对工业的产业结构起到导向作用。所以城市给水工程规划应适应城市远景发展的给水工程的要求。

1.0.6 明确规划给水工程用地的原则。由于城市不断发展，城市用水量亦会大幅度增加，随之各类给水工程设施的用地面积也必然增加。但基于我国人口多，可耕地面积少等国情，节约用地是我国的基本国策。在规划中体现节约用地是十分必要的。强调应做到节约用地，可以利用荒地的，不占用耕地，可以利用劣地的，不占用好地。

1.0.7 城市给水工程规划除应符合总体规划的要求外，尚应与其他各项规划相协调。由于与城市排水工程规划之间联系紧密，因此和城市排水工程规划的协调尤为重要。协调的内容包括城市用水量和城市排水量、水源地和城市排水受纳体、水厂和污水处理厂厂址、给水管道和排水管道的管位等方面。

1.0.8 提出给水工程规划，除执行《城市规划法》、《水法》、《环境保护法》、《水污染防治法》及本规范外，还需同时执行相关的标准、规范和规定。目前主要的有以下这些标准和规范：《生活饮用水卫生标准》、《生活杂用水水质标准》、《地面水环境质量标准》、《生活饮用水水源水质标准》、《饮用水水源保护区污染防治管理规定》、《供水水文地质勘察规范》、《室外给水设计规范》、《高浊度水给水设计规范》、《含藻水给水处理设计规范》、《饮用水除氟设计规程》、《建筑中水设计规范》、《污水综合排放标准》、《城市污水回用设计规范》等。

2 城市水资源及城市用水量

2.1 城市水资源

2.1.1 阐明城市水资源的内涵。凡是可用作城市各种用途的水均为城市水资源。包括符合各种用水水源水质标准的地表和地下淡水；水源水质不符合用水水源水质标准，但经处理可符合各种用水水质要求的地表和地下淡水；淡化或不淡化的海水以及将城市污水经过处理达到各种用水相应水质标准的再生水等。

2.1.2 城市水资源和城市用水量之间的平衡是指水质符合各项用水要求的水量之间的平衡。

根据中华人民共和国国务院令第158号《城市供水条例》第十条："编制城市供水水源开发利用规划，应当从城市发展的需要出发，并与水资源统筹规划和水长期供求规划相协调"。因此，当城市采用市域内本身的水资源时，应编制水资源统筹和利用规划，达到城市用水的供需平衡。

当城市本身水资源贫乏时，可以考虑外域引水。可以一个城市单独引水，也可几个城市联合引水。根据《水法》第二十一条："兴建跨流域引水工程，必须进行全面规划和科学论证，统筹兼顾引出和引入流域的用水需求，防止对生态环境的不利影响"。因此，当城市采用外域水源或几个城市共用一个水源时，应进行区域或流域范围的水资源综合规划和专项规划，并与国土规划相协调，以满足整个区域或流域的城市用水供需平衡。

2.1.3 本条指明应在水资源供需平衡的基础上合理确定城市规模和城市产业结构。由于水是一种资源，是城市赖以生存的生命线，因此应采取确保水资源不受破坏和污染的措施。水资源供需不平衡的城市应分析其原因并制定相应的对策。

造成城市水资源不足有多种原因，诸如：属于工程的原因、属于污染的原因、属于水资源匮乏的原因或属于综合性的原因等，可针对各种不同的原因采取相应措施。如建造水利设施拦蓄和收集地表径流；建造给水工程设施，扩大城市供水能力；强化对城市水资源的保护，完善城市排污系统，建设污水处理设施；采取分质供水、循环用水、重复用水、回用再生水、限制发展用水量大的产业及采用先进的农业节水灌溉技术等，在有条件时也可以从外域引水等。

2.2 城市用水量

2.2.1 说明城市用水量的组成。

城市的第一部分用水量指由城市给水工程统一供给的水量。包括以下内容：

居民生活用水量：城镇居民日常生活所需的用水量。

工业用水量：工业企业生产过程所需的用水量。

公共设施用水量：宾馆、饭店、医院、科研机构、学校、机关、办公楼、商业、娱乐场所、公共浴室等用水量。

其他用水量：交通设施用水、仓储用水、市政设施用水、浇洒道路用水、绿化用水、消防用水、特殊用水（军营、军事设施、监狱等）等水量。

城市的第二部分用水指不由城市给水工程统一供给的水量。包括工矿企业和大型公共设施的自备水，河湖为保持环境需要的各种用水，保证航运要求的用水，农业灌溉和水产养殖业、畜牧业用水，农村居民生活用水和乡镇企业的工业用水等水量。

2.2.2 说明预测城市用水量时应考虑的相关因素。用水量应结合城市的具体情况和本条文中的各项因素确定，并使预测的用水量尽量切合实际。一般地说，年均气温较高、居民生活水平较高、工业和经济比较发达的城市用水量较高。而水资源匮乏、工业和经济欠发达或年均气温较低的城市用水量较低。城市的流动和暂住人口对城市用水量也有一定影响，特别是风景旅游城市、交通枢纽城市和商贸城市，这部分人口的用水量更不可忽视。

2.2.3 提出城市用水量预测宜采用综合指标法，并提出了城市单位人口和单位建设用地综合用水量指标（见表2.2.3-1、2.2.3-2）。该两项指标主要根据 1991～1994 年《城市建设统计年报》中经选择的 175 个典型城市用水量（包括 9885 万用水人口，156 亿 m^3/年供水量，约占全国用水人口的 68%和全国供水总量的 73%，具有一定代表性）分析整理得出。此外，还对全国部分城市进行了函调，并将函调资料作为分析时的参考。

　　由于城市用水量与城市规模、所在地区气候、居民生活习惯有着不同程度的关系。按国家的《城市规划法》的规定，将城市规模分成特大城市、大城市、中等城市和小城市。同时为了和《室外给水设计规范》中城市生活用水量定额的区域划分一致，故将该定额划分的三个区域用来作为本规范的城市综合用水量指标区域划分（见表2.2.3-1 注）。

　　在选用本综合指标时有以下几点应加以说明：

（1）自备水源是城市用水量的重要组成部分，但分析《城市建设统计年报》中包括自备水源在内的统计数据时，各相似城市的用水量出入极大，没有规律，无法得出共性指标，因此只能在综合指标中舍去自备水源这一因素。故在确定城市用水量，进行城市水资源平衡时，应根据城市具体情况对自备水源的水量进行合理预测。

（2）综合指标是预测城市给水工程统一供给的用水量和确定给水工程规模的依据，它的适用年限延伸至 2015 年。制定本表时，已将至 2015 年城市用水的增长率考虑在指标内，为此近期建设规划采用的指标可酌情减少。若城市规划年限超过 2015 年，用水量指标可酌情增加。用水量年增长率一般为 1.5%～3%，大城市趋于低值，小城市趋于高值。

（3）《城市建设统计年报》中所提供的用水人口未包括流动人员及暂住人口，反映在样本值中单位人口用水量就偏高。故在选用本指标时，要认真加以分析研究。

（4）由于我国城市情况十分复杂，对城市用水量的影响很大。故在分析整理数据时已将特殊情况删除，从而本综合指标只适用于一般性质的城市。对于那些特殊的城市，诸如：经济特区、纯旅游城市、水资源紧缺城市、一个城市就是一个大企业的城市（如：鞍钢、大庆）等，都需要按实际情况将综合指标予以修正采用。

　　采用综合指标法预测城市用水量后，可采用用水量递增法和相关比例法等预测方法对城市用水量进行复核，以确保水量预测的准确性。

2.2.4 本条规定了人均综合生活用水量指标，并提出了影响指标选择的因素。人均综合生活用水量系指城市居民生活用水和公共设施用水两部分的总水量。不包括工业用水、消防用水、市政用水、浇洒道路和绿化用水、管网漏失等水量。

表2.2.4系根据《室外给水设计规范》修订过程中"综合生活用水定额建议值"的成果推算，其年限延伸至2015年。在应用时应结合当地自然条件、城市规模、公共设施水平、居住水平和居民的生活水平来选择指标值。

城市给水工程统一供给的用水量中工业用水所占比重较大。而工业用水量因工业的产业结构、规模、工艺的先进程度等因素，各城市不尽相同。但同一城市的城市用水量与人均综合生活用水量之间往往有相对稳定的比例，因此可采用"人均综合生活用水量指标"结合两者之间的比例预测城市用水量。

2.2.5 总体规划阶段城市给水工程规划估算给水干管管径或预测分区的用水量时，宜采用表2.2.5-1～2.2.5-4中所列出的不同性质用地用水量指标。不同性质用地用水量指标为规划期内最高日用水量指标，指标值使用年限延伸至2015年。近期建设规划采用该指标值时可酌情减少。

1 城市单位居住用地用水量指标（表2.2.5-1）是根据《室外给水设计规范》修订过程中"居民生活用水定额"的成果，并结合《城市居住区规划设计规范》（GB50180）中有关规定推算确定的。

居住用地用水量包括了居民生活用水及居住区内的区级公共设施用水、居住区内道路浇洒用水和绿化用水等用水量的总和。

由于在城市总体规划阶段对居住用地内的建筑层数和容积率等指标只作原则规定，故确定居住用地用水量是在假设居住区内的建筑以多层住宅为主的情况下进行的。选用本指标时，需根据居住用地实际情况，对指标加以调整。

2 城市公共设施用地用水量不仅与城市规模、经济发展和商贸繁荣程度等因素密切相关，而且公共设施随着类别、规模、容积率不同，用水量差异很大。在总体规划阶段，公共设施用地只分到大类或中类，故其用水量只能进行匡算。调查资料表明公共设施用地规划期最高日用水量指标一般采用0.50～1.50万 $m^3/（km^2·d）$。公共设施用地用水量可按不同的公共设施在表2.2.5-2中选用。

3 城市工业用地用水量不仅与城市性质、产业结构、经济发展程度等因素密切相关。同时，工业用地用水量随着主体工业、生产规模、技术先进程度不同，也存在很大差别。城市总体规划中工业用地以污染程度划分为一、二、三类，而污染程度与用水量多少之间对应关系不强。

为此，城市工业用水量宜根据城市的主体产业结构，现有工业用水量和其他类似城市的情况综合分析后确定。当地无资料又无类似城市可参考时可采用表2.2.5-3确定工业用地用水量。

4 根据调查，不同城市的仓储用地、对外交通、道路广场、市政用地、绿化及特殊用地等用水量变化幅度不大，而且随着规划年限的延伸增长幅度有限。在选用指标时，特大城市、大城市及南方沿海经济开放城市等可取上限值，北方城市及中小城市可取下限值。指标值见表2.2.5-4。

在使用不同性质用地用水量指标时，有以下几点说明：

（1）"不同性质用地用水量指标"适用于城市总体规划阶段。在总体规划中，城市建设用地分类一般只到大类，各类用地中各种细致分类或用地中具体功能还未规定，这与城市详细规划有明显差别。根据《城市规划法》的规定，城市详细规划应当在城市总体规划或者分区规划的基础上，对城市近期建设区域的各项建设作出具体规划。在详细规划中，城市建设用地分类至中、小类，而且由于在建设用地中的人口密度和建筑密度不同以及建设项目不同都会导致用水量指标有较大差异。因此详细规划阶段预测用水量时不宜采用本规范的"不同性质用地用水量指标"，而应根据实际情况和要求并结合已经落实的建设项目进行研究，选择合理的用水量指标进行计算。

（2）"不同性质用地用水量指标"是通用性指标。《城市给水工程规划规范》是一本通用规范。我国幅源辽阔，城市众多，由于城市性质、规模、地理位置、经济发达程度、居民生活习惯等因素影响，各城市的用水量指标差异很大。为使"不同性质用地用水量指标"成为全国通用性指标，我们首先将调查资料中特大及特小值舍去，在推荐用水量指标时都给于一定的范围，并给出选用原则。对于具有特殊情况或特殊需求的城市，应根据本规范提出的原则，结合城市的具体条件对用水量指标作出适当的调整。

（3）"不同性质用地用水量指标"是规划指标，不是工程设计指标。在使用本指标时，应根据各自城市的情况进行综合分析，从指标范围中选择比较适宜的值。且随着时间的推移，规划的不断修改（编），指标也应不断的修正，从而对规划实施起到指导作用。

2.2.6 城市水资源平衡系指所能提供的符合水质要求的水量和城市年用水总量之间的平衡。城市年用水总量为城市平均日用水量乘以年供水天数而得。城市给水工程规划所得的城市用水量为最高日用水量，最高日用水量和平均日用水量的比值称日变化系数，日变化系数随着城市规模的扩大而递减。表2.2.6中的数值是参照《室外给水设计规范》修编中大量的调查统计资料推算得出。在选择日变化系数时可结合城市性质、城市规模、工业水平、居民生活水平及气候等因素进行确定。

2.2.7 工矿企业和公共设施的自备水源用水是城市用水量的一部分，虽然不由城市给水工程统一供给，但对城市水资源的供需平衡有一定影响。因此，城市给水工程规划应对自备水源的取水水源、取水量等统一规划，提出明确的意见。

规划期内未经明确同意采用自备水源的企业应从严控制兴建自备水源。

2.2.8 除自备水源外的城市第二部分用水量应根据有关部门的相应规划纳入城市用水量，统一进行水资源平衡。

农村居民生活用水和乡镇工业用水一般属于城市第二部分用水，但有些城市周围的农村由于水源污染或水资源缺乏，无法自行解决生活、工业用水，在有关部门统一安排下可纳入城市统一供水范围。

3 给水范围和规模

3.0.1 按《城市规划法》规定：城市规划区是在总体规划中划定的。城市给水工程规划将城市建设用地范围作为工作重点，规划的主要内容应符合本规范 1.0.3 条的要求。对城市规划区内的其他地区，可提出水源选择，给水规模预测等方面的意见。

3.0.2 城市给水水源地距离城市较远且不在城市规划区范围内时，应把水源地及输水管划入给水工程规划范围内。当超出本市辖区范围时，应和有关部门进行协调。输水管沿线的城镇、工业区、开发区等需统一供水时，经与有关部门协调后可一并列入给水工程规划范围，但一般只考虑增加取水和输水工程的规模，不考虑沿线用户的水厂设置。

3.0.3 明确给水规模由城市给水工程统一供给的城市最高日用水量确定。根据给水规模可进行给水系统中各组成部分的规划设计。但给水规模中未包括水厂的自用水量和原水输水管线的漏失水量，因此取、输水工程的规模应增加上述两部分水量，净水工程应增加水厂自用水量。

城市给水工程规划的给水规模按规划期末城市所需要的最高日用水量确定，是规划期末城市供水设施应具备的生产能力。规划给水规模和给水工程的建设规模含义不同。建设规模可根据规划给水规模的要求，在建设时间和建设周期上分期安排和实施。给水工程的建设规模应有一定的超前性。给水工程建成投产后，应能满足延续一个时段的城市发展的需求，避免刚建成投产又出现城市用水供不应求的情况的发生。

3.0.4 一般情况下工业用水和公共设施用水应由城市给水工程统一供给。绝大多数城市给水工程统一供给的水的水质符合现行国家标准《生活饮用水卫生标准》（GB5749）的要求。但对于城市中用水量特别大，同时水质要求又低于现行国家标准《生活饮用水卫生标准》（GB5749）的工矿企业和公共设施用水，应根据城市水资源和供水系统等的具体条件明确这部分水是纳入城市统一供水的范畴还是要求这些企业自建自备水源供水。如由城市统一供水，则应明确是供给城市给水工程同一水质的水，还是根据企业的水质要求分质供水。一般来说，当这些企业自成格局且附近有水质水量均符合要求的水源时，可自建自备水源；当城市水资源并不丰富，而城市给水工程设施有能力时，宜统一供水。

当自备水源的水质低于现行国家标准《生活饮用水卫生标准》时，企业职工的生活饮用水应纳入城市给水工程统一供水的范围。

当企业位置虽在城市规划建设用地范围内，目前城区未扩展到那里且距水厂较远，近期不可能为该企业单独铺设给水管时，也可建自备水源，但宜在规划中明确对该企业今后供水的安排。

4 给水水质和水压

4.0.1 《生活饮用水卫生标准》(GB5749)是国家制定的关于生活饮用水水质的强制性法规。由城市统一供给和自备水源供给的生活饮用水水质均应符合该标准。

1996年7月9日建设部、卫生部第53号令《生活饮用水卫生监督管理办法》指出集中式供水、二次供水单位供应的生活饮用水必须符合国家《生活饮用水卫生标准》，并强调二次供水设施应保证不使生活饮用水水质受到污染，并有利于清洗和消毒。

由于我国的生活饮用水水质标准已逐渐与国际接轨，因此现行国家标准《生活饮用水卫生标准》是生活饮用水水质的最低标准。

4.0.2～4.0.3 生活饮用水水质标准在一定程度上代表了一个国家或地区的经济发展和文明卫生水平，为此对一些重要城市提高了生活饮用水水质标准。一般认为：欧洲共同体饮用水水质指令及美国安全用水法可作为国际先进水平；世界卫生组织执行的水质准则可理解为国际水平。

本规范附录A中列出了生活饮用水水质的一级指标和二级指标。二级指标参考世界卫生组织拟订的水质标准和我国国家环保局确定的"水中优先控制污染物黑名单"(14类68种)，根据需要和可能增加16项水质目标；一级指标参考欧共体水质指令，并根据1991年底参加欧共体经济自由贸易协会国家的供水联合体提出的对欧共体水质标准修改的"建议书"以及我国"水中优先控制污染物黑名单"，按需要和可能增加水质目标38项。进行城市给水工程规划时，城市统一供给的生活饮用水水质，应按现行国家标准《生活饮用水卫生标准》执行。特大城市和大城市根据条文要求的城市统一供水的水量和城市性质，分别执行一级指标或二级指标。

4.0.4 本条所指城市统一供给的其他用水为非生活饮用水，这些用水的水质应符合相应的用水水质标准。

4.0.5 提出城市给水工程的供水水压目标。满足用户接管点处服务水头28m的要求，相当于将水送至6层建筑物所需的最小水头。用户接管点系配水管网上用户接点处。目前大部分城市的配水管网为生活、生产、消防合一的管网，供水水压为低压制，不少城市的多层建筑屋顶上设置水箱，对昼夜用水量的不均匀情况进行调节，以达到较低压力的条件下也能满足白天供水的目的。但屋顶水箱普遍存在着水质二次污染、影响城市和建筑景观以及不经济等缺点，为此本规范要求适当提高供水水压，以达到六层建筑由城市水厂直接供水或由管网中加压泵站加压供水，不再在多层建筑上设置水箱的目的。高层建筑所需的水压不宜作为城市的供水水压目标，仍需自设加压泵房加压供水，避免导致投资和运行费用的浪费。

5 水 源 选 择

5.0.1 水源选择是给水工程规划的关键。在进行总体规划时应对水资源作充分的调查研究和现有资料的收集工作，以便尽可能使规划符合实际。若没有水源可靠性的综合评价，将会造成给水工程的失误。确保水源水量和水质符合要求是水源选择的首要条件。因此必须有可靠的水资源勘察或分析研究报告作依据。若报告内容不全，可靠性较差，无法作为给水工程规划的依据时，为防止对后续的规划设计工作和城市发展产生误导作用，应进行必要的水资源补充勘察。

根据《中华人民共和国水法》："水资源属于国家所有，即全民所有"。"开发利用水资源和防治水害，应当全面规划、统筹兼顾、综合利用、讲求效益，发挥水资源的综合功能"。因此，城市给水水源的选择应以区域或流域水资源规划及城市供水水源开发利用规划为依据，达到统筹兼顾、综合利用的目的。缺水地区，水质符合饮用水水源要求的水体往往是多个城市的供水水源。而各城市由于城市的发展而导致的用水量增加又会产生相互间的矛盾。因此，规划城市用水量的需求应与区域或流域水资源规划相吻合，应协调好与周围城市和地区的用水量平衡，各项用水应统一规划、合理分配、综合利用。

城市给水水源在水质和水量上应满足城市发展的需求，给水工程规划应紧扣城市总体规划中各个发展阶段的需水量，安排城市给水水源，若水源不足应提出解决办法。

5.0.2 明确选用地表水作为城市给水水源时，对水源水量的要求。

城市给水水源的枯水流量保证率可采用90%～97%，水资源较丰富地区及大中城市的枯水流量保证率宜取上限，干旱地区、山区（河流枯水季节径流量很小）及小城镇的枯水流量保证率宜取下限。当选择的水源枯水流量不能满足保证率要求时，应采取选择多个水源，增加水源调蓄设施，市域外引水等措施来保证满足供水要求。

5.0.3 明确选用地表水作为城市给水水源时，城市给水水源的卫生标准应符合现行国家标准《生活饮用水卫生标准》（GB5749）中有关水源方面的规定和《生活饮用水水源水质标准》（CJ3020）的规定。若水源水质不符合上述标准的要求，同时无其他水源可选时，在水厂的常规净水工艺前或后应设置预处理或深度处理设施，确保水厂的出水水质符合本规范第4.0.1、4.0.2、4.0.3条的规定。

5.0.4 贯彻优水优用的原则，符合《生活饮用水卫生标准》（GB5749）的地下水应优先作为城市生活饮用水水源。为防止由于地下水超采造成地面沉陷和地下水水源枯竭，强调取水量应小于允许开采量或采用回灌等措施。

5.0.5 本条强调水资源的利用。低于生活饮用水水源水质标准的原水，一般可作为城市第二部分用水（除农村居民生活用水外）的水源，原水水质应与各种用途的水质标准相符合。

5.0.6 提出水资源不足，但经济实力较强、技术管理水平较高的城市，宜设置城市回用水系统。城市回用水水质应符合《城市污水回用设计规范》（CECS61：94）、《生活杂用水水质标准》（CJ25.1）等法规和标准，用作相应的各种用水。

5.0.7 由于我国沿海和海岛城市往往淡水资源十分紧缺，为此提出可将海水经处理用于工业冷却和生活杂用水（有条件的城市可将海水淡化作居民饮用），以解决沿海城市和海岛城市缺乏淡水资源的困难。海水用于城市各项用水，其水质应符合各项用水相应的水质标准。

6 给水系统

6.1 给水系统布局

6.1.1 为满足城市供水的要求，给水系统应在水质、水量、水压三方面满足城市的需求。给水系统应结合城市具体情况合理布局。

城市给水系统一般由水源地、输配水管网、净（配）水厂及增压泵站等几部分组成，在满足城市用水各项要求的前提下，合理的给水系统布局对降低基建造价、减少运行费用、提高供水安全性、提高城市抗灾能力等方面是极为重要的。规划中应十分重视结合城市的实际情况，充分利用有利的条件进行给水系统合理的布局。

6.1.2 城市总体规划往往是在城市现状基础上进行的，给水工程规划必须对城市现有水源的状况、给水设施能力、工艺流程、管网布置以及现有给水设施有否扩建可能等情况有充分了解。给水工程规划应充分发挥现有给水系统的能力，注意使新老给水系统形成一个整体，做到既安全供水，又节约投资。

6.1.3 提出了在城市地形起伏大或规划范围广时可采用分区、分压给水系统。一般情况下供水区地形高差大且界线明确宜于分区时，可采用并联分压系统；供水区呈狭长带形，宜采用串联分压系统；大、中城市宜采用分区加压系统；在高层建筑密集区，有条件时宜采用集中局部加压系统。

6.1.4 提出了城市在一定条件下可采用分质给水系统。包括：将原水分别经过不同处理后供给对水质要求不同的用户；分设城市生活饮用水和污水回用系统，将处理后达到水质要求的再生水供给相应的用户；也可采用将不同的水源分别处理后供给相应用户。

6.1.5 大、中城市由于地域范围较广，其输配水管网投资所占的比重较大，当有多个水源可供利用时，多点向城市供水可减少配水管网投资，降低水厂水压，同时能提高供水安全性，因此宜采用多水源给水系统。

6.1.6 水厂的取、送水泵房的耗电量较大，要节约给水工程的能耗，往往首先从取、送水泵房着手。当城市有可供利用的地形时，可考虑重力输配水系统，以便充分利用水源势能，达到节约输配水能耗，减少管网投资，降低水厂运行成本的目的。

6.2 给水系统的安全性

6.2.1 提出了给水系统中工程设施的地质和防洪排涝要求。

给水系统的工程设施所在地的地质要求良好，如设置在地质条件不良地区（滑坡、泥石流、塌陷等），既影响设施的安全性，直接关系到整个城市的生产活动和生活秩序，又增加建设时的地基处理费用和基建投资。在选择地表水取水构筑物的设置地点时，应将取水构筑物设在河岸、河床稳定的地段，不宜设在冲刷、尤其是淤积严重的地段，还应避开漂浮物多、冰凌多的地段，以保证取水构筑物的安全。

给水工程为城市中的重要基础设施，在城市发生洪涝灾害时为减少损失，为避免疫情发生以及为救灾的需要，首先应恢复城市给水系统和供电系统，以保障人民生活，恢复生产。按照《城市防洪工程设计规范》（CJJ50），给水系统主要工程设施的防洪排涝等级应不低于城市设防的相应等级。

6.2.2 提出了长距离输水管线的规划原则要求。同时可参照现行国家标准《室外给水设计规范》（GBJ13）。

6.2.3 提出了市区配水管网布置的要求。为了配合城市和道路的逐步发展，管网工程可以分期实施，近期可先建成枝状，城市边远区或新开发区的配水管近期也可为枝状，但远期均应连接成环状网。

6.2.4 提出了主要给水工程设施的供电要求。

6.2.5 提出了给水系统中调蓄设施的容量要求。

6.2.6 提出了给水系统的抗震要求和设防标准。

7 水 源 地

7.0.1 提出水源地必须设置在能满足取水的水量、水质要求的地段，并易于实施环境保护。对于那些虽然可以作为水源地，但环保措施实施困难，或需大量投资才能达到目的的地段，应慎重考虑。

7.0.2 地表水水体具有作为城市给水水源、城市排水受纳体和泄洪、通航、水产养殖等多种功能。环保部门为有利于地表水水体的环境保护，发挥其多种功能的作用，协调水体上下游城市的关系，对地表水水体进行合理的功能区划，并报省、市、自治区人民政府批准颁布施行。当选用地表水作为城市给水水源时，水源地应位于水体功能区划规定的取水段。为防止水源地受城市污水和工业废水的污染，水源地的位置应选择在城镇和工业区的上游。

按现行的《生活饮用水卫生标准》（GB5749）规定"生活饮用水的水源，必须设置卫生防护地带"。水源地一级保护区的环境质量标准应符合现行国家标准《地面水环境质量标准》（GB3838）中规定的Ⅱ类标准。

7.0.3 提出地下水水源地的选择原则。

7.0.4 提出水源为高浊度江河时，水源地选择原则。同时应符合国家现行标准《高浊度水给水设计规范》（CJJ40）的规定。

7.0.5 提出感潮江河作水源时，水源地的选择原则。

7.0.6 提出湖泊、水库作水源时，水源地的选择原则。同时应符合《含藻水给水处理设计规范》（CJJ32）的规定。

7.0.7 本条提出了确定水源地用地的原则和应考虑的因素。水源地的用地因水源的种类（地表水、地下水、水库水等）、取水方式（岸边式、缆车式、浮船式、管井、大口井、渗渠等）、输水方式（重力式、压力式）、给水规模大小以及是否有专用设施（避砂峰、咸潮的调蓄设施）和是否有净水预处理构筑物等有关，需根据水源实际情况确定用地。同时应遵循本规范1.0.7条规定。

确定水源地的同时应提出水源地的卫生防护要求和采取的具体措施。

按《饮用水水源保护区污染防治管理规定》，饮用水水源保护区一般划分为一级保护区和二级保护区，必要时可增设准保护区。

饮用水地表水水源保护区包括一定的水域和陆域，其范围应按照不同水域特点进行水质定量预测，并考虑当地具体条件加以确定，保证在规划设计的水文条件和污染负荷下，当供应规划水量时，保护区的水质能达到相应的标准。饮用水地表水水源的一级和二级保护区的水质标准不得低于《地面水环境质量标准》（GB3838）Ⅱ类和Ⅲ类标准。

饮用水地下水水源保护区应根据饮用水水源地所处地理位置、水文地质条件、供水量、开采方式和污染源的分布划定。一、二级保护区的水质均应达到《生活饮用水卫生标准》（GB5749）的要求。

8 水 厂

8.0.1 提出对地表水水厂位置选择的原则要求。

水厂的位置应根据给水系统的布局确定，但水厂位置是否恰当则涉及给水系统布局的合理性，同时对工程投资、常年运行费用将产生直接的影响。为此，应对水厂位置的确定作多方面的比较，并考虑厂址所在地应不受洪水威胁，有良好的工程地质条件，交通便捷，供电安全可靠，生产废水处置方便，卫生环境好，利于设立防护带，少占良田等因素。

8.0.2 提出对地表水水厂净水工艺选择的规划原则要求。符合《生活饮用水水源水质标准》（CJ3020）中规定的一级水源水，只需经简易净水工艺（如过滤），消毒后即可供生活饮用。符合《生活饮用水水源水质标准》（CJ3020）中规定的二级水源水，说明水质受轻度污染，可以采用常规净水工艺（如絮凝、沉淀、过滤、消毒等）进行处理；水质比二级水源水差的水，不宜作为生活饮用水的水源。若限于条件需利用时，在毒理性指标没超过二级水源水标准的情况下，应采用相应的净化工艺进行处理（如在常规净水工艺前或后增加预处理或深度处理）。地表水水厂均宜考虑生产废水的处理和污泥的处置，防止对水体的二次污染。

8.0.3 提出了特殊原水应增加相应的处理设施。如含藻水和高浊度水可根据相应规范的要求增设预处理设施；原水存在不定期污染情况时，宜在常规处理前增加预处理设施或在常规处理后增加深度处理设施，以保证水厂的出水水质。

8.0.4 提出地下水水厂位置选择的原则要求。

8.0.5 提出当地下水中铁、锰、氟等无机盐类超过规定标准时应考虑除铁、除锰和除氟的处理设施。

8.0.6 提出地表水、地下水水厂的控制用地指标。此指标系《城市给水工程项目建设标准》中规定的净配水厂用地控制指标。

水厂周围设绿化带有利于水厂的卫生防护和降低水厂的噪声对周围的影响。

9 输 配 水

9.0.1 提出城市给水系统原水输水管（渠）的规划原则。由于原水在明渠中易受周围环境污染，又存在渗漏和水量不易保证等问题，所以不提倡用明渠输送城市给水系统的原水。

9.0.2～9.0.3 提出确定城市输配水管管径和走向的原则。因输、配水管均为地下隐蔽工程，施工难度和影响面大，因此，宜按规划期限要求一次建成。为结合近期建设，节省近期投资，有些输、配水管可考虑双管或多管，以便分期实施。给水工程中输水管道所占投资比重较大，因此城市输水管道应缩短长度，并沿现有或规划道路铺设以减少投资，同时也便于维修管理。

城市配水干管沿规划或现有道路布置既方便用户接管，又可以方便维修管理。但宜避开城市交通主干道，以免维修时影响交通。

9.0.4 输水管和配水干管穿越铁路、高速公路、河流、山体等障碍物时，选位要合理，应在方便操作维修的基础上考虑经济性。规划时可参照《室外给水设计规范》（GBJ13）有关条文。

9.0.5 本条规定了泵站位置选择原则和用地控制指标。

城市配水管网中的加压泵站靠近用水集中地区设置，可以节省能源，保证供水水压。但泵站的调节水池一般占地面积较大，且泵站在运行中可能对周围造成噪声干扰，因此宜和绿地结合。若无绿地可利用时，应在泵站周围设绿化带，既有利于泵站的卫生防护，又可降低泵站的噪声对周围环境的影响。

用地指标系《城市给水工程项目建设标准》中规定的泵站用地控制指标。

中华人民共和国国家标准

城市工程管线综合规划规范

Code of Urban Engineering Pipeline
Comprehensive Planning

GB 50289—98

主管部门：中华人民共和国建设部
批准单位：中华人民共和国建设部
实施日期：1999年5月1日

关于发布国家标准《城市工程管线综合规划规范》的通知

建标〔1998〕246号

根据国家计委《一九九二年工程建设标准制订修订计划》（计综合〔1992〕第490号文附件二）的要求，由我部组织制订的《城市工程管线综合规划规范》，经有关部门会审，批准为强制性国家标准，编号为GB50289—98，自1999年5月1日起施行。

本规范由我部负责管理，由沈阳市规划设计研究院负责具体解释工作，由建设部标准定额研究所组织中国建筑工业出版社出版发行。

中华人民共和国建设部
1998年12月7日

目　次

1　总则 …………………………………………… 6—2

2　地下敷设 ……………………………………… 6—3

　2.1　一般规定 ………………………………… 6—3

　2.2　直埋敷设 ………………………………… 6—3

　2.3　综合管沟敷设 …………………………… 6—6

3　架空敷设 ……………………………………… 6—7

附录　本规范用词说明 ………………………… 6—8

附加说明 ………………………………………… 6—8

条文说明 ………………………………………… 6—9

1　总　则

1.0.1　为合理利用城市用地，统筹安排工程管线在城市的地上和地下空间位置，协调工程管线之间以及城市工程管线与其他各项工程之间的关系，并为工程管线规划设计和规划管理提供依据，制定本规范。

1.0.2　本规范适用于城市总体规划（含分区规划）、详细规划阶段的工程管线综合规划。

1.0.3　城市工程管线综合规划的主要内容包括：确定城市工程管线在地下敷设时的排列顺序和工程管线间的最小水平净距、最小垂直净距；确定城市工程管线在地下敷设时的最小覆土深度；确定城市工程管线在架空敷设时管线及杆线的平面位置及周围建（构）筑物、道路、相邻工程管线间的最小水平净距和最小垂直净距。

1.0.4　城市工程管线综合规划应重视近期建设规划，并应考虑远景发展的需要。

1.0.5　城市工程管线综合规划应结合城市的发展合理布置，充分利用城市地上、地下空间。

1.0.6　城市工程管线综合规划应与城市道路交通、城市居住区、城市环境、给水工程、排水工程、热力工程、电力工程、燃气工程、电信工程、防洪工程、人防工程等专业规划相协调。

1.0.7　城市工程管线综合规划除执行本规范外，尚应符合国家现行有关标准、规范的规定。

2 地下敷设

2.1 一般规定

2.1.1 城市工程管线宜地下敷设。

2.1.2 工程管线的平面位置和竖向位置均应采用城市统一的坐标系统和高程系统。

2.1.3 工程管线综合规划要符合下列规定：

2.1.3.1 应结合城市道路网规划，在不妨碍工程管线正常运行、检修和合理占用土地的情况下，使线路短捷。

2.1.3.2 应充分利用现状工程管线。当现状工程管线不能满足需要时，经综合技术、经济比较后，可废弃或抽换。

2.1.3.3 平原城市宜避开土质松软地区、地震断裂带、沉陷区以及地下水位较高的不利地带；起伏较大的山区城市，应结合城市地形的特点合理布置工程管线位置，并应避开滑坡危险地带和洪峰口。

2.1.3.4 工程管线的布置应与城市现状及规划的地下铁道、地下通道、人防工程等地下隐蔽性工程协调配合。

2.1.4 编制工程管线综合规划设计时，应减少管线在道路交叉口处交叉。当工程管线竖向位置发生矛盾时，宜按下列规定处理：

2.1.4.1 压力管线让重力自流管线；

2.1.4.2 可弯曲管线让不易弯曲管线；

2.1.4.3 分支管线让主干管线；

2.1.4.4 小管径管线让大管径管线。

2.2 直埋敷设

2.2.1 严寒或寒冷地区给水、排水、燃气等工程管线应根据土壤冰冻深度确定管线覆土深度；热力、电信、电力电缆等工程管线以及严寒或寒冷地区以外的地区的工程管线应根据土壤性质和地面承受荷载的大小确定管线的覆土深度。

工程管线的最小覆土深度应符合表2.2.1的规定。

工程管线的最小覆土深度（m）　　表2.2.1

序号		1	2	3	4	5	6	7
管线名称		电力管线		电信管线		热力管线		燃气管线	给水管线	雨水排水管线	污水排水管线
		直埋	管沟	直埋	管沟	直埋	管沟				
最小覆土深度(m)	人行道下	0.50	0.40	0.70	0.40	0.50	0.20	0.60	0.60	0.60	0.60
	车行道下	0.70	0.50	0.80	0.70	0.70	0.20	0.80	0.70	0.70	0.70

注：10kV以上直埋电力电缆管线的覆土深度不应小于1.0m。

2.2.2 工程管线在道路下面的规划位置，应布置在人行道或非机动车道下面。电信电缆、给水输水、燃气输气、污雨水排水等工程管线可布置在非机动车道或机动车道下面。

2.2.3 工程管线在道路下面的规划位置宜相对固定。

从道路红线向道路中心线方向平行布置的次序，应根据工程管线的性质、埋设深度等确定。分支线少、埋设深、检修周期短和可燃、易燃和损坏时对建筑物基础安全有影响的工程管线应远离建筑物。布置次序宜为：电力电缆、电信电缆、燃气配气、给水配水、热力干线、燃气输气、给水输水、雨水排水、污水排水。

2.2.4 工程管线在庭院内建筑线向外方向平行布置的次序，应根据工程管线的性质和埋设深度确定，其布置次序宜为：电力、电信、污水排水、燃气、给水、热力。

当燃气管线可在建筑物两侧中任一侧引入均满足要求时，燃气管线应布置在管线较少的一侧。

2.2.5 沿城市道路规划的工程管线应与道路中心线平行，其主干线应靠近分支管线多的一侧，工程管线不宜从道路一侧转到另一侧。

道路红线宽度超过30m的城市干道宜两侧布置给水配水管线和燃气配气管线；道路红线宽度超过50m的城市干道应在道路两侧布置排水管线。

2.2.6 各种工程管线不应在垂直方向上重叠直埋敷设。

2.2.7 沿铁路、公路敷设的工程管线应与铁路、公路线路平行。当工程管线与铁路、公路交叉时宜采用垂直交叉方式布置；受条件限制，可倾斜交叉布置，其最小交叉角宜大于30°。

2.2.8 河底敷设的工程管线应选择在稳定河段，埋设深度应按不妨碍河道的整治和管线安全的原则确定。当在河道下面敷设工程管线时应符合下列规定：

2.2.8.1 在一至五级航道下面敷设，应在航道底设计

高程2m以下；

2.2.8.2 在其他河道下面敷设，应在河底设计高程1m以下；

2.2.8.3 当在灌溉渠道下面敷设，应在渠底设计高程0.5m以下。

2.2.9 工程管线之间及其与建（构）筑物之间的最小水平净距应符合表2.2.9的规定。当受道路宽度、断面以及现状工程管线位置等因素限制难以满足要求时，可根据实际情况采取安全措施后减少其最小水平净距。

2.2.10 对于埋深大于建（构）筑物基础的工程管线，其与建（构）筑物之间的最小水平距离，应按下式计算，并折算成水平净距后与表2.2.9的数值比较，采用其较大值。

$$L = \frac{(H-h)}{tg\partial} + \frac{a}{2} \qquad (2.2.10)$$

式中　L——管线中心至建（构）筑物基础边水平距离(m)；

　　　H——管线敷设深度（m）；

　　　h——建（构）筑物基础底砌置深度（m）；

　　　a——开挖管沟宽度（m）；

　　　∂——土壤内摩擦角（°）。

2.2.11 当工程管线交叉敷设时，自地表面向下的排列顺序宜为：电力管线、热力管线、燃气管线、给水管线、雨水排水管线、污水排水管线。

2.2.12 工程管线在交叉点的高程应根据排水管线的高程确定。

工程管线交叉时的最小垂直净距，应符合表2.2.12的规定。

工程管线之间及其与建(构)筑物之间的最小水平净距 (m)   表 2.2.9

序号	管线名称		1 建筑物	2 给水管 d≤200mm	2 给水管 d>200mm	3 污水、雨水排水管	4 燃气管 低压 P≤0.05MPa	4 燃气管 中压 B 0.05MPa<p≤0.2MPa	4 燃气管 中压 A 0.2MPa<p≤0.4MPa	4 燃气管 次高压 B 0.4MPa<p≤0.8MPa	4 燃气管 次高压 A 0.8MPa<p≤1.6MPa	5 热力管 直埋	5 热力管 地沟	6 电力电缆 直埋	6 电力电缆 管沟	7 电信电缆 直埋	7 电信电缆 管道	8 乔木(中心)	9 灌木	10 地上杆柱 通信照明及<10kV	10 地上杆柱 高压铁塔基础边 ≤35kV	10 地上杆柱 高压铁塔基础边 >35kV	11 道路侧石边缘	12 铁路钢轨(或坡脚)
1	建筑物			1.0	3.0	2.5	0.7	1.5	2.0	4.0	6.0	2.5	0.5	0.5	0.5	1.0	1.5							
2	给水管	d≤200mm	1.0			1.0	0.5	0.5	0.5	1.0	1.5	1.5	1.5	0.5	0.5	1.0	1.0	1.5						
2	给水管	d>200mm	3.0			1.5	0.5	0.5	0.5	1.0	1.5	1.5	1.5	0.5	0.5	1.0	1.0	1.5						
3	污水、雨水排水管		2.5	1.0	1.5		1.0	1.2	1.2	1.5	2.0	1.5	1.5	0.5	0.5	1.0	1.0	1.5						
4	燃气管 低压	P≤0.05MPa	0.7	0.5	0.5	1.0						1.0	1.0	0.5	0.5	0.5	1.0	1.2						
4	燃气管 中压 B	0.05MPa<p≤0.2MPa	1.5	0.5	0.5	1.2						1.0	1.0	0.5	0.5	0.5	1.0	1.2						
4	燃气管 中压 A	0.2MPa<p≤0.4MPa	2.0	0.5	0.5	1.2						1.0	1.0	0.5	0.5	0.5	1.0	1.2						
4	燃气管 次高压 B	0.4MPa<p≤0.8MPa	4.0	1.0	1.0	1.5						1.5	1.5	1.0	1.0	1.0	1.5	2.0						
4	燃气管 次高压 A	0.8MPa<p≤1.6MPa	6.0	1.5	1.5	2.0						2.0	2.0	1.5	1.5	1.5	1.5	2.0						
5	热力管	直埋	2.5	1.5	1.5	1.5	1.0	1.0	1.0	1.5	2.0			2.0 DN≤300mm 0.4 / DN>300mm 0.5	1.5 2.0	1.0	1.0	1.5	1.5					
5	热力管	地沟	0.5	1.5	1.5	1.5	1.0	1.0	1.0	1.5	2.0			0.5	1.5	1.0	1.0	1.5	1.5					
6	电力电缆	直埋	0.5	0.5	0.5	0.5	0.5	0.5	0.5	1.0	1.5	2.0	0.5			0.5	1.0	1.0	1.0	0.6			1.5	
6	电力电缆	管沟	0.5	0.5	0.5	0.5	0.5	0.5	0.5	1.0	1.5	2.0	0.5			0.5	1.0	1.0	1.0	0.6			1.5	
7	电信电缆	直埋	1.0	1.0	1.0	1.0	0.5	0.5	0.5	1.0	1.5	1.0	1.0	0.5	0.5			1.0	1.0	0.5			1.5	
7	电信电缆	管道	1.5	1.0	1.0	1.0	1.0	1.0	1.0	1.0	1.5	1.0	1.0	0.5	0.5			1.0 1.5	1.0	1.5			1.5	
8	乔木(中心)		3.0	1.5	1.5	1.5	1.0	1.0	1.0	1.5	1.5	1.5	1.5	1.0	1.0	1.0	1.0			1.5			0.5	
9	灌木		1.5	1.0	1.0	1.0	1.2	1.2	1.2	2.0	2.0	1.5	1.5	1.0	1.0	1.0	1.0			1.5			0.5	
10	地上杆柱 通信照明及<10kV		*	0.5	0.5	0.5	0.5	0.5	0.5	0.5	1.0	1.5	1.5	0.5	0.5	0.5	0.5							
10	地上杆柱 高压铁塔基础边 ≤35kV		*	3.0	3.0	1.5	1.0	1.0	1.0	1.0	5.0	3.0	3.0	0.6	0.6	1.5	1.5							
10	地上杆柱 高压铁塔基础边 >35kV		*	3.0	3.0	1.5	1.0	1.0	1.0	1.0	5.0	3.0	3.0	0.6	0.6	2.0	2.0							
11	道路侧石边缘		1.5	1.5	1.5	1.5	1.5	1.5	1.5	2.5	2.5	1.5	1.5	1.5	1.5	1.5	1.5	0.5	0.5					
12	铁路钢轨(或坡脚)		6.0	5.0	5.0	1.5	2.0	3.0	3.0	3.0	3.0	3.0	3.0	2.0	2.0	2.0	2.0					2.5		

注：* 见表 3.0.9。

工程管线交叉时的最小垂直净距（m）　　　　表2.2.12

序号	上面的管线名称		下面的管线名称 1 给水管线	2 污、雨水排水管线	3 热力管线	4 燃气管线	5 电信管线 直埋	5 电信管线 管块	6 电力管线 直埋	6 电力管线 管沟
1	给水管线		0.15							
2	污、雨水排水管线		0.40	0.15						
3	热力管线		0.15	0.15	0.15					
4	燃气管线		0.15	0.15	0.15	0.15				
5	电信管线	直埋	0.50	0.50	0.15	0.50	0.25	0.25		
5	电信管线	管块	0.15	0.15	0.15	0.15	0.25	0.25		
6	电力管线	直埋	0.15	0.50	0.50	0.50	0.50	0.50	0.50	0.50
6	电力管线	管沟	0.15	0.50	0.50	0.50	0.50	0.50	0.50	0.50
7	沟渠（基础底）		0.50	0.50	0.50	0.50	0.50	0.50	0.50	0.50
8	涵洞（基础底）		0.15	0.15	0.15	0.15	0.20	0.25	0.50	0.50
9	电车（轨底）		1.00	1.00	1.00	1.00	1.00	1.00	1.00	1.00
10	铁路（轨底）		1.00	1.20	1.20	1.20	1.00	1.00	1.00	1.00

注：大于35kV直埋电力电缆与热力管线最小垂直净距应为1.00m。

2.3　综合管沟敷设

2.3.1　当遇下列情况之一时，工程管线宜采用综合管沟集中敷设。

2.3.1.1　交通运输繁忙或工程管线设施较多的机动车道、城市主干道以及配合兴建地下铁道、立体交叉等工程地段。

2.3.1.2　不宜开挖路面的路段。

2.3.1.3　广场或主要道路的交叉处。

2.3.1.4　需同时敷设两种以上工程管线及多回路电缆的道路。

2.3.1.5　道路与铁路或河流的交叉处。

2.3.1.6　道路宽度难以满足直埋敷设多种管线的路段。

2.3.2　综合管沟内宜敷设电信电缆管线、低压配电电缆管线、给水管线、热力管线、污雨水排水管线。

2.3.3　综合管沟内相互无干扰的工程管线可设置在管沟的同一个小室；相互有干扰的工程管线应分别设在管沟的不同小室。

电信电缆管线与高压输电电缆管线必须分开设置；给水管线与排水管线可在综合管沟一侧布置，排水管线应布置在综合管沟的底部。

2.3.4　工程管线干线综合管沟的敷设，应设置在机动车道下面，其覆土深度应根据道路施工、行车荷载和综合管沟的结构强度以及当地的冰冻深度等因素综合确定；敷设工程管线支线的综合管沟，应设置在人行道或非机动车道下，其埋设深度应根据综合管沟的结构强度以及当地的冰冻深度等因素综合确定。

3 架空敷设

3.0.1 城市规划区内沿围墙、河堤、建（构）筑物墙壁等不影响城市景观地段架空敷设的工程管线应与工程管线通过地段的城市详细规划相结合。

3.0.2 沿城市道路架空敷设的工程管线，其位置应根据规划道路的横断面确定，并应保障交通畅通、居民的安全以及工程管线的正常运行。

3.0.3 架空线线杆宜设置在人行道上距路缘石不大于1m的位置；有分车带的道路，架空线线杆宜布置在分车带内。

3.0.4 电力架空杆线与电信架空杆线宜分别架设在道路两侧，且与同类地下电缆位于同侧。

3.0.5 同一性质的工程管线宜合杆架设。

3.0.6 架空热力管线不应与架空输电线、电气化铁路的馈电线交叉敷设。当必须交叉时，应采取保护措施。

3.0.7 工程管线跨越河流时，宜采用管道桥或利用交通桥梁进行架设，并应符合下列规定：

3.0.7.1 可燃、易燃工程管线不宜利用交通桥梁跨越河流。

3.0.7.2 工程管线利用桥梁跨越河流时，其规划设计应与桥梁设计相结合。

3.0.8 架空管线与建（构）筑物等的最小水平净距应符合表3.0.8的规定。

3.0.9 架空管线交叉时的最小垂直净距应符合表3.0.9的规定。

架空管线之间及其与建（构）筑物的之间的最小水平净距（m）　　表3.0.8

名　称		建筑物（凸出部分）	道路（路缘石）	铁路（轨道中心）	热力管线
电力	10kV边导线	2.0	0.5	杆高加3.0	2.0
	35kV边导线	3.0	0.5	杆高加3.0	4.0
	110kV边导线	4.0	0.5	杆高加3.0	4.0
电信杆线		2.0	0.5	4/3杆高	1.5
热力管线		1.0	1.5	3.0	—

架空管线之间及其与建（构）筑物之间交叉时的最小垂直净距（m）　　表3.0.9

名　称		建筑物（顶端）	道路（地面）	铁路（轨顶）	电信线		热力管线
					电力线有防雷装置	电力线无防雷装置	
电力管线	10kV及以下	3.0	7.0	7.5	2.0	4.0	2.0
	35~110kV	4.0	7.0	7.5	3.0	5.0	3.0
电信线		1.5	4.5	7.0	0.6	0.6	1.0
热力管线		0.6	4.5	6.0	1.0	1.0	0.25

注：横跨道路或与无轨电车馈电线平行的架空电力线距地面应大于9m。

附录 本规范用词说明

1 为便于在执行本规范条文时区别对待，对要求严格程度不同的词说明如下：

(1) 表示严格，非这样不可的正面用词采用"必须"。

(2) 表示严格，在正常情况下均应这样作的：

正面词采用"应"

反面词采用"不应"

(3) 表示允许稍有选择，在条件许可时首先应这样作的：

正面词采用"宜"或"可"

反面词采用"不宜"

2 条文中指定按其他有关标准、规范执行时，写法为"应符合……要求"，"应符合……规定"。

附 加 说 明

主编单位：沈阳市规划设计研究院

参编单位：昆明市规划设计研究院

主要起草人：关增义　刘绍治　王健　李美英　徐玉符

中华人民共和国国家标准

城市工程管线综合规划规范

GB 50289—98

条文说明

前 言

本规范是根据国家计委计综合［1992］490号文《一九九二年工程建设制定修定计划》的要求，由中华人民共和国建设部负责主编，具体由沈阳市规划设计研究院会同昆明市规划设计研究院共同编制而成。经建设部1998年12月7日以建标［1998］246号文批准发布。

在本规范编制过程中，规范编制组在总结实践经验的基础上，主要对城市工程管线在地下敷设时的排列顺序和最小水平净距、最小垂直净距以及最小覆土深度，城市工程管线在架空敷设时管线和杆线的平面位置及与周围建（构）筑物、道路、相邻工程管线间的最小水平净距和最小垂直净距等方面作了规定，并广泛征求了全国有关单位的意见，最后由我部会同有关部门审查定稿。

在本规范执行过程中，希望各有关单位结合工程实践和科学研究，认真总结经验，注意积累资料，如发现需要修改和补充之处，请将意见和有关资料寄交沈阳市规划设计研究院（通信地址：沈阳市沈河区彩塔街15号，邮政编码110015），以供今后修订时参考。

目　次

1　总则 ……………………………………………………… 6—10
2　地下敷设 ……………………………………………… 6—12
　2.1　一般规定 ……………………………………… 6—12
　2.2　直埋敷设 ……………………………………… 6—13
　2.3　综合管沟敷设 ………………………………… 6—14
3　架空敷设 ……………………………………………… 6—17

1　总　则

1.0.1　10年来，随着我国城市建设的飞速发展，城市基础设施水平不断提高，对城市规划方面的各项标准、法规需求越来越紧迫。作为城市主要基础设施的工程管线规划设计与管理，到目前为止一直没有制定过相应统一性的技术标准，造成了规划建设的盲目性，影响了规划设计与管理水平的提高。50年代工程管线综合设计基本上套用原苏联有关技术规定，60、70年代后我国出版的有关书籍和资料，对工程管线综合规划作了一些要求和规定，但在技术上没有新的突破。如今这些不完善的技术法规适应不了新形势下城市发展的需要。为城市规划设计及管理提供必要的法规、标准成为越来越紧迫的任务。

城市工程管线种类很多，其功能和施工时间也不统一，在城市道路有限断面上需要综合安排、统筹规划，避免各种工程管线在平面和竖向空间位置上的互相冲突和干扰，保证城市功能的正常运转。编制本规范的目的就是在总结建国以来城市工程管线综合规划建设经验基础上，充分吸收和借鉴国内、国外先进技术，对城市规划区范围内，特别在城市道路有限空间内的工程管线综合规划设计、管理规定统一技术标准，以提高城市工程管线设计与管理的水平，确保其科学性、先进性和可操作性，合理利用城市用地。

1.0.2　本规范的制定以《中华人民共和国城市规划法》为主要依据，适用范围为按国家行政建制设立的直辖市、市、镇的总体规划（含分区），详细规划等各阶段工程管线综合规划设计，同时也为其管理提供依据。工厂内部工艺性管线种类多、专业性强、敷设要求复杂，大多自成系统，较少涉及与城市工程管线交叉与衔接，不需要按本规范执行。但与厂区以外城市工程管线相接部分要严格遵循本规范有关规定执行。

城市给水、排水、供热、供电、燃气、通信等基础设施是维系现代城市正常运转的重要组成部分，城市工程管线经由城市道路、各规划区将基础设施的源、站、厂与用户有机联系在一起。城市工程管线在城市道路、居住区内等地下敷设的原则和顺序等要求各不相同，在城市总体（含分区）、详细规划阶段管线规划内容也不完全一致。鉴于目前我国城市工程管线综合规划在各阶段均没有相应的技术标准，本规范编制中考虑适用于城市总体（含分区）、详细各规划阶段工程管线综合规划。

1.0.3 城市工程管线综合规划要搜集包括现状的城市规划设计资料，加以分析研究综合安排，发现并解决各项工程管线在规划设计中存在的矛盾，使之在城市用地空间上占有合理位置，以指导下阶段单项工程设计，并为工程管线施工及规划管理工作创造有利条件。

城市工程管线综合规划的前提是要有较准确、完善的城市基础设施现状资料。据调查目前我国大约 2/3 以上的城市已具备地下工程管线及相关工程设施较完善的实测 1:1000、1:500 地形图，另一部分城市也正在抓紧补测，并实现随着工程建设的实施随时补图，确保了工程管线综合规划的准确。实践证明城市基础设施资料越完善，工程管线规划越合理。

各城市的性质和气候不同，规划工程管线种类有可能不同（北方地区需设供热管线）、排水体制不同（污雨水是否分流）、埋设深度不同、敷设系统不同等都将影响城市工程管线综合规划。作为城市规划的重要组成部分，工程管线规划既要满足城市建设与发展中工业生产与人民生活的需要，又要结合城市特点因地制宜合理规划，充分利用城市用地。

城市工程管线的敷设方式分为地下敷设和地上架空敷设，地下敷设又分为直埋敷设和综合管沟敷设两种。在地下、地上建（构）筑物周围和道路间的有限空间各工程管线敷设时必然存在位置上的矛盾。城市工程管线综合就是按照一定的规划原则和排列顺序，通过规定其最小水平净距和最小垂直净距以及最小覆土深度等参数来满足不同管线在城市空间中位置上的要求，保证城市工程管线顺利施工及正常运转。

1.0.4 工程管线规划要从国民经济和城市建设的长远发展来考虑，合理确定容量，同时要考虑近期建设需要，满足城市持续、健康发展要求。

1.0.5、1.0.6 作为城市规划的重要组成部分，各城市在总体（含分区）、详细各规划阶段都有相应的给水、排水、热力、电力、电信、防洪等专业规划，而工程管线规划恰恰是将这些专业规划中的线路工程在同一空间内的综合。要满足各专业容量功能等方面的要求和城市空间综合布置的要求，使工程管线正常运行。工程管线综合规划应与各专业规划相协调，使得规划更趋科学合理。

1.0.7 《城市规划标准规范体系》规定了本规范的内容要点为：城市各类工程管线（包括地下埋设和架空敷设）综合布置的技术要求和规定。如各类工程管线布置的顺序、埋深、位置、最小垂直净距、最小水平净距、坐标和高程的协调以及各工程管线在平面和垂直方向发生矛盾时的处理原则等。给水、排水、热力、煤气、电力、电信等单项工程管线，目前已有其各自的工程设计规范或规程，《城市居住区规划规范》也已对居住区范围内工程管线敷设内容作了相应规定。工程管线综合规划除执行本规范外，还要遵循上述相关标准的规定。

2 地 下 敷 设

2.1 一 般 规 定

2.1.1 城市工程管线地下敷设是为了使城市环境美观以及城市空间的合理利用，同时也是为保证城市设施及人身安全的需要。由于受经济条件制约，以前在一些城市架设了一些工程管线，随着城市规模扩大和城市环境的不断改善，其架空敷设给城市景观造成影响越来越明显，近几年各城市都在着手对城市道路，特别是景观路环境进行整治，其中很重要的一项就是将架空敷设的工程管线转入地下敷设。如沈阳市已完成太原街、中街等主要景观路电力、电信等架空转入地下，并准备用几年的时间将城市道路上面的架空线转入地下。各城市实践证明，城市工程管线在地下敷设是城市发展的必然要求。

2.1.2 采用城市统一的坐标系统和高程系统是为了避免工程管线在平面位置和竖向高程上系统之间的相互混乱和互不衔接。某些工厂厂区内或相对独立地区为了本身设计和施工的需要常自设坐标系统，但要取得不同坐标系统换算关系，保证在与城市工程管线系统连接处采用统一的坐标系统和高程系统，避免混乱。

2.1.3.1 城市工程管线规划要与城市道路规划相结合，这样可以满足道路排水、照明等道路功能本身要求，便于工程管线的施工、检修以及附属设施的设置，便于各规划区工程管线与城市主干系统的连接，合理利用城市用地。

2.1.3.2 在旧区改建规划设计中，要了解规划所需拆迁范围。考虑到经济因素对于符合规划要求且没有达到使用年限的可使用的现状工程管线要结合规划予以保留。一种情况是现有工程管线走向与规划路中心线平行，只因管径较小不能满足规划容量要求，这种管线可在城市道路有限断面上另规划敷设同类别工程管线。另一种情况是现有工程管线断面尺寸满足规划容量要求且无损坏，只是局部管段弯曲，妨碍其他规划工程管线建设，通常是结合道路规划将弯曲段调直，其余管段原位利用。再有一种情况是局部管段或节点处损坏，其他管段较好，可将损坏管段或节点修复，其他管段原段利用，这样既可节省重建的投资又满足使用要求。

2.1.3.3 工程管线在土质松软地区、地震断裂带、沉陷区、滑坡危险地带敷设时，随着地段地质的变化，引起工程管线断裂等破坏事故，造成损失，引起危险事故发生。按照规划要求，确实无法避开的工程管线，施工时要采取特殊保护措施以及事故发生时应急措施。地下水位高的地带不利于工程管线施工，同时也加速工程管线的损坏。山城地区特殊的地势条件使得工程管线规划比较复杂：一是重力流管线不一定按城市道路走向敷设，而多为沿城市地势等高线敷设。二是建筑小区或组团的相对分散和不规则造成工程管线系统相对分散和独立。多发、易发的滑坡危险地带及洪峰口地区不利于工程管线敷设。

2.1.3.4 地下敷设的工程管线与地下铁道、地下通道、人防工程等隐蔽工程均属地下工程，协调不好它们之间的关系，将对各项工程产生影响。

2.1.4 从各城市实践来看，工程管线交叉时，大都采取本条原则来进行的。实践证明其规定是科学合理的。

2.1.4.1 压力管线与重力自流管线交叉发生冲突时，压力管线容易调整管线高程，以解决交叉时的矛盾。

2.1.4.2 给水、供热、燃气等工程管线多使用易弯曲材质管道，可以通过一些弯曲方法来调整管线高程和坐标，从而解决工程管线交叉矛盾。

2.1.4.3 主干管径较大，调整工程管线弯曲度较难，另外过多的调整主干管线的弯曲度将增加系统阻力，降低输送压力，增加运行费用。

2.2 直埋敷设

2.2.1 确定地下工程管线覆土深度一般考虑下列因素：
一、保证工程管线在荷载作用下不损坏，正常运行。
二、在严寒、寒冷地区，保证管道内介质不冻结。
三、满足竖向规划要求。

我国地域广阔，各地区气候差异较大，严寒、寒冷地区土壤冰冻线较深，给水、排水、煤气等工程管线属深埋一类。热力、电信、电力等工程管线不受冰冻影响，属浅埋一类。严寒、寒冷地区以外的地区冬季土壤不冰冻或者冰冻深度只有几十厘米，覆土深度不受影响。

2.2.2 本条的规定是为了减少工程管线在施工或日常维修时与城市道路交通相互影响，节省工程投资和日常维修费用。我国大多数城市在工程管线综合规划时，都考虑首先将工程管线敷设在人行道或非机动车道下面。电信管线人孔井占地面积较大且线径粗，电信电缆穿管施工时需用机动车牵引，故布置在车行道下面。给水输水管线、燃气输气管线，主要是过境输送，通常布置在车行道下面。

2.2.3～2.2.5 规定工程管线在城市道路、居住区综合布置时的排列次序以及排列所遵循的原则是为工程管线综合规划提供方便，为科学规划管理提供依据，需要说明的是：

并不是所有的城市路段和小区中都有这些种类的工程管线，如缺少某种管线时，在执行规范中各工程管线要按规定的次序去掉缺少的管线后依次排列。

过去我国城市道路上的工程管线多为单排敷设，随着城市道路的加宽，道路两侧建筑量的增大，工程管线承担负荷的增多，单排敷设工程管线势必增加工程管线在道路横向上的破路次数，随之带来支管线增加、支管线与主干线交叉增加。近几年各城市在拓宽城市道路的同时，通常将配水、配气、供热支线、排水管线等沿道路两侧各规划建设一条，既经济又适用。

2.2.8 本条的规定是考虑在通航河道清淤或整治河道时与工程管线使用时不相互影响。

2.2.9～2.2.10 本规范是从城市建设中各工程管线综合规划统筹安排的角度，在分析和研究大量专业规范数据的基础上并兼顾工程管线、井、闸等构筑物尺寸来规定其合理的最小净距数据。

2.3 综合管沟敷设

2.3.1 早在 19 世纪，法国（1833 年）、英国（1861年）、德国等就开始兴建综合管沟，到 20 世纪美国、西班牙、俄罗斯、日本、匈牙利等国也兴建综合管沟。我国是于1958 年首先在北京敷设了综合管沟。许多国家对综合管沟的设置原则作了一些规定：

一、俄罗斯在下列情况下，敷设综合管沟：

1. 在拥有大量现状或规划地下管线的干道下面；

2. 在改建地下工程设施很发达的城市干道下面；

3. 需同时埋设给水管线、供热管线及大量电力电缆情况下；

4. 在没有余地专供埋设管线，特别是铺在刚性基础的干道下面时；

5. 在干道同铁路的交叉处。

二、日本

在交通显著拥挤的道路上，地下管线施工将对道路交通产生严重干扰时，由建设部门指定建设综合管沟。

综合管沟建设可结合道路改造（按城市规划道路拓宽等）或地下铁路建设，城市高速路等大规模工程建设同时进行，近年来特别是京都内直属国道上不仅配合上述工程修建综合管沟，而且还单独修建综合管沟。

国外部分综合管沟断面图，见图 1。

三、国内情况

1. 北京市

（1）在不允许挖掘路面的道路下，如政治活动中心地段；

（2）大的广场和宽的路段或者较窄的道路；

（3）过河过湖的管线。

如 1958 年在天安门广场敷设了 1076m 综合管沟。1977年配合《毛主席纪念堂》施工，又敷设 500 多米。

2. 大同市

在道路交叉口处敷设。自 1979 年开始，在最近几年新建的交叉口处都敷设了综合管沟。

综合管沟有如下优点：

（1）避免由于敷设和维修地下管线挖掘道路而对交通和

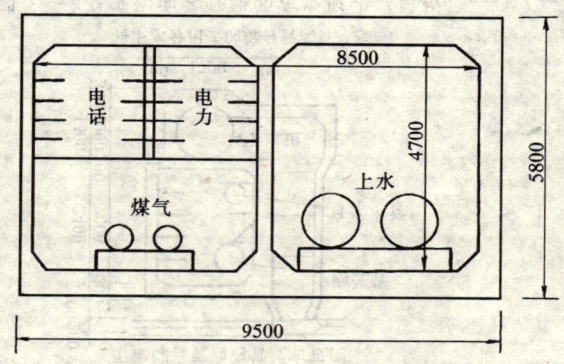

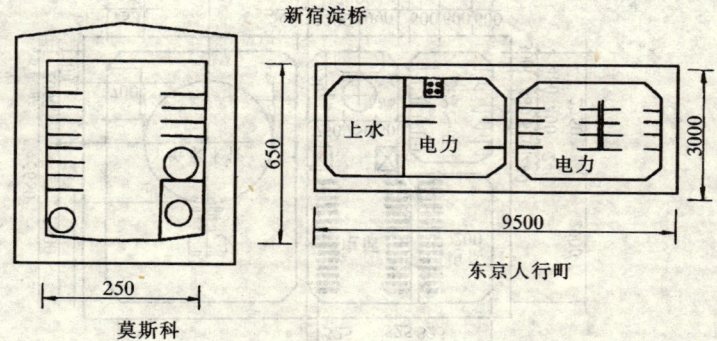

图1 国外部分综合管沟断面图（单位：mm）

居民出行造成影响和干扰，保持路容的完整和美观。

(2) 降低了路面的翻修费用和工程管线的维修费用。增加了路面的完整性和工程管线的耐久性。

(3) 便于各种工程管线的敷设、增设、维修和管理。

(4) 由于综合管沟内工程管线布置紧凑合理，有效利用了道路下的空间，节约了城市用地。

(5) 由于减少了道路的杆柱及各工程管线的检查井、室等，保证了城市的景观。

(6) 由于架空管线一起入地，减少架空管线与绿化的矛盾。

综合管沟的缺点：

(1) 建设综合管沟不便分期修建。一次投资昂贵，而且各单位如何分担费用的问题较复杂。当管沟内敷设的工程管线较少时，管沟建设费用所占比重大。

(2) 由于各工程管线的主管单位不同，不便管理。

(3) 必须正确预测远景发展规划，以免造成容量不足或过大，致使浪费或在综合管沟附近再敷设地下管线，而这种预测较困难。

(4) 在现有道路下建设时，现状工程管线与规划新建工程管线将花费较多费用而造成施工上困难。

(5) 各工程管线组合在一起，容易发生干扰事故，如电力管线打火就有引起燃气爆炸的危险，所以必须制定严格的安全防护措施。

综合管沟对路面、交通和人民生活的干扰较少，具有经济上和使用上的合理性。我国大多数城市都在积极创造条件规划建设综合管沟。

2.3.2 国外进入综合管沟的工程管线有电信电缆、电力电缆、燃气管线、给水管线和排水管线等。

我国北京市进入综合管沟的工程管线有电力电缆、电信电缆、给水及热力管线；大同市进入综合管沟的工程管线有管径300mm以下的给水和排水管线，少数电信电缆管线，并规划放进电力电缆（但电力电缆管线与电信电缆管线要有安全距离）。

2.3.3 为了确保综合管沟内各工程管线的正常运行和综合管沟的安全，相互有干扰的工程管线通常分开设置在不同的小室内。如电信电缆与高压电力电缆分开设置；燃气管线与高压电力电缆分开设置，以免燃气管线万一泄漏，引起灾害。

大断面的排水管线布置在综合管沟的一侧或底部。

综合管沟内各管线的布置形式可参见图2。

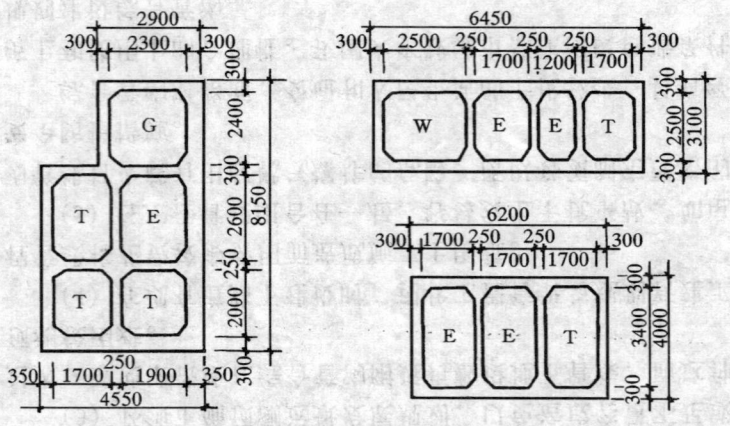

G—燃气 T—电话 W—上水 E—电力

图2 综合管沟内各管线的布置形式（单位：mm）（二）

2.3.4 工程管线干线综合管沟一般都敷设在机动车道下，其埋设深度要考虑道路施工时的施工荷载及综合管沟的结构强度和当地冰冻深度、地下水位等。

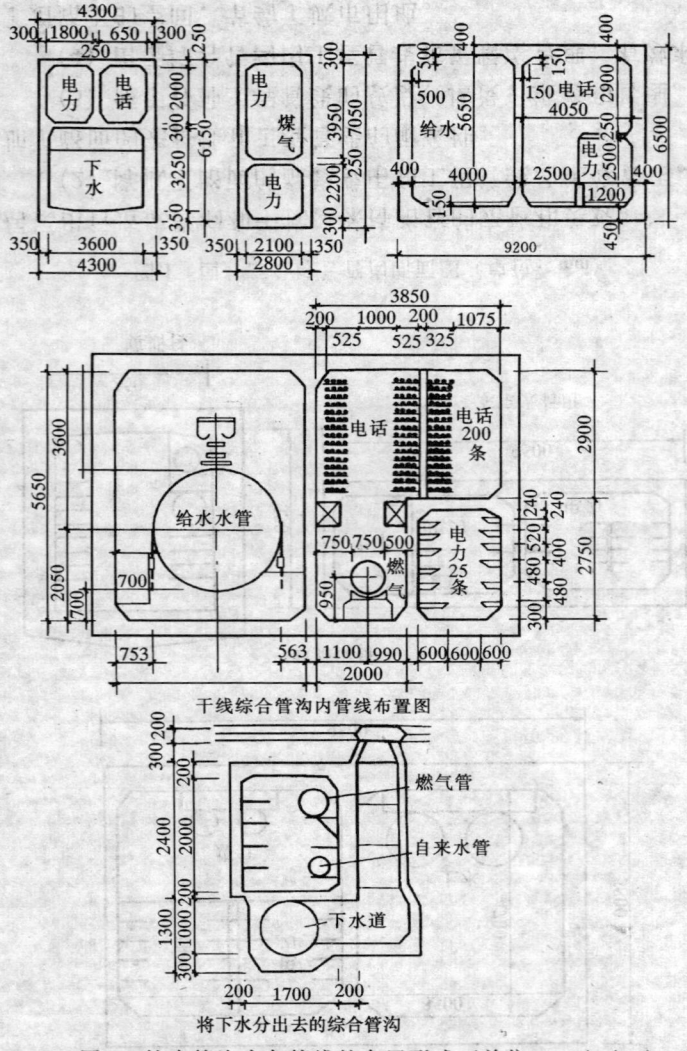

图2 综合管沟内各管线的布置形式（单位：mm）（一）

3 架空敷设

3.0.1 目前,在我国许多城市存在着不同性质工程管线架空敷设的情况,如热力、燃气等工程管线在工业区沿工厂围墙、绿带、河堤等不影响城市景观地段或不影响使用功能的情况下规划架空敷设,同时大多数城市都存在照明用路灯电力线路,电力输、配电线路和电信架空线路等,还有大多数城市都存在电车馈电架空线路。因此科学合理地对这些架空线路综合规划是工程管线综合规划设计的重要内容,同时也为保障城市道路交通顺畅及居民安全和提供城市良好景观。

3.0.2 架空线路规划位置要充分考虑到对城市景观、交通居民出行及周围建筑和设施的影响,同时也要与道路分车带、绿化带、行道树等协调,避免造成相互影响。

3.0.3 规定电力杆线、电信杆线分别规划在道路两侧架设与地下电力电缆、电信电缆分开敷设的原因基本相同,主要是为了减小电力线路,尤其是高压电力线路对电信线路的干扰。

3.0.4 目前我国大城市存在着合杆架设的情况,其中各种电力线合杆架设情况较普遍。但电力线与电信线合杆时要采取有效措施才允许合杆。合杆架设能最经济有效地利用杆柱,对美化街景是十分有益的。

3.0.5 本条的规定是考虑安全因素,防止电力架空线一旦断线触及其他工程管线引起伤亡事故。

中华人民共和国国家标准

城市电力规划规范

Code for Urban Electric Power Planning

GB/ 50293—1999

主编部门：中华人民共和国建设部
批准部门：中华人民共和国建设部
施行日期：1999年10月1日

关于发布国家标准《城市电力规划规范》的通知

建标〔1999〕149号

国务院各有关部门，各省、自治区、直辖市建委（建设厅）、有关计委，计划单列市建委，新疆生产建设兵团：

根据国家计委《一九九二年工程建设标准制订修订计划》（计综合〔1992〕490号附件二）的要求，由建设部会同有关部门共同制订的《城市电力规划规范》，经有关部门会审，批准为强制性国家标准，编号为GB 50293—1999，自1999年10月1日起施行。

本规范由建设部负责管理，中国城市规划设计研究院负责具体解释工作，建设部标准定额研究所组织中国建筑工业出版社出版发行。

中华人民共和国建设部
1999年6月10日

目　次

1 总则 ………………………………………… 7—3

2 术语 ………………………………………… 7—3

3 城市电力规划编制基本要求 ……………… 7—4

　　3.1 一般规定 …………………………… 7—4

　　3.2 编制内容 …………………………… 7—5

4 城市用电负荷 ……………………………… 7—7

　　4.1 城市用电负荷分类 ………………… 7—7

　　4.2 城市用电负荷预测 ………………… 7—8

　　4.3 规划用电指标 ……………………… 7—9

5 城市供电电源 ……………………………… 7—11

　　5.1 城市供电电源种类和选择 ………… 7—11

　　5.2 电力平衡与电源布局 ……………… 7—11

　　5.3 城市发电厂规划设计原则 ………… 7—11

　　5.4 城市电源变电所布置原则 ………… 7—12

6 城市电网 …………………………………… 7—12

　　6.1 城市电网电压等级和层次 ………… 7—12

　　6.2 城市电网规划原则 ………………… 7—12

7 城市供电设施 ……………………………… 7—13

　　7.1 一般规定 …………………………… 7—13

　　7.2 城市变电所 ………………………… 7—13

　　7.3 开关站 ……………………………… 7—15

　　7.4 公用配电所 ………………………… 7—15

　　7.5 城市电力线路 ……………………… 7—15

附录 A　35～500kV 变电所主变压器单台

　　　　（组）容量 …………………………… 7—17

附录 B　城市架空电力线路接近或跨越建筑物的

　　　　安全距离 ……………………………… 7—18

附录 C　城市架空电力线路导线与地面、街道行

　　　　道树之间最小垂直距离 …………… 7—18

附录 D　直埋电力电缆之间及直埋电力电缆与控制

　　　　电缆、通信电缆、地下管沟、道路、建筑物、构筑

　　　　物、树木之间安全距离 …………… 7—19

附录 E　本规范用词说明 ………………… 7—19

附加说明 …………………………………… 7—20

条文说明 …………………………………… 7—20

1 总 则

1.0.1 为使城市规划中的电力规划（以下简称城市电力规划）编制工作更好地贯彻执行国家城市规划、电力能源的有关法规和方针政策，提高城市电力规划的科学性、经济性和合理性，确保规划编制质量，制定本规范。

1.0.2 本规范适用于设市城市的城市电力规划编制工作。

1.0.3 城市电力规划的编制内容，应符合现行《城市规划编制办法》的有关规定。

1.0.4 应根据所在城市的性质、规模、国民经济、社会发展、地区动力资源的分布、能源结构和电力供应现状等条件，按照社会主义市场经济的规律和城市可持续发展的方针，因地制宜地编制城市电力规划。

1.0.5 布置、预留城市规划区内发电厂、变电所、开关站和电力线路等电力设施的地上、地下空间位置和用地时，应贯彻合理用地、节约用地的原则。

1.0.6 城市电力规划的编制，除应符合本规范的规定外，尚应符合国家现行的有关标准、规范的规定。

2 术 语

2.0.1 城市用电负荷 urban customers' load
在城市内或城市局部片区内，所有用电户在某一时刻实际耗用的有功功率之总和。

2.0.2 城市供电电源 urban power supply sources
为城市提供电能来源的发电厂和接受市域外电力系统电能的电源变电所总称。

2.0.3 城市发电厂 urban power plant
在市域范围内规划建设的各类发电厂。

2.0.4 城市主力发电厂 urban main forces power plant
能提供城网基本负荷电能的发电厂。

2.0.5 城市电网（简称城网） urban electric power network
为城市送电和配电的各级电压电力网的总称。

2.0.6 城市变电所 urban substation
城网中起变换电压，并起集中电力和分配电力作用的供电设施。

2.0.7 开关站（开闭所） switching station
城网中起接受电力并分配电力作用的配电设施。

2.0.8 高压深入供电方式 high voltage deepingtypes of electric power supply
城网中66kV及以上电压的电源送电线路及变电所深入市中心高负荷密度区布置，就近供应电能的方式。

2.0.9 高压线走廊（高压架空线路走廊） high-tension line

corridor

在计算导线最大风偏和安全距离情况下，35kV 及以上高压架空电力线路两边导线向外侧延伸一定距离所形成的两条平行线之间的专用通道。

3 城市电力规划编制基本要求

3.1 一 般 规 定

3.1.1 编制城市电力规划应遵循下列原则：

　3.1.1.1 应符合城市规划和地区电力系统规划总体要求；

　3.1.1.2 城市电力规划编制阶段和期限的划分，应与城市规划相一致；

　3.1.1.3 近、远期相结合，正确处理近期建设和远期发展的关系；

　3.1.1.4 应充分考虑规划新建的电力设施运行噪声、电磁干扰及废水、废气、废渣三废排放对周围环境的干扰和影响；并应按国家环境保护方面的法律、法规有关规定，提出切实可行的防治措施；

　3.1.1.5 规划新建的电力设施应切实贯彻安全第一、预防为主、防消结合的方针，满足防火、防爆、防洪、抗震等安全设防要求；

　3.1.1.6 应从城市全局出发，充分考虑社会、经济、环境的综合效益。

3.1.2 城市总体规划阶段，应以规划人口、用地布局、社会经济发展为依据，结合所在地区电力部门制订的电力发展行业规划及其重大电力设施工程项目近期建设的进度安排，由城市规划、电力两部门通过协商，密切合作进行城市总体规划中电力规划的编制。

3.1.3 城市电力规划编制过程中，应与道路交通规划、绿化规划以及城市供水、排水、供热、燃气、邮电通信等市政公用工程规划相协调，统筹安排，妥善处理相互间影响和矛盾。

3.2 编制内容

3.2.1 城市电力规划的编制，应在调查研究、收集分析有关基础资料的基础上进行。规划编制的阶段不同，调研、收集的基础资料宜符合下列要求：

3.2.1.1 城市总体规划阶段中的电力规划（以下简称城市电力总体规划阶段）需调研、收集以下资料：地区动力资源分布、储量、开采程度资料；城市综合资料，包括：区域经济、城市人口、土地面积、国内生产总值、产业结构及国民经济各产业或各行业产值、产量及大型工业企业产值、产量的近5年或10年的历史及规划综合资料；城市电源、电网资料，包括：地区电力系统地理接线图，城市供电电源种类、装机容量及发电厂位置，城网供电电压等级、电网结构、各级电压变电所容量、数量、位置及用地，高压架空线路路径、走廊宽度等现状资料及城市电力部门制订的城市电力网行业规划资料；城市用电负荷资料，包括：近5年或10年的全市及市区（市中心区）最大供电负荷、年总用电量、用电构成、电力弹性系数、城市年最大综合利用小时数、按行业用电分类或产业用电分类的各类负荷年用电量、城乡居民生活用电量等历史、现状资料；其它资料，包括：城市水文、地质、气象、自然地理资料和城市地形图，总体规划图及城市分区土地利用图等。

3.2.1.2 城市详细规划阶段中的电力规划（以下简称城市电力详细规划阶段）需调研、收集以下资料：城市各类建筑单位建筑面积负荷指标（归算至10kV电源侧处）的现状资料或地方现行采用的标准或经验数据；详细规划范围内的人口、土地面积、各类建筑用地面积，容积率（或建筑面积）及大型工业企业或公共建筑群的用地面积，容积率（或建筑面积）现状及规划资料；工业企业生产规模、主要产品产量、产值等现状及规划资料；详细规划区道路网、各类设施分布的现状及规划资料；详细规划图等。

3.2.2 城市电力总体规划阶段编制内容，宜符合下列要求：

3.2.2.1 编制城市电力总体规划纲要，内容宜包括：

（1）预测城市规划目标年的用电负荷水平；

（2）确定城市电源、电网布局方案和规划原则；

（3）绘制市域和市区（或市中心区）电力总体规划布局示意图。编写城市总体规划纲要中的电力专项规划要点。

3.2.2.2 应在城市电力总体规划纲要的基础上，编制城市电力总体规划，内容宜包括：

（1）预测市域和市区（或市中心区）规划用电负荷；

（2）电力平衡；

（3）确定城市供电电源种类和布局；

（4）确定城网供电电压等级和层次；

（5）确定城网中的主网布局及其变电所容量、数量；

（6）确定35kV及以上高压送、配电线路走向及其防护范围；

（7）提出城市规划区内的重大电力设施近期建设项目及进度安排；

（8）绘制市域和市区（或市中心区）电力总体规划图。编写电力总体规划说明书。

3.2.3 大、中城市可在城市电力总体规划的基础上，编制电力分区规划，内容宜包括：

（1）预测分区规划用电负荷；

（2）落实分区规划中供电电源的容量、数量及位置、用地；

（3）布置分区规划内高压配电网或高、中压配电网；

（4）确定分区规划高、中压电力线路的路径，敷设方式及高压线走廊（或地下电缆通道）宽度；

（5）绘制电力分区规划图。编写电力分区规划说明书。

3.2.4 应在电力分区规划或电力总体规划的基础上，编制城市详细规划阶段中的电力规划，其编制内容宜符合下列要求：

3.2.4.1 编制电力控制性详细规划，内容宜包括：

（1）确定详细规划区中各类建筑的规划用电指标，并进行负荷预测；

（2）确定详细规划区供电电源的容量、数量及其位置、用地；

（3）布置详细规划区内中压配电网或中、高压配电网，确定其变电所、开关站的容量、数量、结构型式及位置、用地；

（4）确定详细规划区的中、高压电力线路的路径、敷设方式及高压线走廊（或地下电缆通道）宽度；

（5）绘制电力控制性详细规划图。编写电力控制性详细规划说明书。

3.2.4.2 在城市开发、修建地区，应与城市修建性详细规划配套编制电力修建性详细规划，其内容宜包括：

（1）估算详细规划区用电负荷；

（2）确定详细规划区供电电源点的数量、容量及位置、用地面积（或建筑面积）；

（3）布置详细规划区的中、低压配电网及其开关站、10kV 公用配电所的容量、数量、结构型式及位置、用地面积（或建筑面积）；

（4）确定详细规划区的中、低压配电线路的路径、敷设方式及线路导线截面；

（5）投资估算；

（6）绘制电力修建性详细规划图。编写电力修建性详细规划说明书。

4 城市用电负荷

4.1 城市用电负荷分类

4.1.1 按城市全社会用电分类,城市用电负荷宜分为下列八类:农、林、牧、副、渔、水利业用电,工业用电,地质普查和勘探业用电,建筑业用电,交通运输、邮电通信业用电,商业、公共饮食、物资供销和金融业用电,其它事业用电,城乡居民生活用电。

也可分为以下四类:第一产业用电,第二产业用电,第三产业用电,城乡居民生活用电。

4.1.2 城市建设用地用电负荷分类,应符合表4.1.2规定。

城市建设用地用电负荷分类和代码表　　表 4.1.2

大 类	小 类	适 应 范 围
居住用地用电（Rd）	一类居住（Rd_1）	以低层住宅为主的用地用电
	二类居住（Rd_2）	以多、中、高层住宅为主的用地用电
	三类居住（Rd_3）	住宅与工业用地有混合交叉的用地用电
公共设施用地用电（Cd）	行政办公（Cd_1）	行政、党派和团体等机构办公的用地用电
	金融贸易（Cd_2）	金融、保险、贸易、咨询、信息和商社等机构的用地用电
	商业、服务业（Cd_3）	百货商店、超级市场、饮食、旅馆、招待所、商贸市场等的用地用电
	文化娱乐（Cd_4）	文化娱乐设施的用地用电
	体育（Cd_5）	体育场馆和体育训练基地等的用地用电
	医疗卫生（Cd_6）	医疗、保健、卫生、防疫和急救等设施的用地用电
	教育科研设施（Cd_7）	高等学校、中等专业学校、科学研究和勘测设计机构等的用地用电
	其它（Cd_n）	不包括以上设施的其它设施的用地用电

续表

大 类	小 类	适 应 范 围
工业用地用电（Md）	一类工业（Md_1）	对居住和公共设施等的环境基本无干扰和污染的工业用地用电
	二类工业（Md_2）	对居住和公共设施等的环境有一定干扰和污染的工业用地用电
	三类工业（Md_3）	对居住和公共设施等的环境有严重干扰和污染的工业用地用电
仓储用地用电（Wd）		仓储业的仓库房、堆场、加工车间及其附属设施等用地用电
对外交通用地用电（Td）	铁路（Td_1）	铁路站场等用地用电
	港口（Td_4）	海港和河港的陆地部分,包括码头作业区、辅助生产区及客运站用地用电
	机场（Td_5）	民用及军民合用机场的飞行区（不含净空区）、航站区和服务区等用地用电
市政公用设施用地用电（Ud）		供水、供电、燃气、供热、公共交通、邮电通信及排水等设施用地用电
其它事业用地用电（Y）		除以上各大类用地之外的用地用电

4.1.3 城市建筑用电负荷分类,应符合表4.1.3的规定。

城市建筑用电负荷分类表　　表 4.1.3

大 类	小 类
居住建筑用电	普通住宅
	高级住宅
	别墅
公共建筑用电	行政办公楼
	综合商住楼

续表

大　类	小　类
公共建筑 用　电	银行
	商场
	高级宾馆、饭店
	一般旅馆
	图书馆
	影剧院
	中、小学
	托幼园所
	大专院校
	科研设计单位
	体育场馆
	医院
	疗养院
	其它
工业建筑 用　电	一类工业标准厂房
	二类工业标准厂房
	三类工业标准厂房
仓储建筑 用　电	一般仓库
	冷冻仓库、危险品仓库
对外交通设施用电	火车站场、市内、长途公路客运站、海港、河港码头作业区、客运站、民用及军民合用机场港区、服务区等
市政公用设施用电	水厂及其附属构筑物、变电所、储气站、调压站、大型锅炉房等
其它建筑用电	上述建筑以外的其它建筑

4.1.4 按城市用电负荷分布特点，可分为一般负荷（均布负荷）和点负荷两类。

4.2 城市用电负荷预测

4.2.1 城市用电负荷预测（以下简称负荷预测）内容宜符合下列要求：

4.2.1.1 城市电力总体规划负荷预测内容宜包括：

（1）全市及市区（或市中心区）规划最大负荷；

（2）全市及市区（或市中心区）规划年总用电量；

（3）全市及市区（或市中心区）居民生活及第一、二、三产业各分项规划年用电量；

（4）市区及其各分区规划负荷密度。

4.2.1.2 电力分区规划负荷预测内容宜包括：

（1）分区规划最大负荷；

（2）分区规划年用电量。

4.2.1.3 城市电力详细规划负荷预测内容宜包括：

（1）详细规划区内各类建筑的规划单位建筑面积负荷指标；

（2）详细规划区规划最大负荷；

（3）详细规划区规划年用电量。

4.2.2 负荷预测应符合下列要求：

4.2.2.1 预测应建立在经常性收集、积累负荷预测所需资料的基础上，从调查研究入手，了解所在城市的人口及国民经济、社会发展规划，分析、研究影响城市用电负荷增长的各种因素；

4.2.2.2 应根据不同规划阶段预测内容的具体要求，对所掌握的基础资料进行整理、分析、校核后，选择有代表性的资料、数据作为预测的基础；

4.2.2.3 应选择和确定主要的预测方法进行预测，并用其它预测方法进行补充、校核；

4.2.2.4 应在用电现状水平的基础上进行分期预测。负荷预测期限及各期限年份的划分，应与城市规划相一致；

4.2.2.5 预测所得的规划用电负荷，在向供电电源侧归算时，应逐级乘以负荷同时率；

4.2.2.6 负荷同时率的大小，应根据各地区电网负荷具体情况确定，但均应小于1。

4.2.3 预测方法的选择宜符合下列原则：

4.2.3.1 城市电力总体规划阶段负荷预测方法，宜选用电力弹性系数法、回归分析法、增长率法、人均用电指标法、横向比较法、负荷密度法、单耗法等；

4.2.3.2 城市电力详细规划阶段的负荷预测方法宜选用：

（1）一般负荷宜选用单位建筑面积负荷指标法等；

（2）点负荷宜选用单耗法，或由有关专业部门、设计单位提供负荷、电量资料。

4.3 规划用电指标

4.3.1 当编制或修订各规划阶段中的电力规划时，应以本规范制定的各项规划用电指标作为预测或校核远期规划负荷预测值的控制标准。本规范规定的规划用电指标包括：规划人均综合用电量指标、规划人均居民生活用电量指标、规划单位建设用地负荷指标和规划单位建筑面积负荷指标四部分。

4.3.2 城市总体规划阶段，当采用人均用电指标法或横向比较法预测或校核某城市的城市总用电量（不含市辖市、县）时，其规划人均综合用电量指标的选取，应根据所在城市的性质、人口规模、地理位置、社会经济发展、国内生产总值、产业结构，地区动力资源和能源消费结构、电力供应条件、居民生活水平及节能措施等因素，以该城市的人均综合用电量现状水平为基础，对照表4.3.2中相应指标分级内的规划人均综合用电量幅值范围，进行综合研究分析、比较后，因地制宜选定。

规划人均综合用电量指标　　表 4.3.2
（不含市辖市、县）

指标分级	城市用电水平分类	人均综合用电量（kWh/(人·a)）	
		现状	规划
Ⅰ	用电水平较高城市	3500～2501	8000～6001
Ⅱ	用电水平中上城市	2500～1501	6000～4001
Ⅲ	用电水平中等城市	1500～701	4000～2501
Ⅳ	用电水平较低城市	700～250	2500～1000

注：当不含市辖市、县的城市人均综合用电量现状水平高于或低于表中规定的现状指标最高或最低限值的城市。其规划人均综合用电量指标的选取，应视其城市具体情况因地制宜确定。

4.3.3 城市总体规划阶段，当采用人均用电指标法或横向比较法，预测或校核某城市的城乡居民生活用电量（不含市辖市、县）时，其规划人均居民生活用电量指标的选取，应结合所在城市的地理位置、人口规模、居民收入、居民家庭生活消费水平、居住条件、家庭能源消费构成、气候条件、生活习惯、能源供应政策及节能措施等因素进行综合分析、比较后，以该城市的现状人均居民生活用电量水平为基础，对照表4.3.3中相应指标分级中的规划人均居民生活用电量指标幅值范围，因地制宜选定。

规划人均居民生活用电量指标　　　表 4.3.3
（不含市辖市、县）

指标分级	城市居民生活用电水平分类	人均居民生活用电量（kWh/（人·a））	
		现状	规划
Ⅰ	生活用电水平较高城市	400～201	2500～1501
Ⅱ	生活用电水平中上城市	200～101	1500～801
Ⅲ	生活用电水平中等城市	100～51	800～401
Ⅳ	生活用电水平较低城市	50～20	400～250

注：当不含市辖市、县的城市人均居民生活用电量现状水平高于或低于表中规定的现状指标最高或最低限值的城市，其规划人均居民生活用电量指标的选取，应视其城市的具体情况，因地制宜确定。

4.3.4　城市电力总体规划或电力分区规划，当采用负荷密度法进行负荷预测时，其居住、公共设施、工业三大类建设用地的规划单位建设用地负荷指标的选取，应根据三大类建设用地中所包含的建设用地小类类别、数量、负荷特征，并结合所在城市三大类建设用地的单位建设用地用电现状水平和表 4.3.4 规定，经综合分析比较后选定。

规划单位建设用地负荷指标　　　表 4.3.4

城市建设用地用电类别	单位建设用地负荷指标（kW/ha）	城市建设用地用电类别	单位建设用地负荷指标（kW/ha）
居住用地用电	100～400	工业用地用电	200～800
公共设施用地用电	300～1200		

注：1. 城市建设用地包括：居住用地、公共设施用地、工业用地、仓储用地、对外交通用地、道路广场用地、市政公用设施用地、绿化用地和特殊用地八大类。不包括水域和其它用地；

2. 超出表中三大类建设用地以外的其它各类建设用地的规划单位建设用地负荷指标的选取，可根据所在城市的具体情况确定。

4.3.5　城市电力详细规划阶段的负荷预测，当采用单位建筑面积负荷指标法时，其居住建筑、公共建筑、工业建筑三

大类建筑的规划单位建筑面积负荷指标的选取，应根据三大类建筑中所包含的建筑小类类别、数量、建筑面积（或用地面积、容积率）、建筑标准、功能及各类建筑用电设备配置的品种、数量、设施水平等因素，结合当地各类建筑单位建筑面积负荷现状水平和表 4.3.5 规定，经综合分析比较后选定。

规划单位建筑面积负荷指标　　　表 4.3.5

建筑用电类别	单位建筑面积负荷指标（W/m²）	建筑用电类别	单位建筑面积负荷指标（W/m²）
居住建筑用电	20～60W/m²（1.4～4kW/户）	工业建筑用电	20～80
公共建筑用电	30～120		

注：超出表中三大类建筑以外的其它各类建筑的规划单位建筑面积负荷指标的选取，可结合当地实际情况和规划要求，因地制宜确定。

5 城市供电电源

5.1 城市供电电源种类和选择

5.1.1 城市供电电源可分为城市发电厂和接受市域外电力系统电能的电源变电所两类。

5.1.2 城市供电电源的选择，除应遵守国家能源政策外，尚应符合下列原则：

　　5.1.2.1 综合研究所在地区的能源资源状况和可开发利用条件，进行统筹规划，经济合理地确定城市供电电源；

　　5.1.2.2 以系统受电或以水电供电为主的城市，应规划建设适当容量的火电厂，作为城市保安、补充电源，以保证城市用电需要；

　　5.1.2.3 有足够稳定热负荷的城市，电源建设宜与热源建设相结合，贯彻以热定电的原则，规划建设适当容量的热电联产火电厂。

5.2 电力平衡与电源布局

5.2.1 应根据城市总体规划和地区电力系统中长期规划，在负荷预测的基础上，考虑合理的备用容量进行电力平衡，以确定不同规划期限内的城市电力余缺额度，确定在市域范围内需要规划新建、扩建城市发电厂的规模及装机进度；同时应提出地区电力系统需要提供该城市的电能总容量。

5.2.2 应根据所在城市的性质、人口规模和用地布局，合理确定城市电源点的数量和布局，大、中城市应组成多电源供电系统。

5.2.3 应根据负荷分布和城网与地区电力系统的连接方式，合理配置城市电源点，协调好电源布点与城市港口、国防设施和其它工程设施之间的关系和影响。

5.3 城市发电厂规划设计原则

5.3.1 布置城市发电厂，应符合下列原则：

　　5.3.1.1 应满足发电厂对地形、地貌、水文地质、气象、防洪、抗震、可靠水源等建厂条件要求；

　　5.3.1.2 发电厂的厂址宜选用城市非耕地或安排在国家现行标准《城市用地分类和规划建设用地标准》中规定的三类工业用地内；

　　5.3.1.3 应有方便的交通运输条件。大、中型火电厂应接近铁路、公路或港口等城市交通干线布置；

　　5.3.1.4 火电厂应布置在城市主导风向的下风向。电厂与居民区之间距离，应满足国家现行的安全防护及卫生标准的有关规定；

　　5.3.1.5 热电厂宜靠近热负荷中心。

5.3.2 燃煤电厂应考虑灰渣的综合利用，在规划厂址的同时，规划贮灰场和水灰管线等。贮灰场宜利用荒、滩地或山谷。

5.3.3 应根据发电厂与城网的连接方式，规划出线走廊。

5.3.4 条件许可的大城市，宜规划一定容量的主力发电厂。

5.3.5 燃煤电厂排放的粉尘、废水、废气、灰渣、噪声等污染物对周围环境的影响，应符合现行国家标准的有关规定；严禁将灰渣排入江、河、湖、海。

5.4 城市电源变电所布置原则

5.4.1 应根据城市总体规划布局、负荷分布及其与地区电力系统的连接方式、交通运输条件、水文地质、环境影响和防洪、抗震要求等因素进行技术经济比较后，合理确定变电所的位置。

5.4.2 对用电量很大，负荷高度集中的市中心高负荷密度区，经技术经济比较论证后，可采用220kV及以上电源变电所深入负荷中心布置。

5.4.3 除本规范第5.4.2条情况外，规划新建的110kV以上电源变电所应布置在市区边缘或郊区、县。

5.4.4 规划新建的电源变电所，不得布置在国家重点保护的文化遗址或有重要开采价值的矿藏上，除此之外，应征得有关部门的书面协议。

6 城市电网

6.1 城市电网电压等级和层次

6.1.1 城市电网电压等级应符合国家电压标准的下列规定：500、330、220、110、66、35、10kV和380/220V。

6.1.2 城市电网应简化电压等级、减少变压层次，优化网络结构；大、中城市的城市电网电压等级宜为4～5级、四个变压层次；小城市宜为3～4级、三个变压层次。

6.1.3 城市电网中的最高一级电压，应根据城市电网远期的规划负荷量和城市电网与地区电力系统的连接方式确定。

6.1.4 对现有城市电网存在的非标准电压等级，应采取限制发展、合理利用、逐步改造的原则。

6.2 城市电网规划原则

6.2.1 根据城市的人口规划、社会经济发展目标，用地布局和地区电力系统中长期规划，结合城市供电部门制定的城市电网建设发展规划要求，通过协商和综合协调后，从城市全局出发，将电力设施的位置和用地落实到城市总体规划的用地布局图上。

6.2.2 城市电网规划应贯彻分层分区原则，各分层分区应有明确的供电范围，避免重叠、交错。

6.2.3 城市电网规模应与城市电源同步配套规划建设，达到电网结构合理、安全可靠、经济运行的要求，保证电能质量，满足城市用电需要。

6.2.4 城网中各电压层网容量之间，应按一定的变电容载比配置，各级电压网变电容载比的选取及估算公式，应符合现行《城市电力网规划设计导则》的有关规定。

6.2.5 城市电网的规划建设和改造，应按城市规划布局和道路综合管线的布置要求，统筹安排、合理预留城网中各级电压变电所、开关站、配电所、电力线路等供电设施和营业网点的位置和用地（或建筑面积）。

7 城市供电设施

7.1 一般规定

7.1.1 规划新建或改建的城市供电设施的建设标准、结构选型，应与城市现代化建设整体水平相适应。

7.1.2 城市供电设施的规划选址、选路径，应充分考虑我国城市人口集中、建筑物密集、用地紧张的空间环境条件和城市用电量大、负荷密度高、电能质量和供电安全可靠性要求高的特点和要求。

7.1.3 规划新建的城市供电设施，应根据其所处地段的地形、地貌条件和环境要求，选择与周围环境、景观相协调的结构型式与建筑外形。

7.1.4 规划新建的城市供电设施用地预留和空间配置应符合本规范第1.0.5条的要求。

7.2 城市变电所

7.2.1 城市变电所按其结构型式分类，应符合表7.2.1的规定。

城市变电所结构型式分类　　　　表7.2.1

大 类	结构型式	小 类	结构型式
1	户外式	1 2	全户外式 半户外式
2	户内式	3 4	常规户内式 小型户内式

7—13

续表

大　类	结构型式	小　类	结构型式
3	地下式	5	全地下式
		6	半地下式
4	移动式	7	箱体式
		8	成套式

7.2.2　城市变电所按其一次电压等级可分为 500、330、220、110、66、35kV 六类变电所。

7.2.3　城市变电所规划选址，应符合下列要求：

（1）符合城市总体规划用地布局要求；

（2）靠近负荷中心；

（3）便于进出线；

（4）交通运输方便；

（5）应考虑对周围环境和邻近工程设施的影响和协调，如：军事设施、通讯电台、电信局、飞机场、领（导）航台、国家重点风景旅游区等，必要时，应取得有关协议或书面文件；

（6）宜避开易燃、易爆区和大气严重污秽区及严重盐雾区；

（7）应满足防洪标准要求：220～500kV 变电所的所址标高，宜高于洪水频率为 1% 的高水位；35～110kV 变电所的所址标高，宜高于洪水频率为 2% 的高水位；

（8）应满足抗震要求：35～500kV 变电所抗震要求，应符合国家现行标准《220～500kV 变电所设计规程》和《35～110kV 变电所设计规范》中的有关规定；

（9）应有良好的地质条件，避开断层、滑坡、塌陷区、溶洞地带、山区风口和易发生滚石场所等不良地质构造。

7.2.4　规划新建城市变电所的结构型式选择，宜符合下列规定：

7.2.4.1　布设在市区边缘或郊区、县的变电所，可采用布置紧凑、占地较少的全户外式或半户外式结构；

7.2.4.2　市区内规划新建的变电所，宜采用户内式或半户外式结构；

7.2.4.3　市中心地区规划新建的变电所，宜采用户内式结构；

7.2.4.4　在大、中城市的超高层公共建筑群区、中心商务区及繁华金融、商贸街区规划新建的变电所，宜采用小型户内式结构；变电所可与其它建筑物混合建设，或建设地下变电所。

7.2.5　城市变电所的建筑外形，建筑风格应与周围环境、景观、市容风貌相协调。

7.2.6　城市变电所的运行噪声对周围环境的影响，应符合国家现行标准《城市各类区域环境保护噪声标准》的有关规定。

7.2.7　城市变电所的用地面积（不含生活区用地），应按变电所最终规模规划预留；规划新建的 35～500kV 变电所用地面积的预留，可根据表 7.2.7-1 和表 7.2.7-2 的规定，结合所在城市的实际用地条件，因地制宜选定。

7.2.8　城市变电所主变压器安装台（组）数宜为 2～3 台（组），单台（组）主变压器容量应标准化、系列化。35～500kV 变电所主变压器单台（组）容量选择，应符合附录 A 的规定。

35～110kV变电所规划用地面积控制指标 表 7.2.7-1

序号	变压等级（kV）一次电压/二次电压	主变压器容量[MVA/台(组)]	变电所结构型式及用地面积（m²）		
			全户外式用地面积	半户外式用地面积	户内式用地面积
1	110（66）/10	20～63/2～3	3500～5500	1500～3000	800～1500
2	35/10	5.6～31.5/2～3	2000～3500	1000～2000	500～1000

220～500kV变电所规划用地面积控制指标 表 7.2.7-2

序号	变压等级（kV）一次电压/二次电压	主变压器容量[MVA/台(组)]	变电所结构型式	用地面积（m²）
1	500/220	750/2	户外式	98000～110000
2	330/220 及 330/110	90～240/2	户外式	45000～55000
3	330/110 及 330/10	90～240/2	户外式	40000～47000
4	220/110（66,35）及 220/10	90～180/2～3	户外式	12000～30000
5	220/110（66,35）	90～180/2～3	户外式	8000～20000
6	220/110（66,35）	90～180/2～3	半户外式	5000～8000
7	220/110（66,35）	90～180/2～3	户内式	2000～4500

7.3 开 关 站

7.3.1 当 66～220kV 变电所的二次侧 35kV 或 10kV 出线走廊受到限制，或者 35kV 或 10kV 配电装置间隔不足，且无扩建余地时，宜规划建设开关站。

7.3.2 根据负荷分布，开关站宜均匀布置。

7.3.3 10kV 开关站宜与 10kV 配电所联体建设。

7.3.4 10kV 开关站最大转供容量不宜超过 15000kVA。

7.4 公用配电所

7.4.1 规划新建公用配电所（以下简称配电所）的位置，应接近负荷中心。

7.4.2 配电所的配电变压器安装台数宜为两台，单台配电变压器容量不宜超过 1000kVA。

7.4.3 在负荷密度较高的市中心地区，住宅小区、高层楼群、旅游网点和对市容有特殊要求的街区及分散的大用电户，规划新建的配电所，宜采用户内型结构。

7.4.4 在公共建筑楼内规划新建的配电所，应有良好的通风和消防措施。

7.4.5 当城市用地紧张、选址困难或因环境要求需要时，规划新建配电所可采用箱体移动式结构。

7.5 城市电力线路

7.5.1 城市电力线路分为架空线路和地下电缆线路两类。

7.5.2 城市架空电力线路的路径选择，应符合下列规定：

　　7.5.2.1 应根据城市地形、地貌特点和城市道路网规划，沿道路、河渠、绿化带架设。路径做到短捷、顺直，减少同道路、河流、铁路等的交叉，避免跨越建筑物；对架空电力线路跨越或接近建筑物的安全距离，应符合本规范附录 B.0.1 和附录 B.0.2 的规定；

　　7.5.2.2 35kV 及以上高压架空电力线路应规划专用通道，并应加以保护；

　　7.5.2.3 规划新建的 66kV 及以上高压架空电力线路，

不应穿越市中心地区或重要风景旅游区；

7.5.2.4　宜避开空气严重污秽区或有爆炸危险品的建筑物、堆场、仓库，否则应采取防护措施；

7.5.2.5　应满足防洪、抗震要求。

7.5.3　市区内35kV及以上高压架空电力线路的新建、改造、应符合下列规定：

7.5.3.1　市区高压架空电力线路宜采用占地较少的窄基杆塔和多回路同杆架设的紧凑型线路结构。为满足线路导线对地面和树木间的垂直距离，杆塔应适当增加高度、缩小档距，在计算导线最大弧垂情况下，架空电力线路导线与地面、街道行道树之间最小垂直距离，应符合本规范附录C.0.1和附录C.0.2的规定；

7.5.3.2　按国家现行有关标准、规范的规定，应注意高压架空电力线路对邻近通信设施的干扰和影响，并满足与电台、领（导）航台之间的安全距离。

7.5.4　市区内的中、低压架空电力线路应同杆架设，做到一杆多用。

7.5.5　城市高压架空电力线路走廊宽度的确定，应符合下列要求：

7.5.5.1　应综合考虑所在城市的气象条件、导线最大风偏、边导线与建筑物之间安全距离、导线最大弧垂、导线排列方式以及杆塔型式、杆塔档距等因素，通过技术经济比较后确定；

7.5.5.2　市区内单杆单回水平排列或单杆多回垂直排列的35～500kV高压架空电力线路的规划走廊宽度，应根据所在城市的地理位置、地形、地貌、水文、地质、气象等条件及当地用地条件，结合表7.5.5的规定，合理选定。

市区35～500kV高压架空电力线路规划走廊宽度

（单杆单回水平排列或单杆多回垂直排列）　表7.5.5

线路电压等级（kV）	高压线走廊宽度（m）	线路电压等级（kV）	高压线走廊宽度（m）
500	60～75	66、110	15～25
330	35～45	35	12～20
220	30～40		

7.5.6　市区内规划新建的35kV以上电力线路，在下列情况下，应采用地下电缆：

7.5.6.1　在市中心地区、高层建筑群区、市区主干道、繁华街道等；

7.5.6.2　重要风景旅游景区和对架空裸导线有严重腐蚀性的地区。

7.5.7　布设在大、中城市的市区主次干道、繁华街区、新建高层建筑群区及新建居住区的中、低压配电线路，宜逐步采用地下电缆或架空绝缘线。

7.5.8　敷设城市地下电缆线路应符合下列规定：

7.5.8.1　地下电缆线路的路径选择，除应符合国家现行《电力工程电缆设计规范》的有关规定外，尚应根据道路网规划，与道路走向相结合，并应保证地下电缆线路与城市其它市政公用工程管线间的安全距离；

7.5.8.2　城市地下电缆线路经技术经济比较后，合理且必要时，宜采用地下共用通道；

7.5.8.3　同一路段上的各级电压电缆线路，宜同沟敷设；

7.5.8.4　城市电力电缆线路需要通过城市桥梁时，应符合国家现行标准《电力工程电缆设计规范》中对电力电缆敷设的技术要求，并应满足城市桥梁设计、安全消防的技术标准规定。

7.5.9 城市地下电缆敷设方式的选择，应遵循下列原则：

7.5.9.1 应根据地下电缆线路的电压等级，最终敷设电缆的根数、施工条件、一次投资、资金来源等因素，经技术经济比较后确定敷设方案；

7.5.9.2 当同一路径电缆根数不多，且不宜超过6根时，在城市人行道下、公园绿地、建筑物的边沿地带或城市郊区等不易经常开挖的地段，宜采用直埋敷设方式。直埋电力电缆之间及直埋电力电缆与控制电缆、通信电缆、地下管沟、道路、建筑物、构筑物、树木等之间的安全距离，不应小于本规范附表D的规定；

7.5.9.3 在地下水位较高的地方和不宜直埋且无机动荷载的人行道等处，当同路径敷设电缆根数不多时，可采用浅槽敷设方式；当电缆根数较多或需要分期敷设而开挖不便时，宜采用电缆沟敷设方式；

7.5.9.4 地下电缆与公路、铁路、城市道路交叉处，或地下电缆需通过小型建筑物及广场区段，当电缆根数较多，且为6~20根时，宜采用排管敷设方式；

7.5.9.5 同一路径地下电缆数量在30根以上，经技术经济比较合理时，可采用电缆隧道敷设方式。

附录 A　35~500kV 变电所主变压器单台（组）容量

35~500kV 变电所主变压器单台（组）容量表　　附表 A

变电所电压等级	单台（组）主变压器容量（MVA）	变电所电压等级	单台（组）主变压器容量（MVA）
500kV	500、750、1000、1500	110kV	20、31.5、40、50、63
330kV	90、120、150、180、240	66kV	20、31.5、40、50
220kV	90、120、150、180、240	35kV	5.6、7.5、10、15、20、31.5

附录 B 城市架空电力线路接近或跨越建筑物的安全距离

B.0.1 在导线最大计算弧垂情况下，1～330kV 架空电力线路导线与建筑物之间垂直距离不应小于附表 B.0.1 的规定值。

1～330kV 架空电力线路导线与建筑物之间的垂直距离

（在导线最大计算弧垂情况下）　　附表 B.0.1

线路电压（kV）	1～10	35	66～110	220	330
垂直距离（m）	3.0	4.0	5.0	6.0	7.0

B.0.2 城市架空电力线路边导线与建筑物之间，在最大计算风偏情况下的安全距离不应小于附表 B.0.2 的规定值。

架空电力线路边导线与建筑物之间安全距离

（在最大计算风偏情况下）　　附表 B.0.2

线路电压（kV）	<1	1～10	35	66～110	220	330
安全距离（m）	1.0	1.5	3.0	4.0	5.0	6.0

附录 C 城市架空电力线路导线与地面、街道行道树之间最小垂直距离

C.0.1 在最大计算弧垂情况下，架空电力线路导线与地面的最小垂直距离应符合附表 C.0.1 的规定。

架空电力线路导线与地面间最小垂直距离（m）

（在最大计算导线弧垂情况下）　　附表 C.0.1

线路经过地区	线 路 电 压（kV）				
	<1	1～10	35～110	220	330
居民区	6.0	6.5	7.5	8.5	14.0
非居民区	5.0	5.0	6.0	6.5	7.5
交通困难地区	4.0	4.5	5.0	5.5	6.5

注：1. 居民区：指工业企业地区、港口、码头、火车站、城镇、集镇等人口密集地区；

2. 非居民区：指居民区以外的地区，虽然时常有人、车辆或农业机械到达，但房屋稀少的地区；

3. 交通困难地区：指车辆、农业机械不能到达的地区。

C.0.2 架空电力线路与街道行道树（考虑自然生长高度）之间最小垂直距离应符合附表 C.0.2 的规定。

架空电力线路导线与街道行道树之间最小垂直距离

（考虑树木自然生长高度）　　附表 C.0.2

线路电压（kV）	<1	1～10	35～110	220	330
最小垂直距离（m）	1.0	1.5	3.0	3.5	4.5

附录 D 直埋电力电缆之间及直埋电力电缆与控制电缆、通信电缆、地下管沟、道路、建筑物、构筑物、树木之间安全距离

直埋电力电缆之间及直埋电力电缆与控制电缆、通信电缆、地下管沟、道路、建筑物、构筑物、树木之间安全距离　　附表 D

项　目	安全距离（m） 平行	安全距离（m） 交叉
建筑物、构筑物基础	0.50	—
电杆基础	0.60	—
乔木树主干	1.50	—
灌木丛	0.50	—
10kV 以上电力电缆之间，以及 10kV 及以下电力电缆与控制电缆之间	0.25（0.10）	0.50（0.25）
通信电缆	0.50（0.10）	0.50（0.25）
热力管沟	2.00	（0.50）
水管、压缩空气管	1.00（0.25）	0.50（0.25）
可燃气体及易燃液体管道	1.00	0.50（0.25）
铁路（平行时与轨道，交叉时与轨底，电气化铁路除外）	3.00	1.00
道路（平行时与侧石，交叉时与路面）	1.50	1.00
排水明沟（平行时与沟边，交叉时与沟底）	1.00	0.50

注：1. 表中所列安全距离，应自各种设施（包括防护外层）的外缘算起；
　　2. 路灯电缆与道路灌木丛平行距离不限；
　　3. 表中括号内数字，是指局部地段电缆穿管，加隔板保护或加隔热层保护后允许的最小安全距离；
　　4. 电缆与水管，压缩空气管平行，电缆与管道标高差不大于 0.5m 时，平行安全距离可减小至 0.5m。

附录 E 本规范用词说明

E.0.1 为便于在执行本规范条文时区别对待，对要求严格程度不同的用词说明如下：

（1）表示很严格，非这样做不可的用词：
　　正面词采用"必须"；
　　反面词采用"严禁"。

（2）表示严格，在正常情况下均应这样做的用词：
　　正面词采用"应"；
　　反面词采用"不应"或"不得"。

（3）表示允许稍有选择，在条件许可时，首先应这样做的用词：
　　正面词采用"宜"或"可"；
　　反面词采用"不宜"。

E.0.2 条文中指定应按其它有关标准、规范执行时，写法为"应符合……的规定"或"应按……执行"。

附加说明

本规范主编单位、参加单位和主要起草人名单

主编单位：中国城市规划设计研究院

参加单位：电力工业部安全生产监察司

国家电力调度通信中心

北京市城市规划设计研究院

北京供电局

上海市城市规划设计研究院

上海电力工业局

天津市城市规划设计研究院

主要起草人：刘学珍　朱保哲　刘玉娟　孙　轩

金文龙　屠三益　武绪敏　任年荣

仝德良　吕　千

中华人民共和国国家标准

城市电力规划规范

GB 50293—1999

条 文 说 明

制订说明

根据国家计委计综合〔1992〕490号文下达的编制任务要求,《城市电力规划规范》由中国城市规划设计研究院负责主编,会同电力工业部安全生产监察司、国家电力调度通信中心、北京市城市规划设计研究院、北京供电局、上海市城市规划设计研究院、上海电力工业局、天津市城市规划设计研究院共同编制而成。经建设部以〔1999〕149建标号文批准发布。

为了便于广大规划设计、管理、科研、学校等有关单位人员在使用本规范时,能正确理解和执行条文规定,编制组根据《工程建设技术标准编写要求》的统一要求,按本规范的章、节、条、款顺序,编写了条文说明,供国内有关部门和单位参考。在使用中,如发现本规范条文有欠妥之处,请将意见函寄中国城市规划设计研究院城市规划技术标准归口办公室,以供今后修订时参考。

通信地址:北京三里河路9号中国城市规划设计研究院,邮政编码:100037。

中华人民共和国建设部
1998年6月

目　次

1　总则 …………………………………………… 7—22
2　术语 …………………………………………… 7—23
3　城市电力规划编制基本要求 ………………… 7—24
　3.1　一般规定 ………………………………… 7—24
　3.2　编制内容 ………………………………… 7—25
4　城市用电负荷 ………………………………… 7—26
　4.1　城市用电负荷分类 ……………………… 7—26
　4.2　城市用电负荷预测 ……………………… 7—26
　4.3　规划用电指标 …………………………… 7—27
5　城市供电电源 ………………………………… 7—32
　5.1　城市供电电源种类和选择 ……………… 7—32
　5.2　电力平衡与电源布局 …………………… 7—33
　5.3　城市发电厂规划设计原则 ……………… 7—33
　5.4　城市电源变电所布置原则 ……………… 7—33
6　城市电网 ……………………………………… 7—34
　6.1　城市电网电压等级和层次 ……………… 7—34
　6.2　城市电网规划原则 ……………………… 7—35
7　城市供电设施 ………………………………… 7—36
　7.1　一般规定 ………………………………… 7—36

7.2 城市变电所 …………………………………… 7—36

7.3 开关站 ………………………………………… 7—38

7.4 公用配电所 ……………………………………… 7—38

7.5 城市电力线路 …………………………………… 7—38

1 总 则

1.0.1 条文中明确规定了本规范编制的目的和依据。城市电力规划是城市规划的重要组成部分，具有综合性、政策性和电力专业技术性较强的特点，贯彻执行国家城市规划、电力能源的有关法规和方针政策，可为城市电力规划的编制工作提供可靠的基础和法律保证，以确保规划的质量。城市规划、电力能源的有关国家法规，主要包括：《城市规划法》、《电力法》、《土地法》和《环境保护法》等。

1.0.2 本规范适用范围包括有两层含意：一是本规范适用于城市中的设市城市，不含建制镇。主要考虑我国建制镇数量很多，规模和发展水平差异较大，各建制镇的地理位置、资源条件以及供电管理水平和电力设施装备水平相差悬殊，难于制定统一的技术标准，但各建制镇可结合本地实际情况因地制宜地参照执行本规范。二是本规范的适用范围覆盖了《城市规划法》所规定的城市规划各规划阶段中的电力规划编制工作。

1.0.5 节约用地，十分珍惜和合理使用城市每一寸土地，是我国一项基本国策，也是编制城市电力规划的重要内容和基本要求，尤其是在改革开放不断深入发展的今天更为必要。近年来，城市经济的高速发展和建设步伐的加快，加大了城市土地的开发强度，在有限的城市空间内，可利用的土地将越来越少，而伴随经济的迅速增长和建设力度的加大，城市用电量和负荷密度将急剧增加，目前，我国一般大中城市的市中心地区平均每平方公里负荷密度已达 5000kW 左右，有的城市市中心局部地区的负荷密度已高达上万千瓦，乃至几万千瓦的已屡见不鲜，且有继续增长的势头。高负荷密度带来高压变电所、高压电力线路深入市区负荷中心建设的数量越来越多，这给规划新建的变电所、电力线路选址、选路径带来的困难日益突出，如果这些问题在规划阶段不加以妥善解决，势必将影响电力规划实施的顺利进行，并将造成市区外围有强大的电源送不进的局面，将给城市经济造成损失，政治上带来不良影响，给社会治安增加不安定因素。执行本条文需注意的是：节约用地应在以保证供电设施安全经济运行、方便维护为前提的条件下，依靠科学进步，采用新技术、新设备、新材料、新工艺，或者通过技术革新，改造原有设备的布置方式，达到缩小用地、实现节省占地的目的，而不能不考虑供电设施必要的技术条件和功能上的要求，硬性压缩用地。

2 术 语

本章主要将本规范中所涉及到的城市电力规划基本技术用语，给以统一定义和词解；或对在其它标准、规范中尚未明确定义的专用术语，而在我国城市供用电领域中已成熟的惯用技术用语，加以肯定、纳入，以利于对本规范的正确理解和使用。

3 城市电力规划编制基本要求

3.1 一 般 规 定

3.1.1 本条文规定了编制城市电力规划应遵循的基本原则。

3.1.1.1 城市电力规划是城市规划的重要组成部分，地区电力系统是城市重要的电源，是确定城网规模、布局的依据。因此，必须以城市规划、地区电力系统规划为依据，从全局出发，考虑城市电力规划的编制工作；

3.1.1.2 城市电力规划是城市规划的配套规划，规划阶段和期限的划分，只有同城市规划相一致，才能使规划的内容、深度和实施进度做到与城市整体发展同步，使城市土地利用、环境保护及城市电力与其它工程设施之间的矛盾和影响得到有效的协调和解决，取得最佳的社会、经济、环境综合效益；

3.1.1.4 本条款对城市电能生产、供应提出符合社会、经济、环境综合效益的具体要求。电力是一种先进的和使用方便的优质能源，它是国民经济发展的物质基础，是人民生活的必需品，是现代社会生活的重要标志。城市现代化程度越高，对电能的需求量就越大，但生产电能的发电厂所排出的废水、废气、粉尘、灰渣和承担输送电能任务的高压变电所和高压送、配电线路运行时所产生的电磁辐射、场强及噪声对城市的影响如果处理不当，都将会污染城市环境。因

此，在规划阶段落实城市发电厂、高压变电所的位置和高压电力线路的路径时，既要考虑满足其靠近负荷中心的电力技术要求，也要充分考虑高压变电所和高压电力线路规划建设对周围环境的影响，并提出切实可行的防治措施；

3.1.1.5 安全设防是保障城市建设、社会治安和人民生命财产安全的有效措施。由于目前我国城网中的电力设备（如：变压器、断路器、电力电缆等）多为带油设备，都潜在火灾危险性，据公安部沈阳消防科学研究所对 1986 年～1990 年全国电气火灾现状的调研及有关资料介绍，由于电气设备、电线电缆的产品性能质量问题，电气工程的设计、安装施工及使用维修问题等方面的原因，使得电气火灾每年发生次数占全国火灾总数中的比重有逐年上升的趋势，1993 年比 1980 年上升了两倍多，我们应吸取教训，总结经验，在市中心地区或人口集中的繁华地区，当高压变电所需要进入公共建筑楼内，高压电力电缆需要通过城市桥梁时，都必须进行充分论证和技术经济比较，树立安全第一的思想，采取有效的预防措施，消除隐患，确保安全。与此同时，还要加速对城网电气设备无油化新技术、新产品的开发和应用研究，以有效地解决因带油电气设备安全防护措施不当而给城市带来灾害的矛盾。

3.1.2 条文中提出的编制城市电力规划，尤其是编制城市总体规划阶段中的电力规划应由城市规划、电力两部门通过充分协商，密切合作进行编制的理由，主要是由城市电力规划所具有的综合协调性和电力专业技术性很强的双重性特点

所决定的。在城市电力规划的编制工作中，要以城市总体规划为依据，统筹安排、综合协调各项电力设施在城市空间中的布局，为电力设施的建设提供必要的城市空间，同时城市的发展，也离不开电力能源的供应，两者之间是一种相互联系、相互制约的内涵关系。这种双重性特点在电力总体规划阶段体现的更为突出，如果在编制电力总体规划工作中，城市规划、电力两部门之间不能取得密切配合和协作，使制定的规划过分地偏重其双重性中的任何一个方面，都将不是一个全面完整的规划，也难以保证规划的质量和规划的实施。

3.1.3 城市电力、供水、排水、供热、燃气、邮电通信工程管线，均属城市市政公用工程管线，一般沿城市道路两侧的地上、地下敷设。在编制规划过程中，城市电力规划如不能与其它工程规划之间很好地协调配合，势必将造成电力线路与树木之间、电力线路与其它工程管线相互间的影响和矛盾，进而影响电力规划实施的进度，并浪费国家资金。只有相互之间密切配合、统筹规划，使电力管线在城市空间占有合理的位置，才能保证电力规划得以顺利实施。

3.2 编制内容

3.2.1 调研、收集电力规划基础资料，是编制城市电力规划的基础工作。由于城市电力规划的双重性特点，使调研、收集的基础资料面广、内容多、工作量大，因此，各城市应根据编制不同规划阶段的内容、深度要求，有针对性地调研收集有关的基础资料。本条文的制定，是在总结建国以来全国各城市编制城市电力规划的经验和多年工作实践体会基础上制定的。

3.2.2～3.2.4 条文中规定的不同规划阶段中电力规划的编制内容要求，是在总结建国以来我国各城市编制电力规划的经验基础上制定的。条文的制定是基于确保规划编制质量，统一编制内容、深度的要求。

4 城市用电负荷

4.1 城市用电负荷分类

城市用电负荷分类的方法很多，从不同角度出发可以有不同的分类。本节中负荷分类的制订，主要从编制城市电力规划中的负荷预测工作需要出发，总结全国城市编制城市电力规划的负荷预测工作经验，研究、分析不同规划阶段的负荷预测内容及其负荷特征、用电性质的区别，加以分别归类。这种分类既客观地反映了不同规划阶段的用电负荷层次关系，又满足了负荷预测的要求。现分述如下：

4.1.1 条文中的行业用电分类，与国家现行《国民经济行业分类方法和代码》和电力部制定的城市用电负荷分类统计口径的规定相一致，这种分类方法有利于调研、收集城市用电负荷历史统计数据及现状资料。按产业用电分类则可以使负荷预测简便。产业用电与行业用电之间的关系：第一产业用电为农、林、牧、副、渔、水利业用电，第二产业用电为工业、建筑业用电，第三产业用电为第一、第二产业用电以外的其它产业用电，居民生活用电指住宅用电。本条文的负荷分类多用于城市电力总体规划阶段的负荷预测。

4.1.2 条文中的负荷分类，主要根据城市各类建设用地的用电性质不同加以区别，并与国家现行《城市用地分类和规划建设用地标准》中建设用地的符号、代码分类口径进行相应的规定。这种与国家用地分类相衔接划分负荷类别，在我国尚属首次，这种分类方法的主要优点是：比较直观，便于

基础资料的收集，有较强的适用性和可操作性。在城市总体规划和分区规划中按各类建设用地的功能、用电性质的区别来划分负荷类别进行负荷预测，是取得比较满意预测结果的主要负荷分类方法。

4.1.3 本条文主要是根据城市各类建筑功能的区别和其用电负荷的特点进行分类的。

4.1.4 条文中的点负荷是指城市中用电量大，负荷集中的大用电户，如：大型工厂企业或大型公共建筑群。一般负荷（均布负荷）是指点负荷以外分布较分散的其它负荷。在负荷预测中，为预测简便，可将这些负荷看作是分布比较均匀的一般用电户。

4.2 城市用电负荷预测

4.2.2 条文中对城市电力规划中的负荷预测工作提出基本要求，具体分述如下：

4.2.2.1 负荷预测是编制城市电力规划的基础和重要内容，是合理确定城市电源、电网规模、布局的基本依据。负荷预测要有科学性、准确性，其关键应能收集、积累负荷预测所需要的基础资料和开展经常性的调研工作，掌握反映客观规律性的基础资料、数据，选用符合实际的负荷预测参数，根据基础资料，科学地预测目标年负荷水平，使之适应国民经济发展和城市现代化建设用电需要。

4.2.2.2 为了保证资料的数量和质量，需对调研、收集到的各种资料进行整理、分析、校核，并在此基础上建立资料文件及预测数据库。整理、校核资料是否连续、齐全，各项指标是否准确，资料统计口径和计算是否一致，时间序列内各种数据是否可比等，对有关部门制订、提出的规划目标和设想，在使用时也应进行适当的分析研究，使预测选用

的基础资料和所考虑到的影响负荷预测的各种因素,尽量做到详细全面,同时,还应考虑影响未来城市负荷发展的不可预见的因素,以提高预测的准确性和可靠性。

4.2.2.3 采用多种方法预测,并相互补充、校核,可以做到尽可能多地考虑相关因素,从而使预测结果能够比较全面地反映未来负荷的发展变化规律。

4.2.2.5～4.2.2.6 负荷同时率指在规定的时间(一天或一年)内,一个地区电网的综合最大负荷与各用户(或各变电所)各自的最大负荷之和的比率关系。在有几级电压的城网中,负荷同时率就是某级电压的一台主变压器最大负荷与由它供电的下一级电压的各台主变压器最大负荷的和之比,例如在有 220/110/10/0.38kV 四级电压的城网中,若 110kV 对 220kV、10kV 对 110kV、0.38kV 对 10kV 的负荷同时率分别为 K_1、K_2、K_3,则预测 0.38kV 电压网的规划总负荷归算至 220kV 电源侧时,就应分别乘以负荷同时率 K_3、K_2、K_1。由于一个地区电网内各类用户的负荷特征和用电性能不同,各自最大负荷的巅峰值出现的时间都不一样,故在一段规定的时间内,一个地区电网的综合最大负荷值往往是小于用户各自的最大负荷值之和的。

4.2.3 条文中推荐的几种负荷预测方法,是在总结全国各城市编制城市电力规划进行负荷预测时常用的几种预测方法的经验基础上,吸收了中国城市规划设计研究院在 1987 年完成的《城市二次能源消费水平预测方法研究》中的城市用电水平预测科研成果,并与电力工业部规划计划司在 1995 年制定的《电力需求预测工作条例》(试行)中的有关规定相协调,经分析、研究后提出的。由于每一种预测方法都是在限定的条件下建立的预测模型,所以每一种预测方法的适用范围都有一定的局限性,如:电力弹性系数法、增长率法、回归分析法,主要根据历史统计数据,进行分析而建立的预测数学模型,多用于宏观预测城市总用电负荷或校核中远期的规划负荷预测值,以上各种方法可以同时应用,并相互进行补充校核。而负荷密度法、单耗法则适用于分项分类的局部预测,用以上方法预测的负荷可用横向比较法进行校核、补充。而在城市详细规划阶段,对地域范围较小的居住区、工业区等局部范围的负荷预测则多采用单位建筑面积负荷指标法。近年来,城市经济的高速发展、居民生活用电水平的迅速提高以及改革开放带来的第三产业快速发展,给负荷预测带来许多不确定因素。为此,还需要全国广大电力规划工作者对电力负荷预测方法进行积极研究探索,除条文中推荐的几种预测方法外,尚需不断开发研究出一些新的预测方法,以使之充实完善。

4.3 规划用电指标

4.3.1 城市用电指标是反映一定历史时期内的城市电能消费水平、衡量一个城市的综合经济实力和现代化程度的重要标志之一。规划用电指标的确定,受一定规划期内的城市社会经济发展、人口规模、资源条件、人民物质文化生活水平、电力供应程度等因素的制约。条文中制定的各项规划用电指标,是以党的十四届五中全会提出的 2010 年我国国民经济和社会发展的远景目标为依据的,规划用电指标适用的期限与各城市制定的新一轮跨世纪城市总体规划中所确定的远期目标规划期限相一致,目的是使制定的规划用电指标有明确的适用期限,便于比较和评审,也符合国情。

4.3.2 人均综合用电量指标是衡量一个国家或城市经济发达程度的一个重要参数,也是编制城市电力总体规划时,校核城市远期用电量预测水平和宏观控制远期电力发展规模的重要指标。由于我国城市数量多，各城市之间人均综合用电量水平差异悬殊，供电条件也不尽相同，条文中制定的规划人均综合用电量指标，主要根据近10多年来全国城市用电统计资料的整理、分析和对国内50多个不同类型的大、中、小城市1994年用电现状的调查，参考国外23个城市80年代初的人均综合用电量水平，总结我国城市用电发展规律的特点而制定的。据对全国295个城市1984年~1994年的10年用电统计资料分析，人均综合用电量呈逐年上升趋势，全国城市人均综合用电量幅度，大致可分为四个层次，即用电水平较高城市、用电水平中上城市、用电水平中等城市和用电水平较低城市。通过分析还可以看出，我国用电水平较高的城市，多为以石油煤炭、化工、钢铁、原材料加工为主的重工业型、能源型城市，如：大庆、兰州、抚顺、鞍山等城市，其 1994 年人均综合用电量分别为 9900.42kWh、6246.11kWh、4674.74kWh、4260.20kWh，其 1984 年~1994 年年均用电增长率分别为 6.29%、6.66%、6.15%、4.30%。而用电水平较低的城市，多为人口多、经济较不发达、能源资源贫乏的城市，或为电能供应条件差的边远山区，如：凭祥、保山、恩施等城市，其1994年人均综合用电量分别为 177.96、179.10、217.04kWh，1984 年~1994 年的年均用电增长率分别为 9.03%、8.49%、8.95%。但人口多、经济较发达的直辖市、省会城市及地区中心城市的人均综合用电量水平则处于全国的中等或中上等用电水平。这种受城市的性质、产业结构、人口规模、电能供应条件、经济基础等因素制约的用电发展规律，是符合我国国情和各类城市的用电特点的，这种用电增长的变化趋势在今后将会保持

相当的一段时期。条文 4.3.2 的规划人均综合用电量指标，就是在此基础上制定的。该指标与我国未来 20 年的电力能源发展规划及城市的社会经济发展目标水平也是基本吻合的。据分析，除极少数用电水平过高或过低的城市外，条文 4.3.2 规划人均综合用电量指标可适用于全国 90% 以上的城市（不含市辖市、县）。

4.3.3 城市居民生活用电水平是衡量城市生活现代化程度的重要指标之一，人均居民生活用电量水平的高低，主要受城市的地理位置、人口规模、经济发展水平、居民收入、居民家庭生活消费结构及家用电器的拥有量、气候条件、生活习惯、居民生活用电量占城市总电量的比重、电能供应政策及电源条件等诸多因素的制约。调查资料表明，改革开放以来，随着城市经济的迅速发展，我国普通居民家庭经济收入得到提高，生活消费结构发生了改变，使得居民家庭生活用电量也出现了迅速增加的趋势，见表1。

我国居民家庭生活用电量与生活水平发展趋势分析　表1

年　代	70年代及以前	80年代	90年代到下世纪初
居民家庭生活水平	贫困型	温饱型	小康型
家庭拥有主要用电器具品种	以照明器具为主	除照明器具外，还拥有风扇、冰箱、电视机、冰柜、洗衣机等中档家用电器	除照明器具、中档家用电器外、还拥有空调器、录像机、组合音响及微波炉、电饭煲等部分电炊用具等高档电器
家庭用电计算容量计数级别（W）	十位数	百位数	千位数
每户月均用电量	10kWh 以下	数十 kWh	数百 kWh

通过借鉴香港地区和国外城市的经验以及对我国70多个大、中、小城市居民生活的用电现状调查,分析从1984年~1994年的《中国城市建设统计年鉴》中城市居民生活用电量的历年统计资料可以看出,从发展来看,随着城市现代化进程步伐的加快,预计到2010年若我国城市居民生活消费水平能上一个大台阶,电力供应条件也将有较大的改善。届时,我国城市的一般居民家庭除了少量用电容量较大、不具备在一般居民家庭中普及的家用电器(如:电灶(6~8kW)、集中电采暖(10kW以上)、大容量电热水器(10kW))外,其它中、高档家用电器(如:家用空调器、电饭煲、微波炉、组合音响、录像机、保健美容器具、文化娱乐器具、智能化家用电器等)将有不同程度的普及,人均居民生活用电量将有较大增加。条文4.3.3的规划人均居民生活用电量指标,适用于不含市辖市、县的市区范围。指标分级及其规划指标幅值,是在分析1991年全国479个城市(不含市辖县)人均居民生活用电量(见表2、表3)和国内外部分城市80年代居民生活用电水平(见表4)的基础上制定的。

1991年全国479座城市人均居民生活用电量分级表　表2

序号	年人均居民生活用电量	城市数	占全国479座城市比例(%)
1	>400		0.42
2	400~201	33	6.90
3	200~101	117	24.43
4	100~51	173	26.13
5	50~20	132	27.55
6	<20	22	4.59

资料来源:1992年《中国城市统计年鉴》。

注:1991年人均居民生活用电量在20~400kWh/(人·a)范围的城市有455座,占城市总数的95%。

1991~2010年我国城市人均居民生活用电量递增速度　表3

序号	城市居民生活用电水平分级	1991年城市人均居民和电量指标(kWh/(人·a))	2010年城市人均居民生活用电量指标(kWh/(人·a))	1991~2010年人均居民生活用电量递增速度(%)
1	较高生活用电水平城市	400~201	2500~1501	9.60~10.57
2	中上生活用电水平城市	200~101	1500~801	10.60~10.91
3	中等生活用电水平城市	100~51	800~401	10.96~10.86
4	较低生活用电水平城市	50~20	400~200	10.96~12.20

国内外部分城市居民生活用电分析　表4

序号	城市名称(国家)	统计年份	年人均居民生活用电量(kWh/(人·a))	居民生活用电占城市总用电比重(%)
1	芝加哥(美国)	1985	5624.60	31.58
2	纽约(美国)	1984	1152.15	28.08
3	费城(美国)	1984	1667.27	26.95
4	汉堡(德国)	1984	2005.65	27.04
5	慕尼黑(德国)	1985	1176.29	30.64
6	巴黎(法国)	1980	2301.05	57.00
7	罗马(意大利)	1985	933.21	65.29
8	米兰(意大利)	1985	745.87	25.83
9	马德里(西班牙)	1982	394.64	38.72
10	新德里(印度)	1985	151.98	32.59
11	孟买(印度)	1982	—	—
12	达卡(孟加拉国)	1982	242.84	77.49
13	曼谷(泰国)	1984	347.63	20.45
14	马尼拉(菲律宾)	1984	1381.96	51.05
15	新加坡(新加坡)	1985	571.54	16.71
16	德黑兰(伊朗)	1985	1133.70	74.01
17	巴格达(伊拉克)	1985	332.34	54.85

续表

序号	城市名称（国家）	统计年份	年人均居民生活用电量（kWh/（人·a））	居民生活用电占城市总用电比重（%）
18	墨西哥城（墨西哥）	1985	207.80	30.88
19	里约热内卢（巴西）	1985	582.37	32.29
20	圣保罗（巴西）	1985	495.58	31.39
21	悉尼（澳大利亚）	1984	2417.09	56.18
22	香港	1990	912.00	——
23	北京	1991	110.76	6.01
24	天津	1991	109.54	5.51
25	上海	1991	154.03	6.26
26	广州	1991	185.92	15.10
27	珠海	1991	367.56	11.48
28	桂林	1991	349.40	24.86
29	钦州	1991	31.46	25.38
30	敦煌	1991	18.62	4.65
31	我国479座城市平均	1991	87.79	7.78

4.3.4 表4.3.4规划单位建设用地负荷指标，主要适用于新兴城市或城市新建区、开发区的负荷预测。该指标的确定，是在总结了改革开放以来全国城市尤其是沿海开放城市和经济特区的新区开发建设经验，调研了全国50多个城市新建区、经济技术开发区规划实施以来的各类建设用地用电指标的实测数据，参考了部分城市的现行指标或经验数据，吸收原水电部规划小组负荷预测研究班编制的《国内外部分城市典型电力负荷调查资料》中有关城市各类用地负荷指标的调研成果，借鉴了日本、英国等国外城市和香港地区现行采用的城市各类用地的用电指标，综合分析了我国城市未来各类建设用地用电的发展趋势后制定的。选用表4.3.4规划指标时，需根据规划区中所包括的城市建设用地类别、规划内容

的要求和各类建设用地的构成作适当修正，如：规划区中的居住用地，可以是高级住宅用地，也可以是普通住宅用地或别墅居住用地，还可以是几种住宅用地地块皆有。此时，各类居住用地负荷预测时所选用的规划单位居住用地负荷指标值应是不相同的，高级住宅用地地块的单位居住用地负荷指标值要高一些，普通住宅用地地块的规划单位居住用地负荷指标值则要低一些。公共设施用地的功能地块类别更加繁多、更加复杂些，其规划单位用地负荷指标值的选取应由各城市权衡确定。

4.3.5 居住建筑、公共建筑、工业建筑三大类建筑是城市建筑的主体。80年代以来，随着改革开放的不断深入开展，各城市基本建设迅速发展，住宅区、工业区、商贸金融区、行政办公区成片开发建设，各类住宅建筑、公共建筑（各种宾馆、饭店、写字办公楼、商场等），工业标准厂房拔地而起，给城市规划和建筑设计中的供电规划、设计带来许多新情况、新问题，沿用过去的规划、设计标准已不能满足需要。为此，上海、北京、天津等一些城市的供电部门、建筑设计研究单位曾多次组织有关技术人员开展全国城市建筑用电现状的调查研究，并制定了有关建筑电气单体设计用电指标作为负荷计算的依据。但在城市规划行业尚没制定过统一的规划用电指标，多年来各规划部门编制电力规划进行负荷预测时，各地采用的规划用电指标很不统一，有的对所选用的指标涵义概念不清，往往套用建筑电气单体设计的用电指标，影响负荷预测的科学性、准确性。实际上两者指标含义是有区别的，编制电力规划所选用的规划单位建筑面积负荷指标为规划区内同一类建筑用电归算至10kV电源侧的用电指标；而建筑电气设计所用指标则为其设计的某一建筑本体

的单位建筑面积负荷指标。

城市建筑类别很多，各类建筑在不同城市、地区的规划内容不同，需要配置的用电设施标准和数量也有差别，要制订适用于全国城市的各类建筑规划用电指标，需要进行大量的调查研究工作和长时间的资料积累。从调研、收集所得到的资料分析，只有居住建筑和公共建筑中的宾馆、饭店、行政办公、商贸建筑及工业建筑中的综合工业标准厂房建筑方面的负荷资料比较齐全且具有参考价值，除此之外，其它各类建筑因资料缺乏，制定用电指标的依据不足，在本规范中制订其规划单位建筑面积负荷指标的条件还不成熟，有待今后不断积累资料，充实完善。现将居住建筑、公共建筑、工业建筑的规划单位建筑面积负荷指标制定的依据分述如下：

（1）居住建筑的单位建筑面积负荷大小与建筑性质、建筑标准和其所处城市中的位置、经济发展水平、供电条件、家庭能源消费构成、居民收入及居民家庭物质文化生活消费水平、气温、生活习惯、居住条件等因素有关。据对北京、上海、天津、广州、汕头、深圳、重庆、西安、延安等50多个城市 1994 年已建居住小区的居住建筑用电现状典型调查及全国城市函调所得资料分析：一般经济较发达、居民家庭收入较高、气温高、热季长的南方沿海城市的普通居民家庭中的家用电器拥有量和家庭生活用电量比一般内地城市要高，单位建筑面积负荷指标值也偏大，如：珠海为 20W/m²，广州为 16W/m²，汕头为 17W/m²；而城市经济发展较慢、居民收入和生活消费水平较低、气温较低的我国西北地区城市或经济较贫困的山区城市的普通居民家庭对家用电器的需求量比南方城市相对要少，购买家用电器能力也较差，所以居民家庭用电量也较小，单位建筑面积负荷指标值也较低，如：西宁为 2.5W/m²，延安为 2.3W/m²，与前者用电水平相比差距较大。本条文参考国内一些城市居住建筑现行使用的规划单位建筑面积负荷地方标准（最高为 48W/m²，最低为 6.5W/m²）和国外一些城市及香港地区现行采用的居住建筑用电指标，考虑我国城市未来居民生活水平的提高和电能供应条件的改善因素（届时档次较高、耗电量较大的家用电器在我国居民家庭中将有不同程度的普及，居民生活用电量将有很大提高），同时考虑了居民家庭生活能源消费的多能互补因素，进行综合分析研究后制定了居住建筑单位建筑面积负荷指标值。

（2）公共建筑单位建筑面积负荷指标值大小，主要取决于公共建筑的类别、功能、等级、规模和需要配置用电设备的完善程度，除此之外，公共建筑中的宾馆、饭店的单位建筑面积负荷值还与空调制冷型式的选用、综合性营业项目的多少（餐饮、娱乐、影剧等）有关，商贸建筑还与营业场地的大小、经营商品的档次、品种等有关。据对我国 50 多个城市已建公共建筑的用电现状调查分析，一般中高档宾馆、饭店的单位建筑面积负荷值约为 25~40W/m²（空调为吸收式制冷）和 40~80W/m²（空调为压缩式制冷）两个档次，广州、深圳个别五星级宾馆指标取用 100W/m²。商场的单位建筑面积负荷值大致分为：大型商场 60~100W/m²，中型商场 30~50W/m²，而广州百货大楼则高达 140W/m²。写字楼、行政办公楼的用电负荷比较稳定，单位建筑面积负荷值一般在 40~60W/m² 左右。以上调查研究所得数值和目前我国一般城市规划设计中采用的规划用电指标基本上是相吻合的，预计在今后相当长时间内，其负荷水平不会有太大变化，经上述综合分析比较后确定了表 4.3.5 中公共建筑规划指标值。

（3）工业建筑的规划单位建筑面积负荷指标值的确定主要根据深圳、天津、大连、汕头等50多个城市已规划实施的新建工业区和经济技术开发区中的工业标准厂房用电实测数据，参考目前香港地区和内地一些城市的地方规定或经验数据及用电现状调查，经过综合分析研究后制定的。表4.3.5中工业建筑的规划单位建筑面积负荷指标，主要适用于以电子、纺织、轻工制品等工业为主的综合工业标准厂房建筑。

5 城市供电电源

5.1 城市供电电源种类和选择

5.1.1 城市发电厂种类主要有：火电厂、水电厂、核电厂和其它电厂，如：太阳能发电厂、风力发电厂、潮汐发电厂、地热发电厂等。目前我国城市供电电源仍以火电厂和水电厂为主，核电厂尚处于起步阶段，其它电厂占的比例很小。

电源变电所，是指位于城网主干送电网上的变电所，主要接受地区电力系统电能，并提供城市电源。它也是地区电力系统的一部分，起转送电能的枢纽变电所作用。

5.1.2 条文对城市供电电源选择作出原则规定。

5.1.2.1 我国地域辽阔，能源资源有限且分布又极不均衡，据有关资料分析，我国有90%的水力资源分布在西部，80%的煤炭资源分布在北部，而70%的能源消费都集中在我国的东部和中部地区，这些地区因动力资源较贫乏，供电电源多以系统受电为主。改革开放以来，城市经济的加速发展、建设步伐的加快和人民生活水平的迅速提高，对电力的需求量、供电质量和安全可靠性都提出了更多更高要求，而长期以来地区电力系统采用计划定量供应城市电能的办法，已不能满足需要，许多城市由于缺电，严重地制约了城市的经济发展，因此，近年来一些大、中城市不顾本地能源条件，在编制新一轮跨世纪城市总体规划中提出建设工期短、见效较快的大、中型地方火电厂作为城市主要供电电源的规划设想；也有的城市本地区有丰富的水能资源未充分开发利用，而要规划建设需要远距离运输煤炭作燃料的燃煤电厂，这些不能因地制宜进行本地电源建设的做法都是不完全符合我国现行的能源建设发展方针的。为此，本条文根据我国国情和各地能源资源状况，提出合理确定城市供电电源种类的有关规定；

5.1.2.2 以系统受电或以水电供电为主的城市，每年逢枯水期，电能供应量都将大幅度减少，遇到严重干旱缺水年份，还需实行限时、限量供应，有许多企业实行一星期供4停3，甚至供3停4，一些高耗能企业在缺电高峰期只能停产，居民生活拉闸限电，给国民经济造成很大损失，也给城乡居民带来极大不便。1997年4月7日光明日报刊登的"西北何日不再缺电"的文章中报道，西北电网因水电比重较大，水火电比例不适当，电网调峰能力差以及枯水期缺水等原因使本来就缺电的西北电网供电更为紧张。从以上报道说明，在以系统受电或以水电供电为主的城市，如结合自身条件建设适当比例的火电厂，则可以弥补因枯期缺水造成供电紧张的局面。

5.2 电力平衡与电源布局

5.2.1 电力平衡就是根据预测的规划城市总用电负荷量与城网内各类发电厂总容量进行平衡。具体表述为：

$$P_{总} = P_{用} + P_{送} + P_{备} + P_{损} + P_{厂} - P_{受} - P_{自}$$

式中 $P_{总}$——城网内各类发电厂总容量；

$P_{用}$——规划城市总用电负荷量；

$P_{送}$——城市发电厂向系统电网送出的发电容量；

$P_{受}$——城网接受系统送入的容量；

$P_{备}$——城市发电厂备用容量；

$P_{损}$——城网网损；

$P_{厂}$——城市发电厂厂用电；

$P_{自}$——城市大用电户自备电厂容量。

5.2.3 在编制城市总体规划工作中有时会发生下列情况：在规划建设发电厂时，由于在规划选址阶段对电厂与周围环境或与其它工程设施间的影响和矛盾协调不够或处理不当，从而影响电厂的规划实施进度或造成不良后果。在今后的规划设计中我们应吸取教训，总结经验。

5.3 城市发电厂规划设计原则

5.3.1 条文规定的城市发电厂布置原则，与现行的《小型火力发电厂设计规范》(GB50049—49)及《火力发电厂设计技术规程》(DL5000—34)中厂址选择中的建厂外部条件的要求基本一致。

5.3.4 城市发电厂是城市的重要基础设施，为了确保大城市的经济发展和人民生活用电需要，当地区电力系统对该城市的电能供应不能满足要求，且本城市又具有建设电厂的条件时，可考虑规划建设适当规模的火力发电厂。

5.4 城市电源变电所布置原则

5.4.1、5.4.4 条文中的规定与《35～110kV变电所设计规范》(GB50059—92)和《220～500kV变电所设计技术规程》(SDJ2—88)中的所址选择和所区布置的有关规定要求基本一致。

5.4.2、5.4.3 实践经验表明，在高负荷密度的市中心地区采用高压深入供电方式，是缓解城市用地紧张矛盾，解决市中心缺电问题，并能保证电压质量、提高供电安全可靠性的行之有效的措施，也是世界城市供电发展的必然趋势。60年代，国外一些大、中城市（如日本东京、美国纽约、法国巴黎、英国伦敦等）中已出现 220kV 及以上电源深入市中心供电的实例。80 年代我国上海市在市中心繁华地段的人民广场建成 220kV 地下变电所，而沈阳、武汉、广州等市也相继在市中心地区建成 220kV 户内变电所。这些城市都有效地解决了市中心大负荷用电问题。由于 220kV 电源变电所具有超高压、强电流、大容量供电的特点，对城市环境、安全消防都有较严格的要求，加之在用地十分紧张的市中心地区建设户内式或地下式 220kV 电源变电所地价高、一次投资大，所以，对一个城市是否需要在市中心地区规划布置 220kV 电源变电所，需根据我国现阶段的国情、国力，经技术经济比较和充分论证后合理确定。

6 城市电网

6.1 城市电网电压等级和层次

6.1.1 城网确定的标准电压指电网受电端的额定电压。它是根据国家标准《额定电压》（GB156）确定的。条文所列的城网 8 种电压中的 500kV 属我国跨省大电网采用的电压，而城网所采用的电压则多为 220kV 及以下各级电压。近年来，由于城市规模的扩大和城市用电负荷的迅速增长，现已有少数大城市，如：上海、北京、天津等市已逐步在城市范围内建设 500kV 的外环网，此时，500kV 电网既是地区电力系统的输电网，也是城网的电源（送电网）。但是 500kV 电网仍属于地区电力系统的规划与管辖范围。

6.1.2 城市电网结构主要包括：点（发电厂、变电所、开关站、配电站）、线（电力线路）布置和接线方式，它在很大程度上取决于地区的负荷水平和负荷密度。城网结构是一个整体，城网中发、输、变、配、用电之间应有计划按比例协调发展，为了适应用电负荷持续增长、减少建设投资和节能等需要，城网必须简化电压等级，减少变压层次，优化网络结构。我国自 80 年代以来，通过城网改造，电压等级已逐步走向标准化、规范化，大、中城市电网电压等级多已简化为 4 ~ 5 级、四个电压层次，即：220kV 及以上高压送电网、110（66、35）kV 高压配电网、10kV 中压配电网、380/220V 低压配电网。在用电负荷量不大的小城市，也有分为三个电压层次、3 ~ 4 级电压等级的，即 110（66、35）kV 及以上高压送、配电网、10kV 中压配电网、380/220V 低压配电网。

6.1.3 我国地域辽阔，城市数量多，城市性质、规模差异大，城市用电量和城网与地区电力系统连接的电压等级（即城网最高一级电压）也不尽相同，城市规模大，用电需求量也大，城网与地区电力系统连接的电压也就高。我国一般大、中城市城网的最高一级电压多为 220kV，次一级电压为 110（66、35）kV。而小城市或建制镇电网的最高一级电压多为 110（66、35）kV，次一级电压则为 10kV；近年来我国一些特大城市（如：北京、上海、天津等）城网最高一级电压已为 500kV，次一级电压为 220kV。

6.2 城市电网规划原则

6.2.1 根据我国多年从事城市电力规划工作的实践经验总结，编制城市规划中的电力规划只有依据城市用地布局规划、人口规模和社会、经济发展目标，综合协调城市电力部门制订的城网建设发展规模，落实供电设施在城市空间的位置和用地，才能使城市电力规划做到科学合理，并有可操作性。在编制规划工作中，城市规划、电力两部门之间只有通过充分协商、密切配合，城市电网才能按合理的规划布局进行建设并保证城网中各项供电设施建设有适宜的用地面积标准，满足电力技术条件的要求。

6.2.2 贯彻"分层分区"原则，有利于城网安全、经济运行和合理供电。分层指按电压等级分层。分区指在分层下，按负荷和电源的地理分布特点来划分供电区。一个电压层可划分为一个供电区，也可划分为若干个供电区。

6.2.3 在以往的电力建设中，不重视城网的配套建设，存在有"重发、轻供、不管用"的问题。城市若缺电，首先关心的是建电厂，建了电厂，相应的送配电工程不能同步建设，电厂有电送不出来，造成市区外围虽有强大的电源却送不进市区的供电"卡脖子"局面。也有的城市电网可靠性不高，存在单路供电的情况，一旦发生事故将造成大面积停电。尤其是城网的中、低压配电网，全国城市普遍存在设备老旧、年久失修的问题，过负荷现象严重，不能满足日益增长的电力需求。本条文对今后的城市电源、电网应配套规划建设提出了具体要求。

6.2.4 变电容载比是反映城网供电能力的重要技术经济指标之一，是宏观控制变电总容量的指标，也是规划设计时，确定城网中某一电压层网所配置的变电总容量是否适当的一个重要指标。容载比过大，将造成电网建设早期投资增大，不经济；容载比过小，电网适应性差，造成供电"卡脖子"现象，影响电网安全供电。

6.2.5 电力供应是带有一定垄断性的社会公益性事业，电力供应设施是城市的重要基础设施之一。所以，城市供电设施的规划、建设应与城市规划建设同步配套，合理发展，做到优质服务，保证供电；同时，城市规划也应为城市电力建设创造条件，在规划阶段，根据建设需要，合理预留供电设施用地，保证其规划建设的空间环境。

7 城市供电设施

7.1 一般规定

7.1.1 城市供电设施是城市重要的基础设施。供电设施的建设标准、结构型式的选择直接影响城市土地利用的经济合理性和城市景观及环境质量，进而影响城市现代化的过程。

7.1.2～7.1.4 条文主要是根据城市人口密集、用地紧张的建设条件及环保要求，对规划新建的城市供电设施提出原则性要求的技术规定。

7.2 城市变电所

7.2.3 城市变电所是联结城网中各级电压网的中间环节，主要用以升降电压、汇集和分配电力。条文中城市变电所的规划选址规定，与现行的《35～110kV 变电所设计规范》（GB50059—92）和《220～500kV 变电所设计技术规程》（SDJ2—88）中所址选择要求基本一致。

7.2.4 条文针对深入市区规划新建的城市变电所位置所处城市地段的不同情况，分别对其结构型式的选择提出要求，分述如下：

7.2.4.1、7.2.4.2 改革开放以来，随着城市用电量的急剧增加，市区负荷密度的迅速增高，66kV 以上高压变电所已逐渐深入市区，且布点数量越来越多。而市区用地的日趋紧张，选址困难和环保要求，使得改变变电所过去通常选用的体积大、用地多的常规户外式结构型式，减少变电所占地和加强环保措施，已成为当前迫切需要解决的问题。国内外实践经验表明，在不影响电网安全运行和供电可靠性的条件下，通过改进布置方式，简化结线和设备选型等措施，实现变电所户内化、小型化，可以达到减少占地、改善环境质量的目的。近年来，采用紧凑型布置方式的户外型、半户外型、全户内型以及与其它建筑合建的结构型式变电所在我国城市市区已得到迅速发展。变电所的建设，力求做到了与周围环境的协调，使市区变电所不仅实现了减少占地，而且还尽可能地满足城市建筑的多功能要求，使其除了作为供应电能的工业建筑外，还作为城市建筑的有机组成部分，在立面造型风格上和使用功能上，充分体现了城市未来的发展，适应城市现代化建设需要。同时，在规划建设市区变电所时还需要考虑有良好的消防设施，按照安全消防标准的有关规范规定，适当提高变电所建筑的防火等级，配置有效的安全消防装置和报警装置，妥善地解决防火、防爆、防毒气及环保等问题；

7.2.4.3～7.2.4.5 在市中心区，尤其是在大、中城市的超高层公共建筑群区、中心商务区及繁华闹市区，土地极为珍贵，地价高昂。为了用好每一寸土地，充分发挥土地的使用价值，取得良好的社会、经济、环境综合效益，国外 60 年代，国内 80 年代初，一些大、中城市已开始发展小型化全户内变电所，有的还与其它建筑结合建设，或建设地下变电所，多年来都积累有丰富的运行经验，如：日本东京都，80 年代共建设有变电所 440 座，其中地下变电所为 130 座，约占 30%，地面户内式变电所大多数都和其它建筑或公共建筑楼群相结合，采用全封闭组合电器成套配电设备，有先进的消防措施和隔音装置，并有防爆管，以防故障引起火灾。其建筑立面造型，甚至色彩都考虑与周围建筑的协调。我国城市（如上海、广州、武汉、重庆等）都有在市中心地区或繁华街区建设地面全户内型变电所或地下式变电所的实例，运行经验表明，不仅可行而且都取得了较显著的社会、经济、环境综合效益效果。如：我国南方某市规划新建的一座220kV变电所，位于商业繁荣、建筑密集的闹市中心，为了节约用地，防止环境污染，他们选用线路·变压器组简化结线方案，220kV侧不设断路器，除主变压器外，所有电气设备均布置安装在综合大楼内，变电所最终规模为 $3 \times 180MVA$, 110kV出线6回，35kV出线20回，综合大楼占地面积仅为714m^2，大楼主体分为四层，一层安装35kV配电装置，二层安装110kV电缆层等，三层安装110kV六氟化硫全封闭组合电器成套配电装置，四层为控制室、会议室等，建筑物立面、色彩方面还做到了与周围建筑相协调。从投产运行后的实际效果看，无论在美观、平面布置的合理性和运行的安全稳定性等方面都取得了很好的效果。再如：南方的某一山城在市中心区新建了两座110kV变电所，一个采用国产常规设备，变电所的布置巧妙地利用该区段狭窄复杂的高陡坡地形和地质条件，实现了内部空间合理布局和变电所内外交通流畅便捷。另一变电所引进国外小型电气设备，变电所采用五层重叠布置，变电所有效用地面积700m^2，大大节约了用地。为了发挥该变电所地块的效益，该变电所还合建了临街六层商业楼。再如：北方某市为解决市中心区负荷增长的用电需要，决定规划新建110kV变电所，然而因征地、拆迁工作困难，短期难以解决所址用地，他们利用城墙门门洞，在城墙内建设变电所，既节约了用地，又保留原有明朝城墙的风貌。

7.2.6 随着城网的迅速发展，高压大容量变电所在市中心区的数量不断增加，而随着居民的环保意识日益加强，变电所噪声与环保矛盾也日益突出。变电所噪声，主要来自主变压器铁芯的电磁振动、冷却器风扇以及变压器室的排风机。在规划阶段如不能妥善解决，将造成不良后果，如：南方地区某城市需要在市中心地区规划新建一座110kV变电所，由于当时对噪声污染认识不足，变电所采用了普通油浸风冷式主变压器，总容量为 $2 \times 31.5MVA$，变压器室采用半敞式结构，与居民住宅距离仅有12m，投运后噪声达73dB，大大超过规定的噪声标准，居民反映强烈，被环保执法部门每月罚款3000元达两年之久。之后，变电所主变压器改用为自冷式、低损耗、低噪声变压器，则获得显著的降噪效果。城市环境噪声标准地值要求，可参见国家标准《城市各类区域环境保护噪声标准》（GB3096）的规定。

7.2.7 影响变电所占地面积大小的因素很多，如主结线方式、设备选型和变电所在城市中的位置等，其中以主结线方式影响最大。主结线方式包括：变电所的电压等级、进出线回路数、母线接线形式、主变压器台数和容量等。条文中表7.2.7-1、表7.2.7-2所列35~500kV变电所规划用地面积控制指标，只考虑变电所围墙内的生产用地（含调相机用地），不包括职工生活用地。规划指标的制定，主要通过对全国30多个城市不同类型已建变电所的用地现状调查和对武汉、南京、上海、北京、唐山、重庆、汕头、深圳等城市不同类型已建成并投入运行多年的变电所用地面积的实测数据进行计算校核，经与国家工程建设用地指标的相关规范进行协调后提出的规划指标值。由于我国城市数量多，各城市的用地条件、经济基础、资金来源、供电管理技术水平不完全相同，规划时可结合本地实际情况因地制宜地选用表 7.2.7-1 和表 7.2.7-2 指标值。

7.2.8 条文中对 35kV 以上变电所主变压器容量和台数选择的规定，主要是从考虑电网的综合效益和技术条件出发的。主变压器单台容量小、台数少，需配置变电所的数量就要增多，占地及投资则相应要增大，不经济；增加主变压器台数可提高供电可靠性，但也不宜过多，台数过多则结线复杂，发生故障时，均匀转移负荷困难；单台容量过大，会造成短路容量大和变电所出线过多，不易馈出等弊病。附录 A35～500kV 变电所主变压器单台（组）容量的规定，主要是通过对国内变压器生产厂家所生产的变压器规格、容量的调查了解得出的，与现行《城市电力网规划设计导则》中的有关要求也基本一致。

7.3 开 关 站

7.3.1 规划建设开关站是缓解城市高压变电所出线回路数多、出线困难的有效方法，可以增强配电网的运行灵活性，提高供电可靠性。

7.3.3 10kV 开关站与 10kV 配电所联体合建，可以节省占地，减少投资，提高供电可靠性。

7.3.4 开关站转供容量大小，主要取决于供电范围和负荷密度。10kV 开关站转供容量若超过 15000kVA，将会造成进出线回路数过多、出线困难的局面。

7.4 公 用 配 电 所

7.4.1、7.4.2 条文是基于为保证各类终端负荷供电电压质量、经济运行、节省电能而提出的。

7.4.3、7.4.4 条文规定主要是基于保证在负荷密度高、市容有特殊要求地区的环境质量，又要满足安全消防、节约用地要求等因素而提出的。

7.4.5 箱式配电所，是把高压受电设备、配电变压器和低压配电屏，按一定接线方案集合成一体的工厂预制型户内外配电装置，它具有体积小、占地少、投资省、工期短等优点，近年来，在城网中应用逐渐增多，反映良好。使用中应注意的是，选用箱式配电所时需考虑箱体内的通风散热问题及防止有害物侵入问题。

7.5 城市电力线路

7.5.1、7.5.2 架空线路有造价低、投资省、施工简单、建设工期短、维护方便等优点；其缺点是占地多、易受外力破坏，与市容不协调、影响景观等。今后随着科学技术的不断发展及人们对城市空间环保意识的加强，城市电力线路是采用架空线路，还是地下电缆的问题，将越来越需要在城市电力规划中作出原则性的规定。条文中根据我国国情、国力及各地城网现状，借鉴国外城市经验，对城市中规划新建的各级电压架空电力线路的路径选择作出原则规定。分述如下：

7.5.2.1 本条款提出了城市各级电压架空电力线路路径选择的基本要求。附表 B.0.1、附表 B.0.2 主要通过对全国 70 多个大、中、小城市的调研资料进行研究、分析、比较，与有关标准相协调而制定，也与现行《电力线路防护规程》中有关规定基本一致；

7.5.2.2 本条款的制定基于保障 35kV 及以上高压架空线路的规划实施和安全可靠的运行及维护；

7.5.2.3 本条款主要根据市中心地区人口集中、建筑物密集的特点以及用地条件、环境、供电安全可靠性要求，借鉴国内外城市经验，从我国国情、国力以及超前发展的战略思想出发，为城网的可持续发展打下基础。

7.5.3 条文对市区内 35kV 以上高压架空线路规划建设作出具体规定。现分述如下：

　　7.5.3.1 基于多年来的经验总结。附表 C.0.1、附表 C.0.2 的规定与现行《架空送电线路设计技术规程》、《架空配电线路设计技术规程》及《电力线路防护规程》中有关规定基本一致；

　　7.5.3.2 当前城市电网正向高电压、大容量发展，全国不少大、中城市均以高电压或超高压进城供电，深入市区的高压架空线路与邻近通信设施之间如不保持一定的安全防护距离，将会导致电磁干扰、危险影响及事故发生。为此，我国已制定颁发了有关标准规定，如：国际《架空电力线路与调幅广播收音台、站的防护间距》（GB7495—87）、《架空线路与监测台、站的防护间距》（GB7495—87）、《架空电力线路、变电所对电视差转台、转播台无线电干扰防护间距标准》（GBJ143—90）、《电信线路遭受强电线路危险影响允许值》（GB6830—86）等。各城市在执行本规范条文规定的同时，尚须符合以上标准规范的规定。

7.5.4 本条文规定基于全国城市多年工作实践经验的总结。

7.5.5 通过对全国 50 多个不同类型城市已建成的各级电压架空线路的走廊宽度现状调查和一些城市现行采用的地方规定或经验数据进行分析表明，不同地区、不同规模、不同用地条件的城市高压架空线走廊宽度要求是有差别的。一般来说，东北、西北地区的城市由于气温低、风力大、导线覆冰较厚等原因而易受导线弧垂大、风偏大等因素的影响，使其高压线走廊宽度的规定比华东、中南等地区城市偏大些。大城市由于人口多，用地紧张，选择城市高压线走廊困难，其高压线走廊宽度的规定比中、小城市偏紧。山区、高原城市比一般内地城市的高压线走廊宽度的规定偏大些。表 7.5.5 市区 35～500kV 高压架空线路规划走廊宽度的确定，是在调查研究的基础上，参考一些城市的现行地方规定及经验数据，借鉴国外城市经验，通过理论计算、分析、校核后确定的。由于我国地域辽阔，条件各异，各城市可结合表 7.5.5 的规定和本地实际用地条件因地制宜确定。

　　表 7.5.5 的规定，只适用于单杆单回水平排列和单杆多回垂直排列的 35kV 及以上架空线路。

7.5.6 城市电力线路电缆化是当今世界发展的必然趋势，地下电缆线路运行安全可靠性高，受外力破坏可能性小，不受大气条件等因素的影响，还可美化城市，具有许多架空线路代替不了的优点。目前国外发达城市都已大力推广地下电缆线路，如：美国纽约有 80% 以上电力线路采用地下电缆，日本东京使用地下电缆也很广泛，尤其是市中心地区，据 1986 年统计资料，其地下电缆化率已达 80.6%。近年来，我国城市采用地下电缆虽也有长足发展，但与国外相比，差距较大，7.5.6.1～7.5.6.3 各条款的规定是在分析我国国情、国力及今后城网发展可能的基础上提出的。

7.5.7 条文对城市地下电缆敷设基本要求作出具体规定。分述如下：

　　7.5.7.1、7.5.7.2 采用共用管道集中配置各类管线，比分开配置方式占用地下空间少，尤其能避免道路反复开挖，也便于巡视检查与维护，具有显著的社会、经济、环境综合效益。早在 19 世纪末和 20 世纪初，法国、日本等国的城市为合理充分地使用地下空间，避免路面开挖给城市带来的诸多不利，先后采用了综合地下管道与共同沟方式。迄今为止共同沟的发展已有 160 多年的历史，但在我国仍属新兴事物。共同管沟的建设，一次投资虽较高些，在近期内经济效益也不明显，但可长时间不破坏地面，将大大节省财力，同时能保持道路畅通，其社会、经济、环境效益是肯定的。合理地进行共用管道的规划建设，将有利于提高城市的投资环境，促进开发升级，以适应城市经济的飞速发展，保障良好的生产、生活秩序，保持良好的自然生态环境，为城市空间的立体化发展打下基础，采用共用管道是我国今后城市地下管线建设的发展方向；

7.5.7.4 关于电力电缆线路跨越江、河、湖、海，通过城市桥梁问题，不论过去和现在，国外城市都有实例，并在国家标准、规范中都作出过明确规定，积累有许多成功的实践经验可供借鉴，如：日本有 275kV 和 500kV 高压电力电缆过桥实例；英国伦敦、法国巴黎有 400kV 高压电力电缆过桥实例；美国有 115kV，委内瑞拉有 230kV 高压电力电缆过桥实例；我国城市（如：上海、广州、武汉、长沙等市）也有 35kV、110kV 高压电力电缆过桥的实例。我国南方某市从 1912 年至今已有 175 座桥梁上敷设 110kV 及以下各种电压电力电缆共计 456 条，其中 3/4 是建国后敷设的，至今没有发生过影响桥梁结构和人身安全的问题。1991 年该市需要在规划新建的大桥上预留 220kV 高压电力电缆通道，敷设 220kV 高压电力电缆，经多方协商和论证后予以肯定。通过以上实例表明，高压电力电缆过桥在技术上是可行的。70 年代以来，国外一些国家，如原苏联 1986 年颁发的《电气设备安装规程》，美国 1987 年出版的《美国国家电业安全规程》，

日本 1990 年颁发的国家标准《电气设备的技术基准》等，都对高压电力电缆可以通过桥梁作出明确规定和提出具体的技术要求（详细资料见 1992 年 9 日由华东电力科技情报所编辑出版的《上海市杨浦大桥敷设 220kV 电缆的可行性研究》论文集）。我国 1993 年颁发的《城市桥梁设计准则》，只作出允许 10kV 及以下电缆在桥上敷设的规定。据了解，该规定是引用原苏联 60 年代制定的标准，已不能适应目前我国电力电缆和桥梁技术水平发展的国情。从多方面的研究、论证分析，高压电力电缆通过桥梁时，对桥梁安全的影响与所选用的电缆电压等级关系不大，关键是对电缆种类的选择，如：采用惰性气体绝缘的高压无油电缆或交联聚乙烯电缆就比充油电缆安全可靠。同时，高压电力电缆通过桥梁与桥梁建造的长度、桥梁类型和航道的等级有关，高压电力电缆通过城市桥梁关键的问题，需要采取切实可行的安全消防措施，解决好防火、防爆、防震动等敷设技术，保证桥梁和电力电缆的安全运行、维护和满足环保要求。本条文规定的电力电缆通过城市桥梁，比现行《城市桥梁设计准则》的规定进了一步，没有对电力电缆的电压等级作出限制，也做到了与国际标准接轨。

7.5.8 本条文基于我国国情、国力和对全国 30 多个城市的地下电缆线路不同敷设方式的运行经验总结的基础上，推荐出几种比较成熟、可行的常用敷设方式供选择时考虑。与已颁发的《电力工程电缆设计规范》（GB50217—94）第 5.2 节电缆敷设选择的有关规定要求基本一致。

7.5.8.2 直埋敷设方式，具有投资省、施工简单的显著优点，在我国现阶段仍有一定的适用价值，其缺点是易受外力机械破坏，特别是城市道路建设改造出现频繁开挖地段

中，有电缆受外力破坏事故增多的趋势。附表 D 直埋电力电缆之间及直埋电力电缆与控制电缆、通信电缆、地下管沟、道路、建筑物、构筑物、树木等之间安全距离的规定与现行《建筑电气设计技术规程》第六章中第三节电缆线路中直接埋地敷设的电缆之间及各种设施的最小净距的规定基本是一致的；

7.5.8.3 浅槽敷设是一种介于直埋与电缆沟之间可供选择的敷设方式。我国南方地区城市（如广州等市）由于地下水位较高，又需要电缆线路有较高的防护外力损伤的效果，多采用浅槽敷设方式。

中华人民共和国国家标准

风景名胜区规划规范

Code for Scenic area Planning

GB 50298—1999

主编部门：中华人民共和国建设部
批准部门：中华人民共和国建设部
施行日期：２０００年１月１日

关于发布国家标准《风景名胜区规划规范》的通知

建标〔1999〕267 号

根据国家计委《一九八九年工程建设标准定额制订修订计划》（计综合〔1989〕30 号文附件十）的要求，由建设部会同有关部门共同制订的《风景名胜区规划规范》，经有关部门会审，批准为强制性国家标准，编号为 GB 50298—1999，自 2000 年 1 月 1 日起施行。

本规范由建设部负责管理，中国城市规划设计研究院负责具体解释工作，建设部标准定额研究所组织中国建筑工业出版社出版发行。

中华人民共和国建设部
1999 年 11 月 10 日

前　言

本规范是根据国家计委计综合〔1989〕30 号文的要求，由建设部城市建设司负责主编，具体由中国城市规划设计研究院会同国家文物局、国家土地管理局、国家环境保护总局、建设部城市建设研究院、浙江省建设厅、安徽省建设厅、四川省城乡规划设计研究院、江西省城乡规划设计研究院等单位共同编制而成。经建设部 1999 年 11 月 10 日以建标（1999）267 号文批准，并会同国家质量技术监督局发布。

在本规范的编制过程中，规范编制组在总结实践经验和科研成果的基础上，主要对风景区规划的基本术语，基础资料与现状分析，风景资源评价，规划范围、性质、目标、分区与结构布局，保护规划、风景游赏、典型景观、游览设施、基础工程、居民社会调控、经济发展引导、土地利用协调等规划，规划成果与深度等方面作出了规定。并广泛征求了全国有关单位的意见，最后由我部会同有关部门审查定稿。

在本规范的执行过程中，希望各有关单位结合工程实践和科学研究，认真总结经验，注意积累资料，如发现需要修改和补充之处，请将意见和有关资料寄交中国城市规划设计研究院（通信地址：北京市三里河路 9 号，邮政编码：100037）以供今后修订时参考。

本规范主编单位：中国城市规划设计研究院。参编单位：国家文物局、国家土地管理局、国家环境保护总局、建设部城市建设研究院、浙江省建设厅、安徽省建设厅、四川省城乡规划设计研究院、江西省城乡规划设计研究院。

主要起草人：张国强、张延惠、贾建中、朱观海、熊世尧、蔡立力、黄鹭新、郭　旃、李　亮、展瑰琦、陈明松、罗来平、常仲农。

中华人民共和国建设部
1999 年 11 月 10 日

目　次

1 总则 …………………………………………………… 8—3
2 术语 …………………………………………………… 8—4
3 一般规定 ……………………………………………… 8—5
　3.1 基础资料与现状分析 ……………………………… 8—5
　3.2 风景资源评价 ……………………………………… 8—6
　3.3 范围、性质与发展目标 …………………………… 8—8
　3.4 分区、结构与布局 ………………………………… 8—8
　3.5 容量、人口及生态原则 …………………………… 8—9
4 专项规划 ……………………………………………… 8—12
　4.1 保护培育规划 ……………………………………… 8—12
　4.2 风景游赏规划 ……………………………………… 8—13
　4.3 典型景观规划 ……………………………………… 8—14
　4.4 游览设施规划 ……………………………………… 8—15
　4.5 基础工程规划 ……………………………………… 8—18
　4.6 居民社会调控规划 ………………………………… 8—19
　4.7 经济发展引导规划 ………………………………… 8—20
　4.8 土地利用协调规划 ………………………………… 8—20
　4.9 分期发展规划 ……………………………………… 8—23
5 规划成果与深度规定 ………………………………… 8—23
附录 A 本规范用词说明 ……………………………… 8—25
条文说明 ………………………………………………… 8—25

1 总　则

1.0.1 为了适应风景名胜区（以下简称风景区）保护、利用、管理、发展的需要，优化风景区用地布局，全面发挥风景区的功能和作用，提高风景区的规划设计水平和规范化程度，特制定本规范。

1.0.2 本规范适用于国务院和地方各级政府审定公布的各类风景区的规划。

1.0.3 风景区按用地规模可分为小型风景区（20km² 以下）、中型风景区（21～100km²）、大型风景区（101～500km²）、特大型风景区（500km² 以上）。

1.0.4 风景区规划应分为总体规划、详细规划二个阶段进行。大型而又复杂的风景区，可以增编分区规划和景点规划。一些重点建设地段，也可以增编控制性详细规划或修建性详细规划。

1.0.5 风景区规划必须符合我国国情，因地制宜地突出本风景区特性。并应遵循下列原则：

　1 应当依据资源特征、环境条件、历史情况、现状特点以及国民经济和社会发展趋势，统筹兼顾，综合安排。

　2 应严格保护自然与文化遗产，保护原有景观特征和地方特色，维护生物多样性和生态良性循环，防止污染和其他公害，充实科教审美特征，加强地被和植物景观培育。

　3 应充分发挥景源的综合潜力，展现风景游览欣赏主体，配置必要的服务设施与措施，改善风景区运营管理机能，防止人工化、城市化、商业化倾向，促使风景区有度、有序、有节律地持续发展。

4 应合理权衡风景环境、社会、经济三方面的综合效益，权衡风景区自身健全发展与社会需求之间关系，创造风景优美、设施方便、社会文明、生态环境良好、景观形象和游赏魅力独特，人与自然协调发展的风景游憩境域。

1.0.6 风景区规划应与国土规划、区域规划、城市总体规划、土地利用总体规划及其他相关规划相互协调。

1.0.7 风景区规划除执行本规范外，尚应符合国家有关强制性标准与规范的规定。

2 术　语

2.0.1 风景名胜区

也称风景区，海外的国家公园相当于国家级风景区。

指风景资源集中、环境优美、具有一定规模和游览条件，可供人们游览欣赏、休憩娱乐或进行科学文化活动的地域。

2.0.2 风景名胜区规划

也称风景区规划。是保护培育、开发利用和经营管理风景区，并发挥其多种功能作用的统筹部署和具体安排。经相应的人民政府审查批准后的风景区规划，具有法律权威，必须严格执行。

2.0.3 风景资源

也称景源、景观资源、风景名胜资源、风景旅游资源。是指能引起审美与欣赏活动，可以作为风景游览对象和风景开发利用的事物与因素的总称。是构成风景环境的基本要素，是风景区产生环境效益、社会效益、经济效益的物质基础。

2.0.4 景物

指具有独立欣赏价值的风景素材的个体，是风景区构景的基本单元。

2.0.5 景观

指可以引起视觉感受的某种景象，或一定区域内具有特征的景象。

2.0.6 景点

由若干相互关联的景物所构成、具有相对独立性和完整性、并具有审美特征的基本境域单位。

2.0.7 景群

由若干相关景点所构成的景点群落或群体。

2.0.8 景区

在风景区规划中,根据景源类型、景观特征或游赏需求而划分的一定用地范围,包含有较多的景物和景点或若干景群,形成相对独立的风景分区特征。

2.0.9 风景线

也称景线。由一连串相关景点所构成的线性风景形态或系列。

2.0.10 游览线

也称游线。为游人安排的游览欣赏风景的路线。

2.0.11 功能区

在风景区规划中,根据主要功能发展需求而划分的一定用地范围,形成相对独立的功能分区特征。

2.0.12 游人容量

在保持景观稳定性,保障游人游赏质量和舒适安全,以及合理利用资源的限度内,单位时间、一定规划单元内所能容纳的游人数量。是限制某时、某地游人过量集聚的警戒值。

2.0.13 居民容量

在保持生态平衡与环境优美、依靠当地资源与维护风景区正常运转的前提下,一定地域范围内允许分布的常住居民数量。是限制某个地区过量发展生产或聚居人口的特殊警戒值。

3 一 般 规 定

3.1 基础资料与现状分析

3.1.1 基础资料应依据风景区的类型、特征和实际需要,提出相应的调查提纲和指标体系,进行统计和典型调查。

3.1.2 应在多学科综合考察或深入调查研究的基础上,取得完整、正确的现状和历史基础资料,并做到统计口径一致或具有可比性。

3.1.3 基础资料调查类别,应符合表3.1.3的规定:

基础资料调查类别表　　　表3.1.3

大类	中类	小　类
一、测量资料	1. 地形图	小型风景区图纸比例为1/2000～1/10000; 中型风景区图纸比例为1/10000～1/25000; 大型风景区图纸比例为1/25000～1/50000; 特大型风景区图纸比例为1/50000～1/200000
	2. 专业图	航片、卫片、遥感影像图、地下岩洞与河流测图、地下工程与管网等专业测图
二、自然与资源条件	1. 气象资料	温度、湿度、降水、蒸发、风向、风速、日照、冰冻等
	2. 水文资料	江河湖海的水位、流量、流速、流向、水量、水温、洪水淹没线;江河区的流域情况、流域规划、河道整治规划、防洪设施;海滨区的潮汐、海流、浪涛;山区的山洪、泥石流、水土流失等
	3. 地质资料	地质、地貌、土层、建设地段承载力;地震或重要地质灾害的评估;地下水存在形式、储量、水质、开采及补给条件
	4. 自然资源	景源、生物资源、水土资源、农林牧副渔资源、能源、矿产资源等的分布、数量、开发利用价值等资料;自然保护对象及地段

续表

大类	中类	小类
三、人文与经济条件	1. 历史与文化	历史沿革及变迁、文物、胜迹、风物、历史与文化保护对象及地段
	2. 人口资料	历来常住人口的数量、年龄构成、劳动构成、教育状况、自然增长和机械增长;服务职工及暂住人口及其结构变化;游人及结构变化;居民、职工、游人分布状况
	3. 行政区划	行政建制及区划、各类居民点及分布、城镇辖区、村界、乡界及其他相关地界
	4. 经济社会	有关经济社会发展状况、计划及其发展战略;风景区范围的国民生产总值、财政、产业产值状况;国土规划、区域规划、相关专业考察报告及其规划
	5. 企事业单位	主要农林牧副渔和教科文卫军与工矿企事业单位的现状及发展资料。风景区管理现状
四、设施与工程条件	1. 交通运输	风景区及其可依托的城镇的对外交通运输和内部交通运输的现状、规划及发展资料
	2. 旅游设施	风景区及其可以依托的城镇的旅行、游览、饮食、住宿、购物、娱乐、保健等设施的现状及发展资料
	3. 基础工程	水电气热、环保、环卫、防灾等基础工程的现状及发展资料
五、土地与其他资料	1. 土地利用	规划区内各类用地分布状况,历史上土地利用重大变更资料,土地资源分析评价资料
	2. 建筑工程	各类主要建筑物、工程物、园景、场馆场地等项目的分布状况、用地面积、建筑面积、体量、质量、特点等资料
	3. 环境资料	环境监测成果,三废排放的数量和危害情况;垃圾、灾变和其他影响环境的有害因素的分布及危害情况;地方病及其他有害公民健康的环境资料

3.1.4 现状分析应包括:自然和历史人文特点;各种资源的类型、特征、分布及其多重性分析;资源开发利用的方向、潜力、条件与利弊;土地利用结构、布局和矛盾的分析;风景区的生态、环境、社会与区域因素等五个方面。

3.1.5 现状分析结果,必须明确提出风景区发展的优势与动力、矛盾与制约因素、规划对策与规划重点等三方面内容。

3.2 风景资源评价

3.2.1 风景资源评价应包括:景源调查;景源筛选与分类;景源评分与分级;评价结论四部分。

3.2.2 风景资源评价原则应符合下列规定:

 1 风景资源评价必须在真实资料的基础上,把现场踏查与资料分析相结合,实事求是地进行;

 2 风景资源评价应采取定性概括与定量分析相结合的方法,综合评价景源的特征;

 3 根据风景资源的类别及其组合特点,应选择适当的评价单元和评价指标,对独特或濒危景源,宜作单独评价。

3.2.3 风景资源调查内容的分类,应符合表 3.2.3 的规定。

风景资源分类表   表 3.2.3

大类	中类	小类
一、自然景源	1. 天景	(1) 日月星光 (2) 虹霞蜃景 (3) 风雨阴晴 (4) 气候景象 (5) 自然声象 (6) 云雾景观 (7) 冰雪霜露 (8) 其他天景
	2. 地景	(1) 大尺度山地 (2) 山景 (3) 奇峰 (4) 峡谷 (5) 洞府 (6) 石林石景 (7) 沙景沙漠 (8) 火山熔岩 (9) 蚀余景观 (10) 洲岛屿礁 (11) 海岸景观 (12) 海底地形 (13) 地质珍迹 (14) 其他地景

续表

大类	中类	小 类
一、自然景源	3. 水景	(1) 泉井 (2) 溪涧 (3) 江河 (4) 湖泊 (5) 潭池 (6) 瀑布跌水 (7) 沼泽滩涂 (8) 海湾海域 (9) 冰雪冰川 (10) 其他水景
	4. 生景	(1) 森林 (2) 草地草原 (3) 古树名木 (4) 珍稀生物 (5) 植物生态类群 (6) 动物群栖息地 (7) 物候季相景观 (8) 其他生物景观
二、人文景源	1. 园景	(1) 历史名园 (2) 现代公园 (3) 植物园 (4) 动物园 (5) 庭宅花园 (6) 专类游园 (7) 陵园墓园 (8) 其他园景
	2. 建筑	(1) 风景建筑 (2) 民居宗祠 (3) 文娱建筑 (4) 商业服务建筑 (5) 宫殿衙署 (6) 宗教建筑 (7) 纪念建筑 (8) 工交建筑 (9) 工程构筑物 (10) 其他建筑
	3. 胜迹	(1) 遗址遗迹 (2) 摩崖题刻 (3) 石窟 (4) 雕塑 (5) 纪念地 (6) 科技工程 (7) 游娱文体场地 (8) 其他胜迹
	4. 风物	(1) 节假庆典 (2) 民族民俗 (3) 宗教礼仪 (4) 神话传说 (5) 民间文艺 (6) 地方人物 (7) 地方物产 (8) 其他风物

3.2.4 风景资源评价单元应以景源现状分布图为基础，根据规划范围大小和景源规模、内容、结构及其游赏方式等特征，划分若干层次的评价单元，并作出等级评价。

3.2.5 在省域、市域的风景区体系规划中，应对风景区、景区或景点作出等级评价。

3.2.6 在风景区的总体、分区、详细规划中，应对景点或景物作出等级评价。

3.2.7 风景资源评价应对所选评价指标进行权重分析，评价指标的选择应符合表3.2.7的规定，并应符合下列规定：

1 对风景区或部分较大景区进行评价时，宜选用综合评价层指标；

2 对景点或景群进行评价时，宜选用项目评价层指标；

3 对景物进行评价时，宜在因子评价层指标中选择。

风景资源评价指标层次表 表 3.2.7

综合评价层	赋值	项目评价层	权重	因子评价层			权重
1. 景源价值	70~80	(1) 欣赏价值		①景感度	②奇特度	③完整度	
		(2) 科学价值		①科技值	②科普值	③科教值	
		(3) 历史价值		①年代值	②知名度	③人文值	
		(4) 保健价值		①生理值	②心理值	③应用值	
		(5) 游憩价值		①功利性	②舒适度	③承受力	
2. 环境水平	20~10	(1) 生态特征		①种类值	②结构值	③功能值	
		(2) 环境质量		①要素值	②等级值	③灾变率	
		(3) 设施状况		①水电能源	②工程管网	③环保设施	
		(4) 监护管理		①监测机能	②法规配套	③机构设置	
3. 利用条件	5	(1) 交通通讯		①便捷性	②可靠性	③效能	
		(2) 食宿接待		①能力	②标准	③规模	
		(3) 客源市场		①分布	②结构	③消费	
		(4) 运营管理		①职能体系	②经济结构	③居民社会	
4. 规模范围	5	(1) 面积 (2) 体量 (3) 空间 (4) 容量					

3.2.8 风景资源分级标准，必须符合下列规定：

1 景源评价分级必须分为特级、一级、二级、三级、四级等五级；

2 应根据景源评价单元的特征，及其不同层次的评价指标分值和吸引力范围，评出风景资源等级；

3 特级景源应具有珍贵、独特、世界遗产价值和意义，有世界奇迹般的吸引力；

4 一级景源应具有名贵、罕见、国家重点保护价值和国家代表性作用，在国内外著名和有国际吸引力；

5 二级景源应具有重要、特殊、省级重点保护价值和地方代表性作用，在省内外闻名和有省际吸引力；

6 三级景源应具有一定价值和游线辅助作用，有市县级保护价值和相关地区的吸引力；

7 四级景源应具有一般价值和构景作用，有本风景区或当地的吸引力。

3.2.9 风景资源评价结论应由景源等级统计表、评价分析、特征概括等三部分组成。评价分析应表明主要评价指标的特征或结果分析；特征概括应表明风景资源的级别数量、类型特征及其综合特征。

3.3 范围、性质与发展目标

3.3.1 确定风景区规划范围及其外围保护地带，应依据以下原则：景源特征及其生态环境的完整性；历史文化与社会的连续性；地域单元的相对独立性；保护、利用、管理的必要性与可行性。

3.3.2 划定风景区范围的界限必须符合下列规定：

1 必须有明确的地形标志物为依托，既能在地形图上标出，又能在现场立桩标界；

2 地形图上的标界范围，应是风景区面积的计量依据；

3 规划阶段的所有面积计量，均应以同精度的地形图的投影面积为准。

3.3.3 风景区的性质，必须依据风景区的典型景观特征、游览欣赏特点、资源类型、区位因素，以及发展对策与功能选择来确定。

3.3.4 风景区的性质应明确表述风景特征、主要功能、风景区级别等三方面内容，定性用词应突出重点、准确精炼。

3.3.5 风景区的发展目标，应依据风景区的性质和社会需求，提出适合本风景区的自我健全目标和社会作用目标两方面的内容，并应遵循以下原则：

1 贯彻严格保护、统一管理、合理开发、永续利用的基本原则；

2 充分考虑历史、当代、未来三个阶段的关系，科学预测风景区发展的各种需求；

3 因地制宜地处理人与自然的和谐关系；

4 使资源保护和综合利用、功能安排和项目配置、人口规模和建设标准等各项主要目标，同国家与地区的社会经济技术发展水平、趋势及步调相适应。

3.4 分区、结构与布局

3.4.1 风景区应依据规划对象的属性、特征及其存在环境进行合理区划，并应遵循以下原则：

1 同一区内的规划对象的特性及其存在环境应基本一致；

2 同一区内的规划原则、措施及其成效特点应基本一致；

3 规划分区应尽量保持原有的自然、人文、线状等单元界限的完整性。

3.4.2 根据不同需要而划分的规划分区应符合下列规定：

1 当需调节控制功能特征时，应进行功能分区；

2 当需组织景观和游赏特征时，应进行景区划分；

3 当需确定保护培育特征时，应进行保护区划分；

4 在大型或复杂的风景区中，可以几种方法协调并用。

3.4.3 风景区应依据规划目标和规划对象的性能、作用及其构成规律来组织整体规划结构或模型，并应遵循下列原则：
 1 规划内容和项目配置应符合当地的环境承载能力、经济发展状况和社会道德规范，并能促进风景区的自我生存和有序发展；
 2 有效调节控制点、线、面等结构要素的配置关系；
 3 解决各枢纽或生长点、走廊或通道、片区或网格之间的本质联系和约束条件。

3.4.4 凡含有一个乡或镇以上的风景区，或其人口密度超过100人/km² 时，应进行风景区的职能结构分析与规划，并应遵循下列原则：
 1 兼顾外来游人、服务职工和当地居民三者的需求与利益；
 2 风景游览欣赏职能应有独特的吸引力和承受力；
 3 旅游接待服务职能应有相应的效能和发展动力；
 4 居民社会管理职能应有可靠的约束力和时代活力；
 5 各职能结构应自成系统并有机组成风景区的综合职能结构网络。

3.4.5 风景区应依据规划对象的地域分布、空间关系和内在联系进行综合部署，形成合理、完善而又有自身特点的整体布局，并应遵循下列原则：
 1 正确处理局部、整体、外围三层次的关系；
 2 解决规划对象的特征、作用、空间关系的有机结合问题；
 3 调控布局形态对风景区有序发展的影响，为各组成要素、各组成部分能共同发挥作用创造满意条件；

4 构思新颖，体现地方和自身特色。

3.5 容量、人口及生态原则

3.5.1 风景区游人容量应随规划期限的不同而有变化。对一定规划范围的游人容量，应综合分析并满足该地区的生态允许标准、游览心理标准、功能技术标准等因素而确定。并应符合下列规定：
 1 生态允许标准应符合表3.5.1的规定；

游憩用地生态容量　　　　　表3.5.1

用地类型	允许容人量和用地指标	
	（人/公顷）	（m²/人）
(1) 针叶林地	2～3	5000～3300
(2) 阔叶林地	4～8	2500～1250
(3) 森林公园	<15～20	>660～500
(4) 疏林草地	20～25	500～400
(5) 草地公园	<70	>140
(6) 城镇公园	30～200	330～50
(7) 专用浴场	<500	>20
(8) 浴场水域	1000～2000	20～10
(9) 浴场沙滩	1000～2000	10～5

 2 游人容量应由一次性游人容量、日游人容量、年游人容量三个层次表示。
 （1）一次性游人容量（亦称瞬时容量），单位以"人/次"表示；
 （2）日游人容量，单位以"人次/日"表示；
 （3）年游人容量，单位以"人次/年"表示。

3 游人容量的计算方法宜分别采用：线路法、卡口法、面积法、综合平衡法，并将计算结果填入表3.5.1：

游人容量计算一览表　　　　　　　表3.5.1

(1)	(2)	(3)	(4)	(5)	(6)	(7)
游览用地名称	计算面积（m²）	计算指标（m²/人）	一次性容量（人/次）	日周转率（次）	日游人容量（人次/日）	备　注

4　游人容量计算宜采用下列指标：

（1）线路法：以每个游人所占平均道路面积计，5～10m²/人。

（2）面积法：以每个游人所占平均游览面积计。其中：

主景景点：50～100m²/人（景点面积）；

一般景点：100～400m²/人（景点面积）；

浴场海域：10～20m²/人（海拔0～-2m以内水面）；

浴场沙滩：5～10m²/人（海拔0～+2m以内沙滩）。

（3）卡口法：实测卡口处单位时间内通过的合理游人量。单位以"人次/单位时间"表示。

5　游人容量计算结果应与当地的淡水供水、用地、相关设施及环境质量等条件进行校核与综合平衡，以确定合理的游人容量。

3.5.2　风景区总人口容量测算应包括外来游人、服务职工、当地居民三类人口容量，并应符合下列规定：

1　当规划地区的居住人口密度超过50人/km²时，宜测定用地的居民容量；

2　当规划地区的居住人口密度超过100人/km²时，必须测定用地的居民容量；

3　居民容量应依据最重要的要素容量分析来确定，其常规要素应是：淡水、用地、相关设施等。

3.5.3　风景区人口规模的预测应符合下列规定：

1　人口发展规模应包括外来游人、服务职工、当地居民三类人口；

2　一定用地范围内的人口发展规模不应大于其总人口容量；

3　职工人口应包括直接服务人口和维护管理人口；

4　居民人口应包括当地常住居民人口。

3.5.4　风景区内部的人口分布应符合下列原则：

1　根据游赏需求、生境条件、设施配置等因素对各类人口进行相应的分区分期控制；

2　应有合理的疏密聚散变化，使其各得其所；

3　防止因人口过多或不适当集聚而不利于生态与环境；

4　防止因人口过少或不适当分散而不利于管理与效益。

3.5.5　风景区的生态原则应符合下列规定：

1　制止对自然环境的人为消极作用，控制和降低人为负荷，应分析游览时间、空间范围、游人容量、项目内容、开发强度等因素，并提出限制性规定或控制性指标；

2　保持和维护原有生物种群、结构及其功能特征，保护典型而有示范性的自然综合体；

3　提高自然环境的复苏能力，提高氧、水、生物量的再生能力与速度，提高其生态系统或自然环境对人为负荷的稳定性或承载力。

3.5.6　风景区的生态分区应符合下列原则：

1　应将规划用地的生态状况按四个等级分别加以标明；

2 生态分区的一般标准应符合表 3.5.6 的规定；

生态分区及其利用与保护措施 表 3.5.6

生态分区	环境要素状况			利用与保护措施
	大气	水域	土壤植被	
危机区	×	×	×	应完全限制发展，并不再发生人为压力，实施综合的自然保育措施
	－或＋	×	×	
	×	－或＋	×	
	×	×	－或＋	
不利区	×	－或＋	－或＋	应限制发展，对不利状态的环境要素要减轻其人为压力，实施针对性的自然保护措施
	－或＋	×	－或＋	
	－或＋	－或＋	×	
稳定区	－	－	－	要稳定对环境要素造成的人为压力，实施对其适用的自然保护措施
	－	－	＋	
	－	＋	－	
有利区	＋	＋	＋	需规定人为压力的限度，根据需要而确定自然保护措施
	－	＋	＋	
	＋	－	＋	
	＋	＋	－	

注：×不利；－稳定；＋有利。

3 按其他生态因素划分的专项生态危机区应包括热污染、噪声污染、电磁污染、放射性污染、卫生防疫条件、自然气候因素、振动影响、视觉干扰等内容；

4 生态分区应对土地使用方式、功能分区、保护分区和各项规划设计措施的配套起重要作用。

3.5.7 风景区规划应控制和降低各项污染程度，其环境质量标准应符合下列规定：

1 大气环境质量标准应符合 GB3095—1996 中规定的一级标准；

2 地面水环境质量一般应按 GB3838—88 中规定的第一级标准执行，游泳用水应执行 GB9667—88 中规定的标准，海水浴场水质标准不应低于 GB3097—82 中规定的二类海水水质标准，生活饮用水标准应符合 GB5749—85 中的规定；

3 风景区室外允许噪声级应低于 GB3096—93 中规定的"特别住宅区"的环境噪声标准值；

4 放射防护标准应符合 GBJ8—74 中规定的有关标准。

4 专项规划

4.1 保护培育规划

4.1.1 保护培育规划应包括查清保育资源，明确保育的具体对象，划定保育范围，确定保育原则和措施等基本内容。

4.1.2 风景保护的分类应包括生态保护区、自然景观保护区、史迹保护区、风景恢复区、风景游览区和发展控制区等，并应符合以下规定：

1　生态保护区的划分与保护规定：

（1）对风景区内有科学研究价值或其他保存价值的生物种群及其环境，应划出一定的范围与空间作为生态保护区。

（2）在生态保护区内，可以配置必要的研究和安全防护性设施，应禁止游人进入，不得搞任何建筑设施，严禁机动交通及其设施进入。

2　自然景观保护区的划分与保护规定：

（1）对需要严格限制开发行为的特殊天然景源和景观，应划出一定的范围与空间作为自然景观保护区。

（2）在自然景观保护区内，可以配置必要的步行游览和安全防护设施，宜控制游人进入，不得安排与其无关的人为设施，严禁机动交通及其设施进入。

3　史迹保护区的划分与保护规定：

（1）在风景区内各级文物和有价值的历代史迹遗址的周围，应划出一定的范围与空间作为史迹保护区。

（2）在史迹保护区内，可以安置必要的步行游览和安全防护设施，宜控制游人进入，不得安排旅宿床位，严禁增设与其无关的人为设施，严禁机动交通及其设施进入，严禁任何不利于保护的因素进入。

4　风景恢复区的划分与保护规定：

（1）对风景区内需要重点恢复、培育、抚育、涵养、保持的对象与地区，例如森林与植被、水源与水土、浅海及水域生物、珍稀濒危生物、岩溶发育条件等，宜划出一定的范围与空间作为风景恢复区。

（2）在风景恢复区内，可以采用必要技术措施与设施；应分别限制游人和居民活动，不得安排与其无关的项目与设施，严禁对其不利的活动。

5　风景游览区的划分与保护规定：

（1）对风景区的景物、景点、景群、景区等各级风景结构单元和风景游赏对象集中地，可以划出一定的范围与空间作为风景游览区。

（2）在风景游览区内，可以进行适度的资源利用行为，适宜安排各种游览欣赏项目；应分级限制机动交通及旅游设施的配置。并分级限制居民活动进入。

6　发展控制区的划分与保护规定：

（1）在风景区范围内，对上述五类保育区以外的用地与水面及其他各项用地，均应划为发展控制区。

（2）在发展控制区内，可以准许原有土地利用方式与形态，可以安排同风景区性质与容量相一致的各项旅游设施及基地，可以安排有序的生产、经营管理等设施，应分别控制各项设施的规模与内容。

4.1.3 风景保护的分级应包括特级保护区、一级保护区、二级保护区和三级保护区等四级内容，并应符合以下规定：

1 特级保护区的划分与保护规定：
（1）风景区内的自然保护核心区以及其他不应进入游人的区域应划为特级保护区。
（2）特级保护区应以自然地形地物为分界线，其外围应有较好的缓冲条件，在区内不得搞任何建筑设施。

2 一级保护区的划分与保护规定：
（1）在一级景点和景物周围应划出一定范围与空间作为一级保护区，宜以一级景点的视域范围作为主要划分依据。
（2）一级保护区内可以安置必需的步行游赏道路和相关设施，严禁建设与风景无关的设施，不得安排旅宿床位，机动交通工具不得进入此区。

3 二级保护区的划分与保护规定：
（1）在景区范围内，以及景区范围之外的非一级景点和景物周围应划为二级保护区。
（2）二级保护区内可以安排少量旅宿设施，但必须限制与风景游赏无关的建设，应限制机动交通工具进入本区。

4 三级保护区的划分与保护规定：
（1）在风景区范围内，对以上各级保护区之外的地区应划为三级保护区。
（2）在三级保护区内，应有序控制各项建设与设施，并应与风景环境相协调。

4.1.4 保护培育规划应依据本风景区的具体情况和保护对象的级别而择优实行分类保护或分级保护，或两种方法并用，应协调处理保护培育、开发利用、经营管理的有机关系，加强引导性规划措施。

4.2 风景游赏规划

4.2.1 风景游览欣赏规划应包括景观特征分析与景象展示构思；游赏项目组织；风景单元组织；游线组织与游程安排；游人容量调控；风景游赏系统结构分析等基本内容。

4.2.2 景观特征分析和景象展示构思，应遵循景观多样化和突出自然美的原则，对景物和景观的种类、数量、特点、空间关系、意趣展示及其观览欣赏方式等进行具体分析和安排；并对欣赏点选择及其视点、视角、视距、视线、视域和层次进行分析和安排。

4.2.3 游赏项目组织应包括项目筛选、游赏方式、时间和空间安排、场地和游人活动等内容，并遵循以下原则：
1 在与景观特色协调，与规划目标一致的基础上，组织新、奇、特、优的游赏项目；
2 权衡风景资源与环境的承受力，保护风景资源永续利用；
3 符合当地用地条件、经济状况及设施水平；
4 尊重当地文化习俗、生活方式和道德规范。

4.2.4 游赏项目内容可在表4.2.4中择优并演绎。

游赏项目类别表　　　　表4.2.4

游赏类别	游赏项目				
1.野外游憩	①消闲散步	②郊游野游	③垂钓	④登山攀岩	⑤骑驭
2.审美欣赏	①揽胜 ⑥寄情	②摄影 ⑦鉴赏	③写生 ⑧品评	④寻幽 ⑨写作	⑤访古 ⑩创作
3.科技教育	①考察 ⑥采集	②探胜探险 ⑦寻根回归	③观测研究 ⑧文博展览	④科普 ⑨纪念	⑤教育 ⑩宣传
4.娱乐体育	①游戏娱乐 ⑥冰雪活动	②健身 ⑦沙草场活动	③演艺 ⑧其他体智技能运动	④体育	⑤水上水下运动

续表

游赏类别	游 赏 项 目
5. 休养保健	①避暑避寒　②野营露营　③休养　　④疗养　　⑤温泉浴 ⑥海水浴　　⑦泥沙浴　　⑧日光浴　⑨空气浴　⑩森林浴
6. 其　　他	①民俗节庆 ②社交会展 ③宗教礼仪 ④购物商贸 ⑤劳作体验

4.2.5 风景单元组织应把游览欣赏对象组织成景物、景点、景群、园苑、景区等不同类型的结构单元，并应遵循以下原则：

1 依据景源内容与规模、景观特征分区、构景与游赏需求等因素进行组织；

2 使游赏对象在一定的结构单元和结构整体中发挥良好作用；

3 应为各景物间和结构单元间相互因借创造有利条件。

4.2.6 景点组织应包括景点的构成内容、特征、范围、容量；景点的主、次、配景和游赏序列组织；景点的设施配备；景点规划一览表等四部分。

4.2.7 景区组织应包括：景区的构成内容、特征、范围、容量；景区的结构布局、主景、景观多样化组织；景区的游赏活动和游线组织；景区的设施和交通组织要点等四部分。

4.2.8 游线组织应依据景观特征、游赏方式、游人结构、游人体力与游兴规律等因素，精心组织主要游线和多种专项游线，并应包括下列内容：

1 游线的级别、类型、长度、容量和序列结构；

2 不同游线的特点差异和多种游线间的关系；

3 游线与游路及交通的关系。

4.2.9 游程安排应由游赏内容、游览时间、游览距离限定。游程的确定宜符合下列规定：

1 一日游：不需住宿，当日往返；

2 二日游：住宿一夜；

3 多日游：住宿二夜以上。

4.3 典型景观规划

4.3.1 风景区应依据其主体特征景观或有特殊价值的景观进行典型景观规划。应包括典型景观的特征与作用分析；规划原则与目标；规划内容、项目、设施与组织；典型景观与风景区整体的关系等内容。

4.3.2 典型景观规划必须保护景观本体及其环境，保持典型景观的永续利用；应充分挖掘与合理利用典型景观的特征及价值，突出特点，组织适宜的游赏项目与活动；应妥善处理典型景观与其他景观的关系。

4.3.3 植物景观规划应符合以下规定：

1 维护原生种群和区系，保护古树名木和现有大树，培育地带性树种和特有植物群落；

2 因境制宜地恢复、提高植被覆盖率，以适地适树的原则扩大林地，发挥植物的多种功能优势，改善风景区的生态和环境；

3 利用和创造多种类型的植物景观或景点，重视植物的科学意义，组织专题游览环境和活动；

4 对各类植物景观的植被覆盖率、林木郁闭度、植物结构、季相变化、主要树种、地被与攀缘植物、特有植物群落、特殊意义植物等，应有明确的分区分级的控制性指标及要求；

5 植物景观分布应同其他内容的规划分区相互协调；在旅游设施和居民社会用地范围内，应保持一定比例的高绿地率或高覆盖率控制区。

4.3.4 建筑景观规划应符合以下规定：

1 应维护一切有价值的原有建筑及其环境，严格保护文物类建筑，保护有特点的民居、村寨和乡土建筑及其风貌；

2 风景区的各类新建筑，应服从风景环境的整体需求，不得与大自然争高低，在人工与自然协调融合的基础上，创造建筑景观和景点；

3 建筑布局与相地立基，均应因地制宜，充分顺应和利用原有地形，尽量减少对原有地物与环境的损伤或改造；

4 对风景区内各类建筑的性质与功能、内容与规模、标准与档次、位置与高度、体量与体形、色彩与风格等，均应有明确的分区分级控制措施；

5 在景点规划或景区详细规划中，对主要建筑宜提出：（1）总平面布置；（2）剖面标高；（3）立面标高总框架；（4）同自然环境和原有建筑的关系等四项控制措施。

4.3.5 溶洞景观规划应符合以下规定：

1 必须维护岩溶地貌、洞穴体系及其形成条件，保护溶洞的各种景物及其形成因素，保护珍稀、独特的景物及其存在环境；

2 在溶洞功能选择与游人容量控制、游赏对象确定与景象意趣展示、景点组织与景区划分、游赏方式与游线组织、导游与赏景点组织等方面，均应遵循自然与科学规律及其成景原理，兼顾洞景的欣赏、科学、历史、保健等价值，有度有序地利用与发挥洞景潜力，组织适合本溶洞特征的景观特色；

3 应统筹安排洞内与洞外景观，培育洞顶植被，禁止对溶洞自然景物滥施人工；

4 溶洞的石景与土石方工程、水景与给排水工程、交通与道桥工程、电源与电缆工程、防洪与安全设备工程等，均应服从风景整体需求，并同步规划设计；

5 对溶洞的灯光与灯具配置、导游与电器控制，以及光象、音响、卫生等因素，均应有明确的分区分级控制要求及配套措施。

4.3.6 竖向地形规划应符合以下规定：

1 维护原有地貌特征和地景环境，保护地质珍迹、岩石与基岩、土层与地被、水体与水系，严禁炸山采石取土、乱挖滥填盲目整平、剥离及覆盖表土，防止水土流失、土壤退化、污染环境；

2 合理利用地形要素和地景素材，应随形就势、因高就低地组织地景特色，不得大范围地改变地形或平整土地，应把未利用的废弃地、洪泛地纳入治山理水范围加以规划利用；

3 对重点建设地段，必须实行在保护中开发、在开发中保护的原则，不得套用"几通一平"的开发模式，应统筹安排地形利用、工程补救、水系修复、表土恢复、地被更新、景观创意等各项技术措施；

4 有效保护与展示大地标志物、主峰最高点、地形与测绘控制点，对海拔高度高差、坡度坡向、海河湖岸、水网密度、地表排水与地下水系、洪水潮汐淹没与浸蚀、水土流失与崩塌、滑坡与泥石流灾变等地形因素，均应有明确的分区分级控制；

5 竖向地形规划应为其他景观规划、基础工程、水体水系流域整治及其他专项规划创造有利条件，并相互协调。

4.4 游览设施规划

4.4.1 旅行游览接待服务设施规划应包括游人与游览设施现状分析；客源分析预测与游人发展规模的选择；游览设施

配备与直接服务人口估算；旅游基地组织与相关基础工程；游览设施系统及其环境分析等五部分。

4.4.2 游人现状分析，应包括游人的规模、结构、递增率、时间和空间分布及其消费状况。

4.4.3 游览设施现状分析，应表明供需状况、设施与景观及其环境的相互关系。

4.4.4 客源分析与游人发展规模选择应符合以下规定：

1 分析客源地的游人数量与结构、时空分布、出游规律、消费状况等；

2 分析客源市场发展方向和发展目标；

3 预测本地区游人、国内游人、海外游人递增率和旅游收入；

4 游人发展规模、结构的选择与确定，应符合表4.4.4的内容要求；

5 合理的年、日游人发展规模不得大于相应的游人容量。

游人统计与预测　　　　表 4.4.4

项目	年度	海外游人		国内游人		本地游人		三项合计		年游人规模（万人/年）	年游人容量（万人/年）	备注
		数量	增率	数量	增率	数量	增率	数量	增率			
统计												
预测												

4.4.5 游览设施配备应包括旅行、游览、饮食、住宿、购物、娱乐、保健和其他等八类相关设施。应依据风景区、景区、景点的性质与功能，游人规模与结构，以及用地、淡水、环境等条件，配备相应种类、级别、规模的设施项目。

1 旅宿床位应是游览设施的调控指标，应严格限定其规模和标准，应做到定性、定量、定位、定用地范围，并按（4.4.5-1）式计算。

$$床位数 = \frac{平均停留天数 \times 年住宿人数}{年旅游天数 \times 床位利用率} \quad (4.4.5\text{-}1)$$

2 直接服务人员估算应以旅宿床位或饮食服务两类游览设施为主，其中，床位直接服务人员估算可按（4.4.5-2）计算：

$$直接服务人员 = 床位数 \times 直接服务人员与床位数比例$$
$$(4.4.5\text{-}2)$$

（式中，直接服务人口与床位数比例：1:2～1:10）

4.4.6 游览设施布局应采用相对集中与适当分散相结合的原则，应方便游人，利于发挥设施效益，便于经营管理与减少干扰。应依据设施内容、规模、等级、用地条件和景观结构等，分别组成服务部、旅游点、旅游村、旅游镇、旅游城、旅游市等六级旅游服务基地，并提出相应的基础工程原则和要求。

4.4.7 旅游基地选择应符合以下原则：

1 应有一定的用地规模，既应接近游览对象又应有可靠的隔离，应符合风景保护的规定，严禁将住宿、饮食、购物、娱乐、保健、机动交通等设施布置在有碍景观和影响环境质量的地段；

2 应具备相应的水、电、能源、环保、抗灾等基础工程条件，靠近交通便捷的地段，依托现有游览设施及城镇设施；

3 避开有自然灾害和不利于建设的地段。

4.4.8 依风景区的性质、布局和条件的不同，各项游览设施既可配置在各级旅游基地中，也可以配置在所依托的各级居民点中，其总量和级配关系应符合风景区规划的需求，应符合表 4.4.8 的规定。

游览设施与旅游基地分级配置表　　表 4.4.8

设施类型	设施项目	服务部	旅游点	旅游村	旅游镇	旅游城	备注
一、旅行	1. 非机动交通	▲	▲	▲	▲	▲	步道、马道、自行车道、存车、修理
	2. 邮电通讯	△	△	▲	▲	▲	话亭、邮亭、邮电所、邮电局
	3. 机动车船	×	▲	▲	▲	▲	车站、车场、码头、油站、道班
	4. 火车站	×	×	×	△	▲	对外交通、位于风景区外缘
	5. 机场	×	×	×	×	▲	对外交通、位于风景区外缘
二、游览	1. 导游小品	▲	▲	▲	▲	▲	标示、标志、公告牌、解说图片
	2. 休憩庇护	△	▲	▲	▲	▲	坐椅桌、风雨亭、避难屋、集散点
	3. 环境卫生	△	▲	▲	▲	▲	废弃物箱、公厕、盥洗处、垃圾站
	4. 宣讲咨询	×	△	△	▲	▲	宣讲设施、模型、影视、游人中心
	5. 公安设施	×	△	▲	▲	▲	派出所、公安局、消防站、巡警
三、饮食	1. 饮食点	▲	▲	▲	▲	▲	冷热饮料、乳品、面包、糕点、糖果
	2. 饮食店	△	▲	▲	▲	▲	包括快餐、小吃、野餐烧烤点
	3. 一般餐厅	×	△	▲	▲	▲	饭馆、饭铺、食堂
	4. 中级餐厅	×	×	△	▲	▲	有停车车位
	5. 高级餐厅	×	×	△	△	▲	有停车车位

续表

设施类型	设施项目	服务部	旅游点	旅游村	旅游镇	旅游城	备注
四、住宿	1. 简易旅宿点	×	▲	▲	▲	▲	包括野营点、公用卫生间
	2. 一般旅馆	×	△	▲	▲	▲	六级旅馆、团体旅舍
	3. 中级旅馆	×	×	▲	▲	▲	四、五级旅馆
	4. 高级旅馆	×	×	△	▲	▲	二、三级旅馆
	5. 豪华旅馆	×	×	×	△	▲	一级旅馆
五、购物	1. 小卖部、商亭	▲	▲	▲	▲	▲	
	2. 商摊集市墟场	×	△	▲	▲	▲	集散有时、场地稳定
	3. 商店	×	△	▲	▲	▲	包括商业买卖街、步行街
	4. 银行、金融	×	×	△	▲	▲	储蓄所、银行
	5. 大型综合商场	×	×	×	△	▲	
六、娱乐	1. 文博展览	×	△	△	▲	▲	文化、图书、博物、科技、展览等馆
	2. 艺术表演	×	×	△	▲	▲	影剧院、音乐厅、杂技场、表演场
	3. 游戏娱乐	×	×	△	△	▲	游乐场、歌舞厅、俱乐部、活动中心
	4. 体育运动	×	×	△	▲	▲	室内外各类体育运动健身竞赛场地
	5. 其他游娱文体	×	△	△	△	△	其他游娱文体台站团体训练基地
七、保健	1. 门诊所	△	△	▲	▲	▲	无床位、卫生站
	2. 医院	×	×	△	▲	▲	有床位
	3. 救护站	×	△	▲	▲	▲	无床位
	4. 休养度假	×	×	△	▲	▲	有床位
	5. 疗养	×	×	×	△	▲	有床位

续表

设施类型	设施项目	服务部	旅游点	旅游村	旅游镇	旅游城	备　注
八、其他	1. 审美欣赏	▲	▲	▲	▲	▲	景观、寄情、鉴赏、小品类设施
	2. 科技教育	△	△	▲	▲	▲	观测、试验、科教、纪念设施
	3. 社会民俗	×	△	△	▲	▲	民俗、节庆、乡土设施
	4. 宗教礼仪	×	×	△	△	△	宗教设施、坛庙堂祠、社交礼制设施
	5. 宜配新项目	×	×	△	△	△	演化中的德智体技能和功能设施

限定说明：禁止设置×；可以设置△；应该设置▲。

4.5　基础工程规划

4.5.1　风景区基础工程规划，应包括交通道路、邮电通讯、给水排水和供电能源等内容，根据实际需要，还可进行防洪、防火、抗灾、环保、环卫等工程规划。

4.5.2　风景区基础工程规划，应符合下列规定：

1　符合风景区保护、利用、管理的要求；

2　同风景区的特征、功能、级别和分区相适应，不得损坏景源、景观和风景环境；

3　要确定合理的配套工程、发展目标和布局，并进行综合协调；

4　对需要安排的各项工程设施的选址和布局提出控制性建设要求；

5　对于大型工程或干扰性较大的工程项目及其规划，应进行专项景观论证、生态与环境敏感性分析，并提交环境影响评价报告。

4.5.3　风景区交通规划，应分为对外交通和内部交通两方面内容。应进行各类交通流量和设施的调查、分析、预测，提出各类交通存在的问题及其解决措施等内容。

1　对外交通应要求快速便捷，布置于风景区以外或边缘地区；

2　内部交通应具有方便可靠和适合风景区特点，并形成合理的网络系统；

3　对内部交通的水、陆、空等机动交通的种类选择、交通流量、线路走向、场站码头及其配套设施，均应提出明确而有效的控制要求和措施。

4.5.4　风景区道路规划，应符合以下规定：

1　合理利用地形，因地制宜地选线，同当地景观和环境相配合；

2　对景观敏感地段，应用直观透视演示法进行检验，提出相应的景观控制要求；

3　不得因追求某种道路等级标准而损伤景源与地貌，不得损坏景物和景观；

4　应避免深挖高填，因道路通过而形成的竖向创伤面的高度或竖向砌筑面的高度，均不得大于道路宽度。并应对创伤面提出恢复性补救措施。

4.5.5　邮电通讯规划，应提供风景区内外通讯设施的容量、线路及布局，并应符合以下规定：

1　各级风景区均应配备能与国内联系的通讯设施；

2　国家级风景区还应配备能与海外联系的现代化通讯设施；

3　在景点范围内，不得安排架空电线穿过，宜采用隐蔽工程。

4.5.6 风景区给水排水规划,应包括现状分析;给、排水量预测;水源地选择与配套设施;给、排水系统组织;污染源预测及污水处理措施;工程投资框算。给、排水设施布局还应符合以下规定:

  1 在景点和景区范围内,不得布置暴露于地表的大体量给水和污水处理设施;

  2 在旅游村镇和居民村镇宜采用集中给水、排水系统,主要给水设施和污水处理设施可安排在居民村镇及其附近。

4.5.7 风景区供电规划,应提供供电及能源现状分析,负荷预测,供电电源点和电网规划三项基本内容。并应符合以下规定:

  1 在景点和景区内不得安排高压电缆和架空电线穿过;

  2 在景点和景区内不得布置大型供电设施;

  3 主要供电设施宜布置于居民村镇及其附近。

4.5.8 风景区内供水、供电及床位用地标准,应在表4.5.8中选用,并以下限标准为主。

供水供电及床位用地标准　　表 4.5.8

类　别	供水 (L/床·日)	供电 (W/床)	用地 (m²/床)	备注
简易宿点	50～100	50～100	50以下	公用卫生间
一般旅馆	100～200	100～200	50～100	六级旅馆
中级旅馆	200～400	200～400	100～200	四五级旅馆
高级旅馆	400～500	400～1000	200～400	二三级旅馆
豪华旅馆	500以上	1000以上	300以上	一级旅馆
居　民	60～150	100～500	50～150	
散　客	10～30L/人·日			

4.6 居民社会调控规划

4.6.1 凡含有居民点的风景区,应编制居民点调控规划;凡含有一个乡或镇以上的风景区,必须编制居民社会系统规划。

4.6.2 居民社会调控规划应包括现状、特征与趋势分析;人口发展规模与分布;经营管理与社会组织;居民点性质、职能、动因特征和分布;用地方向与规划布局;产业和劳力发展规划等内容。

4.6.3 居民社会调控规划应遵循下列基本原则:

  1 严格控制人口规模,建立适合风景区特点的社会运转机制;

  2 建立合理的居民点或居民点系统;

  3 引导淘汰型产业的劳力合理转向。

4.6.4 居民社会调控规划应科学预测和严格限定各种常住人口规模及其分布的控制性指标;应根据风景区需要划定无居民区、居民衰减区和居民控制区。

4.6.5 居民点系统规划,应与城市规划和村镇规划相互协调,对已有的城镇和村点提出调整要求,对拟建的旅游村、镇和管理基地提出控制性规划纲要。

4.6.6 对农村居民点应划分为搬迁型、缩小型、控制型和聚居型等四种基本类型,并分别控制其规模布局和建设管理措施。

4.6.7 居民社会用地规划严禁在景点和景内安排工业项目、城镇建设和其他企事业单位用地,不得在风景区内安排有污染的工副业和有碍风景的农业生产用地,不得破坏林木而安排建设项目。

4.7 经济发展引导规划

4.7.1 经济发展引导规划，应以国民经济和社会发展规划、风景与旅游发展战略为基本依据，形成独具风景区特征的经济运行条件。

4.7.2 经济发展引导规划应包括经济现状调查与分析；经济发展的引导方向；经济结构及其调整；空间布局及其控制；促进经济合理发展的措施等内容。

4.7.3 风景区经济引导方向，应以经济结构和空间布局的合理化结合为原则，提出适合风景区经济发展的模式及保障经济持续发展的步骤和措施。

4.7.4 经济结构的合理化应包括以下内容：

1 明确各主要产业的发展内容、资源配置、优化组合及其轻重缓急变化；

2 明确旅游经济、生态农业和工副业的合理发展途径；

3 明确经济发展应有利于风景区的保护、建设和管理。

4.7.5 空间布局合理化应包括以下内容：

1 应明确风景区内部经济、风景区周边经济、风景区所在地经济等三者的空间关系和内在联系；应有节律的调控区内经济、发展边缘经济、带动地区经济；

2 明确风景区内部经济的分区分级控制和引导方向；

3 明确综合农业生产分区、农业生产基地、工副业布局及其与风景保护区、风景游览地、旅游基地的关系。

4.8 土地利用协调规划

4.8.1 土地利用协调规划应包括土地资源分析评估；土地利用现状分析及其平衡表；土地利用规划及其平衡表等内容。

4.8.2 土地资源分析评估，应包括对土地资源的特点、数量、质量与潜力进行综合评估或专项评估。

4.8.3 土地利用现状分析，应表明土地利用现状特征，风景用地与生产生活用地之间关系，土地资源演变、保护、利用和管理存在的问题。

4.8.4 土地利用规划，应在土地利用需求预测与协调平衡的基础上，表明土地利用规划分区及其用地范围。

4.8.5 土地利用规划应遵循下列基本原则：

1 突出风景区土地利用的重点与特点，扩大风景用地；

2 保护风景游赏地、林地、水源地和优良耕地；

3 因地制宜的合理调整土地利用，发展符合风景区特征的土地利用方式与结构。

4.8.6 风景区土地利用平衡应符合表4.8.6的规定，并表明规划前后土地利用方式和结构变化。

风景区用地平衡表 表 4.8.6

序号	用地代号	用 地 名 称	面积 (km²)		占总用地%		人均 (m²/人)		备注
			现状	规划	现状	规划	现状	规划	
00	合计	风景区规划用地			100	100			
01	甲	风景游赏用地							
02	乙	游览设施用地							
03	丙	居民社会用地							
04	丁	交通与工程用地							
05	戊	林　地							
06	己	园　地							
07	庚	耕　地							
08	辛	草　地							
09	壬	水　域							
10	癸	滞留用地							
备注		____年,现状总人口__万人。其中:(1)游人__(2)职工__(3)居民__ ____年,规划总人口__万人。其中:(1)游人__(2)职工__(3)居民__							

4.8.7 风景区的用地分类应按土地使用的主导性质进行划分，应符合表4.8.7的规定。

风景区用地分类表　　　表4.8.7

类别代号 大类	类别代号 中类	类别代号 小类	用地名称	范围	规划限定
甲			风景游赏用地	游览欣赏对象集中区的用地。向游人开放	▲
甲	甲1		风景点建设用地	各级风景结构单元（如景物、景点、景群、园院、景区等）用地	▲
甲	甲2		风景保护用地	独立于景点以外的自然景观、史迹、生态等保护区用地	▲
甲	甲3		风景恢复用地	独立于景点以外的需要重点恢复、培育、涵养和保持的对象用地	▲
甲	甲4		野外游憩用地	独立于景点之外，人工设施较少的大型自然露天游憩场所	▲
甲	甲5		其他观光用地	独立于上述四类用地之外的风景游赏用地。如宗教、风景林地等	△
乙			游览设施用地	直接为游人服务而又独立于景点之外的旅行游览接待服务设施用地	▲
乙	乙1		旅游点建设用地	独立设置的各级旅游基地（如部、点、村、镇、城等）用地	▲
乙	乙2		游娱文体用地	独立于旅游点外的游戏娱乐、文化体育、艺术表演用地	▲
乙	乙3		休养保健用地	独立设置的避暑避寒、休养、疗养、医疗、保健、康复等用地	▲
乙	乙4		购物商贸用地	独立设置的商贸、金融保险、集贸市场、食宿服务等设施用地	△
乙	乙5		其他游览设施用地	上述四类之外，独立设置的游览设施用地，如公共浴场等	△
丙			居民社会用地	间接为游人服务而又独立设置的居民社会、生产管理等用地	△
丙	丙1		居民点建设用地	独立设置的各级居民点（如组、点、村、镇、城等）的用地	△
丙	丙2		管理机构用地	独立设置的风景区管理机构、行政机构用地	▲
丙	丙3		科技教育用地	独立地段的科技教育用地。如观测科研、广播、职教等用地	△
丙	丙4		工副业生产用地	为风景区服务而独立设置的各种工副业及附属设施用地	△
丙	丙5		其他居民社会用地	如殡葬设施等	○
丁			交通与工程用地	风景区自身需求的对外、内部交通通讯与独立的基础工程用地	▲
丁	丁1		对外交通通讯用地	风景区入口同外部沟通的交通用地。位于风景区外缘	▲
丁	丁2		内部交通通讯用地	独立于风景点、旅游点、居民点之外的风景区内部联系交通	▲
丁	丁3		供应工程用地	独立设置的水、电、气、热等工程及其附属设施用地	△
丁	丁4		环境工程用地	独立设置的环保、环卫、水保、垃圾、污物处理设施用地	△
丁	丁5		其他工程用地	如防洪水利、消防防灾、工程施工、养护管理设施等工程用地	△

续表

类别代号			用地名称	范围	规划限定
大类	中类	小类			
戊			**林 地**	**生长乔木、竹类、灌木、沿海红树林等林木的土地，风景林不包括在内**	△
	戊1		成林地	有林地，郁闭度大于30%的林地	△
	戊2		灌木林	覆盖度大于40%的灌木林地	△
	戊3		竹 林	生长竹类的林地	△
	戊4		苗 圃	固定的育苗地	△
	戊5		其他林地	如迹地、未成林造林地、郁闭度小于30%的林地	○
己			**园 地**	**种植以采集果、叶、根、茎为主的集约经营的多年生作物**	△
	己1		果 园	种植果树的园地	△
	己2		桑 园	种植桑树的园地	△
	己3		茶 园	种植茶园的园地	○
	己4		胶 园	种植橡胶树的园地	△
	己5		其他园地	如花圃苗圃、热作园地及其他多年生作物园地	○
庚			**耕 地**	**种植农作物的土地**	○
	庚1		菜 地	种植蔬菜为主的耕地	○
	庚2		旱 地	无灌溉设施、靠降水生长作物的耕地	○
	庚3		水 田	种植水生作物的耕地	○
	庚4		水浇地	指水田菜地以外、一般年景能正常灌溉的耕地	○
	庚5		其他耕地	如季节性、一次性使用的耕地、望天田等	○

续表

类别代号			用地名称	范围	规划限定
大类	中类	小类			
辛			**草 地**	**生长各种草本植物为主的土地**	△
	辛1		天然牧草地	用于放牧或割草的草地、花草地	○
	辛2		改良牧草地	采用灌排水、施肥、松耙、补植进行改良的草地	○
	辛3		人工牧草地	人工种植牧草的草地	○
	辛4		人工草地	人工种植铺装的草地、草坪、花草地	△
	辛5		其他草地	如荒草地、杂草地	△
壬			**水 域**	**未列入各景点或单位的水域**	△
	壬1		江、河		△
	壬2		湖泊、水库	包括坑塘	△
	壬3		海 域	海 湾	△
	壬4		滩 涂	包括沼泽、水中苇地	△
	壬5		其他水域用地	冰川及永久积雪地、沟渠水工建筑地	△
癸			**滞留用地**	**非风景区需求，但滞留在风景区内的各项用地**	×
	癸1		滞留工厂仓储用地		×
	癸2		滞留事业单位用地		×
	癸3		滞留交通工程用地		×
	癸4		未利用地	因各种原因尚未使用的土地	○
	癸5		其他滞留用地		×

规划限定说明：应该设置▲；可以设置△；可保留不宜新置○；禁止设置×。

4.8.8 在具体使用表4.8.6和表4.8.7时，可依据工作性质、内容、深度的不同要求，采用其分类的全部或部分类别，但不得增设新的类别。

4.8.9 土地利用规划应扩展甲类用地，控制乙类、丙类、丁类、庚类用地，缩减癸类用地。

4.9 分期发展规划

4.9.1 风景区总体规划分期应符合以下规定：
1 第一期或近期规划：5年以内；
2 第二期或远期规划：5~20年；
3 第三期或远景规划：大于20年。

4.9.2 在安排每一期的发展目标与重点项目时，应兼顾风景游赏、游览设施、居民社会的协调发展，体现风景区自身发展规律与特点。

4.9.3 近期发展规划应提出发展目标、重点、主要内容，并应提出具体建设项目、规模、布局、投资估算和实施措施等。

4.9.4 远期发展规划的目标应使风景区内各项规划内容初具规模。并应提出发展期内的发展重点、主要内容、发展水平、投资框算、健全发展的步骤与措施。

4.9.5 远景规划的目标应提出风景区规划所能达到的最佳状态和目标。

4.9.6 近期规划项目与投资估算应包括风景游赏、游览设施、居民社会三个职能系统的内容以及实施保育措施所需的投资。

4.9.7 远期规划的投资框算应包括风景游赏、游览设施两个系统的内容。

5 规划成果与深度规定

5.0.1 风景区规划的成果应包括风景区规划文本、规划图纸、规划说明书、基础资料汇编等四个部分。

5.0.2 规划文本应以法规条文方式，直接叙述规划主要内容的规定性要求。

5.0.3 规划图纸应清晰准确，图文相符，图例一致，并应在图纸的明显处标明图名、图例、风玫瑰、规划期限、规划日期、规划单位及其资质图签编号等内容。

5.0.4 规划设计的主要图纸应符合表5.0.4的规定。

5.0.5 规划说明书应分析现状，论证规划意图和目标，解释和说明规划内容。

风景区总体规划图纸规定　　　　　　　　表 5.0.4

图纸资料名称	比　例　尺				制图选择			图纸特征	有些图纸可与下列编号的图纸合并
	风景区面积（km²）				综合型	复合型	单一型		
	20 以下	20～100	100～500	500 以上					
1. 现状（包括综合现状图）	1:5000	1:10000	1:25000	1:50000	▲	▲	▲	标准地形图上制图	
2. 景源评价与现状分析	1:5000	1:10000	1:25000	1:50000	▲	△	△	标准地形图上制图	1
3. 规划设计总图	1:5000	1:10000	1:25000	1:50000	▲	▲	▲	标准地形图上制图	
4. 地理位置或区域分析	1:25000	1:50000	1:100000	1:200000	▲	△	△	可以简化制图	
5. 风景游赏规划	1:5000	1:10000	1:25000	1:50000	▲	▲	▲	标准地形图上制图	
6. 旅游设施配套规划	1:5000	1:10000	1:25000	1:50000	▲	▲	△	标准地形图上制图	3
7. 居民社会调控规划	1:5000	1:10000	1:25000	1:50000	▲	△	△	标准地形图上制图	3
8. 风景保护培育规划	1:10000	1:50000	1:100000		▲	△	△	可以简化制图	3 或 5
9. 道路交通规划	1:10000	1:25000	1:50000	1:100000	▲	△	△	可以简化制图	3 或 6
10. 基础工程规划	1:10000	1:25000	1:50000	1:100000	▲	△	△	可以简化制图	3 或 6
11. 土地利用协调规划	1:10000	1:25000	1:50000	1:100000	▲	▲	▲	标准地形图上制图	3 或 7
12. 近期发展规划	1:10000	1:25000	1:50000	1:100000	▲	△	△	标准地形图上制图	3

说明：▲应单独出图：△可作图纸。

附录 A 本规范用词说明

1 为便于在执行本规范条文时区别对待，对于要求严格程度不同的用词说明如下：

(1) 表示很严格，非这样做不可的用词：
正面词采用"必须"，
反面词采用"严禁"；

(2) 表示严格，在正常情况下均应这样做的用词：
正面词采用"应"，
反面词采用"不应"或"不得"；

(3) 对表示允许稍有选择，在条件许可时首先应这样做的用词：
正面词采用"宜"，
反面词采用"不宜"。
表示有选择，在一定条件下可以这样做的，采用"可"。

2 条文中指明应按其他有关标准、规范执行时，写法为"应按……执行"或"应符合……的规定"。

中华人民共和国国家标准

风景名胜区规划规范

GB 50298—1999

条 文 说 明

目　次

1　总则 …………………………………………… 8—26
2　术语 …………………………………………… 8—28
3　一般规定 ……………………………………… 8—29
　3.1　基础资料与现状分析 …………………… 8—29
　3.2　风景资源评价 …………………………… 8—29
　3.3　范围、性质与发展目标 ………………… 8—32
　3.4　分区、结构与布局 ……………………… 8—33
　3.5　容量、人口及生态原则 ………………… 8—35
4　专项规划 ……………………………………… 8—37
　4.1　保护培育规划 …………………………… 8—37
　4.2　风景游赏规划 …………………………… 8—38
　4.3　典型景观规划 …………………………… 8—39
　4.4　游览设施规划 …………………………… 8—40
　4.5　基础工程规划 …………………………… 8—43
　4.6　居民社会调控规划 ……………………… 8—45
　4.7　经济发展引导规划 ……………………… 8—46
　4.8　土地利用协调规划 ……………………… 8—47
　4.9　分期发展规划 …………………………… 8—48
5　规划成果与深度规定 ………………………… 8—50

1　总　　则

1.0.1　中国风景区源于古代的名山大川和邑郊游憩地，历经数千年的不断发展，荟萃了自然之美和人文之胜，成为壮丽山河的精华，为当代留下了宝贵的自然与文化遗产及其无限的信息。20 世纪 50 年代以后，中国风景区规划建设管理又积累了大量新的经验和教训。80 年代以来，中国社会经济快速进步，中外学术思想新一轮交流，更促使着风景区急速发展。当前，中国三级风景区体系面积已占国土总面积的 1%，风景区已经是兼备游憩审美、科教启智、国土形象、生态防护以及带动地区发展等功能的重要地域。为使风景区健康发展，并走向法规化的道路，制订国家标准《风景名胜区规划规范》已成为社会发展的重要需求，有利于把风景区的规划建设和保护管理的相关决策纳入科学化、规范化、社会化轨道，是一项必要、可行并具有自身特点的工作。

编制本规范所涉及并依据的法规有"七法一条例"。其中，国家法律有：文物、土地、环保、森林、海洋、城市、房地产等七项，国务院公布的条例有：《风景名胜区管理暂行条例》一项。

编制本规范的目的，是在总结中国风景区发展和规划建设管理经验的基础上，吸取国内外先进经验，在风景区规划范围的有限境域里，统一规划范畴与深度、统一用词涵义与统计口径等，优化风景区用地布局，确保风景区的功能和作用能全面地发挥，以提高风景区规划的科学性、适用性和先进性，实现风景、社会和经济三个方面的综合效益。

1.0.2 本规范的适用范围。首先是我国各级政府审定公布的国家重点和省级与市、县级等三级风景区的规划，这些风景区的级别、范围、资源等已经原则性框定；第二是各级政府审定的国土规划、区域规划、城市规划、风景旅游体系规划所划定的各类风景区的规划，这些风景区的资源特征、功能作用、用地范围等项内容与国务院风景区管理条例基本一致，但因某种原因尚未正式审定其级别，暂未列入三级风景区名单的各类风景旅游地。

1.0.3 风景区的分类方法很多，本条文仅规定了按用地规模的分类要求。

1.0.4 从宏观到微观，风景区规划将是分阶段进行的：有针对某个开发专题而进行的可行性分析论证，有一个省、市域的风景旅游体系规划，有某个区域的风景区域规划，有一个风景区的总体规划、分区规划、详细规划、景点规划，有某个重点建设地段的控制性详细规划和修建性详细规划等。其中，国家级风景区的总体规划需要报经国务院批准，这也是各种规划中最关键的一个规划阶段。有关各规划阶段的内容要求，将由行政法规提出。

1.0.5 本条文是编制风景区规划必须遵循的基本原则。

风景区规划必须符合我国国情。这是由于中国风景区历经数千年发展，山水优美、文物丰盛，独具民族特色。同时，人口增长速度很快，人均资源渐趋紧缺；再者，经济高速增长，需求扩展，人与自然协调发展的难度加大；此外，社会文化及生活方式不断发展，海内外交流频繁，科技日益进步，有关文化继承与创新的研究日益深入。这些基本国情都是中国风景区规划与发展的决定性因素。

风景区规划是驾驭整个风景区保护、建设、管理、发展的基本依据和手段，是在一定空间和时间范围内对各种规划要素的系统分析和统筹安排，这种综合与协调职能，涉及所在地的资源、环境、历史、现状、经济社会发展态势等广泛领域，这就需要深入调查研究，把握主要矛盾和对策，充分考虑风景、社会、经济三方面的综合效益，因地制宜地突出本风景区的特性。

1.0.6 中国风景区用地规模差异很大，面积跨度由不足10平方公里至上万平方公里，因而，常与国土规划、区域规划、城市总体规划、土地利用总体规划等项规划密切相关，甚至交错穿插或相互覆盖，这就需要在时间、空间和内容上相互关照、调整，并使之协调互补发展。在定性方面主要是资源利用的多重性所引发的课题；在定量方面主要是用地规模、人口规模、开发利用强度所带来的矛盾；在定质方面主要是相关设施等级标准在配置上的众多因素；在经营管理上主要是与责、权、利相关的土地管理权限或管理体制等难题；在政策与法规上主要是接点部位的诸多问题。上述协调因素，在不同的规划工作中有不同的重点和表现形式，而常见和有效的因素是在用地分区中相互协调。

2 术 语

2.0.1 术语是标准规范的重要组成部分。

风景区规划工作与术语，不仅有其自身特点，还涉及自然科学、社会科学和工程技术的定性、定量与规律性内容，因而，其间不断分化、交叉、综合、协调之类难点自然不少。本章内容是对规范所涉及的基本词汇给予统一用词、统一含义，或将使用成熟的词汇纳入、肯定，以利于对本规范内容的正确理解和使用。

例如，70 年代中期以后，有关风景区的称呼逐渐增多，比较多见的有：自然风景区、旅游风景区、名胜风景区、山水风景区、城市风景区、近郊风景区、风景名胜区、风景游览区、风景旅游区、风景保护区、风景控制区等等，大都是在"风景"前后加一词而构成复合词，用其表达某种更具体、更特定的含义。其中，1985 年国务院在有关条例中规定了"风景名胜区"的特有含义。经分析，为满足和适应风景区发展态势对技术法规的需求，"风景区"一词仍具有言简意赅的优点，有较好的历史延续性和较强的发展适应性，既可以理解为其他复合词的通称或简称，又保留了相关复合词的特定含义及其实际应用范围；反之，诸多复合词均难以替代"风景区"的意义。因此，本规范仍采用风景区一词，并对其含义给予统一规定。

又如，随着旅行游览活动的发展和人均资源紧缺矛盾的增长，风景区的容量已成为重要课题，而描述有关容纳人口数量的术语有环境容量、旅游容量、游人容量、容人量、居民容量等等。经分析，对风景区的生态和容量影响较大的是外来游人数量和当地常住居民数量，因而，本规范肯定了游人容量、居民容量两条术语，并对其词解和相关内容作了统一规定。

再如，因经济社会发展、学科交叉、中外交流和责、权、利关系调整等因素，对同一事物和现象的描述常会出现多种用语，70 年代中期以来对自然和人文风景资源的词汇相继有：风景资源、风景名胜资源、景观资源、景源、自然风景资源、历史人文资源、观光旅游资源等。经分析，本词汇的使用频率很高，为减少规划执笔者的负担，本规范肯定了"风景资源"和"景源"的含义。

为便于风景区规划图纸中对规划范围内不同类别用地的标注，特规定了风景区土地利用表中各类、各项用地的名称和代号，以利于计算和统计。

3 一般规定

3.1 基础资料与现状分析

3.1.1~3.1.3 编制风景区规划应当具备相关的自然与资源、人文与经济、旅游设施与基础工程、土地利用、建设与环境等方面的历史和现状基础资料，这是科学、合理地制定风景区规划的基本保证。

由于风景区的规模和条件等差异性较大，地区性特点显明，因而，基础资料的覆盖面、繁简度、可比性的选择十分重要。应根据风景区及其所处地域的实际情况和实际需要，首先拟定出调查提纲和指标体系，用它来描述规划对象的主要特征，并据此进行统计和典型调查，以获取可靠的统计数据，实事求是地采集、筛选、存储、积累、整理并汇编。

基础资料收集范围包括：文字资料、图纸资料和声像资料等。

3.1.4~3.1.5 风景区规划要实现"因地制宜地突出本风景区的特性"，现状分析将是首要的环节。由于每个风景区的自然因素很少雷同，社会生活需求和技术经济条件常有变化，因而在基础资料收集和现状分析的交错进程中，应充分重视并提取出可以构成本风景区特点与个性的要素，进而分析论证诸要素在风景区规划或风景区发展中的作用与地位。

在现状分析中，风景区的特点分析、资源利用多重性分析、开发利弊分析、用地矛盾分析、生态与社会分析均是经常遇到的难题。现状分析的结果，应明确提出本风景区的主要优势和发展动力、主要矛盾和制约因素、规划对策和规划重点。

规划实践证明，凡是认真进行现状分析，并能事实求是的提取特点、正视矛盾，就能较好地把握风景区的特征，才有可能出现好的规划成果。

3.2 风景资源评价

3.2.1 风景资源可以视为一种潜在风景，当它在一定的赏景条件中，给人以景感享受才成为现实风景。景源评价就是寻觅、探察、领悟、赏析、判别、筛选、研讨各类景源的潜力，并给予有效、可靠、简便、恰当的评估。因而，景源评价实质上从景源调查阶段即已开始，边调查边筛选边补充，景源评分与分级则进入正式文字图表汇总处理阶段，评价结论则是最后概括提炼阶段。景源评价既可以划分出四个阶段，需按步骤逐渐深入，同时又有相互衔接、甚至相互穿插。

3.2.2 本条对景源评价作了三项原则性规定：

首先，评价者是景源评价的主体，评价主体既有明显的认识、理解、感受的个性差异，也有相似的社会、功能、需求的共性规律。为从共性规律中探求标准，从个性差异中提取特点，均衡而适当地反映相关人群的风景意识，所以要求评价者必须在兼顾现场体察感受和社会资料分析的基础上进行评价，把主客观评价结合起来，防止并克服在现场踏查与资料分析之间的片面性理论及其评价效果。

其二，当代对景源评价影响比较明显的有两种文化观念及其思维方法。一是经验性概括，它具有整体思维的观念，适合于综合性很强的学科，带有模糊性的特征，它有利于总体把握景源评价特征，却也容易流于深奥莫测，难以传达和普及推广；二是定量性概括，具有微观分析的精神，它脱胎于自然学科，带有明确性的特征，它有利于评价认识的深化及其普及，却也易含机械性的偏颇。显然，在景源评价中引入和渗透定量性概括是必要的，但也不可忽视风景本质及其整体性特征而生硬搬用，防止对风景规律的误解与扭曲。防止因量化分析和加权不当而产生片面性。其实，两种概括都是思维运动中的一个级别，经常是互补互促螺旋推进的。因此，规定景源评价方法应采取定性概括与定量分析相结合的办法。虽然定量分析目前尚有许多难点，但不少技术成果已说明两者结合的必要性与可行性。在具体操作中，要重在把握景源的特色。

其三，景源的种类十分丰富，其组合特点、数量和规模也异常复杂，在景源评价中，为了实事求是的反映景源的价值、特征和级别，就要针对该风景区的评价对象的具体状况，探讨并选择适当的评价单元和相应的评价指标，有时，还需经过试评和调整，才能最后确定。对于独特景源，因需要从全球角度比较，所以宜作单独评价。

3.2.3 为了做好景源调查，就需要一种以景源调查为目的的应用性景源分类。景源分类既应遵循科学分类的通用原则，又应遵循风景学科分类或相关学科分类的专门原则，适应基础资料可以共用和通用与互用的社会需求。景源分类的具体原则是：①性状分类原则，强调区分景源的性质和状态；②指标控制原则，特征指标一致的景源，可以归为同一类型；③包容性原则，即类型之间有较明显的排他性，少数情况有从属关系；④约定俗成原则，社会和学术界或相关学科已成习俗的类型，虽不尽然合理而又不失原则尚可以意会

的则保留其类型。

这里所列的景源调查内容分类有三层结构，即大类、中类、小类。其中，大类按习俗分为自然和人文两类；中类基本上属景源的种类层，分为 8 个中类，在同一中类内部，或其自然属性相对一致、同在一个自然单元中，或其功能属性大致相同、同是一个人工建设单元和人类活动方式及活动结果。小类基本上属景源的形态层，是景源调查的具体对象，分为 74 个小类。当然，还可以进一步划分出数以百计的子类。

3.2.4~3.2.6 作为评价对象，景源系统的构成是多层次的，每层次含有不同的景物成分和构景规律，不同层次不同类别的景源之间，难以简单的相互类比。关于景源的层次，至少可以分成三层，各层举例如表 3.2.4：

表 3.2.4

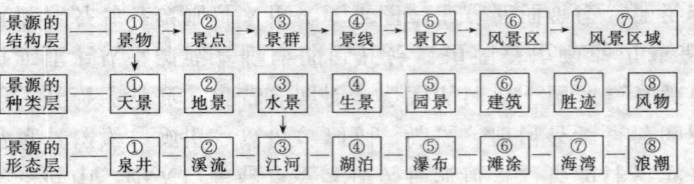

从景源层次中可以看出，如果任选不同层次的景源放在一起评价，将会产生难以评说或令人啼笑皆非的效果。基于这类不成功的规划实践，本规范规定应在同层次或同类型的景源之间进行评价。

通常，在规划大纲、总体规划、分区规划阶段，经常在景源结构层选择评价对象和评价单元。在各种详细规划或景点规划阶段，经常在景源种类层和形态层中选择评价对象和评价单元。例如："桂林山水甲天下，桂林山水在漓江，漓

江山水在兴坪"就包含着不同规划阶段,对桂林风景区域、漓江风景区、兴坪景区等三层景源单元评价结果的一种概括性说法。再如:"泰山天下雄"、"黄山天下奇"、"华山天下险"、"峨眉天下秀"、"青城天下幽"等是对相同景源单元的景观特征的概括。又如:"天下第一山"、"天下第一泉"等就是对某种景源种类的等级概括。这些都是程度不等的反映着对不同层次景源评价的概括性说法。

3.2.7 作为评价标准,这是一个更为复杂的层次系统,内含庞杂的评价因素和评价指标,如果没有一定的层次和秩序以及相应的使用方法,是难以同景源系统层次相对类比的。这里,至少可以分成四个层级,各层举例如表3.2.7。

上述评价指标中,目前使用频率较高和引用较多的是综合评价层的4个指标与项目评价层的17个指标,因子评价层的近50个指标也常被部分选用,指数评价层的数以百计的指标尚处在分解提取筛选之中,其中有部分指标被广泛用于某种景物评价之中。因而,本规范仅提出前三层次的指标,以供评分需要和根据实际情况有选择的使用。

在景源评价时,评价指标的具体选择及其权重分析,是依据评价对象的特征和评价目标的需求而决定的。

在对风景区或景区评价时,经常使用综合评价层的4个指标,其中,景源价值当是首要指标,其重要度的量化值——权重系数必然会高。有时,仅有综合评价结果尚不足以表达出参评风景区或景区的特征及其差异,这就需要依据评价目标的需求,在景源价值、环境水平、利用条件、规模范围等四个指标中选择其中某个项目评价层指标为补充评价指标。例如,为反映自然山水特征与差异时,可以选择欣赏价值;为强调文物胜迹特征与差异时,可以选择历史价值;为突出规模效益特征与差异时,可以补充容量指标等等。

在对景点或景群评价时,经常在项目评价层的17个指标中选择使用。这时若仍用综合评价层的4个指标,就会显得过分概略或粗糙,虽有可能评出级差,但难以反映其特征,不利于评价结果的描述和表达。景点评价在风景区规划中应用最多,评价指标的选择及其权重分析的可行性方案也较多,重要的是针对评价目标来选择能反映其特征的相关要素指标。

在对景物评价时,经常在因子评价层的近50个指标中选择使用,由于评价目标和景物特征的差异较大,实际中选和使用的指标相对于50个而言仅占较少数量,因人因物而异的灵活性也就较大。

3.2.8 景源评价中所涉及的自然美虽然是客观存在的,而认识它的能力则是人类历史发展的结果,因而自然美的主观观念总是相对的,这就使得景源评价难以有一个绝对的衡量标准和尺度。所以景源评价标准只能是相对的、比较的和各有特点的。

就国土而言,景源评价可以为有计划的保护和管理景源、制定全国或省、市风景旅游发展计划提供依据;就一个风景区而言,景源评价是分类分级、选点区划、确定性质功能规模、制定规划设计方案的基础。这就需要对景源评价结果有一个相对统一的等级划分标准。

本条所列的景源等级划分标准,主要根据景源价值和构景作用及其吸引力范围来确定。其中,一、二、三级景源标准可以与国家多项法规相接或相互协调,四级景源可以适应风景区的结构与布局需要,特级景源可以适应国际习惯及世界遗产保护需求。因而,把景源划分为五级有着广泛的适应性、可比性和统一性。

3.2.9 景源评价分析是在景源评分与等级划分的基础上进行的结果性分析，既可以显示中选的主要评价指标在评价中的作用与结果，显示景源的分项优势、劣势、潜力状态，也可以反向检验评价指标选择及其权重分析的准确度。在分析中如果发现有漏项或不符合实际的权重现象，应该随机调整、补充，甚至重新评分与分级。

景源特征概括是在景源的级别、数量、类型等排列的基础上，提取各类各级景源的个性特征，进而概括出整个风景区景源的若干项综合特征。这些特征是风景区定性、发展对策、规划布局的重要依据。

3.3 范围、性质与发展目标

3.3.1 确定风景区范围是风景区规划的重要内容，并时常成为难题。其主要原因是人均资源渐趋紧缺和资源利用的多重性规律，以及它所涉及的责权利关系调控等因素在起作用。

正由于规划确定的风景区范围，就是风景区管理机构的管辖范围，所以确定范围的几项原则就显得相当重要。其中，对景源特征、景源价值、生态环境等应保障其完整性，不得因划界不当而有损其特征、价值或生态环境；在一些历史悠久和社会因素丰富的风景区划界中，应维护其历史特征，保持其社会延续性，使历史社会文化遗产及其环境得以保存，并能永续利用；在对待地域单元矛盾时，应强调其相对独立性，不论是自然区、人文区、行政区、线状区等何种地域单元形式，在划界中均应考虑其相对独立性及其带来的主要状态关系；在对待风景区保护、利用、管理的必要性

时，应分析所在地的环境因素对景源保护的需求、经济条件对开发利用的影响、社会背景对风景区管理的要求，综合考虑风景区与其社会辐射范围的供需关系，提出风景区保护、利用、管理的必要范围。

在确定风景区范围时，有时会与原有行政区划发生矛盾，特别是一些原始性较强的山水景观又常处在原有行政区划的边缘或数个行政区划的交接部位，为了有效保护和合理利用与科学管理这些景源，这时既可以不受有行政区划的限制，又要在适当的行政主管支持和相关部门协同下，或适当调整行政区划，或适当协调责权利关系，探讨一种既合理又可行的风景区范围。在提出的方案中，应防止"人和地"分家，应坚持居民与其生存条件一并合理安排的原则。

3.3.2 规划中的风景区范围和具体界限，必须有明确的标志物为依托，这是防止用三角板或丁字尺在地图上随意划界而在现场无法立桩标界的行为。风景区的标界范围，是风景区规划建设管理中各种面积计量的基本依据，也是风景区规划水平及其可比性的基础，因而，强调面积计量的统一性和严肃性是十分必要的。

3.3.3～3.3.4 确定风景区性质是规划阶段的重要原则性问题之一，由于它涉及若干重大原则的论证，因而有时会成为各方关注和争议的焦点。

风景区性质表达方式虽然多样，却包含着特征、功能、级别三项基本内容。为了表达出风景区的景观特征，不仅需要从景源评价结论中提取，还要考虑景观和景源同其它资源间的关系，要参照现状分析中关于风景区发展优势和区位因素的论证；为了表达出风景区的功能和级别特征，还将涉及风景区发展的社会经济技术条件，及其在相关范围、相关领

域的战略地位，结合风景区的发展动力、发展对策和规划指导思想，拟定风景区的级别定位和功能选择。因此，风景区性质的确定，必须依据典型景观特征及其游览特点，依据风景区的优势、矛盾和发展对策，依据规划原则和功能选择。

表述风景区性质的基本文字应该重点突出、准确精练。当争议论点较多时，可辅以重要观点的分项论述，并列于后。其中：景观的典型性特征常分成若干个层次表达，最精练的一层仅用一句或若干词组；风景区的主要功能则常从下述七个方面演绎出本风景区的具体功能形式，它们是游憩娱乐、审美与欣赏、认识求知、休养保健、启迪寓教、保存保护培育、旅游经济与生产等；关于风景区的级别，已正式列入三级名单者其级别已肯定，而当规划者认定其有新意义者，也常称谓具有"某级"意义的"原级"风景区。对于尚未定级的风景区，规划者常称谓具有国家级意义、或省级意义、或市县级意义的风景区。

3.3.5 风景区发展的自身性基本目标可以归纳有三：一是融汇审美与生态，文化与科技价值于一体的风景地域；二是具备与其功能相适应的游览设施和时代活力的社会单元；三是独具风景区特征并能支持其自我生存或发展的经济实体。风景、社会、经济三者协调发展，并能满足人们精神文化需要和适应社会持续进步的要求。

风景区发展的社会性基本目标也可以归纳有三：一是保护培育国土，树立国家和地区形象的典型作用；二是展示自然和人文遗产，提供游憩风景胜地，促进人与自然共生共荣和协调发展的启迪作用；三是促进旅游发展，振兴地方经济的先导作用。上述形象典型、精神启迪、经济先导等三者协同作用，使人们从这里获得其它领域所无法企及的活力。

在规划工作中，风景区发展目标的拟定，要依据风景区的性质，提出风景区的自我健全目标和社会作用目标两个方面的内容。发展目标的确定是目标分析的结果，也就是提出问题、界定问题、并确定解决问题的方法。当有多个目标时，还应确定各目标之间的优先顺序及其权重，在此基础上建立系统的总体目标框架。为此，就必须涉及国民经济长远规划和相关地域的社会经济发展规划，就要探讨风景区发展的技术经济依据和发展条件。应该贯彻国家有关风景区的基本方针，充分考虑历史、当代、未来三个阶段的关系，科学预测发展中的各种需求，因地制宜地处理人与自然间对立统一的辩证关系。应使风景区规划的各项主要目标同国家与地区的社会经济技术发展水平、趋势及其步调相适应。

3.4 分区、结构与布局

3.4.1 风景区的规划分区，是为了使众多的规划对象有适当的区划关系，以便针对规划对象的属性和特征分区，进行合理的规划和设计，实施恰当的建设强度和管理制度，既有利于展现和突出规划对象的分区特点，也有利于加强风景区的整体特征。

规划分区，应突出各区的特点，控制各分区的规模，并提出相应的规划措施；还应解决各个分区间的分隔、过渡与联络关系；应维护原有的自然单元、人文单元、线状单元的相对完整性。

规划分区的大小、粗细、特点是随着规划深度而变化的。规划愈深则分区愈精细，分区规模愈小，各分区的特点也愈显简洁或单一，各分区之间的分隔、过渡、联络等关系的处理也趋向精细或丰富。

3.4.2 在各具意义和目的不同的众多规划分区中，常以景区划分、功能分区为主。

3.4.3 风景区的规划结构，是为了把众多的规划对象组织在科学的结构规律或模型关系之中，以便针对规划对象的性能和作用结构，进行合理的规划与配置，实施结构内部各要素间的本质性联系、调节和控制，使其有利于规划对象在一定的结构整体中发挥应有作用，也有利于满足规划目标对其结构整体的功能要求。

规划结构方案的形成可以概括为三个阶段：首先要界定规划内容组成及其相互关系，提出若干结构模式；然后利用相关信息资料对其分析比较，预测并选择规划结构；进而以发展趋势与结构变化，对其反复检验和调整，并确定规划结构方案。

在风景区规划结构的分析、比较、调整和确定过程中，要充分掌握结构系统、信息数据和调控变量等三项决策要素，有效控制点、线、面等三个结构要素，解决节点（枢纽或生长点）、轴线（走廊或通道）、片区（网眼）之间的本质联系和约束条件，以保证选出最佳方案或满意方案。

3.4.4 风景区的规划结构，因规划目的和规划对象的不同，产生不同意义的结构体系，诸如游人、空间、景观、用地、经济、职能等结构体系。其中，规划内容配置所形成的职能结构，因其涉及风景区的自我生存条件、发展动力、运营机制等大事，成为有关风景区规划综合集成的主要结构框架体系，所以应给予充分重视。

风景区的职能结构有三种基本类型：

一、单一型结构：在内容简单、功能单一的风景区，其构成主要是由风景游览欣赏对象组成的风景游赏系统，其结构应为一个职能系统组成的单一型结构。

二、复合型结构：在内容和功能均较丰富的风景区，其构成不仅有风景游赏对象，还有相应的旅行游览接待服务设施组成的旅游设施系统，其结构应由风景游赏和旅游设施两个职能系统复合组成。

三、综合型结构：在内容和功能均为复杂的风景区，其构成不仅有游赏对象、旅游设施，还有相当规模的居民生产、社会管理内容组成的居民社会系统，其结构应由风景游赏、旅游设施、居民社会等三个职能系统综合组成。

风景区三个职能系统的节点、轴线、片区等网点的有机结合，就可以构成风景区的整体结构网络。

风景区的职能结构网络如图3.4.4所示。

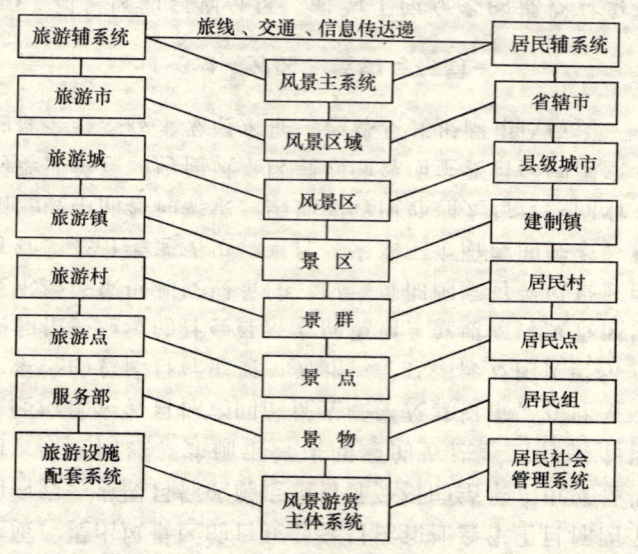

图3.4.4 风景区结构网络

3.4.5 风景区的规划布局，是为了在规划界限内，将规划构思和规划对象通过不同的规划手法和处理方式，全面系统地安排在适当位置，为规划对象的各组成要素、各组成部分均能共同发挥其应有作用创造满意条件或最佳条件，使风景区成为有机整体。规划布局是继规划分区、规划结构之后，进一步合理协调布置而形成的综合集成式布局。

在规划布局方案选择中，要重视规划原理、经济知识和专家判断力相结合，重视局部、整体、外围三层次的关系处理，重视布局形态对风景区发展的影响，形成科学合理而又有自身特点的规划布局。

风景区的规划布局形态，既反映着风景区各组成要素的分区、结构、地域等整体形态规律，也影响着风景区的有序发展及其外围环境关系。若干典型布局模式的总结和提出，有助于更好的理解和把握风景区局部、整体、外围三层次的关系及其影响因素，有助于以长远的观点对风景区及其存在环境，作出深远的规划决择。在筛选风景区发展模式时，把实际的布局形态同若干典型布局模式相对照，有助于确定风景区发展的主要框架，确定规划本身应向何处去继续进行工作。

宜采用的布局形式有：集中型（块状）、线型（带状）、组团状（集团）、链珠型（串状）、放射型（枝状）、星座型（散点）等形态。

3.5 容量、人口及生态原则

3.5.1 在影响游人容量的因素中，生态允许标准是对景物及其占地而言，游览心理标准是指游人对景物的景感反应，功能技术标准是游人欣赏风景时所处的具体设施条件，因而，影响容量的因素，实际上可以广泛涉及到风景构成的三类基本要素，这种庞杂的变量群系，使游人容量永远处在一种可变值和动态发展研究之中。在实际应用时，通常是计算理论、经济知识和专家判断力相结合，提出概略性指标和数据。

本条所列游憩用地的概略生态容量，是综合相关调研成果和经济数据而来，幅度较大，供某种用地或局部游人容量时使用。

本条所列线路法指标是以每人所占游览道路面积计算，有利于在不同宽度的游路中使用。

在面积法计算中，可有三种算法：①以整个风景区面积计算，这样虽有简化的优点，适用于风景区域或战略性规划，而在风景区总体规划中就显得过分概略；②以风景区内"可游面积"计算，这样虽适合于总体规划中使用，然而"可游面积"难以恰如其份的界定，与总体规划中的各种专项规划也难以相接；③以景点面积计算，适用于各个规划层次，同各专项规划口径一致，其它适应性也较强。同时，还可以衡量一个风景区中景点疏密状况和风景区划界的合理程度。当然，对景点面积以外的范围，也可以用更加概略的指标框算其容量，以补充某些风景区中仅以景点面积计算的不足。

在海滨浴场计算中，海拔+2m以上的砂滩，常因缺乏潮水涨落冲涮而不宜使用，或因海滨花园带和海滨防护绿地建设而改变使用性质，故不计入砂滩面积，海拔-2m以外的海域水面，常规游泳者不宜到达或很少到达，故不计入浴场海域面积；在-2m以外的海域水面，可以划出水上活动范围。

在用当地的淡水、用地、相关设施及环境质量等条件对游人容量进行校核时，应区分出可以供游人使用或供服务职工及当地居民使用的上述三项条件的数量差异。即三类人口对淡水、用地、相关设施的需求方式和数量不同，应分别估算和分别校核。

3.5.2 本条对风景区总人口容量作了若干界定。对待风景区居民人口有三种倾向，一是认为风景区不应有居民问题，二是避而不谈风景区的居民，三是正视并积极探讨风景区的居民人口问题。

规范组已调查到的 55 个国家级风景区的居民人口平均密度是 268 人/km²，同期我国 30 个省、市、自治区人口平均密度为 118/km²。这组数据说明，风景区的居民人口必须给予正视。风景区的总人口及其容量应包括外来游人、职工和当地居民三类人口。

本条规定，当规划地区的居民人口密度在 50～100 人/km² 时，就宜测定用地的居民容量，这种情况在 55 个国家级风景区中约占 14%；当规划地区的居民人口密度超过 100 人/km² 时，就必须测定用地的居民容量，这类风景区约占 55 个国家级风景区的 73%。因此我国大多数的风景区都应该测定其范围内的居民容量。

在测定风景区居民容量的要素容量分析中，应首先分别估算出可以供居民使用的淡水、用地、相关设施等要素的数量，再预测居民对三者的需求方式与数量，然后对两列数字进行对应分析估算，可以得知当地的淡水、用地、相关设施所允许容纳的居民数量，一般在上述三类指标中取最小指标作为当地的居民容量。

一定范围内的居民容量是一个可变值。在一定的社会经济科技发展条件下，淡水资源与调配、土壤肥力与用地条件、相关设施与生产力的变化，均可以影响当地的居民容量。

3.5.3～3.5.4 本条是关于风景区人口规模的规定。首先，风景区规划应正视人口问题，应对人口发展规模及其分布进行预测，并提出相应的限制性规定，这也是规划阶段所不难做到的。其次，风景区规划的人口发展规模应包括游人、职工、居民三类人口，并均不能大于其相应的人口容量。第三，凡符合 3.5.2 条规定的地区，其居民人口发展规模的预测和规划深度，不应低于风景区所在地域的人口规划深度。

风景区内部的人口分布，应有疏密聚散变化。影响游人容量的三项因素对游人和职工的分布关系密切，影响居民容量的三项因素也决定着居民的分布规律。然而风景师要运用规划构思和手法以及适宜的处理方式主动地调控这种分布，使三类人口各得其所，使风景区内无序发展的居民得到有效控制，使风景资源物尽其用，使主题意境情趣等精神文化寓意能适当发挥，使风景区内的居民社会得到有效控制，使风景区成为人与自然协调发展的典型环境。

3.5.5～3.5.6 这里规定了风景区规划中的三项基本生态原则及其操作方法。

在维护生态良性循环的原则中，应制止的行为、应保护的对象、应提高的能力，均需在规划的各个环节给予体现和贯彻。其中，生态分区是重要的规划操作环节之一。据此，还需要在相关专项规划中延伸出具体措施。例如：环境卫生监控措施、工艺治理净化措施、生物补偿措施、工程稳定措施以及规划配套和法规组织措施等。

3.5.7 本条对风景区的环境质量标准作了原则性规定，对大气、水质、噪声、放射防护标准作了具体规定。

4 专项规划

4.1 保护培育规划

4.1.1 风景区的基本任务和作用之一是保护培育国土、树立国家和地区形象，因而，在绝大多数风景区规划中，特别是在总体规划阶段，均把保护培育的内容，作为一项重要的专项规划来做。

风景区的保护培育规划，是对需要保育的对象与因素，实施系统控制和具体安排。使被保护的对象与因素能长期存在下去，或能在被利用中得到保护，或在保护条件下能被合理利用，或在保护培育中能使其价值得到增强。

风景区保护培育规划应包括三方面的基本内容。

首先是查清保育资源，明确保育的具体对象和因素。其中，各类景源是首要对象，其它一些重要而又需要保育的资源也可被列入，还有若干相关的环境因素、旅游开发、建设条件也有可能成为被保护因素。

在此基础之上，要依据保育对象的特点和级别，划定保育范围，确定保育原则。例如，生物的再生性就需要保护其对象本体及其生存条件，水体的流动性和循环性就需要保护其汇水区和流域因素，溶洞的水溶性特征就需要保护其水湿演替条件和规律。

进而要依据保育原则制定保育措施，并建立保育体系。保育措施的制定要因时因地因境制宜，要有针对性、有效性和可操作性，应尽可能形成保护培育体系。

4.1.2 在保护培育规划中，分类保护是常见的规划和管理方法。它是依据保护对象的种类及其属性特征，并按土地利用方式来划分出相应类别的保护区。在同一个类型的保护区内，其保护原则和措施应基本一致，便于识别和管理，便于和其他规划分区相衔接。

本条规定的六种保护区及保护原则、措施，可以覆盖风景区范围内的各种土地利用方式，并同海外的"国家公园"或国内外相关的保护区划分方法易于互接，因而具有很强的包容性和适用性。

分类保护中的风景恢复区，是很有当代特征和中国特色的规划分区，它具有较多的修复、培育功能与特点，体现了资源的数量有限性和潜力无限性的双重特点，是协调人与自然关系的有效方法。

4.1.3 在保护培育规划中，分级保护也是常用的规划和管理方法。这是以保护对象的价值和级别特征为主要依据，结合土地利用方式而划分出相应级别的保护区。在同一级别保护区内，其保护原则和措施应基本一致。

本条所规定的四级保护区及其保护原则和措施，也可以覆盖风景区范围内各种土地利用方式，同自然保护区系列或相关保护区划分方法容易相接。其中，特别保护区也称科学保护区，相当于我国自然保护区的核心区，也类似分类保护中的生态保护区。

4.1.4 分类保护和分级保护各有其产生的背景和规划特点。分类保护强调保护对象的种类和属性特点，突出其分区和培育作用；分级保护强调保护对象的价值和级别特点，突出其分级作用；因而两者各有其应用特点。

在保护培育规划中，应针对风景区的具体情况、保护对象的级别、风景区所在地域的条件、择优选择分类或分级保护，或者以一种为主和另一种为辅的两者并用方法，形成分类之中有分级或分级中又有分类的综合分区，使保护培育、开发利用、经营管理三者各得其所，并有机结合起来。

4.2　风景游赏规划

4.2.1　风景游览欣赏对象是风景区存在的基础，它的属性、数量、质量、时间、空间等因素决定着游览欣赏系统规划是各类各级风景区规划中的主体内容。通常包括景观特征分析、游赏项目组织、风景结构单元组织、游线与游程安排、游人容量调控和游赏系统结构分析等内容。

4.2.2　景观特征分析和景象展示构思，是运用审美能力对景观实施具体的鉴赏和理性分析，并探讨与之相适应的人为展示措施和具体处理手法。包括对景物素材的属性分析，对景物组合的审美或艺术形式分析，对景观特征的意趣分析，对景象构思的多方案分析，对展示方法和观赏点或欣赏点的分析。在这些过程中，常常形成不少的景观分析图，或综合形成一种景观地域分区图，以此揭示某个风景区所具有的景感规律和赏景关系，并蕴含着规划构思的若干相关内容。

4.2.3　在风景区中，常常先有良好的风景环境或景源素材，甚至本来就是山水胜地，然后才由此引发多样的游览欣赏活动项目和相应的功能技术设施配备。因此，游赏项目组织是因景而产生，随景而变化；景源越丰富，游赏项目越可能变化多样。景源特点、用地条件、社会生活需求、功能技术条件和地域文化观念都是影响游赏项目组织的因素。规划要根据这些因素，遵循保持景观特色并符合相关法规的原则，选择与其协调适宜的游赏活动项目，使活动性质与意境特征相

协调，使相关技术设施与景物景观相协调。例如，体智技能运动、宗教礼仪活动、野游休闲和考察探险活动所需的用地条件、环境气氛，及其与景源的关系等差异较大，既应保证游赏活动能正常进行，又要保持景物景观不受损伤。

本条所列六类 48 项活动，包括"古今中外地"适宜在风景区内"因地因时因景制宜"安排的主要项目类别，以利于择优组织。

4.2.4～4.2.7　对风景游览欣赏对象的组织，我国古今流行的方法是选择与提炼若干个景，作为某个风景区或某地的典型与代表，并命名为"某某八景"、"某某十景"或"某某廿四景"等。面对风景区发展的繁荣和复杂态势，当代风景区规划已针对游赏对象的内容与规模、性能与作用、构景与游赏需求，以及景观特征分区等因素，将各类风景素材归纳分类，分别组织在不同层次和不同类型的结构单元之中，使其在一定的结构单元中发挥应有作用，使各景物间和结构单元之间有良好的相互资借与相互联络条件，使整个规划对象处在一定的结构规律或模式关系之中，使其整体作用大于各局部作用之和。

在诸多风景结构单元中，景物、景点、景区多以自然景观为主。而园苑、院落则需要较多的人工处理，甚至以人造为主，具有特定的使用功能和空间环境，游人在其中以内向活动为主。

4.2.8　在游线组织中，不同的景象特征要有与之相适应的游览欣赏方式。而游赏方式可以是静赏、动观、登山、涉水、探洞，可以是步行、乘车、坐船、骑马等。不同的游赏方式将出现不同的时间速度进程，也需要不同的体力消耗，因而涉及游人结构的年龄、性别、职业等变化所带来的游兴

规律差异。游兴是游人景感的兴奋程度，人的某种景感能力同人的其它机能一样是会疲劳的，景感类型的变换就可以避免某种景感能力因单一负担过度而疲劳。在游线上，游人对景象的感受和体验主要表现在人的直观能力、感觉能力、想象能力等景感类型的变换过程中。因而，风景区游线组织，实质上是景象空间展示、时间速度进程、景感类型转换的艺术综合。游线安排既能创造高于景象实体的诗画境界，也可能损伤景象实体所应有的风景效果，所以必须精心组织。

游线组织要求形成良好的游赏过程，因而就有了顺序发展、时间消失、连贯性诸问题，就有起景——高潮——结景的基本段落结构。规划中常要调动各种手段来突出景象高潮和主题区段的感染力，诸如空间上的层层进深、穿插贯通、景象上的主次景设置、借景配景、时间速度上的景点疏密、展现节奏、景感上的明暗色彩、比拟联想、手法上的掩藏显露、呼应衬托等。

4.2.9 游览日程安排，是由游览时间、游览距离、游览欣赏内容所限定的。在游程中，一日游因当日往返不需住宿，因而所需配套设施自然十分简单；二日以上的游程就需要住宿，由此需要相应的功能技术设施和配套的供应工程及经营管理力量。在游程安排中不应轻视这个基本界限。

4.3 典型景观规划

4.3.1 在每个风景区中，几乎都有代表本风景区主体特征的景观。在不少风景区中，还存在具有特殊风景游赏价值的景观。为了使这些景观能发挥应有的作用，并且能长久存在、永续利用下去，在风景区规划中应编制典型景观规划。例如：崂山海上日出、黄山云海日出、蓬莱海市蜃景等，都需按其显现规律和景观特征规划出相应的赏景点；再如：岩溶风景区的山水洞石和灰华景观体系，黄果树和龙宫风景区的暗河、瀑布、跌水、泉溪河湖水景体系，黄山群峰、桂林奇峰、武陵峰林等山峰景观体系，峨嵋的高中低山竖向植物地带景观体系，均需按其成因、存在条件、景观特征，规划其游览欣赏和保护管理内容；又如：武当山的古建筑群、敦煌和龙门的石窟、古寺庙的雕塑、大足石刻等景观体系，也需按其创作规律和景观特征，规划其游览欣赏、展示及维护措施。

4.3.2 风景区是人杰地灵之地，能成其为典型景观者，大多是天成地就之事物或现象，即使有些属于人工杰作，也非一时一世之功，能成为世人皆知的典型景观，大多历经世代持续努力才能成功。因而，典型景观规划的第一原则是保护典型景观本体及其环境，第二是挖掘和利用其景观特征与价值，发挥其应有作用。例如河北南戴河沙丘和福建海坛沙山都有其形成原理和条件，把这些海滨沙景开辟成直冲大海的滑沙场是利用其价值，但是，在滑沙活动中会带动一部分沙子冲入海中，这就同时要求十分重视和保护沙山的形成条件，使之能不断恢复和持续利用。

4.3.3 除少数特殊风景区以外，植物景观始终是风景区的主要景观。在自然审美中，早期的"毛发"之说，近代的"主景、配景、基调、背景"之说，均表达了其应有的作用和地位。在人口膨胀和生态面临严重挑战的情况下，植物对人类将更加重要，因而，风景区植被或植物景观规划也愈具有显要地位和作用。

在植物景观规划中，要维护原生种群和区系，不应大砍大造而轻意更新改造；要因景制宜提高林木覆盖率，不应毁林开荒造这修那；要利用和创造丰富的植物景观，不应搞大范围的人工纯林；要针对规划目标，分区分级控制植物景观的分布及其相关指标。

在处理各项用地比例时，要分别控制其绿地率和林木覆盖率，其中新建区的绿地率不得低于 30%，并应有相当比例的高绿地率（大于 70%）控制区。

在处理风景林时，要分别控制其水平郁闭度和垂直郁闭度，其中，由单层同龄林构成，其水平郁闭度在 0.4~0.7 之间者为水平郁闭林；由复层异龄林构成，其垂直郁闭度在 0.4 以上者为垂直郁闭林，常由 3~6 个垂直层次组成。

在处理疏林草地时，要分别控制其乔——灌——草比例，其疏林的乔木水平郁闭度应在 0.1~0.3 之间。其草地的乔木水平郁闭度一般在 0.1 以下，即在草地上仅有少量的孤植树或树丛。

4.3.4 在分析风景因素中，有把建筑物比作"眉眼"、"点缀装饰"、"画龙点睛"，有把建筑物当作"组织"和"控制"风景的手段，有把建筑物作为"主景"，把山水作为"背景"或"基座"。在保护自然的呼声中，也有把建筑物看作"肆意干扰"大自然的败笔或劣迹。当然，在风景区中，建筑物还是满足功能需求的设施。随着人与自然关系的变化，人们对建筑物在风景和风景区中的地位和作用还会有各种各样的认识和描述。然而，建筑物和建筑景观，的确是风景区的活跃因素，将其纳入风景区有序发展之中，会是合乎情理的共同认识。

在建筑景观规划中，要维护一切有价值的原有建筑及其环境，各类新建筑要服从风景环境的整体需求，建筑相地立基要顺应原有地形，对各类建筑的性质功能、内容规模、位

置高度、体量体形、色彩风格等，均应有明确的分区分级控制措施。

4.3.5 溶洞风景是能引起景感反应的溶洞物象和空间环境。溶洞景观包括特有的洞体构成与洞腔空间，特有的石景形象，特有的水景、光象和气象，特有的生物景象和人文景源。岩溶洞景，可以是风景区的主景或重要组成部分，也可以是一种独立的风景区类型。当前，我国已开放游览的大中型岩洞已有 200 多个，因而溶洞景观在风景区规划中占有重要地位。

人们不能安全到达和无法欣赏的岩溶地下环境没有风景意义，只有具备一定的游览设施和欣赏条件的溶洞，才有风景价值。在大型洞府中，常常需要附加人工光源和相关设施才能欣赏风景。因此溶洞景观规划有着独特的内容和规律。本条规定的内容，是溶洞景观规划的基本要求。

4.3.6 随着生产力的发展和工程技术手段的进步，人们改造地球、改变地形的力度和随意性都在加大。然而，随意变更地形不仅带来生态危害，而且使本来丰富多采的竖向地形景观逐渐趋同或走向单调，同时，这也是同巧于利用自然的人类智慧背道而驰的。

竖向地形是其它景观的基础，也是最常见而又丰富多采的风景骨架。为了保护和展现地形特征，保护自然遗产，本条针对竖向地形规划的正反经验教训，提出了常规而又易于被忽视的基本要求。

4.4 游览设施规划

4.4.1 风景区的旅行游览接待服务设施，简称旅游设施或游览设施，是风景区的有机组成部分，历史上以民营、社

团、宗教、官营等形式出现。六、七十年代以后，随着外事和旅行游览活动的逐渐增多，在主要客源城市和重点风景游览城市，开始由旅行社承揽异地旅行团业务和入境探亲旅行活动，并由政府外事部门负责外事接待工作，这些游人在风景区的游览、导游、服务、接待则由风景区给予平价甚或免费提供。

进入 80 年代，责、权、利关系发生变化，有关风景区设施问题出现了不少不同看法和作法。其中现象之一是，旅行游览简称"旅游"，并从对外接待型转为服务经营型，又与国际"接轨"而成为"产业"，源自 60 年代初的"吃、住、玩、看、带"发展为"旅游六要素"的"吃、住、行、游、购、娱"；其中之二，国家重点风景区应与国外的"国家公园"接轨，"国家公园"的十条标准不允许过度的人为开发行为；其中之三，风景名胜区事业起步较晚，仅有十余年历史，事业年轻导致学术队伍年轻，学术观点有误区，许多标准很不成熟。

值得重视的是，90 年代后期旅游设施对风景区的负效应更加突现，"天下名山宾馆多"的贬意正在警示着人们，社会舆论和现实在要求我们更加谨慎、更加妥善地安排人工设施。

尽管存在上述异义，然而，正如 1.0.1 条至 1.0.6 条所述，中国风景区的发展历程和现存实体及其自身特征是明确的，中国的基本国情是清晰的，人与自然协调发展的原则也是世人的共识。在风景区中，不仅有吸引游人的风景游览欣赏对象，还应有直接为游人服务的游览条件和相关设施。虽然旅游设施规划在风景区中属于配套系统规划，然而，如处理得当，其局部也可以成为游赏对象，当然，如果规划设计不当，也可能成为破坏性因素，因而有必要对其进行系统配备与安排，将其纳入风景区的有序发展和有效控制之中。

各项游览设施配备的直接依据是游人数量。因而，旅游设施系统规划的基本内容要从游人与设施现状分析入手，然后分析预测客源市场，并由此选择和确定游人发展规模，进而配备相应的旅游设施与服务人口。各项旅游设施在分布上的相对集中，出现了各种旅游基地组织与相关的基础工程配建问题。最后，对整个旅游设施系统进行分析补充并加以完善处理。

4.4.2 游人现状分析，主要是掌握风景区内的游人情况及其变化态势，既为游人发展规模的确定提供内在依据，也是风景区发展对策和规划布局调控的重要因素。其中，年递增率积累的年代愈久、数据愈多，其综合参考价值也愈高；时间分布主要反映淡旺季和游览高峰变化；空间分布主要反映风景区内部的吸引力调控；消费状况对设施调控和经济效益评估有意义。

4.4.3 游览设施现状分析，主要是掌握风景区内设施规模、类别、等级等状况，找出供需矛盾关系，掌握各项设施与风景及其环境的关系是否协调，既为设施增减配套和更新换代提供现状依据，也是分析设施与游人关系的重要因素。

4.4.4 不同性质的风景区，因其特征、功能和级别的差异，而有不同的游人来源地，其中，还有主要客源地、重要客源地和潜在客源地等区别。客源市场分析的目的，在于更加准确地选择和确定客源市场的发展方向和目标，进而预测、选择和确定游人发展规模和结构。

客源市场分析，首先要求对各相关客源地游人的数量、结构、空间和时间分布进行分析，包括游人的年龄、性别、职业和文化程度等因素；第二，分析客源地游人的出游规律或出游行为，包括社会、文化、心理和爱好等因素；第三，分析客地源游人的消费状况，包括收入状况、支出构成和消费习惯等因素。

在上述分析的基础上，依据本风景区的吸引力、发展趋势和发展对策等因素，进而分析和选择客源市场的发展方向和目标，确定主要、重要、潜在等三种客源地，并预测三者相互转化、分期演替的条件和规律。

利用游人统计资料，分别预测本地游人、国内游人、国际游人的变化状态，进而判断、选择、确定合理的游人发展规模和结构。当然，确定的游人发展规划均不得大于相应的游人容量。

4.4.5 游览设施是风景区旅行游览接待服务设施的总称。这些直接为游人服务的旅游设施项目，经过历史的分化组合，特别是近几十年的演变，可以按其功能与行业习惯，统一归纳为八个类型，即旅行、游览、饮食、住宿、购物、娱乐、保健和其他共八类。其中：旅行在典籍中多称行旅，"山行乘辇、泥行乘橇、陆行乘车、水行乘舟"，现指旅行所必须的交通通讯设施；游览在典籍中的称谓与现在相同，常见词语有游玩、观览、眺望、登高、探穴、耳听、口味、心飞、悟怀等，现指游览所必须的导游、休憩、咨询、环卫、安全等设施；饮食和住宿的设施等级标准比较明确；购物指具有风景区特点的商贸设施；娱乐指具有风景区特点的文体娱乐或游娱文体设施；保健类包括卫生、保健、救护、医疗、休疗养、度假等设施；最后，把一些难以归类、不便归类和演化中的项目合并成一类，称为其他类。

在八类游览设施中，住宿床位反映着风景区的性质和游程，影响着风景区的结构和基础工程及配套管理设施，因而，是一种标志性的重要调节控制指标。对其要做到定性质、定数量、定位置、定用地面积或范围，并据此推算床位直接服务人员的数量。

游览设施配备的基本依据，是风景区的性质（特征、功能、级别）、游人规模及其结构。同时，用地、淡水、环境等条件也是重要因素，有时还可能上升为基本因素或决定性因素。

游览设施配备的原则，要与需求相对应。既满足游人的多层次需要，也适应设施自身管理的要求，并考虑必要的弹性或利用系数，合理协调地配备相应类型、相应级别、相应规模的游览设施。

4.4.6 游览设施要发挥应有的效能，就要有相应的级配结构和合理的定位布局，并能与风景游赏和居民社会两个职能系统相互协调。据其设施内容、规模大小、等级标准的差异，通常可以组成六级旅游设施基地。其中：

服务部的规模最小，其标志性特点是没有住宿设施，其它设施也比较简单，可以根据需要而灵活配置；

旅游点的规模虽小，但已开始有住宿设施，其床位常控制在数十个以内，可以满足简易的宿食游购需求；

旅游村或度假村已有比较齐全的行游食宿购娱健等各项设施，其床位常以百计，可以达到规模经营，已需要比较齐全的基础工程与之相配套。旅游村可以独立设置，可以三五集聚而成旅游村群，又可以依托在其它城市或村镇；例如：黄山温泉区的旅游村群，鸡公山的旅游村群。

旅游镇已相当于建制镇的规模，有着比较健全的行游食宿购娱健等各类设施，其床位常在数千以内，并有比较健全的基础工程相配套，也含有相应的居民社会组织因素。旅游镇可以独立设置，也可以依托在其它城镇或为其中的一个镇区；例如：庐山的牯岭镇，九华山的九华街，衡山的南岳镇，漓江的兴坪、杨堤、草坪等镇。

旅游城已相当于县城的规模，有着比较完善的行游食宿购娱健等类设施，其床位规模可以近万，并有比较完善的基础工程配套。所包含的居民社会因素常自成系统，所以旅游城已很少独立设置，常与县城并联或合为一体，也可能成为大城市的卫星城或相对独立的一个区；例如：漓江与阳朔，井岗山与茨坪，嵩山与登封，海坛与平潭，苍山洱海与大理古城等。

旅游市已相当于省辖市的规模，有完善的游览设施和完善的基础工程，其床位可以万计，并有健全的居民社会组织系统及其自我发展的经济实力。它同风景游览欣赏对象的关系也比较复杂，既有相互依托，也有相互制约。例如：桂林市与桂林山水，杭州与西湖，苏州、无锡与太湖，承德与避暑山庄外八庙，泰安与泰山等。

4.4.7 旅游基地选择的四项原则中，用地规模应与基地的等级规模相适应，这在景观密集而用地紧缺的山地风景区，有时实难做到，因而将被迫缩小或降低设施标准，甚至取消某些设施基地的配置，而用相邻基地的代偿作用补救；设施基地与游览对象的可靠隔离，常以山水地形为主要手段，也可用人工物隔离，或两者兼而用之，并充分估计各自的发展余地同有效隔离的关系；基础工程条件在陡峻的山地或海岛上难以满足常规需求时，不宜勉强配置旅游基地，宜因地因时制宜，应用其它代偿方法弥补。

4.4.8 游览设施的分级配置有三方面原则约束：一是设施本身有合理的级配结构，便于自我有序发展；二是这种级配结构，能适应社会组合的多种需求，同依托城镇的级别相协调；三是各类设施的级配控制，应同该设施的专业性质及其分级原则相协调。

在风景区规划中，对于所需要的游览设施的数量和级配，均应提出合理的测算和定量安排。而对其定位定点安排，却要依据风景区的性质、结构布局和具体条件的差异，既可以将其分别配置在规划中的各级旅游基地中，也可以将其分别配置在所依托的各级城镇居民点中。但其总量和级配关系，均应符合风景区规划的需求。

由于风景区用地差异十分悬殊，各规划阶段的细度要求差别较大，所以表4.4.8仅有分级配置规定，而具体的量化控制指标，或在其它条目的单项指标中规定，或按相关专业量化指标执行。

4.5 基础工程规划

4.5.1 由于风景区的地理位置和环境条件十分丰富，因而所涉及的基础工程项目也异常复杂，各种形式的交通运输、道路桥梁、邮电通讯、给水排水、电力热力、燃气燃料、太阳能、风能、沼气、潮汐能、水力水利、防洪防火、环保环卫、防震减灾、人防军事和地下工程等数十种基础工程均可直接遇到。同时，其中大多数已有各自专业的国家或行业技术标准与规范。基于上述情况，风景区规划中的基础工程专项规划，应有三项原则：一是规划项目选择要适合风景区的实际需求；二是各项规划的内容和深度及技术标准应与风景区规划的阶段要求相适应；三是各项规划之间应在风景区的具体环境和条件中协调起来。为此，本规范选择应用最多、必要性最强、并需先期普及的四项基础工程，作为风景区规划中应提供的配套规划，并对四项规划的基本内容作了规定。又对四项规划作了特定技术要求，以适应风景区环境的特定需要，当然，除此仍应以本专业的技术规范为准。

4.5.2 本条规定了基础工程规划的几项基本原则。在风景区的基础工程规划中，一些大型工程或干扰性较大的工程项目常常引起各方关注和争议。例如铁路、公路、桥梁、索道等交通运输工程，水库、水坝、水渠、水电、河闸等水利水电水运工程，这些工程有时直接威胁景源的存亡、有时引起景物和景观的破坏与损伤、有时引起游赏方式和内容的丧失、有时引起环境质量和生态的破坏、有时引起民族与文化精神创伤。因此，对这类工程和项目，必须进行专项景观论证和敏感性分析，提交环境影响评价报告。

4.5.3 风景区交通规划的内外要求相差甚远，因而才有"旅要快、游要慢"、"旅要便捷、游要委婉"之类概括说法。

风景区对外交通，为了使客流和货流快捷流通，因而要求快速便捷，这个原则在到达风景区入口或边界即行终止。当然，有时从交通规划本身需要出发又可将其分为两段，即对外交通和中继交通，但就风景区简而言之，其界外交通的基本要求是一致的。

风景区内部交通，虽然也要解决客货流运输任务，然而，它都兼有客流游览的任务，而且在多数情况下，客货流难以分开，客流的游览意义一般大于货流的运输意义，因而内部交通要求方便可靠和适合风景区特点。在流量上要与游人容量相协调，在流向上要沟通主要集散地，交通方式或工具要适合景观要求，输送速度要考虑游赏需要，交通网络要适应风景区整体布局的需求并与风景区特点相适应。

4.5.4 风景区道路规划，应在交通网络规划的基础上形成路网规划。并依据各种道路的使用任务和性质，选择和确定道路等级要求。进而合理利用现有地形，正确运用道路标准，进行道路线路规划设计。

在路网规划、道路等级和线路选择三个主要环节中，既要满足使用任务和性质的要求，又要合理利用地形，避免深挖高填，不得损伤地貌、景源、景物、景观，并要同当地风景环境融为一体。

4.5.5 风景区邮电通讯规划，需要遵循两个基本原则：一是风景区的性质和规模及其规划布局的多种需求，二是迅速、准确、安全、方便等邮电服务要求。其中，国家级风景区要求配备同海外联系的现代化邮电通讯设施，各级风景区均应配备同国内联系的邮电通讯设施；同时，人口规模和用地规模及其规划布局的差异，对邮电通讯规划的需求也不相同。应依据风景区规划布局和服务半径、服务人口、业务收入等基本因素，分别配置相应的一、二、三等邮电局、所，并形成邮电服务网点和信息传递系统。

4.5.6 风景区的给水排水规划，需要正确处理生活游憩用水（饮用水质）、工交（生产）用水、农林（灌溉）用水之间的关系，满足风景区生活和经济发展的需求，有效控制和净化污水，保障相关设施的社会、经济和生态效益。

在水资源分析和给水排水条件分析的基础上，实施用地评价分区，划分出良好、较好和不良等三级地段。

在分析水源、地形、规划要求等因素基础上，按三种基本用水类型预测供水量和排水量。其中，生活用水包括浇灌和消防用水在内；工业和交通的生产用水，依据生产工艺要求确定；农林灌溉用水，包括畜牧草场的需求。

为了保障景点景区的景观质量和用地效能，不应在其中布置大体量的给水和污水处理设施；为方便这些设施的维护管理，将其布置在居民村镇附近是易于处理的。

4.5.7 风景区的供电和能源规划，在人口密度较高和经济社会因素发达的地区，应以供电规划为主，并纳入所在地域的电网规划。在人口密度较低和经济社会因素不发达并远离电力网的地区，可考虑其它能源渠道，例如：风能、地热、沼气、水能、太阳能、潮汐能等。

4.5.8 本条规定了供水供电及床位用地标准。其中，表4.5.8中的标准定额幅度较大，这是由于我国风景区的区位差异较大的原因，在具体使用时，可根据当地气候、生活习惯、设施类型级别及其它足以影响定额的因素来确定。

4.6 居民社会调控规划

4.6.1 无论从理论或实践上看，风景区均需要一定的维护经营管理力量，具有一定规模的独立运营机制，其中必然要有一定比例的常住人口，这在交通技术尚不具备一定条件的情况下，更属当然之事。这些常住人口达到一定规模，就成为风景区的居民社会因素。可以说，外来的游人、直接服务的职工、间接服务的居民等三类人口并存，达到一定级配关系时，就形成了良好的社会组织系统。当然，居民社会应该成为积极因素，其局部也兼有游赏吸引力的作用；然而，它也可以成为消极因素，这在人口密集地区显得尤为敏感。正因为这样，本条规定居民社会因素属调控系统规划，并规定含有一个乡或镇以上的风景区规划，必须编制居民社会系统规划。这既是风景区有序运转的需要，也是与村镇、城市、区域规划协同进行并协调发展的需要。

4.6.2～4.6.3 需要编制居民社会系统规划的风景区，其范围内将含有一个乡或镇以上的人口规模和建制，它的规划基本内容和原则，应该同其规模或建制级别的要求相一致，同时，它还要适应风景区的特殊需要与要求。在人口发展规模与分布中，需要贯彻控制人口的原则；在社会组织中，需要建立适合本风景区特点的社会运转机制；在居民点性质和分布中，需要建立适合风景区特点的居民点系统；在居民点用地布局中，需要为创建具有风景区特点的风土村、文明村配备条件；在产业和劳力发展规划中，需要引导和有效控制淘汰型产业的合理转向。

城镇居民点规划是引导生产力和人口合理分布、落实经济社会发展目标的基础工作，也是调整、变更行政区划的重要参考，又是实行宏观调控的重要手段。因而，其规划内容和原则，应按所在地域的统一要求进行，本规范只对其中的特殊要求提出相应规定，对其他常规内容和原则不再作一般性规定。

4.6.4 居民社会规划的首要任务，是在风景区范围内，科学预测和严格限制各种常住人口的规模及其分布的控制性指标。当然，这些指标均应在居民容量的控制范围之内。在不少的风景区规划中，甚至一些人口密集的城市近郊风景区中，也常回避这一严峻的社会现实和难题。如果规划中回避，管理中放任，风景区人口管理还不如城镇有序，这类风水宝地必然成为人口失控或集聚区，风景区的其它各种规划将失去意义，最终将改变风景区的基本性质。

规划中控制常住人口的具体操作方法，是在风景区中分别划定无居民区、居民衰减区和居民控制区。在无居民区，不准常住人口落户；在衰减区，要分阶段地逐步减少常住人口数量；在控制区要分别定出允许居民数量的控制性指标。这些分区及其具体指标，要同风景保育规划和居民容量控制指标相协调。

4.6.5~4.6.7 在居民社会因素比较丰富的风景区，可以形成比较完整的居民点系统规划。这种规划同风景区所在地域的城市和村镇规划必然有着密切的相关关系。因而，应从地域相关因素出发，应在风景区内外的居民点规划相互协调的基础上，对已有城镇村点，从风景区保护利用管理的角度提出调控要求；对规划中拟建的旅游基地和风景区管理机构基地，也提出相应的控制性规划纲要。

在规划中，对农村居民点的具体调节控制方法，是按其人口变动趋势，分别划分搬迁型、缩小型、控制型、聚居型等四种基本类型，并分别控制各个类型的规模、布局和建设管理措施。

在居民社会用地规划中，不得在景区范围内安排工业项目、城镇和其他企事业单位用地，不得在风景区范围安排有污染的工副业和有碍风景的农业生产用地。

4.7 经济发展引导规划

4.7.1 风景区的经济发展，是与风景区有关的经济活动引起的，通常包括：管理机构和管理职工对各种资源的维护、利用、管理等活动；当地居民的生活和生产活动；外来游人的旅游活动等。风景区经济是一种与风景区有着内在联系并且不损害风景的特有经济。虽然具有明显的有限性、依赖性、服务性等特性，但也是国家和地区的国民经济与社会发展的组成部分及特殊地区，对地方经济振兴还起着重要的先导作用，因而，国家经济社会政策和计划也是风景区经济社会发展的基本依据。就基本国情和现实看，风景区需要有独具特征的经济实力，需要有自我生存和持续发展的经济条件。国民经济和社会发展计划确定的有关建设项目，其选址与布局应符合风景区规划的要求；风景区规划所确定的旅游设施和基础工程项目以及用地规划，也应分批纳入国民经济和社会发展计划。这就加强了风景区规划与国民经济和社会发展之间的关系。为此，风景区规划应有相应的经济发展引导规划与之有机配合。

4.7.2 风景区是人与自然协调发展的典型地区，其经济社会发展不同于常规乡村和城市空间，因而，风景区规划中的经济发展专项规划，也不同于常规的城乡经济发展规划，这个规划重在引导，把常规经济政策和计划同风景区的具体经济条件和性质结合起来，形成独具风景区特征的经济发展方向和条件。所以，经济发展引导规划有三项基本内容，一是经济现状分析，二是经济发展引导方向，三是促进经济合理发展的步骤和措施。

4.7.3 风景区经济发展目前存在三方面主要矛盾，一是地域差异大，二是保护与开发的矛盾多，三是政策引导与法规措施的缺口大。

风景区经济发展引导方向，一方面要通过经济资源的宏观配置，形成良好的产业组合，实现最大的整体效益；另一方面要把生产要素按地域优化组合，以促进生产力发展。为使前者的经济结构和后者的空间布局两者合理结合起来，就需要正确分析和把握影响经济发展的各种因素，例如资源、交通、市场、劳力、集散、季节、经济技术、社会政策等，提出适合本风景区经济发展的权重排序和对策，确保经济的持续、稳步发展。

4.7.4 风景区的经济结构合理化，要以景源保护为前提，合理利用经济资源，确定主导产业与产业组合，追求规模与效益的统一，充分发挥旅游经济的催化作用，形成独具特征的风景区经济结构。

在探讨经济结构合理化时，要重视风景区职能结构对其经济结构的重要作用。例如，"单一型"结构的风景区中，一般仅允许第一产业的适度发展，禁止第二产业发展，第三产业也只能是有限制的发展；在"复合型"结构的风景区中，其产业结构的权重排序，很可能是旅──→贸──→农──→工副等；在"综合型"结构的风景区中，其产业结构的变化较多，虽然总体上可能仍然是鼓励三产、控制一产、限制二产的产业排序，但在各级旅游基地或各类生产基地中的轻重缓急变化将是十分丰富的。

4.7.5 风景区经济的空间布局合理化，要以景源永续利用和风景品位提高为前提，把生产要素分区优化组合，合理促进和有效控制各区经济的有序发展，追求经济与环境的统一，充分争取生产用地景观化，形成经济能持续发展、"生产图画"与自然风景协调融合的经济布局。

在研讨经济布局合理化时，要重视风景区界内经济和风景区外缘经济与风景区所在地域经济的差异及关系。例如：在有限经营界内经济中，常是挖潜主营一产、限营三产、禁营二产；在重点发展外缘经济中，常在旅游基地或依托城镇中主营三产、配营二产、限营一产；在大力开拓所在地经济中，常在供养地或生产基地中主营一产、二产，在主要客源地开拓三产市场。

4.8 土地利用协调规划

4.8.1 人均土地少和人均风景区面积少，这是基本国情，必须充分合理利用土地和风景区用地。必须综合协调、有效控制各种土地利用方式。为此，风景区土地利用规划更加重视其协调作用，应突出体现风景区土地的特有价值，一般包括三方面主要内容，即用地评估、现状分析、土地利用规划等。

4.8.2 在土地资源评估中，专项评估是以某一种专项的用途或利益为出发点，例如分等评估、价值评估、因素评估等；综合评估可在专项评估的基础上进行，它是以所有可能的用途或利益为出发点，在一系列自然和人文因素方面，对用地进行可比的规划评估。一般按其可利用程度分为有利、不利和比较有利等三种地区、地段或地块，并在地形图上表示。

通过资源的分析研究评估，掌握用地的特点、数量、质量及利用中的问题，为估计土地利用潜力、确定规划目标、平衡用地矛盾及土地开发提供依据。

在风景区中，很少作全区整体的土地资源评估，仅在有必要调整的地区、地段或地块作局部评估。另一方面，风景区规划是以景源评价为基础，以景源级别为主导因素，为保护景源的需要，矿藏不准开、项目不能上的事实在各国已非少见。

4.8.3 土地利用现状分析，是在风景区的自然、社会经济条件下，对全区各类土地的不同利用方式及其结构所作的分析，包括风景、社会、经济三方面效益的分析。通过分析，总结其土地利用的变化规律及有待解决的问题。

土地利用现状分析，可以用表格、图纸或文字表示。

4.8.4 土地利用规划，是在土地资源评估、土地利用现状分析、土地利用策略研究的基础上，根据规划的目标与任务，对各种用地进行需求预测和反复平衡，拟定各种用地指标，编制规划方案和编绘规划图纸。规划图纸的主要内容为土地利用分区。

土地利用分区也称用地区划，既是规划的基本方法，也是规划的主要成果。它是控制和调整各类用地，协调各种用地矛盾，限制不适当开发利用行为，实施宏观控制管理的基本依据和手段。

风景区的土地利用规划重在协调，其粗细、简繁和侧重点不尽相同。要依据规划阶段、规划任务、基础条件的不同，作出具有实际指导意义的规划成果。

4.8.5 本条所列的四项基本原则，既体现了风景区规划的特点需求，也体现了国家土地利用规划的基本政策和原则。

4.8.6 风景区用地平衡表，也是土地利用规划成果的表达方式之一。表中的用地名称是用地分类中的十个大类的名称。

表中现状与规划的数字并列，可反映规划前后土地利用方式的变化情况，具有多种分析意义和价值。

表中备注的现状总人口和规划总人口，可用来分析各类用地的人均指标。

4.8.7～4.8.9 风景区用地分类，首先以风景区用地特征和作用及规划管理需求为基本原则，同时还要考虑全国土地利用现状分类和相关专业用地分类等常用方法，使其分类原则和分类方法协调，以便调查成果和相关资料可以互用与共享。

风景区用地分类，应依照土地的主导用途进行划分和归类。在规划的不同阶段，可依据工作性质、内容、深度的需求，采用本分类中的全部或部分分类。其中，在详细规划中，多使用小类。

风景区用地分类的代号，大类采用中文表示，中类和小类各用一位阿拉伯数字表示。本代号可用于风景区规划图纸和文件。

风景区各类用地的增减变化，应依据风景区的性质和当地条件，因地制宜与实事求是地处理。通常应尽可能地扩展甲类用地、配置相应的乙类用地，控制丙类、丁类、庚类用地，缩减癸类用地。这样可以更加充分地利用风景区的土地潜力，表达风景区用地特征，增强风景区的主导效益。

4.9 分期发展规划

4.9.1～4.9.2 风景区是人与自然协调发展的典型地域单元，是有别于城市和乡村的人类第三生活游憩空间。风景区总体规划是从资源条件出发，适应社会发展需要，对风景实施有效保护与永续利用，对景源潜力进行合理开发并充分发挥其效益，使风景区得到科学的经营管理并能持续发展的综合部署。这种未来的"锦绣前程"规划，需要有配套的分期规划来保证其逐步实现和有序过渡。

风景区分期规划一般分三期，即近期、远期和远景；有时也可以分为四期，即近期、中期、远期和远景。每个分期的年限，一般应同国民经济和社会发展计划相适应，便于相互协调和包容。

当代风景区发展的重要现实之一是游人发展规模超前膨胀，而投资规模和步伐难以均衡或严重滞后，这就需要在分期发展目标和实施的具体年限之间留有相应的弹性。

4.9.3 由于各地和各阶段的风景区规划程序不同，所以近期规划的时间，应从规划确定后并开始实施的年度标起。近期发展规划的五年，应同国民经济发展五年计划的深度要求相一致。其主要内容和具体建设项目应比较明确；运转机制调控的重点和任务也应比较明确；风景游赏发展、旅游设施配套、居民社会调整等三者的轻重缓急与协调关系也应比较明确；关于投资框算和效益评估及实施措施也应比较明确和可行。

4.9.4 远期规划的时间一般是 20 年以内，这同国土规划、城市规划的期限大致相同。远期规划目标应使各项规划内容初具规模，即规划的整体构架应基本形成。如果对规划原理、数据经验、判断能力等三者的把握基本无误，在 20 年中又未发生不可预计的社会因素，一个合格的规划成果的整体构架是可以基本形成的。

4.9.5 远景规划的时间是大于 20 年至可以构思到的未来，其规划目标应是软科学和未来学所称谓的"锦绣前程"，是风景区进入良性循环和持续发展的满意阶段。远景规划中的风景区，不仅能自我生存和有序发展，而且可能从乡村空间和城市空间分离、独立出来，并以其独特形象和魅力，构成人类必不可少的第三生存空间。

4.9.6~4.9.7 关于投资估算的范围，近期规划要求详细和具体一些，并反映当代风景区发展中所普遍存在的居民社会调整问题。因为在大多数风景区，如果缺少居民社会调整的经费及渠道，一些风景或旅游规划项目就难以启动。因此，近期规划项目和投资估算，应包括风景游赏、旅游设施、居民社会三个职能系统的内容，并反映三者的相关关系。同时，还应包括保育规划实施措施所需的投资。

远期规划的投资框算，一方面可以相对概要一些，另一方面居民社会因素的可变性较大，可以不作常规考虑，因而远期投资框算可以由风景游赏和旅游设施两个系统的内容组成，同时还应反映其间的相关关系。

规划中投资总额的计算范围，本条仅要求由规划项目的投资框算组成，这显然显得比较粗略，但考虑当前数据经验的实际状况，也考虑到规划差异需要相当时间才能逐渐缩小，所以取此计算范围的可行性较大，也还是抓住了基本数据。当然，这并不排斥在局部地区或详细规划中，可以依据需要与可能，作进一步的深入计算。

关于效益分析的范围，本条仅要求由八类服务的直接经济收入和风景区自身生产经济发展的收入等两部分组成，这是比较容易估算，也是相对比较准确的主要效益分析。而对于更大范围的经济效益、更广领域的社会效益、更深层次的生态效益等，本条暂不作为常规要求。当然，这也不排斥在可能与需要的条件下，规划者可以作更加深入的探讨。

从这里可以看出，本条对投资总额和效益分析的界定和要求，都属最基本和最主要的范围，操作的可行性较大，也具有基本的可比性。

5 规划成果与深度规定

5.0.1 当代的建设高潮，促使风景区的规划和设计迅速发展。首先，政府或投资者对规划的规模、数量、层次、内容和时间的需求更加多样；其次，责权利变化和新的相关法规不断增加，对风景区规划的要求或制约因素也更加复杂；第三，航片、卫星、信息、复印、电脑等技术手段的发展和应用，使原来要求的规划文件迅速膨胀。各家理论原理、中外经验数据、相关法规旁证、各行专家的判断分析和规划成果等，都相当认真地纳入了"规划说明书"或汇入了"基础资料汇编"。这些大量的旁征博引和分析论证与规划语言都是必要而宝贵的，但作为实施和执行的文件或规定，却显得难得要领。因而，进入90年代，对规划成果已明确提出应包括：①规划文本、②规划说明书、③基础资料、④规划图纸等四部分。

在组合上，也可以把规划说明书和基础资料合并一册称附件，对篇幅小的规划成果，也可以把四部分合订成一册。

5.0.2 风景区规划文本，是风景区规划成果的条文化表述，应简明扼要，以法规条文方式率直叙述规划中的主要内容或依据，以便相应的人民政府审查批准后，作为法规权威，严肃实施和执行。当然，规划文本是规划成果的精练提要，其基本内容和分寸与其他三部分规划文件应该一致。

5.0.3～5.0.5 这里对规划图纸作了比较具体的规定。这些规定的产生，一方面是工作的实际需要，另一方面是对社会实践中有些不合格图纸的明确否定。

在表5.0.4中制图选择的三种情况是依据风景区的职能结构类型而划分的。综合型结构的风景区是由风景游赏、旅游设施、居民社会等三个职能系统组成，因而其图纸数量较多；复合型结构的风景区是由风景游赏、旅游设施两个职能系统组成，其图纸数量较少；单一型结构的风景区仅由风景游赏一个职能系统组成，所以其图纸数量最少。

风景区规划成果形成后，通常要经过相应级别的专家评审会或鉴定会审查通过，并以书面形式提出审查意见或局部修改补充意见。规划单位和规划小组可以据此对规划成果进行必要的修订、补充和完善，并将规划文本、规划说明书、基础资料、规划图纸等四部分内容和专家审查意见及专家签名材料一并印制成正式文件。至此，本次风景区规划工作终结。

风景区规划同其他规划一样，需要定期检查其实施情况，需要在适当时机提出修编或补充，这些都需要在主管部门的编制办法中作出相应的规定。

中华人民共和国国家标准

城市排水工程规划规范

Code of Urban Wastewater
Engineering Planning

GB 50318—2000

主编部门：中华人民共和国建设部
批准部门：中华人民共和国建设部
施行日期：2001年6月1日

关于发布国家标准
《城市排水工程规划规范》的通知

建标〔2000〕282号

根据国家计委《一九九二年工程建设标准制订、修订计划》（计综合〔1992〕490号）的要求，由我部会同有关单位共同制订的《城市排水工程规划规范》，经有关部门会审，批准为国家标准，编号为GB50318—2000，自2001年6月1日起施行。

本规范由我部负责管理，陕西省城乡规划设计研究院负责具体解释工作，建设部标准定额研究所组织中国建筑工业出版社出版发行。

中华人民共和国建设部
2000年12月21日

前　言

本规范是根据国家计委计综合〔1992〕490号文件《一九九二年工程建设标准制订、修订计划》的要求，由建设部负责编制而成。经建设部2000年12月21日以建标〔2000〕282号文批准发布。

在本规范的编制过程中，规范编制组在总结实践经验和科研成果的基础上，主要对城市排水规划范围和排水体制、排水量和规模、排水系统布局、排水泵站、污水处理厂、污水处理与利用等方面作了规定，并广泛征求了全国有关单位的意见，最后由我部会同有关部门审查定稿。

在本规范执行过程中，希望各有关单位结合工程实践和科学研究，认真总结经验、注意积累资料，如发现需要修改和补充之处，请将意见和有关资料寄交陕西省城乡规划设计研究院（通信地址：西安市金花北路8号，邮编710032），以供今后修订时参考。

本规范主编单位：陕西省城乡规划设计研究院

参 编 单 位：浙江省城乡规划设计研究院
　　　　　　　大连市规划设计研究院
　　　　　　　昆明市规划设计研究院

主要起草人：韩文斌　张明生　李小林　潘伯堂
　　　　　　赵　萍　曹世法　付文清　张　华
　　　　　　刘绍治　李美英

目　次

1　总则 …………………………………………… 9—3
2　排水范围和排水体制 …………………………… 9—3
　2.1　排水范围 …………………………………… 9—3
　2.2　排水体制 …………………………………… 9—3
3　排水量和规模 …………………………………… 9—4
　3.1　城市污水量 ………………………………… 9—4
　3.2　城市雨水量 ………………………………… 9—5
　3.3　城市合流水量 ……………………………… 9—5
　3.4　排水规模 …………………………………… 9—5
4　排水系统 ………………………………………… 9—6
　4.1　城市废水受纳体 …………………………… 9—6
　4.2　排水分区与系统布局 ……………………… 9—6
　4.3　排水系统的安全性 ………………………… 9—6
5　排水管渠 ………………………………………… 9—7
6　排水泵站 ………………………………………… 9—8
7　污水处理与利用 ………………………………… 9—8
　7.1　污水利用与排放 …………………………… 9—8
　7.2　污水处理 …………………………………… 9—8
　7.3　城市污水处理厂 …………………………… 9—9
　7.4　污泥处置 …………………………………… 9—9
本规范用词说明 …………………………………… 9—10
条文说明 …………………………………………… 9—10

1 总则

1.0.1 为在城市排水工程规划中贯彻执行国家的有关法规和技术经济政策，提高城市排水工程规划的编制质量，制定本规范。

1.0.2 本规范适用于城市总体规划的排水工程规划。

1.0.3 城市排水工程规划期限应与城市总体规划期限一致。在城市排水工程规划中应重视近期建设规划，且应考虑城市远景发展的需要。

1.0.4 城市排水工程规划的主要内容应包括：划定城市排水范围、预测城市排水量、确定排水体制、进行排水系统布局；原则确定处理后污水污泥出路和处理程度；确定排水枢纽工程的位置、建设规模和用地。

1.0.5 城市排水工程规划应贯彻"全面规划、合理布局、综合利用、保护环境、造福人民"的方针。

1.0.6 城市排水工程设施用地应按规划期规模控制，节约用地，保护耕地。

1.0.7 城市排水工程规划应与给水工程、环境保护、道路交通、竖向、水系、防洪以及其他专业规划相协调。

1.0.8 城市排水工程规划除应符合本规范外，尚应符合国家现行的有关强制性标准的规定。

2 排水范围和排水体制

2.1 排水范围

2.1.1 城市排水工程规划范围应与城市总体规划范围一致。

2.1.2 当城市污水处理厂或污水排出口设在城市规划区范围以外时，应将污水处理厂或污水排出口及其连接的排水管渠纳入城市排水工程规划范围。涉及邻近城市时，应进行协调，统一规划。

2.1.3 位于城市规划区范围以外的城镇，其污水需要接入规划城市污水系统时，应进行统一规划。

2.2 排水体制

2.2.1 城市排水体制应分为分流制与合流制两种基本类型。

2.2.2 城市排水体制应根据城市总体规划、环境保护要求，当地自然条件（地理位置、地形及气候）和废水受纳体条件，结合城市污水的水质、水量及城市原有排水设施情况，经综合分析比较确定。同一个城市的不同地区可采用不同的排水体制。

2.2.3 新建城市、扩建新区、新开发区或旧城改造地区的排水系统应采用分流制。在有条件的城市可采用截流初期雨水的分流制排水系统。

2.2.4 合流制排水体制应适用于条件特殊的城市，且应采用截流式合流制。

3 排水量和规模

3.1 城市污水量

3.1.1 城市污水量应由城市给水工程统一供水的用户和自备水源供水的用户排出的城市综合生活污水量和工业废水量组成。

3.1.2 城市污水量宜根据城市综合用水量（平均日）乘以城市污水排放系数确定。

3.1.3 城市综合生活污水量宜根据城市综合生活用水量（平均日）乘以城市综合生活污水排放系数确定。

3.1.4 城市工业废水量宜根据城市工业用水量（平均日）乘以城市工业废水排放系数，或由城市污水量减去城市综合生活污水量确定。

3.1.5 污水排放系数应是在一定的计量时间（年）内的污水排放量与用水量（平均日）的比值。

按城市污水性质的不同可分为：城市污水排放系数、城市综合生活污水排放系数和城市工业废水排放系数。

3.1.6 当规划城市供水量、排水量统计分析资料缺乏时，城市分类污水排放系数可根据城市居住、公共设施和分类工业用地的布局，结合以下因素，按表 3.1.6 的规定确定。

1 城市污水排放系数应根据城市综合生活用水量和工业用水量之和占城市供水总量的比例确定。

2 城市综合生活污水排放系数应根据城市规划的居住水平、给水排水设施完善程度与城市排水设施规划普及率，

结合第三产业产值在国内生产总值中的比重确定。

3 城市工业废水排放系数应根据城市的工业结构和生产设备、工艺先进程度及城市排水设施普及率确定。

表 3.1.6　　　城市分类污水排放系数

城市污水分类	污水排放系数
城市污水	0.70~0.80
城市综合生活污水	0.80~0.90
城市工业废水	0.70~0.90

注：工业废水排放系数不含石油、天然气开采业和煤炭与其他矿采选业以及电力蒸汽热水产供业废水排放系数，其数据应按厂、矿区的气候、水文地质条件和废水利用、排放方式确定。

3.1.7 在城市总体规划阶段城市不同性质用地污水量可按照《城市给水工程规划规范》（GB 50282）中不同性质用地用水量乘以相应的分类污水排放系数确定。

3.1.8 当城市污水由市政污水系统或独立污水系统分别排放时，其污水系统的污水量应分别按其污水系统服务面积内的不同性质用地的用水量乘以相应的分类污水排放系数后相加确定。

3.1.9 在地下水位较高地区，计算污水量时宜适当考虑地下水渗入量。

3.1.10 城市污水量的总变化系数，应按下列原则确定：

1 城市综合生活污水量总变化系数，应按《室外排水设计规范》（GBJ 14）表 2.1.2 确定。

2 工业废水量总变化系数，应根据规划城市的具体情况，按行业工业废水排放规律分析确定，或参照条件相似城市的分析成果确定。

3.2 城市雨水量

3.2.1 城市雨水量计算应与城市防洪、排涝系统规划相协调。

3.2.2 雨水量应按下式计算确定：
$$Q = q \cdot \psi \cdot F \quad (3.2.2)$$
式中 Q——雨水量（L/s）；
q——暴雨强度（L/(s·ha)）；
ψ——径流系数；
F——汇水面积（ha）。

3.2.3 城市暴雨强度计算应采用当地的城市暴雨强度公式。当规划城市无上述资料时，可采用地理环境及气候相似的邻近城市的暴雨强度公式。

3.2.4 径流系数（ψ）可按表3.2.4确定。

表 3.2.4 径 流 系 数

区域情况	径流系数（ψ）
城市建筑密集区（城市中心区）	0.60～0.85
城市建筑较密集区（一般规划区）	0.45～0.60
城市建筑稀疏区（公园、绿地等）	0.20～0.45

3.2.5 城市雨水规划重现期，应根据城市性质、重要性以及汇水地区类型（广场、干道、居住区）、地形特点和气候条件等因素确定。在同一排水系统中可采用同一重现期或不同重现期。

重要干道、重要地区或短期积水能引起严重后果的地区，重现期宜采用3～5年，其他地区重现期宜采用1～3年。特别重要地区和次要地区或排水条件好的地区规划重现期可酌情增减。

3.2.6 当生产废水排入雨水系统时，应将其水量计入雨水量中。

3.3 城市合流水量

3.3.1 城市合流管道的总流量、溢流井以后管段的流量估算和溢流井截流倍数 n_0 以及合流管道的雨水量重现期的确定可参照《室外排水设计规范》（GBJ 14）"合流水量"有关条文。

3.3.2 截流初期雨水的分流制排水系统的污水干管总流量应按下列公式估算：
$$Q_z = Q_s + Q_g + Q_{cy} \quad (3.3.2)$$
式中 Q_z——总流量（L/s）；
Q_s——综合生活污水量（L/s）；
Q_g——工业废水量（L/s）；
Q_{cy}——初期雨水量（L/s）。

3.4 排水规模

3.4.1 城市污水工程规模和污水处理厂规模应根据平均日污水量确定。

3.4.2 城市雨水工程规模应根据城市雨水汇水面积和暴雨强度确定。

4 排水系统

4.1 城市废水受纳体

4.1.1 城市废水受纳体应是接纳城市雨水和达标排放污水的地域，包括水体和土地。

受纳水体应是天然江、河、湖、海和人工水库、运河等地面水体。

受纳土地应是荒地、废地、劣质地、湿地以及坑、塘、淀洼等。

4.1.2 城市废水受纳体应符合下列条件：

1 污水受纳水体应符合经批准的水域功能类别的环境保护要求，现有水体或采取引水增容后水体应具有足够的环境容量。

雨水受纳水体应有足够的排泄能力或容量。

2 受纳土地应具有足够的容量，同时不应污染环境、影响城市发展及农业生产。

4.1.3 城市废水受纳体宜在城市规划区范围内或跨区选择，应根据城市性质、规模和城市的地理位置、当地的自然条件，结合城市的具体情况，经综合分析比较确定。

4.2 排水分区与系统布局

4.2.1 排水分区应根据城市总体规划布局，结合城市废水受纳体位置进行划分。

4.2.2 污水系统应根据城市规划布局，结合竖向规划和道路布局、坡向以及城市污水受纳体和污水处理厂位置进行流域划分和系统布局。

城市污水处理厂的规划布局应根据城市规模、布局及城市污水系统分布，结合城市污水受纳体位置、环境容量和处理后污水、污泥出路，经综合评价后确定。

4.2.3 雨水系统应根据城市规划布局、地形，结合竖向规划和城市废水受纳体位置，按照就近分散、自流排放的原则进行流域划分和系统布局。

应充分利用城市中的洼地、池塘和湖泊调节雨水径流，必要时可建人工调节池。

城市排水自流排放困难地区的雨水，可采用雨水泵站或与城市排涝系统相结合的方式排放。

4.2.4 截流式合流制排水系统应综合雨、污水系统布局的要求进行流域划分和系统布局，并应重视截流干管（渠）和溢流井位置的合理布局。

4.3 排水系统的安全性

4.3.1 排水工程中的厂、站不宜设置在不良地质地段和洪水淹没、内涝低洼地区。当必须在上述地段设置厂、站时，应采取可靠防护措施，其设防标准不应低于所在城市设防的相应等级。

4.3.2 污水处理厂和排水泵站供电应采用二级负荷。

4.3.3 雨水管道、合流管道出水口当受水体水位顶托时，应根据地区重要性和积水所造成的后果，设置潮门、闸门或排水泵站等设施。

4.3.4 污水管渠系统应设置事故出口。

4.3.5 排水系统的抗震要求应按《室外给水排水和煤气热力工程抗震设计规范》(TJ 32)及《室外给水排水工程设施抗震鉴定标准》(GBJ 43)执行。

5 排水管渠

5.0.1 排水管渠应以重力流为主，宜顺坡敷设，不设或少设排水泵站。当排水管遇有翻越高地、穿越河流、软土地基、长距离输送污水等情况，无法采用重力流或重力流不经济时，可采用压力流。

5.0.2 排水干管应布置在排水区域内地势较低或便于雨、污水汇集的地带。

5.0.3 排水管宜沿规划城市道路敷设，并与道路中心线平行。

5.0.4 排水管道穿越河流、铁路、高速公路、地下建（构）筑物或其他障碍时，应选择经济合理路线。

5.0.5 截流式合流制的截流干管宜沿受纳水体岸边布置。

5.0.6 排水管道在城市道路下的埋设位置应符合《城市工程管线综合规划规范》(GB 50289)的规定。

5.0.7 城市排水管渠断面尺寸应根据规划期排水规划的最大秒流量，并考虑城市远景发展的需要确定。

6 排 水 泵 站

6.0.1 当排水系统中需设置排水泵站时，泵站建设用地按建设规模、泵站性质确定，其用地指标宜按表6.0.1-1和6.0.1-2规定。

表6.0.1-1 雨水泵站规划用地指标（m²·s/L）

建设规模	雨 水 流 量 （L/s）			
	20000以上	10000~20000	5000~10000	1000~5000
用地指标	0.4~0.6	0.5~0.7	0.6~0.8	0.8~1.1

注：1. 用地指标是按生产必须的土地面积。
2. 雨水泵站规模按最大秒流量计。
3. 本指标未包括站区周围绿化带用地。
4. 合流泵站可参考雨水泵站指标。

表6.0.1-2 污水泵站规划用地指标（m²·s/L）

建设规模	污 水 流 量 （L/s）				
	2000以上	1000~2000	600~1000	300~600	100~300
用地指标	1.5~3.0	2.0~4.0	2.5~5.0	3.0~6.0	4.0~7.0

注：1. 用地指标是按生产必须的土地面积。
2. 污水泵站规模按最大秒流量计。
3. 本指标未包括站区周围绿化带用地。

6.0.2 排水泵站结合周围环境条件，应与居住、公共设施建筑保持必要的防护距离。

7 污水处理与利用

7.1 污水利用与排放

7.1.1 水资源不足的城市宜合理利用经处理后符合标准的污水作为工业用水、生活杂用水及河湖环境景观用水和农业灌溉用水等。

7.1.2 在制定污水利用规划方案时，应做到技术可靠、经济合理和环境不受影响。

7.1.3 未被利用的污水应经处理达标后排入城市废水受纳体，排入受纳水体的污水排放标准应符合《污水综合排放标准》（GB 8978）的要求。在条件允许的情况下，也可排入受纳土地。

7.2 污 水 处 理

7.2.1 城市综合生活污水与工业废水排入城市污水系统的水质均应符合《污水排入城市下水道水质标准》（CJ 3082）的要求。

7.2.2 城市污水的处理程度应根据进厂污水的水质、水量和处理后污水的出路（利用或排放）确定。

污水利用应按用户用水的水质标准确定处理程度。

污水排入水体应视受纳水体水域使用功能的环境保护要求，结合受纳水体的环境容量，按污染物总量控制与浓度控制相结合的原则确定处理程度。

7.2.3 污水处理的方法应根据需要处理的程度确定，城市污水处理一般应达到二级生化处理标准。

7.3 城市污水处理厂

7.3.1 城市污水处理厂位置的选择宜符合下列要求：
    1 在城市水系的下游并应符合供水水源防护要求；
    2 在城市夏季最小频率风向的上风侧；
    3 与城市规划居住、公共设施保持一定的卫生防护距离；
    4 靠近污水、污泥的排放和利用地段；
    5 应有方便的交通、运输和水电条件。

7.3.2 城市污水处理厂规划用地指标宜根据规划期建设规模和处理级别按照表7.3.2的规定确定。

表 7.3.2 城市污水处理厂规划用地指标（$m^2 \cdot d/m^3$）

建设规模	污水量（m^3/d）				
	20万以上	10～20万	5～10万	2～5万	1～2万
用地指标	一级污水处理指标				
	0.3～0.5	0.4～0.6	0.5～0.8	0.6～1.0	0.6～1.4
	二级污水处理指标（一）				
	0.5～0.8	0.6～0.9	0.8～1.2	1.0～1.5	1.0～2.0
	二级污水处理指标（二）				
	0.6～1.0	0.8～1.2	1.0～2.5	2.5～4.0	4.0～6.0

注：1. 用地指标是按生产必须的土地面积计算。
    2. 本指标未包括厂区周围绿化带用地。
    3. 处理级别以工艺流程划分。
       一级处理工艺流程大体为泵房、沉砂、沉淀及污泥浓缩、干化处理等。
       二级处理（一），其工艺流程大体为泵房、沉砂、初次沉淀、曝气、二次沉淀及污泥浓缩、干化处理等。
       二级处理（二），其工艺流程大体为泵房、沉砂、初次沉淀、曝气、二次沉淀、消毒及污泥提升、浓缩、消化、脱水及沼气利用等。
    4. 本用地指标不包括进厂污水浓度较高及深度处理的用地，需要时可视情况增加。

7.3.3 污水处理厂周围应设置一定宽度的防护距离，减少对周围环境的不利影响。

7.4 污泥处置

7.4.1 城市污水处理厂污泥必须进行处置，应综合利用、化害为利或采取其他措施减少对城市环境的污染。

7.4.2 达到《农用污泥中污染物控制标准》（GB 4282）要求的城市污水处理厂污泥，可用作农业肥料，但不宜用于蔬菜地和当年放牧的草地。

7.4.3 符合《城市生活垃圾卫生填埋技术标准》（CJJ 17）规定的城市污水处理厂污泥可与城市生活垃圾合并处置，也可另设填埋场单独处置，应经综合评价后确定。

7.4.4 城市污水处理厂污泥用于填充洼地、焚烧或其他处置方法，均应符合相应的有关规定，不得污染环境。

本规范用词说明

一、执行本规范条文时，对于要求严格程度的用词，说明如下，以便在执行中区别对待。

1. 表示很严格，非这样做不可的用词

正面词采用"必须"，反面词采用"严禁"；

2. 表示严格，在正常情况下均应这样做的用词

正面词采用"应"，反面词采用"不应"或"不得"；

3. 表示允许稍有选择，在条件许可时首先应这样做的用词

正面词采用"宜"，反面词采用"不宜"。

4. 表示有选择，在一定条件下可以这样的，采用"可"。

二、条文中指明必须按其他有关标准和规范执行的写法为："应按……执行"或"应符合……要求或规定"。

中华人民共和国国家标准

城市排水工程规划规范

GB 50318—2000

条 文 说 明

前言

根据国家计委计综合〔1992〕490号文的要求,《城市排水工程规划规范》由建设部主编,具体由陕西省城乡规划设计研究院会同浙江省城乡规划设计研究院、大连市规划设计研究院、昆明市规划设计研究院等单位共同编制而成。经建设部2000年12月21日以建标〔2000〕282号文批准发布。

为便于广大城市规划的设计、管理、教学、科研等有关单位人员在使用本规范时能正确理解和执行本规范,《城市排水工程规划规范》编制组根据国家计委关于编制标准、规范条文说明的统一要求,按《城市排水工程规划规范》的章、节、条的顺序,编制了条文说明,供国内有关部门和单位参考。在使用中如发现有不够完善之处,请将意见函寄陕西省城乡规划设计研究院,以供今后修改时参考。

通信地址:西安市金花北路8号

邮政编码:710032。

本条文说明仅供部门和单位执行本标准时使用,不得翻印。

目 次

1 总则 …………………………………………… 9—12
2 排水范围和排水体制 ………………………… 9—15
　2.1 排水范围 ………………………………… 9—15
　2.2 排水体制 ………………………………… 9—15
3 排水量和规模 ………………………………… 9—16
　3.1 城市污水量 ……………………………… 9—16
　3.2 城市雨水量 ……………………………… 9—19
　3.3 城市合流水量 …………………………… 9—20
　3.4 排水规模 ………………………………… 9—20
4 排水系统 ……………………………………… 9—20
　4.1 城市废水受纳体 ………………………… 9—20
　4.2 排水分区与系统布局 …………………… 9—21
　4.3 排水系统的安全性 ……………………… 9—21
5 排水管渠 ……………………………………… 9—22
6 排水泵站 ……………………………………… 9—23
7 污水处理与利用 ……………………………… 9—24
　7.1 污水利用与排放 ………………………… 9—24
　7.2 污水处理 ………………………………… 9—24
　7.3 城市污水处理厂 ………………………… 9—25
　7.4 污泥处置 ………………………………… 9—25

1 总 则

1.0.1 阐明编制本规范的目的。20 世纪 80 年代以来，我国城市规划事业发展迅速，积累了丰富的实践经验，但在制定城市规划各项法规、标准上起步较晚，明显落后于发展需要。由于没有相应的国家标准，全国各地城市规划设计单位在编制城市排水工程规划时出现内容、深度不一，这种状况不利于城市排水工程规划编制水平的提高，不利于排水工程规划的审查和管理工作，同时也影响了城市正常、有序的建设和发展。

随着国家《城市规划法》、《环境保护法》、《水污染防治法》等一系列法规的颁布和《污水综合排放标准》、《地面水环境质量标准》、《城市污水处理厂污水污泥排放标准》以及《生活杂用水水质标准》等一系列标准的实施，人们的法制观念日渐加强，城市规划相应法规的制定迫在眉睫；现在《城市给水工程规范》及其他专业规划规范都已陆续颁布实施，为完善城市规划法规体系，必须制定《城市排水工程规划规范》，以规范城市排水工程规划编制工作。

同时，本规范具体体现了国家在排水工程中的技术经济政策和保护环境、造福人民、实施城市可持续发展的基本国策，保证了排水工程规划的合理性、可行性、先进性和经济性，是为城市排水工程规划制定的一份法规性文件。

1.0.2 规定本规范的适用范围。本规范适用于设市城市总体规划阶段的排水工程规划。建制镇总体规划的排水工程规划可执行本规范。

本规范主要为整个城市的排水工程规划编制工作提供依据，在宏观决策、超前性以及对城市排水系统的总体布局等方面区别于现行的各类排水设计规范，在编制城市修建性详细规划时可参考设计规范进行。

1.0.3 城市排水工程规划的规划期限与城市总体规划期限相一致，设市城市一般为 20 年，建制镇一般为 15～20 年。

城市排水设施是城市基础设施的重要组成部分，是维护城市正常活动和改善生态环境，促进社会、经济可持续发展的必备条件。规划目标的实现和提高城市排水设施普及率、污水处理达标排放率等都不是一个短时期能解决的问题，需几个规划期才能完成。因此，城市排水工程规划应具有较长期的时效，以满足城市不同发展阶段的需要。本条明确规定了城市排水工程规划不仅要重视近期建设规划，而且还应考虑城市远景发展的需要。

城市排水工程近期建设规划是城市排水工程规划的重要组成部分，是实施排水工程规划的阶段性规划，是城市排水工程规划的具体化及其实施的必要步骤。通过近期建设规划，可以起到对城市排水工程规划进一步的修改和补充作用，同时也为城市近期建设和管理乃至详细规划和单项设计提供依据。

城市排水工程近期建设规划应以规划期规划目标为指导，对近期建设目标、发展布局以及城市近期需要建设项目的实施作出统筹安排。近期建设规划要有一定的超前性，并应注意城市排水系统的逐步形成，为城市污水处理厂的建成、使用创造条件。

排水工程规划要考虑城市发展、变化的需要，不但规划要近、远期结合,而且要考虑城市远景发展的需要。城市排水出口与污水受纳体的确定都不应影响下游城市或远景规划城市的建设和发展。城市排水系统的布局也应具有弹性,为城市远景发展留有余地。

1.0.4 规定城市排水工程规划的主要任务和规划内容。城市排水工程规划的内容是根据《城市规划编制办法实施细则》的有关要求确定的。

在确定排水体制、进行排水系统布局时,应拟定城市排水方案,确定雨、污水排除方式,提出对旧城原排水设施的利用与改造方案和在规划期限内排水设施的建设要求。

在确定污水排放标准时,应从污水受纳体的全局着眼,既符合近期的可能,又要不影响远期的发展。采取有效措施,包括加大处理力度、控制或减少污染物数量、充分利用受纳体的环境容量,使污水排放污染物与受纳水体的环境容量相平衡,达到保护自然资源,改善环境的目的。

1.0.5 本条规定在城市排水工程规划中应贯彻环境保护方面的有关方针,还应执行"预防为主,综合治理"以及环境保护方面的有关法规、标准和技术政策。

在城市总体规划时应根据规划城市的资源、经济和自然条件以及科技水平,优化产业结构和工业结构,并在用地规划时给以合理布局,尽可能减少污染源。在排水工程规划中应对城市所有雨、污水系统进行全面规划,对排水设施进行合理布局,对污水、污泥的处理、处置应执行"综合利用,化害为利,保护环境,造福人民"的原则。

在城市排水工程规划中,对"水污染防治七字技术要点"也可作为参考,其内容如下:

保——保护城市集中饮用水源;

截——完善城市排水系统,达到清、污分流,为集中合理和科学排放打下基础;

治——点源治理与集中治理相结合,以集中治理优先,对特殊污染物和地理位置不便集中治理的企业实行分散点源治理;

管——强化环境管理,建立管理制度,采取有力措施以管促治;

用——污水资源化,综合利用,节省水资源,减少污水排放;

引——引水冲污、加大水体流(容)量、增大环境容量,改善水质;

排——污水科学排放,污水经一级处理科学排海、排江,利用环境容量,减少污水治理费用。

1.0.6 规定了城市排水工程设施用地的规划原则。城市排水工程设施用地应按规划期规模一次规划,确定用地位置、用地面积,根据城市发展的需要分期建设。

排水设施用地的位置选择应符合规划要求,并考虑今后发展的可能;用地面积要根据规模和工艺流程、卫生防护的要求全面考虑,一次划定控制使用。

基于我国人口多,可耕地面积少的国情,排水设施用地从选址定点到确定用地面积都应贯彻"节约用地,保护耕地"的原则。

1.0.7 城市排水工程规划除应符合总体规划的要求外,并应与其他各项专业规划协调一致。

城市排水工程规划与城市给水工程规划之间关系紧密,排水工程规划的污水量、污水处理程度和受纳水体及污水出口应与给水工程规划的用水量、回用再生水的水质、水量和水源地及其卫生防护区相协调。

城市排水工程规划的受纳水体与城市水系规划、城市防洪规划相关，应与规划水系的功能和防洪的设计水位相协调。

城市排水工程规划的管渠多沿城市道路敷设，应与城市规划道路的布局和宽度相协调。

城市排水工程规划受纳水体、出水口应与城市环境保护规划水体的水域功能分区及环境保护要求相协调。

城市排水工程规划中排水管渠的布置和泵站、污水处理厂位置的确定应与城市竖向规划相协调。

城市排水工程规划除应与以上提到的几项专业规划协调一致外，与其他各项专业规划也应协调好。

1.0.8 提出排水工程规划除执行《城市规划法》、《环境保护法》、《水污染防治法》及本规范外，还需同时执行相关标准、规范的规定。目前主要的有以下这些标准和规范。

1.《城市给水工程规划规范》GB 50282—98

2.《污水综合排放标准》GB 8978—1996

3.《地面水环境质量标准》GB 3838—88

4.《城市污水处理厂污水污泥排放标准》CJ 3025—93

5.《生活杂用水水质标准》GB 2501—89

6.《景观娱乐用水水质标准》GB 12941—91

7.《农田灌溉水质标准》GB 5084—85

8.《海水水质标准》GB 3097—1997

9.《农用污泥中污染物控制标准》GB 4282—84

10.《室外排水设计规范》GBJ 14—87

11.《给水排水基本术语标准》GBJ 125—89

12.《城市用地分类与规划建设用地标准》GBJ 137—90

13.《城市生活垃圾卫生填埋技术标准》CJJ 17—88

14.《室外给水排水和煤气热力工程抗震设计规范》TJ 32—78

15.《室外给水排水工程设施抗震鉴定标准》GBJ 43—82

16.《城市工程管线综合规划规范》GB 50289—98

17.《污水排入城市下水道水质标准》CJ 3082—1999

18.《城市规划基本术语标准》GB/T 50280—98

19.《城市竖向规划规范》CJJ83—99

2 排水范围和排水体制

2.1 排水范围

2.1.1 城市总体规划包括的城市中心区及其各组团，凡需要建设排水设施的地区均应进行排水工程规划。其中雨水汇水面积因受地形、分水线以及流域水系出流方向的影响，确定时需与城市防洪、水系规划相协调，也可超出城市规划范围。

2.1.2～2.1.3 这两条明确规定设在城市规划区以外规划城市的排水设施和城市规划区以外的城镇污水需接入规划城市污水系统时，应纳入城市排水范围进行统一规划。

保护城市环境，防止污染水体应从全流域着手。城市水体上游的污水应就地处理达标排放，如无此条件，在可能的条件下可接入规划城市进行统一规划处理。规划城市产生的污水应处理达标后排入水体，但对水体下游的现有城市或远景规划城市也不应影响其建设和发展，要从全局着想，促进全社会的可持续发展。

2.2 排水体制

2.2.1 指出排水体制的基本分类。在城市排水工程规划中，可根据规划城市的实际情况选择排水体制。

分流制排水系统：当生活污水、工业废水和雨水、融雪水及其它废水用两个或两个以上的排水管渠来收集和输送时，称为分流制排水系统。其中收集和输送生活污水和工业废水（或生产污水）的系统称为污水排水系统；收集和输送雨水、融雪水、生产废水和其它废水的称雨水排水系统；只排除工业废水的称工业废水排水系统。

2.2.2 提出排水体制选择的依据。排水体制在城市的不同发展阶段和经济条件下，同一城市的不同地区，可采用不同的排水体制。经济条件好的城市，可采用分流制，经济条件差而自身条件好的可采用部分分流制、部分合流制，待有条件时再建完全分流制。

2.2.3 提出了新建城市、扩建新区、新开发区或旧城改造地区的排水系统宜采用分流制的要求；同时也提出了在有条件的城市可布设截流初期雨水的分流制排水系统的合理性，以适应城市发展的更高要求。

2.2.4 提出了合流制排水系统的适用条件。同时也提出了在旧城改造中宜将原合流制直泄式排水系统改造成截流式合流制。

采用合流制排水系统在基建投资、维护管理等方面可显示出其优越性，但其最大的缺点是增大了污水处理厂规模和污水处理的难度。因此，只有在具备了以下条件的地区和城市方可采用合流制排水系统。

1. 雨水稀少的地区。
2. 排水区域内有一处或多处水量充沛的水体，环境容量大，一定量的混合污水溢入水体后，对水体污染危害程度在允许范围内。
3. 街道狭窄，两侧建设比较完善，地下管线多，且施工复杂，没有条件修建分流制排水系统。
4. 在经济发达地区的城市，水体环境要求很高，雨、污水均需处理。

在旧城改造中，宜将原合流制排水系统改造为分流制。但是，由于将原直泄式合流制改为分流制，并非容易，改建投资大，影响面广，往往短期内很难实现。而将原合流制排水系统保留，沿河修建截流干管和溢流井，将污水和部分雨水送往污水处理厂，经处理达标后排入受纳水体。这样改造，其投资小，而且较容易实现。

3 排水量和规模

3.1 城 市 污 水 量

3.1.1 说明城市污水量的组成

城市污水量即城市全社会污水排放量，包括城市给水工程统一供水的用户和自备水源供水用户排出的污水量。

城市污水量主要包括城市生活污水量和工业废水量。还有少量其他污水（市政、公用设施及其他用水产生的污水）因其数量小和排除方式的特殊性无法进行统计，可忽略不计。

3.1.2 提出城市污水量估算方法。

城市污水量主要用于确定城市污水总规模。城市综合（平均日）用水量即城市供水总量，包括市政、公用设施及其他用水量及管网漏失水量。采用《城市给水工程规划规范》（GB 50282）表 2.2.3-1 或表 2.2.3-2 的"城市单位综合用水量指标"或"城市单位建设用地综合用水量指标"估算城市污水量时，应注意按规划城市的用水特点将"最高日"用水量换算成"平均日"用水量。

3.1.3 提出城市综合生活污水量的估算方法。

采用《城市给水工程规划规范》（GB 50282）表 2.2.4 的"人均综合生活用水量指标"估算城市综合生活污水量时，应注意按规划城市的用水特点将"最高日"用水量换算成"平均日"用水量。

3.1.4 提出工业废水量估算方法。

为城市平均日工业用水量（不含工业重复利用水量）即工业新鲜用水量或称工业补充水量。

在城市工业废水量估算中，当工业用水量资料不易取得时，也可采用将已经估算出的城市污水量减去城市综合生活污水量，可以得出较为接近的城市工业废水量。

3.1.5 解释污水排放系数的含义。

3.1.6 提出城市分类污水排放系数的取值原则，规定城市分类污水排放系数的取值范围，列于表3.1.6中供城市污水量预测时选用。

城市分类污水排放系数的推算是根据1991~1995年国家建设部《城市建设统计年报》中经选择的172个城市（城市规模、区域划分以及城市的选取均与《城市给水工程规划规范》（GB 50282）"综合用水指标研究"相一致，并增加了1995年资料）的有关城市用水量和污水排放量资料和1990年国家环境保护总局《环境统计年报》、1996年国家环境保护总局38个城市《环年综1表》（即《各地区"三废"排放及处理利用情况表》）的不同工业行业用新鲜水量与工业废水排放量资料以及1994年城市给水、排水工程规划规范编制组全国函调资料和国内外部分城市排水工程规划设计污水量预测采用的排放系数，经分析计算综合确定的。

分析计算成果显示，城市不同污水现状排放系数与城市规模、所在地区无明显规律，同时三种类型的工业废水现状排放系数也无明显规律。因此我们认为，影响城市分类污水排放系数大小的主要因素应是建筑室内排水设施的完善程度和各工业行业生产工艺、设备及技术、管理水平以及城市排水设施普及率。

城市排水设施普及率，在编制排水工程规划时都已明确，一般要求规划期末在排水工程规划范围内都应达到100%，如有规定达不到这一标准时，可按规划普及率考虑。

各工业行业生产工艺、设备和技术、管理水平，可根据规划城市总体规划的工业布局、要求及新、老工业情况进行综合评价，将其定为先进、较先进和一般三种类型，分别确定相应的工业废水排放系数。

城市综合生活污水排放系数可根据总体规划对居住、公共设施等建筑物室内给、排水设施水平的要求，结合保留的现状，对整个城市进行综合评价，确定出规划城市建筑室内排水设施完善程度，也可分区确定。

城市建筑室内排水设施的完善程度可分为三种类型：

建筑室内排水设施完善：用水设施齐全，排水设施配套，污水收集率高。

建筑室内排水设施较完善：用水设施较齐全，排水设施配套，污水收集率较高。

建筑室内排水设施一般：用水设施能满足生活的基本要求，排水设施配套，主要污水均能排入污水系统。

工业废水排放系数不含石油、天然气开采业和其他矿与煤炭采选业以及电力蒸汽热水产供业的工业废水排放系数，因以上三个行业生产条件特殊，其工业废水排放系数与其他工业行业出入较大，应根据当地厂、矿区的气候、水文地质条件和废水利用、排放合理确定，单独进行以上三个行业的工业废水量估算。再加入到前面估算的工业废水量中即为全部工业废水量。

城市污水量由于不包括其他污水量，因此在按城市供水总量估算城市污水量时其污水排放系数就应小于城市生活污水和工业废水的排放系数。其系数应结合城市生活用水量与工业用水量之和占城市供水总量的比例在表 3.2.3 数据范围内进行合理确定。

3.1.7 提出城市总体规划阶段不同性质用地污水量估算方法。在污水量估算时应将《城市给水工程规划规范》（GB 50282）中的不同性质用地的用水指标由最高日用水量转换成平均日用水量。

城市居住用地和公共设施用地污水量可按相应的用水量乘城市综合生活污水排放系数。

城市工业用地工业废水量可按相应用水量乘以工业废水排放系数。

其他用地污、废水量可根据用水性质、水量和产生污、废水的数量及其出路分别确定。

3.1.8 提出城市污水系统包括市政污水系统和独立污水系统以及污水系统污水量的计算方法。工矿企业或大型公共设施因其水质、水量特殊或其他原因不便利用市政污水系统时，可建独立污水系统，污水经处理达标后排入受纳水体。

污水系统计算污水量包括城市综合生活污水量和生产污水量（工业废水量减去排入雨水系统或直接排入水体的生产废水量）。

3.1.9 在地下水位较高地区，污水系统在水量估算时，宜考虑地下水渗入量。因当地土质、管道及其接口材料和施工质量等因素，一般均存在地下水渗入现象。但具体在不同情况下渗入量的确定国内尚无成熟资料，国外个别国家也只有经验数据。日本采用每人每日最大污水量 10%～20%。据专业杂志介绍，上海浦东城市化地区地下水渗入量采用 1000m³/（km²·d），具体规划时按计算污水量的 10% 考虑。因此，建议各规划城市应根据当地的水文地质情况，结合管道和接口采用的材料以及施工质量按当地经验确定。

3.1.10 该条规定出了城市综合污水、生活污水和工业废水量总变化系数的选值原则。

城市综合生活污水量总变化系数由于没有新的研究成果，应继续沿用《室外排水设计规范》（GBJ 14—87）（1997 年局部修订）表 2.1.2-1 采用。为使用方便摘录如下：

表 2.1.2　　　　　生活污水量总变化系数

污水平均流量（L/s）	5	15	40	70	100	200	500	≥1000
总变化系数	2.3	2.0	1.8	1.7	1.6	1.5	1.4	1.3

城市工业废水量总变化系数：由于工业企业的工业废水量及总变化系数随各行业类型、采用的原料、生产工艺特点和管理水平等有很大的差异，我国一直没有统一规定。最新大专院校教材《排水工程》在论述工业废水量计算中提出一些数据供参考：工业废水量日变化系数为 1.0，时变化系数分六个行业提出不同值：

冶金工业：1.0～1.1　　　纺织工业：1.5～2.0

制革工业：1.5～2.0　　　化学工业：1.3～1.5

食品工业：1.5～2.0　　　造纸工业：1.3～1.8

以上数据与我国 1958 年建筑工业出版社出版的《给水排水工程设计手册》（第二篇：排水工程）关于工业企业生产污水的变化系数一节中提出的时变化系数值基本一致（除纺织工业为 $K_{时} = 1.0～1.15$ 不同外）。同时又提出如果有两个及两个以上工厂的生产污水排入同一个干管时，各厂最大污水量的排出时间、集中在同一个时间的可能性不大，并且各工厂距离干管的长度不一（系指总干管而言），故在计算中如无各厂详细变化资料，应将各工厂的污水量相加后再乘

—折减系数 C。

工厂数目	C
2～3 约为：	0.95～1.00
3～4	0.85～0.95
4～5	0.80～0.85
5 以上	0.70～0.80

以上《给水排水工程设计手册》上的数据来源为前苏联资料。

工业用水量取决于工业企业对工业废水重复利用的方式；工业废水排放量取决于工业企业重复利用的程度。

随着环境保护要求的提高和人们对节水的重视，据国内外有关资料显示，工业企业对工业废水的重复利用率有达到90％以上的可能，工业废水有向零排放发展的趋势。因此，城市污水成分有以综合生活污水为主的可能。

3.2 城市雨水量

3.2.1 城市防洪、排涝系统是防止雨水径流危害城市安全的主要工程设施，也是城市废水排放的受纳水体。城市防洪工程是解决外来雨洪（河洪和山洪）对城市的威胁；城市排涝工程是解决城市范围内雨水过多或超标准暴雨以及外来径流注入，城市雨水工程无法解决而建造的规模较大的排水工程，一般属于农田排水或防洪工程范围。

如果城市防洪、排涝系统不完善，只靠城市排水工程解决不了城市遭受雨洪威胁的可能。因此应相互协调，按各自功能充分发挥其作用。

3.2.2 雨水量的估算，采用现行的常规计算办法，即各国广泛采用的合理化法，也称极限强度法。经多年使用实践证明，方法是可行的，成果是较可靠的，理论上有发展、实践上也积累了丰富的经验，只需在使用中注意采纳成功经验、合理地选用适合规划城市具体条件的参数。

3.2.3 城市暴雨强度公式，在城市雨水量估算中，宜采用规划城市近期编制的公式，当规划城市无上述资料时，可参照地理环境及气候相似的邻近城市暴雨强度公式。

3.2.4 径流系数，在城市雨水量估算中宜采用城市综合径流系数。全国不少城市都有自己城市在进行雨水径流量计算中采用的不同情况下的径流系数，我们认为在城市总体规划阶段的排水工程规划中宜采用城市综合径流系数，即按规划建筑密度将城市用地分为城市中心区、一般规划区和不同绿地等，按不同的区域，分别确定不同的径流系数。在选定城市雨水量估算综合径流系数时，应考虑城市的发展，以城市规划期末的建筑密度为准，并考虑到其他少量污水量的进入，取值不可偏小。

3.2.5 规定城市雨水管渠规划重现期的选定原则和依据

规划重现期的选定，根据规划的特点，宜粗不宜细。应根据城市性质的重要性，结合汇水地区的特点选定。排水标准确定应与城市政治、经济地位相协调，并随着地区政治、经济地位的变化不断提高。重要干道、重要地区或短期积水能引起严重后果的地区，重现期宜采用3～5年，其他地区可采用1～3年，在特殊地区还可采用更高的标准，如北京天安门广场的雨水管道，是按10年重现期设计的。在一些次要地区或排水条件好的地区重现期可适当降低。

3.2.6 指出当有生产废水排入雨水管渠时，应将排入的水量计算在管渠设计流量中。

3.3 城市合流水量

3.3.1 本条内容与《室外排水设计规范》（GBJ 14—87）（1997年局部修订）第二章第三节合流水量内容相似。其条文说明也可参照 GBJ 14—87（1997年局部修订）的本节说明。

3.3.2 提出了截流初期雨水的分流制污水管道总流量的估算方法。

初期雨水量主要指"雨水流量过程线"中从降雨开始至最大雨水流量形成之前涨水曲线中水量较小的一段时间的雨水量。估算此雨水流量的时段、重现期应根据规划城市的降雨特征、雨型并结合城市规划污水处理厂的承受能力和城市水体环境保护要求综合分析确定。初期雨水流量的确定，主要取决于形成初期雨水时段内的平均降雨强度和汇水面积。

3.4 排 水 规 模

3.4.1 提出城市污水工程规模和污水处理厂规模的确定原则。

3.4.2 提出城市雨水工程规模确定的原则。

4 排 水 系 统

4.1 城市废水受纳体

4.1.1 明确了城市雨水和达标排放的污水可以排入受纳水体，也可排入受纳土地。污水达标排入受纳水体的标准为水体环境容量或《污水综合排放标准》（GB 8978），排入受纳土地的标准为城市环境保护要求。

4.1.2 明确了城市废水受纳体应具备的条件。现有受纳水体的环境容量不能满足时，可采取一定的工程措施如引水增容等，以达到应有的环境容量。

受纳土地应具有足够的容量，并应全面论证，不可盲目决定；在蒸发、渗漏达不到年水量平衡时，还应考虑汇入水体的出路。

4.1.3 明确了城市废水受纳体选择的原则。能在城市规划区范围内解决的就不要跨区解决；跨区选定城市废水受纳体要与当地有关部门协商解决。城市废水受纳体的最后选定应充分考虑两种方案的有利条件和不利因素，经综合分析比较确定，受纳水体能够满足污水排放的需求，尽量不要使用受纳土地，如受纳土地需要部分污水，在不影响环境要求和城市发展的前提下，也可解决部分污水的出路。

达标排放的污水在城市环境允许的条件下也可排入平常水量不足的季节性河流，作为景观水体。

4.2 排水分区与系统布局

4.2.1 指出城市排水系统应分区布局。根据城市总体规划用地布局，结合城市废水受纳体位置将城市用地分为若干个分区（包括独立排水系统）进行排水系统布局，根据分区规模和废水受纳体分布，一个分区可以是一个排水系统，也可以是几个排水系统。

4.2.2 指出城市污水系统布局的原则和依据以及污水处理厂规划布局要求。

污水流域划分和系统布局都必须按地形变化趋势进行；地形变化是确定污水汇集、输送、排放的条件。小范围地形变化是划分流域的依据，大的地形变化趋势是确定污水系统的条件。

城市污水处理厂是分散布置还是集中布置，或者采用区域污水系统，应根据城市地形和排水分区分布，结合污水污泥处理后的出路和污水受纳体的环境容量通过技术经济比较确定。一般大中城市，用地布局分散，地形变化较大，宜分散布置；小城市布局集中，地形起伏不大，宜采用集中布置；沿一条河流布局的带状城市沿岸有多个组团（或小城镇），污水量都不大，宜集中在下游建一座污水处理厂，从经济、管理和环境保护等方面都是可取的。

4.2.3 提出城市雨水系统布局原则和依据以及雨水调节池在雨水系统中的使用要求。

城市雨水应充分利用排水分区内的地形，就近排入湖泊、排洪沟渠、水体或湿地和坑、塘、淀洼等受纳体。

在城市雨水系统中设雨水调节池，不仅可以缩小下游管渠断面，减小泵站规模，节约投资，还有利于改善城市环境。

4.2.4 提出截流式合流制排水系统布局的原则和依据，并对截流干管（渠）和溢流井位置的布局提出了要求。截流干管和溢流井位置布局的合理与否，关系到经济、实用和效果，应结合管渠系统布置和环境要求综合比较确定。

4.3 排水系统的安全性

4.3.1 城市排水工程是城市的重要基础设施之一，在选择用地时必须注意地质条件和洪水淹没或排水困难的问题，能避开的一定要避开，实在无法避开的应采用可靠的防护措施，保证排水设施在安全条件下正常使用。

4.3.2 提出了城市污水处理厂和排水泵站的供电要求。《民用建筑电气设计规范》（JGJ/T16）规定：

电力负荷级别是根据供电可靠性及中断供电在政治、经济上所造成的损失或影响的程度确定的。

考虑到城市污水处理厂停电可能对该地区的政治、经济、生活和周围环境等造成不良影响而确定。

排水泵站在中断供电后将会对局部地区、单位在政治、经济上造成较大的损失而确定的。

《室外排水设计规范》（GBJ14）和《城市污水处理项目建设标准》对城市污水处理厂和排水泵站的供电均采用二级负荷。

上述规范还规定：二级负荷的供电系统应做到当发生电力变压器故障或线路常见故障时不致中断供电（或中断后能迅速恢复）。在负荷较小或地区供电条件困难时，二级负荷可由一回 6kV 及其以上专用架空线供电。为防万一可设自备电源（油机或专线供电）。

4.3.3 提出雨水管道、合流管道出水口当受水体水位顶托时按不同情况设置潮门、闸门或排水泵站的规定。

污水处理厂、排水泵站设超越管渠和事故出口在《室外排水设计规范》（GBJ 14）中已有规定，可在设计时考虑。

4.3.4 城市长距离输送污水的管渠应在合适地段增设事故出口，以防下游管渠发生故障，造成污水漫溢，影响城市环境卫生。

4.3.5 提出排水系统的抗震要求和设防标准。在城市排水工程规划中选定排水设施用地时，应予以考虑，以保证在城市发生地震灾害中的正常使用。

5 排 水 管 渠

5.0.1 提出城市排水管渠应以重力流为主的要求和压力流使用的条件。

5.0.2 提出排水干管布置的要求。

5.0.3 提出排水管道宜沿规划道路敷设的要求。

污水管道通常布置在污水量大或地下管线较少一侧的人行道、绿化带或慢车道下，尽量避开快车道。

根据《城市工程管线综合规划规范》（GB 50289）中2.2.5 规定，当规划道路红线宽度 $B \geqslant 50m$ 时，可考虑在道路两侧各设一条雨、污水管线，便于污水收集，减少管道穿越道路的次数，有利于管道维护。

5.0.4 明确了管渠穿越河流、铁路、高速公路、地下建（构）筑物或其他障碍物时，线路走向、位置的选择既要合理，又便于今后管理维修。

倒虹管规划应参照《室外排水设计规范》（GBJ 14）有关章节的规定。

5.0.5 提出截流式合流制截流干管设置的最佳位置。沿水体岸边敷设，既可缩短排水管渠的长度，使溢流雨水很快排入水体，同时又便于出水口的管理。为了减少污染，保护环境，溢流井的设置尽可能位于受纳水体的下游，截流倍数以采用 2~3 倍为宜，环境容量小的水体（水库或湖泊）其截流倍数可选大值；环境容量大的水体（海域或大江、大河）可选较小的值。具体布置应视管渠系统布局和环境要求，经综合比较确定。

5.0.6 提出排水管道在城市道路下的埋设位置应符合国家标准《城市工程管线综合规划规范》(GB 50289) 的规定要求。

5.0.7 提出排水管渠断面尺寸确定的原则。既要满足排泄规划期排水规模的需要，并应考虑城市发展水量的增加，提高管渠的适用年限，尽量减少改造的次数。据有关资料介绍，近30年来我国许多城市的排水管道都出现超负荷运行现象，除注意在估算城市排水量时采用符合规划期实际情况的污水排放系数和雨水径流系数外，还应给城市发展及其他水量排入留有余地，因此应将最大充满度适当减小。

6 排水泵站

6.0.1 提出排水泵站的规划用地指标。此指标系《全国市政工程投资估算指标》(HGZ 47—102—96) 中 4B-1-2 雨污水泵站综合指标规定的用地指标，分列于本规范表 6.0.1-1 和 6.0.2-2 中，供规划时选择使用。雨、污水合流泵站用地可参考雨水泵站指标。

1996 年发布的《全国市政工程投资估算指标》比 1988 年发布的《城市基础设施工程投资估算指标》在"排水泵站"用地指标有所增大，在使用中应结合规划城市的具体情况，按照排水泵站选址的水文地质条件和可想到的内部配套建（构）筑物布置的情况及平面形状、结构形式等合理选用用地指标。

6.0.2 提出排水泵站与规划居住、公共设施建筑保持必要的防护距离，并进行绿化的要求。

具体的距离量化应根据泵站性质、规模、污染程度以及施工及当地自然条件等因素综合确定。

中国建筑工业出版社 1984 年出版的《苏联城市规划设计手册》规定"泵站到住宅的距离应不小于 20 米"；中国建筑工业出版社 1986 年出版的《给水排水设计手册》第 5 册（城市排水）规定泵站与住宅间距不得小于 30 米；洪嘉年高工主编的《给水排水常用规范详解手册》中谈到："我国曾经规定泵站与居住房屋和公共建筑的距离一般不小于 25 米，但根据上海、天津等城市经验，在建成区内的泵站一般均未达到 25 米的要求，而周围居民也无不良反映"。

鉴于以上情况，现又无这方面的科研成果供采用，《室外排水设计规范》也无量化，经与有关环境保护部门的专家研究，认为"距离"的量化应视规划城市的具体条件、经环境评价后确定，在有条件的情况下可适当大些。

7 污水处理与利用

7.1 污水利用与排放

7.1.1 城市污水是一种资源，在水资源不足的城市宜合理利用污水经再生处理后作为城市用水的补充。根据城市的需要和处理条件确定其用途。

7.1.2 在制定污水回用方案时，应对技术可靠性、经济合理性和环境影响等情况进行全面论证和评价，做到稳妥可靠，不留后患，不得盲目行事。

7.1.3 对不能利用或利用不经济的城市污水应达标处理后排入城市污水受纳体。排入受纳土地的污水需经处理后达到二级生化标准或满足城市环境保护的要求。

7.2 污 水 处 理

7.2.1 提出确定城市污水处理程度的依据。污水处理程度应根据进厂污水的水质、水量和处理后的出路分别确定。

受纳水体的环境容量因水体类型、水量大小和水力条件的不同各异。受纳水体的环境容量是一种自然资源，当环境容量大于污水排放污染物的要求时，应充分发挥这一自然资源的作用，以节省环保资金；当环境容量小于污水排放污染物的要求时，根据实际情况，采取相应的措施，包括削荷减污、加大处理力度以及用工程措施增大水体环境容量，使污水排放与受纳水体环境容量相平衡。城市污水处理厂的污水处理程度，应根据规划城市的具体情况，经技术经济比较确定。

7.2.2 《城市污水处理厂污水污泥排放标准》（CJ 3025—93）是国家建设部颁布的一项城镇建设行业标准，规定了城市污水处理厂排放污水、污泥标准及检测、排放与监督等要求，适用于全国各地城市污水处理厂。

全国各地城市污水处理厂应积极、严格执行该标准，按各城市的实际情况对污水进行处理达标排放，为城市的水污染防治，保护水资源，改变城市环境，促进城市可持续发展将起到有力的推动作用。

7.3 城市污水处理厂

7.3.1 提出城市污水处理厂位置选择的依据和应考虑的因素。

污水处理厂位置应根据城市污水处理厂的规划布局，结合规范条文提出的五项因素，按城市的实际情况综合选择确定。规范条文中提出的五项因素，不一定都能满足，在厂址选择中要抓住主要矛盾。当风向要求与河流下游条件有矛盾时，应先满足河流下游条件，再采取加强厂区卫生管理和适当加大卫生防护距离等措施来解决因风向造成污染的问题。

城市污水处理厂与规划居住、公共设施建筑之间的卫生防护距离影响因素很多，除与污水处理厂在河流上、下游和城市夏季主导风向有关外，还与污水处理采用的工艺、厂址是规划新址还是在建成区插建以及污染程度都有关系，总之关系复杂，很难量化，因此在本规范未作具体规定。

中国建筑工业出版社1986年出版的《给水排水设计手册》第5册（城市排水）及中国建筑工业出版社1992年出版的高等学校（城市规划专业学生用）试用教材《城市给水排水》（第二版）中均规定"厂址应与城镇工业区、居住区保持约300米以上距离"。

鉴于到目前为止，没有成熟和借鉴的指标供采用，《室外排水设计规范》也无量化。经与有关环境保护部门的专家研究，认为"距离"的量化应视规划城市的具体条件，经环境评价确定。在有条件的情况下可适当大些。

7.3.2 提出城市污水处理厂的规划用地指标。此指标系《全国市政工程估算指标》（HGZ 47—102—96）中4B-1-1污水处理厂综合指标规定的用地指标，列于本规范表7.3.2中，供规划时选择使用。在选择用地指标时应考虑规划城市具体情况和布局特点。

7.3.3 提出在污水处理厂周围应设置防护绿带的要求。

污水处理厂在城市中既是污染物处理的设施，同时在生产过程中也会产生一定的污染，除厂区在平面布置时应考虑生产区与生活服务区分别集中布置，采用以绿化等措施隔离开来，保证管理人员有良好的工作环境，增进职工的身体健康外，还应在厂区外围设置一定宽度（不小于10米）的防护绿带，以美化污水处理厂和减轻对厂区周围环境的污染。

7.4 污泥处置

7.4.1 提出了城市污水处理厂污泥处置的原则和要求。城市污水处理厂污泥应综合利用，化害为利，未被利用的污泥应妥善处置，不得污染环境。

7.4.2 提出了城市污水处理厂污泥用作农业肥料的条件和

注意事项（详见《农用污泥中污染物控制标准》（GB 4282））。

7.4.3 提出城市污水处理厂污泥填埋的要求。

7.4.4 提出城市污水处理厂污泥用于填充洼地、焚烧或其他处置方法应遵循的原则。

中华人民共和国国家标准

城市居民生活用水量标准

The standard of water quantity for city's residential use

GB/T 50331—2002

主编部门：中华人民共和国建设部
批准部门：中华人民共和国建设部
施行日期：２００２年１１月１日

中华人民共和国建设部

公　　告

第 60 号

建设部关于发布国家标准《城市居民生活用水量标准》的公告

现批准《城市居民生活用水量标准》为国家标准，编号为 GB/T 50331—2002，自 2002 年 11 月 1 日起实施。

本标准由建设部标准定额研究所组织中国建筑工业出版社出版发行。

中华人民共和国建设部
2002 年 9 月 16 日

前 言

本标准是根据国发［2000］36 号文件"国务院关于加强城市供水节水和水污染防治工作的通知"精神，以及建设部建标［2001］87 号文件要求，建设部城市建设司委托中国城镇供水协会组织上海、天津、沈阳、武汉、成都、深圳、北京七城市供水企业共同编制的。在编制过程中，编制组采集了 108 个城市自来水公司近三年居民生活用水数据，筛选了 87 个城市的有效数据。通过对大量国内外统计数据研究和分析，以及对国内居民生活用水状况的调查分析，广泛征求各方面意见的基础上编制而成。

本标准共分三章，包括总则、术语和用水量标准。为了有效缓解水资源短缺，制定《城市居民生活用水量标准》是我国节水工作中的一项基础性建设工作，对指导城市供水价格改革工作，建立以节水用水为核心的合理水价机制，将起到重要作用。

本标准由建设部负责管理，建设部城市建设司负责具体技术内容的解释。在执行过程中，希望各地政府、行政主管部门、供水企业等相关部门注意积累资料，总结经验，并请将意见和有关资料寄建设部城市建设司（北京市三里河路 9 号，邮编：100835 电话：010—68393160），供以后修订时参考。

本标准主编单位、参编单位和主要起草人

主编单位：建设部城市建设司

参编单位：中国城镇供水协会

中国城镇供水协会企业管理委员会

天津市自来水集团有限公司

上海市给水管理处

上海市自来水市南有限公司营业所

深圳市自来水集团有限公司

武汉市自来水公司

沈阳市自来水总公司

成都市自来水总公司

北京市自来水集团有限责任公司

主要起草人员：陈连祥　郭得铨　宁瑞珠　郭　智
郑向盈　孙立人　张嘉荣　周妙秋
李庆华　赵明华　王贤兵　刘秀英
谭　明　江照辉　黄小玲　王自明

目 次

1 总则 ················· 10—3
2 术语 ················· 10—4
3 用水量标准 ·············· 10—4
本标准用词用语说明 ············ 10—5
条文说明 ················ 10—5

1 总 则

1.0.1 为合理利用水资源，加强城市供水管理，促进城市居民合理用水、节约用水，保障水资源的可持续利用，科学地制定居民用水价格，制定本标准。

1.0.2 本标准适用于确定城市居民生活用水量指标。各地在制定本地区的城市居民生活用水量地方标准时，应符合本标准的规定。

1.0.3 城市居民生活用水量指标的确定，除应执行本标准外，尚应符合国家现行有关标准的规定。

2 术 语

2.0.1 城市居民 city's residential

在城市中有固定居住地、非经常流动、相对稳定地在某地居住的自然人。

2.0.2 城市居民生活用水 water for city's residential use

指使用公共供水设施或自建供水设施供水的，城市居民家庭日常生活的用水。

2.0.3 日用水量 water quantity of per day, per person

每个居民每日平均生活用水量的标准值。

3 用水量标准

3.0.1 城市居民生活用水量标准应符合表 3.0.1 的规定。

表 3.0.1　　　　城市居民生活用水量标准

地域分区	日用水量 （L/人·d）	适 用 范 围
一	80～135	黑龙江、吉林、辽宁、内蒙古
二	85～140	北京、天津、河北、山东、河南、山西、陕西、宁夏、甘肃
三	120～180	上海、江苏、浙江、福建、江西、湖北、湖南、安徽
四	150～220	广西、广东、海南
五	100～140	重庆、四川、贵州、云南
六	75～125	新疆、西藏、青海

注：1 表中所列日用水量是满足人们日常生活基本需要的标准值。在核定城市居民用水量时，各地应在标准值区间内直接选定。

　　2 城市居民生活用水考核不应以日作为考核周期，日用水量指标应作为月度考核周期计算水量指标的基础值。

　　3 指标值中的上限值是根据气温变化和用水高峰月变化参数确定的，一个年度当中对居民用水可分段考核，利用区间值进行调整使用。上限值可作为一个年度当中最高月的指标值。

　　4 家庭用水人口的计算，由各地根据本地实际情况自行制定管理规则或办法。

　　5 以本标准为指导，各地视本地情况可制定地方标准或管理办法组织实施。

本标准用词用语说明

1 为便于在执行本标准条文时区别对待,对于要求严格程度不同的用词说明如下:

(1) 表示很严格,非这样做不可的用词:
正面词采用"必须";
反面词采用"严禁"。

(2) 表示严格,在正常情况下均应这样做的用词:
正面词采用"应";
反面词采用"不应"或"不得"。

(3) 表示允许稍有选择,在条件许可时,首先应这样做的用词:
正面词采用"宜"或"可";
反面词采用"不宜"。

2 标准中指定应按其他有关标准、规范执行时,写法为:"应按…执行"或"应符合…的要求(或规定)"。

中华人民共和国国家标准

城市居民生活用水量标准

GB/T 50331—2002

条 文 说 明

前 言

《城市居民生活用水量标准》（GB/T 50331—2002），建设部于 2002 年 9 月 16 日以第 60 号公告批准发布，2002 年 11 月 1 日起实施。

本标准的主编单位是建设部城市建设司，标准编写的具体组织单位是中国城镇供水协会，参加编写的单位有：

中国城镇供水协会企业管理委员会

天津市自来水集团有限公司

上海市给水管理处

上海市自来水市南有限公司营业所

深圳市自来水集团有限公司

武汉市自来水公司

沈阳市自来水总公司

成都市自来水总公司

北京市自来水集团有限责任公司

为便于各地自来水公司和相关部门在使用本标准时能正确理解和执行条文规定或制定本地区标准，《城市居民生活用水量标准》编写组按章、节、条顺序编制了本标准的《条文说明》，供使用者参考。使用中如发现本标准条文说明有不妥之处，请将意见函寄至建设部城市建设司。

目 次

1 总则 …………………………………………… 10—7

2 术语 …………………………………………… 10—8

3 用水量标准 …………………………………… 10—9

1 总　　则

1.0.1 本条说明了标准编制的目的，是增强城市居民节约用水意识，促进节约用水和水资源持续利用，推动水价改革。

　　1　我国淡水资源日益短缺，进行合理开采、有效利用、节约控制，是今后水资源管理的重点内容。转变粗放型用水习惯，制定合理的居民用水标准，满足居民生活的基本用水需要，并建立核定与考核制度，使之不断完善，形成体系，是控制粗放型用水的基本手段，也是简单易行的有效方法。

　　2　以居民生活用水量标准为基础，为逐步建立符合社会主义市场经济发展要求的水价机制，进一步理顺城市供水价格创造条件。

1.0.2 本标准适用范围确定为"确定城市居民生活用水量指标"。在执行过程中，由于各地流动人口数量变化、供水状况及管理要求等情况不同，在执行本标准时，需要结合本地区的管理，计量方式等具体情况制定地方标准或办法推动实施。

1.0.3 本条规定了各地在执行本标准时，尚应符合国家现行的有关标准的规定。GBJ13—86《室外给水设计规范》1997年（修订版）对部分条文做了修订，其中区域分类方式和定值方法做了重大调整。修订后的标准将原来的五个分区变成了三个，以城市规模的大小划分了特大城市、大城市、中小城市三档，定额值取消了时变化系数的调整方法，直接给定了平均日和最高日定额值。这个规范是用于室外给水设计的文件，与本标准用途不同。本标准的指标值是城市居民日常生活用水指标，低于设计标准。

2 术　语

2.0.1　城市居民

本标准城市居民定义为有固定居住地的自然人，其含义是指在城市中居住的所有人，不分国籍和出生地，也不分职业和户籍情况。随着城乡差别的缩小，择业就业方式和观念的变化，户籍管理方式的改革，人口流动等情况将大大地增加，作为标准为增强其科学性和可操作性及能基本适应实际的使用情况，只有这样才能确定"城市居民"的内涵和外延。人口统计和管理非常复杂，各地差异也很大。在执行本标准或制定地方标准时对城市居民的确认要结合本地具体情况来确定，本标准对城市居民只作一个定性的定义。

2.0.2　城市居民生活用水

1　本定义是指使用公共供水设施或自建供水设施供水的，城市居民家庭日常生活使用的自来水。其具体含义为用水人是城市居民；用水地是家庭；用水性质是维持日常生活使用的自来水。

2　在用本标准核定居民生活用水量时，对于家庭内部走亲访友流动人口可不作考虑，对户口地与居住地分离的，按居住地为准进行用水量核定或考核。

2.0.3　日用水量

1　每人每日居民生活用水量平均指标值计算单位。标准列表中此项指标值的单位用"L/人·d"，是一个阶段日期的平均数。此指标作为计算月度考核周期对居民用水总量的

基础值。

2　以日用水量为基数，每个年度按 365 天计算，可按平均每个月为 30.4 天核算月度用水量，一年 12 个月中各月天数不一样，有大月和小月，如果以月度或季度作为用水量考核周期时，可用此平均天数计算，避免按实际天数核定的繁琐。

3 用水量标准

3.0.1 本条按照地域分区给出了城市居民生活用水（以下简称居民生活用水）量标准。

1 地域分区原则：我国地域辽阔，地区之间各种自然条件差异甚大。本标准在分区过程中参考了 GB50178—93《建筑气候区划标准》，结合行政区划充分考虑地理环境因素，力求在同一区域内的城市经济水平、气象条件、降水多少，能够处于一个基本相同的数量级上，使分区分类具有较强的科学性和可操作性，因此划分成了六个区域。即：

第一区：黑龙江、吉林、辽宁、内蒙古

第二区：北京、天津、河北、山东、河南、山西、陕西、宁夏、甘肃

第三区：湖北、湖南、江西、安徽、江苏、上海、浙江、福建

第四区：广西、广东、海南

第五区：重庆、四川、贵州、云南

第六区：新疆、西藏、青海

本标准参照"GB50178—93 标准"在一级区中将全国划为 7 个区，其中重点是将青海、西藏、四川西部、新疆南部划出一个区，新疆东部、甘肃北部、内蒙西部又划出一个区，其他五个区范围与本标准基本吻合。

2 标准值的确定

（1）数据调查结果

在数据采集过程中，分别由沈阳、天津、武汉、上海、深圳、成都六城市自来水公司作为组长单位对六个区的居民用水进行了用水情况调查。其中沈阳组负责第一区调查，天津组负责第二区调查，武汉组负责第三区（A）的湖北、湖南、江西、安徽四省的调查，上海组负责第三区（B）的上海、江苏、浙江、福建三省一市和第六区的调查，深圳组负责第四区的调查，成都组负责第五区的调查。调查工作分别用"四个调查表"采集了 108 个城市的 1998、1999、2000 年三个整年度的居民用水数据；2000 年 12 个月的分月数据；对一些住宅小区和不同用水设施的居民用户按 A、B、C 三类用水情况进行了典型调查。七个组对六个区的调查数据经过加工整理后数据汇总情况见表1及表2。

表1　居民生活用水数据采集调查情况分组汇总表

分区	调查总水量（万 m³）	调查用水人口（万人）	用水家庭户数（户）	典型调查 水量（m³）	典型调查 户数（户）	典型调查 人口（人）
一 区	60948.80	1516.60	4550229	189681.20	17071	64565
二 区	97323.25	2339.80	7183037	686305.75	53028	211057
三区（A）	92955.78	1519.29	3291860	134116.00	10700	32672
三区（B）	84870.16	1484.00	4692335	3483819.00	267372	928017
四 区	111023.60	1174.01	3428338	471398.00	19934	71617
五 区	33367.81	748.90	2333795	328702.00	32436	103518
六 区	5814.54	165.46	570151	2588020.00	16090	860886
合 计	486303.9	8948.06	26049745	7882042	416631	2272332

表2　　　居民生活用水人均日用水量区域分类统计表

分　区	三年均值	2000 年均值	A 类均值	B 类均值	C 类均值	总均值
一　区	110	107	46	104	155	101
二　区	113	114	66	98	187	117
三　区	157	154	122	152	249	174
四　区	259	260	151	227	240	206
五　区	122	126	67	112	135	105
六　区	96	106	101	158	212	146
平均值	143	145	92	142	196	142

表2中调查的 A、B、C 三类用水户其定义为：A 类系指室内有取水龙头，无卫生间等设施的居民用户；B 类系指室内有上下水卫生设施的普通单元式住宅居民用户；C 类系指室内有上下水洗浴等设施齐全的高档住宅用户。

表2中各列数据反映了不同用水设施和条件的三种类型，以及不同时期、最近一年整体居民、典型户居民的用水状况，具有较强的代表性，既反映了历史情况又反映了当前的实际状况。

（2）其他城市居民生活用水调查情况

为使标准值的确定既能符合居民生活用水的实际水平，又能清楚反映与世界发达国家水平的关系。在标准编制过程中，编制组成员查阅了许多国内外有关居民生活用水的资料。从调查资料情况看，欧洲国家用水水平和我国的现状情况基本一致；台北、香港用水消耗与多数沿海和南部经济发达城市水平相当；美国多数城市用水消耗水平较高，反映了宽裕性的用水水平。如几个国家有代表性的城市用水状况见表3。

表3　　　典型城市居民生活用水量调查表

国　别	城市名	居民生活用水量（L／人·d）	资料年份
中　国	台　北	188	1997
	香　港	213	1996
日　本	东　京	190	1998
德　国	柏　林	117	1999
	法兰克福	171	1999
美　国	洛杉矶	308	1996
	费　城	341	1996

另据《城镇供水》杂志 2001 年第二期有关文章介绍，欧洲 15 个国家平均家庭生活其中包含住宅区小商业用水的水平是 1980 年 154L／人·d；1991 年 161L／人·d；平均年递增 0.41％。我国的居民用水水平高于比利时和西班牙，基本与芬兰、德国和匈牙利持平，略低于法国、英国和挪威，低于瑞士、奥地利、意大利、瑞典、卢森堡、荷兰、丹麦。

（3）居民生活用水跟踪写实和用水推算情况

为进一步掌握居民不同用水设施、居住条件的用水情况，编制组组织了有关人员对一些用水器具、洗浴频率、用水内容进行了跟踪写实调查，在此基础上进行了用水量推算，以此对统计调查的数据作进一步的印证分析。调查情况见表4。

表4　居民家庭生活人均日用水量调查统计表（L／人·d）

分　类	拘谨型	（％）	节约型	（％）	一般型	（％）
冲　厕	30	34.8	35	32.1	40	29.1
淋　浴	21.8	25.3	32.4	29.7	39.6	28.8
洗　衣	7.23	8.4	8.55	7.8	9.32	6.8

续表

分类	拘谨型	(%)	节约型	(%)	一般型	(%)
厨 用	21.38	24.80	25	23	29.6	21.5
饮 用	1.8	2.1	2	1.8	3	2.2
浇 花	2	2.3	3	2.8	8	5.8
卫 生	2	2.3	3	2.8	8	5.8
其 他						
合计（L/人·d）	86.21	100	108.95	100	137.52	100
m³/户·月	7.86		9.94		12.54	

注：1　平均月日数：30.4 天/月。
　　2　家庭平均人口按 3 人/户计算。

从表 4 中所反映的数据是按照居民用水设施和必要的生活用水事项计算确定的，不包含实际使用过程当中的用水损耗、走亲访友在家庭内活动的用水增加等一些复杂情况的必要水量。因此，表中的水量值是一个不同生活水平的人员必不可少的水量消耗，所以调查值相对较低。表 2 中反映的 A、B、C 三种类型的各项数据是家庭生活用水的全貌，贴近生活实际。实际上跟踪调查的居民用水情况与整群抽样的典型户调查基本接近，与整年份的总体统计数据也大体吻合，说明此次数据采集的调查结果具有很好的使用价值。

（4）标准值的确定

综合以上数据本着节约用水，改变居民粗放型用水习惯，满足人们正常生活需要的原则，以 2000 年调查均值为核心采用 [（2000 年均值 + A 类典型调查均值）/2 确定指标下限值，（2000 年均值 + B 类典型调查均值）/2 × 1.20 确定指标上限值] 的计算方法，经过去零取整参考地域宽度确定了分区标准值。

这种标准值确定的理由是：① 各组调查的 1998、1999、2000 年的三年均值与 2000 年均值近似相等，采用 2000 年均值既与我们现在的实际居民生活用水现状相接近，又能反映各类不同用水条件、各种不同用水水平、各类不同用水情形的综合状况；② 上限值的确定用各组调查的高月用水变化系数平均值 "1.20" 对（2000 年均值 + B 类典型调查均值）/2 进行修订，既考虑了季节变化因素，对不同月份可以在指标值区间内选用，有灵活的可操作性也客观合理，又考虑了今后人民生活水平提高、用水条件改善、用水量上升客观要求；③ 在典型调查中 A 类的调查户占 10%，B 类占 76%，B 类用水水平家庭是城市中用水人群的主体，B 类典型调查均值为基点参加的上限值确定，具有较强的代表性，也是一个中等水平的用水标准。

深圳、广州由于流动人口多，居民生活用水量也高，其调查反映的三年均值和 2000 年均值，由于是使用城市户籍人口数计算的，故数值高于典型调查指标。而典型调查数据反映了该区域实际居民家庭生活用水状况。故标准值采用了 A 类和 B 类的典型调查值。

根据"征求意见稿"会议代表的意见，用北京市的调查数据 2000 年平均值为 "127L/人·d"，B 类均值为 "103L/人·d"，按照上限值的生成方法，（127 + 103）/2 × 1.2 = 138 ≈ 140L/人·d，确定了第二区上限值。

第六区即新疆、青海、西藏地区，这些地区由于地域广，城市少，数据源也少。而且，调查到的某些数据有些差异很大。故采用了比照的方法来确定指标值。一区的标准值，其区域分类汇总的数据和典型户分类汇总的数据以及调查汇总的数据基本反映了该地区居民的实际用水情况。所以，以第一区的 A 类均值"46L/人·d"和六区的三年均值"96L/人·d"以（96+46）/2=71≈75 的方法确定了下限值。用第六区调查汇总的 2000 均值数据"106L/人·d"乘变化系数 1.2 取整数确定了上限值。

中华人民共和国国家标准

污水再生利用工程设计规范

Code for design of wastewater reclamation and reuse

GB 50335—2002

主编部门：中华人民共和国建设部
批准部门：中华人民共和国建设部
施行日期：2003年03月01日

中华人民共和国建设部
公　告

第 104 号

建设部关于发布国家标准
《污水再生利用工程设计规范》的公告

现批准《污水再生利用工程设计规范》为国家标准，编号为 GB 50335—2002，自 2003 年 3 月 1 日起实施。其中，第 1.0.5、5.0.6、5.0.10、5.0.12、6.2.3、7.0.3、7.0.5、7.0.6、7.0.7 条为强制性条文，必须严格执行。

本规范由建设部标准定额研究所组织中国建筑工业出版社出版发行。

中华人民共和国建设部
2003 年 1 月 10 日

前　言

　　本规范是根据建设部建标〔2002〕85号文的要求，由中国市政工程东北设计研究院、上海市政工程设计研究院会同有关设计研究单位共同编制而成的。

　　在规范的编制过程中，编制组进行了广泛的调查研究，认真总结了我国污水回用的科研成果和实践经验，同时参考并借鉴了国外有关法规和标准，并广泛征求了全国有关单位和专家的意见，几经讨论修改，最后由建设部组织有关专家审查定稿。

　　本规范主要规定的内容有：方案设计的基本规定，再生水水源，回用分类和水质控制指标，回用系统，再生处理工艺与构筑物设计，安全措施和监测控制。

　　本规范中以黑体字排版的条文为强制性条文，必须严格执行。本规范由建设部负责管理和对强制性条文的解释，中国市政工程东北设计研究院负责具体技术内容的解释。在执行过程中，希望各单位结合工程实践和科学研究，认真总结经验，注意积累资料。如发现需要修改和补充之处，请将意见和有关资料寄交中国市政工程东北设计研究院（地址：长春市工农大路8号，邮编：130021，传真：0431-5652579），以供今后修订时参考。

　　本规范编制单位和主要起草人名单

　　主编单位：中国市政工程东北设计研究院

　　副主编单位：上海市政工程设计研究院

　　参编单位：建设部城市建设研究院
　　　　　　　北京市市政工程设计研究总院
　　　　　　　中国市政工程华北设计研究院
　　　　　　　中国石化北京设计院
　　　　　　　国家电力公司热工研究院

　　主要起草人：周　彤　张　杰　陈树勤　姜云海
　　　　　　　　卜义惠　厉彦松　洪嘉年　朱广汉
　　　　　　　　吕士健　杭世珺　方先金　陈　立
　　　　　　　　范　洁　林雪芸　杨宝红　齐芳菲
　　　　　　　　陈立学

目次

1 总则 …………………………………………… 11—3
2 术语 …………………………………………… 11—4
3 方案设计基本规定 …………………………… 11—4
4 污水再生利用分类和水质控制指标 ………… 11—5
   4.1 污水再生利用分类 ……………………… 11—5
   4.2 水质控制指标 …………………………… 11—6
5 污水再生利用系统 …………………………… 11—8
6 再生处理工艺与构筑物设计 ………………… 11—9
   6.1 再生处理工艺 …………………………… 11—9
   6.2 构筑物设计 ……………………………… 11—11
7 安全措施和监测控制 ………………………… 11—11
本规范用词用语说明 …………………………… 11—12
条文说明 ………………………………………… 11—13

1 总则

1.0.1 为贯彻我国水资源发展战略和水污染防治对策,缓解我国水资源紧缺状况,促进污水资源化,保障城市建设和经济建设的可持续发展,使污水再生利用工程设计做到安全可靠,技术先进,经济实用,制定本规范。

1.0.2 本规范适用于以农业用水、工业用水、城镇杂用水、景观环境用水等为再生利用目标的新建、扩建和改建的污水再生利用工程设计。

1.0.3 污水再生利用工程设计以城市总体规划为主要依据,从全局出发,正确处理城市境外调水与开发利用污水资源的关系,污水排放与污水再生利用的关系,以及集中与分散、新建与扩建、近期与远期的关系。通过全面调查论证,确保经过处理的城市污水得到充分利用。

1.0.4 污水再生利用工程设计应做好对用户的调查工作,明确用水对象的水质水量要求。工程设计之前,宜进行污水再生利用试验,或借鉴已建工程的运转经验,以选择合理的再生处理工艺。

1.0.5 **污水再生利用工程应确保水质水量安全可靠。**

1.0.6 污水再生利用工程设计除应符合本规范外,尚应符合国家现行有关标准、规范的规定。

2 术 语

2.0.1 污水再生利用 wastewater reclamation and reuse，water recycling

污水再生利用为污水回收、再生和利用的统称，包括污水净化再用、实现水循环的全过程。

2.0.2 二级强化处理 upgraded secondary treatment

既能去除污水中含碳有机物，也能脱氮除磷的二级处理工艺。

2.0.3 深度处理 advanced treatment

进一步去除二级处理未能完全去除的污水中杂质的净化过程。深度处理通常由以下单元技术优化组合而成：混凝、沉淀（澄清、气浮）、过滤、活性炭吸附、脱氨、离子交换、膜技术、膜-生物反应器、曝气生物滤池、臭氧氧化、消毒及自然净化系统等。

2.0.4 再生水 reclamed water，recycled water

再生水系指污水经适当处理后，达到一定的水质指标，满足某种使用要求，可以进行有益使用的水。

2.0.5 再生水厂 water reclamation plant，water recycling plant

生产再生水的水处理厂。

2.0.6 微孔过滤 micro-porous filter

孔径为 $0.1 \sim 0.2 \mu m$ 的滤膜过滤装置的统称，简称微滤（MF）。

3 方案设计基本规定

3.0.1 污水再生利用工程方案设计应包括：

1 确定再生水水源；确定再生水用户、工程规模和水质要求；

2 确定再生水厂的厂址、处理工艺方案和输送再生水的管线布置；

3 确定用户配套设施；

4 进行相应的工程估算、投资效益分析和风险评价等。

3.0.2 排入城市排水系统的城市污水，可作为再生水水源。严禁将放射性废水作为再生水水源。

3.0.3 再生水水源的设计水质，应根据污水收集区域现有水质和预期水质变化情况综合确定。

再生水水源水质应符合现行的《污水排入城市下道水质标准》（CJ 3082）、《生物处理构筑物进水中有害物质允许浓度》（GBJ 14）和《污水综合排放标准》（GB 8978）的要求。

当再生水厂水源为二级处理出水时，可参照二级处理厂出水标准，确定设计水质。

3.0.4 再生水用户的确定可分为以下三个阶段：

1 调查阶段：收集可供再生利用的水量以及可能使用再生水的全部潜在用户的资料。

2 筛选阶段：按潜在用户的用水量大小、水质要求和经济条件等因素筛选出若干候选用户。

3 确定用户阶段：细化每个候选用户的输水线路和蓄

水量等方面的要求，根据技术经济分析，确定用户。

3.0.5 污水再生利用工程方案中需提出再生水用户备用水源方案。

3.0.6 根据各用户的水量水质要求和具体位置分布情况，确定再生水厂的规模、布局，再生水厂的选址、数量和处理深度，再生水输水管线的布置等。再生水厂宜靠近再生水水源收集区和再生水用户集中地区。再生水厂可设在城市污水处理厂内或厂外，也可设在工业区内或某一特定用户内。

3.0.7 对回用工程各种方案应进行技术经济比选，确定最佳方案。技术经济比选应符合技术先进可靠、经济合理、因地制宜的原则，保证总体的社会效益、经济效益和环境效益。

4 污水再生利用分类和水质控制指标

4.1 污水再生利用分类

4.1.1 城市污水再生利用按用途分类见表4.1.1。

表4.1.1 城市污水再生利用类别

序号	分类	范围	示例
1	农、林、牧、渔业用水	农田灌溉	种籽与育种、粮食与饲料作物、经济作物
		造林育苗	种籽、苗木、苗圃、观赏植物
		畜牧养殖	畜牧、家畜、家禽
		水产养殖	淡水养殖
2	城市杂用水	城市绿化	公共绿地、住宅小区绿化
		冲厕	厕所便器冲洗
		道路清扫	城市道路的冲洗及喷洒
		车辆冲洗	各种车辆冲洗
		建筑施工	施工场地清扫、浇洒、灰尘抑制、混凝土制备与养护、施工中的混凝土构件和建筑物冲洗
		消防	消火栓、消防水炮
3	工业用水	冷却用水	直流式、循环式
		洗涤用水	冲渣、冲灰、消烟除尘、清洗
		锅炉用水	中压、低压锅炉
		工艺用水	溶料、水浴、蒸煮、漂洗、水力开采、水力输送、增湿、稀释、搅拌、选矿、油田回注
		产品用水	浆料、化工制剂、涂料

续表

序号	分 类	范 围	示 例
4	环境用水	娱乐性景观环境用水	娱乐性景观河道、景观湖泊及水景
		观赏性景观环境用水	观赏性景观河道、景观湖泊及水景
		湿地环境用水	恢复自然湿地、营造人工湿地
5	补充水源水	补充地表水	河流、湖泊
		补充地下水	水源补给、防止海水入侵、防止地面沉降

4.2 水质控制指标

4.2.1 再生水用于农田灌溉时，其水质应符合国家现行的《农田灌溉水质标准》（GB 5084）的规定。

4.2.2 再生水用于工业冷却用水，当无试验数据与成熟经验时，其水质可按表 4.2.2 指标控制，并综合确定敞开式循环水系统换热设备的材质和结构型式、浓缩倍数、水处理药剂等。确有必要时，也可对再生水进行补充处理。

表 4.2.2 再生水用作冷却用水的水质控制指标

序号	项目 标准值 分类		直流冷却水	循环冷却系统补充水
1	pH		6.0～9.0	6.5～9.0
2	SS（mg/L）	≤	30	—
3	浊度（NTU）	≤	—	5
4	BOD_5（mg/L）	≤	30	10
5	$CODcr$（mg/L）	≤	—	60
6	铁（mg/L）	≤	—	0.3
7	锰（mg/L）	≤	—	0.2

续表

序号	项目 标准值 分类		直流冷却水	循环冷却系统补充水
8	Cl^-（mg/L）	≤	300	250
9	总硬度（以 $CaCO_3$ 计 mg/L）	≤	850	450
10	总碱度（以 $CaCO_3$ 计 mg/L）	≤	500	350
11	氨氮（mg/L）	≤	—	10①
12	总磷（以 P 计 mg/L）	≤	—	1
13	溶解性总固体（mg/L）	≤	1000	1000
14	游离余氯（mg/L）		末端 0.1～0.2	末端 0.1～0.2
15	粪大肠菌群（个/L）	≤	2000	2000

① 当循环冷却系统为铜材换热器时，循环冷却系统水中的氨氮指标应小于 1mg/L。

4.2.3 再生水用于工业用水中的洗涤用水、锅炉用水、工艺用水、油田注水时，其水质应达到相应的水质标准。当无相应标准时，可通过试验、类比调查或参照以天然水为水源的水质标准确定。

4.2.4 再生水用于城市用水中的冲厕、道路清扫、消防、城市绿化、车辆冲洗、建筑施工等城市杂用水时，其水质可按表 4.2.4 指标控制。

表 4.2.4 城镇杂用水水质控制指标

序号	项目 指标		冲厕	道路清扫消防	城市绿化	车辆冲洗	建筑施工
1	pH		6.0～9.0				
2	色度（度）	≤	30				
3	嗅		无不快感				

续表

序号	指标＼项目		冲厕	道路清扫消防	城市绿化	车辆冲洗	建筑施工
	浊度(NTU)	≤	5	10	10	5	20
4	溶解性总固体(mg/L)	≤	1500	1500	1000	1000	—
5	五日生化需氧量(BOD₅)(mg/L)	≤	10	15	20	10	15
6	氨氮(mg/L)	≤	10	10	20	10	20
7	阴离子表面活性剂(mg/L)	≤	1.0	1.0	1.0	0.5	1.0
8	铁(mg/L)	≤	0.3	—	—	0.3	—
9	锰(mg/L)	≤	0.1	—	—	0.1	—
10	溶解氧(mg/L)	≥	1.0				
11	总余氯(mg/L)		接触30min后≥1.0,管网末端≥0.2				
12	总大肠菌群(个/L)	≤	3				

注:混凝土拌合用水还应符合 JGJ 63 的有关规定。

4.2.5 再生水作为景观环境用水时,其水质可按表4.2.5指标控制。

表4.2.5 景观环境用水的再生水水质控制指标(mg/L)

序号	项目		观赏性景观环境用水			娱乐性景观环境用水		
			河道类	湖泊类	水景类	河道类	湖泊类	水景类
1	基本要求		无漂浮物,无令人不愉快的嗅和味					
2	pH		6~9					
3	五日生化需氧量(BOD₅)	≤	10			6		6
4	悬浮物(SS)	≤	20			10		—
5	浊度(NTU)	≤	—					5.0
6	溶解氧	≥	1.5			2.0		
7	总磷(以P计)	≤	1.0	0.5		1.0		2.0
8	总氮	≤	15					
9	氨氮(以N计)	≤	5					
10	粪大肠菌群(个/L)	≤	10000	2000	500			不得检出
11	余氯①	≥	0.05					
12	色度(度)	≤	30					
13	石油类	≤	1.0					
14	阴离子表面活性剂	≤	0.5					

① 氯接触时间不应低于30分钟的余氯。对于非加氯消毒方式无此项要求。

注:1 对于需要通过管道输送再生水的非现场回用情况必须加氯消毒;而对于现场回用情况不限制消毒方式。
2 若使用未经过除磷脱氮的再生水作为景观环境用水,鼓励使用本标准的各方在回用地点积极探索通过人工培养具有观赏价值水生植物的方法,使景观水体的氮磷满足表中1的要求,使再生水中的水生植物有经济合理的出路。

4.2.6 当再生水同时用于多种用途时,其水质标准应按最高要求确定。对于向服务区域内多用户供水的城市再生水厂,可按用水量最大的用户的水质标准确定;个别水质要求更高的用户,可自行补充处理,直至达到该水质标准。

5 污水再生利用系统

5.0.1 城市污水再生利用系统一般由污水收集、二级处理、深度处理、再生水输配、用户用水管理等部分组成,污水再生利用工程设计应按系统工程综合考虑。

5.0.2 污水收集系统应依靠城市排水管网进行,不宜采用明渠。

5.0.3 再生水处理工艺的选择及主要构筑物的组成,应根据再生水水源的水质、水量和再生水用户的使用要求等因素,宜按相似条件下再生水厂的运行经验,结合当地条件,通过技术经济比较综合研究确定。

5.0.4 出水供给再生水厂的二级处理的设计应安全、稳妥,并应考虑低温和冲击负荷的影响。当采用活性污泥法时,应有防止污泥膨胀措施。当再生水水质对氮磷有要求时,宜采用二级强化处理。

5.0.5 回用系统中的深度处理,应按照技术先进、经济合理的原则,进行单元技术优化组合。在单元技术组合中,过滤起保障再生水水质作用,多数情况下是必需的。

5.0.6 再生水厂应设置溢流和事故排放管道。当溢流排放排入水体时,应满足相应水体水质排放标准的要求。

5.0.7 再生水厂供水泵站内工作泵不得少于2台,并应设置备用泵。

5.0.8 水泵出口宜设置多功能水泵控制阀,以消除水锤和方便自动化控制。当供水量和水压变化大时,宜采取调控措施。

5.0.9 再生水厂产生的污泥,可由本厂自行处理,也可送往其他污水处理厂集中处理。

5.0.10 再生水厂应按相关标准的规定设置防爆、消防、防噪、抗震等设施。

5.0.11 污水处理厂和再生水厂厂内除职工生活用水外的自用水,应采用再生水。

5.0.12 再生水的输配水系统应建成独立系统。

5.0.13 再生水输配水管道宜采用非金属管道。当使用金属管道时,应进行防腐蚀处理。再生水用户的配水系统宜由用户自行设置。当水压不足时,用户可自行增建泵站。

5.0.14 再生水用户的用水管理,应根据用水设施的要求确定。当用于工业冷却时,一般包括水质稳定处理、菌藻处理和进一步改善水质的其他特殊处理,其处理程度和药剂的选择,可由用户通过试验或参照相似条件下循环水厂的运行经验确定。当用于城镇杂用水和景观环境用水时,应进行水质水量监测、补充消毒、用水设施维护等工作。

6 再生处理工艺与构筑物设计

6.1 再生处理工艺

6.1.1 城市污水再生处理,宜选用下列基本工艺：
1 二级处理—消毒;
2 二级处理—过滤—消毒;
3 二级处理—混凝—沉淀（澄清、气浮）—过滤—消毒;
4 二级处理—微孔过滤—消毒。

6.1.2 当用户对再生水水质有更高要求时,可增加深度处理其他单元技术中的一种或几种组合。其他单元技术有：活性炭吸附、臭氧-活性炭、脱氮、离子交换、超滤、纳滤、反渗透、膜-生物反应器、曝气生物滤池、臭氧氧化、自然净化系统等。

6.1.3 混凝、沉淀、澄清、气浮工艺的设计宜符合下列要求：
1 絮凝时间宜为 10~15min。
2 平流沉淀池沉淀时间宜为 2.0~4.0h,水平流速可采用 4.0~10.0mm/s。
3 澄清池上升流速宜为 0.4~0.6mm/s。
4 当采用气浮池时,其设计参数,宜通过试验确定。

6.1.4 滤池的设计宜符合下列要求：
1 滤池的进水浊度宜小于10NTU。
2 滤池可采用双层滤料滤池、单层滤料滤池、均质滤料滤池。
3 双层滤池滤料可采用无烟煤和石英砂。滤料厚度：无烟煤宜为300~400mm,石英砂宜为400~500mm。滤速宜为5~10m/h。
4 单层石英砂滤料滤池,滤料厚度可采用700~1000mm,滤速宜为4~6m/h。
5 均质滤料滤池,滤料厚度可采用1.0~1.2m,粒径0.9~1.2mm,滤速宜为4~7m/h。
6 滤池宜设气水冲洗或表面冲洗辅助系统。
7 滤池的工作周期宜采用12~24h。
8 滤池的构造形式,可根据具体条件,通过技术经济比较确定。
9 滤池应备有冲洗滤池表面污垢和泡沫的冲洗水管。滤池设在室内时,应设通风装置。

6.1.5 当采用曝气生物滤池时,其设计参数可参照类似工程经验或通过试验确定。

6.1.6 混凝沉淀、过滤的处理效率和出水水质可参照国内外已建工程经验确定。

6.1.7 城市污水再生处理可采用微孔过滤技术,其设计宜符合下列要求：
1 微孔过滤处理工艺的进水宜为二级处理的出水。
2 微滤膜前根据需要可设置预处理设施。
3 微滤膜孔径宜选择 $0.2\mu m$ 或 $0.1~0.2\mu m$。
4 二级处理出水进入微滤装置前,应投加抑菌剂。
5 微滤出水应经过消毒处理。
6 微滤系统当设置自动气水反冲系统时,空气反冲压力宜为600kPa,并宜用二级处理出水辅助表面冲洗。也可根据膜材料，采用其他冲洗措施。

7 微滤系统宜设在线监测微滤膜完整性的自动测试装置。

8 微滤系统宜采用自动控制系统，在线监测过膜压力，控制反冲洗过程和化学清洗周期。

9 当有除磷要求时宜在微滤系统前采用化学除磷措施。

10 微滤系统反冲洗水应回流至污水处理厂进行再处理。

6.1.8 污水经生物除磷工艺后，仍达不到再生水水质要求时，可选用化学除磷工艺，其设计宜符合下列要求：

1 化学除磷设计包括药剂和药剂投加点的选择，以及药剂投加量的计算。

2 化学除磷的药剂宜采用铁盐或铝盐或石灰。

3 化学除磷采用铁盐或铝盐时，可选用前置沉淀工艺、同步沉淀工艺或后沉淀工艺；采用石灰时，可选前置沉淀工艺或后沉淀工艺，并应调整 pH 值。

4 铁盐作为絮凝剂时，药剂投加量为去除 1 摩尔磷至少需要 1 摩尔铁（Fe），并应乘以 2～3 倍的系数，该系数宜通过试验确定。

5 铝盐作为絮凝剂时，药剂用量为去除 1 摩尔磷至少需 1 摩尔铝（Al），并应乘以 2～3 倍的系数，该系数宜通过试验确定。

6 石灰作为絮凝剂时，石灰用量与污水中碱度成正比，并宜投加铁盐作助凝剂。石灰用量与铁盐用量宜通过试验确定。

7 化学除磷设备应符合计量准确、耐腐蚀、耐用及不堵塞等要求。

6.1.9 污水处理厂二级出水经混凝、沉淀、过滤后，其出水水质仍达不到再生水水质要求时，可选用活性炭吸附工艺，其设计宜符合下列要求：

1 当选用粒状活性炭吸附处理工艺时，宜进行静态选炭及炭柱动态试验，根据被处理水水质和再生水水质要求，确定用炭量、接触时间、水力负荷与再生周期等。

2 用于污水再生处理的活性炭，应具有吸附性能好、中孔发达、机械强度高、化学性能稳定、再生后性能恢复好等特点。

3 活性炭使用周期，以目标去除物接近超标时为再生的控制条件，并应定期取炭样检测。

4 活性炭再生宜采用直接电加热再生法或高温加热再生法。

5 活性炭吸附装置可采用吸附池，也可采用吸附罐。其选择应根据活性炭吸附池规模、投资、现场条件等因素确定。

6 在无试验资料时，当活性炭采用粒状炭（直径 1.5mm）情况下，宜采用下列设计参数：

接触时间 ≥10min；

炭层厚度 1.0～2.5m；

减速 7～10m/h；

水头损失 0.4～1.0m；

活性炭吸附池冲洗：经常性冲洗强度为 15～20L/m²·s，冲洗历时 10～15min，冲洗周期 3～5 天，冲洗膨胀率为 30%～40%；除经常性冲洗外，还应定期采用大流量冲洗；冲洗水可用砂滤水或炭滤水，冲洗水浊度＜5NTU。

7 当无试验资料时，活性炭吸附罐宜采用下列设计参数：

接触时间 20～35min；

炭层厚度 4.5～6m；

水力负荷 2.5～6.8L/m²·s（升流式），2.0～3.3L/m²·s（降流式）；

操作压力每 0.3m 炭层 7kPa。

6.1.10 深度处理的活性炭吸附、脱氨、离子交换、折点加氯、反渗透、臭氧氧化等单元过程，当无试验资料时，去除效率可参照相似工程运行数据确定。

6.1.11 再生水厂应进行消毒处理。可以采用液氯、二氧化氯、紫外线等消毒。当采用液氯消毒时，加氯量按卫生学指标和余氯量控制，宜连续投加，接触时间应大于30min。

6.2 构筑物设计

6.2.1 再生处理构筑物的生产能力应按最高日供水量加自用水量确定，自用水量可采用平均日供水量的5%～15%。

6.2.2 各处理构筑物的个（格）数不应少于2个（格），并宜按并联系列设计。任一构筑物或设备进行检修、清洗或停止工作时，仍能满足供水要求。

6.2.3 各构筑物上面的主要临边通道，应设防护栏杆。

6.2.4 在寒冷地区，各处理构筑物应有防冻措施。

6.2.5 再生水厂应设清水池，清水池容积应按供水和用水曲线确定，不宜小于日供水量的10%。

6.2.6 再生水厂和工业用户，应设置加药间、药剂仓库。药剂仓库的固定储备量可按最大投药量的30天用量计算。

7 安全措施和监测控制

7.0.1 污水回用系统的设计和运行应保证供水水质稳定、水量可靠和用水安全。再生水厂设计规模宜为二级处理规模的80%以下。工业用水采用再生水时，应以新鲜水系统作备用。

7.0.2 再生水厂与各用户应保持畅通的信息传输系统。

7.0.3 再生水管道严禁与饮用水管道连接。再生水管道应有防渗防漏措施，埋地时应设置带状标志，明装时应涂上有关标准规定的标志颜色和"再生水"字样。闸门井井盖应铸上"再生水"字样。再生水管道上严禁安装饮水器和饮水龙头。

7.0.4 再生水管道与给水管道、排水管道平行埋设时，其水平净距不得小于0.5m；交叉埋设时，再生水管道应位于给水管道的下面、排水管道的上面，其净距均不得小于0.5m。

7.0.5 不得间断运行的再生水厂，其供电应按一级负荷设计。

7.0.6 再生水厂的主要设施应设故障报警装置。有可能产生水锤危害的泵站，应采取水锤防护措施。

7.0.7 在再生水水源收集系统中的工业废水接入口，应设置水质监测点和控制闸门。

7.0.8 再生水厂和用户应设置水质和用水设备监测设施，监测项目和监测频率应符合有关标准的规定。

7.0.9 再生水厂主要水处理构筑物和用户用水设施，宜设置取样装置，在再生水厂出厂管道和各用户进户管道上应设计计量装置。再生水厂宜采用仪表监测和自动控制。

7.0.10 回用系统管理操作人员应经专门培训。各工序应建立操作规程。操作人员应执行岗位责任制，并应持证上岗。

本规范用词用语说明

1 为便于在执行本规范条文时区别对待，对要求严格程度不同的用词说明如下：

1) 表示很严格，非这样作不可的：正面词采用"必须"，反面词采用"严禁"。

2) 表示严格，在正常情况下均应这样作的：正面词采用"应"；反面词采用"不应"或"不得"。

3) 表示允许稍有选择，在条件许可时首先应这样作的：正面词采用"宜"或"可"；反面词采用"不宜"。

2 条文中指定应按其他有关标准执行的写法为："应符合……的规定"或"应按……执行"。

中华人民共和国国家标准

污水再生利用工程设计规范

GB 50335—2002

条 文 说 明

目 次

1 总则 …………………………………… 11—14
2 术语 …………………………………… 11—15
3 方案设计基本规定 …………………… 11—16
4 污水再生利用分类和水质控制指标 … 11—18
　4.1 污水再生利用分类 ………………… 11—18
　4.2 水质控制指标 ……………………… 11—18
5 污水再生利用系统 …………………… 11—20
6 再生处理工艺与构筑物设计 ………… 11—21
　6.1 再生处理工艺 ……………………… 11—21
　6.2 构筑物设计 ………………………… 11—24
7 安全措施和监测控制 ………………… 11—24

1 总 则

1.0.1 本条是编制本规范的宗旨。中国水资源总量为 28000 亿 m^3，按 1997 年人口统计，人均水资源量为 $2220m^3$，预测 2030 年人口增至 16 亿时，人均水资源量将降到 $1760m^3$。按国际一般标准，人均水资源少于 $1700m^3$ 为用水紧张的国家。因此，我国未来水资源形势是非常严峻的。水已经成为制约国民经济发展和人民生活水平提高的重要因素。

一方面城市缺水十分严重，一方面大量的城市污水白白流失，既浪费了资源，又污染了环境，与城市供水量几乎相等的城市污水中，只有 0.1% 的污染物质，比海水 3.5% 的污染物少得多，其余绝大部分是可再利用的清水。水在自然界中是唯一不可替代、也是唯一可以重复利用的资源。城市污水就近可得，易于收集。再生处理比海水淡化成本低廉，处理技术也比较成熟，基建投资比远距离引水经济得多。当今世界各国解决缺水问题时，城市污水被选为可靠的第二水源，在未被充分利用之前，禁止随意排到自然水体中去。

污水再生利用在国外规模很大，历史很长。我国近些年来，随着对水危机认识的提高，城市污水再生利用已被各级领导高度重视。今后污水再生利用工程会日渐增多，再生利用规模会越来越大，对污水再生利用工程设计规范的要求也日渐迫切。本规范的制订，是十分及时和必要的。本规范的编制原则是，立足当前，着眼未来，从具体国情出发，借鉴国外经验，提倡工艺成熟易于推广的技术。

1.0.2 本条是本规范的适用范围。污水再生利用的最大用户是农业用水。再生水农业灌溉是污水再生利用的重要方面，在我国有悠久历史，有成功经验也有失败教训，尚需进行科学总结。污水再生利用在城市的最大用户是工业，城市用水中 80% 是工业用水，工业用水中 80% 又是水质要求不高的冷却水。以再生水替代自来水用于工业冷却，在技术上和工程上都易于实现，在规模上又足以缓解城市供水紧张状况；其次是城市杂用水、景观环境用水等，随着城市建设的发展，这方面用水也会越来越多。污水再生利用的其他方面，如用再生水补充饮用水水源，作为生活饮用水直接或间接使用等；这些方面考虑到处理成本和人们心理障碍等因素，在一定时间内难以推广，故本规范未做规定。

1.0.3 本条强调应将处理后的再生水，应作为城市用水的一种潜在水源予以积极开发利用，并将再生水与天然水统一进行管理和调配。在解决城市缺水问题时，应优先考虑城市污水再生利用。污水再生利用方案未得到充分论证之前，不能舍近求远兴建远距离调水工程。水资源优化配置的顺序应是：本地天然水、再生水、雨水、境外引水、淡化海水。

1.0.4 作好再生水用户调查，取得用户理解和支持，使用户愿意接受再生水，是落实污水再生利用的重要环节。这样确定再生水设计水量和水质才能符合实际，最大限度地发挥污水再生利用工程的效益。

1.0.5 用水安全可靠作为总则的一条提出，引起设计人员重视。

1.0.5 再生处理技术，是跨学科技术，涉及给水处理和污水处理内容，与二者既有联系又有区别。本规范未尽事宜，可参照《室外排水设计规范》和《室外给水设计规范》。对于冷却水来说，可参照《工业循环冷却水处理设计规范》。当城市再生水厂出水供给建筑物或小区使用时，可参照《建筑中水设计规范》。

2 术　　语

2.0.2 二级强化处理通常指具有生物除磷，生物脱氮，生物脱氮除磷功能的工艺。

2.0.3 深度处理，也称作高级处理、三级处理，一般是污水再生必需的处理工艺。它是将二级处理出水再进一步进行物理化学处理，以更有效地去除污水中各种不同性质的杂质，从而满足用户对水质的使用要求。

2.0.4、2.0.5 长期以来，"污水"一词使人们心理上总是与"污浊的"、"肮脏的"词语相联系，无论处理得怎样好，也只能排放，不能回用。应该改变习惯叫法。这里把处理后的水叫"再生水"（回用水、回收水、中水），以污水再生利用为目的的污水处理厂叫"再生水厂"，这样一方面定义准确，另一方面也有利于树立人们的正确观念。

3 方案设计基本规定

3.0.1 污水再生利用工程的方案设计，是设计过程中的基础性工作。在我国污水再生利用的初期阶段，方案设计工作更显得重要。方案设计要详实可靠，特别要把用户落实工作做好，为工程审批提供充分依据。

风险评价主要是从卫生学、生态学和安全角度，就再生水对人体健康、生态环境、用户的设备和产品等方面的影响作出评价。

3.0.2 城市污水是排入城市排水管网的全部污水的统称。包括生活污水、部分工业废水和合流制管道截留的雨水。一般情况下，城市污水都可作为再生水水源。

再生水水源必须保证对后续再生利用不产生危害。生物处理和常规深度处理难以去除的氯化物、色度、高浓度氨氮、总溶解固体等，都会影响再生利用效果，排污单位必须搞好预处理，达到有关标准后才能进入市政排水系统，否则只能单独排放。

3.0.3 不同城市的城市污水水质差异很大，沿海城市的氯离子含量高，南方用水定额高的城市有机物含量低，节水型城市有机物含量高。表1列出了部分城市的污水水质，供参考。

3.0.4 再生水用户的确定可分为调查、筛选和确定三个阶段。

表 1 部分城市污水水质

城市	pH	色度	COD	BOD₅	氨氮	总磷	硬度	Cl⁻	总固体	SS	总氮
大连	7.5	90	608	223	34	10	245	188	802	255	43
青岛	6.4 ~ 7.5	—	169 ~ 1293	223 ~ 704	19 ~ 96	—	230 ~ 550	200 ~ 2400	804 ~ 2134	244 ~ 809	—
太原	7.9	—	332	243	35	—	265	57	725	116	—
威海	6.9	—	482	246	48	12	—	800		194	51
天津	7.3	100	362	143	32	4	219	159	TDS 757	146	43
邯郸	—	—	183	134	22	9	—	—		160	50
广州	7.6	—	84 ~ 140	3.2 ~ 60	—	2 ~ 3	—	—		31 ~ 318	15 ~ 27
沈阳	—	—	442	167			—	—		206	37
长春	6.7 ~ 7.6	—	550 ~ 718	203 ~ 401	30	5 ~ 6	—	124	TDS 422 ~ 843	240 ~ 463	—

注：除 pH 和色度外，单位为 mg/L。

1 调查阶段：主要工作是收集现状资料，确定可供再生利用的全部污水以及使用再生水的全部潜在用户。这一阶段需要和当地供水部门讨论主要潜在用户的情况。然后与这些用户联系。与供水部门和潜在用户建立良好的工作关系是很重要的。潜在用户关心再生水水质、供水可靠性、政府对使用再生水的规章制度，以及有无能力支付管线连接费或增加处理设施所需费用。

这阶段应予回答的问题主要有：

1）再生水在当地有哪些潜在用户？

2) 与污水再生利用相关的公众健康问题,如何解决?
3) 污水再生利用有哪些潜在的环境影响?
4) 哪些法律、法规会影响污水再生利用?
5) 哪些机构将审查批准污水再生利用计划的实施?
6) 再生水供应商和用户有哪些法律责任?
7) 现在新鲜水的成本是多少?将来可能是多少?
8) 有哪些资金可支持污水再生利用计划?
9) 污水再生利用系统哪些部分会引起用户兴趣与支持?

2 筛选阶段:按用水量大小、水质要求、经济上的考虑对上阶段被确认的潜在用户分类排队,筛选出若干个候选用户。筛选用户的主要标准应是:

1) 用水量大小,这是因为大用水户的位置常常决定再生水管线的走向和布置,甚至规模也可大致确定;
2) 用户分布情况,用户集中在一个区域内或一条输水管沿线会影响再生水厂选址和输水管布置;
3) 用户水质要求。通过分类排队可以发现一些明显有可能的用户。筛选时,除了比较各用户的总费用外,还应在技术可行性、再生水与新鲜水成本、能节约多少新鲜水水量、改扩建的灵活性、投加药剂和消耗能源水平等方面进行比较。经过上述比较,可从中挑选出若干个最有价值的候选用户。

3 确定用户阶段:这个阶段应研究各个用户的输水线路和蓄水要求,修正对这些用户输送再生水所需的费用估算;对不同的筹资进行比较,确定用户使用成本;比较每个用户使用新鲜水和再生水的成本。需要处理的问题有:

1) 每个用户对再生水水质有何特殊要求?他们能容忍的水质变化幅度有多大?

2) 每个用户需水量的日、季变化情况。
3) 需水量的变化是用增大水泵能力,还是通过蓄水来解决?确定蓄水池大小及设置地点。
4) 如果需对再生水作进一步处理,谁拥有和管理这些增加的处理设施?
5) 区域内工业污染源控制措施如何?贯彻这些控制措施,能否简化再生水处理工艺?
6) 每个系统中潜在用户需水的"稳定性"如何?它们是否会搬迁?生产工艺会不会有变化,以致影响污水再生利用?
7) 农业用户使用再生水是否需改变灌溉方法?
8) 潜在资助机构进行资助的条件和要求是什么?
9) 在服务范围内的用户如何分摊全部费用?
10) 如用户必须投资建造处理构筑物等设施,他们可接受的投资回收期是多少年?每个系统中的用户须付多少连接再生水管的费用?

在进行上述技术经济分析后,可确定用户。

3.0.5 为使工程规模达到经济合理,很可能高峰时再生水需水量大于供水量,此时用户可用新鲜水补足;有时再生水不能满足用户水质要求,或发生设备事故停水时,仍需用户用新鲜水补足。

3.0.6 再生水生产设施可由已建成的城市污水厂改扩建,增加深度处理部分来实现;也可在新建污水处理厂中包括污水再生利用部分;或单独建设污水完全再生利用的再生水厂。从污水再生利用角度出发,再生水厂不宜过于集中,可根据城市规划,考虑到用户位置分散布局。

4 污水再生利用分类和水质控制指标

4.1 污水再生利用分类

4.1.1 污水再生利用分类是确定再生水水质控制指标体系的依据,合理分类有助于科学安全用水。

4.2 水质控制指标

4.1.2 《农田灌溉水质标准》(GB 5084)已包括处理后的城市污水作为农田灌溉用水的水质要求。

4.2.2 这条提出了污水再生利用面广量大的冷却水水质控制指标。

在冷却用水中,再生水作为直流冷却水水质控制指标提出的依据见表2。

表2 再生水用作直流冷却水水质控制指标的依据

项　　目	本规范规定	美国国家科学院	天津大学试验	大连示范工程	美国1992年建议
pH 值	6.0~9.0	5.0~8.3	6.0~9.0	7~8	6.0~9.0
SS (mg/L)	30	—	10	6	30
BOD$_5$ (mg/L)	30	—	—	5	30
CODcr (mg/L)	—	75	60	60	—
Cl$^-$ (mg/L)	300	600	300	220	—
总硬度(以 CaCO$_3$ 计 mg/L)	850	850	350	280	—
总碱度(以 CaCO$_3$ 计 mg/L)	500	500	350	260	—
溶解性总固体(mg/L)	1000	1000	803	906	—

主要依据美国1972年和1992年提出的水质标准,天津大学在"七·五"科技攻关中的试验数据,以及大连示范工程实际运行数据。一般来说,二级出水可基本上满足直流冷却水的水质要求,但为了保证输水管道和用水设备长期不淤塞和产生故障,二级出水宜再过渡和杀菌,然后用作直流冷却则更为安全。

在冷却用水中,再生水作为循环冷却系统补充水水质控制指标提出的依据见表3。工业用水是城市污水再生利用的主要用途之一,特别是循环冷却系统补充水。冷却水与锅炉用水、工艺用水相比较,水质要求不高。日本、美国污水再生利用已有三十年的实践经验,至今经久不衰。这次规范的编制,是在总结国家"七五"、"八五"科技攻关经验基础上,参照国外相关标准导则对原规范进行修订的。这次增加了氮磷指标,对循环冷却水系统运行有利。考虑我国目前污水处理厂二级出水水质已有氮磷指标要求,该二项指标对于城市再生水厂来说,基本可以达到。表中卫生学指标只考虑再生水对环境的影响,而在循环系统内的杀菌要求,由用户自行解决。该控制指标能够保证用水设备在常用浓缩倍数情况下不产生腐蚀、结垢和微生物粘泥等障碍。用户可根据水质状况进行循环水系统管理,个别水质要求高的用户,也可针对个别指标作补充处理。

4.2.3 再生水用于工业上生产工艺用水,目前很难提出众多行业的使用再生水的水质标准。因为工业部门各行业工艺条件差异很大,用水水质要求不同,需要在大量实践基础上才能编制出来。再生水用于锅炉用水,对硬度和含盐量要求很高,需增加软化或除盐处理,常采用离子交换或膜技术,其费用一般超过对天然水的处理费用。再生水用于锅炉用水的水质标准，应和以天然水作为水源的水质标准相一致。

表3 再生水作为循环冷却系统补充水水质标准的依据

项目	本规范规定	美国国家科学院	日本东京工业水道	大连示范工程	天津大学试验	中石化研究院生产试验	燕山石化研究院试验	清华大学试验	生活饮用水标准
pH	6.0~9.0	—	6.4~7.0	7~8	6~9	7.5	6.6~8.5	6~8	6.5~8.5
浊度(NTU)	5	SS100	1~15	3	5~20	—	1	10	3
BOD$_5$ (mg/L)	10	—	—	—	5	—	5	—	—
COD$_{cr}$ (mg/L)	60	75	—	60	40~60	50.6	20~56	80	—
铁(mg/L)	0.3	0.5	0.13~0.67	0.1	—	0.4	—	—	0.3
锰(mg/L)	0.2	0.5	—	0.1	—	—	—	—	0.1
Cl$^-$ (mg/L)	250	500	96~960	220	300	108.1	58~116	200	250
总硬度(以CaCO$_3$计 mg/L)	450	650	131~344	280	200~350	74	152~227	150	450
总碱度(以CaCO$_3$计 mg/L)	350	350	—	260	150~350	115.8	90~360	—	—
氨氮(mg/L)	10	—	—	—	1~5	15	0.1~28	—	—
总磷(以P计)(mg/L)	1	—	—	—	—	0.8	0.1~1.3	—	—
溶解性总固体(mg/L)	1000	500	名古屋930	903	—	461	423~1155	800	1000

4.2.4 再生水厂出水可以满足厂内杂用水需要，还可向周围建筑群和居民小区提供生活杂用水（中水）。随着城市建设的发展，市政建设用水，如冲厕、道路清扫、消防、城市绿化、车辆冲洗和建筑施工用水等也逐渐增多，城市再生水厂能够很好地提供这方面用水。

4.2.5 这条提出了再生水作为景观环境用的水质控制指标。

就景观水体而言，要严格考虑污染物对水体美学价值的影响，因此处理工艺在二级处理的基础上，必要时要考虑包括除磷、过滤、消毒等二级以上的处理。一方面降低有机污染负荷，防止水体发生黑臭，影响美学效果；另一方面控制富营养化的程度，提高水体的感观效果；还要满足卫生要求，保证人体健康。

4.2.6 以用水量最大的用户确定城市再生水厂的工艺流程是合理的。高于此标准的，可在用户内部作相应补充处理；低于此标准的，一方面水量不大，另方面使用较高标准的再生水效果会更好，而费用又增加不多。

5 污水再生利用系统

5.0.1 污水再生利用是个系统工程，它将排水和给水联系起来，实现水资源的良性循环，有利于促进城市水资源的动态循环。污水再生利用工程关联到公用、城建、工业和规划等多部门多行业，要统筹兼顾，综合实施。

5.0.3 再生工艺的选择是回用设计的核心，必须在试验或资料可靠基础上慎重进行选择，设计标准过高，会使投资增大，运行费用偏高，增加供水成本和用户负担；设计标准过低，会使再生水水质不能达标，影响用户使用。

5.0.4 活性污泥法的污泥膨胀会对后续再生处理造成严重影响，所以特别提出要有防止措施，如设立厌氧段抑制污泥膨胀。在二级处理中采用脱氮除磷工艺，对提高再生水水质有利。

5.0.5 深度处理技术中，采用了某些给水处理单元技术，虽然与给水形式上相似，但水源不同，设计中应充分注意以污水为水源和以天然水为水源的水质差异，深度处理设计不能简单套用给水设计。

5.0.8 多功能水泵控制阀具有水力自动控制、启泵时缓开，停泵时先快闭后缓开的特点，并兼有水泵出口处水锤消除器、闸（蝶）阀、止回阀三种产品的功能，是一种新型两阶段关闭的阀门。多功能水泵控制阀技术要求见城镇建设行业标准《多功能水泵控制阀》（CJ/T 167）。

5.0.11 污水处理厂和再生水厂的自用水量很大，如消泡、溶药、空压机冷却、脱水机冲洗、绿化和办公楼内杂用水等。厂内使用再生水既经济又方便。

5.0.14 再生水用户的用水管理也是非常重要的。例如在工业冷却用水上，选择合适的水质稳定剂，杀菌灭藻剂，确立恰当的运行工况，会减轻因使用再生水可能带来的负面影响。在污水再生利用工程设计中，对再生水用户应明确提出用水管理要求，再生水用水设施要和再生处理设施同时施工，同时投产。

6 再生处理工艺与构筑物设计

6.1 再生处理工艺

6.1.1 为了保证污水再生利用设计科学合理、经济可靠,这里根据国内外工程实例,提出了再生处理的基本工艺供选用。

1 二级处理加消毒工艺可以用于农灌用水和某些环境用水。

2 美国二级处理早已普及,现普遍在二级处理后增加过滤工艺。

3 二级处理加混凝、沉淀、过滤、消毒工艺,是国内外许多工程常用的再生工艺。日本名古屋、东京、大阪以及我国大连、北京等污水再生利用工程都是如此。

4 近年来微孔膜过滤技术开始应用,其出水效果比砂滤更好。

上述基本工艺可满足当前大多数用户的水质要求。

6.1.2 随着再生利用范围的扩大,优质再生水将是今后发展方向,深度处理技术,特别是膜技术的迅速发展展示了污水再生利用的广阔前景,补给给水水源也将会变为现实。污水再生的基本工艺也会随着改变。

6.1.3 本条设计参数是依据污水再生利用工程实际运行数据提出的。污水的絮凝时间较天然水絮凝时间短,形成的絮体较轻,不易沉淀,所以沉淀池和澄清池的设计参数与常规给水不同。

6.1.4 滤池是再生水水质把关的构筑物,其设计要注意稳妥,留有应变余地。凡在给水上可采用的各种池型或各种滤料,在深度处理上也可采用,但设计参数要通过试验取得。

滤池设置在室内时,应安装通风装置。应经常清洗滤池表面污垢。

6.1.5 曝气生物滤池近年得到发展,将其列入本规范中。

6.1.6 为了便于污水再生利用工程设计计算,表4给出了深度处理常用的混凝沉淀、过滤的处理效率和出水水质。

表4 二级出水进行沉淀过滤的处理效率与出水水质

项 目	处理效率(%)			出水水质 (mg/L)
	混凝沉淀	过 滤	综 合	
浊度	50~60	30~50	70~80	3~5(NTU)
SS	40~60	40~60	70~80	5~10
BOD_5	30~50	25~50	60~70	5~10
COD_{cr}	25~35	15~25	35~45	40~75
总氮	5~15	5~15	10~20	—
总磷	40~60	30~40	60~80	1
铁	40~60	40~60	60~80	0.3

6.1.7 微孔过滤是一种较常规过滤更有效的过滤技术。微滤膜具有比较整齐、均匀的多孔结构。微滤的基本原理属于筛网状过滤,在静压差作用下,小于微滤膜孔径的物质通过微滤膜,而大于微滤膜孔径的物质则被截留到微滤膜上,使大小不同的组分得以分离。

微孔过滤工艺在国外许多污水再生利用工程中得到了实际应用,例如:澳大利亚悉尼奥运村污水再生利用、新加坡务德区污水厂污水再生利用、日本索尼显示屏厂污水再生利用、美国 West Basin 市污水再生利用等工程。由于微滤技术属于高科技集成技术，因此，宜采用经过验证的微滤系统，设备生产商需有不少于 3 年的制作及系统运行经验。

1　二级处理出水应符合国家《污水综合排放标准》的要求。

2　微滤系统对进水中的悬浮物质虽有较好的适应性，但为了保证微滤系统更加高效运行，延长微滤膜的使用寿命，宜在微滤系统之前采用粗滤（一般孔径为 $500\mu m$）装置。

3　由于微生物中一些细菌的大小只有 $0.5\mu m$，故为了防止细菌穿透微滤膜，应选择孔径为 $0.2\mu m$ 或 $0.2\mu m$ 以下的微滤膜。

4　向二级出水中投加少量抑菌剂（如氯氨等）是为了抑制管路及膜组件内微生物的过分生长。

5　微滤膜虽然具有高效的除菌能力，并同时能减少采用大量液氯消毒时产生的致癌副产物，但为了确保再生水的安全性，在微滤系统之后仍然要采用必要的消毒处理措施，如采用臭氧、紫外线或液氯消毒。

6　采用空气反冲是指压缩空气由微滤膜内向外将附着在微滤膜上的杂质和沉积物冲掉，然后用二级出水进行微滤膜表面辅助冲洗。这种反冲方式能够在短时间内有效地去除微滤膜内外的杂质和沉积物，并能够再生微滤膜表层的过滤功能，延长微滤膜使用寿命，具有低耗能和反冲不需使用滤后水的特点。

7　微滤系统的膜完整性自动测试装置，只是需要较少的测试设备就可以在线监测到微滤膜的破损情况，预知故障

的发生，监测结果准确，从而能够保证处理出水的水质。

8　微滤系统的过膜压力是指微滤膜前后的压力差，实际中可以通过设定的过膜压力来启动反冲系统；当过膜压力达到 100kPa 时，则需要对微滤膜进行化学清洗。

9　在有除磷要求时，可在微滤系统前采用化学除磷措施，通过投加化学絮凝剂来形成不溶性磷酸盐沉淀物，再利用微滤膜来截留所形成的不溶性磷酸盐沉淀物。

10　微滤系统反冲水是采用二级处理出水，反冲后不能直接排放，需要回流至污水处理厂前端汇入原污水中，与原污水一并进行处理。

6.1.8　当再生水水质对磷的指标要求较高，采用生物除磷不能达到要求时，应考虑增加化学除磷工艺。化学除磷是指向污水中投加无机金属盐药剂，与污水中溶解性磷酸盐混合后形成颗粒状非溶解性物质，使磷从污水中去除的方法。

1　化学除磷处理工艺设计必须具备设计所需的基础资料。基础资料应包括二级污水处理厂的设计污水量、再生水量及它们的变化系数，处理厂进出水中磷、碱度的含量，再生利用对磷及其他指标的要求等。

2　常用的铁盐絮凝剂有：硫酸亚铁、氯化硫酸铁和三氯化铁；常用铝盐絮凝剂有硫酸铝、氯化铝和聚合氯化铝；当污水中磷的含量较高时，宜采用石灰作为絮凝剂，并用铁盐作为助凝剂。

3　化学除磷工艺分为前置沉淀工艺、同步沉淀工艺和后沉淀工艺。前置沉淀工艺和同步沉淀工艺宜采用铁盐或铝盐作为絮凝剂；后沉淀工艺宜采用粒状高纯度石灰作为絮凝剂、采用铁盐作助凝剂。前置沉淀工艺将药剂加在污水处理厂沉砂池中，或加在沉淀池的进水渠中，形成的化学污泥在

初沉池中与污水中的污泥一同排除。前置沉淀工艺常用药剂为铁盐或铝盐，其流程如下：

```
                    投药点 (↓)  ↓(↓)
原污水→格栅→泵房→沉砂池→初沉池→曝气池→二沉池→出水
                                              ↓混合污泥
```

化学除磷采用前置沉淀工艺时，若二级处理采用生物滤池，不允许使用 Fe^{2+}。前置沉淀工艺特别适用于现有污水厂需增加除磷措施的改建工程。

同步沉淀工艺将药剂投加在曝气池进水、出水或二沉池进水中，形成的化学污泥同剩余生物污泥一起排除。同步沉淀工艺是使用最广泛的化学除磷工艺，其流程如下：

```
                            投药点(↓)   ↓
原污水→格栅→泵房→沉砂池→初沉池→曝气池→二沉池→出水
```

采用同步沉淀工艺会增加污泥产量。

后沉淀工艺药剂不是投加在污水处理厂的原构筑物中，而是在二沉池出水后另建混凝沉淀池，将药剂投在其中，形成单独的处理系统。石灰法除磷宜采用后沉淀工艺，其流程如下：

```
        石灰、助凝剂↓           ↓$CO_2$ 或硫酸
二沉池出水→一级混凝沉淀池→二级混凝沉淀池→滤池→出水
            ↓ 石灰泥脱水
```

石灰宜用高纯度粒状石灰；助凝剂宜用铁盐；CO_2 可用烟道气、天然气、丙烷、燃料油和焦炭等燃料的燃烧产物，或液态商品二氧化碳。石灰泥浓缩脱水后可再生石灰或与生化处理污泥一起脱水作为它用。石灰作为絮凝剂时，石灰用量与污水中碱度成正比，与磷浓度无关。一般城市污水需投加 400mg/L 以上石灰，并应加 25mg/L 左右的铁盐作助凝剂，准确投加量宜通过试验确定。

7 本条对化学除磷专用设备的技术要求作出规定。化学除磷专用设备，主要有溶药装置、计量装置、投药泵等。石灰法除磷，用 CO_2 酸化时需用 CO_2 气体压缩机等。

6.1.9 污水处理厂二级出水经物化处理后，其出水中的某些污染物指标仍不能满足再生利用水质要求时，则应考虑在物化处理后增设粒状活性炭吸附工艺。

1 因活性炭去除有机物有一定选择性，其适用范围有一定限制。当选用粒状活性炭吸附工艺时，需针对被处理水的水质、回用水质要求、去除污染物的种类及含量等，通过活性炭滤柱试验确定工艺参数。

2 用于水处理的活性炭，其炭的规格、吸附特征、物理性能等均应符合《颗粒活性炭标准》的要求。

3 当活性炭使用一段时间后，其出水不能满足水质要求时，可从活性炭滤池的表层、中层、底层分层取炭样，测碘值和亚甲兰值，验证炭是否失效。失效炭指标见表5。

表5 失效炭指标

测定项目	表 层	中 层	底 层
碘吸附值（mg/L）	≤600	≤610	≤620
亚甲兰吸附值（mg/L）	≤85	—	≤90

4 活性炭吸附能力失效后，为了降低运行成本，一般需将失效的活性炭进行再生后继续使用。我国目前再生活性炭常用两种方法，一种是直接电加热，另一种是高温加热。活性炭再生处理可在现场进行，也可返回厂家集中再生处理。

6、7 活性炭吸附池和活性炭吸附罐设计参数的有关规

定是参照相似水厂经验提出的，在无试验资料时，可作参考。

6.1.10 深度处理除了混凝沉淀和过滤外，其他单元技术的处理效率，参见表6。

表6　其他单元过程的去除效率（%）

项目	活性炭吸附	脱氨	离子交换	折点加氯	反渗透	臭氧氧化
BOD_5	40~60	—	25~50	—	≥50	20~30
COD_{cr}	40~60	20~30	25~50	—	≥50	≥50
SS	60~70	—	—	—	≥50	—
氨氮	30~40	≥50	≥50	≥50	≥50	—
总磷	80~90	—	—	—	≥50	—
色度	70~80	—	—	—	≥50	≥70
浊度	70~80	—	—	—	≥50	—

6.1.11 为了保证用水安全，消毒是必须的。与给水处理不同的是投加量大，要保证消毒剂的货源充足和一定量的储备。

6.2　构筑物设计

6.2.2 供水稳定是水源安全保障的重要标志。污水厂变为再生水厂，标志着从为环境保护服务到为城市供水直接服务，因此在再生水厂的设计中，清水池、泵站等都应按城市供水考虑。

7　安全措施和监测控制

7.0.1 污水再生利用工程应精心设计，使用水有安全保障。污水厂二级处理能力应大于再生水厂处理能力，以此克服污水厂变动因素大的影响，提高供水保证率。工业用户采用再生水系统时，应备用新鲜水系统，这样可保证污水再生利用系统出事故时不中断供水。

7.0.2 再生水厂原水变化较大，事故停水、停电，或水量减少、水质变动等情况会时有发生。这时要及时通知用户，使用户采取应急措施。供水部门和用户之间应有便捷的通讯联系。

7.0.3 城市敷设再生水输配水管道时，严禁再生水管道与给水管道误接，防止污染生活饮用水系统，防止人们误饮误用。

7.0.4 输送不同水质的管道相互间距离，美国要求很严，考虑到我国实际情况，作了最小距离规定。

7.0.5 这是指向工业供水的再生水厂而言。

7.0.6 故障包括：正常供电断电、生物处理发生故障、消毒过程发生故障、混凝过程发生故障、过滤过程发生故障、其他特定过程发生故障。为克服水锤故障，应设水锤消除设施，如采用多功能水泵控制阀、缓闭止回阀等。

7.0.8 再生水厂和用户都要进行水质分析和利用效果检验。宜有连续测定装置。分析检验结果应做好记录和存档工作。

7.0.10 过去污水处理厂以达标排放为目的，转为再生水厂后，操作人员应进行专门技术培训，持证上岗，以保证污水再生利用系统正常运行。

中华人民共和国城乡建设环境
保护部部标准

城市公共厕所规划和设计标准

CJJ 14—87

主编单位：北京市环境卫生科学研究所
批准单位：中华人民共和国城乡建设环境保护部
实施日期：1988 年 6 月 1 日

通　知

（87）城标字第635号

根据（84）城科字第153号文的要求，由北京市环境卫生科学研究所负责编制的《城市公共厕所规划和设计标准》，经我部审查，现批准为部标准，编号CJJ14—87，自1988年6月1日起实施。在实施过程中如有问题和意见，请函告本标准管理单位北京市环境卫生科学研究所。

城乡建设环境保护部
1987年12月2日

目　次

第一章	总则 ·································	12—3
第二章	公共厕所的规划 ····················	12—3
第三章	公共厕所的设计 ····················	12—5
附录一	截粪井构造图 ······················	12—9
附录二	通槽防蛆沿沟构造图 ················	12—9
附录三	地下管线相互间及离建筑物、构筑	
	物的最小水平净距表 ···············	12—10
附录四	地下管线交叉最小垂直净距 ·········	12—12
附录五	架空电力线至建筑物、构筑物及	
	通讯线最小水平净距 ···············	12—13
附录六	架空电力线至建筑物、构筑物及	
	通讯线最小垂直净距 ···············	12—13
附录七	地下管线最小埋设深度 ·············	12—14
附加说明	····································	12—14

第一章 总 则

第 1.0.1 条 为使公共厕所的建设按照城市总体规划要求纳入详细规划，使公共厕所的规划、设计、建设和管理符合市容环境卫生要求，更好地为城市居民和流动人口服务，特制定本标准。

第 1.0.2 条 本标准适用于城市公共厕所的规划、设计、建设和管理，县、镇独立工矿区公共厕所的规划、设计、建设和管理，亦可参照执行。

第 1.0.3 条 规划、设计、建设和管理公共厕所的单位，应负责贯彻执行本标准的各项规定。

第 1.0.4 条 各级环境卫生部门应对公共厕所的设计和建设进行监督指导。

第二章 公共厕所的规划

第 2.0.1 条 公共厕所是城市公共建筑的一部分，是为居民和行人提供服务的不可缺少的环境卫生设施，在制订城市新建、改建、扩建区的详细规划时，城市规划部门应将公共厕所的建设同时列入规划。

第 2.0.2 条 城市中下列范围应设置公共厕所：
1. 广场和主要交通干路两侧；
2. 车站、码头、展览馆等公共建筑附近；
3. 风景名胜古迹游览区、公园、市场、大型停车场、体育场（馆）附近及其它公共场所；
4. 新建住宅区及老居民区。

第 2.0.3 条 公共厕所的相间距离或服务范围：主要繁华街道公共厕所之间的距离宜为300～500m，流动人口高度密集的街道宜小于300m，一般街道公厕之间的距离约750～1000m为宜；居民区的公共厕所服务范围：未改造的老居民区为100～150m，新建居民区为300～500m（宜建在本区商业网点附近）。

第 2.0.4 条 公共厕所建筑面积规划指标：
1. 新住宅区内公共厕所：千人建筑面积指标为6～10 m²；
2. 车站（含站前广场）、码头、体育场（馆）等场所的公共厕所：千人（按一昼夜最高聚集人数计）建筑面积指标为15～25m²；

3.居民稠密区（主要指旧城未改造区内）公共厕所：千人建筑面积指标为20～30m²；

4.街道公共厕所千人（按一昼夜流动人口计）建筑面积指标为5～10m²。

第 2.0.5 条 公厕的用地范围：距公厕外墙皮3m以内空地为公共厕所用地范围，如确因条件限制不能满足上述要求时，亦可靠近其它房屋修建。

第 2.0.6 条 在有条件的地区应逐步发展附属式公共厕所，并应设置直接通至室外的单独出入口和管理间。

第 2.0.7 条 公共厕所的建筑标准：根据其位置的重要程度可分为三类，见表1。涉外单位可高于一类标准。旱厕可参照三类厕所标准执行。如属急需，并近期有建设规划者，可酌情修建临时性厕所。

第 2.0.8 条 选择公厕修建位置要明显、易找、便于粪便排入城市排水系统或便于机械抽运。

第 2.0.9 条 厕所内面积概算指标：厕所每一蹲位（包括大便蹲（坐）位、小便站位、走道宽度以及其它设备等）建筑面积概算指标为4～9m²（一类厕所7～9m²，二类厕所为5～7m²，三类厕所为4～6m²）。

公共厕所建筑标准分类表 表 1

项目　标准	类		别	
	一 类	二 类	三 类	备 注
适应范围	对外开放游览点繁华街道	主要街道	一般街道	
供 水	有	有	有	

续表

项目　标准	类		别	
	一 类	二 类	三 类	备 注
排 水	有	有	有	
采（保）暖设施	有	视条件和需要定	视条件和需要定	指北方采暖地区
照 明	有	有	有	
室内高度(m)	3.5～4.0	3.5～4.0	3.2～4.0	设天窗可降至3.2
大 便 器	坐、蹲式独立大便器	独立大便器或通槽面贴瓷砖	通槽面贴瓷砖	应设一定比例坐便器
大便冲洗设备	手动陶瓷水箱或先进节水器	集中自冲式水箱	用水冲洗	
大便蹲位间距(m)	0.90～1.20	0.85～1.20	0.85～1.20	
小 便 器	立式小便器	瓷砖面小便池	瓷砖面小便池	
洗 手 盆	有	有	视条件定	
拖 布 池	有	有	视条件和需要定	
手 纸 架	有	视条件和需要定	视条件和需要定	出售手纸用
地面及蹲台面	铺马赛克等	铺马赛克、缸砖等	水泥砂浆抹面	
室内墙裙	贴面砖1.5～1.8m高	贴面砖1.0～1.5m高	1.0～1.2m高水泥砂浆抹面	
地面排水	有	有	有	
挂 物 钩	有	有	有	
镜 箱	有	视条件和要求定		

续表

项目\标准	一类	二类	三类	备注
大便蹲位隔断	1.8m高隔断板,设门	1.2～1.5m高隔断板可设门	隔断板高于0.9m	隔断板高度自台面算起
内装修	顶棚镶钙塑板等墙面喷可赛银等	顶棚、墙面喷可赛银或其它材料	顶棚、墙面喷可赛银等材料	
外装修	与环境协调	与环境协调	与环境协调	
管理室	有	视需要定	视需要定	
工具间	有	视需要定	视需要定	
倒粪间	根据情况设置	根据情况设置	根据情况设置	
化粪池（贮粪池）	有	有	有	有条件直排的可不修化粪池

第三章 公共厕所的设计

第一节 设 计 原 则

第 3.1.1 条 公共厕所的设计原则是适用、卫生、经济；在便于排运粪便的前提下，适当注意美观。

第二节 设计基本规定

第 3.2.1 条 根据使用情况的不同，男、女蹲（坐）位设置比例以1:1或3:2为宜。

第 3.2.2 条 公共厕所室内净高以3.5～4.0m为宜（设天窗时可适当降低）。室内地坪标高应高于室外地坪0.15m以上。化粪池建在室内地下的，地坪标高则要以化粪池排水口而定，排水管坡度应符合表2的规定，保证化粪池污水顺利排出。

排水管道的标准坡度和最小坡度　　　表 2

管径(mm)	标准坡度	最小坡度
50	0.035	0.025
75	0.025	0.015
100	0.020	0.012
125	0.015	0.010
150	0.010	0.007
200	0.008	0.005

第 3.2.3 条 公共厕所的建筑通风、采光面积与地面面积比应不小于1:8，如外墙侧窗采光面积不能满足要求时可增设天窗，南方可增设地窗。

第 3.2.4 条 每个大便蹲位尺寸为1.00～1.20m×0.85～1.20m，每个小便站位尺寸（含小便池）为0.70m（深）×0.65m（宽）。独立小便器间距为0.80m。

第 3.2.5 条 厕内单排蹲位外开门走道宽度以1.30m为宜；双排蹲位外开门走道宽度以1.50m为宜。蹲位无门走道宽度以1.20～1.50m为宜。

第 3.2.6 条 各类公共厕所蹲位不应暴露于厕所外视线内，蹲位之间应有隔板，隔板高度自台面算起，应不低于0.9m。

第 3.2.7 条 通槽式水冲厕所槽深不得小于0.40m，槽底宽不得小于0.15m，上宽为0.20～0.25m。

第 3.2.8 条 一、二类公共厕所的男、女厕应最少各设一个洗手盆，蹲（坐）位数超过10个以上，可酌情增加。公共厕所内每个蹲位应设置坚固、耐腐蚀挂物钩。

第 3.2.9 条 单层公共厕所窗台距室内地坪最小高度为1.80m；双层公厕窗台距楼地面最小高度为1.50m。

第 3.2.10 条 男、女厕大便蹲（坐）位分别超过20时，宜设双出入口。

第 3.2.11 条 厕所管理间面积为5～12m²，工具间面积为1～2m²。

第 3.2.12 条 通槽式公共厕所以男、女厕分槽冲洗为宜。如合用冲水槽时，必须由男厕向女厕方向冲洗。

第 3.2.13 条 男厕所小便器（池）与大便器（槽）分室设置为好。建二层以上公共厕所时，男小便间应设在底层。

第 3.2.14 条 公共厕所的进出口处，必须设有明显标志，标志包括中文（一类厕所可加英文）和图像。

第 3.2.15 条 公厕应考虑防蝇、防蚊设施。

第 3.2.16 条 厕所四周应植树种花以美化环境。

第 3.2.17 条 公厕设计应尽量采用高效、节水型的卫生设备。

第三节 公共厕所构造基本要求

第 3.3.1 条 为防止污染土壤和地下水源，并便于洗刷厕所，地面、蹲台、小便池及墙裙，均须采用不透水材料做成。地面应有适当坡度（0.01～0.015），并安设水沟或地漏，以排除洗刷废水。

第 3.3.2 条 厕所换气量：每个大便蹲（坐）位不得少于40m³/h，小便位也不得少于20m³/h，旱式厕所应根据其排气情况适当增加其换气量❶。

第 3.3.3 条 厕所通风要优先考虑自然通风。换气量不足时，应增设机械通风。设计时应着重考虑以下措施：

1. 建筑朝向的选择应尽量使厕所纵轴垂直于夏季主导风向，同时要综合考虑防止太阳辐射以及夏季暴雨的袭击等。

2. 增大门窗开启角度，改善厕内的通风效果，见图1。

3. 加大挑檐宽度导风入室，见图2。

4. 开设天窗时应在天窗外侧加设挡风板，以保证通风效果，挡风板的加设方法如图3和图4。

---

❶ 每小时排气次数 = $\dfrac{\text{换气量（m}^2\text{/h}）}{\text{厕所容积（m}^3）}$

上式中排气的换气次数或换气量均为机械通风的换气次数和换气量。本条适合较高标准的设计和寒冷地区的设计。

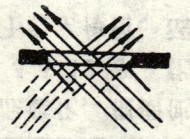 

图 1　窗扇的导风作用　　图 2　挑檐的导风作用

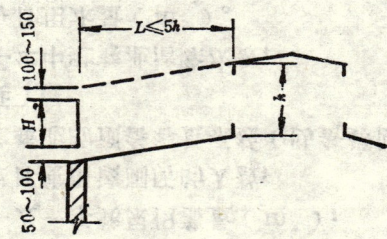

图 3　女儿墙代替挡风板

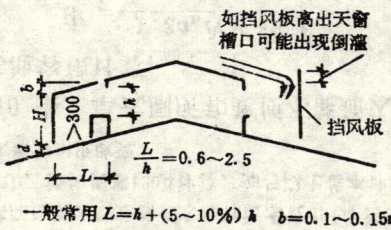

一般常用 $L=h+(5\sim10\%)h$　$b=0.1\sim0.15m$
$d=0.05m$（积雪区为 $0.1\sim0.2m$）

图 4　天窗外侧设置挡风板

5．增设引气排风道。

第 3.3.4 条　寒冷地区厕所应采取保温防寒措施。

第 3.3.5 条　对外围传热异常部位和构件应采取保温措施。

1．窗的保温：应在满足采光通风等要求下，尽可能减少窗口面积，并改善窗的保温性能。在寒冷地区可采用双层窗甚至三层窗。

2．冷桥部位保温：围护结构中，应在冷桥构件外侧附加保温材料。

第 3.3.6 条　公共厕所卫生器具数量的确定，见表3。

公共厕所卫生器具设置标准

（每一器具的最高服务人数）　　表 3

卫生器具 设置位置	大便器		小便器	洗手盆	备 注
	男	女			
广场、街道	1000	700	1000	按3.2.8条执行	按一昼夜最高聚集人数计
车站、码头	300	200	300		按一昼夜最高聚集人数计
街头休息公园	400	300	400		按一昼夜最高聚集人数计
体育场（运动场）	300	200	300		按座位人数计
海滨活动场所	70	50	60		按一昼夜最高聚集人数计

第 3.3.7 条　设计化粪池（贮粪池）应采用不透水材料做成，池盖必须坚固（特别是可能行车的位置）、严密合缝，检查井、吸粪口等要高出地面，以防雨水倾入，井盖应为圆形，以保安全。化粪池（贮粪池）的位置应靠近道路以便清洁车抽吸。

第 3.3.8 条　化粪池容积可按表4和给水排水国家标准图集S213、S214选用。

第 3.3.9 条　粪便不能通入排水系统的公共厕所，应设贮粪池。

国家标准图集各型号化粪池容积及适用人数   表 4

化粪池型号 （无地下水）	有效容积 （m³）	实际使用人数
1	3.75	120以下
2	6.25	120～200
3	12.50	200～400
4	20.0	400～600
5	30.0	600～800
6	40.0	800～110
7	50.0	1100～1400

注：表中的实际使用人数是按每人每日污水量25L，污泥量0.4L，污水停
留时间12h，清掏周期120d计算。如与以上基本计算参数不同时，实
际使用人数需相应改变。

第 3.3.10 条　旱式厕所和粪便不能通入排水系统的水
冲洗厕所贮粪池容积计算：

$$W = \frac{1.3 a_n N + 365 V}{C_n}$$

式中　W——贮粪池容积（m³）；

　　　a_n——一人一年粪尿积蓄量（m³）；

　　　N——每日使用该厕所的人数；

　　　1.3——贮粪池的预备容量系数（防备粪便掏运因故拖
延）；

　　　C_n——一年中贮粪池清除次数；

　　　V——每日用水量（m³）。

第 3.3.11 条　不能修建和厕所用量相当的化粪池时，
可因地制宜修建不同形状和容积的截粪井（见附录一），不
要求污泥腐化，根据使用情况随时进行清运。

第 3.3.12 条　化粪池或贮粪池宜设置在公共厕所背面
或人们不经常停留、活动之处，并应考虑清运粪便方便，化
粪池距离地下取水构筑物不得小于30m，化粪池壁距其它建
筑物外墙不宜小于 5 m，如受条件限制时，可酌情减少，但
不得影响建筑物基础。

第 3.3.13 条　公共厕所粪便排出口必须设置直径为
150～300mm的耐腐蚀材料存水弯，以防下水道恶臭气进入
厕内。

第 3.3.14 条　凡排水管道为雨污分流制系统的地区，
可将公共厕所粪水直接排入污水管道。

第 3.3.15 条　旱式厕所应在粪便入口两侧设置倒阶梯
形防蛆沿（见附录二）。

第 3.3.16 条　通风孔以排水沟等通至厕外的开口处，
需加设铁箅防鼠。

第 3.3.17 条　附属式厕所必须是水冲厕所。设计时如
自然采光和通风不能满足照度和排气要求，应考虑人工照明
和机械通风。

附录一 截粪井构造图

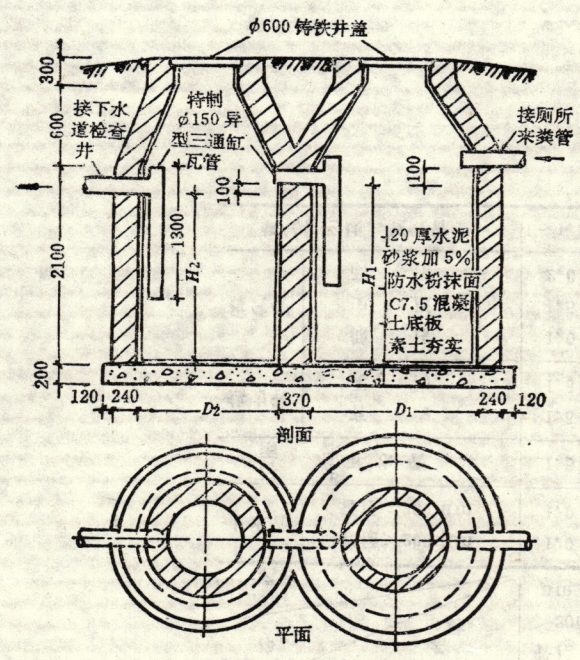

剖面 / 平面

截粪井尺寸表

型号	有效容积 (m³)	尺寸 (mm)			
		H_1	H_2	D_1	D_2
1	6.00	2000	1900	1400	1400
2	5.22	2000	1900	1400	1200
3	4.57	2000	1900	1400	1000
4	4.05	2000	1900	1400	800
5	3.22	2000	1900	1200	800
6	3.08	2000		1400	
7	2.26	2000		1200	

说明：
1. 本图尺寸以mm为单位。
2. 砖砌体用MU10砖M5水泥砂浆砌筑。
3. 抹面：内壁一律用1:2水泥砂浆抹面，厚20mm，渗5%防水粉，有地下水时，外壁用1:2水泥砂浆抹面，并高出最高水位250mm。

附录二 通槽防蛆沿沟构造图

剖面图

标准蹲坑剖面图

附录三 地下管线相互间及其建筑物、构筑物的最小水平净距表

单位：m

管线名称		上水管		污水管	热力管		煤气管			乙炔管、氧气管	电力电缆（电压在35kV以下）	通讯电缆
		管径>200mm	管径<200mm		有补偿装置	无补偿装置	低压	中压	高压			
上水管	管径>200mm			1.5	1.0	2.0	1.0~1.5	1.5	1.0	1.0	2.0	0.5	1.0
	管径<200mm			1.0	1.0~1.5	1.5	1.0	1.5	1.0	1.0	2.0	0.5	1.0
污水、雨水管		1.5	1.0		1.5	2.0	1.0	1.5	1.0	—	1.5	0.5	1.0
热力管	有补偿	1.5	1.5	1.5			1.0	1.5	2.0	1.5	2.0	2.0	1.0
	无补偿	1.5	1.5	1.5			1.0	1.5	2.0	1.5	2.0	2.0	1.0
煤气管	低压	1.0	1.0	1.0	1.0	1.0	—	—	—	1.0	1.0	1.5	1.0
	中压	1.5	1.5	1.5	1.5	1.5	—	—	—	1.0	1.5	1.5	1.0
	高压	2.0	2.0	2.0	2.0	2.0	—	—	—	2.0	2.0	2.0	1.0
乙炔管、氧气管		1.0	1.0	1.5	1.5	1.5	1.0	1.5	2.0	—	1.5	1.5	0.5	1.0

续表

水平净距\间距名称＼管线名称	上水管 管径>200mm	上水管 管径<200mm	污水、雨水下水管	热力管 有沟	热力管 无沟	煤气管 低压	煤气管 中压	煤气管 高压	氧气乙炔氢气管	惰性气体压缩空气管	液体燃料管	电力电缆(电压在35kV以下)	通讯电缆
惰性气体压缩空气管	1.0	1.0	1.0	1.5	1.5	1.0	1.5	2.0	1.5	—	1.5	0.5	0.5
液体燃料管	2.0	1.5	1～1.5	2.0	2.0	1.5	1.5	2.0	1.5	1.5	—	1.0	2.0
电力电缆(电压在35kV以下)	0.5	0.5	0.5	2.0	2.0	1.0	1.0	1.0	0.5	0.5	1.0	—	0.5
通讯电缆	1.0	1.0	1.0	1.0	1.0	1.0	1.0	1.0	1.0	0.5	2.0	0.5	—
建筑物基础外缘	3～5.0	3.0	3.0	3.0	3.0	2.0	4.0	6.0	3.0	1.5	3.0	0.6	0.5
铁路中心线	3.75	3.75	3.75	3.75	3.75	3.75	3.75	3.75	3.75	3.75	3.75	3.75	3.75
道路侧石边缘	1.5	1.0	1.5	1.5	1.5	1.5	1.5	1.5	1.5	1.5	1.5	1.5	1.5
道路边沟边缘	0.5～1.0	0.5～1.0	0.5～1.0	0.5～1.0	0.5～1.0	0.5～1.0	0.5～1.0	0.5～1.0	0.5～1.0	0.5～1.0	0.5～1.0	1.0	1.0
地上管架基础外缘	2.0	2.0	2.0	2.0	2.0	1.0	1.0	1.0	1.0	1.0	2.0	0.6	0.6
照明及弱电杆柱	1.5	1.0	1.5	1.0	1.0	1.0	1.0	1.0	1.0	1.0	1.0	0.6	0.6
围墙和篱栅	2.0	1.5	1.5	1.0	1.0	1.5	1.5	1.5	1.5	1.5	1.5	0.6	0.6

注：① 表列数值不适用于湿陷性黄土地区。② 表列数值是正常情况下布置管道使用之，如执行有困难，可根据管径、检查井、伸缩节的大小，管线埋设和建筑物基础深度，并采取适当措施，可缩少表列数值。③ 地下管线与防雷接地装置间距，可按下列数据计算：a.当采用避雷针时$S \geq 0.5～0.6R$；b.当采用避雷线时$S \geq 0.4R$（R为接地装置的冲击流散电阻）但S不得小于3m

附录四 地下管线交叉管小垂直净距

单位：m

序号	管线名称	上水管	雨水、污水下水管	燃气管	煤气管	压缩空气、惰性气体	氧气、乙炔、氢气管	液体燃料管	电力电缆	通讯电缆
1	上水管	0.15	0.10	0.10	0.15	0.10	0.25	0.25	0.15	(0.25)
2	雨水、污水下水管	0.15	0.25	0.10	0.10	0.10	0.25	0.25	0.15	(0.15)
3	煤气管	0.10	0.10	0.10	0.15	0.10	0.25	0.25	0.15	(0.15)
4	燃气管	0.15	0.10	0.15	0.15	0.15	0.25	0.25	0.15	(0.10)
5	压缩空气、惰性气体	0.10	0.10	0.10	0.15	0.10	0.25	0.25	0.50	(0.15)
6	氧气、乙炔、氢气管	0.25	0.25	0.25	0.25	0.25	0.25	0.25	0.25	(0.25)
7	液体燃料管	0.25	0.25	0.25	0.25	0.25	0.25	0.25	0.15	—
8	电力电缆	0.15	0.15	0.15	0.15	0.50	0.50	0.50	0.50	0.50
9	通讯电缆	(0.25)	(0.15)	(0.15)	(0.10)	(0.15)	(0.25)	—	0.50	0.50

序号	管线名称	电力电缆	通讯电缆	照明配电线路	接地装置	接地干线
1	上水管	0.5	0.5	0.25	0.15	1.00	0.50
2	雨水、污水下水管	0.5	(0.10) 0.5	0.25	0.15	1.00	0.60
3	煤气管	0.5	(0.10) 0.5	0.15	1.00	0.50
4	燃气管	0.5	(0.15) 0.5	0.15	1.00	0.50
5	压缩空气、惰性气体	0.5	(0.15) 0.5	0.50	0.25	1.00	0.50
6	氧气、乙炔、氢气管	0.5	(0.25) 0.5	0.50	0.25	1.00	0.50
7	液体燃料管	0.5	0.5	0.50	0.15	1.00	0.50
8	电力电缆	0.5	0.5	0.50	0.50	1.00	0.50
9	通讯电缆	0.5	—	0.50	0.50	1.00	0.50

注：① 通讯电缆在表列内有括号的数字系指，其垂直净距可按小号中内数。

② 电缆与热力管交叉时，当不能保证 0.5m 的距离时，必须加设热措施。

③ 埋用力电缆敷设在套管中时，与其它管线的最小垂直净距可减至 0.25m。

④ 管线交叉时应尽量按下列顺排列上下关系：

(a) 煤气管，凡能容纳可燃液体的管线排在其它管线上面。
(b) 给水管在水管上面。
(c) 电缆线在水管上面，并将通讯电缆在电力电缆下面。
(d) 氧气管应排在乙炔管下面，及其所有其它管线的上面。
(e) 热力管在最上面，排水管在最下面。

为水管在水管上面交叉时，应按给水管排在其它管线上面处理水管的规定处理，且套管每端向长度不小于 0.2m，套管两侧最长长度应根据土壤性质及给水管最大小而定。

附录五　架空电力线至建筑物、构筑物及通讯线最小水平净距

单位：m

线路电压(kV)	建筑物(凸出部分)	居民区厂区边缘	道路路基边缘	铁路路基边缘	通讯线 二线路外侧导线间不受路径限制	通讯线 二线路外侧导线间受路径限制地区
1以下	1.0	1.5	0.6	最高杆高度加3.0	最高杆塔高度	1.0
1～10	1.5	3.0	0.6～1.5			2.0
35	2.0	5.0	2.5			3.0

注：水平净距指供电。

附录六　架空电力线至建筑物、构筑物及通讯线最小垂直净距

单位：m

线路电压(kV)	建筑物(顶端)	通过居民区、厂区(地面)	道路(路面)	铁路(轨顶)	通讯线 电力线有防雷装置	通讯线 电力线无防雷装置
1以下	2.5	6.0	6.0	7.5	1.25	1.25
1～10	3.0	6.5	7.0	7.5	3.0	5.0
35	4.0	7.0	7.0	7.5	3.0	5.0

附录七　地下管线最小埋设深度

单位：m

序号	管　线　名　称	埋设深度（由地面至管顶或沟顶）
1	上水管道或湿的工艺管道（指介质含有水份）	冰冻线以下0.3但不小于0.7
2	下水管　管径＜500mm	冰冻线以上0.3但不小于0.7
	管径＞500mm	冰冻线以上0.5但不小于0.7
3	热的工艺及动力管道及干的工艺管道	
	（地沟埋设）	冰冻线以下，但不小于0.5
	（直接埋设）	冰冻线以下，但不小于0.8
4	电　缆	不小于0.7

注：①怕冻管道埋设深度小于冻结深度时，必须有防冻措施。
　　②有活荷载时，应验算埋土深度。

本标准用词说明

为便于在执行本标准条文时区别对待，要求严格程度的用词说明如下：

1.表示很严格，非这样做不可的用词：

正面词采用"必须"；

反面词采用"严禁"。

2.表示严格，在正常情况下均应这样做的用词：

正面词采用"应"；

反面词采用"不应"或"不得"。

3.表示允许稍有选择，在条件许可时首先应这样做的用词：

正面词采用"宜"或"可"；

反面词采用"不宜"。

附加说明

本标准主编单位、参加单位和主要起草人名单

主编单位： 北京市环境卫生科学研究所

参加单位： 上海、重庆、自贡、广州、杭州等城市环境
　　　　　　卫生局（处）

主要起草人： 刘建东

参加人： 俞锡弟

中华人民共和国城乡建设环境保护部部标准

城市公共交通站、场、厂设计规范

CJJ 15—87

主编部门：武 汉 市 公 用 事 业 研 究 所
批准部门：中华人民共和国城乡建设环境保护部
实行日期：1 9 8 8 年 6 月 1 日

关于发布部标准《城市公共交通站、场、厂设计规范》的通知

（87）城标字第636号

根据（83）城科字第224号文的要求，由武汉市公用事业研究所负责编制的《城市公共交通站、场、厂设计规范》，经我部审查，现批准为部标准，编号CJJ15—87，自一九八八年六月一日起实施。在实施过程中如有问题和意见，请函告本标准管理单位武汉市公用事业研究所。

本标准由中国建筑工业出版社出版，各地新华书店发行。

城乡建设环境保护部
一九八七年十二月三日

目　次

第一章　总则 ································· 13—2
第二章　车站和渡轮站 ··················· 13—3
　第一节　城市公共电、汽车首末站 ······· 13—3
　第二节　城市公共电、汽车中途站 ······· 13—4
　第三节　出租汽车营业站 ················ 13—5
　第四节　渡轮站 ························· 13—5
第三章　停车场 ··························· 13—7
　第一节　停车场的功能和选址 ··········· 13—7
　第二节　停车场的用地和布置 ··········· 13—7
　第三节　停车场的进出口 ··············· 13—7
　第四节　低级保养 ······················ 13—8
　第五节　工间 ·························· 13—8
　第六节　油料管理 ······················ 13—9
　第七节　清扫机械 ······················ 13—9
　第八节　办公及生活性建筑 ·············· 13—9
　第九节　绿化 ·························· 13—9
　第十节　多层与地下停车库 ············· 13—9
　第十一节　出租汽车停车场 ············· 13—10
第四章　保养场 ·························· 13—11
　第一节　功能与场址 ··················· 13—11
　第二节　平面布置和用地 ··············· 13—11
　第三节　生产与生活性建筑 ············· 13—12
　第四节　油库 ························· 13—13
　第五节　出租汽车保养场 ··············· 13—13
　第六节　保养中心 ····················· 13—13
第五章　修理厂 ·························· 13—14
　第一节　建厂与用地 ··················· 13—14
　第二节　库房、道路、其它 ············· 13—15
　第三节　渡轮修理厂 ··················· 13—15
附加说明 ································· 13—16

第一章　总　　则

第1.0.1条　为使我国城市公共交通能适应城市建设和经济发展的需要，使其站、场、厂等主要设施能根据规定要求进行科学规划和合理设计，特制定本规范。

第1.0.2条　城市公共交通是城市规划的主要内容之一。城市公共交通站、场、厂的设计应结合城市规划合理布局，计划用地，做到保障城市公共交通畅通安全、使用方便、技术先进、经济合理。

第1.0.3条　本规范适用于我国城市公共汽车、无轨电车、轮渡和出租汽车新建、扩建和改建的站、场、厂。有轨电车、索道缆车的站、场、厂设计可参照执行。

第1.0.4条　城市公共交通站、场、厂设计，除执行本规范外，尚应符合我国现行的其它有关标准和规范的要求。

第二章 车站和渡轮站

第一节 城市公共电、汽车首末站

第 2.1.1 条 首末站的规模按该线路所配营运车辆总数来确定。一般配车总数（折算为标准车）大于50辆的为大型站；26~50辆的为中型站，等于或小于25辆的为小型站。

第 2.1.2 条 在城市总体规划中，城市道路网的建设与发展应根据城市公共交通的需要和规划，优先考虑首末站的设置，使其选择在紧靠客流集散点和道路客流主要方向的同侧。

第 2.1.3 条 首末站一般设置在周围有一定空地，道路使用面积较富裕而人口又比较集中的居住区、商业区或文体中心附近，使一般乘客都在以该站为中心的350m半径范围内，其最远的乘客应在700~800m半径范围内。在缺乏空地的地方，城市规划部门应根据此要求利用建筑物优先安排设站。

第 2.1.4 条 首末站宜设置在全市各主要客流集散点附近较开阔的地方。这些集散点一般都在几种公交线路的交叉点上。如火车站、码头、大型商场、分区中心、公园、体育馆、剧院等。在这种情况下，不宜一条线路单独设首末站，而宜设置几条线路共用的交通枢纽点。不应在平交路口附近设置首末站。

第 2.1.5 条 在设置无轨电车的首末站时，应同时考虑车辆转弯时的偏线距和架设触线网的可能性；车辆特别集中的首末站要尽量靠近整流站，充分考虑电力供应的可能性和合理性。

第 2.1.6 条 首末站在建站时必须保证在站内按最大铰接车辆的回转轨迹划定足够的回车道，道宽应不小于7m，在用地较困难的地方，城市规划和城市交通管理部门应安排利用就近街道回车。

第 2.1.7 条 首末站必须建停车坪。停车坪在不用作夜间停车的情况下，首站用地面积应不小于该线路营运车辆全部车位面积的60%。

停车坪内要有明显的车位标志、行驶方向标志及其它营运标志。

停车坪与回车道一起构成站内停车、行车、回车的整体。

第 2.1.8 条 首末站必须设有标志明显、严格分隔开的入口和出口，其使用宽度应不小于标准车宽的3~4倍。若站外道路的车行道宽度小于14m时，进出口宽度应增加20~25%。在出入口后退2m的通道中心线两侧各60°范围内能清楚地看到站内或站外的车辆和行人。

第 2.1.9 条 首末站非铰接车的出入口宽度应不小于7.5m。候车廊的建设规模，按廊宽3m规划。廊边应设置明显的站牌标志和发车显示装置，夜间廊内应有灯光照明。

候车廊的建筑式样、材料、颜色等各城市应根据本地的建筑特点统一设计建设，宜实用与外形美相结合。

第 2.1.10 条 首末站周围宜安排绿化用地（包括死角及发展预留用地），其面积宜不小于该站总用地的15%。

第 2.1.11 条 首末站的建设规模应根据每条营运线路所配营运车辆的数量确定。规划部门作城区的新建、改建、扩建规划时，应配套安排首末站的规划用地。对位于城市边缘或近郊的首末站宜结合用地条件适当放宽用地标准。

第 2.1.12 条 首末站的规划用地面积宜按每辆标准车用地90~100m²计算。若该线路所配营运车辆少于10辆或者所划用地属于不够方正或地貌高低错落等利用率不高的情况之一时，宜乘以1.5以上的用地系数。

首末站安排在建筑物内时，用房面积宜因地制宜。

首末站若用作夜间停车，其停车坪应按该线路营运车辆的全部车位面积计算。

第 2.1.13 条 为了确保首末站的建设规模，回车道（行车道）和候车廊的用地不包含在90~100m²的计算指标内，应按第2.1.6条、第2.1.9条要求另算后再加入站的用地面积中。

第 2.1.14 条　末站停车坪的大小按线路营运车辆车位面积的10%计算；末站生产、生活性建筑面积一般为首站建筑面积的12~15%。

若全线单程运行时间超过30min，则末站增加开水间、备餐间等建筑，全站建筑面积宜为首站的20%。

第 2.1.15 条　若首末站建加油设施，其用地应参照GBJ 67—84《汽车库设计防火规范》的有关要求另行核算后加入，并按其要求建设。

第 2.1.16 条　车队办公用地应按所辖线路配备的营运车辆总数单独进行计算（不含在首末站用地指标内），计算指标宜每辆标准车1m²。

第 2.1.17 条　枢纽站的建设必须统一规划设计，其总平面布置应确保车辆按路线分道有序行驶；在电、汽车都有的枢纽站，应特别布置好电车的避让线网和越车通道。

枢纽站的用地参照第2.1.2条因地制宜进行核算。城市规划部门宜在枢纽站附近安排自行车停车处。

第二节　城市公共电、汽车中途站

第 2.2.1 条　中途站应设置在公共交通线路沿途所经过的各主要客流集散点上。城市规划交通管理部门有责任为这些站点的设置提供方便。如所设站点与城市交通管理规则确有矛盾，妨碍交通，应协商调整。

第 2.2.2 条　中途站应沿街布置，站址宜选在能按要求完成车辆的停和通两项任务的地方。

第 2.2.3 条　在路段上设置停靠站时，上、下行对称的站点宜在道路平面上错开，即叉位设站。其错开距离宜不小于50m。在主干道上，快车道宽度大于或等于22m时也可不错开。如果路旁绿带较宽，宜采用港湾式中途站。

第 2.2.4 条　在交叉路口附近设置中途站时，一般设在过交叉口50m以外处。在大城市车辆较多的主干道上，宜设在100m以外处。

第 2.2.5 条　几条公交线路重复经过同一路段时，其中途站宜合并。站的通行能力应与各条线路最大发车频率的总和相适应。在并站的情况下，电、汽车不应共用同一停靠点；两条以上电、汽车共用同一车站时，应有分开的停靠点，其最小间距宜不小于2~2.5倍标准车长；共用同一停靠点的线路宜不多于3条。

第 2.2.6 条　中途站的站距要合理选择，平均站距宜在500~600m。市中心区站距宜选择下限值；城市边缘地区和郊区的站距宜选择上限值；百万人口以上的特大城市，站距可大于上限值。

第 2.2.7 条　公共交通的线路长度不宜过长或过短。其取值市区线路宜取该城市平均运距的二倍，市郊线路宜不大于其三倍。

第 2.2.8 条　一般中途站仅设候车廊，廊长宜不大于1.5~2倍标准车长，全宽宜不小于1.2m。

在客流较少的街道上设置中途站时，候车廊可适当缩小，廊长最小宜不小于5m。

第 2.2.9 条　单程运行在30min以上的较长线路上，线路中间的中途站、在市中心主要交通要道上设置的中途站或者在客流较多的地方设置的中途站，均宜设中间调度室。

第 2.2.10 条　中途站候车廊前必须划定停车区。在大城市，线路行车间隔在3min以上时，停车区长度宜为一辆670型铰接车车长加前后各5m的安全距离；线路行车间隔在3min以内时，停车区长度为两辆670型铰接车车长加车间距5m和前后各5m的安全距离；若多线共站，停车区长度最多为三辆670型铰接车车长加车间距5m和前后各5m的安全距离，停车区宽度一律为3.5m。

在中小城市，停车区的长度视所停主要车辆类型而定。通过该站的车型在两种以上时,均按最大一种车型的车长计算停车区的长度。

第 2.2.11 条 在车行道宽度为10m以下的道路上设置中途站时,宜建避车道,即沿路缘处向人行道内成等腰梯形状凹进应不小于2.5m,开凹长度应不小于22m(即17＋5m)。在车辆较多、车速较高的干道上,凹进尺寸应不小于3m。

第 2.2.12 条 在设有隔离带的40m以上宽的主干道上设置中途站时,可不建候车廊,城市规划和市政道路部门应根据城市公交的需要,在隔离带的开口处建候车站台,站台成长条形,平面尺寸长度应不小于二辆营运车同时停靠的长度,宽度应不小于2m,站台宜高出地面0.20m。

若隔离带较宽(3m以上)可减窄一段绿带宽度,作为港湾式停靠站。减窄的一段,长度应不小于二辆营运车同时停靠的长度,宽度应不小于2.5m。

第三节 出租汽车营业站

第 2.3.1 条 出租汽车应在客流较大而又繁忙的火车站、航运和公路客运站、医院、大型宾馆、商业中心、文化娱乐和游览活动中心、大型居住区和交通枢纽等地方设站。

第 2.3.2 条 营业站宜在半径为1.5km的服务范围内,在街头设置若干呼叫出租汽车的专线电话,方便群众就近日夜租车。

第 2.3.3 条 一般营业站的营业小轿车数在30辆以下;大型营业站在31～50辆。

其它类型车辆均按上海牌760型小轿车折算。

第 2.3.4 条 营业站的规划用地宜按每辆车占地不小于32m²计算(其中,停车场用地宜不小于每辆车26m²,建筑用地宜不小于每辆车6m²)。

营业站的建筑项目一般包括:营业室、司机休息室、蒸饭茶水间、候车室、厕所等,每个项目的建筑面积据每个站的实际情况酌情确定。

营业站的建筑式样、色彩、风格应具有鲜明的地区及出租汽车特点。

第四节 渡轮站

第 2.4.1 条 城市公共客运轮渡码头简称渡轮站。渡轮站的选址要考虑岸线的建设条件和对两岸道路的运行条件,并要有人流集散、设置回车、停车场、公交车站等条件,城市规划部门应充分发挥渡轮站在城市交通中的作用,从规划上保证渡轮站的水域和陆上用地。渡轮站的间距,客流、交通密度较大的地区为500～1000m,较疏的地区为1000～2000m,近郊区视具体情况确定,一般约为5000m左右。

第 2.4.2 条 渡轮站应与货运、长途客运码头隔开,一般宜不小于50m。

第 2.4.3 条 渡轮站必须选在水位落差最大时也能使用、两岸坡度比较平缓的地方。

第 2.4.4 条 水位落差最大时,最低应保持有3.8m以上的水位(落潮后应有2.5m以上的水位)。

水位落差超过12m以上时,轮站的进出口宜增设电动绞(缆)车或自动扶梯等电动提升工具。

第 2.4.5 条 渡轮站应按港章规定,两边有30～50m的船只活动水域。最低这一水域应不小于20m。港务和航道部门应在措施上保证这一规定的实施。

第 2.4.6 条 渡轮站的水域一般应在30m×50m,最大在50m×100m。在轮渡客运量较大、渡船较多的大城市,其渡轮站的水域应采用50m×100m。

有两条以上航线的渡轮站,应有两艘以上船只安全航行的水域(包括航线船只活动水域的安全间隔),有两个以上互不干扰的泊位。

第 2.4.7 条 渡轮站一般采用钢结构趸船。其大小应能满足渡轮安全地靠岸。

第 2.4.8 条 渡轮站使用的囤船必须有上盖和鲜明的行业标志。囤船上应设办公室、值班室、船员休息室（包括卧室）、小食堂、小卖部、广播室、候船座椅、厕所。

第 2.4.9 条 跳板拼成的引桥宽度最低不小于2.5m，挠度应不大于±10mm，两边应设有高1.2m以上的护栏。护栏必须有足够的强度，安全可靠。

可采用舟桥来做引桥，引桥的长短可根据需要增减。

渡轮站可采用活动斜桥连接囤船和码头。

第 2.4.10 条 渡轮站的主要建筑式样宜主要采用长方形。个别受地形条件限制无法采用长方形的，也可因地制宜，采用正方形、圆形等式样。其结构一般为钢筋混凝土型。主要建筑的颜色以表征江河海水的浅蓝色为宜，建筑物上应饰以轮渡标志和能日夜显示的通航标志。

第 2.4.11 条 渡轮站主要建筑的规模以客运量的大小为标准。日客运量在1万人次（包括自行车，下同）以下的，主要建筑的用地应不小于150m²（25m×6m）；日客运量在1～3万人次的，主要建筑的用地应不小于300m²（30m×10m）；日客运量在3～5万人次的，主要建筑的用地应不小于500m²（40m×12.5m）；日客运量在5～10万人次的，主要建筑的用地应不小于1000m²（50m×20m）；日客运量在10万人次以上的，其主要建筑的用地照此类加。

第 2.4.12 条 渡轮站主要建筑用于办公和组织生产，应包括办公室、票务室、调度室、安全员工作室、会议室、学习室、售票处等。其中，调度室应有宽敞、通视良好的用房；售票处应分设在进口处一侧。

在多雾的城市，轮渡应有雾航设施。

第 2.4.13 条 在岸上设候船室，其用地应单列，然后再加入主要建筑的用地中。候船室的大小应按候船乘客高峰人数最多时计算，其用地宜1m²/每人。

第 2.4.14 条 渡轮站的附属建筑主要用于生活方面，应有工作人员休息室（包括值班人员卧室）、单身职工宿舍、婴幼室、小型食堂、文娱活动室、浴室、厕所和预留机动用房，其建筑用地根据该码头全体职工总数计算，宜7m²/每人左右。

第 2.4.15 条 渡轮站建筑在造型上应成为具有鲜明地方特色，并充分体现城市水上公共交通独特建筑风格的有机整体，同时又能突出主要建筑的主体作用。

第 2.4.16 条 渡轮站的进出口和安全门应以保持通畅为原则，分开设置；进口可以并排多设，应确保乘客能迅速进出。

第 2.4.17 条 渡轮站进出口的尺寸应根据客运量的大小具体确定。日客运量在1万人次以下的，进出口宽度应不小于5m；日客运量在1～3万人次的，进口宽度应不小于6m、出口宽度应不小于8m；日客运量在3～5万人次的，进口宽度应不小于8m、出口宽度应不小于10m；日客运量在5～10万人次的，进口宽度应不小于10m、出口宽度应不小于12m；日客运量在10万人次以上的，进、出口宽度照此类加。

第 2.4.18 条 渡轮站进出口应有夜间显示标志，应配有较先进的售、检票设施，应不允许在其附近有阻碍通行的障碍物或者摆摊设点。

第三章 停车场

第一节 停车场的功能和选址

第3.1.1条 停车场的主要功能是为线路营运车辆下班后提供合理的停放空间、场地和必要设施，并按规定对车辆进行低级保养和重点小修作业。

第3.1.2条 停车场宜按辖区就近使用单位布置，选在所辖线网的重心处，使其与线网内各线路的距离最短。其距离宜在1～2km以内。

第3.1.3条 停车场距所在分区保养场的距离宜在5km以内，最大应不大于10km。

第3.1.4条 在城市总体规划中应有计划地安排停车场用地，将停车场均匀地布置在各个区域性线网的重心处。在旧城区、交通复杂的商业区、市中心、城市主要交通枢纽的附近，应优先安排停车场用地。在发展新的小区或建设卫星城时，城市规划部门必须预留包括停车场在内的公交用地。

第3.1.5条 停车场的用地应安排在水、电供应和市政设施条件齐备的地区。

第二节 停车场的用地和布置

第3.2.1条 确定停车场用地面积的前提是要保证公交车辆在停放饱和的情况下，每辆车仍可自由出入（无轨电车应保证顺序出车）而不受前后左右所停车辆的影响。

第3.2.2条 公共交通车辆的停放方式，公共汽车宜主要采用垂直式或斜排式，无轨电车应采用平行式。

停车面积系数K_s，垂直式为0.35，斜排式为0.30，平行式为0.50～0.60。

第3.2.3条 停车场的规划用地宜按每辆标准车用地150m²计算。在用地特别紧张的大城市，公共交通首末站、停车场、保养场的用地可按每辆标准车用地不小于200m²综合计算。若用地利用率不高，各地可酌情增加。

第3.2.4条 停车场的洗车间（台）、油库和锅炉房的规划用地按有关标准和规范要求单独计算后再加进停车场的规划用地中。

第3.2.5条 停车场的规模一般以停放100辆铰接式营运车辆为宜。

第3.2.6条 停车场的总平面布置为场前区、停车坪、生产区和生活区四部分，共同构成一个有机整体。各部分平面设计的主要要求：

a. 场前区由调度室、车辆进出口、门卫等机构和设施构成，要求有安全、宽敞、视野开阔的进出口和通道。

b. 停车坪的设计应采用混凝土刚性结构，有良好的雨水、污水排放系统，排水明沟与污水管线不得连通，坪的排水坡度（纵、横坡）不大于0.5%。

停车坪应有宽度适宜的停车带、停车通道，并在路面采用划线标志指示停车位置和通道宽度。

在北方（黄河以北），停车坪上必须有热水加注装置，有条件宜建成封闭式停车库。

c. 生产区的平面布局必须包括低保保修工间及其辅助工间和动力及能源供给工间两个组成部分，两部分的设计应符合工业厂房设计标准和规范要求。

d. 生活区的平面布局包括办公楼、教育用房、文化娱乐和会议用房、食堂、保健站、婴幼室、浴室、集体宿舍、厕所等，其设计需结合本身的特点，参照执行有关标准。全场必须搞好绿化。

第三节 停车场的进出口

第3.3.1条 停车场的进出口由车辆进出口和人员出入口

组成，再采取必要的分批措施，严格各行其道。

第3.3.2条 停车场的进出口应设在其使用的范围内或入车场齐一侧，其方向要朝固有分流路段。

第3.3.3条 停车场进出口应分开设置，分开设置有困难与一个合用进出口，在条件允许的情况下，进出口可作错开设置。在停车数小于50辆时，其通道宽度应小于10～12m；同时应有分隔措施，若在条件允许小于50辆时，应无有条件设置两用进出口时为宜。

第3.3.4条 停车场进出口的使用宽度见第2.1.8条。

当路缘石设与进出口相对应的减速带。在化带、人行道上，并断开要有不小于标准车辆小转弯半径的2～3倍。

第3.3.5条 停车场出入口的门房宽度应不小于3.6m，门房要设其距在进出口的中位置上。常用门房多为收费门。

停车场内的交通路线应与进出口行驶方向相一致的单向行驶路线，避免互相交叉。同时进出口必须有隔离带，并北向有错开各场车辆，因有夜间需光亮度为小于1lx的灯光照明。

无新电车停车场进出口其分开设置，场内交通组应有一致相同的单向行驶方向及布局，其车场在停车区域范围设置，停车场最小一般为5.00～5.50m。

入站入口可以在车辆进出口的一侧或双侧设置，其使用宽度为大于双人同步行速度的1.6m。

第四节 作业管理

第3.4.1条 一般客运站和小停车场在作业车为一并进行分类作业的，进行作业的用工作数根据每日一定车次级和满进入人工作作业的重点小停车水产布在每日的一定车及小停车场作业规定。

一般客运所需工作数约为十二个工作。

第3.4.2条 工作面积可从以下系数计算法，其中系数:
一般客运所需工作数 $(H_1、H_2、a_1、a_2)$，依工位在在置排列方式不同及其他标准数情况而不同在各项目差。

表3.4.2 工位面积计算表

项 目	单位	符 号	轿 车	大 客 车、载 货 车	备 注
车辆长	m	L	6	9	常用小轿车
车辆间距	m	H_1	2.5	3	含通道面积
车辆横距	m	H_2	1.5	2	含通道面积
车辆加宽	m	a_1+a_2	3.0	—	
每车工作面积	m²	$S_w =(L+H_1+H_2) \times (b+a_1+a_2)$			

第3.4.3条 当停车数在200辆以下的客场，可单此停车场进行性作业，当停车数在200～500辆的客场，因作业可以在车场客席性进行，客车数在500辆以上的客场，低客作业应在停车场进行。

第五节 用 间

第3.5.1条 低停客辆工作停车地的应排用工作数量相应确定。

选定停车地时，长度应不小于两倍车长，宽不小于停车身，其长度应不小于一倍车长。据车身宽度应不小于0.85m，有较容度应不小于1～1.2m。若列车布列间中心距离不小于2倍车身车宽，据间内编瓦间外墙使光线的外围面材料（如瓷砖），墙内应设有照明灯且点闪光灯光及安全灯电源。

第3.5.2条 主停车间的地面应用耐磨载工作数量，有布线的且点交及区附用地电算。一般车小车的作间用地面积，并因有各类型的选定度小停车地区或计算，于各场停客辆工作间投剂用地的约50～60%。精的工作地的地的面积为停客辆工作间线对用地的轴形下载为。

第3.5.3条 精的工作间有采用正面式、双层式等排列操作水的布局也要基在主保工作间的周围基上置。

第六节 油料管理

按照本规范第四章第四节油库的有关条款执行。

第七节 清扫机械

第3.7.1条 停车场应建清洗车辆用的洗车间（台），其用地宜为停车场规划用地的1～1.5%。洗车间（台）的用地单独计算，未计入停车场的规划用地中。

第3.7.2条 清洗车辆在室内进行，应建洗车间；在室外进行，应建洗车台。北方（黄河以北）不宜在室外洗车，可建洗车间，洗车间内宜增设远红外线干燥器。

第3.7.3条 停车数在100辆营运车以下的建半自动化洗车台；在100辆营运车以上的建自动化洗车台，采用全自动双架洗车机洗车，要求两次洗涤，3min洗一辆，每次用水量在0.3～1m³，80%以上的水应回收再用。

第八节 办公及生活性建筑

第3.8.1条 停车场的办公及生活性建筑用地应不小于10～15m²/每标准车。其中，办公楼的用地为3～5m²/每标准车，生活性建筑用地为7～10m²/每标准车。

第3.8.2条 生活性建筑的用地中不含家属宿舍的用地。家属宿舍系停车场必须的配套建筑。

第3.8.3条 办公及生活性建筑应从建筑造型、色彩、布局、风格等方面体现城市公共交通企业服务性强、人员流动性大、妇女多、作息时间不一等工作特点。

第3.8.4条 在食堂设计中，厨房面积与餐室面积之比为2或1.5:1。

第3.8.5条 在浴室、厕所设计中必须增大女部的建筑使用面积，其与男部的面积比约为1.5:1左右。

婴幼托室的面积应满足本企业职工入托子女1/3以上。

第九节 绿化

第3.9.1条 停车场必须确保场区的绿化用地，对全场绿化进行总体布局，把种植树木、花卉和水池、草坪、花坛、休息亭台结合起来，适当点缀以反映公共交通特点的建筑小品。

第十节 多层与地下停车库

第3.10.1条 在城市用地紧张的大城市，停车场可向空间或向地下发展，尤其是出租汽车可以采取这种形式。

第3.10.2条 多层停车库的选址与停车场的基本相同，唯其地质条件和基础工程必须符合多层建筑的设计要求。同时，还必须根据GBJ67—84《汽车库建筑设计防火规范》与周围易燃、易爆物体、单位和高压电设施严格保持防火间隔。

地下停车库应选在水文地质条件好、出口周围宽敞、排风口不朝向建筑物、公园、广场等污染较大的公共场所，确保避开地下水和特别复杂的地质构造。

第3.10.3条 独立的多层停车库的布局可分为停车区（包括有停车位、车行道、人行道在内的停车部分；有回车场地、坡道、升降机、移车机、车辆转盘、电梯在内的运行设施）；保修工间区（包括低保、小修、充电、轮胎等主辅修工间、吸烟室、洗车间）；调度管理区（包括办公室、调度室、场务司机室等）；辅助区。

第3.10.4条 多层停车库的建筑面积宜按100～113m²/每标准车确定（其中，停车区的建筑面积宜为67～73m²/每标准车，保修工间区的建筑面积宜为14～17m²/每标准车，调度管理区的建筑面积宜为8～10m²/每标准车，辅助区的建筑面积宜为6～7m²/每标准车，机动和发展预留建筑面积宜为5～6m²/每标准车）。

地下停车库主要用于停车，其它建筑均安排在地面上。地下停车库的建筑面积按70m²/每标准车确定。其地面建筑另行计算。

出租汽车的多层及地下停车库的建筑面积参照标准车进行折算。

第 3.10.5 条 多层停车库的坡道宜布置在主体建筑之外。在条件不允许时采取布置在建筑物的中部、两侧或者两端，但这时必须注意作为停车用的主体建筑的柱网和结构的处理。

第 3.10.6 条 多层停车库停车区车辆的停放形式有成0°的序列停放，成30°、45°、60°的斜列停放，成45°的斜角交叉停放，成90°的直角停放，在设计时应结合停放区的平面形状，选用进出车最自由、占用停放区建筑面积最小的那一种作为该停放区的停放形式。

公交车辆进出停放车位的方式宜顺车进、顺车出。在条件不允许时，宜倒车进、顺车出，不允许顺车进、倒车出或者倒车进、倒车出。

第 3.10.7 条 停车区内应采用单向行车，车行道必须有足够的宽度和保证车辆能安全通车的转弯半径。为了减少车辆转弯次数，并使通视距离保持在50～80m范围内，车行道应尽力维持直线形。

第 3.10.8 条 停车区的柱网是确定多层车库柱网的主导因素。必须根据所停车型的停放形式、所需的安全间隔、车行道布置方式、占用的建筑面积最小以及使柱网采用同一尺寸等原则选定结构最合理、最经济的停车区柱网。在选定柱网时，应首先确定柱网的单元尺寸、车位和车行道所需的合理跨度，应避免为减少柱的数量而使跨度或地下车库埋深过分增大所带来的不利因素。当车位和车行道所需跨度尺寸无法统一时，柱网可分别采用不同尺寸，但不应超过两种。

第 3.10.9 条 停车区的层高除考虑因工作需要（如装置各类管道）需增加适当高度外，层高不应过大，一般为车身高度，加0.2m安全距离和结构所需高度之和。

地下车库的埋深应适当，其顶部地面如要植树时，其土层最小厚度应不小于2m；种草、花卉或者菜时，最小土层厚度应不小于0.6m。

第 3.10.10 条 多层车库的坡道应参照GBJ67—84《汽车库设计防火规范》的要求设置。

公共汽车、无轨电车库的坡道以直线形为宜，条件不允许时，也必须大部分为直线形，兼配少量曲线段，坡道的面层构造应有防滑措施，要有与城市道路一致的照度。公共汽车库直线坡道纵坡宜小于7%，曲线形坡道的纵坡宜小于5%；无轨电车库直线坡道纵坡宜小于8%，曲线形坡道的纵坡宜小于6%；出租汽车库直线坡道纵坡宜小于12%，曲线形坡道的纵坡宜小于9%。坡道与行车交汇处、与平地相衔接的缓坡段的坡度为正常坡度的1/2；其长度，标准车为6m左右、铰接车为10m、出租汽车为4m。直线坡道还应有纵向排水沟和1～2%的横向坡度。

第 3.10.11 条 公共汽车和无轨电车的直线双车坡道最小宽度不小于6.8m、曲线形双车坡道最小宽度内圈不小于7.2m，外圈不小于6.8m；出租汽车的直线双车坡道最小宽度不小于5.5m，曲线形双车坡道最小宽度内圈不小于4.2m、外圈不小于3.6m。汽、电车坡道可在一侧设立宽1m的人行道。

第 3.10.12 条 多层车库进出口必须分开设置，有限速、禁停车辆、禁止鸣笛等日夜能显示的标志；进出口地面上的最小照度应不小于21x，库内上下坡道的平均照度应不小于11x。应执行《汽车库设计防火规范》的有关规定，完善消防设施。应有排除库内有毒气体的措施。多层车库的建筑造型应注意体现其公交特点。

第十一节　出租汽车停车场

第 3.11.1 条 出租汽车停车场的设置以位于所辖营业站的重心处、空驶里程最少、调度方便、进出口面向交通流量较少的次干道为原则。

第 3.11.2 条 出租汽车停车场的规模一般以100辆为宜，最大不超过200辆，主要用以停放车辆、低级保养和小修。大城市可以根据所拥有的出租汽车数量，分别在全市设立若干停车场。

在车辆不超过100辆的中小城市，可在停车场内另建一座担负二级保养以上任务的保修车间，不再另建保养场。保修车间设计参照本规范保养场的要求进行。

第3.11.3条 出租汽车停车场不宜采用露天停车坪停放车辆，宜建有防冻和防曝晒的停车库。在用地紧张的市中心区，可建多层停车库。

第3.11.4条 出租汽车停车场的平面布置包括停车库、低级保养保修工间、办公及生活区、绿化（包括死角）、机动及预留发展用地。全站规划用地按上海牌760型小轿车作计算标准应不小于 $50m^2$／每出租标准车。

第3.11.5条 出租汽车停车场应设置油料库房和加油站，其用地和设置的各项要求按本规范第四章第四节《油库》和GBJ67—84《汽车库设计防火规范》执行。

第3.11.6条 出租汽车停车场应设洗车间，其各项要求参照本规范第三章第七节《清扫机械》一节各款执行。

出租汽车停车场的进出口宜按本规范第三章第三节"停车场的进出口"各款执行。

第四章 保养场

第一节 功能与场址

第4.1.1条 保养场的功能主要是承担营运车辆的高级保养任务及相应的配件加工、修制和修车材料、燃料的储存、发放等。

在中、小城市，停车场的低级保养和小修设备较差，保养场有提供其所需配件的任务；如车辆较少，不需单独建停车场时，可按本规范停车场的各项要求在保养场内建设停车场（库）。

在中小城市，由于车辆不多，一般也不建修理厂，保养场应同时承担发动机和车身修配的任务，并按修理厂的设计规范要求建设修理车间。

第4.1.2条 保养场应建在城市每一个分区线网的重心处（大城市宜在市区半径的中点；中、小城市宜建在城市边缘），使之距所属各条线路和该分区的各停车场均较近。应避免建在交通复杂的闹市区、居住小区和主干道内，宜选择在交通情况比较清静而又有两条以上比较宽敞、进出方便的次干道附近，并有比较齐备的城市电源、水源和污水排放管线系统。

第4.1.3条 保养场应避免建在工程地质和水文地质不良的滑坡、溶洞、活断层、流砂、淤泥、永冻土和具有腐蚀性特征的地段，尤其应避免高填方或开凿艰巨的石方地段。其地下水位必须低于地下室和建筑物基础的底面。

第4.1.4条 保养场的纵轴朝向，一般宜与主导风向一致。如有困难，也只能成一个影响不大的较小交角。其主要建筑物宜尽量不处于西晒、正迎北风的不利方向。保养场还必须处在城市居住区的下风方向。

第二节 平面布置和用地

第4.2.1条 保养场的平面布置应遵循以下原则：

a. 保养场平面布置应有明显的功能分区，把功能相近、生产（工作）性质相同，动力需要和防火、卫生等要求类似的车间、办公室、设备、设施布置在同一功能分区内。尤其是保养车间及其附属的辅助车间必须按照工艺路线要求布置在相邻近的建筑物里，建筑物之间既有防火等合理的间隔，又要有顺畅而方便的联系。

b. 保养场的办公及生活性建筑宜布置在场前区，其建筑式样、风格、色彩等与所在街景的美学特点要相谐和。场区的道路应不小于7m，人行道不小于1m；场区还必须按GB4992—85《城市公共汽车技术条件》要求设置符合标准的试车跑道，还应有一定数量（不小于50辆营运车）的机动停车坪。

c. 保养场的配电房、锅炉房、空压机房、乙炔发生站等动力设施应设在全场的负荷中心处。锅炉房，应位于全场的下风处。近旁应有便于堆放、装卸煤炭的场地。保养场进出应有供机动车用的宽度不小于12m的铁栅主大门，主大门两边应有宽度不少于3m的人员出入门，同时还应在适当处设置紧急出入门。

第4.2.2条 保养场是保证城市公共交通正常营运的重要后方设施，在城市规划上应有明确的地位，切实加以规划。一个城市建立保养场的数量应根据城市、城市的发展规模以及为其服务的公共交通的规模从规划上具体加以确定。

第4.2.3条 保养场按企业营运车的保有量设置：企业营运车保有量在200辆以下或200辆左右，可建一个小型保养场；保有量在300～500辆左右的企业，可建一个中型保养场；在车辆超过500辆以上的大型企业，可建保养中心。中、小城市车辆较少，不应分散建很多场，可根据线网布置情况，适当集中车辆在合理位置建场。大城市车辆较多，宜于大中小结合，不应不分情况地都建规模很大的大型场或中心。

第4.2.4条 保养场的规划用地按所承担的保养车辆数计算，每辆标准车用地200m²，乘以用地系数K_y。当保养车辆数小于或等于100辆时，K_y值取1.2；保养车辆数为150辆左右，

K_y值取1.1；保养车辆数在200辆车以上时K_y值取1。在山城建设保养场不论规模大小，K_y值一律取1.2。

第4.2.5条 保养场若同时考虑营运、停车或修理，其规划用地应在保养场的基础上，按本规范关于营运、停车场、修理车间的用地要求增加所需面积或按第3.2.3条综合计算。

保养场油库、变电房的用地另行计算。

第三节　生产与生活性建筑

第4.3.1条 保养场应有确保完成其生产任务的现代化厂房，应根据保修生产的工艺路线要求，由保养车间和发动机、底盘、轮胎修理、喷烤漆工间等构成主车间，成为厂房的主要部分。其它如电工间、蓄电池间、设备维修间、材料配件工具库、动力站等构成辅助车间。各辅助车间应根据工艺要求，紧凑地布置在主车间的四周。对于有较大噪声、有毒气体、液体和易燃气体的空压机间、蓄电池间、乙炔间在布置时按GBJ67—84《汽车库建筑设计防火规范》执行。

保养厂应重视车身保养，有固定的车身保养工作场所，单独建立车身保养车间（工段、组），单独进保进修。

第4.3.2条 保养场的保修厂房应根据南北方城市的不同情况因地制宜，采取相适应的形式。一般宜采用通过式，顺车进房，顺车出房，利用房外通道回车。厂房宽可据每日保修车辆台次确定，厂房长度宜因地制宜，保养厂生产性建筑规划用地宜按50m²/每标准车计算，各车间（包括库房、动力站）的用地应根据工艺设计确定。

第4.3.3条 保养场保修厂房和辅助车间的地面应根据保养、发动机和底盘解体清洗、蓄电池、车间楼面等不同的作业特点分别采用高标号混凝土面层、耐机油、耐酸耐腐蚀材料面层和非刚性材料面层。其车间的采暖、通风、照明、给排水等分别参照有关规范、标准执行，场内应有污水净化处理设施。

第4.3.4条 保养场的设施可按下述经验数确定，即每百

辆标准车需九个保修工位，其中车身二个、机电七个；每百辆电车（标准车）需十一个工位，其中车身四个、机电七个。

第4.3.5条 办公楼的规划用地宜占办公室及生活性建筑用地的13%。办公楼的各项设计参照有关建筑标准执行。

保养场的生活性建筑包括食堂（兼作全场会议礼堂）、单身职工宿舍、婴幼室、保健站、教育用房、会议和文娱活动用房、浴室、厕所。其规划用地宜为35m²/每标准车。

第4.3.6条 保养场应在场前区按合理关系和相互联系有机而紧凑地布置各项生活性建筑。各项建筑的用地可参照有关设计规范和各场的具体情况确定，确定的原则是：

a. 食堂应有宽敞的工作间（包括贮藏室），宜与全场性会议室通用；

b. 单身职工宿舍每床位建筑面积应不小于6m²（严寒地区应不小于6.5m²），每人使用面积应不小于4m²，每个房间不超过6人；

c. 婴幼室除保证有宽敞的教室和午休卧室外，同时应有幼儿进行文体活动的场院、雨雪天用室内活动场地，以及舒适的哺乳室；

d. 保健站应据场的规模设置一定床位的观察病房；

e. 应有光线充足的专用教室和包括图书室、阅览室在内的文娱俱乐部；

f. 应有包括更衣室在内的淋浴室，其设计按有关卫生规范执行；

g. 应按有关卫生规范配备厕所，男、女厕所的面积应据男女职工的具体比例确定。

保养场应确保绿化用地，搞好厂房、办公楼周围的植树种花，搞好生活区的绿化，有条件宜配以喷水池或庭园式花园。

第四节 油 库

第4.4.1条 油库应选在场内安全的地方，应按GBJ67—84《汽车库建筑防火设计规范》的要求建设。

第4.4.2条 油库包括库房（办公室）、地下油罐和加油站三部分。油库地下油罐的储油能力，一般为全日车辆用油总量的3～4倍。

第4.4.3条 加油站应有站房和自动计量油泵供管理人员值班休息和给车辆加油，其使用面积应不小于10m²。加油站的构造材料必须采用以铁物撞击不发生火花的可靠防火材料。加油站的自动计量油泵上方应有罩棚，棚的下沿距地面净高应不小于3.3m。

第五节 出租汽车保养场

第4.5.1条 出租汽车保养场的选址与建场设计等各项内容可按本章1～4节的各项内容实施。

在进行出租汽车保养场设计时宜突出它的特点，允许在这方面有特殊合理的要求。

第4.5.2条 出租汽车保养场的规模按其保养车辆的能力可分为大、中、小型三类。保养车辆能力在500辆以上的为大型场，在200～500辆时为中型场，在200辆以下为小型场。

第4.5.3条 出租汽车保养场的规划用地按60m²/每车乘以用地系数K_y值计算。一般，大型场的K_y值取1，中型场的K_y值取1.1～1.2，小型场的K_y值取1.5。

第六节 保 养 中 心

在车辆较多的大型企业，为实行专业化保养，向现代化、高效率、大生产方向发展，可按《城市公共交通企业技术管理制度》（国家城建总局颁布试行）的要求建立保养中心。

第五章 修 理 厂

第一节 建厂与用地

第 5.1.1 条 修理厂宜建在距城市各分区位置适中、交通方便、又不面临交通流量较大的主干道、周围有一定发展余地的市区边缘，有可靠的水、电、煤供应。厂区周围半径不小于25m范围内应避免有居民居住，应按环保法规减少对城市的空气和噪声污染、对排污进行生物化学回收处理。

一个大城市，一般宜建一个修理厂。

第 5.1.2 条 修理厂的规模应视该城市公交企业所拥有的运营车辆数而定。一般凡运营车辆在500辆左右时，应建具有年产200辆次大中修能力的修理厂一座；凡运营车辆在1000辆左右时，应建具有年产500辆次大中修能力的修理厂一座。若运营车辆在1000辆以上，或者更多时，应建的修理厂的规模按此类推。

修理厂应根据运营车辆数及其大、中修间隔年限计算生产能力。以此作为基础对修理厂的规模、厂房的大小等进行设计。大、中修间隔年限由各城市按本地具体情况确定。所需修理设备的数量最少应达到生产能力的30%左右。

第 5.1.3 条 修理厂的规划用地按所承担年修理车辆数计算宜按250m²/每标准车进行设计。

第 5.1.4 条 修理厂的生活性建筑可按以下办法进行设计：

a.食堂（包括厨房、膳堂及库房）要求能容纳在厂进餐职工；

b.婴幼室要求能容纳全厂女职工三岁以下婴幼儿，设有卧室、活动室、保健室、厨房、仓库、办公室、婴幼儿户外活动场地；

c.幼儿园要求能容纳全厂10～15%职工的幼儿入园；

d.卫生所要求能容纳全厂5%左右的职工同时就诊；

e.浴室要求能容纳全厂4%左右的职工同时淋浴；

f.厕所除办公楼每层设置外，全厂应在车间、生活区等职工主要工作和生活的地方按全厂10%的职工均衡设置男女厕所；

g.单身职工宿舍，要求能容纳全厂15%左右的单身职工居住；

h.俱乐部，要求能容纳全厂职工在内同时进行活动（包括全厂听报告），设有图书室、阅览室、游艺室和职工学习教室；

i.运动场（蓝排球场在内）一座。

以上各项可参照民用建筑设计的各项标准或规范进行。

第 5.1.5 条 修理厂的平面布置应根据各自的功能，将全厂划分成生产区、辅助区、厂前区、生活区，分开进行设置，并有机地联系成一个统一整体。

修理厂的生产区是以生产厂房为中心的区域，一般在全厂总平面布置的中间；辅助区一般在主厂房的附近，围绕着主厂房设置，也可放在厂区后面；厂前区是包括办公楼在内的营业区；生活区是为职工生活服务的区域，一般宜与生产分开。

第 5.1.6 条 修理厂厂房的方位应按照采光及主导风向来确定，一般尽量利用天然采光和自然通风。厂房的建筑宜采用组合式，应尽可能采用有利于运输和降低建筑费用的式样。

第 5.1.7 条 在进行修理厂的布局设计时必须遵守下述原则：

a.应按工艺路线、工作顺序和便于生产上互相联系的要求安排各车间、工作间的位置；

b.各主要通道的布局应整齐，应充分照顾到各种运输方式的衔接，尽力避免生产运输线路迂回往复以及跨越生产线的现象；

c.各工作间应有门直接与主通道相连通。经常开启的大门应避免朝北。有重型设备（如压制的）车间应有通向室外的紧急备用大门；

d.热加工、锻压、铸工、电镀等会散发有害气体、烟尘及噪声的车间应置于主导风下风向和厂区的边缘，噪声过大的车间应设在隔开的房间内；

e. 车间办公室和生活间应就近布置在各车间内；

f. 必须为今后生产的发展，给车间和全厂留有足够的扩建余地。

第二节 库房、道路、其它

第 5.2.1 条 修理厂的全厂性仓库应布置在服务中心处，专用仓库宜靠近所服务的车间，易燃仓库应布置在下风处和厂区边缘。仓库均需靠近工厂道路，并确保消防车能自由接近库房，周围有足够的消火栓。

第 5.2.2 条 修理厂仓库的设计可按有关规范进行，一般其用地面积 S_Q 等于该厂年生产量 Q（修车数/年）物料入库量占年生产量的百分比 K 与材料储备期 n（月）的乘积与仓库总面积上的平均荷量 P_{α}（吨/m²）乘以12个月的商即 $S_Q = Q \cdot K \cdot n / 12 P_{\alpha}$（m²）。

第 5.2.3 条 修理厂内的道路一般采用工业企业道路等级Ⅲ级，即单向行车密度每小时15辆汽车以下。回车场最小面积按铰接车计算；厂内道路最小转弯半径 R 应不小于12m；路面可按汽13级设计；双车道宽7m以上，人行道最小宽度不低于1.2~2.5m 横向坡度为2~3%，最大纵坡5%；直交路口弯道面积在31m²左右，交叉路口（斜交）弯道面积为 R^2。

第 5.2.4 条 修理厂内的道路不应迂回曲折，主要道路应人车分道，宽度应不小于10m，人车出入的大门必须分开设置。车辆进出的主大门宽不少于12m；净高应不小于3.6m。厂门应直接与两条以上道路相连。应设有紧急备用门。

修理厂建筑应执行TJ16—74《建筑设计防火规定》的各项有关条款。

第 5.2.5 条 修理厂内四周宜建宽度为2~2.5m的绿化带。各建筑物之间要种植花草，点缀以喷水池、建筑小品，生活区可点缀以庭园式的绿化景致。

第 5.2.6 条 修理厂消防、环保设施等应按有关标准、规范和法规的规定进行设计。

第三节 渡轮修理厂

第 5.3.1 条 渡轮修理厂应选在近郊沿江（河）处，水位落差对船台工作一般没有影响，没有淤泥堵塞，周围水域较宽敞。

第 5.3.2 条 厂门应面向偏僻的城郊公路，交通比较方便，周围有发展余地，水电供应和排水等市政设施齐备。

第 5.3.3 条 一般以有轮渡交通的大城市为中心设修理厂一座。中小城市如有轮渡交通，与设有修理厂的大城市水上交通又不便，可按要求设立修理车间。

第 5.3.4 条 渡轮修理厂的规模，一般以具有年修理量40艘左右渡轮为宜。

全厂规划用地宜按300m²/每标准船计算。

第 5.3.5 条 渡轮修理厂的办公、生活性建筑等项可参照本规范修理厂部分的有关条款和工厂建筑的有关标准、规范的规定进行。城市规划部门应充分考虑到渡轮修理厂建设的特殊性，并纳入总体规划。

第 5.3.6 条 船台和船坞是船舶修造的工具，其技术规格要求应按造船行业的统一技术标准执行。

船台应按年修理40艘左右渡轮规模的配备，一般在500吨以下，一个修理厂可选配六座左右。

第 5.3.7 条 北方封冻地区的渡轮船坞应能可靠地防止流冰期冰排的碰撞。

中华人民共和国行业标准

城市生活垃圾卫生填埋技术规范

Technical Code for Sanitary Landfill
of Municipal Domestic Refuse

CJJ 17—2001

批准部门：中华人民共和国建设部
施行日期：2001年12月1日

关于发布行业标准《城市生活垃圾卫生填埋技术规范》的通知

建标〔2001〕190号

根据建设部《关于印发"一九九五"年城建、建工工程建设行业标准制订、修订项目计划（第一批）的通知》（建标〔1995〕175号）的要求，由沈阳市环境卫生工程设计研究院主编的《城市生活垃圾卫生填埋技术规范》，经审查，批准为行业标准，其中 3.0.2、4.0.2、5.0.1、5.0.4、6.4.2、6.4.4、6.6.2 为强制性条文，必须严格执行。该标准编号为 CJJ 17—2001，自 2001 年 12 月 1 日起施行。原行业标准《城市生活垃圾卫生填埋技术标准》（CJJ 17—88）同时废止。

本标准由建设部城镇环境卫生标准技术归口单位上海市市容环境卫生管理局归口管理，沈阳市环境卫生工程设计研究院负责具体解释，建设部标准定额研究所组织中国建筑工业出版社出版。

中华人民共和国建设部
2001年8月31日

前　言

根据建设部建标［1995］175 号文的要求，规范编制组经广泛调查研究，认真总结实践经验，参考有关国际标准和国外技术，并在广泛征求意见基础上，修订了《城市生活垃圾卫生填埋技术标准》（CJJ 17—88）。

本规范的主要技术内容是：1.总则；2.术语；3.填埋物；4.卫生填埋场选址；5.填埋场地基与防渗；6.填埋作业；7.填埋场工程验收。

修订的主要内容是：1.对原标准的适用范围作了补充；2.增加了术语一章；3.对填埋物含水量、有机成分、外形尺寸做出定性要求；4.增加了环境影响评价及环境污染治理等内容；5.增加了复合衬层和帷幕灌浆等垂直、水平防渗及填埋场防火等内容；6.增加了填埋场工程验收。

本规范由建设部城镇环境卫生标准技术归口单位上海市市容环境卫生管理局归口管理，授权由主编单位负责具体解释。

本规范主编单位：沈阳市环境卫生工程设计研究院（地址：沈阳市沈河区广宜街 50 号 42 甲；邮政编码 110013）

本规范参加单位：杭州市天子岭废弃物处理总场、上海市环境工程设计科学研究院、建设部城市建设研究院

本规范主要起草人员：孟繁柱、吉崇哲、邱爱芳、梁文、俞觊觎、于孝增、李悦、李淑梅、丁景元、张金城、贾丽、张楠、梁志顺、陈勇

目　次

1　总则　………………………………………………… 14—3
2　术语　………………………………………………… 14—3
3　填埋物　……………………………………………… 14—4
4　卫生填埋场选址　…………………………………… 14—5
5　填埋场地基与防渗　………………………………… 14—6
6　填埋作业　…………………………………………… 14—8
　6.1　填埋前准备　…………………………………… 14—8
　6.2　填埋工艺　……………………………………… 14—8
　6.3　渗沥液导流及处理　…………………………… 14—8
　6.4　排气及防爆　…………………………………… 14—8
　6.5　填埋场的其他要求　…………………………… 14—9
　6.6　填埋场封场　…………………………………… 14—9
7　填埋场工程验收　…………………………………… 14—10
本规范用词说明　……………………………………… 14—11
条文说明　……………………………………………… 14—11

1 总 则

1.0.1 为了在城市生活垃圾实施卫生填埋的设计和施工中贯彻执行国家的技术经济政策，保证填埋工程质量，做到技术先进、经济合理、安全卫生、防止污染，制定本规范。

1.0.2 本规范适用于新建、改建、扩建的城市生活垃圾卫生填埋工程的选址、设计、施工、验收及作业管理；不适用于有毒有害固体废弃物及工业固体废弃物的填埋工程。

1.0.3 城市生活垃圾卫生填埋工程除应符合本规范规定外，尚应符合国家现行有关强制性标准的规定。

2 术 语

2.0.1 城市生活垃圾　municipal domestic refuse
在城市日常生活中或者为城市日常生活提供服务的活动中产生的固体废物。

2.0.2 卫生填埋　sanitary landfill
采取防渗、铺平、压实、覆盖对城市生活垃圾进行处理和对气体、渗沥液、蝇虫等进行治理的垃圾处理方法。

2.0.3 有害垃圾　harmful refuse
在生活垃圾中含有对人体健康或自然环境可能造成直接危害或潜在危害的废弃物。如废电池、油漆、灯泡、灯管、过期药品等。

2.0.4 渗透系数　permeability coefficient
表示防渗材料透水性大小的指标。在数值上等于水力坡度为1时的地下水的渗流速度。

2.0.5 垃圾坝　refuse dam
建在垃圾填埋作业区前，由块石或建筑材料构成，起到挡阻垃圾或通透垃圾渗沥液作用的堤坝。

2.0.6 截洪沟　cut-off ditch
在填埋场区外围坡地沿等高线开挖的水沟，用以拦截及排泄坡面水流。

2.0.7 集液池　leaching pool
在填埋场最低处修筑的汇集渗沥液，并可自流或用提升泵将积液排出的构筑物。

2.0.8 调节池 regulating reservoir

为减少水量和水质变化对污水处理工艺的影响，在污水处理系统前设置的污水预处理或具有调蓄功能的构筑物。

2.0.9 渗沥液（渗滤液） leachate

填埋过程中垃圾分解产生的液体及渗入的地表水的混合液。

2.0.10 粘土类衬里 clay liners

渗透系数小的自然形成粘土或改性土经压实铺设的填埋场防渗层。

2.0.11 人工衬里 artificial liners

利用人工合成材料等铺设的填埋场防渗层。如高密度聚乙烯、土工织物、土工膜、土工复合材料等。

2.0.12 复合衬里 composite liners

采用粘土类衬里或人工衬里等复合铺设的防渗层。

2.0.13 盲沟 underground ditch

采用高滤过性能材料铺设于防渗层上，用于导排渗沥液或气体迁移的地下暗床（管）。

2.0.14 填埋场封场 seal of landfill site

填埋垃圾作业至设计封顶标高或填埋场停止使用后，对填埋库区表面进行覆土或铺设防渗材料等进行防渗处理、地表水导流、填埋气体导排、场区绿化等工程的实施过程。

3 填 埋 物

3.0.1 填埋物应是下列城市生活垃圾：

1 居民生活垃圾；

2 商业垃圾；

3 集市贸易市场垃圾；

4 街道清扫垃圾；

5 公共场所垃圾；

6 机关、学校、厂矿等单位的生活垃圾。

3.0.2 填埋物严禁包含下列有毒有害物：

1 有毒工业制品及其残物；

2 有毒药物；

3 有化学反应并产生有害物的物质；

4 有腐蚀性或有放射性的物质；

5 易燃、易爆等危险品；

6 生物危险品和医疗垃圾；

7 其他严重污染环境的物质。

3.0.3 填埋物含水量、有机成分、外形尺寸应符合具体填埋工艺设计要求。

4 卫生填埋场选址

4.0.1 填埋场的场址选择应符合下列规定：

1 填埋场场址设置应符合当地城市建设总体规划要求；符合当地城市区域环境总体规划要求；符合当地城市环境卫生事业发展规划要求。

2 填埋场对周围环境不应产生影响或对周围环境影响不超过国家相关现行标准的规定。

3 填埋场应与当地的大气防护、水土资源保护、大自然保护及生态平衡要求相一致。

4 填埋场应具备相应的库容，填埋场使用年限宜10年以上；特殊情况下，不应低于8年。

5 选择场址应由建设、规划、环保、设计、国土管理、地质勘察等部门有关人员参加。

6 填埋场选址应按下列顺序进行：

1）场址初选

根据城市总体规划、区域地形、地质资料在图纸上确定3个以上候选场址；

2）候选场址现场踏勘

选址人员对候选场址进行实地考察，并通过对场地的地形、地貌、植被、水文、气象、交通运输和人口分布等对比分析确定预选场址；

3）预选场址方案比较

选址人员对2个以上（含2个）的预选场址方案进行比较，并对预选场址进行地形测量、初步勘探和初步工艺方案设计，完成选址报告，并通过审查确定场址。

7 填埋场防洪应符合表4.0.1的规定：

表 4.0.1　　　　防洪要求

填埋场总容量 ($10^4 m^3$)	防洪标准（重现期：年）	
	设　计	校　核
>500	50	100
200~500	20	50

注：降雨量取值为7d最大降雨量。

8 填埋场宜选在地下水贫乏地区。

4.0.2 填埋场不应设在下列地区：

1 地下水集中供水水源的补给区；

2 洪泛区；

3 淤泥区；

4 填埋区距居民居住区或人畜供水点500m以内的地区；

5 填埋区直接与河流和湖泊相距50m以内地区；

6 活动的坍塌地带、地下蕴矿区、灰岩坑及溶岩洞区；

7 珍贵动植物保护区和国家自然保护区；

8 公园、风景、游览区、文物古迹、考古学、历史学、生物学研究考察区；

9 军事要地、基地，军工基地和国家保密地区。

4.0.3 填埋场选址应事先进行下列基础资料的收集：

1 城市用地规划、区域环境规划、场址周围人群活动分布与城区的关系；

2 城市环境卫生规划及垃圾处理规划；

3 地形、地貌及相关地形图；

4 地层结构、岩石及地质构造等工程地质条件；

5 地下水水位深度、流向等场址水文地质资料及利用情况；

6 夏季主导风向及风速；

7 降水量、蒸发量等气象背景资料；

8 周围水系流向及用水状况；

9 洪泛周期（年）；

10 待填埋处理的垃圾总量和日填埋量；

11 垃圾类型、性质、组成成分；

12 土石料条件，包括取土石料难易、远近和存储总量；

13 交通运输及供水供电条件。

4.0.4 环境影响评价及环境污染防治应符合下列规定：

1 垃圾卫生填埋建设项目在进行可行性研究的同时，必须对建设项目的环境影响做出评价；

2 垃圾卫生填埋建设项目的环境污染防治设施，必须与主体工程同时设计、同时施工、同时投产使用。

5 填埋场地基与防渗

5.0.1 填埋场必须防止对地下水的污染。不具备自然防渗条件的填埋场必须进行人工防渗。

5.0.2 自然防渗和人工防渗处理应符合下列规定：

1 粘土类衬里（自然防渗）的填埋场，天然粘土类衬里的渗透系数不应大于 1.0×10^{-7}cm/s，场底及四壁衬里厚度不应小于2m；改良土衬里的防渗性能应达到粘土类防渗性能。

2 当填埋场不具备粘土类衬里或改良土衬里防渗要求时，宜采取自然和人工结合的防渗技术措施。

3 复合衬里应按下列结构铺设：

1）防渗结构宜采用单复合衬里防渗结构；当不能满足防渗性能时，应采用双复合衬里防渗结构。

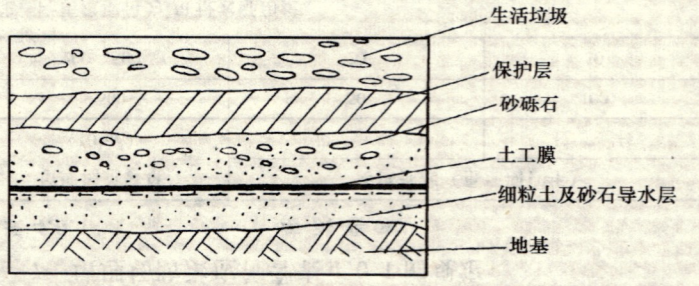

图 5.0.1-1 单复合衬里防渗结构

2) 高密度聚乙烯土工膜厚度不应小于1.5mm，并应具有较大延伸率。膜的焊（粘）接处应通过试验、检验。

3) 单复合衬里结构如图5.0.1-1所示，铺防渗层时，衬里应覆盖底面及坑壁。

4) 双复合衬里防渗结构如图5.0.1-2所示，铺防渗层时，衬里应覆盖底面及坑壁。主土工膜层以上应为渗沥液的主防渗层；主、副膜之间应为渗沥液检测层和次防渗层。

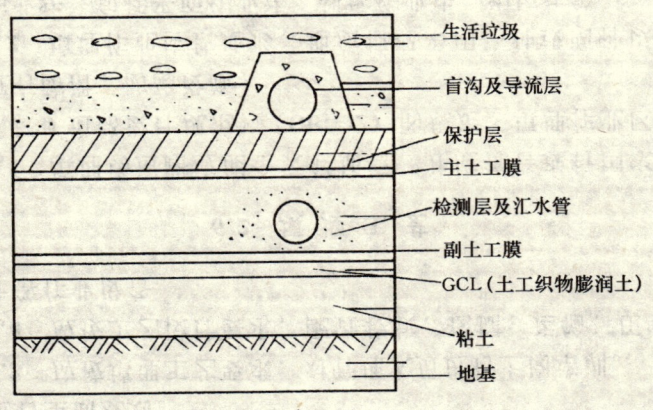

图 5.0.1-2 双复合衬里防渗结构

4 土工合成材料在应用过程中应符合国家现行的标准《非织造复合土工膜》(GB/T 17642)、《聚乙烯土工膜》(GB/T 17643)、《聚氯乙烯土工膜》(GB/T 17688)、《土工合成材料应用技术规范》(GB 50290) 中的有关规定。

5.0.3 填埋场地基应符合下列规定：

1 场底地基应是具有承载能力的自然土层或经过碾压、夯实的平稳层，且不应因填埋垃圾的沉陷而使场底变形、断裂。

2 场底应有纵、横向坡度。纵横坡度宜在2%以上，以利于渗沥液的导流。

3 粘土表面经碾压后，方可在其上贴铺人工衬里。

4 铺设人工衬里材料应焊接牢固，达到强度要求，局部不应产生下沉拉断现象。在大坡度斜面铺设时，应设锚定平台。

5.0.4 在地形、地貌和水文地质条件达不到自然防渗要求的生活垃圾卫生填埋场场地，必须采取水平防渗和垂直防渗措施，当采用粘土类衬里、土工合成膜、帷幕灌浆等防渗措施应达到规定要求。

6 填埋作业

6.1 填埋前准备

6.1.1 填埋区规划、定线等各项技术资料和操作规程必须完备。

6.1.2 场区道路、运输、设备、备料、维修、填埋安全等应进行全面规划。

6.1.3 应按填埋工艺要求,对管理人员进行上岗培训。

6.1.4 应按工艺设计要求,配置装载、挖掘、运输、压实、推土等作业设备。

6.2 填埋工艺

6.2.1 填埋场道路应能全天候通行,并应符合现行国家标准《厂矿道路设计规范》(GBJ 22)的规定。填埋作业区道路宜有防滑、防陷设施。

6.2.2 填埋作业应按地形、地质情况采用一种或两种以上的作业法,包括平面作业法、斜坡作业法、沟填法等。

6.2.3 填埋应实行单元、分层作业,每一单元及作业平台的大小应按设计及现场设备、垃圾量、运输等实际条件而定。填埋作业应定点倾卸、摊铺、压实。应以一日为一小单元或每班次为一小单元,宜每日一覆盖。

6.2.4 作业单元应采用分层压实方法,垃圾压实密度应大于 $600kg/m^3$。

6.2.5 单元每层垃圾厚度依填埋作业设备的压实性能及垃圾的可压缩性确定,宜为 2~3m,最厚不得超过 6m。

6.2.6 每层垃圾压实后,应采用粘土或人工衬层材料进行覆盖,粘土覆盖层厚度应为 20~30cm。

6.3 渗沥液导流及处理

6.3.1 填埋区防渗层上应铺设渗沥液导流系统,并应对收集的渗沥液进行处理。

6.3.2 渗沥液导流系统及处理系统应包括集液盲沟、集液池、调节池、泵房和污水处理设施等。集液池宜设在场底外部,其集液进水管道宜采用单向封闭结构。集液池井口宜高出地面 100cm。

6.3.3 集液盲沟宜采用砾石、卵石、碴石、PVC 或 HDPE 花管等材料铺设,结构为碴石盲沟、碴石与 PVC、HDPE 管盲沟、石笼盲沟等。

6.3.4 集液池、调节池容积应与填埋工艺、渗沥液产生量相匹配。

6.3.5 渗沥液宜采用输送到污水处理厂统一处理、回喷或建设独立污水处理设施等方法处理。

6.4 排气及防爆

6.4.1 填埋场必须控制填埋物产生的气体,严禁填埋气体爆炸,并应符合下列规定:

　　1　填埋场应设气体导排设施。

　　2　气体导排应按地形分别设竖向、横向或横竖相连的排气道。各填埋层间可用穿孔管或石笼集气,可用卵石等粒状物及土工布掩护,应保证其透气性。在填埋深度较大时宜设置多层导流排气系统。应考虑消化过程中的体积变化对气体导排系统的影响。

3 采取自然排气法应在地平面的水平方向上设置间距不大于50m的垂直导气管，管口应高出场地表面100cm以上。采用火炬法点燃时，应高空处理。

4 有条件回收利用填埋气体的填埋场，应设置填埋气体集中收集设施，并监测填埋气体成分及量的变化。

6.4.2 填埋场的填埋作业区应为生产的火灾危险性分类中戊类防火区，易燃易爆部位为丙类防火区。在填埋区应设消防贮水池和消防给水系统等灭火设施。

6.4.3 填埋区应设防火隔离带，其宽度宜为8m。

6.4.4 填埋场区中，甲烷气体的含量不得超过5%；建（构）筑物内，甲烷气体含量不得超过1.25%。

6.5 填埋场的其他要求

6.5.1 垃圾入场填埋前必须对其进行检测，应符合本规范第3.0.1条、第3.0.2条的规定，未经检测的垃圾严禁入场填埋。

6.5.2 场区周围应设安全防护设施，填埋作业现场宜有防飘散物围栏。填埋场周围宜设10~20m宽度的绿化防护带与周围环境相隔离。

6.5.3 填埋场应设有管理、生活、设备维修、地衡、分析化验、给排水、车辆冲洗、电源、通讯、监控等设施。

6.5.4 填埋场应修建地下水本底监测井、污染扩散监测井、污染监测井。填埋场地在填埋前、后应进行水、气、土及噪声的本底监测及作业期监测，填埋后应在不稳定期限前后进行跟踪监测。监测项目及监测方法必须按国家现行标准《生活垃圾填埋场环境监测技术规范》（CJ/T 3037）执行，环境污染控制指标必须符合国家现行标准《生活垃圾填埋污染控制标准》（GB 16889）的要求。应考虑生活垃圾应急堆放场地的设置，并应控制其对环境的污染。

6.5.5 场区应设道路行车指示、安全标志、防火防爆及环境卫生设施设置标志。

6.5.6 填埋场应有灭蝇、灭虫、灭鼠、除臭措施，使用杀虫灭鼠药剂，应避免二次污染。

6.5.7 填埋场应考虑填埋作业面及场外地表水径流，应按当地降雨量、汇水面积、径流量进行设计和建设。截洪沟、溢洪道、排水沟、导流渠、导流坝、垃圾坝等工程应做到清污分流。

6.5.8 填埋场建设的有关文件，必须按国家档案管理条例进行整理与保管，保证完整无缺。在日常运行中积累的技术资料应整理，统一保管，包括场址选择、勘察、征地、拨款、设计、施工直至验收等全过程所形成的一切文件资料。填埋作业管理宜采用计算机网络管理。

6.6 填埋场封场

6.6.1 垃圾填埋场应按建设、运行、关闭、封场、跟踪监测、场地再利用等程序进行管理。

6.6.2 填埋场封场后的土地使用必须符合下列规定：

1 填埋场填埋达到设计封场条件要求时，确需关闭的，必须经所在地县级以上地方人民政府环境保护、环境卫生行政主管部门核准、鉴定。

2 填埋场土地达到安全期后方能使用，在使用前必须做出场地鉴定和使用规划。

3 未经地质、建筑、环境专业技术鉴定之前，填埋场地严禁做永久性建（构）筑物用地。

6.6.3 封场工作应按设计进行施工，并应在专业人员现场监督指导下进行。

6.6.4 填埋场最后封场应在填埋物上覆盖粘土或人工合成材料。粘土的渗透系数应小于 1.0×10^{-7} cm/s，厚度为 20～30cm；其上再覆盖 20～30cm 的自然土，并均匀压实。

6.6.5 填埋场封场后应覆盖植被。根据种植植物的根系深浅而确定。覆盖营养土层厚度，不应小于 20cm，总覆土应在 80cm 以上。

6.6.6 填埋场封场应充分考虑堆体的稳定性和可操作性。封场坡度宜为 5%。

6.6.7 封场应考虑地表水径流、排水防渗、覆盖层渗透性和填埋气体对覆盖层的顶托力等因素，使最终覆盖层安全长效。

7 填埋场工程验收

7.0.1 填埋场工程验收应组成验收机构，验收机构应有环卫专业技术部门参加。

7.0.2 卫生填埋场工程应按相关专业现行施工工程等相关验收规范验收。

7.0.3 填埋物应符合本规范 3.0.1、3.0.2 条的要求。

7.0.4 填埋场选址应符合本规范 4.0.1、4.0.2、4.0.3 条的要求。

7.0.5 填埋场防渗、地基应符合本规范 5.0.1、5.0.2、5.0.3、5.0.4 条的要求。

7.0.6 填埋工艺应符合本规范 6.2 节的要求。

7.0.7 填埋场渗沥液导流及处理应符合本规范 6.3 节的要求。

7.0.8 填埋场排气及防爆应符合本规范 6.4 节的要求。

7.0.9 填埋场的其他要求应符合本规范 6.5 节的要求。

7.0.10 填埋场封场应符合本规范 6.6 节的要求。

本规范用词说明

1 为便于在执行本规范条文时区别对待,对于要求严格程度不同的用词说明如下:
(1) 表示很严格,非这样做不可的
正面词采用"必须";反面词采用"严禁"。
(2) 表示严格,在正常情况下均应这样做的
正面词采用"应";反面词采用"不应"或"不得"。
(3) 表示允许稍有选择,在条件许可时首先这样做的
正面词采用"宜";反面词采用"不宜"。
表示有选择,在一定条件下可以这样做的,采用"可"。
2 条文中指明应按其他有关标准执行的写法为:"应按……执行"或"应符合……的规定(或要求)"。

中华人民共和国行业标准

城市生活垃圾卫生填埋技术规范

CJJ 17—2001

条 文 说 明

前　言

《城市生活垃圾卫生填埋技术规范》（CJJ 17—2001）经建设部 2001 年 8 月 31 日以建标〔2001〕190 号文批准，业已发布。

原标准主编单位是沈阳市环境卫生科学研究所，参加单位有原城乡环境保护部城建局环卫处、清华大学环境工程系、哈尔滨医科大学公共卫生系、河北地质学院地质系、中国农业科学院土肥研究所、辽宁省环境卫生科技情报站。

本规范主编单位是沈阳市环境卫生工程设计研究院，参加单位有杭州市天子岭废弃物处理总场、上海市环境工程设计科学研究院、建设部城市建设研究院。

为便于广大设计、施工、科研、学校等单位的有关人员在使用本规范时能正确理解和执行条文规定，《城市生活垃圾卫生填埋技术规范》编制组按章、节、条顺序编制了本规范的条文说明，供使用者参考。在使用中如发现本条文说明有不妥之处，请将意见函寄沈阳市环境卫生工程设计研究院。

目　次

1　总则 ……………………………………… 14—13
2　术语 ……………………………………… 14—14
3　填埋物 …………………………………… 14—14
4　卫生填埋场选址 ………………………… 14—15
5　填埋场地基与防渗 ……………………… 14—16
6　填埋作业 ………………………………… 14—17
　6.1　填埋前准备 ………………………… 14—17
　6.2　填埋工艺 …………………………… 14—17
　6.3　渗沥液导流及处理 ………………… 14—17
　6.4　排气及防爆 ………………………… 14—17
　6.5　填埋场的其他要求 ………………… 14—18
　6.6　填埋场封场 ………………………… 14—18
7　填埋场工程验收 ………………………… 14—18

1 总 则

1.0.1 原《城市生活垃圾卫生填埋技术标准》(CJJ 17—88) 制订于 1988 年，是我国城市生活垃圾卫生填埋工程的第一本工程标准，其发布实施十多年来，在防止因填埋不科学而造成环境污染方面发挥了重要作用。但随着时间的推移和工程技术的发展，原标准的部分内容已显陈旧，根据建设部建标〔1995〕175 号文的要求，对其进行一次较为全面的修订。

本条主要为填埋工程服务，使其从设计到施工力求技术先进、填埋规范、防止污染。

1.0.2 本条将规范适用范围界定为"新建、改建扩建的城市生活垃圾卫生填埋工程的选址、设计、施工、作业、管理、评价及工程验收"，规范的不适用范围包括了"有毒有害固体废弃物的填埋工程"，使规范的适用范围更加明确、合理。同时对于非建制镇的生活垃圾卫生填埋处理工程，可参考本规范执行。

1.0.3 将原标准的第 1.0.3 条和第 1.0.4 条合并修改后成为本条，作为本规范同其他标准、规范的衔接。本规范涉及许多现行的国家有关标准，主要标准有：《城镇垃圾农用控制标准》(GB 8172—87)、《地面水环境质量标准》(GB 3838—88)、《地下水质量标准》(GB/T 14848—93)、《污水综合排放标准》(GB 8978—96)、《生活垃圾填埋污染控制标准》(GB 16889—97)、《土工合成材料应用技术规范》(GB 50290—98)、《建筑设计防火规范》(GBJ 16—89)、《环境卫生术语标准》(CJJ 65—95)、《城市垃圾产生源分类及垃圾排放》(CJ/T 3033—96)、《工业企业设计卫生标准》(TJ 36—79) 等，城市生活垃圾卫生填埋工程应符合国家强制性标准的规定。

2 术　语

2.0.1~2.0.14 本规范采用的术语及其涵义，是根据下列原则确定的：

　　1　凡现行国家标准《环境卫生术语标准》（CJJ 65—95）已规定的，一律加以引用，不再另行给出定义或说明。

　　2　凡现行国家标准《环境卫生术语标准》（CJJ 65—95）尚未规定的，由本规范自行给出定义和说明。

3 填　埋　物

3.0.1　本条规定了本规范所指的填埋物，并按照近几年发布的主要相关标准，如《城市垃圾产生源分类及垃圾排放》（CJ/T 3033—96）的要求，对规定的填埋物给出了分类、定义。

3.0.2　本条规定了填埋物中严禁包含的物质及填埋物的相关指标应严格控制。

3.0.3　各地在实施过程中往往达不到原标准含水量应小于20%~30%；无机成分应大于60%的指标要求，因此在专家及各地意见的基础上，对"含水量"、"有机成分"及"外形尺寸"等几个重要指标作了定性要求，没有给出具体定量指标。

4 卫生填埋场选址

4.0.1 原标准 3.0.1～3.0.6 等条款主要规定了卫生填埋场选址的有关要求，本次修订将原标准第 3 章"填埋场"修改为本规范第 4 章"卫生填埋场选址"的部分内容。

修订后的内容规定了卫生填埋场的场址确定条件及场址确定步骤等基本要求，并提出防洪要求及填埋场使用年限并将原标准规定的 6 年改为 10 年以上，特殊情况下不应低于 8 年。

由于填埋场的投资和工程量均是巨大的，因此选择一个适宜的场址是十分重要的。选择一个好的场址，填埋场就已经成功了一半，本条给出了填埋场选址的基本要求。国内各城市地理位置、气候、地质等条件差异较大，根据各城市的实际情况，可参考其他国家和地区的相关标准。

4.0.2 原标准的 3.0.2 条和 3.0.3 条中的有些内容属填埋作业和填埋场管理的范畴，故将有关内容写入本规范的第 6 章中，同时将原 3.0.4 条内容保留作为本条。其中将距离公共场所或人畜供水点从原来的 800m 改为 500m，主要依据国家现行标准《生活垃圾填埋污染控制标准》（GB 16889—97），并参考了德国标准的要求。

4.0.3 本条规定了卫生填埋场选址前期工作的基本内容。选址前基础资料的收集对于场址的最终确定以及填埋场规划、设计等具有重要的意义。

4.0.4 城市生活垃圾卫生填埋场作为城市建设基础设施，首先应进行项目的可行性研究，故原标准中的"填埋场应有一定的社会效益、环境效益和经济效益"应在可行性研究中体现出来。还应该进行环境影响评价。这一工作应该在填埋场可行性研究阶段完成。因此，评价的许多工作是在规划和预测的基础上进行，在评价过程中要不断根据实际情况对预测和评价的结果进行必要的修正。

在评价之前，应该首先确定调查、预测和评价的项目。考虑工程实施对环境的影响、填埋场的特性（填埋构造、渗沥液处理）以及填埋场所在地区的特性，除此之外，还应该考虑土壤污染、地基下沉等因素。

确定评价项目后，根据可能的影响范围进行调查和资料收集工作，然后根据设施规划和环境保护措施作出合理的预测，并将预测结果与环境保护目标进行对比，最后得出评价结果。环境保护目标一般是由填埋场所在地区的环境规划决定的，由当地环境保护主管部门确定。故该条增加了"三同时"的内容即生活垃圾填埋场建设项目的主体工程与其环境污染防治设施同时设计、同时施工、同时投产使用。

5 填埋场地基与防渗

5.0.1 本条要求填埋场必须防止对地下水的污染。不具备自然防渗条件的填埋场必须进行人工防渗。

5.0.2 本条对填埋场的自然或人工防渗作出了具体规定。除条文规定天然衬里具有所要求的渗透性外,还应满足有关的土壤指标。此外,不论天然或人工衬里要与可能渗出的渗沥液相融,结构完整性和渗透性不因与渗沥液接触而发生变化。条文中对高密度聚乙烯土工膜等人工防渗材料的性能要求,国家已有相关标准,应参照执行。这次修订对原标准中名词术语和定量方面的不足之处进行了修改,将渗透率改为渗透系数,将土衬里改为粘土类衬里,渗透系数(K)也称水力传导系数,是一个重要的水文地质参数,在国内外都比较重视。由 Darcy(达西)定律:

$$V = Q/A = KJ \qquad (5.0.1-1)$$

式中 Q——渗流量;

J——水力坡度($H_1 - H_2/l$);

A——试验围筒的横截面积;

V——渗透速度。

当水力坡度 $J = 1$ 时,渗透系数在数值上等于渗透速度。因为水力坡度无量纲,渗透系数具有速度的量纲。即渗透系数的单位和渗透速度的单位相同,需用 cm/s 或 m/d 表示。考虑到渗透液体性质的不同,Darcy 定律有如下形式:

$$V = -k\rho g/\mu \cdot \mathrm{d}H^*/\mathrm{d}s \qquad (5.0.1-2)$$

式中 ρ——液体的密度;

g——重力加速度;

μ——动力粘滞系数;

$H^* = Z + P/r$,对于水就是水头;

k——渗透率或内在渗透率。

k 仅仅取决于岩土的性质而与液体的性质无关。渗透系数和渗透率之间的关系为:$K = k\rho g/\mu = kg/V$。应该注意到渗沥液与水的 μ 不同,渗沥液与水的渗透系数具有差异。

本条在国内许多工程实践和参考国外标准的基础上对填埋场基础工程中的基础坚固程度及人工衬里铺接方法等作出了具体规定。按照《土工合成材料应用技术规范》(GB 50290—98)对填埋场防渗工程的设计和施工提出了要求。根据我国环境卫生工程实践将高密度聚乙烯土工膜厚度定为 1.5mm 以上。

5.0.3 本条在原标准的基础上,增加了填埋场地基的要求。将场底纵横坡度定为 2% 以上。

5.0.4 本条要求达不到自然防渗要求的场地必须采取人工防渗,应用粘土类衬里、土工合成膜等材料作水平、垂直防渗。

6 填埋作业

6.1 填埋前准备

6.1.1～6.1.4 规定了填埋应有规划、操作规程及道路、运输、安全等要求，人员培训、车辆及其他附属设施设备应按相关定额等办理。

6.2 填埋工艺

6.2.1 本条规定填埋场道路和作业区道路的要求。

6.2.2 本条提供了几种作业方式。填埋作业方式除平面作业法外，还有斜坡作业法、坑填作业法、沟填作业法、滩涂作业法等，因作业方式而异，其填埋工艺可参照平面作业法执行。

6.2.3 本条规定明确要求实行单元作业、分层作业；垃圾应定点倾卸、摊铺、压实。应以一日为一小单元或每班次为一小单元，宜每日一覆盖。

6.2.4 作业单元应采用分层压实方法，根据填埋场垃圾成分及场地压实机配置不同而异，但垃圾的压实密度应大于 $600kg/m^3$。

6.2.5 根据填埋场垃圾成分及场地压实机配置不同而异，填埋层厚宜为 2～3m，但最厚不得超过 6m。并修订了原标准中层厚 9m 的规定。

6.2.6 本条规定了层间覆土应大于 20～30cm 或用人工衬层材料覆盖。

6.3 渗沥液导流及处理

6.3.1～6.3.4 提出了渗沥液的收集和处理的系统结构。集液池宜设在场底部，其总管通向地面且应高出 100cm。

6.3.5 本条规定了宜采用输送到污水处理厂统一处理、回喷或建设独立污水处理设施等处理方法。

6.4 排气及防爆

6.4.1 本条规定了填埋场必须控制填埋物产生的气体，严防填埋气体爆炸，并应符合下列规定：

1 填埋场应设气体导排设施。

2 气体导排应按地形分别设竖向、横向或横竖相连的排气道。

3 采取自然排气法应在地平面的水平方向上设置间距不大于 50m 的垂直导气管，管口露出场顶表面高度根据专家提议按照《生活垃圾填埋污染控制标准》（GB 16889）第 4.7 条的规定，从原标准的 50cm 增加至 100cm。采用火炬法点燃时，应高空处理。台湾省的一般废弃物卫生掩埋场设置规范中，规定采用燃烧装置应高出覆土表面 3～5m。

6.4.2 本条首次提出了填埋场防火要求，按照现行国家标准《建筑设计防火规范》（GBJ 16）界定了填埋场的填埋作业区应为生产的火灾危险性分类中戊类作业区，易燃易爆部位为丙类作业区。在填埋区应设消防贮水池和消防给水系统等灭火设施。

6.4.3 填埋区应设防火隔离带，其宽度以 8m 为宜。

6.4.4 本条规定出甲烷含量不得超过 5%，该值参考了美国环保署的指标，其认定为空气中甲烷浓度 5% 为爆炸低限，当浓度大于 5%～15%时就会发生爆炸，故场区规定甲烷浓度应低于 5%，而建（构）筑物内甲烷气体含量应低于 1.25%的具体要求。

6.5 填埋场的其他要求

6.5.1～6.5.8 对填埋场的入场垃圾检测、场区周围的防护、辅助设施配置、环境监测、环境污染控制指标规定了其应满足现行国家标准《生活垃圾填埋污染控制标准》（GB 16889—97）的要求。并对场区设施设置标志、相关工程设施及科学管理等方面提出了要求。

6.6 填 埋 场 封 场

6.6.1 本条提出了卫生填埋场建设与利用的管理程序。

6.6.2～6.6.3 填埋场封场后的土地使用要求，为确保填埋场安全可靠和封场后的场地利用，故本条规定填埋场封场应在专业人员现场监督指导下进行。

6.6.4～6.6.6 规定封场后应该覆盖渗透系数 K 小于 1.0×10^{-7}cm/s 厚 20～30cm 的粘土或复合材料，覆自然土 20～30cm，并均匀压实。并规定了营养土不小于 20cm。封场用黄粘土、自然土、营养土合称总覆土，其应达 80cm 以上的要求，封场后应覆盖植被，参考了各类植物根系深度：一般草小于 30cm，牧草大于 100cm，小灌木 30～45cm，大灌木 45～60cm 的实际而定。参照德国标准在表面密封系统受力平衡、形状稳定以后，防止风和雨水侵蚀，避免植物根系对密封系统可能造成的损害。必须有一个不小于 5%的封场坡度。

6.6.7 本条宏观规定了应考虑地表水径流影响，填埋气体的顶托力等要求。

7 填埋场工程验收

7.0.1～7.0.10 具体规定了填埋场工程验收的内容、方法及对人员的要求。填埋场的工程质量管理必须执行《建设工程质量管理条例》。

中华人民共和国建设部部标准

城市环境卫生设施设置标准

CJJ 27—89

主编单位：上海市环境卫生管理局
批准部门：中华人民共和国建设部
实施日期：1989 年 10 月 1 日

关于发布部标准《城市环境卫生设施设置标准》的通知

（89）建标字第131号

《城市环境卫生设施设置标准》业经我部审查批准为部标准，编号CJJ27—89，自1989年10月1日起实施。在实施过程中如有问题和意见，请函告本标准主编单位上海市环境卫生管理局。

本标准由中国建筑工业出版社出版，各地新华书店发行。

中华人民共和国建设部
1989年3月25日

目　次

第一章　总则 …………………………………… 15—3
第二章　一般规定 ……………………………… 15—3
第三章　环境卫生公共设施 …………………… 15—4
　第一节　公共厕所 …………………………… 15—4
　第二节　化粪池 ……………………………… 15—4
　第三节　垃圾管道 …………………………… 15—5
　第四节　垃圾容器和垃圾容器间 …………… 15—5
　第五节　废物箱 ……………………………… 15—6
第四章　环境卫生工程设施 …………………… 15—6
　第一节　垃圾转运站 ………………………… 15—6
　第二节　垃圾、粪便码头 …………………… 15—7
　第三节　垃圾、粪便无害化处理厂（场）…… 15—7
　第四节　垃圾最终处置场 …………………… 15—8
　第五节　贮粪池 ……………………………… 15—8
　第六节　洒水（冲洗）车供水器 …………… 15—8
　第七节　进城车辆清洗站 …………………… 15—8
第五章　基层环境卫生机构及工作场所 ……… 15—9
　第一节　基层环境卫生机构的用地 ………… 15—9
　第二节　环境卫生车辆停车场、修造厂 …… 15—9
　第三节　废弃物综合利用和环境卫生专业
　　　　　用品工厂 …………………………… 15—9
　第四节　环境卫生清扫、保洁工人作息场所 … 15—9

　第五节　水上环境卫生工作场所 …………… 15—9
第六章　涉外环境卫生设施 …………………… 15—10
第七章　环境卫生专用车辆通道 ……………… 15—11
附录一　垃圾日排出量及垃圾容器设置
　　　　数量的计算方法 ……………………… 15—11
附录二　固定的应急生活垃圾堆积转运场
　　　　用地面积计算公式 …………………… 15—12
附录三　垃圾、粪便码头岸线长度计算公式 … 15—13
附录四　垃圾最终处置场用地面积计算公式 … 15—13
附录五　本标准有关术语解释 ………………… 15—14
附加说明 ………………………………………… 15—15

第一章 总 则

第1.0.1条 为了加强城市环境卫生设施的规划、设计、建设、管理，提高城市环境卫生设施的水平，以利城市的整洁和城市功能的正常发挥，保障人民的身体健康和促进城市经济的发展，特制定本标准。

第1.0.2条 本标准适用于中华人民共和国的所有设市城市。建制镇和非建制镇可参照执行。

独立工矿区、旅游风景名胜区、经济特区或经济技术开发区的环境卫生设施设置可参照执行，但其建设标准宜适当提高。

第1.0.3条 按本标准设置环境卫生设施时，还应符合国家和地方发布的环保、卫生、建筑、劳动保护等法律、法令、标准、规范等有关的规定。

第1.0.4条 城市环境卫生管理部门应提出环境卫生设施规划和要求，由城市规划主管部门按本标准审定后，纳入城市总体规划和详细规划中。

城市环境卫生设施应符合布局合理、美化环境、方便使用、整洁卫生和有利于环境卫生作业等要求，并应与旧区改造、新区开发和建设同时规划、设计、施工、验收和使用。

第二章 一 般 规 定

第2.0.1条 生活垃圾、商业垃圾、建筑垃圾、其他垃圾和粪便的收集、中转、运输、处理、利用等所需的设施和基地，必须统一规划、设计和设置。其规模与型式由日产量、收集方式和处理工艺确定。

第2.0.2条 在居住区域内、商业文化大街、城镇道路以及商场、影剧院、体育场（馆）、车站、客运码头、街心花园等附近及其他群众活动频繁处，均应设置公共厕所、废物箱等环境卫生公共设施。

第2.0.3条 城市环境卫生设施的建设应列入城市建设计划。所需建设经费由建设单位负责。环境卫生设施的维护和维修，由设施的产权单位负责。

第2.0.4条 原有环境卫生设施需改建或迁建时，必须同时制定并落实改建或迁建的计划后，方可改建或迁建。

第三章 环境卫生公共设施

第一节 公共厕所

第 3.1.1 条 选择建造公共厕所的地点应因地制宜，合理规划，并符合公共卫生要求。厕所间距和数量根据以下不同情况确定：

一、按城镇道路人流量确定设置间距：

流动人口高度密集的街道和商业闹市区道路，间距为300～500m。一般街道间距不大于800m。

二、按地区面积确定设置数量：

旧区成片改造地段和新建小区，每平方公里不少于3座。

第 3.1.2 条 公共厕所建筑面积应根据人口流动量因地制宜，统筹考虑。一般建筑面积规划指标规定如下：

一、居住小区内6～10m²/千人；

二、车站、码头、体育场（馆）：15～25m²/千人；

三、广场、街道：2～4m²/千人；

四、商业大街、购物中心：10～20m²/千人；

五、城镇公共厕所一般按常住人口2500～3000人设置一座。其建筑面积一般为30～50m²。

第 3.1.3 条 房产及其他单位经环境卫生部门核准在街巷内建造供没有卫生设施住宅的居民使用的厕所，一般按服务半径70～100m设置一座。厕所建筑面积按所服务的人口数量确定。

第 3.1.4 条 公共厕所的设计和建造应符合下列要求：

一、独立式的公共厕所应按照现行《城市公共厕所规划和设计标准》CJJ14—87设计和建造，并与附近建筑群相协调。

二、附建式的公共厕所应结合主体建筑一并设计和建造。

三、公共厕所周围应绿化。厕所的附近和入口处，应设置明显的统一标志。

四、公共厕所内部应空气流通、光线充足、沟通路平；并应有防臭、防蛆、防蝇、防鼠等技术措施。

五、公共厕所应设置冲洗设备、洗手盆和挂衣钩以及老人、残废人专用蹲位和无障碍通道。

六、大便蹲位或大便槽、小便槽的表面应光滑、耐腐蚀。

七、公共厕所应按不同的等级标准和使用性质进行装饰和配备设备。公共厕所上面不宜搭建住宅。

八、公共厕所应注意防冻和排水。附建式公共厕所的采暖宜与主体建筑同时设计和施工。

第 3.1.5 条 公共厕所的粪便严禁直接排入雨水管、河道或水沟内。有污水管道的地区，应排入污水管道；没有污水管道的地区，应建化粪池等排放系统。

在采用合流制下水道而没有污水处理厂的地区，水冲式公共厕所的粪便污水，应经化粪池后方可排入下水道。

第 3.1.6 条 单独设置的小便池应隐蔽、文明、卫生。

第二节 化 粪 池

第 3.2.1 条 城市工业与民用建筑中，装有水冲式大小便器的粪便污水，应纳入城市污水管道系统。在没有污水管道的地区，应建造化粪池。粪便污水和生活污水在户内应采用分流系统。

第3.2.2条 化粪池的构造、容积根据现行《室内给水排水和热水供应设计规范》中的规定进行设计。应防止化粪池渗漏。

一、化粪池的进口要做污水窨井。设计单位应周密估算建筑物的沉降量，并采取措施保证室内外管道正常连接和使用，不得泛水。

二、化粪池的清粪孔盖应与地面相平，与吸粪车停车作业点的距离不得大于2m。

第3.2.3条 其它特殊规格的化粪池的设计与建造，必须征得环境卫生主管部门同意。

第三节 垃圾管道

第3.3.1条 多层及高层建筑中排放、收集生活垃圾的垃圾管道包括：倒口、管道、垃圾容器、垃圾间。垃圾管道应满足机械装车的需要。

第3.3.2条 垃圾管道应垂直。内壁应光滑无死角。内径应按楼房不同的层数和居住人数确定，并应符合下列规定：

一、多层建筑管道内径600～800mm；

二、高层建筑（二十层以内，含二十层）管道内径800～1000mm；

三、超高层建筑管道内径不小于1200mm。

管道上方出口须高出屋面1m以上。管道通风口要设置挡灰帽。

第3.3.3条 垃圾管道应采取防火措施，其设计和建造应符合有关防火规定。

第3.3.4条 垃圾管道在楼房每层应设置倒口间，但不得设置在生活用房内。倒口间应封闭，并便于使用、维修和清理管道。

第3.3.5条 垃圾管道底层必须设有专用垃圾间。高层垃圾管道的垃圾间内应安装照明灯、水嘴、排水沟、通风窗等。北方地区应考虑防冻措施。

第3.3.6条 气力输送垃圾管道系统，宜应用于高级住宅、办公楼及商贸中心等。

第四节 垃圾容器和垃圾容器间

第3.4.1条 供居民使用的生活垃圾容器，以及袋装垃圾收集堆放点的位置要固定，既应符合方便居民和不影响市容观瞻等要求，又要利于垃圾的分类收集和机械化清除。

第3.4.2条 生活垃圾收集点的服务半径一般不应超过70m。在规划建造新住宅区时，未设垃圾管道的多层住宅一般每四幢设置一个垃圾收集点，并建造生活垃圾容器间，安置活动垃圾箱（桶）。生活垃圾容器间内应设通向污水窨井的排水沟。

第3.4.3条 医疗废弃物和其它特种垃圾必须单独存放。垃圾容器要密闭并具有便于识别的标志。

第3.4.4条 各类垃圾容器的容量按使用人口、垃圾日排出量计算。垃圾存放容器的总容纳量必须满足使用需要，避免垃圾溢出而影响环境。

垃圾日排出量及垃圾容器设置数量的计算方法见附录一。

第五节 废 物 箱

第 3.5.1 条 废物箱一般设置在道路的两旁和路口。废物箱应美观、卫生、耐用，并能防雨、阻燃。

第 3.5.2 条 废物箱的设置间隔规定如下：

一、商业大街设置间隔25～50m；

二、交通干道设置间隔50～80m；

三、一般道路设置间隔80～100m。

第四章 环境卫生工程设施

第一节 垃 圾 转 运 站

第 4.1.1 条 垃圾转运站一般在居住区或城市的工业、市政用地中设置。

垃圾转运站的设置数量和规模取决于收集车的类型、收集范围和垃圾转运量，并应符合下列要求：

一、小型转运站每0.7～1km²设置一座，用地面积不小于100m²，与周围建筑物的间隔不小于5 m。

二、大、中型转运站每10～15km²设置一座，其用地面积根据日转运量确定（详见表4.1.1）。

垃圾转运站用地标准　　　　表 4.1.1

转 运 量 （t/d）	用 地 面 积 （m²）	附属建筑面积 （m²）
150	1000～1500	100
150～300	1500～3000	100～200
300～450	3000～4500	200～300
＞450	＞4500	＞300

注：表中"转运量"按每日工作一班制计算。

第 4.1.2 条 供居民直接倾倒垃圾的小型垃圾收集、转运站，其收集服务半径不大于200m、占地面积不小于40m²。

第 4.1.3 条 垃圾转运站外型应美观，操作应封闭，设备力求先进。其飘尘、噪声、臭气、排水等指标应符合环境监测标准，其中绿化面积为10～30％。

第 4.1.4 条 当垃圾处置基地距离市区路程大于50km时，可设置铁路运输转运站。转运站内必须设置装卸垃圾的专用站台以及与铁路系统衔接的调度、通讯、信号等系统。

第 4.1.5 条 在城市生活垃圾处理系统没有完善以前在垃圾高峰和自然气候变异情况下，应设置固定的应急生活垃圾堆积转运场。

第 4.1.6 条 固定的应急生活垃圾堆积转运场可设置在近郊，并按专业工作区域和垃圾流向设置。其用地面积计算公式见附录二。

第 4.1.7 条 固定的应急生活垃圾堆积转运场应有围墙、道路、绿化和管理用房，应有环境保护措施。

第二节 垃圾、粪便码头

第 4.2.1 条 垃圾、粪便码头设置要有供卸料、停泊、调档等使用的岸线，还应有陆上空地作为作业区。陆上面积用以安排车道、大型装卸机械、仓储、管理等项目的用地。

第 4.2.2 条 设置码头所需要的岸线长度应根据装卸量、装卸生产率、船只吨位、河道允许船只停泊档数确定。垃圾、粪便码头岸线长度计算公式见附录三。

垃圾、粪便码头岸线按表4.2.2确定。

当日装卸量超过300t时，用表中"岸线折算系数"栏中的系数计算。作业制按每日一班制。附加岸线系拖轮的停泊岸线。

垃圾粪便码头岸线计算表 表 4.2.2

船只吨位(t)	停泊档数	停泊岸线(m)	附加岸线(m)	岸线折算系数(m/t)
30	二	130	20～25	0.433
30	三	105	20～25	0.35
30	四	90	20～25	0.30
50	二	90	20～25	0.30
50	三	60	20～25	0.20
50	四	60	20～25	0.20

注：表中岸线为日装卸量300t时所要的停泊岸线。

第 4.2.3 条 设置码头所需陆上面积按岸线规定长度配置，一般规定每米岸线配备不少于40m²的陆上面积。在有条件的码头，应有改造为集装箱专业码头的预留用地。码头应有防尘、防臭、防散落下河（海）设施，要有计量和计算装置。粪码头应建造封闭式贮粪池。

第三节 垃圾、粪便无害化处理厂(场)

第 4.3.1 条 处理厂(场)应设置在水陆交通方便的地方，并充分采用综合处理技术。处理后应达到有关卫生标准。

第 4.3.2 条 处理厂（场）用地面积根据处理量、处理工艺确定。用地面积按表4.3.2规定计算：

垃圾、粪便无害化处理厂（场）用地指标 表 4.3.2

垃圾处理方式	用地指标(m²/t)	粪便处理方式	用地指标(m²/t)
静态堆肥	260～330	厌氧(高温)	20
动态堆肥	180～250	厌氧—好氧	12
焚烧	90～120	稀释—好氧	25

第 4.3.3 条 对死畜、病畜等进行无害化处理和综合利用的特殊废弃物处理厂的规模与用地面积，应根据处理量和处理、利用工艺确定。

第四节 垃圾最终处置场

第 4.4.1 条 垃圾最终处置场应符合下列要求：

一、防止污水渗透。

二、防止沼气燃烧。

三、防止病虫害。

四、设置卫生防护区。

五、使用时间不少于十年。

第 4.4.2 条 卫生填埋最终处置场一般应选择在地质情况较好的远郊，并与围海造田、造山置景等综合利用相结合。用地面积的计算公式见附录四。

第五节 贮 粪 池

第 4.5.1 条 贮粪池一般建造在城市郊区。贮粪池的数量、容量及其分布，应根据粪便日储存量、储存周期和粪便利用等因素确定。

第 4.5.2 条 贮粪池应封闭并防止渗漏、防止气爆和沼气燃烧。北方地区应注意防冻。贮粪池周围应视其规模设置围栏和绿化隔离带。

第六节 洒水（冲洗）车供水器

第 4.6.1 条 洒水车和冲洗马路专用车辆的给水，由设置在街道两旁的供水器供水。供水器可利用现有消火栓或另设环境卫生专用供水器。

第 4.6.2 条 供水器的间隔根据道路宽度和专用车辆吨位确定。一般可采用表4.6.2所列数据。

供 水 器 间 隔 　　　　表 4.6.2

道路级别	道路宽度 （m）	供水器间隔 （m）
快速干道	40～70	600～700
主 干 道	30～60	700～1000
商业文化大街	20～40	700～1000
支 路	16～30	1200～1500

注：表中"供水器间隔"适用5t以上车辆。当车辆吨位小于5t时，间隔应适当缩短。

第 4.6.3 条 供水器使用时要防止损坏，并保持完好状态，出现故障要及时修复。

第七节 进城车辆清洗站

第 4.7.1 条 有条件的城市均应在车辆进城的城、郊区接壤处建造进城车辆清洗站。清洗站的规模与用地面积根据每小时车流量与清洗速度确定。

第 4.7.2 条 清洗站内设置自动清洗装置，洗涤水经沉淀、除油处理后，可就近排入城市污水管网。

第五章 基层环境卫生机构及工作场所

第一节 基层环境卫生机构的用地

第 5.1.1 条 基层环境卫生机构的用地面积和建筑面积按管辖范围和居住人口确定。

基层环境卫生机构的用地指标按表5.1.1确定：

基层环境卫生机构用地指标 表 5.1.1

基层机构设置 （个/万人）	万人指标（m²/万人）		
	用地规模	建筑面积	修理工棚面积
1/1～5	310～470	160～240	120～170

注：表中"万人指标"中的"万人"，系指居住地区的人口数量。

第 5.1.2 条 基层环境卫生机构应设有相应的生活设施。

第二节 环境卫生车辆停车场、修造厂

第 5.2.1 条 市、区、镇环境卫生管理机构应根据需要建立环境卫生汽车停车场、修造厂。

第 5.2.2 条 环境卫生汽车停车场和修造厂的规模由服务范围和停放车辆数量等因素确定。

第 5.2.3 条 环境卫生汽车停车场用地可按每辆大型车辆用地面积不少于200m²计算。

第 5.2.4 条 环境卫生的车辆、机具、船舶等修造厂的用地，根据生产规模确定。

第三节 废弃物综合利用和环境卫生专业用品工厂

第 5.3.1 条 废弃物综合利用和环境卫生专业用品工厂，可根据需要确定建设项目。

第 5.3.2 条 废弃物综合利用和环境卫生专业用品工厂用地，应纳入城市总体规划中。

第四节 环境卫生清扫、保洁工人作息场所

第 5.4.1 条 在露天、流动作业的环境卫生清扫、保洁工人工作区域内，必须设置工人作息场所，以供工人休息、更衣、淋浴和停放小型车辆、工具等。

第 5.4.2 条 作息场所的面积和设置数量。一般以作业区域的大小和环境卫生工人的数量计算。计算指标按表5.4.2规定：

环境卫生清扫、保洁工人作息场所设置指标 表 5.4.2

作息场所设置数 （个/万人）	环境卫生清扫、保洁工人平均占有建筑面积 （m²/人）	每处空地面积 （m²/个）
1/0.8～1.2	3～4	20～30

注：表中"万人"系指工作地区范围内的人口数量。

第五节 水上环境卫生工作场所

第 5.5.1 条 水上环境卫生工作场所按生产、管理需要设置，应有水上岸线和陆上用地。

第 5.5.2 条 水上专业运输应按港道或行政区域设船队，船队规模根据废弃物运输量等因素确定，每队使用岸线为200～250m，陆上用地面积为1200～1500m²，且内设生产和生活用房。

第 5.5.3 条 水上环境卫生管理机构应按航道分段设管理站。环境卫生水上管理站每处应有趸船、浮桥等。使用岸线每处为150～180m，陆上用地面积不少于1200m²。

第六章 涉外环境卫生设施

第 6.0.1 条 涉外环境卫生设施应参照本标准有关条款设置，并应提高设施建设标准。

第 6.0.2 条 涉外环境卫生设施的建设费用应由建设单位负责筹集。设置内容和标准应经环境卫生主管部门核准。

第 6.0.3 条 生活垃圾收集应容器化，并应分类存放。容器应封闭，严禁垃圾裸露。其他垃圾应在指定区域内堆放。

第七章 环境卫生专用车辆通道

第7.0.1条 通往环境卫生设施的环境卫生专用车辆的通道，应满足环境卫生专用车辆进出通行和作业的需要。

第7.0.2条 通往环境卫生设施的通道应按现行《城市道路设计规范》有关规定设计。

第7.0.3条 通往环境卫生设施的通道应满足下列要求：

一、新建小区和旧城区改建应满足5t载重车通行。
二、旧城区至少应满足2t载重车通行。
三、生活垃圾转运站的通道应满足8～15t载重车通行。
四、目前某些狭窄路段不符合上述规定的应逐步改造。

各种环境卫生设施作业车辆吨位范围如表7.0.3所示：

各种环境卫生设施作业车辆吨位表　表7.0.3

设施名称	新建小区 (t)	旧城区 (t)
化粪池	≥5	2～5
垃圾容器设置点	2～5	≥2
垃圾管道	2～5	≥2
垃圾转运站	8～15	≥5
粪便转运站		≥5

第7.0.4条 通往环境卫生设施的通道的宽度不小于4m。

第7.0.5条 环境卫生车辆通往工作点倒车距离不大于20m，作业点必须调头时，应有足够回车余地。至少保证有12m×12m的空地面积。

附录一 垃圾日排出量及垃圾容器设置数量的计算方法

（一）垃圾容器收集范围内的垃圾日排出重量：

$$Q = RCA_1 A_2 \qquad (公式1)$$

式中　Q——垃圾日排出重量（t/d）；
　　R——收集范围内居住人口数量（人）；
　　C——实测的人均垃圾日排出重量（t/人·d）；
　　A_1——垃圾日排出重量不均匀系数 $A_1 = 1.1\sim1.15$；
　　A_2——居住人口变动系数 $A_2 = 1.02\sim1.05$。

（二）垃圾容器收集范围内的垃圾日排出体积：

$$V_{ave} = \frac{Q}{D_{ave} A_3} \qquad (公式2)$$

$$V_{max} = K V_{ave} \qquad (公式3)$$

式中　V_{ave}——垃圾平均日排出体积（m³/d）；
　　A_3——垃圾容重变动系数 $A_3 = 0.7\sim0.9$；
　　D_{ave}——垃圾平均密度（t/m³）；
　　K——垃圾高峰时日排出体积的变动系数；
　　　　$K = 1.5\sim1.8$
　　V_{max}——垃圾高峰时日排出最大体积（m³/d）。

（三）收集点所需设置的垃圾容器数量：

$$N_{ave} = \frac{V_{ave}}{EB} A_4 \qquad (公式4)$$

$$N_{max} = \frac{V_{max}}{EB} A_4 \qquad (公式5)$$

式中 N_{ave}——平时所需设置的垃圾容器数量；

　　E——单只垃圾容器的容积（m^3/只）；

　　B——垃圾容器填充系数 $B=0.75\sim0.9$；

　　A_4——垃圾清除周期（d/次）；A_4当每日清除1次时，$A_4=1$；每日清除2次时，$A_4=0.5$；每二日清除1次时，$A_4=2$，以此类推；

　　N_{max}——垃圾高峰时所需设置的垃圾容器数量。

（四）垃圾管道内垃圾堆积高度计算；

$$L_{ave}=\frac{V_{ave}}{F} \qquad （公式6）$$

$$L_{max}=\frac{V_{max}}{F} \qquad （公式7）$$

式中 L_{ave}——平时垃圾每日在管道内堆积的高度（m/d）；

　　F——垃圾管道的截面积（m^2）；

　　L_{max}——垃圾高峰时垃圾每日在管道内堆积的高度（m/d）。

附录二　固定的应急生活垃圾堆积转运场用地面积计算公式

$$S=h\frac{RC}{DLk_1k_2}$$

式中 S——堆积转运场地的用地面积（m^2）；

　　H——垃圾所需堆积的时间（d）；

　　R——堆积转运场地服务区域内的人口数量；

　　C——实测的人日平均垃圾排出重量（t/人·d）；

　　D——实测的垃圾平均密度（t/m^3）；

　　L——堆积转运场地允许的堆积（或填埋）高度（或深度）（m）；

　　k_1——堆积（填埋）系数。与作业方式有关；

　　　　$k_1=0.35\sim0.7$

　　k_2——堆积转运场地利用系数。

　　　　$k_2=0.65\sim0.8$

附录三 垃圾、粪便码头岸线长度计算公式

$$L = Qq + l$$

式中 L——码头岸线计算长度（m）；
　　Q——码头的垃圾（或粪便）日装卸量（t）；
　　q——岸线折算系数，参见表4.2.2（m/t）；
　　l——附加岸线长度，参见表4.2.2（m）。

附录四 垃圾最终处置场用地面积计算公式

$$S = 365y\left(\frac{Q_1}{D_1} + \frac{Q_2}{D_2}\right)\frac{1}{Lck_1k_2}$$

式中 S——最终处置场的用地面积（m²）；
　　365——一年的天数；
　　y——处置场使用期限（y）；
　　Q_1——日处置垃圾重量（t/d）；
　　D_1——垃圾平均密度（t/m³）；
　　Q_2——日覆土重量（t/d）；
　　D_2——覆盖土的平均密度（t/m³）；
　　L——处置场允许堆积（填埋）高度（m）；
　　c——垃圾压实（自缩）系数，$c = 1.25 \sim 1.8$；
　　k_1——堆积（填埋）系数，与作业方式有关，$k_1 = 0.35 \sim 0.7$；
　　k_2——处置场的利用系数 $K_2 = 0.75 \sim 0.9$。

附录五 本标准有关术语解释

一、环境卫生设施

凡具有从整体上改善环境卫生和限制生活废弃物影响范围功能的容器，构筑物和建筑物等统称环境卫生设施。

环境卫生设施可分为以下几类：

1. 环境卫生公共设施；
2. 环境卫生工程设施；
3. 基层环境卫生机构和工作场所等。

二、环境卫生公共设施

凡供人们在公共场所使用并具有收集和临时存贮生活废弃物功能的容器，构筑物和建筑物统称环境卫生公共设施。

环境卫生公共设施可分为以下几类：

1. 公共厕所；
2. 化粪池；
3. 垃圾管道；
4. 垃圾容器、垃圾容器间；
5. 废物箱等。

三、环境卫生工程设施

凡是环境卫生专业队伍在收集、运输、转运、处理、综合利用和最终处置生活废弃物所需的构筑物、建筑物和基地统称环境卫生工程设施。环境卫生工程设施可分为以下几类：

1. 垃圾转运站；
2. 垃圾、粪便码头；
3. 垃圾、粪便无害化处理厂（场）；
4. 垃圾最终处置场；
5. 贮粪池；
6. 洒水（冲洗）车供水器；
7. 进城车辆清洗站等。

四、环境卫生基层机构和工作场所

凡是在城市或其某一区域内负责环境卫生的行政管理和环境卫生专业业务管理的组织称为环境卫生机构。环境卫生基层机构一般是指按街道设置的环境卫生机构。

环境卫生基层机构为完成其所承担的管理和业务职责所需的各种场所称为环境卫生基层机构的工作场所。

五、气力输送垃圾管道系统

利用空气压力（正压或负压），把居民的生活垃圾从垃圾投放口沿封闭的管道网络输送到垃圾收集存放设施并具有动力源的管道系统，称为气力输送垃圾管道系统。

六、垃圾间

多层或高层民用建筑中用于收集存放垃圾、垃圾容器的专用构筑间，称为垃圾间。

七、垃圾容器间

单独建造或依附于主体建筑建造的用于放置可移动式垃圾容器的构筑间称为垃圾容器间。

八、小型垃圾收集、转运站

把城市居住区一定范围内的垃圾收集、存放并转装到垃圾收集运输车上的构筑物称为小型垃圾收集、转运站。

九、垃圾转运站

把用中、小型垃圾收集运输车分散收集到的垃圾集中起来并借助于机械设备转装到大型垃圾运输车的，由建筑物、构筑物群组成的环境卫生工作场所称垃圾转运站。

十、垃圾和粪便码头

凡具有垃和粪便的收集、贮存和水、陆两种运输方式相互转换功能的环境卫生工作场所和设施称为垃圾和粪便码头。

十一、应急生活垃圾堆积转运场

为适应垃圾产量的变化和自然气候变化给垃圾日产日清业务造成的影响所建造的生活垃圾固定应急收集、贮存、堆放、转运场所称为应急生活垃圾堆积转运场。

十二、垃圾最终处置场

为最终处置经综合利用后的垃圾残体或直接采用（卫生）填埋法处置垃圾所建造的场地称为垃圾最终处置场。

十三、废弃物综合利用工业用地

为综合利用废弃物所建设的工业加工工厂所需要的场地。称为生活废弃物综合利用工业用地。

十四、涉外环境卫生设施

凡涉及外国驻华机构和外籍人使用的环境卫生设施称为涉外环境卫生设施。

十五、进城车辆清洗站

为维护城市市区的环境卫生。在城、郊区结合部建造的供清洗各种进城机动车辆用的清洗设施称为进城车辆清洗站。

十六、无障碍通道

为方便残疾人使用。在建设环境卫生公共设施时修造的能使残疾人所乘轮椅通行、回转的通道称为无障碍通道。

十七、环境卫生专用车辆通道

为满足环境卫生专用车辆作业的需要。在城市道路与各种环境卫生设施之间所修建的过渡性通道称为环境卫生专用车辆通道。

附加说明

本标准主编单位、参编单位和主要起草人名单

主编单位： 上海市环境卫生管理局
参编单位： 北京市、西安市环境卫生管理局，沈阳、福州、贵阳、长沙市环境卫生管理处
主要起草人： 徐振渠、陈华中、朱子仪

中华人民共和国行业标准

城市热力网设计规范

Design code of district heating network

CJJ 34—2002

批准部门：中华人民共和国建设部
施行日期：2003年1月1日

中华人民共和国建设部
公　　告

第 61 号

建设部关于发布行业标准
《城市热力网设计规范》的公告

现批准《城市热力网设计规范》为行业标准，编号为 CJJ 34—2002，自2003年1月1日起实施。其中，第4.3.1、7.4.1、7.4.2、7.4.3、7.4.4、7.5.4、8.2.6、8.2.16、8.2.17、8.2.18、8.2.19、8.3.4、10.1.1、10.1.3、10.1.12、10.2.4、10.3.11 第 4 款、10.4.1、11.1.3、12.3.3、12.3.4 条为强制性条文，必须严格执行。原行业标准《城市热力网设计规范》CJJ 34—90 同时废止。

本标准由建设部标准定额研究所组织中国建筑工业出版社出版发行。

中华人民共和国建设部
2002 年 9 月 25 日

前　言

根据建设部建标〔1998〕59号文的要求，标准编制组在广泛调查研究，认真总结实践经验，参考有关国际标准和国外先进标准，并广泛征求意见的基础上，修订了本标准。

本标准的主要技术内容是：1.总则；2.术语和符号；3.耗热量；4.供热介质；5.热力网型式；6.供热调节；7.水力计算；8.管网布置与敷设；9.管道应力计算与作用力计算；10.中继泵站与热力站；11.保温与防腐涂层；12.供配电与照明；13.热工检测与控制。

补充和修改的技术内容是：

1.补充的主要内容：节能建筑热指标；热力网制冷负荷、工业负荷；热力网运行调节（考虑分户计量因素和多热源联网运行）；多热源热水供热系统及热力网可靠性要求；蒸汽管网、凝结水管网及工业热力站设计要求；环网水力计算及动态水力分析等。

2.修改的主要内容：耗热量计算；水质标准；热水热力网主干线比摩阻推荐值；热水及蒸汽管道直埋敷设的技术要求；中继泵站与热力站设计要求；保温计算；热网调度自动化。

本标准由建设部负责管理和对强制性条文的解释，由主编单位负责具体技术内容的解释。

本标准主编单位是：北京市煤气热力工程设计院（地址：北京市西单北大街小酱坊胡同甲40号；邮政编码：100032）。

本标准参编单位是：天津市热电设计院、中国建筑科学研究院空调所、中国船舶重工集团公司第七研究院第七二五研究所、北京豪特耐集中供热设备有限公司、兰州石油化工机器总厂板式换热器厂、沈阳市热力工程设计研究院。

本标准主要起草人员是：尹光宇、段洁仪、冯继蓓、何方渝、赵海涌、郭幼农、徐邦煦、韩铁宝。

目　　次

1 总则 …………………………………………… 16—4
2 术语和符号 …………………………………… 16—4
　2.1 术语 ………………………………………… 16—4
　2.2 符号 ………………………………………… 16—5
3 耗热量 ………………………………………… 16—6
　3.1 热负荷 ……………………………………… 16—6
　3.2 年耗热量 …………………………………… 16—8
4 供热介质 ……………………………………… 16—10
　4.1 供热介质选择 ……………………………… 16—10
　4.2 供热介质参数 ……………………………… 16—10
　4.3 水质标准 …………………………………… 16—10
5 热力网型式 …………………………………… 16—11
6 供热调节 ……………………………………… 16—12
7 水力计算 ……………………………………… 16—13
　7.1 设计流量 …………………………………… 16—13
　7.2 水力计算 …………………………………… 16—14
　7.3 水力计算参数 ……………………………… 16—15
　7.4 压力工况 …………………………………… 16—16
　7.5 水泵选择 …………………………………… 16—16
8 管网布置与敷设 ……………………………… 16—18
　8.1 管网布置 …………………………………… 16—18
　8.2 管道敷设 …………………………………… 16—18
　8.3 管道材料及连接 …………………………… 16—21
　8.4 热补偿 ……………………………………… 16—21
　8.5 附件与设施 ………………………………… 16—22
9 管道应力计算和作用力计算 ………………… 16—24
10 中继泵站与热力站 …………………………… 16—25
　10.1 一般规定 ………………………………… 16—25
　10.2 中继泵站 ………………………………… 16—25
　10.3 热水热力网热力站 ……………………… 16—26
　10.4 蒸汽热力网热力站 ……………………… 16—28
11 保温与防腐涂层 ……………………………… 16—29
　11.1 一般规定 ………………………………… 16—29
　11.2 保温计算 ………………………………… 16—30
　11.3 保温结构 ………………………………… 16—31
　11.4 防腐涂层 ………………………………… 16—32
12 供配电与照明 ………………………………… 16—32
　12.1 一般规定 ………………………………… 16—32
　12.2 供配电 …………………………………… 16—32
　12.3 照明 ……………………………………… 16—33
13 热工检测与控制 ……………………………… 16—33
　13.1 一般规定 ………………………………… 16—33
　13.2 热源及热力网参数检测与控制 ………… 16—33
　13.3 中继泵站参数检测与控制 ……………… 16—34
　13.4 热力站参数检测与控制 ………………… 16—34
　13.5 热力网调度自动化 ……………………… 16—35
本规范用词说明 ………………………………… 16—36
条文说明 ………………………………………… 16—36

1 总　　则

1.0.1　为节约能源，保护环境，促进生产，改善人民生活，发展我国城市集中供热事业，提高集中供热工程设计水平，制定本规范。

1.0.2　本规范适用于供热热水介质设计压力小于或等于2.5MPa，设计温度小于或等于200℃；供热蒸汽介质设计压力小于或等于1.6MPa，设计温度小于或等于350℃的下列热力网的设计：

　　1　由供热企业经营，以热电厂或区域锅炉房为热源，对多个用户供热，自热源至热力站的城市热力网；

　　2　城市热力网新建、扩建或改建的管道、中继泵站和热力站等工艺系统设计。

1.0.3　城市热力网设计应符合城市规划要求，做到技术先进、经济合理、安全适用，并注意美观。

1.0.4　在地震、湿陷性黄土、膨胀土等地区进行城市热力网设计时，除执行本规范外，尚应遵守现行的《室外给水排水和煤气热力工程抗震设计规范》（TJ 32）、《湿陷性黄土地区建筑规范》（GBJ 25）、《膨胀土地区建筑技术规范》（GBJ 112）以及国家相关强制性标准的规定。

2　术语和符号

2.1　术　　语

2.1.1　输送干线　Transmission Mains

　　自热源至主要负荷区且长度超过2km无分支管的干线。

2.1.2　输配干线　Distribution Pipelines

　　有分支管接出的干线。

2.1.3　动态水力分析　Dynamical Hydraulic Analysis

　　运用水力瞬变原理分析由于热力网运行状态突变引起的瞬态压力变化。

2.1.4　多热源供热系统　Heating System with Multi-heat Sources

　　具有多个热源的供热系统。多热源供热系统有三种运行方式，即：多热源分别运行、多热源解列运行、多热源联网运行。

2.1.5　多热源分别运行　Independently Operation of Multi-heat Sources

　　在采暖期或供冷期将热力网用阀门分隔成多个部分，由各个热源分别供热的运行方式。这种方式实质是多个单热源的供热系统分别运行。

2.1.6　多热源解列运行　Separately Operation of Multi-heat Sources

　　采暖期或供冷期基本热源首先投入运行，随气温变化基本热源满负荷后，分隔出部分管网划归尖峰热源供热，并随气温变化，逐步扩大或缩小分隔出的管网范围，使基本热源在运行期间接近满负荷的运行方式。这种方式实质还是多个单热源的供热系统分别运行。

2.1.7 多热源联网运行 Pooled Operation of Multi-heat Sources

采暖期或供冷期基本热源首先投入运行，随气温变化基本热源满负荷后，尖峰热源投入与基本热源共同在热力网中供热的运行方式。基本热源在运行期间保持满负荷，尖峰热源承担随气温变化而增减的负荷。

2.1.8 最低供热量保证率 Minimum Heating Rate

保证事故工况下用户采暖设备不冻坏的最低供热量与设计供热量的比率。

2.2 符 号

A——建筑面积（m^2）；

B——燃料耗量（kg）；

b——单位产品耗标煤量（kg/t 或 kg/件）；

c——水的比热容 [kJ/（kg·℃）]；

D——生产平均耗汽量（kg/h）；

G——供热介质流量（t/h）；

h——焓（kJ/kg）；

K——建筑物通风热负荷系数；

N——采暖期天数；

Q——热（冷）负荷（kW）；

Q^a——全年耗热量（kJ，GJ）；

q——热（冷）指标（W/m^2）；

T——小时数（h）；

t_1——热力网供水温度（℃）；

t_2——热力网回水温度（℃）；

t_a——采暖期平均室外温度（℃）；

t_i——室内计算温度（℃）；

t_o——室外计算温度（℃）；

t_w——生活热水设计温度（℃）；

t_{w0}——冷水计算温度（℃）；

W——产品年产量（t 或件）；

η——效率；

θ_1——用户采暖系统设计供水温度；

ψ——回水率。

3 耗 热 量

3.1 热 负 荷

3.1.1 热力网支线及用户热力站设计时，采暖、通风、空调及生活热水热负荷，宜采用经核实的建筑物设计热负荷。

3.1.2 当无建筑物设计热负荷资料时，民用建筑的采暖、通风、空调及生活热水热负荷，可按下列方法计算：

1 采暖热负荷

$$Q_h = q_h A \cdot 10^{-3} \qquad (3.1.2-1)$$

式中 Q_h——采暖设计热负荷（kW）；

q_h——采暖热指标（W/m²），可按表3.1.2-1取用；

A——采暖建筑物的建筑面积（m²）。

表 3.1.2-1　采暖热指标推荐值 q_h（W/m²）

建筑物类型	住宅	居住区综合	学校办公	医院托幼	旅馆	商店	食堂餐厅	影剧院展览馆	大礼堂体育馆
未采取节能措施	58~64	60~67	60~80	65~80	60~70	65~80	115~140	95~115	115~165
采取节能措施	40~45	45~55	50~70	55~70	50~60	55~70	100~130	80~105	100~150

注：1 表中数值适用于我国东北、华北、西北地区；
　　2 热指标中已包括约5%的管网热损失。

2 通风热负荷

$$Q_v = K_v Q_h \qquad (3.1.2-2)$$

式中 Q_v——通风设计热负荷（kW）；

Q_h——采暖设计热负荷（kW）；

K_v——建筑物通风热负荷系数；可取0.3~0.5。

3 空调热负荷

1）空调冬季热负荷

$$Q_a = q_a A \cdot 10^{-3} \qquad (3.1.2-3)$$

式中 Q_a——空调冬季设计热负荷（kW）；

q_a——空调热指标（W/m²），可按表3.1.2-2取用；

A——空调建筑物的建筑面积（m²）。

2）空调夏季热负荷

$$Q_c = \frac{q_c A \cdot 10^{-3}}{COP} \qquad (3.1.2-4)$$

式中 Q_c——空调夏季设计热负荷（kW）；

q_c——空调冷指标（W/m²），可按表3.1.2-2取用；

A——空调建筑物的建筑面积（m²）；

COP——吸收式制冷机的制冷系数，可取0.7~1.2。

表 3.1.2-2　空调热指标 q_a、冷指标 q_c 推荐值（W/m²）

建筑物类型	办公	医院	旅馆、宾馆	商店、展览馆	影剧院	体育馆
热指标	80~100	90~120	90~120	100~120	115~140	130~190
冷指标	80~110	70~100	80~110	125~180	150~200	140~200

注：1 表中数值适用于我国东北、华北、西北地区；
　　2 寒冷地区热指标取较小值，冷指标取较大值；严寒地区热指标取较大值，冷指标取较小值。

4 生活热水热负荷

1）生活热水平均热负荷

$$Q_{w.a} = q_w A \cdot 10^{-3} \quad (3.1.2-5)$$

式中 $Q_{w.a}$——生活热水平均热负荷（kW）；
q_w——生活热水热指标（W/m²），应根据建筑物类型，采用实际统计资料，居住区可按表 3.1.2-3取用；
A——总建筑面积（m²）。

表 3.1.2-3　居住区采暖期生活热水日平均热指标推荐值 q_w（W/m²）

用水设备情况	热指标
住宅无生活热水设备，只对公共建筑供热水时	2～3
全部住宅有沐浴设备，并供给生活热水时	5～15

注：1　冷水温度较高时采用较小值，冷水温度较低时采用较大值；
　　2　热指标中已包括约10%的管网热损失在内。

2）生活热水最大热负荷

$$Q_{w.max} = K_h Q_{w.a} \quad (3.1.2-6)$$

式中 $Q_{w.max}$——生活热水最大热负荷（kW）；
$Q_{w.a}$——生活热水平均热负荷（kW）；
K_h——小时变化系数，根据用热水计算单位数按《建筑给水排水设计规范》（GBJ 15）规定取用。

3.1.3　工业热负荷包括生产工艺热负荷、生活热负荷和工业建筑的采暖、通风、空调热负荷。生产工艺热负荷的最大、最小、平均热负荷和凝结水回收率应采用生产工艺系统的实际数据，并应收集生产工艺系统不同季节的典型日（周）负荷曲线图。对各热用户提供的热负荷资料进行整理汇总时，应通过下列方法对由各热用户提供的热负荷数据分别进行平均热负荷的验算：

1　按年燃料耗量验算
1）全年采暖、通风、空调及生活燃料耗量

$$B_2 = \frac{Q^a}{Q_L \eta_b \eta_s} \quad (3.1.3-1)$$

式中 B_2——全年采暖、通风、空调及生活燃料耗量（kg）；
Q^a——全年采暖、通风、空调及生活耗热量（kJ）；
Q_L——燃料平均低位发热量（kJ/kg）；
η_b——用户原有锅炉年平均运行效率；
η_s——用户原有供热系统的热效率，可取 0.9～0.97。

2）全年生产燃料耗量

$$B_1 = B - B_2 \quad (3.1.3-2)$$

式中 B——全年总燃料耗量（kg）；
B_1——全年生产燃料耗量（kg）；
B_2——全年采暖、通风、空调及生活燃料耗量（kg）。

3）生产平均耗汽量

$$D = \frac{B_1 Q_L \eta_b \eta_s}{[h_b - h_{ma} - \Psi(h_{rt} - h_{ma})]T_a} \quad (3.1.3-3)$$

式中 D——生产平均耗汽量（kg/h）；
B_1——全年生产燃料耗量（kg）；
Q_L——燃料平均低位发热量（kJ/kg）；
η_b——用户原有锅炉年平均运行效率；
η_s——用户原有供热系统的热效率，可取 0.90～0.97；
h_b——锅炉供汽焓（kJ/kg）；
h_{ma}——锅炉补水焓（kJ/kg）；

h_{rt}——用户回水焓（kJ/kg）；

Ψ——回水率；

T_a——年平均负荷利用小时数（h）。

 2 按产品单耗验算

$$D = \frac{WbQ_n\eta_b\eta_s}{[h_b - h_{ma} - \Psi(h_{rt} - h_{ma})]T_a} \qquad (3.1.3-4)$$

式中 D——生产平均耗汽量（kg/h）；

   W——产品年产量（t 或件）；

   b——单位产品耗标煤量（kg/t 或 kg/件）；

   Q_n——标准煤发热量（kJ/kg），取 29308kJ/kg；

   η_b——锅炉年平均运行效率；

   η_s——供热系统的热效率，可取 0.90~0.97；

   h_b——锅炉供汽焓（kJ/kg）；

   h_{ma}——锅炉补水焓（kJ/kg）；

   h_{rt}——用户回水焓（kJ/kg）；

   Ψ——回水率；

   T_a——年平均负荷利用小时数（h）。

3.1.4 当无工业建筑采暖、通风、空调、生活及生产工艺热负荷的设计资料时，对现有企业，应采用生产建筑和生产工艺的实际耗热数据，并考虑今后可能的变化；对规划建设的工业企业，可按不同行业项目估算指标中典型生产规模进行估算，也可按同类型、同地区企业的设计资料或实际耗热定额计算。

3.1.5 热力网最大生产工艺热负荷应取经核实后的各热用户最大热负荷之和乘以同时使用系数。同时使用系数可取 0.6~0.9。

3.1.6 计算热力网设计热负荷时，生活热水设计热负荷应按下列规定取用：

 1 干线

 应采用生活热水平均热负荷；

 2 支线

 当用户有足够容积的储水箱时，应采用生活热水平均热负荷；当用户无足够容积的储水箱时，应采用生活热水最大热负荷，最大热负荷叠加时应考虑同时使用系数。

3.1.7 以热电厂为热源的城市热力网，应发展非采暖期热负荷，包括制冷热负荷和季节性生产热负荷。

3.2 年 耗 热 量

3.2.1 民用建筑的全年耗热量应按下列公式计算：

 1 采暖全年耗热量

$$Q_h^a = 0.0864 N Q_h \frac{t_i - t_a}{t_i - t_{o.h}} \qquad (3.2.1-1)$$

式中 Q_h^a——采暖全年耗热量（GJ）；

   N——采暖期天数；

   Q_h——采暖设计热负荷（kW）；

   t_i——采暖室内计算温度（℃）；

   t_a——采暖期平均室外温度（℃）；

   $t_{o.h}$——采暖室外计算温度（℃）。

 2 采暖期通风耗热量

$$Q_v^a = 0.0036 T_v N Q_v \frac{t_i - t_a}{t_i - t_{o.v}} \qquad (3.2.1-2)$$

式中 Q_v^a——采暖期通风耗热量（GJ）；

   T_v——采暖期内通风装置每日平均运行小时数（h）；

N——采暖期天数;

Q_v——通风设计热负荷(kW);

t_i——通风室内计算温度(℃);

t_a——采暖期平均室外温度(℃);

$t_{o.v}$——冬季通风室外计算温度(℃)。

3 空调采暖耗热量

$$Q_a^a = 0.0036 T_a N Q_a \frac{t_i - t_a}{t_i - t_{o.a}} \quad (3.2.1-3)$$

式中 Q_a^a——空调采暖耗热量(GJ);

T_a——采暖期内空调装置每日平均运行小时数(h);

N——采暖期天数;

Q_a——空调冬季设计热负荷(kW);

t_i——空调室内计算温度(℃);

t_a——采暖期室外平均温度(℃);

$t_{o.a}$——冬季空调室外计算温度(℃)。

4 供冷期制冷耗热量

$$Q_c^a = 0.0036 Q_c T_{c.max} \quad (3.2.1-4)$$

式中 Q_c^a——供冷期制冷耗热量(GJ);

Q_c——空调夏季设计热负荷(kW);

$T_{c.max}$——空调夏季最大负荷利用小时数(h)。

5 生活热水全年耗热量

$$Q_w^a = 30.24 Q_{w.a} \quad (3.2.1-5)$$

式中 Q_w^a——生活热水全年耗热量(GJ);

$Q_{w.a}$——生活热水平均热负荷(kW)。

3.2.2 生产工艺热负荷的全年耗热量应根据年负荷曲线图计算。工业建筑的采暖、通风、空调及生活热水的全年耗热量可按本规范第3.2.1条的规定计算。

3.2.3 蒸汽供热系统的用户热负荷与热源供热量平衡计算时,应计入管网热损失后再进行焓值折算。

3.2.4 当热力网由多个热源供热,对各热源的负荷分配进行技术经济分析时,应绘制热负荷延续时间图。各个热源的年供热量可由热负荷延续时间图确定。

4 供热介质

4.1 供热介质选择

4.1.1 对民用建筑物采暖、通风、空调及生活热水热负荷供热的城市热力网应采用水作供热介质。

4.1.2 同时对生产工艺热负荷和采暖、通风、空调、生活热水热负荷供热的城市热力网供热介质按下列原则确定：

    1 当生产工艺热负荷为主要负荷，且必须采用蒸汽供热时，应采用蒸汽作供热介质；

    2 当以水为供热介质能够满足生产工艺需要（包括在用户处转换为蒸汽），且技术经济合理时，应采用水作供热介质；

    3 当采暖、通风、空调热负荷为主要负荷，生产工艺又必须采用蒸汽供热，经技术经济比较认为合理时，可采用水和蒸汽两种供热介质。

4.2 供热介质参数

4.2.1 热水热力网最佳设计供、回水温度，应结合具体工程条件，考虑热源、热力网、热用户系统等方面的因素，进行技术经济比较确定。

4.2.2 当不具备条件进行最佳供、回水温度的技术经济比较时，热水热力网供、回水温度可按下列原则确定：

    1 以热电厂或大型区域锅炉房为热源时，设计供水温度可取 110～150℃，回水温度不应高于 70℃。热电厂采用一级加热时，供水温度取较小值；采用二级加热（包括串联尖峰锅炉）时，取较大值；

    2 以小型区域锅炉房为热源时，设计供回水温度可采用户内采暖系统的设计温度；

    3 多热源联网运行的供热系统中，各热源的设计供回水温度应一致。当区域锅炉房与热电厂联网运行时，应采用以热电厂为热源的供热系统的最佳供、回水温度。

4.3 水质标准

4.3.1 以热电厂和区域锅炉房为热源的热水热力网，补给水水质应符合下列规定：

    1 悬浮物   小于或等于 5mg/L

    2 总硬度   小于或等于 0.6mmol/L

    3 溶解氧   小于或等于 0.1mg/L

    4 含油量   小于或等于 2mg/L

    5 pH（25℃）   7～12

4.3.2 开式热水热力网补给水质量除应符合本规范第 4.3.1 条的规定外，还应符合《生活饮用水卫生标准》（GB 5749）的规定。

4.3.3 蒸汽热力网，由用户热力站返回热源的凝结水质量，应符合下列规定：

    1 总硬度   小于或等于 0.05 mmol/L

    2 含铁量   小于或等于 0.5mg/L

    3 含油量   小于或等于 10mg/L

4.3.4 蒸汽管网的凝结水排放时，应符合《污水排入城市下水道水质标准》(CJ 3082)。

4.3.5 当供热系统有不锈钢设备时，应考虑 Cl^- 腐蚀问题，供热介质中 Cl^- 含量不宜高于 25ppm，或不锈钢设备采取防腐措施。

5 热力网型式

5.0.1 热水热力网宜采用闭式双管制。

5.0.2 以热电厂为热源的热水热力网，同时有生产工艺、采暖、通风、空调、生活热水多种热负荷，在生产工艺热负荷与采暖热负荷所需供热介质参数相差较大，或季节性热负荷占总热负荷比例较大，且技术经济合理时，可采用闭式多管制。

5.0.3 当热水热力网满足下列条件，且技术经济合理时，可采用开式热力网：

　　1 具有水处理费用较低的丰富的补给水资源；

　　2 具有与生活热水热负荷相适应的廉价低位能热源。

5.0.4 开式热水热力网在生活热水热负荷足够大且技术经济合理时，可不设回水管。

5.0.5 蒸汽热力网的蒸汽管道，宜采用单管制。当符合下列情况时，可采用双管或多管制：

　　1 各用户间所需蒸汽参数相差较大或季节性热负荷占总热负荷比例较大且技术经济合理；

　　2 热负荷分期增长。

5.0.6 蒸汽供热系统应采用间接换热系统。当被加热介质泄漏不会产生危害时，其凝结水应全部回收并设置凝结水管道。当蒸汽供热系统的凝结水回收率较低时，是否设置凝结水管道，应根据用户凝结水量、凝结水管网投资等因素进行技术经济比较后确定。对不能回收的凝结水，应充分利用其热能和水资源。

5.0.7 当凝结水回收时，用户热力站应设闭式凝结水箱，并应将凝结水送回热源。热力网凝结水管采用无内防腐的钢管时，应采取措施保证任何时候凝结水管都充满水。

5.0.8 供热建筑面积大于 $1000 \times 10^4 m^2$ 的供热系统应采用多热源供热，且各热源热力干线应连通。在技术经济合理时，热力网干线宜连接成环状管网。

5.0.9 供热系统的主环线或多热源供热系统中热源间的连通干线设计时，应使各种事故工况下的供热量保证率不低于表5.0.9的规定。应考虑不同事故工况下的切换手段。

表5.0.9　　　　事故工况下的最低供热量保证率

采暖室外计算温度（℃）	> - 10	- 10 ~ - 20	< - 20
最低供热量保证率（％）	40	55	65

5.0.10 自热源向同一方向引出的干线之间宜设连通管线。连通管线应结合分段阀门设置。连通管线可作为输配干线使用。

连通管线设计时，应使切除故障段后其余热用户的供热量保证率不低于表5.0.9的规定。

5.0.11 对供热可靠性有特殊要求的用户，有条件时应由两个热源供热，或者设自备热源。

6 供热调节

6.0.1 热水供热系统应采用热源处集中调节、热力站及建筑引入口处的局部调节和用热设备单独调节三者相结合的联合调节方式，并宜采用自动化调节。

6.0.2 对于只有单一采暖热负荷且只有单一热源（包括串联尖峰锅炉的热源）或尖峰热源与基本热源分别运行、解列运行的热水供热系统，在热源处应根据室外温度的变化进行集中质调节或集中质—量调节。

6.0.3 对于只有单一采暖热负荷，尖峰热源与基本热源联网运行的热水供热系统，在基本热源未满负荷阶段应采用集中质调节或质—量调节；基本热源满负荷以后与尖峰热源联网运行阶段所有热源应采用量调节或质—量调节。

6.0.4 当热水供热系统有采暖、通风、空调、生活热水等多种热负荷时，应按采暖热负荷采用本规范第6.0.2条和第6.0.3条的规定在热源处进行集中调节，并保证运行水温能满足不同热负荷的需要，同时应根据各种热负荷的用热要求在用户处进行辅助的局部调节。

6.0.5 对于有生活热水热负荷的热水供热系统，在按采暖热负荷进行集中调节时，应保证：闭式供热系统任何时候供水温度不得低于70℃；开式供热系统任何时候供水温度不得低于60℃。当生活热水温度可以低于60℃时，上述规定的供水温度可相应降低。

6.0.6 对于有生产工艺热负荷的供热系统，应采用局部调节。

6.0.7 多热源联网运行的热水供热系统，各热源应采用统一的集中调节方式，执行统一的温度调节曲线。调节方式的确定应以基本热源为准。

6.0.8 对于非采暖期有生活热水负荷、空调制冷负荷的热水供热系统，在非采暖期应恒定热水温度运行，并应在热力站进行局部调节。

7 水力计算

7.1 设计流量

7.1.1 采暖、通风、空调热负荷热水热力网设计流量及生活热水热负荷闭式热水热力网设计流量，应按下列公式计算：

$$G = 3.6 \frac{Q}{c(t_1 - t_2)} \quad (7.1.1)$$

式中 G——热力网设计流量 (t/h)；
Q——设计热负荷 (kW)；
c——水的比热容 [kJ/(kg·℃)]；
t_1——热力网供水温度 (℃)；
t_2——各种热负荷相应的热力网回水温度 (℃)。

7.1.2 生活热水热负荷开式热水热力网设计流量，应按下列公式计算：

$$G = 3.6 \frac{Q}{c(t_1 - t_{w0})} \quad (7.1.2)$$

式中 G——生活热水热负荷热力网设计流量 (t/h)；
Q——生活热水设计热负荷 (kW)；
c——水的比热容 [kJ/(kg·℃)]；
t_1——热力网供水温度 (℃)；
t_{w0}——冷水计算温度 (℃)。

7.1.3 当热水热力网有夏季制冷热负荷时，应计算采暖期和供冷期热力网流量并取较大值作为热力网设计流量。

7.1.4 当计算采暖期热水热力网设计流量时，各种热负荷的热力网设计流量应按下列规定计算：

　　1 当热力网采用集中质调节时，采暖、通风、空调热负荷的热力网供热介质温度取相应的冬季室外计算温度下的热力网供、回水温度；生活热水热负荷的热力网供热介质温度取采暖期开始（结束）时的热力网供水温度。

　　2 当热力网采用集中量调节时，采暖、通风、空调热负荷的热力网供热介质温度应取相应的冬季室外计算温度下的热力网供、回水温度；生活热水热负荷的热力网供热介质温度取采暖室外计算温度下的热力网供水温度。

　　3 当热力网采用集中质—量调节时，应采用各种热负荷在不同室外温度下的热力网流量曲线叠加得出的最大流量值作为设计流量。

7.1.5 计算生活热水热负荷热水热力网设计流量时，当生活热水换热器与其他系统换热器并联或两级混合连接时，仅应计算并联换热器的热力网流量；当生活热水换热器与其他系统换热器两级串联连接时，计算方法与两级混合连接时的计算方法相同。

7.1.6 计算热水热力网干线设计流量时，生活热水设计热负荷应取生活热水平均热负荷；计算热水热力网支线设计流量时，生活热水设计热负荷应根据生活热水用户有无储水箱按本规范第3.1.6条规定取生活热水平均热负荷或生活热水最大热负荷。

7.1.7 蒸汽热力网的设计流量，应按各用户的最大蒸汽流量之和乘以同时使用系数确定。当供热介质为饱和蒸汽时，设计流量应考虑补偿管道热损失产生的凝结水的蒸汽量。

7.1.8 凝结水管道的设计流量应按蒸汽管道的设计流量乘以用户的凝结水回收率确定。

7.2 水 力 计 算

7.2.1 水力计算应包括下列内容：

　　1 确定供热系统的管径及热源循环水泵、中继泵的流量和扬程；

　　2 分析供热系统正常运行的压力工况，确保热用户有足够的资用压头且系统不超压、不汽化、不倒空；

　　3 进行事故工况分析；

　　4 必要时进行动态水力分析。

7.2.2 水力计算应满足连续性方程和压力降方程。环网水力计算应保证所有环线压力降的代数和为零。

7.2.3 当热水供热系统多热源联网运行时，应按热源投产顺序对每个热源满负荷运行的工况进行水力计算并绘制水压图。

7.2.4 热水热力网应进行各种事故工况的水力计算，当供热量保证率不满足本规范第5.0.9条的规定时，应加大不利段干线的直径。

7.2.5 对于常年运行的热水热力网应进行非采暖期水力工况分析。当有夏季制冷负荷时，还应分别进行供冷期和过渡期水力工况分析。

7.2.6 蒸汽管网水力计算时，应按设计流量进行设计计算，再按最小流量进行校核计算，保证在任何可能的工况下满足最不利用户的压力和温度要求。

7.2.7 蒸汽热力网应根据管线起点压力和用户需要压力确定的允许压力降选择管道直径。

7.2.8 一般供热系统可仅进行静态水力分析，具有下列情况之一的供热系统宜进行动态水力分析：

    1　具有长距离输送干线；
    2　供热范围内地形高差大；
    3　系统工作压力高；
    4　系统工作温度高；
    5　系统可靠性要求高。

7.2.9 动态水力分析应对循环泵或中继泵跳闸、输送干线主阀门非正常关闭、热源换热器停止加热等非正常操作发生时的压力瞬变进行分析。

7.2.10 动态水力分析后，应根据分析结果采取下列相应的主要安全保护措施：

    1　设置氮气定压罐；
    2　设置静压分区阀；
    3　设置紧急泄水阀；
    4　延长主阀关闭时间；
    5　循环泵、中继泵与输送干线的分段阀连锁控制；
    6　提高管道和设备的承压等级；
    7　适当提高定压或静压水平；
    8　增加事故补水能力。

7.3　水力计算参数

7.3.1 热力网管道内壁当量粗糙度应采用下列数值：

    1　蒸汽管道（钢管）　　　　　　　　0.0002m；
    2　热水管道（钢管）　　　　　　　　0.0005m；
    3　凝结水及生活热水管道（钢管）0.001m；
    4　非金属管按相关资料取用。

对现有热力网管道进行水力计算，当管道内壁存在腐蚀现象时，宜采取经过测定的当量粗糙度值。

7.3.2 确定热水热力网主干线管径时，宜采用经济比摩阻。经济比摩阻数值宜根据工程具体条件计算确定。一般情况下，主干线比摩阻可采用 30～70 Pa/m。

7.3.3 热水热力网支干线、支线应按允许压力降确定管径，但供热介质流速不应大于 3.5m/s。支干线比摩阻不应大于 300 Pa/m，连接一个热力站的支线比摩阻可大于 300Pa/m。

7.3.4 蒸汽热力网供热介质的最大允许设计流速应采用下列数值：

    1　过热蒸汽管道
        1）公称直径大于 200mm 的管道　　　　80m/s；
        2）公称直径小于或等于 200mm 的管道　50m/s。
    2　饱和蒸汽管道
        1）公称直径大于 200mm 的管道　　　　60m/s；
        2）公称直径小于或等于 200mm 的管道　35m/s。

7.3.5 以热电厂为热源的蒸汽热力网，管网起点压力应采用供热系统技术经济计算确定的汽轮机最佳抽（排）汽压力。

7.3.6 以区域锅炉房为热源的蒸汽热力网，在技术条件允许的情况下，热力网主干线起点压力宜采用较高值。

7.3.7 蒸汽热力网凝结水管道设计比摩阻可取 100Pa/m。

7.3.8 热力网管道局部阻力与沿程阻力的比值，可按表 7.3.8 的数值取用。

表 7.3.8　　　　　管道局部阻力与沿程阻力比值

补偿器类型	公称直径（mm）	局部阻力与沿程阻力的比值	
		蒸汽管道	热水及凝结水管道
输送干线			
套筒或波纹管补偿器（带内衬筒）	≤1200	0.2	0.2
方形补偿器	200～350	0.7	0.5
方形补偿器	400～500	0.9	0.7
方形补偿器	600～1200	1.2	1.0
输配管线			
套筒或波纹管补偿器（带内衬筒）	≤400	0.4	0.3
套筒或波纹管补偿器（带内衬筒）	450～1200	0.5	0.4
方形补偿器	150～250	0.8	0.6
方形补偿器	300～350	1.0	0.8
方形补偿器	400～500	1.0	0.9
方形补偿器	600～1200	1.2	1.0

7.4　压　力　工　况

7.4.1　热水热力网供水管道任何一点的压力不应低于供热介质的汽化压力，并应留有 30～50kPa 的富裕压力。

7.4.2　热水热力网的回水压力应符合下列规定：

　　1　不应超过直接连接用户系统的允许压力；

　　2　任何一点的压力不应低于 50kPa。

7.4.3　热水热力网循环水泵停止运行时，应保持必要的静态压力，静态压力应符合下列规定：

　　1　不应使热力网任何一点的水汽化，并应有 30～50kPa

的富裕压力；

　　2　与热力网直接连接的用户系统应充满水；

　　3　不应超过系统中任何一点的允许压力。

7.4.4　开式热水热力网非采暖期运行时，回水压力不应低于直接配水用户热水供应系统静水压力再加上 50kPa。

7.4.5　热水热力网最不利点的资用压头，应满足该点用户系统所需作用压头的要求。

7.4.6　热水热力网的定压方式，应根据技术经济比较确定。定压点应设在便于管理并有利于管网压力稳定的位置，宜设在热源处。当供热系统多热源联网运行时，全系统仅有一个定压点起作用，但可多点补水。

7.4.7　热水热力网设计时，应在水力计算的基础上绘制各种主要运行方案的主干线水压图。对于地形复杂的地区，还应绘制必要的支干线水压图。

7.4.8　对于多热源的热水热力网，应按热源投产顺序绘制每个热源满负荷运行时的主干线水压图及事故工况水压图。

7.4.9　中继泵站的位置及参数应根据热力网的水压图确定。

7.4.10　蒸汽热力网，宜按设计凝结水量绘制凝结水管网的水压图。

7.5　水　泵　选　择

7.5.1　热力网循环水泵的选择应符合下列规定：

　　1　循环水泵的总流量不应小于管网总设计流量，当热水锅炉出口至循环水泵的吸入口装有旁通管时，应计入流经旁通管的流量；

　　2　循环水泵的扬程不应小于设计流量条件下热源、热力网、最不利用户环路压力损失之和；

3 循环水泵应具有工作点附近较平缓的流量—扬程特性曲线，并联运行水泵的特性曲线宜相同；

4 循环水泵的承压、耐温能力应与热力网设计参数相适应；

5 应减少并联循环水泵的台数；设置三台或三台以下循环水泵并联运行时，应设备用泵；当四台或四台以上泵并联运行时，可不设备用泵；

6 多热源联网运行或采用中央质—量调节的单热源供热系统，热源的循环水泵应采用调速泵。

7.5.2 热力网循环水泵可采用两级串联设置，第一级水泵应安装在热网加热器前，第二级水泵应安装在热网加热器后。水泵扬程的确定应符合下列规定：

1 第一级水泵的出口压力应保证在各种运行工况下不超过热网加热器的承压能力；

2 当补水定压点设置于两级水泵中间时，第一级水泵出口压力应为供热系统的静压力值；

3 第二级水泵的扬程不应小于按本规范第7.5.1条第2款计算值扣除第一级泵的扬程值。

7.5.3 热水热力网补水装置的选择应符合下列规定：

1 闭式热力网补水装置的流量，不应小于供热系统循环流量的2%；事故补水量不应小于供热系统循环流量的4%；

2 开式热力网补水泵的流量，不应小于生活热水最大设计流量和供热系统泄漏量之和；

3 补水装置的压力不应小于补水点管道压力加30~50kPa，当补水装置同时用于维持管网静态压力时，其压力应满足静态压力的要求；

4 闭式热力网补水泵不应少于二台，可不设备用泵；

5 开式热力网补水泵不宜少于三台，其中一台备用；

6 当动态水力分析考虑热源停止加热的事故时，事故补水能力不应小于供热系统最大循环流量条件下，被加热水自设计供水温度降至设计回水温度的体积收缩量及供热系统正常泄漏量之和；

7 事故补水时，软化除氧水量不足，可补充工业水。

7.5.4 热力网循环泵与中继泵吸入侧的压力，不应低于吸入口可能达到的最高水温下的饱和蒸汽压力加**50kPa**，且不得低于**50kPa**。

8 管网布置与敷设

8.1 管 网 布 置

8.1.1 城市热力网的布置应在城市规划的指导下，考虑热负荷分布，热源位置，与各种地上、地下管道及构筑物、园林绿地的关系和水文、地质条件等多种因素，经技术经济比较确定。

8.1.2 热力网管道的位置应符合下列规定：

　　1 城市道路上的热力网管道应平行于道路中心线，并宜敷设在车行道以外的地方，同一条管道应只沿街道的一侧敷设；

　　2 穿过厂区的城市热力网管道应敷设在易于检修和维护的位置；

　　3 通过非建筑区的热力网管道应沿公路敷设；

　　4 热力网管道选线时宜避开土质松软地区、地震断裂带、滑坡危险地带以及高地下水位区等不利地段。

8.1.3 管径小于或等于300mm的热力网管道，可穿过建筑物的地下室或用开槽施工法自建筑物下专门敷设的通行管沟内穿过。用暗挖法施工穿过建筑物时不受管径限制。

8.1.4 热力网管道可与自来水管道、电压10kV以下的电力电缆、通讯线路、压缩空气管道、压力排水管道和重油管道一起敷设在综合管沟内。但热力管道应高于自来水管道和重油管道，并且自来水管道应做绝热层和防水层。

8.1.5 地上敷设的城市热力网管道可与其他管道敷设在同一管架上，但应便于检修，且不得架设在腐蚀性介质管道的下方。

8.2 管 道 敷 设

8.2.1 城市街道上和居住区内的热力网管道宜采用地下敷设。当地下敷设困难时，可采用地上敷设，但设计时应注意美观。

8.2.2 工厂区的热力网管道，宜采用地上敷设。

8.2.3 热水热力网管道地下敷设时，应优先采用直埋敷设；热水或蒸汽管道采用管沟敷设时，应首选不通行管沟敷设；穿越不允许开挖检修的地段时，应采用通行管沟敷设；当采用通行管沟困难时，可采用半通行管沟敷设。蒸汽管道采用管沟敷设困难时，可采用保温性能良好、防水性能可靠、保护管耐腐蚀的预制保温管直埋敷设，其设计寿命不应低于25年。

8.2.4 直埋敷设热水管道应采用钢管、保温层、保护外壳结合成一体的预制保温管道，其性能应符合本规范第11章的有关规定。

8.2.5 管沟敷设有关尺寸应符合表8.2.5的规定。

表 8.2.5 　　　　　管沟敷设有关尺寸

管沟类型	有关尺寸名称					
	管沟净高（m）	人行通道宽（m）	管道保温表面与沟墙净距（m）	管道保温表面与沟顶净距（m）	管道保温表面与沟底净距（m）	管道保温表面间的净距（m）
通行管沟	≥1.8	≥0.6	≥0.2	≥0.2	≥0.2	≥0.2
半通行管沟	≥1.2	≥0.5	≥0.2	≥0.2	≥0.2	≥0.2
不通行管沟	—	—	≥0.1	≥0.05	≥0.15	≥0.2

注：当必须在沟内更换钢管时，人行通道宽度还不应小于管子外径加0.1m。

8.2.6 工作人员经常进入的通行管沟应有照明设备和良好的通风。人员在管沟内工作时,空气温度不得超过40℃。

通行管沟应设事故人孔。设有蒸汽管道的通行管沟,事故人孔间距不应大于100m;热水管道的通行管沟,事故人孔间距不应大于400m。

8.2.7 整体混凝土结构的通行管沟,每隔200m宜设一个安装孔。安装孔宽度不应小于0.6m且应大于管沟内最大一根管道的外径加0.1m,其长度应保证6m长的管子进入管沟。当需要考虑设备进出时,安装孔宽度还应满足设备进出的需要。

8.2.8 地下敷设热力网管道的管沟外表面,直埋敷设热水管道或地上敷设管道的保温结构表面与建筑物、构筑物、道路、铁路、电缆、架空电线和其他管道的最小水平净距、垂直净距应符合表8.2.8的规定。

8.2.9 地上敷设热力网管道穿越行人过往频繁地区,管道保温结构下表面距地面不应小于2.0m;在不影响交通的地区,应采用低支架,管道保温结构下表面距地面不应小于0.3m。

8.2.10 管道跨越水面、峡谷地段时,在桥梁主管部门同意的条件下,可在永久性的公路桥上架设。

管道架空跨越通航河流时,应保证航道的净宽与净高符合《内河通航标准》(GB 139)的规定。

管道架空跨越不通航河流时,管道保温结构表面与50年一遇的最高水位垂直净距不应小于0.5m。跨越重要河流时,还应符合河道管理部门的有关规定。

表8.2.8 热力网管道与建筑物(构筑物)或其他管线的最小距离

建筑物、构筑物或管线名称		与热力网管道最小水平净距(m)	与热力网管道最小垂直净距(m)
地下敷设热力网管道			
建筑物基础:对于管沟敷设热力网管道		0.5	—
对于直埋闭式热水热力网管道 $DN \leq 250$		2.5	—
$DN \geq 300$		3.0	—
		5.0	—
对于直埋开式热水热力网管道			
铁路钢轨		钢轨外侧3.0	轨底1.2
电车钢轨		钢轨外侧2.0	轨底1.0
铁路、公路路基边坡底脚或边沟的边缘		1.0	—
通讯、照明或10kV以下电力线路的电杆		1.0	—
桥墩(高架桥、栈桥)边缘		2.0	—
架空管道支架基础边缘		1.5	—
高压输电线铁塔基础边缘 35~220kV		3.0	—
通讯电缆管块		1.0	0.15
直埋通讯电缆(光缆)		1.0	0.15
电力电缆和控制电缆35kV以下		2.0	0.5
110kV		2.0	1.0
燃气管道			
压力<0.005MPa 对于管沟敷设热力网管道		1.0	0.15
压力≤0.4MPa 对于管沟敷设热力网管道		1.5	0.15
压力≤0.8MPa 对于管沟敷设热力网管道		2.0	0.15
压力>0.8MPa 对于管沟敷设热力网管道		4.0	0.15
压力≤0.4MPa 对于直埋敷设热水热力网管道		1.0	0.15
压力≤0.8MPa 对于直埋敷设热水热力网管道		1.5	0.15
压力>0.8MPa 对于直埋敷设热水热力网管道		2.0	0.15
给水管道		1.5	0.15
排水管道		1.5	0.15
地 铁		5.0	0.8
电气铁路接触网电杆基础		3.0	—
乔 木(中心)		1.5	—
灌 木(中心)		1.5	—
车行道路面		—	0.7

续表

建筑物、构筑物或管线名称	与热力网管道最小水平净距（m）	与热力网管道最小垂直净距（m）
地上敷设热力网管道		
铁路钢轨	轨外侧 3.0	轨顶一般 5.5 电气铁路 6.55
电车钢轨	轨外侧 2.0	—
公路边缘	1.5	—
公路路面	—	4.5
架空输电线 1kV 以下	导线最大风偏时 1.5	热力网管道在下面交叉通过导线最大垂时 1.0
1～10kV	导线最大风偏时 2.0	同上 2.0
35～110kV	导线最大风偏时 4.0	同上 4.0
220kV	导线最大风偏时 5.0	同上 5.0
330kV	导线最大风偏时 6.0	同上 6.0
500kV	导线最大风偏时 6.5	同上 6.5
树冠	0.5（到树中不小于 2.0）	—

注：1 表中不包括直埋敷设蒸汽管道与建筑物（构筑物）或其他管线的最小距离的规定；

　　2 当热力网管道的埋设深度大于建（构）筑物基础深度时，最小水平净距应按土壤内摩擦角计算确定；

　　3 热力网管道与电力电缆平行敷设时，电缆处的土壤温度与月平均土壤自然温度比较，全年任何时候对于电压 10kV 的电缆不高出 10℃，对于电压 35～110kV 的电缆不高出 5℃时，可减小表中所列距离；

　　4 在不同深度并列敷设各种管道时，各种管道间的水平净距不应小于其深度差；

　　5 热力网管道检查室、方形补偿器壁龛与燃气管道最小水平净距亦应符合表中规定；

　　6 在条件不允许时，可采取有效技术措施并经有关单位同意后，可以减小表中规定距离，或采用埋深较大的暗挖法、盾构法施工。

河底敷设管道必须远离浅滩、锚地，并应选择在较深的稳定河段，埋设深度应按不妨碍河道整治和保证管道安全的原则确定。对于一至五级航道河流，管道（管沟）应敷设在航道底设计标高 2m 以下；对于其他河流，管道（管沟）应敷设在稳定河底 1m 以下。对于灌溉渠道，管道（管沟）应敷设在渠底设计标高 0.5m 以下。管道河底直埋敷设或管沟敷设时，应进行抗浮计算。

8.2.11 热力网管道同河流、铁路、公路等交叉时应垂直相交。特殊情况下，管道与铁路或地下铁路交叉不得小于 60度角；管道与河流或公路交叉不得小于 45 度角。

8.2.12 地下敷设管道与铁路或不允许开挖的公路交叉，交叉段的一侧留有足够的抽管检修地段时，可采用套管敷设。

8.2.13 套管敷设时，套管内不应采用填充式保温，管道保温层与套管间应留有不小于 50mm 的空隙。套管内的管道及其他钢部件应采取加强防腐措施。采用钢套管时，套管内、外表面均应做防腐处理。

8.2.14 地下敷设热力网管道和管沟应有一定坡度，其坡度不应小于 0.002。进入建筑物的管道宜坡向干管。地上敷设的管道可不设坡度。

8.2.15 地下敷设热力网管道的覆土深度应符合下列规定：

　　1 管沟盖板或检查室盖板覆土深度不应小于 0.2m。

　　2 直埋敷设管道的最小覆土深度应考虑土壤和地面活荷载对管道强度的影响并保证管道不发生纵向失稳。具体规定应按《城镇直埋供热管道工程技术规程》（CJJ/T 81）的规定执行。

8.2.16 燃气管道不得进入热力网管沟。当自来水，排水管道或电缆与热力网管道交叉必须穿入热力网管沟时，应加套管或用厚度不小于 100mm 的混凝土防护层与管沟隔开，同时不得妨碍热力管道的检修及地沟排水。套管应伸出管沟以

外，每侧不应小于1m。

8.2.17 热力网管沟与燃气管道交叉当垂直净距小于300mm时，燃气管道应加套管。套管两端应超出管沟1m以上。

8.2.18 热力网管道进入建筑物或穿过构筑物时，管道穿墙处应封堵严密。

8.2.19 地上敷设的热力网管道同架空输电线或电气化铁路交叉时，管道的金属部分（包括交叉点两侧5m范围内钢筋混凝土结构的钢筋）应接地。接地电阻不应大于10Ω。

8.3 管道材料及连接

8.3.1 城市热力网管道应采用无缝钢管、电弧焊或高频焊焊接钢管。管道及钢制管件的钢材钢号不应低于表8.3.1的规定。管道和钢材的规格及质量应符合国家相关标准的规定。

表8.3.1　热力网管道钢材钢号及适用范围

钢号	适用范围	钢板厚度
Q235—A·F	$P \leq 1.0$MPa　$t \leq 150$℃	≤8mm
Q235—A	$P \leq 1.6$MPa　$t \leq 300$℃	≤16mm
Q235—B、20、20g、20R及低合金钢	可用于本规范适用范围的全部参数	不限

注：P—管道设计压力；t—管道设计温度。

8.3.2 热力网凝结水管道宜采用具有防腐内衬、内防腐涂层的钢管或非金属管道。非金属管道的承压能力和耐温性能应满足设计技术要求。

8.3.3 热力网管道的连接应采用焊接；有条件时管道与设备、阀门等连接也应采用焊接。当设备、阀门等需要拆卸时，应采用法兰连接。对公称直径小于或等于25mm的放气阀，可采用螺纹连接，但连接放气阀的管道应采用厚壁管。

8.3.4 室外采暖计算温度低于－5℃地区露天敷设的不连续运行的凝结水管道放水阀门，室外采暖计算温度低于－10℃地区露天敷设的热水管道设备附件均不得采用灰铸铁制品。室外采暖计算温度低于－30℃地区露天敷设的热水管道，应采用钢制阀门及附件。

城市热力网蒸汽管道在任何条件下均应采用钢制阀门及附件。

8.3.5 弯头的壁厚不应小于管道壁厚。焊接弯头应双面焊接。

8.3.6 钢管焊制三通，支管开孔应进行补强。对于承受干管轴向荷载较大的直埋敷设管道，应考虑三通干管的轴向补强，其技术要求按《城镇直埋供热管道工程技术规程》（CJJ/T 81）的规定执行。

8.3.7 变径管制作应采用压制或钢板卷制，壁厚不应小于管道壁厚。

8.4 热补偿

8.4.1 热力网管道的温度变形应充分利用管道的转角管段进行自然补偿。直埋敷设热水管道自然补偿转角管段应布置成60°～90°角，当角度很小时应按直线管段考虑，小角度的具体数值应按《城镇直埋供热管道工程技术规程》（CJJ/T 81）的规定执行。

8.4.2 选用管道补偿器时，应根据敷设条件选用维修工作量小、工作可靠和价格较低的补偿器。

8.4.3 采用弯管补偿器或波纹管补偿器时，设计应考虑安装时的冷紧。冷紧系数可取 0.5。

8.4.4 采用套筒补偿器时，应计算各种安装温度下的补偿器安装长度，并保证管道在可能出现的最高、最低温度下，补偿器留有不小于 20mm 的补偿余量。

8.4.5 采用波纹管轴向补偿器时，管道上应安装防止波纹管失稳的导向支座。采用其他形式补偿器，补偿管段过长时，亦应设导向支座。

8.4.6 采用球形补偿器、铰链型波纹管补偿器，且补偿管段较长时宜采取减小管道摩擦力的措施。

8.4.7 当两条管道垂直布置且上面的管道直接敷设在固定于下面管道的托架上时，应考虑两管道在最不利运行状态下热位移不同的影响，防止上面的管道自托架上滑落。

8.4.8 直埋敷设热水管道，经计算允许时，宜采用无补偿敷设方式，并应按《城镇直埋供热管道工程技术规程》（CJJ/T 81）的规定执行。

8.5 附件与设施

8.5.1 热力网管道干线、支干线、支线的起点应安装关断阀门。

8.5.2 热水热力网干线应装设分段阀门。分段阀门的间距宜为：输送干线，2000～3000m；输配干线，1000～1500m。蒸汽热力网可不安装分段阀门。

　　多热源供热系统热源间的连通干线、环状管网环线的分段阀应采用双向密封阀门。

8.5.3 热水、凝结水管道的高点（包括分段阀门划分的每个管段的高点）应安装放气装置。

8.5.4 热水、凝结水管道的低点（包括分段阀门划分的每个管段的低点）应安装放水装置。热水管道的放水装置应保证一个放水段的排放时间不超过表 8.5.4 的规定。

表 8.5.4　　　　　　　热水管道放水时间

管道公称直径（mm）	放水时间（h）
DN≤300	2～3
DN350～500	4～6
DN≥600	5～7

注：严寒地区采用表中规定的放水时间较小值。停热期间供热装置无冻结危险的地区，表中的规定可放宽。

8.5.5 蒸汽管道的低点和垂直升高的管段前应设启动疏水和经常疏水装置。同一坡向的管段，顺坡情况下每隔 400～500m，逆坡时每隔 200～300m 应设启动疏水和经常疏水装置。

8.5.6 经常疏水装置与管道连接处应设聚集凝结水的短管，短管直径为管道直径的 1/2～1/3。经常疏水管应连接在短管侧面。

8.5.7 经常疏水装置排出的凝结水，宜排入凝结水管道。当不能排入凝结水管时，应按本规范第 4.3.4 条规定降温后排放。

8.5.8 工作压力大于或等于 1.6MPa 且公称直径大于或等于 500mm 的管道上的闸阀应安装旁通阀。旁通阀的直径可按阀门直径的十分之一选用。

8.5.9 当供热系统补水能力有限需控制管道充水流量或蒸汽管道启动暖管需控制汽量时，管道阀门应装设口径较小的旁通阀作为控制阀门。

8.5.10 当动态水力分析需延长输送干线分段阀门关闭时间以降低压力瞬变值时，宜采用主阀并联旁通阀的方法解决。

旁通阀直径可取主阀直径的四分之一。主阀和旁通阀应连锁控制，旁通阀必须在开启状态主阀方可进行关闭操作，主阀关闭后旁通阀才可关闭。

8.5.11 公称直径大于或等于500mm的阀门，宜采用电动驱动装置。由监控系统远程操作的阀门，其旁通阀亦应采用电动驱动装置。

8.5.12 公称直径大于或等于500mm的热水热力网干管在低点、垂直升高管段前、分段阀门前宜设阻力小的永久性除污装置。

8.5.13 地下敷设管道安装套筒补偿器、波纹管补偿器、阀门、放水和除污装置等设备附件时，应设检查室。检查室应符合下列规定：

  1 净空高度不应小于1.8m；
  2 人行通道宽度不应小于0.6m；
  3 干管保温结构表面与检查室地面距离不应小于0.6m；
  4 检查室的人孔直径不应小于0.7m，人孔数量不应少于两个，并应对角布置，人孔应避开检查室内的设备，当检查室净空面积小于$4m^2$时，可只设一个人孔；
  5 检查室内至少应设一个集水坑，并应置于人孔下方；
  6 检查室地面应低于管沟内底不小于0.3m；
  7 检查室内爬梯高度大于4m时应设护拦或在爬梯中间设平台。

8.5.14 当检查室内需更换的设备、附件不能从人孔进出时，应在检查室顶板上设安装孔。安装孔的尺寸和位置应保证需更换设备的出入和便于安装。

8.5.15 当检查室内装有电动阀门时，应采取措施，保证安装地点的空气温度、湿度满足电气装置的技术要求。

8.5.16 当地下敷设管道只需安装放气阀门且埋深很小时，可不设检查室，只在地面设检查井口，放气阀门的安装位置应便于工作人员在地面进行操作；当埋深较大时，在保证安全的条件下，也可只设检查人孔。

8.5.17 中高支架敷设的管道，安装阀门、放水、放气、除污装置的地方应设操作平台。在跨越河流、峡谷等地段，必要时应沿架空管道设检修便桥。

8.5.18 中高支架操作平台的尺寸应保证维修人员操作方便。检修便桥宽度不应小于0.6m。平台或便桥周围应设防护栏杆。

8.5.19 架空敷设管道上，露天安装的电动阀门，其驱动装置和电气部分的防护等级应满足露天安装的环境条件，为防止无关人员操作应有防护措施。

8.5.20 地上敷设管道与地下敷设管道连接处，地面不得积水，连接处的地下构筑物应高出地面0.3m以上，管道穿入构筑物的孔洞应采取防止雨水进入的措施。

8.5.21 地下敷设管道固定支座的承力结构宜采用耐腐蚀材料，或采取可靠的防腐措施。

8.5.22 管道活动支座一般采用滑动支座或刚性吊架。当管道敷设于高支架、悬臂支架或通行管沟内时，宜采用滚动支座或使用减摩材料的滑动支座。

当管道运行时有垂直位移且对邻近支座的荷载影响较大时，应采用弹簧支座或弹簧吊架。

9 管道应力计算和作用力计算

9.0.1 管道应力计算应采用应力分类法。管道由内压、持续外载引起的一次应力验算采用弹性分析和极限分析；管道由热胀冷缩及其他位移受约束产生的二次应力和管件上的峰值应力采用满足必要疲劳次数的许用应力范围进行验算。

9.0.2 进行管道应力计算时，供热介质计算参数应按下列规定取用：

　　1　蒸汽管道取用锅炉、汽轮机抽（排）汽口的最大工作压力和温度作为管道计算压力和工作循环最高温度；

　　2　热水热力网供、回水管道的计算压力均取用循环水泵最高出口压力加上循环水泵与管道最低点地形高差产生的静水压力，工作循环最高温度取用热力网设计供水温度；

　　3　凝结水管道计算压力取用户凝结水泵最高出水压力加上地形高差产生的静水压力，工作循环最高温度取用户凝结水箱的最高水温；

　　4　管道工作循环最低温度，对于全年运行的管道，地下敷设时取 30℃，地上敷设时取 15℃；对于只在采暖期运行的管道，地下敷设时取 10℃，地上敷设时取 5℃。

9.0.3 地上敷设和管沟敷设热力网管道的许用应力取值、管壁厚度计算、补偿值计算及应力验算应按《火力发电厂汽水管道应力计算技术规定》（SDGJ 6）的规定执行。

9.0.4 直埋敷设热水管道的许用应力取值、管壁厚度计算、热伸长量计算及应力验算应按《城镇直埋供热管道工程技术

规程》（CJJ/T 81）的规定执行。

9.0.5 计算热力网管道对固定点的作用力时，应考虑升温或降温，选择最不利的工况和最大温差进行计算。当管道安装温度低于工作循环最低温度时应采用安装温度计算。

9.0.6 管道对固定点的作用力计算时应包括下列三部分：

　　1　管道热胀冷缩受约束产生的作用力；

　　2　内压产生的不平衡力；

　　3　活动端位移产生的作用力。

9.0.7 固定点两侧管段作用力合成时应按下列原则进行：

　　1　地上敷设和管沟敷设管道

　　　1）固定点两侧管段由热胀冷缩受约束引起的作用力和活动端位移产生的作用力的合力相互抵消时，较小方向作用力应乘以 0.7 的抵消系数；

　　　2）固定点两侧管段内压不平衡力的抵消系数取 1；

　　　3）当固定点承受几个支管的作用力，应按本规范第 9.0.5 条的原则考虑几个支管作用力的最不利组合。

　　2　直埋敷设热水管道

　　直埋敷设热水管道应按《城镇直埋供热管道工程技术规程》（CJJ/T 81）的规定执行。

10 中继泵站与热力站

10.1 一般规定

10.1.1 中继泵站、热力站应降低噪声，不应对环境产生干扰。当中继泵站、热力站设备的噪声较高时，应加大与周围建筑物的距离，或采取降低噪声的措施，使受影响建筑物处的噪声符合《城市区域环境噪声标准》（GB 3096）的规定。当中继泵站、热力站所在场所有隔振要求时，水泵基础和连接水泵的管道应采取隔振措施。

10.1.2 中继泵站、热力站的站房应有良好的照明和通风。

10.1.3 站房设备间的门应向外开。当热水热力站站房长度大于 12m 时应设两个出口，热力网设计水温小于 100℃ 时可只设一个出口。蒸汽热力站不论站房尺寸如何，都应设置两个出口。安装孔或门的大小应保证站内需检修更换的最大设备出入。多层站房应考虑用于设备垂直搬运的安装孔。

10.1.4 站内地面宜有坡度或采取措施保证管道和设备排出的水引向排水系统。当站内排水不能直接排入室外管道时，应设集水坑和排水泵。

10.1.5 站内应有必要的起重设施，并应符合下列规定：
1. 当需起重的设备数量较少且起重重量小于 2t 时，应采用固定吊钩或移动吊架；
2. 当需起重的设备数量较多或需要移动且起重重量小于 2t 时，应采用手动单轨或单梁吊车；
3. 当起重重量大于 2t 时，宜采用电动起重设备。

10.1.6 站内地坪到屋面梁底（屋架下弦）的净高，除应考虑通风、采光等因素外，尚应考虑起重设备的需要，且应符合下列规定：
1. 当采用固定吊钩或移动吊架时，不应小于 3m；
2. 当采用单轨、单梁、桥式吊车时，应保持吊起物底部与吊运所越过的物体顶部之间有 0.5m 以上的净距；
3. 当采用桥式吊车时，除符合本条第 2 款规定外，还应考虑吊车安装和检修的需要。

10.1.7 站内宜设集中检修场地，其面积应根据需检修设备的要求确定，并在周围留有宽度不小于 0.7m 的通道。当考虑设备就地检修时，可不设集中检修场地。

10.1.8 站内管道及管件材质应符合本规范第 8.3.1 条的规定，选用的压力容器应符合国家相关标准的规定。

10.1.9 站内各种设备和阀门的布置应便于操作和检修。站内各种水管道及设备的高点应设放气阀，低点应设放水阀。

10.1.10 站内架设的管道不得阻挡通道、不得跨越配电盘、仪表柜等设备。

10.1.11 管道与设备连接时，管道上宜设支、吊架，应减小加在设备上的管道荷载。

10.1.12 位置较高而且需经常操作的设备处应设操作平台、扶梯和防护栏杆等设施。

10.2 中继泵站

10.2.1 中继泵站的位置、泵站数量及中继水泵的扬程，应在管网水力计算和对管网水压图详细分析的基础上，通过技术经济比较确定。中继泵站不应建在环状管网的环线上。中继泵站应优先考虑采用回水加压方式。

10.2.2 中继泵应采用调速泵且应减少中继泵的台数。设置三台或三台以下中继泵并联运行时应设备用泵，设置四台或四台以上中继泵并联运行时可不设备用泵。

10.2.3 水泵机组的布置应符合下列规定：

　　1　相邻两个机组基础间的净距

　　　　1）当电动机容量小于或等于 55kW 时，不小于 0.8m；

　　　　2）当电动机容量大于 55kW 时，不小于 1.2m；

　　2　当考虑就地检修时，至少在每个机组一侧留有大于水泵机组宽度加 0.5m 的通道；

　　3　相邻两个机组突出部分的净距以及突出部分与墙壁间的净距，应保证泵轴和电动机转子在检修时能拆卸，并不应小于 0.7m；当电动机容量大于 55kW 时，则不应小于 1.0m；

　　4　中继泵站的主要通道宽度不应小于 1.2m；

　　5　水泵基础应高出站内地坪 0.15m 以上。

10.2.4　中继水泵吸入母管和压出母管之间应设装有止回阀的旁通管。

10.2.5 中继水泵吸入母管和压出母管之间的旁通管，宜与母管等径。

10.2.6 中继泵站水泵入口处应设除污装置。

10.3　热水热力网热力站

10.3.1 热水热力网民用热力站最佳供热规模，应通过技术经济比较确定。当不具备技术经济比较条件时，热力站的规模宜按下列原则确定：

　　1　对于新建的居住区，热力站最大规模以供热范围不超过本街区为限。

　　2　对已有采暖系统的小区，在减少原有采暖系统改造工程量的前提下，宜减少热力站的个数。

10.3.2 用户采暖系统与热力网连接的方式应按下列原则确定：

　　1　有下列情况之一时，用户采暖系统应采用间接连接：

　　　　1）大型城市集中供热热力网；

　　　　2）建筑物采暖系统高度高于热力网水压图供水压力线或静水压线；

　　　　3）采暖系统承压能力低于热力网回水压力或静水压力；

　　　　4）热力网资用压头低于用户采暖系统阻力，且不宜采用加压泵；

　　　　5）由于直接连接，而使管网运行调节不便、管网失水率过大及安全可靠性不能有效保证。

　　2　当热力网水力工况能保证用户内部系统不汽化，不超过用户内部系统的允许压力，热力网资用压头大于用户系统阻力，用户系统可采用直接连接。直接连接时，用户采暖系统设计供水温度等于热力网设计供水温度时，应采用不降温的直接连接；当用户采暖系统设计供水温度低于热力网设计供水温度时，应采用有混水降温装置的直接连接。

10.3.3 在有条件的情况下，热力站应采用全自动组合换热机组。

10.3.4 当生活热水热负荷较小时，生活热水换热器与采暖系统可采用并联连接；当生活热水热负荷较大时，生活热水换热器与采暖系统宜采用两级串联或两级混合连接。

10.3.5 间接连接采暖系统循环泵的选择应符合下列规定：

1 水泵流量不应小于所有用户的设计流量之和；

2 水泵扬程不应小于换热器、站内管道设备、主干线和最不利用户内部系统阻力之和；

3 水泵台数不应少于二台，其中一台备用；

4 当采用质—量调节或考虑用户自主调节时，应选用调速泵。

10.3.6 采暖系统混水装置的选择应符合下列规定：

1 混水装置的设计流量按下式计算：

$$G'_h = uG_h \quad (10.3.6\text{-}1)$$

$$u = \frac{t_1 - \theta_1}{\theta_1 - t_2} \quad (10.3.6\text{-}2)$$

式中 G'_h——混水装置设计流量（t/h）；

G_h——采暖热负荷热力网设计流量（t/h）；

u——混水装置设计混合比；

t_1——热力网设计供水温度（℃）；

θ_1——用户采暖系统设计供水温度（℃）；

t_2——采暖系统设计回水温度（℃）。

2 混水装置的扬程不应小于混水点以后用户系统的总阻力；

3 采用混合水泵时，不应少于二台，其中一台备用。

10.3.7 当热力站入口处热力网资用压头不满足用户需要时，可设加压泵；加压泵宜布置在热力站总回水管道上。

当热力网末端需设加压泵的热力站较多，且热力站自动化水平较低时，应设热力网中继泵站，取代分散的加压泵；当热力站自动化水平较高能保证用户不发生水力失调时，仍可采用分散的加压泵且应采用调速泵。

10.3.8 间接连接系统补水装置选择应符合下列规定：

1 水泵的流量宜为正常补水量的4~5倍，正常补水量宜采用系统水容量的1%；

2 水泵的扬程不应小于补水点压力加30~50kPa；

3 水泵台数不宜少于二台，其中一台备用；

4 补给水箱的有效容积可按1~1.5h的正常补水量考虑。

10.3.9 间接连接采暖系统定压点宜设在循环水泵吸入口侧。定压值应保证管网中任何一点采暖系统不倒空、不超压。定压装置宜采用高位膨胀水箱，氮气、蒸汽、空气定压装置等。空气定压宜采用空气与水用隔膜隔离的装置。成套氮气、空气定压装置中的补水泵性能应符合本规范第10.3.8条的规定。定压系统应设超压自动排水装置。

10.3.10 热力站换热器的选择应符合下列规定：

1 间接连接系统应选用工作可靠、传热性能良好的换热器，生活热水系统还应根据水质情况选用易于清除水垢的换热设备；

2 列管式、板式换热器计算时应考虑换热表面污垢的影响，传热系数计算时应考虑污垢修正系数；

3 计算容积式换热器传热系数时按考虑水垢热阻的方法进行；

4 换热器可不设备用。换热器台数的选择和单台能力的确定应适应热负荷的分期增长，并考虑供热可靠性的需要；

5 热水供应系统换热器换热面积的选择应符合下列规定：

1）当用户有足够容积的储水箱时，按生活热水日平均热负荷选择；

　2）当用户没有储水箱或储水容积不足，但有串联缓冲水箱（沉淀箱，储水容积不足的容积式换热器）时，可按最大小时热负荷选择；

　3）当用户无储水箱，且无串联缓冲水箱（水垢沉淀箱）时，应按最大秒流量选择。

10.3.11　热力站换热设备的布置应符合下列规定：

　1　换热器布置时，应考虑清除水垢、抽管检修的场地；

　2　并联工作的换热器宜按同程连接设计；

　3　换热器组一、二次侧进、出口应设总阀门，并联工作的换热器，每台换热器一、二次侧进、出口宜设阀门；

　4　当热水供应系统换热器热水出口上装有阀门时，应在每台换热器上设安全阀；当每台换热器出口管不设阀门时，应在生活热水总管阀门前设安全阀。

10.3.12　间接连接采暖系统的补水质量应保证换热器不结垢，应对补给水进行软化处理或加药处理。当采用化学软化处理时，水质标准应符合本规范第 4.3.1 条的规定，当采暖系统中没有钢板制散热器时可不除氧；当采用加药处理时，水质标准应符合下列规定：

　1　悬浮物　小于或等于 20mg/L

　2　总硬度　小于或等于 6mmol/L

　3　含油量　小于或等于 2mg/L

　4　pH（25℃）　7～12

10.3.13　热力网供、回水总管上应设阀门。当供热系统采用质调节时宜在供水或回水总管上装设自动流量调节阀；当供热系统采用变流量调节时宜装设自力式压差调节阀。

　热力站内各分支管路的供、回水管道上应设阀门。在各

分支管路没有自动调节设备时宜装设手动调节阀。

10.3.14　热力网供水总管上及用户系统回水总管上，应设除污器。

10.3.15　水泵基础应高出地面不小于 0.15m；水泵基础之间、水泵基础距墙的距离不应小于 0.7m；当地方狭窄时，电动机功率不大于 20kW 或进水管径不大于 100mm 的两台水泵可做联合基础，机组之间突出部分的净距不应小于 0.3m，但两台以上水泵不得做联合基础。

10.3.16　热力站内软化水、采暖、通风、空调、生活热水系统的设计，应按《锅炉房设计规范》（GB 50041），《采暖通风与空气调节设计规范》（GBJ 19）、《建筑给水排水设计规范》（GBJ 15）的规定执行。

10.4　蒸汽热力网热力站

10.4.1　蒸汽热力站应根据生产工艺、采暖、通风、空调及生活热负荷的需要设置分汽缸，蒸汽主管和分支管上应装设阀门。当各种负荷需要不同的参数时，应分别设置分支管、减压减温装置和独立安全阀。

10.4.2　热力站的汽水换热器宜采用带有凝结水过冷段的换热设备，并设凝结水水位调节装置。

10.4.3　蒸汽系统应按下列规定设疏水装置：

　1　蒸汽管路的最低点、流量测量孔板前和分汽缸底部应设启动疏水装置；

　2　分汽缸底部和饱和蒸汽管路安装启动疏水装置处应安装经常疏水装置；

　3　无凝结水水位控制的换热设备应安装经常疏水装置。

10.4.4　蒸汽热力网用户宜采用闭式凝结水回收系统，热力

站中应采用闭式凝结水箱。当凝结水量小于10t/h或距热源小于500m时，可采用开式凝结水回收系统，此时凝结水温度不应低于95℃。

10.4.5 凝结水箱的总储水量宜按10～20min最大凝结水量计算。

10.4.6 全年工作的凝结水箱宜设两个，每个容积为50%；当凝结水箱季节工作且凝结水量在5t/h以下时，可只设一个。

10.4.7 凝结水泵不应少于两台，其中一台备用。选择凝结水泵时，应考虑泵的适用温度，其流量应按进入凝结水箱的最大凝结水流量计算；扬程应按凝结水管网水压图的要求确定，并留有30～50kPa的富裕压力。

凝结水泵的吸入口压力应符合本规范第7.5.4条的规定。

凝结水泵的布置应符合本规范第10.3.15条的规定。

10.4.8 热力站内应设凝结水取样点。取样管宜设在凝结水箱最低水位以上、中轴线以下。

10.4.9 热力站内其他设备的选择、布置应符合本规范第10.3节的有关规定。

11 保温与防腐涂层

11.1 一般规定

11.1.1 热力网管道及设备的保温结构设计，除应符合本规范的规定外，尚应符合《设备及管道保温技术通则》（GB 4272）、《设备和管道保温设计导则》（GB 8175）、《工业设备及管道绝热工程设计规范》（GB 50264）的有关规定。

11.1.2 供热介质设计温度高于50℃的热力管道、设备、阀门应保温。

在不通行管沟敷设或直埋敷设条件下，热水热力网的回水管道、与蒸汽管道并行的凝结水管道以及其他温度较低的热水管道，在技术经济合理的情况下可不保温。

11.1.3 操作人员需要接近维修的地方，当维修时，设备及管道保温结构表面温度不得超过60℃。

11.1.4 保温材料及其制品的主要技术性能应符合下列规定：

1 平均工作温度下的导热系数值不得大于0.12W/（m·K），并应有明确的随温度变化的导热系数方程式或图表；对于松散或可压缩的保温材料及其制品，应具有在使用密度下的导热系数方程式或图表；

2 密度不应大于350kg/m³；

3 除软质、散状材料外，硬质预制成型制品的抗压强度不应小于0.3MPa；半硬质的保温材料压缩10%时的抗压强度不应小于0.2MPa。

11.1.5 保温层设计时应优先采用经济保温厚度。当经济保温厚度不能满足技术要求时，应按技术条件确定保温层厚度。

11.2 保温计算

11.2.1 保温厚度计算原则应按《设备和管道保温设计导则》(GB 8175)的规定执行。

11.2.2 按规定的散热损失、环境温度等技术条件计算双管或多管地下敷设管道的保温层厚度时，应选取满足技术条件的最经济的保温层厚度组合。

11.2.3 计算地下敷设管道的散热损失时，当管道中心埋深大于两倍管道保温外径（或管沟当量外径）时，环境温度应取管道（或管沟）中心埋深处土壤自然温度；当管道中心埋深小于两倍管道保温外径（或管沟当量外径）时，环境温度可取地表面土壤自然温度。

11.2.4 计算年散热损失时，供热介质温度和环境温度应按下列规定取用：

    1 供热介质温度

      1) 热水热力网按运行期间运行温度的平均值取用；

      2) 蒸汽热力网按逐管段年平均蒸汽温度取用；

      3) 凝结水管道按设计温度取用。

    2 环境温度

      1) 地上敷设按热力网运行期间室外平均温度取用；

      2) 不通行管沟、半通行管沟和直埋敷设的管道，按热力网运行期间平均土壤（或地表）自然温度取用；

      3) 经常有人工作，有机械通风的通行管沟敷设的管道按 40℃ 取用；无人工作的通行管沟敷设的管道，按本款第 2) 项取用。

11.2.5 蒸汽管道按规定的供热介质温度降条件计算保温层厚度时，应选择最不利工况进行计算。供热介质温度应取计算管段在计算工况下的平均温度，环境温度应按下列规定取用：

    1 地上敷设时，取用计算工况下相应的室外空气温度；

    2 通行管沟敷设时，取用 40℃；

    3 其他类型的地下敷设时，取用计算工况下相应的月平均土壤（或地表）自然温度。

11.2.6 按规定的土壤（或管沟）温度条件计算保温层厚度时，应按下列规定选取供热介质温度和环境温度：

    1 蒸汽热力网按下列两种工况计算，并取保温层厚度较大值。

      1) 供热介质温度取计算管段的最高温度，环境温度取同时期的月平均土壤（或地表）自然温度；

      2) 环境温度取最热月平均土壤（或地表）自然温度，供热介质温度取同时期的最高运行温度；

    2 热水热力网应按下列两种供热介质温度和环境温度计算，并取保温层厚度较大值。

      1) 冬季供热介质温度取设计温度，环境温度取最冷月平均土壤（或地表）自然温度；

      2) 夏季环境温度取最热月平均土壤（或地表）自然温度，供热介质温度取用同时期的运行温度。

11.2.7 按规定的保温层外表面温度条件计算保温层厚度时，应按下列规定选取供热介质温度和环境温度：

    1 蒸汽热力网

供热介质温度按可能出现的最高运行温度取用；

环境温度：地上敷设时，按夏季空调室外计算日平均温度取用；室内敷设时按室内可能出现的最高温度取用；不通行管沟和直埋敷设时，按最热月平均土壤（或地表）自然温度取用；检查室和通行管沟内，当人员进入维修时，可按40℃取用。

2 热水热力网分别按下列两种供热介质温度和环境温度计算，并取保温层厚度较大值。

1）冬季

供热介质温度取用设计温度；

环境温度：地上敷设时，取用按设计温度运行时的最高室外日平均温度；室内敷设时取用室内设计温度；不通行管沟和直埋敷设时，取最冷月平均土壤（或地表）自然温度；检查室和通行管沟内，当人员进入维修时，可按40℃取用；

2）夏季

环境温度：地上敷设时，按夏季空调室外计算日平均温度取用；室内敷设时，按室内可能出现的最高温度取用；不通行管沟和直埋敷设时，取最热月平均土壤（或地表）自然温度；检查室和通行管沟内，当人员进入维修时，可按40℃取用；

供热介质温度取用同时期的运行温度。

11.2.8 当采用复合保温层时，耐温高的材料应作内层保温，内层保温材料的外表面温度应等于或小于外层保温材料的允许最高使用温度的0.9倍。

11.2.9 采用软质保温材料计算保温层厚度时，应按施工压缩后的密度选取导热系数，保温层的设计厚度为施工压缩后的保温层厚度。

11.2.10 计算管道总散热损失时，由支座、补偿器和其他附件产生的附加热损失可按表11.2.10给出的热损失附加系数计算。

表 11.2.10　　　管道散热损失附加系数

管道敷设方式	散热损失附加系数
地上敷设	0.15～0.20
管沟敷设	0.15～0.20
直埋敷设	0.10～0.15

注：当附件保温较好、管径较大时，取较小值；当附件保温较差、管径较小时，取较大值。

11.3 保温结构

11.3.1 保温层外应有性能良好的保护层，保护层的机械强度和防水性能应满足施工、运行的要求，预制保温结构还应满足运输的要求。

11.3.2 直埋敷设热水管道应采用钢管、保温层、外护管紧密结合成一体的预制管。其技术要求应符合《高密度聚乙烯外护管聚氨酯泡沫塑料预制直埋保温管》（CJ/T 114）和《玻璃纤维增强塑料外护层聚氨酯泡沫塑料预制直埋保温管》（CJ/T 129）的规定。

11.3.3 管道采用硬质保温材料保温时，直管段每隔10～20m及弯头处应预留伸缩缝，缝内应填充柔性保温材料，伸缩缝外防水层应搭接。

11.3.4 地下敷设管道严禁在沟槽或地沟内用吸水性保温材料进行填充式保温。

11.3.5 阀门、法兰等部位宜采用可拆卸式保温结构。

11.4 防腐涂层

11.4.1 地上敷设和管沟敷设的热水（或凝结水）管道、季节运行的蒸汽管道及附件，应涂刷耐热、耐湿、防腐性能良好的涂料。

11.4.2 常年运行的蒸汽管道及附件，可不涂刷防腐涂料。常年运行的室外蒸汽管道及附件，也可涂刷耐常温的防腐涂料。

11.4.3 架空敷设的管道宜采用镀锌钢板、铝合金板、塑料外护等做保护层，当采用普通薄钢板作保护层时，钢板内外表面均应涂刷防腐涂料，施工后外表面应刷面漆。

12 供配电与照明

12.1 一般规定

12.1.1 热力网供配电与照明系统的设计，应与工艺设计相互配合，选择合理的供配电系统及电机控制方式。应采用效率高的光源和灯具。应做到供电可靠，节约能源，布置合理，便于运行维护。

12.1.2 热力网的供配电和照明系统设计，除应遵守本章规定外，尚应符合电气设计有关标准的规定。

12.2 供 配 电

12.2.1 中继泵站及热力站的负荷分级及供电要求，应根据各站在热力网中的重要程度，按《供配电系统设计规范》（GB 50052）规定的原则确定。

12.2.2 热力网中按一级负荷要求供电的中继泵站及热力站，当主电源电压下降或消失时应投入备用电源，并应采用有延时的自动切换装置。

12.2.3 中继泵站的高低压配电设备应布置在专用的配电室内。热力站的低压配电设备容量较小时，可不设专用的低压配电室，但配电设备应设置在便于观察和操作且上方无管道的地方。

12.2.4 中继泵站及热力站的配电线路宜采用放射式布置。

12.2.5 低压配线应符合《低压配电设计规范》（GB 50054）对电源与热力管道净距的规定，并宜采用桥架或钢管敷设。

在进入电机接线盒处应设置防水弯头或金属软管。

12.2.6 中继泵站及热力站的水泵宜设置就地控制按钮。

12.2.7 中继泵站及热力站的水泵采用变频调速时,应符合《电能质量 电网谐波》(GB 14549)对谐波的规定。

12.2.8 用于热力网的电气设备和控制设备的防护等级应适应所在场所的环境条件。

12.3 照 明

12.3.1 照明设计应符合《工业企业照明设计标准》(GB 50034)的规定。

12.3.2 除中继泵站、热力站以外的下列地方应采用电气照明:

    1 有人工作的通行管沟内;
    2 有电气驱动装置等电气设备的检查室;
    3 地上敷设管道装有电气驱动装置等电气设备的地方。

12.3.3 在通行管沟和地下、半地下检查室内的照明灯具应采用防潮的密封型灯具。

12.3.4 在管沟、检查室等湿度较高的场所,灯具安装高度低于 2.2m 时,应采用 24V 以下的安全电压。

13 热工检测与控制

13.1 一 般 规 定

13.1.1 城市热力网应具备必要的热工参数检测与控制装置。规模较大的城市热力网应建立完备的计算机监控系统。

13.1.2 多热源大型供热系统应按热源的运行经济性实现优化调度。

13.1.3 城市热力网检测与控制系统硬件选型和软件设计应满足运行控制调节及生产调度要求,并应安全可靠、操作简便和便于维护管理。

13.1.4 检测、控制系统中的仪表、设备、元件,设计时应选用先进的标准系列产品。安装在管道上的检测与控制部件,宜采用不停热检修的产品。

13.1.5 热力网自动调节装置应具备信号中断或供电中断时维持当前值的功能。

13.1.6 热力网的热工检测和控制系统设计,除应遵守本章规定外尚应符合热工检测与控制设计有关标准的规定。

13.2 热源及热力网参数检测与控制

13.2.1 热水热力网在热源与热力网的分界处应检测、记录下列参数:

    1 供水压力、回水压力、供水温度、回水温度、供水流量、回水流量、热功率和累计热量以及热源处的热力网补水的瞬时流量、累计流量、温度和压力。

2 供回水压力、温度和流量应采用记录仪表连续记录瞬时值,其他参数应定时记录。

13.2.2 蒸汽热力网在热源与热力网的分界处应检测、记录下列参数:

1 供汽压力、供汽温度、供汽瞬时流量和累计流量(热量)、返回热源的凝结水温度、压力、瞬时流量和累计流量。

2 供汽压力和温度、供汽瞬时流量应采用记录仪表连续记录瞬时值,其他参数应定时记录。

13.2.3 供热介质流量的检测应考虑压力、温度补偿。流量检测仪表应适应不同季节流量的变化,必要时应安装适应不同季节负荷的两套仪表。

13.2.4 用于供热企业与热源企业进行贸易结算的流量仪表的系统精度,热水流量仪表不应低于1%;蒸汽流量仪表不应低于2%。

13.2.5 热源的调速循环水泵宜采用维持热力网最不利资用压头为给定值,自动或手动控制泵转速的方式运行。多热源联网运行基本热源满负荷后,其调速循环水泵应采用保持满负荷的调节方式,此时尖峰热源的循环水泵应按热力网最不利资用压头控制泵转速的方式运行。

循环水泵的入口和出口应具有超压保护装置。

13.2.6 热力网干线的分段阀门处、除污器的前后以及重要分支节点处,应设压力检测点。对于具有计算机监控系统的热力网应实时监测管网干线运行的压力工况。

13.3 中继泵站参数检测与控制

13.3.1 中继泵站的参数检测应符合下列规定:

1 检测、记录泵站进、出口母管的压力;

2 检测除污器前后的压力;

3 检测每台水泵吸入口及出口的压力;

4 检测泵站进口或出口母管的水温;

5 在条件许可时,宜检测水泵轴承温度和水泵电机的定子温度,并应设报警装置。

13.3.2 大型供热系统输送干线的中继泵宜采用工作泵与备用泵自动切换的控制方式,工作泵一旦发生故障,连锁装置应保证启动备用泵。上述控制与连锁动作应有相应的声光信号传至泵站值班室。

13.3.3 中继泵宜采用维持其供热范围内热力网最不利资用压头为给定值的自动或手动控制泵转速的方式运行。

中继水泵的入口和出口应设有超压保护装置。

13.4 热力站参数检测与控制

13.4.1 热力站参数检测应符合下列规定:

1 热水热力网的热力站应检测、记录热力网和用户系统总管和各分支供热系统供水压力、回水压力、供水温度、回水温度,热力网侧总流量和热量,用户系统补水量,生活热水耗水量。有条件时宜检测热力网侧各分支供热系统流量和热量。

2 蒸汽热力网的热力站应检测、记录总供汽瞬时和累计流量、压力、温度和各分支系统压力、温度,需要时应检测各分支系统流量。凝结水系统应检测凝结水温度、凝结水回收量。有二次蒸发器、汽水换热器时,还应检测其二次侧的压力、温度。

13.4.2 热水热力网热力站宜根据不同类型的热负荷按下列

方案进行自动控制：

1 对于直接连接混合水泵采暖系统，应根据室外温度和温度调节曲线，调节热力网流量使采暖系统水温维持室外温度下的给定值。

2 对于间接连接采暖系统宜采用质调节。调节装置应根据室外温度和质调节温度曲线，调节换热器（换热器组）热力网侧流量使采暖系统水温维持室外温度下的给定值。

3 对于生活热水热负荷采用定值调节

　1）调节热力网流量使生活热水供水温度控制在设计温度±5℃以内；

　2）控制热力网流量使热力网回水温度不超标，并以此为优先控制。

4 对于通风、空调热负荷，其调节方案应根据工艺要求确定。

5 热力站内的排水泵、生活热水循环泵、补水泵等应根据工艺要求自动启停。

13.4.3 蒸汽热力网热力站自动控制应符合下列规定：

1 对于蒸汽负荷应根据用热设备需要设置减压、减温装置并进行自动控制。

2 采用热水为介质的采暖、通风、空调和生活热水系统其控制方式应符合本规范第13.4.2条的规定。

3 凝结水泵应自动启停。

13.4.4 当热力站需用流量（热量）进行贸易结算时，其流量仪表的系统精度，热水流量仪表不应低于1%；蒸汽流量仪表不应低于2%。

13.5 热力网调度自动化

13.5.1 城市热力网宜建立包括控制中心和本地监控站的计算机监控系统。

13.5.2 本地监控装置应具备检测参数的显示、存储、打印功能，参数超限、设备事故的报警功能，并应将以上信息向上级控制中心传送。本地监控装置还应具备供热参数的调节控制功能和执行上级控制指令的功能。

控制中心应具备显示、存储及打印热源、热力网、热力站等站、点的参数检测信息和显示各本地监控站的运行状态图形、报警信息等功能，并应具备向下级控制装置发送控制指令的能力。控制中心还应具备分析计算和优化调度的功能。

13.5.3 大城市热力网计算机监控系统的通讯网络，宜优先选用有线网络，有条件时宜利用公共通讯网络。

本规范用词说明

1 为便于在执行本规范条文时区别对待，对要求严格程度不同的用词说明如下：

1）表示很严格，非这样做不可的：

正面词采用"必须"；反面词采用"严禁"。

2）表示严格，在正常情况下均应这样做的：

正面词采用"应"；反面词采用"不应"或"不得"。

3）表示允许稍有选择，在条件许可时首先应这样做的：

正面词采用"宜"；反面词采用"不宜"。

4）表示有选择，在一定条件下可以这样做的，采用"可"。

2 条文中指定应按其他有关标准执行的写法为"应按……执行"或"应符合……的规定（或要求）"。

中华人民共和国行业标准

城市热力网设计规范

CJJ 34—2002

条 文 说 明

前 言

《城市热力网设计规范》(CJJ 34—2002),经建设部 2002 年 9 月 25 日以公告第 61 号批准,业已发布。

本标准第一版的主编单位是:北京市煤气热力工程设计院。

为便于广大设计、施工、科研、教学等单位的有关人员在使用本标准时能正确理解和执行条文规定,《城市热力网设计规范》编制组按章、节、条顺序编制了本标准的条文说明,供国内使用者参考。在使用中如发现本条文说明有不妥之处,请将意见函寄至北京市煤气热力工程设计院。

目 次

1 总则 ················ 16—38
3 耗热量 ················ 16—39
　3.1 热负荷 ················ 16—39
　3.2 年耗热量 ················ 16—42
4 供热介质 ················ 16—44
　4.1 供热介质选择 ················ 16—44
　4.2 供热介质参数 ················ 16—44
　4.3 水质标准 ················ 16—45
5 热力网型式 ················ 16—46
6 供热调节 ················ 16—48
7 水力计算 ················ 16—50
　7.1 设计流量 ················ 16—50
　7.2 水力计算 ················ 16—51
　7.3 水力计算参数 ················ 16—51
　7.4 压力工况 ················ 16—53
　7.5 水泵选择 ················ 16—54
8 管网布置与敷设 ················ 16—55
　8.1 管网布置 ················ 16—55
　8.2 管道敷设 ················ 16—55
　8.3 管道材料及连接 ················ 16—57
　8.4 热补偿 ················ 16—59

| 8.5 附件与设施 …………………………… 16—59 |
| 9 管道应力计算和作用力计算 ………… 16—61 |
| 10 中继泵站与热力站 ………………… 16—63 |
| 10.1 一般规定 ……………………………… 16—63 |
| 10.2 中继泵站 ……………………………… 16—64 |
| 10.3 热水热力网热力站 …………………… 16—64 |
| 10.4 蒸汽热力网热力站 …………………… 16—66 |
| 11 保温与防腐涂层 …………………… 16—67 |
| 11.1 一般规定 ……………………………… 16—67 |
| 11.2 保温计算 ……………………………… 16—68 |
| 11.3 保温结构 ……………………………… 16—68 |
| 11.4 防腐涂层 ……………………………… 16—69 |
| 12 供配电与照明 ……………………… 16—69 |
| 12.2 供配电 ………………………………… 16—69 |
| 12.3 照明 …………………………………… 16—70 |
| 13 热工检测与控制 …………………… 16—70 |
| 13.1 一般规定 ……………………………… 16—70 |
| 13.2 热源及热力网参数检测与控制 ……… 16—70 |
| 13.3 中继泵站参数检测与控制 …………… 16—71 |
| 13.4 热力站参数检测与控制 ……………… 16—71 |
| 13.5 热力网调度自动化 …………………… 16—71 |
| 附录1 纺织业用汽量估算指标 …………… 16—72 |
| 附录2 轻工业用汽量估算指标 …………… 16—75 |

1 总 则

1.0.2 本规范为城市热力网设计规范。本条第1款将城市热力网定义为由供热企业经营,对多个用户供热,自热源至热力站的热力网。对于采暖用户间接连接的城市热力网,指自热源至装有换热器的热力站的管网;对于采暖用户直接连接的城市热力网,当不设区域热力站或小区热力站时,指自热源至建筑热力入口的管网。第1款还规定了适用于以热电厂和区域锅炉房为热源的城市热力网。因为这样的城市热力网已有多年的设计、运行经验。对于以地热或工业余热为热源的城市热力网,其设计的特殊要求尚需总结设计、运行经验才能得出。故本规范的适用范围中暂未包括此类城市热力网。这些城市热力网设计可参考本规范。

本条第2款规定了本规范适用的设计范围。

本条规定了本规范适用的供热介质参数。目前我国已进行过约200℃高温水热力网的试验工作,技术上是可行的。故本规范热水热力网供热介质参数适用范围定为温度≤200℃。200℃热水对应的饱和蒸汽压力约为1.56MPa,故应将其工作压力定为≤2.5MPa。同时近些年出现了一些大高差、长距离的热网,也需要将热网的设计压力提高到2.5MPa的水平。城市蒸汽热力网的供热介质参数,目前我国一般为压力≤1.3MPa,温度≤300℃,可以满足一般工业用户的要求。本规范为了给设计参数留有适当余地,并从不考虑钢材蠕变、简化设计出发,将蒸汽热力网供热介质的参数定为：压力≤1.6 MPa，温度≤350℃。

1.0.3 本条规定了城市热力网设计的基本原则。其中"注意美观"的规定，体现了城市热力网的特殊性，也是一条重要的设计原则。条文中技术先进、经济合理、安全适用三项要求是并列的，都应努力做到。

1.0.4 本规范的内容只包括一般地区城市热力网的设计规定。对于地震、湿陷性黄土、膨胀土等特殊地区进行城市热力网工程设计时，还应注意遵守这些地区专门的设计规范的规定。

3 耗 热 量

3.1 热 负 荷

3.1.1 进行热力网支线及用户热力站设计时，考虑到各建筑物用热的特殊性，应该采用建筑物的设计热负荷。

目前建筑物的设计采暖热负荷，在城市热力网连续供热情况下，往往数值偏大。全国各热力公司实际供热统计资料的一致结论是：在城市热力网连续供热条件下，实际热负荷仅为建筑物设计热负荷的0.7～0.8倍，这里面有建筑物设计时考虑间歇供暖的因素，也有设计计算考虑最不利因素同时出现等原因。但作为热力网设计规范，规定采用建筑物的设计热负荷是合理的。针对上述采暖设计热负荷偏大的问题，条文中以"应采用经核实的建筑物设计热负荷"的措辞来解决。"经核实"的含义是：①建筑物的设计部门提供城市热力网连续供热条件下，符合实际的设计热负荷；②若采用以前偏大的设计数据时，应加以修正。

3.1.2 没有建筑物设计热负荷资料时，各种热负荷可采用概略计算方法。对于热负荷的估算，本规范采用单位建筑面积热指标法，这种方法计算简便，是国内经常采用的方法。本节提供的热指标和冷指标的依据为我国"三北"地区的实测资料，南方地区应根据当地的气象条件及相同类型建筑物的热（冷）指标资料确定。

1 采暖热负荷

采暖热负荷主要包括围护结构的耗热量和门窗缝隙渗透

冷空气耗热量。设计选用热指标时，总建筑面积大，围护结构热工性能好，窗户面积小，采用较小值；反之采用较大值。

表 3.1.2-1 所列热指标中包括了大约 5% 的管网热损失在内。因热损失的补偿为流量补偿，热指标中包括热损失，计算出的热网总流量即包括热损失补偿流量，对设计计算工作是十分简便的。

近年来国家制定了一批技术法规和标准规范，通过在建筑设计和采暖供热系统设计中采取有效的技术措施，降低采暖能耗。本条采暖热指标的推荐值提供两组数值，按表中给出的热指标计算热负荷时，应根据建筑物及其采暖系统是否采取节能措施分别计算。

未采取节能措施的建筑物采暖热指标与原规范相同。住宅采暖热指标采用中国建筑科学研究院空调所《城市集中供热采暖热指标推荐值初步研究》的结论，即我国"三北"地区目前城市住宅的采暖热指标（包括 5% 的管网热损失在内）可采用 58~64W/m²。为便于使用，还给出了居住区综合热指标，这个热指标包含居住区级、小区级公共建筑采暖耗热量在内，该热指标是根据住宅、公共建筑热指标及人均建筑面积计算得出的。公共建筑采暖热指标参考中国建筑设计研究院编著的《民用建筑暖通空调设计技术措施》的估算指标。

采取节能措施后的建筑物是指按照《民用建筑节能设计标准（采暖居住部分）》（JGJ 26—95）规定设计的建筑物及其采暖系统。考虑到在建筑设计中采取墙体保温和提高门窗气密性等措施，减少围护结构耗热量；在供热系统设计中采用流量控制阀、平衡阀、温控阀等自动化调节设备，使水力

失调大大改善；加之使用预制直埋保温管，减少管网热损失，整个供热系统的耗热量有了明显下降。尤其是住宅设计采取以上节能措施后，采暖热指标下降较大；公共建筑围护结构设计虽也采取了节能措施，但因体形系数增大，其本身的耗热量下降不多，主要考虑供热系统的节能效果，其采暖热指标也略有下降。

下表是根据北京市城市热力网 1992 年至 1998 年 6 个采暖季的实测资料统计分析，将连续最冷日（即室外日平均气温小于 -4℃ 天气）的耗热量，折算为采暖室外设计温度为 -9℃ 且采暖室内设计温度为 18℃ 时的综合热指标。由下表可见热指标及其变化趋势，连续最冷日的折算热指标平均每年降低 2.4W/m²。

采暖季	92~93	93~94	94~95	95~96	96~97	97~98
折算热指标（W/m²）	75.4	72.7	65.4	64.1	60.8	60.7

2　通风热负荷

通风热负荷为加热从机械通风系统进入建筑物的室外空气的耗热量。

3　空调热负荷

空调冬季热负荷主要包括围护结构的耗热量和加热新风耗热量。因北方地区冬季室内外温差较大，加热新风耗热量也较大，设计选用时严寒地区空调热指标应取较高值。

空调夏季冷负荷主要包括围护结构传热、太阳辐射、人体及照明散热等形成的冷负荷和新风冷负荷。设计时需根据空调建筑物的不同用途、人员的群集情况、照明等设备的使用情况确定空调冷指标。表 3.1.2-2 所列面积冷指标应按总

建筑面积估算，表中数值参考了建筑设计单位常用的空调房间冷指标，考虑空调面积占总建筑面积的百分比为70%～90%及室内空调设备的同时使用系数0.8～0.9，当空调面积占总建筑面积的比例过低时，应适当折算。

吸收式制冷机的制冷系数应根据制冷机的性能、热源参数、冷却水温度、冷水温度等条件确定。一般双效溴化锂吸收式制冷机组COP可达1.0～1.2，单效溴化锂吸收式制冷机组COP可达0.7～0.8。

4 生活热水热负荷

生活热水热负荷可按两种方法进行计算，一种是按用水单位数计算，适用于已知规模的建筑区或建筑物，具体方法见《建筑给水排水设计规范》。

另一种计算生活热水热负荷的方法是热指标法，可用于居住区生活热水热负荷的估算，表3.1.2-3给出了居住区生活热水日平均热指标。住宅无生活热水设备，只对居住区公共建筑供热水时，按居住区公共建筑千人指标，参考《建筑给水排水设计规范》热水用水定额估算耗水量，并按居住区人均建筑面积折算为面积热指标，取$2～3W/m^2$；有生活热水供应的住宅建筑标准较高，故按人均建筑面积$30m^2$、60℃热水用水定额为每人每日85～130L计算并考虑居住区公共建筑耗热水量，因住宅生活热水热指标的实际统计资料不多，为增加选用时的灵活性，面积热指标取$5～15W/m^2$。以上计算中冷水温度取5～15℃。

3.1.3 我国建设的城市蒸汽供热系统大多达不到设计负荷。这里面有两个因素，一个是同时系数取用过高，另一个是用户申报用汽量偏大。热负荷的准确统计，是整个热力网设计的基础，因此应收集生产工艺系统不同季节的典型日（周）负荷曲线，日（周）负荷曲线应能反映热用户的生产性质、运行天数、昼夜生产班数和各季节耗热量不同等因素。为了使统计的生产工艺热负荷能够相对准确，特推荐对平均热负荷核实验算的两种方法，把这两种验算方法的结果与用户提供的平均耗汽量相比较，如果误差较大，应找出原因反复校验、分析，调整负荷曲线，直到最后得出较符合实际的热负荷量。最大、最小负荷及负荷曲线应按核实后的平均负荷进行调整。

式中生活耗热量包括生活热水、饮用水、蒸饭等的耗热量。

3.1.4 本条为没有工业建筑采暖、通风、空调、生活及生产工艺热负荷设计资料时，概略计算热负荷的方法。由于工业建筑和生产工艺的千差万别，难于给出类似民用建筑热指标性质的统计数据，故可采用按不同行业项目估算指标中典型生产规模进行估算（对于轻工、纺织行业可参见附录）或采用相似企业的设计（实际）耗热定额估算热负荷的方法。

3.1.5 对于同时系数的选取，考虑到在目前市场经济的条件下，用户多以销定产，因此本条将同时系数下限范围较90版扩大，以便根据不同的情况，在同时系数选取时有较大的余地。根据蒸汽管网上各用户的不同情况，当各用户生产性质相同、生产负荷平稳且连续生产时间较长，同时系数取较高值，反之取较低值。

3.1.6 计算热力网干线生活热水热负荷时，无论用户有无储水箱，均按平均热负荷计算。其理由是：

1 生活热水用户数量多，最大负荷同时出现的可能性小，即小时变化系数小；

2 目前生活热水热负荷占总热负荷的比例较小，同时生活热水高峰出现时间也较短，故生活热水负荷波动对其他负荷的影响较小。

而支线则不一定具备上述条件，对个别用户，生活热水热负荷占的比例可能较大。故在支线设计时应根据生活热水用户有无储水箱，按实际可能出现的最大负荷进行计算。

3.1.7 供热式汽轮机组，在非采暖期热负荷较小，热电联产的经济效益较低。在非采暖期发展制冷（吸收式或蒸汽喷射式）热负荷可提高热电联产供热系统的经济效益。

对于蒸汽热力网发展制冷负荷和季节性夏季生产负荷，不但可以提高供热机组的经济效益，还可减少管网沿途热损失和凝结水量，提高管网的运行效益。

热水热力网为了提高制冷机组的制冷系数，需要提高热力网非采暖期的运行参数，这又会降低供热发电的经济性，所以只有制冷负荷足够大时，才是经济合理的。

3.2 年 耗 热 量

3.2.1 全年耗热量计算公式推导如下：

1 采暖期采暖平均热负荷本应由下式精确计算：

$$Q_{h.a} = Q_h \left[\frac{t_i - t'_a}{t_i - t_{o.h}} \times \frac{(N-5)}{N} + \frac{5}{N} \right]$$

式中　$Q_{h.a}$——采暖期采暖平均热负荷；

Q_h——采暖设计热负荷；

t_i——室内计算温度；

$t_{o.h}$——采暖室外计算温度；

t'_a——采暖期除去最冷五天（采暖历年平均不保证天数）后的平均室外温度；

N——采暖期天数。

因 t'_a 需根据历年气象资料统计计算，比较繁琐，故在年耗热量概略计算时本条推荐采用近似公式

$$Q_{h.a} = Q_h \frac{t_i - t_a}{t_i - t_{o.h}}$$

此式中 t_a 为采暖期平均室外温度，在《暖通空调气象资料集》中可以方便地查到此项数据。近似计算公式的误差不大，根据北京市气象资料计算，误差不超过 1%，对于一般工程计算这样的误差是完全允许的。

同样道理，通风、空调的平均热负荷计算公式也是近似公式，经试算其误差不大于 1%。故本规范推荐近似公式。

2 采暖全年耗热量

$$Q_h^a = Q_{h.a} \times N \times 24 \times 3600 \times 10^{-6} \quad (\text{GJ})$$

$$= 0.0864 Q_h \frac{t_i - t_a}{t_i - t_{o.h}} N \quad (\text{GJ})$$

当用户采暖系统采用分室控制、分户计量后，全年耗热量比集中连续供热时减少，设计计算时应适当考虑，但由于实测资料较少，规范中暂不规定具体数值。

3 采暖期通风耗热量

$$Q_v^a = Q_{v.a} \times T_v \times N \times 3600 \times 10^{-6} \quad (\text{GJ})$$

$$= 0.0036 Q_v \frac{t_i - t_a}{t_i - t_{o.v}} T_v N \quad (\text{GJ})$$

式中　$Q_{v.a}$——采暖期通风平均热负荷；

T_v——通风装置每日平均运行小时数；

Q_v——通风设计热负荷；

$t_{o.v}$——冬季通风室外计算温度，当采暖建筑物设置机械通风系统时，为保持冬季采暖室内温度，选择机械送风系统的空气加热器时，室

外计算参数宜采用采暖室外计算温度。

4 空调采暖耗热量

$$Q_a^a = Q_{a.a} \times T_a \times N \times 3600 \times 10^{-6} \quad (GJ)$$

$$= 0.0036 Q_a \frac{t_i - t_a}{t_i - t_{o.a}} T_a N \quad (GJ)$$

式中 $Q_{a.a}$——采暖期空调平均热负荷;
T_a——空调装置每日平均运行小时数;
$t_{o.a}$——冬季空调室外计算温度;
Q_a——空调冬季设计热负荷。

5 供冷期空调制冷耗热量

$$Q_c^a = Q_c \times T_{c.max} \times 3600 \times 10^{-6} \quad (GJ)$$

$$= 0.0036 Q_c T_{c.max} \quad (GJ)$$

式中 Q_c——空调夏季设计热负荷;
$T_{c.max}$——空调最大负荷利用小时数,取决于制冷季室外气温、建筑物使用性质、室内得热情况、建筑物内人员的生活习惯等。

6 生活热水全年耗热量

$$Q_w^a = Q_{w.a} \times 350 \times 24 \times 3600 \times 10^{-6} \quad (GJ)$$

$$= 30.24 Q_{w.a} \quad (GJ)$$

式中 350 为全年(除去 15 天检修期)工作天数。生活热水热负荷的全年耗热量应按不同季节的统计资料计算,如生活热水热负荷占总热负荷的比例不大,可不考虑随季节的变化按平均值计算。

3.2.2 生产工艺热负荷,由于其变化规律差别很大,难于给出年耗热量计算的统一公式。故本条只提出年耗热量的计算原则。生产工艺的年负荷曲线应根据不同季节的典型日(周)负荷曲线绘制;当不能获得典型日(周)负荷曲线时,全年耗热量可根据采暖期和非采暖期各自的最大、最小热负荷及用汽小时数,按线性关系近似计算。

采暖期热负荷线性方程如下:

$$Q = \frac{Q_{max.w}(T^w - T) + Q_{min.w}T}{T^w}$$

非采暖期热负荷线性方程如下:

$$Q = \frac{Q_{max.s}(T^a - T) + Q_{min.s}(T - T^w)}{T^a - T^w}$$

式中 Q——热负荷(kW);
$Q_{max.w}$、$Q_{min.w}$——采暖期最大、最小热负荷(kW);
$Q_{max.s}$、$Q_{min.s}$——非采暖期最大、最小热负荷(kW);
T——延续小时数(h);
T^w——采暖期小时数(h);
T^a——全年用汽小时数(h)。

3.2.3 一般在设计时蒸汽热力网的负荷按用户需要的蒸汽量计算,当需要按焓值折算时,应计入管网热损失。

3.2.4 热负荷延续时间图,可以直观方便地分析各种热负荷的年耗热量。特别是在制定经济合理的供热方案时,它是简便、科学的分析计算手段。

4 供热介质

4.1 供热介质选择

4.1.1 本条为民用热力网供热介质的选择原则。优先采用水作供热介质的理由是:

1 热能利用率高,避免了蒸汽系统因疏水器性能不好或管理不善造成的漏汽损失和凝结水回收损失等热能浪费;

2 便于按主要热负荷进行中央调节;

3 由于水的热容量大,在短时水力工况失调时,不会引起显著的供热状况的改变;

4 输送的距离远,供热半径比蒸汽系统大;

5 在热电厂供热的情况下,可以充分利用汽轮机的低压抽汽,得到较高的经济效益。

4.1.2 生产工艺热负荷与其他热负荷共存时,供热介质的选择是尽量只采用一种供热介质,这样可以节约投资、便于管理。

1 当生产工艺为主要热负荷,并且必须采用蒸汽时,应采用蒸汽作为统一的供热介质。当用户采暖系统以水为供热介质时,可在用户热力站处用蒸汽换热方式解决。

2 参数较高的高温水不仅能供给采暖、通风、空调和生活热水用热,在很多情况下也可满足生产工艺要求。即使生产工艺必须以蒸汽为供热介质,也可由高温水利用蒸汽发生器转换为蒸汽,满足生产需要,这种情况下宜统一用高温水作供热介质。输送高温水在节能和远距离输送方面具有很多优越性。但要将水转换为蒸汽时会增加用户设备投资,且高温水必须恒温运行,所以,是否采用高温水,必须经技术经济比较确定。

3 当采暖、通风、空调等热负荷为主要负荷,生产工艺又必须以蒸汽供热时,应从能源利用、管网投资和设备投资等方面进行技术经济比较,确定认为合理时才可采用蒸汽和热水两种供热介质。

4.2 供热介质参数

4.2.1 本条是热水热力网最佳供热介质温度的确定原则。

当热水热力网以热电厂为热源时,热量由汽轮机组抽(排)汽供给,因而最佳供、回水温度的确定会涉及热电联产的经济性问题。提高供水温度,就要相应提高汽轮机抽汽压力,蒸汽在汽轮发电机内变为电能的焓降就要减少,使供热发电量降低,对节约燃料不利,但提高供水温度,却减小了热力网设计流量和相应的管径,降低了热力网的投资、电耗以及用户设备费用。因此,存在一个最佳供、回水温度的选择问题。

对于以区域锅炉房为热源的热力网,提高供水温度、加大供回水温差,可以减小热力网流量,降低管网投资和运行费用,而对锅炉运行的煤耗影响不大,从这方面看,应提高区域锅炉房供热的介质温度。但当介质温度高于热用户系统的设计温度时,用户入口要增加换热或降温装置,故提高供热介质温度也存在技术经济合理化的问题。

通过对以上两种热源的分析,本条提出应结合具体的工程条件,综合热源、热力网、热用户系统几方面的因素进行技术经济比较来确定热水热力网供热介质的最佳温度。

4.2.2 当不具备确定最佳供、回水温度的技术经济比较条件时，本条推荐的热水热力网供、回水温度的依据是：

1 以热电厂（不包括凝汽式汽轮机组低真空运行）为热源时，热力网供、回水温度推荐值，主要根据清华大学热能工程系1987年完成的《城市热电厂热水供热系统最佳供回水温度的研究》，该研究报告认为：采用单级抽汽汽轮机组供热时，热化系数0.9以上（即基本上不设串联尖峰锅炉的条件下）供热系统供水温度110~120℃，回水温度60~70℃较合理；随着热化系数的降低（即随着串联尖峰锅炉二级加热量的增加）合理的供水温度相应增加，当热化系数由0.9降低至0.5时，最佳供水温度由120℃增加至150℃；采用高、低压抽汽机组对热力网水两级加热时，在没有尖峰锅炉的条件下，热力网供水温度150℃最佳。而串联尖峰锅炉也是两级加热，因而统一规定：一级加热取较小值；两级加热取较大值。

2 以区域锅炉房为热源时，供水温度的高低对锅炉运行的经济性影响不大。当供热规模较小时，与户内采暖系统设计参数一致，可减少用户入口设备投资。当供热规模较大时，为降低管网投资，宜扩大供回水温差，采用较高的供水温度。

3 多个热源联网运行的供热系统，为了保证水力汇合点处用户供热参数的稳定，热源的供热介质温度应一致；当区域锅炉房与热电厂联网运行时，由于热电厂的经济性与供热介质温度关系密切，而锅炉的运行温度与运行的经济性关系不大，所以这种联网运行的设计供、回水温度应以热电厂的最佳供、回水温度为准。

4.3 水质标准

4.3.1 为防止热水供热系统热网加热器和管道产生腐蚀、沉积水垢，对热力网水质应进行控制。我国一些城市的热力网，由于热力网补水率高，有的甚至直接补充工业水、江水，结果使热网加热设备、管道以致用户散热器结垢、腐蚀，甚至造成堵塞，严重影响供热效果，并降低了热力网寿命。因此在控制热力网补水率的同时还必须对热力网补给水的水质严格要求。

本条热力网补给水水质标准采用《工业锅炉水质》（GB 1576）对热水锅炉水质标准的规定，理由是：①热水热力网往往设尖峰锅炉（热水锅炉）或与区域锅炉房联网运行，水质应符合锅炉水质的国家标准要求；②由于锅炉水质标准的要求比热力网严格，满足热水锅炉要求的水质，必然满足热力网管道的要求。该标准规定锅炉给水pH值应大于等于7，锅水pH值应控制在10~12，规定热力网补给水pH值为7~12，即可利用锅炉排污水作热力网补给水。

4.3.2 本条规定考虑开式热水热力网直接取用热力网中的供热介质作为生活热水使用。《建筑给水排水设计规范》（GBJ 15）中明确规定："生活用热水的水质应符合现行的《生活饮用水卫生标准》的要求。"

4.3.3 本条采用前苏联《热力网规范》的规定。该水质标准低于我国低压锅炉给水水质的要求，当然更不能满足热电厂高压锅炉的给水标准。所以用户返回的凝结水尚需进行处理才能作为锅炉给水使用。要求用户返回凝结水的质量过高是不现实的，不进行处理直接使用也是不可能的。应根据《火力发电机组及蒸汽动力设备水汽质量标准》（GB 12145）

的要求，并进行技术经济比较，且与热源单位协议确定凝结水回收的可行的、经济的指标。

4.3.4 蒸汽供热系统的凝结水应尽量回收，当在生产工艺过程中被有害物质污染或因其他原因不适宜回收时，对于必须排放的蒸汽凝结水应符合污水排放标准，特别应注意防止凝结水温度对排放点的热污染。《污水排入城市下水道水质标准》对各种污染物排放的规定较多，条文中不宜一一列出，其中规定温度应小于等于35℃。

4.3.5 热力网管线中不锈钢设备逐年增多，Cl^-引起的应力腐蚀事故已发生多起。介质中Cl^-含量不大于25ppm是一般不锈钢产品的要求，除控制供热介质中的Cl^-含量外，还可采用在不锈钢设备内衬防止Cl^-腐蚀的材料等措施解决。

5 热力网型式

5.0.1 本条为热水热力网的一般型式的规定，闭式管网只供应用户所需热量，水作为供热介质不被取出。采用闭式管网，热力网补水量很小，可以减少水处理费用和水处理设备投资；供热系统的严密性也便于检测。但用户引入口需要设置生活热水的加热设备，使用户引入口装置复杂，投资较大，维修费用较高。由于国内城市热力网目前生活热水负荷的比例还不高，用户投资大的缺点不十分突出，又加上城市水源、水质方面因素的限制，所以目前采用闭式双管制管网是合适的。

5.0.2 本条为闭式热水热力网采用多管制的原则。当需要高位能供热介质供给生产工艺热负荷时，若采用一根管道供热，则必须提高采暖、通风、空调等热负荷的供热介质参数，这对热电联产的经济性不利。同时在非采暖期管网热损失也加大。采用分管供热，针对不同负荷，采用不同的介质参数，可提高热电厂的经济性，非采暖期将一根管停用也减少了热损失。若提高热电厂经济性和非采暖期减少的热损失的费用可以补偿增加的管道投资，采用多管制是合理的。

5.0.3 城市开式热水热力网，目前在我国使用不多。本条只确定了选择原则。开式热水热力网主要特点是直接取用热力网的供热介质作为生活热水使用。不需在用户处设热交换器等设备，用户入口装置投资减小。当城市具有足够大且廉价的低位能热源时（例如大量的低温工业余热），应采用开式热水热力网，大力发展生活热水负荷，这样做可以节约大量燃料，降低能源消耗，提高生活水平（如不供生活热水，居民和某些生产部门要用大量燃料甚至城市煤气来加热热水）。由于直接取用热力网供热介质，所以热力网补水量很大，而且水质要求高，这就要求具有充足而且质量良好的水源，以降低水处理成本。这是采用开式热水热力网的基础条件。

是否采用开式热水热力网，应从燃料节约、管网投资等方面进行技术经济比较确定。在做技术经济比较时，应考虑给水管网投资可以减少这一因素。开式热力网不仅节约燃料还可以降低环境污染，具有很大的社会效益。

5.0.4 本条为采用开式单管制热力网的原则。前提是热水负荷必须足够大，且有廉价的低温热源。采用开式单管热力网实质上就是敷设了供热水的给水管网，冬季首先用热水采暖，然后作为生活热水使用。因其替代了部分自来水管网，所以是很经济的。如果热水负荷不够大，为了保证采暖要大量放掉热水，就不一定经济了。

5.0.5 本条为蒸汽热力网型式的确定原则。

当各用户之间所需蒸汽参数相差不大，或季节性负荷占总负荷比例不大时，一般都采用一根蒸汽管道供汽，这样最经济，也比较可靠，采用的比较普遍。

当用户间所需蒸汽参数相差较大，或季节性负荷较大时，与第5.0.2条同样的道理，可以采用双管或多管。

当用户分期建设，热负荷增长缓慢时，若热力网管道按最终负荷一次建成，不仅造成投资积压，而且有时运行工况也难以满足设计要求，这是很不合理的。在这种情况下，应采用双管或多管分期建设。

5.0.6 本条为不设凝结水管的条件。由于生产工艺过程的特殊情况，有时很难保证凝结水回收质量和数量，此时建造凝结水管投资很大，凝结水处理费用也很高，在这种情况下，坚持凝结水回收是不经济的。但为了节约能源和水资源，应在用户处对凝结水本身及其热量加以充分利用。

5.0.7 本条为凝结水回收系统的设计要求，主要考虑热力网凝结水管道采用钢管时，防止管道的腐蚀。用户凝结水箱采用闭式水箱主要考虑防止凝结水溶氧，同时凝结水管采用满流压力回水，这时就不会形成严重的腐蚀条件。强调管中任何时候都充满水，其含义是即使用户不开泵时，管中亦应充满水。现在有些新型管材或钢管内衬耐腐蚀材料，当选用这些耐腐蚀管材时，可采用非充满水的形式。

5.0.8 供热建筑面积大于 $1000 \times 10^4 m^2$ 的大型供热系统，一旦发生事故，影响面大，因此对可靠性要求较高。多热源供热，热源之间可互为备用，不仅提高了供热可靠性，热源间还可进行经济调度，提高了运行经济性。各热源干线间连通，或热力网干线连成环状管网，可提高管网可靠性，同时也使热源间的备用更加有效。环状管网投资较大，但降低了各热源备用设备的投资，故是否采用应根据技术经济比较确定。

5.0.9 供热干线或环状管网设计时留有余量并具备切换手段才能使事故状态下的热量可以自由调配。

由于供热是北方地区的生存条件之一，供热系统的可靠性是衡量保证安全供热能力的重要指标，应尽可能提高供热可靠性，事故时至少应保证最低的供热量保证率，以使事故状态下供热管线、设备及室内采暖系统不冻坏。在经济条件允许的情况下，可提高表5.0.9规定的供热量保证率。

5.0.10 本条建议同一热源向同一方向引出的干线间宜设连通线，可在投资增加不多的情况下增加热力网的后备能力，提高供热的可靠性。

连通管线同时作为输配干线使用，比建设专用连通线节约投资。结合分段阀门的设置来设置连通管线的目的是在事故状态下，利用分段阀门切除故障段，保证其他用户限量供热。

5.0.11 本条主要考虑特殊条件下的重要用户，并不适用于一般用户。例如北京人民大会堂、国宾馆等重要政治、外事活动场所，在任何情况下，不允许中断供热。

6 供 热 调 节

6.0.1 国内外的经验证明，热水供热系统实现高质量供热，必须采用在热源处进行集中调节、在热力站或热力入口处进行局部调节和在用热设备处进行单独调节相结合的联合调节方式。在热源处进行的集中调节是满足供热质量要求、保证热源设备经济合理运行的必要手段。集中调节是粗略的调节，只能解决各种热负荷的共同需求。即使只有单一采暖负荷，各建筑物、各采暖系统对供热的需求也不是完全一致的。集中调节只能满足热负荷的共性要求。在热力站特别是在单栋建筑入口的局部调节可根据单一负荷的需求进行较为精确的供热调节。在用热设备处的单独调节是满足用户要求的供热品质的最终调节。上述几种调节方式是相互依存、相互补充的，联合采用才能实现高质量供热。以上所述的各种调节只有借助自动化装置才能达到理想的效果。特别是实行分户计量后，用户有了自主调节的手段，使在用户设备处进行的单独调节变得十分活跃。用户自主调节的实质是热负荷值根据用户的自主需要而改变，供热系统要适应这种热负荷随机变动的情况，而保持供热系统供热质量的稳定就更加需要提高调节的自动化水平。

6.0.2 本条为单一采暖负荷、单一热源在热源处进行的集中调节的规定。单一采暖负荷采用集中质调节对于热电厂抽汽机组供热较为合理。这种调节方式的优点是采暖期大部分时间运行水温较低，可以充分利用汽轮机的低压抽汽，提高热电联产的经济性。同时集中质调节在局部调节自动化水平不高的条件下可使采暖供热效果基本满意。质调节基于用供热介质温度的调节适应气温变化保持用户室内温度不变的原理，而不改变循环流量，故其缺点是采暖期水泵耗电量较大。质—量综合调节供水温度和管网流量随天气变冷逐渐加大，可较单纯质调节降低循环水泵耗电量。质—量调节相对于单纯质调节供水温度的调节幅度较小，整个采暖期供水平均温度较高，所以相对于单纯质调节热电联产的节煤效果稍差。若选择恰当的温度、流量调节范围，质—量调节可以得到很好的节能效果。因为锅炉运行的经济性与供水温度的高低关系不大，所以质—量调节对锅炉房供热是较好的供热调节方式。

用户自主调节和供热系统进行的供热调节是性质完全不同的调节。存在用户自主调节不会改变供热调节方式的性质。用户自主调节导致热需求的改变，当然引起热负荷的改变，但这不是室外气温改变导致的负荷改变。用户热需求增大即相当用户增多，用户热需求减小即相当用户减少，这会使供热系统的循环流量改变，并不意味着实施了量调节，集中质调节（或质-量调节）方式并未改变。但用户自主调节造成的负荷波动却会对供热调节质量产生影响。若供热系统的集中调节采用质调节，在热负荷稳定的情况下，管网循环流量不变，只要及时根据室外气温按给定的温度调节曲线准确调整供水温度即可得到较高的调节质量。当用户自主调节活跃时，虽然还是质调节，但热网流量会产生波动，如果供热调节未实现自动化，那么在室外气温不变的情况下，热网供水温度将受影响而波动，降低了调节质量；同时，流量的波动也带来全网分布压头不稳定，在局部调节自动化程度低时，将进一步降低用户的供热质量。分户计量实施后，对供热调节（包括在热源处进行的集中调节和在热力站、用户入口处进行的局部调节）的自动化水平提出了较高的要求，以适应用户自主调节带来的流量波动，保证较高的供热调节的质量。

6.0.3 本条为单一采暖负荷在热源处进行集中调节的规定。基本热源与尖峰热源联网运行的热水供热系统，在基本热源未满负荷前尖峰热源不投入运行，基本热源单独供热，负担全网负荷。这个阶段，为单热源供热，可按第 6.0.2 条规定进行集中供热调节，当基本热源为热电厂时，一般采用集中质调节方式运行，但基本热源满负荷时其运行供水温度应达到或接近该热源的设计最高值，否则，可能造成满负荷时流量超过设计能力（当然，设计时循环水泵流量会留有一定的余量，但不可能很大），这就要求该运行阶段的质调节在基本热源满负荷时运行水温接近最高值。随着热负荷的增长，尖峰热源投入与基本热源联网运行。联网运行时，从便于调节出发应采用改变热源循环水泵扬程的方法进行热源间的热网流量（即热负荷）调配。基本热源单独运行采用集中质调节，当其满负荷时供水温度已达到或接近最高值，故联网运行阶段不可能继续实施质调节，只能进行量调节。这时，供热系统供水温度基本不变而流量随热负荷的增加而加大，增大的负荷（增加的流量）由尖峰热源承担，基本热源维持满负荷运行。量调节阶段，用户的热网（一次水）流量随室外气温变化而改变，但一次水供水温度基本不变，而用户内部采暖系统（二次水）一般仍按质调节（或质-量调节）运行，这就要求局部调节的自动化水平较高，这在已实现联网运行的现代化供热系统应是不成问题的。

基本热源单独运行阶段和尖峰热源投入联网运行阶段也可采用统一的质－量调节曲线，但质－量调节的温度变化范围应较小，而流量变化范围应较大，以保证基本热源单独运行负担全网用户供热而满负荷时，热网循环流量不致超过其循环水泵的能力。

6.0.4 一般采暖负荷在热水供热系统中是主要负荷，因此应按采暖负荷的用热规律进行供热的集中调节。为了多种负荷的需要，水温调节还要满足其他负荷的要求。

6.0.5 为满足生活热水 60℃ 的供水温度标准，考虑 10℃ 的换热器端差，闭式热力网供水温度最低不得低于 70℃（开式热力网供水温度不得低于 60℃）。当生活热水供水温度标准可以低于 60℃ 时，热力网最低供水温度可相应降低。

6.0.6 生产工艺热负荷是多种多样的，甚至每一台设备的用热规律都不同，因此不便于集中调节，应采用局部调节。

6.0.7 多热源联网运行的热力网，各热源供热范围的平衡点随热负荷的变化而变动，若各热源的调节方式不同，水温差异过大，则在各平衡点附近的用户处水温波动很大，无法保证用户正常用热。即使安装了自动调节装置，由于扰动过大自动调节装置也无法正常工作。所以各热源应该采用统一的调节方式，执行同一温度调节曲线。因为担负基本负荷的热源在供热期内始终投入运行，供热量大，从它的运行经济性考虑，应以它为准来确定调节方式。确定调节方式的原则应按本章第 6.0.2、6.0.3、6.0.4 和第 6.0.5 条的条文执行。

6.0.8 热水供热系统非采暖期对生活热水负荷、空调制冷负荷供热时，因生活热水负荷随机波动很大，空调制冷机组运行需要较高水温，所以热源不进行集中调节而采用供水温度定温运行，为适应负荷的变化，应在热力站进行局部调节。

7 水力计算

7.1 设计流量

7.1.4 热力网设计流量应取各种热负荷的热力网流量叠加得出的最大流量，其计算方法与供热调节方式有关。

1 采用集中质调节时，采暖热负荷热力网流量在采暖期中保持不变；通风、空调热负荷与采暖热负荷的调节规律相似，热力网流量在采暖期中变化不大。因采暖期开始（结束）时热力网供水温度最低，这时生活热水热负荷的热力网流量最大。

2 采用集中量调节时，生活热水热负荷热力网流量在采暖期中保持不变；采暖、通风、空调热负荷的热力网流量，随室外温度下降而提高，达到室外计算温度时，热力网流量最大。

3 采用集中质—量调节时，各种热负荷的热力网流量随室外温度的变化都在改变，由于调节规律和各种热负荷的比例难于事先确定，故无法预先给出计算方法。

4 开式热水热力网，直接取用热力网的供热介质作为生活热水使用，双管开式热力网由于有一部分水在用户处被用掉，热力网供水管和回水管的流量不同。在 90 版规范中考虑到两管分别进行水力计算不方便，采用一个生活热水等效流量系数 0.6，取供、回水管的平均压力降统一进行水力计算。因目前计算机已普及，供、回水管分别进行水力计算已无困难，所以条文中不再规定等效流量系数。

7.1.5 生活热水换热器与采暖、通风、空调或吸收式制冷机系统的连接方式，分为并联和两级串联或两级混合连接等方式。当生活热水热负荷较小时，一般采用并联方式。当生活热水热负荷较大时，为减少热力网的设计流量，可采用两级串联或两级混合连接方式。两级串联或两级混合连接方式，其第一级换热器与其他系统串联，用其他系统的回水做第一级加热，而不额外增加热力网的流量，第二级换热器或串联在其他系统以前供水管上或与其他系统并联，这一级换热器需要增加热力网的流量。计算热力网设计流量时，只计算因生活热水热负荷增加的热力网流量。

7.1.6 生活热水热负荷的热力网支线与干线设计流量计算方法相同，在计算支线设计流量时，应按第3.1.5条规定取用平均热负荷或最大热负荷，作为设计热负荷。

7.1.7 蒸汽热力网生产工艺负荷较大，其负荷波动亦大，故应用同时系数的方法计算热力网最大流量。同时系数推荐值的说明详见第3.1.5条。

对于饱和蒸汽管道，由于管道热损失，沿途生成凝结水，应考虑补偿这部分凝结水的蒸汽量，对于过热蒸汽，管道的热损失由蒸汽过热度的热焓补偿。

7.1.8 本条为凝结水管道设计流量的确定方法，因蒸汽管道的设计流量为管道可能出现的最大流量，故以此计算出的凝结水流量，也是凝结水管的最大流量。

7.2 水 力 计 算

7.2.1 水力计算分设计计算、校核计算和事故分析计算等三类。它是热力网设计和已运行管网压力工况分析的重要手段。进行事故工况分析十分重要，无论在设计阶段还是已运行管网都是提高供热可靠性的必要步骤。为保证管道安全、提高供热可靠性对一些管网还应进行动态水力分析。

7.2.3 多热源联网运行时，各热源同时在共同的管网上对用户供热，这时管网、各热源的循环泵必须能够协调一致的工作，这就要进行详细的水力工况分析。特别是当一个热源满负荷，下一个热源即将投入运行时的水压图是确定热源循环泵参数的重要依据。

7.2.4 事故情况下应满足必要的供热量保证率。为了热源之间进行供热量的调配，管线留有适当的余量是必要的前提。

7.2.5 采暖期、供冷期、过渡期热力网水力工况分析的目的是确定或核算循环泵在上述运行期的流量、扬程参数。

7.2.8 对于本条提出的特殊情况，例如，长距离输送干线由于沿途没有用户，一旦干线上的阀门误关闭，则运行会突然完全中断；地形高差大的管网，低处管网承压较大；系统工作压力高时往往管道强度储备小；系统工作温度高时易汽化等等。在这些情况下供热系统极易发生动态水力冲击（或称水锤、水击）事故。水击发生时压力瞬变会造成巨大破坏，而且是突发事故，应引起高度重视。因此有条件时应进行动态水力分析，根据计算结果采取相应措施，有利于提高供热系统的可靠性。

7.2.10 本条列出一些防止压力瞬变破坏的安全保护措施，供设计参考，哪种措施是有效的，应由动态水力分析的结果确定。这些措施的作用是防止系统超压和汽化。

7.3 水 力 计 算 参 数

7.3.1 关于管壁当量粗糙度，还比较缺乏这方面的试验、统计资料，本条规定采用一般沿用的数值。北京市城市热水管网曾根据实测压力降推算出管壁当量粗糙度约为 0.0004m（管网运行约 20 余年，管道内表面无腐蚀现象），与本条规定值接近。

7.3.2 经济比摩阻是综合考虑管网及泵站投资与运行电耗及热损失费用得出的最佳管道设计比摩阻值。它是热力网主干线（包括环状管网的环线）设计的合理依据。经济比摩阻应根据工程具体条件计算确定。为了便于应用，本条给出推荐比摩阻数据。推荐比摩阻为采用我国采暖地区平均的价格因素粗略计算的经济比摩阻并适当考虑供热系统水力稳定性给出的数据。

7.3.3 由于主干线已按经济比摩阻设计，支干线及支线设计比摩阻的确定不再是技术经济合理的问题，而是充分利用主干线提供的作用压头，满足用户用热需要的问题，因此应按允许压力降的原则确定支干线、支线管径。

当管网提供的作用压头很大用户需要的压头又很小时，允许比压降很大，管径可选得很小，出现管内流速过高问题。过去设计中管内允许流速低，支管直径偏大，用户往往需用节流手段消除很大的剩余压头。由于用户节流手段不佳，往往造成循环流量过大，用户过热。因此提高管内流速不仅可节约管道投资，还可减少用户过热现象。

3.5m/s 的流速限制主要是限制 DN400 以上的大管，由于 3.5m/s 流速的约束，DN400 以上管道的允许比摩阻由 300Pa/m 逐步下降。还可以看到由于 300Pa/m 的允许比压降的限制，实质上是限制了 DN400 以下管道的允许流速，即 DN400 以下小管由允许流速 3.5m/s 下降到 DN50 的管道只允许 0.90m/s。规定两个设计指标，实质上等于提出一系列设计指标，即对 DN400 以上大管规定了一系列的允许比摩阻值；对 DN400 以下小管规定了一系列允许流速数值。DN400 以上大管允许比摩阻较低是出于水力稳定性的考虑。随管径加大，连接的用户越多，管道水力稳定的要求较高，故设计比摩阻不宜过高。限制小管流速，根据同济大学《城市热力网介质极限流速研究》一文，不是振动、噪音和冲刷等问题，可能是考虑引射作用影响三通分支管流量分配的原因。

本规范只对连接两个以上热力站的支干线，提出比摩阻不应大于 300Pa/m 的规定，对只连接一个热力站的支线，可以放宽限制，只受 3.5m/s 的约束。也就是说对于 DN50 的小管从 0.90m/s 提高到 3.5m/s，相当允许比摩阻约 400Pa/m。这对消除管网首端用户处的剩余压头，防止"过热"有利，同时还可节约管线投资。提高小直径管道（≥50mm）流速到 3.5m/s 在噪声、振动等方面不存在问题，同济大学的实验工作完全证实了这点。由于是无分支管道，不存在三通处流量分配的问题，进入用户后内部设计的管径放大，也不会对用热造成影响。这样做实质上是用一段小管，取代用户入口的节流装置，起到消除剩余压头的作用，技术上不会发生不良影响，只能带来节约投资的良好效果。

7.3.4 本条推荐的蒸汽管道设计最大流速沿用过去的规定。

7.3.5 本条是以热电厂为热源的蒸汽管网的设计原则。蒸汽热力网管道选择按照允许压力降的原则，所以确定管道起始点压力是管网设计是否合理的前提。蒸汽管网起始点压力就是汽轮机抽（排）汽压力，这个压力的高低，对热电联产的经济效益影响很大。网内用户所需蒸汽参数确定后，若将汽轮机抽（排）汽压力定得过高，则使发电煤耗提高，降低热电联产的节煤量，但另一方面可以增加管道的允许压力降，减小管径，降低热力网投资和热损失。因此这是一个抽（排）汽参数的优化问题。正确的设计应选择最佳汽轮机抽（排）汽压力，作为热力网的起始点压力。

7.3.6 本条是以区域锅炉房为热源的蒸汽热力网设计原则。锅炉运行压力的高低，对热源的经济效益影响不大，但对热力网造价的影响很大，起始压力高则可减少管径、降低管道投资。所以在技术条件允许的情况下，宜采用较高的锅炉出口压力。

7.3.7 凝结水管网的动力消耗、投资之间的关系与热水热力网基本相近，因不需考虑水力稳定性问题，推荐比摩阻值可比热水管略大，故取 100Pa/m。

7.3.8 城市热力网设计，尤其是在初步设计中，由于管道设备附件的布置没有确定，局部阻力估算是经常采用的，即用以往工程统计出的局部阻力与沿程阻力的比值进行计算。关于局部阻力数据，我国目前尚无自己的实验数值。有关部门曾计划测定，但因耗费的人力、财力巨大，且时间很长而未能进行。城市热力网设计采用的局部阻力数据多来自前苏联资料。本条推荐的数据参考前苏联《热力网设计手册》，根据多年的设计经验和工程统计，我们认为这个数据是比较准确的。对于新型管网设备的局部阻力，建议生产厂家在型式检验时测定，并在产品说明中提供。

7.4 压力工况

7.4.1 本条规定的原则是为了确保供水管在水温最高时，任何一点都不发生汽化。

7.4.2 本条考虑直接连接用户的使用安全，也考虑到压力波动时不致产生负压造成回水管路中的水汽化，确保热力网的正常运行。规定中未提到"回水压力应保证直接连接用户不倒空"，因为这不是确定回水压力的必要条件。若出现倒空问题，许多情况下，可以用壅流调节（即在用户回水总管节流，工程实施时应采用自动调节阀）的方法解决，这是选择用户连接方式时的一种技术措施。

7.4.3 当热力网水泵因故停止运转时，应保持必要的静压力，以保证管网和管网直接连接的用户系统不汽化、不倒空、且不超过用户允许压力，以使管网随时可以恢复正常运行。

7.4.4 开式热力网在采暖期的运行压力工况，必须满足采暖系统的要求，同时也就满足了生活热水系统的要求。而在非采暖期生活热水为主要热负荷时，热源的循环水泵通常扬程很低，压力工况发生变化，此时开式热力网回水压力如低于直接配水用户生活热水系统静水压力，就不能保证正常供水。加 50kPa 是考虑最高配水点有 2m 的压头和考虑管网压力波动留有不小于 3m 的富裕压头。

7.4.6 目前城市热水热力网采用补给水泵定压，定压点设在热源处的比较多。但是，由于各地具体条件不同，定压方式及定压点位置有不同要求，故只提出基本原则。

多热源联网运行时，全网水力连通是一个整体，它可以有多个补水点，但只能有一个定压点。

7.4.7 水压图能够形象直观地反映热力网的压力工况。城市热水热力网供热半径一般较大，用户众多，如果只进行水力计算而不利用水压图进行各点压力工况的分析，在地形复杂地区往往会导致采取不合理的用户连接方式、中继泵站设置不当等设计失误。

7.4.10 城市蒸汽热力网一般是多个热力站凝结水泵并网工作，向热源送还凝结水，所以必须合理地选择各热力站的凝结水泵扬程，绘制凝结水管网的水压图，有助于正确选择热力站的凝结水泵，保证所有凝结水泵协调一致地工作。

7.5 水泵选择

7.5.1 本条第 1 款考虑：城市热力网的热损失采用流量补偿。在热负荷和流量计算中已经包括了热损失的补偿流量。热网循环水泵一般较大，考虑水泵一般有一定的超载能力，故在水泵选择时不再进行流量附加。有的热水锅炉为了提高锅炉入口水温，在锅炉出口至循环水泵入口装有混水用的旁路管，循环水泵的选择应计入这部分流量。

第 5 款规定循环水泵在三台或三台以下时应设备用泵，目的是保证任何情况下正常供热。在设有四台以上循环水泵时，如有一台水泵因故障停止运行，其余水泵的工作点会自动发生变化，流量提高，尽管水泵效率可能降低，但总的流量下降不大，在短时期内不致影响正常供热，故可不设备用泵。

第 6 款多热源联网运行时，调节热源循环泵扬程是热源间负荷调配的手段，采用调速泵是最佳选择。

7.5.2 热力网采用两级循环水泵串联设置目的是将热网加热器设置于两级泵中间，以降低热网加热器承压。所以第一级泵的出口压力不应高于加热器的承压能力。第 2 款规定是考虑高温热水供热系统建立可靠的静压系统。将热网循环泵分为两级串联，定压补水点放在两级循环泵中间，设定压值与静压值一致，这时如果定压系统设备可靠，则供热系统同时也有了可靠的静压系统。一旦循环泵突然停泵，系统可以维持静压，保证管中热水不汽化，故障排除后可迅速恢复运行。若没有可靠的静压系统，例如循环泵跳闸，供热系统不能维持静压，管中热水汽化，如若迅速启动循环泵恢复运行，管中汽穴弥合会发生巨大的压力瞬变，有可能导致管网破坏事故。两级循环泵设置，第一级泵的出口压力应等于静压力，一般宜选用定速泵，第二级泵应采用调速泵。

基于上述优点，国外采用两级循环泵的较多。其缺点是投资较大，且定压补水耗能较大。

7.5.3 本条第 1 款的规定主要是参考《火力发电厂设计技术规程》而制定的。该规程规定：补给水设备的容量，应保证热力网正常补给水量的 4 倍，其中 2 倍的水量（但不少于 20t/h）应采用除过氧的化学软水以及锅炉排污水。而其他 2 倍的水量则采用工业用水。

第 4 款考虑事故补水不是经常发生的，设置两台水泵即可保证正常补水不致停止，但应及时排除水泵故障，以备事故状态两台水泵同时工作。

第 5 款开式热力网补水量大，且生活热水波动较大，设置多台水泵，易于调整，节约电能。为了保证供应生活热水，应设备用泵。

第 6 款规定是防止补水能力不足导致压力降低，造成管中存在的高温水汽化，很难恢复正常运行。

7.5.4 本条考虑主要是减少热力网循环水泵的汽蚀。

8 管网布置与敷设

8.1 管网布置

8.1.1 影响城市热力网管网布置的因素是多种多样的。过去提出热力网管线应通过负荷重心等，有时很难实现，故本条不再提出具体规定，而只提出考虑多种因素，通过技术经济比较确定管网合理布置方案的原则性规定。有条件时应对管网布置进行优化。

8.1.2 本条提出了热力网选线的具体原则。提出这些原则的出发点是：节约用地；降低造价；运行安全可靠；便于维修。

8.1.3 本条规定的目的是增加管道选线的灵活性，并考虑300mm以下管线穿越建筑物时，相互影响较小。如地下室净高2.7m时，管道敷设于顶部，管下尚有约2m的高度，一般不致影响地下室的使用功能。一般的建筑物开间在3m以上，300mm以下管道的通行管沟可以从承重墙间的地下通过。300mm以下较小直径的管道，万一发生泄漏等事故，对建筑物的影响较小，并便于抢修。本条规定同前苏联《热力网规范》，有一些工程实例安全运行在20年以上。近些年暗挖法施工普遍采用，它是穿越不允许拆迁建筑物的较好的施工方法，也不受管径的限制。

8.1.4 综合管沟是解决现代化城市地下管线占地多的一种有效办法。本条将重力排水管和燃气管道排除在外，是从重力排水管道对坡度要求严格，不宜与其他管道一起敷设和保证安全等方面考虑的。

8.1.5 本条为城市热力网管道地上敷设节约占地的措施。

8.2 管道敷设

8.2.1 从城市市容美观要求，居住区和城市街道上热力网管道宜采用地下敷设。鉴于我国城市的实际状况，有时难于找到地下敷设的位置，或者地下敷设条件十分恶劣，此时可以采用地上敷设。但应在设计时采取措施，使管道较为美观。城市热力网管道地上敷设在国内、国外都有先例。

8.2.2 对于工厂区，热力网管道地上敷设优点很多，投资低、便于维修、不影响美观，且可使工厂区的景观增色。

8.2.3 为了节约投资和节省占地，本次修改强调地下敷设优先采用直埋敷设。因为《城镇直埋供热管道工程技术规程》已颁布执行，同时国内许多厂家可以提供高质量的符合《聚氨酯泡沫塑料预制保温管》(CJ/T 114、CJ/T 129)标准的产品等，再加上直埋敷设的优越性，理应大力推广。不通行管沟敷设，在施工质量良好和运行管理正常的条件下，可以保证运行安全可靠，同时投资也较小，是地下管沟敷设的推荐形式。通行管沟可在沟内进行管道的检修，是穿越不允许开挖地段的必要的敷设型式。因条件所限采用通行管沟有困难时，可代之以半通行管沟，但沟中只能进行小型的维修工作，例如更换钢管等大型检修工作，只能打开沟盖进行。半通行管沟可以准确判定故障地点、故障性质、可起到缩小开挖范围的作用。蒸汽管道管沟敷设有时存在困难，例如地下水位高等，因此最好也采用直埋敷设。近些年不少单位做了很多蒸汽管道直埋敷设的试验工作，但也存在一些尚待解决的问题。因此，本规范很难提出蒸汽管道直埋敷设的具体规定，只能提出原则要求，希望大家继续探索。提出蒸汽管道直埋敷设预制保温管道的寿命25年是根据热力公司提取管道折旧费率（管道建设费用4%）的规定得出的，否则会造成热力公司的亏损，这比热水直埋预制保温管保证寿命30年以上的规定放宽了要求。

8.2.4 经验证明保护层、保温层、钢管相互脱开的直埋敷设热水管道缺点很多。最主要的问题是一旦保温结构在一个点有缺陷，水分就会沿着钢管扩散，造成大面积腐蚀，因此早已被保护层、保温层、钢管结合成一体的整体式预制保温管所代替。整体式预制保温管可以利用土壤与保温管间的摩擦力约束管道的热伸长，从而实现无补偿敷设，但同时也对预制保温管三层材料间的粘合力提出很高的要求。直埋预制保温管转角管段热变形时，弯头及其附近管道对保温层的挤压力量很大，要求保温层有足够的强度。作为市政基础设施的城市热力网，对管道的可靠性要求较高，因此对热水直埋敷设预制保温管质量提出了较高的要求。

8.2.5 本条规定的尺寸是保证施工和检修操作的最小尺寸，根据需要可加大尺寸。例如，自然补偿管段，管道横向位移大，可以加大管道与沟墙的净距。

8.2.6 经常有人进入的通行管沟，为便于进行工作应采用永久性的照明设备。为保证必要的工作环境，可采用自然通风或机械通风措施，使沟内温度不超过40℃。当没有人员在沟内工作时，允许停止通风，温度允许超过40℃以减少热损失。

8.2.7 在通行管沟内进行的检修工作包括更换管道，因此安装孔的尺寸应保证所有检修器材的进出。当考虑设备的进出时，安装孔的宽度还应稍大于设备的法兰及波纹管补偿器的外径。

8.2.8 表8.2.8的规定与国内有关规范和前苏联规范基本相同。几点说明如下：

1 本条规定对于管沟敷设与建筑物基础水平净距为0.5m，我们考虑管沟敷设有沟墙和底板的隔离，一旦管道大量漏水，不会直接冲刷建筑物基础及其以下的土壤，一般不会威胁建筑物的安全。净距0.5m仅考虑施工操作的需要。当然与建筑物基础靠近，使热力网管沟落入建筑物施工后的回填土区内，需要设计时采取地基处理措施，在城市用地紧张的条件下，减少水平净距的规定是必要的，可给设计带来较大的灵活性。管沟敷设与建筑物距离很近的设计实例是不少的，且至今尚未发现不良影响。

2 对于直埋敷设热力管道，因其漏水时对土壤的冲刷力大，威胁建筑物的安全，故与建筑物基础水平净距应较大。尤其是开式系统，补水能力很大，漏水时管网压力下降较小，对土壤的冲刷严重。

8.2.9 本条为地上敷设管道的敷设要求。低支架敷设时，管道保温结构距地面0.3m的要求是考虑安装放水装置及防止地面水溅湿保温结构。管道距公路及铁路的距离已在表8.2.8中列入。

8.2.10 本条未规定在铁路桥梁上架设热力网管道的理由是：

1 铁路桥梁没有检修管道的足够位置；

2 当管道发生较大故障时，铁路很难停止运行配合管道的抢修工作；

3 列车运行和管道事故对双方的安全运行影响较大。

某些支线铁路桥有时也有条件敷设较小的热力管道，但规范不宜推荐，设计时可与铁道部门协商确定。

管道跨越不通航河道时，因管道寿命不超过50年，按50年一遇的最高洪水位设计较为合理。

本条有关通航河道的规定参照《内河通航标准》制订。

8.2.11 本条规定是为了减少交叉管段的长度，以减少施工和日常维护的困难。本条主要参考前苏联《热力网规范》制订。当交叉角度为60°时，交叉段长约为垂直交叉长度的1.15倍；当交叉角度为45°时，交叉段长约为垂直交叉长度的1.41倍。

8.2.12 采用套管敷设可以降低成本，并有利于穿越尺寸有限的交叉地段，但必须留有事故抽管检修的余地。抽管和更换新管可采用分段切割或分段连接的方式施工，但分段不宜过短，本条不便于做硬性规定，由设计人考虑决定。

8.2.13 由于套管腐蚀漏水，或水分自套管端部侵入，极易使保温层潮湿，造成管道腐蚀。本条规定在于保证套管敷设段的管道具有较长的寿命。

8.2.14 地下敷设因考虑管沟排水以及在设计时确定放气、排水点，故宜设坡度。

地上敷设时，采用无坡度敷设，易于设计、施工，国内有不少设计实例，运行中未发现不良影响。

8.2.15 本条第1款盖板最小覆土深度0.2m，仅考虑满足城市人行步道的地面铺装和检查室井盖高度的要求。当盖板以上地面需要种植草坪、花木时应加大覆土深度。第2款直埋敷设管道最小覆土深度规定应按直埋管道规范规定执行。

8.2.16、8.2.17、8.2.18 这几条规定是关于热力网管道与燃气管道交叉处理的技术要求，规定比较严格。因为热力网管沟通向各处，一旦燃气进入管沟，很容易渗入与之连接的建筑物，造成燃烧、爆炸、中毒等重大事故。这类事故国内外都曾发生过。此外管道穿过构筑物时也应封堵严密，例如穿过挡土墙时不封堵严密，管道与挡土墙间的缝隙会成为排水孔，日久会有泥浆排出。关于地上热力网管道与电气架空线路交叉的规定，主要是考虑安全问题，参考前苏联《热力网规范》制订。

8.3 管道材料及连接

8.3.1 热力网管道在使用安全上的要求不同于压力容器。压力容器容积较大，且一般置于厂、站中，容器破坏时直接危及生产设备和操作人员的安全。而城市热力网管道一般敷设于室外地下，其破坏时的危害远小于压力容器。基于以上考虑，热力网管道材料的选择不应与压力容器采用同一标准，而应将标准适当降低，但亦应保证必要的使用安全。本条对于碳钢中沸腾钢和镇静钢的使用条件较压力容器的规定略加放宽，其对比如下表。本条规定将沸腾钢使用压力由压力容器规定的0.6MPa提高到1.0MPa；但使用温度由压力容器规定的250℃降低到150℃且钢板厚度也由压力容器规定的12mm下降到8mm。沸腾钢存在最大的质量问题是钢板分层和不保证冲击韧性，但对于厚度小于12mm的钢板分层问题较少，且冲击韧性有所提高，所以压力容器规范规定的钢板厚度为小于12mm。根据以往的使用经验，10mm厚的钢板有时仍存在分层问题，厚度8mm的钢板才可以完全消除这方面缺陷，保证质量。

钢　　号	压力（MPa）		温度（℃）		钢板厚度（mm）	
	压力容器规定	热网管道规定	压力容器规定	热网管道规定	压力容器规定	热网管道规定
Q235-A·F	$P \leqslant 0.6$	$P \leqslant 1.0$	$t \leqslant 250$	$t \leqslant 150$	$\leqslant 12$	$\leqslant 8$
Q235-A	$P \leqslant 1.0$	$P \leqslant 1.6$	$t \leqslant 350$	$t \leqslant 300$	$\leqslant 16$	$\leqslant 16$

本规范考虑为了在大多数情况下热水热力网管道（$P \leqslant 1.0$MPa，$t \leqslant 150$℃）可以使用沸腾钢板，将其允许使用压力由压力容器规定的 0.6MPa 提高到 1.0MPa。提高使用压力的根据是：1977 年版的《钢制压力容器设计规定》允许使用沸腾钢制造压力不大于 1.0MPa 的压力容器，82 年以后从压力容器的安全性考虑才改为允许使用压力为 0.6 MPa，但并没有使用压力为 1.0MPa 而发生事故的实例。从管道的使用特点和安全要求应低于压力容器的观点，1.0MPa 的热力网管道仍可采用沸腾钢。板厚度小于或等于 8mm，比压力容器的规定更加严格，从而保证了材料的质量，同时还降低了使用温度，即从压力容器规定的 250℃ 降为 150℃，这些措施对热力网管道的安全是有保证的。基于同样理由将用于热力网管道的镇静钢的允许使用压力规定为 1.6MPa，但使用温度由压力容器规定的 350℃ 降为 300℃，这可以满足一般蒸汽热力网的要求。多年来，蒸汽热力网一直采用 A3（相当 Q235－A）钢材进行建设，从未发生过材质方面的事故，故可以保证安全。

8.3.2 本条为针对凝结水一般情况下溶解氧较高，易造成钢管腐蚀而采取的措施。

8.3.3 热力网管道工作时管道受力较大，采用焊接是经济可靠的连接方法。有条件时，不易损坏的设备、质量良好的阀门都可以采用焊接。对于口径不大于 25mm 的放气阀门，考虑阀门产品的实际情况，一般为螺纹接头，故允许采用螺纹连接。为了防止放气管根部潮湿易腐蚀而折断，规定采用厚壁管。

8.3.4 本条规定主要是根据冻害调查结果制订的。大连、抚顺、吉林等地区（室外采暖计算温度均为 －10℃ 以下）架空敷设的灰铸铁放水阀门，均发生过冻裂事故。而北京地区（采暖室外计算温度 －9℃），一般热水架空管道未发生过铸铁放水阀门冻裂事故。故以采暖室外计算温度 －10℃ 作为分界温度是可行的，但北京地区发生过不连续运行的凝结水管道放水阀冻结问题，故对间断运行的露天敷设管道灰铸铁放水阀的禁用界限，划在采暖室外计算温度 －5℃ 以下地区，本规定与前苏联规范的规定基本相同。采暖室外计算温度 －30℃ 以下地区，在我国仅为个别地区，未对其进行过冻害调查。为了规范的完整性，这部分规定参照前苏联《热力网规范》定出。

热水管道地下敷设时，因检查室内温度较高，事故停热时也不会迅速冷却至 0℃ 以下，故对地下敷设管道附件材质不做规定。

蒸汽管道发生泄漏时危险性高，从安全考虑，不论任何敷设形式，任何气候条件，都应采用钢制阀门和附件。这方面是有教训的，北京地区 1960 年曾因铸铁阀门框架断裂发生过重大人身事故。

8.3.5 弯头工作时内压应力大于直管，同时弯头部分往往补偿应力很大，所以对弯头质量有较高要求。为了便于加工和备料可以使用与管道相同的材料和壁厚。对于焊接弯头，由于受力较大的原因，应双面焊接，以保证焊透。实际上焊接弯头由于扇形节的长度较小，无论大管、小管都可以进行双面焊。

8.3.6 三通开孔处强度削弱很大，工作时出现较大应力集中现象，故设计时应按有关规定予以补强。直埋敷设时，由于管道轴向力很大，补强方式与受内压为主的三通有别，设计时应按相关规范执行。

8.3.7 本条规定主要是不允许采用钢管抽条法制作大小头。因其焊缝太密集，无法满足焊接技术要求，不能保证质量。

8.4 热补偿

8.4.1 本条为热补偿设计的基本原则。直埋敷设热水管道的规定理由详见直埋管道规范。

8.4.2 采用维修工作量小和价格较低的补偿器是管道建设的合理要求，应力求做到。各种补偿器的尺寸和流体阻力差别很大，选型时应根据敷设条件权衡利弊，尽可能兼顾。

8.4.3 采用弹塑性理论进行补偿器设计时，从疲劳强度方面虽可不考虑冷紧的作用，为了降低管道初次启动运行时固定支座的推力和避免波纹管补偿器波纹失稳，应在安装时对补偿器进行冷紧。

8.4.4 套筒补偿器是城市热力网常用的补偿器。它的优点是占地小，补偿能力大，价格较低，但维修工作量大，工作压力高时这种补偿器易泄漏，目前适用于工作压力1.6MPa以下。套筒补偿器安装时应随管子温度的变化，调整套筒补偿器的安装长度，以保证在热状态和冷状态下补偿器能安全工作，设计时宜以5℃的间隔给出不同温度下的安装长度。

8.4.5 波纹管轴向补偿器导向支座的设置，一般按厂家规定。球形补偿器、铰接波纹补偿器以及套筒补偿器的补偿能力很大，当其补偿段过长时（超过正常的固定支座间距时），应在补偿器处和管段中间设导向支座。防止管道纵向失稳。

8.4.6 球型补偿器、铰接波纹补偿器补偿能力很大，但价格较高，为了少装补偿器，有时补偿管段达300~500m，为了降低管道对固定支座的推力，宜采取降低管道与支架摩擦力的措施。例如采用滚动支座、降低管道自重等。

8.4.7 这种敷设方式节省支架投资和占地，但处理不当往往会发生上面管道滑落事故。

8.4.8 直埋敷设管道上安装许多补偿器不仅管理工作量大，而且也降低了直埋敷设的经济性，另外，无论是地沟敷设型补偿器还是直埋敷设型补偿器都是管道的薄弱环节，降低了管道的安全性，因此有条件时宜采用无补偿敷设方式。

8.5 附件与设施

8.5.1 管线起点装设阀门，主要是考虑检修和切断故障段的需要。

8.5.2 热水管道分段阀门的作用是：①减少检修时的放水量（软化、除氧水），降低运行成本；②事故状态时缩短放水、充水时间，加快抢修进度；③事故时切断故障段，保证尽可能多的用户正常运行，即增加供热的可靠性。根据第三项理由，输配干线的分段阀门间距要小一些。供热介质可能双向流动的管道，分段阀应采用双向密封阀门。

8.5.3 放气装置除排放管中空气外，也是保证管道充水、放水的必要装置。只有放气点的数量和管径足够时，才能保证充水、放水在规定的时间内完成。

8.5.4 放水装置的放水时间主要考虑冬季事故状态下能迅

速放水，缩短抢修时间，以免采暖系统发生冻害。本条考虑较大管径的管道抢修恢复供热能在 24 小时以内完成，较小管径能在 12 小时内完成。本条规定较前苏联《热力网规范》有所放宽，因我国气候除东北、西北部分地区与前苏联相似外，大部分地区气温较高，放水时间可以延长。所以本条放水时间均给出一定的幅度，严寒地区可以采用较小值。为了解决热力网干管供水管高温热水放水困难的问题，可以采取暂停热源的加热、循环泵继续运转的办法，直至回水充满放水管段再行放水，一般只需推迟放水 1~2 个小时。

放水管管径与放水量、管道坡度、放水点数目、放气管设置情况、允许放水时间等因素有关，故本条只规定放水时间，不宜规定放水管管径。

8.5.5 本条规定与前苏联《热力网规范》相同。

8.5.6 本条规定考虑便于凝结水的聚集，可防止污物堵塞经常疏水装置。

8.5.7 本条规定考虑尽可能减少凝结水损失。但疏水器凝结水的排放压力高于凝结水管压力才有可能实现。

8.5.8 为降低闸阀开启力矩，应按规定设旁通阀。

8.5.9 旁通阀可作蒸汽管启动暖管用，气候较暖地区，为缩短暖管时间，适当加大旁通阀直径。

热水供热系统用软化除氧水补水，一般受制水能力的限制，补水量不能太大。特别是管道检修后充水时，控制充水流量是必要的。这时可以采用在管道阀门处设较小口径旁通阀的办法，充水时使用小阀，以便于调节流量。

8.5.10 当动态水力分析结果表明阀门关闭过快时引起的压力瞬变值过高，可采用并联较小口径旁通阀的办法，以确保阀门不至关闭过快。

8.5.11 大口径阀门开启力矩大，手动阀要采用传动比很大的齿轮传动装置，人工开启时间很长，劳动强度大，这就需要采用电动驱动装置。前苏联规定管径 500mm 及 500mm 以上阀门用电动驱动装置。考虑我国国情，$DN500mm$ 管道很多，都采用电动阀门投资较高，故只作推荐性的规定。较小阀门是否采用电动装置，可根据情况由设计人员自定。

8.5.12 考虑运行过程中，新的支管不断建设，施工时的焊渣等杂物不可避免地会部分残留于管道中，故建议干管设阻力小的永久性除污装置。例如在管道底部设一定深度的除污短管。

8.5.13 检查室的尺寸和技术要求是从便于操作、存储部分管沟漏水和保证人员安全考虑的。一般情况下，设两个人孔是为了采光、通风和人员安全。干管距离检查室地面 0.6m 以上是考虑事故情况下，一侧人孔已无法使用，人员可从管下通过，迅速自另一人孔撤离。检查室内爬梯高度大于 4m 时，使用爬梯的人员脱手可能跌伤，故建议安装护栏或加平台。

8.5.14 本条主要考虑检查室设备更换问题。当检查室采用预制装配盖板时，可用活动盖板作为安装孔用。

8.5.15 阀门电动驱动装置的防护能力一般能满足地下检查室的环境条件，但供电装置的防护能力可能较低，设计时应加以注意。

9 管道应力计算和作用力计算

管道应力计算的任务是验算管道由于内压、持续外载作用和热胀冷缩及其他位移受约束产生的应力，以判明所计算的管道是否安全、经济、合理；计算管道在上述载荷作用下对固定点产生的作用力，以提供管道承力结构的设计数据。

9.0.1 本条规定了管道应力计算的原则，明确提出采用应力分类法。原规范（90年版）也是采用这一方法，但未明确提出。应力分类法是目前国内外热力管道应力验算的先进方法。

管道中由不同载荷作用产生的应力对管道安全的影响是不同的。采用应力分类法以前，笼统地将不同性态的应力组合在一起，以管道不发生屈服为限定条件进行应力验算，这显然是保守的。随着近代应力分析理论和实验技术的发展，出现了应力分类法。应力分类法对不同性态的应力分别给以不同的限定值，用这种方法进行管道应力验算，能够充分发挥管道的承载能力。

应力分类法的主要特点在于将管道中的应力分为一次应力、二次应力和峰值应力三类，分别采用相应的应力验算条件。

管道由内压和持续外载引起的应力属于一次应力。它是结构满足静力平衡条件而产生的，当应力达到或超过屈服极限时，由于材料进入屈服，静力平衡条件得不到满足，管道将产生过大的变形甚至破坏。一次应力的特点是变形是非自限性的，对管道有很大的危险性，应力验算应采用弹性分析或极限分析。

管道由热胀冷缩等变形受约束而产生的应力属于二次应力。这是结构各部分之间的变形协调而引起的应力。当材料超过屈服极限时，产生小量的塑性变形，变形协调得到满足，变形就不再继续发展。二次应力的特点是变形具有自限性。对于采用塑性良好材料的供热管道，小量塑性变形对其正常使用没有很大影响，因此二次应力对管道的危险性较小。二次应力的验算采用安定性分析。所谓安定性是指结构不发生塑性变形的连续循环，结构在有限塑性变形之后留有残余应力的状态下，仍能安定在弹性状态。安定性分析允许的最大的应力变化范围是屈服极限的两倍。直埋供热管道锚固段的热应力就是典型的二次应力。

峰值应力是指管道或附件（如三通等）由于局部结构不连续或局部热应力等产生的应力增量。它的特点是不引起显著的变形，是一种导致疲劳裂纹或脆性破坏的可能原因，应力验算应采用疲劳分析。但目前尚不具备进行详细疲劳分析的条件，实际计算时对出现峰值应力的三通、弯头等应力集中处采用简化公式计入应力加强系数，用满足疲劳次数的许用应力范围进行验算。

应力分类法早已在美国机械工程师协会（ASME）1971年的《锅炉及受压容器规范》中应用。我国《火力发电厂汽水管道应力计算技术规定》1978年版亦参考国外相关规范改为采用应力分类法。1990年版《城市热力网设计规范》已经规定管道应力计算采用应力分类法，本次修订只是用条文将此法正式明文规定下来。

9.0.2 将原规范中"计算温度"改为"工作循环最高温

度"。这样"工作循环最高温度"与"工作循环最低温度"的用词一致，形成一个计算温度循环范围。

计算压力和工作循环最高温度取用热源设备可能出现的压力和温度。这样的考虑是必要的，因为设备可能因某种原因出现最高压力和温度，同时也为管道提升起点压力或温度留有必要的余地。工作循环最低温度取用正常工作循环的最低温度，即停热时经常出现的温度，而不采用可能出现的最低温度，例如较低的安装温度。因为供热管道一次应力加二次应力加峰值应力验算时，应力的限定并不取决于一时的应力水平，而是取决于交变的应力范围和交变的循环次数。安装时的低温只影响最初达到工作循环最高温度时材料的塑性变形量，对管道寿命几乎没有影响。

管道工作循环最低温度取决于停热时出现的温度。全年运行的管道停热检修一般在采暖期以后，此时气温、地温已较高，可达 10℃ 以上。对于地下敷设由于保温效果好，北京地区实际测定停热一个月后，管壁温度仍达 30℃；地上敷设由于管道也是保温的，停热一个月后气温上升管壁温度亦不会低于 15℃。对于只在采暖期运行的管道，停热时日平均气温不会低于 5℃，同样道理，地下敷设管壁温度不会低于 10℃；地上敷设不会低于 5℃。

9.0.3 本条为地上敷设和地下管沟敷设管道应力计算依据方法的具体规定。采用《火力发电厂汽水管道应力计算技术规定》（SDGJ 6）（以下简称《规定》）的理由是：

1 该《规定》是我国第一个采用应力分类法进行管道应力计算的技术标准；

2 该《规定》是国内管道行业的权威性标准，广泛为其他部门所采用；

3 地上敷设和管沟敷设的热力网管道应力计算目前尚无具体的技术标准，而《规定》中的管道工作条件、敷设条件与之基本一致。

根据以上理由，故暂时采用《火力发电厂汽水管道应力计算技术规定》（SDGJ 6）。

9.0.4 直埋敷设热力网管道的应力分析与计算不同于地上敷设和管沟敷设，有其特殊的规律。《城镇直埋供热管道工程技术规程》（CJJ/T 81），根据直埋供热管道的特点，采用应力分类法对管道应力分析与计算做了详细的规定。故直埋敷设热力网管道的应力计算应按上述标准执行。

9.0.5 热力网管道对固定点的作用力是承力结构的设计依据，故应按可能出现的最大数值计算，否则将影响安全运行。

9.0.6 本条为管道对固定点作用力的计算规定，管道对固定点的三种作用力解释如下：

1 管道热胀冷缩受约束产生的作用力包括：地上敷设、管沟敷设活动支座摩擦力在管道中产生的轴向力；直埋敷设过渡段土壤摩擦力在管道中产生的轴向力、锚固段的轴向力等。

2 内压产生的不平衡力指固定点两侧管道横截面不对称在内压作用下产生的不平衡力，内压不平衡力按设计压力值计算。

3 活动端位移产生的作用力包括：弯管补偿器、波纹管补偿器、自然补偿管段的弹性力、套筒补偿器的摩擦力和直埋敷设转角管段升温变形的轴向力等。也包括波纹管补偿器端波环状截面上的内压作用力。

9.0.7 本条规定了固定点两侧管段作用力合成的原则。

第1）项原则是规定地上敷设和管沟敷设管道固定点两侧方向相反的作用力不能简单的抵消，因为管道活动支座的摩擦表面状况并不完全一样，存在计算误差，同时管道启动时两侧管道不会同时升温，因此热胀受约束引起的作用力和活动端作用力的合力不能完全抵消。计算时应在作用力较小一侧乘以小于1的抵消系数再进行抵消计算。根据大多数设计单位的经验，目前抵消系数取0.7较妥。

第2）项规定内压不平衡力的抵消系数为1，即完全抵消。因为计算管道横截面和内压值较准确，同时压力在管道中的传递速度非常快，固定点两侧内压作用力同时发生，可以考虑完全抵消。

第3）项计算几个支管对固定点的作用力时，支管作用力应按其最不利组合计算。

10 中继泵站与热力站

10.1 一般规定

10.1.1 中继泵站、热力站设备、水泵噪声较高时，对周围居民及机关、学校等有较大干扰。当噪声较高时，应加大与周围建筑的距离。当条件不允许时，可采取选用低噪声设备、建筑进行隔音处理等办法解决。当热力站所在场所有隔振要求时，水泵机组等有振动的设备应采用减振基础、与振动设备连接的管道设隔振接头并且附近的管道支吊点应选用弹性支吊架。为避免管道穿墙处管道的振动传给建筑结构，应采取隔振措施。例如，管道与墙体间留有空隙、管道与墙体间填充柔性材料。当管道与墙体必须刚性接触时，振源侧的管道应加装隔振接头。

10.1.2 中继泵站、热力站内管道、设备、附件等较多，散热量大，应有良好的通风。为保证管理人员的安全和检修工作的需要应有良好的照明设备。

10.1.3 站房设备间门向外开主要考虑事故时便于人员迅速撤离现场，当热力站站房长度大于12m时为便于人员迅速撤离应设两个出口。水温100℃以下的热水热力站由于水温较低，没有二次蒸发问题，危险性较低可只设一个出口。蒸汽热力站事故时危险性较大，任何时候都应设两个出口。以上规定与《锅炉房设计规范》和前苏联《热力网规范》相同。

10.1.4 站内地面坡度是为了将设备运行或检修泄漏的水引向排水沟，保持地面干燥。也可在设备、管道的排水点设地漏而地面不作坡度。

10.1.11 站内设备强度储备有限，不能承受过大的外加荷载，管道布置时应加以注意。

10.2 中继泵站

10.2.1 一般情况下，对于大型的热水供热管网是需要设置中继泵站的，有时甚至设置多个中继泵站。中继泵站设置的依据是管网水力计算和水压图。设置中继泵站能够增大供热距离，而不用加大管径，从而节省管网建设投资，在一定条件下可以降低系统能耗，对整个供热系统的工况和管网的水力平衡也有一定的好处。但是，设置中继泵站需要相应地增加泵站投资。因此是否设置中继泵站，应根据具体情况经过技术经济比较后确定。

另外，就国内和国外的一些大型热水供热管网来看，其管网系统的设计压力一般均在 1.6MPa 等级范围内，这对于城市热力网的安全性和节省建设投资是大有好处的。如不设中继泵站将使管网管径增大或管网设计压力等级提高，这些对管网建设都是不利的。

再有，当管网上游端有较多用户时，设中继泵站有利于降低供热系统水泵（循环水泵、中继泵）总能耗。

中继泵不能设在环状运行的管段上，否则，只能造成管网的环流，不能提升管网的资用压头。中继泵站建在回水管上，由于水温较低（一般不超过 80℃）可不选用耐高温的水泵，降低建设投资。

10.2.2 中继泵为适应不同时期负荷增长的需要并便于调节应采用调速泵。

10.2.3 本条主要参考《室外给水设计规范》泵房设计部分制定。

10.2.4 本条主要考虑减缓停泵时引起的压力冲击，防止水击破坏事故。

10.2.5 当旁通管口径与水泵母管口径相同时，可以最大限度地起到防止水击破坏事故的作用。

10.3 热水热力网热力站

10.3.1 热水热力网民用热力站的最佳供热规模应按各地具体条件经技术经济比较确定。对于热力站的最佳规模，由于各地的城市建设及经济发展水平不一，难以统一。因此只有根据本地条件，经技术经济比较确定适合于本地实际情况的热力站最佳规模。但是从工程建设投资、运行调节手段、供热实际效果、安全可靠度等方面看，一般地说，热力站规模不宜过大。

本条对新建的居住区，以不超过本街区供热范围为最大规模，一是考虑热力站二级管网不宜跨出本街区的市政道路；二是考虑热力站的供热半径不超过 500m，便于管网的调节和管理。

10.3.2 对于大型城市供热系统，从便于管理、易于调节等方面考虑，应采取间接连接方式。对于小型的供热系统，当满足第 2 款规定时可采用直接连接方式。

10.3.3 全自动组合换热机组具有传热效率高、占地小、现场安装简便、能够实现自动调节、节约能源等特点。有条件时应采用具备无人值守功能的设备。无人值守热力站一般具备以下基本功能：

系统水流量的调节及限制；系统温度、压力的监测与控制；热量的计算及累计；系统的安全保护；系统自动启、停功能等。另外还应具备各运行参数的远程监测、主要动力设备的运行状态及事故诊断、报警等远传通讯功能。

10.3.4 本条规定考虑到生活热水热负荷较大时，热力网设计流量要增加很多，使热力网投资加大。例如 150～70℃ 闭式热水热力网，当生活热水热负荷为采暖热负荷的 20%，采用质调节时，其热力网流量已达采暖热负荷热力网流量的 50%；若生活热水热负荷为采暖热负荷的 40%（例如所有用户都有浴盆时），两种负荷的热力网流量基本相等。为减少热力网流量，降低热力网造价，本条规定当生活热水热负荷较大时，应采用两级加热系统，即第一级首先用采暖回水加热。采取这一措施可减少生活热水热负荷的热力网流量约 50%，但这要增加热力站设备的投资。

10.3.5 采暖系统循环泵的选择在流量和扬程上均不考虑额外的余量，以防止选泵过大。目前大多数采暖系统循环泵都偏大，往往是大流量小温差运行，很难降低热网回水温度，这对热力网运行是十分不利的。随着技术进步调速泵在我国应用已很普遍，本规范规定采暖系统采用质—量调节时应选用调速泵。当考虑采暖用户分户计量，用户频繁进行自主调节时，也应采用调速泵，以最不利用户处保持给定的资用压头来控制其转速，可以最大限度地节能。

10.3.7 用户分别设加压泵，没有自动调节装置时，各加压泵不能协调工作，易造成水力工况紊乱。集中设置中继泵站对于热力网水力工况的稳定和节能都是较合理的措施。当用户自动化水平较高，开动加压泵能自动维持设计流量时，当然仍可采用分散加压泵。

10.3.8 采暖系统补水泵的流量应满足正常补水和事故补水（或系统充水）的需要。本条规定与《锅炉房设计规范》协调一致。正常补水量按系统水容量计算较合理，对于热力站供热范围内系统水容量的统计工作也易于实现。

10.3.9 采暖系统定压点设在循环泵入口侧的理由是：水泵入口侧是循环系统中压力最低点，定压点设在此处可保证系统中任何一点压力都高于定压值。定压值的大小主要是保证系统充满水（即不倒空）和不超过散热器的允许压力。高位膨胀水箱是简单可靠的定压装置，但有时不易实现，此时可采用蒸汽、氮气或空气定压装置。空气定压应选用空气与水之间用隔膜隔离的定压装置，以避免补水中溶氧高而腐蚀系统中的管道及设备。现在许多系统采用调速泵进行补水定压，这种方式的优点是设备简单，缺点是一旦停电，很难长时间维持定压，使系统倒空，恢复运行困难。只能用于一般情况下不会停电的系统。

10.3.10 本条为换热器的选择原则。列管式、板式换热器传热系数高，属于快速换热器，其换热表面的污垢对传热系数值影响很大，设计时不宜按污垢厚度计算传热热阻，否则就不成其为快速换热器了。因此宜按污垢修正系数的办法考虑传热系数的降低。容积式换热器用于生活热水加热，由于其传热系数低，按水垢厚度计算热阻的方法进行传热计算较为合理。

热交换器的故障率很低，同时采暖系统为季节负荷，有足够的检修时间，生活热水系统又非停热造成重大影响的负荷，为了降低造价所以一般可以不考虑备用设备。为了提高供热可靠性，可采取几台并联的办法，这样即使一台发生故障，可不致完全中断供热，亦可适应负荷分期增长，进行分期建设。

10.3.11 本条考虑换热器并联连接时，采用同程连接可以较好地保证各台换热器的负荷均衡。在不可能每台换热器安装完备的检测仪表进行仔细调节的条件下，这种措施是简单易行的。

并联工作的换热器，每台换热器一、二次侧进出口都安装阀门的优点是当一台换热器检修时不影响其他换热器的工作，故推荐采用这种设计方案。

热水供应系统换热器安装安全阀，主要是考虑阀门关闭或用户完全停止用水的情况下，继续加热将造成容器超压，发生爆破事故。本规定为压力容器安全监察的要求。

10.3.12 为保证间接连接采暖系统的换热器不结垢，对采暖系统的水质提出要求，本条采用低压锅炉水质标准。当采暖系统中有钢板制散热器时，因其板厚较薄，极易腐蚀穿孔，故要求补水应除氧，没有上述情况时可不除氧。

10.3.13 热力网中很多热力站进口处热力网供回水压差过大，如果不具备必要的调节手段，很可能超出设计流量，造成用户过热以至使整个管网发生水力失调现象。对于采用质调节的供热系统最好在热力站入口的供水或回水管上安装自动流量控制阀，以自动维持热力站的设计流量，防止失调。目前国产自力式流量控制阀价格不高，应该推广。对于变流量调节的供热系统，热力站入口最好安装自力式压差控制阀，以维持合理的压差保证自动控制系统调节阀的正常工作，同时在因停电而自控系统不工作时，也可自动维持一定压差，使该热力站不致严重失调。

热力站各分支管路应装设关断阀门以便于分别关断进行检修。各分支管路在没有单独自动调节系统时，最好安装手动调节阀以便于初调节，达到各分支管路系统的水力平衡。

10.3.14 本条考虑防止热力网由于冲洗不净而残留的污物进入热力站系统，损坏流量计量仪表，堵塞换热器的通道。同时也防止用户采暖系统的污物进入热力站设备。

10.3.15 本条规定主要考虑保证必要的维护检修条件。

10.4 蒸汽热力网热力站

10.4.1 蒸汽热力站是蒸汽分配站。通过分汽缸对各分支进行控制、分配，并提供了分支计量的条件。分支管上安装阀门，可使各分支管路分别切断进行检修，而不影响其他管路正常工作，提高供热的可靠性。蒸汽热力站也是转换站，根据热负荷的不同需要，通过减温减压可满足不同参数的需要，通过换热系统可满足不同介质的需要。

10.4.2 采用带有凝结水过冷段的换热设备较串联水—水换热器方案可以节约占地，简化系统，节省投资。

10.4.4 城市蒸汽网凝结水管网投资较大，应设法延长其使用寿命。本条规定的目的在于减少凝结水溶氧，提高凝结水管寿命。

10.4.5、10.4.6 这两条规定参考前苏联《热力网规范》制定。凝结水箱容量过大会增加建设投资，过小会使凝结水泵开停过于频繁。

10.4.7 因凝结水箱较小，凝结水泵应时刻处于良好的状态，故应设备用泵。

10.4.8 凝结水箱设取样点是检查凝结水质量的必要设施。设于水箱中部以下位置，可保证经常能取出水样。

10.4.9 蒸汽热力站内有时装有汽水换热器、水泵等设备，其选择和布置要求基本与热水热力站相同。

11 保温与防腐涂层

11.1 一般规定

11.1.2 从节能角度看，供热介质温度大于40℃即有设保温层的价值。实际上，大于50℃的供热介质是大量的，所以本条规定大于50℃的管道及设备都应保温。

对于不通行管沟或直埋敷设条件下的回水管道、与蒸汽管并行敷设的凝结水管道，因土壤有良好的保温作用，在多管共同敷设的条件下，这些温度低的管道热损失很小，有时不保温是经济的。在这种情况下，经技术经济比较认为合理时，可不保温。

11.1.3 本条规定系参照国家标准《设备及管道保温技术通则》(GB 4272)的规定制定。

经卫生部验证，接触温度高于70℃的物体易发生烫伤。60~70℃的物体也能造成轻度烫伤。因此以60℃作为防止烫伤的界限。

据文献资料介绍，烫伤温度与接触烫伤表面的时间有关，详见下表：

接触烫伤表面的时间(s)	温度(℃)	接触烫伤表面的时间(s)	温度(℃)
60	53	5	60
15	56	2	65
10	58	1	70

参考上表，防烫伤温度取60℃比较合适。

对于管沟敷设的热力管道，可采取机械通风等措施，保证当操作人员进入维修时，设备及管道保温结构表面温度不超过60℃。

11.1.4 本条规定采用国家标准《设备及管道保温技术通则》(GB 4727)的规定。

20世纪60年代一般把导热系数小于0.23W/(m·℃)的材料定为保温材料。但我国近年来保温材料生产技术发展较快，能生产性能良好的保温材料，因此把导热系数规定得低一些，可以用较少的保温材料，达到较好的保温效果，不应采用保温性能低劣的产品。

对于松散或可压缩的保温材料，只有具备压缩状态下的导热系数方程式或图表，才能满足设计需要。

第2款规定的密度值，符合国内生产的保温材料实际情况，是适应对导热系数的控制而制定的，密度大于350kg/m³的材料不应列入保温材料范围。保温材料密度过大，导致支架荷载增加，据统计资料，支架荷重增加一吨，支架投资增加近千元，因此应优先选用密度小的保温材料和保温制品。

第3款规定的硬质保温材料抗压强度值是考虑低于此值会造成运输或施工过程中破损率过高，不仅经济损失大，也影响施工进度和施工质量。半硬质保温材料亦应具有一定强度，否则变形会过大，影响使用。

对保温材料的其他要求，如吸水率低、对环境和人体危害小、对管道及其附件无腐蚀等，也应在设计中综合考虑，但不宜作为主要技术性能指标在条文中规定。

11.1.5 经济保温厚度是指保温管道年热损失费用与保温投资分摊费用之和为最小值时相应的保温层厚度值。保温层厚度增加，热阻增加，散热量减小。但其热阻增加率随厚度加大而逐渐变小，即保温效果随厚度加大而增加得越来越慢。因保温投资和保温材料的体积大致是成正比的，随着管道保温厚度的增大所增加的保温层圆筒形体积增加得越来越快。从以上直观的分析看，盲目增加保温厚度是不经济的。经济保温厚度是综合了热损失费用和投资费用两方面因素的最合理的保温层厚度值，应优先选用。

11.2 保温计算

11.2.1 国家标准《设备和管道保温设计导则》（GB 8175）中经济保温厚度的计算方法，不但考虑了传热基本原理，而且也考虑了气象、材料价格、热价、贷款利率及偿还年限等因素，是比较好的计算方法。但《导则》中没有给出地沟多管敷设和直埋敷设的设计公式，执行时可参考其基本方法，加以运用。

11.2.2 地下多管敷设的管道，满足给定的技术条件，可以有多种管道保温厚度的组合方案，设计时应选择最经济的各管道保温厚度组合，也就是保温设计按有约束条件（技术要求）的经济厚度优化设计。

11.2.4 经济保温厚度计算及年散热损失计算都是采用全年热损失。故计算时无论介质温度，还是环境温度都应采用运行期间平均值。

11.2.5 按规定的供热介质温度降计算保温厚度时，应按最不利条件计算。蒸汽管道的最不利工况应根据用汽性质分析确定，通常最小负荷为最不利工况。

热水管道运行温度较低热损失小，且水的热容量比较大，因此热水温度降较小，一般不按允许温度降条件计算。

11.2.6 按规定的土壤（或管沟）温度条件计算保温层厚度时，应选取使土壤（或管沟）温度达到最高值的供热介质温度和土壤自然温度。冬季供热介质温度高但土壤自然温度低，而夏季土壤自然温度高但介质温度低，故应进行两种计算，取其保温厚度较大者。计算结果与供热介质运行温度、各地区土壤自然温度的变化规律有关，本规范难于给出确定的规律。

11.2.7 按规定的保温层外表面温度条件计算保温层厚度时，应选取使保温层外表面温度达到最高值的供热介质温度和环境温度。理由同第11.2.6条。

11.2.8 为保证外层保温材料在运行时不超温，设计时界面温度取值应略低于保温材料的最高允许温度。

11.2.9 软质或半硬质保温材料在施工捆扎时，必然会压缩，厚度减少、密度增加，相应也就改变了材料的导热系数。设计时应考虑这些因素，使设计计算条件符合实际。

11.2.10 因国内目前尚无完整的统计、测试资料，本条规定系参照前苏联《热力网规范》制定。

11.3 保温结构

11.3.1 本条主要强调对保护层的要求，保温结构的使用效果和使用寿命在很大程度上取决于保护层。提高保护层的质量是十分重要的。

11.3.2 直埋敷设热力管道可以节约投资，是近代各国迅速发展的敷设方式。但直埋敷设管道设计必须认真处理好其保温结构，否则将适得其反。本条规定直埋敷设热水管道的技术要求应符合《高密度聚乙烯外护管聚氨酯泡沫塑料预制直埋保温管》（CJ/T 114）和《玻璃纤维增强塑料外护层聚氨酯泡沫塑料预制直埋保温管》（CJ/T 129）的规定，此标准符合国内预制直埋保温管生产的较高水平。

11.3.3 本条考虑由于钢管的线膨胀系数比保温材料的线膨胀系数大，在热状态下，由于管道升温膨胀时会破坏保温层的完整性，产生环状裂缝。不仅裂缝处增加了热损失，而且水汽易于侵入加速保温层的破坏。因此要求设置伸缩缝，并要求做好伸缩缝处的防水处理。

11.3.4 地下敷设采用填充式保温时，使用吸水性保温材料是有过惨痛教训的。即使保温结构外设有柔性防水层也无济于事。对于热力管道，防水层由于温度变化很难保持完整，一旦一处漏水，则大面积保温材料潮湿，使管道腐蚀穿孔。故本条规定十分严格，使用"严禁"的措辞。

11.3.5 本条规定考虑到便于阀门、设备的检修，可节约重新做保温结构的费用。

11.4 防腐涂层

11.4.1、11.4.2 蒸汽管道表面温度高，运行期间即使管子表面无防腐涂料，管子也不会腐蚀。室外蒸汽管道如果常年运行，为解决施工期间的锈蚀问题可涂刷一般常温防腐涂料。对于室外季节运行的蒸汽管道，为避免停热时期管子表面的腐蚀，应涂刷满足运行温度要求的防腐涂料。

11.4.3 架空敷设管道采用铝合金薄板、镀锌薄钢板和塑料外护是较为理想的保护层材料，其防水性能好，机械强度高，重量轻，易于施工。当采用普通铁皮替代时，应加强对其防腐处理。

12 供配电与照明

12.2 供 配 电

12.2.1 中继泵站及热力站的负荷分级及供电要求，视其在热力网中的重要程度而定，如热力站供热对象是重要政治活动场所，一旦停止供热会造成不良政治影响，其供电要求应是一级；大型中继泵站担负着很大的供热负荷，中断供电会造成重大影响以致发生安全事故时，其供电要求也应是一级。一般中继泵站及热力站则不一定是一级。在设计过程中可以根据实际情况确定负荷分级及供电要求。

12.2.2 电网中的事故有时是瞬时的，故障消除后又恢复正常。这种情况下，中继泵站及热力站的备用电源不一定马上投入。自动切换装置设延时的目的，就是确认主电源为长时间的故障时，再投入备用电源。

12.2.3 设专用配电室是为了便于维护，保证运行安全、供电可靠。

12.2.4 本条规定主要是为了保证供电可靠并使保护简单。

12.2.5 本条规定主要考虑塑料管易老化，且易受外力破坏，不能保证供电可靠。

泵和管道在运行或检修过程中难免漏水，为防止水溅落到配电管线中，应采用防水弯头，以保证供电的安全可靠。

12.2.6 本条规定考虑便于运行人员紧急处理事故，同时检修试泵时启停泵方便，并可保证人员的安全。

12.2.7 在设计中采用大功率变频器应充分考虑谐波造成的

危害，并采取相应措施满足国家标准《电能质量 公用电网谐波》（GB 14549）的规定。

12.2.8 本条规定主要是为了保证设备安全可靠运行。

12.3 照 明

12.3.2 为保证热力网安全运行、维护检修方便，照度应视场所需要由设计人员按有关规范确定。

12.3.3 管沟、地下、半地下阀室、检查室等处环境湿热，采用防潮型灯具以保证照明系统的安全可靠。

12.3.4 地下构筑物内照明灯具安装于较低处，人员和工具易触及玻璃灯具，造成损坏触电，故应采用安全电压。

13 热工检测与控制

13.1 一 般 规 定

13.1.1 我国城市集中供热事业发展很快，供热规模不断扩大，但随之而来的供热失调造成用户冷热不均，缺少系统运行数据资料无法进行分析判断等问题普遍存在。因此热力网建立计算机监控系统已成为迫切需要。当前建立计算机监控系统的经济、技术条件已基本成熟，但因供热系统规模大小不一，不能强求一致，故本条只对规模较大的城市热力网应建立完备的计算机监控系统作了较严格的规定。

13.1.2 本条为城市热力网监控系统基本任务的规定。

13.1.6 本章内容主要是热力网工艺系统对"热工检测与控制"的设计要求，而自控专业本身的设计仍执行自控专业设计标准和规范。

13.2 热源及热力网参数检测与控制

13.2.1~13.2.4 规定了热源出口处供热参数的检测内容和检测要求。热源温度、压力参数是热力网运行温度、压力工况的基本数据。流量、热量不仅是重要的运行参数，还是热力网与热源间热能贸易结算的依据，应尽可能提高检测的精确度。上述参数不仅要在仪表盘上显示而且应连续记录以备核查、分析使用。

13.2.5 热源调速循环水泵根据热力网最不利资用压头自动或手动控制泵转速的方式运行，使最不利的资用压头满足用户正常运行需要。这种控制方式在满足用户正常运行的条件下可最大限度地节约水泵能耗，同时，热源联网运行时，尖峰热源循环泵按此方式控制可自动调整负荷。

循环水泵入口和出口的超压保护装置是降低非正常操作产生压力瞬变的有效保护措施之一。

13.2.6 热力网干线的压力检测数据是绘制管网实际运行水压图的基础资料，是分析管网水力工况十分重要的数据。计算机监控系统实时监测管网压力，甚至自动显示水压图是理想的监测方式。

13.3 中继泵站参数检测与控制

13.3.1 本条第1款检测的是中继泵站最基本、最重要的运行数据，应显示并记录。第2款检测的压力值为判断除污器是否堵塞的分析用数据，可只安装就地检测仪表。第3款规定是在单台水泵试验检测水泵空负荷扬程时使用，其检测点应设在水泵进、出口阀门间靠近水泵侧，并可只安装就地检测仪表。

13.3.2 本条为可使泵站基本不间断运行的自动控制方式，但设计时应有保证水泵自动启动时不会伤及泵旁工作人员的措施。

13.3.3 本条规定是以中继泵承担管网资用压头调节任务的控制方式。理由同第13.2.5条。

13.4 热力站参数检测与控制

13.4.1 热力站的参数检测是运行、调节和计量收费必要的依据。

13.4.2 热力站和热力入口的供热调节（局部调节）是热源处集中调节的补充，对保证供热质量有重要作用。从保证高质量供热出发采用自动调节是最佳方式。

本条第1款规定了直接连接水泵混水降温采暖系统的调节方式。这种系统一般采用集中质调节，由于集中调节兼顾了其他负荷（如生活热水负荷），不可能使热力网的温度调节完全满足采暖负荷的需要，再加上集中调节有可能不够精确，所以在热力站进行局部调节可以解决上述问题，提高供热质量。间接连接采暖系统每栋建筑热力入口也可以采用这种方式进行补充的局部调节。

本条第2款规定了间接连接采暖系统的调节方式。当采用质调节时，应按质调节水温曲线根据室外温度调节水温。第3款为对生活热水负荷采用定值调节的规定。即调节热力网流量使生活热水的温度维持在给定值，因热水供应流量波动很大，维持调节精度±5℃已属不低的要求。在对生活热水温度进行调节的同时，还应对换热器热力网侧的回水温度加以限定，以防止热水负荷为零时，换热器中的水温过高。因为此时换热器中的被加热水为死水，出口水温不能反映出换热器内的温度，用换热器热力网侧回水温度进行控制，可以很好地解决这个问题。

13.5 热力网调度自动化

13.5.1 本条为建立热力网监控系统的原则性建议。

13.5.2 本条为对各级监控系统的功能要求。

13.5.3 计算机监控系统的通讯网络可以采用有线和无线两种方式。无线通讯投资小、建设快，但易受干扰，信号传输质量差。在大城市，无线通讯干扰源多，频道拥挤，障碍物多，采用困难。有线通讯依赖有线网络，有线网络有专用网和公共网之分。专用有线通讯网由供热企业专门敷设和维修管理，要消耗大量的人力物力，因此利用城市公共通讯网络是合理的方案。

附录 1　纺织业用汽量估算指标

序号	名　称	规　模		建筑面积 （万 m²）	用地面积 （万 m²）	用汽量 （t/h）	单位用汽量 （t/h 用地万 m²）	备　注
1	棉纺厂	30000 锭		8	15	5.5	0.37	
		50000 锭		12	23	8.8	0.38	
2	棉纺织厂	30000 锭	44 寸	11	21	10.5	0.5	
			75 寸	12	24	10.7	0.45	
		50000 锭	56 寸	18	35	17.8	0.5	
			75 寸	20	37	17.8	0.48	
3	毛条厂	年产 1800t		4	11	15.7	1.43	
		年产 3000t		6	16	21.4	1.34	
4	粗梳毛纺织厂	1000 锭 40 台		5	11	16	1.45	
		2000 锭 80 台		7	17	21	1.24	
5	精梳毛纺织厂	5000 锭 90 台		6	13	14.2	1.1	
		10000 锭 192 台		10	21	21	1	
6	漂染厂	年产 1500 万 m		2.67	6.26	19.5	3.12	
7	印染厂	年产 2500 万 m		3.89	8.9	32.4	3.64	

续表

序号	名称	规模		建筑面积（万 m²）	用地面积（万 m²）	用汽量（t/h）	单位用汽量（t/h 用地万 m²）	备注
8	丝织厂	200 台织机		3.15	5.47	1.4	0.26	
		400 台织机		5.61	7.37	3.36	0.46	
9	丝绸印染厂	印染年产 1000 万 m		3.97	7.6	11.78	1.55	
		练染年产 2000 万 m		3.09	7.1	16.47	2.32	
10	缫丝厂	2400 绪		1.8	4	5.4	1.35	
		4800 绪		3.27	6.8	9.3	1.37	
11	苎麻纺织厂	2500 锭		6.05	12.93	12	0.93	
		纺 5000 锭织 230 台		7.93	18.53	18.7	1	
		纺 10000 锭织 476 台		13.43	27	28	1.04	
12	亚麻厂	纺 5000 锭织 140 台		7.2	15.85	18.61	1.17	
		纺 10000 锭织 280 台		13.35	29.02	26.9	0.93	
		年产 500t		1.97	42.23	3.59	0.09	
		年产 1000t		2.97	69.21	6.5	0.094	
13	麻袋厂	年产 400 万条		3.03	6.73	3.85	0.57	
		年产 800 万条		5.07	11.2	7	0.625	
14	棉针织厂	纬编厂	500 万件	3.75	5.71	10.36	1.8	
			800 万件	5.33	8.13	13	1.6	
		经编厂	30 台	1.78	2.95	6.5	2.2	
			50 台	2.73	4.42	9.73	2.2	
15	毛针织厂	50 万件		3.51	5.65	0.83	0.15	
		80 万件		4.86	8.22	1.65	0.2	

续表

序号	名称	规模	建筑面积（万 m²）	用地面积（万 m²）	用汽量（t/h）	单位用汽量（t/h 用地万 m²）	备注
16	真丝针织厂	年产 320t	4.19	8.03	6.07	0.76	
17	西服厂	6 万套	1.44	2	2	1	
		15 万套	2.05	2.7	3	1.1	
18	衬衫厂	60 万件	1.34	2	2	1	
		150 万件	1.95	2.7	3	1.1	
19	粘胶长丝厂	年产 3000t	12.76	27.1	73	2.7	
20	粘胶短纤维厂	年产 10000t	8.57	19.13	71	3.7	
21	锦纶长丝厂	年产 8000t	17.88	40.4	46	1.14	
22	锦纶帘子布厂	年产 13000t	12.84	36.6	58	1.6	
23	涤纶长丝厂	年产 5000t	5.14	10.57	8	0.8	
		年产 7500t	6.91	13.54	11	0.8	
		年产 10000t	8.35	16.2	16	1	
24	涤纶短纤维厂	年产 7500t	3.22	7.9	15	2	
		年产 15000t	4.93	10.66	25	2.35	

上表引自纺织工业部 1990 年版《纺织工业工程建设投资估算指标》。

附录2 轻工业用汽量估算指标

序号	名称	规模		建筑面积（万 m²）	用地面积（万 m²）	用汽量 t（汽）/t（品）	备注
1	新闻纸	年产6.8万t	漂白化机浆	6.46	30	0.7	制浆造纸
			新闻纸			2.6	
		年产10万t	漂白化机浆	9.5	33	0.7	
			新闻纸			2.6	
2	胶印书刊纸	年产3.4万t	漂白苇浆	5.65	48	3.5	制浆造纸
			漂白竹浆			3.7	
			胶印书刊纸			3.5	
		年产5.1万t	漂白苇浆	7.4	55	3.5	
			漂白竹浆			3.7	
			胶印书刊纸			3.5	
3	牛皮箱纸板	年产5.1万t		3.6	10	3.2	制浆造纸
		年产6.8万t		4.3	12	3.2	
4	涂料白纸板	年产5.1万t		4	10	3.4	制浆造纸
		年产10万t		5.2	12	3.4	
5	漂白硫酸盐木浆板	年产5.1万t	硫酸盐木浆	7.5	55	3.5	制浆造纸
			硫酸盐木浆板			2.5	

续表

序号	名 称	规 模		建筑面积 （万 m²）	用地面积 （万 m²）	用汽量 t（汽）/t（品）	备 注
5	漂白硫酸盐木浆板	年产 10 万 t	硫酸盐木浆	10.2	75	3.5	制浆造纸
			硫酸盐木浆板			2.5	
6	洗衣粉	年产 5 万 t		2.44	8	0.11	合成洗涤剂
		年产 3~4 万 t		2.2	4.5		
7	三聚磷酸钠	年产 7 万 t	年产 3 万 t 黄磷	11	36.5	1.4	三聚磷酸钠
			年产 7 万 t 五钠			0.72	
8	咸牛肉罐头	1000t/a		0.079	0.3	1.2	肉类罐头
9	午餐肉罐头	3000t/a		0.48		2.5	
10	糖水苹果罐头	1000t/a		0.096	0.32	1.2	水果类罐头
11	菠萝罐头	5000t/a		1.4	4	0.2	
		10000t/a		2.18	6.25		
12	青刀豆罐头	5000t/a		2.45	7	0.27	蔬菜类罐头
		10000t/a		3.52	9.4		
13	芦笋罐头	5000t/a		2.45	7	0.35	
		10000t/a		3.52	9.4		
14	蘑菇罐头	3000t/a		0.25		1.5	
15	酒精	年产 1 万 t		0.84	4.3	7.34	酒精
		年产 3 万 t		1.77	7.1		
16	酒槽饲料	年产 2 万 t		0.17	0.126	3.25	酒槽饲料

续表

序号	名称	规模	建筑面积（万 m²）	用地面积（万 m²）	用汽量 t（汽）/t（品）	备 注
17	易拉罐装饮料	300 罐/min	0.24	0.3	0.21	易拉罐装饮料
18	淀粉	160t/a 加工玉米	1.8	4.5	2.4	淀粉
		250t/a 加工玉米	2.75	8.58		
19	消毒乳	40t/d	0.5	1.4	0.17	
20	全脂加糖乳粉	年产约 0.2 万 t	0.5~0.8	1.8~2.3	9.5	乳制品
21	全脂淡乳粉				8.5	
22	脱脂乳粉				9	
23	电冰箱	年产 30 万台	3	5	0.02~0.03/台	电冰箱
24	空调器	年产 60 万台	5	7	0.02~0.03/台	空调器
25	制革	年产 30 万张	1.2	2.13	20~36/km²	制革
		年产 60~100 万张	3.31	5.6		
26	果汁饮料	年产 2 万 t / 橙加工浓缩汁	0.86	4.3	1.2	果汁饮料
		1500ml 聚酯瓶饮料			0.21	
		250ml 玻璃瓶饮料			0.21	

上表引自中国轻工总会规划发展部、中国轻工业勘察设计协会 1996 年 7 月版《轻工业建设项目技术与经济》。

中华人民共和国行业标准

城市用地分类代码

CJJ 46—91

主编单位：北京市城市规划设计研究院
批准部门：中华人民共和国建设部
施行日期：１９９２年 ４ 月 １ 日

关于发布行业标准《城市用地分类代码》的通知

（91）建标字第642号

根据建设部（88）城标字第141号文的要求，由北京市城市规划设计研究院主编的《城市用地分类代码》，业经审查，现批准为行业标准，编号CJJ 46—91，自一九九二年四月一日起施行。

本标准由建设部城镇规划标准技术归口单位中国城市规划设计研究院归口管理，其具体解释等工作由北京市城市规划设计研究院负责，由建设部标准定额研究所组织出版。

中华人民共和国建设部
1991年9月27日

目　　次

第一章　总则 …………………………………………… 17—3

第二章　编码方法 ……………………………………… 17—3

第三章　城市用地分类代码 …………………………… 17—4

附录一　城市用地分类代码和代号对照表 …………… 17—7

附录二　本标准用词说明 ……………………………… 17—9

附加说明 ………………………………………………… 17—10

第一章 总则

第1.0.1条 为统一城市用地分类代码,使城市用地分类统计工作和检索工作计算机化,并使全国城市用地数据资源共享,特制定本标准。

第1.0.2条 本标准适用于城市中设市城市的城市用地计算机统计工作。

第1.0.3条 城市用地分类代码除执行本标准外,尚应符合国家现行的有关标准、规范的要求。

第二章 编码方法

第2.0.1条 本标准采用层次码,用四位阿拉伯数字代表城市用地的大、中、小类。大类用前两位代码代表;中类、小类分别用第三位和第四位代码代表。其代码结构必须符合图2.0.1的规定:

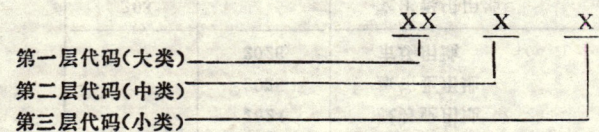

第一层代码(大类)
第二层代码(中类)
第三层代码(小类)

图 2.0.1 代码结构

第2.0.2条 中类之下如果不再分小类,则该中类的小类代码必须用"0"表示。

第2.0.3条 中类、小类中的"其它"类,必须用代码"9"表示。

第三章 城市用地分类代号

第3.0.1条 城市用地分类代号应符合现行的国家标准《城市用地分类与规划建设用地标准》(GBJ 137)的规定。

第3.0.2条 城市用地分类代号应符合表3.0.2的规定。

城市用地分类代号表 表3.0.2

大类	中类	小类	类别名称
10			居住用地
	101		一类居住用地
		1011	住宅用地
		1012	公共服务设施用地
		1013	道路用地
		1014	绿地
	102		二类居住用地
		1021	住宅用地
		1022	公共服务设施用地
		1023	道路用地
		1024	绿地
	103		三类居住用地
		1031	住宅用地
		1032	公共服务设施用地
		1033	道路用地
		1034	绿地

续表

大类	中类	小类	类别名称
	104		四类居住用地
		1041	住宅用地
		1042	公共服务设施用地
		1043	道路用地
		1044	绿地
20			公共设施用地
	201		行政办公用地
		2011	市属办公用地
		2012	非市属办公用地
	202		商业金融业用地
		2021	商业用地
		2022	金融保险业用地
		2023	贸易咨询用地
		2024	服务业用地
		2025	旅馆业用地
		2026	市场用地
	203		文化娱乐用地
		2031	新闻出版用地
		2032	文化艺术团体用地
		2033	广播电视用地
		2034	图书展览用地
		2035	影剧院用地
		2036	游乐用地
	204		体育用地
		2041	体育场馆用地
		2042	体育训练用地
	205		医疗卫生用地
		2051	医院用地

续表

大类	中类	小类	类别名称
20	205	2052	卫生防疫用地
		2053	休疗养用地
	206		教育科研设计用地
		2061	高等学校用地
		2062	中等专业学校用地
		2063	成人与业余学校用地
		2064	特殊学校用地
		2065	科研设计用地
	207	2070	文物古迹用地
	209	2090	其它公共设施用地
30			工业用地
	301	3010	一类工业用地
	302	3020	二类工业用地
	303	3030	三类工业用地
40			仓储用地
	401	4010	普通仓库用地
	402	4020	危险品仓库用地
	403	4030	堆场用地
50			对外交通用地
	501	5010	铁路用地
	502		公路用地
		5021	高速公路用地
		5022	一、二、三级公路用地
		5023	长途客运站用地

续表

大类	中类	小类	类别名称
50	503	5030	管道运输用地
	504		港口用地
		5041	海港用地
		5042	河港用地
	505	5050	机场用地
52			道路广场用地
	521		道路用地
		5211	主干路用地
		5212	次干路用地
		5213	支路用地
		5219	其它道路用地
	522		广场用地
		5221	交通广场用地
		5222	游憩集会广场用地
	523		社会停车场库用地
		5231	机动车停车场库用地
		5232	非机动车停车场库用地
54			市政公用设施用地
	541		供应设施用地
		5411	供水用地
		5412	供电用地
		5413	供燃气用地
		5414	供热用地
	542		交通设施用地
		5421	公共交通用地
		5422	货运交通用地

续表

大类	中类	小类	类 别 名 称
54	542	5429	其它交通设施用地
	543	5430	邮电设施用地
	544		环境卫生设施用地
		5441	雨水、污水处理用地
		5442	粪便垃圾处理用地
	545	5450	施工与维修设施用地
	546	5460	殡葬设施用地
	549	5490	其它市政公用设施用地
60			绿 地
	601	6010	公共绿地
		6011	公 园
		6012	街头绿地
	602	6020	生产防护绿地
		6021	园林生产绿地
		6022	防护绿地
70			特殊用地
	701	7010	军事用地
	702	7020	外事用地
	703	7030	保安用地
80			水域和其它用地
	801	8010	水 域
	802		耕 地
		8021	菜 地

续表

大类	中类	小类	类 别 名 称
80	802	8022	灌溉水田
		8029	其它耕地
	803	8030	园 地
	804	8040	林 地
	805	8050	牧草地
	806		村镇建设用地
		8061	村镇居住用地
		8062	村镇企业用地
		8063	村镇公路用地
		8069	村镇其它用地
	807	8070	弃置地
	808	8080	露天矿用地

附 录 一

城市用地分类代码和代号对照表

类别名称	大类 代码	大类 代号	中类 代码	中类 代号	小类 代码	小类 代号
居住用地	10	R				
一类居住用地			101	R1		
住宅用地					1011	R11
公共服务设施用地					1012	R12
道路用地					1013	R13
绿地					1014	R14
二类居住用地			102	R2		
住宅用地					1021	R21
公共服务设施用地					1022	R22
道路用地					1023	R23
绿地					1024	R24
三类居住用地			103	R3		
住宅用地					1031	R31
公共服务设施用地					1032	R32
道路用地					1033	R33
绿地					1034	R34
四类居住用地			104	R4		
住宅用地					1041	R41
公共服务设施用地					1042	R42
道路用地					1043	R43
绿地					1044	R44
公共设施用地	20	C				
行政办公用地			201	C1		
市属办公用地					2011	C11
非市属办公用地					2012	C12
商业金融业用地			202	C2		
商业用地					2021	C21
金融保险业用地					2022	C22
贸易咨询用地					2023	C23
服务业用地					2024	C24
旅馆业用地					2025	C25
市场用地					2026	C26
文化娱乐用地			203	C3		
新闻出版用地					2031	C31
文化艺术团体用地					2032	C32
广播电视用地					2033	C33
图书展览用地					2034	C34
影剧院用地					2035	C35
游乐用地					2036	C36
体育用地			204	C4		
体育场馆用地					2041	C41
体育训练用地					2042	C42
医疗卫生用地			205	C5		
医院用地					2051	C51
卫生防疫用地					2052	C52
休疗养用地					2053	C53
教育科研设计用地			206	C6		
高等学校用地					2061	C61
中等专业学校用地					2062	C62
成人与业余学校用地					2063	C63
特殊学校用地					2064	C64
科研设计用地					2065	C65
文物古迹用地			207	C7		

续表

类别名称	大类代号	中类代号	小类代号	
工业用地	30	M		
一类工业用地			M1	301
二类工业用地			M2	302
三类工业用地			M3	303
仓储用地	40	W		
普通仓库用地			W1	401
危险品仓库用地			W2	402
堆场用地			W3	403
对外交通用地	50	T		
铁路用地		501	T1	
公路用地		502	T2	
高速公路用地			T21	5021
一、二、三级公路用地			T22	5022
长途客运站用地			T23	5023
管道运输用地		503	T3	
港口用地		504	T4	
海港用地			T41	5041
河港用地			T42	5042
机场用地		505	T5	
道路广场用地	52	S		
道路用地		521	S1	
主干路用地			S11	5211
次干路用地			S12	5212
支路用地			S13	5213
其他道路用地			S19	5219
广场用地		522	S2	
交通广场用地			S21	5221

续表

类别名称	大类代号	中类代号	小类代号	
游憩集会广场用地			S22	5222
社会停车场库用地		523	S3	
机动车停车场库用地			S31	5231
非机动车停车场库用地			S32	5232
市政公用设施用地	54	U		
供应设施用地		541	U1	
供水用地			U11	5411
供电用地			U12	5412
供燃气用地			U13	5413
供热用地			U14	5414
交通设施用地		542	U2	
公共交通用地			U21	5421
货运交通用地			U22	5422
其他交通设施用地			U29	5429
邮电设施用地		543	U3	
环境卫生设施用地		544	U4	
雨水、污水处理用地			U41	5441
粪便垃圾处理用地			U42	5442
施工与维修设施用地		545	U5	
殡葬设施用地		546	U6	
其他市政公用设施用地		549	U9	
绿地	60	G		
公共绿地		601	G1	
公园			G11	6011
街头绿地			G12	6012
生产防护绿地		602	G2	
园林生产绿地			G21	6021
防护绿地			G22	6022

续表

类别名称	大类		中类		小类	
	代码	代号	代码	代号	代码	代号
特殊用地	70	D				
军事用地			701	D1		
外事用地			702	D2		
保安用地			703	D3		
水域和其它用地	80	E				
水域			801	E1		
耕地			802	E2		
菜地					8021	E21
灌溉水田					8022	E22
其它耕地					8029	E29
园地			803	E3		
林地			804	E4		
牧草地			805	E5		
村镇建设用地			806	E6		
村镇居住用地					8061	E61
村镇企业用地					8062	E62
村镇公路用地					8063	E63
村镇其它用地					8069	E69
弃置地			807	E7		
露天矿用地			808	E8		

附录二 本标准用词说明

一、为便于在执行本标准条文时区别对待，对要求严格程度不同的用词说明如下：

1. 表示很严格，非这样作不可的：正面词采用"必须"；反面词采用"严禁"。

2. 表示严格，在正常情况下均应这样作的：正面词采用"应"；反面词采用"不应"或"不得"。

3. 表示允许稍有选择，在条件许可时首先应这样作的：正面词采用"宜"或"可"；反面词采用"不宜"。

二、条文中指明应按其它有关标准、规范执行时，写法为"按…执行"或"应符合…的要求（或规定）"。非必须按所指定的标准、规范执行时，写法为"可参照…的要求（或规定）"。

中华人民共和国行业标准

城市垃圾转运站设计规范

CJJ 47—91

主编单位：中国市政工程西南设计院
批准部门：中华人民共和国建设部
施行日期：1992年7月1日

关于发布行业标准《城市垃圾转运站设计规范》的通知

建标[1991]854号

各省、自治区、直辖市建委（建设厅），计划单列市建委，国务院有关部门：

根据原城乡建设环境保护部（86）城科字第263号文的要求，由中国市政工程西南设计院主编的《城市垃圾转运站设计规范》，业经审查，现批准为行业标准，编号CJJ 47—91，自1992年7月1日起施行。

本标准由建设部城镇环境卫生标准技术归口单位上海市环境卫生管理局管理，由中国市政工程西南设计院负责解释，由建设部标准定额研究所组织出版。

中华人民共和国建设部
1991年12月26日

目 次

第一章 总则 ··· 18—3

第二章 选址和规模 ··· 18—3

　　第一节 选址 ··· 18—3

　　第二节 规模 ··· 18—3

第三章 建筑和环境 ··· 18—4

第四章 设备和设施 ··· 18—5

　　第一节 设备及其布置 ································ 18—5

　　第二节 设施 ··· 18—6

附录一 本规范术语解释 ···································· 18—6

附录二 本规范用词说明 ···································· 18—7

附加说明 ·· 18—7

第一章 总 则

第1.0.1条 为使我国城市垃圾转运站（以下简称转运站）的规划、设计符合国家的方针、政策和法令，并达到保护环境、提高人民健康水平的要求，制定本规范。

第1.0.2条 本规范主要适用于城市生活垃圾转运站，其它垃圾转运站可参照执行。

第1.0.3条 根据转运站的特点，在设计时，应做到因地制宜、技术先进、经济合理、安全适用，有利于保护环境、改善劳动条件。

第1.0.4条 转运站的设计，除执行本规范外，还应符合现行的有关标准的规定。

第二章 选址和规模

第一节 选 址

第2.1.1条 转运站的选址应符合城市总体规划和城市环境卫生行业规划的要求。

第2.1.2条 转运站的位置宜选在靠近服务区域的中心或垃圾产量最多的地方。

第2.1.3条 转运站应设置在交通方便的地方。

第2.1.4条 在具有铁路及水运便利条件的地方，当运输距离较远时，宜设置铁路及水路运输垃圾转运站。

第二节 规 模

第2.2.1条 转运站的规模，应根据垃圾转运量确定。

第2.2.2条 垃圾转运量，应根据服务区域内垃圾高产月份平均日产量的实际数据确定。无实际数据时，可按下式计算：

$$Q = \delta n q / 1000$$

式中 Q——转运站的日转运量（t/d）；

n——服务区域的实际人数；

q——服务区域居民垃圾人均日产量（kg/人·d），按当地实际资料采用；无当地资料时，垃圾人均日产量可采用1.0～1.2kg/人·d，气化率低的地方取高值，气化率高的地方取低值；

δ——垃圾产量变化系数。按当地实际资料采用，如无资料时，δ值可采用1.3～1.4。

第 2.2.3 条 转运站规模可分为小型、中型和大型。转运量小于150t/d，为小型；转运量为150～450t/d，为中型；转运量大于450t/d，为大型。转运站用地面积应符合《城市环境卫生设施设置标准》（CJJ27）中第4.1.1条的规定。

第 2.2.4 条 转运站的服务半径：

一、用人力收集车收集垃圾的小型转运站，服务半径不宜超过0.5km；

二、用小型机动车收集垃圾的小型转运站，服务半径不宜超过2.0km。

第 2.2.5 条 垃圾运输距离超过20km时，应设置大、中型转运站。

第三章 建筑和环境

第 3.0.1 条 转运站的总平面布置应结合当地情况，做到经济、合理。大、中型转运站应按区域布置，作业区宜布置在主导风向的下风向，站前区布置应与城市干道及周围环境相协调。

第 3.0.2 条 转运站内建筑物、构筑物布置应符合防火、卫生规范及各种安全的要求。

第 3.0.3 条 转运站内建筑物、构筑物的建筑设计和外部装修应与周围居民住房、公共建筑物以及环境相协调。

第 3.0.4 条 转运站内建筑物室外装修宜采用水刷石、中级涂料、普通贴面材料等。

第 3.0.5 条 转运车间室内地面及墙面、顶棚等表面应平整、光滑。

第 3.0.6 条 转运站内建筑物门窗，宜采用钢门、钢窗或木门、木窗，临街的小型转运站宜采用卷帘门等。

第 3.0.7 条 大、中型转运站内应绿化，绿化面积应符合国家及当地政府的有关规定。

第 3.0.8 条 大、中型转运站内排水系统应采用分流制，应设污水处理设施。

第 3.0.9 条 转运站的采暖、通讯、噪声和消防的标准应符合现行标准的有关规定。

第 3.0.10 条 转运站应根据需要设置避雷措施。

第四章 设备和设施

第一节 设备及其布置

第4.1.1条 转运站应根据不同地区、不同条件,采用不同方式和设备将垃圾装载到运输车辆或船舶上。

第4.1.2条 转运站的设备数量应根据转运量确定。

第4.1.3条 为调节转运站的工作效率与车辆调用频率之间的关系,应根据需要设置垃圾贮存槽。

第4.1.4条 放置集装箱地坑的深度应保证集装箱上缘与室内地坪齐平或不高于室内地坪5cm,集装箱外壁与坑壁之间应保持15~20cm的距离,并应设置定位装置。

第4.1.5条 集装箱应与垃圾运输车的载重量及车箱相匹配。

第4.1.6条 集装箱的数量,应根据垃圾贮存时间、清运周期及备用量等因素确定。地坑式转运站其集装箱的数量不宜少于地坑数的2倍。

第4.1.7条 采用起重设备的转运站,应采用电动起重设备。

第4.1.8条 转运站宜设置垃圾压缩机械。

第4.1.9条 设备的布置,应符合下列规定:

一、相邻设备间净距:
考虑人行时,其宽度不小于1.2m;
考虑车行时,其宽度应根据运输车通过的实际需要确定。

二、集装箱式垃圾转运站内应留出周转集装箱停放的位置,并应在其周围设置宽度不小于0.7m的通道。

三、转运站主要通道的宽度不宜小于1.2m。

第4.1.10条 转运站转运车间室内高度应不小于设备最大伸展高度。当采用起重设备时,应保持吊起物底部与吊运所越过的物体顶部之间有0.5m以上的净距。

第4.1.11条 大、中型转运站应配备一定数量的运输车辆。

第4.1.12条 运输车辆的配置数量可采用下列公式计算。

$$M = \frac{Q}{W \times u} \eta$$

式中 M ——运输车辆数量;
  Q ——日转运量(t/d);
  W ——运输车载重量(t);
  u ——每部车日转运次数;
  η ——备用车系数,取1.2。

$$u = \frac{T}{t}$$

式中 T ——额定日运输时间;
  t ——一次作业时间。

第4.1.13条 水路垃圾转运站应采取专用码头的方式,并应满足水位变动的要求。

第4.1.14条 水路垃圾转运站应设有固定垃圾运输船的设备、垃圾装卸设备和防止垃圾散落在水中的设施。

第4.1.15条 运输机车及船舶数量应根据运转量及运

输机车、船舶载重量及一次作业时间确定。

第二节 设　施

第 4.2.1 条 大、中型转运站应设置垃圾称重装置。

第 4.2.2 条 转运站应设置杀虫灭害装置，转运车间内应设置除尘除臭装置。

第 4.2.3 条 转运站应设置供控制作业用的操作室或操作台。操作室或操作台应设在高处或安全的地方。大、中型转运站还应在操作室或操作台内设监控系统。

第 4.2.4 条 转运站应设供工人值班、更衣或存放工具、资料的附属用房。大、中型转运站还应设置办公、宿舍、食堂等工作、生活设施。其面积应符合《城市环境卫生设施设置标准》（CJJ27）的规定。

第 4.2.5 条 大、中型转运站宜设置洗车台及检修车台、停车场、加油站等设施。

第 4.2.6 条 转运站应配备应急电源，并应考虑相应的机房。

第 4.2.7 条 转运站内应设置电话或其它通讯设施。

第 4.2.8 条 铁路及水路运输转运站内必须设置与铁路系统及航道系统相衔接的调度通讯、信号系统。

第 4.2.9 条 转运站应设置排除站内积水的设施。

附录一　本规范术语解释

序号	术语名称	曾用术语名称	解　释
1	公路运输垃圾转运站		采用公路运输作为转运方式的垃圾转运站
2	铁路运输垃圾转运站		采用铁路运输作为转运方式的垃圾转运站
3	水路运输垃圾转运站		采用水路运输作为转运方式的垃圾转运站
4	气化率		气化率是指城市居民用燃料中燃气的使用百分率
5	垃圾压缩机		将垃圾压缩并推入运输车辆上的设备

附录二 本规范用词说明

一、为便于在执行本规范条文时区别对待,对于要求严格程度不同的用词说明如下:
 1. 表示很严格,非这样作不可的
  正面词采用"必须";
  反面词采用"严禁"。
 2. 表示严格,在正常情况下均应这样作的
  正面词采用"应";
  反面词采用"不应"或"不得"。
 3. 表示允许稍有选择,在条件许可时,首先应这样作的
  正面词采用"宜"或"可";
  反面词采用"不宜"。
二、条文中指明必须按其它有关标准执行的写法为:
 "应按……执行"或"应符合……的要求(或规定)"。
非必须按所指定的标准执行的写法为:"可参照……的要求(或规定)"。

附加说明

本规范主编单位和主要起草人名单

主编单位: 中国市政工程西南设计院
主要起草人: 杨军磐 王炳礼

中华人民共和国行业标准

公园设计规范

CJJ 48—92

主编单位：北　京　市　园　林　局
批准部门：中华人民共和国建设部
施行日期：１９９３年１月１日

关于发布行业标准
《公园设计规范》的通知

建标〔1992〕384号

各省、自治区、直辖市建委（建设厅），计划单列市建委，国务院有关部门：

根据建设部建标〔1991〕413号文的要求，由北京市园林局主编的《公园设计规范》，业经审查，现批准为行业标准，编号CJJ48—92，自一九九三年一月一日起施行。

本标准由建设部城镇建设标准技术归口单位建设部城市建设研究院归口管理，由北京市园林局负责解释，由建设部标准定额研究所组织出版。

中华人民共和国建设部
1992年6月18日

目　次

第一章　总则 ……………………………………… 19—3

第二章　一般规定 ………………………………… 19—3

第一节　与城市规划的关系 …………………… 19—3

第二节　内容和规模 …………………………… 19—4

第三节　园内主要用地比例 …………………… 19—4

第四节　常规设施 ……………………………… 19—7

第三章　总体设计 ………………………………… 19—8

第一节　容量计算 ……………………………… 19—8

第二节　布局 …………………………………… 19—9

第三节　竖向控制 ……………………………… 19—10

第四节　现状处理 ……………………………… 19—10

第四章　地形设计 ………………………………… 19—11

第一节　一般规定 ……………………………… 19—11

第二节　地表排水 ……………………………… 19—11

第三节　水体外缘 ……………………………… 19—11

第五章　园路及铺装场地设计 …………………… 19—12

第一节　园路 …………………………………… 19—12

第二节　铺装场地 ……………………………… 19—13

第三节　园桥 …………………………………… 19—13

第六章　种植设计 ………………………………… 19—13

第一节　一般规定 ……………………………… 19—13

第二节　游人集中场所 ………………………… 19—14

第三节　动物展览区 …………………………… 19—15

第四节　植物园展览区 ………………………… 19—15

第七章　建筑物及其他设施设计 ………………… 19—16

第一节　建筑物 ………………………………… 19—16

第二节　驳岸与山石 …………………………… 19—17

第三节　电气与防雷 …………………………… 19—17

第四节　给水排水 ……………………………… 19—18

第五节　护栏 …………………………………… 19—18

第六节　儿童游戏场 …………………………… 19—18

附录一　本规范术语解释 ………………………… 19—19

附录二　公园树木与地下管线最小水平距离 ……… 19—20

附录三　公园树木与地面建筑物、构筑物
　　　　外缘最小水平距离 ……………………… 19—21

附录四　栽植土层厚度 …………………………… 19—21

附录五　本规范用词说明 ………………………… 19—22

附加说明 …………………………………………… 19—22

条文说明 …………………………………………… 19—23

第一章 总 则

第1.0.1条 为全面地发挥公园的游憩功能和改善环境的作用,确保设计质量,制定本规范。

第1.0.2条 本规范适用于全国新建、扩建、改建和修复的各类公园设计。居住用地、公共设施用地和特殊用地中的附属绿地设计可参照执行。

第1.0.3条 公园设计应在批准的城市总体规划和绿地系统规划的基础上进行。应正确处理公园与城市建设之间,公园的社会效益、环境效益与经济效益之间以及近期建设与远期建设之间的关系。

第1.0.4条 公园内各种建筑物、构筑物和市政设施等设计除执行本规范外,尚应符合现行有关标准的规定。

第二章 一般规定

第一节 与城市规划的关系

第2.1.1条 公园的用地范围和性质,应以批准的城市总体规划和绿地系统规划为依据。

第2.1.2条 市、区级公园的范围线应与城市道路红线重合,条件不允许时,必须设通道使主要出入口与城市道路衔接。

第2.1.3条 公园沿城市道路部分的地面标高应与该道路路面标高相适应,并采取措施,避免地面迳流冲刷、污染城市道路和公园绿地。

第2.1.4条 沿城市主、次干道的市、区级公园主要出入口的位置,必须与城市交通和游人走向、流量相适应,根据规划和交通的需要设置游人集散广场。

第2.1.5条 公园沿城市道路、水系部分的景观,应与该地段城市风貌相协调。

第2.1.6条 城市高压输配电架空线通道内的用地不应按公园设计。公园用地与高压输配电架空线通道相邻处,应有明显界限。

第2.1.7条 城市高压输配电架空线以外的其他架空线和市政管线不宜通过公园,特殊情况时过境应符合下列规定:

一、选线符合公园总体设计要求;

二、通过乔、灌木种植区的地下管线与树木的水平距离符合附录二的规定；

三、管线从乔、灌木设计位置下部通过，其埋深大于1.5m，从现状大树下部通过，地面不得开槽且埋深大于3m。根据上部荷载，对管线采取必要的保护措施；

四、通过乔木林的架空线，提出保证树木正常生长的措施。

第二节　内容和规模

第2.2.1条　公园设计必须以创造优美的绿色自然环境为基本任务，并根据公园类型确定其特有的内容。

第2.2.2条　综合性公园的内容应包括多种文化娱乐设施、儿童游戏场和安静休憩区，也可设游戏型体育设施。在已有动物园的城市，其综合性公园内不宜设大型或猛兽类动物展区。全园面积不宜小于10hm²。

第2.2.3条　儿童公园应有儿童科普教育内容和游戏设施，全园面积宜大于2hm²。

第2.2.4条　动物园应有适合动物生活的环境；游人参观、休息、科普的设施；安全、卫生隔离的设施和绿带；饲料加工场以及兽医院。检疫站、隔离场和饲料基地不宜设在园内。全园面积宜大于2hm²。

专类动物园应以展出具有地区或类型特点的动物为主要内容。全园面积宜在5～20hm²之间。

第2.2.5条　植物园应创造适于多种植物生长的立地环境，应有体现本园特点的科普展览区和相应的科研实验区。全园面积宜大于40hm²。

专类植物园应以展出具有明显特征或重要意义的植物为主要内容，全园面积宜大于2hm²。

盆景园应以展出各种盆景为主要内容。独立的盆景园面积宜大于2hm²。

第2.2.6条　风景名胜公园应在保护好自然和人文景观的基础上，设置适量游览路、休憩、服务和公用等设施。

第2.2.7条　历史名园修复设计必须符合《中华人民共和国文物保护法》的规定。为保护或参观使用而设置防火设施、值班室、厕所及水电等工程管线，也不得改变文物原状。

第2.2.8条　其他专类公园，应有名副其实的主题内容。全园面积宜大于2hm²。

第2.2.9条　居住区公园和居住小区游园，必须设置儿童游戏设施，同时应照顾老人的游憩需要。居住区公园陆地面积随居住区人口数量而定，宜在5～10hm²之间。居住小区游园面积宜大于0.5hm²。

第2.2.10条　带状公园，应具有隔离、装饰街道和供短暂休憩的作用。园内应设置简单的休憩设施，植物配置应考虑与城市环境的关系及园外行人、乘车人对公园外貌的观赏效果。

第2.2.11条　街旁游园，应以配置精美的园林植物为主，讲究街景的艺术效果并应设有供短暂休憩的设施。

第三节　园内主要用地比例

第2.3.1条　公园内部用地比例应根据公园类型和陆地面积确定。其绿化、建筑、园路及铺装场地等用地的比例应符合表2.3.1的规定。

第2.3.2条　表2.3.1中Ⅰ、Ⅱ、Ⅲ三项上限与Ⅳ下限之和不足100%，剩余用地应供以下情况使用：

一、一般情况增加绿化用地的面积或设置各种活动用的

公园内部用地比例（%） 表 2.3.1

| 陆地面积 (hm²) | 用地类型 | 公园类型 ||||||||||||
		综合性公园	儿童公园	动物园	专类动物园	植物园	专类植物园	盆景园	风景名胜公园	其他专类公园	居住区公园	居住小区游园	带状公园	街旁游园
<2	Ⅰ Ⅱ Ⅳ	— — —	15~25 <1.0 >65	— — —	— — —	— — —	15~25 <1.0 >65	15~25 <1.0 >65	— — —	— — —	— — —	10~20 <0.5 <2.5 >75	15~30 <0.5 2.5 >65	15~30 — <1.0 >65
2~<5	Ⅰ Ⅱ Ⅳ	— — —	10~20 <1.0 <4.0 >65	10~20 — —	10~20 <2.0 <12 >65	— — —	10~20 7.0 >70	10~20 8.0 >65	10~20 <0.5 <5.0 >70	10~20 <0.5 <2.5 >75	15~30 <0.5 <2.0 >65	15~30 — <1.0 >65
5~<10	Ⅰ Ⅱ Ⅲ Ⅳ	8~18 <1.5 >5.5 >70	8~18 <2.0 <4.5 >65	— — — —	8~18 <1.0 <14 >65	— — — —	8~18 <1.0 <5.0 >70	8~18 <2.0 <8.0 >70	— — — —	8~18 <1.0 <4.0 >75	8~18 <0.5 <2.0 >75	10~25 <0.5 <1.5 >70	10~25 <0.2 <1.3 >70

陆地面积 (hm²)		10~<20				20~<50				≥50			
用地类型		I	II	III	IV	I	II	III	IV	I	II	III	IV
公园类型	综合公园	5~15	<1.5 >75	<4.5 >75		5~15	<1.5 >75	<4.0 >75		5~10	<1.5 >75	<11.5 >75	3.0 >80
	儿童公园	5~15	<2.0	<4.5		5~15							
	动物园		<1.0	<14 >65			<12.5	<3.5 >85				<2.5 >85	
	植物园													
	历史名园	5~15		<3.5 >80			<0.5	<2.5 >85	<1.5 >80	3~8	<0.5	<2.5 >85	<1.5 >85
	其他专类公园	5~15	<0.5			5~10	<0.5			3~8	<0.5		
	其他专类园													
	社区公园	10~25				10~25		<1.5 >70					
	带状公园													
	街旁游园													

注：I——园路及铺装场地；II——管理建筑；III——游憩、休憩、服务、公用建筑；IV——绿化用地。

铺装场地、院落、棚架、花架、假山等构筑物；

二、公园陆地形状或地貌出现特殊情况时园路及铺装场地的增值。

第2.3.3条 公园内园路及铺装场地用地，可在符合下列条件之一时按表2.3.1规定值适当增大，但增值不得超过公园总面积的5%。

一、公园平面长宽比值大于3；

二、公园面积一半以上的地形坡度超过50%；

三、水体岸线总长度大于公园周边长度。

第四节 常规设施

第2.4.1条 常规设施项目的设置，应符合表2.4.1的规定。

第2.4.2条 公园内不得修建与其性质无关的、单纯以营利为目的的餐厅、旅馆和舞厅等建筑。公园中方便游人使用的餐厅、小卖店等服务设施的规模应与游人容量相适应。

第2.4.3条 游人使用的厕所

面积大于$10hm^2$的公园，应按游人容量的2%设置厕所蹲位（包括小便斗位数），小于$10hm^2$者按游人容量的1.5%设置；男女蹲位比例为1~1.5：1；厕所的服务半径不宜超过250m；各厕所内的蹲位数应与公园内的游人分布密度相适应；在儿童游戏场附近，应设置方便儿童使用的厕所；公园宜设方便残疾人使用的厕所。

第2.4.4条 公用的条凳、坐椅、美人靠（包括一切游览建筑和构筑物中的在内）等，其数量应按游人容量的20%~30%设置，但平均每$1hm^2$陆地面积上的座位数最低不得少于20，最高不得超过150。分布应合理。

公园常规设施　　表2.4.1

设施类型	设施项目	<2	2~<5	5~<10	10~<20	20~<50	≥50
游憩设施	亭或廊	○	○	●	●	●	●
	厅、榭、码头	—	○	○	○	●	●
	棚架	○	○	○	●	●	●
	园椅、园凳	●	●	●	●	●	●
	成人活动场	●	●	●	●	●	●
服务设施	小卖店	○	○	●	●	●	●
	茶座、咖啡厅	—	—	○	○	●	●
	餐厅	—	—	—	○	●	●
	摄影部	—	—	○	○	●	●
	售票房	○	○	○	●	●	●
公用设施	厕所	○	●	●	●	●	●
	园灯	○	●	●	●	●	●
	公用电话	—	○	○	●	●	●
	果皮箱	●	●	●	●	●	●
	饮水站	○	○	●	●	●	●
	路标、导游牌	○	○	●	●	●	●
	停车场	—	○	○	●	●	●
	自行车存车处	○	●	●	●	●	●
管理设施	管理办公室	○	●	●	●	●	●
	治安机构	—	—	○	●	●	●
	垃圾站	—	—	○	●	●	●
	变电室、泵房	—	—	○	●	●	●
	生产温室荫棚	—	—	—	○	○	●
	电话交换站	—	—	—	—	○	●
	广播室	—	—	○	●	●	●
	仓库	—	—	○	●	●	●
	修理车间	—	—	—	○	●	●
	管理班(组)	—	—	●	●	●	●
	职工食堂	—	—	—	○	○	●
	淋浴室	—	—	—	○	○	●
	车库	—	—	—	—	○	●

注："●"表示应设；"○"表示可设。

第2.4.5条 停车场和自行车存车处的位置应设于各游人出入口附近,不得占用出入口内外广场,其用地面积应根据公园性质和游人使用的交通工具确定。

第2.4.6条 园路、园桥、铺装场地、出入口及游览服务建筑周围的照明标准,可参照有关标准执行。

第三章 总 体 设 计

第一节 容 量 计 算

第3.1.1条 公园设计必须确定公园的游人容量,作为计算各种设施的容量、个数、用地面积以及进行公园管理的依据。

第3.1.2条 公园游人容量应按下式计算:

$$C = \frac{A}{A_m} \tag{3.1.2}$$

式中 C——公园游人容量(人)

         A——公园总面积(m²)

         A_m——公园游人人均占有面积(m²/人)

第3.1.3条 市、区级公园游人人均占有公园面积以60m²为宜,居住区公园、带状公园和居住小区游园以30m²为宜;近期公共绿地人均指标低的城市,游人人均占有公园面积可酌情降低,但最低游人人均占有公园的陆地面积不得低于15m²。风景名胜公园游人人均占有公园面积宜大于100m²。

第3.1.4条 水面和坡度大于50%的陡坡山地面积之和超过总面积的50%的公园,游人人均占有公园面积应适当增加,其指标应符合表3.1.4的规定。

水面和陡坡面积较大的公园游人人均占有面积指标 表3.1.4

水面和陡坡面积占总面积比例(%)	0～50	60	70	80
近期游人占有公园面积(m²/人)	≥30	≥40	≥50	≥75
远期游人占有公园面积(m²/人)	≥60	≥75	≥100	≥150

第二节 布 局

第3.2.1条 公园的总体设计应根据批准的设计任务书,结合现状条件对功能或景区划分、景观构想、景点设置、出入口位置、竖向及地貌、园路系统、河湖水系、植物布局以及建筑物和构筑物的位置、规模、造型及各专业工程管线系统等作出综合设计。

第3.2.2条 功能或景区划分,应根据公园性质和现状条件,确定各分区的规模及特色。

第3.2.3条 出入口设计,应根据城市规划和公园内部布局要求,确定游人主、次和专用出入口的位置;需要设置出入口内外集散广场、停车场、自行车存车处者,应确定其规模要求。

第3.2.4条 园路系统设计,应根据公园的规模、各分区的活动内容、游人容量和管理需要,确定园路的路线、分类分级和园桥、铺装场地的位置和特色要求。

第3.2.5条 园路的路网密度,宜在200～380m/hm²之间;动物园的路网密度宜在160～300m/hm²之间。

第3.2.6条 主要园路应具有引导游览的作用,易于识别方向。游人大量集中地区的园路要做到明显、通畅、便于集散。通行养护管理机械的园路宽度应与机具、车辆相适应。通向建筑集中地区的园路应有环行路或回车场地。生产管理专用路不宜与主要游览路交叉。

第3.2.7条 河湖水系设计,应根据水源和现状地形等条件,确定园中河湖水系的水量、水位、流向;水闸或水井、泵房的位置;各类水体的形状和使用要求。游船水面应按船的类型提出水深要求和码头位置;游泳水面应划定不同水深的范围;观赏水面应确定各种水生植物的种植范围和不同的水深要求。

第3.2.8条 全园的植物组群类型及分布,应根据当地的气候状况、园外的环境特征、园内的立地条件,结合景观构想、防护功能要求和当地居民游赏习惯确定,应做到充分绿化和满足多种游憩及审美的要求。

第3.2.9条 建筑布局,应根据功能和景观要求及市政设施条件等,确定各类建筑物的位置、高度和空间关系,并提出平面形式和出入口位置。

第3.2.10条 公园管理设施及厕所等建筑物的位置,应隐蔽又方便使用。

第3.2.11条 需要采暖的各种建筑物或动物馆舍,宜采用集中供热。

第3.2.12条 公园内水、电、燃气等线路布置,不得破坏景观,同时应符合安全、卫生、节约和便于维修的要求。电气、上下水工程的配套设施、垃圾存放场及处理设施应设在隐蔽地带。

第3.2.13条 公园内不宜设置架空线路,必须设置时,应符合下列规定:

一、避开主要景点和游人密集活动区;

二、不得影响原有树木的生长,对计划新栽的树木,应提出解决树木和架空线路矛盾的措施。

第3.2.14条 公园内景观最佳地段,不得设置餐厅及集中的服务设施。

第三节 竖 向 控 制

第3.3.1条 竖向控制应根据公园四周城市道路规划标高和园内主要内容,充分利用原有地形地貌,提出主要景物的高程及对其周围地形的要求,地形标高还必须适应拟保留的现状物和地表水的排放。

第3.3.2条 竖向控制应包括下列内容:山顶;最高水位、常水位、最低水位;水底;驳岸顶部;园路主要转折点、交叉点和变坡点;主要建筑的底层和室外地坪;各出入口内、外地面;地下工程管线及地下构筑物的埋深;园内外佳景的相互因借观赏点的地面高程。

第四节 现 状 处 理

第3.4.1条 公园范围内的现状地形、水体、建筑物、构筑物、植物、地上或地下管线和工程设施,必须进行调查,作出评价,提出处理意见。

第3.4.2条 在保留的地下管线和工程设施附近进行各种工程或种植设计时,应提出对原有物的保护措施和施工要求。

第3.4.3条 园内古树名木严禁砍伐或移植,并应采取保护措施。

第3.4.4条 古树名木的保护必须符合下列规定:

一、古树名木保护范围的划定必须符合下列要求:

1. 成林地带外缘树树冠垂直投影以外5.0m所围合的范围;

2. 单株树同时满足树冠垂直投影及其外侧5.0m宽和距树干基部外缘水平距离为胸径20倍以内;

二、保护范围内,不得损坏表土层和改变地表高程,除保护及加固设施外,不得设置建筑物、构筑物及架(埋)设各种过境管线,不得栽植缠绕古树名木的藤本植物;

三、保护范围附近,不得设置造成古树名木处于阴影下的高大物体和排泄危及古树名木的有害水、气的设施;

四、采取有效的工程技术措施和创造良好的生态环境,维护其正常生长。

第3.4.5条 原有健壮的乔木、灌木、藤本和多年生草本植物应保留利用。在乔木附近设置建筑物、构筑物和工程管线,必须符合下列规定:

一、水平距离符合附录二、三的规定;

二、在上款规定的距离内不得改变地表高程;

三、不得造成积水。

第3.4.6条 有文物价值和纪念意义的建筑物、构筑物,应保留并结合到园内景观之中。

第四章 地形设计

第一节 一般规定

第4.1.1条 地形设计应以总体设计所确定的各控制点的高程为依据。

第4.1.2条 土方调配设计应提出利用原表层栽植土的措施。

第4.1.3条 栽植地段的栽植土层厚度应符合附录四的规定。

第4.1.4条 人力剪草机修剪的草坪坡度不应大于25%。

第4.1.5条 大高差或大面积填方地段的设计标高,应计入当地土壤的自然沉降系数。

第4.1.6条 改造的地形坡度超过土壤的自然安息角时,应采取护坡、固土或防冲刷的工程措施。

第4.1.7条 在无法利用自然排水的低洼地段,应设计地下排水管沟。

第4.1.8条 地形改造后的原有各种管线的覆土深度,应符合有关标准的规定。

第二节 地表排水

第4.2.1条 创造地形应同时考虑园林景观和地表水的排放,各类地表的排水坡度宜符合表4.2.1的规定。

各类地表的排水坡度(%)　　　　表4.2.1

地表类型		最大坡度	最小坡度	最适坡度
草　　地		33	1.0	1.5~10
运动草地		2	0.5	1
栽植地表		视土质而定	0.5	3~5
铺装场地	平原地区	1	0.3	—
	丘陵山区	3	0.3	—

第4.2.2条 公园内的河、湖最高水位,必须保证重要的建筑物、构筑物和动物笼舍不被水淹。

第三节 水体外缘

第4.3.1条 水工建筑物、构筑物应符合下列规定:
一、水体的进水口、排水口和溢水口及闸门的标高,应保证适宜的水位和泄洪、清淤的需要;
二、下游标高较高至使排水不畅时,应提出解决的措施;
三、非观赏型水工设施应结合造景采取隐蔽措施。

第4.3.2条 硬底人工水体的近岸2.0m范围内的水深,不得大于0.7m,达不到此要求的应设护栏。无护栏的园桥、汀步附近2.0m范围以内的水深不得大于0.5m。

第4.3.3条 溢水口的口径应考虑常年降水资料中的一次性最高降水量。

第4.3.4条 护岸顶与常水位的高差,应兼顾景观、安全、游人近水心理和防止岸体冲刷。

第五章 园路及铺装场地设计

第一节 园　　路

第5.1.1条　各级园路应以总体设计为依据,确定路宽、平曲线和竖曲线的线形以及路面结构。

第5.1.2条　园路宽度宜符合表5.1.2的规定。

园 路 宽 度(m)　　　　　　表5.1.2

园 路 级 别	陆 地 面 积(hm²)			
	<2	2～<10	10～<15	>50
主 路	2.0～3.5	2.5～4.5	3.5～5.0	5.0～7.0
支 路	1.2～2.0	2.0～3.5	2.0～3.5	3.5～5.0
小 路	0.9～1.2	0.9～2.0	1.2～2.0	1.2～3.0

第5.1.3条　园路线形设计应符合下列规定:

一、与地形、水体、植物、建筑物、铺装场地及其它设施结合,形成完整的风景构图;

二、创造连续展示园林景观的空间或欣赏前方景物的透视线;

三、路的转折、衔接通顺,符合游人的行为规律。

第5.1.4条　主路纵坡宜小于8%,横坡宜小于3%,粒料路面横坡宜小于4%,纵、横坡不得同时无坡度。山地公园的园路纵坡应小于12%,超过12%应作防滑处理。主园路不宜设梯道,必须设梯道时,纵坡宜小于36%。

第5.1.5条　支路和小路,纵坡宜小于18%。纵坡超过15%路段,路面应作防滑处理;纵坡超过18%,宜按台阶、梯道设计,台阶踏步数不得少于2级,坡度大于58%的梯道应作防滑处理,宜设置护拦设施。

第5.1.6条　经常通行机动车的园路宽度应大于4m,转弯半径不得小于12m。

第5.1.7条　园路在地形险要的地段应设置安全防护设施。

第5.1.8条　通往孤岛、山顶等卡口的路段,宜设通行复线;必须沿原路返回的,宜适当放宽路面。应根据路段行程及通行难易程度,适当设置供游人短暂休憩的场所及护拦设施。

第5.1.9条　园路及铺装场地应根据不同功能要求确定其结构和饰面。面层材料应与公园风格相协调,并宜与城市车行路有所区别。

第5.1.10条　公园出入口及主要园路宜便于通过残疾人使用的轮椅,其宽度及坡度的设计应符合《方便残疾人使用的城市道路和建筑物设计规范》(JGJ 50)中的有关规定。

第5.1.11条　公园游人出入口宽度应符合下列规定:

一、总宽度符合表5.1.11的规定;

公园游人出入口总宽度下限(m/万人)　表5.1.11

游人人均在园停留时间	售 票 公 园	不 售 票 公 园
>4h	8.3	5.0
1～4h	17.0	10.2
<1h	25.0	15.0

注:单位"万人"指公园游人容量

二、单个出入口最小宽度1.5m;

三、举行大规模活动的公园,应另设安全门。

第二节 铺 装 场 地

第5.2.1条 根据公园总体设计的布局要求,确定各种铺装场地的面积。铺装场地应根据集散、活动、演出、赏景、休憩等使用功能要求作出不同设计。

第5.2.2条 内容丰富的售票公园游人出入口外集散场地的面积下限指标以公园游人容量为依据,宜按 500m²/万人计算。

第5.2.3条 安静休憩场地应利用地形或植物与喧闹区隔离。

第5.2.4条 演出场地应有方便观赏的适宜坡度和观众席位。

第三节 园 桥

第5.3.1条 园桥应根据公园总体设计确定通行、通航所需尺度并提出造景、观景等项具体要求。

第5.3.2条 通过管线的园桥,应同时考虑管道的隐蔽、安全、维修等问题。

第5.3.3条 通行车辆的园桥在正常情况下,汽车荷载等级可按汽车—10级计算。

第5.3.4条 非通行车辆的园桥应有阻止车辆通过的措施,桥面人群荷载按 3.5kN/m² 计算。

第5.3.5条 作用在园桥栏杆扶手上的竖向力和栏杆顶部水平荷载均按 1.0kN/m 计算。

第六章 种 植 设 计

第一节 一 般 规 定

第6.1.1条 公园的绿化用地应全部用绿色植物覆盖。建筑物的墙体、构筑物可布置垂直绿化。

第6.1.2条 种植设计应以公园总体设计对植物组群类型及分布的要求为根据。

第6.1.3条 植物种类的选择,应符合下列规定:

一、适应栽植地段立地条件的当地适生种类;

二、林下植物应具有耐阴性,其根系发展不得影响乔木根系的生长;

三、垂直绿化的攀缘植物依照墙体附着情况确定;

四、具有相应抗性的种类;

五、适应栽植地养护管理条件;

六、改善栽植地条件后可以正常生长的、具有特殊意义的种类。

第6.1.4条 绿化用地的栽植土壤应符合下列规定:

一、栽植土层厚度符合附录四的数值,且无大面积不透水层;

二、废弃物污染程度不致影响植物的正常生长;

三、酸碱度适宜;

四、物理性质符合表 6.1.4 的规定;

五、凡栽植土壤不符合以上各款规定者必须进行土壤改良。

土壤物理性质指标 表6.1.4

指　标	土层深度范围(cm)	
	0～30	30～110
质量密度(g/cm³)	1.17～1.45	1.17～1.45
总孔隙度(%)	＞45	45～52
非毛管孔隙度(%)	＞10	10～20

第6.1.5条 铺装场地内的树木其成年期的根系伸展范围,应采用透气性铺装。

第6.1.6条 公园的灌溉设施应根据气候特点、地形、土质、植物配置和管理条件设置。

第6.1.7条 乔木、灌木与各种建筑物、构筑物及各种地下管线的距离,应符合附录二、三的规定。

第6.1.8条 苗木控制应符合下列规定:

一、规定苗木的种名、规格和质量;

二、根据苗木生长速度提出近、远期不同的景观要求,重要地段应兼顾近、远期景观,并提出过渡的措施;

三、预测疏伐或间移的时期。

第6.1.9条 树木的景观控制应符合下列规定:

一、郁闭度

1.风景林地应符合表6.1.9的规定;

风景林郁闭度 表6.1.9

类　型	开放当年标准	成年期标准
密　林	0.3～0.7	0.7～1.0
疏　林	0.1～0.4	0.4～0.6
疏林草地	0.07～0.20	0.1～0.3

2.风景林中各观赏单元应另行计算,丛植、群植近期郁闭度应大于0.5;带植近期郁闭度宜大于0.6。

二、观赏特征

1.孤植树、树丛:选择观赏特征突出的树种,并确定其规格、分枝点高度、姿态等要求;与周围环境或树木之间应留有明显的空间;提出有特殊要求的养护管理方法。

2.树群:群内各层应能显露出其特征部分。

三、视距

1.孤立树、树丛和树群至少有一处欣赏点,视距为观赏面宽度的1.5倍和高度的2倍;

2.成片树林的观赏林缘线视距为林高的2倍以上。

第6.1.10条 单行整形绿篱的地上生长空间尺度应符合表6.1.10的规定。双行种植时,其宽度按表6.1.10规定的值增加0.3～0.5m。

各类单行绿篱空间尺度(m) 表6.1.10

类　型	地上空间高度	地上空间宽度
树　墙	＞1.60	＞1.50
高绿篱	1.20～1.60	1.20～2.00
中绿篱	0.50～1.20	0.80～1.50
矮绿篱	0.50	0.30～0.50

第二节　游人集中场所

第6.2.1条 游人集中场所的植物选用应符合下列规定:

一、在游人活动范围内宜选用大规格苗木;

二、严禁选用危及游人生命安全的有毒植物;

三、不应选用在游人正常活动范围内枝叶有硬刺或枝叶形状呈尖硬剑、刺状以及有浆果或分泌物坠地的种类；

四、不宜选用挥发物或花粉能引起明显过敏反应的种类。

第 6.2.2 条 集散场地种植设计的布置方式，应考虑交通安全视距和人流通行，场地内的树木枝下净空应大于 2.2m。

第 6.2.3 条 儿童游戏场的植物选用应符合下列规定：

一、乔木宜选用高大荫浓的种类，夏季庇荫面积应大于游戏活动范围的 50%；

二、活动范围内灌木宜选用萌发力强、直立生长的中高型种类，树木枝下净空应大于 1.8m。

第 6.2.4 条 露天演出场观众席范围内不应布置阻碍视线的植物，观众席铺栽草坪应选用耐践踏的种类。

第 6.2.5 条 停车场的种植应符合下列规定：

一、树木间距应满足车位、通道、转弯、回车半径的要求；

二、庇荫乔木枝下净空的标准：

1. 大、中型汽车停车场：大于 4.0m；
2. 小汽车停车场：大于 2.5m；
3. 自行车停车场：大于 2.2m。

三、场内种植池宽度应大于 1.5m，并应设置保护设施。

第 6.2.6 条 成人活动场的种植应符合下列规定：

一、宜选用高大乔木，枝下净空不低于 2.2m；

二、夏季乔木庇荫面积宜大于活动范围的 50%。

第 6.2.7 条 园路两侧的植物种植

一、通行机动车辆的园路，车辆通行范围内不得有低于 4.0m 高度的枝条；

二、方便残疾人使用的园路边缘种植应符合下列规定：

1. 不宜选用硬质叶片的丛生型植物；
2. 路面范围内，乔、灌木枝下净空不得低于 2.2m；
3. 乔木种植点距路缘应大于 0.5m。

第三节 动物展览区

第 6.3.1 条 动物展览区的种植设计，应符合下列规定：

一、有利于创造动物的良好生活环境；

二、不致造成动物逃逸；

三、创造有特色植物景观和游人参观休憩的良好环境；

四、有利于卫生防护隔离。

第 6.3.2 条 动物展览区的植物种类选择应符合下列规定：

一、有利于模拟动物原产区的自然景观；

二、动物运动范围内应种植对动物无毒、无刺、萌发力强、病虫害少的中慢长种类。

第 6.3.3 条 在笼舍、动物运动场内种植植物，应同时提出保护植物的措施。

第四节 植物园展览区

第 6.4.1 条 植物园展览区的种植设计应将各类植物展览区的主题内容和植物引种驯化成果、科普教育、园林艺术相结合。

第 6.4.2 条 展览区展示植物的种类选择应符合下列规定：

一、对科普、科研具有重要价值；

二、在城市绿化、美化功能等方面有特殊意义。

第 6.4.3 条 展览区配合植物的种类选择应符合下列规

定：

一、能为展示种类提供局部良好生态环境；

二、能衬托展示种类的观赏特征或弥补其不足；

三、具有满足游览需要的其他功能。

第 6.4.4 条 展览区引入植物的种类，应是本园繁育成功或在原始材料圃内生长时间较长、基本适应本地区环境条件者。

第七章 建筑物及其他设施设计

第一节 建 筑 物

第 7.1.1 条 建筑物的位置、朝向、高度、体量、空间组合、造型、材料、色彩及其使用功能，应符合公园总体设计的要求。

第 7.1.2 条 游览、休憩、服务性建筑物设计应符合下列规定：

一、与地形、地貌、山石、水体、植物等其他造园要素统一协调；

二、层数以一层为宜，起主题和点景作用的建筑高度和层数服从景观需要；

三、游人通行量较多的建筑室外台阶宽度不宜小于 1.5 m；踏步宽度不宜小于 30cm，踏步高度不宜大于 16cm；台阶踏步数不少于 2 级；侧方高差大于 1.0m 的台阶，设护拦设施；

四、建筑内部和外缘，凡游人正常活动范围边缘临空高差大于 1.0m 处，均设护拦设施，其高度应大于 1.05m；高差较大处可适当提高，但不宜大于 1.2m；护拦设施必须坚固耐久且采用不易攀登的构造，其竖向力和水平荷载应符合本规范第 5.3.5 条的规定；

五、有吊顶的亭、廊、敞厅，吊顶采用防潮材料；

六、亭、廊、花架、敞厅等供游人坐憩之处，不采用粗糙饰面材料，也不采用易刮伤肌肤和衣物的构造。

第7.1.3条 游览、休憩建筑的室内净高不应小于2.0m；亭、廊、花架、敞厅等的楣子高度应考虑游人通过或赏景的要求。

第7.1.4条 管理设施和服务建筑的附属设施，其体量和烟囱高度应按不破坏景观和环境的原则严格控制；管理建筑不宜超过2层。

第7.1.5条 "三废"处理必须与建筑同时设计，不得影响环境卫生和景观。

第7.1.6条 残疾人使用的建筑设施，应符合《方便残疾人使用的城市道路和建筑物设计规范》(JGJ 50)的规定。

第二节 驳岸与山石

第7.2.1条 河湖水池必须建造驳岸并根据公园总体设计中规定的平面线形、竖向控制点、水位和流速进行设计。岸边的安全防护应符合本规范第7.1.2条第三款、第四款的规定。

第7.2.2条 素土驳岸

一、岸顶至水底坡度小于100%者应采用植被覆盖；坡度大于100%者应有固土和防冲刷的技术措施；

二、地表迳流的排放及驳岸水下部分处理应符合有关标准的规定。

第7.2.3条 人工砌筑或混凝土浇注的驳岸应符合下列规定：

一、寒冷地区的驳岸基础应设置在冰冻线以下，并考虑水体及驳岸外侧土体结冻后产生的冻胀对驳岸的影响，需要采取的管理措施在设计文件中注明；

二、驳岸地基基础设计应符合《建筑地基基础设计规范》(GBJ 7)的规定。

第7.2.4条 采取工程措施加固驳岸，其外形和所用材料的质地、色彩均应与环境协调。

第7.2.5条 堆叠假山和置石，体量、形式和高度必须与周围环境协调，假山的石料应提出色彩、质地、纹理等要求，置石的石料还应提出大小和形状。

第7.2.6条 叠山、置石和利用山石的各种造景，必须统一考虑安全、护坡、登高、隔离等各种功能要求。

第7.2.7条 叠山、置石以及山石梯道的基础设计应符合《建筑地基基础设计规定》(GBJ 7)的规定。

第7.2.8条 游人进出的山洞，其结构必须稳固，应有采光、通风、排水的措施，并应保证通行安全。

第7.2.9条 叠石必须保持本身的整体性和稳定性。山石衔接以及悬挑、山洞部分的山石之间、叠石与其它建筑设施相接部分的结构必须牢固，确保安全。山石勾缝作法可在设计文件中注明。

第三节 电气与防雷

第7.3.1条 园内照明宜采用分线路、分区域控制。

第7.3.2条 电力线路及主园路的照明线路宜埋地敷设，架空线必须采用绝缘线，线路敷设应符合本规范第3.2.13条的规定。

第7.3.3条 动物园和晚间开展大型游园活动、装置电动游乐设施、有开放性地下岩洞或架空索道的公园，应按两路电源供电设计，并应设自投装置；有特殊需要的应设自备发电装置。

第7.3.4条 公共场所的配电箱应加锁,并宜设在非游览地段。园灯接线盒外罩应考虑防护措施。

第7.3.5条 园林建筑、配电设施的防雷装置应按有关标准执行。园内游乐设备、制高点的护栏等应装置防雷设备或提出相应的管理措施。

第四节 给 水 排 水

第7.4.1条 根据植物灌溉、喷泉水景、人畜饮用、卫生和消防等需要进行供水管网布置和配套工程设计。

第7.4.2条 使用城市供水系统以外的水源作为人畜饮用水和天然游泳场用水,水质应符合国家相应的卫生标准。

第7.4.3条 人工水体应防止渗漏,瀑布、喷泉的水应重复利用;喷泉设计可参照《建筑给水排水设计规范》(GBJ 15)的规定。

第7.4.4条 养护园林植物用的灌溉系统应与种植设计配合,喷灌或滴灌设施应分段控制。喷灌设计应符合《喷灌工程技术规范》(GBJ 85)的规定。

第7.4.5条 公园排放的污水应接入城市污水系统,不得在地表排放,不得直接排入河湖水体或渗入地下。

第五节 护 栏

第7.5.1条 公园内的示意性护栏高度不宜超过0.4m。

第7.5.2条 各种游人集中场所容易发生跌落、淹溺等人身事故的地段,应设置安全防护性护栏;设计要求可参照本规范第7.1.2条的规定。

第7.5.3条 各种装饰性、示意性和安全防护性护栏的构造作法,严禁采用锐角、利刺等形式。

第7.5.4条 电力设施、猛兽类动物展区以及其他专用防范性护栏,应根据实际需要另行设计和制作。

第六节 儿童游戏场

第7.6.1条 公园内的儿童游戏场与安静休憩区、游人密集区及城市干道之间,应用园林植物或自然地形等构成隔离地带。

第7.6.2条 幼儿和学龄儿童使用的器械,应分别设置。

第7.6.3条 游戏内容应保证安全、卫生和适合儿童特点,有利于开发智力,增强体质。不宜选用强刺激性、高能耗的器械。

第7.6.4条 游戏设施的设计应符合下列规定:

一、儿童游戏场内的建筑物、构筑物及设施的要求:

1. 室内外的各种使用设施、游戏器械和设备应结构坚固、耐用,并避免构造上的硬棱角;

2. 尺度应与儿童的人体尺度相适应;

3. 造型、色彩应符合儿童的心理特点;

4. 根据条件和需要设置游戏的管理监护设施。

二、机动游乐设施及游艺机,应符合《游艺机和游乐设施安全标准》(GB 8408)的规定;

三、戏水池最深处的水深不得超过0.35m,池壁装饰材料应平整、光滑且不易脱落,池底应有防滑措施;

四、儿童游戏场内应设置坐凳及避雨、庇荫等休憩设施;

五、宜设置饮水器、洗手池。

第7.6.5条 游戏场地面

一、场内园路应平整,路缘不得采用锐利的边石;

二、地表高差应采用缓坡过渡,不宜采用山石和挡土墙;

三、游戏器械下的场地地面宜采用耐磨、有柔性、不扬尘的材料铺装。

附录一 本规范术语解释

序号	术语名称	曾用名称	解　释
1	公园		供公众游览、观赏、休憩、开展科学文化及锻炼身体等活动，有较完善的设施和良好的绿化环境的公共绿地。公园类型包括综合性公园、居住区公园、居住小区游园、带状公园、街旁游园和各种专类公园等。
2	儿童公园	儿童乐园	单独设置供儿童游戏和接受科普教育的活动场所。有良好的绿化环境和较完善的设施，能满足不同年龄儿童需要。
3	儿童游戏场	儿童乐园	独立或附属于其它公园中，游戏器械较简单的儿童活动场所。
4	风景名胜公园	郊野公园	位于城市建成区或近郊区的名胜风景点、古迹点，以供城市居民游览、休憩为主，兼为旅游点的公共绿地。有别于大多位于城市远郊区或远离城市以外，景区范围较大，主要为旅游点的各级风景名胜区。
5	历史名园		具有悠久历史、知名度高的园林，往往属于全国、省、市县级的文物保护单位。
6	街旁游园	小游园、街头绿地	城市道路红线以外供行人短暂休息或装饰街景的小型公共绿地。
7	古树名木		古树指树龄在百年以上的树木，名木指珍贵、稀有的树木，或具有历史、科学、文化价值以及有重要纪念意义的树木。

续表

序号	术语名称	曾用名称	解　释
8	主题建筑物或构筑物		指公园中代表公园主题的建筑物或铺装场地、陵墓、雕塑等构筑物。
9	风景林		公园或风景区中由乔、灌木及草木植物配置而成,具备有较高观赏价值的树丛、树群组合的树林类型。
10	公园游人容量		指游览旺季星期日高峰小时内同时在园游人数。

附 录 二

公园树木与地下管线最小水平距离(m)

名　称	新植乔木	现状乔木	灌木或绿篱外缘
电力电缆	1.50	3.5	0.50
通讯电缆	1.50	3.5	0.50
给水管	1.50	2.0	—
排水管	1.50	3.0	—
排水盲沟	1.00	3.0	—
消防笼头	1.20	2.0	1.20
煤气管道(低中压)	1.20	3.0	1.00
热力管	2.00	5.0	2.00

注:乔木与地下管线的距离是指乔木树干基部的外缘与管线外缘的净距离。
灌木或绿篱与地下管线的距离是指地表处分蘖枝干中最外的枝干基部的外缘与管线外缘的净距。

附录三

公园树木与地面建筑物、构筑物外缘最小水平距离(m)

名　称	新植乔木	现状乔木	灌木或绿篱外缘
测量水准点	2.00	2.00	1.00
地上杆柱	2.00	2.00	—
挡土墙	1.00	3.00	0.50
楼　房	5.00	5.00	1.50
平　房	2.00	5.00	—
围墙(高度小于2m)	1.00	2.00	0.75
排水明沟	1.00	1.00	0.50

注：同附录二注。

附录四

栽植土层厚度(cm)

植物类型	栽植土层厚度	必要时设置排水层的厚度
草坪植物	>30	20
小灌木	>45	30
大灌木	>60	40
浅根乔木	>90	40
深根乔木	>150	40

附录五　本规范用词说明

一、为便于在执行本规范条文时区别对待,对于要求严格程度不同的用词说明如下:

1. 表示很严格,非这样做不可的:

正面词采用"必须";

反面词采用"严禁"。

2. 表示严格,在正常情况下均应这样做的:

正面词采用"应";

反面词采用"不应"或"不得"。

3. 表示允许稍有选择,在条件许可时,首先应这样作的:

正面词采用"宜"或"可";

反面词采用"不宜"。

二、条文中指明必须按其他有关标准执行的写法为,"应按……执行"或"应符合……要求(或规定)"。非必须按所指定的标准执行的写法为,"可参照……的要求(或规定)"。

附加说明

本规范主编单位、参加单位和主要起草人名单

主编单位: 北京市园林局

参加单位: 北京市园林设计研究院

中国城市规划设计研究院

广州市园林建筑规划设计院

天津市园林管理局设计处

杭州园林设计院

上海市园林设计院

重庆市园林设计研究所

大连市市政园林设计院

包头市城市规划管理处

苏州园林设计所

华南农业大学

主要起草人: 刘少宗　潘家莹　徐德权　洛芬林

高　薇　周琳洁　黎永惠　林福昌

周在春　姚鼎初　周治衡　王　璲

匡振鹏　王阎文

中华人民共和国行业标准

公园设计规范

CJJ 48—92

条文说明

主编单位：北京市园林局

前 言

根据建标〔1991〕413号文的要求，由北京市园林局主编，北京市园林设计研究院、中国城市规划设计研究院等十一个单位共同编制的《公园设计规范》(CJJ 48—92)，经建设部一九九二年六月十八日以建标〔1992〕384号文批准，业已发布。

为便于广大设计、施工、科研、学校等单位的有关人员在使用本规范时能正确理解和执行条文规定，《公园设计规范》编制组按章、节、条顺序，编制了本规范的条文说明，供国内使用者参考。在使用中如发现本条文说明有欠妥之处，请将意见函寄北京市园林局。

本《条文说明》由建设部标准定额研究所组织出版发行，仅供国内使用，不得外传和翻印。

目　次

第一章　总则 …………………………………… 19—25
第二章　一般规定 ……………………………… 19—25
　第一节　与城市规划的关系 ………………… 19—25
　第二节　内容和规模 ………………………… 19—26
　第三节　园内主要用地比例 ………………… 19—27
　第四节　常规设施 …………………………… 19—27
第三章　总体设计 ……………………………… 19—29
　第一节　容量计算 …………………………… 19—29
　第二节　布局 ………………………………… 19—29
　第三节　竖向控制 …………………………… 19—30
　第四节　现状处理 …………………………… 19—30
第四章　地形设计 ……………………………… 19—31
　第一节　一般规定 …………………………… 19—31
　第二节　地表排水 …………………………… 19—31
　第三节　水体外缘 …………………………… 19—31
第五章　园路及铺装场地设计 ………………… 19—32
　第一节　园路 ………………………………… 19—32
　第二节　铺装场地 …………………………… 19—33
　第三节　园桥 ………………………………… 19—33
第六章　种植设计 ……………………………… 19—34
　第一节　一般规定 …………………………… 19—34
　第二节　游人集中场所 ……………………… 19—36

　第三节　动物展览区 ………………………… 19—37
　第四节　植物园展览区 ……………………… 19—38
第七章　建筑物及其他设施设计 ……………… 19—39
　第一节　建筑物 ……………………………… 19—39
　第二节　驳岸与山石 ………………………… 19—39
　第三节　电气与防雷 ………………………… 19—40
　第四节　给水排水 …………………………… 19—40
　第五节　护栏 ………………………………… 19—40
　第六节　儿童游戏场 ………………………… 19—41

第一章 总 则

第1.0.1条 公园是完善城市四项基本职能中的游憩职能的重要基地，又是健全城市生态的重要组成部分。目前我国公园发展迅速，为使建设公园的土地和经费能充分发挥其应有的效益，首先应从设计工作着手，故制定本规范。

第1.0.2条 规定本规范的适用范围。居住用地、公共设施用地和特殊用地上的附属绿地的设计原则和居住区公园或街旁游园等类型基本一致，所以可以参照使用。居住用地、公共设施用地和特殊用地的名称引自《城市用地分类与规划建设用地标准》(GBJ137)。

第1.0.3条 公园用地属于城市建设用地，在城市规划中占有重要的位置，是绿地系统的有机组成部分，按《城市规划法》要求，各项建设必须符合城市规划，服从规划管理。公园的游憩功能是直接为城市居民生活服务的、不可缺少的社会公益事业，即具有社会效益；绿色植物是健全城市生态的物质基础，起到改善环境减轻污染的作用，具有环境效益；公园又有门票和从服务性商业取得合法利润等直接经济效益。三种效益的综合即可增进居民身心健康，提高工作效率，促进城市发展良性循环。各种效益之间的关系设计上必须正确掌握，不可偏废。大型公园不能一次建成，必须处理好近、远期建设关系，做到公园与周围环境的谐调和内部的整体统一。

第1.0.4条 规定了公园设计中各专业设计应遵循的有关技术规定。

第二章 一般规定

第一节 与城市规划的关系

第2.1.1条 进行公园设计，首先要确保城市绿地按规划所要求的面积实现，公园的用地范围既不能超出规划范围线，更不得被任何非公园设施占用或变相占用，缩小用地范围。其次要明确公园的性质，服务范围：即为全市、区或居住区范围服务；服务对象：市外旅游者、本市居民或居民中的儿童、老人、盲人等。然后确定公园的内容，做到符合整体需要，满足居民各种爱好和不同闲暇时间的游憩要求。所以必须以城市规划为依据。如没有已经批准的城市规划或绿地系统规划，应与相应部门协商确定。

第2.1.2条 为方便广大游人使用和美化市容，市、区级公园应沿城市主、次干路或支路的红线设置，条件不允许时，应设通道解决主要出入口的交通。主要出入口指游人流量大的出入口。

第2.1.3条 用工程措施处理好公园与城市道路规划标高的关系，避免因有不适当的高差而造成地表迳流污染或影响城市道路和公园的景观。

第2.1.4条 市、区级公园各个方向出入口的游人流量与附近公交车设站点位置、附近人口密度及城市道路的客流量密切相关，所以公园出入口位置的确定需要考虑这些条件。主要出入口前设置集散广场，是为了避免大股游人出入时影响城市道路交通,并确保游人安全。

第2.1.5条　公园内沿城市道路或水系部分的土山高度及形状,植物配置,园林建筑,围墙或栏杆、园门等的高度、体量、色彩等都应与所在地段城市风貌谐调。

第2.1.6条　为保证游人和架空线的安全,在城市高压输配电架空线通道内不应设计供居民游憩的公园。公园与通道相邻可设标志或栏杆与其分开。

第2.1.7条　在公园用地上已有城市架空或地下管线(除高压输配电以外),可参照第三章第四节有关条款处理。管线与公园同时建设的配合,按本条款规定。由于城市市政管线的管径一般都大于公园内部的管线管径,对位于树木下部的管线,为避免影响树木正常生长,埋深必须在树根分布区以下。保护性措施是要求各种管线不得经常返修和渗入灌溉水。

第二节　内　容　和　规　模

第2.2.1条　公园类型是指:综合性公园、儿童公园、植物园、动物园或街旁游园等等。其内容应与类型一致。无论哪种类型的公园都应有足够的绿化,否则不能称为公园。

第2.2.2条　一般城市都有一个到几个综合性公园,内容丰富但公园内不应设置专业性体育设施,以免变成体育用地,混淆城市用地性质,减少城市绿地面积;公园内驯养大型动物和猛兽类动物需要较多的卫生、安全防护设施,开支也大。在已设有动物园的城市,综合性公园内不得设这类动物展区。根据经验,鸟类、金鱼类或兔、猴等展区是可以在综合性公园内选择一个角落布置的。

综合性公园内容多,各种设施会占去较大的园地面积,为确保公园内有良好的自然环境,公园规模不宜小于10hm²。原苏联的文化休息公园和我国的综合性公园相类似,他们提出这类公园的文化娱乐设施用地约需1.5hm²,其占地面积不应超过公园面积的5%,所以规定市级公园面积不应少于30hm²,特殊情况,设施占地不得超过10%,即公园的最小规模不得小于15hm²。日本综合公园标准规模为10~50hm²,最低为10hm²。考虑我国国情,下限定为10hm²。按近期公共绿地指标为3~5m²/人,一个10万人的小城市就有30~50hm²的公共绿地面积,建一个10hm²以上的综合性公园是完全可能的。

第2.2.3条　儿童公园既要有丰富的内容,又因儿童体力有限,面积不宜太大,设施布置必须紧凑,要有良好的自然环境。我国现状儿童公园面积都不大,38个儿童公园的平均面积为4hm²,最大的23hm²,最小的0.2hm²。

第2.2.4条　动物园中由于笼舍、动物活动场、游人参观场等占地较多,同时还需要有较大的绿化用地面积,才能满足卫生、安全防护隔离和创造优美环境的要求,所以动物园应有较大规模。综合性动物园宜大于20hm²,专类动物园5~20hm²为宜。全国现有综合性动物园约50个,质量好、完整的动物园面积均在20hm²以上。本条指的是城市范围内的笼养式动物园,不包括天然动物园。

第2.2.5条　植物园需要有多种生态环境,如设较宽的绿化带与园外隔离,创造各种地形和水体,以便为多种多样的植物提供适宜的环境。植物园用地面积较大,规模宜大于40hm²。现状综合性植物园面积在20~1000hm²范围,平均为130hm²。专类植物园如月季园、杜鹃园等,其规模可根据内容多少而确定,但不宜小于2hm²。独立的盆景园一般以大于2hm²为宜,附属于其它公园内的盆景园面积不受此标准限制。

第2.2.6条 风景名胜公园指随着城市用地的发展,把近郊风景区划入市区,起着城市公园作用,也有称为郊野公园的。

第2.2.7条 历史名园,指由各级政府核定为文物保护单位的历史名园,在修缮时必须按《中华人民共和国文物保护法》的规定执行。供游人参观、人员看守和设置防火防盗的设施,增加少量建筑和工程管线是必要的,但不能有损于古迹或破坏原貌。

第2.2.8条 随着人民生活水平的提高,文化事业的发展,今后还会建设各种专类公园。这类公园应有其特定的主题内容,如雕塑公园、交通公园等。

第2.2.9条 《城市用地分类与规划建设用地标准》(GBJ 137)中第4.2.1条的条文说明表明,居住区公园人均指标为2m², 一般居住区人口为3~5万人,居住区公园面积宜为5~10hm²。从生态环境和游憩效果考虑,绿地面积应尽量集中,所以每个居住区最好集中设一个居住区公园。日本居住区公园标准规模为4hm², 其小区公园的标准规模为2hm², 最小为1hm²。我国居住小区的游憩绿地按每个居民1m²计,一个小区人口约为1万人,小区游园面积即为1hm²。小区游园也应尽量集中,其规模不宜小于0.5hm²。

第2.2.10条 带状绿地指沿城市主次干路、河流、旧城基等的狭长形绿地。

第2.2.11条 街旁游园,指位于城市主、次干路和支路附近街道红线以外的游园。面积有时虽小,对城市景观影响很大。设计时除考虑内部布局,满足短暂休息之需外,更要注意沿街部分的艺术效果。

第三节 园内主要用地比例

第2.3.1条~第2.3.2条 公园的陆地面积,指供游览及与之相适应的管理用地去除水面后的全部陆地面积。不包括已改变性质的用地。

绿化用地,指公园内用以栽植乔木、灌木、花卉和草地的用地。

建筑,指公园内各种休息、游览、服务、公用、管理建筑。

建筑占地,指各种建筑基底所占面积。

园路及铺装场地,指公园内供通行的各级园路和集散场地。不包括活动场地。

公园内的水面大小差别很大,有的没有水面,有的水面占总面积的3/4以上,且公园内的绿化、建筑和园路铺装等都建于陆地上,其比例只能与陆地面积相比,无法与总面积相比,所以采用随陆地面积大小确定比例。水中森林和水上建筑数量极少,其用地列入陆地中计算。表2.3.1中规定的各种用地比例的总和都小于100%,留出余地一般可扩大绿化用地或供设置各种活动用的铺装场地、园林小品等。

表2.3.1是根据全国142个质量较好的公园的调查资料并参考日本、苏联、英国、台湾省等有关规定制定的。

第2.3.3条 公园的外形、内部地形和水体形式都影响园路的用地面积。但不得过分强调以上因素而过多地加大园路铺装场的用地面积,减少绿化用地,为此特规定本条。

第四节 常规设施

第2.4.1条 公园中的常规设施,指所有公园通常都应具备的、保证游人活动和管理使用的基本设施,属于公园中的共性设施。至于各种类型的公园,都有其特色,与之相适应的丰富多采的游憩设施和服务设施,不作具体的规定。

表2.4.1中的成人活动场系指辟出一定场地供拳术、气功等活动用,以避免踩踏草地,造成局部地面裸露。在有条件的公园中,可适当增设供锻炼身体用的设施。

第2.4.2条 我国城市人均公共绿地水平较低,很难满足居民日益增长的游憩需要,为避免目前存在某些城市公共设施变相侵占公园用地的现象,明确规定不准设置与公园性质无关的设施。

第2.4.3条~第2.4.5条 厕所和园椅、园凳的设置数量,应与公园的游人量相适应。过少,影响使用或游憩效果;过多,既浪费设备,又有碍观瞻。经对全国一百多个公园进行普查和北京、上海公园的重点调查,并参考城市其他公共设施的设置指标而制定本条。

厕所

大型公园因游人停留时间长,各种饮食服务设施全,游人去厕所的频率高于小型公园,调查结果分别为2%和1.5%左右。这两个指标较《民用建筑设计指标》中规定的医院门诊部公用厕所指标2.9~3.6%和车站旅客厕所2.3%为低,与其中的电影院厕所1.4~3.6%近似。与《建筑设计资料集(2)》(建筑工程部北京工业建筑设计院编)中对体育辅助设施制定的厕所参考指标0.5~0.6%相比为高。男女蹲位比是根据实地调查,现状旅游性公园和小型公园中男游客多于女游客,比数为1.5~1,大型公园男女比较接近。今后发展趋势是逐步持平,所以采用男:女蹲位为1~1.5:1的指标。

园椅、园凳

一般大型公园游人停留时间长,对坐憩要求高于小型公园,但许多大型公园有山石、大片草坪可供坐憩,而小型公园缺乏这类设施和场地;活动量大的公园,游人需休息的要求也高于其他公园,所以对园椅、园凳的指标定为20%~30%。

各个公园因所在城市中的位置、交通条件和公园性质等因素的影响,游人量多寡不同。园椅、园凳指标如按游人量比例确定,当每个游人占有公园的陆地面积为15m²时,园椅、园凳数多达200位/hm²,影响观瞻。因此限定园椅、园凳数量取游人量22.5%的接近下限指标,即每1hm²陆地面积150位。对每个游人占有的陆地面积在100m²以上的公园,又会发生游人长距离找不到坐憩处的弊病。因而规定每1hm²陆地面积上园椅、园凳的下限为20位,即平均每两个座位的园椅、园凳的服务半径为16m。

游人用停车场和自行车存车处

游人用停车场和自行车存车处的位置既要方便游人使用,又要防止车辆拥塞游人出入口广场和影响园门景观。所以规定不得占用出入口广场,而应设于出入口附近。游人停车场和自行车存车处的面积,因各市居民利用的交通工具差别很大,许多中小城市居民出游以徒步为主,不需停车场或存车处;一些地形起伏陡峭的山城很少利用自行车;在同一城市中因公园的服务对象不同,距离市中心远近不同,游人使用的交通工具也大不相同,因此不能作统一的指标规定。设计者应根据实际调查资料确定面积。为避免城市停车场变相占用公园用地,本条明确规定停车场只考虑停放本园游人用的汽车和自行车。

第三章 总体设计

第一节 容量计算

第3.1.1条 公园游人容量是确定内部各种设施数量或规模的依据,也是今后管理上控制游人量的依据,避免公园因超容量接纳游人,造成人身伤亡和园林设施损坏等事故。并为城市规划部门验证绿地系统规划的合理程度提供依据。

第3.1.2条 公园的游人量随季节、假日与平日、一日之中的高峰与低谷时而变化。节日最多,游览旺季星期日次之,旺季平日和淡季星期日较少,淡季平日最少,一日之中又有峰谷之分。确定公园游人容量以游览旺季星期日高峰时为标准,这是公园发挥作用的主要时间。如用节日的游人量,定额会偏高,造成浪费,用淡季或平日的游人量又会使标准太低,造成公园内过分拥挤。国外也是采用旺季星期日游人量为标准的。

第3.1.3条 本条指标是根据我国现状居民出游率高,公共绿地人均指标低的实际情况提出的。每个游人占有公园面积 $60m^2$ 是比较符合游园舒适度要求的。一般市、区级公园的可进人活动面积约占三分之一,其余三分之二为不可进入或容量极小的水面、陡坡山地、树林、花坛等,起视域作用的。以往苏联规定的文化休息公园采用 $60m^2$/人。1985年的《苏联建筑规范》已提高为 $100m^2$/人。考虑我国国情,仍用 $60m^2$/人标准,对小型公园降为每个游人 $30m^2$ 的标准,因为小型公园的道路铺装场地面积比重较大,相对来说单位面积上可容游人多些,又因为内容简单,游人活动时间短,可降低一些标准。这个标准已为1991年实施的《城市用地分类与规划建设用地标准》(GBJ 137)采纳。对近期公共绿地人均指标低的城市还可酌情降低一些标准。确定游人人均占有公园面积的下限为陆地面积 $15m^2$,即活动面积缩小到每人 $5m^2$。如果 $15m^2$ 中还包含水面,那么可活动面积势必更小,难免发生事故,失掉游园意义。

第3.1.4条 当公园内只能作为视域面积的水面、陡坡山地(如喀斯特地貌的山地)等占地超过50%时,游人可利用的活动面积很小,为保持游人在园中的一定舒适度和安全,应加大游人占有公园面积的指标。

第二节 布 局

第3.2.1条 公园的总体设计是全部设计工作中一个重要环节,是决定一个公园的实用价值(游憩和环境效益)和艺术效果的关键所在。所以必须认真地在统一的指导思想下按照有关依据,作出全面的综合设计。

第3.2.4条 园路分类系指游览路或是生产管理用路,分级系指主园路、支路或小路。

第3.2.5条 园路路网密度是单位公园陆地面积上园路的路长。其值的大小影响园路的交通功能、游览效果、景点分布和道路及铺装场地的用地率。路网密度过高,会使公园分割过于细碎,影响总体布局的效果,并使园路用地率升高,减少绿化用地;路网密度过低,则交通不便,造成游人穿踏绿地。根据80个质量较好的公园的统计数据和对40余个综合性公园、居住区公园路网密度的重点分析,园路路网密度集中在 $200\sim380m/hm^2$ 之间,平均 $285m/hm^2$。由于各个公园的内容、地形条件不同,园路路网密度的限制只给出一个范围。

动物园一般面积较大,园路简捷地引导游人直达动物展点,在展点附近园路又多转化为参观场地。因此,动物园的路网密度均值较综合性公园低,为225m/hm²。按调查集中分布在160～300m/hm²之间。

第3.2.6条 通向建筑集中地区的园路有环行路或设回车场地是为了满足消防交通的要求。

第3.2.7条 公园中的水系设计,首先要掌握水源条件,可能供应的水量,然后作系统布局。划船水面的水深限制应对桥下、码头和最深处等给出不同深度的限制。游泳区要分出深水区和浅水区,观赏水面中水生植物种植区应分出深水、浅水和浮生等习性植物的种植范围,并提出相应的水深。

第3.2.8条 在总体设计阶段,应确定各景区植物景观上的效果和功能作用。我国地区差别很大,要根据条文中的各项原则充分绿化并能满足多种游憩及审美的要求。

第3.2.9条 景观要求是指创造园内外景观和本身的观赏效果。设置大型游乐设施、电子游艺室、餐厅等能耗多的建筑时,必须查清是否具备连接城市供电、供水、供气和排水等管线的可能性。

第3.2.14条 为充分发挥最佳景观地段的游赏效果,限制在该地段设置人流繁杂的服务设施和避免少数就餐者长时间占用。

第三节 竖 向 控 制

第3.3.1条 竖向和平面布局是总体设计阶段至关重要的内容,所以在对园内主要景物布局的同时应对其高程和周围地形作出控制规定。

第3.3.2条 条文中列举的各部位的标高必须相互配合一致,所定标高即为以后局部或专项设计的依据。高程除地下埋深外均指地表标高。园内外佳景因借点的地面高程,系指为眺望和俯瞰园内美景或引入园外佳景,园内观景点所需要的适宜地面高程。

第四节 现 状 处 理

第3.4.1条 调查评价的内容包括建筑物、构筑物的结构、基础的坚固程度、文物历史价值、艺术水平和植物的生长状况、珍稀程度、树龄等。处理意见包括保留、迁移或移植、拆除或伐除等。

第3.4.2条 原有地下物的位置和体量不易发现,必须在设计图纸上注明,以免在施工时发生损坏或安全事故。

第3.4.3条 古树名木是珍贵文物,又可成为园中的主要景点,应与有文物价值的古建筑同等对待。古树名木是活的文物,需要一定的生长条件,故需要采取积极的措施保证古树名木健壮生长。

第3.4.4条 保护范围是参照《北京市古树名木保护管理暂行办法》(1986年)以及《广州市城市规划管理办法实施细则》穗(1987)85号第106条(二)中的具体规定制定的。根据各地的保护经验,本条文规定了保护内容。

第四章 地形设计

第一节 一般规定

第4.1.2条 本条规定是为了保护拟建公园地界中的土壤,包括自然形成或农田耕作层的土壤。各专项设计都可能造成对表土的破坏,因为地形设计是对公园地表的全面处理,所以在本章内提出对地表土保护的规定。充分利用原表层土壤、对公园植物景观的快速形成和园林植物的后期养护都极为有利。

第4.1.3条 地形设计如遇地下岩层、公园地下构筑物以及其它非土壤物质时,须考虑栽植土层的厚度,为植物的生长创造最基本的条件。

第4.1.4条 使用机械进行修剪的草坪,在地形设计时应考虑坡度限制。坡度小于25%,可以适应利用人力推行的各类剪草机械。

第4.1.5条 设计时要考虑当地土壤的自然沉降系数,以避免土壤沉降后达不到预定要求的标高。

第4.1.6条 如果堆土超过土壤的自然安息角将出现自然滑坡。不同土壤有不同的自然安息角。护坡的措施有砌挡土墙、种地被植物及堆叠自然山石等。

第4.1.8条 对原有管线的覆土不能加高过多,否则造成探井加深,给检修和翻修带来更大困难。过多降低原管线的覆土标高,会造成地面压力将管线破坏,在寒冷地区容易将自来水管和污水管冻坏。

第二节 地表排水

第4.2.1条 表4.2.1中关于草地、运动草地、栽植地表的资料援引《园林工程》(南京林业大学编)。铺装场地坡度数值援引《统一技术措施》总图部分(建设部建筑设计院)。

第三节 水体外缘

第4.3.1条 本条为确保公园内水位的可调剂和维护园林景观,结合造景的隐蔽措施一般采用结合地形、假山、园桥或栽植植物等手段对非观赏型水工设施加以遮掩。

第4.3.2条 7岁小孩的平均肩高0.90m,7岁以上儿童落水只要站立均可使胸部以上露出水面,7岁以下儿童一般均在家长的带领下游园,因此规定近岸2m范围内的水深不大于0.70m。设置汀步的地方应是水浅的地方,根据人体平均上身高度(不包括头部)为0.56m至0.60m,因此规定水深不得超过0.50m,即落水成人坐在水底,头部也可露出水面。人体尺度资料援引《建筑设计资料集(1)》(建筑工程部北京工业建筑设计院编)。水深超过0.50m时,应在汀步石走向两侧加高池底以保证老人和儿童通过时的安全。

第五章 园路及铺装场地设计

第一节 园 路

第5.1.1条 园路设计应根据总体设计的选线(路由)、控制标高和特色要求具体确定园路的宽度、平曲线和竖曲线的线形以及路面结构。

第5.1.2条 表5.1.2是根据对40多个公园和8个动物园所作的统计分析而提出的。园路分为主路、支路和小路三级。一些由于非交通功能需要而宽度较大的园路、交通功能不强的步石和只能由单人通过的狭窄园路在园路系统中所占比例极小,在此不作规定。园路宽度有一些幅度,是适应不同性质和不同游人容量的公园需要。

园路最低宽度为0.9m,以便两人相遇时有一人侧身尚能交错通过。

2.0m宽度可供人通行;2~3.5m的宽度可通行小型车辆;3.5~5m的园路可满足多股人流通行,也可满足运输机具的通行要求。

第5.1.4条 主路 为方便不同年龄和坐轮椅的游人通行,所以坡度不宜过大。我国的建筑规范中一般规定步道坡度8%以上宜按台阶设计;国际康复协会规定,残疾人使用的坡道最大纵坡8.33%,因此,主路纵坡上限为8%。通过对实际情况的调查,山地公园主路纵坡应小于12%。主路不宜设梯道,是考虑坐轮椅和行走有困难的游人通行方便,同时便于养护机具通行。

第5.1.5条 支路和小路 日本资料,园路最大纵坡15%,自然探胜路17.6%,郊游路33.3%。实况调查,17.6%的坡道,人行较为舒适;18.9%的坡道,下行时有不同程度的负担,普遍感到稍累。所以规定纵坡宜小于18%。

原苏联建筑类规范中规定步行路台阶的高为12cm,宽38cm,其纵坡为31.5%,我国目前建筑上常用的室外台阶比较舒适的高度为12cm,宽度为30cm,其纵坡为40%,调查资料表明:纵坡为36.49%的梯道上下行还不感到累,但心理上有负担,坡度达39%时,老年人上下行均感到稍累,精神上有些紧张。因此为照顾全体游人交通的需要,主路上梯道的纵坡度宜小于36%。关于支路和小路上的梯道,日本的资料中要求梯道的最大纵坡57.7%。目前我国使用的楼梯坡度一般在36.4%~100%之间,适宜的为66.7%,但楼梯一般位于室内且有扶手栏杆。因此对于公园中支路和小路的纵坡度大于58%的梯道应作防滑处理,宜设扶手栏杆。

第5.1.6条 经常通行机动车的园路,根据交通部门的有关规定,道路宽度应大于4m,转弯半径不得小于12m。

第5.1.8条 通往孤岛、山顶的路段,容易形成卡口,游人上岛、登山往返都用一条道路时,如果人流量较大,容易造成通行不畅,地形陡峭更易发生危险。为避免游览中走回头路和形成景观序列的需要,规定孤岛和山顶的园路宜设复线。在地形复杂、高差较大、坡度较陡的地方设供人作短暂休息的场地,是为了使游人恢复体力和在人流较多时临时的避让,以免过于拥挤,发生危险。

第5.1.9条 园路由于功能不同,有些需要通行大量人流或机动车,有些则只作为少量人流通行之用,荷载不同需有不同的结构和面层材料。公园中的路面面层材料的选择同时又受公园总体风格的制约,因此与城市车行道路的路面要有所区别。

第 5.1.10 条 考虑残疾人游园需要,公园可局部供残疾人使用,也可以有几条园路为残疾人使用。明确为残疾人使用的就要求符合《方便残疾人使用的城市道路和建筑物设计规范》(JGJ 50)。

第 5.1.11 条 根据实地调查,游人进园高峰小时内的人数与游人在园高峰小时内的人数有一个相关规律:即游人平均在园停留时间 4 小时以上者,最高进园游人数与最高在园游人数之比接近 0.5;平均在园停留 2 小时左右者,比值接近 1;平均在园 1 小时以内者,比值接近 1.5,该比值即转换系数。根据公园的性质、内容丰富程度,可预测游人在园停留时间。公园最高在园游人数/小时,即公园的游人容量,详见本规范条文 3.1.2 和术语解释。

收门票公园,游人通过出入口时有瞬时停留,影响速度,按每分钟通过 15 人计;不收门票的公园,按每分钟通过 25 人计,相当于影剧院散场速度。

综合以上因素,即可计算出入口总宽度的最低标准,即:公园游人容量(万人)、转换系数和 1.5m 的乘积被单股游人高峰小时通过量(即售票公园为 0.09 万人,不售票公园为 0.15 万人)除。当游人平均在园停留时间为 4h 时系数取 0.5,得数为 8.3m;停留时间为 2h 时系数取 1,得数为 16.7m;停留时间为 1h 时系数取 1.5,得数为 25m。不售票公园进园速度为售票公园的 1.67 倍,相应的出入口总宽度的下限标准可降低 2/5,即为售票公园的 60%。

单股游人通过宽度取 0.75m,是根据人体自由行进时的所需宽度,由于公园出入口的游人同时有进有出,所以单个出入口(一股进,一股出)最小宽度为 1.5m。

第二节 铺装场地

第 5.2.2 条 公园出入口外集散场地人均使用面积参考我国有关集散广场的资料,采用每个游人 1m² 的标准。

一般内容丰富的售票公园,如动物园、综合性公园、儿童公园,游人量较大,在入口处要排队买票,有些游人要相互等候或拍照,因此有必要设集散场地。这类公园游人一般平均在园停留时间较长,按 4h 以上计算,最高进园游人数与最高在园游人数的转换系数为 0.5,(关于转换系数详见本条文说明第 5.1.11 条)可预计当公园容量为 10000 人时,游人最高进园小时中进入公园的人数为 5000 人,按每人在门外停留时间 3 分钟考虑,高峰进园小时中每分钟门前到达约 84 人,需广场面积 250m²。加上当时出园游人所需则为 500m²。

按照以上指标,对北京动物园、紫竹院公园主要出入口外集散广场进行了验证。动物园广场过小,紫竹院公园则偏大,这与实际使用情况相符。

第三节 园 桥

第 5.3.1 条 园桥的功能性很强,也是重要景点,必须全面考虑。目前有些公园内的桥梁由于体量过大、过重,与周围景色不谐调。有的缺乏远见,桥下不能通过画舫或游艇,造成日后水面上的游赏活动路线不合理。

第 5.3.2 条 有些联接孤岛的桥梁要考虑通往岛上的供水、供电、供热、污水及煤气等各种管线的位置,既不要暴露在外,影响景观和安全,又要考虑维修方便,本条也包括设计预留供将来使用的通道。

第5.3.3条 允许汽车通过的桥,即可运输货物、食品、基建器材、树木养护机具等,火警时还可能过消防车,根据《公路桥涵设计通用规范》(JTJ 021—89)的规定,车辆最低计算荷载等级为汽车—10级。

第5.3.4条~第5.3.5条 人群荷载、作用在扶手上的竖向力的指标引自《公路桥涵设计通用规范》(JTJ 021—89)第2.3.4条。栏杆顶部水平荷载根据《建筑结构荷载规范》(GBJ 9—87)第3.5.2条第二款。

第六章 种 植 设 计

第一节 一 般 规 定

第6.1.1条 公园中的绿化用地不应有未种任何植物的裸露地面。树林下如有条件可设法种植灌木、草皮或其他矮生植物以增加绿量充分发挥绿色植物改善环境、气候的功能,在北方也可以防止二次扬尘。为了使公园的景色丰富多彩,一些建筑物和构筑物上也可以用藤蔓类植物攀缠。

第6.1.3条 植物种类选择的要求:

一、当地适生种类包括乡土树种以及经人工引进,已在本地长期"安家落户"能适应本地区的气候条件、生长发育良好并已得到广泛应用的绿化树种。为了防止本地气候变化,致使大量树种死亡,造成损失,外来植物种类未经长期驯化不应作为公园的主要园林植物。

二、林下地被植物的根系生长不能与乔木的根系在同一土层内争夺养分。一般要选择浅根性的草种、灌木或选用根系有固氮作用的其它林下种类。

三、垂直绿化用的园林植物其附着器官的性状各不相同,选择适应既定墙体或构筑物饰面的种类,如:墙体饰面光滑,选用吸附力强的攀缘植物种类。

四、位于污染地区的公园,建立防护林,选择相应的抗性种类。例如空气中有二氧化硫的污染,华北地区就可以选择椿树、构树等抗性强于其它树种的种类。

五、对植物的管理,实质上也是植物生存的因素之一。管理的投入情况、管理所能提供的植物生长环境的质量都是选择植物的制约条件。例如:水源不充足的公园,就应选择比较耐干旱的种类。在地形复杂、不易通行打药车的地段,应选择病虫害少或病虫害发生前后易于控制的种类。限于管理条件满足不了的种类不应种植。

六、对于某些非当地适生种类,在总体设计中经特殊选定、有特殊意义并经采取一定技术措施即能够满足其正常生长的,也属于可选的范围。

第6.1.4条 一般植物类型的选择应根据用地内植物地下生存空间大小来确定。按选择的类型,土壤厚度不符合条件的,应在地形设计中预先予以考虑。

一、园林植物的形态类型细分为草皮植物、一年生花卉、多年生宿根花卉、木本地被、小灌木、大灌木、小乔木、大乔木(包括浅根大乔木、深根大乔木)。按这一地上部分生长类型的分法,应分为9项,但是植物地下部分的根系垂直分布所需要的地下空间与地上部分不容易一一对应,并有交叉现象。因此,附录四中的草坪植物包括一年生、多年生花卉与草皮类植物;小灌木包括木本地被;大灌木包括小乔木。附录四系参照各地经验和一些研究单位的研究成果制定。

大面积的不透水层中的"大面积"是指植株在壮年期根系发展以后,仍然不能超出的范围。"不透水层":指混凝土板块、石板、灰土层、礓石层及质地非常坚硬致使根系无法伸入者。在"不透水层"上的土壤改良包括设置由砂、砾石或碎石组成的排水层,排水层的厚度为20~40cm。排水层下有时可用管道将水排出,"不透水层"有自然的倾斜度水可以自然排出者,可不埋设管道。

二、本条规定了公园绿化用地土壤的基本条件。城市公园用地的土壤非常复杂,可能有建筑垃圾、矿渣、生活垃圾或由于受污水地面迳流的影响,土壤内含有对植物有害的物质等等。为了保证公园的土壤符合植物生长的需要,使之能发挥长远的绿化作用,特规定本条。

三、城市中有时局部土壤,由于长期积水造成土壤酸、盐成分偏高。

四、表6.1.4中土壤物理性质指标的制定,是依据落叶树、常绿树和古松柏三种类型树木的生长状况资料,择其保守值而定的。

1. 关于落叶树:

根据北京市园林科研所《毛白杨生长与城市土壤条件浅析》(1985年)资料:"土壤硬度大约在16kg/cm³以上或土壤质量密度(原文为容重,以下同)在1.63g/cm³以上的土壤里,毛白杨根系基本上没有分布。一般认为,毛白杨在土壤质量密度>1.70g/cm³,总孔隙度大约在35%以下时,根系生长受到抑制。"

根据南京林产工业学院土壤教研组资料:

"杂交杨生长在土壤质量密度在1.18~1.43g/cm³之间者,植株生长良好;质量密度在1.51~1.64g/cm³之间者,生长状况中等。南京附近麻栎林地的粘质黄棕土壤,其50~60cm处的土壤质量密度为1.6g/cm³左右,林分生长良好,而质量密度达1.8g/cm³以上时,林分生长较差。"

2. 关于常绿树:

根据南京林产工业学院土壤教研组资料:

"江西的粘质山地杉木林地上的红壤,30~50cm处的土壤质量密度为1.40~1.45g/cm³,林分生长良好;而质量密度大于 1.68g/cm³，杉木根群穿不过去，林分生长差，有时部分枯萎。"

根据北京市园林局《城市油松生长不良的土壤因素》：

"适于油松生长的土壤质量密度一般不超过 1.45g/cm³，总孔隙度在 45％以上；而不适宜的土壤质量密度都在 1.5g/cm³ 以上，总孔隙度则都在 42％以下。"

在《北京市内园林树木和地被植物的研究及示范区试验》中："雪松据于二里沟绿地，陶然亭公园、景山公园等地测定，在土壤质量密度 1.30～1.45g/cm³ 的土壤上，枝叶浓绿生长健壮，枝条年生长量在 20cm 以上。"

3. 关于古树：

根据北京市园林科研所 1983 年资料《北京市公园古松柏生长衰弱原因及复壮措施的研究》中提供的调查数据分析，古松柏生长势好的土壤情况：上层质量密度为 1.21g/cm³，下层（30～60cm）范围内土壤质量密度在 1.42～1.485g/cm³ 之间；总孔隙度在 43～52％之间；非毛管孔隙度在 10.7％以上。古松柏生长势弱的土壤情况：上层质量密度为 1.59～1.8g/cm³，下层（30～60cm）质量密度在 1.49～1.6g/cm³ 之间；下层总孔隙度在 42％以下；非毛管孔隙度在 10％以下。

条文中表 6.1.4 所取的值是根据以上资料中对土壤条件要求较严即适应性较差的类型如：古树、常绿树的生长受抑制的极限值确定的。对于适应性较差者能够维持其生长。

五、土壤改良的范围和进行何种性质的土壤改良要经过设计者的调查分析确定。

第 6.1.5 条 根系伸展范围以成年树所需为定，现行采用的透气性铺装有透气性铺装块、有孔洞的预制混凝土砖及干砌材料等。

第 6.1.7 条 本条文是参照我国现行有关标准及资料规定了在公园内执行的标准。

第 6.1.8 条 鉴于园林植物从设计定植到长成预想的效果需要较长的时间，在景观及功能上不同规格、质量的苗木发挥的作用差别很大。为了近期的园林景观效果和使园林植物能正常生长到发挥预计作用，设计应作出对苗木规格、质量和后期控制的规定，提出景观过渡的措施及其实施的时期要求，作为养护管理的依据。

第 6.1.9 条 风景林郁闭度的开放当年标准，是公园开始接待游人的当年，各类风景林不够成年期标准，但为了初步给游人以该类型风景林的感觉而规定的起始标准。

第 6.1.10 条 为保证整形绿篱正常生长需要和不影响游人活动作此规定。

第二节 游人集中场所

第 6.2.1 条 游人集中场所指公园内各种在设计上允许游人进入的区域，如出入口内、外铺装场地、儿童游戏场、各类园林建筑附属集散铺装场地、露天演出场、停车场、成人锻炼场、安静休息场及各级园路等场所。为在这些场所避免由于树种选择不当带来不利影响，本条对于某些植物作了限制。

第 6.2.2 条 2.2m 的值是根据《建筑设计资料集（1）》提供的人体尺度的平均高度加臂长。

第 6.2.3 条 儿童游戏场

一、乔木选用高大荫浓的树种，目的是为减少儿童攀爬机会和加强绿化效果。夏季有 50％以上的庇荫，为儿童的户外活动提供卫生凉爽的环境。

二、灌木要求选用萌发力强、直立生长的中高型树种，主要是考虑儿童的活动对于灌木的生长具有破坏性,萌发力弱、蔓生或匍匐型、矮小的种类在儿童游戏场内,如不加保护措施,难于正常生长;矮型灌木向外侧生长的枝条大都在儿童身高范围内,儿童在互相追赶、奔跑嬉戏时,易造成枝折人伤。萌发力强、直立生长的中高型灌木,生存能力强,枝条分布多在儿童身高以上,儿童与树互不妨碍,场地又能得到良好的庇荫。

某些分枝低的乔木,能引诱儿童打悠、攀爬,既容易造成人身跌伤事故,又容易遭损坏。根据《建筑设计资料集(1)》提供的小学生身高及各部尺度的数据算得,13岁以下的儿童平均摸高不大于1.80m,由此定出大乔木分枝点不宜低于1.8m。

第6.2.5条 停车场庇荫乔木枝下净空高度标准,依据中华人民共和国公安部、建设部〔88〕公(交管)字90号文中印发的《停车场规划设计规则(试行)》第20条规定的"停车场(库)设计车型外廓尺寸和换算系数表"中"总高"一栏。

二、1~2. 依据上述规则第20条中大轿车高度而定。大轿车与小卧车混放的也依据本规定。

3. 枝下净空达到2.2m以上者可以存放自行车,三轮车等,根据人体尺度的平均高度加臂长求得。

三、保证树木基本生长所需土壤和保护树木不被车碰撞和碾压,保护设施一般选用栅栏杆或地面上设路缘石(高道牙)或设置种植(池)台。

第6.2.7条 园路两侧

一、《建筑设计资料集(1)》消防车库一节提供的消防车车库门高尺寸为30000mm。以此为依据,保证园路的消防通行。

二、方便残疾人使用的园路边缘种植

1. 一些丛生型植物,叶质坚硬,其叶形如剑,直向上方,这类植物种于园路边,游人不慎跌倒,极易发生危险。

2. 枝下净空2.2m以上,是为了照顾视力残疾人。限高数值依据《方便残疾人使用的城市道路和建筑物设计规范》(JGJ 50)。

3. 在通行轮椅的园路边上,为避免当轮椅靠近路边时乔木的树干、枝条碰伤残疾人或防止乔灌木被轮椅撞伤而规定此值。参照《方便残疾人使用的城市道路和建筑物设计规范》(JGJ 50)提供的数据,轮椅坐面前沿垂线至前脚踏板中心距离0.20m,参照室内柜橱设计,柜橱下部0.30m高度以下应向内凹进0.20m,则轮椅坐面前沿垂线至柜橱下部橱壁为0.40m。参照日本《都市公园技术标准解说书》关于露天桌的规定,轮椅坐面前沿垂线至桌子中心支撑物距离为0.45m以上。因此,乔木种植点宜距路边0.50m以上。

第三节 动物展览区

第6.3.1条 动物展区环境包括动物笼舍、动物运动场、参观看台、场地及其周围地带。

一、良好的生活环境如遮荫、防风砂、隔离不同动物间的视线等;

二、如在攀缘能力较强的动物运动场内植树,要防止动物缘树木攀登逃逸;

三、如创造原动物生长地的植物景观和为游人欣赏动物创造良好的视线、背景、遮荫条件等;

四、隔离某些动物发出的噪音和异味,以免影响附近环境。

第6.3.2条 植物种类选择,有其不同于一般公园的特殊要求。

一、本款规定的目的是使展出动物的同时,再现该动物原产地环境的缩影,以增加展出的真实感和科学性。动物来源于世界各地,生活于不同的气候带、不同的地理环境,在不同自然环境中的植物也千差万别,为了形成各地域不同的植物景观,在创造原产地的生态环境,满足动物和其环境植物生长要求的条件不具备时,可以使植物群体景观及个体形态相似于原产地植物。如:北京动物园采取代用树种的办法,用适应于北京地区生长的合欢,代替中国南部的凤凰木;用青桐来代替产于热带的梧桐科苹婆属植物。

二、有些植物虽有较高的观赏价值,往往由于含某种有毒物质,对动物能起毒害作用。北京动物园就发生过熊猫误食国槐种子而引起腹泄的事故。因此在配置植物时应有所选择,其他植物如:茄科的蔓陀萝、天南星科的海芋、夹竹桃科的夹竹桃均含对动物能起毒害作用的物质。一般说,野生动物本能地具有识别有毒植物的能力,但如混入饲草内被吞食,就有中毒的危险。

第四节　植物园展览区

第 6.4.1 条　植物园展览区的种植设计,将不同分区的主题内容、植物引种驯化成果、植物科学知识普及和园林艺术相结合,目的是为创造同时具备公园面貌和科学内容的植物园。

第 6.4.2 条　植物园展览区对定植的植物种类有较严的要求,一般在分区方案中就确定了该区展示的植物种类,但在种植设计中仍需从中进一步选择重点种类及确定具体品种。

第 6.4.3 条　展览种类以外的起配合作用的为配合种

类。具有满足游览需要的其他功能是指游步道、庭园、休息场地等场所的庇荫等功能。

第七章 建筑物及其他设施设计

第一节 建 筑 物

第7.1.1条～第7.1.2条 为了实现公园的使用功能和整体风景构图的完美,要求单体建筑物设计与周围环境中的地形、地貌、山石、水体、植物等造园要素密切配合,保证游人安全、舒适和克服设计中单独突出建筑的倾向。

三、园林建筑的室外台阶很多与自然地形相结合,形式复杂但为了游人的安全和赏景的需要作出下限规定。踏步宽采用《民用建筑设计通则》(JGJ 37)第4.2.1条、表4.2.1中最低宽度限制。每处台阶踏步数不应少于2级是为避免行人不低头则不易发现有台阶而有被拌倒的危险。

四、护拦设施是泛指园林中能够起到栏杆作用的设施,可以是栏杆、矮墙或花台(池)等。设置护拦设施的起始高差1m,系参照《民用建筑设计通则》第4.2.2条第二款。建筑物的护栏高度规定采用该规范第4.2.4条规定的数值。

第7.1.4条 在欧美、日本等国家公园中,服务、管理及附属建筑比较少。考虑我国目前游人的习惯以及服务的社会化、机械化程度不高等因素,仍需要适当设置这类建筑物。为了少占绿化用地和避免影响景观,要尽量减少这类建筑物的面积,压缩体量。管理设施指本规范第2.4.1条中所确定的常规设施中的管理部分。服务建筑的附属设施包括:餐厅的厨房、冷冻间、锅炉房,车库等。

第二节 驳岸与山石

第7.2.1条 公园中的水体外缘建造驳岸,是为了避免河湖淤积。

第7.2.2条 一般土筑的驳岸坡度超过100%时,为了保持稳定,可以用各种形状的预制混凝土块、料石和天然山石铺漫,铺漫的形式可以有各种花纹,也可以留出种植孔穴,种植各种花草。坡度在100%以下时,可以用草皮或各种藤蔓类植物覆盖。

驳岸顶部一般都较附近稍高,使地表水向河湖的反方向排水,然后集中排入河内。排水设施有的用水簸箕有的用管沟,这主要是防止对驳岸的冲刷。如果地表水需要进行防污、防沙处理则不在此例。

第7.2.3条 我国冬季土层冻结的寒冷地区,水体驳岸极易受冻胀的破坏。一种情况是基础受冻胀后使整个驳岸断裂,所以整个基础必须设在冰冻线以下;另一种情况是基础以上及其附近部分发生冻胀后使驳岸向水体方向挤胀,造成断裂,所以驳岸的铺漫砌筑不能用吸水性强的材料,铺漫砌筑的后方也需要填垫滤水的粒料如砂石、焦碴等;再有一种情况是水体表面结冰后发生冻胀,可以使驳岸向水体外侧胀裂,特别是垂直的驳岸更易发生。解决的办法是加厚驳岸,以增加抗水平荷载,或者驳岸设计成斜坡,冻胀时冰面能顺坡上滑。为了避免水体表面结冰对垂直形式驳岸的冻胀威胁,北京有的公园采取破冰的方式,即隔一定时间,将靠近驳岸的冰面打碎,形成约一米左右宽的沟,使冰面离开驳岸。这只是一种简而易行的管理措施,还有用水体的循环水 不断浇洒在靠近驳岸部分,使在一段距离内不结冰或只结薄冰。在严寒地区常采用冬季放掉池水的措施。所以设计文件中须注明管理措施。

第7.2.4条 驳岸的形式很多,对园林景观影响很大。设计时应着眼于园林特点,与园林环境谐调,有别于一般的水库或其它水工构筑物。

第7.2.5条 有些艺术家把假山或立置石比做园林中的雕塑,我国传统园林中有很多艺术性很高的假山,因此堆叠山石既要考虑与周围环境、空间的关系,又要设计好本身的造型,选好石料。所用的各种石料和所设计的山形、山势、欣赏的角度、范围、与附近的建筑、道路、水体、植物都有密切的关系。例如有人主张在水边选用玲珑剔透的青绿色石料比较协调;也有人主张在水体上堆叠石桥用比较方整的暖色石料可以与水面形成对比,比较醒目,在大的环境中用料一般偏大,但也有时要在小的空间环境中选用几块大石料以为标志,诸如此类都要设计者详加选定。

第7.2.6条 在我国园林中很多处都用山石护坡,砌花台、挡土墙、驳岸,也有叠成围墙状以形成一定的空间,遮掩一些败景,也有用来作梯道、台阶或石桌石凳的。在满足这些实际功能需要的同时还应该有美的形式和安全保证。

第7.2.8条 假山、山洞的结构可以采用梁柱式或拱券式,可以用钢筋混凝土作内部结构,外表饰以山石,也可以用天然石料直接堆筑。无论那一种形式都要经过设计,或者设计人与施工部门共同商定,山石之间的加固措施也要同时确定。山洞曲折、深邃、内部较黑暗的要有采光。采光的方式可以用人工照明,也可以留出孔洞引入自然光。山洞内要有排水坡度是为了外界的地表水流入后能排出;内部结露滴下的水能排出;内部清扫冲刷时能将水排出。

第7.2.9条 用自然山石堆叠假山除了在艺术上要有

完整性外,在结构上也要有整体性,其重心应稳定以防局部塌落。悬挑和山洞口的山石,为了防止塌落常在山石间埋设铁件,以山石作建筑物的梯道或在墙作壁山都在其间采用拉结措施,以防不均匀沉降或地震时发生问题。

第三节 电气与防雷

第7.3.1条 分线路、分区域控制照明是为了节约用电。

第7.3.3条 在有本条文所列内容的公园中,为防止特殊情况断电发生危险,需有两个电源供给。

第7.3.4条 本条文从安全和景观的需要出发,规定变(配)电所位置、配电箱位置选择原则。庭园灯接线盒外罩防护,指一般人不用专门工具无法打开的措施,防止少年儿童好奇打开造成触电事故。

第7.3.5条 公园的防雷范围包括:建筑物、供电设施和游览活动设施。建筑物的防雷应按《建筑防雷设计规范》GBJ 57执行,供电设施应按《工业与民用电力装置的过电压保护设计规范》(GBJ 64)和《工业与民用电力装置的接地设计规范》(GBJ 65)执行。园内游乐设备如观览车,架空索道等以及通往山顶的山路金属护栏的防雷,要根据不同地区、不同设施具体解决,或是在雷雨天停止开放以防发生雷击伤人事件。

第四节 给水排水

第7.4.2条 城市供水系统以外的水源,系指利用自然水系、地下水或处理过的其它水源。

第五节 护 栏

第7.5.1条 公园中的示意性护栏,指公园中带有一定装饰性、以示意的方式保护雕塑、花坛等不具有安全保护作用的护栏设施。

第六节 儿童游戏场

第7.6.4条 儿童游戏场戏水池深度的规定是为了确保安全和符合儿童特点,所规定的最大水深0.35m是根据《建筑设计资料集(1)》(幼儿园、托儿所)中提供的儿童尺度推算(3—4岁儿童的坐高减去头部高)得出,确保儿童坐在水中不致喝水。

第7.6.5条 儿童的自我平衡能力不高,又喜爱奔跑和攀爬,本条的制定是为了保证儿童在场地内活动时的安全,在儿童偶然摔倒后也不致被其他物体伤害,同时减少扬尘,提高环境质量。

中华人民共和国行业标准

城市粪便处理厂(场)设计规范

Code for design of urban
night soil treatment works

CJJ 64—95

主编单位：武汉城市建设学院
批准部门：中华人民共和国建设部
施行日期：1995年11月1日

关于发布行业标准《城市粪便处理厂（场）设计规范》的通知

建标〔1995〕252号

各省、自治区、直辖市建委（建设厅），计划单列市建委，国务院有关部门：

根据建设部建标〔1991〕413号文的要求，由武汉城市建设学院主编的《城市粪便处理厂（场）设计规范》，业经审查，现批准为行业标准，编号CJJ 64—95，自1995年11月1日起施行。

本标准由建设部城镇环境卫生标准技术归口单位上海市环境卫生管理局归口管理，其具体解释工作由武汉城市建设学院负责。

本标准由建设部标准定额研究所组织出版。

中华人民共和国建设部
1995年5月15日

目　次

1　总则 ……………………………………… 20—3
2　厂（场）址选择和总体布置 ……………… 20—4
　2.1　选址 ………………………………… 20—4
　2.2　总体布置 …………………………… 20—4
3　粪便净化处理工艺和构筑物 ……………… 20—5
　3.1　一般规定 …………………………… 20—5
　3.2　净化处理工艺流程 ………………… 20—5
　3.3　接受沉砂池 ………………………… 20—5
　3.4　格栅 ………………………………… 20—6
　3.5　贮存调节池 ………………………… 20—6
　3.6　初次重力浓缩池 …………………… 20—6
　3.7　厌氧消化池 ………………………… 20—6
　3.8　后处理 ……………………………… 20—7
　3.9　污泥处理 …………………………… 20—7
4　粪便无害化卫生处理 ……………………… 20—8
　4.1　一般规定 …………………………… 20—8
　4.2　高温堆肥法 ………………………… 20—8
　4.3　沼气发酵法 ………………………… 20—9
　4.4　密封贮存池 ………………………… 20—9
　4.5　三格化粪池 ………………………… 20—9
附录A　粪便性状参考设计数据 …………… 20—10

附录B　本规范用词说明 …………………… 20—11
附加说明 ……………………………………… 20—11
条文说明 ……………………………………… 20—12

1 总 则

1.0.1 为保证城市粪便处理能达到防止粪便污染的卫生目的,使粪便净化处理厂(场)、粪便无害化卫生处理厂(场)能根据规定的要求进行合理设计,做到确保质量,制定本规范。

1.0.2 本规范适用于城市新建、扩建和改建的粪便净化处理厂(场)、粪便无害化卫生处理厂(场)的设计。

1.0.3 粪便处理厂(场)设计应以批准的当地城市总体规划和环境卫生工程专业规划为主要依据,根据规划年限、处理规模、环境效益、经济效益和社会效益,正确处理近期与远期、处理与利用以及粪便处理与生活污水和生活垃圾处理之间的关系,通过论证,做到确能保护环境,安全适用,技术可靠,经济合理。

1.0.4 粪便处理厂(场)设计,应在不断总结生产实践经验和吸取科研成果的基础上,积极采用经过鉴定、行之有效、节约能源、节省用地的新技术、新工艺、新材料、新设备,并应积极采用机械化和自动化设备。

1.0.5 粪便处理厂(场)接受的粪便应是吸粪车或其他专用运输工具清运和转运的人粪便。其中严禁混入有毒有害污泥。

1.0.6 粪便的设计性状,应根据实际测定的结果来确定。如无当地测定数据时,可按本规范附录A采用。

1.0.7 粪便经处理厂(场)处理后,最后出路宜用于农业,也可排入水体。最后出路的选择,应根据当地农业利用习俗、农业利用的季节性影响、污水排放标准、水体状况等条件,综合考虑确定。

1.0.8 粪便处理类型应根据粪便最后出路确定采用无害化卫生处理或净化处理。用于农业的粪便应进行无害化卫生处理;排入水体的粪便应进行净化处理。

1.0.9 粪便处理厂(场)的设计,除应符合本规范外,尚应符合国家现行的有关标准的规定。

2 厂（场）址选择和总体布置

2.1 选 址

2.1.1 粪便处理厂（场）位置的选择，应根据下列因素综合确定：

（1）在城市水体的下游；

（2）不受洪水威胁；

（3）有良好的排水条件，便于粪便污水、污泥的排放和利用；

（4）有方便的交通运输和供水供电条件；

（5）有良好的工程地质条件；

（6）拆迁少，不占或少占良田，有一定的卫生防护距离；

（7）在城市主导风向的下侧；

（8）有扩建的可能。

2.2 总 体 布 置

2.2.1 粪便处理厂（场）的厂（场）区面积应按远期规模确定，并作出分期建设的安排。

2.2.2 粪便处理厂（场）的总体布置应工艺流程合理，布置紧凑，施工和维护方便；应结合厂（场）址地形、气象和地质条件等因素，经过技术经济比较确定。

2.2.3 粪便处理厂（场）的工艺流程、竖向设计宜充分利用原有地形，做到排水畅通、土方平衡和能耗降低。

2.2.4 处理构筑物的间距应紧凑、合理，并应满足施工、设备安装和埋设各种管道及维护的要求。

2.2.5 附属建筑物宜集中布置，并应与生产设备和处理构筑物保持一定距离。

2.2.6 附属建筑物的组成及其面积，应根据粪便处理厂（场）的规模、工艺流程和管理体制等条件确定，并可参照现行的有关标准执行。

2.2.7 厂（场）区内各建筑物和构筑物群体效果应与周围环境相协调。

2.2.8 厂（场）内各种管线应全面安排，避免相互干扰。输送粪便、污泥、污水和沼气的管线布置应短、直，以减少能量损耗和便于清通。

2.2.9 厂（场）内应有堆放材料、备件、燃料或废渣等物料以及停车的场地。

2.2.10 厂（场）内应设置粪便、污泥和气体的计量装置以及必要的仪表和控制装置。

2.2.11 各处理构筑物应有排空装置。

2.2.12 粪便处理厂（场）内道路的设计应符合下列规定：

（1）主要车行道的宽度：单车道为 3.5m，双车道为 6m，并应有回车道；

（2）车行道的转弯半径不宜小于 6m；

（3）人行道的宽度为 1.5～2.0m。

2.2.13 厂（场）周围应设围墙，其高度不宜小于 2m。

2.2.14 厂（场）内出入口大小应满足最大尺寸设备进出和车辆交通流量的要求。

2.2.15 粪便处理厂（场）供电宜按二级负荷设计。维持厂（场）最低运行水平的主要设备的供电必须为二级负荷，当不能满足要求时，应设置备用供电设施。

2.2.16 厂（场）区的绿化面积不宜小于厂（场）区总面积的 30%。

2.2.17 寒冷地区的粪便处理厂（场），应采取保温防冻措施。

2.2.18 高架处理构筑物应设置适用的栏杆等安全设施。

3 粪便净化处理工艺和构筑物

3.1 一般规定

3.1.1 城市粪便经处理后排入水体时,其净化处理程度及方法应综合考虑下列因素,通过技术经济比较后确定:
（1）现行的国家和地方的排放标准;
（2）排放地点的水体的稀释和自净能力、上下游水体利用情况等水体状况;
（3）粪便的性状和数量;
（4）设计的稀释倍数。

3.1.2 粪便净化处理构筑物的设计处理能力,应按分期建设中每期的服务区域内平均日清运量计算。规划年份日清运量应根据预测结果确定。

3.1.3 主要净化处理构筑物的个数不宜少于2个,并宜按并联系列设计。

3.1.4 并联运行的净化处理构筑物间应设均匀配水装置,净化处理构筑物系统间宜设可切换的连通管渠。

3.1.5 净化处理构筑物的入口处和出口处宜采取整流措施。

3.2 净化处理工艺流程

3.2.1 粪便净化处理工艺的选择及构筑物的组成,应根据粪便性状、设计处理能力和所要达到的处理要求等,通过技术经济比较确定。

3.2.2 粪便净化处理工艺宜分别采用下列流程之一:
（1）预处理——→厌氧消化处理——→（上清液）后处理
（2）当新鲜粪便含水率高于99%时,可采用:

预处理（含重力浓缩）——→（污泥）厌氧消化处理——→（上清液）后处理

（3）有条件时也可采用:
预处理——→初级好氧生物处理——→（上清液）后处理

3.2.3 预处理工艺宜采用接受沉砂池、格栅、贮存调节池、初次重力浓缩池的单元组合。

3.2.4 处理工艺流程中,必须设置消毒和污泥处理设施。有条件时,宜配置脱臭设施。

3.3 接受沉砂池

3.3.1 粪便处理厂（场）必须设置接受沉砂池。

3.3.2 接受沉砂池应设若干个粪便接受口和一个污泥专用接受口。粪便接受口和污泥专用接受口应有水封。

3.3.3 粪便接受口个数可根据每小时最大粪便投入量按下式计算:

$$N_r = kQ_d t_v/(60V_v t_p) \quad (3.3.2)$$

式中 N_r——粪便接受口数;
Q_d——粪便设计处理量（m³/d）;
t_v——吸粪车的粪便投入时间（min/车）;
V_v——吸粪车的容量（m³/车）;
t_p——每日粪便投入时间（h/d）;
k——最大投入系数,可取2~4。

3.3.4 接受沉砂池的容积,可按下式计算:

$$V_{rt} = (1/60)N_v V_v t_s N_r \quad (3.3.3)$$

式中 V_{rt}——接受沉砂池的容积（m³）;
N_v——每小时投入车数（车/h）;
t_s——粪便的停留时间（min）,宜为10~20min。

3.3.5 砂斗的有效深度宜采用1~1.5m;砂斗的有效容积,可按下式计算:

$$V_{sb} = Q_d \rho T_s \qquad (3.3.4)$$

式中 V_{sb}——砂斗的有效容积（m³）；

ρ——粪便的含砂量（%），可按 0.1%～0.2%计算；

T_s——排砂周期（d），不宜大于 7d。

3.3.6 排砂宜采用砂泵等设备。对排除的砂应采取卫生处置措施。

3.4 格　栅

3.4.1 接受沉砂池后，必须设置格栅。

3.4.2 格栅的设计应符合下列规定：

3.4.2.1 格栅栅条间空隙宽度应为 10～40mm；

3.4.2.2 粪便过栅流速宜为 0.6～1.0m/s；

3.4.2.3 格栅安置倾角宜为 45°～75°。

3.4.3 格栅拦截夹杂物的量可按粪便处理量的 1%～2%计算。夹杂物的清除宜采用机械清除。对所清除的夹杂物应采取卫生处置措施。

3.4.4 格栅上部必须设置工作台，其上应有安全和冲洗设施。

3.4.5 格栅设于室内时，应设置通风设施；当用人工清除时，其进风口必须设于工作台下面。

3.5 贮存调节池

3.5.1 粪便主处理系统前，应设置贮存调节池。

3.5.2 贮存调节池可采用矩形或圆形。

3.5.3 贮存调节池的容量不应小于粪便最大日清运量。

3.5.4 贮存调节池应设置计量装置和去除浮渣装置。

3.6 初次重力浓缩池

3.6.1 粪便主处理系统前，可设置重力浓缩。重力浓缩池宜用于含水率大于 99%的粪便。

3.6.2 重力浓缩池的设计应符合下列规定：

3.6.2.1 浓缩时间宜为 3～6h。

3.6.2.2 有效水深宜为 4m。

3.6.2.3 浓缩后污泥含水率宜小于 98%。

3.6.2.4 当采用刮泥机排泥时，其外缘线速度宜为 1～2m/min，池底坡向泥斗的坡度不宜小于 0.05；当不设置刮泥机时，可采用泥斗重力排泥，斗的倾角宜为 45°～60°。

3.6.2.5 固体负荷应由试验或参照相似粪便的实际运行资料确定。

3.6.3 当采用间歇式重力浓缩池时，应在浓缩池的不同高度上设粪便水排出管。

3.6.4 重力浓缩池应有去除浮渣的装置。

3.7 厌氧消化池

3.7.1 粪便厌氧消化宜采用两级中温消化。

3.7.2 粪便厌氧中温消化池的设计应符合下列规定：

3.7.2.1 主要设计参数宜符合表 3.7.2 的规定。

厌氧消化池主要设计参数　　　　表 3.7.2

项　　目	一级消化池	二级消化池
温　度（℃）	36～38	不加热
消化时间（d）	15～20	10～15
投配率（%）	5～7	——
BOD₅ 处理效率（%）	——	>80%

3.7.2.2 总消化时间不应少于 30d。当确保 BOD₅ 处理效率在 80%以上时，总消化时间可缩短，但一级消化时间仍应大于 15d。

3.7.2.3 对于投配率，进料 BOD₅ 高时宜用下限值，进料 BOD₅ 低时宜用上限值。

3.7.3 厌氧消化池的总有效容积，可按下列公式计算：

（1）按消化时间计算：

$$V_{dt} = k_s Q_d t_d \qquad (3.7.3-1)$$

(2) 按投配率计算：

$$V_{dt} = (Q_d/\eta) \times 100 \quad (3.7.3-2)$$

式中 V_{dt}——厌氧消化池的总有效容积（m³）；
k_s——消化污泥贮留系数，取 $k_s=1.10\sim1.15$；
Q_d——粪便设计处理量（m³/d）；
t_d——消化时间（d）；
η——粪便投配率（％）。

3.7.4 厌氧消化池的平面形状宜采用圆形。

3.7.5 厌氧消化池必须密封，应采用不透气、不透水的建筑材料建造，并能承受消化气体的工作压力。固定盖式消化池应有防止池内产生负压的措施。对易受气体腐蚀的部分应采取有效的防腐措施。

3.7.6 厌氧消化池的侧壁应设置出入口。

3.7.7 一级消化池应加热。加热宜采用池外热交换，也可采用池内热交换或蒸气直接加热；对于大型消化池也可将两种加热方式结合使用。

3.7.8 一级消化池应设搅拌装置。搅拌宜采用消化气体循环，也可采用螺旋桨搅拌器、水力提升器等；对于大型消化池，也可将两种搅拌方式结合使用。搅拌可采用连续的，也可采用间歇的。消化液从一级消化池输送到二级消化池之前，应至少停止搅拌4h以上。

3.7.9 二级消化池可不加热、不搅拌，但必须设置排出上清液设施。溢流管出口不得放在室内，而且必须有水封。

3.7.10 厌氧消化池宜设有测定气量、气压、温度、pH值、粪便量等的仪表和设施。

3.7.11 厌氧消化池、贮气罐、配气管等的设计应符合国家现行的《建筑设计防火规范》的规定。防爆区内电机、电器和照明均应符合防爆要求。控制室应设置可燃气体报警装置和通风设备。

3.7.12 消化气体收集设施宜由脱硫装置、贮气装置、余气燃烧装置、配气管等组成。

3.7.13 脱硫装置可根据条件采用干式或湿式脱硫。脱硫装置宜有防冻措施。消化气体的硫化氢含量，可按0.5%～1.0%计算。

3.7.14 贮气罐的容积可根据供气与用气的变化曲线确定。无曲线资料时，其容积可按日产气量的1/3～1/5设计。贮气罐应设有气体最低位的报警装置和过载自动排气装置。

3.7.15 配气管上应设阻燃器和排水装置。

3.7.16 消化气体宜用作燃料。

3.8 后 处 理

3.8.1 下列粪便水应进行后处理：
（1）厌氧消化处理后的上清液；
（2）初级好氧生物处理后的上清液；
（3）新鲜粪便浓缩处理后的上清液；
（4）污泥处理过程中产生的污泥水。

3.8.2 后处理宜采用活性污泥法或生物膜法等城市生活污水的常规处理方法，其设计应符合现行国家标准《室外排水设计规范》的有关规定。

3.8.3 粪便水进行后处理前，宜经稀释。稀释倍数应按粪便水稀释至城市污水设计水质的要求来确定。当后处理采用活性污泥法时，稀释调节池应具有将回流污泥、粪便水和稀释水进行混合的功能。混合可采用泵混合或专设的混合设施。

3.8.4 粪便水经处理后必须进行消毒，消毒宜采用加氯法。加氯量应大于10mg/L，接触时间应大于30min。加氯设施和有关建筑物的设计应符合现行国家标准《室外给水设计规范》的有关规定。

3.9 污 泥 处 理

3.9.1 粪便处理过程中产生的污泥必须进行处理。

3.9.2 污泥计划处理量应以粪便计划处理量为基础，根据有关处理构筑物的粪便SS浓度及去除率、BOD_5的去除量、污泥生长量以及污泥的含水率等进行计算确定，也可按下列数据采用：

（1）厌氧消化池中的污泥量按粪便计划处理量的 15%～20%计算；

（2）活性污泥法处理构筑物中的污泥量按粪便水计划处理量的 30%计算。

3.9.3 活性污泥的重力式浓缩池设计，浓缩时间不宜小于 12h，污泥固体负荷宜为 $30～60kg/(m^2 \cdot d)$，其他设计要求可按本规范 3.6 的规定执行。

3.9.4 浓缩的剩余活性污泥与消化污泥合并处理时不宜采用厌氧消化处理。

3.9.5 污泥的处理方法应根据污泥的最终处置方法选定，最终处置首先应考虑用作农业肥料。

3.9.6 污泥用作农肥时，其处理流程宜采用人工滤层干化场脱水或机械脱水后高温堆肥处理；也可不经脱水，直接将污泥与城市生活垃圾进行混合高温堆肥。污泥人工滤层干化场和污泥机械脱水的设计，应符合现行国家标准《室外排水设计规范》的有关规定。污泥高温堆肥的设计，应符合本规范第四章的有关规定。

4 粪便无害化卫生处理

4.1 一 般 规 定

4.1.1 当粪便最后出路为农业利用时，其无害化卫生处理方法宜采用高温堆肥法或沼气发酵法，也可采用密封贮存池或三格化粪池进行处理。

4.1.2 粪便经无害化卫生处理后，其处理效果的卫生指标必须符合现行的国家标准《粪便无害化卫生标准》的规定。

4.1.3 经无害化卫生处理后的粪液用作农田灌溉时，对灌溉田与水源的防护，必须符合现行国家标准《生活饮用水卫生标准》中的有关规定。

4.1.4 无害化卫生处理后的粪液不得任意排放。设计中，应考虑非用肥或非灌溉季节粪液的出路。

4.1.5 粪便无害化卫生处理构筑物、管渠和设备等，应采取防止渗漏的措施。

4.2 高温堆肥法

4.2.1 高温堆肥法宜用于新鲜粪便的无害化卫生处理，也可用于粪便净化处理过程中排出的污泥、沼气发酵池产生的沼渣以及三格化粪池清挖的浮渣沉渣的进一步无害化卫生处理。当城市生活垃圾堆肥有销路时，首先应考虑采用粪便或污泥与生活垃圾混合高温堆肥。

4.2.2 高温堆肥处理工艺流程的选择及主要处理设施的组成，应根据原料（粪便、污泥及生活垃圾）性状、设计生产能力、堆肥制品使用要求，参照相似条件下高温堆肥厂的运行经验，并结合当地条件，综合研究，通过技术经济比较确定。

4.2.3 高温堆肥厂（场）应采取脱臭和灭蝇措施。

4.2.4 粪便或污泥与生活垃圾混合高温堆肥的设计应符合下列规定：

4.2.4.1 混合比应以混合后符合下列要求为基础进行计算确定：

(1) 混合物含水率应为 40%～60%；

(2) 混合物碳氮比（C/N）宜为 20:1～30:1；

(3) 混合物有机物含量宜为 20%～60%。

4.2.4.2 当采用静态发酵工艺时，工艺流程及技术要求可参照现行行业标准《城市生活垃圾好氧静态堆肥处理技术规程》的有关规定执行。

4.2.5 粪便或污泥单独高温堆肥的设计应符合下列规定：

4.2.5.1 粪便高温堆肥前，宜经浓缩和（或）脱水处理。产生的粪便水处理应符合本规范第三章的有关规定。

4.2.5.2 浓缩和（或）脱水的粪便污泥高温堆肥工艺流程宜采用：

水分调整设施 → 一级发酵设施 → 二级发酵设施

4.2.5.3 水分调整方法可采用添加水分调整材料或返回腐熟堆肥。

4.2.5.4 一级发酵设施的总有效容积，应根据日进料量和发酵时间确定。发酵时间宜为 7～14d。

4.2.5.5 一级发酵设施必须配置强制通风、渗沥水收集以及测试工艺参数的装置，并应具有保温、防雨、防渗的性能。

4.2.5.6 二级发酵设施的有效容积或面积，应根据一级发酵设施的出料量和堆肥的腐熟时间确定。腐熟时间不宜少于 10d。二级发酵也可采用露天堆积方式。

4.3 沼气发酵法

4.3.1 沼气发酵可采用高温、中温或常温发酵。高温发酵温度应为 53±2℃；中温发酵温度宜为 37±2℃；常温发酵温度宜大于 10℃。

4.3.2 沼气发酵的进料含水率不应大于 98%。其中高温沼气发酵的进料含水率宜为 93% 左右。

4.3.3 沼气发酵池的有效容积应根据发酵时间确定。高温发酵时间宜为 10～20d；中温发酵时间宜为 20～30d；常温发酵时间应大于 30d，冬季应适当延长。

4.3.4 沼气发酵池必须有保温措施。

4.3.5 沼气发酵池的构造、加热、搅拌、气体收集设施以及辅助设施的设计与要求，可按本规范 3.7 的有关规定执行。

4.3.6 沼气发酵池产生的沼气、沼液宜综合利用，中温和常温发酵的沼渣应经进一步无害化卫生处理后方可用作农肥。

4.4 密封贮存池

4.4.1 密封贮存池的平面形状宜采用圆形。

4.4.2 密封贮存池的总有效容积应根据密封贮存期确定。密封贮存期应大于 30d，冬季应适当延长。

4.4.3 密封贮存池应采用不透水材料建造，进出料口应高出地面并应有水封措施。

4.4.4 密封贮存池宜配置泵。

4.4.5 密封贮存池池底污泥的清挖周期宜为 1～4 个月。

4.5 三格化粪池

4.5.1 三格化粪池的平面形状宜采用矩形。

4.5.2 三格化粪池的总有效容积应根据粪便处理量和停留时间确定。停留时间宜为 30～40d。

4.5.3 三格化粪池的第一、二、三格的容积比，可采用 3:1:6～9，其中第一格的粪便停留时间不应小于 10d。

4.5.4 三格化粪池格与格之间的粪液出口应上下错开，第一格的出口距池底宜为 40～50cm，第二格的出口应采用溢流。

4.5.5 三格化粪池的第一、二格应各设浮渣、沉渣清挖口。浮渣、化正市政建。

垃圾的堆积周期，其为1~4个月，然后，垃圾应进一步进行无害

附录 A 粪便性水质参考设计数据

项目	高	中	低
含水率 (%)	95~97	97~98	98~99
pH	6~7	6~7	6~9
SS (mg/L)	20000~23000	15000~20000	9000~18000
COD (mg/L)	20000~30000	20000~30000	11000~20000
BOD₅ (mg/L)	8000~15000	15000	3000~10000
总氮量 (mg/L)	10000~20000	7000~17000	4000~14000
氯离子 (mg/L)	—	4000~6500	3500~5000
氮 (mg/L)	—	3500~6000	2300~4500
磷 (mg/L)	—	500~1000	200~800
钾 (mg/L)	—	1000~2000	500~1500
细菌总数 (个/mL)	10^3~10^{10}	10^7~10^9	10^4~10^7
蛔虫卵数	10^{-3}~10^{-10}	10^{-5}~10^{-8}	10^{-5}~10^{-7}
寄生虫卵 (个/mL)	80~200	40~100	5~60

注：水苯系统排粪便在含水率为95%~99%范围三种浓度设数据，如含水率不在此范围时，系列数值应相应修正。

附录 B 本规范用词说明

B.0.1 为便于在执行本规范条文时区别对待，对于要求严格程度不同的用词说明如下：

(1) 表示很严格，非这样做不可的
   正面词采用"必须"；
   反面词采用"严禁"。

(2) 表示严格，在正常情况下均应这样做的
   正面词采用"应"；
   反面词采用"不应"或"不得"。

(3) 表示允许稍有选择，在条件许可时首先应这样做的
   正面词采用"宜"或"可"；
   反面词采用"不宜"。

B.0.2 条文中指明必须按其他有关标准执行的写法为："应按……执行"或"应符合……的要求（或规定）"。

附加说明

本规范主编单位、参加单位和主要起草人名单

主 编 单 位： 武汉城市建设学院

参 加 单 位： 广州市猎德粪便无害化处理厂
武汉市环境卫生科研所
青岛市粪便无害化处理厂
烟台市粪便无害化处理厂
牡丹江市环境卫生科研所
鹤岗市粪便处理肥料厂

主要起草人： 陈锦章　陈朱蕾　陈海滨　冯其林　郭树波
张玉东　张沛君　徐家美　王明奎　邓朗奎
栗绍湘　史东臣

中华人民共和国行业标准

城市粪便处理厂（场）设计规范

CJJ 64—95

条 文 说 明

主编单位：武汉城市建设学院

前 言

根据建设部建标［1991］413 号文的要求，由武汉城市建设学院主编，广州市猎德粪便无害化处理厂等单位参加共同编制的《城市粪便处理厂（场）设计规范》（CJJ 64—95），经建设部 1995 年 5 月 15 日以建标［1995］252 号文批准，业已发布。

为便于广大设计、施工、科研、学校等单位的有关人员在使用本标准时能正确理解和执行条文规定，《城市粪便处理厂（场）设计规范》编制组按章、节、条顺序编制了本标准的条文说明，供国内使用者参考。在使用中如发现本条文说明有欠妥之处，请将意见函寄武汉城市建设学院。

本《条文说明》由建设部标准定额研究所组织出版。

目 次

1 总则 …………………………………………… 20—13
2 厂（场）址选择和总体布置 ………………… 20—15
　2.1 选址 ………………………………………… 20—15
　2.2 总体布置 …………………………………… 20—15
3 粪便净化处理工艺和构筑物 ………………… 20—16
　3.1 一般规定 …………………………………… 20—16
　3.2 净化处理工艺流程 ………………………… 20—17
　3.3 接受沉砂池 ………………………………… 20—18
　3.4 格栅 ………………………………………… 20—18
　3.5 贮存调节池 ………………………………… 20—18
　3.6 初次重力浓缩池 …………………………… 20—18
　3.7 厌氧消化池 ………………………………… 20—19
　3.8 后处理 ……………………………………… 20—20
　3.9 污泥处理 …………………………………… 20—20
4 粪便无害化卫生处理 ………………………… 20—21
　4.1 一般规定 …………………………………… 20—21
　4.2 高温堆肥法 ………………………………… 20—21
　4.3 沼气发酵法 ………………………………… 20—22
　4.4 密封贮存池 ………………………………… 20—23
　4.5 三格化粪池 ………………………………… 20—23

1 总 则

1.0.1 说明制订本规范的目的。

制订本规范的目的有二：

（1）保证城市粪便处理能达到防止粪便污染的卫生目的；

（2）使粪便处理厂（场）能根据规定的要求进行合理设计，做到确保质量。

1.0.2 规定本规范的适用范围。

本规范只适用于城市新建、扩建和改建的粪便处理厂（场）设计。本规范不适用于连接公厕和楼房的分散小型粪便处理设施设计，也不适用于农村畜牧粪便的处理设计。

条文中所指"城市"，按《中华人民共和国城市规划法》第三条规定："城市"是指国家按行政建制设立的直辖市、市、镇。"城市"是包括市和镇的完整的法律概念。我国的建制镇包括县人民政府所在地的镇和其他县以下的建制镇，都属城市的范畴和体系。

1.0.3 规定粪便处理厂（场）设计的主要依据和基本任务。

粪便处理厂（场）是城市环境卫生基础设施之一。《城市规划法》规定，中华人民共和国的一切城市，都必须制定城市规划，按照规划实施管理。城市总体规划包括各项工程规划和专业规划，为各行业的专业规划提供了指南和依据。环境卫生工程专业规划是城市总体规划的组成部分。城市总体规划批准后，必须严格执行；未经原批准机关同意，任何组织和个人不得擅自改变。据此，本条规定了主要设计依据。

国家计划委员会颁发的《基本建设设计工作管理暂行办法》规定，设计工作的基本任务是，要做出体现国家有关方针、政策、切合实际，安全适用，技术先进，社会效益、经济效益好的设计，为我国社会主义现代化建设服务。据此，本条结合粪便处理工程的特点，规定了基本任务和应正确处理的有关方面关系。

1.0.4 规定粪便处理厂（场）设计采用新技术应遵循的主要原则。

粪便处理厂（场）的兴建在我国刚刚起步，随着科学技术的发展和环境卫生要求的提高，今后粪便处理新技术会不断涌现。《城市市容和环境卫生管理条例》第七条规定，国家鼓励推广先进技术，提高城市市容和环境卫生水平。作为规范，不应阻碍或抑制新技术的发展，为此，本条鼓励积极采用经过鉴定、行之有效、节约能源、节省用地的新技术和新工艺。

粪便处理厂（场）往往空气质量较差，为此条文还规定有条件时应积极采用机械化、自动化设备。

1.0.5 条文规定粪便进厂（场）的方式、种类，条文还作了严禁混入有毒有害污泥的规定。粪便来源一般包括：

(1) 倒粪池，无卫生设备住户的粪便；

(2) 公共旱厕，旧城区无水冲的厕所粪便；

(3) 公共水厕贮粪池，无排水管渠地区水冲厕所粪便；

(4) 公共水厕化粪池，分散小型粪便处理设施的污泥；

(5) 楼房化粪池，局部粪便污水处理构筑物的污泥；

(6) 粪便转运站（码头），上述一～五类粪便和污泥。

1.0.6 关于确定粪便设计性状的原则规定。

由于粪便污泥的来源不同，性状值变化较大，所以设计性状应根据实际调查测定的结果来确定。当无资料时，推荐按本规范附录 A 采用。附录 A 所列数值，系根据国内调查资料、主编单位实验测定和参照国外规范推荐。

1.0.7 规定粪便经处理厂（场）处理的最后出路及选择最后出路应考虑的原则。

粪便经处理后，其最后出路可分为农业利用与排入水体。农业利用包括用作农田肥料，污水灌溉和水生物养殖等。国内经验表明，经妥善处理后的粪水和污泥进行农业利用，可以化害为利，具有明显的环境和经济效益，应是现阶段粪便最后出路的首选方案。

目前我国一些城市，尤其是特大城市，因各种原因粪便的农业利用已受到很大限制，正在准备兴建或已兴建了达到水体排放标准的粪便处理厂。因此，本条规定最后出路也可排入水体。条文中"水体"系指河流、湖泊、海洋等。

1.0.8 规定根据粪便最后出路确定采用的处理类型。

当粪便最后出路为农业利用时，应采用无害化卫生处理。粪便无害化卫生处理的要求是基本杀灭粪便中的病原体（病毒、细菌和寄生虫等），完全杀灭苍蝇的幼虫并有效地控制苍蝇孳生和繁殖，同时促使粪便中含氮有机物的分解，防止肥效损失，从而使粪便达到无害化、稳定化。

当粪便最后出路为排入水体时，应采用净化处理。粪便净化处理应是采用物理、生物或化学的手段和技术，将粪便中的污染物质分离出来，或是将其转化为无害的物质，从而使粪便得到相对净化，达到水质排放标准。

根据我国国情，现阶段粪便处理的主要目标应是积极推行农业利用的无害化卫生处理类型。只有当农业利用的出路受阻，经技术经济比较合理时，可采用净化处理。

1.0.9 规定粪便处理厂（场）设计尚应同时执行有关标准和规范。

2 厂（场）址选择和总体布置

2.1 选 址

2.1.1 规定厂址选择应考虑的主要因素。

影响粪便处理厂（场）厂址选择的因素很多，本条对主要因素，如与城镇所在水体的关系、污水污泥排放出路、交通运输和水电供应条件、工程地质条件、卫生防护要求、当地主导风向等提出了要求。

2.2 总 体 布 置

2.2.1 关于确定厂（场）区征地面积的原则。

粪便处理厂（场）的规划设计必须考虑城市人口的增长和工业的发展以及建设资金的筹集情况。厂（场）区面积应按远期规划设计，分期实施。

2.2.2 关于粪便处理厂（场）总体布置的规定。

粪便处理厂（场）的总体布置在满足功能要求前提下，必须经济合理，施工和维护管理方便。

2.2.3 对处理厂（场）工艺流程，竖向设计的主要考虑因素作了规定。

在排水畅通的条件下，应尽量做到土方平衡和降低能耗。

2.2.4 关于处理构筑物的布置原则的规定。

紧凑、合理的布置，既节约土地又便于施工和投产后的维护管理。

2.2.5 规定附属建筑物的布置原则。

集中布置并与处理构筑物保持一定距离，目的是保证生产管理人员有良好的工作条件和环境。

2.2.6 关于处理厂（场）附属建筑物的组成及其面积应考虑的主要原则。

处理厂（场）的附属建筑物分为生产性和生活性两大类，其组成与面积大小，在规划设计时，应因厂因地制宜考虑确定，本规范不作统一的规定。

条文中的"有关标准"，系指《城市污水处理厂附属建筑和附属设备设计标准》（CJJ 31—89），可作为参考。

2.2.7 规定处理厂（场）在建筑美学方面应考虑的主要因素。

处理厂（场）建设在满足实用、经济的前提下，应适当考虑美观并与周围环境达到和谐一致。

2.2.8 规定处理厂（场）内管线设计考虑的主要因素。

粪便处理厂（场）内管线较多，主要应做地下管道综合和高程设计。

2.2.9 关于堆场和停车场的规定。

一般材料、备件应靠近机修车间，燃料应靠近锅炉房和有关的生产设备，废渣则宜利用较偏僻的空地堆放。

2.2.10 关于处理厂（场）设置计量装置、必要的仪表和控制装置的规定。

为了有效地运行管理和进行成本核算，应设置粪便、污泥和气体的计量装置。

对于仪表和控制装置，由于国内有关仪表和控制装置的特性不一定完全适合处理厂（场）运行管理的要求，因此条文只规定设置必要的仪表和控制装置，不作全面设置的要求。

2.2.11 设置排空装置，目的是便于检修与清理。

2.2.12 关于厂（场）区内道路的规定。

厂（场）区道路有两大功能：一为物料的运输；二为工作人员的活动。由于粪便处理厂（场）中的原料、燃料及成品运输量大，故对道路设计应有一定要求。

2.2.13 考虑处理厂（场）的安全要求，周围应设有围墙。

2.2.16 绿化对粪便处理厂（场）有着十分重要的意义。绿化不仅可以防止厂（场）区的尘土飞扬，还可以减少噪声干扰，减少太阳辐射热，从而改善生产条件。考虑到粪便处理厂（场）的特点，规定绿化面积不宜小于厂（场）区总面积的30％，比一般企业要适当高一些。

2.2.17 关于寒冷地区的粪便处理厂（场）保温防冻的规定。

保温防冻对象主要指处于地面以上露天设置的生产设备和处理构筑物。

2.2.18 关于处理厂（场）安全设施的规定。

以往经常发生有工作人员从无防护设施的高架处理构筑物滑倒跌落的事故，故条文规定应设置栏杆等设施。

3 粪便净化处理工艺和构筑物

3.1 一般规定

3.1.1 确定城市粪便排入水体的处理程度及方法应考虑的原则。

目前虽然粪便排放标准在我国尚未制订，但国家已有《污水综合排放标准》，《地面水环境质量标准》，《工业企业设计卫生标准》的"地面水水质卫生要求"和"地面水中有害物质的最高容许浓度"，《渔业水质标准》，《海水水质标准》以及地方水污染排放标准等。因此粪便水排入受纳水体时，其处理程度及方法应根据排放地点的水体状况、粪便的性状和数量，考虑设计的稀释倍数和水体的自净能力等，使出水口处或水体利用处的水质符合国家和地方的有关标准。

当有地方水污染物排放标准时，处理程度及方法由该标准和粪便的性状和数量确定；当暂无地方水污染物排放标准时，应以《污水综合排放标准》和《地面水环境质量标准》的各种水用途的水质标准为目标，根据水体水质现状、水体稀释自净能力和污染物的迁移转化规律等，计算水体对各种污染物的允许负荷量，从而确定污染物的排放量。再根据粪便性状和数量以及设计的稀释倍数，确定粪便的处理程度和方法。

3.1.2 关于粪便净化处理构筑物设计处理能力的规定。

粪便净化处理构筑物设计，应根据处理厂（场）的远期规模和分期建设的情况统一安排，按每期的服务区域的粪便量设计，这样既保证了处理厂（场）在远期扩建的可能性，又利于环卫工程设施建设在短期内见效。

关于服务区域内粪便量，日本的《粪便处理设施构造指南》（以下简称日本指南）规定是根据粪便收集人口数、每人每日平均排出粪便量、使用净化池人口数及其每人每日平均污水量，再考虑波动系数计算所得。我国与日本情况不同，因为下水道普及率不是按服务人口数统计，而是按区域内排水管道的服务面积占区域面积的比重计算的，因此粪便的收集人口数无法统计，相应的波动系数也难以确定。为此，本规范规定粪便量按服务区域内平均日清运量计算。

3.1.3 规定处理构筑物个数和布置的原则。

处理构筑物的个数不宜少于2个，以利于检修维护。

按并联的系列设计，可使处理厂（场）的运行更为可靠、灵活和合理。

3.1.4 关于设置均匀配水装置和连通管渠的规定。

并联运行的处理构筑物，若配水不均匀，各池负担就不一样，有的可能出现超负荷，而有的则又没有充分发挥其作用，所以应设置配水装置。配水装置一般采用堰或配水井等方式。

为灵活组合构筑物运行系列并便于观察、调节和维护，设计时应在构筑物之间设可切换的连通管渠。

3.1.5 关于处理构筑物入口、出口设计的规定。

处理构筑物的入口和出口处设置整流措施，既可使整个断面布水均匀，又能保持稳定的池水面，以保证处理效率。

3.2 净化处理工艺流程

3.2.1 规定选择处理工艺流程及构筑物应考虑的原则。

本条规定的原则是从处理效率的角度出发的。由于粪便污水中的有机物比生活污水中的有机物多得多，因此粪便处理的工艺流程通常分为三阶段：第一阶段为预处理，其任务主要是去除粪便中悬浮固体污染物质，采用的构筑物主要有接受沉砂池、格栅、贮存调节池、浓缩池等；第二阶段为主处理，其主要任务是使固体物变为易于分离的状态，同时使大部分有机物分解，采用的构筑物为厌氧消化池或好氧生物处理构筑物，国外也有采用湿式氧化反应池的；第三阶段为后处理，一般是将上清液稀释至类似城市生活污水的水质，采用城市生活污水处理的常规方法进行处理。工艺流程的主要区别在于主处理方式，所以一般按主处理的不同而分为不同的处理工艺流程。

3.2.2 推荐三种处理工艺流程。

（1）预处理——厌氧消化处理——（上清液）后处理的工艺流程，是日本50年代开始对污泥厌氧消化技术细节作适当改造而开发的适用于粪便处理的技术，近40年来得以广泛应用。我国80年代以来已有城市采用此处理流程，行之有效。

（2）这一工艺流程与上述流程不同之处，在于固液分离过程主要在预处理阶段进行即增加了初次重力浓缩工序，较适用于含水率高的粪便处理。广州、上海兴建的粪便处理厂基本上采用这种工艺流程，取得了较好的处理效果。

（3）这一工艺流程是主处理以好氧生物处理构筑物（如好氧消化池）加沉淀池代替了厌氧消化池。日本新设计的粪便处理厂较多采用此流程。国内除污泥处理有好氧消化池应用外，目前在粪便处理方面尚无生产实践经验。为此，建议有条件时可采用这一工艺流程，但本规范在构筑物设计规定中未列入好氧消化池。

3.2.3 规定预处理工艺的设施组合。

进厂（场）的粪便中，由于收运时间的影响和来源不同，造成进料不连续和性状不均匀，此外还含有相当数量的砂土和夹杂物。因此预处理工艺应设置接受沉砂池预先去除砂土，设置格栅去除夹杂物，设置贮存调节池混合调节、稳定流量，以保证后续工序的有效进行。

对于高含水率的粪便，预处理工艺还可考虑设置重力浓缩池。

3.2.4 关于处理工艺流程中设置消毒设施、污泥处理设施以及考虑配置脱臭设施的规定。

粪便水和产生的污泥中都含有病原体，为防止其传染疾病，按卫生要求必须设置消毒和污泥处理设施。

粪便处理厂（场）应逐步配套脱臭设施，但国内目前尚无应用实例。因此本条建议只能因时、因地制宜地考虑配置脱臭设施，规范中也未列入脱臭设施的具体设计规定。

3.3 接受沉砂池

3.3.1 规定必须设置接受沉砂池的要求。

接受沉砂池接受从真空抽粪车等运输工具卸入的粪便，并同时能够沉砂。

据调查，在收集的粪便中一般含有 0.2%～0.4% 的砂土等杂质，接受池中设置沉砂设施去除大部分砂土，可以避免后续处理构筑物的机械设备受磨损和改善重力排泥堵塞情况，故作本条规定。

3.3.3 规定接受口个数的计算公式和设计要求。

本条系根据日本指南和指南解说而制定。

3.3.4 规定接受池容积的计算公式。

引用日本指南的规定。

3.3.5 关于砂斗的有效深度，砂斗容积计算的规定。

本条规定参考日本指南解说，结合我国实际情况而定。条文中的粪便含砂率，是按实际含砂量的 50% 沉降率考虑的。

3.3.6 关于除砂方法和对所除砂土处置要求的规定。

采用重力排砂易堵塞排砂管，故本条规定宜采用真空泵或砂泵除砂。

排除的砂土中含有有害物质，应进行卫生处置，不得随意堆放或倾倒。

3.4 格 栅

3.4.1 规定设置格栅的要求。

据调查，收集的粪便中含有手纸、纤维类、橡胶类、塑料类、木竹片等大小不一的各种夹杂物约占 3%。为了防止机械设备被缠绕和磨损以及泵、阀的堵塞，以保证后续工序的正常运行，故作本条规定。

3.4.2 规定格栅设计的要求。

格栅栅条间空隙宽度的规定系根据国内粪便处理厂运行经验，同时参考城市污水处理厂的设计而规定。格栅栅条间空隙宽度在 10～40mm 范围内，采用机械清除时为 10～25mm，采用人工清除时为 25～40mm。为了更有效地去除夹杂物，可按格栅栅条间空隙由宽到窄设多级格栅。

过栅流速和格栅倾角系参照国内城市污水处理厂采用的数据制定。

3.4.3 关于格栅拦截夹杂物量、清除方法以及对夹杂物处置要求的规定。

3.4.4 关于设置格栅工作台的规定。

为便于清除夹杂物和养护格栅，作本条规定。

3.4.5 关于格栅间设置通风设施的规定。

格栅设于室内时，为改善室内的操作条件和确保操作人员安全与健康，应设置通风设施。

3.5 贮存调节池

3.5.1 规定设置贮存调节池的要求。

由于收集、运输的影响，进入粪便处理厂（场）的粪便量是不连续的，而且粪便性状随来源不同其浓度变化很大。为保证处理系统量的连续性和质的均匀性，故作本条规定。

3.5.2 明确贮存调节池的平面形状。

3.5.3 对贮存调节池容积的规定。

容积一般可按粪便最大日清运量考虑，但根据实际情况可以适当增大。

3.5.4 关于设置计量和去除浮渣装置的规定。

为掌握投入量和贮存量，应设置液面计或其他计量装置。

为减少贮存调节池出流中的浮渣，应设去除浮渣装置。

3.6 初次重力浓缩池

3.6.1 关于设置初次重力浓缩池的规定

条文所指浓缩,系指粪便经过接受沉砂池和格栅后的浓缩。

粪便的粘性较高,固形物在粪便中沉降速度较小,所以固液分离一般在二级消化池中进行,即通过一级消化池的生物分解作用使粪便的粘性显著降低后进入二级消化池沉降分离。但当粪便含水率较高时,为减小消化池的容积,国内也有在预处理流程中设置重力浓缩池以降低粪便含水率的设计实例。因此是否设置浓缩池,一般可根据粪便含水率,经技术经济比较后确定。条文两处的用语分别为"可"和"宜"字,表示有很大程度的选择性。

3.6.2 关于重力式浓缩池的设计规定。

本条规定的设计数据系参考国内一些污泥浓缩池的设计数据,结合广州粪便处理厂的实践经验确定。

根据调查研究,污泥浓缩的设计参数大多适用于粪便浓缩,但粪便的浓缩时间不宜太长,否则部分粪渣浮起形成过多的浮渣。

3.6.3 关于排除粪便水的规定。

间歇式重力浓缩池为静置沉降,一般情况下粪便水在上层,浓缩的粪便污泥在下层。但对于贮存时间较长的粪便或预处理时夹杂物去除率不高时,容易形成粪皮浮渣,此时中间是粪便水。为此,本条规定应在不同高度设置粪便水排出管。

3.6.4 关于去除浮渣装置的规定。

由于重力浓缩池经常形成浮渣,如不及时排除,浮渣会随粪便水出流。为此,规定应设去除浮渣的装置。

3.7 厌氧消化池

3.7.1 规定厌氧消化方式。

传统的消化池为单级消化。近20年来,两级消化在国外广泛采用,其优点是工程造价和运转能耗都少,有利于固液分离和熟污泥脱水。广州进行粪便两级消化的实践,证明效果良好。因此本条作出两级消化的规定。

消化温度推荐采用中温消化。虽然高温消化的卫生效果较好,但根据日本经验,粪便的高温消化与中温消化相比,通常消化污泥分离差,BOD_5去除率低,产气量反而少,故日本指南未将高温消化列入。我国的污泥消化,因其高温方式消耗热能很大,相应的规范也未列入高温消化。

3.7.2 关于厌氧中温消化池设计参数和取值原则的规定。

本条系参考国外规范参数并结合国内粪便的设计实践确定。

3.7.5 规定消化池的结构、安全及防腐要求。

为保证甲烷细菌正常发育,维持一定工作压力,消化池应采用不透水,不透气的建筑材料达到密封。

固定盖式消化池在大量排泥或排气量大于产气量等情况时,池内可能造成负压,致使空气渗入池内,破坏消化池运行甚至形成爆炸的潜在危险。故本条规定应有防止池内产生负压的措施,其措施一般为进出料同时进行;缓慢排泥或排泥时与贮气罐连通等。

粪便产生的沼气中硫化氢含量较高,有较大的腐蚀性。为此条文还规定应采取有效的防腐措施,一般措施是对易受气体腐蚀的部分采用耐腐蚀的材料或涂料。

3.7.6 关于消化池设置出入口的规定。

为便于维护检修,厌氧消化池的侧壁应设置不透水、不透气的出入口。

3.7.7 规定一级消化池加热的方法。

本条所列的三种加热方法国内外都有采用,其中池外热交换采用较多。

3.7.8 规定一级消化池搅拌的方法。

本条所列的三种搅拌方法国内外都有采用,近年来消化气体循环采用较多。

为保证固液分离的效果,消化液从一级消化池输送到二级消化池之前,应停止搅拌4h以上,此时间系根据日本指南解说而定。

3.7.9 规定二级消化池的有关要求。

二级消化池主要是利用余热进一步消化,并兼作浓缩池进行固液分离,故本条规定了不加热、不搅拌以及设置上清液排出设施的要求。

3.7.10 关于消化池设置仪表的规定。

为及时掌握消化池运行工况，保证运转效果，同时有利于积累原始运转资料，消化池应设置有关的仪表。但由于我国尚缺乏消化池专用仪表，故未作硬性规定，条文用语为"宜"字，表示有选择、有条件地考虑设置有关仪表。

3.7.11 规定厌氧消化系统的防火防爆要求。

厌氧消化池及其辅助构筑物是易燃易爆构筑物，根据我国消防条例规定，应符合现行的《建筑设计防火规范》。

条文还针对控制室的特殊情况，补充规定了控制室的安全设施。

关于构筑物的防火防爆等级，消化池和控制室属甲类生产建筑物，耐火等级为二级。若控制室为小于 $300m^2$ 的单层建筑，则耐火等级为三级。贮气罐属可燃性气体贮罐。

3.7.12 规定消化气体收集设施宜包括的装置。

据测定粪便厌氧消化产生的气体中，硫化氢约占 0.5%～1.0%。硫化氢除对人体有毒外，还腐蚀金属和混凝土等材料，影响贮气罐、锅炉及管道的耐用性。因此，规范在常规消化气体收集系统的设施组成中增列了脱硫装置。

3.7.13 关于脱硫方式和硫化氢含量的规定。

干式脱硫一般采用氢氧化铁或氧化铁粉掺合锯木屑作为脱硫剂，脱硫率可达 90% 以上，湿式脱硫一般采用水洗，脱硫率约为 60%～85%。

为保持脱硫效率和正常运行，条文还规定冬季脱硫装置宜有防冻措施。

3.7.14 规定贮气罐容积计算方法和对贮气罐的设计要求。

根据供气与用气情况计算贮气罐容积是比较经济的。当根据日产量的 1/3～1/5 设计容积时，中温消化可按 $1m^3$ 粪便（含水率 97%～98%）产生 8～$10m^3$ 气体计算。

3.7.15 规定配气管上的安全和排水装置。

为防止火焰进入消化池和贮气罐的危险，应设阻燃器，为排除消化气体的冷凝水，应设排水装置。

3.7.16 明确消化气体应尽量用作燃料。

消化气体作为能源利用，是粪便资源化的一个重要方面，因此有必要在规范条文中予以强调。

3.8 后 处 理

3.8.1 规定进入后处理系统的粪便水类型。

粪便水类型系对应于本规范第 3.2.2 条推荐的三种处理工艺流程中的不同构筑物而规定。

3.8.3 关于后处理前对粪便水进行稀释的规定。

由于进入后处理的粪便水类型不同，浓度变化大，稀释倍数不宜统一规定，故条文只明确稀释倍数的确定原则。

3.8.4 关于消毒的规定。

本条规定了消毒的方法、加氯量、接触时间以及加氯设施和有关建筑物的设计。

条文推荐消毒采用加氯法。由于氯的货源充沛、价格低、消毒效果好，国内已广泛应用于生活污水和医院污水的消毒，国外对粪便水的消毒一般也采用加氯法，故此法是可推荐的。

加氯量和接触时间系根据国内污水消毒运行经验并参考日本指南确定。

3.9 污 泥 处 理

3.9.1 关于粪便处理过程中污泥处理的规定。

粪便处理过程中产生的污泥富集了较多的污染物，尤其是沉降的寄生虫卵，故条文规定必须进行污泥处理，不得直接用作农田肥料。

3.9.2 关于确定污泥计划处理量的原则及参考数值的规定。

污泥产生量主要取决于粪便的 SS 和 BOD_5 浓度及其去除率。本条所列污泥量的参考数值来源于日本指南的规定。

3.9.3 关于浓缩活性污泥的规定。

活性污泥的浓缩，可参照本规范3.6的规定，但特别规定了与3.6中的不同设计要求。

3.9.4 规定浓缩的活性污泥若与消化污泥合并处理时不宜再采用厌氧消化处理方式。

3.9.5 规定污泥的最终处置方法。

污泥的最终处置意指其最后归宿，一般可分为海洋处置与陆地处置两大类。污泥用作农田肥料是陆地处置的首选方案。粪便污泥用于农田，既可增加土壤肥效，还可用来改良土壤，在我国广大地区受到农民欢迎。

3.9.6 规定污泥用作农肥时的处理流程。

国内许多城市的经验表明，本条建议的流程能满足污泥农用无害化卫生处理的要求，切实可行。规定干化场设人工排水层，是为了防止粪便污泥水渗入土壤深层和地下水，造成二次污染，同时为加速排水层中污泥水的排除。

污泥与城市生活垃圾进行混合高温堆肥，既可调节水分和C/N，又可增加肥效，杀卵效果好，另外还解决了污泥水的处理问题。

条文还明确了人工滤层干化场、污泥机械脱水以及高温堆肥设计应符合的有关规定。

4 粪便无害化卫生处理

4.1 一般规定

4.1.1 规定粪便农业利用时的无害化卫生处理方法。

粪便是我国农业广泛使用的有机肥源和能源，但从卫生角度看具有极大的危害性。本条推荐的四种卫生利用粪便的处理方法，根据我国农村粪便处理的多年实践证明是切实可行的，能适用于不同施肥习惯的地区。

4.1.2 关于粪便无害化卫生处理效果的卫生评价规定。

中国预防医学科学院环境卫生与卫生工程研究所主编的国家标准《粪便无害化卫生标准》，其中对温度、寄生虫卵、细菌、蝇蛹等均作出了规定，必须遵照执行。

4.1.3 关于粪液用作农田灌溉时保护水源的规定。

经无害化卫生处理后的粪液进行农田灌溉时，有关灌区与给水水源的防护距离，国家标准《生活饮用水卫生标准》中已有规定，必须遵照执行。

4.1.4 本条规定的目的是为了避免当农田不需粪液时，粪液任意排放造成对水源和环境的污染。非用肥或非灌溉季节的粪液出路措施一般采用适宜容量的蓄粪池或严格按现行的《工业企业设计卫生标准》中的有关规定，进行相应的处置后排放。

4.1.5 本条规定的目的是保护水源和周围环境不受污染。无害化卫生处理构筑物一般应采取抹水泥砂浆防渗处理。

4.2 高温堆肥法

4.2.1 关于高温堆肥适用原料的规定。

条文除了规定高温堆肥的适用原料外，还明确在城市生活垃坂堆肥有销路的条件下，应以粪便或污泥与生活垃圾混合高温堆肥作为首选方案。混合高温堆肥的特点在本条文说明3.9.6中已阐述，我国近年来许多城市采用混合高温堆肥，经验证明行之有效，符合我国环卫技术政策和实际情况。

4.2.2 规定选择高温堆肥处理工艺流程及主要处理设施应考虑的原则。

4.2.3 关于高温堆肥厂（场）采取脱臭和灭蝇措施的规定。

高温堆肥系统中产生的臭气物质主要是氨、硫化氢、甲硫醇、甲基硫、胺等，为防止污染空气和保持良好的工作环境，应根据设施的现场条件、周围环境条件和臭气浓度等采取相应的脱臭措施。脱臭措施可采用常规臭气控制技术，也可考虑将腐熟堆肥作为脱臭剂使用。厂（场）区臭气一般采用嗅觉监测法进行检测和评价，可参照《城市生活垃圾卫生填埋技术规范》附录中的5级标准，建议将厂（场）区臭气控制在3级以下。

高温堆肥厂（场）的前处理工艺中易孳生苍蝇，妨碍环境卫生，为此应考虑灭蝇措施。一般灭蝇措施为定期喷洒灭蝇药剂。厂（场）区可采用捕蝇笼诱捕法设置蝇类密度监测点。

4.2.4 规定混合高温堆肥设计的要求。

4.2.4.1 关于粪便或污泥与生活垃圾混合比计算原则的规定。

混合比计算应以混合后符合堆肥原料的含水率、碳氮比、有机物含量等要求为基础，条文中规定的堆肥原料要求，来源于《城市生活垃圾好氧静态堆肥技术规程》中关于堆肥原料的有关规定。

4.2.4.2 关于静态发酵工艺技术要求的规定。

关于静态堆肥技术，建设部已颁布《城市生活垃圾好氧静态堆肥处理技术规程》，可参照执行。由于该规程的适用范围是城市生活垃圾，本规范则以处理粪便为主，因此条文用语为"可参照"。

4.2.5 规定单独高温堆肥设计的要求。

4.2.5.1 对粪便单独高温堆肥前的脱水处理规定。

为了降低粪便的含水率，应对粪便进行浓缩和（或）脱水处理。脱水宜采用人工滤层干化场或机械脱水。

条文还对浓缩和脱出的粪便水处理提出了要求，目的是防止粪便水直接排放，形成二次污染。

4.2.5.2 推荐单独高温堆肥宜采用的工艺流程。

国外应用粪便或污泥单独高温堆肥已有成熟经验，国内虽有应用，但运行数据积累不多。本条推荐的工艺流程系国外较广泛采用的二次性发酵流程。

二次性发酵是指堆肥原料先后在不同的发酵设施中完成生物降解的全过程。

4.2.5.3 关于水份调整方法的规定。

水份调整材料一般可采用锯木眉、糠壳等物质。

4.2.5.4 关于一级发酵设施容积计算的规定。

一级发酵设施容积主要与进料量和发酵时间有关。发酵时间7～14d的规定来源于日本资料和世界银行编著的"粪便堆肥"一书。发酵时间的长短主要根据采用的发酵设施类型不同而确定。一般而言，静态发酵设施的发酵时间长于动态发酵设施；箱式、简仓式发酵设施的发酵时间长于多级立式、旋转简式发酵设施。

4.2.5.5 关于一级发酵设施配置必要装置的规定，还规定了发酵设施应有的性能。

4.2.5.6 关于二级发酵设施有效容积或有效面积计算的规定。

条文还规定二级发酵可采用露天堆积方式。露天堆积虽然占地面积大，发酵条件不易控制，但工程简单，投资和运转费用低，因此也予以推荐。

4.3 沼气发酵法

4.3.1 规定沼气发酵温度。

沼气发酵处理的目的，主要是去除病原体（杀灭病菌、沉降寄生虫卵）和稳定粪便，以获取液肥和热能。

高温、中温、低温沼气发酵在我国都有应用实例。高温沼气发酵较长时间在青岛应用，处理效果较好，有一定的运行经验。但高温沼气发酵池的进料为浓缩后的粪便污泥，含水率必须控制在95%以下。

低温沼气发酵长期在我国农村广泛应用，积累有较多的经验。近年来低温沼气发酵开始在城市应用，如烟台粪便处理采用此法效果良好。

因此，本条推荐三种温度的沼气发酵，并对不同温度作了规定。

4.3.2 规定沼气发酵的进料含水率。

进入沼气发酵池的粪便含水率大小，对沼气产率影响较大。在一定条件下，沼气产率与粪便含水率成反比关系。根据国内调查资料，规定粪便进入沼气发酵池的含水率一般不大于98%。当含水率大于98%时，应对粪便进行预处理以降低其含水率。根据青岛经验，高温沼气发酵的含水率宜控制在93%左右。

4.3.3 对沼气发酵池有效容积的规定。

沼气发酵的无害化卫生处理效果主要与温度和发酵时间有关。因此本条对沼气发酵池有效容积的计算规定，采用不同发酵温度的停留时间作为设计计算参数。条文所列停留时间，根据国内的运行经验，证明无害化卫生处理效果良好。

4.3.4 关于沼气发酵池保温的规定。

常温沼气发酵池一般不加热，为避免环境温度影响，其保温措施一般是将池子建在地下。

4.3.6 关于沼气、沼液和沼渣的综合利用和处理的规定。

沼气应作为能源尽量利用。沼液可用作农肥。

中温和常温沼气发酵的沼渣含有许多未杀灭的沉降的寄生虫卵，若不经进一步无害化卫生处理直接利用，势必造成危害。沼渣一般采用高温堆肥的无害化卫生处理。

4.4 密封贮存池

4.4.2 对密封贮存池总有效容积的规定。

密封贮存池的总有效容积主要与密封贮存期有关。根据《粪便无害化卫生标准》中对密封贮存法的卫生标准及要求，条文规定密封贮存期应在30d以上。

4.4.3 关于密封贮存池防渗、防漏和防臭的规定。

4.4.4 关于密封贮存池配置泵的规定。

配置泵的目的是为了粪便的抽吸，并可对池内粪便进行液体搅拌以破碎粪块，使病原体分离出来，增强杀菌灭卵效果。

4.4.5 关于密封贮存池清挖污泥的规定。

池底污泥的清挖周期，主要与气候条件有关。一般粪便污泥腐化发酵时间为1~4个月，如当地气温较高时，可取低值；冬季低温可取高值。

4.5 三格化粪池

4.5.2 对三格化粪池总有效容积的规定。

本条规定采用每池每日粪便处理量和停留时间计算三格化粪池有效容积。停留时间系参照《粪便无害化卫生标准》，根据国内各地实践数据制定。

4.5.3 规定三格化粪池的三格容积比。

条文推荐的三格容积比，国内经验证明切实可行，符合无害化和用肥要求。容积比一般以第一格粪便停留时间不小于10d为基础确定，目的是在第一格以足够时间截留含虫卵较多的粪便污泥。第三格的停留时间规定了变化幅度，主要根据用肥情况而定，一般以20~30d为宜。

4.5.4 关于三格化粪池格的粪液出口的规定。

规定两个出口上下错开，目的是防止第二格的粪液达不到停留时间就很快流入第三格。

规定第一格的出口距池底为40~50cm，主要是隔断第一格粪渣随粪液出流。

4.5.5 关于三格化粪池浮渣、沉渣清挖和处理的规定。

三格化粪池的第一、二格有较多的浮渣和沉渣，条文规定应

中华人民共和国行业标准

环境卫生术语标准

Vocabulary Standard of Environmental Sanitation

CJJ 65—95

主编单位：同济大学环境工程学院
批准部门：中华人民共和国建设部
施行日期：1996年4月1日

关于发布行业标准《环境卫生术语标准》的通知

建标〔1995〕481号

各省、自治区、直辖市建委（建设厅），计划单列市建委，国务院有关部门：

根据原城乡建设环境保护部（88）城标字第141号文的要求，由同济大学环境工程学院主编的《环境卫生术语标准》，业经审查，现批准为行业标准，编号CJJ 65—95，自1996年4月1日起施行。

本标准由建设部城镇环境卫生标准技术归口单位上海市环境卫生管理局归口管理，其具体解释工作由同济大学环境工程学院负责。

本标准由建设部标准定额研究所组织出版。

中华人民共和国建设部
1995年8月23日

目　　次

1　总则 …………………………………… 21—3

2　废弃物 ………………………………… 21—3

　2.1　废弃物 …………………………… 21—3

　2.2　垃圾 ……………………………… 21—3

　2.3　粪便 ……………………………… 21—4

　2.4　污泥 ……………………………… 21—4

3　废弃物处理的基础术语 ……………… 21—5

4　收集、运输、设施 …………………… 21—8

　4.1　环境卫生容器 …………………… 21—8

　4.2　收集与运输 ……………………… 21—8

　4.3　厕所 ……………………………… 21—8

　4.4　环卫车辆 ………………………… 21—9

　4.5　环卫船舶 ………………………… 21—9

　4.6　处理设施 ………………………… 21—9

5　预处理和处理机械 …………………… 21—10

　5.1　输送 ……………………………… 21—10

　5.2　提升 ……………………………… 21—11

　5.3　压实 ……………………………… 21—11

　5.4　破碎 ……………………………… 21—11

　5.5　分选 ……………………………… 21—12

　5.6　增稠及脱水 ……………………… 21—12

　5.7　处理机械和装置 ………………… 21—12

6　处理技术 ……………………………… 21—15

　6.1　堆肥 ……………………………… 21—15

　6.2　填埋 ……………………………… 21—17

　6.3　焚烧 ……………………………… 21—19

　6.4　垃圾热解气化 …………………… 21—21

　6.5　粪便处理 ………………………… 21—21

　6.6　污染控制 ………………………… 21—22

7　管理 …………………………………… 21—23

附录A　英文术语条目索引 …………… 21—25

附录B　汉语拼音术语条目索引 ……… 21—34

附录C　本标准用词说明 ……………… 21—42

附加说明 ………………………………… 21—43

条文说明 ………………………………… 21—43

1 总 则

1.0.1 为使我国环境卫生行业的专业术语规范化，特制定本标准。

1.0.2 本标准适用于环境卫生行业。

1.0.3 城市环境卫生术语及其定义除应符合本标准外，还应符合国家现行有关标准的规定。

2 废弃物

2.1 废弃物

2.1.1 废弃物 waste

人类生存和发展过程中产生的，对持有者没有继续保存和利用价值的物质。

2.1.2 生活废弃物 domestic waste

人类在生活活动中所产生的废弃物。

2.1.3 产业废弃物 industrial waste

各种产业活动所产生的废弃物。

2.1.4 农业废弃物 agricultural waste

各种农业活动所产生的废弃物。

2.1.5 工业废弃物 industrial solid waste

各种工业活动所产生的废弃物。

2.1.6 有害废弃物 hazardous solid waste

对人体健康或环境造成现实危害或潜在危害的废弃物。

2.1.7 废油 slop; slop oil; waste oil

含有杂质，对于某一目的（生产的或生活的）不经重新加工、提炼就不能再继续使用的杂油。如废润滑油、废切削油、废溶剂油及含油废液等。

2.1.8 厨余 garbage

由家庭、饭店、单位食堂等排出的食品下脚、残渣。其含大量水分，易腐败。

2.2 垃 圾

2.2.1 垃圾 refuse; rubbish; garbage

人类生存和发展过程中产生的固体废弃物。

2.2.2 原生垃圾 raw refuse
未经任何处理的原状态垃圾。

2.2.3 城市垃圾 municipal solid waste
在城市区划内产生的垃圾。

2.2.4 粗大垃圾 big refuse；big rubbish
人类日常生活中废弃的一些大型的、耐久性的消费品。

2.2.5 建筑垃圾 construction waste
建筑施工活动中产生的垃圾。

2.2.6 生活垃圾 domestic garbage
人类生活活动中产生的垃圾。包括居民生活垃圾、医院生活垃圾、商业生活垃圾等。

2.2.7 道路清扫垃圾 street refuse
道路清扫和从废物箱中清除的垃圾。

2.2.8 有机垃圾 organic refuse
由有机物料构成的垃圾，如废纸、废塑料、植物纤维等。

2.2.9 无机垃圾 inorganic refuse
由无机物料构成的垃圾。如废金属、废玻璃、沙石、煤渣等。

2.2.10 陈腐垃圾 stale refuse
存放较久、陈旧腐烂的垃圾。

2.2.11 可堆肥垃圾 compostable refuse
适宜于利用微生物发酵处理的垃圾。

2.2.12 不可堆肥垃圾 noncompostable refuse
不适宜于利用微生物发酵处理的垃圾。

2.2.13 可燃垃圾 combustible refuse
可以燃烧的垃圾。

2.2.14 难燃垃圾 refuse diffcult to burn；hard-to-burn refuse
不容易燃烧的垃圾。

2.2.15 不可燃垃圾 incombustible refuse
不能燃烧的垃圾。

2.2.16 有毒垃圾 harmful refuse
含有对人体健康有害的重金属或有毒物质的垃圾。

2.2.17 特种垃圾 special refuse
有较大危害，需要采用特种方法清运、处理的垃圾。

2.3 粪 便

2.3.1 排泄物 excreta；excrement
人和动物通过肾脏、肺、大肠以及皮肤排泄的，身体不需要的或对身体有害的物质及新陈代谢的最终产物。

2.3.2 粪便 night soil；nightsoil；excrement and urine
经肾脏和大肠排出的排泄物，包括人类粪便和禽畜粪便。

2.4 污 泥

2.4.1 污泥 sludge
经自然或人工过程从粪便和各种污水中分离出的沉降固体。

2.4.2 原污泥 raw sludge
未经任何处理的污泥，即沉淀池中还未完全分解之前就迅速排出的沉淀污泥。

2.4.3 浓缩污泥 thick sludge
保持污泥的流动性，减少其含水率和容积的操作称为污泥浓缩。浓缩过程在浓缩池内进行，池内的污泥称浓缩污泥。

2.4.4 浮渣 float sludge；scum
浮在粪便贮池及污水、粪便的消化池等设施上面的污泥。

2.4.5 活性污泥 activated sludge
在溶解氧存在下，用细菌和其他微生物处理废水时生成并累积的生物团块（絮凝体）。

2.4.6 回流污泥 return sludge
活性污泥处理方法中，由二次沉淀池中排出，部分循环使用于曝气池的活性污泥。

2.4.7 剩余污泥 excess sludge；surplus sludge

活性污泥法处理中，由二次沉淀池中排出并循环回流于曝气池后剩下的污泥。

2.4.8 初沉池污泥 primary sludge
通过初次沉淀而生成的污泥。

2.4.9 氧化污泥 oxidized sludge
废水污泥在湿式氧化法中所得到的液态与固态产物。

2.4.10 脱水污泥 dewatering sludge
下水污泥及粪便消化污泥等经脱水后的残留物。

2.4.11 消化污泥 digested sludge
污泥中的有机物经生物分解，变得更加稳定的污泥。

2.4.12 通沟污泥（下水道污泥） sewer sludge
沉积于下水道的污泥。

3 废弃物处理的基础术语

3.0.1 环境卫生工程 environmental sanitary engineering
以保障城镇功能的正常发挥和人民健康为目的，以人类生活所产生的废弃物为主要对象，系统研究其理论、管理、规划、计划、设施建设和废弃物的产生、收集、运输、处理处置等方面的工程学科。

3.0.2 资源回收利用 resource reclamation；waste reclamation
废弃物转化成为有用物资或能量。

3.0.3 资源化 reclamation
通过管理和工艺措施等，把废弃物转化为资源的系列过程。

3.0.4 无害化 harmless
使废弃物的有害成分达到不危害人类生存环境的系列过程。

3.0.5 减量化 reducing quantity
使废弃物减小体积、减少重量的处理过程。

3.0.6 稳定化 stabilizing
使废弃物转化为无机物或其物理变化、化学变化、生化变化很缓慢的物质的过程。

3.0.7 垃圾处理 refuse treatment；refuse handling
对垃圾进行物理、化学、生物加工的一切过程。

3.0.8 垃圾处理 refuse disposal
对垃圾的最终处理。

3.0.9 垃圾量 refuse quantity
垃圾数量的定量化描述。按使用单位不同，有垃圾重量、垃圾体积量等。

3.0.10 增稠 thickening
通过去除水分使含水的固体物料含水率降低，浓度提高的处理过程。

3.0.11 脱水 dehydration；dewatering
从任一物质中除去水的过程。

3.0.12 重力分离 gravity separation
利用较浓密的相在重力作用下沉降，使不相混合的各相分离的方法。

3.0.13 沉淀 precipitate
从溶液中析出及分离固体颗粒的过程。

3.0.14 沉降 sedimentation
1. 在重力作用下，水或废水中的悬浮物沉积的过程。
2. 填埋场在填埋物自重作用下发生的向下位移。

3.0.15 澄清 clarification
悬浮的颗粒在沉淀池内沉降下来，使出水变清的过程。

3.0.16 过滤 filtration
水通过多孔性物质层或合适孔径的滤网，以除去悬浮物微粒的过程。

3.0.17 可滤性 filterability
被过滤处理的液体与固体分离的性能。

3.0.18 蒸发 evaporation
液体表面发生的气化现象。

3.0.19 蒸发量 evaporative capacity
一定时间内，液体转化为气体的量。气象上通常用蒸发掉的水层厚度的毫米数表示。

3.0.20 吸附 adsorption
固体、液体或气体分子的原子或离子在固体或液体表面上滞溜的现象。可分为物理吸附和化学吸附。前者是分子间的相对吸引，吸附热较小，如活性炭吸附各种气体。后者是类似于化学键力的相互吸引，吸附热较大。

3.0.21 垃圾压缩系数 coefficient of refuse compressibility
在压缩时，单位体积垃圾的体积减少的量与所需压力增量的

比值。它是表征垃圾可压缩性的物理量。

3.0.22 垃圾压缩性 refuse compressibility
垃圾在被施加压力后能够缩小体积的性质。

3.0.23 垃圾压缩比 refuse compaction ratio
垃圾压缩前的体积与压缩后的体积之比。

3.0.24 垃圾组成 composition of refuse
垃圾中各种成分及其存在的相对量。垃圾组成可分为化学组成和物理组成。

3.0.25 垃圾的化学组成 refuse chemical composition
垃圾中所含的碳、氢、氧、氮、硫等元素的含量。

3.0.26 垃圾的物理组成 refuse physical composition
垃圾按起初所含物质的原形态来分类各组成成分之重量比。按可燃性分为不燃物、难燃物、可燃物等；按物质类别分为塑料、废纸、煤渣、金属、玻璃等。

3.0.27 垃圾容重 refuse volume weight；unit weight
单位容积垃圾的重量。

3.0.28 垃圾空隙度 refuse porosity
垃圾空隙体积与垃圾总体积的百分比数。空隙体积包括垃圾颗粒物间的空隙和垃圾颗粒的毛细管孔隙。

3.0.29 垃圾空隙比 refuse porosity ratio
垃圾空隙体积与垃圾颗粒体积比值的百分数。

3.0.30 垃圾密度 refuse density
垃圾的质量与体积的比值。

3.0.31 垃圾堆密度（垃圾体积密度，垃圾表观密度） refuse pile density；refuse bulk density；apparent refuse density
单位垃圾堆体积中所含有的垃圾的量。

3.0.32 垃圾真密度 true refuse density
单位垃圾真体积中所含有的垃圾的量。

3.0.33 垃圾颗粒密度 refuse particle density
单位垃圾颗粒体积中所含有的垃圾的量。

3.0.34 垃圾含水率 refuse moisture content (percenfage)
垃圾在105℃时烘干至恒重所失去的重量占原垃圾重量的百分比。

3.0.35 垃圾水分 refuse moisture
垃圾在105℃时烘至恒重所失去的重量。

3.0.36 毛细管水 capillary water
土壤、固体废弃物等的毛细管孔隙中的水分。

3.0.37 附着水 adhesive water
以机械形式吸附在垃圾或其他废物表面和缝隙的水。其含量不固定，不属于物质的化学组成，故化学式中一般不予表示。

3.0.38 吸着水 adsorbed water
被分子引力和静电引力牢固地吸附在垃圾、土、岩石或废物颗粒表面上，不受重力影响的水。

3.0.39 田间持水量 field capacity; field moisture capacity
排除重力后，土壤借毛细作用所保持的水量。它是土壤在排去重力水或自由水后，以烘干重量的百分数表示的土壤含水量。

3.0.40 透气性 air permeability
土层、垃圾堆层中能让空气通过的物理性能。

3.0.41 渗透性 permeability
岩石、土层、垃圾堆层的空隙间水分或浸出液体的流动能力。

3.0.42 渗漏 percolation
通过岩石、土层、垃圾堆层孔隙的液体重力流。

3.0.43 渗透 osmosis
水通过不饱和土层表层的细小孔隙流入、流出地面或地下水体的缓慢运动。

3.0.44 渗透系数 permeability coefficient
表示透水性大小的指标。在数值上等于水力坡度为1时的地下水的渗流速度。

3.0.45 渗透速度 percolation rate
水在静水压力下通过岩石或土层间隙的运动速度。

3.0.46 本底监测井 background monitoring well
在填埋场的地下水上游3km处设的水井，其深度一般要求在地下水位之下3m。

3.0.47 充气区监测井 gas-filled zone monitoring well
在从土壤表面到地下水之间的土壤层（该层土壤的土壤孔隙部分为空气和水所充满）中设置的监测井。

3.0.48 饱和区监测井 saturated zone monitoring well
在填埋场地的水力下坡区设置的，井底深入到地下水位之下的地下水监测井。

3.0.49 场址选择 site selection
从工程学、环境学、经济学和法律及政治学等诸方面综合考虑，选择处理场的最适地点。

4 收集、运输、设施

4.1 环境卫生容器

4.1.1 垃圾箱 refuse box；refuse container；garbage can；waste bin

收集垃圾的容器。

4.1.2 固定式垃圾箱 permanent garbage can

不可移动位置的垃圾箱。

4.1.3 可移动式垃圾箱 movable garbage can

可移动位置的垃圾箱。

4.1.4 垃圾集装箱 garbage container

具有标准规格，便于水运或陆运，并可供周转使用的大型垃圾容器。

4.1.5 废物箱 litter bin

设置于公共场所等处供人们丢弃垃圾的容器。

4.1.6 水罐 water tank

用于装水的圆筒形罐体。常用于洒水、冲洗车。

4.1.7 粪罐 manure tank

用于贮粪的圆筒形罐体。常用于吸粪车、运粪车。

4.2 收集与运输

4.2.1 垃圾混合收集 collection of nonclassificated refuse

垃圾不分类别的收集方式。

4.2.2 垃圾分类收集 collection of classificated refuse；separate collection of refuse

垃圾按其可处理的性能或可利用的价值而分别收集的收集方

4.2.3 垃圾桶（箱）式收集 collection by container

垃圾倒入垃圾桶（箱）内，然后将垃圾转装垃圾收集车运输的收集方式。

4.2.4 垃圾集装箱式收集 collection by garbage container

垃圾倒入垃圾集装箱内，由垃圾收集车直接装载垃圾集装箱运输的收集方式。

4.2.5 分户式收集 collection at every door

垃圾收集车直接将各户的垃圾取走的收集方式。

4.2.6 垃圾袋装式收集 collection by refuse sack

垃圾装入袋内，由垃圾收集车将袋装垃圾取走的收集方式。

4.2.7 垃圾定点收集 collection of refuse at gathered place

将垃圾按规定的时间送到收集点，由收集车将垃圾取走的收集方式

4.2.8 垃圾收集点 refuse collecting station

按规定设置的收集垃圾的地点。

4.2.9 垃圾站 refuse collecting and distributing centre

在较小的收集范围内，将分散收集的垃圾集中后由较大运输工具清运出去的小型垃圾收集的中间收集设施。

4.2.10 垃圾转运站 refuse transfer station

将垃圾由小型收集车转载到大型运输工具的中转设施。其可以具有分选、压缩、打包等功能。

4.2.11 气体输送 pneumatic transport

在气动力的作用下，将垃圾通过管道的输送方法。

4.3 厕 所

4.3.1 公共厕所 public lavatory；public latrine；public convenience；public comfort station

在道路两旁或公共场所等处设置的厕所。

4.3.2 水冲厕所 water closet

连接由供水系统供水冲洗的厕所。

4.3.3 旱厕 pit privy; latrine; latrine pit
没有连接供水系统供水冲洗的厕所。

4.3.4 产沼厕所 methane-generating pit (latrine)
利用粪便在池中厌氧发酵产生沼气的厕所。

4.3.5 临时厕所 temporary toilet; makeshift lavatory
因特殊需要而临时增设的厕所。

4.3.6 活动厕所 movable lavatory
可整体随意移动的厕所。

4.4 环卫车辆

4.4.1 垃圾收集车 refuse collector; refuse collecting vehicle (lorry)
用于收集、运输垃圾的车辆。

4.4.2 自卸垃圾车 dumpcar; tip truck
借助机械装置卸落垃圾的垃圾车。

4.4.3 集装式垃圾车 garbage container vehicle
运载垃圾集装箱的垃圾运输车。

4.4.4 扫路机 street sweeper
清扫、收集地面上的垃圾、尘土等污物的机械。

4.4.5 洗路车 street sweeper with washer
具有刷洗和冲洗地面功能的专用车辆。

4.4.6 洒水车 sprinkler
具有洒水装置，用作地面冲洗、降温、防尘等的专用车辆。

4.4.7 除雪机 snow sweeper
用于清除地面积雪的专用机械。

4.4.8 真空吸粪（污）车 vacuum sewer cleaner
装有真空抽吸装置，将池（井）内的粪（污）物吸入罐体，并有自行卸料装置的车辆。

4.5 环卫船舶

4.5.1 垃圾运输船 refuse barge
载运垃圾的船舶。

4.5.2 集装式垃圾船 garbage container ship
用于运载垃圾集装箱的船舶。

4.5.3 粪便（污水）收集船 slops collecting ship
收集粪便（污水）等的专用船舶。

4.5.4 粪便（污水）运输船 night soil barge
载运粪便（污水）的专用船舶。

4.5.5 舱式挖泥船 hopper dredger
具有挖泥和运泥功能的专用船舶。

4.5.6 斗式挖泥船 bucket dredger
一种装有斗式提升机，用来铲土的浮动机械挖泥船。

4.6 处理设施

4.6.1 垃圾堆放场 dump of refuse
没有配套的处理设施、设备的生活垃圾的裸露堆放场所。

4.6.2 建筑垃圾堆放场 dump of construction waste
专门倾倒建筑垃圾的堆放场所。

4.6.3 垃圾卫生填埋场 landfill space of refuse
有配套的处理设施、设备，能达到环境和卫生等要求的生活垃圾填埋处理场所。

4.6.4 垃圾堆肥厂 composting plant of refuse
用堆肥技术对生活垃圾进行处理的场所。

4.6.5 垃圾焚烧厂 refuse incineration plant; refuse destructor plant
用焚烧技术对生活垃圾进行处理的场所。

4.6.6 垃圾热解厂 refuse pyrolysis plant
用热解技术对生活垃圾进行处理的场所。

4.6.7 粪便处理厂 nightsoil treatment works

用生物或物理化学方法对粪便进行处理，使之达到环境和卫生等要求的处理场所。

4.6.8 粪便卫生处理厂 night soil harmless treatment plant

用某种方法对粪便进行处理，使之基本达到卫生学要求的（杀灭寄生虫卵、致病菌，不招引蚊蝇，无明显恶臭）处理场所。

4.6.9 环卫停车场 environmental sanitary parking area (parking lot)

专用于环卫车辆的停放、保养的场所。

4.6.10 环卫车辆厂 environmental sanitary garage

从事环卫专用车辆改装和修理的工厂。

4.6.11 环卫船舶厂 environmental sanitary ship yard

从事环卫船舶修理和制造的工厂。

4.6.12 环卫机械修造厂 environmental sanitary machine repairing works

从事环卫机具修理和制造的工厂。

4.6.13 环卫加油站 environmental sanitary filling station

供环卫机动车辆和船舶补充油料的设施。

4.6.14 环卫供水站 environmental sanitary tank station

环卫洒水车、冲洗车和船舶等的供水点。

4.6.15 环卫码头 environmental sanitary wharf (dock)

垃圾、粪便水陆转运的码头。

5 预处理和处理机械

5.1 输 送

5.1.1 带式输送机 belt conveyor；band conveyor

支承在许多托辊上的环状带在驱动轮的驱动下，将物料连续输送的输送设备。

5.1.2 链式输送机 chain conveyor

由首尾相连的链条绕过若干链轮及传动机构等组成的，用来连续输送物料的输送设备。

5.1.3 螺旋输送机 screw conveyor；auger conveyor；spiral conveyor；worm conveyor

利用螺杆的螺旋叶片推送物料的输送设备。

5.1.4 振动输送机 oscillating conveyor；vibrating conveyor

依靠装在振动机构上的盘或槽来移动物料的输送设备。

5.1.5 气力输送机 pneumatic conveyor；air conveyor

利用具有一定速度和一定压差的气流来输送物料的输送设备。

5.1.6 板式输送机 slat conveyor

在一条循环链上装置一系列横板条的输送设备。

5.1.7 往复刮板式输送机 reciprocating flight conveyor

装着绞接刮板的往复横梁，推动物料沿输送槽前进的输送设备。

5.1.8 蟹爪式装载机 gathering arm loader

一种前面有一对蟹爪，后面带有刮板运输机的连续装载松散物料的机械。

5.1.9 铲式装载机 shovel loader

一种装在轮子上，铲斗铰接在盘上，能铲起松散物料，将其举升并卸到机器后面的装载机。

5.1.10 给料机 feeder

一种将物料输送进处理装置的短程输送机。有板式给料机、带式给料机、螺旋给料机、刮板给料机等。

5.2 提 升

5.2.1 提升机 elevator

利用机械或气力将物料提升到较高位置的机械。

5.2.2 斗式提升机 bucket elevator

利用许多料斗在较陡斜面或垂直方向连续输送物料的输送设备。

5.2.3 桥式起重机 bridge crane

吊升装置装在横跨起重机工作范围的桥式结构上的吊升机器。

5.2.4 悬臂式起重机 cantilever crane; jib crane

具有伸出吊臂的起重机。

5.2.5 悬臂式抓斗起重机 cantilever grabbing crane

具有伸出吊臂及带有大抓斗的起重机。

5.2.6 抓斗 grab; bucket

由铰接的颚板构成的，依靠颚板的闭合和张开，以进行自动抓取物料的取物装置。

5.3 压 实

5.3.1 压块 briquetting

为增加垃圾容重，减少体积，用压实机械将垃圾挤压成的垃圾块。

5.3.2 压捆机 baler

一种能将大量松散的物料压缩成一定形状，使之适于运输的机器。

5.3.3 打包机 baler

将大量物料用绳、金属丝、丝索包扎成一大包的机器。

5.3.4 堆垛机 stacker

一种可将物料提升并堆积起来的机械。有抓吊式、悬挂液压式、输送带式等几种。

5.4 破 碎

5.4.1 冲击破碎 impact crushing

粗大垃圾在重力冲击或动冲击下的破碎。

5.4.2 剪断破碎 shearing-type shredding

利用固定刀和可动刀（有往复刀、旋转刀等形式）相互吻合而剪切废物的破碎。

5.4.3 低温破碎 low temperature shredding

利用低温脆性使垃圾中在常温下难以破碎的轮胎、橡胶电线、塑料等有效破碎的过程。

5.4.4 圆锥破碎机 gyratory crusher; gyratory breaker; cone crusher

一种具有两个圆锥，外圆锥固定，实心的内圆锥装在偏心的轴承上或在一转动的截锥体和外室之间的锥形间隔中将固体物料压碎的初级破碎机。

5.4.5 辊式破碎机 roll crusher

具有辊的破碎物料的破碎机。

5.4.6 滚筒破碎机 rotary breaker

一个旋转的带筛孔的钢制滚筒，内壁安装提升板，转动时提起物料使其依靠自重跌落破碎的破碎机，它是破碎及筛分两用的一种装置。

5.4.7 锤式破碎机 hammer mill

一种冲击式破碎机，即物料在钢的机壳中被在垂直面内以高速旋转的锤子所破碎的机械。

5.4.8 球磨机 ball mill; ball grinder

一种机身为卧式圆筒（或圆锥）形，内装钢球（或卵石，捣棒等）研磨体和物料，靠机身旋转时物料和研磨体的磨擦、撞击而将物料磨碎的机械。

5.5 分　选

5.5.1　往复筛　reciprocation screen
依靠偏心装置来回摆动的平筛。

5.5.2　回转筛　gyratory screen
带有一组水平放置的筛子。筛子按网眼大小顺次垂直垒成一迭，网眼小的在底下，作近似的圆周运动，使颗粒小的材料顺次通过各筛筛下的箱式分筛机械。

5.5.3　振动筛　oscillating screen；vibrating screen
用机械或电磁方法使筛子作快速振动的筛分机械。

5.5.4　固定格筛　static grizzly
由固定棒条组成的格筛。

5.5.5　滚筒筛　trommel
一种转动的圆筒筛子，供筛分的物料从一端进入，小块、细粒从筛孔下落，而大块从另一端排出的筛分机械。

5.5.6　分选机　separator
利用比重、弹性、磁性等物理性质的差异，将混合物料中一种或数种物质分离出来的机械。

5.5.7　磁选机　magnetic separator
一种用强磁场使磁性物质从磁性较弱的或非磁性的物料中分离出来的机械。

5.5.8　浮选　flotation
把悬浮物和某些胶体物质、乳化物、溶解物转变为漂浮物的过程。

5.5.9　风选机　winnower；winnowing machine
利用风力把比重不同的物料分离开来的机械。

5.5.10　冲击式分离机　ballistic separator

利用重量不同的物体受冲击飞行距离不同，而将物料进行分离的机械。

5.6 增稠及脱水

5.6.1　脱水机　dehydrator；dewaterer
从固体、胶体或浆状物料中除去水分的机械的总称。有真空脱水机、离心脱水机等。

5.6.2　压滤机　filter press
一种用机械挤压，使固体液体分离而脱水的机械的总称。有板框压滤机、带式压滤机等。

5.6.3　离心机　centrifuge
利用离心力使密度不同的液体、液体和固体或悬浮胶粒分离的机械。

5.6.4　露天干燥　natural drying
利用自然条件使物料中的水分向大气蒸发的干燥方法。

5.6.5　喷雾干燥　spray drying
将溶液或悬浮液喷射到热气流中而进行的快速干燥方法。

5.6.6　热干化　heat drying
粪便、污泥中的水分经加热而蒸发，使粪便、污泥变得干燥的一种方法。

5.6.7　烘干炉　drying stove
利用间接和直接换热使垃圾失去水分的炉型设备。

5.7 处理机械和装置

5.7.1　立式发酵槽　vertical digester
堆肥物料进出发酵槽的方向垂直于地面的发酵槽。

5.7.2　卧式发酵槽　horizontal digester
堆肥物料进出发酵槽的方向平行或基本平行于地面的发酵槽。

5.7.3　卧式回旋发酵器　horizontal rotary digester

即广为人知的 dano system。堆肥物进入水平式略有倾斜的钢制圆筒后，因圆筒的回转而不断地被翻动，并因内部导向圈和倾角由进口向出口移动，完成发酵的设备。

5.7.4　回转窑　rotary kiln

一种稍有倾斜、缓慢转动的内衬耐火材料的长圆柱形炉。燃料与空气一起自一端喷入燃烧，被焚化物由一端投入，在炉内被反复搅动、破碎，同时进行干燥和燃烧。它多用于垃圾焚烧的后燃烧、干燥、塑料焚烧等。

5.7.5　机械炉；连续式炉　incinerator of mechanized operation

焚烧炉内垃圾的投入、垃圾在炉内的输送、拨火及排渣等全部为机械连续操作的焚烧炉。

5.7.6　半机械炉　incinerator of semi-mechanized operation

垃圾的投入、炉内的输送、拨火、炉灰的排出等部分用人工操作的焚烧炉。

5.7.7　间歇炉　incinerator of batch operation

一次投入一定量的垃圾，待焚烧结束后，再进行第二次投料的焚烧炉。

5.7.8　床式焚烧炉　flour firing furnace

没有炉排，被焚化物直接在炉床上燃烧，空气不通过焚烧层而由床层表面供给的焚烧炉。

5.7.9　流化床焚烧炉　fluidized bed firing furnace

炉内的热载体（砂等）或废物不是固定在炉排上，而是在炉膛的一定空间范围内翻腾、跳动而呈流化状态进行燃烧的焚烧炉。

5.7.10　废热锅炉　waste heat boiler

利用各种工业过程排出的高温气体的热而产生蒸气的装置。

5.7.11　竖井炉　vertical kiln

炉体是直立圆筒形设备，垃圾由炉顶投入，依靠自重向下移动，经加热、干燥、气化、燃烧、炉渣熔融几个阶段，使垃圾进行连续热解的设备。

5.7.12　双塔流化床热解炉　dual fluidized bed pyrolyzer (pyrolysis oven)

由两个用管道相互连接起来的流化炉组成的热分解装置。垃圾流化热分解炉以砂为热载体，砂为热分解提供所需热量后，在分解反应中生成的炭渣一起进入另一流化焚烧炉。砂由外部导入的辅助燃料与空气在炉内燃烧被加热至高温后再送入热解炉。

5.7.13　单塔流化床热解炉　fluidized bed pyrolyzer (pyrolysis oven)

炉内由高温的砂形成流化床，垃圾投入炉内立即和高温的砂混合，被快速加热、干燥和分解的炉子。

5.7.14　炉排　grate

置于炉膛下部用以托住燃烧物的支架。通常用密排的棒构成，空气可以从下面上升到燃烧处，灰渣可以从上面落下。

5.7.15　移动炉排　travelling grate

象带式输送机那样可不断移动的炉排的总称。

5.7.16　往复炉排　reciprocating grate

由相间布置的活动排片和固定排片组成的炉排，活动排片作往复运动，形成各层的相对滑动，使被焚烧物沿炉排表面推移。

5.7.17　阶梯式炉排　step grate

排片如阶梯状重叠的炉排。

5.7.18　回转炉排　rotary grate

由多个侧面有凹凸的棒状排片组合成的回转圆筒组成的炉排。

5.7.19　固定炉排　fixed grate

由多根棒状铸件固定在炉子底部所构成的炉排。

5.7.20　摇动炉排　rocking grate

可动排片围绕轴做上下摇动或带有小角度往复运动的炉排。有扇形摇动炉排、摇动阶梯式炉排等。

5.7.21　炉衬　furnace liner

用颗粒状耐火材料或耐火砖砌成的焚烧炉的内壁。根据炉内各部分的不同要求，选用具有相应的物理和化学性质的耐火材料。

按所用耐火材料的化学性质分为碱性炉衬、酸性炉衬和中性炉衬。

5.7.22 点火装置 igniter

为触发燃料与空气间发生化学反应而产生火花的一种装置。

5.7.23 燃烧室 combustion chamber；blast chamber；fire chamber

在焚烧炉中，使燃料（固体废弃物如生活垃圾、废液、污泥、化工废弃物等）与空气混合物燃烧的空间。

5.7.24 再燃烧室 reburning chamber

为使燃烧室排出的燃烧气体中含有的不完全燃烧气体，特别是干燥带发生的气体中含有的臭气物质进一步完全燃烧而设置的燃烧空间。

5.7.25 助燃装置 auxiliary combustion eguipment

废弃物仅靠自身发热量难于完全燃烧时，藉供给辅助燃料以实现完全燃烧的装置。

5.7.26 导燃烧嘴 piloted head

带有旁路燃烧喷头，通过旁路点燃其主火焰四周的低压火焰，则即使可燃性混合物速度超过主火焰速度时，仍然保持火焰稳定的一种燃烧器。

5.7.27 雾化器 atomizer

用喷射、喷淋、喷雾或雾化等方法把液体（或液体燃料）机械地分成微粒的设备。

5.7.28 雾化燃烧器 atomizer burner

将未点燃的燃料雾化成很细的雾流而进入燃烧区的燃烧器。

5.7.29 防爆门 explosion door

炉膛中能在预定的设计压力下打开的门。

5.7.30 灰渣输送机 ash conveyer

把由梵烧炉落入水槽的燃渣送到灰坑的输送机。

5.7.31 后燃烧器 after burner

使燃烧气中含有的未燃物质完全燃烧的燃烧设备。

5.7.32 除尘器 arrester

除去气体介质中颗粒物的一种装置。

5.7.33 吸收装置 absorber；absorption plant

将液体（吸收剂）与气体接触，使气体（全部或某些组分）被吸收的设备。

5.7.34 吸附装置 adsorber

将流体中的特定成分用固体吸附剂吸附分离的装置。

6 处理技术

6.1 堆 肥

6.1.1 堆肥 compost
利用微生物对有机垃圾进行分解腐熟而形成的肥料。

6.1.2 堆肥化 composting
利用微生物的分解作用，使有机垃圾稳定化的过程。可分为厌氧堆肥化和好氧堆肥化。

6.1.3 好氧堆肥 aerobic compisting
在充分供氧的条件下，主要利用好氧微生物进行的堆肥化过程。

6.1.4 厌氧堆肥 anaerobic compisting
在隔绝氧气的条件下，主要利用厌氧微生物进行的堆肥化过程。

6.1.5 垃圾粪便堆肥化 refuse and nightsoil co-composting
将垃圾与粪便混合进行堆肥的过程。

6.1.6 垃圾污泥堆肥化 refuse and sludge co-composting
将垃圾与污泥混合进行堆肥的过程。

6.1.7 纯垃圾堆肥化 composting refuse alone
将垃圾单独进行堆肥的过程。

6.1.8 高温堆肥化 thermophilic composting
主要利用嗜热性微生物进行堆肥的过程，最佳温度范围为55～65℃。

6.1.9 中温堆肥化 mesophilic composting
主要利用嗜温性微生物进行堆肥的过程，最佳温度范围为35～45℃。

6.1.10 静态堆肥化 static-pile composting
静态发酵的堆肥过程。

6.1.11 动态堆肥化 moving-bed composting
动态发酵的堆肥过程。

6.1.12 非堆肥化物质 noncompostable substance
在堆肥化过程中不能被降解的物质。

6.1.13 堆肥基质 compost substrate
提供堆肥微生物群落生命活动所需的能量与细胞质的物质。

6.1.14 基质分解 substrate decomposition
堆肥基质在微生物酶的作用下发生降解的过程。

6.1.15 腐熟度 putrescibility
在堆肥化领域，描述堆肥化程度的指标。

6.1.16 熟化 maturation
堆肥物料经一级发酵分解后，在微生物的作用下继续降解并达到稳定化的过程。

6.1.17 腐熟堆肥 matured compost
熟化后的堆肥。

6.1.18 腐败 putrefaction
动植物性的有机物由于微生物的作用而分解变质的现象。

6.1.19 堆肥周期 composting period
物料完成堆肥化所需的时间。

6.1.20 堆肥产品 compost product
可作为产品出售的堆肥。

6.1.21 堆肥耗氧速率 oxygen consumption rate of compost
在堆肥过程中，单位反应区域或单位物料量在单位时间内所消耗的氧量。

6.1.22 需氧量 oxygen demand
达到指定熟化程度时，堆肥反应所需的氧量。

6.1.23 供氧量 oxygen supply
向堆肥反应进行区域供应的氧量。

6.1.24 通风 aeration；draft

将空气送入堆肥反应区域或焚烧炉的过程。

6.1.25 机械通风 mechanical areation

以机械手段所实现的通风。

6.1.26 自然通风 natural ventilation

利用空气的温度差产生的流动，或是利用空气的自然扩散而将空气引入的通风方式。

6.1.27 通气孔 air vent

空气进入堆肥反应区域的孔道。

6.1.28 碳氮比 C-N ratio；carbon－nitrogen ratio

垃圾、堆肥、土壤等物料中碳元素和氮元素含量之比。

6.1.29 碳磷比 carbon-phosphorus ratio

物料中碳元素与磷元素含量之比。

6.1.30 磷氮比 phosphorus-nitrogen ratio

物料中磷元素与氮元素含量之比。

6.1.31 垃圾翻倒 refuse dumping；refuse turning

为加速垃圾堆肥化，人为地将垃圾翻动的操作。

6.1.32 发酵 fermentation；zymosis

有机物，特别是碳水化合物的酶促转化过程。

6.1.33 堆肥发酵 composting fermentation

微生物在受控条件下，以废弃物中有机组分为基质，进行新陈代谢活动，使有机质分解稳定的过程。

6.1.34 一级发酵 primary fermentation

堆肥发酵的第一阶段。以废弃物中易分解的有机组分被微生物迅速分解为特征的发酵过程。

6.1.35 二级发酵；复发酵 secondary fermentation（curing）

堆肥的熟化阶段。一级发酵后，微生物以较低的速度分解较难降解有机物和发酵中间产物的发酵过程。

6.1.36 好氧发酵 aerobic fermentation

在充分供氧的条件下进行的堆肥发酵过程，主要微生物群落

为好氧菌群。

6.1.37 厌氧发酵 methane fermentation；anaerobic fermentation

在隔绝氧的条件下进行的堆肥发酵过程，主要微生物群落为厌氧菌群。

6.1.38 动态发酵 dynamic fermentation

堆肥发酵过程中，物料在外力作用下处于持续或间歇的运动状态。

6.1.39 静态发酵 static fermentation

堆肥发酵过程中，物料不受外力作用而运动，并处于相对静止的状态。

6.1.40 高温发酵 thermophilic fermentation

堆肥温度大于 55℃，主要由嗜热微生物作用而产生的发酵。

6.1.41 中温发酵 mesophilic fermentation

堆肥温度为 35～45℃，主要由嗜温微生物作用而产生的发酵。

6.1.42 堆肥微生物 compost microorganism

导致堆肥反应的各种微生物种群。

6.1.43 接种 inoculation；seeding

堆肥时，将堆肥微生物或含堆肥微生物的物料投到初始状态的堆肥原料中去的操作。

6.1.44 嗜温性微生物 mesophilic microorganism

最佳活动温度范围在 35～45℃之间的各种微生物。

6.1.45 嗜热性微生物 thermophilic microorganism

最佳活动温度范围大于 55℃之间的各种微生物。

6.1.46 微生物活性 microbiological activity

对微生物代谢能力大小的描述。

6.1.47 大肠菌指数 coliform index

反应水、土壤、蔬菜等直接或间接受人、畜粪便污染程度的一个指标，指单位容积（L）或单位重量（g）样品所含大肠菌的数量。

6.1.48 大肠菌值 colititer (colititre)
反应水、土壤、蔬菜等受粪便污染程度的另一个指标，指被测物平均多少样品（容积或重量）中能查出一个大肠菌。

6.1.49 大肠菌群 coliform group
所有在37℃培养下，在48h内能使乳糖发酵而产酸、产气的、不生芽胞的、革兰氏阴性好氧与兼性厌氧的杆菌。

6.1.50 堆肥的稳定性 stabilization of compost
利用微生物的作用，使垃圾中的有机质分解成对环境不再产生污染，施于土壤后不再对植物生长产生阻害的产物所达到的程度。

6.1.51 堆肥的卫生学性质 sanitarian characteristic of compost
堆肥有关人类健康方面的性质。主要以大肠菌值、蛔虫卵死亡率、苍蝇卵死亡度来描述。

6.1.52 腐殖质 humus
动植物残体与施入的有机肥料等经过微生物分解和合成作用而形成的一种比较稳定的黑色有机胶体。

6.1.53 腐殖质化 humification
有机废弃物经过微生物分解而重新组合成腐殖质的过程。

6.1.54 野外堆积 outdoor pile; windrow composting
在露天堆积垃圾的堆肥方式。

6.1.55 室内堆积 indoor pile
在厂房内堆积垃圾的堆肥方式。

6.1.56 机械化堆肥 mechanized composting
堆肥过程中的物料移动、通风等环节均由机械完成的堆肥化工艺之总称。

6.1.57 连续堆肥法 continuous composting
持续进出料的堆肥方式。

6.1.58 间歇堆肥法 intermittent composting
分批次进出料的堆肥方式。

6.2 填 埋

6.2.1 填埋 landfill
将垃圾掩埋覆盖，使其稳定化的处理方法。

6.2.2 卫生填埋 sanitary landfill
采取防渗、压实、覆盖和气体、渗沥水治理等环境保护处理措施的填埋方法。

6.2.3 好气性填埋 aerobic landfill
在填埋场底部布有通气管道，不断向填埋层供给空气，保持填埋层处于好氧状态，以加速填埋场稳定化进程的一种填埋方法。

6.2.4 厌气性填埋 anaerobic landfill
垃圾填埋层被压实后基本上在厌氧状态下分解并达到稳定化的填埋方法。

6.2.5 平面法 area method
在平地上堆埋的方法。

6.2.6 斜坡法 ramp method
在坡地上进行的填埋方法。

6.2.7 沟填法 trench method
开挖沟壑填埋垃圾，用开挖出的土作覆盖的一种填埋方法。

6.2.8 铺平 spreading
将倾卸入填埋场的垃圾按层高铺散平整在场地上的作业。

6.2.9 压实 compacting
对垃圾进行碾压，以减少垃圾空隙的作业。

6.2.10 有效土地面积 available land area
填埋场能用于填埋垃圾的实际面积（不包括辅助作业面积、填埋场地与边界应保持距离所占的面积）。

6.2.11 每日覆盖 daily cover
对当日填埋的垃圾所进行的覆盖。

6.2.12 最终覆盖 final cover
垃圾填埋场地终止填埋时进行的覆盖。

6.2.13 填埋场围栏 landfill site fenced
填埋场周围的隔离屏障。

6.2.14 可移动围栏 portable fence
为防止废弃物四处飞扬,在作业面后方设立的栅栏或围网。

6.2.15 工作面;作业面 working face
进行填埋作业的面。

6.2.16 排气道 vent
采用较周围土层滤过性能更好的材料(如砾石等)制成的,便于填埋场气体迁移的气体通道。

6.2.17 井式排气道 well vent
由穿孔管、砾石层组成的,竖直插入填埋床层的集气设施。

6.2.18 排气井 gas well
产生的气体不能进入排气道时而设置的带有泵的能将气体抽出并排入大气的设施。

6.2.19 废气燃烧器 waste gas burner
燃烧填埋场气体的燃烧装置。

6.2.20 导流渠 diversion ditch (canal)
用以引导水流而开挖的水道。

6.2.21 导流坝 diversion dam
用以引导水流而筑的坝。

6.2.22 溢洪道 spillway
一种排洪保坝设施。一般设在坝端坚固的岸坡上,其断面大小视泄洪量而定。

6.2.23 截水沟 cut-off ditch
在填埋场周边有较大面积荒山荒坡时,用以拦截及排泄坡面水流,在坡地沿等高线开挖的断面为梯形的水沟。

6.2.24 集水井;集水坑 sump
在最低处开挖的一个小坑。使水能流聚其中,并可用水泵随时将积水排出。

6.2.25 排水沟 drain
一种用来排除地面水的天然或人工沟槽。

6.2.26 渗沥水 leachate
垃圾分解过程中产生的液体以及渗出的地下水和渗入的地表水的统称。

6.2.27 渗出液收集管 leachate collection line
置于填埋场不渗透层上部的,将渗出液收集导出的穿孔管。

6.2.28 压实系数 compaction factor
填埋固体废物压实后的最终体积 V_2 与压实前的最后体积 V_1 之比。

6.2.29 压实土层 compacted soil layer
经碾压过的土层。

6.2.30 不透水材料层 impermeable material layer
为防止渗漏水对地下水产生影响,在填埋场底部由渗透系数小的或不渗透的天然材料(粘土等)和人工材料(塑料膜、橡胶等)制成的防渗层。

6.2.31 衬垫层 sarking;laying
设置于填埋场底部防止渗漏的垫层。

6.2.32 合成膜衬里 synthetic membrane liners
利用人工合成的聚氯乙烯、异丁二烯橡胶、氯磺化聚乙烯、尼龙等材料而制成的高强度衬里。

6.2.33 天然衬里 natural liners
利用天然材料(如粘土等)制成的填埋场防渗层。

6.2.34 粘土衬里 clay liners
利用渗透系数小的粘土经压实而制成的填埋场防渗层。

6.2.35 植被 plant cover
在一个地区覆盖地面的植物和植物群落的统称。天然森林、草甸等称为天然植被;人工栽培的农作物、人工造林和人工草等称为人工植被。

6.2.36 绿化带 plantings
填埋厂、堆肥厂四周种植的一定宽度的乔灌木相配的林带。有防尘、防虫蝇的作用。

6.3 焚 烧

6.3.1 焚烧 incinerate
废弃物在高温下燃烧的处理方法。

6.3.2 露天焚烧 open burning
在没有任何防护条件下,由于自燃或人为而发生的在自然环境中的敞开式的燃烧。

6.3.3 焚烧能力 capacity of incineration
表示焚烧炉规模的性能值,即单位时间焚烧炉的焚烧量。用 kg/h, t/d 表示。间歇炉一般运行 8h,用 t/8h 表示。

6.3.4 炉负荷 furnace load
焚烧炉实际运转时的焚烧量。连续运行的焚烧炉以 t/24h 表示;仅白天运行的焚烧炉以 t/8h 表示。

6.3.5 高峰负荷 peak load
实际运行中,高峰期的最大处理量。

6.3.6 焚烧残渣 incineration residue
垃圾焚烧后残留物的总称,含灰、金属、玻璃及未燃物等。

6.3.7 焚烧排气 exhaust gas from incinerator
伴随垃圾焚烧而产生的气体,主要成分为 N_2、CO_2、O_2 等。

6.3.8 燃烧气 combustion gas
燃料和氧反应燃烧生成的高温气体。

6.3.9 可燃气 combustible gas
可以燃烧的气体。

6.3.10 烟道气 flue gas
燃烧产生的高温燃烧气体,显热被充分利用后由烟道送往烟囱向大气排放的气体。

6.3.11 辅助燃料 auxiliary fuel
水分多、热值低的废弃物进行焚烧处理时,为了帮助其燃烧而同时添加进的燃料。如重油、轻油等。

6.3.12 燃烧速度 burning rate
燃料在单位时间内燃烧快慢的物理量。当燃料为气体时,燃烧速度为火焰的移动速度(火焰速度)减去由于燃烧气体的温度升高而产生的膨胀速度;如为液体和固体燃料时,燃烧速度为液面下降速度或重量变化速度。

6.3.13 燃烧效率 combustion efficiency
燃烧时,由于不完全燃烧使实际发热量 Q_r 小于垃圾废物的发热量 H_L,这种实际发热量 Q_r 和发热量 H_L 之比称为燃烧效率。

6.3.14 完全燃烧 perfect combustion
燃料中的可燃物质和理论上必需的空气量(氧量)完全反应,最终残渣只剩不燃的灰分的状态。

6.3.15 不完全燃烧 incomplete combustion
因燃料的可燃成分在燃烧后仍有残留,或燃烧后的气体中含有 CO、H_2 等的燃烧。

6.3.16 上部给料燃烧方式 over feed combustion
物料(垃圾)由炉子上方投入,空气流动方向和物料的燃烧面移动方向相同的燃烧方式。

6.3.17 下部给料燃烧方式 under feed combustion
垃圾的供给和空气的流动的方向由下向上同方向进行,和燃烧方向相反的燃烧方式。

6.3.18 炉排燃烧方式 grate firing
垃圾被投加到固定的或活动的炉排上,由炉排的下方或上方送入空气的燃烧方式。

6.3.19 炉床燃烧方式 floor combustion method
没有炉排,焚烧物在炉床上,空气由床层表面供给的燃烧方式。

6.3.20 流化床燃烧方式 fluidized bed combustion method
被预先粉碎到一定粒度的焚化物或传热介质,不固定在炉排(布风板)上,而是在炉膛的一定空间范围(沸腾层)内翻腾、跳动的燃烧方式。

6.3.21 间歇燃烧方式 batch firing
焚化物间歇地投入焚烧设备的燃烧方式。

6.3.22 连续燃烧方式 continuous firing
焚化物连续地投入焚烧设备的燃烧方式。

6.3.23 融灰燃烧方式 slag-tap firing
焚烧后残灰呈熔融状态的燃烧方式。

6.3.24 后燃烧 after burning
为使焚烧炉内主燃烧未完全燃烧的垃圾进一步燃烧而在主燃烧之后设置的灰烬燃烧。

6.3.25 灰坑 ash pit
储存焚烧炉排出的灰渣贮坑。

6.3.26 脱氯化氢 dehydrochlorination
在含氯高分子化合物被加热或焚烧时会产生腐蚀装置、污染大气的氯化氢气体，而于反应过程中添加某物质，以减少氯化氢生成或在排气中去除氯化氢的过程。

6.3.27 废热回收 waste heat recovery
对焚烧炉排出烟气等的余热进行回收，以用于预热空气，加热给水等。

6.3.28 热效率 thermal efficiency
锅炉及余热利用设备中，吸收的热量对燃烧发生热量的百分比。

6.3.29 烟道 exhaust gas duct；breeching
通过热交换器后的燃烧废气流向烟囱所经的通道。

6.3.30 烟囱 stack chimney
一种竖直而中间呈空心的用砖、钢或混凝土砌筑成的用来排除燃烧气的构筑物。

6.3.31 有效烟囱度 effective stack height；effective chimney height
烟囱几何高度（h_0）和烟气从烟囱口排出，因受到排放速度和空气浮力作用而继续上升的一定高度（Δh）（也称抬升高度）之和，用 H_e 表示：$H_e = h_0 + \Delta h$。

6.3.32 集合烟囱 collected stack
为提高排烟温度和烟囱口喷烟速度，把 2～4 个排烟道的烟集中到一个烟囱。

6.3.33 余热利用发电 power generation by waste beat
利用焚烧炉的余热产生的蒸气通过透平发电机等产生电力。

6.3.34 停炉 blowing out
焚烧炉的休风操作

6.3.35 稀释空气 dillution air
为降低进入集尘器、送风机的燃烧气温度而加进燃烧气中的空气。

6.3.36 通风损失 draft loss
因流动阻力引起炉膛中气体静压力的降落。

6.3.37 吸风 induced draft
在排气口（烟道中）利用送风机吸引排气，使焚烧炉或堆肥中产生负压而将空气抽入装置的通风方式。

6.3.38 烟道灰 flue dust
同燃烧气一起从焚烧炉中排出的灰分、金属微粒和不完全燃烧产物。

6.3.39 有害粉尘 harmful dust
对人体有害的微小颗粒，如砂尘。当空气中浓度超过一亿七千五百万粒子/立方米时，便导致肺部损伤。

6.3.40 烧损 destruction by heat
焚烧炉内的金属零部件因置于高温下被氧化而损坏。

6.3.41 侵蚀 penetration of slag
垃圾灰中的各种金属氧化物及它们互熔产生的低融点炉渣，对耐火材料所产生熔蚀作用。

6.3.42 氯化氢腐蚀 corrosion by HCl
以聚氯乙烯为代表的含氯高分子物质焚烧时产生的氯化氢所造成的高温腐蚀。飞灰等对腐蚀有促进作用。

6.3.43 气体腐蚀 gas corrosion

由燃烧气中氯化氢和二氧化硫等气体所引起的腐蚀。

6.3.44 酸露点腐蚀 acid dew point corrosion

含硫物质燃烧时，会部分生成 SO_2，SO_3 和水形成 H_2SO_4，在比正常露点高的温度下，H_2SO_4 呈液态析出，这时的温度称酸露点。传热面或金属面在这个温度下所受到的硫酸的强烈腐蚀称酸露点腐蚀。

6.3.45 高温腐蚀 high temperature corrosion

在300℃以上的温度下，金属受到的腐蚀作用。

6.3.46 低温腐蚀 low temperature corrosion

燃烧气体中的酸性物质溶解在金属表面上的凝结水中，而对金属表面产生的腐蚀。

6.4 垃圾热解气化

6.4.1 垃圾热解 pyrolysis of refuse

垃圾在无氧（外热式热分解）或缺氧（内热式热分解，又称汽化）的条件下，高温分解成燃气、燃油等物质的过程。

6.4.2 垃圾汽化 gasification of refuse

垃圾在高温缺氧条件下，与氧、水蒸气反应产生燃气和燃油的过程。

6.5 粪便处理

6.5.1 粪便处理 nightsoil treatment

使粪便无害化、减量化、资源化的方法和技术。

6.5.2 化粪池 septic tank

流经池子的污水与沉淀污泥直接接触，有机固体藉厌气细菌作用分解的一种沉淀池。

6.5.3 粪便消化处理 digestion treatment of nightsoil

粪便在消化池中通过微生物的分解，使之无害化、稳定化的过程。

6.5.4 粪便厌氧消化处理 anaerobic digestion treatment of nightsoil

粪便经过除渣后，通过微生物厌气性消化，消化液再经标准稀释后曝气、消毒处理的过程。

6.5.5 粪便好氧消化处理 aerobic digestion treatment of nightsoil

粪便除渣后，通过微生物好气性消化，消化液再经标准稀释后曝气、消毒处理的过程。

6.5.6 标准稀释法 standard dilution method

粪便经过除渣或除渣消化后，将其稀释20倍左右的处理。有厌氧性处理、好氧性处理、物理化学处理三大类。

6.5.7 粪便稀释曝气处理 dilution aeration treatment of nightsoil

粪便经除渣后即进行稀释和曝气的消毒处理。

6.5.8 粪便一段活性污泥处理 one-stage activated sludge process of nightsoil

粪便经除渣后，一次稀释和曝气的处理。

6.5.9 粪便二段活性污泥处理 two-stage activated sludge process of nightsoil

粪便除渣后，经二次稀释、二次曝气的处理。

6.5.10 粪便物理化学处理 physico-chemical treatment of nightsoil

运用物理和化学的综合作用，使粪便得到净化的方法。有湿式氧化法、蒸发干燥法、燃烧法。

6.5.11 粪便低稀释法 low dilution process of nightsoil

粪便处理过程中，将其稀释在10倍以下（较标准稀释法低），然后再进行处理的方法。

6.5.12 粪便混凝处理 coagulation treatment of nightsoil

向粪水中投入混凝剂，消除或降低水中胶体颗粒间的相互排斥力，使其中胶体颗粒易于相互碰撞和附聚塔接而成为较大颗粒或絮体，进而被分离的方法。

6.5.13　活性污泥法　activated sludge process

在污水中加入活性污泥，将其均匀混合并进行曝气，使污水中的有机质被活性污泥吸附、氧化，使污水得以净化的方法。

6.5.14　曝气　aeration

将空气导入污水的过程。

6.5.15　氧化塘；稳定塘　oxidation pond；stabilization pond

以塘为主要构筑物，利用自然生物群体净化污水的处理设施。

6.5.16　臭氧处理　ozonation

利用臭氧进行杀菌、消毒、氧化污染物质的处理方法。

6.5.17　硝化　nitrification

在细菌的作用下，含氮物质被氧化的过程。通常这种氧化的最终产物为硝酸盐。

6.5.18　消毒　disinfection

使所有的病原体消灭或失活的处理过程。

6.6　污染控制

6.6.1　恶臭掩蔽法　masking method of odor

防止恶臭的一种方法，即用比臭气更强的物质为掩蔽剂的脱臭法。它不是把恶臭成分分解或用吸附法除去，而是将恶臭掩蔽起来使人不能感觉，以达到心理上或嗅觉上的效果。

6.6.2　臭气浓度　odor concentration

大气中单位容积内所含臭气的值。

6.6.3　臭气单位　odor unit

把臭气用无臭空气稀释成无臭时所需的稀释倍数。

6.6.4　臭气度　odor intensity index

利用感能实验测定臭气强度时，被用来表示臭气强度的值。

6.6.5　嗅觉阈值　olfactory threshold

人们开始嗅到时的污染物浓度。

6.6.6　噪声　noise

一种不希望有的不同频率和不同强度无规律的组合在一起的声音。它不但影响人们的生活和工作，还使物理装置和设备疲劳失效，或干扰其他声信号的感觉和鉴别。

6.6.7　环境噪声　ambient noise

某一环境下总的噪声。通常是由多个远近不同的声源组成的。

6.6.8　噪声控制　noise control

为特定观察位置或噪声接受者获得适宜的噪声环境的方法。包括对噪声源、传输途径、噪音接受等采取控制措施。

6.6.9　噪声强度　noise intensity

指定频带中的噪音场的强度。

6.6.10　噪声级　noise level

在指定频率范围和时间间隔内，按指定方式对频率的加权平均值。通常表示为相对于某规定参考量的分贝数。

6.6.11　噪声污染　noise pollution

噪声超过人类工作和生活所容许的环境状况。

6.6.12　噪声性耳聋　noise induced hearing loss

噪声产生的听力损失。分暂时性听阈上移和永久性听阈上移两类。

6.6.13　听阈　audibility threshold；threshold of sound

在规定的标准条件下，能为正常人耳感觉到的某个频率的声信号强度的最小值。

6.6.14　听力损失　hearing loss

人耳在某一频率上的听力损失是其听阈对正常人耳听阈的分贝之差（这个述语在科学工作中与聋度是同义词）。听力损失分贝数对正常人耳听阈和听力相差的分贝数的比值乘以100称为该频率上的听力损失率。

6.6.15　粉尘　dust

悬浮于气体介质的小固体粒子，能因重力作用发生沉降，但在垃圾处理、搬运等过程中，在某一段时间内能保持悬浮状态。粒径一般在 $1\sim200\mu m$ 左右。

6.6.16 烟 fume

燃烧过程中形成的固体粒子的气液胶。粒子粒径一般在 0.01～1.00μm 左右。

6.6.17 飞灰 fly ash

随垃圾燃烧产生的烟气而飞逸出的分散得较细的灰分。

6.6.18 黑烟 smoke

由垃圾燃烧产生的能见的气溶胶。

6.6.19 飘尘 floating dust

大气中粒径小于 10μm 的固体颗粒。它能长期地在大气中漂浮，有时也称浮游粉尘。

6.6.20 降尘 dustfall

大气中粒径大于 10μm 的固体颗粒物的总称。它在重力作用下，可在较短时间内沉降到地面。

6.6.21 总悬浮微粒（TSP） total suspended particulate

大气中粒径小于 100μm 的所有固体颗粒。

6.6.22 重金属 heavy metal

相对密度在 4.5 以上的金属的统称。如汞、镉、铬、锌、铅、铜、铁、镍、锡等。

6.6.23 重金属污染 pollution of heavy metal

对某一确定体系而言，重金属的含量超过允许的范围，造成对环境和人体的危害。

7 管 理

7.0.1 环境卫生 environmental sanitation

人类赖以生存和发展的卫生的自然环境和社会环境。

7.0.2 城镇环境卫生 cities and towns environmental sanitation

城镇赖以生存和发展的卫生的自然环境和社会环境。是环境卫生的一个组成部分。

7.0.3 环境卫生水平 environmental sanitary level

人类赖以生存和发展的自然环境和社会环境的卫生程度。

7.0.4 城镇环境卫生水平 cities and towns environmental sanitary level

城镇赖以生存和发展的自然环境和社会环境的卫生程度。

7.0.5 环境卫生管理 environmental sanitary administration

采用行政、经济、法律、科技等手段，对环境卫生工作实施决策、规划、组织、协调、监督、服务宣传、教育等，使自然环境和社会环境达到卫生要求的管理。有城镇环境卫生管理、集镇和村庄环境卫生管理。

7.0.6 环境卫生管理机构 environmental sanitary administrative organization

各级政府负责环境卫生管理的组织。有城镇环境卫生管理机构、集镇和村庄环境卫生管理机构。

7.0.7 环境卫生管理体制 environmental sanitary administrative system

为实施对环境卫生管理所采取的组织制度。有城镇环境卫生管理体制、集镇和村庄环境卫生管理体制。

7.0.8 环境卫生法制 environmental sanitary legal system

通过政权机关建立起来的环境卫生法律制度，包括法律的制定、执行和遵守等。有城镇环境卫生法制、集镇和村庄环境卫生法制。

7.0.9 环境卫生法规 environmental sanitary laws and regulations

环境卫生法律、法规、规章、规范性文件等的总称。有城镇环境卫生法规、集镇和村庄环境卫生法规。

7.0.10 生活垃圾作业系统 domestic garbage working system

以生活垃圾为劳动对象的所有作业活动的总和。主要由生活垃圾的收集、运输、中转、处理、处置等环节组成。

7.0.11 生活垃圾作业的管理系统 domestic garbage working administrating system

对生活垃圾作业系统实施管理的组织系统。

7.0.12 粪便作业系统 nightsoil working system

以粪便为劳动对象的所有作业活动的总和。主要由粪便的收集、运输、中转、处理、处置等环节组成。

7.0.13 粪便作业的管理系统 nightsoil work administrating system

对粪便作业系统实施管理的组织系统。

7.0.14 建筑垃圾作业系统 construction waste working system

以建筑垃圾为劳动对象的所有作业活动的总和。主要由建筑垃圾的收集、运输、中转、处理、处置等环节组成。

7.0.15 建筑垃圾作业管理系统 construction waste work administrating system

对建筑垃圾作业系统实施管理的组织系统。

7.0.16 道路清扫作业系统 road sweeping and clearing working system

为保证道路清洁所开展的各种作业活动的总和。主要由清扫、保洁、道路垃圾的收集、运输、路面洒水、冲洗等环节组成。

7.0.17 道路清扫作业的管理系统 road sweeping and clearing work administrating system

对道路清扫作业系统实施管理的组织系统。

7.0.18 船舶生活垃圾作业系统 domestic garbage of boats and ships working system

以船舶产生的生活垃圾为劳动对象的所有作业活动的总和。主要由船舶生活垃圾的收集、运输、中转、处理、处置等环节组成。

7.0.19 船舶生活垃圾作业的管理系统 domestic garbage of boats and ships administrating system

对船舶生活垃圾作业系统实施管理的组织系统。

7.0.20 水面漂浮垃圾作业系统 floating refuse on water way working system

以水面漂浮垃圾为劳动对象的所有作业活动的总和。主要由水面漂浮垃圾的收集、运输、中转、处理、处置等环节组成。

7.0.21 水面漂浮垃圾作业的管理系统 floating refuse on water way work administrating system

对水面漂浮垃圾作业系统实施管理的组织系统。

7.0.22 船舶粪便污水作业系统 nightsoil and sewage from boats and ships working system

以船舶粪便污水为劳动对象的所有作业活动的总和。主要由船舶粪便污水的收集、运输、中转、处理、处置等环节组成。

7.0.23 船舶粪便污水作业的管理系统 administrating system for work of nightsoil and sewage from boats and ships

对船舶粪便污水作业系统实施管理的组织系统。

7.0.24 水域环境卫生 water area environmental sanitation

人类赖以生存和发展的江、河、湖、海等水域的卫生环境。

7.0.25 水域环境卫生水平 water area environmental sanitary level

人类赖以生存和发展的水域的卫生程度。

7.0.26 水域环境卫生管理 water area environmental sanitary administration

采用行政、经济、法律、科技等手段,对水域环境卫生工作实施决策、规划、组织、协调、监督、服务、宣传、教育的管理。

附录A 英文术语条目索引

A

absorber 吸收装置 5.7.33
absorption plant 吸收装置 5.7.33
acid dew point corrosion 酸露点腐蚀 6.3.44
activated sludge 活性污泥 2.4.5
activated sludge process 活性污泥法 6.5.13
adhesive water 附着水 3.0.37
administrating system for work of nightsoil and sewage from boats and ships 船舶粪便污水作业的管理系统 7.0.23
adsorbed water 吸着水 3.0.38
adsorber 吸附装置 5.7.34
adsorption 吸附 3.0.20
aeration 曝气 6.5.14
aeration 通风 6.1.24
aerobic landfill 好气性填埋 6.2.3
aerobic digestion treatment of nightsoil 粪便好气消化处理 6.5.5
aerobic fermentation 好氧发酵 6.1.36
aerobic compisting 好氧堆肥 6.1.3
after burner 后燃烧器 5.7.31
after burning 后燃烧 6.3.24
agricultural waste 农业废弃物 2.1.4
air conveyor 气力输送机 5.1.5
air permeability 透气性 3.0.40
air vent 通气孔 6.1.27
ambient noise 环境噪声 6.6.7
anaerobic composting 厌氧堆肥 6.1.4
anaerobic digestion treatment of nightsoil 粪便厌气消化处理 6.5.4
anaerobic fermentation 厌氧发酵 6.1.37
anaerobic landfill 厌气性填埋 6.2.4
apparent refuse density 垃圾表观密度 3.0.31
area method 平面法 6.2.5
arrester 除尘器 5.7.32
ash conveyer 灰渣输送机 5.7.30
ash pit 灰坑 6.3.25
atomizer 雾化器 5.7.27
atomizer burner 雾化燃烧器 5.7.28
audibility threshold 听阈 6.6.13
auger conveyor 螺旋输送机 5.1.3
auxiliary combustion equipment 助燃装置 5.7.25
auxiliary fuel 辅助燃料 6.3.11
available land area 有效土地面积 6.2.10

B

background monitoring well 本底监测井 3.0.46
baler 打包机 5.3.3
baler 压捆机 5.3.2
ballistic separator 冲击式分离机 5.5.10
band conveyor 带式输送机 5.1.1
batch firing 间歇燃烧方式 6.3.21
belt conveyor 带式输送机 5.1.1
big refuse 粗大垃圾 2.2.4
big rubbish 粗大垃圾 2.2.4
blast chamber 燃烧室 5.7.23
blowing out 停炉 6.3.34

breeching　烟道　6.3.29

bridge crane　桥式起重机　5.2.3

briquetting　压块　5.3.1

bucket　抓斗　5.2.6

bucket dredger　斗式挖泥船　4.5.6

bucket elevator　斗式提升机　5.2.2

burning rate　燃烧速度　6.3.12

C

C-N ratio　碳氮比　6.1.28

cantilever　悬臂式抓斗起重机　5.2.5

cantilever crane　悬臂式起重机　5.2.4

capacity of incineration　焚烧能力　6.3.3

capillary water　毛细管水　3.0.36

carbon-nitrogen ratio　碳氮比　6.1.28

carbon-phosphorus ratio　碳磷比　6.1.29

centrifuge　离心机　5.6.3

chain conveyor　链式输送机　5.1.2

cities and towns environmental sanitation　城镇环境卫生　7.0.2

cities and towns environmental sanitary level　城镇环境卫生水平
　7.0.4

clarification　澄清　3.0.15

clay liners　粘土衬里　6.2.34

coagulation treatment of nightsoil　粪便混凝处理　6.5.12

coefficient of refuse compressibility　垃圾压缩系数　3.0.21

coliform group　大肠菌群　6.1.49

coilform index　大肠菌指数　6.1.47

colititer (colititre)　大肠菌值　6.1.48

collected stack　集合烟囱　6.3.32

collection at every door　分户式收集　4.2.5

collection by container　垃圾桶（箱）式收集　4.2.3

collection by garbage container　垃圾集装箱式收集　4.2.4

collection by refuse sack　垃圾袋装式收集　4.2.6

collection of classificated refuse　垃圾分类收集　4.2.2

collection of nonclassicated refuse　垃圾混合收集　4.2.1

collection of refuse at gathered place　垃圾定点收集　4.2.7

combustible gas　可燃气　6.3.9

combustible refuse　可燃垃圾　2.2.13

combustion chanber　燃烧室　5.7.23

combustion efficiency　燃烧效率　6.3.13

combustion gas　燃烧气　6.3.8

compacted soil layer　压实土层　6.2.29

compacting　压实　6.2.9

compaction factor　压实系数　6.2.28

composition of refuse　垃圾组成　3.0.24

compost　堆肥　6.1.1

compost microorganism　堆肥微生物　6.1.42

compost product　堆肥产品　6.1.20

compost substrate　堆肥基质　6.1.13

compostable refuse　可堆肥垃圾　2.2.11

composting　堆肥化　6.1.2

composting fermentation　堆肥发酵　6.1.33

composting period　堆肥周期　6.1.19

composting plant of refuse　垃圾堆肥厂　4.6.4

composting refuse alone　纯垃圾堆肥化　6.1.7

cone crusher　圆锥破碎机　5.4.4

construction waste work administrating system　建筑垃圾作业的
管理系统　7.0.15

construction waste working system　建筑垃圾作业系统　7.0.14

construction waste　建筑垃圾　2.2.5

continuous composting　连续堆肥法　6.1.57

continuous firing 连续燃烧方式 6.3.22
corrosion by Hcl 氯化氢腐蚀 6.3.42
cut-off ditch 截水沟 6.2.23

D

daily cover 每日覆盖 6.2.11
dehydration 脱水 3.0.11
dehydrator 脱水机 5.6.1
dehydrochlorination 脱氯化氢 6.3.26
destruction by heat 烧损 6.3.40
dewaterer 脱水机 5.6.1
dewatering 脱水 3.0.11
dewatering sludge 脱水污泥 2.4.10
digested sludge 消化污泥 2.4.11
digestion treatment of nightsoil 粪便消化处理 6.5.3
dilution air 稀释空气 6.3.35
dilution aeration treatment of nightsoil 粪便稀释曝气处理 6.5.7
disinfection 消毒 6.5.18
diversion ditch (canal) 导流渠 6.2.20
diversion dam 导流坝 6.2.21
domestic garbage 生活垃圾 2.2.6
domestic garbage of boats and ships administrating system 船舶生活垃圾作业的管理系统 7.0.19
domestic garbage of boats and ships working system 船舶生活垃圾作业系统 7.0.18
domestic garbage working administrating system 生活垃圾作业的管理系统 7.0.11
domestic garbage working system 生活垃圾作业系统 7.0.10
domestic waste 生活废弃物 2.1.2
draft 通风 6.1.24
draft loss 通风损失 6.3.36
drain 排水沟 6.2.25
drying stove 烘干炉 5.6.7
dual fluidized bed pyrolyzer 双塔流化床热解炉 5.7.12
dump of construction waste 建筑垃圾堆放场 4.6.2
dump of refuse 垃圾堆放场 4.6.1
dumpcar 自卸垃圾车 4.4.2
dust 粉尘 6.6.15
dustfall 降尘 6.6.20
dynamic fermeniation 动态发酵 6.1.38

E

effective chimney height 有效烟囱高度 6.3.31
effective stack height 有效烟囱高度 6.3.31
elevator 提升机 5.2.1
environmental sanitary administration 环境卫生管理 7.0.5
environmental sanitary administrative organization 环境卫生管理机构 7.0.6
environmental sanitary administrative system 环境卫生管理体制 7.0.7
environmental sanitary laws and regulations 环境卫生法规 7.0.9
environmental sanitary legal system 环境卫生法制 7.0.8
environmental sanitation 环境卫生 7.0.1
environmental sanitary level 环境卫生水平 7.0.3
environmental sanitary filling station 环卫加油站 4.6.13
environmental sanitary garage 环卫车辆厂 4.6.10
environmental sanitary machine repairing works 环卫机械修造厂 4.6.12
environmental sanitary parking area (parking lot) 环卫停车场 4.6.9

environmental sanitary shipyard 环卫船舶厂 4.6.11

environmental sanitary tank station 环卫供水站 4.6.14

environmental sanitary wharf (dock) 环卫码头 4.6.15

environmental sanitary engineering 环境卫生工程 3.0.1

evaporative capacity 蒸发量 3.0.19

evaporation 蒸发 3.0.18

excess sludge 剩余污泥 2.4.7

excrement 排泄物 2.3.1

excrement and urine 粪便 2.3.2

excreta 排泄物 2.3.1

exhaust gas duct 烟道 6.3.29

exhaust gas from incinerator 焚烧排气 6.3.7

explosion door 防爆门 5.7.29

F

feeder 给料机 5.1.10

fermentation 发酵 6.1.32

field capacity 田间持水量 3.0.39

field moisture capacity 田间持水量 3.0.39

filter press 压滤机 5.6.2

filterability 可滤性 3.0.17

filtration 过滤 3.0.16

final cover 最终覆盖 6.2.12

fire chamber 燃烧室 5.7.23

fixed grate 固定炉排 5.7.19

float sludge 浮渣 2.4.4

floating dust 飘尘 6.6.19

floating refuse on water way working system 水面漂浮垃圾作业
系统 7.0.20

floating refuse on water way work administrating system 水面漂
浮垃圾作业的管理系统 7.0.21

floor combustion method 炉床燃烧方式 6.3.19

flotation 浮选 5.5.8

flour firing furnace 床式焚烧炉 5.7.8

flue dust 烟道灰 6.3.38

flue gas 烟道气 6.3.10

fluidized bed combustion method 流化床燃烧方式 6.3.20

fluidized bed firing furnace 流化床焚烧炉 5.7.9

fluidized bed pyrolyzer 单塔流化床热解炉 5.7.13

fly ash 飞灰 6.6.17

fume 烟 6.6.16

furnace liner 炉衬 5.7.21

furnace load 炉负荷 6.3.4

G

garbage 垃圾 2.2.1

garbage 厨余 2.1.8

garbage container 垃圾集装箱 4.1.4

garbage container ship 集装式垃圾船 4.5.2

garbage container vehicle 集装式垃圾车 4.4.3

garbage can 垃圾箱 4.1.1

gas corrosion 气体腐蚀 6.3.43

gas well 排气井 6.2.18

gas-filled zone monitoring well 充气区监测井 3.0.47

gasification of refuse 垃圾气化 6.4.2

gathering arm loader 蟹爪式装载机 5.1.8

grab 抓斗 5.2.6

grabbing crane 悬臂式抓斗起重机 5.2.5

grate 炉排 5.7.14

grate firing 炉排燃烧方式 6.3.18

gravity separation 重力分离 3.0.12

gyratory screen 回转筛 5.5.2

gyratory breaker 圆锥破碎机 5.4.4
gyratory crusher 圆锥破碎机 5.4.4

H

hammer mill 锤式破碎机 5.4.7
hard-to-burn refuse 难燃垃圾 2.2.14
harmful dust 有害粉尘 6.3.39
harmful refuse 有毒垃圾 2.2.16
harmless 无害化 3.0.4
hazardous solid waste 有害废弃物 2.1.6
hearing loss 听力损失 6.6.14
heat drying 热干化 5.6.6
heavy metal 重金属 6.6.22
high temperature corrosion 高温腐蚀 6.3.45
hopper dredger 舱式挖泥船 4.5.5
horizontal digester 卧式发酵槽 5.7.2
horizontal rotary digester 卧式回旋发酵器 5.7.3
humification 腐殖质化 6.1.53
humus 腐殖质 6.1.52

I

igniter 点火装置 5.7.22
impact crushing 冲击破碎 5.4.1
impermeable material layer 不透水材料层 6.2.30
incinerate 焚烧 6.3.1
incineration residue 焚烧残渣 6.3.6
incinerator of batch operation 间歇炉 5.7.7
incinerator of semi-mechanized operation 半机械炉 5.7.6
incinerator of mechanized operation 机械炉（连续式炉） 5.7.5
incombustible refuse 不可燃性垃圾 2.2.15
incomplete combustion 不完全燃烧 6.3.15
indoor pile 室内堆积 6.1.55

induced draft 吸风 6.3.37
industrial solid waste 工业废弃物 2.1.5
industrial waste 产业废弃物 2.1.3
inoculation 接种 6.1.43
inorganic refuse 无机垃圾 2.2.9
intermittent composting 间歇堆肥法 6.1.58

J

jib crane 悬臂式起重机 5.2.4

L

landfill 填埋 6.2.1
landfill site fenced 填埋场围栏 6.2.13
landfill space of refuse 垃圾卫生填埋场 4.6.3
latrine 旱厕 4.3.3
latrine pit 旱厕 4.3.3
laying 衬垫层 6.2.31
leachate 渗沥水 6.2.26
leachate collection line 渗出液收集管 6.2.27
litter bin 废物箱 4.1.5
low temperature corrosion 低温腐蚀 6.3.46
low temperature shredding 低温破碎 5.4.3
low dilution process of nightsoil 粪便低稀释法 6.5.11

M

magnetic separator 磁选机 5.5.7
makeshift lavatory 临时厕所 4.3.5
manure tank 粪罐 4.1.7
masking method of odor 恶臭掩蔽法 6.6.1
maturation 熟化 6.1.16
matured compost 腐熟堆肥 6.1.17
mechanical aeration 机械通风 6.1.25
mechanized composting 机械化堆肥 6.1.56

mesophilic composting 中温堆肥化 6.1.9

mesophilic fermentation 中温发酵 6.1.41

mesophilic microorganism 嗜温性微生物 6.1.44

methane-generating pit (latrine) 产沼厕所 4.3.4

microbiological activity 微生物活性 6.1.46

movable garbage can 可移动式垃圾箱 4.1.3

movable lavatory 活动厕所 4.3.6

moving-bed composting 动态堆肥化 6.1.11

municipal solid waste 城市垃圾 2.2.3

N

natural drying 露天干燥 5.6.4

natural liners 天然衬里 6.2.33

natural ventilation 自然通风 6.1.26

nightsoil and sewage from boats and ships working system 船舶粪便污水作业系统 7.0.22

nightsoil barge 粪便（污水）运输船 4.5.4

nightsoil; night soil 粪便 2.3.2

night soil harmless treatment plant 粪便卫生处理厂 4.6.8

nightsoil work administrating system 粪便作业的管理系统 7.0.13

nightsoil treatment 粪便处理 6.5.1

nightsoil treatment works 粪便处理厂 4.6.7

nightsoil working system 粪便作业系统 7.0.12

nitrification 硝化 6.5.17

noise 噪声 6.6.6

noise control 噪声控制 6.6.8

noise induced hearing loss 噪声性耳聋 6.6.12

noise intensity 噪声强度 6.6.9

noise level 噪声级 6.6.10

noise pollution 噪声污染 6.6.11

noncompostable refuse 不可堆肥垃圾 2.2.12

noncompostable substance 非堆肥化物质 6.1.12

O

odor concentration 臭气浓度 6.6.2

odor intensity index 臭气度 6.6.4

odor unit 臭气单位 6.6.3

olfactory threshold 嗅觉阈值 6.6.5

one-stage activated sludge process of nightsoil 粪便一段活性污泥处理 6.5.8

open burning 露天焚烧 6.3.2

organic refuse 有机垃圾 2.2.8

oscillating conveyor 振动输送机 5.1.4

oscillating screen 振动筛 5.5.3

osmosis 渗透 3.0.43

outdoor pile 野外堆积 6.1.54

over feed combustion 上部给料燃烧方式 6.3.16

oxidation pond 氧化塘 6.5.15

oxidized sludge 氧化污泥 2.4.9

oxygen consumption rate of compost 堆肥耗氧速率 6.1.21

oxygen demand 需氧量 6.1.22

oxygen supply 供氧量 6.1.23

ozonation 臭氧处理 6.5.16

P

peak load 高峰负荷 6.3.5

penetration of slag 侵蚀 6.3.41

percolation 渗漏 3.0.42

percolation rafe 渗透速度 3.0.45

perfecf combustion 安全燃烧 6.3.14

permanent garbage can 固定式垃圾箱 4.1.2

permeability 渗透性 3.0.41

permeability coefficient 渗透系数 3.0.44
phosphorus-nitrogen ratio 磷氮比 6.1.30
physico-chemical treatment of nightsoil 粪便物理化学处理 6.5.10
piloted head 导燃烧嘴 5.7.26
pit privy 旱厕 4.3.3
plant cover 植被 6.2.35
plantings 绿化带 6.2.36
pneumatic conveyor 气力输送机 5.1.5
pneumatic transport 气体输送 4.2.11
pollution of heavy metal 重金属污染 6.6.23
portable fence 可移动围栏 6.2.14
power generation by waste heat 余热利用发电 6.3.33
precipitate 沉淀 3.0.13
primary fermentation 一级发酵 6.1.34
primary sludge 初沉池污泥 2.4.8
public comfort station 公共厕所 4.3.1
public convenience 公共厕所 4.3.1
public latrine 公共厕所 4.3.1
public lavatory 公共厕所 4.3.1
putrefaction 腐败 6.1.18
putrescibility 腐熟度 6.1.15
pyrolysis of refuse 垃圾热解 6.4.1

R

ramp method 斜坡法 6.2.6
raw refuse 原生垃圾 2.2.2
raw sludge 原污泥 2.4.2
reburning chamber 再燃烧室 5.7.24
reciprocating flight conveyor 往复刮板式输送机 5.1.7
reciprocating grate 往复炉排 5.7.16
reciprocation screen 往复筛 5.5.1
reclamation 资源化 3.0.3
reducing quantity 减量化 3.0.5
refuse 垃圾 2.2.1
refuse and nightsoil co-composting 垃圾粪便堆肥化 6.1.5
refuse and sludge co-composting 垃圾污泥堆肥化 6.1.6
refuse barge 垃圾运输船 4.5.1
refuse box 垃圾箱 4.1.1
refuse bulk density 垃圾体积密度 3.0.31
refuse chemical composition 垃圾的化学组成 3.0.25
refuse collecting and distributing centre 垃圾站 4.2.9
refuse collecting station 垃圾收集点 4.2.8
refuse collecting vehicle (lorry) 垃圾收集车 4.4.1
refuse collector 垃圾收集车 4.4.1
refuse compaction ratio 垃圾压缩比 3.0.23
refuse compressibility 垃圾压缩性 3.0.22
refuse container 垃圾箱 4.1.1
refuse density 垃圾密度 3.0.30
refuse destructor plant 垃圾焚烧厂 4.6.5
refuse difficult to burn 难燃垃圾 2.2.14
refuse disposal 垃圾处置 3.0.8
refuse dumping 垃圾翻倒 6.1.31
refuse handling 垃圾处理 3.0.7
refuse incineration plant 垃圾焚烧厂 4.6.5
refuse moisture content 垃圾含水率 3.0.34
refuse moisture 垃圾水分 3.0.35
refuse particle density 垃圾颗粒密度 3.0.33
refuse physical composition 垃圾的物理组成 3.0.26
refuse pile density 垃圾堆密度 3.0.31
refuse porosity 垃圾空隙度 3.0.28

refuse porosity ratio　垃圾空隙比　3.0.29

refuse pyrolysis plant　垃圾热解厂　4.6.6

refuse quantity　垃圾量　3.0.9

refuse transfer station　垃圾转运站　4.2.10

refuse treatment　垃圾处理　3.0.7

refuse turning　垃圾翻倒　6.1.31

refuse volume weight　垃圾容量　3.0.27

resource reclamation waste reclamation　资源回收利用　3.0.2

return sludge　回流污泥　2.4.6

road sweeping and clearing work administrating system　道路清扫作业的管理系统　7.0.17

road sweeplng and clearing working system　道路清扫作业系统　7.0.16

rocking grate　摇动炉排　5.7.20

roll crusher　辊式破碎机　5.4.5

rotary breaker　滚筒破碎机　5.4.6

rotary grate　回转炉排　5.7.18

rotary kiln　回转窑　5.7.4

rubbish　垃圾　2.2.1

S

sanitarian characteristic of compost　堆肥的卫生学性质　6.1.51

sanitary landfill　卫生填埋　6.2.2

sarking　衬垫层　6.2.31

saturated zone monitoring well　饱和区监测井　3.0.48

screw conveyor　螺旋输送机　5.1.3

scum　浮渣（上浮污泥）　2.4.4

secondary fermentation (curing)　二级发酵；复发酵　6.1.35

sedimentation　沉降　3.0.14

seeding　接种　6.1.43

separate collection of refuse　垃圾分类收集　4.2.2

separator　分选机　5.5.6

septic tank　化粪池　6.5.2

sewer sludge　通沟污泥（下水道污泥）　2.4.12

shearimg-type shredding　剪断破碎　5.4.2

shovel loader　铲式装载机　5.1.9

site selection　场址选择　3.0.49

slag-tap firing　融灰燃烧方式　6.3.23

slat conveyor　板式输送机　5.1.6

slop　废油　2.1.7

slop oil　废油　2.1.7

slops collecting ship　粪便（污水）收集船　4.5.3

sludge　污泥　2.4.1

smoke　黑烟　6.6.18

snow sweeper　除雪机　4.4.7

special refuse　特种垃圾　2.2.17

spillway　溢洪道　6.2.22

spiral conveyor　螺旋输送机　5.1.3

spray drying　喷雾干燥　5.6.5

spreading　铺平　6.2.8

sprinkler　洒水车　4.4.6

stabilization of compost　堆肥的稳定性　6.1.50

stabilization pond　稳定塘　6.5.15

stabilizing　稳定化　3.0.6

stack chimney　烟囱　6.3.30

stacker　堆垛机　5.3.4

stale refuse　陈腐垃圾　2.2.10

standard dilution method　标准稀释法　6.5.6

static fermentation　静态发酵　6.1.39

static grizzly　固定格筛　5.5.4

static-pile composting　静态堆肥化　6.1.10

step grate 阶梯式炉排 5.7.17
street refuse 道路清扫垃圾 2.2.7
street sweeper 扫路机 4.4.4
street sweeper with washer 洗路车 4.4.5
substrate decomposition 基质分解 6.1.14
sump 集水井 6.2.24
surplus sludge 剩余污泥 2.4.7
synthetic membrane liners 合成膜村里 6.2.32

T

temporary toilet 临时厕所 4.3.5
thermal efficiency 热效率 6.3.28
thermophilic composting 高温堆肥化 6.1.8
thermophilic fermentation 高温发酵 6.1.40
thermophilic microorganism 嗜热性微生物 6.1.45
thick sludge 浓缩污泥 2.4.3
thickening 增稠 3.0.10
threshold of sound 听阈 6.6.13
tip truck 目卸垃圾车 4.4.2
total suspended particulate 总悬浮微粒（TSP） 6.6.21
travelling grate 移动炉排 5.7.15
trench method 沟填法 6.2.7
trommel 滚筒筛 5.5.5
true refuse density 垃圾真密度 3.0.32
two-stage activated sludge process of nightsoil 粪便二段活性污泥处理 6.5.9

U

under feed combustion 下部给料燃烧方式 6.3.17
unit weight 垃圾容重 3.0.27

V

vacuum sewer cleaner 真空吸粪（污）车 4.4.8
vent 排气道 6.2.16
vertical digester 立式发酵槽 5.7.1
vertical kiln 竖井炉 5.7.11
vibrating conveyor 振动输送机 5.1.4
vibrating screen 振动筛 5.5.3

W

wastebin 垃圾箱 4.1.1
waste 废弃物 2.1.1
waste gas burner 废气燃烧器 6.2.19
waste heat boiler 废热锅炉 5.7.10
waste heat recovery 废热回收 6.3.27
waste oil 废油 2.1.7
water area environmental sanitary administration 水域环境卫生管理 7.0.26
water area environmental sanitation 水域环境卫生 7.0.24
water area environmental sanitary level 水域环境卫生水平 7.0.25
water closet 水冲厕所 4.3.2
water tank 水罐 4.1.6
well vent 井式排气道 6.2.17
windrow composting 野外堆积 6.1.54
winnower 风选机 5.5.9
winnowing machine 风选机 5.5.9
working face 工作面（作业面）6.2.15
worm conveyor 螺旋输送机 5.1.3

Z

zymosis 发酵 6.1.32

附录 B 汉语拼音术语条目索引

B

板式输送机　slat conveyor　5.1.6

半机械炉　lncinerator of semi-mechanized operation　5.7.6

饱和区监测井　saturated zone monitoring well　3.0.48

本底监测井　background monitoring well　3.0.46

标准稀释法　standard dilution method　6.5.6

不可堆肥垃圾　noncompostable refuse　2.2.12

不可燃垃圾　incombustible refuse　2.2.15

不透水材料层　impermeable material layer　6.2.30

不完全燃烧　incomplete combustion　6.3.15

C

舱式挖泥船　hopper dredger　4.5.5

铲式装载机　shovel loader　5.1.9

产业废弃物　industrial waste　2.1.3

产沼厕所　methane-generating pit (latrine)　4.3.4

场址选择　site selection　3.0.49

沉淀　precipitate　3.0.13

沉降　sedimentation　3.0.14

陈腐垃圾　stale refuse　2.2.10

衬垫层　sarking; laying　6.2.31

城市垃圾　municipal soild waste　2.2.3

城镇环境卫生　cities and towns environmental sanitation　7.0.2

城镇环境卫生水平　cities and towns environmental sanitary level
　7.0.4

澄清·clanification·3.0.15

充气区监测井　gas-filled zone monitoring well　3.0.47

冲击破碎　inpact crusher　5.4.1

冲击式分离机　ballistic separator　5.5.10

臭气单位　odor unit　6.6.3

臭气度　odor intensity index　6.6.4

臭气浓度　odor concentration　6.6.2

臭氧处理　ozonation　6.5.16

初沉池污泥　primary sludge　2.4.8

厨余　garbage　2.1.8

除尘器　arrester　5.7.32

除雪机　snow sweeper　4.4.7

船舶粪便污水作业的管理系统　administrating system for work of nightsoil and sewage from boats and ships　7.0.23

船舶粪便污水作业系统　nightsoil and sewage of boats and ships working system　7.0.22

船舶生活垃圾作业的管理系统　domestic garbage of boats and ships administrating system　7.0.19

船舶生活垃圾作业系统　domestic garbage of boats and ships working system　7.0.18

床式焚烧炉　flour firing furnace　5.7.8

锤式破碎机　hammer mill　5.4.7

纯垃圾堆肥化　composting refuse alone　6.1.7

磁选机　magnetic separator　5.5.7

粗大垃圾　big refuse; big rubbish　2.2.4

D

打包机　baler　5.3.3

大肠菌群　coliform group　6.1.49

大肠菌值　colititer (colititre)　6.1.48

大肠菌指数　coliform index　6.1.47

带式输送机　belt convevor; band convevyor　5.1.1

单塔流化床热解炉　fluidized bed pyrolyzer　5.7.13
导流坝　diversion dam　6.2.21
导流渠　diversion ditch (canal)　6.2.20
导燃烧嘴　piloted head　5.7.26
道路清扫垃圾　street refuse　2.2.7
道路清扫作业的管理系统　road sweeping and clearing work administrating system　7.0.17
道路清扫作业系统　road sweeping and clearing working system　7.0.16
低温腐蚀　low temperature corrosion　6.3.46
低温破碎　low temperature shredding　5.4.3
点火装置　igniter　5.7.22
动态堆肥化　moving-bed composting　6.1.11
动态发酵　dynamic fermentation　6.1.38
斗式提升机　bucket elevator　5.2.2
斗式挖泥船　bucket dredger　4.5.6
堆垛机　stacker　5.3.4
堆肥　compost　6.1.1
堆肥产品　compost product　6.1.20
堆肥的卫生学性质　sanitarian characteristic of compost　6.1.51
堆肥的稳定性　stabilization of compost　6.1.50
堆肥发酵　composting fermentation　6.1.33
堆肥耗氧速率　oxygen consumption rate of compost　6.1.21
堆肥化　composting　6.1.2
堆肥基质　compost substrate　6.1.13
堆肥微生物　compost microorganism　6.1.42
堆肥周期　composting period　6.1.19

E

恶臭掩蔽法　masking method of odor　6.6.1
二级发酵　secondary fermentation (curing)　6.1.35

F

发酵　fermentation; zymosis　6.1.32
防爆门　explosion door　5.7.29
非堆肥化物质　noncompostable substance　6.1.12
飞灰　fly ash　6.6.17
废气燃烧器　waste gas burner　6.2.19
废弃物　waste　2.1.1
废热锅炉　waste heat boiler　5.7.10
废热回收　waste heat recovery　6.3.27
废物箱　litter bin　4.1.5
废油　slop; slop oil; waste oil　2.1.7
分户式收集　collection at every door　4.2.5
分选机　separator　5.5.6
焚烧　incinerate　6.3.1
焚烧残渣　incineration residue　6.3.6
焚烧能力　capacity of incineration　6.3.3
焚烧排气　exhaust gas from incinerator　6.3.7
粉尘　dust　6.6.15
粪便　nightsoil; excrement and urine; night soil　2.3.2
粪便（污水）收集船　slops collecting ship　4.5.3
粪便（污水）运输船　night soil barge　4.5.4
粪便处理　nightsoil treatment　6.5.1
粪便处理厂　nightsoil treatment works　4.6.7
粪便低稀释法　low dilution process of nightsoil　6.5.11
粪便二段活性污泥处理　two-stage activated sludge process of nightsoil　6.5.9
粪便好气消化处理　aerobic digestion treatment of nightsoil　6.5.5
粪便混凝处理　coagulation treatment of nightsoil　6.5.12
粪便卫生处理厂　night soil harmless treatment plant　4.6.8

粪便物理化学处理 physico-chemical treatment of nightsoil 6.5.10

粪便稀释曝气处理 dilution aeration treatment of nightsoil 6.5.7

粪便消化处理 digestion treatment of nightsoil 6.5.3

粪便厌气消化处理 anaerobic digestion treatment of nightesoil 6.5.4

粪便一段活性污泥处理 one-stage activated sludge process of nightsoil 6.5.8

粪便作业的管理系统 nightsoil work administrating system 7.0.13

粪便作业系统 nightsoil working system 7.0.12

粪罐 manure tank 4.1.7

风选机 winnower；winnowing machine 5.5.9

浮选 flotation 5.5.8

浮渣 float slndge；scum 2.4.4

辅助燃料 auxiliary fuel 6.3.11

腐败 putrefaction 6.1.18

腐熟度 putrescibility 6.1.15

腐熟堆肥 matured compost 6.1.17

腐殖质 humus 6.1.52

腐殖质化 humification 6.1.53

复发酵 secondary fermentation (curing) 6.1.35

附着水 adhesive water 3.0.37

G

高峰负荷 peak load 6.3.5

高温堆肥化 thermophilic composting 6.1.8

高温发酵 thermophilic fermentation 6.1.40

高温腐蚀 high temperature corrosion 6.3.45

给料机 feeder 5.1.10

工业废弃物 industrial solid waste 2.1.5

工作面 working face 6.2.15

供氧量 oxygen supply 6.1.23

公共厕所 public lavatory；public latrine；public convenience；public comfortstation 4.3.1

沟填法 trench method 6.2.7

固定格筛 static grizzly 5.5.4

固定炉排 fixed grate 5.7.19

固定式垃圾箱 permanent garbage can 4.1.2

辊式破碎机 roll crusher 5.4.5

滚筒破碎机 rotary breaker 5.4.6

滚筒筛 trommel 5.5.5

过滤 filtration 3.0.16

H

旱厕 pit privy；latrine；latrine pit 4.3.3

好气性填埋 aerobic landfill 6.2.3

好氧堆肥 aerobic compisting 6.1.3

好氧发酵 aerobic fermentation 6.1.36

合成膜衬里 synthetic membrane liners 6.2.32

黑烟 smoke 6.6.18

烘干炉 drying stove 5.6.7

后燃烧 after burning 6.3.24

后燃烧器 after burner 5.7.31

化粪池 septic tank 6.5.2

环境卫生 environmental sanitation 7.0.1

环境卫生法规 environmental sanitary laws and regulations 7.0.9

环境卫生法制 environmental sanitary legal system 7.0.8

环境卫生工程 environmental sanitary engineering 3.0.1

环境卫生管理 environmental sanitary administration 7.0.5

环境卫生管理机构 environmental sanitary administrative organization 7.0.6
环境卫生管理体制 environmental sanitary administrative system 7.0.7
环境卫生水平 environmental sanitary level 7.0.3
环境噪声 ambient noise 6.6.7
环卫车辆厂 environmental sanitary garage 4.6.10
环卫船舶厂 environmental sanitary shipyard 4.6.11
环卫供水站 environmental sanitary tank station 4.6.14
环卫机械修造厂 environmental sanitary machine repairing works 4.6.12
环卫加油站 environmental sanitary filling station 4.6.13
环卫码头 environmental sanitary wharf 4.6.15
环卫停车场 environmental sanitary parkingarea (parking lot) 4.6.9
灰坑 ash pit 6.3.25
灰渣输送机 ash conveyer 5.7.30
回流污泥 return sludge 2.4.6
回转炉排 rotary grate 5.7.18
回转筛 gyratory screen 5.5.2
回转窑 rotary kiln 5.7.4
活动厕所 movable lavatory 4.3.6
活性污泥 activated slubge 2.4.5
活性污泥法 activated slubge process 6.5.13

J

基质分解 substrate decomposition 6.1.14
机械化堆肥 mechanized composting 6.1.56
机械炉 incinerator of mechanized operation 5.7.5
机械通风 mechanical areation 6.1.25
集合烟囱 collected stack 6.3.32
集水井 sump 6.2.24
集装式垃圾车 garbage container vehicle 4.4.3
集装式垃圾船 garbage container ship 4.5.2
间歇堆肥法 intermittent composting 6.1.58
间歇炉 incinerator of hatch operation 5.7.7
间歇燃烧方式 batch firing 6.3.21
剪断破碎 shearing type shredding 5.4.2
减量化 reducing quantity 3.0.5
建筑垃圾 construction waste 2.2.5
建筑垃圾堆放场 dump of construction waste 4.6.2
建筑垃圾作业的管理系统 construction waste work administrating system 7.0.15
建筑垃圾作业系统 construction waste working system 7.0.14
降尘 dustfall 6.6.20
接种 inoculation; seeding 6.1.43
阶梯式炉排 step grate 5.7.17
截水沟 cut-off ditch 6.2.23
井式排气道 well vent 6.2.17
静态堆肥化 static-pile composting 6.1.10
静态发酵 static fermentation 6.1.39

K

可堆肥垃圾 compostable refuse 2.2.11
可滤性 filterability 3.0.17
可燃垃圾 combustible refuse 2.2.13
可燃气 combustible gas 6.3.9
可移动式垃圾箱 movable garbage can 4.1.3
可移动围栏 portable fence 6.2.14

L

垃圾 refuse; rubbish; garbage 2.2.1
垃圾表观密度 apparent refuse density 3.0.31

垃圾处理　refuse treatment；refuse handling　3.0.7

垃圾处置　refuse disposal　3.0.8

垃圾袋装式收集　collection by refuse sack　4.2.6

垃圾的化学组成　refuse chemical composition　3.0.25

垃圾的物理组成　refuse physical composition　3.0.26

垃圾定点收集　collection of refuse at gathered place　4.2.7

垃圾堆放场　dump of refuse　4.6.1

垃圾堆肥厂　composting plant of refuse　4.6.4

垃圾堆密度　refuse pile density；refuse bulk density　3.0.31

垃圾翻倒　refuse dumping；refuse turning　6.1.31

垃圾焚烧厂　refuse incineration plant；refuse destructor plant
4.6.5

垃圾粪便堆肥化　refuse and nightsoil co-composting　6.1.5

垃圾分类收集　collection of classificated refuse；separate collection
of refuse　4.2.2

垃圾含水率　refuse moisture content（percentage）　3.0.34

垃圾混合收集　collection of nonclassificated refuse　4.2.1

垃圾集装箱　garbage container　4.1.4

垃圾集装箱式收集　collection by garbage container　4.2.4

垃圾颗粒密度　refuse particle density　3.0.33

垃圾空隙比　refuse porosity ratio　3.0.29

垃圾空隙度　refuse porosity　3.0.28

垃圾量　refuse quantity　3.0.9

垃圾密度　refuse density　3.0.30

垃圾气化　gasification of refuse　6.4.2

垃圾热解　pyrolysis of refuse　6.4.1

垃圾热解厂　refuse pyrolysis plant　4.6.6

垃圾容重　refuse volume weight；unit weight　3.0.27

垃圾收集车　refuse collector；refuse collecting vehicle（lorry）
4.4.1

垃圾收集点　refuse collecting station　4.2.8

垃圾水分　refuse moisture　3.0.35

垃圾体积密度　refuse bulk density　3.0.31

垃圾桶（箱）式收集　collection by container　4.2.3

垃圾卫生填埋场　landfill space of refuse　4.6.3

垃圾污泥堆肥化　refuse and sludge co-composting　6.1.6

垃圾箱　refuse box；refuse container；garbage can；waste bin
4.1.1

垃圾压缩比　refuse compaction ratio　3.0.23

垃圾压缩系数　coefficient of refuse compressibility　3.0.21

垃圾压缩性　refuse compressibility　3.0.22

垃圾运输船　refuse barge　4.5.1

垃圾站　refuse collecting and distributing centre　4.2.9

垃圾真密度　true refuse density　3.0.32

垃圾转运站　refuse transfer station　4.2.10

垃圾组成　composition of refuse　3.0.24

离心机　centrifuge　5.6.3

立式发酵槽　vertical digester　5.7.1

连续堆肥法　continuous composting　6.1.57

连续燃烧方式　continuous firing　6.3.22

连续式炉　incinerator with mechanical feed and ash　5.7.5

链式输送机　chain conveyor　5.1.2

磷氮比　phosphorus-nitrogen ratio　6.1.30

临时厕所　temporary toilet；wakeshift lavatory　4.3.5

流化床焚烧炉　fluidized bed firing furnace　5.7.9

流化床燃烧方式　fluidized bed combustion method　6.3.20

炉衬　furnace liner　5.7.21

炉床燃烧方式　floor combustion method　6.3.19

炉负荷　furnace load　6.3.4

炉排　grate　5.7.14

炉排燃烧方式　grate firing　6.3.18
露天焚烧　open burning　6.3.2
露天干燥　natural drying　5.6.4
氯化氢腐蚀　corrosion by HCl　6.3.42
绿化带　plantings　6.2.36
螺旋输送机　screw conveyor; auger conveyor; spiral conveyor; worm conveyor　5.1.3

M

毛细管水　capillary water　3.0.36
每日覆盖　daily cover　6.2.11

N

难燃垃圾　refuse difficult to burn; hard-to-burn refuse　2.2.14
浓缩污泥　thick sludge　2.4.3
农业废弃物　agricultural waste　2.1.4

P

排气道　vent　6.2.16
排气井　gas well　6.2.18
排水沟　drain　6.2.25
排泄物　excreta; excrement　2.3.1
喷雾干燥　spray drying　5.6.5
飘尘　floating dust　6.6.19
平面法　area method　6.2.5
铺平　spreading　6.2.8
曝气　aeration　6.5.14

Q

气力输送机　pneumatic conveyor; air conveyor　5.1.5
气体腐蚀　gas corrosion　6.3.43
气体输送　pneumatic transport　4.2.11
桥式起重机　bridge crane　5.2.3
侵蚀　penetration of slag　6.3.41

R

燃烧气　combustion gas　6.3.8
燃烧室　combustion chamber; blast chamber; firechamber　5.7.23
燃烧速度　burning rate　6.3.12
燃烧效率　combustion efficiency　6.3.13
热干化　heat drying　5.6.6
热效率　thermal efficiency　6.3.28
融灰燃烧方式　slag-tap firing　6.3.23

S

洒水车　sprinkler　4.4.6
扫路机　street sweeper　4.4.4
上部给料燃烧方式　over feed combustion　6.3.16
烧损　destruction by heat　6.3.40
渗出液收集管　leachate collection line　6.2.27
渗漏　percolation　3.0.42
渗沥水　leachate　6.2.26
渗透　osmosis　3.0.43
渗透速度　percolation rate　3.0.45
渗透系数　permeability coefficient　3.0.44
渗透性　permeability　3.0.41
生活废弃物　domestic waste　2.1.2
生活垃圾　domestic garbage　2.2.6
生活垃圾作业的管理系统　domestic garbage working administrating system　7.0.11
生活垃圾作业系统　domestic garbage working system　7.0.10
剩余污泥　excess sludge; surplus sludge　2.4.7
嗜热性微生物　thermophilic microorganism　6.1.45
嗜温性微生物　mesophilic microorganism　6.1.44
室内堆积　indoor pile　6.1.55
熟化　maturation　6.1.16

21—39

竖井炉　vertical kiln　5.7.11
双塔流化床热解炉　dual fluidized bed pyrolyzer　5.7.12
水冲厕所　water closet　4.3.2
水罐　water tank　4.1.6
水面漂浮垃圾作业的管理系统　floating refuse on water way work administrating system　7.0.21
水面漂浮垃圾作业系统　floating refuse on water way working system　7.0.20
水域环境卫生　water area environmental sanitation　7.0.24
水域环境卫生管理　water area environmental sanitary administration　7.0.26
水域环境卫生水平　water area environmental sanitary level　7.0.25
酸露点腐蚀　acid dew point corrosion　6.3.44

T

碳氮比　carbon-nitrogen ratio　6.1.28
碳磷比　carbon-phosphorus ratio　6.1.29
特种垃圾　special refuse　2.2.17
提升机　elevator　5.2.1
天然衬里　natural liners　6.2.33
填埋　landfill　6.2.1
填埋场围栏　landfill site fenced　6.2.13
田间持水量　field capacity, field moisture capacity　3.0.39
听阈　audibility threshold, threshold of sound　6.6.13
听力损失　hearing loss　6.6.14
停炉　blowing out　6.3.34
通风　aeration; draft　6.1.24
通风损失　draft loss　6.3.36
通沟污泥　sewer sludge　2.4.12
通气孔　air vent　6.1.27

透气性　air permeability　3.0.40
脱氯化氢　dehydrochlorination　6.3.26
脱水　dehydration; dewatering　3.0.11
脱水机　dehydrator; dewaterer　5.6.1
脱水污泥　dewatering sludge　2.4.10

W

完全燃烧　perfect combustion　6.3.14
往复炉排　reciprocating grate　5.7.16
往复筛　reciprocation screen　5.5.1
往复刮板式输送机　reciprocating flight conveyor　5.1.7
微生物活性　microbiological activity　6.1.46
卫生填埋　sanitary landfill　6.2.2
稳定化　stabilizing　3.0.6
稳定塘　stabilization pond　6.5.15
卧式发酵槽　horizontal digester　5.7.2
卧式回旋发酵器　horizontal rotary digester　5.7.3
污泥　sludge　2.4.1
无害化　harmless　3.0.4
无机垃圾　inorganic refuse　2.2.9
雾化器　atomizer　5.7.27
雾化燃烧器　atomizer burner　5.7.28

X

吸风　induced draft　6.3.37
吸附装置　adsorber　5.7.34
吸附　adsorption　3.0.20
吸收装置　absorber; absorption plant　5.7.33
吸着水　adsorbed water　3.0.38
稀释空气　dillution air　6.3.35
洗路车　street sweeper with washer　4.4.5
下部给料燃烧方式　under feed combustion　6.3.17

下水道污泥 sewer sludge 2.4.12
硝化 nitrification 6.5.17
消毒 disinfection 6.5.18
消化污泥 digested sludge 2.4.11
斜坡法 ramp method 6.2.6
蟹爪式装载机 gathering arm loader 5.1.8
嗅觉阈值 olfactory threshold 6.6.5
需氧量 oxygen demand 6.1.22
悬臂式起重机 cantilever crane; jib crane 5.2.4
悬臂式抓斗起重机 cantilever; grabbing crane 5.2.5

Y

压块 briquetting 5.3.1
压捆机 baler 5.3.2
压滤机 filter press 5.6.2
压实 compacting 6.2.9
压实土层 compacted soil layer 6.2.29
压实系数 compaction factor 6.2.28
烟 fume 6.6.16
烟囱 stack chimney 6.3.30
烟道 exhaust gas duct; breeching 6.3.29
烟道灰 flue dust 6.3.38
烟道气 flue gas 6.3.10
厌气性填埋 anaerobic landfill 6.2.4
厌氧堆肥 anaerobic composting 6.1.4
厌氧发酵 anaerobic fermentation 6.1.37
氧化塘 oxidation pond 6.5.15
氧化污泥 oxidized sludge 2.4.9
摇动炉排 rocking grate 5.7.20
野外堆积 outdoor pile; windrow composting 6.1.54
一级发酵 primary fermentation 6.1.34

移动炉排 travelling grate 5.7.15
溢洪道 spillway 6.2.22
有毒垃圾 harmful refuse 2.2.16
有害废弃物 hazardous solid waste 2.1.6
有害粉尘 harmful dust 6.3.39
有机垃圾 organic refuse 2.2.8
有效土地面积 available land area 6.2.10
有效烟囱高度 effective stack height; effective chimney height 6.3.31
余热利用发电 power generation by waste heat 6.3.33
原生垃圾 raw refuse 2.2.2
原污泥 raw sludge 2.4.2
圆锥破碎机 gyratory crusher; gyratory breaker; cone crusher 5.4.4

Z

再燃烧室 reburning chamber 5.7.24
噪声 noise 6.6.6
噪声控制 noise control 6.6.8
噪声性耳聋 noise induced hearing loss 6.6.12
噪声级 noise level 6.6.10
噪声强度 noise intensity 6.6.9
噪声污染 noise pollution 6.6.11
增稠 thickening 3.0.10
粘土衬里 clay liners 6.2.34
真空吸粪（污）车 vacuum sewer cleaner 4.4.8
振动筛 oscillating screen; vibrating screen 5.5.3
振动输送机 oscillating conveyor; vibrating conveyor 5.1.4
蒸发 evaporation 3.0.18
蒸发量 evaporative capacity 3.0.19
植被 plant cover 6.2.35

21—41

中温堆肥化　mesophilic composting　6.1.9

中温发酵　mesophilic fermentation　6.1.41

重金属　heavy metal　6.6.22

重金属污染　pollution of heavy metal　6.6.23

重力分离　gravity separation　3.0.12

助燃装置　auxiliary combustion equipment　5.7.25

抓斗　grab；bucket　5.2.6

资源化　reclamation　3.0.3

资源回收利用　resource reclamation；waste reclamation　3.0.2

自然通风　natural ventilation　6.1.26

自卸垃圾车　dumpcar；tip truck　4.4.2

总悬浮微粒（TSP）　total suspended particulate　6.6.21

最终覆盖　final cover　6.2.12

作业面　working face　6.2.15

附录C　本标准用词说明

一、为便于在执行本标准条文时区别对待，对于要求严格程度不同的用词说明如下：

1. 表示很严格，非这样做不可的：

正面词采用"必须"；

反面词采用"严禁"。

2. 表示严格，在正常情况下均应这样做的：

正面词采用"应"；

反面词采用"不应"或"不得"。

3. 表示允许稍有选择，在条件许可时首先应这样做的：

正面词采用"宜"或"可"；

反面词采用"不宜"。

二、条文中指明必须按其他有关标准执行的写法为：

"应按……执行"或"应符合……的要求（或规定）"。

附加说明

本标准主编单位、参加单位和主要起草人名单

主 编 单 位：同济大学环境工程学院
参 加 单 位：上海市环境卫生管理局
　　　　　　杭州市环境卫生科研所
主要起草人：李国建　徐振渠　徐迪民
　　　　　　王大逊　邵立明　朱青山
　　　　　　陈光荣　叶传译

中华人民共和国行业标准

环境卫生术语标准

Vocabulary Standard of Environmental Sanitation

CJJ 65—95

条 文 说 明

前　言

根据原城乡建设环境保护部（88）城标字第 141 号文的要求，由同济大学环境工程学院主编，上海市环境卫生管理局等单位参加共同编制的《环境卫生术语标准》(CJJ 65—95)，经建设部 1995 年 8 月 23 日以建标〔1995〕481 号文批准，业已发布。

为便于广大设计、施工、科研、学校等单位的有关人员在使用本标准时能正确理解和执行条文规定，《环境卫生术语标准》编制组按章、节、条顺序编制了本标准的条文说明，供国内使用者参考。在使用中如发现本条文说明有欠妥之处，请将意见函寄同济大学环境工程学院。

本《条文说明》由建设部标准定额研究所组织出版。

目　次

1　总则 ………………………………………………… 21—45
2　废弃物 …………………………………………… 21—46
  2.1　废弃物 ……………………………………… 21—46
  2.2　垃圾 ………………………………………… 21—46
  2.3　粪便 ………………………………………… 21—46
  2.4　污泥 ………………………………………… 21—46
3　废弃物处理的基础术语 …………………… 21—47
4　收集、运输、设施 ……………………………… 21—48
  4.1　环境卫生容器 …………………………… 21—48
  4.2　收集与运输 ……………………………… 21—48
  4.3　厕所 ………………………………………… 21—48
  4.4　环卫车辆 ………………………………… 21—48
  4.5　环卫船舶 ………………………………… 21—48
  4.6　处理设施 ………………………………… 21—48
5　预处理和处理机械 ………………………… 21—49
  5.1　输送 ………………………………………… 21—49
  5.2　提升 ………………………………………… 21—49
  5.3　压实 ………………………………………… 21—49
  5.4　破碎 ………………………………………… 21—49
  5.5　分选 ………………………………………… 21—50
  5.6　增稠及脱水 ……………………………… 21—50
  5.7　处理机械和装置 ………………………… 21—50

6	处理技术 ……………………………………	21—50
6.1	堆肥 …………………………………………	21—50
6.2	填埋 …………………………………………	21—50
6.3	焚烧 …………………………………………	21—51
6.4	垃圾热解气化 ………………………………	21—51
6.5	粪便处理 ……………………………………	21—51
6.6	污染控制 ……………………………………	21—51
7	管理 …………………………………………	21—52

1 总 则

1.0.1 本《标准》的制订目的。本标准是城市环境卫生行业的一项基础性标准，内容涉及多种学科，既要突出环境卫生的特色，又要符合环境卫生学科的系统性；既要处理好与其他标准的协调，又要考虑环境卫生行业实际应用的必要性；既要科学、先进，又要考虑环境卫生传统用语。目前国内外还没有能较系统、完整地反应该学科专业术语的统一标准。随着国内外学术交流的扩大和学科发展的需要，为使术语规范化、标准化，特制定本标准。

1.0.2 本《标准》的适用范围。

1.0.3 关于本《标准》与国家有关标准规定的关系。本标准是环境卫生行业有关术语标准的基准，其他标准应以本标准为准。

2 废弃物

2.1 废弃物

2.1.1 关于"废弃物"

废与不废是对持有者而言的。废弃物本身只是在时间或空间位置上错了位的资源。对某人或某单位是废弃物的东西，而对另一些人或单位却可能是可以利用的资源；在甲地是废弃物，在乙地可能是资源；在过去或现在认为是废弃物的东西，由于科学技术的进步，可能现在或将来却是资源。所以，废弃物不是真正没有用的东西，废与不废是相对的，是对持有者而言的。

2.1.2 废弃物不一定都是固态的，废油、废液、粪污、污泥都属废弃物。

2.1.3 产业废弃物的概念比工业废弃物、农业废弃物的概念更广泛。它是指一切生产活动所产生的废弃物，即我们常指的第一、第二、第三产业等所产生的废弃物。

2.2 垃圾

2.2.1 关于"垃圾"

本标准"垃圾"的定义是从广义上制定的，指生产和生活过程中的固体废弃物，不包括液态或浆状的东西。

关于垃圾的译名 refuse，garbage，rubbish 3 个词在意义上有一定的差别，使用时应加以注意。garbage 是指处理调配，烹调及食用而产生的动物、蔬菜、水果等的残留物，其特点是易腐败、易迅速分解；rubbish 是由家庭、事业单位、商业活动等产生的可燃和不可燃垃圾组成，但不包括食品废物或其他易腐败性的物质；refuse 比 rubbish 应用广泛，它和 rubbish 意思相近，但没有后者的限制。

2.2.4 关于"粗大垃圾"

粗大垃圾不是简单地以垃圾形体的大小而论的，而是指人们日常生活过程中废弃的一些大型、耐久性消费品，如废旧家具、废旧电冰箱、洗衣机、电视机等，是这一类特殊垃圾的专有品词。粗大垃圾不是指垃圾中的粗大成分，应注意两者的区别。

2.2.5 关于"建筑垃圾"

建筑垃圾是建筑施工活动中产生的垃圾，建筑施工包括建筑物拆除、建筑装修、建筑物修建等一切活动。

2.2.6 关于"不可堆肥垃圾"

这种垃圾是不适宜于微生物发酵处理而制成肥料的垃圾，不等于是不能微生物发酵的垃圾，如有机垃圾中含有较多的重金属或毒物时，这种垃圾就不能用作堆肥，即属不可堆肥垃圾。

2.3 粪 便

2.3.1 排泄物比粪便含义更广泛，肺脏呼出的 CO_2、皮肤排出的汗液等都属于新陈代谢过程中所排出的排泄物。

2.4 污 泥

2.4.1 关于"污泥"

污泥是经自然或人工过程从粪便及各种污水中分离出的沉降固体，如化粪池污泥、河流及其他水体底部的沉积物经化学处理、凝聚或沉淀所产生的沉淀物。

2.4.7 关于"剩余污泥"

活性污泥处理流程中产生的，对于维持活性污泥过程不需要，也不返回曝气池，而从回流过程中排出的那部分污泥。

2.4.10 关于"脱水污泥"

脱水污泥是指污泥经压缩、真空过滤、离心作用等脱水处理，由液体变成可用锹铲的状态的污泥。按污泥种类和处理方法不同，脱水污泥一般仍含 60%～85%的水分，并非一定是将水分全部脱除的污泥。

3 废弃物处理的基础术语

本节所列基础名词是环境卫生工程行业最基础的、具有共性的名词,不属任何一种具体的处理技术。

3.0.1 关于"环境卫生工程"

本标准首先肯定"环境卫生工程"是一个学科,如同化学工程、环境工程、土木建筑工程等,是工科性质的学科;其次指出了该学科的范畴,将环境卫生工程和环境保护(环境工程)、公共卫生等相区分。

3.0.5 关于"减量化"

量的概念有容量和重量两个概念,减少容量为减容,减少重量为减重。如压缩打包可以说是一个减容过程,焚烧既减容又减重,但减容和减重的量是不相等的。减容或减重都是减量化,但减容不等于减重。

3.0.7 关于"垃圾处理"

垃圾处理是一个很广义的概念,即进行物理、化学、生物加工的一切过程。处理包含了处置,处置是最终的处理,在习惯上有时常将处理和处置同时并列。在短时间内发生明显的质的变化的称处理,如焚烧、热解、堆肥;而在短时间内不发生明显的质的变化的称处置,如填埋、堆放、海洋投弃等。但变化明显、不明显及其时间长短是相对的,很难明确区分。所以本标准仍从广义上定义其含义。

3.0.21、3.0.23 关于"垃圾压缩系数"和"垃圾压缩比"

垃圾压缩系数和垃圾压缩比是两个不同的概念,压缩系数是体积和压力的变化值之比,而压缩比是垃圾压缩前后的体积之比。

3.0.28、3.0.29 关于"垃圾空隙度"和"垃圾空隙比"

垃圾空隙度和垃圾空隙比是两个不同的概念,它们之间的关系如下:

$$\varepsilon = \frac{n}{1-n}$$

$$n = \frac{\varepsilon}{1+\varepsilon}$$

式中 n——空隙度;
ε——空隙比。

3.0.31~3.0.33 垃圾真密度、垃圾堆密度、垃圾颗粒密度是3个不同的概念,其区别是3个密度分别除以的体积不同,堆体积是物质颗粒与颗粒之间的空隙体积($V_{隙}$)、颗粒内部的孔所占的空间($V_{孔}$)和物质本身的体积($V_{真}$)3部分体积之和:

$$V_{堆} = V_{隙} + V_{孔} + V_{真}$$

4 收集、运输、设施

4.1 环境卫生容器

4.1.4 关于"垃圾集装箱"

集装箱是为了提高运输效率，具有专门标准规格的、便于水陆运输的、较轻便的、能重复周转使用的大型垃圾容器。

4.1.5 关于"废物箱"

废箱是本行业的专有名词，专指设置在公园、道路两旁等公共场所供人们丢弃果皮、果壳、废纸等零星垃圾的容器，有些地方亦称果壳箱。这里所指的废物箱不是一般丢弃废物的箱子。

4.2 收集与运输

本节主要是对收集方式、收集容器及收集运输设施的术语制定标准，运输车辆等在另一节叙述。

4.2.3～4.2.4 关于"垃圾桶（箱）式收集"和"垃圾集装箱式收集"

虽都是用垃圾容器进行垃圾收集，但其主要区别是前者由垃圾收集车把垃圾运走，而后者是直接将集装箱和垃圾一起运走的收集。

4.3 厕 所

4.3.2 关于"水冲厕所"

水冲厕所强调一定要厕座连接在供水系统上，并有供水系统供水冲洗的厕所，不是指人工用水冲洗的旱厕。

4.3.5 关于"临时厕所"

它是指因集会、集市、节日等在某一特定地点流动人口骤增，为解决厕所不足而临时增设的厕所。

4.4 环卫车辆

扫路机、洗路车、除雪机、洒水车等不仅能扫洗路面，而且能扫广场地面等，所以标准中采用了含义更广的"地面"一词，使含义更确切。

垃圾收集运输形式很多，各种车辆名词建议在专门标准中制定。

4.5 环卫船舶

4.5.2 关于"集装式垃圾船"

它是垃圾集装箱式收集的配套措施之一，是用船作运输工具来输运垃圾集装箱。

4.5.3～4.5.4 关于"粪便（污水）收集船"与"粪便（污水）运输船"

因在本行业中多以运粪便为主，所以在名称上将污水置于粪便之后，并用括号括之。

4.6 处理设施

堆放场与卫生填埋场是不同的。卫生填埋场是按一定要求实施的，即按 CTJ 17 标准的要求所进行的填埋，为防止对地面、地下水的污染，对周围空气、环境等的污染，其有一整套配套的设施。而堆放场没有这些。目前我国许多地区未能做到卫生填埋，垃圾不少是采用简易填埋，因这种填埋方式不符合卫生和环境保护的要求，是属于非正规的填埋，所以在国际上现在一般所讲的填埋是指卫生填埋或安全填埋。为了不致使填埋被认为是非正规的简易填埋，所以本标准对简易填埋不作条目，因这属将来应该淘汰的方法。

堆肥、焚烧、热解等术语在第九章中因都已有条目，所以在制定堆肥厂、垃圾焚烧厂、垃圾热解厂等术语的标准时就作了简化。有必要时可参看第九章有关条目。

粪便处理厂是对粪便进行彻底处理至达到环境和卫生等的要求；而粪便卫生处理厂只主要达到卫生学的要求，即杀灭寄生虫卵、致病菌、不招引蚊蝇、无明显恶臭等。

环卫车辆修理厂、环卫船舶修理厂、环卫机械修理厂因随着环卫事业和技术的发展提高，不少原有修理厂已不仅是修理，而已承担起改装和制造生产的任务，有些地方的一些厂亦已改名为环卫车辆厂、环卫机械厂、环卫船舶厂等。为此从长远发展的眼光来看，将上述厂称为环卫车辆厂、环卫船舶厂、环卫机械修造厂等较合适。

5 预处理和处理机械

5.1 输 送

本节所指输送是指与垃圾处理、处置场或中转站内的物料传输机械方面有关的术语，垃圾由收集到各处理设施间的垃圾运输已列在第七章。

本节仅对本行业使用较多的几种主要的输送机、装载机、给料机制定了术语标准，更详细的分类及输送机械的术语标准建议在各专门分册中详细列入。

5.2 提 升

本节所列提升机械是根据其在工艺流程中的主要作用而定的，5.1节的输送机械虽也有使物料提升到较高位置的作用，但在多数场合下其主要作用还是以输送物料为主，有些场合很难将这两类截然分开。

5.3 压 实

本节为在垃圾中转运输中，为提高运输效率所进行的预处理机械方面的有关术语。

压捆机、打包机、堆垛机都为某一类机械的总称，更详细的分类及机械术语标准建议在专门标准中列入。

5.4 破 碎

粉碎是破碎和磨碎的统称，粉碎产品的粒度在 1～5mm 以上的作业称为破碎，在 1～5mm 以下的作业称为磨碎。在本行业中的粉碎粒度要求一般在 1～5mm 以上，故均属破碎。

破碎机械为垃圾填埋场、堆肥厂及中转站多处使用的机械,其机械种类很多,本节仅就主要类别机械的总称制定了术语标准,更详细的术语标准建议在专门标准中列入。

5.5 分　选

分选是根据物料粒度的不同、比重的不同、弹性的不同及磁性、电性、光学等物理化学特性的不同而进行的作业,分选方法多种多样,本节仅列举主要的方法。

5.6 增稠及脱水

脱水是降低物料中所含水分的作业,常用的脱水机械有离心脱水机、真空脱水机、浓缩机、过滤机及干燥机等,露天干燥也是其中之一。

5.7 处理机械和装置

本节为填埋、堆肥、热解、焚烧等几种主要处理方面的机械与装置术语标准。

每一种处理方法都涉及众多机械与装置,以堆肥为例,送审稿中有立式多段发酵槽、刮板机翻倒发酵槽、抓斗翻倒式发酵槽、立式分层发酵槽、活动地板式多段发酵槽、筒仓式发酵槽、回转螺杆式发酵槽、水平旋转桨翻倒式发酵槽、平板铲式发酵槽等名词条目,经专家审议后均予以删除,建议列在堆肥专项标准中。本标准只保留立式、卧式及回转式 3 种发酵槽,填埋、热解、焚烧也按此原则,只保留最基本的几种大的类型的设备与机械的术语。

6 处 理 技 术

6.1 堆　肥

6.1.1 关于"堆肥"

堆肥有厌氧堆肥和好氧堆肥两种。作为现代大城市的生活垃圾处理的手段,因好氧堆肥处理时间短,不会像厌氧分解那样产生 H_2S 等恶臭气体,故多用好氧堆肥。习惯上,有时将好氧堆肥处理就简化成堆肥处理,但定义堆肥名词时应包括厌氧、好氧两种情况。

6.1.34~6.1.35 一级发酵、二级发酵是按堆肥过程中微生物对垃圾降解的规律来区分的。一级发酵也可称初级发酵,日本称一次发酵,其意义是表示易分解的有机组分被微生物迅速分解的阶段;二级发酵又称再发酵和熟化,此阶段主要是降解较难分解的有机物等,发酵速度较慢。一级、二级发酵不是按操作形式来分的,不是物料从一个发酵槽翻倒至另一个发酵槽就是一级,因这样分没有一个绝对的标准。如按此定义,对动态发酵操作就很难分是几级,而按发酵规律则存在一级发酵和二级发酵。

6.2 填　埋

6.2.2 卫生填埋与简单的堆放和倾倒不同。卫生填埋应做到对地下水、地面水及周围环境无污染,因此填埋场需作防渗处理,对填埋物要进行覆盖和对填埋场产生的水及气要进行收集和处理,卫生填埋与安全填埋在填埋场防渗处理要求上有程度上的不同,后者要求更高。

6.2.4 厌气性填埋因在填埋的初期,由于填埋过程中带进去氧(在垃圾孔隙间有空气的存在),所以最初阶段仍是好氧发酵,但一旦氧被消耗掉就转入厌氧发酵。在垃圾整个发酵的过程中，厌氧发酵是主要的，或说是基本的，所以定义为基本上在厌氧状态下分解并稳定化。

6.2.11～6.2.12 每日覆盖、最终覆盖两条目中未提及的填埋物，覆盖层厚度范围，具体进行填埋时，请参照《城市生活垃圾卫生填埋技术规范》(CJJ 17—88)。

6.3 焚 烧

焚烧有露天焚烧和用焚烧炉进行焚烧，作为现代化城市垃圾处理方法之一的焚烧，是指利用焚烧炉使垃圾尽可能完全燃烧而又尽可能不产生二次污染的焚烧过程，因露天焚烧产生二次污染是属禁止使用之列，故通常将用焚烧炉的焚烧就称焚烧，但作为焚烧术语定义，上述两种焚烧都能适用。

本节为焚烧技术和工艺的专业名词标准，有关焚烧设备机械方面的术语标准请参看8.7节。

6.4 垃圾热解气化

垃圾热解需要热量，根据热量供给形式分为两大类，一类是由外界热源（如水蒸气、烟道气、电等）间接加热使垃圾温度升高而发生热裂解，称外热式热分解，产生的燃料气热值较高；另一类是供给部分空气、水蒸气，通过燃烧部分垃圾，使垃圾温度升高而发生汽化反应产生热裂解，称内热式热分解，产生的燃料气热值较低。这两类统称热解，但有时更细地分类，把前者称热解，把后者称汽化。

6.5 粪 便 处 理

粪便实质上是高浓度的污水。本节所列术语，对本行业所遇到的污水处理，如填埋场渗沥水处理、堆肥厂污水处理、船舶污水处理等亦可参照应用。

本节所列粪便处理技术是较彻底的处理，处理至基本达到能向环境排放的标准，与粪便无害化（卫生）处理有所区别，后者仅是达到卫生学的要求。

6.6 污 染 控 制

恶臭、粉尘、噪声等的污染问题，因与处理技术有密切关系，故将与本行业有关的这方面的术语，归属处理技术一章。

水污染控制技术与粪便处理技术密切相关，故将水污染控制方面的术语归属在粪便处理一节。

7 管　理

7.0.1　关于"环境卫生"

　　在把环境定义为以个体的人为主体的客体时，环境有自然环境与社会环境之分。自然环境是一切可以直接或间接影响到人类生活、生产的自然界中物质和能量的总体，主要有空气、水、生物、土壤、岩石矿物、太阳辐射等；社会环境是人类在长期生存发展的社会劳动中所形成的人与人之间的各种社会联系及联系方式的总和，包括经济关系、道德观念、文化风俗、意识形态、法律关系等。社会环境是人类活动的必然产物，是人类精神文明和物质文明的一种标志。

7.0.5　关于"环境卫生管理"

　　环境卫生管理是应用科学的理论和方法，对损害环境的人类活动施加影响，以达到保护和改善卫生的目的。环境卫生管理也就是：一要环境卫生立法，各级政府的环境卫生管理部门要会同立法机构负责制定地方环境卫生法、环卫政策、环境卫生标准、环境卫生管理条例以及收费标准等。地方部门有了环境卫生法、政策和标准，就拥有了管理环境卫生的基本权力；二要根据当地经济发展和城市建设计划来制定环境卫生规划，建立以环境卫生规划为主的环境卫生管理体制；三要实行区域环境卫生管理，对区域的环境卫生实施服务、监察、宣传、教育等，以达到控制、改善区域环境卫生状况的目的。

7.0.8　关于"环境卫生法制"

　　有两种含义：一是环境卫生法律和制度的简称，即国家依照法定程序制定的，并由国家强制力保证实施的有关保护和改善环境卫生的法律和制度。另一方面含义是环境卫生立法、执法和守法的总称，其基本要求是：有法可依，有法必依，执法必严，违法必究。

中华人民共和国行业标准

风景园林图例图示标准

Standard for Graphic of Landscape Architecture

CJJ 67—95

主编单位：同济大学建筑城市规划学院
批准部门：中华人民共和国建设部
施行日期：1996 年 3 月 1 日

关于发布行业标准
《风景园林图例图示标准》的通知

建标〔1995〕427 号

各省、自治区、直辖市建委（建设厅），计划单列市建委，国务院有关部门：

根据原城乡建设环境保护部（87）城科字第 276 号文的要求，由同济大学建筑城市规划学院主编的《风景园林图例图示标准》，业经审查，现批准为行业标准，编号 CJJ 67—95，自 1996 年 3 月 1 日起施行。

本标准由建设部城镇建设标准技术归口单位建设部城市建设研究院归口管理，其具体解释工作由同济大学建筑城市规划学院负责。

本标准由建设部标准定额研究所组织出版。

中华人民共和国建设部
1995 年 7 月 25 日

目　次

1　总则 ……………………………………… 22—3

2　风景名胜区与城市绿地系统规划图例 ……… 22—3

　2.1　地界 …………………………………… 22—3

　2.2　景点、景物 …………………………… 22—3

　2.3　服务设施 ……………………………… 22—5

　2.4　运动游乐设施 ………………………… 22—6

　2.5　工程设施 ……………………………… 22—6

　2.6　用地类型 ……………………………… 22—7

3　园林绿地规划设计图例 …………………… 22—8

　3.1　建筑 …………………………………… 22—8

　3.2　山石 …………………………………… 22—8

　3.3　水体 …………………………………… 22—8

　3.4　小品设施 ……………………………… 22—9

　3.5　工程设施 ……………………………… 22—9

　3.6　植物 …………………………………… 22—10

4　树木形态图示 ……………………………… 22—12

　4.1　枝干形态 ……………………………… 22—12

　4.2　树冠形态 ……………………………… 22—12

附录 A　本标准用词说明 …………………… 22—13

附加说明 ……………………………………… 22—13

条文说明 ……………………………………… 22—14

1 总 则

1.0.1 为了统一风景园林制图的常用图例图示,适应风景园林的建设发展,制定本标准。

1.0.2 本标准适用于绘制风景名胜区、城市绿地系统的规划图及园林绿地规划和设计图。

1.0.3 未规定的图例图示,宜根据本标准的原则和所列图例的规律性进行派生,图例图示的形象应以简明、清晰、美观为原则。

1.0.4 图例图示的尺度应根据图纸的比例、设计的深度和图面效果确定。

1.0.5 图例图示可进一步用字母、数字、文字等加以补充。

1.0.6 风景园林制图除应符合本标准外,尚应符合国家现行有关标准的规定。

2 风景名胜区与城市绿地系统规划图例

2.1 地 界

序号	名 称	图 例	说 明
2.1.1	风景名胜区（国家公园）,自然保护区等界	▬·▬·▬·▬	
2.1.2	景区、功能分区界	▬··▬··	
2.1.3	外围保护地带界	⊥⊥⊥⊥⊥	
2.1.4	绿地界		用中实线表示

2.2 景点、景物

序号	名 称	图 例	说 明
2.2.1	景点	○ ●	各级景点依圆的大小相区别 左图为现状景点 右图为规划景点
2.2.2	古建筑		2.2.2～2.2.29 所列图例宜供宏观规划时用,其不反映实际地形及形态。需区分现状与规划时,可用单线圆表示现状景点、景物,双线圆表示规划景点、景物
2.2.3	塔		
2.2.4	宗教建筑（佛教、道教、基督教……）		
2.2.5	牌坊、牌楼		

续表

序号	名称	图例	说明
2.2.6	桥		
2.2.7	堤坝		
2.2.8	篱、篱园		
2.2.9	文化遗址		
2.2.10	摩崖石刻		
2.2.11	古井		
2.2.12	山洞		
2.2.13	温泉		
2.2.14	瀑布		
2.2.15	泉源	也可采此统下人工泉点
2.2.16	峰名		

续表

序号	名称	图例	说明
2.2.17	岩石、礁石		
2.2.18	矿藏		
2.2.19	海岸		
2.2.20	岛		
2.2.21	温泉		
2.2.22	湖泊		
2.2.23	海滩	旗帜也可用此图例
2.2.24	古树名木		
2.2.25	森林		
2.2.26	公园		
2.2.27	动物园		

续表

序号	名　称	图　例	说　明
2.2.28	植物园	🌴	
2.2.29	烈士陵园		

2.3 服务设施

序号	名　称	图　例	说　明
2.3.1	综合服务设施点	□ ■	各级服务设施可依方形大小相区别。左图为现状设施，右图为规划设施
2.3.2	公共汽车站		2.3.2～2.3.23所列图例宜供宏观规划时用，其不反映实际地形及形态。需区分现状与规划时，可用单线方框表示现状设施，双线方框表示规划设施
2.3.3	火车站		
2.3.4	飞机场	✈	
2.3.5	码头、港口	⚓	
2.3.6	缆车站		
2.3.7	停车场	P ⦇P⦈	室内停车场外框用虚线表示
2.3.8	加油站		
2.3.9	医疗设施点	✚	

续表

序号	名　称	图　例	说　明
2.3.10	公共厕所	W.C.	
2.3.11	文化娱乐点		
2.3.12	旅游宾馆		
2.3.13	度假村、休养所		
2.3.14	疗养院		
2.3.15	银行	¥	包括储蓄所、信用社、证券公司等金融机构
2.3.16	邮电所（局）		
2.3.17	公用电话点	☏	包括公用电话亭、所、局等
2.3.18	餐饮点	✻	
2.3.19	风景区管理站（处、局）		
2.3.20	消防站、消防专用房间		
2.3.21	公安、保卫站		包括各级派出所、处、局等
2.3.22	气象站		
2.3.23	野营地		

2.4 运动游乐设施

序号	名称	图例	说明
2.4.1	天然游泳场		
2.4.2	水上运动场		
2.4.3	滑雪场		
2.4.4	运动场		
2.4.5	跑马场		
2.4.6	赛车场		
2.4.7	滚木式跑场		

2.5 工程设施

序号	名称	图例	说明
2.5.1	电视差转台	TV	
2.5.2	发电站		
2.5.3	变电所		
2.5.4	给水厂		

续表

序号	名称	图例	说明
2.5.5	污水处理厂		
2.5.6	垃圾处理场		
2.5.7	公路、大车路		上图以实线表示，用作家线；下图以两线表示，用作家线，小路、步行
2.5.8	游览路		上图以实线表示，用作家线；下图以两线表示，用作家线
2.5.9	山间步游小路		上图以实线加长短线表示，用作家线；下图以两线兼点，用作家线
2.5.10	栈道		
2.5.11	架空索道		
2.5.12	斜坡缆车		
2.5.13	索道缆车		
2.5.14	水上游览线		游览线
2.5.15	架空电力输电线		规定线中插入V者线代号，替代表示可有关标准的规定名称标注
2.5.16	管线		的规定名称标注

2.6 用地类型

序号	名称	图例	说明
2.6.1	村镇建设地		
2.6.2	风景游览地		图中斜线与水平线成45°角
2.6.3	旅游度假地		
2.6.4	服务设施地		
2.6.5	市政设施地		
2.6.6	农业用地		
2.6.7	游憩、观赏绿地		
2.6.8	防护绿地		
2.6.9	文物保护地		包括地面和地下两大类，地下文物保护地外框用粗虚线表示

续表

序号	名称	图例	说明
2.6.10	苗圃花圃用地		
2.6.11	特殊用地		
2.6.12	针叶林地		2.6.12～2.6.17表示林地的线形图例中也可插入GB7929—87的相应符号。需区分天然林地、人工林地时，可用细线界框表示天然林地，粗线界框表示人工林地
2.6.13	阔叶林地		
2.6.14	针阔混交林地		
2.6.15	灌木林地		
2.6.16	竹林地		
2.6.17	经济林地		
2.6.18	草原、草甸		

3 图林络地物和设计图例

3.1 建 筑

序号	名 称	图 例	说 明
3.1.1	规划的建筑物		用粗实线表示
3.1.2	原有的建筑物		用细实线表示
3.1.3	计划扩建的预留地或建筑物		用中虚线表示
3.1.4	拆除的建筑物		用细实线表示
3.1.5	地下建筑物		用粗虚线表示
3.1.6	坡屋顶建筑		包括瓦顶、石片顶、饰面砖顶等
3.1.7	高低层连成一组的建筑		
3.1.8	玻璃幕墙		

3.2 山 石

序号	名 称	图 例	说 明
3.2.1	自然山石假山		
3.2.2	人工塑石假山		
3.2.3	石片假山		包括"千层石"、"石笋"及卵石假山
3.2.4	独立景石		

3.3 水 体

序号	名 称	图 例	说 明
3.3.1	自然形水体		
3.3.2	规则形水体		
3.3.3	跌水、瀑布		
3.3.4	旱溪		
3.3.5	溪涧		

3.4 小品设施

序号	名称	图例	说明
3.4.1	喷泉		仅表示位置,不表示具体形态,以下同 也可依据设计形态表示
3.4.2	雕塑		
3.4.3	花台		
3.4.4	座凳		
3.4.5	花架		
3.4.6	围墙		上图为实砌或漏空围墙; 下图为栅栏或篱笆围墙
3.4.7	栏杆		上图为非金属栏杆; 下图为金属栏杆
3.4.8	园灯		
3.4.9	饮水台		
3.4.10	指示牌		

3.5 工程设施

序号	名称	图例	说明
3.5.1	护坡		
3.5.2	挡土墙		突出的一侧表示被挡土的一方
3.5.3	排水明沟		上图用于比例较大的图面; 下图用于比例较小的图面
3.5.4	有盖的排水沟		上图用于比例较大的图面; 下图用于比例较小的图面
3.5.5	雨水井		
3.5.6	消火栓井		
3.5.7	喷灌点		
3.5.8	道路		
3.5.9	铺装路面		
3.5.10	台阶		箭头指向表示向上

续表

序号	名 称	图 例	说 明
3.5.11	铺砌场地		也可依据设计形态表示
3.5.12	车行桥		也可依据设计形态表示
3.5.13	人行桥		
3.5.14	亭桥		
3.5.15	铁索桥		
3.5.16	汀步		
3.5.17	涵洞		
3.5.18	水闸		
3.5.19	码头		上图为固定码头; 下图为浮动码头
3.5.20	驳岸		上图为假山石自然式驳岸; 下图为整形砌筑规划式驳岸

3.6 植 物

序号	名 称	图 例	说 明
3.6.1	落叶阔叶乔木		3.6.1~3.6.14 中 落叶乔、灌木均不填斜线; 常绿乔、灌木加画 45 度细斜线。
3.6.2	常绿阔叶乔木		阔叶树的外围线用弧裂形或圆形线。
3.6.3	落叶针叶乔木		针叶树的外围线用锯齿形或斜刺形线。
3.6.4	常绿针叶乔木		乔木外形成圆形; 灌木外形成不规则形乔木图例中粗线小圆表示现有乔木,细线小十字表示设计乔木。
3.6.5	落叶灌木		灌木图例中黑点表示种植位置。 凡大片树林可省略图例中的小圆、小十字及黑点
3.6.6	常绿灌木		
3.6.7	阔叶乔木疏林		
3.6.8	针叶乔木疏林		常绿林或落叶林根据图面表现的需要加或不加 45 度细斜线
3.6.9	阔叶乔木密林		

续表

序号	名称	图例	说明
3.6.10	针叶乔木密林		
3.6.11	落叶灌木疏林		
3.6.12	落叶花灌木疏林		
3.6.13	常绿灌木密林		
3.6.14	常绿花灌木密林		
3.6.15	自然形绿篱		
3.6.16	整形绿篱		
3.6.17	镶边植物		
3.6.18	一、二年生草本花卉		
3.6.19	多年生及宿根草本花卉		

续表

序号	名称	图例	说明
3.6.20	一般草皮		
3.6.21	缀花草皮		
3.6.22	整形树木		
3.6.23	竹丛		
3.6.24	棕榈植物		
3.6.25	仙人掌植物		
3.6.26	藤本植物		
3.6.27	水生植物		

4 树木形态图示

4.1 枝干形态

序号	名 称	图 例	说 明
4.1.1	主轴干侧分枝形		
4.1.2	主轴干无分枝形		
4.1.3	无主轴干多枝形		
4.1.4	无主轴干垂枝形		
4.1.5	无主轴干丛生形		
4.1.6	无主轴干匍匐形		

4.2 树冠形态

序号	名 称	图 例	说 明
4.2.1	圆锥形		树冠轮廓线,凡针叶树用锯齿形;凡阔叶树用弧裂形表示
4.2.2	椭圆形		
4.2.3	圆球形		
4.2.4	垂枝形		
4.2.5	伞形		
4.2.6	匍匐形		

附录 A 本标准用词说明

A.0.1 为便于在执行本标准条文时区别对待，对于要求严格程度不同的用词说明如下：

(1) 表示很严格，非这样做不可的
    正面词采用"必须"；反面词采用"严禁"。
(2) 表示严格，在通常情况下均应这样做的
    正面词采用"应"；反面词采用"不应"或"不得"。
(3) 表示允许稍有选择，在条件许可时首先应这样做的
    正面词采用"宜"或"可"；反面词采用"不宜"。

A.0.2 条文中指明必须按其他有关标准执行的写法为"应按……执行"或"应符合……的规定"。

附加说明

本标准主编单位、参加单位和主要起草人名单

主 编 单 位：同济大学建筑城市规划学院
参 加 单 位：上海市园林设计院
　　　　　　南京市园林规划设计院
　　　　　　广州市园林建筑规划设计院
主要起草人：司马铨　陈久昆　李铮生　周在春
　　　　　　颜文武　吴文骏　孟杏元

中华人民共和国行业标准

风景园林图例图示标准

Standard for Graphie of Landscape Architecture

CJJ 67—95

条 文 说 明

主编单位：同济大学建筑城市规划学院

前　言

根据原城乡建设环境保护部（87）城科字第 276 号文的要求，由同济大学建筑城市规划学院主编，上海市园林设计院等单位参加共同编制的《风景园林图例图示标准》（CJJ 67—95），经建设部 1995 年 7 月 25 日，以建标〔1995〕427 号文批准，业已发布。

为便于广大设计、施工、科研、学校等单位的有关人员在使用本标准时能正确理解和执行条文规定，《风景园林图例图示标准》编制组按章、节、条顺序编制了本标准的条文说明，供国内使用者参考。在使用中如发现本条文说明有欠妥之处，请将意见函寄同济大学建筑城市规划学院。

本条文说明由建设部标准定额研究所组织出版。

目　次

1　总则 …………………………………………… 22—15
2　风景名胜区与城市绿地系统规划图例 ……… 22—16
　　2.1　地界 ………………………………………… 22—16
　　2.2　景点、景物 ……………………………… 22—16
　　2.3　服务设施 ………………………………… 22—17
　　2.4　运动游乐设施 …………………………… 22—18
　　2.5　工程设施 ………………………………… 22—18
　　2.6　用地类型 ………………………………… 22—18
3　园林绿地规划设计图例 ……………………… 22—19
　　3.1　建筑 ……………………………………… 22—19
　　3.2　山石 ……………………………………… 22—19
　　3.3　水体 ……………………………………… 22—20
　　3.4　小品设施 ………………………………… 22—20
　　3.5　工程设施 ………………………………… 22—20
　　3.6　植物 ……………………………………… 22—20
4　树木形态图示 ………………………………… 22—21
　　4.1　枝干形态 ………………………………… 22—21
　　4.2　树冠形态 ………………………………… 22—21

1　总　则

1.0.1　风景园林图例图示是规划设计图的重要组成部分。我国在50年代，大多参照苏联城市绿地规划、设计图。自1979年改革开放以来，随着风景园林事业的发展，出现了许多新的内容和项目，规划设计图例图示也浩繁纷呈，差异颇大，不够统一。为了使风景园林制图的常用图例图示规范化，达到统一，以提高绘制风景园林规划设计图的质量和效率，适应当今信息时代的要求，特制定本标准。

1.0.2　本标准在研究了建国以来风景园林图例图示的基础上，将其系统化，适用于风景名胜区与城市绿地系统规划图、园林绿地规划设计图、树木形态的表达，包括枝干与树冠的立面图示。

1.0.3　风景园林规划设计内容非常丰富，而且在不断更新充实，本标准所制定的图例图示不可能包罗万象，只能是常见的、基本的图例图示，凡未规定的可依据以下原则和规律进行派生：

（1）图例图示的形象应简明、清晰、美观。

（2）图例图示的形象应与代表性实物形态特征或国内外常用符号相一致，如地界、各种道路、管线等图例均以线型形象标识；用地类型图例则采取面状各种图形符号标识；风景名胜区中的景点均以圆形外框，内加该景点的代表性景物形态特征或国内外常用符号，前者如古建筑图例，后者如宗教建筑图例；风景名胜区中的服务设施、运动游乐设施图例均以方形外框，内加该服务设施点的形态特征或国内外常用的符号，前者如运动场图例，后者如停车场图例，具体图例详见2.1，2.2，2.3，2.4，2.5.1～2.5.6，2.6，3.1，3.2，3.3，3.4，3.5，3.6，4.1，4.2说明。

1.0.4　本标准所列的图例图示，仅表达其形象，具体尺度大小，应根据图纸的比例、设计的深度及图面的效果来确定。

1.0.5 风景园林制图有时仅用图例图示尚不能完全表达规划设计意图时，可进一步用字母、数字、文字等另行注明，如种植设计图中表达三棵香樟树时，可用3.6.2常绿阔叶乔木图例，再注以香樟等。

1.0.6 除本标准已制定者外，风景园林制图涉及到地形、建筑、城市规划等内容时，应按现行国家标准执行，如《地形图图式》（GB7929—87）、《房屋建筑制图统一标准》（GBJ1—86）、《建筑制图标准》（GBJ104—87）等。

2 风景名胜区与城市绿地系统规划图例

风景名胜区与城市绿地系统规划图例，主要适用于1：2000～1：50000比例的总体规划及专项规划图纸。考虑到地形图是规划图的基础图纸，为此本章图例与已经颁布的《地形图图式》（GB7929—87）等相关的图形符号与标志标准保持了一致。

2.1 地 界

地界是区分不同地域的界线。

2.1.1，2.1.2，2.1.3 参照《地形图图式》（GB7929—87）中的9.2，9.4，9.6。

2.1.4 表明各类绿地的界线，用中实线表示。

2.2 景点、景物

景点是指具有自然或人文景观价值的特定范围。景物是指组成景点的具体景观特色的物质要素。景点用圆形图例表示。景物图例采用能代表该景观特点的物质要素形态或符号来表示；如2.2.4和2.2.6。

2.2.1 以圆形空心与实心分别表示原有景点和规划景点。

2.2.2～2.2.29 在圆形内填加表示该景点的景观特征图例。其中2.2.2，2.2.3，2.2.8，2.2.11，2.2.17，2.2.20，2.2.29分别参照GB7929—87中的5.9，5.16，5.17，10.4，8.39，5.1。其中2.2.14参照《1：50000地形图编绘规范及图式》（ZBA79001—87）中的7.6.6。其中2.2.24，2.2.27参照《公共信息标志用图形符号》（GB10001—88）中的13。

2.2.2 古建筑：殿、厅、堂、阁、馆、轩及民居等。

2.2.3 塔、宝塔、经幢及其他塔形景观建筑物。

2.2.4　宗教建筑：佛教、道教、基督教、神庙及各类寺、院、庙、观、庵、堂等宗教建筑物。

2.2.5　具有一定纪念和标志作用的牌坊、牌楼及坊形景观建筑物。

2.2.6　具有一定历史文化价值及景观价值的各类桥梁。

2.2.7　城墙、城楼、城门等古代防卫性建筑物。

2.2.8　具有一定历史文化价值的名人墓及墓园。

2.2.9　具有特定考古价值的历史文化遗址。

2.2.10　刻于崖壁的字、画、雕刻等文化艺术点。

2.2.11　具有文化或科学、历史价值的古井。

2.2.12　可供旅游观光赏景的山体。

2.2.13　形态奇特的独立山峰。

2.2.14　形态独特的多个山峰群体。

2.2.15　由自然因素形成的溶洞、岩洞及人工形成的山洞或地下人工景点。

2.2.16　山地的一种特殊构造形态，中间低称谷地，两边有形态险要的山壁。

2.2.17　形状奇特的天然危石及孤立突出于水体的岩石。

2.2.18　形态壁立，难于攀登的陡峭崖壁。

2.2.19　瀑布：从河床纵断面陡坡或悬崖处倾泻而下的水景。主要成因是水流对江、河、湖溪边硬软岩层的差别侵蚀，使硬岩层暴露于易受侵蚀的软岩层之上成为陡崖，山体上的水流便在此处汇流泻落成为瀑布。瀑布又分为帘瀑、飞瀑、叠瀑等（参照《辞海》P995）。

2.2.20　泉：具有旅游观光价值的，由地下水天然露头形成的水景（参照《辞海》）。

2.2.21　温泉：水温超过当地年平均气温或超过20℃的泉。常含有矿物成分，专名为矿泉，有休疗养旅游健身价值。

2.2.22　湖泊：湖盆的积水部分。容量大小不一，大如内陆湖，小至池塘。按其成因，可分为构造湖，岩溶湖（喀斯特湖）、人工湖等，它具有调蓄水量、供给饮水、调节气候、湖上观光游憩等功能。

2.2.23　海（溪）滩是海（溪）倾斜，由沙砾、卵石或淤泥等组成。

2.2.24　具有较高树龄及历史、科学、艺术价值的文物，属特定保护的树木。

2.2.25　森林：植物群落之一。是集生的乔木及其共同作用的植物、动物、微生物和土壤、气候等的生态总体。有天然和人工培育两大类。

2.2.26　供公众的游憩、观赏娱乐活动的城市公共绿地。

2.2.27　以展示动物为主题的专类公园或可供游览的专业园地。

2.2.28　以展示植物为主题的专类公园或可供游览用的科研园地。

2.2.29　烈士陵园：供公众瞻仰、纪念烈士的园地。

2.3　服务设施

服务设施仅列入风景名胜区和城市绿地系统中重要的、常见的项目。凡服务设施均用方形符号表示。服务设施的性质以其形态特征或国内外常用的符号标识。

2.3.1　以方形的空心或实心分别表示原有及规划的综合服务设施点。

2.3.2～2.3.23　以方形的外框表示服务设施的形态符号。其中2.3.4，2.3.7，2.3.8，2.3.9，2.3.17，2.3.18参考《公共信息图形符号》（GB3818—83）中的1，3及《公共信息标志用图形符号》（GB10001—88）中的10，11，14，24。其中2.3.5，2.3.20，2.3.22，参考 GB7929—87中的8.35，5.19，4.17。

2.3.2～2.3.6　主要指有定时定期客运或专供旅游观光客运的公路、铁路、航空、水运等集散服务设施点。

2.3.7　专门为汽车停放的场地，包括室内及地下停车场。

2.3.8　供汽车加油的固定设施点。

2.3.9 门诊所、急救站、医院等医疗设施点。

2.3.10 独立设置的公用厕所。

2.3.11 供文化娱乐活动的场所，包括影剧院、舞厅、歌厅、音乐厅和多功能文化娱乐点。

2.3.12 旅游宾馆：供在风景名胜区或城市中旅游客人住宿服务的设施点。

2.3.13 度假村休养所：在城郊或风景名胜区中供旅游度假休养住宿、文体娱乐服务的设施点。

2.3.14 疗养院：在城郊或风景名胜区中供患有慢性疾病的病员康复住宿和游览的设施点。

2.3.15 储蓄所、信用社、银行、证券公司等金融机构。

2.3.16 邮件、电报通讯设施点。

2.3.17 供公共使用的电话通讯设施点，包括公用电话亭、所、局等。

2.3.18 供各种需求的餐饮服务设施点。

2.3.19 风景区各级行政管理所在地，包括风景管理站、处、局等。

2.3.20 消防站：专为消灭和防止火灾而设置的公共设施点。本图例参照《消防设施图形符号》(GB4327)制定。

2.3.21 公安保卫机构所在地。

2.3.22 观察、预报气象的设施点。

2.3.23 供游客、野外活动和宿营的场地。

2.4 运动游乐设施

运动游乐设施仅列入与旅游度假关系较密切的项目。凡运动游乐设施亦均用方形外框，内加不同运动游乐特征符号组成图例。

2.4.1～2.4.2 在江、河、湖、海水体中开辟的划定水域供人们游泳及水上健身运动，并配以相应岸上服务设施的场所。

2.4.3 游乐场：配置有各种游乐活动设施的场所。

2.4.4 运动场：配置有球类及田径运动等设施。

2.4.5～2.4.7 供跑马、赛马、高尔夫球运动或附有观众席的场所。

2.5 工 程 设 施

工程设施仅列入风景名胜区中常见的基础设施项目。

2.5.1～2.5.6 凡工程设施站点均用三角形作为图例的外框，内加该工程设施的特征或符号。2.5.1～2.5.6分别表示为地区性服务的电视、发电、变电、供水、污水及垃圾处理等基础设施点。

2.5.7～2.5.16 参照GB7929—87中的6.15,6.25,6.13.2,6.5,6.6,7.4。

2.5.7 公路、汽车游览路：设有路基、路肩，路面铺设水泥、沥青、砾石、碎石等材料，可通行汽车的道路。。

2.5.8 小路、步行游览路：进行一定的路基、路面处理，供步行和游览的道路。

2.5.9 山地步游小路：在山坡上筑有台阶蹬道的步行游览小路。

2.5.10 穿越人工山洞路段或江河、城市地面以下的工程（参照《土木建筑工程辞典》）。

2.5.11 跨越湖河山谷供旅游观光的高架、机动运输设施。

2.5.12 铺设在山坡上供旅游观光的钢缆机动的运输设施。

2.5.13 供旅游观光的高架轻轨运输设施。

2.5.14 有固定航线的水上游览线。

2.5.15 架空的电力线、通信线或其他管线。

2.5.16 埋置于地下的各种管道或其他电缆线。

2.6 用 地 类 型

用地类型是指用地的不同使用性质及不同植被覆盖特征。

2.6.1～2.6.11 为用地使用性质分类符号，其中2.6.1,2.6.4,2.6.5,2.6.6,2.6.7,2.6.10,2.6.11参照《城市规划统一图例（草案）》。

2.6.12～2.6.18 为用地植被特征的分类符号，其插入符号参照

GB7929 中的 11.6，11.10，11.13，11.17。

2.6.1 指村镇生活和生产的各类建设用地。
2.6.2 指向公众开放的旅游观光的风景名胜地。
2.6.3 指供旅游度假的用地。
2.6.4 指商业、服务业、旅馆业、文化娱乐等的用地。
2.6.5 指供应水、电、燃气、热的设施，交通设施及环保设施等的用地。
2.6.6 指种植各种农作物的土地。
2.6.7 指向公众开放，有一定游憩设施的绿地。
2.6.8 指用于隔离，卫生和安全的防护林带及绿地。
2.6.9 指用于保护国家、省、市、县各级的地面和地下历史文物的用地。
2.6.10 指培育提供苗木、花卉、草皮等的用地。
2.6.11 指特殊性质的用地。
2.6.12～2.6.16 指生长针叶、阔叶、针阔叶混交的乔木、灌木及竹类等林木的用地。
2.6.17 指油桐、椰子、橡胶和各种果林、茶园、葡萄园等林地、园地。
2.6.18 指草类生长比较茂盛，覆盖地面达 50% 以上的地区。

3 园林绿地规划设计图例

园林绿地规划设计图例，主要适用于 1:1000～1:200 比例的详细规划设计图纸。考虑到地形图是规划设计的基础图纸，为此本章图例应与地形图的图例保持一定的统一性和相关性，并同房屋建筑制图标准的图例相一致。

3.1 建 筑

建筑泛指各种材料、结构及各种使用性质的房屋。图例应反映房屋的外围轮廓形态。

3.1.1～3.1.5 参照《总图制图标准》(GBJ103—87) 中的 1～5。
3.1.6 如需反映坡屋顶形态时用此图例符号。
3.1.7 指用草类材料作为屋顶面层或棚顶，四周无墙或仅用简陋墙壁的建筑物，参照 GB7929—87 中的 3.6。
3.1.8 指用玻璃等透光材料作为屋顶或墙面的暖房、温室、展览花房等建筑物。

3.2 山 石

山石指人工堆叠在园林绿地中的观赏性的假山。

3.2.1 由黄石、湖石等天然石依据一定的艺术、技术规律堆叠成的假山。
3.2.2 由砖、混凝土、彩色水泥砂浆等建筑材料经艺术塑造成的假山。
3.2.3 由土及天然块石混合堆叠的假山。
3.2.4 由形态奇特色彩美观的天然块石，如湖石、黄腊石独置而成的石景。

3.3 水   体

水体指江、河、湖、海、池塘、水库、沟渠等自然和人工水体。其外轮廓，自然的用曲线，人工的用直线表示。

3.3.1 岸线呈自然形的水体。

3.3.2 岸线呈规则形的水体。

3.3.3 跌水瀑布：不同标高的水流经过陡坎或悬崖所形成的水景。

3.3.4 旱洞：旱季一般无水或断续有水的山洞。

3.3.5 溪涧：指山间两岸多石滩的小溪。

3.4 小 品 设 施

点缀于园林绿地中的小型景观性和功能性设施。本章图例根据图纸比例，可表示设施的位置，不表示具体形态；也可依据设计的形态表示。其中 3.4.1～3.4.2，3.4.6～3.4.7 参照 GB7929—87 中的 4.25，5.3，7.12，7.13。其中 3.4.3 参照 GBJ103—87 中的相应图形。

3.4.4 设置在室外的固定座凳。

3.4.5 供攀缘藤本植物并可游憩观赏的廊架。

3.4.8 园灯：在园林绿地中的照明灯具。本图例等同采用 ISO11091。

3.4.9 设置在室外的供饮用的沙滤水设备。

3.4.10 指示牌：设置在园林绿地中提供导游用的标牌。本图例等同采用 ISO11091。

3.5 工 程 设 施

工程设施仅列入园林绿地中常见的项目。其中 3.5.1～3.5.5，3.5.8，3.5.10，3.5.11，3.5.19 参照 GBJ103—87 中的相应图例。3.5.2 等同采用 ISO11091。3.5.6，3.5.12～3.5.18 参照 GB7929—87 中的相应图例。

3.5.7 固定设置在绿地中的喷水灌溉设备点。

3.5.9 铺砌装饰性材料的路面。

3.5.16 设在水中带有间隔而连续的石墩以供游人步越水面之用。

3.5.20 保护水岸的工程措施可分以砖、石或混凝土等砌筑的整形岸壁规则式驳岸及以假山石堆叠的非整形岸壁自然式驳岸。

3.6 植   物

园林植物种类繁多、形态千变万化，其表达方法也是五花八门。本章图例仅取以最常用、基本统一的部分，内容上分为乔木，灌木，绿篱，竹类，花卉，草皮及特种植物。凡未列入内容可按各地区的实际需要加以补充。

3.6.1～3.6.14 为乔木、灌木图例，其中又分为单株，疏林，树林，落叶与常绿，阔叶与针叶。凡落叶乔、灌木图例均不加 45 度细斜线；凡常绿乔灌木应加上 45 度细斜线。凡阔叶树的图例外轮廓线为圆形或弧裂形线；凡针叶树的图例外轮廓线为锯齿形线或斜刺形线。凡乔木图例外形呈圆形，灌木图例外形呈不规则曲线形。图中左图为简化型图例，右图为变化型图例。

3.6.7～3.6.10 为阔叶及针叶乔木的疏林及密林的图例，其区别是疏林图例中留有一定的空隙，而密林图例中不留空隙。

3.6.11～3.6.14 为落叶及常绿灌木的疏林及密林的图例，其区别同上。如要表明观花灌木，可插入小圆符号。

3.6.15～3.6.16 为自然形绿篱与整形绿篱的图例，其区别是整形绿篱符号中加席纹线。

3.6.17 泛指装饰路边或花坛边缘的带状花卉。

3.6.18～3.6.19 为草本花卉的图例，为区分一、二年生草本花及多年生、宿根草本花卉，前者均布小圆符号，后者均布三叶形符号。

3.6.20～3.6.21 为草皮图例、缀花草皮图例为草皮图例中插入花形符号。

3.6.22～3.6.27 为常见的特种植物的图例，其图例主要表示特种植物的形态特征。
3.6.22 整形树木为规则的圆形符号。
3.6.23 竹丛为"个"字形组合或外廓线形态。
3.6.24 棕榈植物为阔叶形符号。
3.6.25 仙人掌植物为曲线带刺形符号。
3.6.26 藤本植物为卷曲线符号。本图例等同采用 ISO11091。
3.6.27 水生植物为漂浮形符号。

4 树木形态图示

树木形态可谓千姿万态，种类不同，形态有别，即使同一种类的树木，其不同的生长阶段，形态也有很大差异。本章图示仅列举最为常见的形态。

4.1 枝干形态

枝干形态指由树干及树枝构成的树木形态特征，可分为常见的六个类型，即 4.1.1～4.1.6 的有主轴干侧分枝形（多数为针叶树），主轴干无分枝形（棕榈类植物），无主轴干多枝形（多数阔叶树），无主轴干垂枝形（垂柳、龙爪槐等），无主轴干丛生形（多数灌木），无主轴干匍匐形（地柏、火棘、迎春等）。

4.2 树冠形态

树冠形态指由枝叶与干的一部分所构成的树木外形特征。可分为常见的六种基本形态，即 4.2.1～4.2.6 的圆锥形，椭圆形，圆形，垂枝形，伞形，匍匐形。树冠轮廓线凡针叶树用锯齿形，凡阔叶树用弧裂形表示。

中华人民共和国行业标准

城市道路绿化规划与设计规范

Code for Planting Planning and Design on Urban Road

CJJ 75—97

主编单位：中国城市规划设计研究院
批准部门：中华人民共和国建设部
施行日期：1998年5月1日

关于发布行业标准《城市道路绿化规划与设计规范》的通知

建标［1997］259号

各省、自治区、直辖市建委（建设厅），计划单列市建委，国务院有关部门：

根据原城乡建设环境保护部（88）城标字第141号文的要求，由中国城市规划设计研究院主编的《城市道路绿化规划与设计规范》业经审查，现批准为行业标准，编号CJJ 75—97，自1998年5月1日起施行。

本规范由建设部城市规划标准技术归口单位中国城市规划设计研究院归口管理，其具体解释工作由中国城市规划设计研究院负责。

本规范由建设部标准定额研究所组织出版。

中华人民共和国建设部
1997年10月8日

目 次

1 总则 ……………………………………………… 23—2
2 术语 ……………………………………………… 23—3
3 道路绿化规划 …………………………………… 23—4
  3.1 道路绿地率指标 ……………………………… 23—4
  3.2 道路绿地布局与景观规划 …………………… 23—4
  3.3 树种和地被植物选择 ………………………… 23—4
4 道路绿带设计 …………………………………… 23—5
  4.1 分车绿带设计 ………………………………… 23—5
  4.2 行道树绿带设计 ……………………………… 23—5
  4.3 路侧绿带设计 ………………………………… 23—5
5 交通岛、广场和停车场绿地设计 ……………… 23—6
  5.1 交通岛绿地设计 ……………………………… 23—6
  5.2 广场绿化设计 ………………………………… 23—6
  5.3 停车场绿化设计 ……………………………… 23—6
6 道路绿化与有关设施 …………………………… 23—7
  6.1 道路绿化与架空线 …………………………… 23—7
  6.2 道路绿化与地下管线 ………………………… 23—7
  6.3 道路绿化与其他设施 ………………………… 23—7
附录 A 本规范用词说明 ………………………… 23—8
附加说明 …………………………………………… 23—8
条文说明 …………………………………………… 23—9

1 总 则

1.0.1 为发挥道路绿化在改善城市生态环境和丰富城市景观中的作用,避免绿化影响交通安全,保证绿化植物的生存环境,使道路绿化规划设计规范化,提高道路绿化规划设计水平,制定本规范。

1.0.2 本规范适用于城市的主干路、次干路、支路、广场和社会停车场的绿地规划与设计。

1.0.3 道路绿化规划与设计应遵循下列基本原则:

  1.0.3.1 道路绿化应以乔木为主,乔木、灌木、地被植物相结合,不得裸露土壤;

  1.0.3.2 道路绿化应符合行车视线和行车净空要求;

  1.0.3.3 绿化树木与市政公用设施的相互位置应统筹安排,并应保证树木有需要的立地条件与生长空间;

  1.0.3.4 植物种植应适地适树,并符合植物间伴生的生态习性;不适宜绿化的土质,应改善土壤进行绿化;

  1.0.3.5 修建道路时,宜保留有价值的原有树木,对古树名木应予以保护;

  1.0.3.6 道路绿地应根据需要配备灌溉设施;道路绿地的坡向、坡度应符合排水要求并与城市排水系统结合,防止绿地内积水和水土流失;

  1.0.3.7 道路绿化应远近期结合。

1.0.4 道路绿化规划与设计除应执行本规范外,尚应符合国家现行有关标准的规定。

2 术 语

2.0.1 道路绿地
道路及广场用地范围内的可进行绿化的用地。道路绿地分为道路绿带、交通岛绿地、广场绿地和停车场绿地。

2.0.2 道路绿带
道路红线范围内的带状绿地。道路绿带分为分车绿带、行道树绿带和路侧绿带。

2.0.3 分车绿带
车行道之间可以绿化的分隔带,其位于上下行机动车道之间的为中间分车绿带;位于机动车道与非机动车道之间或同方向机动车道之间的为两侧分车绿带。

2.0.4 行道树绿带
布设在人行道与车行道之间,以种植行道树为主的绿带。

2.0.5 路侧绿带
在道路侧方,布设在人行道边缘至道路红线之间的绿带。

2.0.6 交通岛绿地
可绿化的交通岛用地。交通岛绿地分为中心岛绿地、导向岛绿地和立体交叉绿岛。

2.0.7 中心岛绿地
位于交叉路口上可绿化的中心岛用地。

2.0.8 导向岛绿地
位于交叉路口上可绿化的导向岛用地。

2.0.9 立体交叉绿岛
互通式立体交叉干道与匝道围合的绿化用地。

2.0.10 广场、停车场绿地
广场、停车场用地范围内的绿化用地。

2.0.11 道路绿地率
道路红线范围内各种绿带宽度之和占总宽度的百分比。

2.0.12 园林景观路
在城市重点路段,强调沿线绿化景观,体现城市风貌、绿化特色的道路。

2.0.13 装饰绿地
以装点、美化街景为主,不让行人进入的绿地。

2.0.14 开放式绿地
绿地中铺设游步道,设置坐凳等,供行人进入游览休息的绿地。

2.0.15 通透式配置
绿地上配植的树木,在距相邻机动车道路面高度 0.9m 至 3.0m 之间的范围内,其树冠不遮挡驾驶员视线的配置方式。

3 道路绿化规划

3.1 道路绿地率指标

3.1.1 在规划道路红线宽度时,应同时确定道路绿地率。

3.1.2 道路绿地率应符合下列规定:

3.1.2.1 园林景观路绿地率不得小于40%;

3.1.2.2 红线宽度大于50m的道路绿地率不得小于30%;

3.1.2.3 红线宽度在40~50m的道路绿地率不得小于25%;

3.1.2.4 红线宽度小于40m的道路绿地率不得小于20%。

3.2 道路绿地布局与景观规划

3.2.1 道路绿地布局应符合下列规定:

3.2.1.1 种植乔木的分车绿带宽度不得小于1.5m;主干路上的分车绿带宽度不宜小于2.5m;行道树绿带宽度不得小于1.5m;

3.2.1.2 主、次干路中间分车绿带和交通岛绿地不得布置成开放式绿地;

3.2.1.3 路侧绿带宜与相邻的道路红线外侧其他绿地相结合;

3.2.1.4 人行道毗邻商业建筑的路段,路侧绿带可与行道树绿带合并;

3.2.1.5 道路两侧环境条件差异较大时,宜将路侧绿带集中布置在条件较好的一侧。

3.2.2 道路绿化景观规划应符合下列规定:

3.2.2.1 在城市绿地系统规划中,应确定园林景观路与主干路的绿化景观特色。园林景观路应配置观赏价值高、有地方特色的植物,并与街景结合;主干路应体现城市道路绿化景观风貌;

3.2.2.2 同一道路的绿化宜有统一的景观风格;不同路段的绿化形式可有所变化;

3.2.2.3 同一路段上的各类绿带,在植物配置上应相互配合,并应协调空间层次、树形组合、色彩搭配和季相变化的关系;

3.2.2.4 毗邻山、河、湖、海的道路,其绿化应结合自然环境,突出自然景观特色。

3.3 树种和地被植物选择

3.3.1 道路绿化应选择适应道路环境条件、生长稳定、观赏价值高和环境效益好的植物种类。

3.3.2 寒冷积雪地区的城市,分车绿带、行道树绿带种植的乔木,应选择落叶树种。

3.3.3 行道树应选择深根性、分枝点高、冠大荫浓、生长健壮、适应城市道路环境条件,且落果对行人不会造成危害的树种。

3.3.4 花灌木应选择花繁叶茂、花期长、生长健壮和便于管理的树种。

3.3.5 绿篱植物和观叶灌木应选用萌芽力强、枝繁叶密、耐修剪的树种。

3.3.6 地被植物应选择茎叶茂密、生长势强、病虫害少和易管理的木本或草本观叶、观花植物。其中草坪地被植物尚应选择萌蘖力强、覆盖率高、耐修剪和绿色期长的种类。

4 道路绿带设计

4.1 分车绿带设计

4.1.1 分车绿带的植物配置应形式简洁,树形整齐,排列一致。乔木树干中心至机动车道路缘石外侧距离不宜小于0.75m。

4.1.2 中间分车绿带应阻挡相向行驶车辆的眩光,在距相邻机动车道路面高度0.6m至1.5m之间的范围内,配置植物的树冠应常年枝叶茂密,其株距不得大于冠幅的5倍。

4.1.3 两侧分车绿带宽度大于或等于1.5m的,应以种植乔木为主,并宜乔木、灌木、地被植物相结合。其两侧乔木树冠不宜在机动车道上方搭接。

分车绿带宽度小于1.5m的,应以种植灌木为主,并应灌木、地被植物相结合。

4.1.4 被人行横道或道路出入口断开的分车绿带,其端部应采取通透式配置。

4.2 行道树绿带设计

4.2.1 行道树绿带种植应以行道树为主,并宜乔木、灌木、地被植物相结合,形成连续的绿带。

在行人多的路段,行道树绿带不能连续种植时,行道树之间宜采用透气性路面铺装。树池上宜覆盖池箅子。

4.2.2 行道树定植株距,应以其树种壮年期冠幅为准,最小种植株距应为4m。行道树树干中心至路缘石外侧最小距离宜为0.75m。

4.2.3 种植行道树其苗木的胸径:快长树不得小于5cm;慢长树不宜小于8cm。

4.2.4 在道路交叉口视距三角形范围内,行道树绿带应采用通透式配置。

4.3 路侧绿带设计

4.3.1 路侧绿带应根据相邻用地性质、防护和景观要求进行设计,并应保持在路段内的连续与完整的景观效果。

4.3.2 路侧绿带宽度大于8m时,可设计成开放式绿地。开放式绿地中,绿化用地面积不得小于该段绿带总面积的70%。路侧绿带与毗邻的其他绿地一起辟为街旁游园时,其设计应符合现行行业标准《公园设计规范》(CJJ48)的规定。

4.3.3 濒临江、河、湖、海等水体的路侧绿地,应结合水面与岸线地形设计成滨水绿带。滨水绿带的绿化应在道路和水面之间留出透景线。

4.3.4 道路护坡绿化应结合工程措施栽植地被植物或攀缘植物。

5 交通岛、广场和停车场绿地设计

5.1 交通岛绿地设计

5.1.1 交通岛周边的植物配置宜增强导向作用,在行车视距范围内应采用通透式配置。

5.1.2 中心岛绿地应保持各路口之间的行车视线通透,布置成装饰绿地。

5.1.3 立体交叉绿岛应种植草坪等地被植物。草坪上可点缀树丛、孤植树和花灌木,以形成疏朗开阔的绿化效果。桥下宜种植耐荫地被植物。墙面宜进行垂直绿化。

5.1.4 导向岛绿地应配置地被植物。

5.2 广场绿化设计

5.2.1 广场绿化应根据各类广场的功能、规模和周边环境进行设计。广场绿化应利于人流、车流集散。

5.2.2 公共活动广场周边宜种植高大乔木。集中成片绿地不应小于广场总面积的25%,并宜设计成开放式绿地,植物配置宜疏朗通透。

5.2.3 车站、码头、机场的集散广场绿化应选择具有地方特色的树种。集中成片绿地不应小于广场总面积的10%。

5.2.4 纪念性广场应用绿化衬托主体纪念物,创造与纪念主题相应的环境气氛。

5.3 停车场绿化设计

5.3.1 停车场周边应种植高大庇荫乔木,并宜种植隔离防护绿带;在停车场内宜结合停车间隔带种植高大庇荫乔木。

5.3.2 停车场种植的庇荫乔木可选择行道树种。其树木枝下高度应符合停车位净高度的规定:小型汽车为2.5m;中型汽车为3.5m;载货汽车为4.5m。

6 道路绿化与有关设施

6.1 道路绿化与架空线

6.1.1 在分车绿带和行道树绿带上方不宜设置架空线。必须设置时，应保证架空线下有不小于9m的树木生长空间。架空线下配置的乔木应选择开放形树冠或耐修剪的树种。

6.1.2 树木与架空电力线路导线的最小垂直距离应符合表6.1.2的规定。

树木与架空电力线路导线的最小垂直距离　　表6.1.2

电压（kV）	1～10	35～110	154～220	330
最小垂直距离（m）	1.5	3.0	3.5	4.5

6.2 道路绿化与地下管线

6.2.1 新建道路或经改建后达到规划红线宽度的道路，其绿化树木与地下管线外缘的最小水平距离宜符合表6.2.1的规定；行道树绿带下方不得敷设管线。

树木与地下管线外缘最小水平距离　　表6.2.1

管线名称	距乔木中心距离（m）	距灌木中心距离（m）
电力电缆	1.0	1.0
电信电缆（直埋）	1.0	1.0
电信电缆（管道）	1.5	1.0
给水管道	1.5	—
雨水管道	1.5	—
污水管道	1.5	—
燃气管道	1.2	1.2
热力管道	1.5	1.5
排水盲沟	1.0	—

6.2.2 当遇到特殊情况不能达到表6.2.1中规定的标准时，其绿化树木根颈中心至地下管线外缘的最小距离可采用表6.2.2的规定。

树木根颈中心至地下管线外缘最小距离　　表6.2.2

管线名称	距乔木根颈中心距离（m）	距灌木根颈中心距离（m）
电力电缆	1.0	1.0
电信电缆（直埋）	1.0	1.0
电信电缆（管道）	1.5	1.0
给水管道	1.5	1.0
雨水管道	1.5	1.0
污水管道	1.5	1.0

6.3 道路绿化与其他设施

6.3.1 树木与其他设施的最小水平距离应符合表6.3.1的规定。

树木与其他设施最小水平距离　　表6.3.1

设施名称	至乔木中心距离（m）	至灌木中心距离（m）
低于2m的围墙	1.0	—
挡土墙	1.0	—
路灯杆柱	2.0	—
电力、电信杆柱	1.5	—
消防龙头	1.5	2.0
测量水准点	2.0	2.0

附录 A 本规范用词说明

A.0.1 为便于在执行本规范条文时区别对待，对要求严格程度不同的用词说明如下：

（1）表示很严格，非这样作不可的：

正面词采用"必须"；

反面词采用"严禁"。

（2）表示严格，在正常情况下均应这样作的：

正面词采用"应"；

反面词采用"不应"或"不得"。

（3）表示允许稍有选择，在条件许可时首先应这样作的：

正面词采用"宜"或"可"；

反面词采用"不宜"。

A.0.2 条文中指明应按其他有关标准执行的，写法为"应符合……的规定"或"应按……执行"。

附加说明

本规范主编单位、参加单位和主要起草人名单

主 编 单 位：中国城市规划设计研究院

参 加 单 位：上海市园林设计院

南京市园林规划设计院

北京林业大学园林学院

北京市东城区园林局

主要起草人：宋石坤　颜文武　唐进群

吴文骏　王莲清　苏雪痕

中华人民共和国行业标准

城市道路绿化规划与设计规范

CJJ 75—97

条 文 说 明

前　言

根据建设部（88）城标字第 141 号文的要求，由建设部中国城市规划设计研究院主编，上海市园林设计院、南京市园林规划设计院等单位参加共同编制的《城市道路绿化规划与设计规范》（CJJ75—97），经建设部 1997 年 10 月 8 日以建标 [1997] 259 号文批准，业已发布。

为便于广大规划、设计、施工、科研、学校等有关单位人员在使用本规范时能正确理解和执行条文规定，《城市道路绿化规划与设计规范》编制组按章、节、条、款顺序编制了本规范的条文说明，供国内使用者参考。在使用中如发现本条文说明有欠妥之处，请将意见函寄中国城市规划设计研究院（通讯地址：北京市三里河路九号，邮政编码：100037）。

本《条文说明》由建设部标准定额研究所组织出版。

目　次

1 总则 ··23—10
2 术语 ··23—11
3 道路绿化规划 ··································23—12
　3.1 道路绿地率指标 ····················23—12
　3.2 道路绿地布局与景观规划 ······23—13
　3.3 树种和地被植物选择 ············23—13
4 道路绿带设计 ··································23—14
　4.1 分车绿带设计 ······················23—14
　4.2 行道树绿带设计 ··················23—14
　4.3 路侧绿带设计 ······················23—15
5 交通岛、广场和停车场绿地设计 ····23—15
　5.1 交通岛绿地设计 ··················23—15
　5.2 广场绿化设计 ······················23—15
　5.3 停车场绿化设计 ··················23—16
6 道路绿化与有关设施 ······················23—16
　6.1 道路绿化与架空线 ··············23—16
　6.2 道路绿化与地下管线 ············23—16
　6.3 道路绿化与其他设施 ············23—17

1 总　　则

1.0.1　城市道路绿化是城市道路的重要组成部分,在城市绿化覆盖率中占较大比例。随着城市机动车辆的增加,交通污染日趋严重,利用道路绿化改善道路环境,已成当务之急。城市道路绿化也是城市景观风貌的重要体现。目前,我国城市道路建设发展迅速,为使道路绿化更好发挥绿化功能,协调道路绿化与相关市政设施的关系,利于行车安全,有必要统一技术规定,以适应城市现代化建设需要。

1.0.2　本规范的适用范围是用于城市的主干路、次干路、支路用地,公共广场用地与公共使用停车场用地范围内的绿地规划与设计。

1.0.3　道路绿化规划与设计基本原则:

　1.0.3.1　城市道路绿化主要功能是庇荫、滤尘、减弱噪声、改善道路沿线的环境质量和美化城市。以乔木为主,乔木、灌木、地被植物相结合的道路绿化,防护效果最佳,地面覆盖最好,景观层次丰富,能更好地发挥其功能作用。

　1.0.3.2　为保证道路行车安全,对道路绿化提出两方面要求。

　　一、行车视线要求。其一,在道路交叉口视距三角形范围内和弯道内侧的规定范围内种植的树木不影响驾驶员的视线通透,保证行车视距;其二,在弯道外侧的树木沿边缘整齐连续栽植,预告道路线形变化,诱导驾驶员行车视线。

　　二、行车净空要求。道路设计规定在各种道路的一定宽度和高度范围内为车辆运行的空间,树木不得进入该空间。具体范围应根据道路交通设计部门提供的数据确定。

　1.0.3.3　城市道路用地范围空间有限,在其范围内除安排机动车道、非机动车道和人行道等必不可少的交通用地外,还需安排许多市政公用设施，如地上架空线和地下各种管道、电缆等。道路绿化也需安排在这个空间里。绿化树木生长需要有一定的地上、地下生存空间，如得不到满足，树木就不能正常生长发育，直接影响其形态和树龄，影响道路绿化所起的作用。因此，应统一规划，合理安排道路绿化与交通、市政等设施的空间位置，使其各得其所，减少矛盾。

1.0.3.4 适地适树是指绿化要根据本地区气候、栽植地的小气候和地下环境条件选择适于在该地生长的树木，以利于树木的正常生长发育，抗御自然灾害，保持较稳定的绿化成果。

植物伴生是自然界中乔木、灌木、地被等多种植物相伴生长在一起的现象，形成植物群落景观。伴生植物生长分布的相互位置与各自的生态习性相适应。地上部分，植物树冠、茎叶分布的空间与光照、空气温度、湿度要求相一致，各得其所；地下部分，植物根系分布对土壤中营养物质的吸收互不影响。道路绿化为了使有限的绿地发挥最大的生态效益，可以进行人工植物群落配置，形成多层次植物景观，但要符合植物伴生的生态习性要求。

1.0.3.5 古树是指树龄在百年以上的大树。名木是指具有特别历史价值或纪念意义的树木及稀有、珍贵的树种。道路沿线的古树名木可依据《城市绿化条例》和地方法规或规定进行保护。

1.0.3.7 道路绿化从建设开始到形成较好的绿化效果需十几年的时间。因此，道路绿化规划设计要有长远观点，绿化树木不应经常更换、移植。同时，道路绿化建设的近期效果也应重视，使其尽快发挥功能作用。这就要求道路绿化远近期结合，互不影响。

2 术 语

本章术语是对本规范涉及的主要用词给予统一规定，以利于对本规范内容的正确理解和使用。

本规范对"道路绿地"的规定是指《城市用地分类与规划建设用地标准》(GBJ137—90)中确定的道路广场用地范围内的绿化用地。其中属于广场用地范围内的绿地为广场绿地，属于社会停车场用地范围内的绿地为停车场绿地，位于交通岛上的绿地为交通岛绿地，位于道路用地范围（道路红线以内范围）的绿地多为带状，故称为道路绿带。

道路绿带根据其布设位置又分为中间分车绿带、两侧分车绿带、行道树绿带和路侧绿带。行道树绿带常见有两种，一种是仅种植一排行道树，树下留有树池；另一种是行道树下成带状配置地被植物和灌木，形成复层种植的绿带。路侧绿带常见的有三种，一种是因建筑线与道路红线重合，路侧绿带毗邻建筑布设；第二种是建筑退让红线后留出人行道，路侧绿带位于两条人行道之间。第三种是建筑退让红线后在道路红线外侧留出绿地，路侧绿带与道路红线外侧绿地结合。

道路红线外侧绿地有街旁游园、宅旁绿地、公共建筑前绿地等，这些绿地虽不统计在道路绿化用地范畴内，但能加强道路的绿化效果。

停车场绿地包括停车场周边绿地和在停车间隔带绿化。

道路绿地率的计算是采用简化方式，因道路绿地多以绿带分布在道路上，各种绿带宽度之和占道路总宽度的百分比近似道路绿地面积与道路总面积的百分比。计算时，对仅种植乔木的行道树绿带宽度按1.5m 计；对乔木下成带状配置地被植物，宽度大于1.5m 的行道树绿带按实际宽度计。

园林景观路是位于城市重点路段，对道路沿线的景观环境要求较高，通过提高道路绿化水平，更好地体现城市绿化景观风貌。

道路绿地相关名词术语可参照图1道路绿地名称示意图。

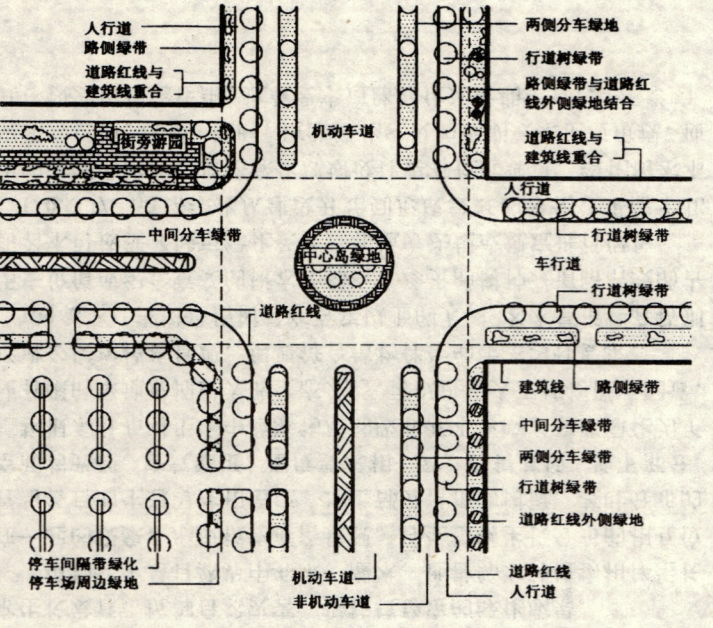

图1 道路绿地名称示意图

3 道路绿化规划

3.1 道路绿地率指标

3.1.1 道路绿化用地是城市道路用地中的重要组成部分。在城市规划的不同阶段，确定不同级别城市道路红线位置时，根据道路的红线宽度和性质确定相应的绿地率，可保证道路的绿化用地，也可减少绿化与市政公用设施的矛盾，提高道路绿化水平。

3.1.2 道路绿地率指标是通过在一些城市调研和参考有关规范、资料的基础上制定的。主要依据是：

（1）对我国的9个城市111条现状与规划道路的绿地率进行分析，其中：红线宽度小于40m的道路28条，平均绿地率是27.3％；红线宽度为40～50m的道路58条，平均绿地率是25.0％；红线宽度大于50m的道路25条，平均绿地率是38.1％。

（2）《城市道路设计规范》中规定道路绿地率为15％～30％。

（3）《北京市绿化条例》规定道路绿地率是：主干路不低于30％，次干路不低于20％。

（4）国外一些大城市绿化景观较好的道路，其绿地率为30％～40％。

本规范制定的道路绿地率不同于《城市道路设计规范》规定的指标是因为将行道树绿带按1.5m宽度统计在绿带中。这样计算是考虑到行道树的实际占地需要，也是为了在统计中口径统一。另外，本规范只规定下限，不规定上限，不约束道路绿地向高标准发展。

本规范根据道路性质提出园林景观路绿地率不低于40％，是因为园林景观路对绿化要求高，需要用绿化来装饰街景，故此需要较多的绿地。此外，本规范考虑我国道路用地的实际情况，根据道路的红线宽度分档制定相应的绿地率，便于应用。大于50m宽度的道路一般为大城市的主干路，其绿地率不低于30%。其一，是因为主干路车流量大，交通污染严重，需要用绿化加以防护，因此需要较多的绿地；其二，主干路路幅较宽，有可能安排较多的绿化用地。小于40m宽度的道路，其性质、断面形式多样，绿地率的下限是20%，可以满足交通用地的需要与保证道路有基本的绿化用地。

3.2 道路绿地布局与景观规划

3.2.1 道路绿地布局

3.2.1.1 在道路绿带中，分车绿带所起的隔离防护和美化作用突出，分车带上种植乔木，可以配合行道树，更好地为非机动车道遮荫。1.5m宽的绿带是种植和养护乔木的最小宽度，故种植乔木的分车绿带的宽度不得小于1.5m。

在2.5m宽度以上的分车绿带上进行乔木、灌木、地被植物的复层混交，可以提高隔离防护作用。主干路交通污染严重，宜采用复层混交的绿化形式，所以主干路上的分车绿带宽度不宜小于2.5m。此外，考虑公共交通开辟港湾式停靠站也应有较宽的分车带。

行道树种植和养护管理所需用地的最小宽度为1.5m，因此行道树绿带宽度不应小于1.5m。

3.2.1.2 主、次干路交通流量大，行人穿越不安全；噪声、废气和尘埃污染严重，不利于身心健康，故不应在主、次干路的中间分车绿带和交通岛上布置开放式绿地。

3.2.1.3 道路红线外侧其他绿地是指街旁游园、宅旁绿地、公共建筑前绿地、防护绿地等。路侧绿带与其他绿地结合，能加强道路绿化效果和绿化景观。

3.2.1.5 道路两侧环境条件差异较大，主要是指如下两个方面：其一，在北方城市的东西向道路的南北两侧光照、温度、风速等条件差异较大，北侧的绿地条件较好；其二，濒临江、河、湖、海的道路，靠近水边一侧有较好的景观条件。将路侧绿带集中布置在条件较好的一侧，可以有利于植物生长，更好地发挥绿化景观效果及游憩功能。

3.2.2 道路绿化景观规划

3.2.2.1 道路绿化是城市绿地系统的重要组成部分，它可以体现一个城市的绿化风貌与景观特色。园林景观路是道路绿化的重点，主干路是城市道路网的主体，贯穿于整个城市。因此，应在城市绿地系统规划中对园林景观路和主干路的绿化进行整体的景观特色规划。

园林景观路的绿化用地较多，具有较好的绿化条件，应选择观赏价值高的植物，合理配置，以反映城市的绿化特点与绿化水平。主干路贯穿于整个城市，其绿化既应有一个长期稳定的绿化效果，又应形成一种整体的景观基调。主干路绿地率较高，绿带较多，植物配置要考虑空间层次，色彩搭配，体现城市道路绿化特色。

3.2.2.2 同一条道路的绿化具有一个统一的景观风格，可使道路全程绿化在整体上保持统一协调，提高道路绿化的艺术水平。道路全程较长，分布有多个路段，各路段的绿化在保持整体景观统一的前提下，可在形式上有所变化，使其能够更好地结合各路段环境特点，景观上也得以丰富。

3.2.2.3 同一条路段上分布有多条绿带，各绿带的植物配置相互配合，使道路绿化有层次、有变化、景观丰富，也能较好地发挥绿化的隔离防护作用。

3.2.2.4 城市中绝大部分是建筑物、构筑物林立的人工环境，山、河、湖、海等自然环境在城市中是十分可贵的。城市道路毗邻自然环境，其绿化应不同于一般道路上的绿化，要结合自然环境，展示出自然风貌。

3.3 树种和地被植物选择

3.3.1 城市道路环境受到许多因素影响，不同地段的环境条件可能差异较大，选择的植物首先要适应栽植地的环境条件，使之能生长健壮，绿化效果稳定。其次，在满足首要条件的情况下，宜优先选用一些能够体现城市绿化风貌的树种，更好发挥道路绿化的美化作用。

3.3.2 落叶乔木在冬季可以减少对阳光的遮挡，提高地面温度，在北方寒冷地区可使地面冰雪尽快融化。

3.3.3 落果对行人不会造成危害的树种是指行道树的落果不致砸伤树下行人和污染行人衣物。

4 道路绿带设计

4.1 分车绿带设计

4.1.1 分车绿带靠近机动车道，其绿化应形成良好的行车视野环境。分车绿带绿化形式简洁、树木整齐一致，使驾驶员容易辨别穿行道路的行人，可减少驾驶员视觉疲劳。相反，植物配置繁乱，变化过多，容易干扰驾驶员视线，尤其在雨天、雾天影响更大。

分车带上种植的乔木，其树干中心至机动车道路缘石外侧距离不宜小于 0.75m 的规定，主要是从交通安全和树木的种植养护两方面考虑。

4.1.2 在中间分车绿带上合理配置灌木、灌木球、绿篱等枝叶茂密的常绿植物能有效地阻挡对面车辆夜间行车的远光，改善行车视野环境。具体数据引自《环境绿地》一书。

4.1.3 分车绿带距交通污染源最近，其绿化所起的滤减烟尘、减弱噪声的效果最佳。两侧分车绿带对非机动车有庇护作用。因此，两侧分车带宽度在 1.5m 以上时，应种植乔木，并宜乔木、灌木、地被植物复层混交，扩大绿量。

道路两侧的乔木不宜在机动车道上方搭接，是避免形成绿化"隧道"，有利于汽车尾气及时向上扩散，减少汽车尾气污染道路环境。

4.1.4 分车绿带端部采取通透式栽植，是为穿越道路的行人或并入的车辆容易看到过往车辆，以利行人、车辆安全。具体执行时，其端部范围应依据道路交通相关数据确定。

4.2 行道树绿带设计

4.2.1 行道树绿带绿化主要是为行人及非机动车庇荫，种植行道树可以较好地起到庇荫作用。在人行道较宽、行人不多或绿带有隔离防护设施的路段，行道树下可以种植灌木和地被植物，减少土壤裸露，形成连续不断的绿化带，提高防护功能，加强绿化景观效果。

当行道树绿带只能种植行道树时，行道树之间采用透气性的路面材料铺装，利于渗水通气，改善土壤条件，保证行道树生长，同时也不妨碍行人行走。

4.2.2 行道树种植株距不小于4m，是使行道树树冠有一定的分布空间，有必要的营养面积，保证其正常生长，同时也是便于消防、急救、抢险等车辆在必要时穿行。树干中心至路缘石外侧距离不小于0.75m，是利于行道树的栽植和养护管理，也是为了树木根系的均衡分布、防止倒伏。

4.2.3 快长树胸径不得小于5cm，慢长树胸径不宜小于8cm的行道树种植苗木的标准，是为了保证新栽行道树的成活率和在种植后较短的时间内达到绿化效果。

4.3 路侧绿带设计

4.3.1 路侧绿带是道路绿化的重要组成部分。同时，路侧绿带与沿路的用地性质或建筑物关系密切，有些建筑要求绿化衬托；有些建筑要求绿化防护；有些建筑需要在绿化带中留出入口。因此，路侧绿带设计要兼顾街景与沿街建筑需要，应在整体上保持绿带连续、完整、景观统一。

4.3.2 路侧绿带宽度在8m以上时，内部铺设游步道后，仍能留有一定宽度的绿化用地，而不影响绿带的绿化效果。因此，可以设计成开放式绿地，方便行人进入游览休息，提高绿地的功能作用。开放式绿地中绿化用地面积不得小于70%的规定是参照现行行业标准《公园设计规范》（CJJ48—92）制定的。

5 交通岛、广场和停车场绿地设计

5.1 交通岛绿地设计

5.1.1 交通岛起到引导行车方向、渠化交通的作用，交通岛绿化应结合这一功能。通过在交通岛周边的合理种植，可以强化交通岛外缘的线形，有利于诱导驾驶员的行车视线，特别在雪天、雾天、雨天可弥补交通标线、标志的不足。沿交通岛内侧道路绕行的车辆，在其行车视距范围内，驾驶员视线会穿过交通岛边缘。因此，交通岛边缘应采用通透式栽植。具体执行时，其边缘范围应依据道路交通相关数据确定。当车辆从不同方向经过导向岛后，会发生顺行交织。此种情况下，导向岛绿化应选用地被植物栽植，不遮挡驾驶员视线。

5.1.2 中心岛外侧汇集了多处路口，尤其是在一些放射状道路的交叉口，可能汇集5个以上的路口。为了便于绕行车辆的驾驶员准确快速识别各路口，中心岛上不宜过密种植乔木，在各路口之间保持行车视线通透。

5.1.3 立体交叉绿岛常有一定的坡度，绿化要解决绿岛的水土流失，需种植草坪等地被植物。绿岛上自然式配置树丛、孤植树，在开敞的绿化空间中，更能显示出树形自然形态，与道路绿化带形成不同的景观。

5.2 广场绿化设计

5.2.1 广场绿化应配合广场的主要功能，使广场更好地发挥其作用。广场绿地布置和植物配置要考虑广场规模、空间尺度，使绿化更好地装饰、衬托广场，改善环境，利于游人活动与游憩。城市广场周边环境各有不同，有大型建筑物围合的，有依山的，有傍水的。广场绿化应结合周边的自然和人造景观环境，协调与四周建筑物的关系，同时保持自身的风格统一。

5.2.2 公共活动广场一般面积较大，周边种植高大乔木，能够更好地衬托广场空间。广场中集中成片的绿地比率规定是参照现行行业标准《城市道路设计规范》(CJJ37—90)制定的，本规范只规定下限，不约束广场绿地向高标准发展。广场中集中成片的绿地辟为开放式绿地，供行人进入游憩，可以提高广场的利用率。集中成片的绿地采用疏朗通透的植物配置，能保持广场与绿地的空间渗透，扩大广场的视域空间，丰富景观层次，使绿地能够更好地装饰广场。

5.2.3 火车站、长途汽车站、机场、客运码头是城市的"大门"，其绿化应反映城市的风格特点，植物选择上要突出地方特色。车站、机场、码头的集散广场主要是人流、车流在此集散，其广场中集中成片的绿地比率规定是参照现行行业标准《城市道路设计规范》(CJJ37—90)制定的，本规范只规定下限，不约束广场绿地向高标准发展。

5.3 停车场绿化设计

5.3.1 在停车间隔带中种植乔木可以更好地为停车场庇荫，不妨碍车辆停放，有效地避免车辆曝晒。此类停车场绿化国内外均有实例，对提高城市绿化覆盖率和改善城市生态环境具有重要作用。

5.3.2 行道树种具有深根性、分枝点高、冠大荫浓等特点，适合于停车场的栽植环境。停车位净高规定是根据现行行业标准《城市道路设计规范》(CJJ37—90)的规定制定的。

6 道路绿化与有关设施

6.1 道路绿化与架空线

6.1.1 分车绿带和行道树绿带为改善道路环境质量和美化街景起着重要作用，但因绿带宽度有限，乔木的种植位置基本固定。因此，不宜在此绿带上设置架空线，以免影响绿化效果。若必须在此绿带上方设置架空线，只有提高架设高度。架空线架设的高度根据其电压而定，使其架设高度减去距树木的规定距离后，还保持 9m 以上的高度，作为树木生长的空间。树木生长空间高度不应小于 9m 的要求，是因为在分车绿带和行道树绿带上种植的乔木，其下面受到道路行车净空的制约，一般枝下高距路面 4.5m；为保证树木的正常生长与树形的美观，树冠向上生长空间也不应小于 4.5m，所以对乔木的上方限高不得低于 9m。

6.1.2 树冠与架空电力线路导线的最小垂直距离的规定是根据《电力线路防护规程》的规定制定的。

6.2 道路绿化与地下管线

6.2.1 树木与地下管线外缘最小水平距离的规定是根据《城市工程管线综合规划规范》的规定制定的，其中排水盲沟与乔木的距离规定是根据现行行业标准《城市道路设计规范》(CJJ37—90)的规定制定的。在道路规划时应统一考虑各种敷设管线与绿化树木的位置关系，通过留出合理的用地或采用管道共同沟的方式，可以解决管线与绿化树木的矛盾。因此，新建道路或改建后达到规划红线宽度的道路，其绿化树木与地下管线的最小水平距离应符合本条的规定。行道树绿带在道路绿化中作用重要，种植行道树的位置基本固定。因此，新建道路或改建后达到规划红线宽度的道路，其行道树绿带下方不应敷设管线，以免影响种植行道树。

6.2.2 此条主要考虑道路上已有现状管线或改建的道路未能达到规划红线宽度，其用地紧张，绿化树木与敷设的管线之间很难达到第6.2.1条的规定。根据实地调研，现实情况多是靠近或在管线上方种植。为了既考虑现实情况，又要协调矛盾，本规定的距离是采用以树木根颈中心至管线外缘最小距离，也就是以树木根颈为中心的半径距离。这样可以通过管线的合理深埋，充分利用地下空间。

6.3 道路绿化与其他设施

6.3.1 树木与其他设施最小水平距离的规定主要参照现行行业标准《公园设计规范》(CJJ48—92)的规定制定的。其中电力、电信杆柱距乔木中心最小距离1.5m的规定是根据《城市工程管线综合规划规范》的规定制定的。

中华人民共和国行业标准

城市用地竖向规划规范

Code for Vertical Planning on Urban Field

CJJ 83—99

主编单位：四川省城乡规划设计研究院
批准部门：中华人民共和国建设部
施行日期：1999年10月1日

关于发布行业标准《城市用地竖向规划规范》的通知

建标 [1999] 108号

各省、自治区、直辖市建委（建设厅），计划单列市建委，新疆生产建设兵团，国务院有关部门：

根据建设部《关于印发一九九二年工程建设行业标准制订、修订项目计划（建设部部分第一批）的通知》（建标 [1992] 227号）的要求，由四川省城乡规划设计研究院主编的《城市用地竖向规划规范》，经审查，批准为强制性行业标准，编号CJJ83—99，自1999年10月1日起施行。

本标准由建设部城市规划标准技术归口单位中国城市规划设计研究院负责管理，四川省城乡规划设计研究院负责具体解释，建设部标准定额研究所组织中国建筑工业出版社出版。

中华人民共和国建设部
1999年4月22日

前　言

根据建设部建标〔1992〕227号文的要求，规范编制组在深入调查研究，认真总结实践经验，参考有关国内外相关技术标准，并结合国情在广泛征求意见的基础上，制定了本规范。

本规范的主要技术内容是：1.规定城市用地竖向规划的内容和基本要求；2.制定选择城市各类用地适宜的坡度和规划地面形式、规划坡度的规定；3.综合确定城市用地控制高程与城市用地布局和景观对用地竖向的基本要求；4.确定道路规划纵坡和用地地面排水的规定；5.组织城市用地土石方工程和安排防护工程的规定。

本规范由建设部城市规划标准技术归口单位中国城市规划设计研究院归口管理，授权由主编单位负责具体解释。

本规范主编单位是：四川省城乡规划设计研究院（地址：四川省成都市马鞍街11号；邮编610081）。

本规范参加单位是：沈阳市城市规划设计研究院、福建省城乡规划设计研究院、安徽省城乡规划设计研究院。

本规范主要起草人员是：曹珠朵、严文复、胡一德、翁金标、李祖舜、韩华、关增义、伍畏才、洪金石、王滨、盈勇、王永峰、徐昌华、马威、毛应稠、宋凌。

目　次

1　总则 …………………………………………… 24—3

2　术语 …………………………………………… 24—3

3　一般规定 ……………………………………… 24—4

4　规划地面形式 ………………………………… 24—5

5　竖向与平面布局 ……………………………… 24—6

6　竖向与城市景观 ……………………………… 24—6

7　竖向与道路广场 ……………………………… 24—7

8　竖向与排水 …………………………………… 24—8

9　土石方与防护工程 …………………………… 24—8

附录　本规范用词说明 ………………………… 24—9

条文说明 ………………………………………… 24—10

1 总则

1.0.1 为规范城市用地竖向规划基本技术要求,提高城市规划质量和规划管理水平,制定本规范。

1.0.2 本规范适用于各类城市的用地竖向规划。

1.0.3 城市用地竖向规划应遵循下列原则:

1 安全、适用、经济、美观;
2 充分发挥土地潜力,节约用地;
3 合理利用地形、地质条件,满足城市各项建设用地的使用要求;
4 减少土石方及防护工程量;
5 保护城市生态环境,增强城市景观效果。

1.0.4 城市用地竖向规划根据城市规划各阶段的要求,应包括下列主要内容:

1 制定利用与改造地形的方案;
2 确定城市用地坡度、控制点高程、规划地面形式及场地高程;
3 合理组织城市用地的土石方工程和防护工程;
4 提出有利于保护和改善城市环境景观的规划要求。

1.0.5 城市用地竖向规划除执行本规范外,尚应符合国家现行有关强制性标准的规定。

2 术语

2.0.1 城市用地竖向规划 vertical planning on urban field

城市开发建设地区(或地段),为满足道路交通、地面排水、建筑布置和城市景观等方面的综合要求,对自然地形进行利用、改造,确定坡度、控制高程和平衡土石方等而进行的规划设计。

2.0.2 高程 elevation

以大地水准面作为基准面,并作零点(水准原点)起算地面各测量点的垂直高度。

2.0.3 土石方平衡 equal of cut and fill

在某一地域内挖方数量与填方数量平衡。

2.0.4 防护工程 protection engineering

防止用地受自然危害或人为活动影响造成土体破坏而设置的保护性工程。如护坡、挡土墙、堤坝等。

2.0.5 护坡 slope protection

防止用地土体边坡变迁而设置的斜坡式防护工程,如土质或砌筑型等护坡工程。

2.0.6 挡土墙 retaining wall

防止用地土体边坡坍塌而砌筑的墙体。

2.0.7 平坡式 tiny slope style

用地经改造成为平缓斜坡的规划地面形式。

2.0.8 台阶式 stage style

用地经改造成为阶梯式的规划地面形式。

2.0.9 混合式 comprehensive style

用地经改造成平坡和台阶相结合的规划地面形式。

2.0.10 台地 stage

台阶式用地中每块阶梯内的用地。

2.0.11 场地平整 field engineering

使用地达到建设工程所需的平整要求的工程处理过程。

2.0.12 坡比值 grade of side slope

两控制点间垂直高差与其水平距离的比值。

3 一 般 规 定

3.0.1 城市用地竖向规划应与城市用地选择及用地布局同时进行,使各项建设在平面上统一和谐、竖向上相互协调。

3.0.2 城市用地竖向规划应有利于建筑布置及空间环境的规划和设计。

3.0.3 城市用地竖向规划应满足下列要求:

 1 各项工程建设场地及工程管线敷设的高程要求;

 2 城市道路、交通运输、广场的技术要求;

 3 用地地面排水及城市防洪、排涝的要求。

3.0.4 城市用地竖向规划在满足各项用地功能要求的条件下,应避免高填、深挖,减少土石方、建(构)筑物基础、防护工程等的工程量。

3.0.5 城市用地竖向规划应合理选择规划地面形式与规划方法,应进行方案比较,优化方案。

3.0.6 城市用地竖向规划对起控制作用的坐标及高程不得任意改动。

3.0.7 同一城市的用地竖向规划应采用统一的坐标和高程系统。水准高程系统换算应符合表 3.0.7 的规定。

水准高程系统换算   表3.0.7

转换者 被转换者	56黄海高程	85高程基准	吴淞高程基准	珠江高程基准
56黄海高程		+0.029m	-1.688m	+0.586m
85高程基准	-0.029m		-1.717m	+0.557m
吴淞高程基准	+1.688m	+1.717m		+2.274m
珠江高程基准	-0.586m	-0.557m	-2.274m	

备注：高程基准之间的差值为各地区精密水准网点之间的差值平均值。

4 规划地面形式

4.0.1 根据城市用地的性质、功能，结合自然地形，规划地面形式可分为平坡式、台阶式和混合式。

4.0.2 用地自然坡度小于5%时，宜规划为平坡式；用地自然坡度大于8%时，宜规划为台阶式。

4.0.3 台阶式和混合式中的台地规划应符合下列规定：
 1 台地划分应与规划布局和总平面布置相协调，应满足使用性质相同的用地或功能联系密切的建（构）筑物布置在同一台地或相邻台地的布局要求；
 2 台地的长边应平行于等高线布置；
 3 台地高度、宽度和长度应结合地形并满足使用要求确定。台地的高度宜为1.5~3.0m。

4.0.4 城市主要建设用地适宜规划坡度应符合表4.0.4的规定。

城市主要建设用地适宜规划坡度   表4.0.4

用 地 名 称	最 小 坡 度（%）	最 大 坡 度（%）
工 业 用 地	0.2	10
仓 储 用 地	0.2	10
铁 路 用 地	0	2
港 口 用 地	0.2	5
城市道路用地	0.2	8
居 住 用 地	0.2	25
公共设施用地	0.2	20
其 它	—	—

5 竖向与平面布局

5.0.1 城市用地选择及用地布局应充分考虑竖向规划的要求，并应符合下列规定：

1 城市中心区用地应选择地质及防洪排涝条件较好且相对平坦和完整的用地，自然坡度宜小于15%；

2 居住用地宜选择向阳、通风条件好的用地，自然坡度宜小于30%；

3 工业、仓储用地宜选择便于交通组织和生产工艺流程组织的用地，自然坡度宜小于15%；

4 城市开敞空间用地宜利用填方较大的区域。

5.0.2 街区竖向规划应与用地的性质和功能相结合，并应符合下列规定：

1 建设用地分台应考虑地形坡度、坡向和风向等因素的影响，以适应建筑布置的要求；

2 公共设施用地分台布置时，台地间高差宜与建筑层高成倍数关系；

3 居住用地分台布置时，宜采用小台地形式；

4 防护工程宜与具有防护功能的专用绿地结合设置。

5.0.3 挡土墙、护坡与建筑的最小间距应符合下列规定：

1 居住区内的挡土墙与住宅建筑的间距应满足住宅日照和通风的要求；

2 高度大于2m的挡土墙和护坡的上缘与建筑间水平距离不应小于3m，其下缘与建筑间的水平距离不应小于2m。

6 竖向与城市景观

6.0.1 城市用地竖向规划应有明确的景观规划设想，并应符合下列规定：

1 保留城市规划用地范围内的制高点、俯瞰点和有明显特征的地形、地物；

2 保持和维护城市绿化、生态系统的完整性，保护有价值的自然风景和有历史文化意义的地点、区段和设施；

3 保护和强化城市有特色的、自然和规划的边界线；

4 构筑美好的城市天际轮廓线。

6.0.2 城市用地分台应重视景观要求，并应符合下列规定：

1 城市用地作分台处理时，挡土墙、护坡的尺度和线型应与环境协调；有条件时宜少采用挡土墙；

2 城市公共活动区宜将挡土墙、护坡、踏步和梯道等室外设施与建筑作为一个有机整体进行规划；

3 地形复杂的山区城市，挡土墙、护坡、梯道等室外设施较多，其形式和尺度宜有韵律感；

4 公共活动区内挡土墙高于1.5m、生活生产区内挡土墙高于2m时，宜作艺术处理或以绿化遮蔽。

6.0.3 城市滨水地区的竖向规划应规划和利用好近水空间。

7 竖向与道路广场

7.0.1 道路竖向规划应符合下列规定：
    1 与道路的平面规划同时进行；
    2 结合城市用地中的控制高程、沿线地形地物、地下管线、地质和水文条件等作综合考虑；
    3 与道路两侧用地的竖向规划相结合，并满足塑造城市街景的要求；
    4 步行系统应考虑无障碍交通的要求。

7.0.2 道路规划纵坡和横坡的确定，应符合下列规定：
    1 机动车车行道规划纵坡应符合表7.0.2-1的规定；海拔3000~4000m的高原城市道路的最大纵坡不得大于6%；

机动车车行道规划纵坡　　表7.0.2-1

道路类别	最小纵坡（%）	最大纵坡（%）	最小坡长（m）
快速路	0.2	4	290
主干路		5	170
次干路		6	110
支（街坊）路		8	60

    2 非机动车车行道规划纵坡宜小于2.5%。大于或等于2.5%时，应按表7.0.2-2的规定限制坡长。机动车与非机动车混行道路，其纵坡应按非机动车车行道的纵坡取值；
    3 道路的横坡应为1%~2%。

7.0.3 道路跨越江河、明渠、暗沟等过水设施时，路高应与过水设施的净空高度要求相协调；有通航条件的江河应保证通航河道的桥下净空高度要求。

7.0.4 广场竖向规划除满足自身功能要求外，尚应与相邻道路和建筑物相衔接。广场的最小坡度应为0.3%；最大坡度平原地区应为1%，丘陵和山区应为3%。

非机动车车行道规划纵坡与限制坡长（m）　表7.0.2-2

坡度（%） \ 车种 限制坡长（m）	自行车	三轮车、板车
3.5	150	—
3.0	200	100
2.5	300	150

7.0.5 山区城市竖向规划应满足建设完善的步行系统的要求，并应符合下列规定：
    1 人行梯道按其功能和规模可分为三级：一级梯道为交通枢纽地段的梯道和城市景观性梯道；二级梯道为连接小区间步行交通的梯道；三级梯道为连接组团间步行交通或入户的梯道；
    2 梯道每升高1.2~1.5m宜设置休息平台；二、三级梯道连续升高超过5.0m时，除应设置休息平台外，还应设置转折平台，且转折平台的宽度不宜小于梯道宽度；
    3 各级梯道的规划指标宜符合表7.0.5-3的规定。

梯道的规划指标　　表7.0.5-3

级别 \ 项目 规划指标	宽度（m）	坡比值	休息平台宽度（m）
一	≥10.0	≤0.25	≥2.0
二	4.0~10.0	≤0.30	≥1.5
三	1.5~4.0	≤0.35	≥1.2

8 竖向与排水

8.0.1 城市用地应结合地形、地质、水文条件及年均降雨量等因素合理选择地面排水方式，并与用地防洪、排涝规划相协调。

8.0.2 城市用地地面排水应符合下列规定：

1 地面排水坡度不宜小于0.2%；坡度小于0.2%时宜采用多坡向或特殊措施排水；

2 地块的规划高程应比周边道路的最低路段高程高出0.2m以上；

3 用地的规划高程应高于多年平均地下水位。

8.0.3 雨水排出口内顶高程宜高于受纳水体的多年平均水位。有条件时宜高于设计防洪（潮）水位。

8.0.4 城市用地防洪（潮）应符合下列规定：

1 城市防洪应符合现行国家标准《防洪标准》GB50201的规定；

2 设防洪（潮）堤时的堤顶高程和不设防洪（潮）堤时的用地地面高程均应按设防标准的规定所推算的洪（潮）水位加安全超高确定；有波浪影响或壅水现象时，应加波浪侵袭高度或壅水高度。

8.0.5 有内涝威胁的城市用地应采取适宜的防内涝措施。

8.0.6 当城市用地外围有较大汇水汇入或穿越城市用地时，宜用边沟或排（截）洪沟组织用地外围的地面雨水排除。

9 土石方与防护工程

9.0.1 竖向规划中的土石方与防护工程应遵循满足用地使用要求、节省土石方和防护工程量的原则进行多方案比较，合理确定。

9.0.2 土石方工程包括用地的场地平整、道路及室外工程等的土石方估算与平衡。土石方平衡应遵循"就近合理平衡"的原则，根据规划建设时序，分工程或分地段充分利用周围有利的取土和弃土条件进行平衡。

9.0.3 用地的防护工程设置，宜根据规划地面形式及所防护的灾害类别确定，主要采用护坡、挡土墙或堤、坝等。防护工程的设置应符合下列规定：

1 街区用地的防护应与其外围道路工程的防护相结合；

2 台阶式用地的台阶之间应用护坡或挡土墙联接，相邻台地间高差大于1.5m时，应在挡土墙或坡比值大于0.5的护坡顶加设安全防护设施；

3 土质护坡的坡比值应小于或等于0.5；砌筑型护坡的坡比值宜为0.5～1.0；

4 在建（构）筑物密集、用地紧张区域及有装卸作业要求的台阶应采用挡土墙防护；人口密度大、工程地质条件差、降雨量多的地区，不宜采用土质护坡；

5 挡土墙的高度宜为1.5～3.0m，超过6.0m时宜退台处理，退台宽度不应小于1.0m；在条件许可时，挡土墙宜以1.5m左右高度退台。

9.0.4 土石方与防护工程应按表9.0.4的规定列出其主要指标。

土石方与防护工程主要项目指标　　　表9.0.4

序号	项目		单位	数量	备注
1	土石方工程量	挖方	m^3		
		填方	m^3		
		总量	m^3		
2	单位面积土石方量	挖方	$m^3/10^4 m^2$		
		填方	$m^3/10^4 m^2$		
		总量	$m^3/10^4 m^2$		
3	土石方平衡余缺量	余方	m^3		
		缺方	m^3		
4	挖方最大深度		m		
5	填方最大高度		m		
6	护坡工程量		m^2		
7	挡土墙工程量		m^3		
备注					

附录　本规范用词说明

1　为便于在执行本规范条文时区别对待,对于要求严格程度不同的词说明如下:

（1）表示很严格,非这样做不可的
　　正面用词采用"必须";反面词采用"严禁"。
（2）表示严格,在正常情况下均应这样做的
　　正面词采用"应";反面词采用"不应"或"不得"。
（3）表示允许稍有选择,在条件许可时首先应这样做的
　　正面词采用"宜";反面词采用"不宜"。
　　表示有选择,在一定条件下可以这样做的,采用"可"。

2　条文中指明应按其它有关标准执行的写法为"应按……执行"或"应符合……的规定"。

中华人民共和国行业标准

城市用地竖向规划规范

CJJ 83 — 99

条 文 说 明

前　言

《城市用地竖向规划规范》（CJJ 83—99），经建设部 1999 年 4 月 22 日以建标［1999］108 号文批准，业已发布。

为便于广大设计、施工、科研、学校等单位的有关人员在使用本规范时能正确理解和执行条文规定，《城市用地竖向规划规范》编制组按章、节、条顺序编制了本规范的条文说明，供国内使用者参考。在使用中如发现本条文说明有不妥之处，请将意见函寄四川省城乡规划设计研究院（地址：四川省成都市马鞍街 11 号：邮政编码：610081）。

目 次

1 总则 …………………………………………… 24—11
2 术语 …………………………………………… 24—13
3 一般规定 ……………………………………… 24—14
4 规划地面形式 ………………………………… 24—15
5 竖向与平面布局 ……………………………… 24—16
6 竖向与城市景观 ……………………………… 24—18
7 竖向与道路广场 ……………………………… 24—19
8 竖向与排水 …………………………………… 24—21
9 土石方与防护工程 …………………………… 24—22
附录 城市用地竖向规划各阶段主要内容
 和深度要求 ……………………………… 24—24

1 总 则

1.0.1 城市用地竖向规划为城市各项用地的控制高程规划。城市用地的控制高程如不综合考虑、统筹安排，势必造成各项用地在平面与空间布局上的相互冲突，用地与建筑、道路交通、地面排水、工程管线敷设以及建设的近期与远期、局部与整体等的矛盾；只有通过用地的竖向规划才能避免和处理这些问题，达到工程合理、造价经济、景观美好的效果。因此，城市用地竖向规划是城市规划的一个重要组成部分。

从目前的实践来看，全国各地（尤其是各级城市及工业区）皆因工程建设的需要，用地竖向规划已普遍开展，但规划设计人员在实际工作中的指导思想、遵循的原则、采用的技术标准和技术要求以及图纸、文字所表现的内容深度和表达方式等各有差异，一般只凭规划设计者个人及单位的素质、经验和参考其它行业设计规范的要求，提出相应的规划成果。使目前的竖向规划具有较大的随意性、很不统一，成果校审无据可依、无章可循。因此，制定《城市用地竖向规划规范》，统一技术要求实为当前之急需。

本规范的制定，为城市用地竖向规划提供技术准则和管理依据。

1.0.2 本规范以《中华人民共和国城市规划法》为依据，适用范围为国家行政建制设立的城市、镇，并覆盖《城市规划编制办法》及《城市规划编制办法实施细则》所规定的规划区的总体规划（含分区规划）、详细规划（含控制性详细规划和修建性详细规划）两个阶段、四个层次的城市用地竖向规划。

本规范的着重点放在"用地竖向"与"规划"两个内涵。竖向规划界定于"规划"阶段，不覆盖"设计"阶段，其理由是：

其一，"规划"与"设计"为基本建设的两个大阶段，若包括"设计"，内容过于繁杂。

其二，由于《城市规划编制办法》及其《实施细则》所规定的规划阶段的各专业之间的内容、深度是相互协调、紧密相关的，这就不能单独要求竖向规划的内容、深度作到"设计"阶段去。

因此，本规范明确为《城市用地竖向规划规范》，而不是《城市用地竖向规划和设计规范》。

1.0.3 城市用地竖向规划，有其应当遵循的基本原则。

竖向规划是城市规划建设的重要组成部分，要坚持贯彻国家提出的"适用、经济、美观"的基本建设方针。作为有改造、整治用地任务的竖向规划，尤应重视工程的安全，过去由于规划和设计考虑不周所引起的滑坡、崩坍以及水土流失、生态环境被破坏等灾难是不少的。

城市用地竖向规划是在一定的规划用地范围内进行，它既要使用地适宜于布置建（构）筑物、满足防洪、排涝、交通运输、管线敷设的要求，又要充分利用地形、地质等环境条件。因此，必须从实际出发，因地制宜，随坡就势，结合其内在的要求和各自的特点，作好高程上的完美安排。不能把竖向规划当作平整土地、改造地形的简单过程，而是为了使各项用地在高程上协调，平面上和谐，以获得最大的社会效益、经济效益和环境效益为目的。

十分珍惜和充分利用每一寸土地、节约耕地是我国的根本国策，城市用地竖向规划工作要努力执行好这一国策，充分发挥土地潜力。

1.0.4 根据《城市规划编制办法》及其《实施细则》的要求和实践经验，城市用地竖向规划主要从高程上解决四个方面的问题：

——用地地形的利用与整治，使之适合城市建设的需要。

——满足城市道路、交通运输的需要。

——解决好地表排水并满足防洪排涝的要求。

——因地制宜，为美化城市环境创造必要的条件。

竖向规划依据其主要应解决的问题，决定了它的基本内容。

城市用地竖向规划的工作内容、深度及其具体作法，由城市规划相应的工作阶段所能提供的资料（如地形图比例大小、现状基础资料等）以及要求综合解决的问题相适应。

鉴于修建性详细规划中竖向规划基本上已包括竖向规划的全部内容，代表竖向规划的最大深度，因而修建性详细规划的竖向规划，理应作为本次规范编写的重点内容。

1.0.5 与本规范有关的铁路、桥涵、公路、城市道路、室外排水等工程的规划、设计规范，已规定了各专业的工程规划与设计原则、技术规定和相应的指标及要求等；城市规划国家现行标准中与城市用地竖向规划相关的规范有《城市道路交通规划设计规范》GB50220—95、《城市居住区规划设计规范》GB50180—93等。确定城市中各专业用地相互间竖向关系以及各专业用地与其它用地竖向间的关系，由《城市用地竖向规划规范》协调；同时本规范也需遵循现行的国家规范和标准的有关规定。

2 术 语

术语是本规范的重要组成部分，也是制定本规范的前提条件之一。

本章的内容是对本规范所涉及的有关竖向内容的基本词汇给予统一用词、统一词解，以利于对本规范内容的正确理解和使用。

2.0.1 城市用地竖向规划是合理确定城市建设用地的坡度、控制高程、土石方和防护工程，而对自然地形进行利用、改造的专项城市规划设计，以满足城市交通运输、地面排水、防洪排涝、建筑布置和城市景观等各项建设工程对用地竖向的综合要求。发挥竖向规划在城市规划与建设中的社会效益、经济效益和环境效益。从城市用地竖向规划的"用地竖向"的限定含意出发，凡有关确定城市景观通视走廊、通讯微波冲击带通廊、航空飞行净空走廊、适应供水分级或分区等的空中和地下控制高程，均不包括在内。

2.0.2 高程，系测量学科的专用词。地面各测量点的高度，需要用一个共同的零点才能比较起算测出。通常采用大地水准面作为基准面，并作为零点（水准原点）。我国已规定以黄海平均海水面作为高程的基准面，并在青岛设立水准原点，作为全国高程的起算点。地面点高出水准面的垂直距离称"绝对高程"或称"海拔"。以黄海基准面测出的地面点高程，形成黄海高程系统。如果在某一局部地区，距国家统一的高程系统水准点较远，也可选定任一水准面作为高程起算的基准面，这个水准面称为假定水准面。地面作一测点与假定水准面的垂直距离称为相对高程或相对标高。以某一地区选定的基准面所测出的地面点高程，就形成了该区的高程系统。由于长期使用习惯称呼，通常把绝对高程和相对高程统称为高程或标高。

为了使我国各地区、各部门能在统一高程系统下进行测量和建设，本规范已将我国现行几个覆盖较大地域面积的高程系统采用的高程基准与黄海基准的关系差值列出，详见条文表3.0.7，以便换算使用。

2.0.3 土石方平衡一词，系指在某一地区的挖方数量与填方数量大致相当，达到相对平衡，而非绝对平衡。

2.0.4~2.0.12 均为使用上习惯又很成熟的技术用词，应给予纳入、肯定，并已在条文中明确其词解。

3 一般规定

3.0.1 城市用地选择与用地布局,是城市规划的基础。城市用地竖向规划,首先要结合城市用地选择,分析研究和充分利用地形、地貌,节约用地,尽量不占或少占耕地;对一些需要加以工程措施处理才能用于城市建设的地段(区、块、街坊),要提出处理方案,包括建造桥梁、修筑防洪排涝设施、用地平整以及不良地段整治等。

3.0.2 竖向规划要满足城市各类建设用地的使用要求,对建筑群体造型的好坏、景观效果的优劣也有相当的影响,随着城市建设的发展,精神文明需求的不断提高,人们对市容市貌、城市空间环境提出了新的要求。竖向规划理应为城市建筑群体平面和空间布局创造和谐、均衡、优美的条件,为城市空间环境增辉、为城市景观添色。

3.0.3 竖向规划就是统筹解决城市用地的控制高程关系,综合分析与协调各类工程建设用地及各种管线敷设高程上的矛盾,以满足它们的要求。

有利生产、方便生活是城市规划的基本原则,城市的主要活动都是围绕车辆和人行交通进行的。铁路、道路等连接点高程的确定,是竖向规划的关键工作之一,规范给予了特别重视。

对存在洪涝灾害威胁的城市,竖向规划应使城市用地不被淹没和浸害。天然及现有排水系统,有其自然存在的缘由和规律,与河道争地、任意切弯取直、压缩河道断面等行为会造成冲刷、淤塞、水流不畅等现象,进而导致毁坏工程、淹没城市用地。故对现有排水系统须慎重对待。

3.0.4 竖向规划(尤其是山区、丘陵城市的竖向规划)的土石方及防护工程,对建设工程投资和工期影响较大。因此,要求通过精心规划,既满足各项工程建设的需要,又使上述工程的工程量适度;充分利用和合理改造地形,尽量减少土石方工程量为应达到的基本目的,进而达到工程合理、建设与使用安全、造价经济、景观美好的效果。

3.0.5 竖向规划方案要根据建筑规划布局、交通运输要求、地面排水与防洪排涝、市政工程管线敷设、土石方工程以及防护工程等的要求,结合地形地貌、地质与水文条件合理选择规划地面形式和竖向规划方法进行综合比较确定。

规划地面形式,是竖向规划的主要工作,对规划方案起着重要的作用,本规范第4章专门作了规定。

由于城市规划的各阶段、层次竖向规划要求的内容深度以及自然地形条件和特征不同,故采用的竖向规划方法也有繁简不同。一般采用三种方法,即纵横断面法、设计等高线法、标高坡度结合法(即直接定高程法)。

纵横断面法:按道路纵横断面设计原理,将用地根据需要的精度绘出方格网,在方格网的每一交点上注明原地面高程及规划设计地面高程。沿方格网长轴方向者称为纵断面,沿短轴方向者称为横断面。这样可使规划设计地区的原地形及规划地面都有一个立体的形象概念。

根据调查,平原及微丘地形常用设计等高线法;山区、深丘地形常采用标高坡度结合法;丘陵地形两法兼用;道路和带状用地宜采用纵横断面法;深丘、山区大的台块用地为适应特别精度要求,也可使用设计等高线法。

3.0.6 城市用地范围确定后，各专业规划会同竖向规划首先要初步确定一些控制高程，如防洪堤顶、公路与铁路交叉控制点、大中型桥梁、主要景点等关键性控制坐标和高程，后续规划阶段不要轻易改动。

初步确定控制标高时应特别慎重，要综合考虑各种因素和条件，在大比例（值）图上工作确定后再用小比例（值）的规划图表示；或者初定高程后经现场勘察并实测后决定，以保证其较为符合实际。

4 规划地面形式

4.0.1 平原微丘地区或河滩用地规划为平坡式，山区规划为台阶式，而丘陵地区则随其地形规划成平坡与台阶相间的混合式；河岸用地有时为了客货运输和美化环境的需要往往规划为台阶式或低矮台阶与植被绿化相结合的平坡式。

4.0.2 当原始地面坡度超过8%时，地表水冲刷加剧，人们步行感觉不便，且普通的单排建筑用地的顺坡方向高差达1.5m左右，建设用地规划为台阶式较好。原始地面坡度为5%以下时，人行、车辆交通组织皆容易，稍加挖、填整理即能达到一般建（构）筑物及其室外场地的平整要求，故宜规划为平坡式；坡度为5%～8%时可规划为混合式。

4.0.3 台地划分及台阶的高度、宽度、长度与用地的使用性质、建筑物使用要求、地形等之间有着密不可分的关系，而高度、宽度又是相互影响的。合理分台和确定台地的高度、宽度与长度是山区、丘陵乃至部分平原地区竖向规划的关键。

台地适宜高度定在1.5～3.0m，系为了与挡土墙的适宜经济高度、建筑物内外交通联系、立面或横向景观线及垂直绿化等的要求相适应。

4.0.4 表4.0.4"城市主要用地的适宜规划坡度"系编制组1997年3月至10月对全国大范围现状和规划的城市用地的坡度调查研究后提出的。为满足平原城市的强烈要求，用地的规划最小坡度基本定为0.2%；同时为了适应丘陵、山区城市的实际，贯彻"不占或少占良田、好地"的要求，规划最大坡度有所提高（特别是对居住及公共设施用地）；从规划工作特点出发，适当降低城市道路的设计坡度作为道路的规划控制坡度，便于以后规划与设计的衔接。适宜规划坡度可覆盖我国绝大部分各类地形、地貌的现状与规划的城市用地情况，为城市建设和长期使用提供较好的基本条件；而对个别因某些特殊原因已规划建成的突破本规范适宜规划坡度范围的用地（居住、公共设施用地坡度最小为0%，最大达45%）则不应覆盖，因为采用这些极限坡度往往会带来建设开发投资过大、长期营运费用高或使用、交通不便及环境质量差等方面的突出问题，因此我们在规划用地坡度时，应尽量避免采用上述过大或过小的极限坡度。

5 竖向与平面布局

5.0.1 城市用地布局结构往往是由城市用地的地形和地貌特征所决定，而竖向规划所研究的就是将自然状态的用地改造为城市建设用地，只有充分研究和协调二者之间的关系，才能使城市与自然有机地结合，达到城市社会与自然生态共生共存、持续发展的良好效果。

　　1　城市中心区通常都集中着城市主要公共建筑和设施，往往是城市信息、金融、商业及政治中心，建筑密集且质量较高，对城市功能作用的发挥起着特别重要的作用，选择地质条件与防洪排涝条件较好的用地可使城市建设更为经济，提高城市抵御灾害的能力；相对平坦的用地便于组织人流、车流；坡度15%以下的用地基本上可保证建筑与挡土墙结合设计后，利用建筑前后及室内外高差可基本消除室外场地因过大高差造成的交通组织上的困难，亦可使室外挡土墙保持比较宜人的尺度。

　　2　城市居住用地中因居住建筑相对具有人流和车流量小、建筑体量小、布置灵活的特点，对用地坡度和室外场地具有较大的适应性。但对建筑采光、通风、防风、防潮及环境绿化等有较高的要求。据实践操作经验，若自然坡度在30%以下，能较好地满足有关规范的要求。

　　3　工业、仓储区通常具有运输量较大、建筑物进深和体量较大的特点，除部分工业因工艺流程的需要其用地有较大的坡度外，为便于组织运输，用地坡度不宜过大。部分可建于生活区内的一类工业或小型工业用地可不受此限。

4 城市开敞空间系指建筑密度很低或基本上无建筑的用地。如体育场、大型停车场、堆场、公园绿地、大型露天市场等，宜尽可能利用填方较深、回填量较大的用地，既可以减少建筑深基础，又可避免因不均匀沉降造成的损失。

5.0.2 街区竖向规划主要解决如何改造街区内用地以满足街区（坊）用地与其外围道路及管线的联系及协调各地块之间的竖向关系。

1 用地坡度、坡向及城市主导风向等因素有时会直接影响建筑的布置方式和规划地面形式。例如西向坡上的居住建筑宜垂直等高线布置以争取朝向；而沿江的南方城市，夏季主导风的引入成为决定建筑朝向的重要因素。

2 人流较为集中的公共设施区，台地间高差若与层高成倍数关系，有利于室内外交通联系、简化交通流线。

3 居住建筑体量小、重复形象较多、建筑空间功能单一、人流和车流量都小，采用小台地方式能较好地顺应地形变化，有利于居住区空间整体的丰富变化和形成局部的宜人尺度。

4 城市用地内的防护工程往往不仅是用地自身稳定的一般工程防护措施，常常会伴有减噪、除尘、防风、防沙、防洪、甚至防火等具有特殊防护功能的专用绿地或其它措施，竖向规划中应因地制宜地使之有机结合，可更好地发挥其防护作用，并获得较好的景观效果。

5.0.3 规定室外防护工程与建筑之间的最小间距要求，主要是为了更好地发挥建筑物的功能。

1 南坡只满足通风及其它工程技术要求，北坡须满足日照间距要求，东西向或偏角度时参照日照间距规范要求折减或增加间距，并同时满足通风要求。

2 挡土墙和护坡上、下缘距建筑2m，已可满足布设建筑物散水、排水沟及边缘种植槽的宽度要求。但上、下缘有所不同的是上缘与建筑物距离还应包括挡土墙顶厚度，种植槽应可种植乔木，至少应有1.2m以上宽度，故应保证3m。下缘种植槽仅考虑花草、小灌木和爬藤植物种植。

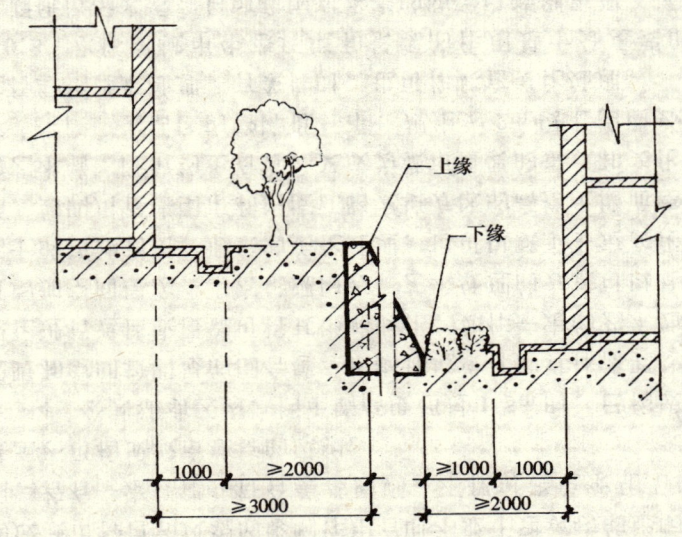

图 5.0.3 挡土墙与建筑间的最小间距示意图（单位：mm）

另外，挡土墙、护坡与建筑间水平距离控制还应考虑其上部建（构）筑物基础的侧压力，下部建筑基础开挖对挡土墙或护坡稳定性的影响等因素，如有管线等其它设施时还应满足有关规范要求，本条所定仅为不考虑任何特殊情况时的最小间距要求。据调研资料的统计情况来看，这一要求比现状水平略高。

6 竖向与城市景观

6.0.1 城市风貌特色和景观及城市各片区之间与竖向的关系在城市用地选择和进行总体规划布局时已有比较完整的构思方案；竖向规划本身就是实现这些方案设想的重要手段。

1~2 原有地形特征点、标志性地物及风景点以及历史遗迹、文物在城市中保留下来，使城市有土生土长、根植于斯的认同感。城市绿地系统一般都是与城市的自然山系、水系和文物古迹相结合的完整体系，它既能保存、延续城市的历史文脉，更具保护自然生态环境、形成和调节小气候的作用。

3 城市景观特色的塑造，最主要应源于对城市自然环境和地形的创造性的利用。而城市自然边界线的保护、利用和塑造，是城市景观中不可代替的财富，例如珠海、青岛市的海湾景色，上海的外滩，美国芝加哥的密执安湖滨等，均构成了这些城市独特的无可取代的标志和景观特色。

6.0.2 城市用地竖向规划分台应与台间防护工程等室外工程紧密相联，室外防护工程不仅起着安全防护作用，而且是城市建筑和室外环境的有机组成部分。随着经济、文化的发展，城市建设中对环境与景观质量的要求越来越高，分台与室外工程（包括防护工程）应充分重视其景观效果的需求。

1 城市一般地段功能较单一，对景观要求相对不高，但对挡土墙、护坡等的尺度、线型仍应考虑与环境协调、美观、安全及人们心理要求等因素。在用地和经济条件、管理条件允许时，宜多用与植被结合的护坡，少用挡土墙，以改善和提高环境质量。

2 城市公共活动区由于人流量大，功能复杂，由各单一功能的建筑物围合，再加上交通、各类室外工程设施（包括室外防护工程）而构成的外部空间对城市风貌和景观特色的构成具有重要的作用。因此分台和室外工程设施的设置应与建筑物统一规划，并充分体现景观美好的要求。

3 山区城市的室外工程设施较多，出现频率高，其对构成城市特色和风貌的影响作用有时不亚于建筑物的影响作用，若有一定规律并符合美学原则，不仅可避免杂乱无章，甚至还可构成城市独特的风貌。

4 公共活动区内，挡土墙高度超过1.5m时，已构成对视野和空间较明显的围合感。根据环境设计的具体需要，用绿化进行遮挡或覆盖可将其影响弱化。如作一定的艺术处理可增加空间层次，丰富景观内容。艺术处理的方式可以是功能上的巧妙利用、形象的美化处理，也可以赋予一定文化内涵，如四川省德阳市利用滨江路大填方区的高挡土墙而建设的艺术墙，既节约土石方，又成为城市重要的景点和文化遗产。生产、生活区内略降低标准，规定为2m以上挡墙必须进行绿化遮蔽处理，有条件时，也可作其它美化处理。

6.0.3 水体对城市生态环境和景观的作用是十分重要的。从调研情况来看，目前我国对水害的防治已特别重视。过去向江河湖海要地的情况较为普遍，但城市滨水空间的利用情况却不甚理想，高高的防护堤和宽阔的滨水交通干道往往使水面在城市中可望而不可及，生态岸线和滨水活动空间极少，既未充分发挥水体对城市生态环境改善的作用，更不可能满足人们的亲水、近水要求。

在调研过程中,许多规划工作者要求作一些更具体的规定,但在分析各类城市的情况后,编制组认为滨水空间的建设不便作统一的硬性规定,只能因地制宜、创造性地利用自然条件,在满足功能要求的同时,创作出更美好的环境景观。

7 竖向与道路广场

7.0.1 道路竖向规划是城市用地竖向规划的重要内容之一。无论在规划设计过程或建设过程中,道路的竖向是确定城市其它用地竖向规划的最重要的控制依据之一。也是规划管理的重要控制依据之一。基于道路竖向规划在整个城市用地竖向规划中的地位和作用,道路竖向规划所遵循的原则,既包含自身的技术要求,又强调与其它用地在竖向上的协调。

1 道路的竖向规划与平面规划紧密相联、相互影响,平面线型变化往往带来竖向高程的变化,规划中通常通过调整平面规划来解决竖向中的矛盾关系。因此竖向规划与平面规划相互反馈、交叉进行,是优化方案的必由之路,在山区城市道路规划中这种结合更为重要。

2 城市用地中已确定的某些控制高程是道路竖向规划的基础,如现状道路、铁路、对外公路、主要景观点以及防洪(潮)堤高程等。

3 城市道路服务于城市各项建设用地,只有竖向规划的结合才能满足用地的交通需要。道路具有景观视线通廊的作用,为提高观景的效果,必须控制道路竖向高度,即不能造成对景观视线的障碍,最好还能起到提高观景效果的作用。因此道路竖向需有利于塑造城市景观。

4 无障碍交通是为满足残疾人的交通要求而设置的,这是对工程建设的人道主义要求,在强调社会公平、文明的时代,尤其显得重要。

7.0.2 本条为道路竖向规划的主要技术标准，依据现有的设计规范，结合本次规范编制过程中的专题调研，满足规划阶段的内容深度要求，对某些参数作出调整，如最小、最大纵坡度（其详细说明见 4.0.4 条）。

为适应规划设计，按照《城市道路交通规划设计规范》GB—50220—95 中对城市道路的分类及对《城市道路设计规范》CJJ37—90 中的有关纵坡的规定进行了简化，对除支路的各级道路的计算行车速度取上限，即快速路取 80km/h，主干路取 50km/h，次干路取 40km/h，《城市道路设计规范》CJJ37—90 中该计算行车速度所对应的纵坡推荐值即作为本规范规定的最大纵坡。选取最大推荐值，有利于为后续的施工设计留有余地，规划阶段安全系数略大些，便于达到控制目的。由于我国山地、丘陵城市众多，实际规划或建设的道路纵坡有些已达 9%，甚至更大，在调研和回函的意见中普遍提到应提高支路的规划最大纵坡。因此，我们将支路的计算行车速度取为 20km/h，所对应的推荐最大纵坡为 8%，以增强本规范的适用性。

道路的横坡确定与路面材料有关，但规划阶段又一般不考虑路面材料，现今城市道路普遍采用沥青或水泥混凝土两种路面材料，其横坡为 1%～2%。

7.0.3 有的道路规划单纯强调路网系统的完善，而忽视跨江（河）桥对高程的要求，本条希望避免因高程要求调整桥位后造成路网布局的大变动。

7.0.4 广场的竖向规划与广场的平面布局和周边条件（道路、建筑物等）紧密相关。本条中广场的规划坡度的规定引自《城市道路设计规范》CJJ37—90。

7.0.5 步行系统为山区城市必不可少的交通设施，而人行梯道是山区步行系统的主要设施，为满足人们上、下坡时的心理和体力需要及景观要求，规定了人行梯道的坡比值、休息平台及转折平台等的技术指标。而上述指标和梯道的功能与级别相关，为此，本规范对梯道进行了分级，以便于规划设计时参照取值。

1　人行梯道分级系综合分析山区城市梯道后归纳而成的，如重庆市火车站至两路口、朝天门至滨江路的梯道，属交通枢纽地段梯道；又如重庆市大礼堂梯道和南京市的中山陵大梯道等属景观性梯道，皆为一级梯道。

2　要求设置休息平台、转折平台，主要为了满足人们生理和心理需要，尤其是为了老年和体弱者的需要。转折平台宽度若小于梯道宽度，将成为步行通道的卡口，可能形成交通阻塞，不利安全。

3　梯道的坡比值系包括阶梯、休息平台、转折平台的全程坡度比值。

8 竖向与排水

8.0.1 对各类城市建设用地而言，如何合理有效地组织地面排水形式；当用地有可能受到洪涝灾害威胁时，是采用"防"还是采用"排"，是选择筑堤还是选择回填方案。这些问题的解决，都需要对用地的自然地形、地质、水文条件和所在地区的年均降雨量等因素作综合分析，兼顾现状与规划、近期与远期、局部与整体的协调关系，进行不同方案的技术经济比较后，合理地确定城市排水方式，协调城市防洪排涝规划方案。

8.0.2 本规范为了有利组织用地地面排水，在竖向上作了下面三条规定。

 1 各专业规范都明确规定最小地面排水坡度为0.3%，但在平原地区要确保0.3%的地面排水坡度确有困难，尤其是原始地面坡度小于0.1%的特别平坦且又无土可取的地方，最小地面排水坡度根本不可能作到0.3%；经调研和目前实施情况统计表明，最小地面排水坡度可降至0.2%，但当地面排水坡度小于0.2%时，用地宜采用多坡向或特殊措施组织地面排水。

 2 为了便于组织用地向周边道路下的雨水管渠排除地面雨水，用地高程最好普遍高于周边道路，但在困难情况下，必须保证用地高程至少比周边道路的最低路段高程高出0.2m，防止用地成为"洼地"。

 3 用地高程高于地下水位的高度限制是为了保护用地免于长期受地下水浸泡，有利于建（构）筑物基础的安全稳固和地下管线的维护。

8.0.3 雨水排出口内顶高于多年平均水位才能保证雨水排放系统正常情况下排水顺畅。有时为了沿江（河）景观的需要，可将排出口作成淹没式，但必须保证出口水头高于多年平均水位。

8.0.4 城市用地防洪（潮）的规定是保证城市用地安全的基本条件。

 1 城市防洪等级、标准的确定应当符合国家现行标准《防洪标准》GB50201的规定；城市的等级规模不同，重要程度不同，其相应的抗洪设防标准也不同。

 2 在不设防洪（潮）堤时，沿江（河、海、湖）的用地地面高程及设防洪（潮）堤时的堤顶高程需按能抗御相应设计频率洪（潮）水位的防洪（潮）堤的要求来确定。波浪侵袭高度需按计算值或实际观测值为依据，若无上述有关资料作依据，在规划阶段中暂以1.2m取值；安全超高视构筑物级别和筑堤材料而定，一般取值为0.4~1.0m（不含土堤预留沉降值）；壅水高度以实际观测值为依据。

8.0.5 防内涝工程措施常用下列四种方式：

 1 当只有局部用地受涝又无大的外来汇水且有蓄涝洼地可资利用时，宜采用蓄调防涝方案，利用蓄积的内涝水改善环境或作它用；建设用地内宜组织成重力排水。

 2 当内涝频率不大又无大的外来汇水、区域内易于实施筑堤防涝方案，且比采用回填防涝方案更经济合理时，可采用局部抽排防涝。

 3 当内涝频率高又有大的外来汇水且不能集中组织抽排，但附近有土可取，采用回填防涝方案较筑堤防涝更经济合理时宜采用局部回填方案；此时，回填用地高程应高于设防水位至少 0.5m，用地内地面雨水组织成重力流排水。

4 当内涝频率高又有大的外来汇水且受涝影响范围大，但附近又无土可取时，就该设防涝堤来保护用地。防涝堤需高于设防水位 0.5m，用地内雨水组织成局部抽排。

当采用筑堤抽排防涝时，用地的规划高程可不作规定。

8.0.6 城市用地外围多数还有较大的汇水需汇入或穿越城市用地范围后才能排出去，若不妥善组织，任由外围的雨水进入城市用地内的雨水排放系统，则将大大增加管网投资，甚至影响整个城市雨水排放系统的正常使用。因此宜在用地外围设置雨水边沟，在城市用地内设置排（导）洪沟，共同排除外围的过境雨水。

9 土石方与防护工程

9.0.1～9.0.2 土石方与防护工程是竖向规划方案是否合理、经济的重要评价指标，同时，也是修建性详细规划中投资估算的必需依据。因此，在满足使用要求的前提下，多方案比较，使工程量最小，是我们应贯彻的基本原则。鉴于规划阶段的条件所限，其土石方量的估算范围仅包括场地平整、道路及其它地面设施的土石方量。地下工程、管网、建（构）筑物基础等的土石方不包括在内。

"就近合理平衡"不是指简单地、机械地要求分单个工程、分片、分段的土石方数量的平衡，而是主张利用各种有利条件，以能否提高用地的使用质量、节省土石方及防护工程投资，提高开发效益等为衡量原则的适当范围内的土石方平衡，且规范所指"平衡"不含具体的土石方调运要求。

9.0.3 防护工程一般用于地形变化较大的建设用地，对可能发生的塌方、滑坡常用挡土墙及护坡防护；对洪、潮、风沙、泥石流等以防洪（潮、风沙）堤及拦砂（石、泥石流）坝防护。除上述主要防护工程外，有时还应与上游的截流和下游的引水、排水工程结合规划设置，才能起到可靠的防护作用。

街区与邻接道路交接处的用地防护应统一规划，避免造成安全事故和资金浪费。

为保证城市台阶式用地的土石体稳定，要求台间联接必须用护坡或挡土墙。同时，为了让人们接近高差大于 1.5m

的挡土墙或坡比值大于0.5的护坡顶时有安全感,还要求加设防护栏或绿篱等安全措施。

砌筑型护坡指干砌石、浆砌石或混凝土护坡,城市中的护坡多属此类。为了提高城市的环境质量,对护坡的坡比值要求适当减小,土质护坡宜慎用。

挡土墙退台宽度不能小于1.0m,主要为保证墙顶结构厚度外加宽度0.5m左右的种植带;"在条件许可时"指用地与经济条件允许时,挡土墙的高度宜以1.5m退台,经绿化后将形成一道道宜人高度的绿色屏障,大大提高环境质量。

9.0.4 城市用地土石方量定额指标,由于地区不同、地形坡度不同、规划地面形式不同和规划设计方法不同,使用地土石方工程量估算结果千变万化,很难从中找出明显规律性或合理的定额指标。用地土石方平衡,也由于各种条件和情况不同,难以制定统一合理的平衡标准。现仅从不多的调查资料和少数规划设计单位提供的经验实例,提出初步的用地土石方量定额及其平衡标准指标列后,供参考。而本节中仅要求按表9.0.4规定的项目和单位对竖向规划的土石方和防护工程成果作如实反映。

(1) 各类城市建设用地土石方工程量定额及平衡标准详见下表所列。

(2) 城市用地土石方工程量(填方和挖方之和)定额指标可为:

平原地区小于 $10000m^3/10^4m^2$;

浅、中丘地区 $10000m^3/10^4m^2 \sim 20000m^3/10^4m^2$;

深丘、高山地区 $20000m^3/10^4m^2 \sim 30000m^3/10^4m^2$;

(3) 城市用地土石方量平衡标准指标如下:

平原地区　5%~10%;

浅、中丘地区　7%~15%;

深丘、高山地区　10%~20%。

各类城市建设用地土石方工程量定额及平衡标准

地区类别	平原地区		浅丘中丘地区		深丘高山地区	
项目 用地性质	用地土石方工程量定额 ($10^4m^3/10^4m^2$)	用地土石方平衡指标 (%)	用地土石方工程量定额 ($10^4m^3/10^4m^2$)	用地土石方平衡指标 (%)	用地土石方工程量定额 ($10^4m^3/10^4m^2$)	用地土石方平衡指标 (%)
工业仓储用地	<0.8	<8	>0.8~1.5	<12	>1.5~2.5	<15
居住用地	<1	<10	>1~2	<15	>2~3	<20
铁路用地	<0.4	<7	>0.4~0.8	<10	>0.8~1.4	<15
道路用地	<0.8	<10	>0.8~2	<15	>2~3	<20
各类站场用地	<0.6	<10	>0.6~1	<15	>1~2	<20
机场用地	<0.6	<5	>0.4~0.8	<7	>0.8~1	<10

注:土石方工程量定额为:(挖方量+填方量)/用地面积;

平衡标准为:《挖、填方量差÷土石方工程量》×100%。

(4) 城市用地土石方平衡与调运,关键在于经济运距,这与运输方式有密切关系。根据经验资料,提供如下经济运距供参考:

人工运输为100m以内;

机动工具运输为1000m以内。

影响大面积用地土石方调运方案制定的因素主要是地形与地质条件、借土与弃土条件、运输方式、是否同步建设等。大多数单位认为用地土石方宜在街坊或小区内平衡,以达到就近平衡、合理平衡、经济可行的土石方调运的基本原则。因此,运距以250~400m为宜。

附录 城市用地竖向规划各阶段主要内容和深度要求

0.1 城市用地竖向规划依据城市规划阶段划分可分为两个阶段、四个层次，即：

　　1　总体规划阶段：包括总体规划竖向规划；分区规划竖向规划；

　　2　详细规划阶段：控制性详细规划竖向规划；修建性详细规划竖向规划。

0.2 总体规划竖向规划应包括下列主要内容：

　　1　配合城市用地选择与用地布局方案、作好用地地形、地貌和地质分析，充分利用与适当改造地形，确定主要控制点标高；

　　2　分析规划用地的分水线、汇水线、地面坡向，确定雨水排除及防洪排涝方式；

　　3　防洪（潮、浪）堤顶及堤内地面最低的控制标高；

　　4　无洪涝危害的江河湖岸最低的控制标高；

　　5　根据排洪、通航的需要，确定大桥、港口、码头等的控制标高；

　　6　城市快速路、主干路与高速公路、铁路主干线交叉点的控制标高；

　　7　城市雨水主管沟排入江、河的可行性及控制标高；

　　8　城市主要景观点的控制标高。

0.3 分区规划竖向规划应包括下列主要内容：

　　1　确定主干道、次干道所围合的范围内的地块排水走向；

　　2　确定主干道、次干道交叉点、变坡点的控制标高；

　　3　补充总体规划阶段竖向规划中不足的其它控制标高。

0.4 控制性详细规划竖向规划应包括下列主要内容：

　　1　确定主、次、支三级道路所围合的范围内的全部地块排水方向；

　　2　确定主、次、支三级道路交叉点、变坡点的标高以及道路的坡度、坡长、坡向等技术数据；

　　3　确定用地地块或街坊用地的规划控制标高；

　　4　补充与调整其它用地的控制标高。

0.5 修建性详细规划竖向规划应包括下列主要内容：

　　1　落实防洪、排涝工程设施的位置、规模及标高；

　　2　确定建（构）筑物室外地坪标高；

　　3　落实各级道路标高及坡度等技术数据；落实街区内外联系道路（宽7m以上）的标高；保证街区内其它通车道路及步行道的可行性；

　　4　结合建（构）筑物布置、道路交通、市政工程管线敷设，进行街区用地竖向规划，确定用地标高；

　　5　确定挡土墙、护坡等用地防护工程的类型、位置及规模；进行用地土石方工程量的估算。

中华人民共和国行业标准

城市绿地分类标准

Standard for classification of
urban green space

CJJ/T 85—2002

批准部门：中华人民共和国建设部
施行日期：２００２年９月１日

关于发布行业标准
《城市绿地分类标准》的通知

建标〔2002〕135号

根据我部《关于印发〈一九九三年工程建设城建、建工行业标准制订、修订计划〉的通知》（建标〔1993〕699号）的要求，北京北林地景园林规划设计院有限责任公司主编的《城市绿地分类标准》，经我部审查，现批准为行业标准，编号为CJJ/T 85—2002，自2002年9月1日起实施。

本标准由建设部负责管理，北京北林地景园林规划设计院有限责任公司负责具体技术内容的解释，建设部标准定额研究所组织中国建筑工业出版社出版发行。

中华人民共和国建设部
2002年6月3日

前　言

根据建设部建标〔1993〕699号文的要求，标准编制组在广泛调查研究，认真总结实践经验，参考有关国际标准和国内先进标准，并广泛征求意见的基础上，制定了本标准。

本标准的主要技术内容是：1. 城市绿地分类；2. 城市绿地的计算原则与方法。

本标准由建设部负责管理，授权由主编单位负责具体技术内容的解释。

本标准主编单位：北京北林地景园林规划设计院有限责任公司（原北京林业大学园林规划建筑设计院，地址：北京市清华东路35号北京林业大学122信箱；邮政编码：100083）

本标准参编单位：建设部城市建设研究院、北京市城市规划设计研究院、武汉市城市规划设计研究院、海南省三亚市园林局、山东省城乡规划设计研究院、上海市园林局

本标准主要起草人：徐波、李金路、赵锋、曹礼昆、高仁凤、吴淑琴、陈世平、肖志中、江长桥、王胜永、张文娟、孙国强

目　次

1　总则 ………………………………………	25—3
2　城市绿地分类 ……………………………	25—3
3　城市绿地的计算原则与方法 ……………	25—5
本标准用词说明 ……………………………	25—6
条文说明 ……………………………………	25—7

1 总则

1.0.1 为统一全国城市绿地（以下简称为"绿地"）分类，科学地编制、审批、实施城市绿地系统（以下简称为"绿地系统"）规划，规范绿地的保护、建设和管理，改善城市生态环境，促进城市的可持续发展，制定本标准。

1.0.2 本标准适用于绿地的规划、设计、建设、管理和统计等工作。

1.0.3 绿地分类除执行本标准外，尚应符合国家现行有关强制性标准的规定。

2 城市绿地分类

2.0.1 绿地应按主要功能进行分类，并与城市用地分类相对应。

2.0.2 绿地分类应采用大类、中类、小类三个层次。

2.0.3 绿地类别应采用英文字母与阿拉伯数字混合型代码表示。

2.0.4 绿地具体分类应符合表2.0.4的规定。

表2.0.4　　　　绿地分类

类别代码			类别名称	内容与范围	备注
大类	中类	小类			
G_1			公园绿地	向公众开放，以游憩为主要功能，兼具生态、美化、防灾等作用的绿地	
	G_{11}		综合公园	内容丰富，有相应设施，适合于公众开展各类户外活动的规模较大的绿地	
		G_{111}	全市性公园	为全市居民服务，活动内容丰富、设施完善的绿地	
		G_{112}	区域性公园	为市区内一定区域的居民服务，具有较丰富的活动内容和设施完善的绿地	
	G_{12}		社区公园	为一定居住用地范围内的居民服务，具有一定活动内容和设施的集中绿地	不包括居住组团绿地
		G_{121}	居住区公园	服务于一个居住区的居民，具有一定活动内容和设施，为居住区配套建设的集中绿地	服务半径：0.5~1.0km
		G_{122}	小区游园	为一个居住小区的居民服务、配套建设的集中绿地	服务半径：0.3~0.5km

续表

类别代号			类别名称	范围与内容
大类	中类	小类		
G_1			公共绿地	向公众开放的公园绿化用地，有一定游憩设施的绿地
	G_{11}		公园	向公众开放，有较完善的设施及良好绿化环境的绿地
		G_{111}	综合公园	有较丰富的内容及设施，又适合开展各种户外活动，为全市或区服务的绿地
		G_{112}	动物园	在人工饲养条件下，移地保护动物，供观赏、科普、科研、繁殖并有良好设施的绿地
		G_{113}	植物园	进行植物科学研究及引种驯化，并供观赏、休息及游览的绿地
		G_{114}	历史名园	历史悠久，知名度高，体现传统造园艺术并被审定为文物保护单位的园林
		G_{115}	其他专类公园	位于城市建设用地范围内，以某一主题为主，具有特定内容或形式，有一定游憩设施的绿地
		G_{116}	居住区公园	为一个居住区的居民服务，配套建设的集中绿地，服务半径 $0.5~1.0km$，绿化占地比例大于等于 65%
	G_{12}		街头绿地	位于城市道路用地之外，有一定游憩设施的狭长形绿地，绿化占地比例大于等于 65%

续表

类别代号			类别名称	范围与内容
大类	中类	小类		
	G_2		生产绿地	为城市绿化提供苗木花卉、种子的苗圃、花圃、草圃等
	G_3		防护绿地	城市中具有卫生、隔离和安全防护功能的绿地。包括卫生隔离带、道路防护绿地、城市高压走廊绿带、防风林、城市组团隔离带等
G_4			附属绿地	城市建设用地中绿地之外各类用地中的附属绿化用地。包括居住用地、公共设施用地、工业用地、仓储用地、对外交通用地、市政设施用地和特殊用地中的绿地
	G_{41}		居住绿地	城市居住用地内社区公园以外的绿地，包括组团绿地、宅旁绿地、配套公建绿地、小区道路绿地等
	G_{42}		公共设施绿地	公共设施用地内的绿地
	G_{43}		工业绿地	工业用地内的绿地
	G_{44}		仓储绿地	仓储用地内的绿地
	G_{45}		对外交通绿地	对外交通用地内的绿地
	G_{46}		道路绿地	道路广场用地内的绿地，包括行道树绿带、分车绿带、交通岛绿带、交通广场和停车场绿地等
	G_{47}		市政设施绿地	市政公用设施用地内的绿地
	G_{48}		特殊绿地	特殊用地内的绿地

续表

类别代码			类别名称	内容与范围	备注
大类	中类	小类			
G_5			其他绿地	对城市生态环境质量、居民休闲生活、城市景观和生物多样性保护有直接影响的绿地。包括风景名胜区、水源保护区、郊野公园、森林公园、自然保护区、风景林地、城市绿化隔离带、野生动植物园、湿地、垃圾填埋场恢复绿地等	

3 城市绿地的计算原则与方法

3.0.1 计算城市现状绿地和规划绿地的指标时，应分别采用相应的城市人口数据和城市用地数据；规划年限、城市建设用地面积、规划人口应与城市总体规划一致，统一进行汇总计算。

3.0.2 绿地应以绿化用地的平面投影面积为准，每块绿地只应计算一次。

3.0.3 绿地计算的所用图纸比例、计算单位和统计数字精确度均应与城市规划相应阶段的要求一致。

3.0.4 绿地的主要统计指标应按下列公式计算。

$$A_{g1m} = A_{g1}/N_p \quad (3.0.4-1)$$

式中 A_{g1m}——人均公园绿地面积（m²/人）；

A_{g1}——公园绿地面积（m²）；

N_p——城市人口数量（人）。

$$A_{gm} = (A_{g1} + A_{g2} + A_{g3} + A_{g4})/N_p \quad (3.0.4-2)$$

式中 A_{gm}——人均绿地面积（m²/人）；

A_{g1}——公园绿地面积（m²）；

A_{g2}——生产绿地面积（m²）；

A_{g3}——防护绿地面积（m²）；

A_{g4}——附属绿地面积（m²）；

N_p——城市人口数量（人）。

$$\lambda_g = [(A_{g1} + A_{g2} + A_{g3} + A_{g4}) / A_c] \times 100\% \quad (3.0.4\text{-}3)$$

式中 λ_g——绿地率（%）；

A_{g1}——公园绿地面积（m²）；

A_{g2}——生产绿地面积（m²）；

A_{g3}——防护绿地面积（m²）；

A_{g4}——附属绿地面积（m²）；

A_c——城市的用地面积（m²）。

3.0.5 绿地的数据统计应按表 3.0.5 的格式汇总。

表 3.0.5　　　　城市绿地统计表

序号	类别代码	类别名称	绿地面积(hm²)		绿地率(%)（绿地占城市建设用地比例）		人均绿地面积(m²/人)		绿地占城市总体规划用地比例(%)	
			现状	规划	现状	规划	现状	规划	现状	规划
1	G₁	公园绿地								
2	G₂	生产绿地								
3	G₃	防护绿地								
		小　计								
4	G₄	附属绿地								
		中　计								
5	G₅	其他绿地								
		合　计								

备注：＿＿年现状城市建设用地＿＿hm²，现状人口＿＿万人；

　　　＿＿年规划城市建设用地＿＿hm²，规划人口＿＿万人；

　　　＿＿年城市总体规划用地＿＿hm²。

3.0.6 城市绿化覆盖率应作为绿地建设的考核指标。

本标准用词说明

1　为便于在执行本标准条文时区别对待，对要求严格程度不同的用词说明如下：

1）表示很严格，非这样做不可的：

正面词采用"必须"；

反面词采用"严禁"。

2）表示严格，在正常情况下均应这样做的：

正面词采用"应"；

反面词采用"不应"或"不得"。

3）表示允许稍有选择，在条件许可时首先应这样做的：

正面词采用"宜"；

反面词采用"不宜"。

表示有选择，在一定条件下可以这样做的，采用"可"。

2　条文中指明应按其他有关标准执行的写法为："应按……执行"或"应符合……要求（或规定）"。

中华人民共和国行业标准

城市绿地分类标准

CJJ/T 85—2002

条 文 说 明

前　言

《城市绿地分类标准》（CJJ/T 85—2002），经建设部 2002 年 6 月 3 日以建标［2002］135 号文批准，业已发布。

为便于广大规划、设计、施工、管理、统计、科研、学校等单位的有关人员在使用本标准时能正确理解和执行条文规定，《城市绿地分类标准》编制组按章、节、条顺序编制了本标准的条文说明，供使用者参考。在使用中如发现本条文说明有不妥之处，请将意见函寄北京市清华东路 35 号北京林业大学 122 信箱，北京北林地景园林规划设计院有限责任公司（邮政编码：100083）。

目　次

1　总则 ……………………………………………… 25—8

2　城市绿地分类 …………………………………… 25—9

3　城市绿地的计算原则与方法 …………………… 25—16

1　总　　则

1.0.1　本标准所称城市绿地（以下简称"绿地"）是指以自然植被和人工植被为主要存在形态的城市用地。它包含两个层次的内容：一是城市建设用地范围内用于绿化的土地；二是城市建设用地之外，对城市生态、景观和居民休闲生活具有积极作用、绿化环境较好的区域。这个概念建立在充分认识绿地生态功能、使用功能和美化功能，城市发展与环境建设互动关系的基础上，是对绿地的一种广义的理解，有利于建立科学的城市绿地系统（以下简称为"绿地系统"）。

随着城市化水平的不断提高，城市环境问题日益突出，绿地建设的重要性已为人们所认识。由于我国目前还没有一个全国统一的绿地分类标准，所以各个城市的绿地分类差别较大，有些即使是同类绿地，名称相同，但其内涵和统计口径也不尽相同。绿地分类及统计口径的不规范，导致绿地系统规划与城市规划之间缺少协调关系，使城市之间的绿地规划建设指标缺乏可比性，直接影响到绿地系统规划的编制与审批，影响到绿地的建设与管理。从绿地建设实践和城市的可持续发展来看，迫切需要制订全国统一的绿地分类标准。

编制本标准的目的在于总结建国以来绿地规划、建设、管理的经验，参考和学习国外先进方法，建立符合我国城市建设特点的绿地分类，以统一全国的绿地分类和统计口径，提高绿地系统规划编制、审批的科学性，提高绿地保护、建设和管理水平，切实改善城市生态环境，促进城市的可持续发展。

1.0.2 本标准适用于国家按行政建制设立的城市（1）绿地规划与设计的编制与审批；（2）绿地的建设与管理；（3）绿地的统计等工作。依照《中华人民共和国城市规划法》，本标准所称城市包括直辖市、市、镇。将建制镇作为本标准的适用对象，是考虑到在中国城市化进程中，城镇的发展较为迅速，其环境问题亦日益突出，注重城镇的绿地保护与建设，将有利于城镇经济和环境的同步发展。

1.0.3 各个城市在进行绿地的规划、设计、建设、管理及统计工作时，除执行本标准外，还应符合国家现行的与绿地相关的法律法规、技术标准，尤其是强制性标准条文的规定。

2 城市绿地分类

2.0.1 建国以来，有关的行政主管部门、研究部门和学者从不同的角度出发，提出过多种绿地的分类方法。世界各国由于国情不同，绿地规划、建设、管理、统计的机制不同，所采用的绿地分类方法也不统一。

本标准从我国的具体情况出发，根据各地区主要城市的绿地现状和规划特点，以及城市建设发展尤其是经济与环境同步发展的需要，参考国外有关资料，以绿地的功能和用途作为分类的依据。由于同一块绿地同时可以具备游憩、生态、景观、防灾等多种功能，因此，在分类时以其主要功能为依据。

与绿地相关的现行法规和标准主要有：《中华人民共和国城市规划法》、《城市绿化条例》、《城市用地分类与规划建设用地标准》GBJ 137、《公园设计规范》CJJ 48、《城市居住区规划设计规范》GB 50180 和《城市道路绿化规划与设计规范》CJJ 75 等。这些法规和标准从不同角度对某些种类的绿地作了明确规定。从行业要求出发编制本标准时，与相关标准进行了充分协调。

2.0.2 本标准将绿地分为大类、中类、小类三个层次，共 5 大类、13 中类、11 小类，以反映绿地的实际情况以及绿地与城市其他各类用地之间的层次关系，满足绿地的规划设计、建设管理、科学研究和统计等工作使用的需要。

2.0.3 为使分类代码具有较好的识别性，便于图纸、文件的使用和绿地的管理，本标准使用英文字母与阿拉伯数字混合型分类代码。大类用英文 GREEN SPACE（绿地）的第一个字母 G 和一位阿拉伯数字表示；中类和小类各增加一位阿拉伯数字表示。如：G_1 表示公园绿地，G_{11} 表示公园绿地中的综合公园，G_{111} 表示综合公园中的全市性公园。

本标准同层级类目之间存在着并列关系，不同层级类目之间存在着隶属关系，即每一大类包含着若干并列的中类，每一中类包含着若干并列的小类。

2.0.4 表 2.0.4 已就各类绿地的名称、内容与范围作了规定，以下按顺序说明。

1 公园绿地

（1）关于取消"公共绿地"的说明

"公共绿地"引自前苏联，建国以来在我国城市规划与绿地规划、建设、管理、统计工作中曾广泛使用。但是，从长期的绿地建设和发展趋势来看，需要从以下几方面重新考虑"公共绿地"的命名。

1）准确的命名是建立科学的分类方法的基本保证。

类别名称的确定，反映了不同分类方法的出发点和基本原则。命名的准确性直接关系到分类方法的科学合理性。我国现行的法规、标准及行政文件对"公共绿地"的定义及内容的规定主要有：①《城市用地分类与规划建设用地标准》规定"公共绿地"为"向公众开放，有一定游憩设施的绿化用地，包括其范围内的水域"；②《城市绿化规划建设指标的规定》（城建［1993］784 号）："公共绿地是指向公众开放的市级、区级、居住区级公园、小游园、街道广场绿地，以及植物园、动物园、特种公园等"。另外，在中华人民共和国建设部编写的《城市绿化条例释义》第三章中有这样的论述："城市的公共绿地、风景林地、防护绿地、行道树及干道绿化带的绿化属城市公有，为全市服务，既是城市居民共享的，又是城市绿地系统中的骨干部分"。由此可见，"公共绿地"突出反映的是"公共性"，与它相对应的是非公共绿地。因此，继续使用"公共绿地"将使本标准产生分类名称上的不准确。

2）充分体现绿地的功能和用途。

"公共绿地"体现的是所属关系和服务对象的范围，但无论是《城市用地分类与规划建设用地标准》还是本标准，均以用地的性质和功能为主要分类依据。因此，继续使用"公共绿地"将使本标准产生分类依据上的不统一。

3）适应绿地建设与发展的需要。

"公共绿地"是政府投资建设和管理的带有社会福利性质的市政公用设施。在社会主义市场经济条件下，绿地建设的投资渠道、开发方式和管理机制均发生了变化，由园林系统外建设并向公众开放的公园绿地在各地均有出现，这些公园绿地与"公共绿地"在概念上有所不同，但在功能和用途上是相同的。因此，继续使用"公共绿地"不能如实反映我国绿地建设的现状和发展趋势。

4）有利于国际间的横向比较。

世界各国的绿地分类及绿地规划建设指标因国情不同而各异，但我国目前使用的"公共绿地"与其他国家相对于非公有绿地的"公共绿地"缺乏可比性。

为此，本标准不再使用"公共绿地"，而用"公园绿地"替代。

（2）关于"公园绿地"名称的说明

"公园绿地"是城市中向公众开放的、以游憩为主要功能，有一定的游憩设施和服务设施，同时兼有健全生态、美化景观、防灾减灾等综合作用的绿化用地。它是城市建设用地、城市绿地系统和城市市政公用设施的重要组成部分，是表示城市整体环境水平和居民生活质量的一项重要指标。

本标准将"公共绿地"改称"公园绿地"主要出于以下考虑：

1）突出绿地的主要功能。

相对于其他绿地来说，为居民提供绿化环境和良好的户外游憩场所是"公共绿地"的主要功能，但"公共绿地"从字面上看强调的是公共性，而"公园绿地"则直接体现的是这类绿地的功能性。"公园绿地"并非"公园"和"绿地"的叠加，不是公园和其他类别绿地的并列，而是对具有公园作用的所有绿地的统称，即公园性质的绿地。

2）具备一定的延续性和协调性。

首先，以"公园绿地"替代"公共绿地"，基本保持原有的内涵，既能保证命名的科学、准确，又使绿地统计数据具有一定的延续性。

其次，国家现行标准《公园设计规范》CJJ 48 中提出的公园类型基本上与《城市用地分类与规划建设用地标准》GBJ 137 中"公共绿地"的内容相吻合，只是所用名称有所不同，如将"街头绿地"表述为"带状公园"和"街旁游园"，并做出了相应的规定。因此，使用"公园绿地"既可以涵盖"公共绿地"的内容，又与相关标准、规范具有协调性。

3）建立国际间横向比较的基础。

"人均公园面积"是欧美、日本等发达国家普遍采用的一项反映绿地建设水平的指标，本标准使用"公园绿地"的名称，以"人均公园绿地面积"取代"人均公共绿地面积"，有利于国际间的横向比较。虽然世界各国"公园"的内涵不一定完全相同，但是基本概念是相对应的，而且从发展的角度看，也有趋同的趋势。

（3）关于"公园绿地"的分类

对"公园绿地"进一步分类，目的是针对不同类型的公园绿地提出不同的规划、设计、建设及管理要求。本标准按各种公园绿地的主要功能和内容，将其分为综合公园、社区公园、专类公园、带状公园和街旁绿地 5 个中类及 11 个小类，小类基本上与国家现行标准《公园设计规范》CJJ 48 的规定相对应。

1）综合公园。

综合公园包括全市性公园和区域性公园，与国家现行标准《公园设计规范》CJJ 48 的内容保持一致。因各城市的性质、规模、用地条件、历史沿革等具体情况不同，综合公园的规模和分布差异较大，故本标准对综合公园的最小规模和服务半径不作具体规定。

2）关于"社区公园"的说明。

在城市化发展过程中，一方面是城市生活水平的提高使居民的生活范围发生着变化，另一方面是城市开发建设的多元化使开发项目的单位规模多样化，因此，使用"社区"的概念，既可以从用地规模上保证覆盖面，同时强调社区体系的建立和社区文化的创造。"社区"的基本要素为"①有一定的地域；②有一定的人群；③有一定的组织形式、共同的价值观念、行为规范及相应的管理机构；④有满足成员的物质和精神需求的各种生活服务设施"（摘自《辞海》）。因此，"社区"与"居住用地"基本上是吻合的。

本标准在公园绿地的分类中设"社区公园"中类，结合国家现行标准《城市居住区规范设计规范》GB 50180 下设"居住区公园"和"小区游园"两个小类，并对其服务半径做出规定，旨在着重强调这类公园绿地都属于公园性质，与居民生活关系密切，必须和住宅开发配套建设，合理分布。

在《城市用地分类与规划建设用地标准》中，"居住区公园"归属"公共绿地"，而"小区游园"归属"居住用地"。为保证统计资料的准确性和延续性，在城市用地统计时，从本标准的"公园绿地"中扣除"小区游园"项之后，可替代原"公共绿地"参与城市建设用地平衡；在进行城市绿地统计时，"小区游园"已计入"公园绿地"，故不可再计入"附属绿地"中重复统计。

3）关于增设"游乐公园"的说明。

目前，我国许多城市兴建了大型游乐场所，但是其建设、管理均不够规范。1997 年，国务院下发《关于游艺机、游乐园有关情况的报告》（国经贸质［1997］661 号），明确规定将游乐园的管理权归属建设部。本标准增设"游乐公园"，是考虑到：①大型游乐场作为城市旅游景点和居民户外活动场所之一应当纳入城市公园绿地的范畴；②将游乐场所定位为"游乐公园"，明确其绿化占地比例应大于等于65%的规定，有利于提高游乐场所的环境质量和整体水平；③将游乐场所从偏重于经济效益向注重环境、经济和社会综合效益的方向引导。

为符合国家现行标准《公园设计规范》CJJ 48 对公园绿地的要求，本标准提出"游乐公园"中的绿化占地比例应大于等于65%的规定。对于已建成的游乐场所，如达不到该项要求，不能按"公园绿地"计算。

4）关于"带状公园"的说明。

"带状公园"常常结合城市道路、水系、城墙而建设，是绿地系统中颇具特色的构成要素，承担着城市生态廊道的职能。"带状公园"的宽度受用地条件的影响，一般呈狭长形，以绿化为主，辅以简单的设施。本标准虽未对"带状公园"提出宽度的规定，但在带状公园的最窄处必须满足游人的通行、绿化种植带的延续以及小型休息设施布置的要求。

5）关于"街旁绿地"的说明。

"街旁绿地"是散布于城市中的中小型开放式绿地，虽然有的街旁绿地面积较小，但具备游憩和美化城市景观的功能，是城市中量大面广的一种公园绿地类型。

本标准提出"街旁绿地"的绿化占地比例的规定，其主要依据是国家现行标准《公园设计规范》CJJ 48 规定"街旁游园"的绿化占地比例应大于等于65%。

6）关于"街道广场绿地"的说明。

在"街旁绿地"的"内容与范围"一栏中提到了"街道广场绿地"的概念，"街道广场绿地"是我国绿地建设中一种新的类型，是美化城市景观，降低城市建筑密度，提供市民活动、交流和避难场所的开放型空间。"街道广场绿地"在空间位置和尺度上，在设计方法和景观效果上不同于小型的沿街绿化用地，也不同于一般的城市游憩集会广场、交通广场和社会停车场库用地。建设部《城市绿化规划建设指标的规定》的说明中，将"街道广场绿地"归为"公共绿地"的一种，但没有做出定义。从对北京、上海、沈阳、武汉等19 个城市的调查结果看，其中，17 个城市在"公共绿地"统计中有"街道广场绿地"。

"街道广场绿地"与"道路绿地"中的"广场绿地"不

同，"街道广场绿地"位于道路红线之外，而"广场绿地"在城市规划的道路广场用地（即道路红线范围）以内。

本标准提出"街道广场绿地"中绿化占地比例大于等于65%这一量化规定的主要依据是：①国家现行标准《城市道路绿化规划与设计规范》CJJ 75 规定城市公共活动广场集中成片绿地不应小于广场总面积的 25%；②对上海、天津、山东等地 16 个街道广场绿地的调查，绿化占地比例的平均值达 63.3%，其中最低值为 43%（不含水体），最高达 81%；③虽广场绿地中的人流量一般大于普通的沿街绿地，但在满足功能需求的同时，应符合国家现行标准《公园设计规范》CJJ 48 关于绿化占地比例的规定。

2 生产绿地

国家现行标准《城市用地分类与规划建设用地标准》GBJ 137 将生产绿地和防护绿地合并为一个中类。考虑到这两类绿地具有不同的功能和用途，往往分类规划、分项建设。参照建设部《城市绿化规划建设指标的规定》，考虑绿地规划和建设的实际需要，本标准将这两类绿地分成两个大类。

不管是否为园林部门所属，只要是为城市绿化服务，能为城市提供苗木、草坪、花卉和种子的各类圃地，均应作为生产绿地，而不应计入其他类用地。其他季节性或临时性的苗圃，如从事苗木生产的农田，不应计入生产绿地。单位内附属的苗圃，应计入单位用地，如学校自用的苗圃，与学校一并作为教育科研设计用地，在计算绿地时则作为附属绿地。

由于城市建设用地指标的限定和苗木供应市场化，生产绿地已显现出郊区化的趋势。因此，位于城市建设用地范围外的生产绿地不参与城市建设用地平衡，但在用地规模上应达到相关标准的规定。

圃地具有生产的特点，许多城市中临时性存放或展示苗木、花卉的用地，如花卉展销中心等不能作为生产绿地。

3 防护绿地

防护绿地是为了满足城市对卫生、隔离、安全的要求而设置的，其功能是对自然灾害和城市公害起到一定的防护或减弱作用，不宜兼作公园绿地使用。因所在位置和防护对象的不同，对防护绿地的宽度和种植方式的要求各异，目前较多省市的相关法规针对当地情况有相应的规定，可参照执行。

4 附属绿地

（1）关于"附属绿地"含义的说明

"附属绿地"在过去的绿地分类中，被称为"专用绿地"或"单位附属绿地"。虽然从功用上看，"专用绿地"和"附属绿地"内容相同，但从名称的字面解释上看，"专用绿地"容易产生误解，因为许多"专用绿地"并不专用，而是对公众开放的。由于在城市总体规划中已对"公共绿地"、"生产绿地"和"防护绿地"做出了规定，使用"附属绿地"一词则更能够准确地反映出包含在其他城市建设用地中的绿地的含义。"附属绿地"不能单独参与城市建设用地平衡。

（2）关于"附属绿地"分类的说明

附属绿地的分类基本上与国家现行标准《城市用地分类与规划建设用地标准》GBJ 137 中建设用地分类的大类相对应，既概念明确，又便于绿地的统计、指标的确定和管理上的操作。附属绿地因所附属的用地性质不同，而在功能用途、规划设计与建设管理上有较大差异，应符合相关规定和城市规划的要求，如"道路绿地"应参照国家现行标准《城市道路绿化规划与设计规范》CJJ 75 的规定执行。

由于附属绿地的分类与城市建设用地的类别紧密相关，为方便本标准的使用，特将《城市用地分类与规划建设用地标准》中相关内容摘录如下：

类别名称	范　　　　围
居住用地	居住小区、居住街坊、居住组团和单位生活区等各种类型的成片或零星的用地
公共设施用地	居住区及居住区级以上的行政、经济、文化、教育、卫生、体育以及科研设计等机构和设施的用地，不包括居住用地中的公共服务设施用地
工业用地	工矿企业的生产车间、库房及其附属设施等用地，包括专用的铁路、码头和道路等用地。不包括露天矿用地
仓储用地	仓储企业的库房、堆场和包装加工车间及其附属设施等用地
对外交通用地	铁路、公路、管道运输、港口和机场等城市对外交通运输及其附属设施等用地
道路广场用地	市级、区级和居住区级的道路、广场和停车场等用地
市政公用设施用地	市级、区级和居住区级的市政公用设施用地，包括其建筑物、构筑物及管理维修设施等用地
特殊用地	特殊性质的用地，如军事用地、外事用地、保安用地等

（3）关于"居住绿地"的说明

居住绿地在城市绿地中占有较大比重，与城市生活密切相关，是居民日常使用频率最高的绿地类型。在《城市绿化条例》中将居住绿地作为一个大类，考虑到分类依据的统一性，以及居住绿地是附属于居住用地的绿化用地，本标准将居住绿地作为中类归入附属绿地。居住绿地不能单独参加城市建设用地平衡。

随着城市环境建设水平的提高，全国已有许多城市要求居民出行 500m 可进入公园绿地。为满足城市规划建设管理的需求，结合我国城市用地现状，本标准将"居住区公园"和"小区游园"归属"公园绿地"，在城市绿地指标统计时不得作为"居住绿地"计算。居住绿地的规划设计应参照国家现行标准《城市居住区规划设计规范》GB 50180 的规定执行。

5　其他绿地

（1）关于"其他绿地"的说明

1）必要性。

城市通常有若干个空间层次，从城市规划、建设和管理的角度讲，则主要有城市建设用地和城市规划区空间层次。

随着市场经济和城市建设的发展、城市居民休闲时间的增加和出行能力的增强，位于城市建设用地之外、城市规划区范围以内，生态、景观和游憩环境较好、面积较大、环境类型多样的区域开始承担起城市生态、景观保护和居民游憩的职能，使市区与周边环境的结合更加有机，使居民生活更加丰富。

这些区域能够体现出城市规划区中的生态、景观、旅游、娱乐等资源状况，它是城市建设用地范围内上述诸系统的延伸，它与城市建设用地内的绿地共同构成完整的绿地系统。因此在绿地分类中必须包含这些内容。

2）关于"其他绿地"的含义及其命名。

"其他绿地"是指位于城市建设用地以外生态、景观、旅游和娱乐条件较好或亟须改善的区域，一般是植被覆盖较好、山水地貌较好或应当改造好的区域。这类区域对城市居民休闲生活的影响较大，它不但可以为本地居民的休闲生活服务，还可以为外地和外国游人提供旅游观光服务，有时其中的优秀景观甚至可以成为城市的景观标志。其主要功能偏重生态环境保护、景观培育、建设控制、减灾防灾、观光旅游、郊游探险、自然和文化遗产保护等。如风景名胜区、水源保护区、有些城市新出现的郊野公园、森林公园、自然保护区、风景林地、城市绿化隔离带、野生动植物园、湿地、垃圾填埋场恢复绿地等。由于上述区域与城市和居民的关系较为密切，故应当按城市规划和建设的要求保持现状或定向发展，一般不改变其土地利用现状分类和使用性质。

上述类型的区域在很多城市的绿地规划和建设中已经出现，并呈现良好的发展态势，但命名比较混乱。"其他绿地"的命名既考虑到这些类型的区域与城市建设用地内的绿地的相对关系，又能够对不断扩展的区域类型有较大的覆盖面。

"其他绿地"不能替代或折合成为城市建设用地中的绿地，它只是起到功能上的补充、景观上的丰富和空间上的延续等作用，使城市能够在一个良好的生态、景观基础上进行可持续发展。"其他绿地"不参与城市建设用地平衡，它的统计范围应与城市总体规划用地范围一致。

（2）关于"其他绿地"中"城市绿化隔离带"的说明

城市绿化隔离带包括城市绿化隔离带和城市组团绿化隔离带。不同于城市组团绿化隔离带的城市绿化隔离带指我国已经出现的城镇连片地区，有些城镇中心相距10余公里，城镇边缘已经相接，这些城镇应当用绿色空间分隔，防止城镇的无序蔓延和建设效益的降低。

（3）关于"其他绿地"中"湿地"的说明

根据《关于特别是水禽生境的国际重要湿地公约》（《拉姆萨公约》）在序言中的定义，湿地为："沼泽、湿原、泥炭地或水域，其中水域包括天然的和人工的，永久的和暂时的，水体可以是静止的或流动的，是淡水、半咸水或咸水，包括落潮时水深不超过6米的海域，另外还包括毗邻的梯岸和海滨"。这是一个广泛的定义。

3 城市绿地的计算原则与方法

3.0.1 绿地作为城市用地的一种类型，计算时应采用相应的城市人口数据和城市用地数据，以利于用地指标的分析比较，增强绿地统计工作的科学性。

3.0.2 绿地面积应按绿化用地的平面投影面积进行计算，山丘、坡地不能以表面积计算。每块绿地只计算一次，不得重复。

3.0.3 《城市用地分类与规划建设用地标准》对城市规划不同阶段用地计算的图纸比例、计算单位、数字统计精确度作了明确规定，绿地计算时应与城市规划相应阶段的要求一致，以保证城市用地统计数据的整合性。

3.0.4 为统一绿地主要指标的计算工作，便于绿地系统规划的编制与审批，以及有利于开展城市间的比较研究，本标准提出了人均公园绿地面积、人均绿地面积、绿地率三项主要的绿地统计指标的计算公式。

现就三项指标的计算公式做如下说明：①可以用于不同的城市用地统计范围，如城市中心区、城市建设用地、城市总体规划用地等，一般在绿地系统规划中和无特指的情况下，均以城市建设用地范围为用地统计范围，即：计算公式中的 A_c 一般指城市建设用地面积；②三项指标的计算公式既可以用于现状绿地的统计，也可以用于规划指标的计算，但计算时应符合 3.0.1 条的规定，即用于现状绿地统计时，采用城市现状人口和城市现状建设用地数据；用于规划指标

计算时，采用城市规划人口和城市规划建设用地数据，这些数据均应与城市总体规划一致。

3.0.5 在表 3.0.5 中设"小计"、"中计"、"合计"项是为了便于与城市总体规划相协调。"小计"项中扣除"小区游园"后与《城市用地分类与规划建设用地标准》中的"绿地"一致；"中计"项与"城市建设用地平衡表"相对应；"合计"项可以得出绿地占城市总体规划用地的比例。因为城市建设用地和城市总体规划用地是城市总体规划与城市建设统计中使用的两个不同的用地范围，所以本标准提出针对这两个用地范围的绿地率指标，以反映不同空间层次的绿化水平。

附录：主要绿地分类名称中英文对照表

代码 CODES	主要绿地中文名称 CHINESE	英文同（近）义词 ENGLISH
G_1	公园绿地	PUBLIC PARK
G_2	生产绿地	NURSERY
G_3	防护绿地	GREEN BUFFER
G_4	附属绿地	ATTACHED GREEN SPACE
G_5	其他绿地	OTHER GREEN SPACE

中华人民共和国行业标准

乡镇集贸市场规划设计标准

Standard for Market Planning of
Town and Township

CJJ/T 87—2000

主编单位：中国建筑技术研究院村镇规划设计研究所
批准部门：中华人民共和国建设部
施行日期：2000年6月1日

关于发布行业标准《乡镇集贸市场规划设计标准》的通知

建标〔2000〕79号

根据建设部《关于印发一九九一年工程建设行业标准制订修订项目计划（建设部部分）第一批的通知》（建标〔1991〕413号）要求，由中国建筑技术研究院村镇规划设计研究所主编的《乡镇集贸市场规划设计标准》，经审查，批准为推荐性行业标准，编号CJJ/T87—2000。自2000年6月1日起施行。

本标准由建设部村镇建设标准技术归口单位中国建筑技术研究院负责管理，中国建筑技术研究院村镇规划设计研究所负责具体解释，建设部标准定额研究所组织中国建筑工业出版社出版。

中华人民共和国建设部
2000年4月12日

前　言

根据建设部建标〔1991〕413号文的要求，标准编制组在广泛调查研究，认真总结实践经验和吸取科研成果，并广泛征求意见的基础上，制定了本标准。

本标准的主要技术内容是：1.总则；2.术语；3.乡镇集贸市场类别和规模分级；4.乡镇集贸市场布点和规模预测；5.集贸市场用地；6.集贸市场选址和场地布置；7.集贸市场设施选型和规划设计；8.集贸市场附属设施规划设计等。

本标准由建设部村镇建设标准技术归口单位中国建筑技术研究院村镇规划设计研究所归口管理，授权由主编单位负责具体解释。

本标准主编单位是：中国建筑技术研究院村镇规划设计研究所（北京市西城区车公庄大街19号；邮政编码100044）。

本标准参编单位是：河北省村镇建设研究会、浙江省村镇建设研究会、四川省城乡规划设计研究院、黑龙江省村镇建设研究所、云南省村镇建设研究会、新疆自治区村镇建设研究会。

本标准主要起草人员：任世英、赵柏年、杨斌辉、孟祥书、廖先贵、丛树京、张铭彝、朱信义；参加人员：吴铁、丁家华、邹永安、丁伯昂、刘伟业、朱英杰、杨赋、李秀淼、尹庆祥、许晓燕、李光明。

目　次

1　总则 …………………………………………… 26—3
2　术语 …………………………………………… 26—3
3　乡镇集贸市场类别和规模分级 ……………… 26—4
4　乡镇集贸市场布点和规模预测 ……………… 26—5
5　集贸市场用地 ………………………………… 26—5
6　集贸市场选址和场地布置 …………………… 26—6
　6.1　市场选址 ………………………………… 26—6
　6.2　场地布置 ………………………………… 26—6
7　集贸市场设施选型和规划设计 ……………… 26—7
　7.1　市场设施选型 …………………………… 26—7
　7.2　市场设施规划设计 ……………………… 26—7
8　集贸市场附属设施规划设计 ………………… 26—9
本标准用词说明 …………………………………… 26—9
条文说明 …………………………………………… 26—10

1 总　　则

1.0.1 为了科学地进行乡镇集贸市场的规划设计，提高集贸市场建设的综合效益，促进商品流通，繁荣城乡市场经济，制订本标准。

1.0.2 本标准适用于县城以外建制镇和乡的辖区内集贸市场及其附属设施的规划设计。

1.0.3 乡镇集贸市场的规划设计应符合县（市、区）域城镇体系规划、乡镇域规划和镇区规划的部署。贯彻勤俭建设、节约用地、不占良田、方便交通、优化环境的原则，并应符合适用、经济、卫生、安全等要求。

1.0.4 乡镇集贸市场的规划设计应包括：依据市场发展的需要，在县域城镇体系规划中确定集贸市场的布点和规模；在乡镇域规划和镇区规划中确定集贸市场的位置和用地范围；编制集贸市场的详细规划，为集贸市场建筑及其附属设施的设计提供依据。

1.0.5 乡镇集贸市场的规划设计，除应符合本标准外，尚应符合国家现行有关标准的规定。

2 术　　语

2.0.1 乡镇集贸市场 Trade Market in Towns and Townships
　　在乡和县城以外建制镇的行政辖区范围内，定期聚集进行商品交易的场所。

2.0.2 乡镇域 Region of Towns and Townships
　　乡和县城以外建制镇的行政辖区地域范围。

2.0.3 镇区 Area of Towns
　　县城以外建制镇政府所在地或集镇的建设规划区范围。

2.0.4 平集日 Usual Market Day
　　一年中一般情况下的集市日期。

2.0.5 大集日 Important Market Day
　　节日和传统商品交易季节等特殊情况下，聚集人多、交易量大的集市日期。

2.0.6 入集人次 Total Number of People in Market Activities
　　集日全天内参与集市活动的人次总数。

2.0.7 平集日高峰人数 Peak Number of People in Usual Market Day
　　平集日在集贸市场内人流高峰时容纳的人数。

2.0.8 平集日高峰系数 Peak Coefficient in Usual Market Day
　　平集日高峰人数与入集人次的比值。

2.0.9 集贸市场用地 Land Used for Trade Market
　　集贸市场专用的各项设施和通道占地面积的总和，不包括用地外兼为其他使用的公共服务设施和停车场等用地。

2.0.10 人均市场用地指标 Index of Land Used for Market Per Capita

集贸市场用地面积除以平集日高峰人数的数值（m²/人）。

2.0.11 行商 Itinerant Traders

无固定营业地点的经商人员。

2.0.12 坐商 Traders with Stands

有固定营业地点的经商人员。

2.0.13 临时摊床 Temporary Stands

为行商临时使用，集市过后不存储货品的摊位。

2.0.14 固定摊棚 Fixed Stands

为坐商使用，设有防护设施的摊棚。

3 乡镇集贸市场类别和规模分级

3.0.1 乡镇集贸市场的类别，按交易品类分为综合型和专业型市场；按经营方式分为零售型和批发型市场，以及批零兼营型市场；按布局形式分为集中式和分散式市场；按设施类型分为固定型和临时型市场；按服务范围分为镇区型、镇域型和域外型市场。

3.0.2 以零售为主的乡镇集贸市场的规模，应按平集日入集人次划分为小型、中型、大型和特大型四级，其规模分级应符合表3.0.2的规定。批发市场的规模应根据经营内容的实际情况分级。

表 3.0.2 乡镇集贸市场规模分级

集贸市场规模分级	小 型	中 型	大 型	特大型
平集日入集人次	≤3000	3001~10000	10001~50000	>50000

4 乡镇集贸市场布点和规模预测

4.0.1 县域乡镇集贸市场的分布应结合市场现状和发展前景，确定其类别、数量和布点。

4.0.2 集贸市场的规划应根据市场的现状和市场区位、交通条件、商品类型、资源状况等因素进行综合分析，预测其发展的趋势和规模。预测的内容应包括：集市服务的地域范围、交易商品的种类和数量、入集人次和交易额、市场占地面积、设施选型以及分期建设的内容和要求等。

4.0.3 对于临近行政辖区边界和沿交通要道的乡镇集贸市场，在进行布点时，应充分考虑影响范围内区域发展经贸活动的需要。

4.0.4 乡镇集贸市场规模预测的期限应与县域城镇体系规划及镇区规划的规划期限相一致。

5 集贸市场用地

5.0.1 确定集贸市场的用地规模应以规划预测的平集日高峰人数为计算依据。大集日增加临时交易场地等措施时，不得占用公路和镇区主干道。

5.0.2 集贸市场的规划用地面积应为人均市场用地指标乘以平集日高峰人数。平集日高峰人数是平集日入集人次乘以平集日高峰系数。

集贸市场用地应按下式计算：

集贸市场用地面积 = 人均市场用地指标 × 平集日入集人次 × 平集日高峰系数

人均市场用地指标应为 $0.8 \sim 1.2 m^2 /$人。经营品类占地大的、大型运输工具出入量大的市场宜取大值，以批发为主的固定型市场宜取小值。

平集日高峰系数可取 $0.3 \sim 0.6$。集日频率小的、交易时间短的、专业型的市场以及经济欠发达地区宜取大值，每日有集的、交易时间长的、综合型的市场以及经济发达地区宜取小值。

6 集贸市场选址和场地布置

6.1 市 场 选 址

6.1.1 新建集贸市场选址应根据其经营类别、市场规模、服务范围的特点，综合考虑自然条件、交通运输、环境质量、建设投资、使用效益、发展前景等因素，进行多方案技术经济比较，择优确定。当现有集贸市场位置合理，交通顺畅，并有一定发展余地时，应合理利用现有场地和设施进行改建和扩建。

6.1.2 集贸市场选址应有利市场人流和货流的集散，确保内外交通顺畅安全，并与镇区公共设施联系方便，互不干扰。

6.1.3 集贸市场用地严禁跨越公路、铁路进行布置，并不得占用公路、桥头、码头、车站等重要交通地段的用地。

6.1.4 小型集市的各类商品交易场地宜集中选址；商品种类较多的大、中型的集市，宜根据交易要求分开选址。

6.1.5 为镇区居民日常生活服务的市场应与集中的居住区临近布置，但不得与学校、托幼设施相邻。运输量大的商品市场应根据货源来向选择场址。

6.1.6 影响镇区环境和易燃、易爆以及影响环境卫生的商品市场，应在镇区边缘，位于常年最小风向频率的上风侧及水系的下游选址，并应设置不小于50m宽的防护绿地。

6.2 场 地 布 置

6.2.1 集贸市场的场地布置应方便交易，利于管理，不同类别的商品应分类布置，相互干扰的商品应分隔布置。

6.2.2 集贸市场的场地布置应利于集散，确保安全。商场型市场场地的规划设计应符合国家现行标准《建筑设计防火规范》(GBJ16)、《村镇建筑设计防火规范》(GBJ39)、《商店建筑设计规范》(JGJ48)等的有关规定。

6.2.3 集贸市场的所在地段应设置不少于表6.2.3规定数量的独立出口。每一独立出口的宽度不应小于5m、净高不应小于4m，应有两个以上不同方向的出口联结镇区道路或公路。出口的总宽度应按平集日高峰人数的疏散要求计算确定，疏散宽度指标不应小于0.32m/百人。

表 6.2.3 集贸市场地段出口数量

集市规模	小 型	中 型	大型、特大型
独立出口数（个）	2~3	3~4	$3 + \dfrac{市场规划人次}{10000}$

6.2.4 集贸市场布置应确保内外交通顺畅，避免布置回头路和尽端路。市场出口应退入道路红线，并应设置宽度大于出口、向前延伸大于6m的人流集散场地，该地段不得停车和设摊。大、中型市场的主要出口与公路、镇区主干道的交叉口以及桥头、车站、码头的距离不应小于70m。

6.2.5 集贸市场的场地应做好竖向设计，保证雨水顺利排出。场地内的道路、给排水、电力、电讯、防灾等的规划设计应符合国家现行有关标准的规定。

6.2.6 集贸市场规划宜采取一场多用、设计为多层建筑、兼容其他功能等措施，提高用地使用效率。
6.2.7 停车场地应根据集贸市场的规模与布置，在镇区规划中统一进行定量、定位。

7 集贸市场设施选型和规划设计

7.1 市场设施选型

7.1.1 集贸市场设施按建造和布置形式分为摊棚设施、商场建筑和坐商街区等三种形式。
7.1.2 集贸市场设施的选型应根据商品特点、使用要求、场地状况、经营方式、建设规模和经济条件等因素确定。
7.1.3 集贸市场设施的选型，可采取单一形式或多种形式组成；多种形式组成的市场宜分区设置。

7.2 市场设施规划设计

7.2.1 摊棚设施分为临时摊床和固定摊棚。摊棚设施的规划设计应符合下列规定：
（1）摊棚设施规划设计指标宜符合表7.2.1的规定；

表 7.2.1 摊棚设施规划设计指标

摊位指标		商品类别 粮油、副食	蔬菜、果品、鲜活	百货、服装、土特、日杂	小型建材、家具、生产资料	小型餐饮、服务	废旧物品	牲畜
摊位面宽（m/摊）		1.5~2.0	2.0~2.5	2.0~3.0	2.5~4.0	2.5~3.0	2.5~4.0	—
摊位进深（m/摊）		1.8~2.5	1.5~2.0	1.5~2.0	2.5~3.0	2.5~3.5	2.0~3.0	—
购物通道宽度（m/摊）	单侧摊位	1.8~2.2	1.8~2.2	1.8~2.2	2.5~3.5	1.8~2.2	2.5~3.5	1.8~2.2
	双侧摊位	2.5~3.0	2.5~3.0	2.5~3.0	4.0~4.5	4.0~4.5	2.5~3.0	2.5~3.0

续表

商品类别 摊位指标		粮油、 副食	蔬菜、 果品、 鲜活	百货、 服装、 土特、 日杂	小型建 材、家 具、生 产资料	小型 餐饮 服务	废旧 物品	牲畜
摊位占 地指标 （m²/摊）	单侧摊位	5.5～ 9.0	6.5～ 10.5	6.5～ 12.5	15.5～ 26.0	11.0～ 17.0	12.5～ 26.0	6.5～ 18.0
	双侧摊位	3.5～ 5.5	4.0～ 6.0	4.0～ 7.5	11.0～ 21.0	6.5～ 10.0	11.0～ 21.0	4.0～ 10.5
摊位容纳人数 （人/摊）		4～8	6～12	8～15	4～8	6～12	6～10	3～6
人均占地指标 （m²/人）		0.9～ 1.2	0.7～ 0.9	0.5～ 0.9	1.5～ 3.0	1.1～ 1.7	1.3～ 2.6	1.3～ 3.0

注：1. 本表面积指标主要用于零售摊点；

2. 市场内共用的通道面积不计算在内；

3. 摊位容纳人数包括购物、售货和管理等人员。

（2）应符合国家现行的有关卫生、防火、防震、安全疏散等标准的有关规定；

（3）应设置供电、供水和排水设施。

7.2.2 商场建筑分为柜台式和店铺式两种布置形式。商场建筑的规划设计应符合下列规定：

（1）应符合国家现行标准《商店建筑设计规范》（JGJ48）等的有关规定；

（2）每一店铺均应设置独立的启闭设施；

（3）每一店铺均应分别配置消防设施，柜台式商场应统一设置消防设施；

（4）宜设计为多层建筑，以利节约用地。

7.2.3 坐商街区以及附有居住用房或生产用房的营业性建筑的规划设计，应符合下列规定：

（1）应符合镇区规划，充分考虑周围条件，满足经营交易、日照通风、安全防灾、环境卫生、设施管理等要求；

（2）应合理组织人流、车流，对外联系顺畅，利于消防、救护、货运、环卫等车辆的通行；

（3）地段内应采用暗沟（管）排除地面水；

（4）应结合市场设施、购物休憩和景观环境的要求，充分利用街区内现有的绿化，规划公共绿地和道路绿地。公共绿地面积不小于市场用地的4%。

8 集贸市场附属设施规划设计

8.0.1 集贸市场主要附属设施应包括下列内容：
(1) 服务设施：市场管理、咨询、维修、寄存用房；
(2) 安全设施：消防、保安、救护、卫生检疫用房；
(3) 环卫设施：垃圾站、公厕；
(4) 休憩设施：休息廊、绿地。

8.0.2 集贸市场主要附属设施配置指标应符合表8.0.2的规定。

表 8.0.2 集贸市场主要附属设施配置指标

集市规模 设施标准 设施项目	小型 数量	小型 建筑面积(m²)	中型 数量	中型 建筑面积(m²)	大型 数量	大型 建筑面积(m²)	特大型 数量	特大型 建筑面积(m²)
市场服务管理	<10人	50~100	10~25人	100~180	25~40人	180~240	>40人	240~300
保卫救护医疗	2~5人	30	5~8人	50	8~12人	70	>12人	90
休息廊亭	1处	40	1~2处	60~100	3~4处	120~200	>4处	>300
公共厕所	1~2处	20~30	2~3处	30~50	3~4处	50~100	>4处	>100
垃圾站	1处	100	1~2处	100~200	2~3处	200~300	>3处	>300
垃圾箱	服务距离不得大于70m							
消火栓 灭火器	按《建筑设计防火规范》(GBJ16)设置 按《建筑灭火器配置设计规范》(GBJ140)配置							

注：1. 表中所列附属设施的面积，皆为市场中该类设施多处面积的总和；
2. 垃圾站一栏为场地面积，与周围建筑距离不得小于5m。

本标准用词说明

1. 为便于在执行本标准条文时区别对待，对要求严格程度不同的用词说明如下：

   1) 表示很严格，非这样做不可的：
   正面词采用"必须"；
   反面词采用"严禁"。

   2) 表示严格，在正常情况下均应这样做的：
   正面词采用"应"；
   反面词采用"不应"或"不得"。

   3) 表示允许稍有选择，在条件许可时首先应这样做的：
   正面词采用"宜"；
   反面词采用"不宜"。

   表示有选择，在一定条件下可以这样做的，采用"可"。

2. 条文中指定应按其它有关标准执行的写法为"应按……执行"或"应符合……的规定"。

中华人民共和国行业标准

乡镇集贸市场规划设计标准

CJJ/T 87—2000

条 文 说 明

前　言

《乡镇集贸市场规划设计标准》（CJJ/T87—2000）经建设部2000年4月12日以建标［2000］79号文批准，业已发布。

为便于广大规划设计、施工、科研、学校等单位的有关人员在使用本标准时能正确理解和执行条文规定，《乡镇集贸市场规划设计标准》编制组按章、节、条顺序编制了本标准的条文说明，供国内使用者参考。在使用中如发现本条文说明有不妥之处，请将意见函寄中国建筑技术研究院村镇规划设计研究所。

目次

1 总则 …………………………………… 26—11
2 术语 …………………………………… 26—12
3 乡镇集贸市场类别和规模分级 ………… 26—13
4 乡镇集贸市场布点和规模预测 ………… 26—14
5 集贸市场用地 …………………………… 26—15
6 集贸市场选址和场地布置 ……………… 26—16
   6.1 市场选址 …………………………… 26—16
   6.2 场地布置 …………………………… 26—17
7 集贸市场设施选型和规划设计 ………… 26—18
   7.1 市场设施选型 ……………………… 26—18
   7.2 市场设施规划设计 ………………… 26—18
8 集贸市场附属设施规划设计 …………… 26—20

1 总 则

1.0.1 集市贸易是我国乡镇物资交流的重要途径。我国经济体制改革以来，农村生产蓬勃发展，随着市场经济的逐步建立，集贸市场建设迅猛发展，集市规模和建设投资不断扩大。

    乡镇集贸市场与群众的生产生活密切相关，在乡镇规划建设中是一项占地面积大、人流和物流多、对环境面貌有重要影响的公共设施。因此，科学地进行集贸市场的规划设计，对于节约用地、节省资金、改善交通、优化环境，对于规范市场建设和管理，都具有举足轻重的意义。

1.0.2 本标准的适用范围是县城（含县级市驻地）以下建制镇和乡的辖区内集贸市场及其附属设施的规划设计。

    本标准的适用范围与国家标准《村镇规划标准》（GB50188）协调一致。县城以下建制镇与乡为同一层次的基层政权组织。但目前分属城与乡的两个领域，随着农村体制的改革，农村城市化的进展，乡建制向镇建制的过渡，乡和镇采用同一规划标准，保证了规划建设工作的延续，从而避免因行政建制的变更而重新规划设计。

1.0.3 本条是编制乡镇集贸市场规划设计需要遵循的基本原则。乡、镇集贸市场建设是乡、镇建设的重要组成部分，因而要符合县（市）域城镇体系规划和镇区规划的要求。

    经济效益、社会效益、环境效益是衡量规划设计优劣的综合标准，在乡镇集贸市场规划设计中要全面贯彻勤俭建设、节约用地、不占良田、方便交通、优化环境等原则，并符合经济、适用、安全、卫生等要求。

1.0.4 乡镇集贸市场规划设计是乡镇规划设计中的重要组成部分，它所涉及的内容包括：

（1）在县域城镇体系规划中，要调查各乡镇集市贸易的现状，了解附近地域的资源状况，分析生产生活的需求变化，依据县域集市贸易的发展需要，预测各乡镇集市贸易的发展前景，确定集贸市场的布点和规模。

（2）在乡镇域规划和镇区规划中，要配合镇区的用地布局，确定集贸市场用地的规模和选址。

（3）在编制集贸市场的详细规划中，根据人流物流的要求，组织交通，布置市场建筑和各项设施，为市场建筑和工程设施的设计提供依据和要求。

1.0.5 本标准涉及相关行业的多种专业要求。因此乡镇集贸市场的规划设计除需要执行本标准的规定外，还要遵守国家现行的有关标准的规定。

2 术　语

本章内容是对本标准涉及的基本词汇给以统一用词、统一词解，或将已使用成熟的词汇纳入，以利于对标准内容的正确理解和使用。

（1）统一用词、统一释义。将尚无统一规定的术语给予确切的名称和涵义。

例如对规模变化的不同集日的定名，是将各地的不同名称，进行综合归纳，统一命名为"平集日"和"大集日"，并给予明确的涵义。

再如对表达集市规模的数值，在不同的部门和地区也不相同，如工商管理部门以交易额表示，建设管理部门以占地面积表示，而各地一般以赶集人数的多少表示规模的大小。综合上述情况，本标准确定"入集人次"作为表达集市规模的数值，既简单直观，又符合各地的习惯。

为了规划市场用地规模，本标准还提出了"平集日高峰人数"、"平集日高峰系数"、"集贸市场用地"的名词及其涵义。

（2）对一些成熟的术语加以肯定。如"乡镇域"、"镇区"、"行商"、"坐商"等。

3 乡镇集贸市场类别和规模分级

3.0.1 乡镇集贸市场从交易的品类、经营的方式、布局的形式、设施的类型、服务的范围等各方面显示出多样性。它与当地的物产资源、生产特点、生活习俗、自然条件、民族风情、经济水平等因素密切相关。这些差异对于集贸市场的布点、规模、选址以及设施配置等方面都有直接影响。

（1）按交易的品类划分为综合型市场和专业型市场两大类。综合型市场经营多种品类，专业型市场则只经营其中的一或二类，甚至是某类中的一种产品。综合型市场经营的品类多，一般与本地生活、生产关系密切相关，服务范围一般较小；而专业型市场虽然经营品种单一，但多是本地区的特色产品或传统经营产品，其影响范围大，有的销售至县外、省外甚至国外。

（2）按经营的方式划分为批发市场、零售市场或批零兼营市场。不同的经营方式对于市场布局、设施布置、建筑构成、面积大小等均有不同的要求。

（3）按布局形式划分为集中式市场和分散式市场。布局形式要结合当地的市场现状、镇区规划、交易品类与经营方式等情况，因地制宜地加以确定。小型集市一般多采取集中一处布置，大、中型集市则多采取分成几处布置，以利于交易、集散和管理。

（4）按设施类型划分为固定型和临时型。采取何种类型，应视交易商品的类别、经营方式的特点、经济发展的水平等因素而确定。

（5）按服务范围集贸市场分为镇区型、镇域型、域外型。由于服务范围的不同，影响集市的规模、选址、布局、设施的确定。

镇区型系指集市贸易经营的商品主要为镇区内居民服务，如蔬菜、副食、百货等商品。

镇域型系指集市贸易经营的商品为镇区及本镇辖区服务，交易本地的产品和本地生产、生活所需的各类物品。

域外型集贸市场主要是为乡镇域之外的县域、县际、省际或国际交易服务，集市贸易经营的商品多为本地区的特色产品，或传统经营的产品。

集贸市场的交易时间，各地也有很大差异，如五日一集、三日一集、隔日集、每日集等，也有的是早市、午市、晚市等每日的瞬时集，由于其经营时间的不同，也对市场的规划设计产生一定的影响。

3.0.2 乡镇集贸市场的规模，按其平集日参与集市贸易的人次进行分级，其理由主要是：

（1）平集日是一年内大多数情况的集市日期，其特点是参加交易的商品和人数明显少于大集日（以当地习俗，逢年、过节、赶会、农闲等传统交易季节而定，进入集市的人次数倍于平集日）。因此，以平集日作为确定集市用地面积和各项设施规模的依据，利于节约用地，减少建设投资，充分发挥经济效益。

（2）选择以"平集日入集人次"作为表达集市规模的数值，符合我国各地乡镇表达集市规模的习惯。较之以商品交易额或以市场用地面积表达集市规模，更具简明直观、易于操作的特点。

根据全国范围选取的六省区 30 个县范围内现状调查情况表明，集日进入集市的人次规模小的几百人、几千人，大的有几万人甚至二十几万人，相差达数百倍。这是因为影响集贸市场规模的因素是多方面的，如生产状况与生活水平、交通条件与辐射范围、交易品类与经销方式、历史传统与当地习俗、季节变化与交易时间等。因此为便于规划设计，乡镇集贸市场按平集日进入本乡镇集市的人次，划分为四级规模：小型≤3000，中型 3001～10000，大型 10001～50000，特大型＞50000。确定上述规模分级规定的思路是：

（1）集贸市场的规模分级与其服务范围符合目前多数地区情况。现状调查情况如下：

表 1　规模分级与其服务范围现状调查

服务范围	镇区与镇域	县域内	县域外
一般规模（平集日入集人次）	300～3000	5000～8000	1万以上

（2）适应不同地区的差异。经济比较发达、城市化水平较高的地区，参加集市交易的人次规模将趋向稳定，交易逐渐经常化，市场趋向专业化，设施趋向固定化；而经济欠发达地区将会有较大的增长与提高。

（3）数值进级具有规律性，分级系列简明，大不封顶、小不封底，以适应各地的差异。

（4）以"平集日入集人次"表达集市规模分级数值的做法，适合于各类以零售为主及批零兼营的集贸市场，对于一些批发市场，其交易数额大，产品购销量大，而参与进入市场人数却不多的商品类别，入集人次则不是反映市场规模的标志。为此，本条特别规定了批发市场的规模应根据经营内容的实际情况进行分级。

4　乡镇集贸市场布点和规模预测

4.0.1　乡镇集贸市场的布点一般应在县域范围内进行，调查县域范围内各乡镇集贸市场的现状，根据市场经济发展的需要，分析发展的趋势，预测其发展前景，与县域城镇体系规划相协调，对集贸市场进行统一规划，合理布点，包括配置的数量、市场的类型、规模及服务范围等。

（1）根据商品流通要求，从生产点至消费点流向出发，相应考虑行政区划的因素，合理进行县域集贸市场体系分布的规划。

（2）布点均匀，距离适当，方便购销，避免同类、同级市场过于靠近重复设置。

（3）结合集贸市场现状，尊重传统习俗，根据发展需要，对现有的市场进行调整完善。

（4）适应经济发展要求，选择位置适宜、交通便利、条件良好的地点，建设新的集贸市场。

4.0.2　关于乡镇集贸市场发展规模的预测，要在做好现状集市调查的基础上，分析影响集市规模的因素，充分考虑集市发展的优势和制约条件，预测发展的趋势，确定集市的发展规模。

集市现状调查的内容，一般包括集市的历史沿革、经营品类、产销地点、用地面积、设施状况、集市规模、交易特点、成交数额、集散方向、交通条件、管理机构及存在问题等。

集市规模一般涉及以下内容：

（1）平集日的集市时间、入集人次、购物平均停留时间、在集平均人数、在集高峰人数。

（2）大集日的集市时间、入集人次、购物平均停留时间、在集平均人数、在集高峰人数。

集市规模的现状统计，一般采用以下方法：

（1）入口统计法：可以测得入集人次。如分时统计进出集市人数，还可求得购物平均停留时间、在集平均人数与高峰人数。

（2）地段抽样法：以不同典型地段人数的平均值及高峰值乘以集市总面积与该地段面积之比值，可求得在集人数的平均值及高峰值。

（3）摊位抽样法：以各种摊位前的人数的平均值及高峰值，乘以摊位数，可求得在集人数的平均值及高峰值。

集市发展规模涉及的因素，包括：集市影响范围的地域面积与人口数量；经济发展和人民生活的水平与增长速度；生产、消费、中转商品的品种、数量、流向与交通运输工具等。

4.0.3 本条指出了集贸市场的服务范围，对于具有商贸传统地区的乡镇，特别是地处临近县界、省界、国界及交通干线时，其布点要充分考虑影响范围地区经贸活动的特点和发展需要。

4.0.4 规定了乡镇集贸市场规模预测的期限应与相关规划期限协调一致。

5 集贸市场用地

5.0.1 集贸市场的用地规模是以平集日在集高峰人数估算集贸市场所需的用地面积，大集日可采取选择临时场地的措施，以节约用地，提高土地利用率。同时规定了大集日选用临时场地时，不得占用公路和镇区主干道，以免阻塞交通和对镇区的干扰。

5.0.2 平集日高峰人数＝平集日入集人次×平集日高峰系数，在集高峰系数为平集日高峰人数与入集人次的比值。依据各地调查资料，在集高峰系数一般为 0.3~0.6。系数的取值可根据现状集市的调查，综合考虑以下因素予以确定：

（1）集市日期的频率：五日一集时系数较大，每日有集时系数较小。随着经济的发展，将逐步发展为每日集，入集人次将会减少。

（2）集日经营的时间：交易时间长者系数较小，短者系数较大。

（3）经营品类的多少：综合型市场系数较大，专业市场系数较小。

（4）经济发展的水平：经济发达地区系数较小，欠发达地区系数较大。

（5）人均购物的时间：购物时间长系数较大，购物时间短系数较小。

集贸市场的用地面积＝人均市场用地指标×平集日高峰人数。人均用地指标可选用 0.8~1.2 m²/人。这一用地指标是调查各地市场的现状，分析典型市场规划设计实例得出的。指标的取值可根据现状集市的调查，综合考虑以下情况予以选定。

(1) 经营的品类占地较大，宜取大值。

(2) 场地设施以固定型为主，宜取小值。

(3) 大型运输工具多，宜取大值。

(4) 以批发为主的市场，宜取小值。

(5) 不同品类的专业市场，可参照表 7.2.1 的指标予以适当增减。

上述两式合成计算，公式为：

市场用地面积 = 人均市场用地指标 × 平集日入集人次 × 平集日高峰系数

6 集贸市场选址和场地布置

6.1 市 场 选 址

6.1.1 本条说明新建集贸市场的选址要遵循的基本要求。现状是发展的基础，市场建设首先要考虑合理利用现有场地和设施，根据发展的需求进行改建与扩建，以节约资金，加快建设。对于现有少数集贸市场，存在着妨碍交通、不利安全、影响环境或部分经营品类的选址不当时，要根据镇区规划的要求，选址新建市场，或部分品类迁出原址兴建专业市场。

6.1.2 集日人流货流量大，市场选址要组织好交通集散，以保证镇区内部和对外交通便捷顺畅。由于参与集市贸易的人员也要使用镇区的商业、服务、金融、邮电、文化、娱乐等项设施，因此市场位置要同上述设施联系方便。

6.1.3 集贸市场位置要避免干扰对外交通，确保安全与通畅。参照我国城市交通管理要求和《民用建筑设计通则》(JGJ 37)，集贸市场和附属设施不能跨越公路、铁路进行布置，也不能占用公路、桥头、码头、车站等交通地段内的用地。

6.1.4 本条说明不同规模的集贸市场，在选址时要遵循的一些规律，以方便交易、利于管理和组织交通。

6.1.5 本条说明不同经营商品类别的集贸市场，在选址时要遵循的规律，以方便居民使用，减少对镇区的干扰。

6.1.6 本条针对影响镇容景观、环境卫生及易燃易爆商品

6.2 场地布置

6.2.1 为方便交易、利于管理，本条提出各类交易商品要分类分段进行布置，以缩短购物的时间和行程，并利于市场整齐有序和维护市场秩序。为此，要根据商品的购销情况进行选位。销售量大、购物人多、挑选省时的商品，宜布置在出入方便的地段；购物人少、挑选费时的商品，可布置在相对僻静的地段；而一些大件商品则宜选在相对独立、利于搬运的地段。

6.2.2 场地布置要利于集散，确保安全，对于商场型市场建筑的规划设计同时要符合国家现行有关标准的规定。

6.2.3 市场所在地段的布置应满足集散的要求，确保灾害发生时的紧急疏散和救援工作的顺利进行。根据集贸市场的规模规定了出口的数量（表 6.2.3）和每个出口的最小宽度和净高；规定了疏散的方向，并按《建筑设计防火规范》（GBJ16）的要求规定了安全疏散出口宽度指标，以具体计算集贸市场出口总宽度。按本条的规定我们对不同规模的集贸市场进行了疏散时间的验算如下：

疏散时间的计算公式

$$T = \frac{N}{A \cdot B}$$

式中 T——疏散总时间（min）；
  N——疏散总人数；
  A——单股人流通行能力（40人/min）；
  B——出口可通过人流股数（每股人流宽度按 500~600mm 计算，600mm 为单人携带物品宽度）。

疏散时间验算结果见表2。

表 2 集贸市场安全疏散时间验算表

集市规模 （高峰人数）	小 型 （3000）	中 型 （1万）	大 型 （5万）	特大型 （10万）
平集日高峰人数	900~1800	3000~6000	1.5~3万	3~6万
出口数量（个）	2~3	3~4	8	13
出口总宽（m）	5×(2~3) =10~15	5×(3~4) =15~20	0.32×(150~300) =48~96	0.32×(300~600) =96~192
疏散时间（min）	0.9~2.7	2.3~6.0	2.4~9.4	2.4~9.4

上述验算结果表明，小型市场疏散时间在 3min 以内，中型市场在 6min 以内，大型市场在 10min 以内。本标准符合国内外关于安全疏散时间的要求，并与我国现行的规划设计的安全疏散时间标准基本一致。

6.2.4 为保证市场内外交通的顺畅，场区内部道路走向要求便捷，避免布置回头路和尽端路。同时，规定市场出口前方要设置宽度大于出口、向前延伸不小于 6m 的人流集散场地，该地段也不能停放车辆、设摊或占作它用。对于中型以上规模的市场出口还根据《民用建筑设计通则》（JGJ 37）规定了与镇区主干道的交叉口以及桥头、车站、码头不应小于 70m 的要求，以避免交通阻塞。

6.2.5 规定了集贸市场的场地布置中要做好竖向设计，顺利排出地面水，以保证使用要求。场地内的道路、给排水、电力、电讯、防灾等的规划设计要符合国家现行有关标准的规定。

6.2.6 本条说明集贸市场规划设计要根据本地情况采取适宜的节约用地措施。如：采取一场多用的做法，非集日市场场地兼做其他功能；可设计为多层市场或多功能建筑，上层作其他用途等。

6.2.7 本条说明集贸市场出口附近应分别设置不同车种的停车场地，以利于分类存放和管理。此项工作要同镇区规划协调一致。

7 集贸市场设施选型和规划设计

7.1 市场设施选型

7.1.1 本条将市场设施分为三种类型，是按市场设施的建造特征、布置形式加以划分的。

（1）摊棚设施：是设有营业摊位和防护设施的市场，摊棚设施分为行商使用的临时摊床和坐商使用的固定摊棚。

（2）商场建筑：是在建筑内布置的集市，采用柜台或店铺的形式，设有固定的摊位。

（3）坐商街区：是指每个坐商设有独自出口的店铺建筑群体。在通常情况下，建有居住或加工用房，如"下店上宅"、"前店后厂"式的街区。

7.1.2 市场设施的选型涉及多种因素，要根据当地情况考虑发展的要求，因地制宜地加以确定。

7.1.3 市场设施的形式，要根据集市贸易的具体使用情况，可以采取单一类型或多种类型分区设置。

7.2 市场设施规划设计

7.2.1 摊棚设施根据其使用情况和布置形式分为临时摊床和固定摊棚。

表7.2.1规定了摊棚设施规划设计指标。对于不同的经营品类的摊位面宽、摊位进深、购物通道宽度、摊位的占地指标和容纳人数、人均占地等均规定了标准。

摊位面宽：指每个摊位沿购物通道方向的尺寸；

摊位进深：指每个摊位垂直于购物通道方向的尺寸；

单侧摊位：指通道的一侧布置摊位；

双侧摊位：指通道的两侧布置摊位；

摊位容纳人数：包括售货员人数（一般一个摊位为1～2人）以及在摊前选购、参观、管理及路过等的总人数。

人均占地指标：为规划设计各类物品交易场区的人均用地计算指标。

表7.2.1中所列数据系根据典型市场调查和各地的建议数字以及参照国家现行有关标准的规定，进行综合计算，并经部分试点规划建设试用验证而确定的。

（1）表中分为七大类商品，使用时要结合具体商品取值。依据当地情况，考虑商品的尺寸、数量、容器、包装、堆放、周转等情况，在体大、量多、顾客多的情况下宜取大值。若不同品种的少量货品需要同时布置时，其摊位进深和通道宽度宜采取相同数值，其摊位长度可取不同数值。

（2）表中所列均为零售方式需要的数值，如为批零兼营，则需根据批发部分所需的仓储面积是否设在场内等因素加以调整。

（3）通道宽度的数值，在建材、家具、废旧物品的类别中，已考虑了少量购物车辆进出的因素。

（4）要结合当地情况和现状的典型地段或摊位的调查，同表中摊位容纳人数比较，选定人均占地指标。

（5）市场内共用的通道指市场内设置的连接市场出入口及各分区的通道。

（6）大中型兼有批发业务的市场，还应考虑设置仓储设施。

7.2.2 商场建筑的规划设计要符合国家现行标准《商店建筑设计规范》（JGJ 48）的有关规定。尽量采用多层建筑，以节约用地。同时，摊位要设置启闭和消防设施，以保障安全。

7.2.3 坐商街区以及附有居住用房或生产用房的经营性建筑的规划设计，要按不同部分的建筑要求，除遵守国家现行有关标准的规定外，同时还提出了一些需要遵循的基本要求。

8 集贸市场附属设施规划设计

8.0.1 列举了集贸市场需设置的主要附属设施。包括市场内的服务设施、安全设施、环卫设施和休憩设施。

市场外兼为乡镇其他机构和居民使用的公共服务设施，如邮电、银行、旅馆、饭店及停车场地等。这些公共服务设施也要在镇区规划中考虑集贸市场的需要予以定量、定位，使之协调配合。

8.0.2 表 8.0.2 中规定了各项附属设施配置的数量和所需的建筑面积，并给予一定的幅度，以便结合各地情况加以确定，保证附属设施与市场建设同步进行。

中华人民共和国行业标准

园林基本术语标准

Standard for basic terminology
of landscape architecture

CJJ/T 91—2002

批准部门：中华人民共和国建设部
施行日期：2002 年 12 月 1 日

中华人民共和国建设部
公　　告

第 73 号

建设部关于发布行业标准《园林基本术语标准》的公告

现批准《园林基本术语标准》为行业标准，编号为 CJJ/T 91—2002，自 2002 年 12 月 1 日起实施。

本标准由建设部标准定额研究所组织中国建筑工业出版社出版发行。

中华人民共和国建设部
2002 年 10 月 11 日

前　言

根据建设部 [1990] 建标字第 407 号文的要求，标准编制组广泛调查、参阅有关文史资料；认真总结、提炼，并在广泛征求意见的基础上，制定了本标准。

本标准的主要技术内容：1. 总则；2. 通用术语；3. 城市绿地系统；4. 园林规划与设计；5. 园林工程；6. 风景名胜区。

本标准由建设部负责管理，由主编单位负责具体技术内容的解释。

本标准主编单位：建设部城市建设研究院（地址：北京市朝阳区惠新南里 2 号院，邮政编码：100029）

本标准主要起草人员：陈明松、王磐岩、李金路、赵洪才

目　次

1　总则 …………………………………………… 27—3
2　通用术语 ……………………………………… 27—3
3　城市绿地系统 ………………………………… 27—4
  3.1　城市绿地 …………………………………… 27—4
  3.2　城市绿地系统规划 ………………………… 27—5
4　园林规划与设计 ……………………………… 27—6
  4.1　园林史 ……………………………………… 27—6
  4.2　园林艺术 …………………………………… 27—6
  4.3　规划设计 …………………………………… 27—6
  4.4　园林植物 …………………………………… 27—7
  4.5　园林建筑 …………………………………… 27—8
5　园林工程 ……………………………………… 27—9
6　风景名胜区 …………………………………… 27—10
附录 A　英文术语条目索引 …………………… 27—11
附录 B　汉语拼音术语条目索引 ……………… 27—15
条文说明 ………………………………………… 27—19

1 总则

1.0.1 为了科学地统一和规范园林基本术语及其定义，制定本标准。

1.0.2 本标准适用于园林行业的规划、设计、施工、管理、科研、教学及其他相关领域。

1.0.3 采用园林基本术语及其定义，除应符合本标准的规定外，尚应符合国家有关强制性标准的规定。

2 通用术语

2.0.1 园林学 landscape architecture, garden architecture

综合运用生物科学技术、工程技术和美学理论来保护和合理利用自然环境资源，协调环境与人类经济和社会发展，创造生态健全、景观优美、具有文化内涵和可持续发展的人居环境的科学和艺术。

2.0.2 园林 garden and park

在一定地域内运用工程技术和艺术手段，通过因地制宜地改造地形、整治水系、栽种植物、营造建筑和布置园路等方法创作而成的优美的游憩境域。

2.0.3 绿化 greening, planting

栽种植物以改善环境的活动。

2.0.4 城市绿化 urban greening, urban planting

栽种植物以改善城市环境的活动。

2.0.5 城市绿地 urban green space

以植被为主要存在形态，用于改善城市生态，保护环境，为居民提供游憩场地和美化城市的一种城市用地。

3 城市绿地系统

3.1 城 市 绿 地

3.1.1 公园绿地 public park

向公众开放，以游憩为主要功能，兼具生态、美化、防灾等作用的城市绿地。

3.1.2 公园 park

供公众游览、观赏、休憩，开展户外科普、文体及健身等活动，向全社会开放，有较完善的设施及良好生态环境的城市绿地。

3.1.3 儿童公园 children park

单独设置，为少年儿童提供游戏及开展科普、文化活动的公园。

3.1.4 动物园 zoo

在人工饲养条件下，移地保护野生动物，供观赏、普及科学知识、进行科学研究和动物繁育，并具有良好设施的绿地。

3.1.5 植物园 botanical garden

进行植物科学研究和引种驯化，并供观赏、游憩及开展科普活动的绿地。

3.1.6 墓园 cemetery garden

园林化的墓地。

3.1.7 盆景园 penjing garden, miniature landscape

以盆景展示为主要内容的专类公园。

3.1.8 盲人公园 park for the blind

以盲人为主要服务对象，配备以安全的设施，可以进行触觉感知、听觉感知和嗅觉感知等活动的公园。

3.1.9 花园 garden

以植物观赏为主要功能的小型绿地。可独立设园，也可附属于宅院、建筑物或公园内。

3.1.10 历史名园 historical garden and park

历史悠久、知名度高，体现传统造园艺术并被审定为文物保护单位的园林。

3.1.11 风景名胜公园 famous scenic park

位于城市建设用地范围内，以文物古迹、风景名胜点（区）为主形成的具有城市公园功能的绿地。

3.1.12 纪念公园 memorial park

以纪念历史事件、缅怀名人和革命烈士为主题的公园。

3.1.13 街旁绿地 roadside green space

位于城市道路用地之外，相对独立成片的绿地。

3.1.14 带状公园 linear park

沿城市道路、城墙、水系等，有一定游憩设施的狭长型绿地。

3.1.15 专类公园 theme park

具有特定内容或形式，有一定游憩设施的公园。

3.1.16 岩石园 rock garden

模拟自然界岩石及岩生植物的景观，附属于公园内或独立设置的专类公园。

3.1.17 社区公园 community park

为一定居住用地范围内的居民服务，具有一定活动内容和设施的集中绿地。

3.1.18 生产绿地 productive plantation area
为城市绿化提供苗木、花草、种子的苗圃、花圃、草圃等圃地。

3.1.19 防护绿地 green buffer, green area for environmental protection
城市中具有卫生、隔离和安全防护功能的绿化用地。

3.1.20 附属绿地 attached green space
城市建设用地中除绿地之外各类用地中的附属绿化用地。

3.1.21 居住绿地 green space attached to housing estate, residential green space
城市居住用地内除社区公园之外的绿地。

3.1.22 道路绿地 green space attached to urban road and square
城市道路广场用地内的绿地。

3.1.23 屋顶花园 roof garden
在建筑物屋顶上建造的花园。

3.1.24 立体绿化 vertical planting
利用除地面资源以外的其他空间资源进行绿化的方式。

3.1.25 风景林地 scenic forest land
具有一定景观价值，对城市整体风貌和环境起改善作用，但尚没有完善的游览、休息、娱乐等设施的林地。

3.2 城市绿地系统规划

3.2.1 城市绿地系统 urban green space system
由城市中各种类型和规模的绿化用地组成的整体。

3.2.2 城市绿地系统规划 urban green space system planning
对各种城市绿地进行定性、定位、定量的统筹安排，形成具有合理结构的绿色空间系统，以实现绿地所具有的生态保护、游憩休闲和社会文化等功能的活动。

3.2.3 绿化覆盖面积 green coverage
城市中所有植物的垂直投影面积。

3.2.4 绿化覆盖率 percentage of greenery coverage
一定城市用地范围内，植物的垂直投影面积占该用地总面积的百分比。

3.2.5 绿地率 greening rate, ratio of green space
一定城市用地范围内，各类绿化用地总面积占该城市用地面积的百分比。

3.2.6 绿带 green belt
在城市组团之间、城市周围或相邻城市之间设置的用以控制城市扩展的绿色开敞空间。

3.2.7 楔形绿地 green wedge
从城市外围嵌入城市内部的绿地，因反映在城市总平面图上呈楔形而得名。

3.2.8 城市绿线 boundary line of urban green space
在城市规划建设中确定的各种城市绿地的边界线。

4 园林规划与设计

4.1 园 林 史

4.1.1 园林史 landscape history，garden history

园林及其相关因素发生、发展和演变的历史。

4.1.2 古典园林 classical garden

对古代园林和具有典型古代园林风格的园林作品的统称。

4.1.3 囿 hunting park

中国古代供帝王贵族进行狩猎、游乐的一种园林类型。

4.1.4 苑 imperial park

在囿的基础上发展起来的，建有宫室和别墅，供帝王居住、游乐、宴饮的一种园林类型。

4.1.5 皇家园林 royal garden

古代皇帝或皇室享用的，以游乐、狩猎、休闲为主，兼有治政、居住等功能的园林。

4.1.6 私家园林 private garden

古代官僚、文人、地主、富商所拥有的私人宅园。

4.1.7 寺庙园林 monastery garden

指寺庙、宫观和祠院等宗教建筑的附属花园。

4.2 园 林 艺 术

4.2.1 园林艺术 garden art

在园林创作中，通过审美创造活动再现自然和表达情感

的一种艺术形式。

4.2.2 相地 site investigation

泛指对园址场地条件的勘察、体察、分析和利用。

4.2.3 造景 landscaping

使环境具有观赏价值或更高观赏价值的活动。

4.2.4 借景 borrowed scenery，view borrowing

对景观自身条件加以利用，或借用外部景观从而完善园林自身的方法。

4.2.5 园林意境 poetic imagery of garden

通过园林的形象所反映的情感，使游赏者触景生情，产生情景交融的一种艺术境界。

4.2.6 透景线 perspective line

在树木或其他物体中间保留的可透视远方景物的空间。

4.2.7 盆景 miniature landscape，penjing

呈现于盆器中的风景或园林花木景观的艺术缩制品。

4.2.8 插花 flower arrangement

以植物为主要材料，经过艺术加工而成的作品。

4.2.9 季相 seasonal appearance of plant

植物在不同季节表现出的外观。

4.3 规 划 设 计

4.3.1 园林规划 garden planning，landscaping planning

综合确定、安排园林建设项目的性质、规模、发展方向、主要内容、基础设施、空间综合布局、建设分期和投资估算的活动。

4.3.2 园林布局 garden layout

确定园林各种构成要素的位置和相互之间关系的活动。

4.3.3 园林设计　garden design
使园林的空间造型满足游人对其功能和审美要求的相关活动。

4.3.4 公园最大游人量　maximum visitors capacity in park
在游览旺季的日高峰小时内同时在公园中游览活动的总人数。

4.3.5 地形设计　topographical design
对原有地形、地貌进行工程结构和艺术造型的改造设计。

4.3.6 园路设计　garden path design
确定园林中道路的位置、线形、高程、结构和铺装形式的设计活动。

4.3.7 种植设计　planting design
按植物生态习性和园林规划设计的要求，合理配置各种植物，以发挥它们的园林功能和观赏特性的设计活动。

4.3.8 孤植　specimen planting, isolated planting
单株树木栽植的配植方式。

4.3.9 对植　opposite planting, coupled planting
两株树木在一定轴线关系下相对应的配植方式。

4.3.10 列植　linear planting
沿直线或曲线以等距离或按一定的变化规律而进行的植物种植方式。

4.3.11 群植　group planting, mass planting
由多株树木成丛、成群的配植方式。

4.4 园林植物

4.4.1 园林植物　landscape plant
适于园林中栽种的植物。

4.4.2 观赏植物　ornamental plant
具有观赏价值，在园林中供游人欣赏的植物。

4.4.3 古树名木　historical tree and famous wood species
古树泛指树龄在百年以上的树木；名木泛指珍贵、稀有或具有历史、科学、文化价值以及有重要纪念意义的树木，也指历史和现代名人种植的树木，或具有历史事件、传说及神话故事的树木。

4.4.4 地被植物　ground cover plant
株丛密集、低矮，用于覆盖地面的植物。

4.4.5 攀缘植物　climbing plant, climber
以某种方式攀附于其他物体上生长，主干茎不能直立的植物。

4.4.6 温室植物　greenhouse plant
在当地温室或保护地条件下才能正常生长的植物。

4.4.7 花卉　flowering plant
具有观赏价值的草本植物、花灌木、开花乔木以及盆景类植物。

4.4.8 行道树　avenue tree, street tree
沿道路或公路旁种植的乔木。

4.4.9 草坪　lawn
草本植物经人工种植或改造后形成的具有观赏效果，并能供人适度活动的坪状草地。

4.4.10 绿篱　hedge
成行密植，作造型修剪而形成的植物墙。

4.4.11 花篱　flower hedge
用开花植物栽植、修剪而成的一种绿篱。

4.4.12 花境 flower border

多种花卉交错混合栽植，沿道路形成的花带。

4.4.13 人工植物群落 man-made planting habitat

模仿自然植物群落栽植的、具有合理空间结构的植物群体。

4.5 园 林 建 筑

4.5.1 园林建筑 garden building

园林中供人游览、观赏、休憩并构成景观的建筑物或构筑物的统称。

4.5.2 园林小品 small garden ornaments

园林中供休息、装饰、景观照明、展示和为园林管理及方便游人之用的小型设施。

4.5.3 园廊 veranda, gallery, colonnade

园林中屋檐下的过道以及独立有顶的过道。

4.5.4 水榭 waterside pavilion

供游人休息、观赏风景的临水园林建筑。

4.5.5 舫 boat house

供游玩宴饮、观景之用的仿船造型的园林建筑。

4.5.6 园亭 garden pavilion, pavilion

供游人休息、观景或构成景观的开敞或半开敞的小型园林建筑。

4.5.7 园台 platform

利用地形或在地面上垒土、筑石成台形，顶部平整，一般在台上建屋宇房舍或仅有围栏，供游人登高览胜的园林构筑物。

4.5.8 月洞门 moon gate

开在园墙上，形状多样的门洞。

4.5.9 花架 pergola, trellis

可攀爬植物，并提供游人遮荫、休憩和观景之用的棚架或格子架。

4.5.10 园林楹联 couplet written on scroll, couplet on pillar

悬挂或张贴在园林建筑壁柱上的联语。

4.5.11 园林匾额 bian'e in garden

挂在厅堂或亭榭等园林建筑上的题字横牌。

5 园林工程

5.0.1 园林工程 garden engineering
园林中除建筑工程以外的室外工程。

5.0.2 绿化工程 plant engineering
有关植物种植的工程。

5.0.3 大树移植 big tree transplanting
将胸径在20cm以上的落叶乔木和胸径在15cm以上的常绿乔木移栽到异地的活动。

5.0.4 假植 heeling in, temporary planting
苗木不能及时栽植时,将苗木根系用湿润土壤做临时性填埋的绿化工程措施。

5.0.5 基础种植 foundation planting
用灌木或花卉在建筑物或构筑物的基础周围进行绿化、美化栽植。

5.0.6 种植成活率 ratio of living tree
种植植物的成活数量与种植植物总量的百分比。

5.0.7 适地适树 planting according to the environment
因立地条件和小气候而选择相适应的植物种进行的绿化。

5.0.8 造型修剪 topiary
将乔木或灌木做修剪造型的一种技艺。

5.0.9 园艺 horticulture
指蔬菜、果树、观赏植物等的栽培、繁育技术和生产管理方法。

5.0.10 假山 rockwork, artificial hill
园林中以造景或登高览胜为目的,用土、石等材料人工构筑的模仿自然山景的构筑物。

5.0.11 置石 stone arrangement, stone layout
以石材或仿石材料布置成自然露岩景观的造景手法。

5.0.12 掇山 piled stone hill, hill making
用自然山石掇叠成假山。

5.0.13 塑山 man-made rockwork
用艺术手法将人工材料塑造成假山。

5.0.14 园林理水 water system layout in garden
造园中的水景处理。

5.0.15 驳岸 revetment in garden
保护园林水体岸边的工程设施。

5.0.16 喷泉 fountain
经加压后形成的喷涌水流。

6 风景名胜区

6.0.1 风景名胜区 landscape and famous scenery

指风景名胜资源集中、环境优美、具有一定规模和游览条件，可供人们游览欣赏、休憩娱乐或进行科学文化活动的地域。

6.0.2 国家重点风景名胜区 national park of China

经国务院审定公布的风景名胜区。

6.0.3 风景名胜区规划 landscape and famous scenery planning

保护培育、开发利用和经营管理风景名胜区，并发挥其多种功能作用的统筹部署和具体安排。

6.0.4 风景名胜 famous scenery, famous scenic site

著名的自然或人文景点、景区和风景区域。

6.0.5 风景资源 scenery resource

能引起审美与欣赏活动，可以作为风景游览对象和风景开发利用的事物的总称。

6.0.6 景物 view, feature

具有独立欣赏价值的风景素材的个体。

6.0.7 景点 feature spot, view spot

由若干相互关联的景物所构成、具有相对独立性和完整性，并具有审美特征的基本境域单元。

6.0.8 景区 scenic zone

根据风景资源类型、景观特征或游人观赏需求而将风景区划分成的一定用地范围。

6.0.9 景观 landscape, scenery

可引起良好视觉感受的某种景象。

6.0.10 游览线 touring route

为游人安排的游览、欣赏风景的路线。

6.0.11 环境容量 environmental capacity

在一定的时间和空间范围内所能容纳的合理的游人数量。

6.0.12 国家公园 national park

国家为合理地保护和利用自然、文化遗产而设立的大规模的保护区域。

附录 A 英文术语条目索引

A

artificial hill	假山	5.0.10
attached green space	附属绿地	3.1.20
avenue tree	行道树	4.4.8

B

bian'e in garden	园林匾额	4.5.11
big tree transplanting	大树移植	5.0.3
boat house	舫	4.5.5
borrowed scenery	借景	4.2.4
botanical garden	植物园	3.1.5
boundary line of urban green space	城市绿线	3.2.8

C

cemetery garden	墓园	3.1.6
children park	儿童公园	3.1.3
classical garden	古典园林	4.1.2
climber	攀缘植物	4.4.5
climbing plant	攀缘植物	4.4.5
colonnade	园廊	4.5.3
community park	社区公园	3.1.17
coupled planting	对植	4.3.9
couplet on pillar	园林楹联	4.5.10
couplet written on scroll	园林楹联	4.5.10

E

environment capacity	环境容量	6.0.11

F

famous scenery	风景名胜	6.0.4
famous scenic park	风景名胜公园	3.1.11
famous scenic site	风景名胜	6.0.4
feature	景物	6.0.6
feature spot	景点	6.0.7
flower arrangement	插花	4.2.8
flower border	花境	4.4.12
flower hedge	花篱	4.4.11
flowering plant	花卉	4.4.7
foundation planting	基础种植	5.0.5
fountain	喷泉	5.0.16

G

gallery	园廊	4.5.3
garden	花园	3.1.9
garden and park	园林	2.0.2
garden architecture	园林学	2.0.1
garden art	园林艺术	4.2.1
garden building	园林建筑	4.5.1

garden design	园林设计	4.3.3	historical garden and park	历史名园	3.1.10
garden engineering	园林工程	5.0.1	historical tree and famous wood species	古树名木	4.4.3
garden history	园林史	4.1.1			
garden layout	园林布局	4.3.2	horticulture	园艺	5.0.9
garden path design	园路设计	4.3.6	hunting park	囿	4.1.3
garden pavilion	园亭	4.5.6			
garden planning	园林规划	4.3.1	**I**		
green area for environmental protection	防护绿地	3.1.19	imperial park	苑	4.1.4
			isolated planting	孤植	4.3.8
green belt	绿带	3.2.6	**L**		
green buffer	防护绿地	3.1.19			
green coverage	绿化覆盖面积	3.2.3	landscape	景观	6.0.9
greenhouse plant	温室植物	4.4.6	landscape and famous scenery	风景名胜区	6.0.1
green space attached to housing estate	居住绿地	3.1.21	landscape and famous scenery planning	风景名胜区规划	6.0.3
green space attached to urban road and square	道路绿地	3.1.22	landscape architecture	园林学	2.0.1
			landscape history	园林史	4.1.1
green wedge	楔形绿地	3.2.7	landscape plant	园林植物	4.4.1
greening	绿化	2.0.3	landscaping	造景	4.2.3
greening rate	绿地率	3.2.5	landscaping planning	园林规划	4.3.1
ground cover plant	地被植物	4.4.4	lawn	草坪	4.4.9
group planting	群植	4.3.11	linear park	带状公园	3.1.14
			linear planting	列植	4.3.10
H			**M**		
hedge	绿篱	4.4.10			
heeling in	假植	5.0.4	man-made planting habitat	人工植物群落	4.4.13
hill making	掇山	5.0.12	man-made rockwork	塑山	5.0.13

mass planting	群植	4.3.11	plant engineering	绿化工程	5.0.2
maximum visitors capacity in park	公园最大游人量	4.3.4	planting	绿化	2.0.3
memorial park	纪念公园	3.1.12	planting according to the environment	适地适树	5.0.7
miniature landscape	盆景园	3.1.7			
miniature landscape	盆景	4.2.7	planting design	种植设计	4.3.7
monastery garden	寺庙园林	4.1.7	platform	园台	4.5.7
moon gate	月洞门	4.5.8	poetic imagery of garden	园林意境	4.2.5
			private garden	私家园林	4.1.6
			productive plantation area	生产绿地	3.1.18

N

national park	国家公园	6.0.12	public park	公园绿地	3.1.1
national park of China	国家重点风景名胜区	6.0.2			

R

			ratio of green space	绿地率	3.2.5

O

			ratio of living tree	种植成活率	5.0.6
opposite planting	对植	4.3.9	residential green space	居住绿地	3.1.21
ornamental plant	观赏植物	4.4.2	revetment in garden	驳岸	5.0.15
			roadside green space	街旁绿地	3.1.13

P

			rock garden	岩石园	3.1.16
park	公园	3.1.2	rockwork	假山	5.0.10
park for the blind	盲人公园	3.1.8	roof garden	屋顶花园	3.1.23
pavilion	园亭	4.5.6	royal garden	皇家园林	4.1.5
penjing	盆景	4.2.7			
penjing garden	盆景园	3.1.7			

S

percentage of greenery coverage	绿化覆盖率	3.2.4	scenery	景观	6.0.9
pergola	花架	4.5.9	scenery resource	风景资源	6.0.5
perspective line	透景线	4.2.6	scenic forest land	风景林地	3.1.25
piled stone hill	掇山	5.0.12	scenic zone	景区	6.0.8

seasonal appearance of plant	季相	4.2.9
site investigation	相地	4.2.2
small garden ornaments	园林小品	4.5.2
specimen planting	孤植	4.3.8
stone arrangement	置石	5.0.11
stone layout	置石	5.0.11
street tree	行道树	4.4.8

T

temporary planting	假植	5.0.4
theme park	专类公园	3.1.15
topiary	造型修剪	5.0.8
topographical design	地形设计	4.3.5
touring route	游览线	6.0.10
trellis	花架	4.5.9

U

urban green space	城市绿地	2.0.5
urban green space system	城市绿地系统	3.2.1
urban green space system planning	城市绿地系统规划	3.2.2
urban greening	城市绿化	2.0.4
urban planting	城市绿化	2.0.4

V

veranda	园廊	4.5.3

vertical planting	立体绿化	3.1.24
view	景物	6.0.6
view borrowing	借景	4.2.4
view spot	景点	6.0.7

W

water system layout in garden	园林理水	5.0.14
waterside pavilion	水榭	4.5.4

Z

zoo	动物园	3.1.4

附录 B 汉语拼音术语条目索引

B

| 驳岸 | revetment in garden | 5.0.15 |

C

草坪	lawn	4.4.9
插花	flower arrangement	4.2.8
城市绿地	urban green space	2.0.5
城市绿地系统	urban green space system	3.2.1
城市绿地系统规划	urban green space system planning	3.2.2
城市绿化	urban greening	2.0.4
城市绿化	urban planting	2.0.4
城市绿线	boundary line of urban green space	3.2.8

D

大树移植	big tree transplanting	5.0.3
带状公园	linear park	3.1.14
道路绿地	green space attached to urban road and square	3.1.22
地被植物	ground cover plant	4.4.4
地形设计	topographical design	4.3.5
动物园	zoo	3.1.4
对植	coupled planting	4.3.9
对植	opposite planting	4.3.9
掇山	hill making	5.0.12
掇山	piled stone hill	5.0.12

E

| 儿童公园 | children park | 3.1.3 |

F

防护绿地	green area for environmental protection	3.1.19
防护绿地	green buffer	3.1.19
舫	boat house	4.5.5
风景林地	scenic forest land	3.1.25
风景名胜	famous scenery	6.0.4
风景名胜	famous scenic site	6.0.4
风景名胜公园	famous scenic park	3.1.11
风景名胜区	landscape and famous scenery	6.0.1
风景名胜区规划	landscape and famous scenery planning	6.0.3
风景资源	scenery resource	6.0.5
附属绿地	attached green space	3.1.20

G

公园	park	3.1.2
公园绿地	public park	3.1.1
公园最大游人量	maximum visitors capacity in park	4.3.4

孤植	isolated planting	4.3.8	街旁绿地	roadside green space	3.1.13
孤植	specimen planting	4.3.8	借景	borrowed scenery	4.2.4
古典园林	classical garden	4.1.2	借景	view borrowing	4.2.4
古树名木	historical tree and famous wood species	4.4.3	景点	feature spot	6.0.7
			景点	view spot	6.0.7
观赏植物	ornamental plant	4.4.2	景观	scenery	6.0.9
国家公园	national park	6.0.12	景观	landscape	6.0.9
国家重点风景名胜区	national park of China	6.0.2	景区	scenic zone	6.0.8
			景物	feature	6.0.6

H

			景物	view	6.0.6
花卉	flowering plant	4.4.7	居住绿地	green space attached to housing estate	3.1.21
花架	pergola	4.5.9			
花架	trellis	4.5.9	居住绿地	residential green space	3.1.21
花境	flower border	4.4.12			
花篱	flower hedge	4.4.11			
花园	garden	3.1.9	**L**		
环境容量	environment capacity	6.0.11	历史名园	historical garden and park	3.1.10
皇家园林	royal garden	4.1.5	立体绿化	vertical planting	3.1.24

J

			列植	linear planting	4.3.10
			绿带	green belt	3.2.6
			绿地率	greening rate	3.2.5
基础种植	foundation planting	5.0.5	绿地率	ratio of green space	3.2.5
纪念公园	memorial park	3.1.12	绿化	greening	2.0.3
季相	seasonal appearance of plant	4.2.9	绿化	planting	2.0.3
假山	artificial hill	5.0.10	绿化覆盖率	percentage of greenery coverage	3.2.4
假山	rockwork	5.0.10	绿化覆盖面积	green coverage	3.2.3
假植	heeling in	5.0.4	绿化工程	plant engineering	5.0.2
假植	temporary planting	5.0.4	绿篱	hedge	4.4.10

M

盲人公园	park for the blind	3.1.8
墓园	cemetery garden	3.1.6

P

攀缘植物	climber	4.4.5
攀缘植物	climbing plant	4.4.5
喷泉	fountain	5.0.16
盆景	miniature landscape	4.2.7
盆景	penjing	4.2.7
盆景园	miniature landscape	3.1.7
盆景园	penjing garden	3.1.7

Q

群植	group planting	4.3.11
群植	mass planting	4.3.11

R

人工植物群落	man-made planting habitat	4.4.13

S

社区公园	community park	3.1.17
生产绿地	productive plantation area	3.1.18
适地适树	planting according to the environment	5.0.7
水榭	waterside pavilion	4.5.4
私家园林	private garden	4.1.6
寺庙园林	monastery garden	4.1.7
塑山	man-made rockwork	5.0.13

T

透景线	perspective line	4.2.6

W

温室植物	greenhouse plant	4.4.6
屋顶花园	roof garden	3.1.23

X

相地	site investigation	4.2.2
楔形绿地	green wedge	3.2.7
行道树	avenue tree	4.4.8
行道树	street tree	4.4.8

Y

岩石园	rock garden	3.1.16
游览线	touring route	6.0.10
囿	hunting park	4.1.3
园廊	colonnade	4.5.3
园廊	gallery	4.5.3
园廊	veranda	4.5.3
园林	garden and park	2.0.2
园林匾额	bian'e in garden	4.5.11

园林布局	garden layout	4.3.2	造型修剪	topiary	5.0.8
园林工程	garden engineering	5.0.1	植物园	botanical garden	3.1.5
园林规划	garden planning	4.3.1	置石	stone arrangement	5.0.11
园林规划	landscaping planning	4.3.1	置石	stone layout	5.0.11
园林建筑	garden building	4.5.1	种植成活率	ratio of living tree	5.0.6
园林理水	water system layout in garden	5.0.14	种植设计	planting design	4.3.7
园林设计	garden design	4.3.3	专类公园	theme park	3.1.15
园林史	garden history	4.1.1			
园林史	landscape history	4.1.1			
园林小品	small garden ornaments	4.5.2			
园林学	garden architecture	2.0.1			
园林学	landscape architecture	2.0.1			
园林艺术	garden art	4.2.1			
园林意境	poetic imagery of garden	4.2.5			
园林楹联	couplet on pillar	4.5.10			
园林楹联	couplet written on scroll	4.5.10			
园林植物	landscape plant	4.4.1			
园路设计	garden path design	4.3.6			
园台	platform	4.5.7			
园亭	garden pavilion	4.5.6			
园亭	pavilion	4.5.6			
园艺	horticulture	5.0.9			
苑	imperial park	4.1.4			
月洞门	moon gate	4.5.8			

Z

造景	landscaping	4.2.3

中华人民共和国行业标准

园林基本术语标准

CJJ/T 91—2002

条 文 说 明

前　言

《园林基本术语标准》(CJJ/T 91—2002)经建设部2002年10月11日以公告第73号批准、发布。

为便于广大设计、施工、科研、学校等单位的有关人员在使用本标准时能正确理解和执行条文规定，《园林基本术语标准》编制组按章、节、条顺序编制了本标准的条文说明，供使用者参考。在使用中如发现本条文说明有不妥之处，请将意见函寄建设部城市建设研究院（地址：北京朝阳区惠新南里2号院，邮政编码：100029）。

目　　次

1　总则 ……………………………………… 27—20
2　通用术语 ………………………………… 27—21
3　城市绿地系统 …………………………… 27—23
　3.1　城市绿地 …………………………… 27—23
　3.2　城市绿地系统规划 ………………… 27—25
4　园林规划与设计 ………………………… 27—27
　4.1　园林史 ……………………………… 27—27
　4.2　园林艺术 …………………………… 27—27
　4.3　规划设计 …………………………… 27—28
　4.4　园林植物 …………………………… 27—28
　4.5　园林建筑 …………………………… 27—29
5　园林工程 ………………………………… 27—30
6　风景名胜区 ……………………………… 27—31

1　总　　则

1.0.1　《园林基本术语标准》（以下简称"基本术语"）是指在园林行业中比较常见，与园林规划设计联系相对比较紧密的行业专门用语。"基本术语"中所称的园林，包括传统园林学、城市园林绿化学和大地景观规划三个部分，即通常所说的风景园林所涉及的各个领域。

由于中国园林的历史悠久、专业覆盖面广、内容丰富以及空间应用范围大，行业术语的数量也很大，既有园林从古至今约定俗成的术语，也有从相关行业和不同领域借鉴来的术语，还有园林与相关学科相互渗透交融过程中产生的词汇，许多术语的确切定义尚需做进一步的讨论。园林规划设计作为行业的龙头，基本上能够将行业所涉及的各个专业和相关术语联系起来。术语是各门学科的专门用语，有严格规定的意义。本标准在筛选了数百个常见的园林名词之后，选择了117个术语。对于园林行业中一般的术语和不需要特别解释的名词，目前暂不予以选用。在以后《园林基本术语标准》的修编过程中，待一些术语的定义进一步完善后，再进行定义的调整和词条的增减。

对园林术语的选择和定义相对比较困难。有些术语如"园林意境"属于纯艺术范畴，涉及中国"天人合一"思想指导下独特的造园境界的追求；有些术语如"绿化"，既是学科术语，又是行业名词，同时也是大众用语，其内容比较开放、广泛和不易确定。因此，本标准尽量在与园林学科有关的术语层面对它们作出规定。

本标准采用中、英文对照的方式，并采用英汉条文对照和汉语文字、拼音条文对照的方式索引。英文术语尽量以国家授权过的权威出版物为准。

1.0.2 "基本术语"将有利于园林及其相关行业在科学研究和技术交流中用语的规范化、行业管理的标准化、规划设计成果的严谨描述及合同文本的准确表达。

2 通用术语

2.0.1 园林学

采用"园林学"一词作为主要行业术语的主要依据之一是全国自然科学审定委员会公布的《建筑 园林 城市规划名词》(1996)。该书在"前言"中有如下解释和说明："如'园林学'一词，有的专家认为应以'景观学'代替，但考虑到我国多年来习用的'园林学'的概念已不断扩大，故仍采用'园林学'，与英文的 landscape architecture 相当"。"根据国务院授权，委员会审定公布的名词术语，科研、教学、生产、经营以及新闻出版等各部门，均应遵照使用"。

中国园林历史悠久，但是作为一门学科它又很年轻。在汉文化圈内的国家和地区中，韩国称之为"造景"，日本称之为"造园"，台湾称之为"景园"；名称虽略有不同，但是其所研究的内容是一致的。因此，我们仍然沿用中国传统的"园林"一词，作为学科的名称。

作为研究园林理论和技术的综合学科，现代的园林学包括：传统园林学、城市园林绿化学和大地景观规划。传统园林学主要包括园林历史、园林艺术、园林植物、园林工程、园林建筑等分支学科，并运用相关的成果来创造、保护和管理各种园林；选育优良品质的植物；研究表现良好的植物群落组合；研究植物生境特点及相关栽培管理技术；提高园林绿地的规划设计水平和绿地的生态效益。城市园林绿化学研究的是园林绿化在城市建设中的作用，调查研究居民游憩、健身时对园林绿地的需求和文化心理，测定园林绿化改善和净化环境能力的计量化数据，合理地确定城市中所需的绿量并合理布局，构成系统；研究并实施城市规划和城市设计；研究城市中各类园林绿地的建设、管理技术；分析评估城市园林绿化在宏观经济方面的投资和效益；以及研究制定推进城市园林绿化的政策、措施等。大地景观规划是发展中的课题，其任务是把大地的自然景观和人文景观当作资源来看待，从生态价值、社会经济价值和审美价值三方面来进行评价和环境敏感性分析；最大限度地保存典型的生态系统和珍贵濒危生物种的繁衍栖息地，保护生物多样性，保存自然景观和珍贵的自然、文化遗产，最合理地使用土地。规划范围包括风景名胜区、国家公园、休养度假胜地、自然保护区及其他迹地的景观恢复等。

2.0.2　园林

园林一词始见于西晋。在历史上，因时间、内容和形式的不同曾用过不同的名称，如囿、猎苑、苑、宫苑、园、园池、庭园、宅园、别业等。现代园林包括庭院、宅园、小游园、公园、附属绿地、生产防护绿地等各种城市绿地。随着园林学科的发展，其外延扩大到风景名胜区、自然保护区的游览区以及文化遗址保护绿地、旅游度假休闲、休养胜地等范围。

从物质形态来看，山（地形）、水、植物（生物）和建筑是园林组成的四大要素。园林不是对相关要素进行简单的叠加，而是对它们进行有机整合之后创造出的艺术整体。

园林学与园林、园的关系。"园林学"是关于园林发生、发展一般规律的学问；"园林"是对各种各样公园、绿地概念的总称；"园"则是指具体的公园、绿地等绿色空间。

2.0.3　绿化

绿化包括国土绿化、城市绿化、四旁绿化和道路绿化等。绿化改善环境包括改善生态环境和一定程度的美化环境。

绿化与园林的关系。"绿化"一词源于前苏联，是"城市居民区绿化"的简称，在我国大约有 50 年的历史。"园林"一词为中国传统用语，在我国已有 1700 年历史。绿化单指植物因素，而植物是园林的重要组成要素之一，因此，绿化是园林的基础，是局部。园林包括综合因素，园林是对其各组成要素的有机整合，是各个组成要素的最高级表现形式，是整体。绿化注重植物栽植和实现生态效益的物质功能，同时也含有一定的"美化"意思；园林则更加注重精神功能，在实现生态效益的基础上，特别强调艺术效果和综合功能。因此，（1）在国土范围内，一般将普遍的植树造林称为"绿化"，将具有更高审美质量的风景名胜区等优美环境称为"园林"；（2）在城市范围内，一般将郊区的荒山植树和农田林网建设称为"绿化"，将市区的绿色空间称为"园林"；（3）在市区范围内，将普通的植物种植和美学质量一般的绿色空间建设称为"绿化"，将经过精心规划、设计和施工管理的公园、花园称为"园林"。

园林与绿化在改善生态环境方面的作用是一致的，在审美价值和功能的多样性方面是不同的。"园林绿化"有时作为一个名词使用，即用行业中最高层次的和最基础的两个方面来描述整个行业，其意思与"园林"的内涵相同。园林可以包含绿化，但绿化不能代表园林。

2.0.4　城市绿化

城市绿化相对于城市园林而言，其形式较为简单，功能较为单一，美学价值比较一般，管理比较粗放，以生态效益为主，兼有美化功能，是城市园林的组成部分和生态基础。

2.0.5 城市绿地

广义的城市绿地，指城市规划区范围内的各种绿地。

包括：公园绿地、生产绿地、防护绿地、附属绿地和其他绿地。

城市绿地不包括：

（1）屋顶绿化、垂直绿化、阳台绿化和室内绿化；

（2）以物质生产为主的林地、耕地、牧草地、果园和竹园等地；

（3）城市规划中不列入"绿地"的水域。

上述内容属于"城市绿化"范畴。

狭义的城市绿地，指面积较小、设施较少或没有设施的绿化地段，区别于面积较大、设施较为完善的"公园"。

"绿地"作为城市规划专门术语，在国家现行标准《城市用地分类与规划建设用地标准》GBJ 137 中指城市建设用地的一个大类，其中包括公共绿地、生产和防护绿地两个中类。

本标准指的是广义的城市绿地，即国务院《城市绿化条例》中"城市绿地"的范畴。

3 城市绿地系统

3.1 城市绿地

3.1.1 公园绿地

公园绿地指各种公园和向公众开放的绿地。包括综合公园、社区公园、专类公园、带状公园和街旁绿地，含其范围内的水域；不包括附属绿地、生产绿地、防护绿地和其他绿地。

公园绿地中除"小区游园"之外，都参与城市用地平衡，相当于"公共绿地"。在国家现行标准《城市用地分类与规划建设用地标准》GBJ 137 中，"公共绿地"被列为"绿地"大类下的一个中类。包括"公园"和"街头绿地"两个小类。

"公共绿地"一词来源于前苏联，突出反映的是绿地的所有权、产权等公共属性。我国目前在绿地的分类上不存在私有绿地，所有的城市绿地都属于国家、为公众服务。公共绿地与国际上公园的内涵相似，与我国的公园和开放型绿地相当，因此，都属于公园绿地性质。鉴于此，公园绿地的概念更能够反映出公共绿地的功能特征而不是属性特征。

3.1.2 公园

是公园绿地的一种类型，也是城市绿地系统的重要组成部分。狭义的公园指面积较大、绿化用地比例较高、设施较为完善、服务半径合理、通常有围墙环绕、设有公园一级管理机构的绿地；广义的公园除了上述的公园之外，还包括设施较为简单、具有公园性质的敞开式绿地。发达国家的公园一般是向公众免费开放的。

国家现行标准《公园设计规范》CJJ 48 对不同公园内部的用地比例有明确的规定。

3.1.3 儿童公园

附属于公园绿地中的儿童活动场地不属于儿童公园。

3.1.4 动物园

指独立的动物园。附属于公园中的"动物角"不属于动物园。普通的动物饲养场、马戏团所属的动物活动用地不属于动物园。

动物园包括城市动物园和野生动物园等。

3.1.5 植物园

指独立的植物园。侧重科学研究的植物园以收集植物物种为主，侧重植物观赏的植物园以展示植物的景观多样性为主。附属于公园内的植物展览区不属于植物园。

3.1.6 墓园

墓园不包括烈士陵园。

3.1.9 花园

花园指以观赏花卉植物为主要功能的园林。花园与公园的区别为：花园的规模相对较小，也可附属在公园内；花园的职能较为单一，公园的职能较为综合；在国外，花园可能是私有的、收费的，而公园是公有的，向公众免费开放的。

3.1.10 历史名园

历史名园一定是国家级、省（自治区）级、市（区）级或县级文物保护单位。没有被审定为各级文物保护单位的园林不属于历史名园。

3.1.11 风景名胜公园

我国的风景名胜区多数在城市郊区，位于城市建设用地之外，而公园多数位于市区，位于城市建设用地之内。当二者在空间上交叉时，往往会形成风景名胜公园。位于或部分位于城市建设用地内，依托风景名胜点形成的公园或风景名胜区按照城市公园职能使用的部分属于此类。风景名胜公园的用地属于城市建设用地，参与城市用地平衡；属于风景名胜区但其用地又不属于城市建设用地的部分，不属于风景名胜公园。

3.1.12 纪念公园

纪念公园包括烈士陵园，不包括墓园。

3.1.13 街旁绿地

街旁绿地包括小型沿街绿地、街道广场绿地等。

街旁绿地又名街头绿地。街旁绿地有两个含义：一是指属于公园性质的沿街绿地；二是指该绿地必须不属于城市道路广场用地。

3.1.14 带状公园

带状公园位于规划的道路红线以外。带状公园的最窄处必须保证游人的通行、绿化种植带的延续以及小型休息设施的布置。

3.1.17 社区公园

包括"居住区公园"和"小区游园"，不包括居住组团绿地等分散式的绿地。

3.1.18 生产绿地

生产绿地不管是否为园林部门所属，只要是被划定为城市建设用地，为城市绿化服务，能为城市提供苗木、草坪、花卉和种子的各类圃地或科研实验基地，均应作为生产绿地。

临时性的苗圃和花卉、苗木市场用地不属于生产绿地。

3.1.19 防护绿地

防护绿地针对城市的污染源或可能的灾害发生地而设置，一般游人不宜进入。防护绿地包括：卫生隔离绿带、道路防护绿地、城市高压走廊绿带、防风林带等，不包括城市之间的绿化隔离带。

3.1.20 附属绿地

根据国家现行标准《城市用地分类与规划建设用地标准》GBJ 137 的规定，附属绿地不列入城市用地分类中的"绿地"类，而从属于各类建设用地之中。包括附属在公共设施用地、工业用地、仓储用地、对外交通用地、道路广场用地、市政公用设施用地和特殊用地中的绿化用地。

附属绿地不单独参与城市用地平衡，其功能服从于其所附属的城市建设用地的性质。

3.1.21 居住绿地

条文中的"居住用地"包括居住小区、居住街坊、居住组团和单位生活区等各种类型的成片或零星的用地。居住绿地属附属绿地性质，包括组团绿地、宅旁绿地、配套公建绿地、小区道路绿地。

居住区级公园和小区游园属于社区公园，不属于居住绿地。居住区级公园参与城市建设用地平衡。

3.1.22 道路绿地

道路绿地包括：道路绿带、交通岛绿地、广场绿地和停车场绿地。道路绿带指道路红线范围内的带状绿地；交通岛绿地指可绿化的交通岛用地；广场绿地和停车场绿地指交通广场、游憩集会广场和社会停车场库用地范围内的绿化用地。

道路绿地位于规划的道路广场用地之内，属于附属绿地性质，不单独参与城市用地平衡。

3.1.23 屋顶花园

狭义的屋顶花园以绿化为主，主要功能是植物观赏，游人可以进入的花园。广义的屋顶花园也包括以铺装为主、结合绿化，适宜游人休憩的或完全被植物覆盖、游人不能进入的屋顶空间。

3.1.24 立体绿化

立体绿化是相对于地面绿化而言的，它包括棚架绿化、墙面垂直绿化、屋顶绿化等多种绿化形式。

3.1.25 风景林地

风景林地仅限于具有景观价值的林地。

3.2 城市绿地系统规划

3.2.1 城市绿地系统

城市绿地系统包括各种类型和规模的城市绿化用地，其整体应当是一个结构完整的系统，并承担城市的以下职能：改善城市生态环境、满足居民休闲娱乐要求、组织城市景观、美化环境和防灾避灾等。

现在的绿地系统往往与城市开放空间（open space）的概念相结合，将城市的绿化用地、广场、道路系统、文物古迹、娱乐设施、风景名胜区和自然保护区等因系统一考虑。不同的系统结构会产生不同的系统功效，绿地系统的整体功效应当大于各个绿地功效之和，合理的城市绿地系统结构是相对稳定而长久的。

3.2.2 城市绿地系统规划

一般有两种形式。第一种属城市总体规划的组成部分，是城市总体规划中的专业规划。其任务是调查与评价城市发展的自然条件；协调城市绿地与其他各项建设用地的关系；确定城市公园绿地和生产防护绿地的空间布局、规划总量和人均定额。这实际是一种对城市部分绿地进行的规划或不完全的系统规划。

第二种属专项规划，《城市规划编制办法实施细则》第十六条提出（城市绿化规划）"必要时可分别编制"的城市绿地系统规划指第二种形式。其主要任务是以区域规划、城市总体规划为依据，预测城市绿化各项发展指标在规划期内的发展水平，综合部署各类各级城市绿地，确定绿地系统的结构、功能和在一定的规划期内应解决的主要问题；确定城市主要绿化树种和园林设施以及近期建设项目等，从而满足城市和居民对城市绿地的生态保护和游憩休闲等方面的要求。这是一种针对城市所有绿地和各个层次的完全的系统规划。本标准指的是第二种情况。

3.2.3 绿化覆盖面积

所有植物的垂直投影面积只能计算一次，不得重复相加计算。

3.2.4 绿化覆盖率

计算公式：绿化覆盖率＝区域内的绿化覆盖面积/该区域用地总面积×100%

"用地总面积"指垂直投影面积，不应按山坡地的曲面表面积计算。

3.2.5 绿地率

计算公式：绿地率＝区域内的绿地面积/该区域用地总面积×100%

绿化用地面积指垂直投影面积，不应按山坡地的曲面表

面积计算。

绿化覆盖率和绿地率的区别。绿化覆盖率指植物冠幅的投影面积占城市用地的百分比，是描述城市下垫面状况的一项重要指标。绿地率指用于绿化种植的土地面积（垂直投影面积）占城市用地的百分比，是描述城市用地构成的一项重要指标。一般绿化覆盖率高于绿地率并保持一定的差值。

3.2.6 绿带

仅指城市之间或城市外围以绿化为主的建设控制地带，目的是控制城市"摊大饼"式地盲目连片发展。防止城市环境恶化。绿带不包括其他功能的带状绿地。

3.2.7 楔形绿地

楔形绿地将城市内、外相连，其基本功能是将郊区的新鲜空气引进城市，并形成廊道。

4 园林规划与设计

4.1 园林史

4.1.2 古典园林
包括中国古典园林和西方古典园林。古典园林不同于古代园林，它既可以是建于古代的园林，也可以是建于现代而具有古代园林风格的园林。古典园林曾用名传统园林。

4.1.3 囿
中国古代园林中，把种花木的叫园，养禽兽的叫囿。

囿是最早见于中国史籍记载的园林形式，也是中国皇家园林的雏形。通常在选定地域后划出范围或筑界垣，囿中草木鸟兽自然滋生繁育。帝王贵族进行狩猎既是游乐活动，也是一种军事训练方式；囿中有自然景象、天然植被和鸟兽的活动，可以赏心悦目，得到美的享受。

4.1.5 皇家园林
包括古籍中所称的苑、宫苑、苑囿、御苑等。

4.1.6 私家园林
包括古籍中所称的园、园亭、园野、池馆、草堂、山庄、别业等，是相对于皇家园林而言的。

4.1.7 寺庙园林
寺庙园林的功能要服从于寺庙宗教环境的要求，寺庙园林即宗教化了的园林。寺庙园林不同于园林寺庙，园林寺庙指园林化的寺庙，即美化了的宗教环境。

4.2 园林艺术

4.2.2 相地
中国古代造园用语。除了通常意义上设计者将园址作为客体进行研究外，园址同时也成为设计者自身的一部分被体察、体悟。这里包含着中国古代"天人合一"和"物我齐观"的认识论和方法论。

4.2.3 造景
使环境从没有观赏价值到具有观赏价值，或从较低的观赏价值到较高的观赏价值的活动。

4.2.4 借景
"借"有借用、因借、依据和凭借的意思。借景可分为：近借、远借、邻借、互借、仰借、俯借和应时借等。

4.2.5 园林意境
园林意境对内可以抒己，对外足以感人。园林意境强调的是园林空间环境的精神属性，是相对于园林生态环境的物质属性而言的。

园林造景并不能直接创造意境，但能运用人们的心理活动规律和所具有的社会文化积淀，充分发挥园林造景的特点，创造出促使游赏者产生多种优美意境的环境条件。

4.2.6 透景线
透景线与透视线有所不同。透景线远方空间的终点是可以被观赏的具体景物，而透视线仅仅是远方的可透视空间。

4.2.7 盆景
盆景大多用植物、水、石等材料，经过艺术加工，种植或布置在盆中，使之成为自然景物缩影的一种陈设品。

日本的盆栽又称盆栽植物（bonsai），与我国的植物盆景相似。

4.3 规 划 设 计

4.3.1 园林规划

园林规划包括风景名胜区规划、城市绿地系统规划和公园规划。面积较大和复杂区域的规划,按照工作阶段一般可以分为规划大纲、总体规划和详细规划。

园林规划的重点为:分析建设条件,研究存在问题,确定园林主要职能和建设规模,控制开发的方式和强度,确定用地和用地之间、用地与项目之间、项目与经济的可行性之间合理的时间和空间关系。

4.3.2 园林布局

园林布局是园林规划、设计的一部分,主要是对于园林各个要素进行空间安排,将园林中的空间资源进行合理配置。包括园林山水骨架的形成,不同功能用地的划分、园林主景的位置、出入口、园林建筑、园路和基础设施布置等。园林布局很大程度上决定着园林的艺术风格。根据园林布局手法的不同,分为规则式园林、自然式园林和抽象式园林三种形式。

4.3.3 园林设计

指对组成园林整体的山形、水系、植物、建筑、基础设施等要素进行的综合设计,而不是指针对园林组成要素进行的专项设计。

园林设计包括总体设计(方案设计)和施工图设计两个阶段。方案设计指对园林整体的立意构思、风格造型和建设投资估算;施工图设计则要提供满足施工要求的设计图纸、说明书、材料标准和施工概(预)算。

规划与设计的关系。从工作程序上看,一般是规划控制设计,设计指导施工,即总体规划、详细规划、总体设计(方案设计)、施工图设计。从工作深度上看,一般图纸的比例小于1/500为园林规划,比例大于1/500为园林设计。规划偏重宏观的综合部署和理性分析;园林设计偏重感性的艺术思维,主要通过造型来满足园林的功能和审美要求。规划所涉及的空间一般比较大,时间比较长;设计所涉及的空间一般比较小,时间就是建设的当时。规划是基础,设计是表现。规划和设计在中间层次有可能产生一定的工作交叉。

4.3.4 公园最大游人量

公园最大游人容量是计算公园各种设施数量、规模以及进行公园管理的依据。

4.3.5 地形设计

地形设计往往和竖向设计相结合,包括确定高程、坡度、朝向、排水方式等。同时,地形设计还应当考虑工程上的安全要求、环境小气候的形成以及游人的审美要求等。

4.3.7 种植设计

种植设计是园林设计的重要部分。植物配置除讲求构图、形式等艺术要求和文化寓意外,更重要的是考虑植物的生态习性及植物种类的多样性,注重人工植物群落配置的科学性,形成合理的复层混合结构。

4.4 园 林 植 物

4.4.1 园林植物

园林植物通常指绿化效果好,观赏价值高或具有经济价值的植物。园林植物要有形体美或色彩美,适应当地的气候、土壤条件,在一般管理条件下能发挥上述功能。

4.4.2 观赏植物

常见的观赏植物分为观赏蕨类、观赏松柏类、观形树木类、观花树木类、观赏草花类、观果植物类、观叶植物类和观赏棕榈类及竹类。

4.4.4　地被植物

地被植物包括贴近地面或匍匐地面生长的草本和木本植物，一般不耐践踏。

狭义的地被植物指株高 50 厘米以下、植株的匍匐干茎接触地面后，可以生根并且继续生长、覆盖地面的植物。广义的地被植物泛指株形低矮、枝叶茂盛，并能较密地覆盖地面，可保持水土、防止扬尘、改善气候，并具有一定的观赏价值的植物。草本、木本植物都可以作为地被植物。

4.4.5　攀缘植物

攀缘植物又称藤蔓植物，包括缠绕类、卷须类和吸附类。其中属于木本的称作藤本类，属于草本的称作蔓草类。

4.4.7　花卉

花卉可分为木本花卉、草本花卉和观赏草类。原指具有一定观赏价值的草本植物。

4.4.8　行道树

行道树一般成行等距离种植，具有遮荫、防尘、护路、减弱噪声和美化环境等作用。

4.4.9　草坪

草坪应当具备三个条件：人工种植或改造（非天然）、具有观赏效果（美学价值）和游人可以进入适度活动（承受踩踏）。

4.4.10　绿篱

根据植物性状的不同，绿篱又可以分为花篱、刺篱、果篱等，可用以代替篱笆、栏杆和墙垣，具有分隔、防护或装饰作用。

4.4.12　花境

花境也称花缘、花边、花带。一般多用宿根花卉，栽植在绿篱灌丛或栏杆、草地边缘、道路两侧、建筑物前。

4.5　园林建筑

4.5.2　园林小品

园林小品与园林建筑相比结构简单，一般没有内部空间，体量小巧，造型别致，富有特色，并讲究适得其所。根据其功能分为：供休息的小品、装饰性小品、结合照明的小品、展示性小品和服务性小品。如园灯、园椅、园桌、园凳、汲水器、垃圾箱、指路牌和导游牌等。有些体量较小的园林建筑、雕塑、置石等也被泛称为园林小品。

4.5.3　园廊

原指中国古代建筑中有顶的通道，包括回廊和游廊，基本功能为遮阳、防雨和供人小憩。

4.5.7　园台

通常为登高览胜游赏之地。台上的木构房屋称为榭，两者合称台榭。

4.5.8　月洞门

有的月洞门只有门框，没有门扇；有的具有多种风格的门扇。用圆形门洞除了具有装饰的意思外，还表示游人通过月洞门进入了月宫般的一种仙境。

5 园林工程

5.0.1　园林工程

园林工程以园林建设中的工程技术为主要研究对象，其特点是以工程技术为手段，塑造园林艺术的形象。园林工程包括土方工程、筑山工程、理水工程、园路工程、种植工程等。

5.0.5　基础种植

种植的植物高度一般低于窗台。

5.0.6　种植成活率

计算公式：一定时期内植物种植成活的数量/植物种植总量×100%

5.0.9　园艺

指园林中的栽植技艺。园艺不是"园林艺术"的简称。

5.0.10　假山

用土、石或人工材料结合建造的隆出地面的地形地貌，一般坡度在15%以上，区别于微地形。

5.0.11　置石

置石还可以具有挡土、护坡和作为种植床等实用功能，用以点缀园林空间。置石比假山小，可以是孤石。

5.0.12　掇山

一般经过选石、采运、相石、立基、拉底、堆叠中层和结顶等工序叠砌而成。

5.0.14　园林理水

园林理水既包括模拟自然界的江、河、湖、海等自然式的水体景观，也包括人工提炼、抽象出的规则式的水体景观。

5.0.15　驳岸

按照断面形式，园林驳岸可分为整形式和自然式两类。

5.0.16　喷泉

原指泉的类型之一，其水受自然的压力向外喷涌。

6 风景名胜区

6.0.1 风景名胜区

简称风景区。经县级以上地方人民政府批准公布的法定地域。按照风景资源的观赏、文化、科学价值，环境质量和风景区规模、游览条件的不同，分为国家、省和市（县）三级风景名胜区。

（1）国家重点风景名胜区：指经国务院审定公布的风景名胜区；

（2）省级风景名胜区：指经省、自治区、直辖市人民政府审定公布的风景名胜区；

（3）市（县）级风景名胜区：指经市、县人民政府审定公布的风景名胜区。

6.0.2 国家重点风景名胜区

我国的国家重点风景名胜区相当于海外的国家公园，其英文名称是 national park of China。

6.0.5 风景资源

风景资源又称景观资源。

6.0.8 景区

在风景名胜区规划中，往往将整个地域空间划分成风景区——景区——景点——景物若干个层次，逐层进行规划。景区是对风景区按照风景资源类型，景观特征或游览需求的不同而进行的空间划分。景区是仅次于风景区的一级空间层次，它有着相对独立的分区特征和明确的用地范围。景区包含有较多的景物，景点和景点群。

它与旅游中景区的概念不同旅游中的景区是对旅游区（点）或风景区（点）的一种泛称。

6.0.9 景观

景观包括下列含义：

（1）指具有审美特征的自然和人工的地表景色，意同风光、景色、风景；

（2）自然地理学中指一定区域内由地形、地貌、土壤、水体、植物和动物等所构成的综合体；

（3）景观生态学的概念，指由相互作用的拼块或生态系统组成，以相似的形式重复出现的一个空间异质性区域，是具有分类含义的自然综合体。

园林学科中所说的景观一般指第一种含义。

6.0.11 环境容量

指环境对游人的承载能力。一般可以分为三个层次：

（1）生态的环境容量：生态环境在保持自身平衡下允许调节的范围；

（2）心理的环境容量：合理的、游人感觉舒适的环境容量；

（3）安全的环境容量：极限的环境容量。

中华人民共和国城镇建设行业标准

城市容貌标准

CJ/T 12—1999

1999-06-04 发布　1999-06-04 实施
中华人民共和国建设部　发　布

说　明

根据国家质量技术监督局《关于废止专业标准和清理整顿后应转化的国家标准的通知》[质技监督局标函（1998）216号]要求，建设部对1992年国家技术监督局批复建设部归口的国家标准转化为行业标准项目及1992年以前建设部批准发布的产品标准项目进行了清理、整顿和审核。建设部以建标（1999）154号文《关于公布建设部产品标准清理整顿结果的通知》对 CJ 16—1986《城市容貌标准》予以确认、发布，新编号为 CJ/T 12—1999。

为便于标准的实施，现仅对原标准的封面、首页、书眉线上方表述进行相应修改，并增加本说明后重新印刷，原标准版本同时废止。

目　次

1　引言	28—2
2　建筑景观	28—3
3　公共设施	28—4
4　环境卫生	28—4
5　园林绿化	28—5
6　广告标志	28—6
7　公共场所	28—6
附加说明	28—6

1　引　言

1.1　为了建设清洁、优美、文明的现代化城市，加强城市容貌的管理，特颁布本标准。

1.2　本标准适用于全国设市城市，县镇可参照执行。各地可根据本标准结合具体情况制订实施细则。

1.3　城市的道路、建筑物、公共设施、园林绿地、环境卫生、广告设置、各种标志、贸易市场、公共场所等的有关城市容貌，均属本标准管辖范围。

2 建筑景观

2.1 新建、扩建、改建的一切建筑物，应讲究建筑艺术，注意美观，其造型、装饰等应与环境协调。

2.2 现有的建筑物，应保持外形完好、整洁，不得擅自在阳台、平台、外走廊搭建挂台、雨棚等；临街阳台上不得吊挂杂物，堆放物品不得超过护栏高度；外挑阳台不得擅自封闭。

2.3 具有代表性风格和历史价值的建筑物（包括历史遗迹和名人故居等），应保持原有风貌特色，不得任意改动和拆除，并设置专门标志。

2.4 沿街破残的建筑物应及时整修，符合街景要求；危险房屋和构筑物，应及时拆除或整修。

2.5 新建、扩建、改建工程竣工时，应拆除规划确定拆除的建筑物以及各种临时工棚和设施，并将现场清理干净。

2.6 城市中不得有影响市容的违章建设，一经发现，应按当地有关规定及时清除。

2.7 干道两侧及繁华地区的建筑物前，除特殊情况，不得设置实体围墙或高围墙，一般宜采用下列形式分界：

  绿篱；

  花坛（花池）；

  栅栏；

  透景围墙；

  半透景围墙。

围栏的高度，最高不得超过180cm。胡同里巷、楼群甬道设置的景门，其造型、色调应与环境协调。

2.8 沿街商店设置的遮阳篷帐，应整洁美观，高度不低于240cm，宽度不得超过人行道。

3 公 共 设 施

3.1 道路经常保持平坦、完好、便于通行。路面出现坑凹、碎裂、隆起、溢水以及水毁塌方等情况，应在限期内修复。

3.2 未经主管部门批准，不得任意占用或挖掘道路。

3.3 地面设置的各种井盖应保持齐备完好。道路掘动和井下施工作业后，要及时清理现场，恢复路面。

3.4 城市中不得新建架空管线设施，对已建架空管线逐步进行改造，各单位内部管线设施，不得跨越道路上空架设。

3.5 给水、排水、排污管道应保持畅通，自来水、污水、污物不得外溢。雨后积水应及时排除。

3.6 交通场、站应平整、洁净，不得裸露上面。各种设施应完好、美观。

3.7 交通信号灯、噪声监测装置、照明设施，应造型美观、设施完好。

3.8 公用电信设施，标志明显，整洁美观。

4 环 境 卫 生

4.1 城市街道、公共场所应保持整洁，不得乱扔烟头、纸屑、瓜果皮核；不得乱倒垃圾、污水、污物；不得随地吐痰、便溺；不得任意焚烧落叶、枯草等废弃物。

4.2 市区道路、广场应定时清扫、洒水、保洁，有条件的城市采用水洗除尘。

降雪应及时清除。市区河流、湖泊等各种水域中不得倾倒废弃物和超标排放污水。

4.3 商店门前应保持整洁，不得存放货物、箱筐。瓜果蔬菜旺季，在街头临时增设的销售网点应设护栏，并及时清除所产垃圾，保持场地洁净。

4.4 农贸市场、小商品市场、夜市等，应在不影响市容、交通的前提下，统筹安排、定点经营，保持摊位整洁。各种流动售货车、摊的售货员应随时收集废弃物，保持经营场地整洁。

4.5 沿街单位、住户应经常保持周围环境整洁，不得乱堆乱放杂物，或占道作业。

4.6 各种机动车辆，应保持车身完好、车容整洁、标志齐全醒目。车体严重破损变形、车容明显不洁以及排气装置不符合规定的车辆，不得在市区内行驶。

4.7 客运机动车辆的废票和其他废弃物，应集中处理，不得沿途丢弃；进入市区的拖拉机，应按规定的时间、路线行驶；畜力车，应挂带粪兜，洒落粪便应及时清除；载运散体、流体的车辆,应严密苫盖、封闭,不得沿途飞扬、洒落载运物,污染环境。城郊结合部主要路口应设置车辆冲洗站,净化车容。

4.8 施工场地周围应按规定设置隔离护栏,机具、材料应摆放整齐,破损路面应及时修复,建筑垃圾应随产随清,工程竣工应平整现场,施工期间废水、泥浆,不得流出场外、浸漫路面、堵塞管道。运输车辆不得带泥行驶,污染市区路面。

4.9 垃圾收集运输,应逐步实现容器化、密闭化、机械化。生活垃圾应逐步实行分类收集,无害化处理,综合利用。处置场地应保持整洁,不得污染周围环境。

有毒有害废弃物,应严格按照有关规定处置。

4.10 垃圾集运站、各种垃圾容器等公共卫生设施,应经常保持完好、洁净。公共厕所应合理布局,经常保持地面、坑位、门窗、四壁的整洁卫生。沟槽、管眼应畅通,不得有蝇蛆、尿碱、剧臭。

4.11 城市居民区不得饲养家禽家畜。城郊结合部农业户的家禽家畜,坚持圈养,保持环境卫生。

5 园林绿化

5.1 绿化、美化应列入城市规划,并和新建、改建、扩建的工程项目同步建设和竣工验收。

5.2 城市绿化以绿为主,以美取胜。各类绿地,应保持美观、整洁。

5.3 城市行道树应排列整齐,不能缺株断线;枝干不得影响机动车通行;要枝叶繁茂,不得有死树枯枝。

5.4 造型植物、攀缘植物和绿篱,应保持造型美观。绿地中造型花篮、彩色组字等,保持完整、绚丽、鲜明。

5.5 城市应搞好庭院,阳台绿化和垂直绿化。

5.6 古树、名木和各种珍贵树种,应重点保护,设置保护标志。

5.7 城市雕塑应保持艺术的完美,寓教育于艺术之中。

5.8 河流两岸、水面周围,应用树木环绕。

6 广告标志

6.1 读报栏、画廊、招贴栏、户外广告、霓虹灯等，位置设置应适当，布置形式应与街景协调，并保持完好、整齐、美观。

6.2 商业橱窗陈设应讲究艺术性、思想性，结合季节、节日变化和新产品宣传，力求做到有时代感和民族风格。

6.3 节日标语，采取悬挂方式，并按规定及时撤除。建筑物、公共设施和树干上不得乱画、乱写、乱刻以及乱挂广告。

6.4 过时的、破旧的标语应及时清除、洗刷干净。不得有黄色、低级、庸俗的广告和招贴。

6.5 路名牌、胡同里巷牌、楼房幢号、门牌和交通等标志。应保持整齐、醒目和完好。

各种指路标志牌，按当地统一规定设置，保持整洁、醒目。

6.6 商店名称、标志和各种广告的文字用语准确，无简化名称，无错别字。

7 公共场所

7.1 各公共场所（机场、车站、港口、码头、影剧院、体育馆、公园等）应保持秩序良好，文明礼貌。

7.2 机动车、自行车存车处设置地点应适当，车辆摆放整齐。在影响城市交通和市容的主要道路干线和繁华地区，不得设存车处。

7.3 到公共场所、繁华区、游览区活动人员，应仪表整洁，举止文明。

附加说明：

本标准由城乡建设环境保护部城市建设管理局提出，由天津市市容管理委员会主编，北京、广州、西安等市环卫局参加编制工作，张标、周文在起草。

本标准为首次发布。

中华人民共和国行业标准

环境卫生设施与设备图形符号

Figure's signs of installation and equipment
for environmental sanitation

CJ 28.1~3—91

中华人民共和国建设部
1991—11—25发布　1992—04—01实施

目　次

CJ　28.1—91　环境卫生设施与设备图形符号

设施标志 ……………………………… 29--2

CJ　28.2—91　环境卫生设施与设备图形符号

设施图例 ……………………………… 29—9

CJ　28.3—91　环境卫生设施与设备图形符号

机械与设备 …………………………… 29—13

环境卫生设施与设备图形符号
设 施 标 志

Figure's signs of installation and equipment
for environmental sanitation Signs
of installation

CJ　28.1—91

1　主题内容与适用范围

本标准规定了环境卫生设施的图形标志。

本标准适用于环境卫生部门或其它部门，是识别或指示环境卫生设施的标志。

2　一般规定

2.1　本标准图形标志的尺寸未作规定，为便于使用，应根据识读距离和设施大小确定相应尺寸，必须保持样图构成要素之间的比例。

2.2　除样图中已标明的红色外，本图形 标志 采用白色背景，蓝色图形和边框或采用蓝色背景，白色图形和边框，也可采用其它颜色，但应与环境颜色协调。

2.3　使用本图形标志时，可根据需要标示文字符号或文字说明，但不得在图形的边框内标示或说明。

2.4　图形标准必须保持清晰、完整。当发现 形象 损坏、颜色污染或有变化、退色不符合本标准有关规定时应及时修复或更换。

3 环境卫生设施图形标志

续表

序号及名称	图形标志	说　　明
3.1 公共厕所		图形：男性正面全身剪影，女性正面全身剪影，中间竖线表示隔墙 作用：表示公共厕所，作导向标志 设置：设于公共厕所导向处
3.2 男厕所		图形：男性正面全身剪影 作用：用于公共厕所表示男厕所。加文字标志"小便池"则表示独立小便池 设置：设于对应设施上
3.3 女厕所		图形：女性正面全身剪影 作用：用于公共厕所表示女厕所 设置：设于对应设施上
3.4 无障碍通道		图形：坐轮椅者 作用：表示环境卫生设施中为残疾人设置的无障碍通道 设置：设于进口处
3.5 洗手处		图形：水龙头和手掌 作用：指示洗手处，公共卫生设施中均可使用 设置：设于洗手处
3.6 方　向		图形：箭头，尖端顶角 84°～86° 作用：指示设施的方向 设置：设于标志牌上

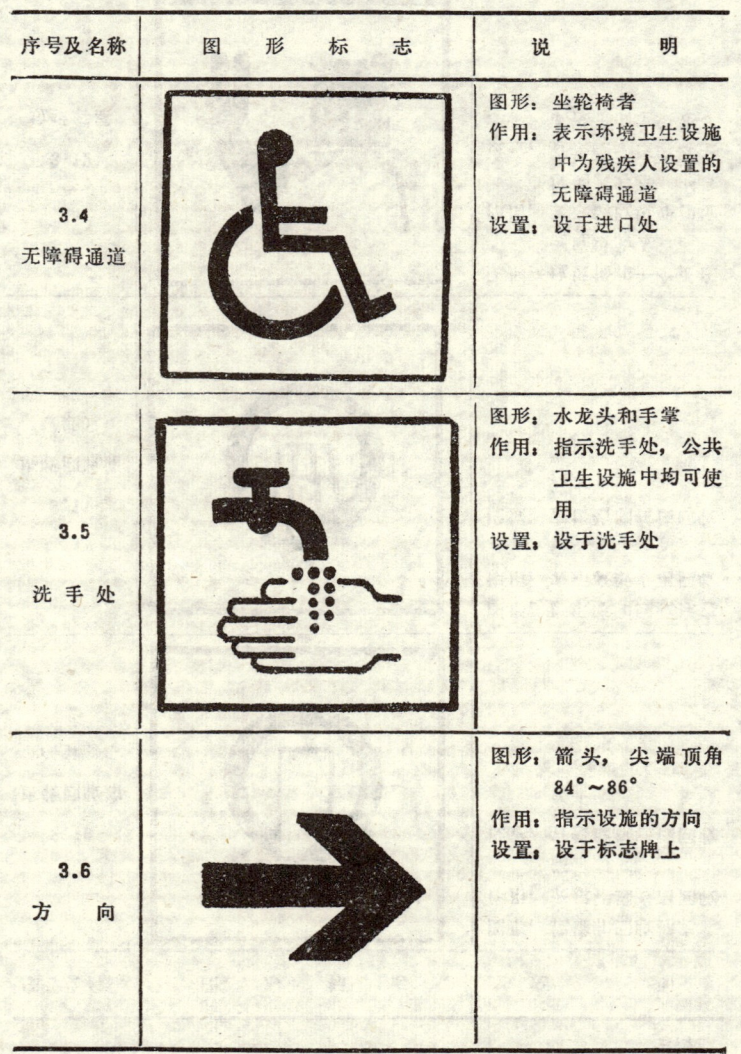

续表

序号及名称	图形标志	说明
3.7 废物箱		图形：张口的人，一手捧物作吐出状，此为外废物箱，废物正直入箱内；作用：表示废物箱，放于废物箱上。
3.8 废物回收（通用）		图形：不封闭的旋转箭头；作用：表示废物回收，通用标志，可加其它图形或文字表示回收专用废物；说明：其样稿刷在该回收箱上。
3.9 废物回收箱（玻璃）		图形：玻璃瓶和回收标志；作用：表示玻璃瓶废物，该箱专用回收玻璃瓶；说明：其样稿刷在该回收箱上。

续表

序号及名称	图形标志	说明
3.10 废物回收箱（铝罐）		图形：铝罐和回收标志；作用：表示铝罐专用回收箱；说明：其样稿刷在该回收箱上。
3.11 废物回收箱（纸）		图形：废纸篓和回收标志；作用：表示纸张专用回收箱；说明：其样稿刷在该回收箱上。
3.12 投放发器		图形：投放桶和一个正在倒放的人；作用：表示倒放在投放器内人名投放器；说明：其样稿刷在该投放器上或倒于侧放置处。

续表

序号及名称	图　形　标　志	说　　明
3.13 垃圾倒口 垃圾倒口间		图形：一个正在向垃圾倒口处倒垃圾的人 作用：表示垃圾倒口或垃圾倒口间 设置：设于设施处
3.14 垃圾容器 停放站（点）		图形：垃圾桶和垃圾箱侧视图，地面 作用：表示垃圾容器停放站（点） 设置：设于该设施处
3.15 垃圾转运 设　施		图形：转运符号——两个首尾相接的半圆形箭头构成环状；垃圾车 作用：表示垃圾转运设施 设置：设于设施处

续表

序号及名称	图　形　标　志	说　　明
3.16 粪便转运 设　施		图形：转运符号；粪车 作用：表示粪便转运设施 设置：设于设施处
3.17 车辆冲洗站		图形：轿车正面视图，两边喷水示意 作用：表示车辆冲洗站 设置：设于该设施入口处
3.18 环卫停车场		图形：停车场标志、垃圾车 作用：表示环卫停车场 设置：设于该设施入口处

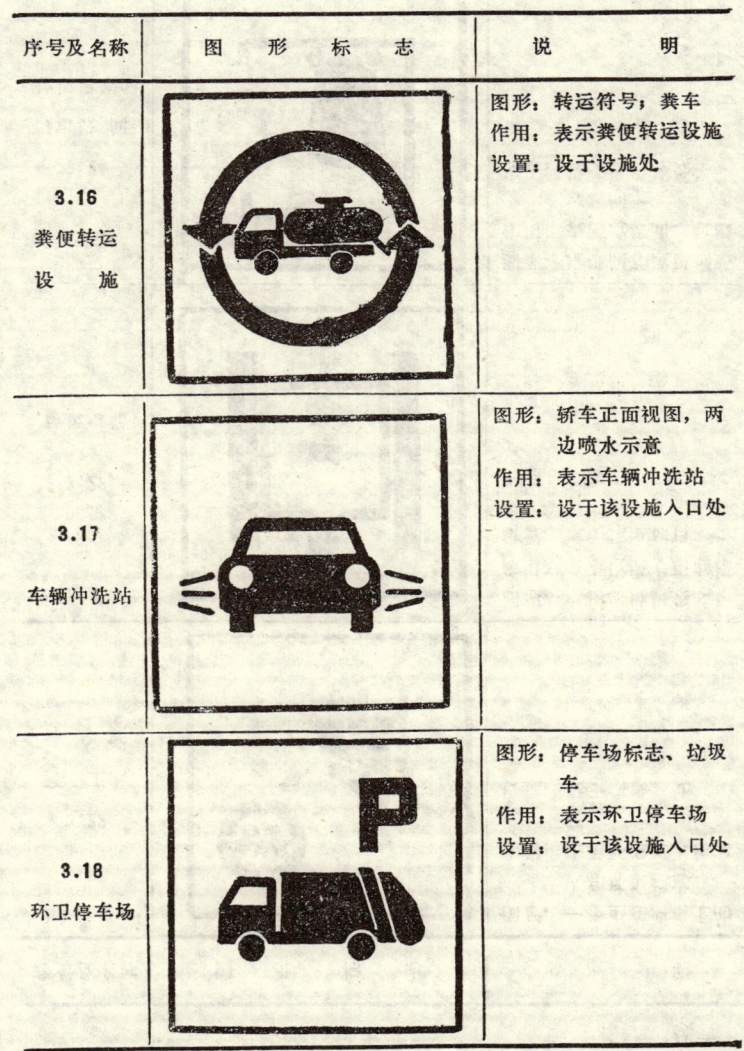

续表

序号及名称	图 形 标 志	说　明
3.19 环卫加油站		图形：附有环卫标志的加 　　　油机和软管 作用：表示环卫加油站 设置：设于该设施处
3.20 计 量 处		图形：衡器 作用：表示废弃物计量处 设置：设于计量装置入口 　　　处
3.21 环卫车辆 供水站(点)		图形：水龙头和环卫标志 作用：表示洒水(冲洗)等 　　　环卫车辆供水站 　　　(点) 设置：设于该设施处

续表

序号及名称	图 形 标 志	说　明
3.22 环卫工人 休息室		图形：一个坐在座椅上的 　　　人和环卫标志 作用：表示环卫工人休息 　　　室 设置：设于该设施处
3.23 垃圾电梯	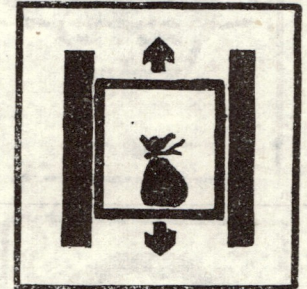	图形：电梯、垃圾袋 作用：表示垃圾专用电梯 设置：设于该电梯口
3.24 垃圾间 垃圾容器间		图形：垃圾间和垃圾桶 作用：表示垃圾间、垃圾 　　　容器间 设置：设于该设施处

续表

序号及名称	图形标志	说 明
3.25 放水冲洗		图形：水龙头、冲水示意 作用：指示放水冲洗，使用时需加注说明文字，如："请放水冲洗"等 设置：设于需放水冲洗的设施
3.26 禁止倒垃圾		图形：一个正在倒垃圾的人，外加红色"禁止"标志 作用：禁止倒垃圾 设置：设于需要告诫公众禁止倒垃圾的场所
3.27 禁止入内		图形：男性剪影，双臂平伸，外加红色"禁止"标志 作用：指示禁止公众入内 设置：设于环卫设施中禁止进入的场所

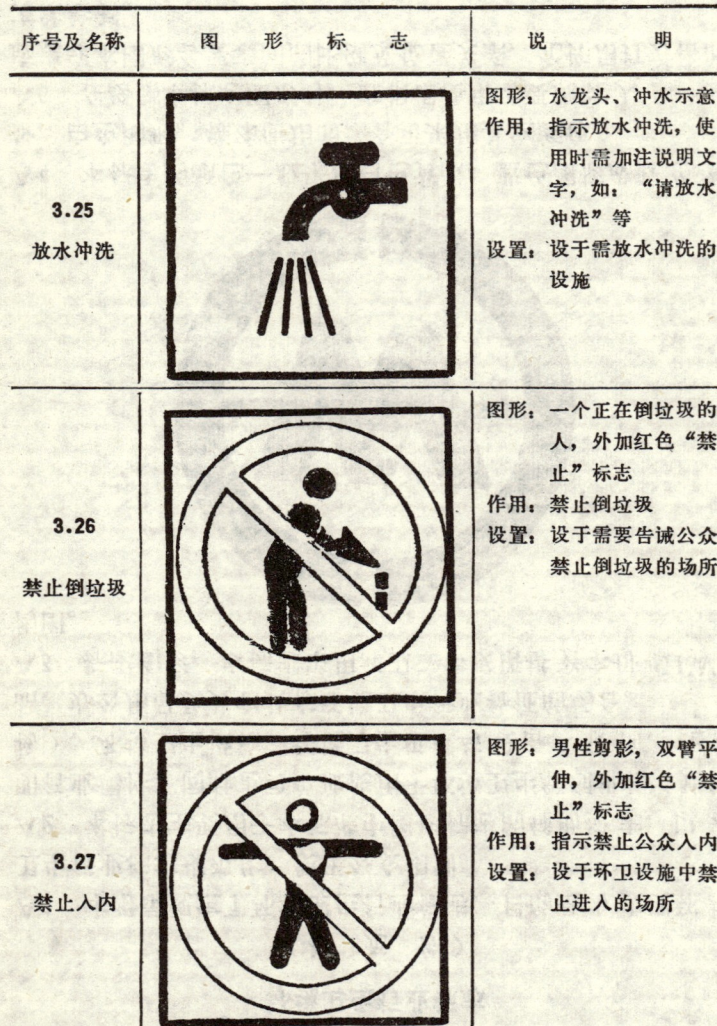

续表

序号及名称	图形标志	说 明
3.28 禁止饮用		图形：水龙头和水杯，外加红色"禁止"标志 作用：指示不适于饮用的水 设置：设于该设施处

附录A
环境卫生行业标志
（补充件）

A1 本附录规定了环境卫生行业标志，目的是为实现环境卫生行业标志规范化，便于公众识别。

A2 本标志主要用于本标准中图形标志的辅助标志，以表明行业属性。同时也可单独使用于环境卫生管理机构（建筑物）、环境卫生设施、环境卫生机械与设备、服饰、纪念品、办公用品及其它具有环境卫生行业特征的场合。

A3 标志图形：本标志采用环卫二字汉语拼音字母"HW"构图。

A4 本标志的颜色一般采用白色背景，蓝色图形或蓝色背景，白色图形。特殊使用的场合可采用其它颜色。

A5 在绘制本标志图形时，应根据使用需要确定大小，并应遵守本图形各要素间的比例及位置关系，允许用打方格的方法绘制。

附录B
图形标志应用示例
（参考件）

B1 公共厕所导向标志牌示例（该标志牌包含图形标志、文字符号、英文符号、方向符号）。

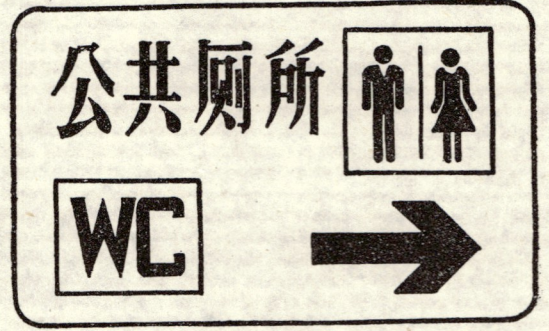

注：制作尺寸比例：长度L、宽度$0.618L$、圆周半径$\frac{1}{20}L$。

B2 图形标志与方向标志共同使用示例。

B3 图形标志、文字说明使用示例。

附加说明：

本标准由建设部标准定额研究所提出。

本标准由建设部城镇环境卫生标准技术归口单位上海市环境卫生管理局归口。

本标准由贵阳市环境卫生科学研究所负责起草。

本标准主要起草人：李大年、马淑萍。

本标准委托贵阳市环境卫生科学研究所负责解释。

环境卫生设施与设备图形符号
设 施 图 例

Figure's signs of installation and equipment for environmental sanitation legend of installation

CJ 28.2—91

1 主题内容与适用范围

本标准规定了环境卫生设施平面分布图用图形符号。

本标准适用于环境卫生设施分布图、规划图，也可用于系统图等。

2 一般规定

2.1 本标准规定有一般图形符号和分类图形符号。

2.2 使用本标准中规定的图形符号时，符号的大小、线条的粗细可按实际需要选用适当比例。方位不得旋转。

3 环境卫生设施平面分布图图形符号

3.1 公共厕所

序号	图形符号		名 称	说 明
	规划(设计)的	建成(运行)的		
3.1.1	◻	◼	公共厕所	一般符号不指明类型通用

3.1 续表

序号	图形符号		名称	说明
	细则(竖开)的	粗线(宽行)的		
3.1.2	◯波	■波	水力发电厂	
3.1.3	⊖	⊖	凝汽式发电厂	
3.1.4	◯	◯	供热电厂	
3.1.5	◯◦◦	●◦◦	核动力厂	
3.1.6	⚡	⚡	变电站(所)	
3.1.7	⊔	■	化柴机	

3.2 发电收集站(点)

序号	图形符号		名称	说明
	细则(竖开)的	粗线(宽行)的		
3.2.1	◯	⊘	数据收集站(点)	

3.3 转发站

序号	图形符号		名称	说明
	细则(竖开)的	粗线(宽行)的		
3.3.1	▽	▽	转发站	一般符号（不再细分用）
3.3.2	▼	▼	数据转发站	
3.3.3	▽Ω	▽Ω	有线数据转发站	
3.3.4	▽⊥	▽⊥	水路数据转发站 (有线的发)	
3.3.5	▽←	▽←	数据有线转发 备用站	
3.3.6	▽◯	▽●	兼用转发站 (有线的，无线的)	

续表

序号	图形符号 规划(设计)的	图形符号 建成(运行)的	名称	说明
3.3.7			水路粪便转运站(粪便码头)	
3.3.8			水路废弃物综合转运站(垃圾、粪便综合码头)	

3.4 环境卫生场、厂

序号	图形符号 规划(设计)的	图形符号 建成(运行)的	名称	说明
3.4.1			环境卫生场、厂	一般符号(不单独使用)
3.4.2			垃圾堆积场	
3.4.3			垃圾填埋场	
3.4.4			建筑垃圾堆积场	
3.4.5			建筑垃圾填埋场	

续表

序号	图形符号 规划(设计)的	图形符号 建成(运行)的	名称	说明
3.4.6			环卫停车场	
3.4.7			环卫船舶停泊码头	
3.4.8			垃圾处理厂(场)	
3.4.9			粪便处理厂(场)	
3.4.10			污水处理厂	
3.4.11			特殊废弃物处理厂(死畜、病畜)	
3.4.12			垃圾焚烧厂	
3.4.13			环境卫生机械厂	
3.4.14			废弃物综合利用工厂	

3.5 车辆冲洗站、洒水（冲洗）车供水点（站）、环卫加油站、环卫工人休息室

序号	图形符号		名　称	说　明
	规划（设计）的	建成（运行）的		
3.5.1			车辆冲洗站	
3.5.2			洒水（冲洗）车供水点（站）	
3.5.3			环卫加油站	
3.5.4			环卫工人休息室	

4 其他符号

序号	图形符号	名　称	说　明
4.1		机动垃圾车辆收运路线及方向	
4.2		洒水（冲洗）车辆作业路线	
4.3		垃圾气力输送管道及输送方向	

附加说明：

本标准由建设部标准定额研究所提出。

本标准由建设部城镇环境卫生标准技术归口单位上海市环境卫生管理局归口。

本标准由贵阳市环境卫生科学研究所负责起草。

本标准主要起草人：李大年、马淑萍。

本标准委托贵阳市环境卫生科学研究所负责解释。

环境卫生设施与设备图形符号

机械与设备

Figure's signs of installation and equipment for environmental sanitation machine and equipment

CJ 28.3—91

1 主题内容与适用范围

本标准规定了环境卫生机械与设备中常用的图形符号。

本标准适用于环境卫生工程的简图、原理图、系统图、工艺流程图等。

2 一般规定

2.1 本标准对所制定的图形符号的尺寸未作具体规定，使用时应按实际需要选用适当比例。

2.2 本标准规定的图形符号的方位，可按需要旋转。

3 环境卫生机械与设备图形符号

3.1 市容环境卫生机具。

3.1.1 环卫车辆

序号	名称	图形符号	说明
3.1.1.1	垃圾车		需指明类型时在"※"处加注文字符号： C—侧装式 H—后装式 Q—前装式 X—吸装式 Z—自装卸式 J—集装式 L—拉臂式
3.1.1.2	洒水(冲洗)车		
3.1.1.3	吸粪(污)车		
3.1.1.4	扫路机		需指明类型时在"※"处加注文字符号 S—纯扫式 X—纯吸式 H—扫吸结合式
3.1.1.5	除雪机		需指明类型时在"※"处加注文字符号 L—犁板式 Z—转子式 X—螺旋式 H—联合式

29—13

续表

序号	名称	图形符号	说明
3.1.1.6	船务辅助舱		

3.1.2 舰艇船舶

序号	名称	图形符号	说明
3.1.2.1	驳船		
3.1.2.2	渡运船		
3.1.2.3	平工程船		
3.1.2.4	起锚艇日		

续表

序号	名称	图形符号	说明
3.1.2.5	挖泥船		

3.1.3 容器

序号	名称	图形符号	说明
3.1.3.1	积载斗		
3.1.3.2	积载桶		
3.1.3.3	可移动式积载斗		

续表

序号	名称	图形符号	说明
3.1.3.4	垃圾桶		
3.1.3.5	垃圾集装箱		
3.1.3.6	废物箱		

3.2 废弃物处理机械与设备
3.2.1 分离机械

序号	名称	图形符号	说明
3.2.1.1	固定格筛		

续表

序号	名称	图形符号	说明
3.2.1.2	振动筛		
3.2.1.3	链筛		
3.2.1.4	滚筒筛		
3.2.1.5	弛张筛		
3.2.1.6	悬挂式磁选机		可作磁选机通用符号
3.2.1.7	滚筒式磁选机		

续表

序号	名称	图形符号	说明
3.2.1.8	罐车		
3.2.1.9	气液分离器		
3.2.1.10	分离机(通用)		
3.2.1.11	体积、比重、 沉物分离机		
3.2.1.12	干式水分机、 开式气水分离机		

续表

序号	名称	图形符号	说明
3.2.1.13	有色金属分离机 剖分机		
3.2.1.14	重力分离机		
3.2.1.15	静电分离机		
3.2.1.16	半通式旋转 分离机		(三分开窗) 不二个窗口 (三分开器壳用口头)
3.2.1.17	气液分离器		原理图用

29—16

续表

序号	名称	图形符号	说明
3.2.1.18	固液分离器		
3.2.1.19	浮上分离槽		

3.2.2 破碎、搅拌机械

序号	名称	图形符号	说明
3.2.2.1	锤击式破碎机		可作单轴卧式破碎机通用符号
3.2.2.2	反击式破碎机		
3.2.2.3	单齿辊破碎机		
3.2.2.4	双光辊破碎机		可作辊式破碎机通用符号
3.2.2.5	双齿辊破碎机		
3.2.2.6	剪切式破碎机		
3.2.2.7	竖轴锤击式破碎机		立轴通用

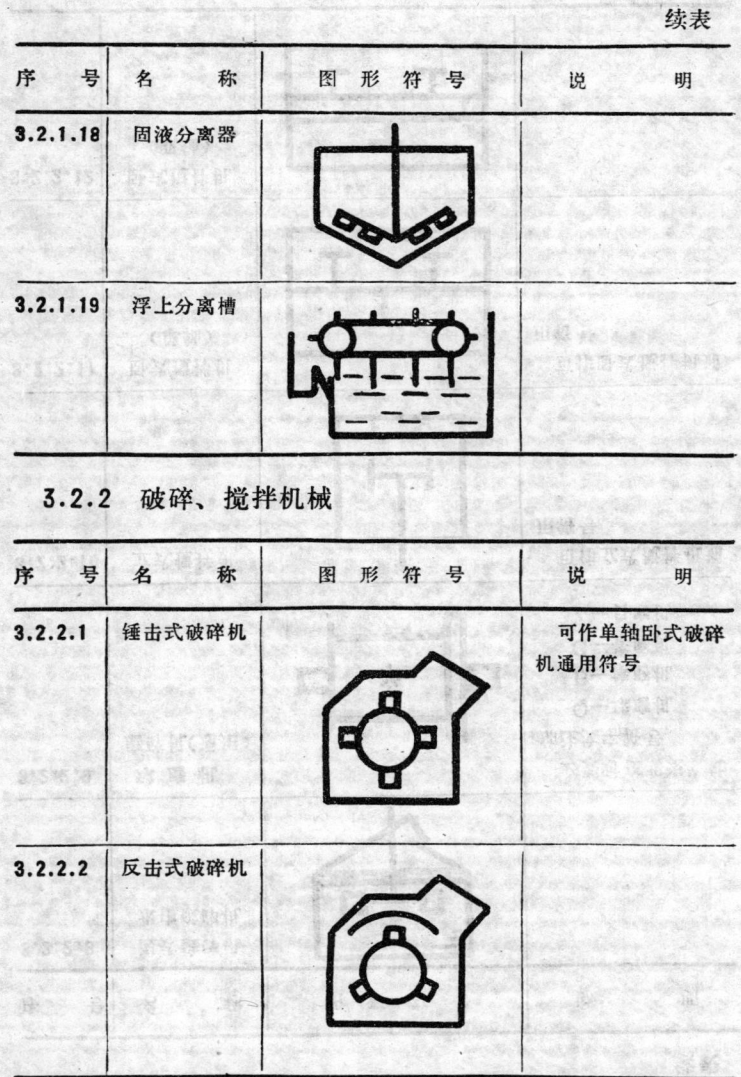

续表

序 号	名 称	图 形 符 号	说 明
3.2.2.8	湿式破碎机 水中破碎机		
3.2.2.9	球磨机 磨碎机(通用)		必要时在"※"处加注文字符号: Q—球磨机 B—棒磨机 G—管磨机 Z—自磨机
3.2.2.10	立式搅拌机		可作立式搅拌机通用符号
3.2.2.11	卧式搅拌机 （单轴）		可作卧式搅拌机通用符号
3.2.2.12	卧式搅拌机 （双轴）		

续表

序 号	名 称	图 形 符 号	说 明
3.2.2.13	混合滚筒		

3.2.3 输送、装料、给料机械

序 号	名 称	图 形 符 号	说 明
3.2.3.1	皮带输送机		带式输送机通用
3.2.3.2	钢带输送机		
3.2.3.3	刮板输送机		
3.2.3.4	螺旋输送机		

续表

序号	名称	图形符号	说明
3.2.3.5	提升机(通用)		
3.2.3.6	斗式提升机		
3.2.3.7	刮板式提升机		

续表

序号	名称	图形符号	说明
3.2.3.8	抓斗起重机		
3.2.3.9	料斗		
3.2.3.10	料仓		
3.2.3.11	液压式挤压装置		可作通用

续表

序号	名称	图形符号	说明
3.2.3.12	垃圾压缩贮留排出机	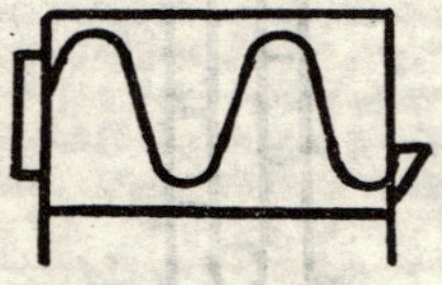	
3.2.3.13	环卫叉车		
3.2.3.14	压实机	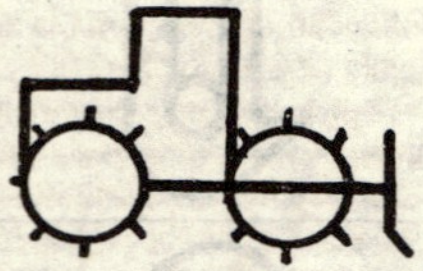	
3.2.3.15	装载机		
3.2.3.16	推土机	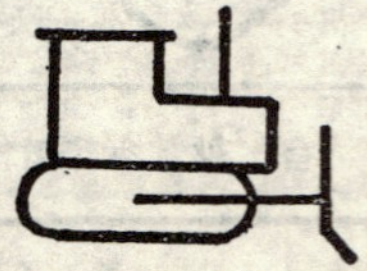	

续表

序号	名称	图形符号	说明
3.2.3.17	布土机(布料机)		

3.2.4 垃圾焚烧、热解、气化设备

序号	名称	图形符号	说明
3.2.4.1	垃圾焚烧炉(通用)		
3.2.4.2	流化床式焚烧炉	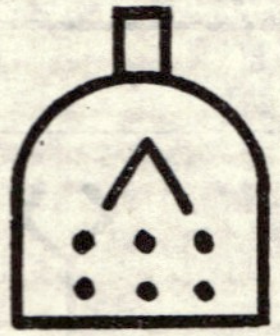	
3.2.4.3	多段焚烧炉		

续表

序号	名　称	图形符号	说明
3.2.4.4	往复炉排焚烧炉		
3.2.4.5	辊式炉箅焚烧炉		
3.2.4.6	医用焚烧炉		
3.2.4.7	旋转窑式焚烧炉		
3.2.4.8	热解炉		

续表

序号	名　称	图形符号	说明
3.2.4.9	气化炉		

3.2.5 除尘、除臭、过滤、脱水设备

序号	名　称	图形符号	说明
3.2.5.1	旋风除尘器		
3.2.5.2	袋式除尘器		

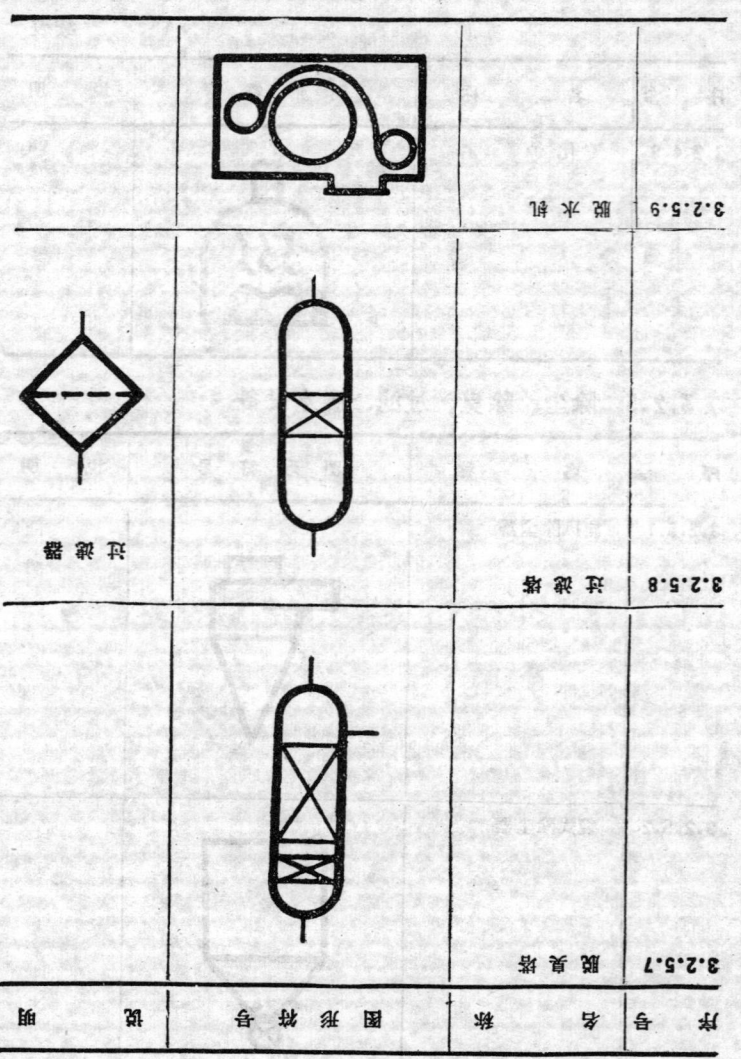

3.2.6 堆肥发酵、翻堆设备

序号	名　称	图形符号	说明
3.2.6.1	单层立式发酵塔		
3.2.6.2	多层立式发酵塔		
3.2.6.3	回转式发酵筒（达诺滚筒）		
3.2.6.4	翻堆机		

续表

序号	名　称	图形符号	说明
3.2.6.5	堆肥机		

3.2.7 计量、打包设备

序号	名　称	图形符号	说明
3.2.7.1	计量装置		
3.2.7.2	定量包装装置		
3.2.7.3	打包机		

3.2.8 其它

序号	名　称	图形符号	说明
3.2.8.1	离心式送风机		

续表

序号	名称	图形符号	说明
3.2.8.2	离心式鼓风机		
3.2.8.3	轴流式鼓风机		
3.2.8.4	轴流式抽风机		
3.2.8.5	离心泵		(A)原理图用 (B)
3.2.8.6	池		

续表

序号	名称	图形符号	说明
3.2.8.7	容器状		
3.2.8.8	锥图		
3.2.8.9	管路	油、水、蒸汽	必要时在符号上方加注所输送介质代号: S—水 Y—油 K—蒸气 Z—蒸气 L—一般液 F—一般气、兼面
3.2.8.10	流体物料流动方向	←	用于工艺流程图

29—24

附录 A
（补充件）

A.1 其它符号

序号	名 称	图形符号	说 明
A.1.1	阀门（通用）		需指明类型和连接形式时参照GB 6567.4
A.1.2	电动机 电动执行机构	Ⓜ	需指明电流是直流或交流时表示为： Ⓜ 或 Ⓜ
A.1.3	活塞执行机构（液、气通用）		

续表

序号	名 称	图形符号	说 明
A.1.4	电磁执行机构		
A.1.5	手动启动		
A.1.6	塔（通用）		
A.1.7	罐（通用）		

序号	名称	图形符号	说明
A.1.8	压力器、接容器（通用）	⬭	
A.1.9	换热器、冷却器		

附 录 B
环境卫生机械与设备图形符号应用示例
（参考件）

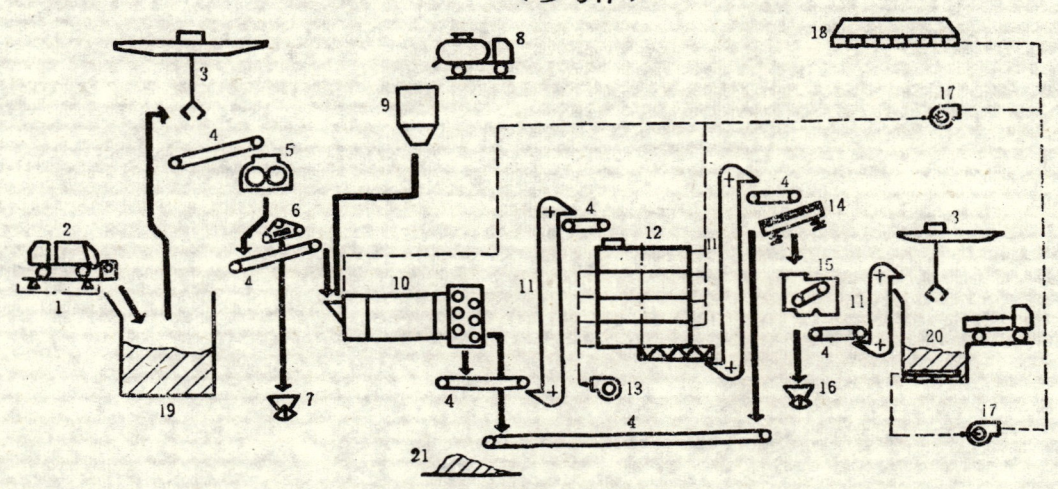

堆肥工艺流程图

1—地磅；2—垃圾车；3—抓斗起重机；4—带式输送机；5—破碎机；6—磁选机；7—料斗（废金属）；8—吸粪（污）车；9—料仓（粪便、污泥）；10—回转式发酵筒；11—提升机；12—立式发酵塔；13—送风机；14—振动筛；15—弹力分选器；16—料斗（废玻璃）；17—抽风机；18—生物除臭装置；19—垃圾贮料槽；20—堆肥贮料槽；21—填埋物

附加说明

本标准由建设部标准定额研究所提出。

本标准由建设部城镇环境卫生标准技术归口单位上海市环境卫生管理局归口。

本标准由贵阳市环境卫生科学研究所负责起草。

本标准主要起草人：李大年、马淑萍。

本标准委托贵阳市环境卫生科学研究所负责解释。

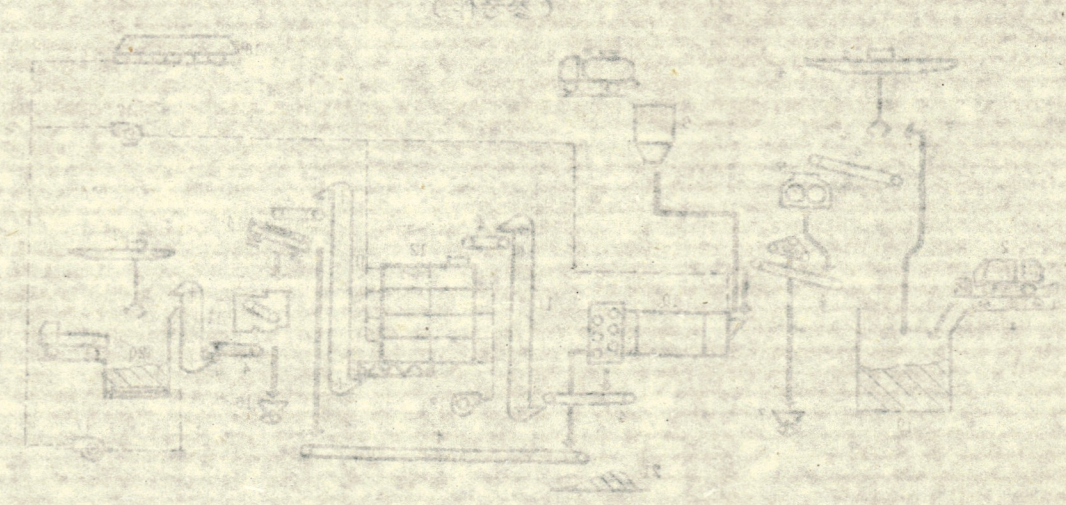